Liviu Constantinescu-Simon
Alexandru Fransua
Karl Saal

Elektrische Maschinen und Antriebssysteme

Liviu Constantinescu-Simon
Alexandru Fransua
Karl Saal

Elektrische Maschinen und Antriebssysteme

Komponenten, Systeme, Anwendungen

Mit 454 Abbildungen

Die Deutsche Bibliothek – CIP-Einheitsaufnahme

Constantinescu-Simon, Liviu:
Elektrische Maschinen und Antriebssysteme: Komponenten, Systeme, Anwendungen/ Liviu Constantinescu-Simon; Alexandru Fransua; Karl Saal. – Braunschweig; Wiesbaden: Vieweg, 1999

ISBN 978-3-322-89563-9 ISBN 978-3-322-89562-2 (eBook)
DOI 10.1007/978-3-322-89562-2

http://www.vieweg.de

Technische Redaktion und Layout: Hartmut Kühn von Burgsdorff
Konzeption und Layout des Umschlags: Ulrike Weigel, www.CorporateDesignGroup.de

Gedruckt auf säurefreiem Papier

Vorwort

Die Idee zu diesem Handbuch entstand vor ein paar Jahren in einem Gespräch, das ich mit dem Cheflektor des Verlags Vieweg, Dipl.-Ing. Ewald Schmitt führte. Damals äußerte ich den Wunsch, ein Handbuch über Elektrische Maschinen und Antriebe schreiben zu wollen, das als komprimiertes Kompendium auch alle notwendigen Inhalte, wie z.B. spezielle Kapitel der Mathematik, Elektrotechnik, Werkstoffe, Meßtechnik, Leistungselektronik, Regelungstechnik u.a. beinhalten sollte. Während meiner beruflichen Laufbahn hatte ich ein solches Buch beim Studium oder bei Auseinandersetzungen mit Problemen der elektrischen Maschinen vermißt.

Der Verlag Vieweg schlug mir indes ein wesentlich komplexeres Projekt mit der Herausgabe des Handbuches Elektrische Energietechnik vor. Da in diesem Handbuch die Kapitel über Elektrische Maschinen und Antriebssysteme stark gekürzt werden mußten, gab mir der Verlag Vieweg ein paar Jahre später die Gelegenheit, ein zweites Buch, das Ihnen jetzt vorliegt, zu schreiben.

Als besonderes Glück empfinde ich die Tatsache, daß ich die Mitarbeit von Prof. Dr.-Ing. Dr. h.c. Alexandru Fransua, Konsultantprofessor an der TU „Politehnica" in Bukarest und mein langjähriges Vorbild, für dieses Buch sichern konnte, da ich ihn als einen der besten, international etablierten Spezialisten auf diesem Fachgebiet schätze.

Dieses Buch ist direkt oder indirekt von Einflüssen geprägt, die meine bewegte Berufslaufbahn mit sich brachte:

- Die Jahre an der TH Bukarest, in denen ich „Elektrische Maschinen und dessen Mathematische- und Analogmodellierung" an der Fakultät für Computertechnik gelesen habe;
- mein zweijähriges Humboldt-Dozentenstipendium bei Prof. Dr.-Ing. Ph. K. Sattler an dem Institut für Elektrische Maschinen der RWTH Aachen; das von Prof. Dr. Sattler und Prof. Dr. Henneberger organisierte Kolloquium über 2D- und 3D-Feldsimulation unter Teilnahme von Prof. Erdely von Boulder-Colorado, sowie das Treffen mit dem damaligen Humboldt-Stiftung-Präsidenten und Nobelpreisträger Werner Heisenberg anläßlich eines Humboldt-Treffens in der Villa Hammerschmidt;
- die Forschungsjahre im „Black & Decker Europäischen Forschungszentrum Idstein", wo in Zusammenarbeit mit Herr Dipl.-Ing. Reinhard Krauer (heute Director Technology bei IMI Norgren-Herion Fluidtronik GmbH & Co.KG, Stuttgart) das erste Simulationsverfahren für Universalmotoren entstand,
- die letzten 17 Jahren Zeit der Lehre an der Fachhochschule Frankfurt am Main, in der mir sehr daran lag, Vorlesungen von Niveau zu halten, sowie Forschungsarbeiten im Bereich Simulationsverfahren für Elektrische Maschinen, Drosseln und Transformatoren voran zu treiben.

Aber das Wesentliche war der permanente Kontakt mit Prof. Dr. Al. Fransua und der Wunsch, seine besondere Betrachtungsweise des Stoffes, sein wissenschaftliches und pädagogisches Talent, in diesem Buch vereint, dem deutschen Wissenschaftler, Ingenieur und Studenten zugänglich zu machen.

Uns ist bekannt, daß die technologische Entwicklung dieses Jahrhunderts beispiellos ist, daß die Fachliteratur und die Publikationen im Bereich der Elektrischen Maschinen und Automatisierungssysteme täglich, weltweit, auf Hunderten von Seiten erscheinen und es dem Leser unmöglich ist, dieser Informationsflut einerseits erfolgreich nachzukommen und andererseits für jede Fragestellung eine Antwort zu finden. Diesen Anspruch können wir auch mit diesem Buch nicht erheben.

Die Entstehung des Buches erfolgte über mehrere Jahre. Räumliche Entfernungen zwischen den Autoren mußten überwunden werden, eine mehrfache und stetig verbesserte Darstellung in der deutschen Sprache wurde systematisch vorangetrieben. In diesem Prozeß wurde Prof. Dr.-Ing. Karl Saal, Prof. a.d. an der TU „Transilvania“ Brasov/Kronstadt, Rumänien in unser Team aufgenommen. Durch sein kompetentes Korrektorat hat er das Manuskript geprägt, Verbesserungen vorgeschlagen und durchgeführt.

Das Buch wurde als eine einheitliche Studie über Grundvorgänge, Kenndaten, Komponenten und Leistungseigenschaften der wichtigsten elektrischen Maschinentypen im stationären und dynamischen Betrieb, sowie über Steuerkomponenten moderner industrieller Antriebssysteme konzipiert.

Es verfolgt das Ziel, dem Leser das phänomenologische Verständnis der heutigen Antriebssysteme und ihrer Bestandteile, sowie deren Betriebsprinzipien auf der Grundlage der Mechanik, Elektrotechnik, Elektronik und Leistungselektronik genau zu erklären, ohne ausschließlich die reine abstrakte mathematische Darstellung anzuwenden.

Gleichzeitig haben die Verfasser auf die rein inneren Aspekte der Antriebssysteme, mit denen der Industriefachmann nicht unmittelbar in Berührung kommt und die den Stoff überladen hätten, verzichtet. Auf diese Weise gelang es, den reichen Inhalt auf einen relativ geringen Umfang zu beschränken.

Damit füllt das Buch eine Lücke, die in der internationalen Fachliteratur bislang nicht besetzt war.

Das Buch wendet sich an Techniker, Ingenieure und Studenten der Fächer Elektrotechnik, Elektronik, Automatisierungstechnik, Mechanik, Flugzeugbau, Maschinenbau, die nicht nur eine vollständige, genaue Einführung sondern auch einen tieferen Einblick in die modernen regelbaren und nichtregelbaren, automatisierten und nichtautomatisierten Elektrische Antriebe wünschen. Zum Verständnis werden die Grundlagenkenntnisse der Elektrotechnik vorausgesetzt.

Zur Vertiefung des Stoffs sind am Ende der Kapitel zahlreiche Übungen mit sorgfältig kommentierten Lösungen angefügt.

Unser Dank gilt den beiden jungen Ingenieuren Dr.-Ing. Hans-Georg Herzog sowie Dipl.-Ing. Martin Parchatka, die sich an der letzten Korrekturphase des Manuskriptes erfolgreich beteiligten.

Unser besonderer Dank gilt auch den Mitarbeitern des Verlags Vieweg, Herrn Cheflektor Dipl.-Ing. Ewald Schmitt und Herrn Hartmut Kühn von Burgsdorff als technischem Redakteur für die verständnisvolle, fachkompetente und permanente Unterstützung.

Die Verfasser bedanken sich schon jetzt bei den Lesern, die durch ihre Hinweise und Anregungen eine verbesserte weitere Auflage dieses Buches ermöglichen werden. Auf diese Weise wird es gelingen, dieses Fachbuch noch besser auf die Bedürfnisse in Studium und Praxis abzustimmen. Dies gilt insbesondere für den heute im Fluß befindlichen Gebrauch der Fachtermini, die infolge nationaler und internationaler Normung z.T. uneinheitlich angewandt werden.

Valensole, Alpes de Haute Provence
im August 1999

Prof. Dr.-Ing. Liviu Constantinescu-Simon

Inhaltsverzeichnis

Formelzeichenverzeichnis

1 Kleinbuchstaben

Zeichen	Einheiten	Bedeutung
a	1	Anzahl der parallelen Stromzweigpaare im Anker
a	ms^{-2}	Beschleunigung
b_p	cm	Polschuhbreite
e_μ	V	induzierte Spannung
f	$Hz = s^{-1}$	Frequenz
g	ms^{-2}	Fallbeschleunigung
i	A	augenblicklicher Wechselstrom
i_μ	A	Magnetisierungsstrom des Transformators
i_A	mA, A	Ausgangsstrom
i_B	mA, A	Basisstrom
i_d	A	Längskomponente des Stromes
i_D	mA	Drainstrom
i_E	mA, A	Eingangsstrom
i_G	A, mA	Gatestrom
i_H	mA, A	Haltestrom
i_K	mA, A	Kollektorstrom
i_q	mA, A	Querkomponente des Stromes
k_θ	W/Km^2	Wärmeübertragungskoeffizient
k_Ω	1	Übersetzungsverhältnis
$k^{(\nu)}{}_E$	1	Polformfaktor; (ν)-Oberwellenordnungszahl
k_A	1	Übertragungsfaktor
k_{Cu}	1	Kupferfüllfaktor einer Spule
k_E	1	Formfaktor
k_T	1	Transformationsverhältnis
k_w	1	Wicklungsfaktor
l_{mE}	m, cm	mittlere Windungslänge einer Erregerspule
m	1	Phasenzahl
m	kg	Masse
m	Nm	aktives Drehmoment des Motors
m_L	Nm	Lastmoment (Zeitfunktion), Drehmoment der Arbeitsmaschine
n	min^{-1}	Drehzahl

Zeichen	Einheiten	Bedeutung
n_0	min^{-1}	Leerlaufdrehzahl
n_B	min^{-1}	Bezugsdrehzahl
p	1	Polpaarzahl
r	Ω	Widerstand
r	m, mm	Radius
s	s^{-1}	komplexe Laplace-Variable
s	1	Schlupf
s_K	1	Kippschlupf
s_N	1	Nennschlupf
t	s, min, h	Zeit
t_a	s	Aktivzeit
t_p	s	Pausenzeit
t_q	ms, s	Freiwerdezeit
t_r	min	relative (Einschalt-)Pausendauer
u	V	augenblicklicher Wechselspannung
$ü$	1	Übertragungsverhältnis
u_A	V	Klemmenspannung im Ankerstromkreis
u_{aN}	1	relativer ohmscher Nenn-Spannungsfall
u_d	V	Längskomponente der Spannung
u_{DS}	V	Drain-Source-Spannung
u_{GS}	V	Gate-Source-Spannung
u_q	V	Querkomponente der Spannung
u_{rN}	1	relativer induktiver Nenn-Spannungsfall
u_s	V	(An-)Steuerspannung
v	m/s	lineare Geschwindigkeit
w	–	Windungszahl
x	–	Variable; Stellungskoordinate
y_1	1	Spulenweite, Spulenschritt, Sektionsschritt

2 Großbuchstaben

Zeichen	Einheiten	Bedeutung
A	m^2, mm^2	(Ober-)Fläche
A_{Cu}	m^2	reine Leiterquerschnittsfläche
A_{CuSE}	m^2	gesamte Kupferfläche einer Erregerspule
A_W	m^2, mm^2	Wärmeübertragungsfläche einer Spule
B	$T = Vs/m^2$ $T = Wb/m^2$	magnetische Flußdichte (Induktion)

Zeichen	Einheiten	Bedeutung
$B_E(x)$	$T = Vs/m^2$	beliebiges Erregerinduktionsfeld im Luftspalt
$B_{\mu m}$	$T = Vs/m^2$	Amplitude des Eisenflußdichte
$(BH)_{max}$	kJ/m^3	Gütewert eines Magneten
B_r	$T = Vs/m^2$	remanente Induktion (Flußdichte) oder Remanenz
C	$F = As/V$	Kapazität, Kondensator
D	$C/m^2 = As/m^2$	elektrische Flußdichte, Verschiebungsdichte
D_A	m	Durchmesser des Läufers
D_L	m	Durchmesser des Zahnrades auf der Welle der Arbeitsmaschine
D_M	m	Durchmesser des Zahnrades auf der Motorwelle
E	V/m	elektrische Feldstärke
E_μ	V	durch das Erregerfeld induzierte Spannung
E_0	V/m	elektrische Luftspaltfeldstärke
E_E	V	in einem Stromzweig induzierte Spannung
E_E	V	durch das Dreherregerfeld induzierte Spannung
E_{EB}	V	bezugsinduzierte Spannung
F	1	Reibungskoeffizient
F	N	Kraft
H_0	A	magnetische Luftspaltfeldstärke
H_{Fe}	A/m	magnetische Feldstärke im Eisen
H_{Jr}	1	relative Trägheitskonstante
H_k	A/m	Koerzitivfeldstärke
I	A	allgemeiner Effektivstrom
I	A	Gleichstrom
I_μ	A	Magnetisierungsstrom
I_0	A	Leerlaufstrom
I_{Am}	A	minimaler Ankerschaltstrom
I_{AM}	A	maximaler Ankerschaltstrom
I_A	A	Mittelankerstrom
I_a	A	Ankerstrom in einem Stromzweig
I_b	A	Grundbezugsstrom
I_E	A	Erregerstrom
I'_E	A	auf den Ständer bezogener Erregerstrom
I_{Fe}	A	Stromkomponente entsprechend der Eisenverluste des Leerlaufstromes
I_G	A	Gatestrom
I_{St}	A	Stromstoß beim Anlaß ohne Lastmoment
I_N	A	Nennstrom
J	A/m^2	elektrische Stromdichte

Zeichen	Einheiten	Bedeutung
J_L	kg m^2	Lastträgheitsmoment
J_m	kg m^2	Trägheitsmoment der Masse m
J_M	kg m^2	Motorträgheitsmoment
K_M	1	Übertragungsfaktor
$\mathcal{L}_{11}, \mathcal{L}_{22}$	H = Vs/A	zyklische Selbstinduktivitäten
$\mathcal{L}_{11}, \mathcal{L}_{21}$	H = Vs/A	zyklische Gegeninduktivitäten
$\mathcal{L}$	H = Vs/A	zyklische Induktivität
L_{11}, L_{22}	H = Vs/A	Selbstinduktivitäten
L_{12}, L_{21}	H = Vs/A	Gegeninduktivitäten
L_μ	H = Vs/A	Nutz- oder Magnetisierungsinduktivität
L	H = Vs/A	(allgemeine) Induktivität
$L_{\sigma K}$	H = Vs/A	Wicklungsstreuinduktivität
$L_{\sigma 12}$	H = Vs/A	Streuinduktivität der Primärwicklung (bezogen auf die Primärwicklung)
$L_{\sigma 21}$	H = Vs/A	Streuinduktivität der Sekundärwicklung (bezogen auf die Sekundärwicklung)
L_σ	H = Vs/A	Streuinduktivität
L_{AA}	H = Vs/A	Selbstinduktivität des Ankers
L_{EE}	H = Vs/A	Selbstinduktivität der Erregung
M	Nm	(mittleres) Drehmoment
M_A	Nm	Anzugsmoment
M_{Am}	Nm	Maximal (Anzugs-)Anlaßmoment
M_{Fe}	Nm	durch Eisenverluste im Läufer verursachtes Moment
M_H	Nm	Hysteresedrehmoment
M_K	Nm	Kippmoment (bei Motorbetrieb), Maximalwert des Drehmomentes
M_{KG}	Nm	Kippmoment (bei Generatorbetrieb)
M_m	Nm	Reibungsmoment
M_W	Nm	Widerstandsmoment
N_d	1	Entmagnetisierungsfaktor
P_1	W	im Ständer zugeführte oder aufgenommene Leistung
P_2	W	abgegebene mechanische Leistung (GSM)
P_{Cu}	W	Kupferverluste (Joulesche Verluste)
P_{FE}	W	Joulesche Verluste im Eisen
P_H	W	Hystereseverluste
P_{H0}	W	Hystereseverluste bei stillstehendem Läufer
P_J	W	Joulesche Verluste
P_m	W	mechanische Verluste (Wirkleistung)

Zeichen	Einheiten	Bedeutung
Q_μ	var, kvar	Blindleistung für die Eisenmagnetisierung
Q	var, kvar	Blind- oder Reaktivleistung
P_N	W	Nennleistung (Bemessungsleistung)
R_1	$\Omega = V/A$	Primärwiderstand
R'_2	$\Omega = V/A$	auf die Primärseite bezogener Sekundärwiderstand
R	$\Omega = V/A$	elektrischer Widerstand, Wirkwiderstand
R_A	$\Omega = V/A$	Ankerwiderstand
R_F	$\Omega = V/A$	Feldwiderstand
R_{FE}	$\Omega = V/A$	Eisenverlustwiderstand
R_S	$\Omega = V/A$	Strangwiderstand
R_{Vk}	$\Omega = V/A$	Vorwiderstand der k. Stufe
T	s	Zeitkonstante
S	VA, kVA	Scheinleistung
S_N	VA, kVA	Nennscheinleistung
S	1	Stellbereich
S_Γ	m^2	Oberfläche, die sich auf dem Umlauf Γ stützt
U	V	Spannung
U_{Am}	V	Amplitude der sinusoidalen Netzstrangsspannung
U_{20}	V	effektive Leerlaufspannung im Sekundär
$\hat{U}$	V	Scheitelwert der Spannung u
U_b	V	Grundbezugsspannung
U_{di}	V	ideelle Gleichspannung
U_{BK}	V	Spannungsabfall beim Bürsten-Kommutator-Kontakt
U_m	A	magnetische Spannung
W_m	J	im magnetischen Felde gespeicherte Energie
X	$\Omega = V/A$	Blindwiderstand, Reaktanz
X_μ	$\Omega = V/A$	Magnetisierungsreaktanz
X_d	$\Omega = V/A$	synchrone Längsreaktanz
X_q	$\Omega = V/A$	synchrone Querreaktanz
X_s	$\Omega = V/A$	synchrone Reaktanz
Z_b	$\Omega = V/A$	Grundbezugsimpedanz
Z_L	1	Zähnezahl des Zahnrades auf der Welle der Arbeitsmaschine
Z_M	1	Zähnezahl des Zahnrades auf der Motorwelle
Z'_K	$\Omega = V/A$	Kappsche Impedanz (auf die Primärseite bezogen)
Z''_K	$\Omega = V/A$	Kappsche Impedanz (auf die Sekundärseite bezogen)
Z_N	$\Omega = V/A$	Nennimpedanz

3 Griechische Buchstaben

Zeichen	Einheiten	Bedeutung
$\hat{\Phi}$	C = As = Wb	Scheitelwert des magnetischen Flusses
Γ	–	geschlossener Umlauf
Φ	C = As = Wb	magnetischer Hauptpolfluß bei GSM
α	K^{-1}	Temperaturkoeffizient
α	rad, °	Steuerwinkel
α	rad, °	Winkel, allgemein
β	1	Belastungsgrad
β	rad, °	Winkel, allgemein
γ	kg/m^3	Dichte
γ	rad, °	Winkel, allgemein
γ	rad, °	Drehwinkel; ebener Winkel
δ	mm	Luftspaltdicke
ϑ	rad, °	Polradwinkel
ϑ	K, °C	Wicklungsübertemperatur
ϑ	K, °C	Temperatur
ν	1	Oberwellenordnungszahl
ν	1	augenblickliche relative elektrische Winkelgeschwindigkeit
τ	1	Synchronzeit
ξ	rad, °	Anfangsphasenwinkel
Θ	A	Durchflutung
μ	Vs/Am	(absolute) Permeabilität
ε	rad s^{-2}	Winkelbeschleunigung
η	1	Wirkungsgrad
ω	Hz = s^{-1}	Kreisfrequenz
φ	rad, °	Phasenverschiebungswinkel, Phasenwinkel
Φ	C = As = Wb	magnetischer Fluß
Ω	rad/s = s^{-1}	Winkelgeschwindigkeit, Läufer-Winkelgeschwindigkeit
τ	m oder 1	Polteilung, $\tau = \pi D_A / 2p$ oder $\tau = Z/2p$
τ	s	elektrische Zeitkonstante
Ψ	C = As = Wb	verketteter magnetischer Fluß
μ	Vs/Am	magnetische Permeabilität
θ	rad, °	Polradwinkel
Ψ	C = As = Wb	verketteter Streufluß der Sekundärwicklung des Transformators
Φ	C = As = Wb	magnetischer Hauptpolfluß (GSM)
Ψ	C = As = Wb	Verkettungsfluß
λ	rad, °	Überlappungswinkel
Φ_σ	C = As = Wb	magnetischer Streufluß

Zeichen	Einheiten	Bedeutung
$\Delta\vartheta$	K, °C	Temperaturänderung
τ_{μ}	s	Totzeit
$\Delta\Omega_0$	s^{-1}	Leerlaufgeschwindigkeitsabfall
$\Psi_{\mu 1}$	C = As = Wb	verketteter Fluß des magnetischen Nutzfeldes
$\Phi_{\mu m}$	C = As = Wb	Amplitude des magnetischen Nutzfeldes
Ω^*_0	s^{-1}	ideelle Leerlaufwinkelgeschwindigkeit
ε_0	F/m	elektrische Feldkonstante, Permitivitätszahl des Vakuums
θ_0	K, °C	zulässige Grenztemperatur der nahen Umgebung
Ω_0	s^{-1}	synchrone Winkelgeschwindigkeit
Θ_A	A	elektrische Durchflutung der Ankerwicklung
τ_A	s	Zeitkonstante des Ankerstromkreises
ω_b	$Hz = s^{-1}$	Grundbezugskreisfrequenz
Φ_E	Wb	magnetischer Induktionsfluß des Erregerfeldes (eines Hauptpoles)
ϑ_e	K, °C	Wicklungstemperatur am Ende des Erwärmungsvorgangs
τ_{em}	s	elektromechanische Zeitkonstante des Motors
μ_{Fe}	Tm/A = Wb/Am = Vs/Am	Eisenpermeabilität
Ω_L	s^{-1}	Winkelgeschwindigkeit der Lastwelle
Ω_M	s^{-1}	Winkelgeschwindigkeit der Motorwelle
θ_{max}	K, °C	zulässige maximale Dauergebrauchstemperatur
Ω_{mit}	s^{-1}	mittlere Winkelgeschwindigkeit
α_p	1	Polbedeckungsfaktor
$\cos\varphi$	1	Verschiebungsfaktor (Leistungsfaktor)
$\sin\varphi$	1	Blindfaktor

4 Indizes

Zeichen	Bedeutung
1	Ständer oder Primär...
2	Läufer oder Sekundär...
B	Bezugs...
B	Basis...
C	Kondensator...
c	Kapazitiv...
d	Längskomponente...
E	Emitter...

Zeichen	Bedeutung
EM	elektrische Maschine
Fe	Eisen...
G	Generator...
G	Gegen..., Gegensystem
H	Hysterese...
k	k.-Welle
K	Kappsche...
L	Last
mit	Mittel
M	Motor
q	Querkomponente
RMS	root mean square, Effektivwert
S	Spule

5 Mathematische Zeichen

Zeichen	Bedeutung
$\neq$	ungleich
$\sqrt{\ }$	Quadratwurzel aus
$\sqrt[m]{\ }$	Wurzel m. Ordnung aus
$\lvert\ \rvert$	Betrag von
[ ]	geschlossenes Intervall
$\frac{dy}{dx}$	erster Differentialquotient von y
$\frac{d^2 y}{dx^2}$	zweiter Differentialquotient von y
$\frac{d^n y}{dx^n}$	n. Differentialquotient von y
$\int$	Integral
$\iint$	Doppelintegral
$\oint$	Randintegral, Hüllintegral
$\triangleleft$	Winkel
$\underline{Z}$	Zeiger
$-$	minus
$\overline{a}$	Vektor von a

Zeichen	Bedeutung
$\int_a^b f(x)\mathrm{d}x$	bestimmtes Integral von $f(x)\mathrm{d}x$ (a und b sind die Grenzen)
e	2,718281....
π	3,141592..., Ludolfsche Zahl (Kreiszahl)
$\pm$	plus oder minus
$\times$	mal, Malkreuz
$\approx$	ungefähr gleich
$\equiv$	identisch gleich
$\Rightarrow$	aus... folgt
$\leq$	kleiner als oder gleich
$\geq$	größer als oder gleich
Σ	Summe
Π	Produkt
$\in$	Element von
∞	unendlich
Δ	Delta, Differenz
Δx	Differenz von zwei x-Werten, z.B. $x_2 - x_1$
$\cdot$	mal (bei Skalarprodukt zweier Vektoren)
/	geteilt durch
:	geteilt durch
+	plus
$<$	kleiner als
=	gleich
$>$	größer als
arccos	Arcuscosinus
arcsin	Arcussinus
Arcsin, Arccos, Arctan	Arcusfunktionen im Bereich π, z.B. $0 < y < \pi$ oder $-\pi/2 < x < \pi/2$
arctan	Arcustangens
cos	Cosinus
cosh	Cosinus hyperbolicus (Hyperbelcosinus)
d	Differentialzeichen
$\mathrm{d}f(x)$	Differential der Funktion $f(x)$
$\mathrm{d}x$	Differential von x, symbolischer Grenzwert von Δx für $\Delta x \to 0$
$f'(x)$	Ableitung 1. Ordnung
$f''(x)$	Ableitung 2. Ordnung
$f^{(n)}(x)$	Ableitung n. Ordnung
$F(s)$	Bildfunktion von $f(t)$ [z.B.: Laplace Bild]

Zeichen	Bedeutung
$f(x)$	Funktion der Veränderlichen x
$F(x)$	Stammfunktion [Integralfunktion von $f(x)$]
$\int f(x)dx$	unbestimmtes Integral f von x dx
$\mathrm{Im}(z)$	Imaginärteil von z (auch Im z)
j	$\sqrt{-1}$
$\mathscr{L}$	Laplace-Transformationsoperator
$\mathrm{Lg} = \log_{10}$	Logarithmus zur Basis 10, Briggscher Logarithmus
log	Logarithmus mit beliebiger Basis
$\mathrm{Ln} = \log_{e}$	Logarithmus zur Basis e, natürlicher Logarithmus
$\mathrm{Re}(z)$	Realteil von z (auch Re z)
sin	Sinus
sinh	Sinus hyperbolicus, Hyperbelsinus
tan	Tangens
tanh	Cotangens hyperbolicus, Hyperbelcotangens
$z = a + \mathrm{j}b$	komplexe Zahl
$z^* = a - \mathrm{j}b$	konjugiert komplexe Zahl von z

1 Grundbegriffe und Bauelemente der elektrischen Antriebssysteme

Dieses Kapitel klärt einige Definitionen und Begriffe und gibt einen Überblick über die Hauptbestandteile von Antriebssystemen. Beginnend bei den elektrischen Maschinen und Arbeitsmaschinen werden weiter elektromechanische Übertragungsglieder und die elektronischen Bauelemente der Stromrichter erläutert und ihren Kennlinien vorgestellt. Das Kapitel schließt mit der näheren Beschreibung von Komponenten zur Übertragung der Bewegung ab. Es wird davon ausgegangen, daß der Leser bereits viele der beschriebenen Aspekte kennt; in diesem Kapitel werden sie in den großen Zusammenhang gestellt.

1.1 Allgemeines über die Antriebssysteme

Ein elektrisches *Antriebssystem* besteht allgemein aus mehreren miteinander gekoppelten Teilsystemen zur elektromechanischen *Energieumwandlung*, um ein bestimmtes technologisches Verfahren optimal zu gestalten.

Die Hauptbestandteile eines Antriebssystems sind:

- die elektrische Maschine (M),
- die mechanischen Übertragungsglieder (TA),
- die Arbeitsmaschine (AM),
- das Stellglied (SG).

Die *elektrische Maschine* M wandelt im *Motorbetrieb* (*elektro-mechanischer Wandler*) die – aus dem elektrischen Netz bezogene – elektrische Leistung in mechanische Leistung an der Welle um.

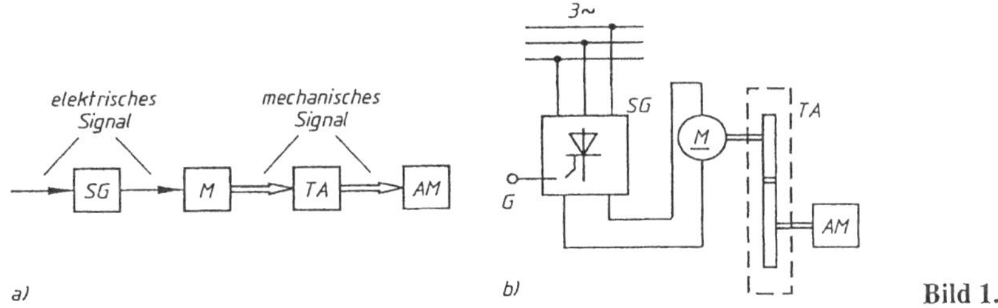

Bild 1.1

Die *Arbeitsmaschine* AM wird vom Motor M angetrieben und führt bestimmte Operationen eines gegebenen technologischen Verfahrens aus.

Die *Übertragung* TA – z.B. ein Getriebe wie in Bild 1.1-b – stellt die mechanische Verbindung zwischen dem Motor und der Arbeitsmaschine her. Ihre Bedeutung liegt in der Übertragung der mechanischen Leistung und gegebenenfalls in der Änderung der Parameter Winkelgeschwindigkeit Ω und Drehmoment M.

Das *Stellglied* SG hat die Aufgabe, den Motor mit elektrischer Energie aus dem Netz zu versorgen und den Motorbetrieb so zu ermöglichen, daß die gegebenen technologischen Erfordernisse realisiert werden (Bild 1.1-b).

In sehr vielen Fällen soll das Antriebssystem *automatisiert* werden. Dann wird es auch durch andere Elemente ergänzt z.B.: verschiedene *Automatisierungskomponenten, Sensoren und Geber.*

Realisierung und Optimierung eines Antriebssystems setzen zunächst sehr genaue Kenntnisse des technologischen Verfahrens und der benutzten Arbeitsmaschine voraus. Hierauf bezogen, werden der *Motor*, das *Stellglied* und die *mechanische Übertragung* ausgewählt, bemessen und dementsprechend gebaut.

Dabei sollte man möglichst auf geringste Kosten und eine große Betriebssicherheit achten. Daraus leitet sich die Bedeutung der Kenntnisse über die Leistungsmöglichkeiten der Arbeitsmaschinen und elektrischen Motoren sowie der anderen Komponenten des Antriebssystems ab – sowohl im stationären, als auch im nichtstationären Betrieb.

Die Grundaufgaben eines Antriebssystems sind:

- einen *Energiefluß* vom Versorgungsnetz durch das Stellglied, den Motor, die Übertragungsglieder, die Arbeitsmaschine zum technologischen Verfahren hin sicherzustellen und
- mit Hilfe der Informationserfassung und Informationsverarbeitung eine *Steuerung* – entsprechend dem Bedarf eines bestimmten technologischen Prozesses – zustande zu bringen.

Von besonderer Bedeutung sind im stationären Zustand die Kennlinien der Arbeitsmaschinen $\Omega_W = f(M_W)$ bzw. der elektrischen Motoren $\Omega = f(M)$. Dabei sind Ω_W, Ω *die Winkelgeschwindigkeit* der Arbeitsmaschine bzw. des elektrischen Motors und M_W, M der *Drehmomentenbedarf* der Arbeitsmaschine bzw. des elektrischen Motors. Diese mechanischen Kennlinien werden in den nächsten Absätzen genauer behandelt.

Wichtig für den stationären Zustand des arbeitenden Antriebssystems ist der *Winkelgeschwindigkeits-* oder *Drehzahlbereich*, der von dem technologischen Prozeß gefordert wird. Dabei arbeiten einige Antriebssysteme mit nur einer einzigen Winkelgeschwindigkeit – einfacher Antrieb einer Pumpe oder eines Ventilators – andere benötigen dagegen mehrere Geschwindigkeitsstufen mit bestimmten Drehzahlwerten, z.B. gewöhnliche Drehmaschinen, einige Kräne und Hebezeuge.

Eine dritte Arbeitsmaschinengruppe arbeitet in einem veränderbaren Geschwindigkeitsbereich, z.B. Walzwerke, Karusseldrehmaschinen und elektrische Lokomotiven. Der Geschwindigkeitsbereich – der Stellbereich S – wird aus dem Verhältnis der maximalen zur minimalen Winkelgeschwindigkeit bestimmt:

$$S = \frac{\Omega_{max}}{\Omega_{min}}.$$

Zur Information: S ist etwa 2 bei Zementöfen, 30 bei Walzwerken und 10000 bei den Vorschubantrieben der Werkzeugmaschinen.

Es gibt auch Antriebssysteme, die praktisch kaum eine stationäre Betriebsdrehzahl erreichen, z.B. Umkehrwalzwerke oder Servoantriebe.

Eine andere besondere Kenngröße für den stationären Betrieb ist die maximal prozentuale auftretende Abweichung der eingestellten Geschwindigkeit, durch das Verhältnis

$$\Omega\,\% = \frac{\Omega_0 - \Omega}{\Omega_0} \times 100$$

definiert, wobei Ω_0 die gewünschte Winkelgeschwindigkeit im stationären Betrieb, bzw. Ω die erzielte Winkelgeschwindigkeit bedeuten. Diese Genauigkeit beträgt etwa 5 % bei Ventilatorantrieben, 1 % und sogar viel weniger bei Vorschubantrieben oder 0,5 % im Falle der kontinuierlichen Band- und Drahtwalzwerke.

1.2 Elektrische Maschinen: Definitionen, Betriebsarten, Verluste, Thermik

Unter einer elektrischen Maschine versteht man im allgemeinen eine drehende Maschine – Linearantriebe sollen hier nicht betrachtet werden – die die zugeführte elektrische Leistung in mechanische Leistung an der Welle umwandelt (*Motorbetrieb*) oder umgekehrt (*Generatorbetrieb*).

Die elektrischen Maschinen unterteilen sich in *Gleichstrom- und Wechselstrommaschinen*, je nach Art der elektrischen Energie, die bei der elektro-mechanischen Umwandlung von der Maschine benutzt oder erzeugt wird. Jede elektrische Maschine kann, in Bezug auf die *Energiewandlung* betrachtet, entweder als *Motor* oder als *Generator* arbeiten:

- Unter einem *elektrischen Motor* versteht man eine elektrische Maschine, die die elektrische Leistung in mechanische Leistung umwandelt (elektro-mechanischer Energiewandler); diese Maschine erzeugt ein Antriebsmoment an der Welle.
- Unter einem *elektrischen Generator* versteht man eine elektrische Maschine, die die mechanische Leistung in elektrische Leistung umwandelt (mechano-elektrischer Energiewandler); gleichzeitig erzeugt diese Maschine ein Bremsmoment an der Welle.
- Unter einer *elektrischen Bremse* versteht man eine elektrische Maschine die sowohl elektrische als auch mechanische Leistung in Wärme umwandelt. Gleichzeitig erzeugt diese Maschine ein Bremsmoment an der Welle.

Die Wechselstrom- und mehrphasigen Maschinen werden gewöhnlich in *Asynchronmaschinen* und *Synchronmaschinen* eingeteilt:

- Die *Asynchronmaschine* ist durch ihre asynchrone Winkelgeschwindigkeit charakterisiert, die sich nicht in einem konstanten Verhältnis zur Frequenz des elektrischen Versorgungsnetzes befindet, sondern abhängig von dem Belastungszustand der Maschine veränderlich ist.
- Die *Synchronmaschine* ist dadurch charakterisiert, daß sich im stationären Betrieb die Frequenz des Versorgungsnetzes im konstanten Verhältnis zur Drehzahl der Maschine befindet, unabhängig von ihrem Belastungszustand.

Im allgemeinen wird auch der *elektrische Transformator* in die Begriffsklasse der Elektromaschinen eingereiht, obwohl er eigentlich keine elektrische Maschine ist, da er keine beweglichen Teile enthält. Man sagt, er ist eine ruhende elektrische Maschine. Dessen ungeachtet sind sein Wirkungsprinzip sowie andere theoretische Aspekte dem der Wechselstrom- und mehrphasigen Maschinen vergleichbar. Der Transformator formt elektrische Energie wieder in elektrische Energie um; er ändert meist gezielt einen der Energieparameter (im allgemeinen die Spannung oder den Strom, manchmal die Frequenz oder die Phasenzahl).

Bei der Umwandlung der elektrischen Energie entstehen in der elektrischen Maschine zwangsläufig Leistungsverluste. Dies sind:

- *elektrische Verluste* (in Wärme umgesetzte Leistung) in den Wicklungen (P_J), die durch das *Joulesche Gesetz* beschrieben werden, wenn Ströme in den Wicklungen fließen. Diese Verluste schließen auch diejenige Verluste ein, die durch den Joule-Effekt im Leitersystem der inneren Verbindungen sowie in den eventuellen Stellvorwiderständen entstehen. Sie *hängen vom Quadrat der Ströme* ab, die die verschiedenen Stromkreise der Maschine durchfließen. Besteht die Wicklung aus Kupfer, so nennt man sie auch *„Kupferverluste"* (P_{Cu}).

Die Tendenz, diese Verluste fast immer als Kupferverluste zu betrachten, ist nicht berechtigt, da Transformatoren oder viele Kurzschlußläufer von Asynchronmaschinen Wicklungen bzw. Käfige besitzen, die nicht aus Kupfer gefertigt sind. Deswegen werden in diesem Buch die Wicklungsverluste, ganz allgemein, immer als Joulesche Verluste (P_J) bezeichnet.

- *mechanische Verluste* (P_m), und zwar Verluste durch Lagerreibung, Luftreibung des Läufers einschließlich Verluste infolge des Eigenlüfters der Maschine. Diese Verluste sind um so größer, je größer die Winkelgeschwindigkeit Ω ist.
- *Eisenverluste* (P_{Fe}) infolge der Hysterese und der Wirbelströme in bestimmten ferromagnetischen Bauteilen der Maschine, wenn diese veränderlichen magnetischen Feldern ausgesetzt sind. Diese Verluste sind *vom Maximalwert der magnetischen Induktion und ihrer Frequenz abhängig.*

Der *Wirkungsgrad* einer Maschine ist das Verhältnis der nach außen abgegebenen (mechanischen) Nutzleistung P_2 zu der gesamten aufgenommene Leistung P_1:

$$\eta = \frac{P_2}{P_1} = \frac{P_2}{P_2 + \Sigma P_V} ,$$

wobei $\Sigma P_V = P_m + P_J + P_{Fe}$ die Gesamtverluste bedeutet.

Der *Wirkungsgrad* der Maschine ist abhängig von der Leistung P_2. Im normalen Betrieb ist die *Wirkungsgradkennlinie* $\eta = f(P_2)$ äußerst wichtig (Bild 1.2). Der Wirkungsgrad erreicht einen Maximalwert für ungefähr (0,5 bis 0,75) P_N, wobei P_N die vom Hersteller angegebene *Nennleistung* der Maschine ist. Die Nennleistung stellt prinzipiell die abgegebene *Nutzleistung* dar.

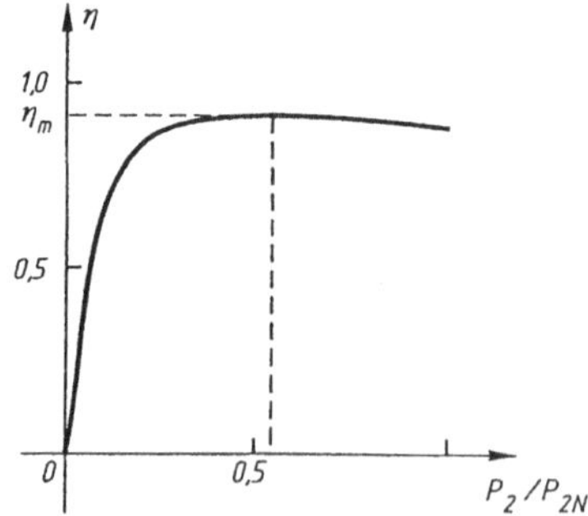

Bild 1.2

Statistisch betrachtet, ist der Betrieb unter Vollast jedoch weniger häufig als der Betrieb im Bereich (0,5 bis 0,75) P_{2N}. Es ist deshalb anzustreben, daß der maximale Wirkungsgrad bei jener Belastung erreicht wird, bei der die Maschine am häufigsten arbeitet.

Der Wirkungsgrad der elektrischen Maschine ist aber auch von der *Leistung* der Maschine abhängig. Sein maximaler Wert beträgt:

- 0,93 bis 0,96 bei Maschinen *großer Leistung* (500 kW bis 10 MW),
- 0,75 bis 0,85 bei Maschinen *mittlerer Leistung* (1 bis 100 kW),
- 0,10 bis 0,50 bei Maschinen *kleiner Leistung* (1 bis 100 W).

Die Verluste erzeugen im Inneren der elektrischen Maschine Wärme, die im Laufe der Zeit einen Temperaturanstieg verschiedener Maschinenteile verursacht. Nach dem Einschalten und nach dem Maschinenhochlauf unter Belastung findet ein transienter thermischer Prozeß statt. In dessen Verlauf wird ein Teil der entstandenen Wärme durch *Konvektion* und *Strahlung* an die Umgebung abgegeben, während der andere Teil zur Temperaturerhöhung der Maschinenteile beiträgt. Die erwärmten Maschinenteile verstärken ihrerseits die Abgabe von Wärme an die Umwelt. Erreicht die Maschine einmal eine bestimmte stationäre Betriebstemperatur und bleiben Maschinenbelastung und Drehzahl konstant, so bleiben auch die Verluste konstant und dadurch die Temperatur der Maschinenteile. Die dann erzeugte Wärme wird nun vollständig nach außen abgeleitet: *die Maschine befindet sich in einem thermischen Gleichgewichtszustand.*

Eine Erhöhung der Temperatur der Wicklung oder anderer Bestandteile über einen bestimmten *Grenzwert* hinaus beeinflußt den benutzten Isolierwerkstoff der Maschine negativ, da sich dessen isolierenden Eigenschaften bei fortgesetztem Temperaturanstieg verändern oder das Material zerstört werden kann. Eine weitere Temperaturerhöhung kann auch mechanische Schäden verursachen (Ausdehnung oder Deformierung gewisser Teile, Klemmen der Gleitlager oder Walzlager usw.).

Man sollte nicht die Schlußfolgerung ziehen, elektrische Maschinen sollten so ausgelegt und gebaut werden, daß sie sich unter der Nennbelastung nur relativ gering erwärmen. Solche Maschinen wären überbemessen, schwer und teuer. Die Isolation würde vom thermischen Gesichtspunkt aus weniger beansprucht, und die Maschine hätte eine größere Betriebslebensdauer zu erwarten. Läßt man dagegen eine hohe Betriebstemperatur zu (immer unter der maximal zugelassenen Temperatur bleibend), kann man eine kleinere, leichtere und auch kostengünstigere Maschine herstellen. In diesem Fall tritt eine kürzere Betriebslebensdauer ein, da die Isolierung, infolge einer stärkeren thermischen Beanspruchung, schneller altert.

Die richtige Lösung befindet sich, vom wirtschaftlichen Gesichtspunkt aus betrachtet, zwischen den beiden dargestellten Extremfällen.

Die *Betriebsdauer*, die *„Lebensdauer“* der Isolierung t_{Is}, hängt von den Eigenschaften der Isolierwerkstoffe ab, die beim Bau der Maschine verwendet wurden, und von der Temperatur θ, bei welcher die Isolierung dauernd arbeiten kann.

Die Funktion $t_{\mathrm{Is}} = f(\theta)$ hat einen empirisch abgeleiteten Ausdruck:

$$t_{\mathrm{Is}} = Ce^{-0{,}077\,\theta},$$

wobei C eine Konstante ist. Aus dieser Gleichung geht hervor, daß bei jeder Erhöhung der Betriebstemperatur der Maschinenisolation um ca. 9 °C die Lebensdauer der Maschine auf die Hälfte herabgesetzt wird (*Montsingersche Lebensdauer-Regel*). Im allgemeinen rechnet man für die *Lebensdauer* einer Maschine mit 15 bis 30 Jahren.

Damit *Drahtlack*, der für die Leiterisolierung benutzt wird, seine Eigenschaften als Isolierstoff 15 bis 30 Jahre aufrecht halten kann, darf er nicht mit Temperaturen höher als 130 °C beansprucht werden (Wärmeklasse B).

Wenn die elektrische Maschine über die Nennleistung belastet wird, werden die Verluste größer als die Nennverluste sein. Die entwickelte Wärme in den Wicklungen und auch die Betriebstemperatur des Lacks wird dann höher sein. Die Lebensdauer der Maschine wird damit deutlich herabgesetzt. Bei 150 °C vermindert sich die Lebensdauer der Isolation auf 1,5 Monate, während bei 200 °C der Lack in wenigen Betriebsstunden verbrennen würde. Die Maschine wäre defekt.

Entsprechend der *maximalen Dauergebrauchstemperatur* (MDGT) θ_{max}, die eine Lebensdauer der Maschine von 15 bis 30 Jahren garantiert, werden die Isolierstoffe in mehrere Wärmeklassen eingeteilt:

- Die *Wärmeklasse* Y, mit $\theta_{max} = 90$ °C, umfaßt folgende Stoffe: *Baumwolle, Naturseide* oder *Papier* (die *nicht imprägniert*, d.h. nicht mit einer isolierenden Flüssigkeit getränkt wurden).
- Die Wärmeklasse A, mit $\theta_{max} = 105$ °C, umfaßt die imprägnierten Stoffe Baumwolle, Naturseide, Presspan, Natur- oder Kunstharzlack, Schellack.
- Die *Wärmeklasse* E, mit $\theta_{max} = 120$ °C, enthält Werkstoffe wie *Epoxidharze* oder *Polyvinyl.*

Dank der in den letzten Jahren verzeichneten Fortschritte in der Herstellung von Isolierwerkstoffen konnten Stoffe mit einer großen Stabilität der Isoliereigenschaften bei weit höheren Temperaturen hergestellt und verwendet werden. Es gelten folgende maximale Dauergebrauchstemperaturen in den verschiedenen Wärmeklassen (Y, A und E inbegriffen):

- Y: $[\theta_{max}]_Y = 90$ °C
- A: $[\theta_{max}]_A = 105$ °C
- E: $[\theta_{max}]_E = 120$ °C
- B: $[\theta_{max}]_B = 130$ °C
- F: $[\theta_{max}]_F = 155$ °C
- H: $[\theta_{max}]_H = 180$ °C
- C: $[\theta_{max}]_C > 180$ °C

In Maschinen werden heute die Wärmeklassen B bis H bevorzugt. Mit den relativ neuen Isolierwerkstoffen auf der Basis von *Glimmer, Glasfaser, Duromeren* u.a. lassen sich viel leichtere Maschinen – bei höherer Stromdichte bzw. kleineren Durchmessern – bauen als mit denjenigen der Wärmeklasse A.

Unter der zulässigen maximalen *Dauergebrauchstemperatur* einer Isolierstoffklasse versteht man die Temperatur θ_{max} des am stärksten erwärmten Teils. Diese Temperatur, in den oben angegebenen Grenzen, soll auch im Dauerbetrieb die Lebensdauer der Maschine sichern.

Die maximale Gebrauchstemperatur θ_{max} des Isolierstoffs hat zwei Komponenten:

- die zulässige *Grenztemperatur* θ_0 der nahen *Umgebung*;
- die zulässige *Maximalübertemperatur* θ_r des *Werkstoffs* im Verhältnis zur Umgebung.

Also: $\theta_{max} = \theta_0 + \theta_r$.

Nach EN 60034-1:95 (DIN/VDE 0530) beträgt die zulässige *Grenztemperatur* des Kühlmittels $\theta_0 = 40$ °C für elektrische Maschinen, die sich *bis 1000 m* Höhe über dem Meeresspiegel befinden. Die zulässige Grenztemperatur für die Isolierstoffe der Klasse A ist $[\theta_r]_A = 65$ °C , für die Klasse B wird sie $[\theta_r]_B = 90$ °C.

Eine elektrische Maschine sich bei gleichen Verlusten um so weniger erwärmt, je besser die Kühlung ist. Daher ist die Frage der *Lebensdauer* der Maschine ganz eng mit der Frage der *Kühlung* und besonders mit der Frage der *Lüftung* verbunden. Je stärker die Lüftung und je größer damit die Abkühlung, desto höher ist die bei gleicher Betriebstemperatur abgebbare thermische Leistung. Es ist also durchaus möglich, die aktiven Teile der Maschine besser auszunutzen, d.h. das Verhältnis zwischen Gewicht und maximaler Leistung kann deutlich abnehmen.

Nach der *Kühlungsart* unterscheidet man mehrere Arten von Maschinen:

- Maschinen mit *natürlicher Kühlung (Selbstkühlung)*, in denen es keinerlei spezielle Mittel zur Erhöhung der Wärmeabgabe gibt. Die Selbstkühlung *wird oft bei Maschinen kleiner Leistung* verwendet.
- Maschinen mit *Eigenkühlung*, in denen ein auf der Welle des Läufers montiertes Lüfterrad verwendet wird. Der Lüfter saugt die kältere Luft aus der Umgebung an und erzeugt im Inneren der Maschine Luftströmungen, welche die erwärmten Teile der Maschine kühlen. Damit wird die Wärmeabgabe durch Konvektion erhöht.
- Maschinen mit *Fremdkühlung*, bei denen ein fremdangetriebener Lüfter für die Kühlung sorgt.

Ferner:

- Maschinen mit *Außenkühlung*, die dort eingesetzt werden müssen, wo die Umgebung *schädliche Stoffe oder giftige Dämpfe* enthält, die für die Isolierstoffe der Maschine schädlich sind. Die Maschine muß vollständig geschlossen sein, d.h. so gebaut, daß die umgebende „Atmosphäre“ nicht in das Innere eindringen kann. In diesem Falle wird die Wärmeabgabe nur durch die Außenfläche erzielt. Die Kühlung wird stark verbessert, wenn die Außenfläche durch einen *Ventilator* belüftet wird.
- Maschinen mit *Fremdlüftung*, bei denen das Kühlmittel in das Innere der Maschine eingeführt wird, und zwar durch eine Lüftungsanlage, die unabhängig von der Maschine betrieben wird. Eine derartige Lüftung kann mit Hilfe eines offenen oder geschlossenen Luft-, Wasser- oder Wasserstoffkreises realisiert werden. Die Fremdlüftung wird normalerweise nur bei den großen elektrischen Maschinen genutzt.
- Maschinen mit *Innenkühlung*, bei denen der Kühlluftstrom die Maschinenteile direkt umströmt.

1.3 Auswahl elektrischer Maschinen nach den Betriebsverhältnissen

Bei der Auswahl einer elektrischen Maschine müssen die Betriebsverhältnisse berücksichtigt werden, unter denen die Maschine hauptsächlich arbeitet. Eine gute Auswahl der Maschine muß, was die elektromagnetischen und mechanischen Parameter anbelangt, folgende Faktoren beachten:

- Betriebsarten,
- Aufstellungsort,
- Umgebungstemperatur,
- Betriebsposition der Maschine,
- Anlaßbelastung (Beanspruchungen während des Hochlaufs),
- Überlastung während des Betriebes (Betrag und Dauer),
- Bremsbelastung,
- Funktion.

Einige dieser Faktoren sollen näher analysiert werden.

1.3.1 Betriebsarten

In den Normen IEC 34-1 und VDE 0530 ist der Begriff *Betriebsart* eingeführt. Der *Betrieb* ist durch die Gesamtheit elektrischer und mechanischer Größen bestimmt, die die Arbeit einer Maschine in einem gegebenen Zeitmoment charakterisieren:

- Der *Nennbetrieb* bestimmt den Betrieb einer Maschine mit den elektrischen und mechanischen Größen, die vom Hersteller auf dem *Leistungsschild* angegeben sind. Unter dem *Nennwert* einer funktionalen Größe versteht man den Eigenwert, der in der Definition des *Nennbetriebes* eingeschlossen ist.
- Der *Leerlaufbetrieb* entspricht dem Lauf der Maschine, ohne eine Nutzleistung zu liefern (Abgabeleistung $P_2 = 0$). Der Leerlaufdrehzahl ist stets (bis auf die Synchronmaschine) höher als im Nennpunkt.
- Der *Pausenzustand (Sillstand)* definiert die Ruhezeit ohne jede Energiezufuhr, ohne jeden mechanischen Antrieb sowie jede Bewegung ($P_1 = 0$, $P_2 = 0$, $\Omega = 0$).

Die *Betriebsart* ist definiert durch die *Dauer* und die *Abfolge* einiger gut spezifizierter Belastungen.

Die *Nennbetriebsart* entspricht der Betriebsart, für die die Maschine gebaut wurde und die auf dem Leistungsschild angegeben ist. Die *Standard-Nennbetriebsarten* der elektrischen Maschinen (man unterscheidet dabei 10 solcher Betriebsarten), sind mit dem thermischen Zustand der Maschine eng verbunden.

- Der *Dauerbetrieb* (S1*)* entspricht dem Lauf der Maschine im Nennbetrieb mit einer ausreichend langen Dauer, um das thermische Gleichgewicht zu erreichen (Bild 1.3). Er ist die wichtigste Betriebsart; für S1-Betrieb werden die meisten Maschinen angeboten. Fehlt die Kennzeichnung der Betriebsart der Maschine auf dem Leistungsschild, ist sie für Dauerbetrieb S1 zugelassen.

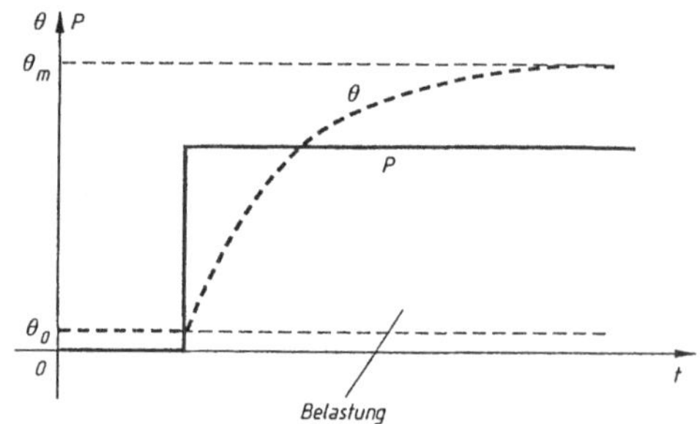

Bild 1.3
Dauerbetrieb (Betriebsart S1)

- Der *Kurzzeitbetrieb* (S2) entspricht dem Lauf der Maschine in einem konstanten Betrieb innerhalb einer Zeitspanne, die kleiner ist als die, die zur Erzielung des thermischen Gleichgewichtes notwendig wäre. Der Betriebszeit folgt eine genügend lange Pause, damit die Maschine wieder auf die Temperatur des Kühlmittels (bzw. der Umgebung) abkühlt. Die zulässige Endtemperatur für die jeweilige Wärmeklasse beträgt θ. Abweichungen von 2 °C sind erlaubt (Bild 1.4). Bei Betrieb entsprechend der Betriebsart S2 ist die Dauer der Belastung auf 10, 30, 60 und 90 min begrenzt (VDE Bestimmungen).

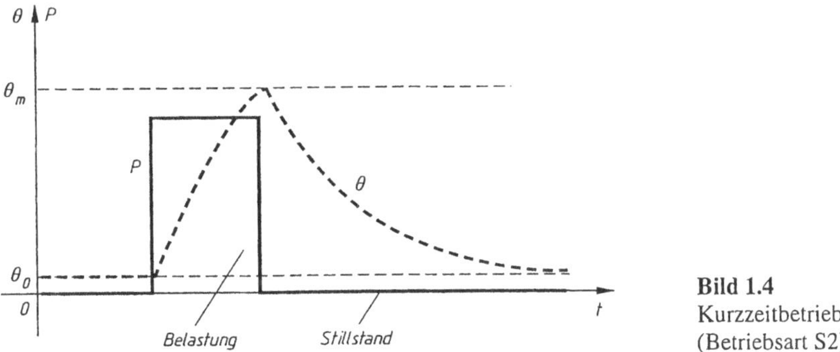

Bild 1.4
Kurzzeitbetrieb
(Betriebsart S2)

- Der *Aussetzbetrieb* (S3) ist ein periodischer Betrieb. Er entspricht der Arbeit der Maschine in einem Betrieb, der sich aus einer Reihenfolge von identischen Zyklen mit Belastung und Stillstand zusammensetzt. Dabei werden weder die Endtemperatur im Erwärmungsverlauf noch die Umgebungstemperatur im Abkühlungsverlauf erreicht. Jeder Zyklus beinhaltet eine Belastungszeit und eine Pausenzeit (Bild 1.5). Die Anlauf- und Bremsvorgänge werden für die Erwärmung nicht berücksichtigt. Bei Betrieb entsprechend der Betriebsart S3 beträgt die *Zyklusdauer* 10 min, wenn nicht andere Angaben vorliegen. Die *Pausenzeit* beträgt hingegen 15, 25, 40 und 60 % der Zykluszeit. Die Pausenzeit geteilt durch die Zyklusdauer, in Prozenten ausgedrückt, wird auch *relative Einschaltdauer* genannt und t_r bezeichnet.

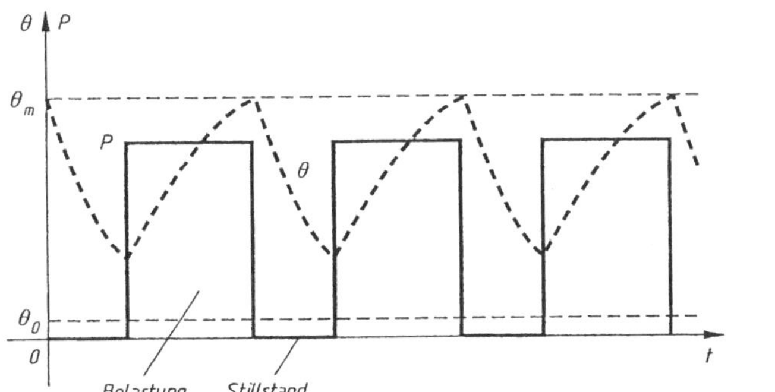

Bild 1.5
Aussetzbetrieb
(Betriebsart S3)

- Der *periodische Aussetzbetrieb mit einer Anlaufzeit* (S4), mit Einfluß des Anlaufs auf die Temperatur, entspricht der Betriebsart der Maschine mit einer dauernder Folge gleicher Zyklen, wobei jeder Zyklus eine beträchtliche *Anlaufzeit*, eine *Betriebszeit unter konstanter Belastung* und eine *Stillsetzzeit* enthält (Bild 1.6). Für den Betrieb entsprechend der Betriebsart S4 beträgt die *Zyklusdauer* 10 min, wenn nicht anders vereinbart. Die *Ruhe-* oder *Stillsetzzeiten* betragen 15, 25, 40 oder 60 % der Zyklusdauer.

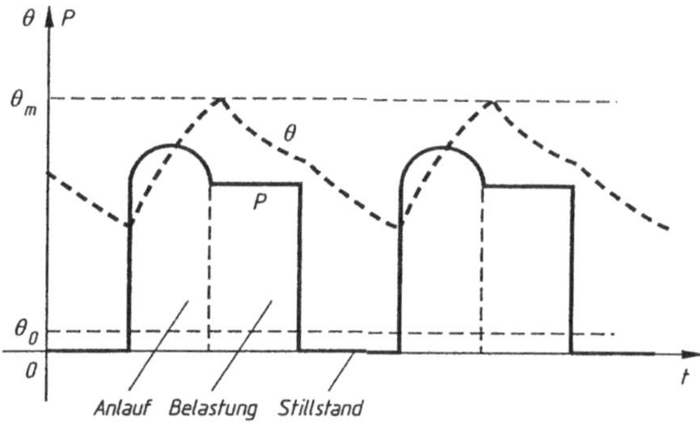

Bild 1.6
Aussetzbetrieb mit einer Anlaufzeit

- Der *Aussetzbetrieb mit einer Anlaufzeit und einer elektrischen Bremszeit* (S5), mit Einfluß des Anlaufs und der Bremsung auf die Temperatur, ist wieder ein periodischer Betrieb. Er unterscheidet sich von den vorherigen Betriebsarten dadurch, daß jede Betriebszeitspanne unter konstanter Belastung nicht durch das einfache Abschalten der Maschine zu Ende geht, sondern durch ihre elektrischen Bremsung (Bild 1.7). Unabhängig von der Art der Bremsung ist dies unvermeidlich mit einer zusätzlichen Erwärmung in der Maschine verbunden. Die Werte der relativen Einschaltdauer t_r und die Zahl der Hochläufe pro Stunde in diesem Betrieb sind die gleichen wie bei der schon behandelten Betriebsart S4 (ohne Bremsung).

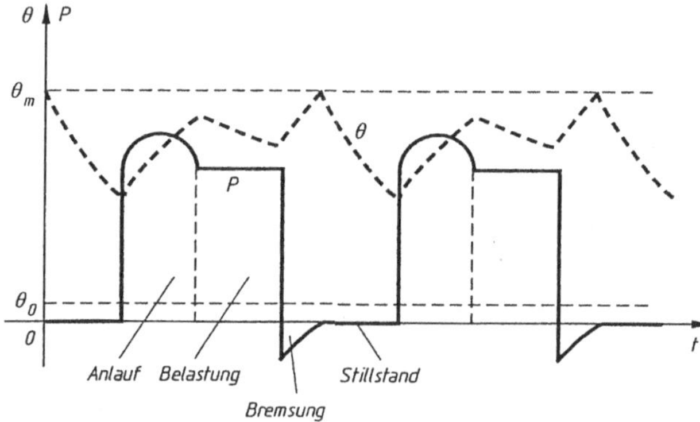

Bild 1.7
Aussetzbetrieb mit einer Anlaufzeit und einer elektrischen Bremszeit (Betriebsart S5)

- Der *Durchlaufbetrieb mit Aussetzbelastung* (S6) ist mit der Nennbetriebsart S3 verwandt, die Maschine bleibt aber ständig eingeschaltet. Er setzt sich aus einer Reihenfolge von *identischen Zyklen* unter *konstanter Belastung* und *Leerlauf* zusammen. Es gibt also *keine Pausenzeit* (Bild 1.8). Für den Nennbetrieb S6 ist die *Zyklusdauer* 10 min, wenn nicht anders vereinbart. Die Zeitspanne der *Aufrechterhaltung der Belastung* beträgt 15, 25, 40 oder 60 % der Zyklusdauer.

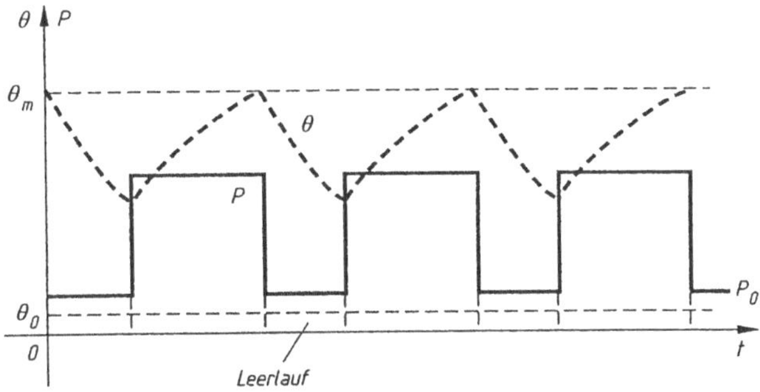

Bild 1.8
Durchlaufbetrieb mit Aussetzbelastung (Betriebsart S6)

- Der *Reversierbetrieb* (S7) ist ein periodischer Betrieb mit einer dauernden Folge gleicher Zyklen. Jeder dieser Zyklen umfaßt *Anlaufzeit, Betrieb mit konstanter Belastung und elektrische Bremsung.* Es gibt auch diesmal *keine Pausenzeit,* wie in Bild 1.9 dargestellt.

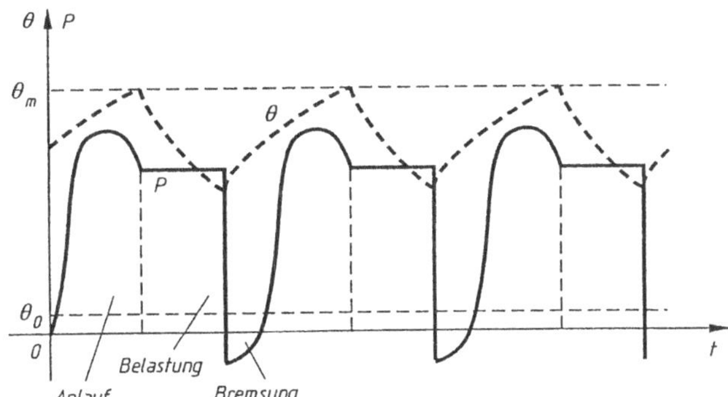

Bild 1.9
Reversierbetrieb (Betriebsart S7)

Während des folgenden, sich ohne Stillstandszeit anschließenden Zyklus ist die Drehrichtung umgekehrt. Für die Nennbetriebsart S7 ist die *Zyklusdauer* 10 min, wenn nicht anders vereinbart. Die Dauer *der Belastung* innerhalb dieses Standardzyklus beträgt 15, 25, 40 und 60 % der Zyklusdauer. Das Trägheitsmoment der Arbeitsmaschine muß einen begrenzten Wert besitzen. Die Dauer der Belastung reicht nicht aus, um innerhalb eines Zyklus das thermische Gleichgewicht zu erreichen. Für jeden anderen nicht standardmäßigen Zyklus, muß die Anzahl der Zyklen pro Stunde eine der folgenden Werte annehmen: 60, 90, 120, 240, 360, 480, 600. Für mehr als 600 Zyklen pro Stunde ist eine Absprache zwischen Hersteller und Nutzer notwendig.

- der *Durchlaufbetrieb mit veränderbarer Drehzahl* (S8) besteht aus ständig abwechselnden Zyklen. Jeder Zyklus umfaßt die folgenden Betriebszustände mit Einfluß auf die Temperatur der Maschine: *zwei oder mehrere Betriebszeitspannen mit verschiedenen Drehzahlen und konstanten Belastungen, die durch Umschaltungen getrennt sind* (Bild 1.10). In diesem Fall ist jede Herabsetzung oder Erhöhung der Drehzahl von Verlusten aufgrund der Bremsung bzw. der Beschleunigung begleitet. Daraus folgt eine Erhöhung der Maschinentempeperatur. Diese Betriebsart wird durch die Anzahl von vollständigen Zyklen pro Stunde charakterisiert – standardmäßig mit 60, 90, 120, 240, 360, 480 und 600 – und durch die Dauer der Belastung bei jeder Drehzahl. Da sie nicht festgelegt ist, kann dies abgesprochen werden.

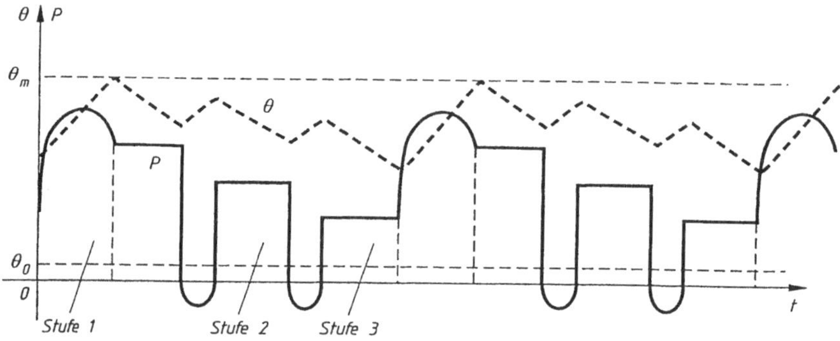

Bild 1.10 Durchlaufbetrieb mit veränderbarer Drehzahl (Betriebsart S8)

- Der *Betrieb mit nicht periodischer Last- und Drehzahländerung im zulässigen Betriebsbereich* (S9). Bei diesem Betrieb treten häufig Überlastungen auf, die weit über der Vollast liegen dürfen.
- Der *Betrieb mit einzelnen konstanten Belastungen* (S10), von denen jede einzelne so lange aufrecht erhalten bleibt, daß die Maschine den thermischen Beharrungszustand erreicht.

In den Betriebsarten S1 bis S9 darf die Temperatur θ_{max} die Grenztemperatur θ der Wärmeklasse der beim Bau der Maschine verwendeten Werkstoffe nicht überschreiten. Bei S10 ist die thermische Lebenserwartung – bezogen auf S1-Betrieb – anzugeben.

1.3.2 Aufstellungsort, Schutzgrade und Schutzarten

Die geographische Höhe, für welche die elektrischen Maschinen in der Normalausführung ausgelegt werden, ist auf 1000 m über dem Meeresspiegel festgelegt (VDE-Bestimmungen). Diese Beschränkung ist notwendig, da bei zunehmender Höhe der Luftdruck fällt und die Maschine sich bei gleicher Nennleistung, als Folge der dünneren Luft, stärker erwärmt. Dadurch tritt eine Verschlechterung der Kühlungsbedingungen durch Konvektion ein. *Diese zusätzliche Übertemperatur der Maschine kann mit 0,5 °C für 100 m Höhendifferenz angenommen werden.*

Alle elektrischen Maschinen sind so bemessen, daß sie die Nenndaten bei einer *Umgebungstemperatur* von höchstens 40 °C (für Deutschland) garantieren. Das heißt, daß *die Temperatur des Kühlmittels* 40 °C nicht überschreiten darf. Im Falle der Verwendung von Wasser als Kühlmittel darf die Wassertemperatur 25 °C bei einer normalen Maschine nicht überschreiten.

Jede Überschreitung der Temperatur macht eine Sonderanfertigung erforderlich. Sollte dennoch eine Standardmaschine verwendet werden, muß dies mit dem Hersteller vereinbart werden.

Wird die elektrische Maschine in einem sehr kleinen Raum aufgestellt, der keine ausreichende Belüftung zuläßt, oder ist die Lüftung der Maschine aus anderen Gründen behindert oder eingeschränkt, muß mit dem Hersteller zusammen eine Sondermaschine gewählt werden.

Je nach den *Umweltbedingungen*

- normal,
- explosiv,

- mit Säuredämpfen oder
- spezielles Klima,

werden die Bautypen der elektrischen Maschinen mit entsprechenden *Schutzgraden* hergestellt.

Einer der wichtigsten Umweltfaktoren ist das *Klima*. Bei der Auswahl der elektrischen Maschinen werden

- temperiertes,
- tropisch-feuchtes oder
- tropisch-trockenes

Klima in Betracht gezogen.

Die Normen legen das temperierte Klima als Standardbedingung zugrunde.

Dieses Medium wird *technisch-normales Medium* genannt. Für das technisch-normale Medium legen die Normen die normalen Schutzarten für drehende Maschinen fest. Für andere Umgebungen, beispielsweise bei Anwesenheit von Gasen, Dämpfen oder explosivem Pulver, bei korrosiven Dämpfen usw., werden die Maschinen als Sondermaschinen nach näheren Bestimmungen aus Auftragsvorschriften oder Standardlisten gebaut.

Das *tropische Klima* erfordert zusätzliche Maßnahmen, was den Schutz der Bestandteile der elektrischen Maschinen und der Wicklungen gegen *Korrosion, Wirkung von Bakterien, Termiten, Temperatur- und Feuchtigkeitsveränderungen* betrifft. Für den mechanischen Schutz elektrischer Maschinen und Transformatoren gibt es unterschiedliche Anforderungen.

Die einheitliche Bemessung der *mechanischen Schutztypen* ist durch Normen geregelt. Der Schutz ist definiert als die Gesamtheit der Maßnahmen, die getroffen werden müssen, so daß die betreffenden elektrischen Maschinen unter den gegebenen Bedingungen entsprechend normal funktionieren können und die Sicherheit der Personen, die sie bedienen, gewährleistet ist.

Der *Schutzgrad* entspricht den Umgebungsbedingungen der Maschinen und Geräten. Er kennzeichnet den Grad der mechanischer Abschirmung bewegter und spannungsführender Maschinenteile gegen unbeabsichtigte und beabsichtigte Berührung mit der Hand sowie gegen das Eindringen von Fremdkörpern und Wasser. Der Schutzgrad wird durch eine aus den Buchstaben IP (*International Protection*) und zwei Kennziffern gebildete Kennzeichnung charakterisiert; er steht auf dem Leistungsschild der Maschinen verzeichnet. Sehr häufig werden elektrische Maschinen mit den Schutzarten IP-23 und IP-54 eingesetzt:

Die *erste Kennziffer* kann Werte zwischen 0 und 6 annehmen und gibt den *Berührungs- und Fremdkörperschutz* an; die *zweite Kennziffer* kann Werte zwischen 0 und 8 annehmen und kennzeichnet den Schutz gegen Wasser. So bedeutet z.B. IP-23:

- 2: Schutz gegen Berührung mit den Fingern oder gegen Eindringen von Fremdkörpern mit Abmessungen größer als 12 mm,
- 3: Tropfwasserschutz, Schutz gegen schädliche Wirkung von senkrechtem Tropfwasser bzw. Spritzwasser.

Die *Schutzarten* der Maschinen betreffen:

- den *Klimaschutz*,
- den *Schutz gegen Laugen, Säuren und Feuchte*,
- den *Schutz gegen methan- und/oder kohlenstaubgefährdete Bereiche* (Bergbau unter Tage),
- den *Schutz gegen andere gasexplosionsgefährdete Arbeitsstätten*. Es gibt z.B. Explosionsschutz (Ex) mit druckfester Kapselung mit innerem Überdruck, erhöhter Sicherheit usw.

Die Hersteller elektrischer Maschinen haben die festgelegten Eigenschaften zu garantieren. Freilich soll der Betreiber die jeweiligen Gefahrenquellen der Umgebungsbedingungen genau im voraus kennen.

1.4 Mechanische Kennlinien der elektrischen Motoren

Jeder Motor läßt sich durch die Abhängigkeit zwischen der Winkelgeschwindigkeit Ω und dem Drehmoment M kennzeichnen: $\Omega = f(M)$. Diese Kennlinie bestimmt durch ihren Verlauf das Einsatzgebiet des Motors und erlaubt die Einteilung in mehrere Arten:

- Motoren mit *starrer mechanischer Kennlinie*, bei denen die Winkelgeschwindigkeit konstant ist, unabhängig vom entwickelten Drehmoment, solange dieses zwischen bestimmten Grenzen schwankt, wie z.B. beim *Synchronmotor* (Bild 1.11-a, Kennlinie 1).
- Motoren mit *harter mechanischer Kennlinie,* bei denen die Winkelgeschwindigkeit sehr gering und praktisch linear mit Zunahme des Drehmomentes abnimmt, wie z.B. beim Gleichstrommotor mit *Fremderregung* oder beim *Asynchronmotor* (Bild 1.11-a, Kennlinie 2).
- Motoren *mit elastischer (weicher) mechanischer Kennlinie*, bei denen die Winkelgeschwindigkeit bei Zunahme des Drehmomentes stark herabgesetzt wird, wie z.B. beim *Gleichstrommotor mit Reihenschlußerregung* (Bild 1.11-a, Kennlinie 3).

Es gibt jedoch auch noch andere elektrische Motoren, deren mechanische Kennlinien in keiner der oben angeführten Kategorien unterzubringen sind, ohne daß die Einteilung an Bedeutung verliert.

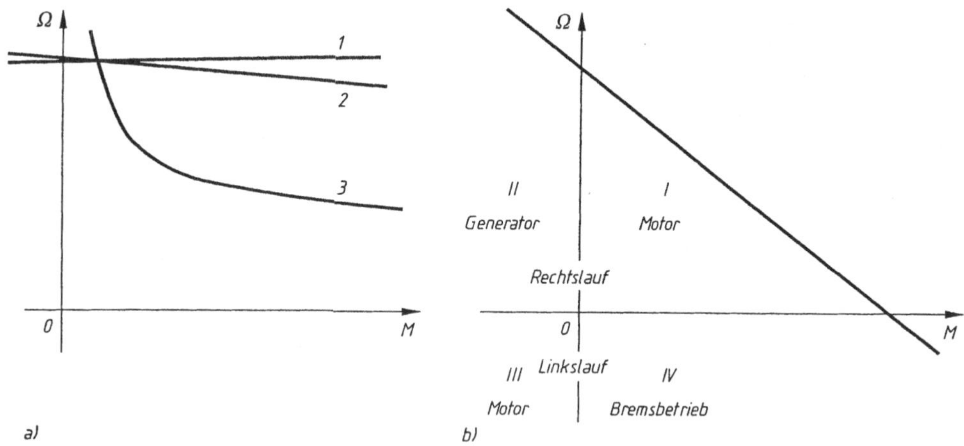

Bild 1.11 a) Mechanische Kennlinien der elektrischen Motoren:
1 *starr* (Synchronmotor),
2 *hart* (Nebenschlußmotor),
3 *elastisch* bzw. *weich* (Reihenschlußmotor)

b) Betriebsarten der elektrischen Maschinen: I Quadrant: Motor (Rechtslauf, positive Drehrichtung), II Quadrant: Generator (Nutzbremsbetrieb), III Quadrant: Motor (Linkslauf, negative Drehrichtung), IV Quadrant: Gegenstrombremsbetrieb

Bei jedem Motortyp wird später noch besonders auf die mechanische Kennlinie eingegangen.

Ändert sich die Richtung des Drehmomentes, arbeitet die Maschine nicht als Motor, sondern als Generator oder im Gegenstrombremsbereich. In Bild 1.11-b sieht man diese drei Betriebsarten der elektrischen Maschinen in drei Quadranten der (Ω, M)-Ebene:

- im *ersten* Quadrant arbeitet die Maschine als *Motor,*
- im *zweiten* als *Generator* (*Bremsbetrieb*),
- im *drittten* als *elektrische Bremse* im *Gegenstrombremsbereich.*

1.5 Mechanische Kennlinien der Arbeitsmaschinen

Arbeitsmaschinen haben viele unterschiedliche mechanische Kennlinien. Das Widerstandsmoment der Arbeitsmaschine ist im allgemeinen von der Winkelgeschwindigkeit bzw. Drehzahl abhängig. Bei bestimmten Arbeitsmaschinen besteht auch eine Abhängigkeit vom Drehwinkel und von der Zeit. Einige Einzelheiten dieser Kennlinien werden im Folgenden gezeigt. Dabei wird eine Systematisierung erzielt, wenn einige Vereinfachungen angenommen werden.

In Bild 1.12 ist eine mechanische Kennlinie gezeichnet, bei der das Widerstandsmoment M_L unabhängig von der Winkelgeschwindigkeit Ω konstant ist (die mit fetter Linie gezeichnete Kennlinie). Diese Kennlinie findet man z.B. bei Hebezeugen, Krananlagen, bei Förderbändern mit gleichmäßiger Ladung, bei Kolbenpumpen und Kolbenkompressoren (wenn von der wechselnden periodischen Komponente des Drehmomentes abgesehen wird) bei Drehmaschinen beim Längsdrehen mit unveränderlichem Durchmesser.

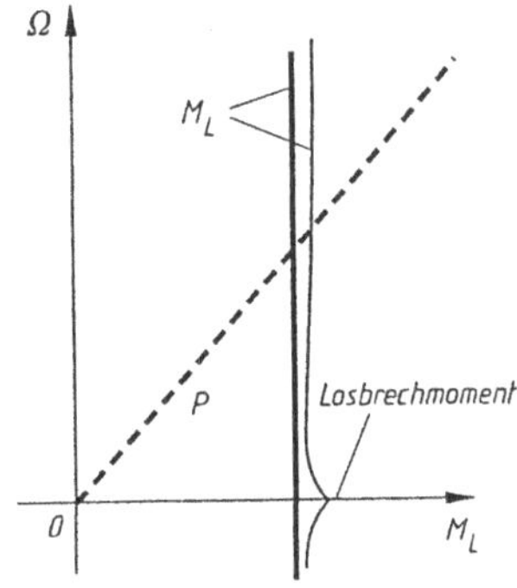

Bild 1.12
Mechanische Kennlinie mit konstanten Widerstandsmoment M_L (M_L = konst., $P = M_L\Omega \sim \Omega$, *also* Ω-*proportional*)

Die *mechanische Leistung* ($P_2 = M_L\Omega$) ändert sich bei dieser Art Arbeitsmaschine direkt proportional zur Winkelgeschwindigkeit (mit unterbrochener Linie gezeichnete Kurve in Bild 1.12).

Andere Arbeitsmaschinen besitzen Widerstandsdrehmomente, die sich proportional zu Ω ändern. Solche Momente treten im Falle der *„zähflüssigen“ Reibungen* auf, wie z.B. bei Kalandern für die Papierbearbeitung oder in der Textilindustrie, Maschinen für die Verarbeitung der Kunststoffe, elektromagnetischen Wirbelstrombremsen und Gleichstromgeneratoren mit konstantem Belastungswiderstand. In Bild 1.13 sind mit fetter Linie die mechanische Charakteristik und mit unterbrochener Linie die Parabel der mechanischen Leistung solcher Arbeitsmaschinen eingezeichnet.

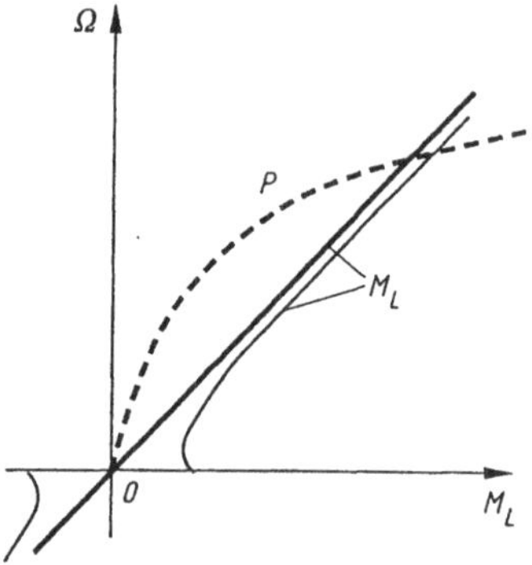

Bild 1.13
Mechanische Kennlinie mit zähflüssigen Reibungen ($M_L \sim \Omega$, $P \sim \Omega^2$)

Man unterscheidet auch Arbeitsmaschinen mit *mechanischer quadratischer Kennlinie* (Bild 1.14), bei denen das Belastungsmoment direkt proportional zum Quadrat der Winkelgeschwindigkeit steigt, während sich die aufgenommene mechanische Leistung mit der dritten Potenz der Winkelgeschwindigkeit ändert. Diese Kennlinien findet man bei Zentrifugalpumpen, Ventilatoren, Gebläsen und Schiffsschrauben.

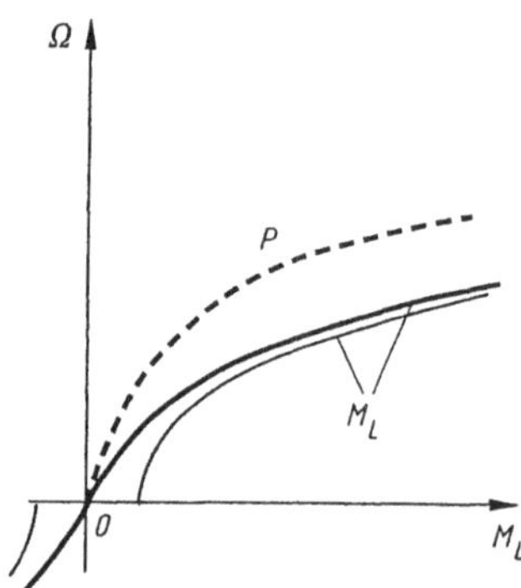

Bild 1.14
Mechanische quadratische Kennlinie ($M_L \sim \Omega^2$, $P \sim \Omega^3$)

Häufig sind in der Praxis die mechanischen Lastkennlinien nicht so leicht durch einfache mathematische Funktionen darzustellen. Des öfteren kommt zum oben beschriebenen Belastungsmoment, unabhängig von der Winkelgeschwindigkeit, ein mehr oder weniger großes *statisches oder trockenes* Reibungsmoment (*Coulombsche Reibung*) hinzu. Diese statischen Reibungen ändern grundlegend die mechanische Lastkennlinie im Gebiet der niedrigen Winkelgeschwindigkeiten. Zum Anlassen der Arbeitsmaschine ist das Überwinden dieses anfänglichen Gegenmoments (Losbrechmoment) nötig. In den Bildern 1.12 bis 1.14 sind mit voller dünner Linie die mechanischen Kennlinien dargestellt, die diese trockenen Reibungsmomente berücksichtigen.

In einigen elektrischen Antriebssystemen hängt das Belastungsmoment nicht nur von der Winkelgeschwindigkeit Ω ab, sondern auch vom Positionswinkel der Belastungswelle. So ist das Widerstandsmoment bei den Kolbenverdichtern – bei einem konstanten Mittelwert der Winkelgeschwindigkeit –, je nach dem Positionswinkel der Welle, periodisch veränderlich. Die Wellenposition hängt von der Kolbenlage im Zylinder des Verdichters ab. Eine ähnliche Abhängigkeit des Belastungsmoments tritt bei den Pumpen, mechanischen Sägewerken, Metallscheren, Stanz- und Pressmaschinen, Tiefpumpen für Erdöl usw. auf.

In anderen Fällen, ist das Widerstandsmoment, bei einer gegebenen Winkelgeschwindigkeit, von der Entfernung und dem Zustand der Strecke abhängig, wie es bei Lokomotiven, elektrischen Straßenbahnen oder Trolleybussen vorkommt.

Weiter ist darauf hinzuweisen, daß die Momente der Arbeitsmaschine ihren Charakter ändern können: aus Widerstandsmomenten können aktive Drehmomente werden oder umgekehrt. So bei:

- *Hebezeugen*: wenn das Belastungsmoment das Drehmoment des Arbeitsmotors überschreitet, ändert sich die Drehrichtung;
- *elektrischen Lokomotiven*: bei Steigungen ist das Moment – erzeugt durch die Gewichtskräfte – ein Widerstandsmoment, während bei Gefälle dasselbe Moment zu einem aktiven Drehmoment wird;
- *Verdichtern* und *einigen Pumpen unter Gegendruck*: bei einer geringen Druckkraft kann die vom Gegendruck erzeugte Kraft die Bewegungsrichtung des Kolbens umkehren.

1.6 Stationäre Zustände elektrischer Antriebssysteme. Statische Stabilität

Jedes Antriebssystem besteht prinzipiell aus einem Antriebsmotor und einer Arbeitsmaschine, beide haben eine eigene stationäre Kennlinie. Für den dynamischen Betrieb gilt das dynamische Grundgesetz (hier als DGL):

$$m - m_{\mathrm{L}} = J\frac{\mathrm{d}\Omega}{\mathrm{d}t}\,, \tag{1.1}$$

mit:

m aktives Drehmoment des Motors,
m_{L} passives Moment (im allgemeinen Widerstandsmoment) der Arbeitsmaschine,
J gesamtes Trägheitsmoment,
Ω Winkelgeschwindigkeit.

Man setzt voraus, daß der Antriebsmotor und die Arbeitsmaschine direkt (ohne Getriebe) mechanisch gekoppelt sind. Diese Voraussetzung soll nur für die einfache Untersuchung gelten. Die erzielten Schlußfolgerungen können auch für den Fall einer Kopplung mit irgendeinem Übertragungselement verallgemeinert werden.

Im stationären Betrieb sind $\Omega = \text{konst.}$ und $(\mathrm{d}\Omega/\mathrm{d}t) = 0$. Die obige Gleichung führt zur Betragsgleichheit des aktiven, vom Motor erzeugten Drehmoments M und des passiven Widerstandsmoments M_{L} der Arbeitsmaschine. Die beiden Maschinen besitzen dieselbe Winkelgeschwindigkeit; die Drehmomente wirken gegeneinander mit unterschiedlichen Drehwillen. In der Ebene (Ω, M) der mechanischen Kennlinien des Antriebsmotors und der Arbeitsmaschine entspricht der stationäre Betrieb dem Schnittpunkt A der beiden Kennlinien (Bild 1.15-a).

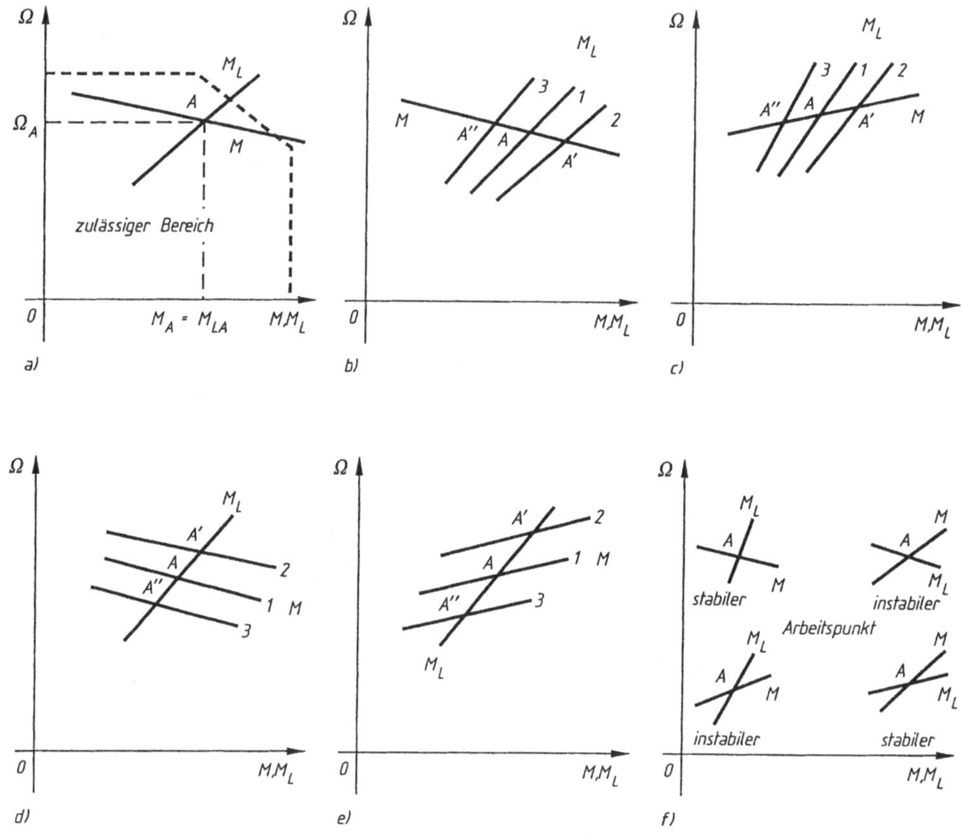

Bild 1.15 a) Stabil im zulässigen Antriebsbereich; b) statisch stabil (Störungen auf der Seite der Arbeitsmaschine); c) statisch labil (Störungen auf der Seite der Arbeitsmaschine); d) statisch stabil (Störungen auf der Seite des Motors); e) statisch labil (Störungen auf der Seite des Motors); f) Zusammenfassung

Von Anfang an muß in der (Ω, M)-Ebene der zulässige gemeinsame Betriebsbereich abgegrenzt werden. Dieser Bereich stellt die Überlappung der zulässigen Bereiche des betrachteten Antriebsmotors und der Arbeitsmaschine, dar. Diese Bereiche entstehen aus Gründen:

- der *mechanischen Festigkeit* (Drehzahlen und Momente, die nicht überschritten werden können, ohne die Maschinen zu beschädigen oder zu zerstören) oder
- der *thermischen Beanspruchung* (unter einer bestimmten Belastung können die erhöhten Energieverluste zu einer unzulässigen thermischen Belastung gewisser Teile der Maschine führen) oder
- der *Erfordernisse des technologischen Prozesses* (Bild 1.15-a).

Damit ein stationärer Betrieb (im Arbeitspunkt A) zulässig ist, müssen zwei Bedingungen erfüllt sein:

- der Arbeitspunkt A muß *im Inneren des zulässigen Betriebsbereiches liegen* (andernfalls muß ein Motor mit einer anderen mechanischen Kennlinie für die betrachtete Arbeitsmaschine ausgewählt werden) und
- der Arbeitspunkt A soll *einen statisch stabilen Betrieb* ermöglichen.

Die erste Bedingung bedarf keiner zusätzlichen Erklärungen. Die zweite Bedingung aber benötigt dies. Sie soll mit der Methode der kleinen Veränderungen untersucht werden:

Man nimmt an, daß sich aus irgend einem technologischen Grund die mechanische Kennlinie der Arbeitsmaschine sehr wenig ändert und das Widerstandsmoment größer wird. Die neue Kennlinie ist im Bild 1.15-b mit 2, die ursprüngliche mit 1 bezeichnet. Der neue Betriebspunkt im stationären Betrieb ist diesmal A', der sich in nächster Nähe des Punkts A befindet. Wenn die Ursache, die die Änderung der Kennlinie der Arbeitsmaschine bedingt hat, zu einem späteren Zeitpunkt wieder verschwindet, kehrt die Arbeitsmaschine zur Kennlinie 1 zurück. Das System müsste allmählich zum Punkt A zurückkehren.

Für den speziellen Fall der Kennlinien, die in Bild 1.15-b dargestellt sind, findet diese Rückkehr tatsächlich statt: zum Zeitpunkt t, wenn die Arbeitsmaschine plötzlich zu der ursprünglichen Kennlinie 1 zurückkehrt, ist die Winkelgeschwindigkeit des Systems kleiner als jene, die dem Punkt A entspricht. In diesem Fall überschreitet momentan das vom Antriebsmotor erzeugte Drehmoment das Belastungsmoment der Arbeitsmaschine; das System wird beschleunigt. Die Drehzahl steigt, das Drehmoment des Antriebsmotors nimmt ab, und das Widerstandsmoment der Arbeitsmaschine wächst. Das System kommt allmählich zum Punkt A zurück und bleibt in diesem Punkt, da das Drehmoment des Antriebsmotors wieder das Widerstandsmoment der Arbeitsmaschine ausgleicht (Momentengleichgewicht). Der Punkt A ist also, vom statischen Gesichtspunkt aus gesehen, stabil.

Falls die Kennlinienänderung der Arbeitsmaschine im entgegengesetzten Sinne stattfindet (bei gleicher Winkelgeschwindigkeit nimmt das Widerstandsmoment der Arbeitsmaschine etwas ab – siehe Kennlinie 3 in Bild 1.15-b), führt eine gleichartige Analyse zur gleichen Schlußfolgerung: der Punkt A ist stabil.

Ein Antriebssystem ist aber *nicht immer stabil.* In Bild 1.15-c ist ein Antriebsmotor mit einer anderen Steigung der Kennlinie bei gleichbleibender Arbeitsmaschine in Betracht gezogen. Man berücksichtigt auch diesmal den stationären Betrieb, der durch den Schnittpunkt A zwischen der mechanischen Kennlinie 1 der Arbeitsmaschine und der mechanischen Kennlinie des Antriebsmotors charakterisiert ist. Wenn aus irgend einem Grund die Arbeitsmaschine ihre Kennlinie sehr wenig ändert, führt die neue Kennlinie, mit 2 in Bild 1.15-c bezeichnet, zu einem Betriebspunkt A' in der Nähe von A. Wenn in dieser Lage die störende Ursache verschwindet und die Arbeitsmaschine zur mechanischen Kennlinie 1 zurückkommt, kehrt das System nicht mehr zum Punkt A zurück. Im ersten Augenblick nach dem Verschwinden der störenden Ursache befindet sich das System tatsächlich im Punkt A', für den das Moment des Antriebsmotors, bei gleicher Winkelgeschwindigkeit, größer ist als das entsprechende Widerstandsmoment der Arbeitsmaschine: das System wird beschleunigt, die Drehzahl wächst, und das Moment des Antriebsmotors wächst schneller als das Widerstandsmoment der Arbeitsmaschine. Es kann nicht mehr vom Erreichen eines stationären Betriebs gesprochen werden. Die Drehzahl wird wachsen, und das System wird u.U. gefährdet.

Die Kennlinie 3 in Bild 1.15-c zeigt, daß das Zurückkommen in den Punkt A auch dann nicht mehr möglich ist, wenn sich die störende Ursache im entgegengesetzten Sinn auswirkt. Die Drehzahl nimmt allmählich ab, und das System befindet sich wieder in einer gefährdeten Lage.

Die Störungen können auch auf der Seite des elektrischen Antriebsmotors erscheinen (Bild 1.15-d, e). Die Analyse der statischen Stabilität in der Umgebung des Betriebspunkts A wird in der gleichen Art wie oben angegeben durchgeführt.

Daraus folgt, daß die statische Stabilität des Antriebssystems in einem stationären Betrieb wesentlich von den Steigungen der mechanischen Kennlinien des Antriebsmotors und der Arbeitsmaschine in deren Schnittpunkt abhängt.

Man kann ein allgemeines Kriterium für die statische Stabilität formulieren, von der folgenden Bemerkung ausgehend: wenn aus irgend einem Grund das System aus dem Punkt A herausgenommen wird und die Winkelgeschwindigkeit steigt, damit das System beim Wegfall der Störung zum Punkt A zurückkehrt, ist es notwendig, daß die Winkelgeschwindigkeit sich vermindert bzw. das Widerstandsmoment das Drehmoment des Antriebsmotors überschreitet.

Dies bedeutet, daß die Steigungen der Kennlinien in ihrem Schnittpunkt die Ungleichung

$$\left[\frac{\mathrm{d}M_{\mathrm{L}}}{\mathrm{d}\Omega}\right]_{\mathrm{A}} > \left[\frac{\mathrm{d}M}{\mathrm{d}\Omega}\right]_{\mathrm{A}} \tag{1.2}$$

erfüllen.

Mit anderen Worten: Damit in einem stationären Betriebspunkt A die statische Stabilität gewährleistet wird, muß die Steigung der mechanischen Kennlinie der Arbeitsmaschine in diesem Punkt größer als die Steigung der Kennlinie des Antriebsmotors sein.

Die vier möglichen Fälle, die die relativen Positionen der mechanischen Kennlinien des Antriebsmotors und der Arbeitsmaschine wiedergeben, sind in Bild 1.15-f eingezeichnet. Es muß festgestellt werden, ob die statische Stabilität gewährleistet ist oder nicht. Konkrete Beispiele zur Untersuchung der statischen Stabilität werden bei der Untersuchung verschiedener Typen von elektrischen Antriebsmotoren angegeben.

Viele Antriebssysteme arbeiten in einem einzigen stationären Arbeitspunkt A. Mit anderen Worten: Die mechanischen Kennlinien des Motors und der Arbeitsmaschine ändern sich nicht; der technologische Prozeß benötigt nicht mehrere Arbeitspunkte in stationärer Lage.

Es gibt aber auch andere Antriebssysteme, die von technologischen Prozessen bestimmt werden die *in mehreren Betriebspunkte arbeiten,* manchmal in einigen wenigen, manchmal einen ganzen (Ω, M)-Bereich abdeckend. In diesen Fällen stellt sich das Problem der Änderung der mechanischen Kennlinien $\Omega = f(M)$, bzw. $\Omega = f(M_{\mathrm{L}})$. Um dies zu erreichen, werden drei Verfahren verwendet:

- Die Kennlinie der Arbeitsmaschine wird durch äußere Mittel verändert, aber die Kennlinie des Antriebsmotors bleibt unverändert (Bild 1.16-a). Der geometrische Ort der Betriebspunkte A stimmt ersichtlich mit der mechanischen Kennlinie des Motors überein (z.B. Antriebssystem einer einfachen Drehmaschine, wenn verschiedene Werkstücke bei ungefähr gleicher Drehzahl gedreht werden).
- Die Kennlinie des Antriebsmotors wird durch äußere Mittel verändert, wobei die Kennlinie der Arbeitsmaschine beibehalten wird (Bild 1.16-b). In diesem Fall deckt sich der geometrische Ort des Arbeitspunktes A mit der Kennlinie der Arbeitsmaschine (z.B. Antriebssystem eines Krans, wenn die gleichen Gewichte mit verschiedenen Geschwindigkeiten abgehoben werden).

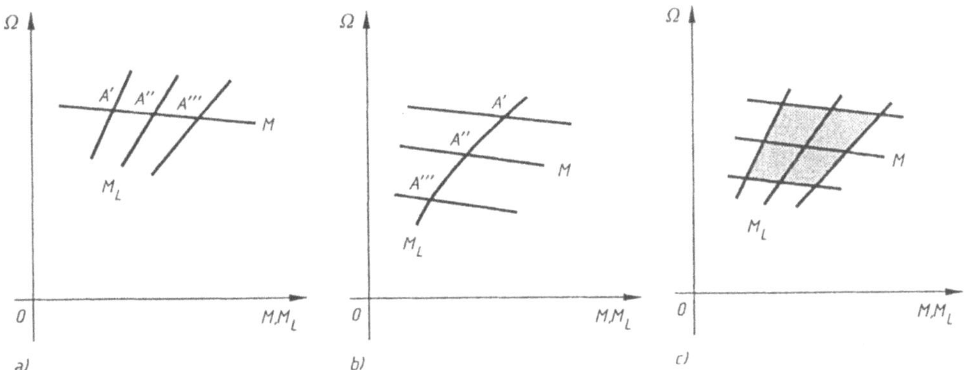

Bild 1.16 Änderungsmöglichkeiten der mechanischen Kennlinien bei einem Antriebssystem:
a) Änderung der Kennlinie der Arbeitsmaschine $M_L(\Omega)$,
b) Änderung der Kennlinie des Motors $M(\Omega)$,
c) Änderung beider mechanischen Kennlinien $M_L(\Omega)$, $M(\Omega)$

- Durch äußere Mittel verändern sich die beiden mechanischen Kennlinien. Der geometrische Ort des Arbeitspunktes A wird jetzt zu einer Fläche (z.B. Antriebssystem einer elektrischen Lokomotive) (in Bild 1.16-c grau hinterlegt).

Das Verfahren, durch welches sich die mechanische Kennlinie des Antriebsmotors verändert, wird *Drehzahlverstellung* genannt. Im Laufe der Untersuchung verschiedener Antriebsmotortypen wird den Methoden der Drehzahlverstellung eine besondere Aufmerksamkeit gewidmet.

Bei der Auswahl verschiedener Verfahren der Veränderung mechanischer Kennlinien der Antriebsmotoren und insbesondere bei der Auswahl der Verstellmethoden der Motordrehzahl müssen viele technische und wirtschaftliche Aspekte berücksichtigt werden:

- Anzahl und Kosten der Hilfsgeräte,
- Veränderung der energetischen Kriterien des Systems,
- Abwandlung technischer und mechanischer Beanspruchungen,
- Kühlung usw.

1.7 Dynamische Zustände der elektrischen Antriebssysteme

Die zeitliche Abänderung des Betriebspunktes eines Antriebssystems, d.h. der Übergang von einem stationären Betrieb zu einem anderen, stellt einen dynamischen Vorgang dar. Die dynamischen Vorgänge können von Störungen, Schäden oder Unfällen, sowie auch beabsichtigt, entsprechend dem Bedarf eines technologischen Prozesses, verursacht werden. Die dynamischen Vorgänge der zuletzt genannten Kategorie können derart eingeteilt werden:

- *Anlauf*: der Übergang des Antriebssystems vom Stillstand in einen gewissen stationären Betrieb.
- *Auslauf*: der freie Übergang von einem stationären Betrieb in den Stillstand (Pausen/Ruhezustand). Die Verzögerung erfolgt nur unter dem Einfluß der natürlichen Reibungen.

- *Bremsung*: das Anhalten des Systems durch ein zusätzliches Verzögerungsmoment, das im allgemeinen viel größer als das von den natürlichen Reibungen verursachte ist. Das zusätzliche Bremsmoment kann auf verschiedenen Wegen (mechanisch, elektrisch, hydraulisch, elektromechanisch usw.) realisiert und aufrechterhalten werden.
- *Umkehrung (Reversieren)* der Drehrichtung: der Übergang von einem stationären Betrieb in einer Drehrichtung zu einem anderen stationären Betrieb in entgegengesetzter Richtung. Die Umkehrung bedeutet eine Bremsung bis zum Stillstand, mit einem Hochlauf *mit entgegengesetztem Drehsinn.*
- *Drehzahlverstellung:* die Änderung der mechanischen Kennlinie des Antriebsmotors unter Beibehaltung der mechanischen Kennlinie der Arbeitsmaschine. Man erreicht auf diesem Weg den Übergang von einem stationären Betrieb mit einer gewissen Drehzahl zu einem anderen stationären Betrieb mit einer anderen Drehzahl.
- *Veränderung des Belastungsmomentes*: die Veränderung der mechanischen Kennlinie der Arbeitsmaschine unter Beibehaltung der mechanischen Kennlinie des Antriebsmotors. Das Ergebnis besteht in einem Übergang zu einem anderen Arbeitspunkt.

Die *dynamischen Vorgänge* können auch von Störungen oder Unfällen im Antriebssystem verursacht werden, wie z.B. Veränderung der elektrischen Versorgungsspannung, Kurzschlüsse, die Ausschaltung oder Unterbrechung eines Stromkreises (z.B. die Erregung eines Gleichstrommotors), Eingreifen einer Arretiervorrichtung (Hub, Drehzahl), Änderung der Speisenetzfrequenz.

Die *dynamischen Vorgänge* weisen Besonderheiten auf, welche manchmal widersprüchlich sind. Somit können in den technologischen Prozessen die Anlauf-, Brems- und Umkehrungszeiten eine wichtige Rolle in Hinsicht auf die Produktivität einiger Anlagen (Werkzeugmaschinen, Fahrbetriebe) spielen. Jedoch können die verschiedenen Betriebsgrößen des dynamischen Betriebs einigen *Beschränkungen* unterliegen, wie z.B.:

- *Beschleunigungsbegrenzungen,* da die großen Beschleunigungen das Rutschen der angetriebenen Räder oder auch die Erzeugung eines gefährlichen Torsionsmomentes der Zwischenwellen, Zugbeanspruchungen in den Kabeln, Streß bei den beförderten Personen usw. hervorrufen können;
- *Drehmomentbegrenzungen,* da bei Mechanismen mit großen Trägheitsmomenten der Antriebsmotor sehr große Anzugsmomente entwickeln muß – sogar bei kleinen Beschleunigungen –, was die Möglichkeiten des Motors überschreiten könnte oder zur Überbemessung der mechanischen Übertragungselemente führen könnte;
- *Drehzahlbegrenzungen,* da die großen Drehzahlen viel zu gefährliche Zentrifugalkräfte erzeugen könnten;
- *Hubbegrenzungen,* da die Verschiebung einiger Mechanismen über gewisse Längengrenzen diese beschädigen kann.

Gewöhnlich ist bei verschiedenen Arbeitsmaschinen – in Abhängigkeit von den Erfordernissen des technologischen Prozesses – die Art der Zeitveränderungen des Lastmomentes sowie der Winkelgeschwindigkeit bekannt. In Bild 1.17 sind z.B. die Zeitfunktionen der Geschwindigkeit $v = f(t)$ und des Drehmomentes $m = f(t)$ für eine Lokomotive dargestellt.

- Im *Bereich* $t \in (0, t_1)$ verläßt die Lokomotive den Ruhezustand mit einer konstanten Beschleunigung, und somit ändert sich die Drehzahl proportional zu der Zeit.
- Im *Bereich* $t \in (t_1, t_2)$ bleibt die Drehzahl unverändert, es wurde der stationäre Betrieb erreicht, das Lastmoment wird nur von den Reibungsmomenten des Systems verursacht.

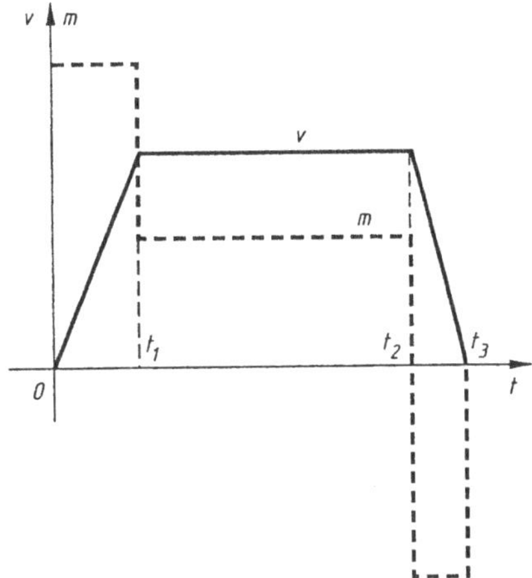

Bild 1.17
Zeitfunktionen der Geschwindigkeit $v = v(t)$ und des Drehmomentes $m = m_L(t)$ bei einer Lokomotive

- Im *Bereich* $t \in (t_2, t_3)$ wird die Lokomotive bis zum Stillstand abgebremst. Man bedarf eines Gegenmomentes m für eine negative und konstante Beschleunigung (Verzögerung); die Drehzahl nimmt zeitlich linear ab.

Die Kennlinien $v = f(t)$ und $m_L = f(t)$ sind von einem Antriebssystem zum anderen sehr unterschiedlich.

1.8 Elektromagnetische Steuerungs- und Schutzgeräte

Es folgt ein kurzer Überblick über einige elektromechanische Geräte, die üblicherweise in den automatisierten elektrischen Antriebssystemen verwendet werden.

1.8.1 Elektromagnetisches Relais

Ein Relais ist ein Gerät, das ohne die unmittelbare Vermittlung eines Anwenders eine Sprungänderung (oftmals durch die Einschaltung einiger Kontakte oder mit Hilfe kontaktloser Elemente) der Ausgangsgröße bewirkt, wenn es einigen äußeren Einflüssen, unter bestimmten Bedingungen, ausgesetzt ist. Nach dem Betriebsprinzip unterscheiden sich mehrere Relaisarten: *mechanische, thermische, optische, elektronische, elektromagnetische, pneumatische, hydraulische* usw. Ihrer Bestimmung nach werden die Relais in drei Kategorien aufgeteilt:

- zum Schutz der elektrischen Systeme,
- für die Antriebssteuerung,
- für die Automatisierung.

Im Folgenden werden *nur die elektromagnetischen und die thermischen Relais*, die zum Schutz und zur Steuerung der elektrischen Antriebssysteme benutzt werden, vorgestellt.

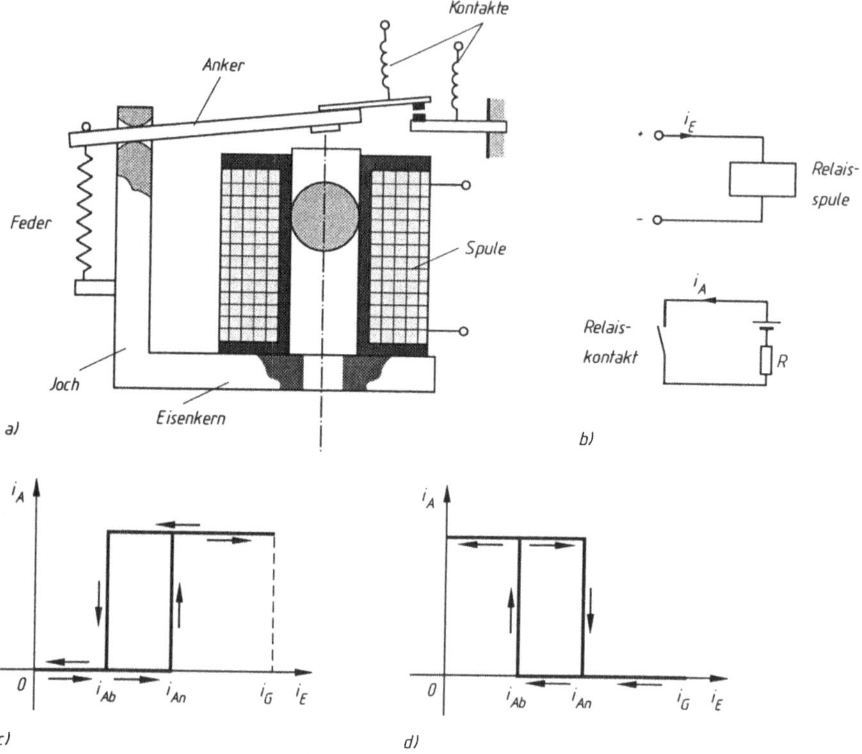

Bild 1.18 Elektromagnetisches Relais:
a) Konstruktive Grundelemente,
b) elektrischer Stromkreis (i_E: Eingangsstrom, i_A: Ausgangsstrom),
c), d) Kennlinie eines Relais $i_A = f(i_E)$ mit in Ruhestellung:
c) geschlossenem Kontakt (Öffner),
d) geöffnetem Kontakt (Schließer)

Ein *elektromagnetisches Relais* besteht prinzipiell aus den folgenden konstruktiven Grundelementen (Bild 1.18-a):

- dem *magnetischen Kreis*, der aus einem unbeweglichen und einem beweglichen Teil gebildet wird,
- der *Betätigungsspule,*
- den *elektrischen Kontakten* (definitionsgemäß ist ein elektrischer Kontakt eine lösbare Verbindung zwischen zwei Leitern über *Kontaktelemente*, die geeignet sind, einen Strom zu führen),
- der *Feder.*

Das Arbeitsprinzip des elektromagnetischen Relais ist sehr einfach: Wird die Spule des Elektromagneten durch einen Gleich- oder Wechselstrom erregt, wird auf den beweglichen Anker eine Anziehungskraft ausgeübt. Falls die Rückhaltekraft der Rückstellfeder überschritten wird, setzt sich der Anker in Bewegung. Durch seine Bewegung schließt/öffnet der bewegliche Anker ein oder mehrere Paare elektrischer Kontakte. Dadurch schließt/öffnet er z.B. einen elektrischen Stromskreis, der zu einer Anlage gehört.

Die elektromagnetischen Relais (Bild 1.18-b) führen zu einer Abhängigkeit zwischen der Ausgangsgröße (dem Strom i_A aus dem durch die Relaiskontaktelemente geschlossenen Kreis) und der Eingangsgröße (dem Strom i_E, der die Betätigungsspule durchfließt) derart, wie in Bild 1.18-c, d dargestellt. Wenn dem Wert Null der Eingangsgröße der Wert Null der Ausgangsgröße entspricht, dann wird das Relais als „mit *Arbeitskontakten* ausgerüstet" bezeichnet.

Wenn der Strom i_E ansteigt, wird auch die vom Elektromagneten ausgeübte Anziehungskraft größer. Solange der Strom i_E sich unter einem bestimmten Wert (*Ansprechwert*) i_{An} befindet, wird die Anziehungskraft von der Gegenkraft, die die Rückstellfeder ausübt, nicht überschritten, und der Anker bleibt in Ruhe. Der Ausgangsstrom ist Null, da der Kontakt geöffnet ist (Bild 1.18-c). *Wenn der Strom* i_E *den Ansprechwert* i_{An} *überschritten hat, ist die vom Elektromagneten erzeugte Kraft größer als die Gegenkraft der Feder.* Der Anker wird sich bewegen, die Kontaktstücke im Ausgangskreis schließen, und der Strom i_A erreicht den Maximalwert (vom Wert der induzierten Spannung und des Ausgangskreiswiderstands abhängig). Der Strom i_A behält ersichtlich seinen Wert, solange $i_E > i_{An}$. Gewöhnlich überschreitet der Strom i_E den Wert i_{An} beträchtlich, um den Antrieb des Relais zu sichern. Der Grenzwert i_G liegt zwischen dem 1-, 2- und 4-fachen des Ansprechwertes i_{An} (Bild 1.18-c).

Wenn der durch die Spule durchfließende Strom i_E einen bestimmten Wert unterschritten hat bzw. wenn der Strom i_E einen Wert unter i_{Ab} (*Abfallwert*) annimmt, überschreitet die elektromagnetische Kraft nicht mehr die Gegenkraft, und das Relais fällt ab. Die geschlossenen Kontaktstücke öffnen, und der Ausgangsstrom i_A wird zu Null (Bild 1.18-c). Jede weitere Verminderung von i_E unterhalb des Schwellenwertes i_{Ab} führt zu keiner Änderung im Zustand der Kontaktstücke.

Gewöhnlich besteht die Beziehung $i_{Ab} < i_{An}$, d.h. die Eingang-Ausgangskennlinie des elektromagnetischen Relais weist eine nichtlineare Abhängigkeit vom Hysterese-Typus auf (Bild 1.18-c).

In Bild 1.18-d wird die gleiche Kennlinie für ein Relais mit *normal geschlossenem Kontakt* dargestellt, bei welchem *der Ausgangsstrom den Maximalwert zum Nullwert des Eingangsstroms annimmt.* Somit entsprechen dem ganzen Veränderungsbereich der Eingangsgröße i_E nur zwei stabile Werte der Ausgangsgröße i_A (was definitionsgemäß charakteristisch für ein binäres System ist). Der elektrische Kontakt kann also als ein binärer Zustand betrachtet werden.

Das gleiche Relais kann *mehrere normal geöffnete (no, Schließer)* und *mehrere andere normal geschlossene (ng, Öffner)* Kontakte besitzen. *Normal* bezieht sich hier auf den Kontaktzustand, bei nicht von Strom durchflossener Relaisspule.

Ein Relaiskontakt wird auch durch das *Ausschaltungsvermögen* charakterisiert. Dieses wird in den Katalogen durch den *Maximalstrom*, der unterbrochen werden kann, und durch die *Maximalspannung* zwischen den Kontaktstücken im geöffneten Zustand angegeben.

Das *Schaltungsvermögen* von Relais ist *sehr klein.* Die Ströme, die unterbrochen werden können, liegen bei einigen Ampere oder darunter. Die Spannung zwischen den Kontaktstücken befindet sich in der Größenordnung von *mehreren hundert Volt.* Das gleiche Relais besitzt bei Gleichstrom ein viel kleineres Schaltungsvermögen im Vergleich zum Wechselstrombetrieb. Beim Ausschalten kann der entstehende Gleichstromlichtbogen viel schwieriger gelöscht werden als der Wechselstrombogen (da der Wechselstrom einen Nulldurchgang hat).

Die *mechanische Schaltfestigkeit* kann einigen zehn Millionen Schaltzyklen und die Ein- und Ausschaltfrequenz einigen hundert Zyklen pro Minute erreichen.

Der *Leistungsverbrauch* der Spule ist klein (in der Größenordnung von einigen Watt).

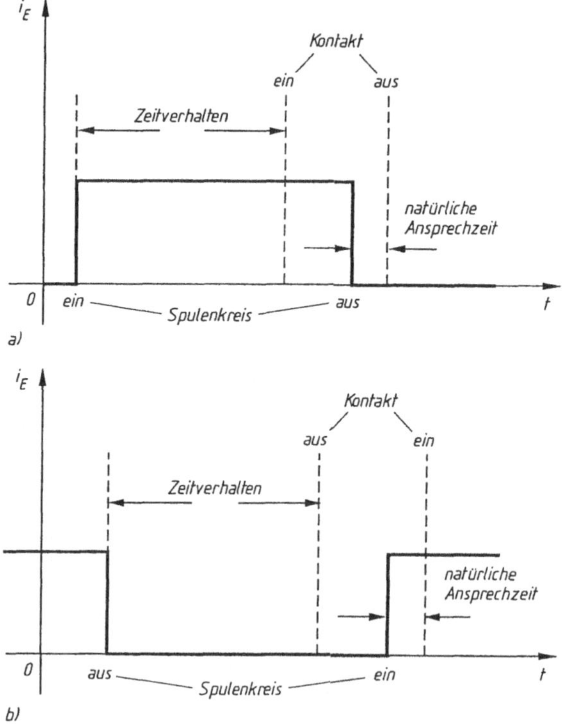

Bild 1.19
Relais mit einstellbarer Anzugsverzögerung:
a) beim Schließen,
b) beim Öffnen

In den Antriebssystemen werden zum Schließen oder Öffnen der Kontakte oft *Relais mit einstellbarer Anzugsverzögerung* verwendet (Bild 1.19-a, b). Diese zeitliche Verzögerung ist von der natürlichen Ansprechzeit des Relais (dem Zeitintervall zwischen dem Augenblick der Spannungsanlegung an die Klemmen der elektromagnetischen Spule und dem Augenblick des Schließens der offenen Kontaktstücken) verschieden.

Die natürliche Ansprechzeit (z.B. bei Antrieben) wird von dem zeitlich-stetigen Anstieg des Eingangsstroms (einer Funktion der elektrischen Zeitkonstante $\tau_E = L/R$ der Spule) und der nötigen Zeit zur Ankerbewegung bis zum tatsächlichen Schließen der Kontakte, die mit der Ankerträgheit und dem Hub zusammenhängt, verursacht.

Ein *zusätzlicher erwünschter Zeitverzug* kann auf verschiedenen Wegen erreicht werden:

- durch *Uhrmechanismen* (0,5 bis 20 *s*),
- durch *Motorantriebe mit Zahnrädergetrieben* (Sekunden bis Stunden),
- durch *elektrische RC-Kreise*, in Reihe oder parallel zur elektromagnetischen Spule geschaltet (0,2 bis 10 *s*),
- durch *elektronische Kreise* (0,1 bis 200 s).

Die einfachsten Schutzrelais sind die *Unter-* und *Überspannungsrelais* und die *Überstromrelais*:

- *Unterspannungsrelais* funktionieren dann, wenn die Spannung sich im Bereich 0,4 bis 0,85 der Nennspannung befindet. Sie werden besonders dazu verwendet, um die elektrischen Motoren vom Stromnetz mit einer gewissen Verzögerung auszuschalten, damit die Stromunterbrechung nur im Falle einer verlängerten Spannungsverminderung stattfindet. Die Spannungsgrenze, die unterschritten werden muß um den Schutz auszulösen, kann am Relais eingestellt werden;
- *Überspannungsrelais* wirken bei Werten zwischen 1,2- und 2-fachen der Nennspannung und werden besonders für den Schutz elektrischer Generatoren verwendet;
- *Überstromrelais* arbeiten nach dem gleichen Prinzip wie Überspannungsrelais und können so hergestellt werden, daß bei Kurzschlußströmen die Motoren oder elektrischen Netze sehr schnell abgeschaltet werden;
- *Temperaturrelais* mit Bimetall schützen gegen die *länger fließenden Überströme* (Bild 1.20).

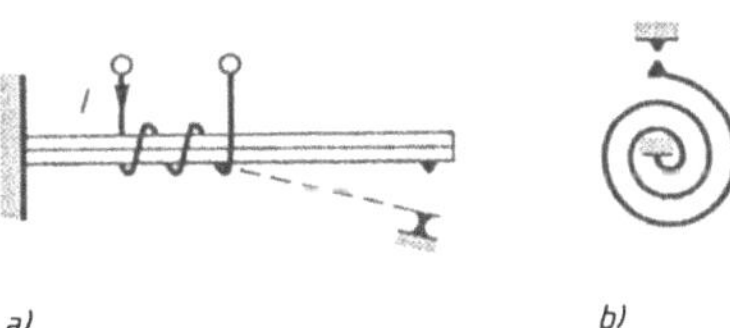

Bild 1.20
Temperaturrelais mit Bimetall:
a) geradlinige Metallstreifen,
b) spiralförmig

Der wichtigste Bauteil des letztgenannten Relais ist das *Thermobimetall*, das aus zwei Metallstreifen mit sehr unterschiedlichen Wärmeausdehnungskoeffizienten besteht. Diese Streifen sind fest miteinander verbunden (meist durch Schweißen). Bei der Erwärmung biegt sich die Lamelle infolge der entstandenen inneren mechanischen Spannungen in Richtung des Metalls mit dem kleineren Ausdehnungskoeffizienten. Die Erwärmung wird mit Hilfe einer *Erwärmungsspule* (Bild 1.20-a) oder mittels direkter Stromzufuhr durch die Bimetall-Lamelle erzielt. Die Empfindlichkeit des Relais kann erhöht werden, indem die Länge der Lamelle vergrößert und sie z.B. spiralförmig angefertigt wird (Bild 1.20-b).

Die Verwendung von Bimetallrelais beruht auf der Tatsache, daß ihre Betätigung nicht vom Augenblickswert des Stromes – wie beim elektromagnetischen Überstromrelais – sondern von seinem thermischen Effekt verursacht wird. Die Entstehung eines Überstromes wird vom thermischen Relais nur nach einer gewissen Zeit erfaßt, die nötig ist, um die Lamelle zu erwärmen und zu umformen.

Die Auslösungskennlinie des Temperaturrelais mit Bimetall ist in Bild 1.21 dargestellt. Auf der *Abszissenachse ist der Strom* im geschützten Kreis in Vielfachen des Nennstroms aufgeschrieben. Auf der *Ordinatenachse wird die Ausschaltzeit* vom Augenblick an, in welchem der Überstrom erscheint, notiert.

Die tatsächliche Auslösezeit variiert für ein und denselben Überstrom bauartbedingt in einem Werteberiech, der sich auch nach dem Anfangszustand des Relais (warm oder kalt) unterscheiden kann.

Die Einstellung der Ausschaltszeit wird durch Einwirken auf den Abstand zwischen den Kontaktstücken des Relais erzielt.

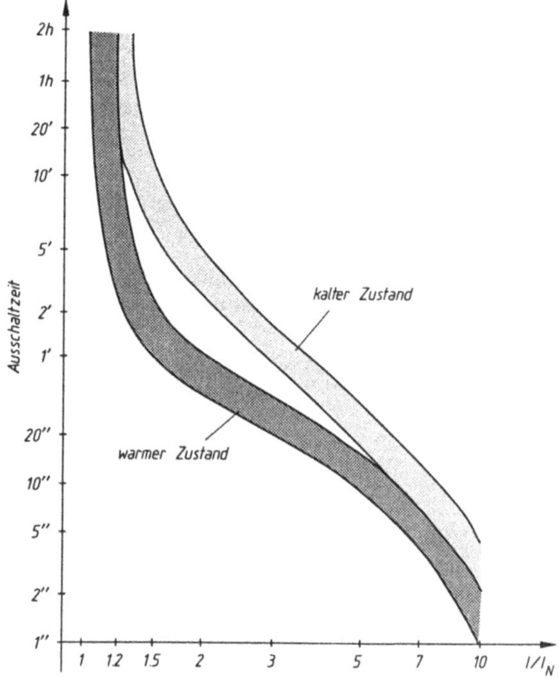

Bild 1.21
Auslösungskennlinie des Temperaturrelais mit Bimetall

Das *Temperaturrelais mit Bimetall* hat als wesentliche Vorteile seine Schlichtheit und Robustheit. Als Nachteile fallen anderseits die verminderte Genauigkeit, das kleine Ausschaltvermögen (infolge der kleinen Bewegungsgeschwindigkeit der Kontaktstücke) sowie der langsame Rückfall in die Anfangslage auf.

1.8.2 Steuerschütz

Die *Steuerschütze* sind Geräte, die, infolge eines Befehls, einen Stromkreis ein-, aus- oder umschalten. Der Befehl kommt von einem Relais, einem Geber oder einem Bediener (mittels eines Steuerknopfes).

Im Unterschied zum Relais besitzt das Schütz ein großes Schaltvermögen, das bis zum 8- bis 10-fachen des Nennstromes reicht. Ist das Schütz im *normalen Zustand geöffnet, also no-Kontakte, wird es Schließer* im entgegengesetzten Fall, *also ng-Kontakte, Öffner genannt.*

Das *Ein-, Aus-* oder *Umschalten* der Stromkreise wird mit *den Hauptkontakten* für größerer Stromstärke durchgeführt. Das Schütz kann noch mit mehreren Paaren von *Hilfskontakten* für kleinere Stromstärken versehen werden, die für andere Funktionen (*Steuern, Signalisieren, Verriegeln*) bestimmt sind. Das konstruktive prinzipielle Schaltbild eines Schützes ist in Bild 1.22 dargestellt und bezieht sich auf den Hauptkontakttyp mit *Linearbewegung* (es gibt auch Schalter mit *Drehbewegung*).

Das elektrische Schaltbild eines dreipoligen Schützes (also z.B. für Drehstrom gedacht), mit zwei *no- (13-14, 33-34)* und zwei *ng-Hilfskontakten (21-22, 41-42)* ist in Bild 1.23 dargestellt. Die Spule E des Elektromagneten hat die Klemmen 0 und 1. An die Klemmen L1, L2, L3 wird das Versorgungsnetz, an die Klemmen U, V, W wird der elektrische Motor angeklemmt.

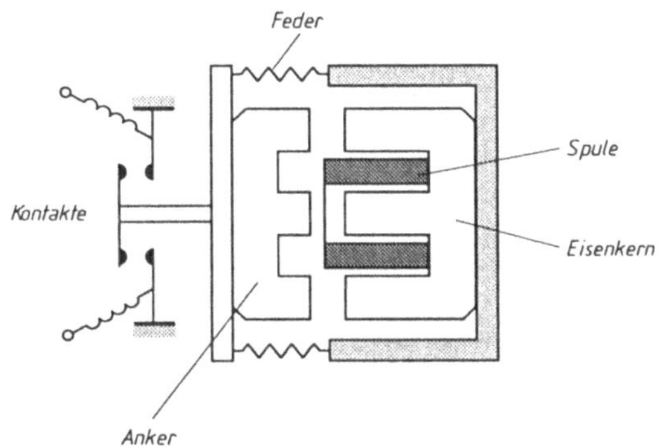

Bild 1.22
Schaltbild eines elektromagnetischen Steuerschützes mit Linearbewegung

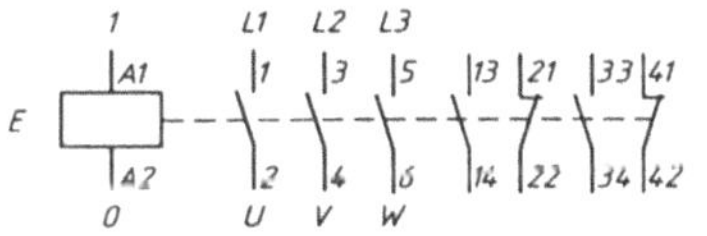

Bild 1.23
Elektrisches Schaltbild eines dreipoligen Schützes

Die *Gleichstromschütze* sind zweipolig und sind mit besonderen Löschkammern für die Löschung des Lichtbogens versehen. Die Schütze haben eine besondere mechanische Schaltfestigkeit. Sie können einige hundert Mal pro Stunde betätigt werden. Aufgrund der geringen Abnutzung kann das Schütz auch einige Millionen Schaltungen vertragen. Die Schütze werden für Ströme von 6 bis 3000 A bei Spannungen bis einige kV gebaut.

Es gibt *Schütze*, die zusätzlich den Schutz der elektrischen Anlagen gegen *hohe Ströme* sichern, manchmal auch gegen *Unterspannung*. Sie werden für die automatisierte oder manuelle Steuerung von elektrischen Motoren verwendet und bestehen aus Schaltern, Temperaturrelais und elektromagnetische Relais. In Bild 1.24 wird das prinzipielle elektrische Schaltbild eines Schalters gezeigt, der nur jeweils ein Temperaturelement *e* auf jedem Strang besitzt.

Der *ng-Kontakt* Q_1, Öffner des Temperaturrelais, arbeitet in Reihe mit der Spule. Parallel zu dem Taster S1 befindet sich ein, zum betrachteten Schalter gehörender, *no-Kontakt K1* als Schließer. Dieser *Selbsthaltekontakt* dient zur Beibehaltung der Speisung der Schalterspule selbst dann, wenn der Taster S1 nicht mehr gedrückt ist und schon zurück in die normale Stellung gekommen ist.

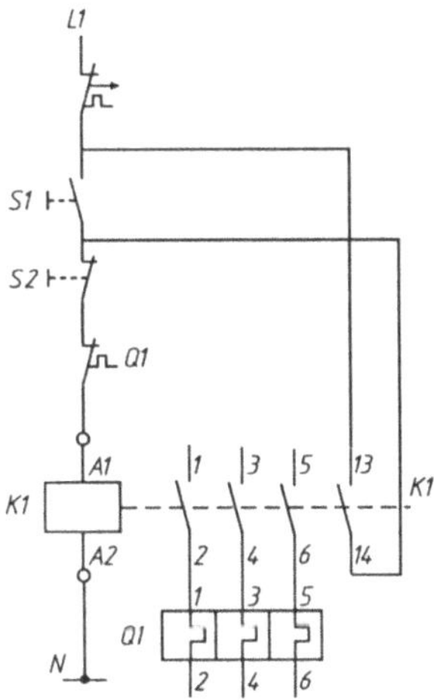

Bild 1.24
Prinzipielles elektrisches Schaltbild eines dreipoligen Schützes mit Austastern S1, S2 und thermischem Relais Q_1

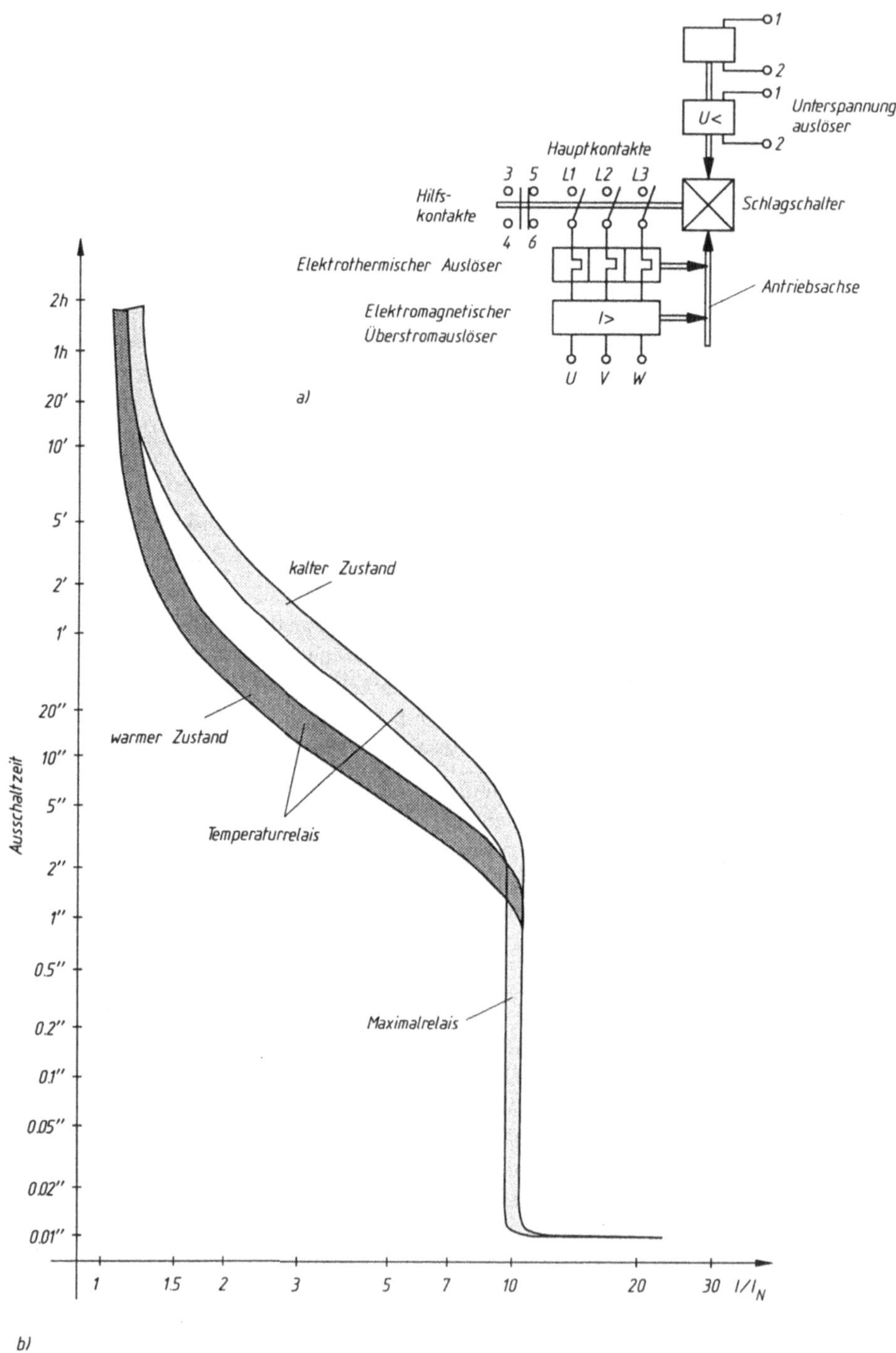

Bild 1.25 Überstromauslöser:
a) Schaltbild, b) Auslösekennlinie: Ausschaltzeit = *f* (*Überstrom*) [I_N – *Nennstrom*]

1.8.3 Überstromauslöser

Die *Überstromauslöser* werden zum Schutz der relativ großen Motoren und Verteilungsnetze eingesetzt. Sie können manuell betätigt oder mittels eines Elektromagneten oder elektrischen Stellmotors ferngesteuert werden. Sie enthalten einen Sperrmechanismus für das *Halten der Kontakte* in ihrer geschlossenen Stellung. Ihre Lebensdauer ist wesentlich kleiner als die des Schalters. Andererseits ist ihr Schaltvermögen beträchtlich größer.

Für den Motorenschutz sind *Überstromauslöser mit Temperaturrelais und elektromagnetischen Relais* für die Überströme und Minimalspannungen vorgesehen. Sie können *30 bis 50 Schaltungen pro Stunde* erreichen, und ihre mechanische Festigkeit erlaubt einige tausend, sogar *zehntausende Schaltvorgänge* (umso weniger, je kleiner der Leistungsfaktor ist). Die *gesamte Ausschaltzeit liegt zwischen* 10 und 40 ms.

Das *elektrische Schaltbild* eines Überstromauslösers ist in Bild 1.25-a, seine Auslösekennlinie (die Ausschaltzeit als Funktion vom Überstrom) in Bild 1.25-b dargestellt.

1.8.4 Schmelzsicherungen

Schmelzsicherungen werden in verschiedenen Bauformen für den Schutz gegen Überströme der Motoren und elektrischen Anlagen kleinerer und mittlerer Leistung verwendet. Alle Bauformen beruhen auf der Erwärmung eines dünnen Drahtes oder Bandes bis zum Erreichen des Schmelzpunktes (durch den Jouleschen Effekt) unter dem Einfluß eines durchfließenden Stromes. Infolge des Schmelzens der Sicherung wird die Unterbrechung eines elektrischen Kreises erreicht werden.

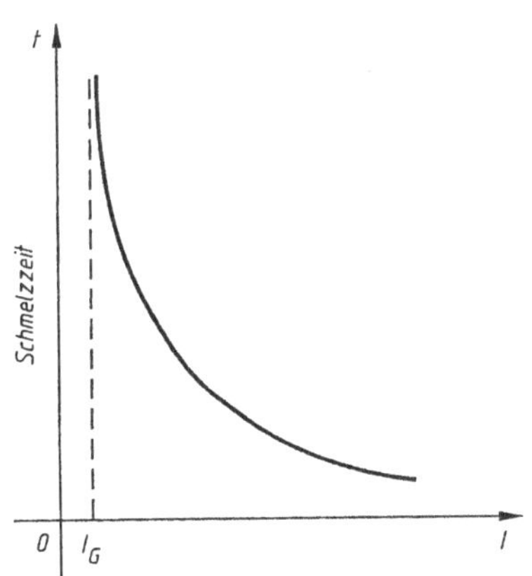

Bild 1.26
Ansprechkennlinie einer Schmelzsicherung
Ansprechzeit $= f$ (*Überstrom*) [I_G – *Grenzstrom*]

Die Schutzwirkung der Schmelzsicherungen wird durch die *Ansprechkennlinie* gekennzeichnet: Ansprechzeit in Abhängigkeit vom Strom, der die Sicherung durchfließt (Bild 1.26). Die Ansprechzeit der Sicherungen kann nur in begrenztem Maß beeinflußt werden.

Der Wert des Stromes, für welchen die stationäre Temperatur der Schmelzsicherung unmittelbar geringer als die Schmelztemperatur ist, wird *Grenzstrom* genannt (I_G in Bild 1.26). Aus dem Diagramm ist ersichtlich, daß bei sehr starken Überströmen der Schmelzvorgang in sehr kurzer Zeit stattfindet.

Zum Schutz von Halbleiterbauteilen – Dioden und Thyristoren – werden *superflinke oder Halbleitersicherungen* (spezielle Sicherungen, die in einer Zeitspanne von wenigen Millisekunden unterbrechen) verwendet.

1.9 Elektronische Leistungselemente

In den modernen elektrischen Antriebssystemen spielen die elektronischen Geräte und statischen Anlagen mit Leistungshalbleiterelementen, die als *Regelanlagen, Steuer-* oder *Umschaltsanlagen* verwendet werden, eine wichtige Rolle. Diese Anlagen beinhalten verschiedene elektronische Komponenten (*Dioden, Transistoren, Thyristoren, Triacs*), deren Darstellung unmittelbar folgt.

1.9.1 Dioden

Die Diode, das einfachste nichtsteuerbare Halbleiterventil, stellt einen *pn-Übergang* dar. Hier versteht man unter n und p die dotierten n- und p-Zonen. Die wesentliche Eigenschaft der Diode besteht darin, daß bei einer bestimmten Polarität der Klemmenspannung der Strom fließen kann und einen sehr kleinen Durchlaßwiderstand findet (*Durchlaßzustand*). Bei der entgegengesetzten Polarität der anliegenden Spannung ist der Strom vernachlässigbar klein – *Sperrzustand* –, da der Sperrwiderstand der Diode praktisch unendlich ist (Bild 1.27-a). Die Diode ist somit ein durch die Polarität der anliegenden Spannung gesteuertes Bauteil. Das Symbol der Halbleiterdiode ist in Bild 1.27-b dargestellt.

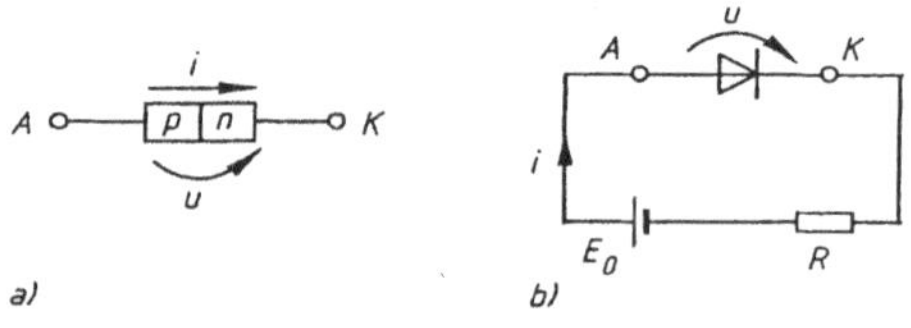

Bild 1.27
Halbleiterdiode:
a) pn-Übergang,
b) Symbol und Schaltbild

Bild 1.28-a zeigt die im allgemeinen gültige, statische Strom-Spannungs-Kennlinie einer Diode. Der Spannungsfall bei leitender Diode [*Quadrant I der* (i, u)-*Ebene*] beträgt ca. 1 V *für die Silizium-Diode* und etwa *die Hälfte für die Germanium-Diode*. In der Energietechnik werden nahezu ausschließlich Siliziumdioden eingesetzt.

Betrachtet man für zwei betragsmäßig gleiche Spannungen entgegengesetzter Polarität das Verhältnis zwischen dem *Durchlaßstrom* und dem sich ergebenden *Sperrstrom*, so nimmt dieses für die *Silizium-Diode* einen Wert von ca. 10^5, für die *Germanium-Diode* von ca. 10^3 an.

Oftmals befindet sich die Diode im Schaltkreis mit einer Quellenspannung E_0 und einer beliebigen Belastung R (Bild 1.27-b). Die Wirkungsweise der Diode erscheint deutlicher in einer idealisierten *Strom-Spannungs-Kennlinie* (siehe Bild 1.28-b). In dem gleichen Diagramm finden sich auch die *Strom-Spannungs-Kennlinien der Belastung* sowie der *Quellenspannung* für verschiedene Polaritäten der Quellenspannung E_0 [die Geraden $U = E_0 - RI$ mit (1) und $U = -E_0 - RI$ mit (2) bezeichnet].

Die *Schnittpunkte* dieser Geraden mit der Diodenkennlinie sind P_1 für *den leitenden* und P_0 für *den nicht leitenden (sperrenden) Kreis*. Beide Punkte sind stabil aus dem Gesichtspunkt der statischen Stabilität. Die Diode verhält sich wie ein binäres Element, da sie nur zwei mögliche Zustände – *leitend* oder *sperrend* (abhängig von der Spannungspolarität zwischen Anode und Kathode gesteuert) – annehmen kann.

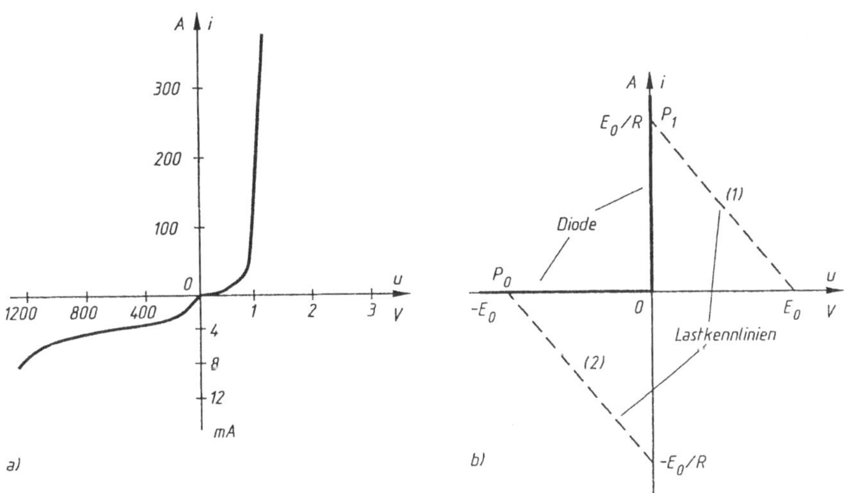

Bild 1.28 Strom-Spannungs-Kennlinie einer Diode: a) real, b) idealisiert

Im Betriebsfall am Wechselstromnetz wechseln *Durchlaß-* und *Sperrbeanspruchung* einander ab. Die Halbleiterdioden werden für Ströme bis zu einigen 1000 A und für Sperrspannungen bis zu einigen 1000 V hergestellt.

1.9.2 Transistoren

1.9.2.1 Der Bipolartransistor

Der bipolare Transistor war der erste steuerbare Halbleiter mit drei Schichten (je nach Dotierung *pnp-* oder *npn-Transistor*). Im Schaltbetrieb kann er gleichfalls als Schalter elektrischer Kreise, mit der Funktion eines binären Steuerelements, eingesetzt werden. Sein prinzipielles Schaltbild ist in Bild 1.29-a, b dargestellt. Der Transistor besitzt drei Anschlüsse: die *Basis B*, den *Kollektor K* und den *Emitter E*.

Die Kennlinie des *Basisstromes* i_B in Abhängigkeit von der Spannung u_{BE} zwischen der *Basis und dem Emitter* sieht so wie in Bild 1.30-a gezeigt aus. Solange $u_{BE} < 0,7$ V (im Fall des *Siliziumtransistors*), ist der Basisstrom Null und der Transistor ist gesperrt, d.h. er leitet keinen Strom zwischen Kollektor und Emitter. Um den Transistor in den Leitungszustand zu versetzen, muß $u_{BE} > 0,7$ V sein. Die Kennlinie *Kollektorstrom* in Abhängigkeit von der *Kollektor-Emitter-Spannung* eines *npn-Transistors* hängt vom Basisstrom i_B ab (Bild 1.30-b). Je stärker der Basisstrom ist, desto größer wird, bei einem gleichen Spannungsfall, auch der Kollektorstrom eines leitenden Transistor sein.

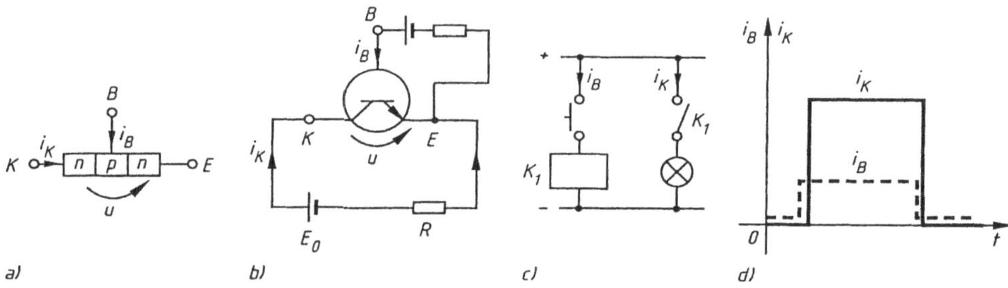

Bild 1.29 Bipolarer npn-Transistor:
a) Grundelemente:
B Basis, K Kollektor, E Emitter,
b) Schaltbild des Transistors:
i_B Basisstrom, i_K Kollektorstrom,
c) Ersatzbild als Schalter,
d) Stromverläufe.

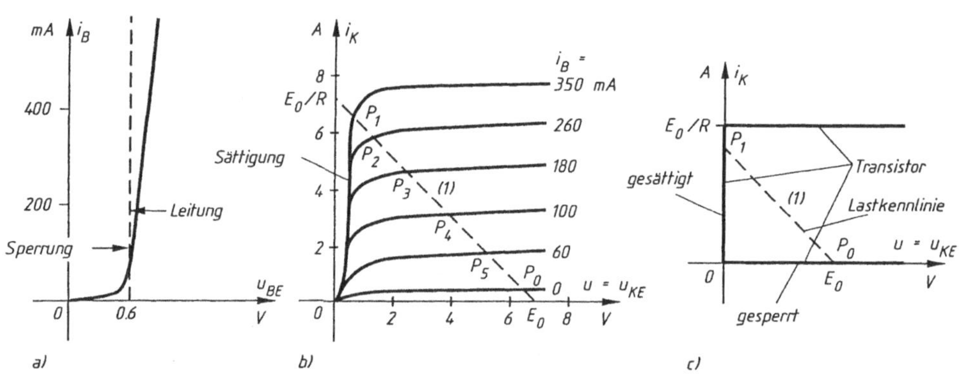

Bild 1.30 Kennlinien des npn-Transistors:
a) Basisstrom i_B in Abhängigkeit von der Basis-Emitter-Spannung u_{BE};
b) Kollektorstrom i_K in Abhängigkeit von der Kollektor-Emitter-Spannung u_{KE}, Parameter: Basisstrom i_B;
c) idealisierte Kennlinie $i_K = f(u_{KE})$

Betrachtet man einen in einem Gleichstromkreis angeschlossenen *npn-Transistor*, dessen *Strom-Spannungs-Kennlinie* eine Gerade [(1) in Bild 1.30-b] ist, werden als stationäre, stabile Betriebspunkte die Punkte P_1 (am *Sättigungsknie* der Kennlinie) und P_2, ..., P_0 (für den *Null-Basis-Strom*) sein. Es kann somit gesagt werden, daß der Kreis für den Betriebspunkt P_0 unterbrochen und für den Punkt P_1 geschlossen ist. Da der idealisierte Transistor die *extremen Betriebspunkte* P_1 und P_0 aus Bild 1.30-c besitzt, soll er, ähnlich einer Diode, als ein binäres Element betrachtet werden. Im Unterschied zur Diode, kann der Transistor über den Basisanschluß durch den Basisstrom gesteuert werden, der viel kleiner als der Kollektorstrom ist.

Was sein elektrisches Verhalten anbelangt, kann der Transistor im Schaltbetrieb mit einem mit Kontakten versehenen Relais (Bild 1.29-c) verglichen werden. Sein Verhalten beim *Steuersignal* (*Basisstrom* i_B) ist in Bild 1.29-d dargestellt. Der *Belastungsstrom* (*Kollektorstrom* i_K) fließt, solange der Steuerstrom vorhanden ist. Bei größeren Leistungen werden Darlingtontransistoren eingesetzt, um den Steuerstrom klein zu halten (Bild 1.29-e).

Gegenwärtig können die Bipolarleistungstransistoren *etwa 1000 A* in Durchlaßrichtung führen und *1200 V sperren. Ihr wesentlicher Vorteil in der industriellen Anwendung besteht in der Möglichkeit der Abschaltung des Belastungsstroms* (*Kollektorstrom*) *beim Abschalten des Steuerstroms* (*Basisstroms*). Die Schaltzeiten des Transistors haben eine Größenordnung von Mikrosekunden.

1.9.2.2 Der MOS-Transistor

Der *n-Kanal-MOS-Leistungstransistor* besteht aus zwei *n-Gebieten*, die als *Source* (S) und *Drain* (D) bezeichnet werden (Bild 1.31-a), und einem dazwischen liegenden *p-dotierten Kanalgebiet* mit einer *Steuerelektrode*, dem *Gate* (G).

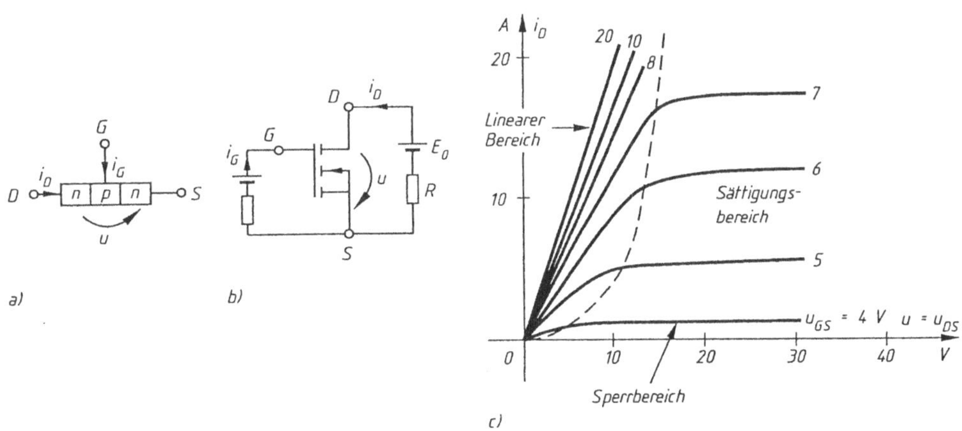

Bild 1.31 n-Kanal-MOS-Leistungstransistor:
a) n-Gebiete (S Source, D Drain), p-Gebiet (Kanalgebiet), G Steuerelektrode (Gate),
b) Symbol und Schaltbild,
c) Betriebskennlinien Drainstrom $i_D = f(u_{DS})$, wobei u_{DS} = Drain-Source-Spannung, u_{GS} = Gate-Source-Spannung

Das Symbol des MOS-Transistors ist in Bild 1.31-b gezeigt; seine Betriebskennlinien (der Drainstrom i_D als Funktion der Drain-Source-Spannung u_{DS}) sind in Bild 1.31-c dargestellt. Diese Kennlinien sind ähnlich denjenigen des Bipolartransistors, was den Einsatz des MOS-Transistors in den gleichen Anwendungsbereichen zuläßt.

Die *MOS-Leistungstransistoren* erlauben (im Vergleich zu den Bipolartransistoren) höhere Schaltfrequenzen. Sie brauchen einen einfacheren Steuerkreis und ein Steuersignal sehr kleiner Leistung (ein Spannungssignal). Sie können leichter parallel geschaltet werden. Negativ ist der hohe Durchlaßwiderstand R_{On}; er begrenzt den Einsatz wegen der hohen Durchlaßverluste. Spannungen von ca. 1700 V bei einigen 10 A begrenzen den Betriebsbereich.

1.9.2.3 IGBT – Insulated Gate Bipolar Transistor

Der IGBT vereinigt die Vorteile des Bipolartransistors (den geringen Durchlaßwiderstand) mit den Vorteilen des MOS (fast leistungslose Spannungssteuerung). Bild 1.32 zeigt das Schaltzeichen, das Blockschaltbild, den Aufbau und die Kennlinien.

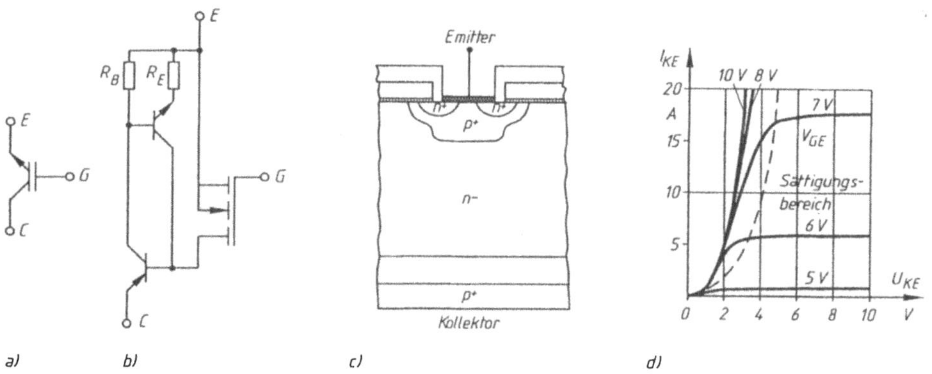

Bild 1.32 Insulated Gate Bipolar Transistor (IGBT):
a) Symbol, c) Querschnitt einer Zelleneinheit (Schichtenaufbau),
b) Ersatzschaltbild, d) Ausgangskennlinienfeld (I_{KE}/U_{KE}-Charakteristik)

Der IGBT ist heute das Schaltelement der Energietechnik im Leistungsbereich von einigen 100 W bis zu einigen 1000 kW. Er wird bevorzugt bei Gleichstromstellern und Umrichtern eingesetzt und hat die Schaltungstechnik revolutioniert. Bei großen Leistungen wird er mit Wasser gekühlt.

1.9.2.4 Intelligente Powermodule (IPM)

Für Umrichterschaltungen werden die benötigten Leistungsschalter in Modulen zusammengefaßt. Eine besondere Art sind die intelligenten Module, da Ansteuerungs- und Überwachungsfunktionen bereits integriert sind. Die Ansteuerung kann so direkt von den Prozessoren einer übergeordneten Logik aus erfolgen. Diese Art hat sehr zur Verkleinerung der Geräte im unteren Leistungsbereich beigetragen und den Umrichtereinsatz stark gefördert. Der Leistungsbereich solcher Module liegt z.Z. im kW-Bereich und weitet sich laufend zu höheren Leistungen hin aus. Grenzdaten sind 1200 V bei 75 A für eine komplette Brücke.

1.9.3 Thyristoren

Der Thyristor ist auch ein steuerbares binäres Halbleiterventil, aber mit einer 4 Schichten umfassenden Struktur in der Folge p_1-n_1-p_2-n_2. Die *Anode* A ist die p_1-*Elektrode* und die *Kathode K* die n_2-*Elektrode* (Bild 1.33-a). Die Schicht p_2 ist mit der *Steuerelektrode G (Gate)* kontaktiert. Dieser Elektrode wird – über einen vom Gehäuse isolierten Leiter – ein Zündimpuls zugeführt, um den Thyristor in den leitenden Zustand zu bringen.

Die Kennlinien $u = f(i)$, also *die Anoden-Kathoden-Spannung* als Funktion des *Anodenstroms,* bei verschiedenen *Gate-Strömen* i_G sind in Bild 1.33-e dargestellt. Sie benötigen einige Erklärungen. Thyristoren sind äußerst wichtig in den Stromrichterschaltungen bei Gleichstromantrieben.

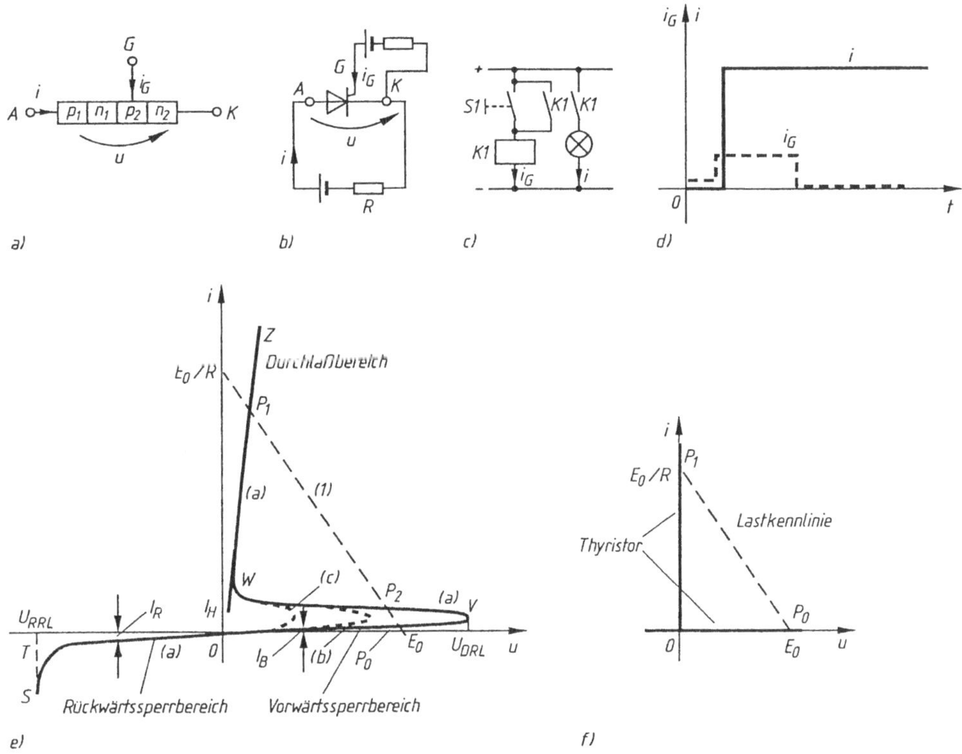

Bild 1.33 Thyristoren:
a) p_1-n_1-p_2-n_2-Übergänge;
b) Symbol und Schaltbild;
c) äquivalentes Relaisschaltbild;
d) Gate- i_G und Ausgangsstrom i als Zeitfunktionen;
e) reale Kennlinien $u = f(i)$, Parameter: i_G Gate-, i_H Haltestrom;
f) ideale Kennlinie eines Thyristors;

Die Kennlinie (a) besteht aus mehreren Teilen:

- Der *Teil ST* entspricht dem Thyristoren-Durchbruch bei der Rückwärtsspannung. Der Wert U_{RRL} ist die maximal zulässige Spitzenspannung in Sperrichtung des Thyristors.
- Der *Teil TO* entspricht einer Sperrkennlinie bei einer Sperrspannung, die zwischen Anode und Kathode angelegt ist. Der Sperrstrom I_R ist unbedeutend klein.
- Der *Teil OV* ist die Sperrkennlinie bei Vorwärtssperrspannung. Der Sperrstrom I_B ist gleichfalls sehr klein.
- Der *Teil VW* entspricht einem instabilen Betrieb vom statischem Gesichtspunkt aus.

- Der *Teil WZ* (steil nach oben verlaufend) entspricht dem Durchlaßbereich, der durch große Ströme bei Durchlaßspannungen in der Größenordnung von 1 bis 2 V charakterisiert ist. Dieser Teil wird auch als Durchlaßkennlinie bezeichnet und beschreibt das Betriebsverhalten des durchgeschalteten Thyristors.

Zu einem bestimmten, einen Thyristor einschließenden Stromkreis (Bild 1.33-b) liefert seine entsprechende Belastungsgerade [(1) in Bild 1.33-e] drei Schnittpunkte mit der Strom-Spannungs-Kennlinie des Thyristors. Die Punkte P_1 und P_0 sind stabil, der Punkt P_2 dagegen labil. Im Punkt P_1 ist der Kreis geschlossen (großer Belastungsstrom) und in P_0 unterbrochen.

Die anderen Strom-Spannungs-Kennlinien des Thyristors [(b), (c), ...], die für $I_G = 0$ erreicht werden, sind in Bild 1.33-e eingezeichnet. Wichtig ist die Tatsache, daß die Kennlinienteile *ST*, *TO* und *WZ* identisch zu denjenigen der Kennlinie bei $I_G = 0$ sind, während die Teile OV und VW verschieden sind. Je größer der Steuerstrom i_G, desto kleiner ist die entsprechende Spitzenspannung *V* (*Kippspannung* genannt). Folglich, falls der Thyristor sich im Punkt P_0 befindet (Bild 1.33-e, dem Zustand *„unterbrochener Kreis"* entsprechend), wird der Übergang zum Betriebspunkt P_1 (Zustand *„geschlossener Kreis"*) durch das Einspeisen eines gewissen Steuerstroms in die Steuerelektrode G erreicht; der Thyristor zündet (b-Kennlinie, Bild 1.33-e).

Wenn der Thyristor sich im *Durchlaß-* oder *Leitzustand* befindet (der Betriebspunkt am Zweig WZ) und der Belastungsstrom sinkt, verschiebt sich der Betriebspunkt P_1 zum Anfang W der Durchlaßkennlinie. Der Thyristor leitet weiter, und die Spannung zwischen Anode und Kathode bleibt klein, bis der Durchlaßstrom den Wert I_H (*Haltestrom* genannt) erreicht hat. Der Wert I_H ist im allgemeinen sehr klein, manchmal sogar vernachlässigbar. Dies gilt gleichermaßen für den im Rückwärtssperrbereich fließenden Strom I_R. Unter diesem Strom I_H kann der Thyristor nicht mehr leiten und der Betriebspunkt tritt auf den Sperrzweig OV über; der Thyristor sperrt.

Der *Unterschied zwischen Transistor und Thyristor* besteht darin, daß beim Thyristor ein kurzer Impulsstrom im Gate (1 μs bis 1 ms) mit einer relativ kleinen Stromstärke (0,01 bis 4 A) genügt, damit der Thyristor aus dem Punkt P_0 zum Punkt P_1 kippen kann, d.h. leitend wird. Er bleibt in dem Zustand P_1 sogar dann, wenn der Steuerstrom abgeschaltet wird, solange der Belastungsstrom größer als der Haltestrom I_H ist. Wenn der Belastungsstrom kleiner als I_H wird, *„verlöscht"* der Thyristor automatisch d.h. der Schalter wird geöffnet, der Stromkreis ist unterbrochen. Somit kann der Thyristor mit relativ geringen Steuerströmen (Gateströmen) „gezündet", d.h. in Durchlaßzustand versetzt werden. Er bleibt dann eine unbegrenzte Zeit in diesem Durchlaßzustand, bis der Belastungsstromwert auf natürlicher Weise (Nulldurchgang) oder durch entsprechende Löschmittel den Haltestromwert unterschreitet.

Der Thyristor ist folglich einem mit Relais und Kontakten versehenen Ersatzschaltbild gleichwertig, wie in Bild 1.33-c ersichtlich ist, wobei das *Relais* K_1, neben seinem *Hauptkontakt* K_1 aus dem Belastungskreis auch den *Selbsthalte-Hilfskontakt* K_1 *aktiviert*, der sich parallel zum *Taster* S_1 befindet. Wird einmal dieser Taster gedrückt, ist das *Relais* K_1 eingeschaltet und hält somit eine unbegrenzte Zeit den Belastungsstrom aufrecht, solange keine Änderung eintritt. Das Verhalten des Thyristors bei einem Steuersignal, Bild 1.33-d entsprechend, unterscheidet sich vom Transistorverhalten (siehe Bild 1.29-d).

Der *idealisierte Thyristor*, so wie er im Folgenden betrachtet wird, verhält sich entsprechend der Kennlinie aus Bild 1.33-f mit einem Null-Spannungsfall im Durchlaßzustand und einem Sperrstrom, der Null ist. Um einen im Durchlaßzustand befindenden Thyristor zwangsweise zu löschen, muß einerseits der Strom *i* des Thyristors durch einen Rückstrom unter den Haltestrom gedrückt werden. Andererseits muß die Umleitung des Stromes *i* durch einen anderen

Zweig gewährleistet sein, da jeder Kreis praktisch eine gewisse Streuinduktivität hat und sich der plötzlichen Stromabschaltung widersetzt.

Den Verlauf eines abkommutierenden Thyristorstromes zeigt Bild 1.34. Zu einem bestimmten Zeitpunkt wird der Strom Null: der Thyristor übernimmt Rückwärtssperrspannung. Dadurch tritt ein Rückstrom auf. Während der Zeit t_q werden Ladungsträger aus der Sperrschicht ausgeräumt. Die Zeit t_q dieses negativen Stromes wird *Freiwerdezeit* genannt (Bild 1.34). Sie wird definiert als die Zeitdauer zwischen dem Stromnulldurchgang und dem frühestmöglichen Zeitpunkt, zu dem die Vorwärtssperrspannung (Blockierspannung) wiederkehren darf, ohne daß der Thyristor dadurch in den Durchlaßzustand zurückfällt. Der Wert der Freiwerdezeit beträgt bei Thyristoren bis 400-*Hz* Betrieb mehrere 100 μs; er begrenzt die Verwendungsmöglichkeit des Thyristors im Bereich der höheren Arbeitsfrequenzen (über 1 kHz).

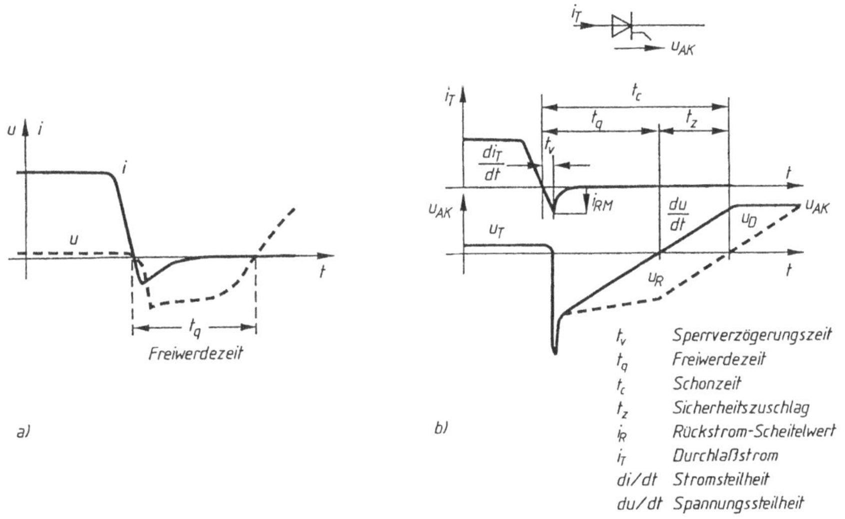

Bild 1.34 Abkommutierender Thyristorstrom $i = f(t)$, t_q
a) Freiwerdezeit (Kennlinie), b) Freiwerdezeit: vollständiges Charakteristikenfeld

Es werden auch Thyristoren mit garantierter Freiwerdezeit von relativ kleinem Wert (4 bis 40 μs), *Frequenzthyristoren* genannt, hergestellt. Diese wurden früher für die Umrichter benutzt.

Man hat auch *Abschaltthyristoren (GTO – Gate Turn Off)* entwickelt, die durch das Einspeisen eines negativen Stromimpulses (Löschimpulsstrom gewisser Amplitude und Zeitdauer) gelöscht werden können. Auf diese Art kann auf zusätzliche Löschmittel verzichtet werden. Diese Thyristoren werden bei einigen Anwendungen in den elektrischen Antrieben größter Leistung bei hohen Spannungen benutzt (6000 V bei 6000 A).

Den Leistungstransistoren – besonders IGBT – sind praktisch die Leistungen bis zum MW-Bereich vorbehalten; den Thyristoren – auch GTO – der Bereich darüber, wenn hohe Spannungsfestigkeit gefordert wird.

Halbleiterschalter sind empfindlich gegen Überströme und Überspannungen. Ein überhöhter Überstrom, auch von kurzer Zeitdauer, kann eine hohe Temperatur im Halbleiter erzeugen und somit seine Zerstörung hervorrufen. Es ist deshalb nötig, spezielle Maßnahmen zu treffen, um den Strom eines Halbleiters in Schadensfällen zu begrenzen: Kurzschlüsse, Kommutierungsschäden (durch unerwünschte Zündung einiger Thyristoren) usw. Eine in Reihe mit dem Halbleiter geschaltete, sehr flinke *Schmelzsicherung* – spezielle Halbleitersicherung – bietet einen guten Schutz gegen Kurzschlüsse.

Selbstverständlich müssen die Thyristoranlagen auch gegen kleine, aber zeitdauernde Überlastungen durch eine Temperaturüberwachung geschützt werden. Die Thyristoren müssen auch gegen die zu große Anstiegsgeschwindigkeiten des Stromes (di/dt) – in Durchlaßrichtung – geschützt werden. Die Kataloge schreiben zulässige Maximalwerte für (di/dt) vor. Die Begrenzung der Anstiegsgeschwindigkeit des Stromes wird durch die Reihenschaltung von Drosseln mit ferromagnetischem Kern in der Thyristoranlage (L_S und L, Bild 1.35) erzielt.

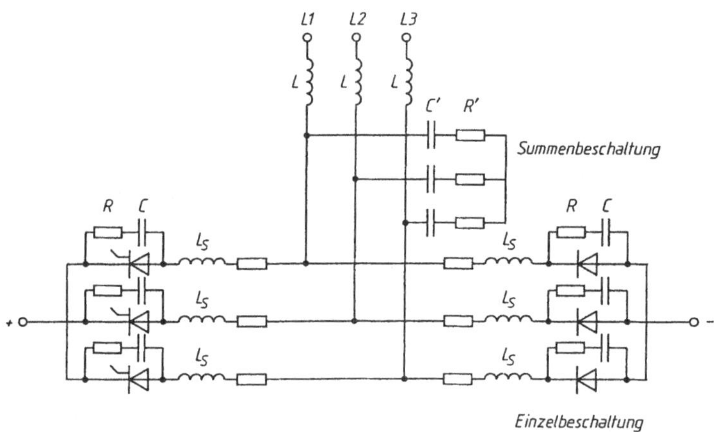

Bild 1.35 Schutz des Thyristors gegen Überströme und -spannungen

Der Thyristor kann zerstört werden, wenn die Sperrspannung einen gewissen Wert überschreitet, auch wenn dies nur für eine sehr kurze Zeitspanne in der Größenordnung von Mikrosekunden geschieht. Die in den Wechselstromanlagen benutzten Thyristoren sind, infolge innerer transienter Vorgänge (z.B. Zerstörung einer Schmelzsicherung) oder äußerer Vorgänge (atmosphärische Störungen, Netzunterbrechungen usw.), Überspannungen ausgesetzt. Die inneren Überspannungen können mit Hilfe eines RC-Kreises – der sogenannten TSE-Beschaltung (Trägerspeichereffekt) – vermieden werden (parallel geschaltet, siehe Bild 1.35). In den üblichen Wechselstromnetzen wurde festgestellt, daß die gewöhnlichen Kommutierungsspannungen nicht mehr als das 2 bis 2,5fache des Maximalwertes der Netz-Nennspannung überschreiten. Daraus geht hervor, daß die Thyristoren so gewählt werden müssen, daß sie Sperrspannungen von wenigstens dem 2,5fachen der Maximalnetzspannung widerstehen können.

Als Schutz gegen die äußeren Überspannungen werden RC-Kreise parallel zu den Eingangsklemmen L1, L2, L3 benutzt (Bild 1.35). Im allgemeinen dringen die atmosphärischen Überspannungen nicht bis zu den Thyristoranlagen für Niederspannung durch. Folglich ist der Netzschutz für die Thyristoren ausreichend.

1.9.4 Triac und Diac

Der *Triac* verhält sich wie ein Thyristor mit Wirkung in beiden Stromrichtungen. Sein Symbol ist in Bild 1.36-a, seine Strom-Spannungs-Kennlinie in Bild 1.36-b, dargestellt. Wird in die Steuerelektrode ein Stromimpuls gespeist, sei er positiv oder negativ, fängt der Triac an zu leiten, immer im Sinne der angelegten äußeren Spannung. Er leitet den Strom in derselben Richtung, bis dieser Null wird. In einer Richtung sind die möglichen stabilen Betriebspunkte: P_0 (*Sperrzustand*) und P_1 (*Durchlaßzustand*). Ändert die Spannung ihre Polarität, kommt man zu den Betriebspunkten P'_0 bzw. P'_1. Ein Triac kann also in beiden Richtungen Strom übernehmen oder blockieren, bis er durch einen Steuerpuls beliebiger Polarität gezündet wird.

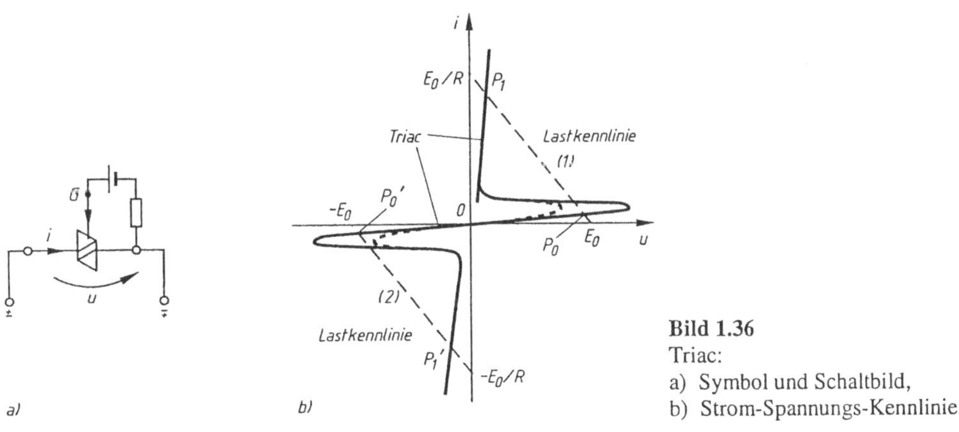

Bild 1.36
Triac:
a) Symbol und Schaltbild,
b) Strom-Spannungs-Kennlinie

Der *Diac* (Bild 1.37-a) ist eine spannungssteuerbare Diode mit beiden Wirkungsrichtungen und einer Kennlinie wie in Bild 1.37-b. Er leitet *sowohl in der einen als auch in* der anderen Richtung, wenn die Spannung in jeder der beiden Richtungen den absoluten *Kippspannungswert* U_B überschreitet.

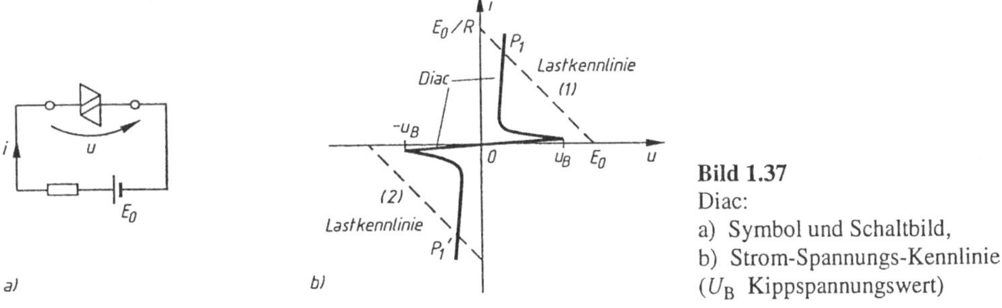

Bild 1.37
Diac:
a) Symbol und Schaltbild,
b) Strom-Spannungs-Kennlinie
(U_B Kippspannungswert)

Der *Diac* und *Triac* werden zur Steuerung in einfachen Geräten für *Wechselstromkreise* – z.B. *Dimmer* – eingesetzt.

1.9.5 Z-Diode

Die *Z-Diode* ist eine *Diode mit einer speziellen Strom-Spannungs-Kennlinie* (Bild 1.38-a), die sich von der gewöhnlichen Diode dadurch unterscheidet, daß *im Falle eines in Sperrichtung veränderlichen Stromes die Anoden-Kathoden Spannung im Sperrbereich einen nahezu konstanten Wert beibehält* (Bild 1.38-b). Dieser Strom ist durch die Veränderung der Quellenspannung E_0 oder des Widerstandes R veränderlich.

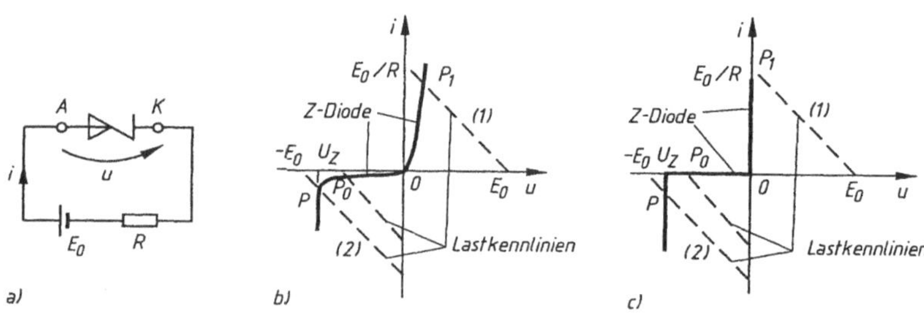

Bild 1.38 Z-Diode: a) Symbol und Schaltbild; Strom-Spannungs-Kennlinie: b) real, c) idealisiert

Hat die angelegte Spannung der Z-Diode die Richtung Anode-Kathode, leitet die Diode normalerweise mit einem sehr kleinen Spannungsfall, und der Betriebspunkt wird P_1 sein (Bild 1.38-b). Falls die Spannung Anode-Kathode eine umgekehrte Polarität hat, befindet sich die Diode im Sperrzustand. Der Betriebspunkt wird P_0, und der geleitete Strom bleibt Null, solange die Spannung im Betrag nicht den Wert U_Z erreicht, der für den Durchbruchzweig (Bild 1.38-b) charakteristisch ist. Wenn die Quellenspannung des Stromkreises den Wert U_Z überschreitet, ist die Z-Diode *„geöffnet"* oder *„durchbrochen"*, und der Betriebspunkt wird P sein. Der Strom kann jetzt viel größere Werte in der Gegenrichtung annehmen. Die besondere Eigenschaft der Z-Diode besteht in der Tatsache, daß der Durchbruch nicht wie bei der gewöhnlichen Diode die Zerstörung der Diode bedeutet. Die Z-Diode kann auf dem Durchbruchzweig der Strom-Spannungs-Kennlinie funktionieren, ohne zu Schaden zu kommen. Die idealisierte Kennlinie und die möglichen Betriebspunkte sind in Bild 1.38-c dargestellt. Die Z-Diode wird in einfachen elektronischen Kreisen zur *Spannungsstabilisierung*, als *Vergleichselement* oder zur *Begrenzung gewisser Betriebsgrößen* genutzt.

1.9.6 Leistungsstromrichter

Als Stellglieder regelbarer elektrischer Antriebe werden überwiegend Stromrichter eingesetzt. Ein Stromrichter ist eine Anlage, die die Parameter der elektrischen Energie umformt. Er überträgt elektrische Leistung aus einem Eingangsnetz in ein Ausgangsnetz bei gleichzeitiger Umwandlung der Spannungsart und/oder Stellung der übertragenen Leistung. Stromrichter benutzen Halbleiterelemente (Ventile), die den Strom in vorgeschriebener Richtung fließen lassen. Stromrichter können folgende Funktionen haben:

- *Gleichrichten*, wenn der Stromrichter Wechselstromenergie in Gleichstromenergie umwandelt (aus einem ein- oder mehrphasigen Wechselspannungsnetz in ein Gleichstromnetz fließen läßt);

- *Wechselrichten*, wenn der Stromrichter Gleichstromenergie in Wechselstromenergie umwandelt (aus dem Gleichspannungsnetz in ein- oder mehrphasiges Wechselspannungsnetz fließen läßt);
- *Stromrichten* (*Steller*):
  - *Gleichstromsteller*, wenn der Stromrichter Gleichstromenergie durch Pulsbreitensteuerung in Gleichstromenergie niederer Spannung umsetzt bzw.
  - *Wechselstromsteller*, wenn der Stromrichter Leistung aus einem Netz mit der Spannung U_1 ohne Zwischenkreis in ein Netz mit der niedrigeren Spannung U_2 und gleicher Frequenz, z.B. durch Phasenanschnitt, überträgt;
- *Wechselstrom-Umrichten (Frequenzumrichten)*: wenn der Stromrichter Wechselstromenergie in Wechselstromenergie von anderer Frequenz und/oder anderer Phasenzahl umformt. Er übernimmt Leistung aus einem Wechselspannungsnetz der Phasenzahl m_1 und der Frequenz f_1 und überträgt sie in ein Wechselspannungsnetz anderer Phasenzahl m_2 und/oder Frequenz f_2.

Geräte, die diese Aufgaben erfüllen, nennt man Stromrichter. Der Stromrichter kann in beiden Energierichtungen – sowohl als Gleichrichter aber auch als Wechselrichter arbeiten.

Um den Begriff *Stromrichter* besser zu verstehen, soll er an einigen Beispielen aus dem Bereich der steuerbaren elektrischen Antriebe erläutert werden.

Bei den drehzahlveränderbaren Antrieben wird häufig die Speisung des Gleichstrommotors durch ein Wechselstromnetz über einen Stromrichter (Bild 1.39) vorgenommen. Das Drehstromnetz liefert sinusförmige Spannungen konstanten Effektivwerts und konstanter Frequenz. Der Mittelwert der Klemmenspannung der elektrischen Maschine M kann stetig durch die Änderung der Steuerspannung u_S des Stromrichters verändert werden.

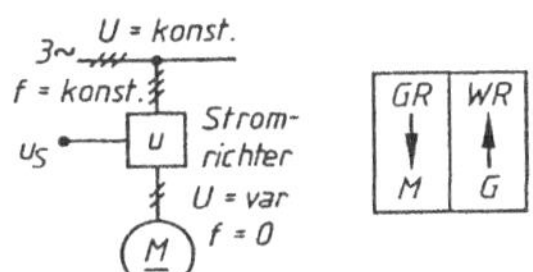

Bild 1.39
Stromrichter am Wechselstromnetz (f, U = konst.).
Betriebsarten des Stromrichters:
GR Gleichrichter, WR Wechselrichter;
Betriebsarten der Gleichstrommaschine:
M Motor, G Generator

Wenn aus dem Wechselstromnetz Energie zugeführt wird, arbeiten der Stromrichter als Gleichrichter GR und die Gleichstrommaschine als Motor M. Für die Nutzbremsung (Bremsung z.B. mit Rückgewinnung der in den beweglichen Antriebsteilen gespeicherten mechanischen Energie) muß der Mittelwert der Spannung am Stromrichterausgang kleiner als die induzierte Ankerspannung sein. Der Ankerstrom wird in entgegengesetze Richtung fließen; gleichfalls ändert sich die Energierichtung. Die Gleichstrommaschine arbeitet als Generator G und der Stromrichter als Wechselrichter WR. Die umgekehrte Stromrichtung setzt einen Umkehrstromrichter (antiparallelen Stromrichter) voraus.

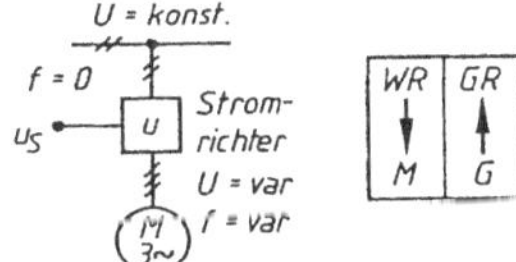

Bild 1.40
Stromrichter am Wechselstromnetz
($f = 0$, U = konst.).
Betriebsarten des Stromrichters:
WR Wechselrichter, GR Gleichrichter;
Betriebsarten der Drehstrom-Asynchronmaschine:
M Motor, G Generator

Es ist einzusehen, daß auch die Speisung der Drehstromasynchronmaschine von einem Gleichstromnetz über einen Stromrichter erreicht werden kann (Bild 1.40). Amplitude und Frequenz der Speisespannung der Asynchronmaschine können durch die Änderung der Steuerspannung u_S des Stromrichters (Wechselrichters) verändert werden. Wenn der Stromrichter als Wechselrichter WR arbeitet, dann befindet sich die Asynchronmaschine im Motorbetrieb M; die nötige Blindleistung für die Asynchronmaschine stellt der Stromrichter bereit. Arbeitet die Asynchronmaschine als Generator G, so wirkt der Stromrichter als Gleichrichter GR.

Ein *Wechselstrom-Wechselstrom-Umrichter* entsteht, wenn zwei Stromrichter in Reihe geschaltet werden (Bild 1.41). Der erste Stromrichter u_1 formt die Wechselstromenergie bei konstanter Frequenz und Spannung in Gleichstromenergie mit variabler Spannung im Zwischenkreis um. Der zweite Stromrichter u_2 wandelt die Gleichstromenergie des Zwischenkreises mit variabler Spannung in Wechselstromenergie veränderbarer Spannung und Frequenz um.

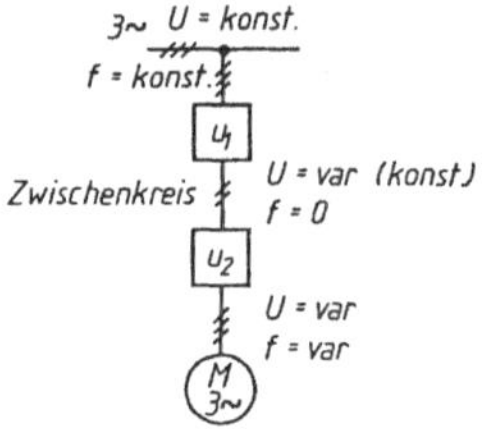

Bild 1.41
Dreiphasiger Wechselstrom-Wechselstrom-Umrichter mit Gleichstromzwischenkreis:
u_1 Stromrichter bei konstanter Frequenz und Spannung,
u_2 Stromrichter bei variabler Frequenz und Spannung,
M Drehstrommaschine

Der Zwischenkreis-Stromrichter in Bild 1.41 ist dreiphasig. Nach demselben prinzipiellen Schaltbild werden auch einphasige Stromrichter konzipiert.

Es gibt auch *Umrichter ohne Zwischenkreis* (Bild 1.42), sogenannte Direktumrichter.

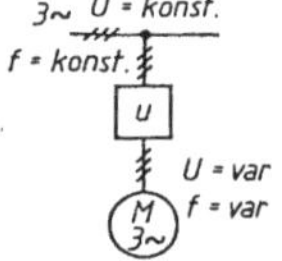

Bild 1.42
Umrichter ohne Gleichstromzwischenkreis (Direktumrichter)

Diese *Stromrichter – mit Halbleiterschaltern* – formen die elektrische Energie mit Hilfe der elektrischer Ventile direkt um, während die mit drehenden elektrischen Maschinen aufgebauten Umformer die elektrische Energie mittels mechanischer Energie umsetzen.

1.10 Mechanische Übertragungssysteme

Die mechanischen Übertragungselemente zwischen dem Motor und der Arbeitsmaschine spielen in der Leistungsauswahl des elektrischen Antriebsmotor eine große Rolle, da sie durch ihre mechanischen Übersetzungsverhältnisse und Wirkungsgrade mitwirken.

Die direkte Kupplung der Hauptwelle der Arbeitsmaschine mit der Welle des elektrischen Antriebsmotors ist, aus konstruktiven Gesichtspunkten, die einfachste und kostengünstigste Kupplungsmethode.

Bei den elektrischen Maschinen werden *Gleitlager* und *Kugellager* eingesetzt. Die Gleitlager sind für den geräuscharmen Betrieb bei gewissen Kupplungen notwendig. Die Motoren sehr kleiner Leistungen stellt man mit Sinterlagern oder mit selbstschmierenden Gleitlagern her. Die Gleitlager größerer Durchmesser sind mit einem Schmierring versehen, den das Öl antreibt.

Die Art und Weise, in welcher die direkte Kupplung ausgeführt wird, ist für die Lagerbeanspruchung wichtig. Die Gleitlager beanspruchen ein größeres mechanisches Spiel als die Kugellager und sind einer größeren Abnutzung ausgesetzt. Aus diesem Grund ist die Verbindung einer mit Gleitlager und einer mit Kugellager versehenen Welle durch eine starre Kupplung nicht zulässig. Gleichfalls dürfen zwei Wellen mit Kugellager nicht starr gekoppelt werden, da in diesem Fall ein notwendiges Spiel fehlt. Die starre Kupplung zwischen zwei mit Gleitlagern versehenen Wellen ist nur im Falle einer genauen mechanischen Ausrichtung zulässig.

Eine elastische Kupplung kann zwischen zwei Wellen mit Kugellagern oder einer Welle mit Gleitlagern und einer Welle mit Kugellagern eingesetzt werden. Die Kupplung ist elastisch, wenn sie bestimmte Winkelunterschiede beider Wellenachsen und auch kleine Seiten- oder Höhenverschiebungen ausgleichen kann. Bei dieser Kupplungsart muß die Auswuchtung der gekuppelten Wellen mit größter Genauigkeit ausgeführt werden.

Aus der Praxis sind jedoch viele Fälle bekannt, bei denen die direkte Kupplung nicht eingesetzt wird. In diesen Fällen sitzt zwischen dem Antriebsmotor und der Arbeitsmaschine ein Übertragungsglied. Die wichtigsten Gründe, die zu dieser Kupplungsweise führen, sind:

- Die nötige *Drehzahl* der Hauptwelle der Arbeitsmaschine stimmt mit der Nenndrehzahl des Motors nicht überein.
- Die *Positioniergenauigkeit* einiger Werkzeugteile (z.B. die Bewegung des Schlittens einer Drehmaschine mit Hilfe des Spindel) *steigt an, wenn das Trägheitsmoment abnimmt.* Im Wert des gesamten Trägheitsmomentes spielt in den meisten Fällen das innere Trägheitsmoment des Motors die entscheidende Rolle. Aus diesem Grund wird die Motorwelle während der Ruhelage vom Rest der kinematischen Kette getrennt.
- Der *Antriebsmotor* muß gegen eventuelle *Belastungsstöße*, die an der Welle der Arbeitsmaschine auftreten können, geschützt werden.

Die *mechanischen Übertragungsglieder*, die in den elektrischen Antriebssystemen eingesetzt werden, sind:

- Riemen und Ketten,
- Zahnradgetriebe,
- Schneckgetriebe,
- Kupplungen.

Der Einsatz von elektrischen Kupplungen nimmt zu. Motor und elektrische Kupplung werden in einer kompakten Ausführung (im gleichen Gehäuse) hergestellt. Obwohl die direkte Kupplung die einfachste und die sicherste ist, muß berücksichtigt werden, daß der Bereich der normierten Motordrehzahlen nicht immer die nötigen Drehzahlen der verschiedenen Arbeitsmaschinen abdeckt. Für die Gleichstrommotoren begrenzen konstruktive und ökonomische Faktoren den Drehzahlbereich. Mit der Herabsetzung der Nenndrehzahl des Motors steigen dessen Querschnittfläche und Gewicht, erhöhen sich also die Herstellungskosten, während die Leistung und der Leistungsfaktor (z.B. bei den Asynchronmotoren) kleiner werden.

Im Falle einer *niedrigeren Drehzahl*, die an der Welle der Arbeitsmaschine nötig ist, wird immer die technisch-ökonomische Vorausrechnung beider Varianten (die Lösung der direkten Kupplung mit einem Motor kleinerer Drehzahl oder ein Motor höherer Drehzahl, gekuppelt über Getriebe zur Arbeitsmaschine) entscheiden. Da die Auswahl von zahlreichen Faktoren beeinflußt ist, kann von einer optimalen Lösung nur in einem sehr begrenzten Maße gesprochen werden. Darum müssen sich die Beurteilungskriterien beider Varianten hauptsächlich auf die folgenden Punkte beziehen:

- Herstellungskosten,
- Abmessungen und Volumen der Anlage (insbesondere bei beweglichen Teile),
- Betriebskosten.

Es sei hier betont, daß ein *Zahnradgetriebe* ein etwa zehnfach größeres Drehmoment übertragen kann, als von einem elektrischen Antriebsmotor gleichen Durchmessers erzeugt werden kann. *Der Preis einer Volumeneinheit bei den Zahnradgetrieben liegt in der Größenordnung der elektrischen Antriebsmotoren.*

Im Falle des *Antriebs elektrischer Handgeräte* (Bohrmaschine, Schleifer, Kreissäge, Bohrhammer usw.), die *größere Drehzahlen als 3000* min^{-1} benötigen, sind das Volumen und das Gewicht des Antriebsmotors die entscheidenden Faktoren zur Auswahl der Kupplungsvariante. In solchen Fällen wählt man die Lösung der direkten Kupplung mit einem mit hoher Frequenz gespeisten Asynchronmotor, obwohl die zusätzlichen Kosten durch den benötigten Umrichter oder Umformer steigen. In der Textilindustrie, der chemischen und holzverarbeitenden Industrie usw. wird diese Lösung auch im Falle höherer Drehzahlen der Arbeitsmaschinen eingesetzt, also dort, wo der Querschnitt, das Volumen und das Gewicht nicht die entscheidenden Faktoren sind. Eine solche Lösung ist gerechtfertigt in Anbetracht der Schwierigkeiten bei der Herstellung und beim Betrieb der Getriebe mit großer Drehzahl.

Der statische Umrichter kann mehreren Antriebsmotoren höherer Drehzahl die nötigen Spannungen und Frequenz liefern (Mehrmotorenantrieb). Die beschriebene Lösung ist fast die einzige, die für den Antrieb der Arbeitsmaschinen sehr hoher Drehzahl (12.000 bis 250.000 min^{-1}, z.B. für alle Arten von *Sägemaschinen*, *Schleifmaschinen*, *Zentrifugen* usw.) angewendet werden kann.

Bei der korrekten Auswahl der Übertragungsglieder zwischen Motor und Arbeitsmaschinen müssen die folgenden Hauptparameter berücksichtigt werden:

- Übersetzungsverhältnis,
- Übertragungsleistung,
- Wirkungsgrad.

Außer diesen Hautparametern, besitzen die Übertragungselemente ebenfalls eine Reihe von spezifischen Parametern (*Modul* bei Zahnradgetrieben, *Umschlingungswinkel* bei Riemenübertragungen, *Radwinkelsteigung* bei Schneckgetrieben usw.).

Die mechanischen *Übertragungen* heißen:

- *starr*, wenn das Übersetzungsverhältnis Antriebsmotor-Arbeitsmaschine unveränderlich ist (Übertragungen durch Getriebe), bzw.
- *elastisch*, wenn dieses Übertragungsverhältnis variabel ist (Übertragungen durch elastische Kupplung, bestimmte Riemenübertragungen).

In Bild 1.43 wird das Schema eines elektrischen Antriebs dargestellt, in dem zwischen dem elektrischen Antriebsmotor M und der Arbeitsmaschine AM ein Getriebe mit nur einem Zahnradpaar angeordnet ist.

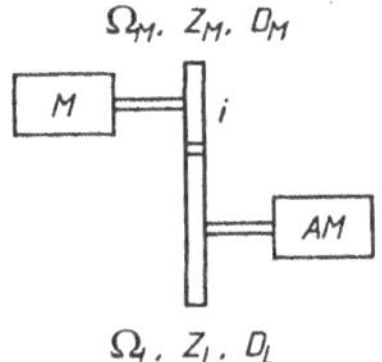

Bild 1.43
Antriebssystem mit direkter, starrer Kupplung

Für eine solche Übertragung wird das *Übersetzungsverhältnis* k_Ω *als ein Verhältnis zwischen der Winkelgeschwindigkeit* Ω_M *der Motorwelle und der Winkelgeschwindigkeit* Ω_L *der Lastwelle* definiert:

$$k_\Omega = \frac{\Omega_M}{\Omega_L}.$$

Seien D_M und Z_M der Durchmesser und die Zähnezahl des Zahnrades auf der Motorwelle bzw. D_L und Z_L der Durchmesser und die Zähnezahl des Zahnrades auf der Welle der Arbeitsmaschine (Lastwelle). Aus der Gleichung der linearen Geschwindigkeiten der beiden ineinander greifenden Zahnräder, $\Omega_M D_M = \Omega_L D_L$, kommt man zu:

$$k_\Omega = \frac{\Omega_M}{\Omega_L} = \frac{D_L}{D_M} = \frac{Z_L}{Z_M}. \tag{1.3}$$

Gibt es zwischen dem Motor und der Arbeitsmaschine eine kinematische Kette, aus mehreren Zahnräderpaaren gebildet (Bild 1.44), erhält man die Winkelgeschwindigkeiten der n Wellen

$$\Omega_M = \Omega_1, \Omega_2, \ldots, \Omega_{n-1}, \Omega_n = \Omega_L.$$

Die *Teilübertragungsverhältnisse* zwischen den n Wellen haben folgende Werte:

$$k_{\Omega 1} = \frac{\Omega_M}{\Omega_2} = \frac{\Omega_1}{\Omega_2}, \quad k_{\Omega 2} = \frac{\Omega_2}{\Omega_3}, \quad k_{\Omega n-1} = \frac{\Omega_{n-1}}{\Omega_n} = \frac{\Omega_{n-1}}{\Omega_L}.$$

Das *gesamte Übersetzungsverhältnis* wird

$$k_\Omega = \frac{\Omega_M}{\Omega_L} = k_{\Omega 1} \times k_{\Omega 2} \times \ldots \times k_{\Omega n-2} \times k_{\Omega n-1}. \tag{1.4}$$

Bei den *elastischen Übersetzungen* ist das Übertragungsverhältnis veränderlich. Infolge des Riemengleitschlupfs auf den Scheiben oder der Baukomponente der mechanischen Kupplung wird die *wahre Winkelgeschwindigkeit* Ω_{Lr} der Lastwelle geringer als die *ideale Winkelgeschwindigkeit* Ω_{Li} sein. Benutzt man den Schlupf $s = (\Omega_{Li} - \Omega_{Lr}) / \Omega_{Li}$, wird das Übersetzungsverhältnis im Falle einer *elastischen Übertragung*

$$k_\Omega = \frac{\Omega_M}{\Omega_{Lr}} = \frac{\Omega_M}{\Omega_{Li}(1-s)}.$$

Auf irgendeiner Zwischenwelle k gibt es das *Moment* m_{Lk} und auch das Massenträgheitsmoment J_k. Die Welle dreht sich mit der Winkelgeschwindigkeit Ω_K (Bild 1.44). In der Bewegungsgleichung muß mit den Momenten und Trägheitsmomenten operiert werden, die auf die Winkelgeschwindigkeit dieser k-ten Welle *bezogen* werden. Die *Umrechnung* wird gewöhnlich auf die Motorwelle bezogen, obwohl sie, prinzipiell, auf jede Welle, einschließlich der Arbeitsmaschinenwelle, ausgeführt werden kann. Es ist klar, daß die Umrechnung der Momente und der reellen Trägheitsmomente auf die Motorwelle ihren Ersatz durch andere fiktiven Momente bedeutet. Diese sollen aber dann den gleichen energetischen Einfluß auf die Motorwelle wie die reellen Größen bewirken.

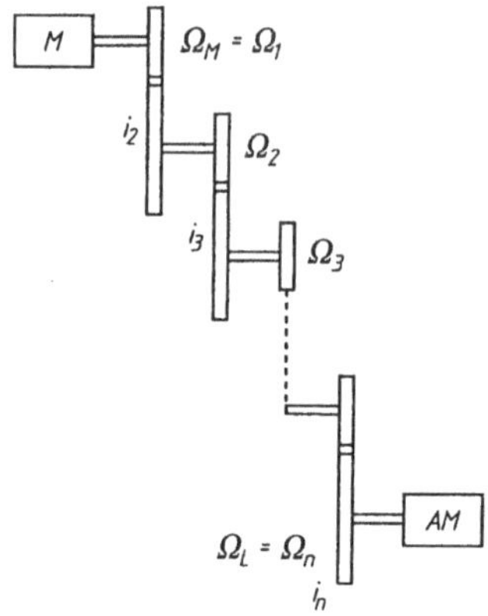

Bild 1.44
Antriebssystem mit Kupplung über verschiedene Wellen

Die Umrechnung auf die Motorwelle wird mit Hilfe der *Energiebilanz der mechanischen Leistungen* ausgeführt. Im Falle einer Übertragung der mechanischen Energie vom Motor zur k-ten *Welle*, mit η_k als mechanischem Wirkungsgrad der Übertragung zwischen der Motorwelle und der k-ten Welle, kann man schreiben:

$$m_{Lk}\,\Omega_k = \eta_k\, m'_{Lk}\,\Omega_M\,.$$

Das Moment auf der k-ten Welle, bezogen auf die Motorwelle mit der Winkelgeschwindigkeit Ω_M, wird also:

$$m'_{Lk} = \sum_{k=1}^{n} \frac{m_{Lk}}{k_{\Omega k-1}\,\eta_k}\,, \tag{1.5}$$

wobei $k_{\Omega\,k-1} = \Omega_M / \Omega_k$ das Übersetzungsverhältnis zwischen dem Motor und der k-ten Welle ist. Bei der Umrechnung des Trägheitsmoments J_k von der k-ten Welle auf die Motorwelle ergibt das „Erhaltungsgesetz der kinetischen Energien" folgende Beziehung:

$$\frac{1}{2} J_k\,\Omega_k^2 = \frac{1}{2} \eta_k\, J'_k\,\Omega_M^2\,.$$

Ist die Winkelgeschwindigkeit der k-ten Welle $\Omega_k = \Omega_M / k_{\Omega k}$, so erhält man den folgenden Ausdruck des Trägheitsmomentes der k-ten Welle, bezogen auf die Motorwelle:

$$J_k' = \frac{J_k}{k^2_{\Omega k-1} \times \eta_k}\,. \tag{1.6}$$

Das gesamte bezogene Lastmoment m_L sowie auch das gesamte bezogene Trägheitsmoment J (die Umrechnung bezieht sich auf die Motorwelle) ergeben sich aus folgendem Gleichungssystem:

$$m_L = m_{L0} + \sum_{k=1}^{n} \frac{m_{Lk}}{k_{\Omega k-1} \times \eta_k},$$
$$J = J_M + \sum_{k=1}^{n} \frac{J_k}{k_{\Omega k-1}^2 \times \eta_k}. \tag{1.7}$$

Diese Größen gehen in die Bewegungsgleichung ein. Dabei bedeuten m_{L0} und J_M das reelle Lastmoment, das unmittelbar auf der Motorwelle wirkt (z.B. das Reibungsmoment in den Motorlagern), bzw. das Massenträgheitsmoment des Motorläufers und auch aller Teile, die sich unmittelbar auf dieser Läuferwelle befinden.

Durch die Anwendung der gesamten umgerechneten oder bezogenen Größen auf die Motorwelle – Last- und Trägheitsmoment – kann man das kinetische Schema des speziellen *reellen* Antriebssystems aus Bild 1.44 durch das *ideale* System aus Bild 1.43 ersetzen. Dieses entspricht dann einer direkten Kupplung des elektrischen Motors mit der Arbeitsmaschine.

In der Zeit, in welcher der mechanische Energiefluß von der k-ten Welle zum Motor übertragen wird (im Bremsbetrieb), wandern alle Wirkungsgrade η_k aus dem Gleichungssystem (1.7) vom Nenner in den Zähler. Im allgemeinen werden sie andere Werte η'_k annehmen. Oftmals werden die mechanischen Verluste aus den starren Übertragungen vernachlässigt, indem die mechanischen Wirkungsgrade zu Eins angenommen werden.

Bei bestimmten Arbeitsmaschinen findet man auch Bauteile mit translatorischen Bewegungen (Linearantriebe, Kräne, Brückenkräne, Hobelmaschinen usw.). Diese Konstruktionselemente mit solchen linearen Bewegungen erzeugen an der Motorwelle zusätzliche dynamische Trägheitsmomente in den Zeiten, in denen sich die Drehzahl ändert. Sowohl die Massen der erwähnten Konstruktionsteile als auch die Kräfte, die auf sie wirken, können auch auf die Welle des Antriebsmotors bezogen oder umgerechnet werden. Das heißt, daß sie durch Trägheitsmomente bzw. durch zusätzliche Momente ersetzt werden können, die gleichwertige Effekte verursachen wie diejenigen der reellen Teile. Selbstverständlich kann die Umrechnung oder Beziehung auch in der entgegengesetzten Richtung stattfinden.

Aus der Energiegleichheit ergibt sich, daß die kinetische Energie der Masse m eines Bauteils in translatorischer Bewegung mit einer linearen Geschwindigkeit v durch die kinetische Energie eines fiktiven Körpers in Drehbewegung mit der Winkelgeschwindigkeit Ω_M auf der Motorwelle ersetzt werden kann:

$$\frac{1}{2} m v^2 = \frac{1}{2} J'_L \Omega_M^2 .$$

Das gesuchte zusätzliche äquivalente Massenträgheitsmoment J'_L ist also

$$J'_L = m \left(\frac{v}{\Omega_M} \right)^2 . \tag{1.8}$$

Eine Kraft F, die auf ein Bauteil mit translatorischer Bewegung wirkt, kann umgerechnet werden, indem die Gleichheit der mechanischen Leistungen, $Fv = M'_L \Omega_M$, herangezogen wird. Das zusätzliche Moment an der Motorwelle wird dann:

$$M'_L = \frac{Fv}{\Omega_M} . \tag{1.9}$$

Die Qualität eines Antriebssystems mit speziellen Antriebseigenschaften kann auch durch den Übergang von Motorregelung zu mechanischer Übertragungsregelung verbessert werden. So können steuer- und schaltbare Kupplungen auf mannigfaltige Art zur Lösung von Antriebsproblemen herangezogen werden.

Elektromagnetische Kupplungen stellen Kupplungsvorrichtungen zweier Wellenenden dar. Zu diesem Zweck werden Steuersignale kleinerer Leistung eingesetzt. In den automatisierten Antrieben ist die Anwendung elektromagnetischer Kupplungen weit verbreitet. Sie können beim Antrieb in Werkzeugmaschinen, Walzwerken, Textilmaschinen und in Nachlaufsystemen usw. angetroffen werden.

In Bild 1.45 ist das prinzipielle Schaltbild eines Antriebssystems mit elektromagnetischer Kupplung dargestellt. Der Antriebsmotor M wird zur Arbeitsmaschine AM über ein mechanisches Getriebe 1 und über eine elektromagnetische Kupplung 3 gekuppelt. Die Funktion des Getriebe ist, vom Gesichtspunkt des Drehmomentes und der Winkelgeschwindigkeit aus, die Belastung an die Kennlinien des Motors anzupassen. Die elektromagnetische Kupplung wird von einer Steuervorrichtung im offenen oder im geschlossenen Kreis gesteuert. Bei erregter Kupplung stellt diese eine – starre oder elastische – Verbindung zwischen der Motorwelle und der Lastwelle her und erlaubt somit die Übertragung der mechanischen Leistung vom Antriebsmotor zur Arbeitsmaschine.

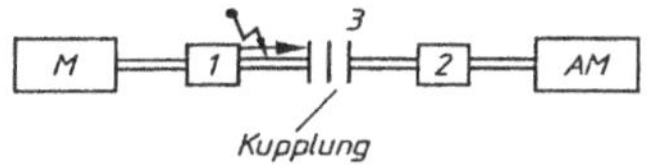

Bild 1.45
Antriebssystem mit elektromagnetischer Kupplung:
M Antriebsmotor; 1, 2 mechanische Getriebe;
3 elektromagnetische Kupplung

Nach dem Betriebsprinzip werden die elektromagnetischen Kupplungen in drei Hauptkategorien eingeteilt:

- *Reibungskupplungen,* bei welchen die Übertragung des Drehmomentes durch Reibungsschluß über Reibbeläge erfolgt. Die Druckkraft wird von einem Elektromagneten erzeugt. Reibungskupplungen sind die am häufigsten angewendeten ausrückbaren Kupplungen (Reibscheiben- und Lamellenkupplungen);
- *Magnetpulverkupplungen,* bei denen ein Spezialeisenpulver (auch eine Eisenpulver-Öl-Suspension) den Reibbelag darstellt. Bei eingeschalteter Erregung wird es durch die Einwirkung des magnetischen Feldes verfestigt und bildet so eine starre kraftschlüssige Verbindung zwischen den beiden drehenden Wellen;
- *Induktionskupplungen,* bei denen die Übertragung des Drehmoments durch elektromagnetische Kraftwirkung erfolgt. Eine Induktionskupplung besteht aus dem Anker und aus dem Erregersystem zur Erzeugung des Luftspaltfeldes. Bei diesen Kupplungen gibt es zwischen den Kupplungsteilen der zwei Wellen keine mechanische Verbindung und somit auch keine Abnutzung.

Beim ersten Typ unterscheidet man die zwei Schaltzustände: „gekuppelt" oder „nicht gekuppelt". Die anderen zwei Haupttypen erlauben eine kontinuierliche Einstellung des Drehmomentes und der übertragenen mechanischen Leistung.

Es gibt eine sehr große Anzahl konstruktiver Typen und Varianten von elektromagnetischen Kupplungen. Alle haben jedoch die folgenden gemeinsamen Eigenschaften:

- einfacher Aufbau (im Vergleich z.B. zu elektrischen Maschinen),
- steuerbar,
- große Betriebssicherheit,
- sehr breites Leistungsspektrum (einige 10 W bis zu 1000 kW).

1.11 Übungen

1Ü.1 *Eine Leiterschleife, die aus einem dünnen, leitenden Draht besteht, befindet sich in einem magnetischen Induktionsfeld, dessen Kraftlinien senkrecht auf der Windungsebene stehen (Bild 1.46). Das Feld ist homogen und die Induktion zeitlich veränderlich nach dem Gesetz* $B(t) = B_m \sin \omega t$. *Zwischen den beiden Punkten a und b ist die Schleife unterbrochen. Die zwischen den Klemmen a und b entstandene elektrische Spannung* u_{ab} *soll berechnet werden. Der Windungsradius r ist bekannt.*

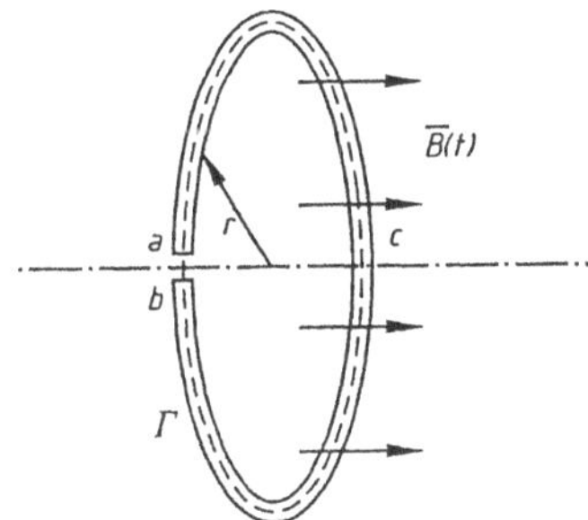

Bild 1.46
Leiterschleife in einem magnetischen Induktionsfeld $B(t)$

Man berücksichtigt einen rund geschlossenen Umlauf Γ, welcher durch den Draht läuft und sich über die Luft zwischen den beiden Endpunkten a und b schließt. Weil diese Endpunkte sehr nahe beieinander liegen (Bogen $ab \ll r$ mit r = Windungsradius), stimmt der Umfang Γ mit einer Kraftlinie des elektrischen Feldes zwischen den gleichen Endpunkten überein. Nach der Definition der Spannung wird für den Umlaufsinn des Umlaufs Γ(Bild 1.46):

$$e_\Gamma = \int_\Gamma \overline{E}\,\overline{\mathrm{d}s} = \int_{ab} \overline{E}\,\overline{\mathrm{d}s} + \int_{bca} \overline{E}\,\overline{\mathrm{d}s}\,,$$

wobei $\overline{E}$ die elektrische Feldstärke und $\overline{\mathrm{d}s}$ das Bogenelement sind. Da durch die Windung kein Strom fließt, wird nach dem Ohmschen Gesetz

$$\int_{bca} \overline{E}\,\overline{\mathrm{d}s} = 0\,.$$

Andererseits gilt nach dem elektromagnetischen Induktionsgesetz

$$e_\Gamma = -\frac{\mathrm{d}\Phi_{\mathrm{S}\Gamma}}{\mathrm{d}t} = -\pi\, r^2\, \omega\, B_\mathrm{m} \cos \omega t\,.$$

Somit ist

$$u_\mathrm{ab} = -\pi\, r^2\, \omega\, B_\mathrm{m} \cos \omega t\,.$$

1Ü.2 *Eine rechtwinklige Spule mit einer Breite y_l und Länge l besitzt w_S Windungen. Die Spule befindet sich in einem nicht homogenen magnetischen Feld, dessen Kraftlinien senkrecht zu der Spulenebene stehen (Bild 1.47). Der Wert der Induktion ist eine Funktion $B(x)$ der Stellungskoordinate x der Spule. Die Spule verschiebt sich parallel in der von ihren Seiten bestimmten Ebene mit einer konstanten Geschwindigkeit v in bezug auf die Referenzachse OO'. Es soll die in den Windungen induzierte Quellenspannung berechnet werden.*

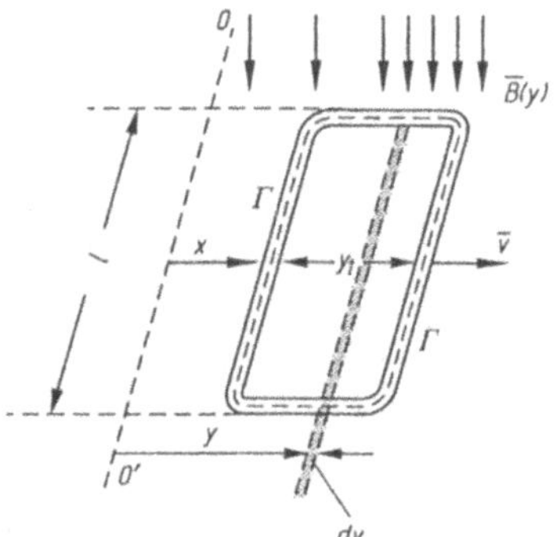

Bild 1.47
Rechtwinklige flache Spule in einem nicht homogenen magnetischen Feld

Man betrachtet ein geschlossenen Umlauf Γ, der mit einer Spulenwindung mit positiven Zählsinn übereinstimmt (siehe Bild 1.47). Der Fluß einer Oberfläche S_Γ, die sich auf den Umlauf Γ stützt (hier praktisch das Rechteck Γ), wird zu einen bestimmten Zeitpunkt t

$$\Phi_{S\Gamma} = \int_x^{x+y_l} B(y)\, l\, \mathrm{d}y\,,$$

wobei das Flächenelement $l\,\mathrm{d}y$ in einer Entfernung y von der Referenzachse OO' sich in der Spulenbewegungsrichtung befindet. Die in den w_S Windungen, die vom Fluß $\Phi_{S\Gamma}$ durchflossen sind, induzierte Quellenspannung wird aus dem Gesetz der elektromagnetischen Induktion zu

$$e_\Gamma = -w_S \frac{\mathrm{d}}{\mathrm{d}t} \int_x^{x+y_l} B(y)\, l\, \mathrm{d}y\,,$$

wobei beachtet werden muß, daß die Größe x linear von t abhängt:

$$x = vt + x_0\,,$$

mit x_0 als Koordinate der Anfangsstellung. Es folgt:

$$e_\Gamma = -w_S \left[\int_x^{x+y_l} \frac{\mathrm{d}B(y)}{\mathrm{d}t}\, l\, \mathrm{d}y + B(x+y_l)\, l \frac{\mathrm{d}x}{\mathrm{d}t} - B(x)\, l \frac{\mathrm{d}x}{\mathrm{d}t} \right].$$

Da die Induktion B, bei einer beliebigen Koordinate y, zeitunabhängig ist, wird

$$\frac{\mathrm{d}B(y)}{\mathrm{d}t} = 0$$

und dadurch

$$e_\Gamma = w_S \, l \, v\left[B(x) - B(x + y_l)\right] ,$$

was bedeutet, daß die induzierte Quellenspannung von der Differenz der Induktionswerte an den Spulenseiten abhängt.

Dieser Ausdruck wird im Prinzip auch bei einer Spule angewendet, die am zylindrischen Läuferumfang angebracht ist, bei einer konstanten Umfangsgeschwindigkeit des Läufers und bei einem radialen magnetischen Erregerfeld ohne konstante Verteilung, aber periodisch variabel am Läuferumfang.

1Ü.3 *Eine rechtwinklige Spule mit der Fläche $A = 100\ cm^2$ und $w = 100$ Windungen dreht sich um eine Symmetrieachse mit der Drehzahl $n = 1000\ min^{-1}$ in einem homogenen magnetischen Induktionsfeld mit dem Betrag $B = 1\ T$ senkrecht zur Drehachse. Die freien Enden der Spule sind an zwei mit der Welle fest verbundenen Kupferringen angeschlossen (Bild 1.48). Die Ringe sind gegeneinander und gegen die Welle isoliert. Auf den Ringen schleifen zwei Bürsten. Zwischen den Bürsten ist ein Widerstand $R = 70\ \Omega$ eingeschaltet. Die Spulenselbstinduktivität wird vernachlässigt. Der Widerstand der Spule beträgt $r = 4\ \Omega$. Es sind zu bestimmen:*

a) die Quellenspannung, die in den Rahmenwindungen induziert wird,
b) der Kreisstrom,
c) das Zeigerdiagramm und das zeitlichen Diagramm des gesamten Flusses, der induzierten Spannung und des Stromes,
d) das elektromagnetische Moment.

a) Man betrachtet den Umlauf Γ, der am Rande der Spule verläuft, die danach durch den Verbindungsleiter den Ring P2 erreicht, den äußeren Widerstand R und die Bürste P1 durchläuft und sich über den Verbindungsleiter des Rings P1 mit der Spule zu einer geschlossenen Masche schließt. Der beschriebene Umlaufsinn Γ ist positiv gewählt. Definitionsgemäß ist die induzierte Quellenspannung

$$e_\Gamma = \int_\Gamma \overline{E}\,\overline{ds} = u_{P1P2} + r\,i = (R + r)i ,$$

wobei $u_{P1P2} = Ri$ die Spannung zwischen den Bürsten P2 und P1 und i der augenblickliche Strom durch die Spule sind. Die Gleichung stellt eine Beziehung zwischen der Spannung u_Γ und dem Strom i dar. Damit kann die Lösung noch nicht ermittelt werden. Der verkettete magnetische Fluß $\psi_{A\Gamma}$ der Spule ist

$$\psi_{A\Gamma} = w\Phi_{A\Gamma} = w \int_{A\Gamma} \overline{B}\,\overline{dA} .$$

Mit t als Zeitpunkt, für *welchen die Spulenebene einen Winkel α mit der Horizontalebene (Bild 1.49-b) bildet, hat man* $\alpha = \Omega t + \alpha_0$. Der Winkel zwischen dem Vektor $\overline{B}$ und dem Flächenelement $\overline{dA}$ (orientierter Vektor, mit dem Angriffspunkt im Schwerpunkt dieser Fläche dA, dem Betrag nach gleich groß wie die Fläche $\overline{dA}$ und mit dem Richtungssinn nach der Schraubenzieher-Regel mit dem Sinn der Masche Γ abgestimmt) wird $(\pi - \alpha)$ sein. Folglich:

$$\psi_{A\Gamma} = wBA\cos(\pi - \alpha) = -w\Phi_m \cos(\Omega t + \alpha_0) ,$$

wobei Ω die Winkelgeschwindigkeit der Spule ($\Omega = 2\pi n/60$) bzw. $\Phi_m = BA$ der Maximalfluß einer Windung ist. Aus dem Gesetz der *elektromagnetischen Induktion* gilt:

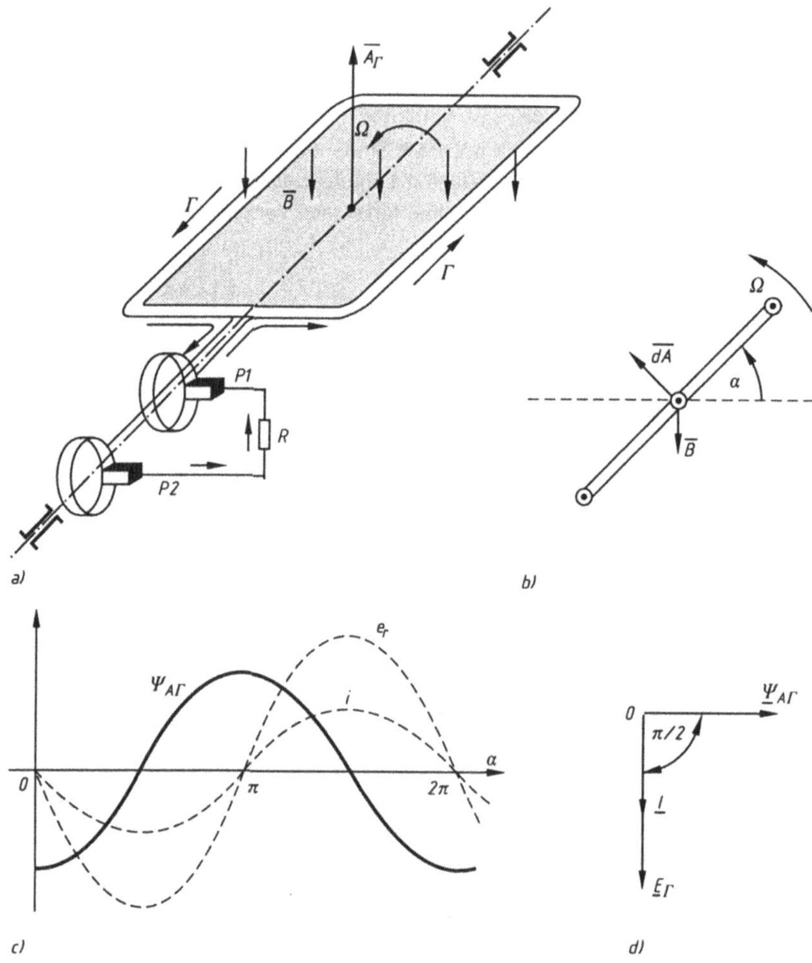

Bild 1.48 Rotierende rechtwinklige flache Spule in einem homogenen magnetischen Induktionsfeld $\overline{B}$.
a) P1, P2 Bürsten, Ω Winkelgeschwindigkeit, Γ Umlauf einer Windung,
b) Raumlage der Spule, c) Zeitverlauf von $\Psi_{\mathrm{A}\Gamma}$, e_Γ, i;
d) Zeigerdiagramm der obigen sinusoidalen Größen

$$-e_\Gamma = \frac{\mathrm{d}\Psi_{\mathrm{A}\Gamma}}{\mathrm{d}t} = w\Phi_{\mathrm{m}}\,\Omega\sin(\Omega t+\alpha_0) = w\Phi_{\mathrm{m}}\Omega\cos\left(\Omega t+\alpha_0-\frac{\pi}{2}\right),$$

d.h., eine zeitlich sinusförmige Quellenspannung (wie auch der mit allen Windungen der Spule verkettete Fluß $\psi_{\mathrm{A}\Gamma}$) eilt dem Fluß mit $\pi/2$ nach. Die Frequenz dieser Größen (Strom, Fluß, Quellenspannung usw.) ist:

$$f = \frac{\Omega}{2\pi} = \frac{1}{2\pi}\times\frac{2\pi n}{60} \approx 16{,}67\ \mathrm{Hz},$$

und der Effektivwert:

$$E_\Gamma = \frac{2\pi}{\sqrt{2}}f\,w\Phi_{\mathrm{m}} = \frac{2\pi}{\sqrt{2}}\,(16{,}67\times100\times1\times10^{-2}) = 74\ \mathrm{V}.$$

b) Da die beiden gefundenen Ausdrücke der Quellenspannung gleich sind:

$$e_\Gamma = (R + r)\, i = -w\, \Phi_m \Omega \cos\left(\Omega t + \alpha_0 - \frac{\pi}{2}\right),$$

erhält man

$$i = -\frac{w \Phi_m \Omega}{\sqrt{2}\,(R+r)} \cos\left(\Omega t + \alpha_0 - \frac{\pi}{2}\right) = -\frac{E_\Gamma}{R+r} \cos\left(\Omega t + \alpha_0 \frac{\pi}{2}\right),$$

mit dem Effektivwert

$$I = \frac{w \Phi_m \Omega}{\sqrt{2}\,(R+r)} = \frac{E_\Gamma}{R+r} = \frac{74}{70+4} = 1\ \mathrm{A}\,.$$

Die Phase des Stroms stimmt mit derjenigen der induzierten Spannung überein, da die Induktivität der Spule vernachlässigt wurde.

c) In den Bildern 1.48-c, d wird der Zeitverlauf der Größen $\psi_{A\Gamma}$, e_Γ, i sowie das Zeigerdiagramm, den oben erlangten Ergebnissen entsprechend, dargestellt. Das Minusvorzeichen in den Ausdrücken der Quellenspannung u_Γ und des Stromes i zeigt, daß der wahre positive Zählsinn dieser Größen, bezüglich dem gewählten positiven Sinn für den Umlauf Γ, entgegengesetzt verläuft.

Bemerkung: Das oben betrachtete System stellt den Prototyp eines Wechselstromgenerators dar. Er bekommt von einem Motor mechanische Leistung, mit dessen Hilfe die Spule mit einer konstanten Winkelgeschwindigkeit gedreht wird, und gibt elektrische Leistung an den zwischen den Klemmen eingeschalteten Widerstand R ab. Das System arbeitet als ein *mechanisch-elektrischer Energiewandler.*

d) Entsprechend dem Satz der verallgemeinerten (Lagrangeschen) Kräfte im magnetischen Feld ist das elektromagnetische Moment, das auf die Spule wirkt:

$$m = \left[\frac{\partial W_m}{\partial \alpha}\right]_{i=\text{konst.}},$$

wobei W_m die im magnetischen Feld gespeicherte Energie ist. Genauer gesagt, ist W_m der Teil der gespeicherten Energie, der von der verallgemeinerten Koordinate α – die die Spulenstellung beschreibt – abhängt. Folglich:

$$m = i\,\frac{dW_{A\Gamma}}{d\alpha} = i\,\frac{dW_{A\Gamma}}{dt} \times \frac{dt}{d\alpha} = -\frac{e_\Gamma i}{\Omega}\,.$$

Die Form für das elektromagnetische Moment besitzt *Allgemeingültigkeit* für die Theorie der elektrischen Maschinen. Die *elektromagnetische Leistung* der *elektromechanischen Umwandlung* besitzt zweierlei Form:

- $[m \times \Omega]$ – mit *nur mechanischen* Größen (die *mechanische* „Seite" der Leistung),
- $[e_\Gamma \times i]$ – mit *nur elektrischen* Größen (die *elektrische* „Seite" der Leistung).

Wenn die Ausdrücke der Quellenspannung e_Γ und des Stromes i berücksichtigt werden, ergibt sich:

$$m = -\frac{w^2 \Phi_m^2 \Omega}{R+r} \sin^2(\Omega t + \alpha_0) = -\frac{w^2 \Phi_m^2 \Omega}{2(R+r)} [1 - \cos^2 (\Omega t + \alpha_0)].$$

Das augenblickliche elektromagnetische Moment besteht aus einer konstanten Komponente, die sich mit einer sinusförmigen Komponente doppelter Kreisfrequenz – im Vergleich zu der Frequenz der Quellenspannung – überlagert. Der Mittelwert einer ganzen Zahl von Perioden des elektromagnetischen Momentes ist:

$$M = -\frac{w^2 \Phi_m{}^2 \Omega}{2(R+r)} = -\frac{E_\Gamma I}{\Omega} = -\frac{74 \times 1}{104{,}7} = -0{,}707 \text{ Nm}\,.$$

Das Minusvorzeichen zeigt, daß dieses mittlere Moment dem Anstieg der verallgemeinerten Koordinate α entgegenwirkt. Somit ist es ein Gegenmoment.

1Ü.4 *Die gleiche Spule aus der Übung 1Ü.3 hat die Wicklungsenden an zwei halbzylindrische leitende Lamellen angeschlossen (Bild 1.49-a), die mechanisch auf der Welle befestigt und gegeneinander bzw. gegen Masse isoliert sind. Auf diesen Lamellen, senkrecht zu der Richtung des magnetischen Feldes, stehen zwei Bürsten P1 und P2.*

a) Es soll der Zeitverlauf der Spannung u_{P1P2} zwischen den zwei Bürsten bestimmt werden;

b) Wie ändert sich die Spannung u_{P1P2}, wenn die Bürsten mit dem Winkel γ im Vergleich zu der vorherigen Stellung verschoben sind? Der Kreis wird als offen betrachtet (zwischen den Bürsten findet keine äußere elektrische Verbindung statt). Die Trennungsebene der Lamellen stimmt mit der Spulenebene überein.

a) Dem Ergebnis der vorausgegangenen Übung 1Ü.3 entsprechend, ist

$$e_\Gamma = E_\Gamma \sqrt{2} \cos\left(\Omega t + \alpha_0 - \frac{\pi}{2}\right) = -u_{12}\,,$$

wobei u_{12} die Klemmenspannung zwischen den zwei halbzylindrischen Lamellen 1 und 2 ist (Bild 1.49-a). Es wird vorausgesetzt, daß die Trennungsebene der zwei Lamellen zu einem bestimmten Zeitpunkt t einen Winkel $\alpha = \Omega t + \alpha_0$ mit der Horizontal-Referenzebene (in welcher sich die Bürsten befinden, Bild 1.49-b) bildet. So lange $\alpha \in (0, \pi)$, bleibt die Bürste P1 dauernd in Kontakt mit der Lamelle 1 bzw. die Bürste P2 mit der Lamelle 2, und somit:

$$u_{P1P2} = u_{12} = e_\Gamma\,.$$

In dem Zeitbereich, in welchem $\alpha \in (0, 2\pi)$, bleibt die Bürste P1 dauernd in Kontakt mit der Lamelle 2 bzw. die Bürste P2 mit der Lamelle 1 und:

$$u_{P1P2} = u_{21} = -e_\Gamma\,.$$

Folglich ändert sich die Bürstenspannung u_{P1P2} so, wie in Bild 1.49-c die volle Kurve darstellt. Diese Spannung pulsiert und besitzt auch eine Mittelwertkomponente, die nicht Null ist. Somit stellen die halbzylindrischen Lamellen mit den Bürsten einen mechanischen Gleichrichter dar. Dieses System bildet den einfachsten vorstellbaren Gleichstromgenerator, der aus einem Wechselstromgenerator und einem mechanischen Gleichrichter besteht.

b) Wenn die Bürsten P1 und P2 mit dem Winkel γ verschoben sind, wird für $\alpha \in (\gamma, \pi + \gamma)$, die Bürste P1 dauernd in Kontakt mit der Lamelle 1 bzw. die Bürste P2 mit der Lamelle 2 und

$$u_{P1P2} = u_{12} = e_\Gamma\,.$$

Wenn $\alpha \in (\pi + \gamma, 2\pi + \gamma)$, kommt die Bürste P1 in Kontakt zu der Lamelle 2 bzw. die Bürste P2 zu der Lamelle 1 und

$$u_{P1P2} = u_{21} = -e_\Gamma\,.$$

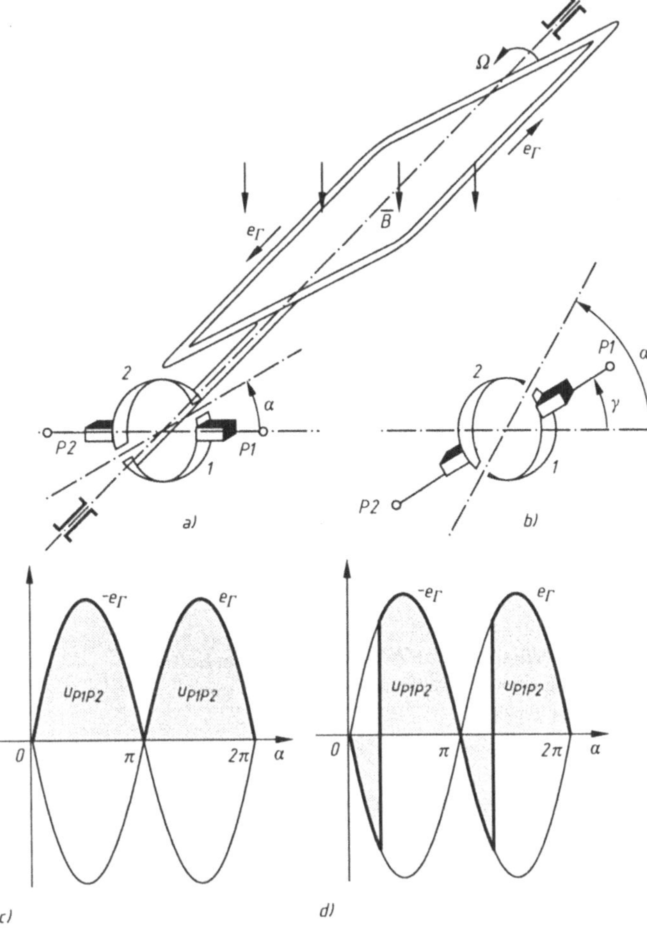

Bild 1.49
Mit Winkelgeschwindigkeit Ω rotierende Spule Γ:
a) Verschiebung des Bürstenpaares P1-P2 mit dem Winkel $\gamma = 0$,
b) Verschiebung des Bürstenpaares P1-P2 mit dem Winkel $\gamma \neq 0$,
c) Bürstenspannungsverlauf u_{P1P2} für $\gamma = 0$,
d) Bürstenspannungsverlauf u_{P1P2} für $\gamma \neq 0$

Den Verlauf der Bürstenspannung (Klemmenspannung) zeigt die volle Kurve in Bild 1.49-d. Diese Spannung besitzt eine Mittelwertkomponente

$$u_{\mathrm{P1P2}} = \frac{1}{\pi}\int\limits_{\gamma}^{\pi+\gamma} u_{\mathrm{P1P2}}\,\mathrm{d}\alpha = \frac{1}{\pi}\int\limits_{\gamma}^{\pi+\gamma} (-e_\Gamma)\,\mathrm{d}\alpha = \frac{E_\Gamma\sqrt{2}}{\pi}\int\limits_{\gamma}^{\pi+\gamma} \cos\left(\alpha - \frac{\pi}{2}\right)\mathrm{d}\alpha =$$

$$= \frac{2E_\Gamma\sqrt{2}}{\pi}\cos\gamma,$$

die vom Winkel γ abhängt. Wenn $\gamma = 0$ ist (vorheriger Fall), erreicht die gleichgerichtete Spannung ihr größten Wert. Für $\gamma = \pi/2$, wenn die Bürsten sich auf der gleichen Ebene zu den Kraftlinien des magnetischen Feldes befinden, wird die gleichgerichtete Spannung Null. Das oben beschriebene System mit zwei halbzylindrischen Lamellen stellt die einfachste Form des Stromwenders von Gleichstrommaschinen dar. Der Einfluß der Bürstenstellung ist zu erkennen.

1Ü.5 *Eine Ringspule besitzt eine regelmäßig verteilte Wicklung mit $w = 100$ Windungen, die von einem Gleichstrom $I = 1$ A durchflossen sind. Die Querschnittsfläche des Ringkerns ist $A = 10$ cm^2. Der Mittelradius beträgt $R = 15$ cm, groß genug, um eine regelmäßige Induktion im Querschnitt des Ringkerns vorauszusetzen (Bild 1.50). Das Kern ist aus ferromagnetischem Material angefertigt, mit einer Permeabilität $\mu_{Fe} = 10^4 \mu_0$ und mit einem Luftspalt $\delta = 0{,}1$ mm.*

a) Es soll der magnetische Fluß im Magnetkern berechnet werden. Wie groß sind die Luftspalt- und Kernfeldstärke?

b) Wie groß ist die Selbstinduktivität der Spule?

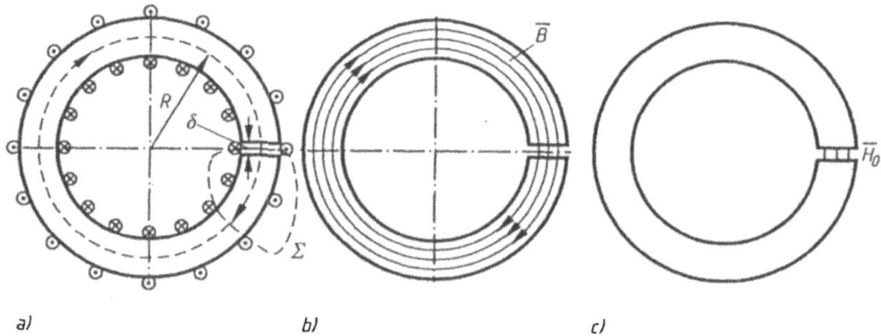

Bild 1.50 a) Ringförmige Spule mit regelmäßig verteilter Wicklung und einem Luftspalt, b) Feldlinienumlauf im ferromagnetischen ringförmigen Spulenkörper, c) magnetisches Feld $\overline{H}_0$ im Luftspalt

a) Man benutzt das Durchflutungsgesetz längs eines Umlaufs Γ bzw. eines Kreises mit dem Mittelpunkt auf der Ringkernachse und mit einem Mittelradius R. Aus Symmetriegründen stimmt dieser Umlauf mit einer Feldlinie der magnetischen Induktion überein. Im Luftspalt δ treten die Feldlinien senkrecht aus und wiederum senkrecht in das Eisen ein (da $\mu_{Fe} \gg \mu_0$).

Bezeichnet man mit $\overline{H}_0$ die Luftspaltfeldstärke und mit $\overline{H}_{Fe}$ die Kernfeldstärke, so gilt für die magnetische Spannung entlang des Γ-Umlaufs (mit gleichem positiven Sinn wie der Feldliniensinn) folgende Gleichung:

$$\oint_\Gamma \overline{H}\,\overline{ds} = H_{Fe}(2\pi R - \delta) + H_0\delta \approx 2\pi R H_{Fe} + H_0\delta .$$

Andererseits wird die dem Umlauf Γ verknüpfte Durchflutung

$$\theta_{A\Gamma} = wi ,$$

sein und entsprechend dem Durchflutungsgesetz

$$2\pi R H_{Fe} + H_0\delta = wi .$$

Die Anwendung des Gesetzes des magnetischen Flusses auf eine geschlossene Fläche Σ (Bild 1.50-a), senkrecht zu den Luftspalt und den laufenden Feldlinien, führt zu

$$\int_\Sigma \overline{B}\,\overline{dA} = -B_0 A + B_{Fe} A = 0 ,$$

woraus eine zweite Beziehung zwischen H_{Fe} und H_0 hervorgeht:

$$\mu_0 H_0 = \mu_{Fe} H_{Fe}$$

Aus dem Gleichungssystem, ermittelt man weiterhin H_0 und H_{Fe}:

$$H_{Fe} = \frac{wi}{2\pi R + \delta \frac{\mu_{Fe}}{\mu_0}} = \frac{100 \times 1}{2 \times 3{,}14 \times 0{,}15 + 10^{-4} \times 10^4} = 51{,}5 \text{ A/m},$$

$$H_0 = \frac{\mu_{Fe}}{\mu_0} H_{Fe} = 51{,}5 \times 10^4 \text{ A/m}.$$

Die magnetische Flußdichte ist

$$B_0 = B_{Fe} = \mu_0 H_0 = 0{,}647 \text{ T}.$$

Die Kernfeldstärke ist vernachlässigbar, da sie um vier Zehnerpotenzen kleiner als diejenige des Luftspaltes ist. Der Kernfluß wird

$$\Phi = B_0 A = 6{,}47 \times 10^{-4} \text{ Wb}$$

b) Um die Induktivität der Spule zu berechnen, geht man zu ihrer Definition zurück: $L = \Psi / i$, wobei $\Psi = w\Phi$ der verkettete Fluß mit den w Spulenwindungen ist. Folglich:

$$L = \frac{\mu_0 w^2 A}{2\pi R + \delta \frac{\mu_{Fe}}{\mu_0}} = 0{,}0647 \text{ H}.$$

Die gesamte Reluktanz des magnetischen Kreises der Spule wird

$$R_m = \frac{2\pi R}{\mu_{Fe} A} + \frac{\delta}{\mu_0 A}.$$

Die erste skalare Komponente stellt die Kernreluktanz dar:

$$R_{Fe} = \frac{2\pi R}{\mu_{Fe} A} = 7{,}5 \times 10^4 \text{ H}^{-1},$$

während die zweite die Luftspaltreluktanz darstellt:

$$R_0 = \frac{\delta}{\mu_0 A} = 7{,}96 \times 10^4 \text{ H}^{-1}.$$

- *Anmerkung 1*: Die Kernreluktanz gleicht der Luftspaltreluktanz. Mit anderen Worten: 0,1 mm Luftspalt stellt die gleiche Reluktanz wie etwa 1 Meter Eisen dar!
- *Anmerkung 2*: In den verschiedenen elektrischen Maschinen gibt es im Weg der Hauptflüsse immer Luftspalte, die viel größer als $\frac{1}{10}$ mm sind. Somit kann, in erster Näherung, die Reluktanz der Eisenteile im Vergleich zu den Luftspaltreluktanzen vernachlässigt werden.
- *Anmerkung 3*: In den Bildern 1.50-b, c wird der ungefähre Verlauf der magnetischen Induktion und der Feldstärke (für den Fall eines etwas größeren Luftspaltes) dargestellt. Das Bild der magnetischen Induktion besteht aus geschlossenen Feldlinien, die homogen durch Eisen und Luft dringen. Berücksichtigt man, daß $H_{Fe} \approx 0$ bzw. $\mu_{Fe} \approx \infty$ ist, verringt sich das Bild der einheitlichen Linien der Feldstärke im Eisenkern.

1Ü.6 *Zwei koaxiale zylindrische Spulen mit der gleichen Höhe, mit dem Durchmessern $2r_1$ bzw. $2r_2$ und mit w_1 bzw. w_2 Windungen werden in einem Luftspalt (von relativ kleiner Länge δ) mit einem Rückschluß aus ferromagnetischen Material mit sehr großer Permeabilität ($\mu_{Fe} \approx \infty$) gesetzt (Bild 1.51-a). Es sollen die Selbst- und Gegeninduktivitäten dieser Spulen sowie die Streuinduktivitäten berechnet werden.*

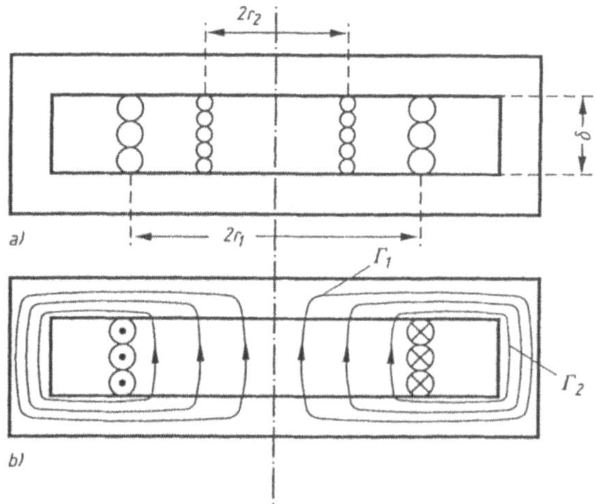

Bild 1.51
Koaxiale zylindrische Spulen:
a) Aufbau im inneren eines geschlossenen magnetischen Kernes,
b) Umlauf der magnetischen Feldlinien

Es wird vorausgesetzt, daß die Spule 1 vom Strom i_1 durchflossen ist. Das magnetische Feldbild dieser Spule ist, annähernd, in Bild 1.51-b dargestellt. Das innere Feld der Spule ist homogen und schließt sich innerlich über die ferromagnetische Hülle. Das ganze magnetische Feld besitzt eine vollkommene zylindrische Symmetrie. Da die Eisenpermeabilität unendlich groß ist, wird $H_{Fe} \approx 0$. Das *Durchflutungsgesetz*, für eine beliebige Feldlinie Γ angeschrieben, führt zu

$$H_{01}\delta = w_1 i_1 ,$$

wobei H_{01} die Luftfeldstärke (senkrecht zu den Eisenflächen) ist. Der mit den eigenen Windungen verkettete Fluß Ψ_{11} ist

$$\Psi_{11} = w_1\Phi_1 = \mu_0 w_1 \pi r_1^2 r_{12} H_{01} = \frac{\pi \mu_0 w_1^2 r_1^2}{\delta} i_1 .$$

Mithin bekommt man die Selbstinduktivität der Spule 1:

$$L_{11} = \frac{\Psi_{11}}{i_1} = \frac{\pi \mu_0 w_1^2 r_1^2}{\delta} .$$

Der Fluß, von der Spule 1 erzeugt und mit den Windungen der Spule 2 verkettet, ist

$$\Psi_{12} = w_2\Phi_{12} = \mu_0 w_2 \pi r_2^2 H_{01} = \frac{\pi \mu_0 w_1 w_2 r_2^2}{\delta} i_1 .$$

Die Gegeninduktivität wird

$$L_{12} = \frac{\Psi_{12}}{i_1} = \frac{\pi \mu_0 w_1 w_2 r_2^2}{\delta} .$$

Wird die Spule 2 von einem beliebigen Strom i_2 durchflossen, so verfährt man in gleicher Weise, da das Feldbild ähnlich (Bild 1.51-b) verläuft:

$$H_{02} = \frac{w_2 i_2}{\delta} ,$$

$$\Psi_{22} = w_2 \Phi_{22} = \mu_0 w_2 \pi r_2^2 H_{02} = \frac{\pi \mu_0 w_2^2 r_2^2}{\delta} i_2 ,$$

$$\Psi_{21} = w_1 \Phi_{21} = \mu_0 w_1 \pi r_2^2 H_{02} = \frac{\pi \mu_0 w_1 w_2 r_2^2}{\delta} i_2 .$$

Diesmal bekommt man $\Phi_{22} = \Phi_{21}$, d.h. daß sowohl durch eine Windung der Spule 2 wie auch durch eine Windung der Spule 1 derselbe Fluß fließt, und zwar derjenige, der von der Spule 2 erzeugt ist, da die Spule 1 sich im Inneren der Spule 2 befindet. Also:

$$L_{22} = \frac{\pi \mu_0 w_2^2 r_2^2}{\delta} ,$$

$$L_{21} = \frac{\pi \mu_0 w_1 w_2 r_2^2}{\delta} .$$

Man kann auch die Gleichheit von $L_{12} = L_{21}$ feststellen. Die Gegenstreuinduktivität $L_{\sigma 12}$ der Spule 1 zur Spule 2 ist definitionsgemäß der *Quotient* aus dem verketteten Streufluß $\Psi_{\sigma 12}$ und dem Strom i_1. Der verkettete Streufluß $\Psi_{\sigma 12}$ wird von der Spule 1 erzeugt und nur mit den w_1 Windungen der eigenen Spule verkettet. Man hat:

$$L_{\sigma 12} = \frac{\Psi_{\sigma 12}}{i_1} .$$

Der Fluß Φ_{12}, wiederum von der Spule 1 erzeugt, aber diesmal mit den w_2 Windungen der Spule 2 verkettet, wird

$$\Phi_{12} = \mu_0 \pi r_2^2 H_{01} = \frac{\pi \mu_0 w_1 r_2^2}{\delta} i_1 = \frac{\Psi_{12}}{N_2} = \frac{L_{12} i_1}{w_2} .$$

Somit wird der verkettete Fluß, der von der Spule 1 erzeugt und mit den w_2 Windungen der gleichen Spule verkettet ist:

$$\Psi_{12} = w_1 \Phi_{12} = \frac{w_1}{w_2} L_{12} i_1 .$$

Dieser Fluß, vom verketteten Fluß Ψ_{11} abgezogen, ergibt den Fluß $\Psi_{\sigma 12}$:

$$\Psi_{\sigma 12} = \Psi_{11} - \Psi_{12} = \left(L_{11} - \frac{w_1}{w_2} L_{12} \right) i_1$$

und folglich

$$L_{\sigma 12} = L_{11} - \frac{w_1}{w_2} L_{12} .$$

Dies ist eine allgemeingültige Beziehung, die die Streuinduktivität $L_{\sigma 12}$ der Spule 1 im Verhältnis zu der Spule 2 mit der Selbstinduktivität L_{11} und der Gegeninduktivität L_{12} verbindet. Die Streuinduktivität ist den Feldlinien der Art Γ_2 (Bild 1.51-b) einzuordnen, die nur mit den w_1 Windungen der Spule 1 verkettet sind. Die Nutzinduktivität L_{12}, durch welche die magnetische Kopplung der zwei Spulen hergestellt wird, entspricht den Feldlinien Γ_1 die mit den beiden Spulen verkettet sind. Die Selbstinduktivität L_{11} wird von den Feldlinien beider Arten, Γ_1 und Γ_2, bestimmt. Die Ausdrücke der Größen L_{11} und L_{12} führen zu

$$L_{\sigma 12} = \frac{\pi \mu_0 w_1^2 \left(r_1^2 - r_2^2\right)}{\delta} .$$

In gleicher Weise, im allgemeinen,

$$L_{\sigma 21} = L_{22} - \frac{w_2}{w_1} L_{21} ,$$

und im konkret betrachteten Fall, die Ausdrücke der Induktivitäten L_{22} und L_{21} berücksichtigend,

$$L_{\sigma 12} = 0 .$$

Es folgt daraus die wichtige Schlußgleichung: $L_{\sigma 12} = L_{\sigma 21}$. Dieses Ergebnis war zu erwarten, da die räumliche Stellung der zwei Spulen verschieden ist (wenn sich, z.B., die Spule 2 im Inneren der Spule 1 befindet, ist ihr ganzer Fluß ein Nutzfluß).

Bemerkung: Es kann keinen vollkommenen Wegfall der magnetischen Streuungen zwischen zwei Spulen geben. Die Gleichung $L_{\sigma 12} = 0$ ist also nicht realisierbar und stellt nur eine rein theoretische Vereinfachung dar. In der Übung wurde das Feld im Inneren der Eisenteile und in ihrer unmittelbarer Nähe vernachlässigt. Zusätzlich wurde die Eisenpermeabilität als unendlich ($\mu_{Fe} \approx \infty$) betrachtet. Das Ergebnis der oben angegebenen Übung muß daher wie folgt gedeutet werden:

$$L_{\sigma 21} \ll L_{\sigma 12} .$$

1Ü.7 *Zwei Wagen mit den Massen m_1 bzw. m_2 sind durch eine Feder mit dem Elastizitätsfaktor K gekoppelt. Sie können sich ohne Reibung auf horizontalen Schienen bewegen. Zu einem gegebenen Zeitpunkt t wirkt eine konstante Zugkraft F auf den Wagen 2 (Bild 1.52-a).*

a) Welches sind die Bewegungsgleichungen des Zweiwagensystems?

b) Wie ändern sich die Geschwindigkeiten der zwei Wagen?

c) Wie sieht das elektrische Analogon des mechanischen Systems der zwei Wagen aus?

a) Befindet sich das System in Bewegung, stellt man für die Positionen x_1 und x_2 der Wagen zu irgendeinem Zeitpunkt t nach der Anwendung der Zugkraft $\overline{F}$ zwei Referenzpunkte O_1 und O_2 fest. Um die Bewegungsgleichungen der zwei Wagen zu bestimmen, wird das Prinzip des „Freimachens des Körpers" und die Ersetzung ihrer Wechselwirkungen mit anderen Körper durch Kräfte angewandt. Auf den Körper 2 wirken die aktive Zugkraft $\overline{F}$, die Widerstandskraft F_K von der Koppelfeder mit dem ersten Wagen (Bild 1.52-b), das Gewicht $\overline{G}$ und die Haltekraft $\overline{N}$ (diese zwei letzten Kräfte stehen senkrecht auf der Bewegungsrichtung und neutralisieren sich gegenseitig). Die Beschleunigung $\overline{a}_2$ des Wagens 2 ist an die Lagekoordinate $\overline{x}_2$ und die Geschwindigkeit $\overline{v}_2$ gebunden. Im Betrag hat man:

$$a_2 = \frac{\mathrm{d}^2 x_2}{\mathrm{d}t^2} = \frac{\mathrm{d}v_2}{\mathrm{d}t} \quad \text{mit} \quad v_2 = \frac{\mathrm{d}x_2}{\mathrm{d}t} .$$

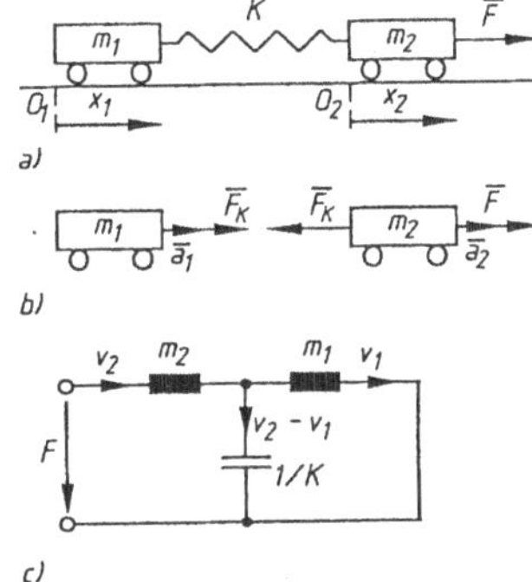

Bild 1.52

Mechanisches System aus zwei Wagen der Massen m_1 und m_2:

a) Kopplung durch eine Feder (K Elastizitätsfaktor),

b) die auf Wagen wirkenden Kräfte und Beschleunigungen,

c) elektrisches Ersatzschaltbild des mechanischen Systems

Die resultierende Kraft längs der Beschleunigungsrichtung ist offensichtlich $(F - F_K)$. Die von der Feder entwickelte Kraft F_K ist proportional zu der Federdehnung:

$$F_K = K(x_2 - x_1) = K \int_0^t (v_2 - v_1)\,dt$$

und

$$F - F_K = m_2 a_2 ,$$

entsprechend dem *Newtonschen Gesetz*. Die letzte Beziehung kann man auch in folgender Form darstellen:

$$F = K \int_0^t (v_2 - v_1)\,dt + m_2 \frac{dv_2}{dt} .$$

Auf dem Wagen 1, in der Bewegungsrichtung, wirkt nur die Kraft F_K, diesmal als aktive Kraft. Das gleiche *Bewegungsgesetz* führt zu folgender Gleichung:

$$\int_0^t (v_2 - v_1)\,dt = m_1 \frac{dv_1}{dt} .$$

Die letzten zwei Gleichungen stellen ein Differentialgleichungssystem dar, das die Bewegung der zwei Wagen beschreibt.

b) Um die oben beschriebenen Gleichungen zu integrieren, wendet man die Laplace-Transformantion an:

$$F(s) = \left(\frac{K}{s} + sm_2\right) V_2(s) - \frac{K}{s} V_1(s) ,$$

$$0 = -\frac{K}{s} V_2(s) + \left(\frac{K}{s} + sm_1\right) V_1(s) .$$

Mit $F(s) = \dfrac{F}{s}$, also einer Sprungfunktion für die angewandte Kraft:

$$V_1(s) = \frac{FK}{m_1 m_2} \times \frac{1}{s^2(s^2 + x^2)} ,$$

$$V_2(s) = \frac{F}{m_1 m_2} \times \frac{K + s^2 m_1}{s^2(s^2 + x^2)} ,$$

was zu folgender Lösung im Zeitbereich führt:

$$v_1(t) = \frac{F}{m_1 + m_2}\left(t - \frac{1}{x}\sin xt\right),$$

$$v_2(t) = \frac{F}{m_1 + m_2}\left(t + \frac{m_1}{m_2}\sin xt\right),$$

wobei $x^2 = K(m_1 + m_2) / m_1 m_2$.

Wie man feststellt, sind die beiden Wagen einer zeitlich konstanten Beschleunigung ausgesetzt, der eine ungedämpfte sinusförmige Beschleunigung überlagert ist, da das System verlustlos ist.

c) Die Differentialgleichungen des Systems entsprechen einem elektrischen Ersatzschaltbild (Analogon), wie dasjenige in Bild 1.52-c. Zwischen den elektrischen und den mechanischen Größen gibt es die folgenden Analogien (die für das mechanische System mit *Translativbewegung* gültig sind):

Spannung	$\Rightarrow$	Kraft,
Strom	$\Rightarrow$	lineare Geschwindigkeit,
Induktivität	$\Rightarrow$	Masse,
Kapazität	$\Rightarrow$	umgekehrter Elastizitätskoeffizient.

1Ü.8 *In Bild 1.53-a ist ein mechanisches System dargestellt, das aus zwei Rädern mit den Massenträgheitsmomenten J_1 und J_2 besteht. Die gekoppelten Räder befinden sich auf der gleichen elastischen Welle, die einen Torsionskoeffizient K besitzt. Auf das Rad 2 wirkt ein Widerstandsmoment zähflüssiger Reibung $M_L = F\Omega_2$, wobei* F *ein konstanter Koeffizient und Ω_2 die Winkelgeschwindigkeit des Rades 2 ist. Auf das Rad 1 wirkt ein Drehmoment M. Es soll die Übertragungsfunktion $[\Omega_1(s)/M(s)]$ des Systems bestimmt werden, wobei Ω_1 die Winkelgeschwindigkeit des Rades 1 ist. Welches ist der elektrische Analogkreis des gegebenen Systems?*

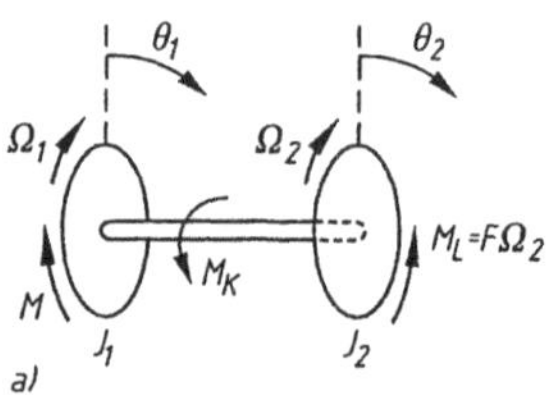

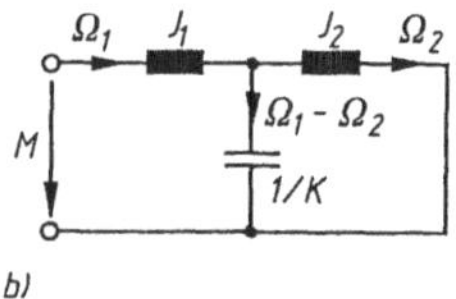

Bild 1.53
Mechanisches System mit zwei elastisch gekoppelten Rädern:
a) J_1, J_2 Massenträgheitsmomente der Räder, M aktives Drehmoment, M_K, M_L Tordierungs- bzw. Widerstandsmoment, Ω_1, Ω_2 Winkelgeschwindigkeiten der Räder, K Torsionkoeffizient der elastischen Welle,
b) elektrisches Ersatzschaltbild des mechanischen Systems

Man bemerkt, daß auf das Rad 1 ein Drehmoment M und ein Widerstandsmoment M_K (durch die Tordierung der Welle) ausgeübt werden, also:

$$M - M_K = J_1 \frac{d\Omega}{dt},$$

wobei $M_K = K(\theta_1 - \theta_2)$, mit θ_1 bzw. θ_2 Stellungswinkel der Räder 1 und 2, angesichts einer gleichen Referenzebene, zu einem gegebenen Zeitpunkt t, nach der Anwendung des Momentes M ($\theta_1 = \theta_2 = 0$ bei $t = 0$). Es ist

$$\Omega_1 = \frac{d\theta_1}{dt} \quad \text{oder} \quad \theta_1 = \int_0^t \Omega_1 dt \ .$$

Für das zweite Rad sind M_K (durch die Tordierung der Welle) das Drehmoment und M_L (durch zähflüssige Reibungen) das Widerstandsmoment. Das Bewegungsgesetz des starren Körpers um eine Achse ergibt, in diesem Fall:

$$M_K - M_L = J_2 \frac{d\Omega_2}{dt},$$

mit

$$\Omega_2 = \frac{d\theta_2}{dt} \quad \text{oder} \quad \theta_2 = \int_0^t \Omega_2 dt \, .$$

Die zwei oben angegebenen Bewegungsgleichungen können in die folgende Form:

$$M = K \int_0^t (\Omega_1 - \Omega_2)\, dt + J_1 \frac{d\Omega_1}{dt} \ ,$$

$$K \int_0^t (\Omega_1 - \Omega_2)\, dt = F\Omega_2 + J_2 \frac{d\Omega_2}{dt}$$

gebracht werden. Nach der Anwendung der Laplace-Transformation, erhält man

$$M(s) = \left(\frac{K}{s} + sJ_1\right) \Omega_1(s) - \frac{K}{s} \Omega_2(s) \, ,$$

$$\frac{K}{s} \Omega_1(s) = \left(\frac{K}{s} + F + sJ_2\right) \Omega_2(s) \, .$$

Ersetzt man die Zwischengröße $\Omega_2(s)$, erreicht man die gesuchte Übertragungsfunktion:

$$\frac{\Omega_1(s)}{M(s)} = \frac{K + sF + s^2 J_2}{s^3 J_1 J_2 + s^2 F J_1 + sK(J_1 + J_2) + KF} \, .$$

Man sieht, indem die Anfangs- und Endwertsätze angewendet werden, daß mit $M(s) = M/s$, $\Omega_1 = 0$ bei $t = 0$, bzw. $\Omega_1 = M/F$ bei $t = \infty$ ist. Auf Grund folgender Analogien ist der elektrische Kreis in Bild 1.53-b dargestellt:

Spannung $\Rightarrow$ Drehmoment,
Strom $\Rightarrow$ Winkelgeschwindigkeit,
Induktivität $\Rightarrow$ Trägheitsmoment,
Kapazität $\Rightarrow$ Umgekehrter Torsionskoeffizient,
Widerstand $\Rightarrow$ Koeffizient der zähflüssigen Reibungen.

1Ü.9 *In Bild 1.54 sind die mechanische Kennlinie $\Omega(M)$ eines Asynchronmotors und auch die Kennlinien einer Arbeitsmaschine [bzw. eines Krans (1) und eines Ventilators (2) und (3)] dargestellt. Welche von den Schnittpunkten – vom statischen Betrachtungspunkt aus – entsprechen einem instabilen Betrieb ?*

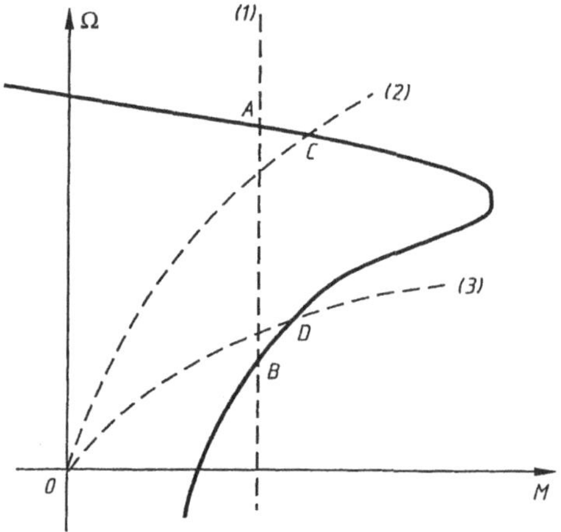

Bild 1.54
Mechanische Kennlinien eines Asynchronmotors (volle Linie) sowie verschiedener Arbeitsmaschinen:
1 Kran;
2, 3 Ventilator

Es muß die Bedingung (1.2) der statischen Stabilität eines Antriebssystems für jeden Punkt nachgeprüft werden.

- Für den Punkt A:

$$\left[\frac{\mathrm{d}M}{\mathrm{d}\Omega}\right]_{\mathrm{A}} < 0 \quad \text{bzw.} \quad \left[\frac{\mathrm{d}M_{\mathrm{L}}}{\mathrm{d}\Omega}\right]_{\mathrm{A}} = 0,$$

mit der Schlußfolgerung, daß *der Betriebspunkt A stabil ist.*

- Für den Punkt B:

$$\left[\frac{\mathrm{d}M}{\mathrm{d}\Omega}\right]_{\mathrm{B}} > 0 \quad \text{bzw.} \quad \left[\frac{\mathrm{d}M_{\mathrm{L}}}{\mathrm{d}\Omega}\right]_{\mathrm{B}} = 0,$$

der *Betriebspunkt B ist labil* (instabil).

- Für den Punkt C:

$$\left[\frac{\mathrm{d}M}{\mathrm{d}\Omega}\right]_{\mathrm{C}} < 0 \quad \text{bzw.} \quad \left[\frac{\mathrm{d}M_{\mathrm{L}}}{\mathrm{d}\Omega}\right]_{\mathrm{C}} > 0,$$

ist die Bedingung der statischen Stabilität erfüllt, der Betriebspunkt C ist stabil.

- Für den Punkt D:

$$\left[\frac{\mathrm{d}M}{\mathrm{d}\Omega}\right]_{\mathrm{D}} > 0 \quad \text{bzw.} \quad \left[\frac{\mathrm{d}M_{\mathrm{L}}}{\mathrm{d}\Omega}\right]_{\mathrm{D}} > 0, \quad \text{aber} \quad \left[\frac{\mathrm{d}M}{\mathrm{d}\Omega}\right]_{\mathrm{D}} < \left[\frac{\mathrm{d}M_{\mathrm{L}}}{\mathrm{d}\Omega}\right]_{\mathrm{D}}$$

was bedeutet, daß *der Punkt D statisch stabil ist.*

1Ü.10 *Ein Reihenschlußgleichstrommotor hat eine mechanische Kennlinie die analytisch mit der Formel $M\Omega = M_N\Omega_N =$ konstant ausgedrückt werden kann. Hier sind M_N das Nenndrehmoment (maximal zulässiges Moment im Dauerbetrieb)und Ω_N die Nennwinkelgeschwindigkeit (wobei 2,5 Ω_N die maximal zugelassene Winkelgeschwindigkeit ist). Der Motor treibt eine Arbeitsmaschine an, die eine mechanische Kennlinie $2M_L\Omega_N = 3M_N\Omega$ (zähflüssige Reibung) besitzt. Ist ein Dauerbetrieb eines solchen elektrischen Antriebssystems zulässig?*

Durch graphische Darstellung der zwei Kennlinien (Bild 1.55) kann nachgeprüft werden, ob es einen Schnittpunkt A gibt, was einem stabilen Betrieb entspricht. Die Koordinaten dieses Punktes ergeben sich aus der Lösung des Gleichungssystems

$$M\Omega = M_N\Omega_N\,,$$

$$\frac{M_L}{\Omega} = \frac{3}{2}M_N\Omega_N\,,$$

$$M = M_L\,.$$

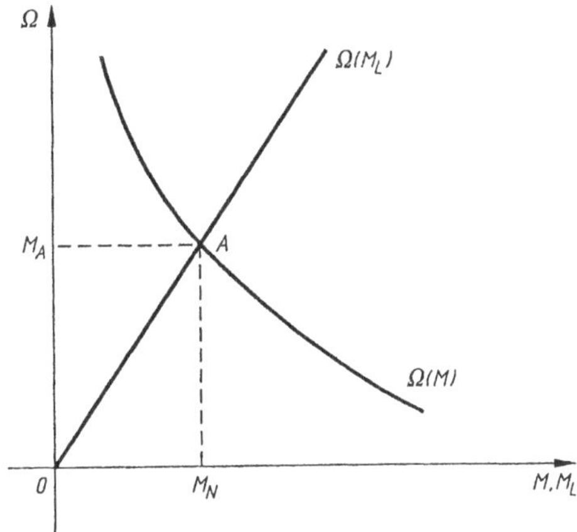

Bild 1.55
Kennlinien: $\Omega(M)$, eine Hyperbel, und $\Omega(M_L)$, eine Gerade über den Ursprung

Man erzielt:

$$M_A = \sqrt{\frac{3}{2}}\,M_N = 1{,}225\,M_N \quad \text{bzw.} \quad \Omega_A = \sqrt{\frac{2}{3}}\,\Omega_N = 0{,}816\,\Omega_N\,.$$

Dieser Betriebspunkt ist nicht dauernd zulässig, da $M_A > M_N$.

1Ü.11 *In dem Antriebssystem aus Bild 1.56 mit einem idealisierten Getriebe (Wirkungsgrad $\eta = 1$) sind Reibungen und Trägheitsmomente der Zahnräder vernachlässigt. Das Trägheitsmoment des Motors ist $J_M = 0{,}5$ kgm², die Belastungsmasse $m = 500$ kg, die Trommel, auf welche das Kabel gewickelt ist, hat die Abmessungen $L = 1$ m und $D = 0{,}5$ m. Die Masse des Kabels ist wiederum vernachlässigbar.*

a) *Es soll das Trägheitsmoment der Trommel bestimmt werden, bei einer Dichte des Werkstoffes $\delta = 7{,}9 \times 10^3$ kg/m³;*

b) Welches ist das gleichwertige, auf die Motorwelle bezogene, Trägheitsmoment der Masse m?

c) Welches ist das gesamte, auf die Motorwelle bezogene Moment?

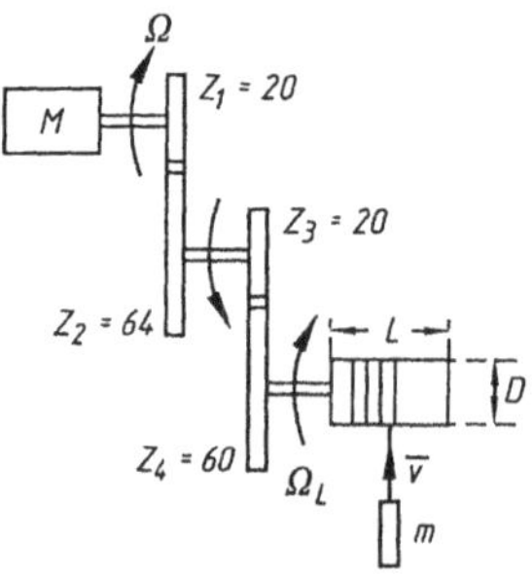

Bild 1.56
Antriebssystem mit Zahngetrieben:
M Motor,
m Belastungsmasse,
Ω Winkelgeschwindigkeit des Motors,
Ω_L Winkelgeschwindigkeit der Trommel

a) Das Trägheitsmoment an der Motorwelle der Trommel (zylindrischer Körper der Länge L, Durchmesser D und Massendichte δ) im Verhältnis zu seiner Symmetrieachse ist

$$J_T = \frac{\pi \delta L D^4}{32} = \frac{3{,}14 \times 7{,}9 \times 10^3 \times 1 \times 0{,}5^4}{32} = 48{,}47 \text{ kgm}^2 .$$

b) Das auf die Motorwelle umgerechnete Trägheitsmoment der Masse m in Translationsbewegung ist $J'_m = m(v/\Omega)^2$. Andererseits gibt es zwischen der linearen Geschwindigkeit v der Masse und der Winkelgeschwindigkeit Ω_L der Trommel die Beziehung

$$v = \frac{D\Omega_L}{2} ,$$

und zwischen Ω_L und der Winkelgeschwindigkeit des Motors Ω,

$$\frac{\Omega}{\Omega_L} = \frac{Z_2 Z_4}{Z_1 Z_3} .$$

Folglich

$$\frac{v}{\Omega} = \frac{Z_1 Z_3 D}{2 Z_2 Z_4} .$$

Das Trägheitsmoment wird

$$J'_m = m \left(\frac{Z_1 Z_3 D}{2 Z_2 Z_4} \right)^2 = 500 \left(\frac{20 \times 20 \times 0{,}5}{2 \times 64 \times 60} \right)^2 = 0{,}339 \text{ kgm}^2 .$$

c) Das gesamte, auf die Motorwelle bezogene Trägheitsmoment des Antriebssystems wird

$$J = J_M + J'_m + J'_T ,$$

wobei J'_T das umgerechnete Moment der Trommel ist, bzw.

$$J'_T = J_T \left(\frac{\Omega_L}{\Omega} \right)^2 = J_T \left(\frac{Z_1 Z_3}{Z_2 Z_4} \right)^2 = 48{,}47 \left(\frac{20 \times 20}{64 \times 60} \right)^2 = 0{,}526 \text{ kgm}^2 .$$

Folglich

$$J = J_M + J'_m + J'_T = 0{,}5 + 0{,}339 + 0{,}526 = 1{,}365 \text{ kgm}^2 .$$

Es ist zu bemerken, daß das umgerechnete Trommel-Trägheitsmoment etwa gleich groß wie das Trägheitsmoment des Motors ist.

1Ü.12 *Das Antriebssystem aus der vorherigen Übung soll den zeitlichen Bewegungsablauf der Arbeitsmaschine (Bild 1.57-a) ausführen. Wie muß der Zeitverlauf des von dem Antriebsmotor erzeugten Drehmomentes sein?*

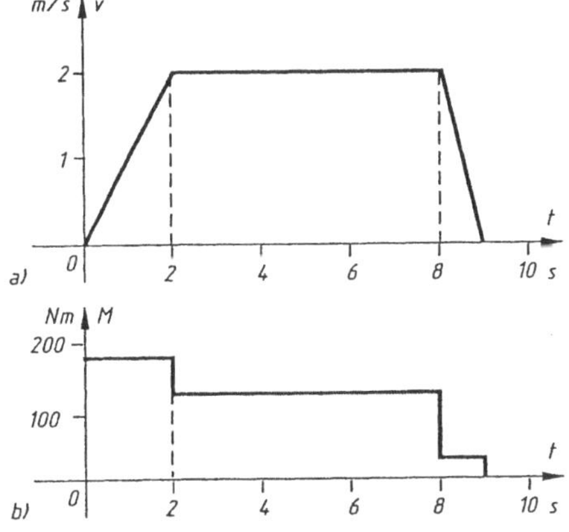

Bild 1.57
Zeitliche Abläufe der Arbeitsmaschine aus Übung 1Ü.11:
a) Geschwindigkeitsdiagramm $v(t)$,
b) Drehmomentsdiagramm $M(t)$

Das Widerstandsmoment an der Trommelwelle ist

$$M_L = mg(D/2) = 500 \times 10 \times (0{,}5/2) = 1250 \text{ Nm} .$$

An der Motorwelle umgerechnet bedeutet dies

$$M'_L = M_L \frac{\Omega_L}{\Omega} = M_L \frac{Z_1 Z_3}{Z_2 Z_4} = 1250 \frac{20 \times 20}{64 \times 60} = 130 \text{ Nm} .$$

Andererseits gilt

$$\frac{v}{\Omega} = \frac{Z_1 Z_3 D}{2 Z_2 Z_4} ,$$

und somit

$$\frac{d\Omega}{dt} = \frac{2 Z_2 Z_4}{Z_1 Z_3 D} \times \frac{dv}{dt} = \frac{2 \times 64 \times 60}{20 \times 200{,}5} \times \frac{dv}{dt} = 38{,}4 \frac{dv}{dt} .$$

Berücksichtigt man die Funktion $v = f(t)$ aus Bild 1.57-a, so geht hervor:

- für $t \in (0, 2)$: $\frac{dv}{dt} = \frac{2}{2} = 1 \text{ m/s}^2$ bzw. $\frac{d\Omega}{dt} = 38{,}4 \text{ Rad s}^{-2}$,

  und das Drehmoment des Motors wird

$$M = M'_L + J\,\frac{d\Omega}{dt} = 130 + 1{,}365 \times 38{,}4 = 182{,}4\ \text{Nm}\,;$$

- für $t \in (2, 8)$: $\dfrac{dv}{dt} = 0$, bzw. $\dfrac{d\Omega}{dt} = 0$ und

$$M = M'_L = 130\ \text{Nm}\,;$$

- für $t \in (8, 9)$: $\dfrac{dv}{dt} = -\dfrac{2}{1}\ \text{m/s}^2$ bzw. $\dfrac{d\Omega}{dt} = -16{,}8\ \text{Rad s}^{-2}$ und

$$M = M'_L + J\,\frac{d\Omega}{dt} = 130 - 1{,}365 \times 76{,}8 = 25{,}2\ \text{Nm}\,.$$

Das Drehmoment M des Motors verläuft so wie in Bild 1.57-b dargestellt:

- Solange die *Beschleunigung konstant bleibt* (wie z.B. beim konstanten Widerstandsmoment), ist das vom Motor entwickelte Drehmoment bei einem (größeren) Wert konstant.
- Solange die *Geschwindigkeit konstant bleibt*, deckt das Drehmoment des Motors gerade das Widerstandsmoment der Last (Verbrauchers).
- In der *Bremsphase* ist das Drehmoment des Antriebsmotors relativ klein:
  - soll *nicht stark gebremst werden*, kann die Maschine als Generator mit Energierückgewinnung arbeiten: es wird sanft gebremst;
  - *muß die Bremsung kräftig sein*, arbeitet die Maschine als elektrische Bremse im Gegenstrombremsbereich. Das bisherige aktive Drehmoment kehrt sich um (ändert sein Vorzeichen) und wird negativ. Es wirkt der Drehrichtung entgegen (Bremsmoment).

1Ü.13 *Ein elektrischer Motor erzeugt ein Maximal-Anlaßmoment $M_{am} = 500$ Nm und besitzt ein Trägheitsmoment $J_M = 0{,}02$ kgm². Er treibt über ein Zahngetriebe eine Arbeitsmaschine an, die ein eigenes (im Verhältnis zur eigenen Welle) Trägheitsmoment $J_L = 6$ kgm² bzw. ein Widerstandsmoment beim Anlassen $M_L = 400$ Nm besitzt. Es soll der mögliche Veränderungsbereich des Übertragungsfaktors bestimmt werden, wenn die Anfangswinkelbeschleunigung an der Belastungswelle $\varepsilon_L = 600$ Rad s^{-2} ist.*

Mit $k_\Omega = \Omega_M / \Omega_L$ als *Übertragungsfaktor* wird die Winkelbeschleunigung des Motors $\varepsilon_M = k_\Omega \varepsilon_L$ sein. Das auf die Motorwelle bezogene Widerstandsmoment, bzw. Trägheitsmoment der Last, wird

$$M'_L = \frac{M_L}{k_\Omega} \quad \text{bzw.} \quad J'_L = \frac{J_L}{k_\Omega^2}\,.$$

Das Anlaßmoment des Motors muß das Widerstandsmoment überschreiten und die Beschleunigung ε_M sicherstellen:

$$M_{Am} > M'_L + (J_M + J'_L)\,\varepsilon_M\,,\ \text{bzw.}$$

$$M_{Ap} > \frac{M_L}{k_\Omega} + (J_M + \frac{J_L}{k_\Omega^2})\varepsilon_L\,, \tag{1.10}$$

was zur folgenden Ungleichung führt:

$$J_M \varepsilon_L k_\Omega^2 - M_{Am} k_\Omega + M_L + J_L \varepsilon_L < 0\,.$$

Somit kann der Übertragungsfaktor k_Ω reelle Werte nur dann annehmen, falls

$$M_{\mathrm{Am}}^2 > 4J_{\mathrm{M}}\varepsilon_{\mathrm{L}}\left(M_{\mathrm{L}} + J_{\mathrm{L}}\varepsilon_{\mathrm{L}}\right), \quad \text{bzw.}$$

$$\frac{M_{\mathrm{Am}}^2}{J_{\mathrm{M}}} > 4J_{\mathrm{M}}\varepsilon_{\mathrm{L}}\left(M_{\mathrm{L}} + J_{\mathrm{L}}\varepsilon_{\mathrm{L}}\right) \tag{1.11}$$

ist. Das linke Glied stellt eine Eigenschaft des Antriebsmotors dar, und das rechte Glied hebt eine Erfordernis der Arbeitsmaschine hervor. Kann der eingesetzte Motor die Ungleichung (1.11) nicht erfüllen, muß ein anderer, mit einem größeren Maximal-Anlaßmoment, gewählt werden. Wenn die Ungleichung (1.11) stimmt, dann muß der Übertragungsfaktor Werte zwischen den Wurzeln des Trinoms annehmen, um auch die Ungleichung (1.10) zu berücksichtigen und zwar:

$$M_{\mathrm{Am}} - \sqrt{M_{\mathrm{Am}}^2 - 4J_{\mathrm{M}}\varepsilon_{\mathrm{L}}(M_{\mathrm{L}} + J_{\mathrm{L}}\varepsilon_{\mathrm{L}})} < 2J_{\mathrm{M}}\varepsilon_{\mathrm{L}}k_{\Omega} < M_{\mathrm{Am}} \quad \text{und}$$

$$M_{\mathrm{Am}} < M_{\mathrm{Am}} + \sqrt{M_{\mathrm{Am}}^2 - 4J_{\mathrm{M}}\varepsilon_{\mathrm{L}}(M_{\mathrm{L}} + J_{\mathrm{L}}\varepsilon_{\mathrm{L}})}, \ \text{bzw.}$$

$$0{,}02 \times 600 \times k_{\Omega}^2 - 500 \times k_{\Omega} + (400 + 6 \times 600) = 12\,k_{\Omega}^2 - 500\,k_{\Omega} + 4000 < 0,$$

mit den Wurzeln

$$(k_{\Omega})_{1,2} = \frac{250 \pm \sqrt{250^2 - 12 \times 4000}}{12}.$$

Damit werden $(k_{\Omega})_1 = 30{,}9$ bzw. $(k_{\Omega})_2 = 10{,}8$. Das Ergebnis $10{,}8 < k_{\Omega} < 30{,}9$ bedeutet, daß der Motor von diesem Gesichtspunkt aus gut gewählt ist. Man prüft, ob der Übertragungsfaktor k_{Ω} auch von anderen Gesichtspunkten her passend ist (Winkelgeschwindigkeit, Überschwingungen, dynamische Eigenschaften im Regelungssystem, Minimalverluste usw.).

1Ü.14 *Die Arbeitsmaschine aus der vorherigen Übung soll dem Geschwindigkeitsdiagramm aus Bild 1.58 folgen. Im Anfangszeitbereich t_0 soll die Winkelbeschleunigung $\varepsilon_L = 600\ \mathrm{s}^{-2}$ sein. Um minimale Energieverluste im Läufer (die zum Quadrat des Drehmomentes proportional sind) in der Zeitdauer $3t_0$ eines Arbeitszyklus zu verursachen, ist der optimale Übertragungsfaktor des Zahnradgetriebes zu ermitteln.*

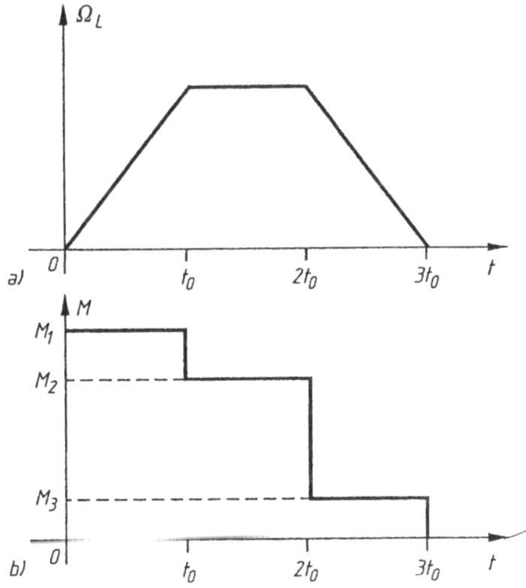

Bild 1.58
Zeitliche Abläufe der Arbeitsmaschine aus Übung 1Ü.13:
a) Geschwindigkeitsdiagramm $\Omega_{\mathrm{L}}(t)$,
b) Drehmomentsdiagramm $M(t)$

Wie in Übung 1Ü.12., ändert sich das Drehmoment des Motors in einem Arbeitszyklus so wie in Bild *1.58-b*, wobei

$$M_1 = \left(J_M + \frac{J_L}{k_\Omega^2}\right) k_\Omega \varepsilon_L + \frac{M_L}{k_\Omega} = J_M \varepsilon_L k_\Omega + \frac{M_L + J_L \varepsilon_L}{k_\Omega},$$

$$M_2 = \frac{M_L}{k_\Omega},$$

$$M_3 = -(J_M + \frac{J_L}{k_\Omega^2}) k_\Omega \varepsilon_L + \frac{M_L}{k_\Omega} = -J_M \varepsilon_L k_\Omega + \frac{M_L - J_L \varepsilon_L}{k_\Omega}.$$

Jeder der oben angegebenen Momentenwerte ist in der Zeitspanne t_0 gültig, also einem Drittel der Zeitspanne 3 t_0 eines Arbeitszyklus. Die Läuferverluste sind proportional zur Größe:

$$Y = M_1^2 + M_2^2 + M_3^2 = 2 J_M^2 \varepsilon_L^2 k_\Omega^2 + 4 J_M J_L \varepsilon_L^2 + \frac{3 M_L^2}{k_\Omega^2} + \frac{2 J_L^2 \varepsilon_L^2}{k_\Omega^2}.$$

Um das Minimum der Funktion $Y = f(k_\Omega)$ zu erreichen, setzt man die erste Ableitung Null ($Y' = 0$) und ermittelt somit den entsprechenden optimalen Übertragungsfaktor $k_{\Omega\,0}$:

$$2 J_M^2 \varepsilon_L^2 k_{\Omega\,0}^2 - \frac{1}{k_{\Omega\,0}^3}\left(3 M_L^2 + 2 J_L^2 \varepsilon_L^2\right) = 0,$$

und damit

$$k_{\Omega\,0} = \sqrt[5]{\left(\frac{J_L}{J_M}\right)^2 \times \left[1 + \frac{3}{2}\left(\frac{M_L}{J_L \varepsilon_L}\right)^2\right]} = \sqrt[5]{\left(\frac{6}{0{,}02}\right)^2 \times \left[1 + \frac{3}{2}\left(\frac{400}{6 \times 600}\right)^2\right]} = 9{,}83\,.$$

Die Übungen 1Ü.13 und 1Ü.14 zeigen, daß die Arbeitsmaschine für $k_\Omega \approx 10$ eine Beschleunigung sichert, die zu möglichst kleinen Verlusten im Betriebsverlauf führt.

2 Gleichstrommotoren in elektrischen Antriebssystemen

2.1 Bauelemente der Gleichstrommotoren

Eine Gleichstrommaschine (in Bild 2.1 in einem Längs- und Querschnitt dargestellt), besteht aus zwei großen Konstruktionsteilen: dem Ständer (Feld) und dem Läufer (Anker).

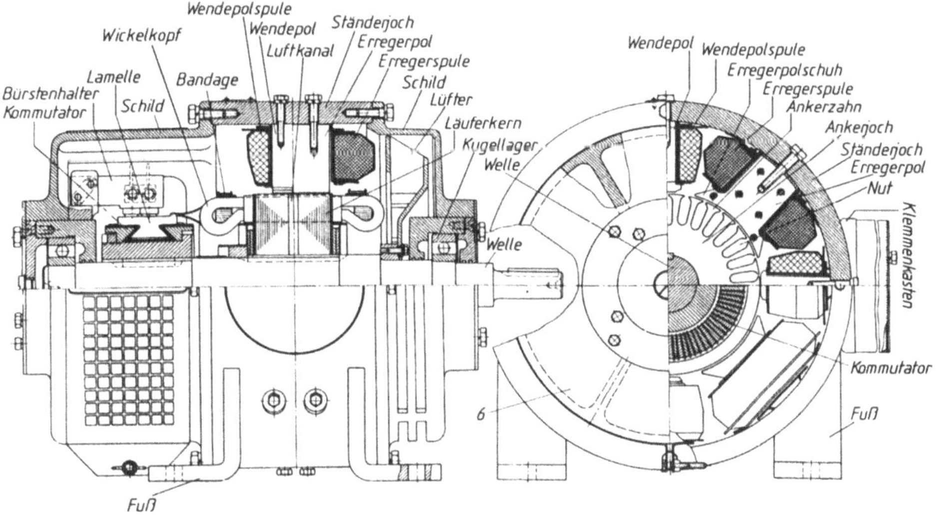

Bild 2.1 Gleichstrommaschine: Längs- und Querschnitt

- Das *Feld (Ständer, Stator), der feststehende Teil* der Maschine, besitzt folgende Elemente:
  - das *Gehäuse* (magnetisches Rückschlußjoch),
  - die *Hauptpole* mit den konzentrierten Gleichstrom-Erregerwicklungen und in Sonderfällen mit Kompensationswicklungen in Nuten,
  - die *Wendepole* mit den konzentrierten Wendepolwicklungen,
  - die *Lagerschilde* mit Kugel- oder Gleitlagern versehen,
  - den *Bürstenkasten* mit den Kohlebürsten in den Bürstenhaltern,
  - den *Klemmenkasten.*

Kleine Maschinen – unter 1 kW – werden in der Regel ohne Wendepole gebaut. Bei großen Maschinen – über 5 kW – sind meist Kompensationswicklungen nötig, die in den Polschuhen der Hauptpole untergebracht sind.

- Der *Anker* (*Läufer, Rotor*), der *bewegliche* Teil der Maschine, besteht aus folgenden Hauptteilen:
  - dem *Ankerblechpaket*, das am Umfang gleichmäßig verteilte *Zähne* und *Nuten* besitzt, auf der Welle befestigt ist und das *Läuferjoch* bildet,
  - der *Ankerwicklung*, gleichmäßig in die *Nuten* des Ankers verteilt,
  - dem *Kommutator* (Stromwender) mit *Lamellen*, der über die feststehenden *Bürsten* (Kohlen) die Ankerwicklung mit den äußeren Maschinenklemmen verbindet,
  - dem *Lüfterrad* (*Ventilator, Lüfter*) (bei eigenbelüfteten Maschinen).

Im Folgenden werden die wesentlichen Teile der Gleichstrommaschine näher beschrieben.

- Das *Gehäuse* (*Ständer-* oder *Rückschlußjoch*) stellt den ruhenden Teil der Maschine dar. Am Gehäuse werden die Erregerpole angebracht und die Füße befestigt (Bild 2.1). Bei Maschinen ab einigen 100 Watt stellen das Gehäuse und das Ständerjoch (das als Rückschlußweg des magnetischen Hauptflusses dient) ein und dasselbe Bauteil dar. Um dem magnetischen Fluß einen möglichst kleinen magnetischen Widerstand entgegenzusetzen, wird das Gehäuse aus *Gußeisen* oder *Gußstahl*, immer öfter auch aus dickem, geschweißten Stahlblech aufgebaut.

Bei kleinen Maschinen und bei modernen Maschinen, die aus Stromrichtern gespeist werden sollen, wird das Ständerpaket aus Elektroblech von 0,5 bis 1 mm Dicke aufgebaut. Bei kleinen Maschinen sind diese Bleche in passenden Formen komplett gestanzt, so daß gleichzeitig auch die Erregerpole und u.U. auch die Wendepole angestanzt sind (Bild 2.2). In diesen Fällen wird das Ständerjoch oft noch in einem Gehäuse befestigt. Dieses dient dann nicht mehr als Weg des magnetischen Hauptflusses und wird daher aus nichtferromagnetischen Werkstoffen gebaut (gewöhnlich Aluminiumlegierungen, um das Gewicht herabzusetzen).

Auf beiden axialen Stirnseiten werden die Lagerschilde, die die Gleit- oder Kugellager tragen, mit Bolzen (bei großen Maschinen) bzw. mit Zugankern befestigt. Bei modernen Maschinen ist das Ständerblechpaket selbsttragend ausgeführt; ein Gehäuse entfällt. Es wird komplett oder in Segmenten ausgestanzt. Bei der Segmentbauweise werden die Segmente zusammengeschweißt. Haupt- und Wendepole sind angestanzt oder bei größeren Maschinen mit Bolzen angeschraubt.

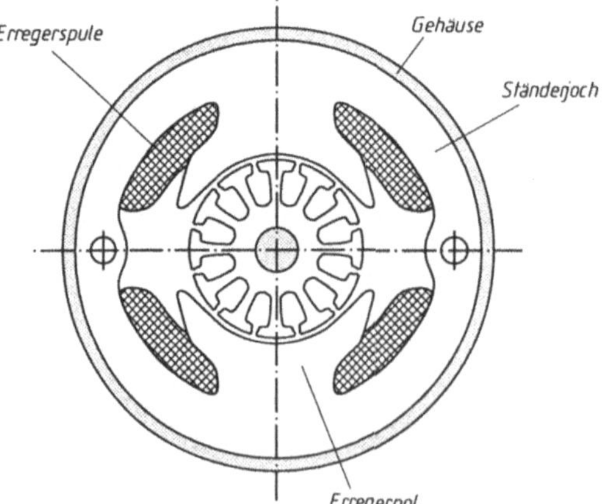

Bild 2.2
Querschnitt einer Gleichstrommaschine kleiner Leistung

Die *Erregerpole* (*Hauptpole*) werden aus Elektroblech von 0,5 bis 1 mm Dicke gebaut (Bild 2.3). Mit Hilfe einiger Bolzen werden diese Bleche zu einem Kern zusammengenietet. Die Pole selbst werden mit Bolzen am Gehäuse befestigt. Sie tragen die Erregerspulen.

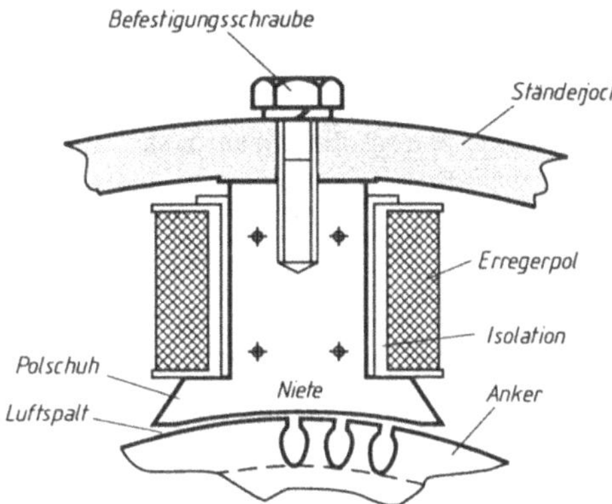

Bild 2.3
Hauptpole einer Gleichstrommaschine

Zur Läuferseite hin endet der Pol im sogenannten *Polschuh*, der seinerseits in die *Polschuhspitzen* ausläuft. Sein Hauptzweck besteht in der Führung des magnetischen Flusses entlang der schmalen Luftzone zwischen Pol und Läufer, *Luftspalt* genannt. Die Polschuhe (*Polhörner*) werden etwas schräg gebaut. Vom mechanischen Gesichtspunkt aus dient der Polschuh zur Aufnahme der Erregerspule, die isoliert am Polkern befestigt ist. Bild 2.3 zeigt eine der Isolierungsmöglichkeiten der Spule zum Polkern. Die Spule wird um einen aus Isolierwerkstoffen angefertigten Spulkörper gewickelt.

- Die *Erregerspulen* werden aus rundem oder flachem Kupferlackdrähten hergestellt. Der Lackdraht ist isoliert, um keinen Kurzschluß zwischen den Windungen hervorzurufen. Die Spulen der Erregerpole werden untereinander in Reihe oder parallel geschaltet, und über Klemmen (die sich in einem Klemmenkasten befinden) gespeist. Die Schaltung der Spulen wird derart gestaltet, daß der magnetische Fluß eines Pols vom Polschuh zum Läufer (*Nordpol*), der des benachbarten Pols vom Läufer zum Polschuh (*Südpol*) geleitet wird (Bild 2.4).

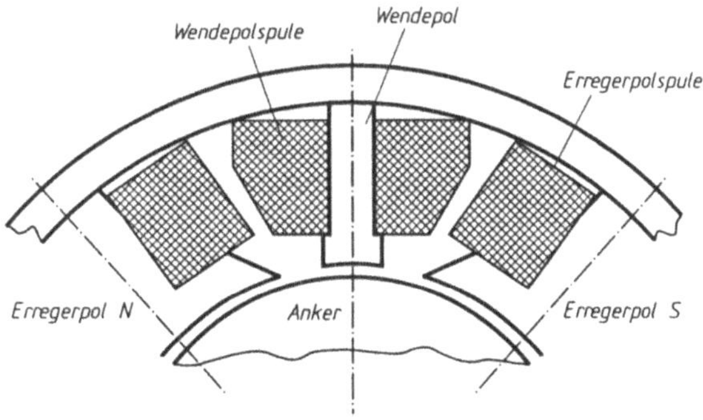

Bild 2.4
Pole einer Gleichstrommaschine (Querschnitt)

- Sowohl die *Wendepole* (*Hilfspole*) (siehe Bild 2.4) als auch die Hauptpole bestehen aus einem Kern (mit einem Polschuh) und einer Spule, die um den Polkern gewickelt ist. Die Wendepole werden genau in der geometrischen Symmetrieachse zwischen den Hauptpolen angeordnet und mit Bolzen am Joch befestigt. Der Polkern der Wendepole wird geblecht hergestellt. Die Spulen der Wendepole werden auch aus runden, isoliertem Kupferdraht bzw. aus isoliertem Kupfer-Flachdraht hergestellt. Sie sind untereinander in *Reihe* oder *parallel* geschaltet und werden vom Ankerstrom durchflossen.
- Der *Läuferkern* (Bild 2.1) wird aus Elektroblech (Bild 2.5-a) mit *Zähnen* und *Nuten* verschiedener Profile (Bild 2.5-b) hergestellt. Gewöhnlich beträgt die Dicke dieser Stahlbleche 0,5 bis 1 mm.

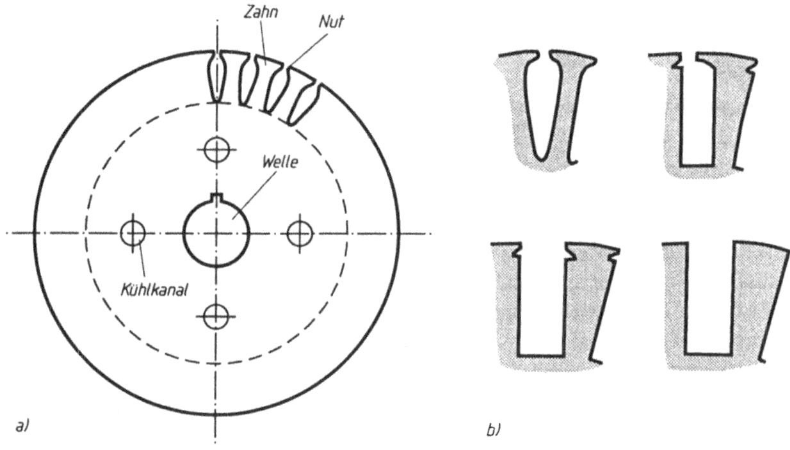

Bild 2.5 Gleichstrommaschine: a) Läuferkern, b) typische Nutformen

Die einzelnen Bleche werden durch eine dünne *Lack-* oder *Oxidschicht* gegeneinander isoliert. Die Dicke der Isolierschicht beträgt 0,03 bis 0,05 mm. Die Blechung bewirkt eine Verringerung der Wirbelströme, die im Kern während seiner Drehung im magnetischen Feld (Hauptfluß) entstehen. Die Wirbelströme führen zu einem Energieverlust, der sich in Wärme umwandelt. Bei einem massiven Kern wären die Verluste sehr groß und würden die Verminderung des Wirkungsgrads der Maschine und eine sehr hohe Erwärmung verursachen.

Bei größeren Maschinen ist der Ankerkern aus einigen Teilblechpaketen zusammengestellt. Für die Verbesserung der Kühlung werden zwischen den Paketen die sogenannten Luftkanäle von 8 bis 10 mm Breite ausgeführt (Bild 2.1). Oft werden auch axiale Kühlkanäle eingestanzt (Bild 2.5-a). Das Läuferblechpaket wird durch auf der Welle befestigte Druckvorrichtungen an beiden Stirnseiten zusammengepreßt. In Axialrichtung überschreitet die Kernlänge die Länge der Pole, an jeder Seite mit jeweils 2 bis 5 mm. All dies, um die Schwankungen der magnetischen Leitfähigkeit, die infolge der möglichen kleinen axialen Verschiebungen des Läufers verursacht werden, auf ein Mindestmaß zu reduzieren.

Die *Läuferwicklung* besteht aus Spulen, die u.U. mittels spezieller Schablonen hergestellt und in die Nuten des Läufers eingelegt werden (Bild 2.6-a). Die Wicklung wird sorgfältig gegen das Eisen isoliert und in den Nuten befestigt, meistens mit Hilfe eines Nutenverschlußkeils oder einer anderen Isolierung (Bild 2.6-b).

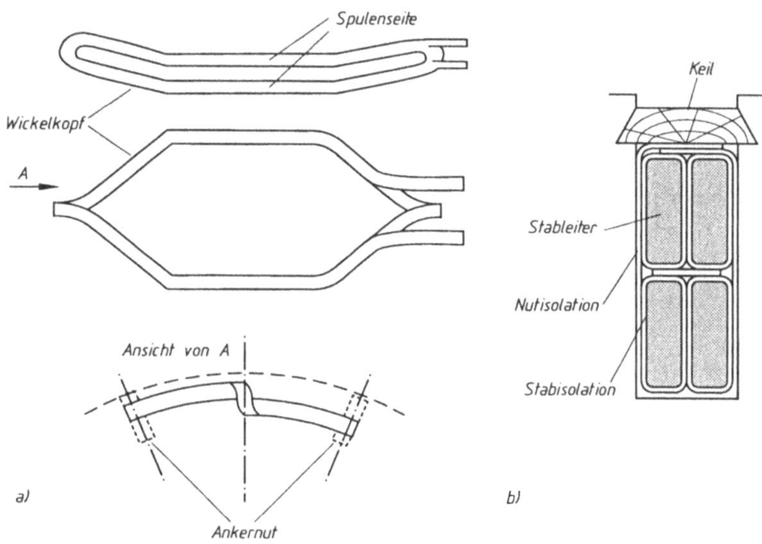

Bild 2.6 Läuferwicklung einer Gleichstrommaschine: a) Spulenform, b) Querschnitt einer Nut

Der *Wickelkopf* der Spulen besteht aus Leitern, die aus den Nuten herausragen. Die Wickelköpfe werden mit Stahldrahtbandagen (bei kleinen Maschinen mit Kunststoffbandagen) befestigt, damit sie nicht, während der Ankerdrehung, durch Zentrifugalkräfte nach außen geschleudert werden (Bild 2.1).

Der *Kommutator (Stromwender)* ist ein charakteristischer Bestandteil der Gleichstrommaschine. Er hat eine zylindrische Form und besteht aus Kupferlamellen. Die Lamellen sind durch eine Isolierschicht gegeneinander und zum Preßteil hin isoliert (Bild 2.7). Die Enden der Läuferspulen sind direkt an die Lamellen gelötet oder geschweißt. Bei Maschinen größerer Leistung verwendet man für diesen Zweck *Kommutatorstege*. Bei Maschinen kleinerer Leistung werden die Kommutatorlamellen mit Hilfe eines synthetischen Harzes zusammengehalten und voneinander isoliert. Da der Kommutator starr auf der Welle des Läufers sitzt, drehen sich die beiden Bauteile der Maschine synchron.

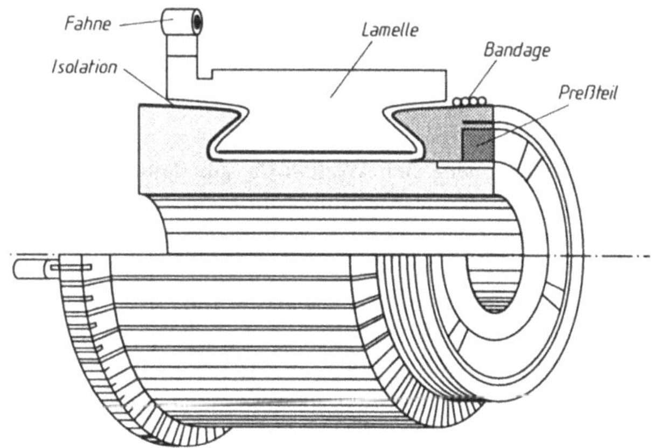

Bild 2.7
Kommutator (Stromwender)

Die *Bürsten* stellen die Verbindung zwischen der Läuferwicklung und den Maschinenklemmen her (Bild 2.8). Sie bestehen aus leitenden Werkstoffen (im allgemeinen *Graphitlegierungen*) mit verminderten Reibungskoeffizienten, um eine geringe Abnutzung zu gewährleisten. Sie werden durch *Bürstenhalter* positioniert und stellen einen elektrischen Schleifkontakt zu den Kommutatorlamellen her. Ein mit einer Feder ausgestatteter *Druckhebel* gewährleistet den für einen guten Kontakt notwendigen Anpreßdruck. Ein *Ring*, gewöhnlich am Lagerschild befestigt (Bild 2.1), trägt die Bürstenhalter. Er gestattet eine Verdrehung zur Einstellung der Bürstenstellung.

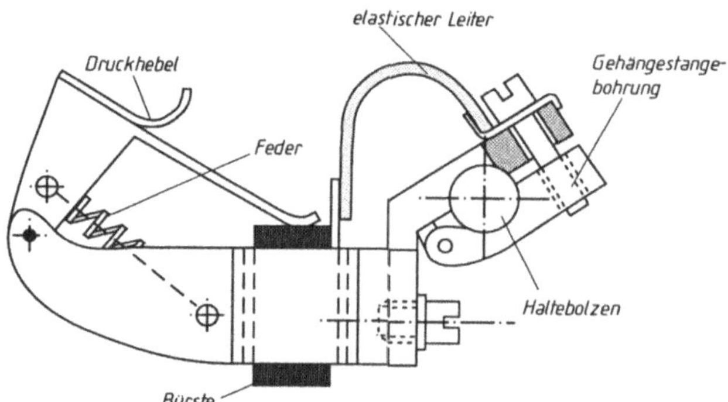

Bild 2.8
Bürste und Bürstenhalter

Gleichpolige Bürsten sind galvanisch miteinander verbunden und zwar sind die Bürsten *ungerader Zahl* (an der Peripherie des Kommutators gezählt) an eine Klemme der Maschine geführt, die Bürsten *gerader Zahl* an die andere Klemme. Die Bürsten sind in gleichen Abständen am Umfang des Kommutators angeordnet. Jede Gleichstrommaschine hat normalerweise je Hauptpolpaar ein Paar Bürsten, die sich in der geometrisch neutralen Zone (in der Mitte zwischen zwei Hauptpolen) befinden.

2.2 Erregerfeld, induzierte Spannung, Drehmoment

2.2.1 Das magnetische Feld der Hauptpole

In Bild 2.9-a werden die Kraftlinien des von den Hauptpolen erzeugten magnetischen Felds einer vierpoligen Maschine bei voller Durchflutung der Erregerwicklungen gezeigt. Die Kraftlinien treten aus einem Nordpol heraus, dringen durch den Luftspalt in den Läufer ein, durchqueren ihn, stoßen durch den benachbarten Luftspalt in Richtung Südpol hinaus und schließen sich dann über das *Ständerrückschlußjoch.*

Wegen der sehr großen Permeabilität des ferromagnetischen Werkstoffs, aus dem die Haupt-Erregerpole und der Läufer hergestellt sind, verlaufen die Kraftlinien im *Luftspalt* beinahe radial, indem sie fast senkrecht aus dem Pol heraus- und in den Läufer hineintreten. Abgesehen von der Nut-Zahnstruktur der Oberfläche des Läufers ist der Luftspalt unter dem Polschuh konstant; manchmal weitet er sich zu den Polspitzen hin auf. Die Länge des Luftspalts wird mit δ bezeichnet. Die magnetische Feldstärke wird entlang der Kraftlinie im Luftspalt als unverändert bzw. im Pol, Gehäuse und Läufer als Null betrachtet (wegen der im Vergleich zur Luft großen Permeabilität des ferromagnetischen Werkstoffs, aus dem diese Teile der Maschine gefertigt sind).

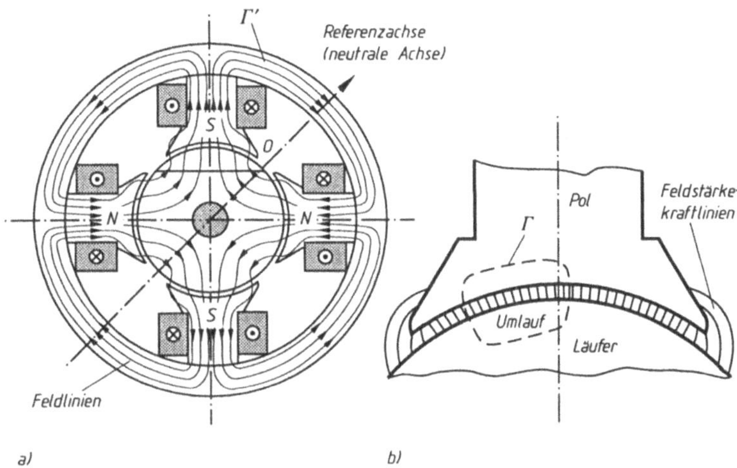

Bild 2.9 Magnetischer Kreis einer vierpoligen Gleichstrommaschine:
Kraftlinien a) der Erregerwicklung, b) im Luftspalt Polschuh-Läufer

Bei Anwendung des Durchflutungsgesetzes für einen Umlauf Γ (Bild 2.9-b), der den Luftspalt zweimal unter dem gleichen Pol durchquert (mit den Luftfeldstärken H'_1 und H''_1 an diesen Stellen), erhält man

$$H'_1\delta - H''_1\delta = 0\,.$$

Da der geschlossene Weg Γ willkürlich (unter der einzigen Bedingung, daß dieser den Luftspalt zweimal unter demselben Pol durchläuft) gewählt wurde, folgt:

$$H'_1 = H''_1 = H_1\,,$$

d.h., daß *das Feld im Luftspalt unter dem Polschuh konstant ist.* Das Gleiche kann auch für den anderen Pol angenommen werden. Man bemerkt, daß das Feld zu der Polschuhspitze hin nicht mehr konstant bleibt, da sich der Luftspalt beträchtlich erweitert und die Feldstärke schnell abnimmt (Bild 2.9-b). In der neutralen Symmetrieachse, also in der Mitte zwischen zwei Hauptpolen, ist das magnetische Feld offenbar Null. Andererseits, wenn man dasselbe Gesetz für einen anderen Umlauf Γ anwendet, der diesmal mit einer Feldlinie (Bild 2.9-a) übereinstimmen soll, mit H_1 und H_2 als Feldstärken im Luftspalt des Nord- bzw. des Südpols, dann:

$$H_1\delta + H_2\delta = (H_1 + H_2)\delta = \theta_1 + \theta_2\,,$$

wobei θ_1 und θ_2 die Durchflutungen der mit Γ verketteten Erregerwicklungen sind. Normalerweise $\theta_1 = \theta_2 = \theta_E$ und folglich

$$(H_1 + H_2)\delta = 2\theta_E\,.$$

Wird das Gesetz des magnetischen Flusses für eine zylindrische Fläche Σ angewendet, die mit dem Läufer koaxial ist und ihn umkreist, indem man die angrenzende Wirkung der Polschuhspitze vernachlässigt wird, folgt:

$$H_1 lb - H_2 lb = 0\,,$$

wobei l die axiale Länge des Pols und b die Breite des Polschuhs sind. Also:

$$H_1 = H_2 = H_E = \frac{\theta_E}{\delta} \ . \tag{2.1}$$

Das magnetische Feld der Erregerpole unter den Polschuhen ist konstant und hat unter beiden Polen (bei entgegengesetztem Vorzeichen) gleichen Wert.

In der interpolaren Symmetrieachse ist es Null. Außerhalb der Polschuhe nimmt das Feld, wegen der starken Zunahme des Luftspalts, schnell ab. Vorausgesetzt, daß das Feld positiv unter dem Nordpol bzw. negativ unter dem Südpol ist, verläuft die magnetische Flußdichte am Läuferumfang wie in Bild 2.10. Der Buchstabe x ist hier eine Raumkoordinate, und zwar der im Uhrzeigersinn gemessene Abstand am Läuferumfang in bezug auf die Referenzachse (Bild 2.9-a). Selbstverständlich wird die bestehende Nuten- und Zahnstruktur das Feldspektrum am Läuferumfang ändern: das Feld ist in einer Zahnzone intensiver und in einer Nutzone schwächer. Die infolge der Zähne und Nuten erzeugten Feldschwankungen werden vernachlässigt.

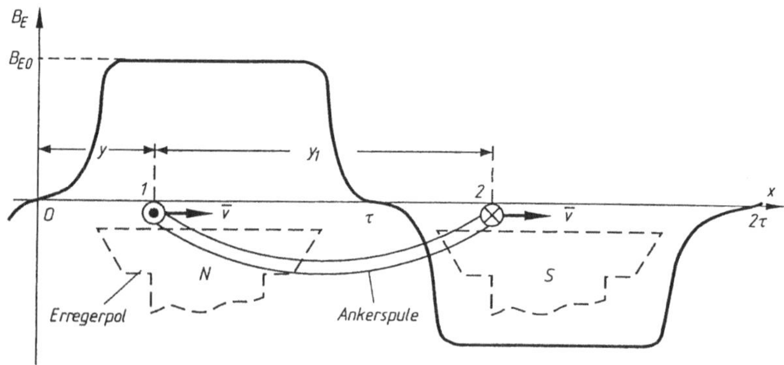

Bild 2.10 Feldspektrum am Läuferumfang: τ - Polteilung (Gl. 2.2), x - Umfangskoordinate

Analysiert man die Beziehung (2.1), so stellt man fest, daß je größer die Erregerdurchflutung ist, desto intensiver wird das Feld unter dem Pol. Es gibt also eine Proportionalitätsbeziehung (die Gerade a in Bild 2.11) zwischen der im Luftspalt bestehenden magnetischen Feldstärke (bzw. der Flußdichte B_E) und der Erregerdurchflutung des Pols (bzw. dem Erregerstrom I_E). Diese Proportionalität behält man bei kleinen Werten der Durchflutung bei, solange die verschiedenen Teile des magnetischen Kreises ungesättigt sind (hohe Permeabilität im Vergleich zu der des Luftspalts und sehr schwache magnetische Feldstärke im Eisen).

Steigt die Erregerdurchflutung an und tritt die Sättigung (charakteristisch für die ferromagnetischen Werkstoffe, aus denen der magnetische Kreis der Maschine hergestellt wurde) ein, wächst die Luftspaltfeldstärke nicht mehr proportional. Die Annahme einer sehr schwachen Eisenfeldstärke (bzw. einer sehr großen Permeabilität des Eisens) gilt nun nicht mehr. Die Abhängigkeit $H_E = f(\theta_E)$ wird also durch die Kurve b in Bild 2.11-a dargestellt.

In diesem Bild werden das Hysteresephänomen der ferromagnetischen Werkstoffe im Sinne der Existenz eines remanenten magnetischen Felds sowie die Existenz einer charakteristischen Hystereseschleife nicht berücksichtigt. Diese eindeutig nichtlineare Abhängigkeit $H_E = f(\theta_E)$ (Bild 2.11-b) zwischen der Luftspaltfeldstärke der Gleichstrommaschine und dem Erregerstrom kann in Steuerungssystemen mit solchen Maschinen zu Schwierigkeiten führen. Das

Auftreten eines remanenten magnetischen Felds – auch ohne Erregerstrom – ist oft die Ursache von Fehlern, die im Steuerungssystem eintreten können.

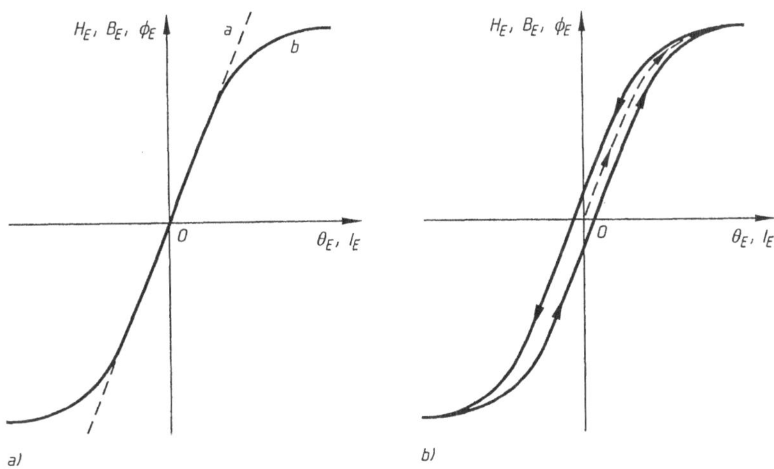

Bild 2.11 Grundsätzlicher Verlauf einer a) Magnetisierungskurve, b) Hystereseschleife

Im Folgenden wird oftmals einfachheitshalber vom Kurvenverlauf in Bild 2.11-b ausgegangen. Es sei Φ_E der Polfluß. Man betrachtet als *Raumursprung* einen Punkt am Läuferumfang, auf der Referenzachse (bzw. neutralen Achse, Bild 2.9-a). Man nimmt τ als *Polteilung*, d.h. als jenen Teil des Läuferumfangs, der einem Pol zukommt:

$$\tau = \frac{\pi D_A}{2p}, \tag{2.2}$$

wobei: D_A = Durchmesser des Läufers,
$2p$ = Anzahl der Pole (p = Polpaarzahl).

Definitiongemäß:

$$\Phi_E = \int_0^\tau B_E \, l \, dx ,$$

wobei $B_E = \mu_0 H_E$ und $B_E = B_E(x)$, laut der in Bild 2.10 gezeigten Abhängigkeit. Für eine gegebene Durchflutung θ_E des Erregerpols wird eine mittlere Luftspaltflußdichte unter dem Pol B_{Emit} wie folgt definiert:

$$B_{Emit} = \frac{1}{\tau} \int_0^\tau B_E(x) dx .$$

Die Definitionsgleichung des *Flusses* Φ_E – Gl. (2.2) – könnte auch anders formuliert werden:

$$\Phi_E = B_{Emit} \, l \tau , \tag{2.3}$$

wobei B_{Emit} von der Durchflutung θ_E abhängig ist. Diese Abhängigkeit $B_{Emit} = f(\theta_E)$ ist offenbar identisch mit jener, die in Bild 2.11-a, b dargestellt ist. Also ist bei einer Maschine, deren geometrische Abmessungen l und τ vorgegeben sind, der Erregerfluß Φ_E nur von der Durchflutung θ_E des Erregerpols abhängig. Die Funktion $\Phi_E = f(\theta_E)$ oder, mit einer anderen Skalierung, $\Phi_E = f(I_E)$, ist mit der in Bild 2.11-a (bzw. in Bild 2.11-b noch genauer) dargestellten Funktion $H_E = f(\theta_E)$ identisch.

Verzichtet man auf hohe Genauigkeit, kann die mittlere Luftspaltflußdichte unter einem Pol durch einen solchen Ausdruck, wie man es von der graphischen Integration her kennt, definiert werden:

$$B_{\text{Emit}} = \frac{1}{k} \sum_{i=1}^{k} B_{\text{Ei}} \,, \tag{2.4}$$

wobei B_{Ei} eine Ordinate der Funktion $B_E(x)$ (dem Rang i entsprechend) darstellt und das Integrationsintervall (0, τ) in k gleiche Teilen geteilt wurde (Bild 2.12). Für eine höhere Genauigkeit muß k sehr groß gewählt werden.

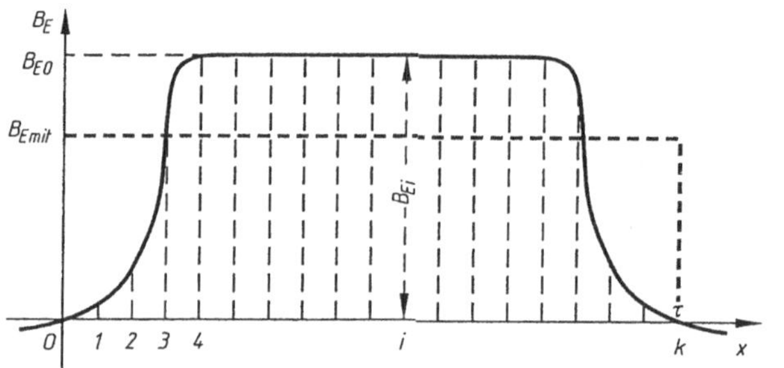

Bild 2.12

2.2.2 Die induzierte elektromagnetische Spannung in einer Spule der Läuferwicklung

Man geht davon aus, daß sich der Läufer der Maschine im Erregerfeld dreht. In zwei Nuten, die sich am Läuferumfang im Abstand y_1 voneinander befinden, setzt man w_s Windungen der Läuferwicklung ein. Diese Windungen sollen zusammen eine gesonderte Spule (eine *Wicklungssektion*) bilden. Die Winkelgeschwindigkeit Ω des Läufers ist als konstant zu betrachten.

Dreht sich die Spule mit ihren w_s Windungen gleichzeitig mit dem Läufer, schwankt der mit einer beliebigen Läuferwindung verkettete Erregerfluß. Befindet sich die Läuferspule unterhalb des Nordpols, hat der verkettete Fluß eine bestimmte Richtung. Wechselt die Läuferspule unterhalb des Südpols ihre Lage, wechselt auch der als verkettet betrachtete Fluß die Richtung. In einer Zwischenstellung ist der Fluß Null. Demzufolge ist der verkettete Fluß durch die Windungen des Läufers eine zeitlich wechselnde Größe. In den Windungen der Spule wird eine elektromagnetische Spannung induziert, deren Ausdruck erläutert wird. Diese Gl. verhilft zu einem leichteren Verständnis der Gesetze der Gleichstromwicklungen. In einem bestimmten Augenblick t befindet sich die Spulenseite 1 im Feld der Erregerpole (Bild 2.10) am Läuferumfang in einer Entfernung y zur Referenzachse (Bild 2.9-a). Die Spulenseite 2 befindet sich in einer Entfernung $y + y_1$ von derselben Referenzachse.

Betrachtet man eine beliebige Spulenwindung, wählt man als positive Zählrichtung der Windung die Richtung, die in Bild 2.10 angegeben ist. Der mit der Windung verkettete Fluß Φ_Γ

kann berechnet werden, indem man eine beliebige Oberfläche, die sich auf den Umlauf der Windung stützt, berücksichtigt. Diese ist eine von der positiven Richtung der Windung abhängig *orientierte Oberfläche*. Man wählt als Berechnungsfläche des Flusses Φ_Γ die Oberfläche des Läuferumfangs, die von den Seitenlinien y und $y + y_1$ begrenzt ist. Das *Oberflächenelement* ist zum Inneren des Läufers hin orientiert. Da das magnetische Feld $B_E(x)$ am Läuferumfang bekannt ist, war die Wahl dieser Oberfläche notwendig. Also:

$$\Phi_\Gamma = \frac{1}{\tau} \int_y^{y+y_1} B_E(x) l \, dx \; .$$

Der den w_s Windungen der Spule entsprechende gesamte Fluß Ψ_s ist

$$\Psi_s = w_s \Phi_\Gamma ,$$

da alle Windungen der Sektion in den gleichen Nuten liegen und vom gleichen Fluß Φ_Γ durchflossen werden. Die in den Windungen der Spule induzierte Spannung ist

$$e_s = -\frac{d\Psi_s}{dt} = -w_s \frac{d\Phi_\Gamma}{dt} ,$$

oder, wenn der Ausdruck des Flusses berücksichtigt wird:

$$e_s = -w_s \frac{d}{dt} \int_y^{y+y_1} B_E(x) l \, dx \; .$$

Die Koordinate y ist, wegen der Umdrehung des Läufers, offensichtlich eine Zeitfunktion und folglich:

$$\frac{dy}{dt} = v ,$$

wobei v die lineare Umfangsgeschwindigkeit des Läufers ist. Berücksichtigt man die Tatsache, daß die Flußdichte an einem gegebenen Punkt zeitlich konstant ist, folgt mit der Ableitungsregel eines bestimmten Integrals:

$$e_s = l \frac{dx}{dt} w_s [B_E(y) - B_E(y + y_1)] = l \, v \, w_s [B_E(y) - B_E(y + y_1)]. \tag{2.5}$$

D.h., daß die durch Drehung in der betrachteten Spule induzierte Spannung von der Winkelgeschwindigkeit $\Omega = v / R_A$ (mit R_A als Radius des Ankers) und der Differenz zwischen den magnetischen Induktionen im Luftspalt an den beiden Spulenseiten abhängt.

Außerdem hängt diese Spannung von der Spulenweite y_1 und von der Spulenlage im Erregerpolfeld ab (da sie eine im Laufe der Zeit veränderliche Größe ist). Man sieht, daß e_s eine zeitliche Wechselgröße ist, wenn die Winkelgeschwindigkeit konstant bleibt (Bild 2.13).

Ist die Spulenweite y_1 der Sektion gleich oder fast gleich mit der Polteilung τ, weist die Spannung in bezug auf den Mittelwert einer Wechselgröße einen optimalen Zeitverlauf (Bild 2.13) auf.

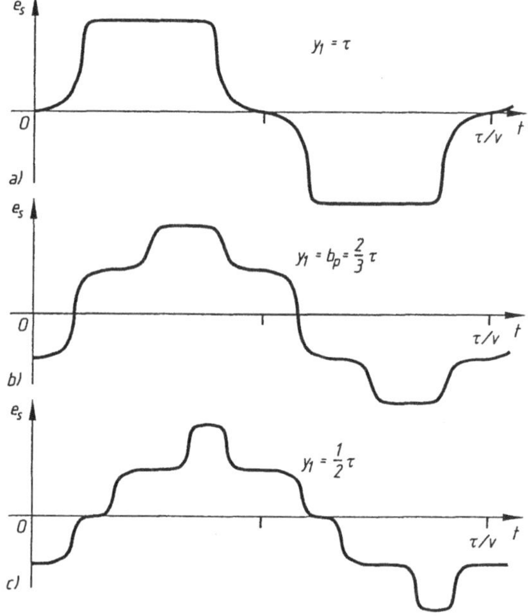

Bild 2.13
Quellenspannung $e_s(t)$ als Zeitfunktion in einer Spule der Läuferwicklung für verschiedene Spulenweiten y_1:
a) $y_1 = \tau$,
b) $y_1 = 2\tau/3$,
c) $y_1 = \tau/2$

Falls $y_1 = \tau$, folgt $B_E(y + \tau) = -B_E(y)$, da $B_E(y)$ eine Wechselfunktion der Periode 2τ ist (Bild 2.10). Folglich:

$$e_s = 2 l v w_s B_E(y)\,, \tag{2.6}$$

d.h., daß die induzierte Spannung in diesem Fall von der Flußdichte an der Spulenseite 1 abhängt:

- Wenn die Spule sich mit der Spulenseite 1 im Nordfeld befindet, ist die induzierte Spannung positiv und hat eine identische Richtung im Vergleich zur gewählten positiven Zählrichtung der Windung (Bild 2.10),
- Wenn die Spule sich mit der Spulenseite 1 in der neutralen Achse befindet, ist die induzierte Spannung Null,
- Befindet sich die Sektion mit der Spulenseite 1 im Südfeld, ist die induzierte Spannung negativ und ihre Richtung ist der gewählten positiven Zählrichtung entgegengesetzt.

In fast allen Fällen verwirklicht sich die Bedingung $y_1 = \tau$. Für

- $y_1 = \tau$ hat die Spule einen *Durchmesserschritt*,
- $y_1 < \tau$ hat die Spule einen *verkürzten Schritt*,
- $y_1 > \tau$ hat die Spule einen *verlängerten Schritt* (kommt selten vor).

Eine übertriebene Kürzung ($y_1 \ll \tau$) ist *nicht erlaubt*, da sie den Mittelwert der induzierten Spannung ernsthaft beeinflußt (Bild 2.13). Im Fall $y_1 = \tau$ ist der Zeitablauf der induzierten Spannung mit dem der magnetischen Induktion am Läuferumfang (die Quellenspannung ist proportional zu $B_E(y)$, während y proportional zur Zeit t ist) gleich.

2.2.3 Gleichstromwicklungen

Es gibt zwei Gleichstromwicklungen: *Schleifenwicklungen* und *Wellenwicklungen*. Das gemeinsame Kennzeichen beider Wicklungsarten ist, daß die hintereinandergeschalteten Spulen jeweils innerhalb eines Polpaars liegen.

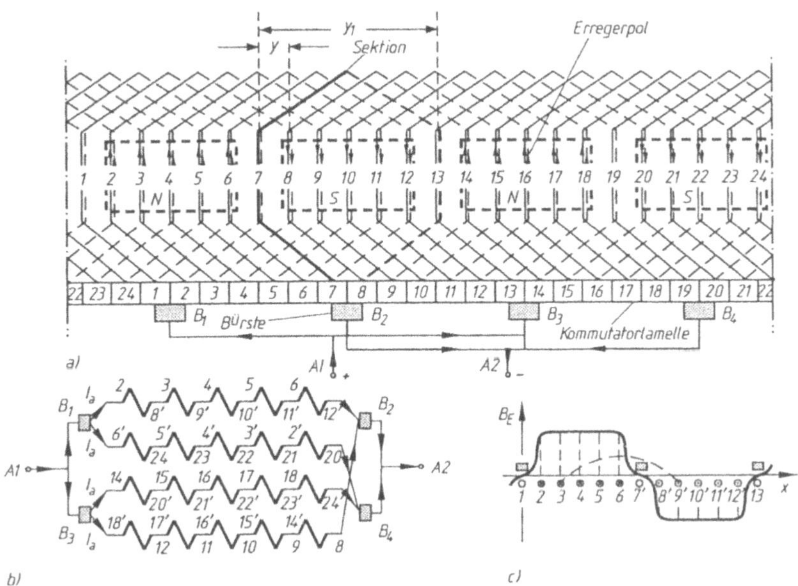

Bild 2.14 Wicklungen einer vierpoligen Gleichstrommaschine:
a) einfache Schleifenwicklung, abgewickeltes Schema;
b) Stromzweigediagramm, B_1, B_2, B_3, B_4 Bürsten;
c) Spulenstellungen am Läufer

In Bild 2.14-a ist das abgewickelte Schema einer *einfachen Schleifenwicklung*. Es gibt auch einige Kombinationen einfacher Wicklungen. Solche Wicklungen werden als *mehrfache Wicklungen* bezeichnet. Unter dem *„abgewickelten Schaltbild“* versteht man ein *ebenes Schaltbild*, das folgendermaßen entsteht: Der Läufer wird *„durchgeschnitten“* und danach horizontal abgewickelt. So werden z.B. die Nuten, die sich am Läuferumgang befanden, in demselben Plan erscheinen. Im unteren Teil des Bilds 2.14-a ist auch das abgewickelte Schema des Kommutators eingezeichnet; gleichfalls erscheint auch der Schatten der Erregerpole.

Die Schleifenwicklung aus Bild 2.14 gehört zu einer Maschine mit $2p = 4$ Hauptpolen. Der entsprechende Läufer enthält $Z = 24$ Nuten, die in Bild mit den Zahlen 1 bis 24 gekennzeichnet sind. Die Gleichstromwicklungen sind bei den Zweischichtwicklungen so verteilt, daß in der gleichen Nut zwei Spulenseiten vorhanden sind: eine im oberen Teil (zeichnerisch durch *volle Linie* dargestellt) und die andere im unteren Teil der Nut (durch *unterbrochene Linie* dargestellt).

Die Wicklung besteht aus einer Reihe von identischen Spulen, die aus einer oder mehreren Windungen angefertigt sind. In Bild 2.14 wurde vereinfachend vorausgesetzt, daß jede Spule nur eine einzige Windung besitzt. Die Spulen sind in Reihe geschaltet. Um eine *Reihenschal-*

tung der Spulen zu realisieren, wird das Ende der einen mit dem Anfang der anderen verbunden. Gleichzeitig, werden sie auch mit je einer Kommutatorlamelle verbunden.

Die Kommutatorlamelle besitzt einen Steg mit einer kleinen Vertiefung. In dieser Vertiefung (Bild 2.7) wird das Ende einer Spule mit dem Anfang einer anderen und dem Steg zusammengelötet. Dies geschieht nach einer vom Wicklungsschema festgelegten Regel. Demzufolge hat die beschriebene Wicklung, wie alle anderen Gleichstromwicklungen, keine freien Enden. Die Gleichstromwicklung ist folglich eine *geschlossene Wicklung*.

Die Weite der verschiedenen Spulen (in Bild 2.14 wird eine Spule durch eine *fette Linie* dargestellt), d.h. die Entfernung am Läuferumfang zwischen den Spulenseiten einer Spule, ist mit y_1 bezeichnet.

Gewöhnlich, wie im vorigen Abschnitt dargestellt, wird, um eine möglichst große mittlere induzierte Spannung zu erreichen, $y_1 \approx \tau$ gewählt. Im konkreten untersuchten Fall ist die gemessene Polteilung $\tau = Z/2p = 24/4 = 6$ Nutteilungen, während $y_1 = 6$. Die Wicklung hat also einen *Durchmesserschritt* $y_1 = \tau$.

Die *Schleifenwicklung* wird dadurch charakterisiert, daß bei *allen Spulen ihre Enden mit zwei benachbarten Kommutatorlamellen verbunden sind.* Die Spulen folgen am Läuferumfang in gleicher Richtung nacheinander. Der Abstand zwischen zwei nacheinander folgenden Spulen, beträgt eine Nut ($y = 1$). Geht man vom Ende einer beliebigen Spule aus und dann dem Leiter (aus dem die verschiedenen Windungen und nacheinanderfolgenden Spulen der Wicklung hergestellt sind) entlang, stellt man am Läuferumfang eine Reihe von Schleifen fest. So entstand die Bezeichnung „*Schleifenwicklung*“.

Auf den Kommutatorlamellen schleifen vier Bürsten, die paarweise alternativ verbunden werden. Jedes auf diese Weise entstandene Bürstenpaar, ist mit den Klemmen A1 und A2 der Maschine verbunden. Die Bürsten sind in regelmäßigen Abstand am Kommutatorumfang angebracht. Die Bürstenbreite ist von der Größenordnung einer Kommutatorlamelle. In Bild 2.14-a haben die Bürsten genau die Breite einer Lamelle. Die Lage der Bürsten spielt für den Betrieb der Gleichstrommaschine eine äußerst wichtige Rolle. Beim drehenden Läufer kommen die Bürsten nur mit einer Lamelle bzw. mit zwei benachbarten Lamellen wechselweise in Berührung, da sie während der Drehung des Kommutators fest stehen bleiben. Da an zwei benachbarten Lamellen auch die beiden Enden einer Spule geführt und angelötet sind, wird zu dem Zeitpunkt, wenn diese Lamellen durch dieselbe Bürste kurzgeschlossen werden, auch die betreffende Spule kurzgeschlossen.

Sind die Pole der Maschine erregt, dreht sich der Läufer in einem magnetischen Erregerfeld, das in den verschiedenen Spulen der Läuferwicklung Spannungen induziert. Diese induzierte Spannungen besitzen Momentanwerte, die von der Lage der entsprechenden Spulen im Erregerfeld abhängen. Wird die Spule von der Bürste in dem Augenblick kurzgeschlossen, wenn ihre Spulenseite sich in der Achse des Nordpols befindet, ist die induzierte Spannung maximal. Sie wird einen bedeutenden Strom in der kurzgeschlossenen Spule erzeugen. Die Spule speichert in ihrem magnetischen Feld eine große Energie, und während ihres Kurzschlusses treten Stromwärmeverluste auf (Joulesche Verluste).

Da die gespeicherte Energie im magnetischen Feld der Spule nicht plötzlich Null werden kann, wird auch der Strom beim Verlassen der Lamelle durch die Bürste nicht auf einmal verschwinden, sondern sich weiterhin im Luftraum – als Lichtbogen – zwischen der verlassenen Lamelle und der Bürste schließen. In diesem Lichtbogen wird in kurzer Zeit die im Feld der Spule gespeicherte Energie verbraucht. Die so entstandenen Funken am Kommutator, zwischen den Lamellen und Bürsten, sind für einen ungestörten Betrieb sehr schädlich und können im allgemeinen nicht zugelassen werden.

Werden aber die Bürsten auf dem Kommutator in einer solchen Lage aufgesetzt, daß sie zeitweilig die Spulen kurzschließen, deren Spulenseiten sich augenblicklich in der Zone zwischen den Polen befinden (in der das Erregerfeld sehr schwach oder null ist), sind auch die induzierten Spannungen sehr klein oder Null. Alle oben beschriebenen Phänomene finden mit einer merklich reduzierten Intensität statt, was für den Maschinenbetrieb sehr günstig ist. Die Bürsten werden in einer solchen Lage aufgesetzt (siehe Bild 2.14-a), daß jede Bürste während des Maschinenbetriebs Spulen, deren Seiten sich in der Nullzone (interpolare Zone) des Erregerfelds befinden, kurzschließt. Wenn die Bürsten zeitweilig ausgerechnet die Spulen kurzschließen, deren Seiten sich in der interpolaren Symmetrieachse befinden, wird gesagt daß die Bürsten in der neutralen Achse *„befestigt"* sind. Wenn die Bürsten eine andere Stellung haben, sind sie aus der neutralen Achse *„verschoben"*. Die Verschiebung der Bürsten aus der neutralen Achse kann für den Maschinenbetrieb auch andere, im allgemeinen negative Folgen haben.

Das Aufsetzen der Bürsten auf den Kommutator und ihr Anschluß an die Klemmen führen zur Teilung der Wicklung (Bild 2.14-a) in vier parallele Stromzweige. Wird also an die Klemmen A_1, A_2 eine Gleichspannung angelegt, würde sich der von der Wicklung aufgenommene Strom auf vier parallele Zweige in dessen Inneren teilen. Die Spulen werden auf die vier Stromzweige verteilt (Bild 2.14-b). Diese Verteilung ist in jenem Augenblick gültig, an dem sich die verschiedenen Nuten des Läufers in der relativen Stellung zu den Erregerpolen wie in Bild 2.14-a befinden.

Die Spulen werden durch zwei Ziffern bezeichnet, die die Nuten darstellen, in denen die Spulenseiten untergebracht sind. So hat die Spule 2-8' eine Seite in der Nut 2 (*oberer Teil*) und die andere Seite in der Nut 8 (*unterer Teil*). Im betrachteten Augenblick werden die vier Stromzweige aus folgenden Spulen bestehen:

- *Zweig 1*: 2- 8' ⇒ 3- 9' ⇒ 4-10' ⇒ 5-11' ⇒ 6-12',
- *Zweig 2*: 6-24' ⇒ 5-23' ⇒ 4-22' ⇒ 3-21' ⇒ 2-20',
- *Zweig 3*: 14-20' ⇒ 15-21' ⇒ 16-22' ⇒ 17-23' ⇒ 18-24',
- *Zweig 4*: 18-12' ⇒ 17-11' ⇒ 16-10' ⇒ 15- 9' ⇒ 14- 8'.

In Bild 2.14-a sind auch die Stromrichtungen durch die verschiedenen Spulen angegeben (unter der Voraussetzung einer Speisung der Wicklung mit Gleichstrom).

- *In allen Nuten, die sich unter einem Pol befinden, ist die Stromrichtung durch die verschiedenen Seiten der Spulen die gleiche.*

Es gibt vier Spulen, die im angegebenen Augenblick durch die Bürsten kurzgeschlossen werden. So ist die Spule 1-7' von der Bürste B_1 kurzgeschlossen, die gleichzeitig die Lamellen 1 und 2 bedeckt, mit denen die Enden der Spule 1-7' angeschlossen sind. Auf gleiche Weise sind auch die Spulen 19-1', 7-13' und 13-19' kurzgeschlossen.

Drehen sich der Läufer und gleichzeitig mit ihm der Kommutator, ändert sich die Zusammensetzung der verschiedenen Stromzweige. Die Anzahl der Stromzweige bleibt jedoch die gleiche. Die verschiedenen Spulen treten von einem Stromzweig in einem anderen über. Bei einer vollständigen Drehung, durchläuft jede Spule alle vier Stromzweige.

Für eine einfache Schleifenwicklung ist typisch, daß die Stromzweigpaarzahl a der Polpaarzahl p gleicht ($a = p$). Außerdem ist die Bürstenanzahl der Polzahl gleich. Verfolgt man die Spulenstellung eines beliebigen Stromzweigs in einem gegebenen Zeitpunkt im magnetischen Erregerfeld (z.B. Zweig 1 in Bild 2.14-c), kann man bemerken:

Die fünf hintereinander geschalteten Spulen 2-8'/3-9'/4-10'/5 11'/6-12' (die im Augenblick t den Stromzweig 1 bilden) befinden sich alle im Feld des ersten Polpaars. Andererseits beziehen die fünf Spulen verschiedene Stellungen im Erregerfeld. Die Spulen sind symmetrisch im Feld verschoben (Bild 2.14-c). Wenn $y_1 = \tau$ (der Fall der analysierten Wicklung), besitzt jede Spule eine Seite im Nordfeld und die andere im Südfeld. Die Spulen, die zu einem anderen Zweigs gehören (z.B. dem zweiten Zweig), besetzen in demselben Zeitpunkt dieselben Stellungen im Feld eines Erregerpolpaars, was eine Besonderheit der Gleichstromwicklungen darstellt.

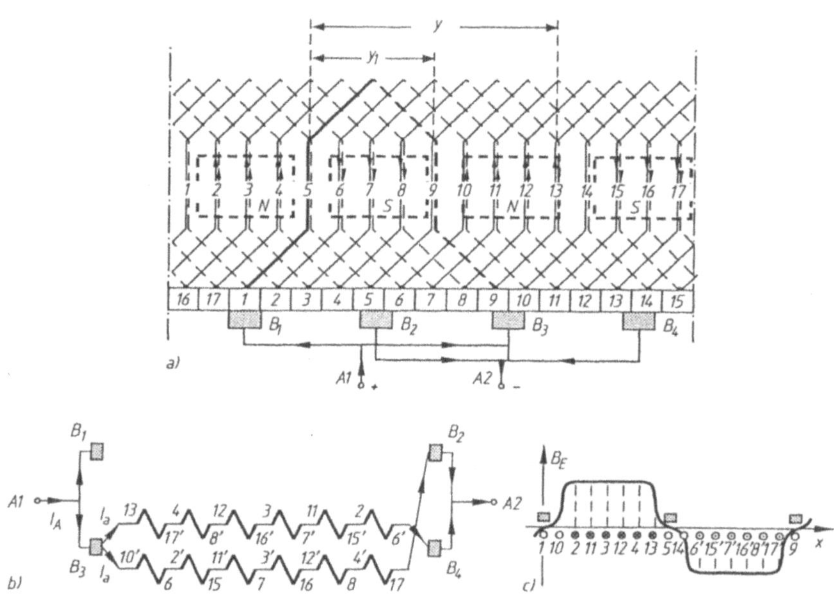

Bild 2.15 Einfache Wellenwicklung einer vierpoligen Gleichstrommaschine:
a) abgewickeltes Schema, b) Stromzweigeteildiagramm, c) Spulenstellungen am Läufer

In Bild 2-15a ist eine einfache Wellenwicklung mit $Z = 17$ *Nuten* und $2p = 4$ *Polen* dargestellt. Diesmal hat die Polteilung, in Nuten gemessen, einen gebrochenen Wert: $\tau = Z/2p = 17/4 = 4{,}25$. Die Weite y_1 der Spulen stimmt nicht mehr mit der Polteilung überein. Im Falle des Bilds 2.15 ist der Spulenschritt leicht gekürzt: $y = 4 < \tau$.

Es ist typisch für die *Wellenwicklung*, daß *die beiden Enden einer Spule* (in Bild 2.15-a die fett eingezeichnete Spule 5-9') *nicht mehr an zwei benachbarten, sondern an zwei mit ungefähr* 2τ *auseinander liegende Lamellen* des Kommutators gelötet sind. Die Spule 5-9' z.B. hat ihre Enden an den Lamellen 1 und 9 angeschlossen. In diesem Fall beträgt der Abstand zwischen den beiden betrachteten Enden 8 Lamellen, gegenüber $\tau = 8{,}5$. Auch im Falle der Schleifenwicklung wird der Ausgang einer Spule elektrisch zum Anfang einer anderen angeschlossen. Zugleich wird eine weitere Verbindung an eine Kommutatorlamelle hergestellt. Die Prozedur wiederholt sich, bis alle Spulen angereiht wurden. So erzielt man eine geschlossene Wicklung, aber diesmal liegen zwei nacheinander folgende Spulen im Abstand $y \approx 2\tau$ voneinander (siehe Bild 2.15-a, wobei $y = 8$).

Startet man vom Ende einer aus einer einzigen Windung angefertigten Spule, indem man den Leiter der nacheinander verschiedenen Windungen und Spulen verfolgt, beschreibt man eine Welle am Läuferumfang. Auf dieser Art erklärt sich die Bezeichnung „*Wellenwicklung*".

Die Stellung der vier Bürsten am Kommutatorumfang und die Verbindungen zwischen ihnen führen zur Teilung der Wicklung in zwei Stromzweige. In Bild 2-15b wird gezeigt, welche bestimmte Spulen im betrachteten Zeitpunkt von Bild 2-15a jeden Stromzweig bilden. So wird folgende augenblickliche Verteilung der Spulen festgelegt:

- *Zweig 1*: 13-17' ⇒ 4- 8' ⇒ 12-16' ⇒ 3- 7' ⇒ 11-15' ⇒2- 6',
- *Zweig 2*: 17- 4' ⇒ 8-12' ⇒ 16- 3' ⇒ 7-11' ⇒ 15- 2' ⇒6-10'.

Es gibt fünf weitere, von den Bürsten zeitweilig *kurzgeschlossene Spulen*:
5-9', 14-1', 10-14', 1-5', 9-13'.

Man bemerkt auch hier, daß beide Seiten der kurzgeschlossenen Spulen sich in der interpolaren Zone befinden. Der einzige Unterschied besteht darin, daß der Kurzschluß durch zwei Bürsten gleicher Polarität verwirklicht wird. Diesmal ist die Stromzweigepaarzahl $a = 1$ ungleich der Polpaarzahl $p = 2$.

Die einfache Wellenwicklung kann aber auch, wie die Schleifenwicklung, zu Schaltbildern führen bei denen $a = p$ ist. Verfolgt man die Lage der Spulen eines Stromzweigs im Erregerfeld (z.B. des *Zweigs* 1), bemerkt man einen weiteren Unterschied zur Schleifenwicklung: diesmal werden sich *alle Spulen eines Stromzweigs im Feld aller Polpaare* der Maschine befinden. Somit befindet sich die Spule 13-17' im Feld des zweiten Polpaars und die folgende Spule 4-8' im Feld des ersten Polpaars. Es ist wesentlich, daß die Spule 4-8' im Feld des ersten Polpaars eine leicht verschobene Lage gegenüber der Lage im Feld des zweiten Polpaars der Spule 13-17' einnimmt.

Die folgende Spule 12-16' nimmt im Feld des zweiten Polpaars eine leicht verschobene Lage ein (in derselben Richtung wie vorher) im Vergleich zur Lage der Spule 4-8' im Feld des ersten Polpaars. Berücksichtigt man, daß die Erregerpole vom konstruktiven Standpunkt aus identisch und gleichermaßen erregt sind, erreicht man die gleiche Wirkung, als wären die verschiedenen Spulen des betrachteten Stromzweigs, im Feld eines einzelnen Polpaars (Bild 2.15-c), gleichmäßig verschoben. Somit besteht kein prinzipieller Unterschied zwischen den zwei Haupttypen der Gleichstromwicklungen.

Im allgemeinen ist bei den beiden Wicklungstypen die Anzahl der Kommutatorlamellen gleich der Spulen- und Nutenzahl. Da die Herstellung vieler Nuten im Läufer zu einigen technologischen Schwierigkeiten führt, zieht man in vielen Fällen vor, die Anzahl der Nuten kleiner als die Anzahl der Lamellen zu wählen, um in eine Nut mehrere Paare von Spulenseiten einzulegen. Dadurch wird quasi in einer größeren Nut der Inhalt mehrerer kleinerer Nuten konzentriert. In der Praxis finden beiden Wicklungstypen breite Verwendung.

Die *Wellenwicklung hat einige Vorteile.* Da die Spulen, aus denen ein Stromzweig zu einem gegebenen Zeitpunkt besteht, unter allen Erregerpolen (*nicht nur unter einem einzigen Polpaar der Maschine*) verteilt werden, haben die eventuellen magnetischen Unsymmetrien der Pole keine große Rückwirkungen auf die in die Gesamtheit der Spulen eines Zweigs induzierte Spannung.

Sind niedrige Drehzahlen bzw. eine große Anzahl von Polen nötig (wenn der Raum für die Ständerwicklungen begrenzt wird), werden Maschinen kleinerer Stromstärken gebaut, so daß weniger parallele Stromzweige benötigt werden. In solchen Fällen sind nur die Wellenwicklungen zulässig, da nur hier a kleiner als p sein kann; die Schleifenwicklungen erlauben eine derartige Ungleichheit nicht.

2.2.4 Die elektromotorische Spannung des Gleichstrommotors

In Abschnitt 2.2.2 wird der Ausdruck der induzierten Spannung hergeleitet. Für ein besseres Verständnis der Grundgesetze zieht man Gl. (2.6) heran. Beim Betrieb eines Gleichstrommotors interessiert die Gesamtspannung eines Stromzweigs, die in einem bestimmten Augenblick induziert wurde und vorhanden ist. Diese induzierte Spannung e_E ist die Summe der augenblicklich induzierten Teilspannungen pro Spule. Vorausgesetzt, daß die Weite aller Spulen $y_1 = \tau$ ist, daß die Spulen identisch sind und die gleiche Windungszahl w_s besitzen und daß die Bürsten in der neutralen Achse stehen, gilt:

$$e_E = \sum_{i=1}^{k} e_{si} = 2\, l\, v\, w_s \sum_{i=1}^{k} B_{Ei}(y) .$$

Die Summe dehnt sich auf die k Spulen aus, die in die Zusammensetzung des berücksichtigten Zweigs eintreten. Eine beliebige Spule wird mit der Kennziffer i bezeichnet, während die Flußdichte an der Spulenseite der Spule i mit B_{Ei} bezeichnet wird. Man weiß, daß die Spulen eines Zweigs im magnetischen Feld eines Erregerpolpaars einförmig verteilt werden: alle Spulen haben die Spulenseite 1 im Nordfeld und die Spulenseite 2 im Südfeld (Bilder 2.14-c und 2.15-c).

Da die Spulenseiten 1 gleichmäßig auf einer Polteilung τ (entsprechend einem Nordpol) verteilt sind, kann Gl. (2.4) angewandt werden. Diese wird um so genauer, je größer die Anzahl k der Spulenseiten des berücksichtigten Zweigs auf einer Polteilung ist. Man erreicht

$$\sum_{i=1}^{k} B_{Ei}(y) \approx k B_{Emit} .$$

Die induzierte Spannung in demselben Augenblick ist

$$e_E \approx E_E = 2\, l\, v\, w_s\, k B_{Emit} .$$

In einem darauf folgenden Zeitpunkt treten in den Stromzweig andere Spulen ein. Doch auch diese neuen Spulen werden auf den Umfang zweier Erregerpole verteilt. Ihre Anzahl beträgt weiterhin k; die Spulenseiten 1 werden gleichförmig unter einem Nordpol im Abstand einer Polteilung τ untergebracht.

In der neuen Lage wird die Summe $\Sigma B_E(y)$ die gleiche wie vorher sein. Die im Stromzweig induzierte Spannung wird den gleichen Ausdruck wie oben besitzen. Infolgedessen ist die in einem Stromzweig induzierte Spannung eine von der Zeit unabhängige, praktisch konstante Größe, wenn k relativ groß ist, obgleich die induzierten Spannungen in den verschiedenen Spulen Wechselgrößen sind.

Wird k kleiner, weist die induzierte Spannung e_E einige Schwankungen auf (Bild 2.16). Ist $k = 6$ (im konkreten Fall der Wicklung in Bild 2.14-a), schwankt Σe_{si} periodisch zwischen zwei Grenzwerten. Die Periode T_k entspricht der Zeit, die nötig ist, damit eine Nut den Platz einer anderen einnimmt. Je größer k ist, desto näher liegen die Schwankungsgrenzwerte der Summe beieinander, und beide nähern sich dem Grenzwert E_E; dadurch wird die Periode der Schwankungen um so kleiner (Bild 2.17).

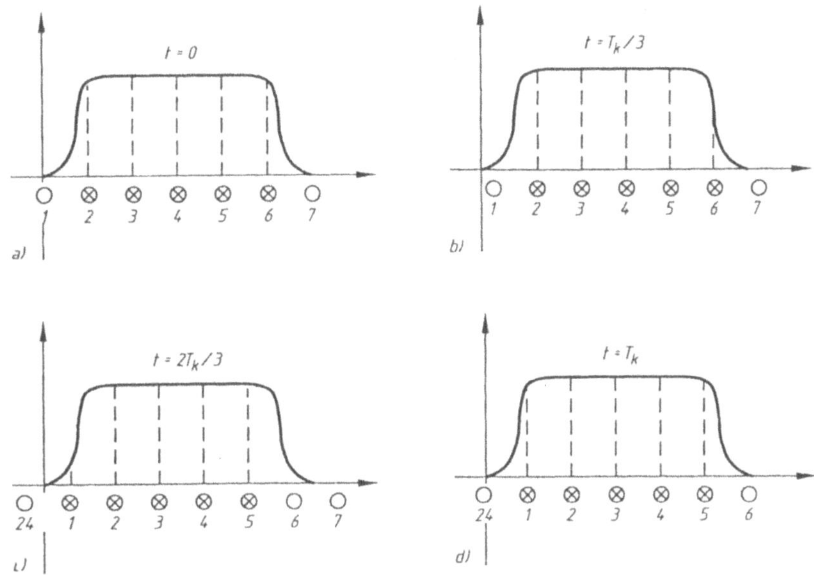

Bild 2.16 Induzierte Spannung bei verschiedenen Zeiten t in einer Spule (T_k = Periode):
a) $t = 0$, b) $t = T_k/3$, c) $t = 2T_k/3$, d) $t = T_k$

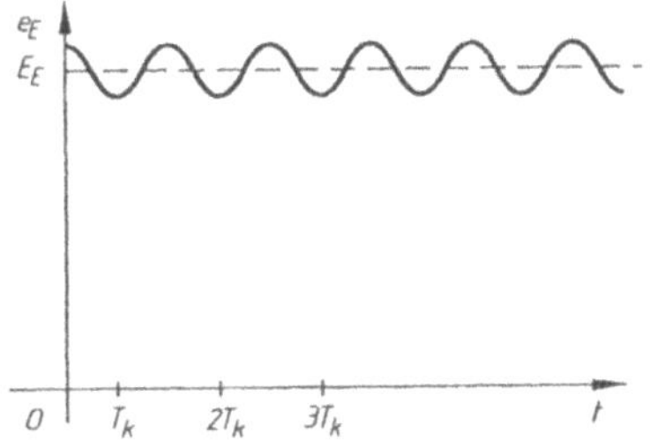

Bild 2.17
Induzierte Spannung $e_E(t)$ als Zeitfunktion:
E_E = Mittelwert der augenblicklichen induzierten Spannung e_E

Diese Schwankungen der induzierten Spannung e_E können bei einigen Anwendungen der Gleichstrommaschinen lästig werden. Sie stellen Störschwingungen höherer Frequenz (Geräuschfrequenz) dar.

Die in den verschiedenen parallel geschalteten Stromzweigen induzierten Spannungen sind alle gleich: die Spulen, die die verschiedenen Stromzweige in demselben Augenblick zusammensetzen, beziehen die gleiche Stellung im Feld der Erregerpole. Die in den verschiedenen Stromzweigen induzierten Spannungen besitzen alle dieselbe Richtung (Bild 2.18-a).

Werden die Ankerwicklungen nicht vom Strom durchflossen (Leerlaufzustand), an die Klemmen A1 und A2 eine Spannung $U_{A0} = E_E$ auf. Sie ist hier als konstante Spannung dargestellt, da ihre Schwankungen normalerweise vernachlässigt werden.

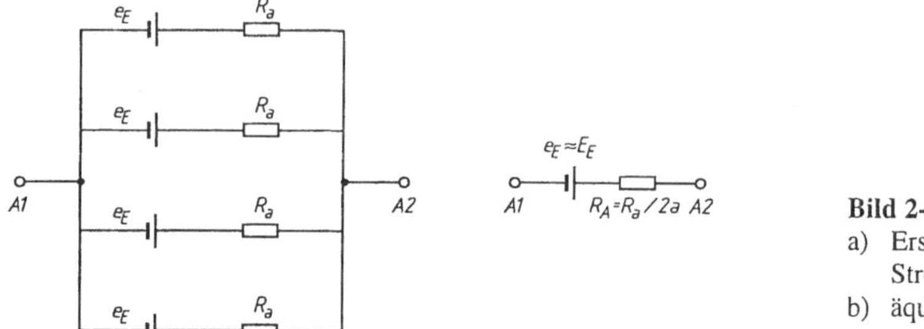

Bild 2-18
a) Ersatzschaltbild der $2a$ Stromzweige (hier $a = 2$),
b) äquivalentes Schaltbild

Der Ausdruck der induzierten Spannung E_E eignet sich zu einigen Umformungen. Wenn $2a$ die *Anzahl der Stromzweige* des Motors ist und jeder Stromzweig k Spulen beinhaltet, dann ist die Gesamtzahl der Motorspulen $2ak$ und die Gesamtzahl der Windungen $2akw_s$. Gewöhnlich rechnet man mit der Gesamtzahl N der *aktiven Leiter*, die in den Nuten des Läufers angebracht und Teile der Stromzweige sind (es gibt auch permanente Windungen die – im Kommutierungsprozeß – durch Bürsten kurzgeschlossen sind: deren Leiter sind als *nicht aktiv* zu betrachten). Man erreicht $N = 4akw_s$. Berücksichtigt man zusätzlich die Abhängigkeit zwischen der linearen Geschwindigkeit v und der Winkelgeschwindigkeit Ω, so folgt:

$$v = R_A \Omega = \frac{\pi D_A}{2p} \times \frac{p\Omega}{\pi} = \frac{p\Omega\tau}{\pi},$$

wobei $R_A = D_A/2$ der Radius des Läufers ist; die Polteilung τ ist durch Gl. (2.2) definiert. Die induzierte Spannung E_E erhält folgenden Ausdruck:

$$E_E = \frac{pN}{2\pi a} \Omega \tau l B_{emit}.$$

Andererseits ist laut Gl. (2-3)

$$\tau l B_{Emit} = \Phi_E$$

und demzufolge

$$E_E = \frac{pN}{2\pi a} \Phi_E \Omega. \tag{2.7}$$

Die in der Läuferwicklung induzierte Spannung hängt von konstruktiven Größen (p, a, N) und von Betriebsgrößen (Φ_E, Ω) ab. Falls, für bestimmte Motorbauarten, p, a und N nicht mehr geändert werden können, zieht man folgenden Ausdruck der induzierten Spannung

$$E_E = k_E \Phi_E \Omega \tag{2.8}$$

vor, wobei

$$k_E = \frac{pN}{2\pi a}$$

ist.

Da die induzierte Spannung E_E proportional zum Fluß Φ_E ist, hängt sie von der Erregerdurchflutung θ_E bzw. dem Erregerstrom I_E ab. Ist der magnetische Kreis des Motors nicht gesättigt, wird der Fluß Φ_E zum Erregerstrom I_E direkt proportional:

$$E_E = M_{EA} I_E \Omega. \tag{2.9}$$

Die Proportionalitätsgröße M_{EA} besitzt die Einheit einer Induktivität. Man bemerkt, daß die induzierte Spannung E_E *nicht von dem Ausmaß der Veränderung des magnetischen Felds am Läuferumfang abhängt, wenn der Mittelwert der Induktion* B_{Emit} *konstant gehalten wird.* Auch wenn die Kurve $B_E(x)$ verschiedene Formen hätte, aber die mittlere Induktion bzw. der Polfluß Φ_E konstant bleiben, bleibt die induzierte Spannung E_E in der Läuferwicklung konstant. *Dies gilt für den Fall, in dem sich die Bürsten in der neutralen Achse des Motors befinden* (siehe Bild 2.19-a).

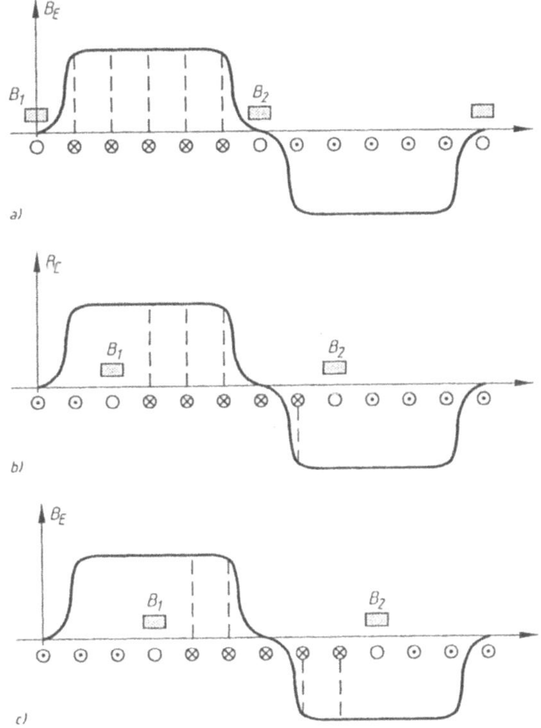

Bild 2.19
Einfluß der Raumlage des Bürstenpaars B_1/B_2 auf die induzierte Spannung in Spulen eines Stromzweiges

Schiebt man die Bürsten von der neutralen Achse weg, tritt neben den in Abschnitt 2.2.3 beschriebenen negativen Phänomenen auch eine Verringerung der induzierten Spannung auf. Wird die Lage verschiedener Spulen, die einen Stromzweig im Erregerpolfeld der Maschine bilden (Bild 2.19-b), analysiert, stellt man fest, daß die Summe $\Sigma B_{Ei}(x)$ kleiner ist als im Fall der Bürstenanordnung in der neutralen Achse (es gibt auch negative Ordinaten B_{Ei}). Würden die Bürsten in eine solche Lage verschoben, daß sie augenblicklich Spulen mit Seiten, die sich unter den beiden Polen gleichzeitig befinden, kurzschließen, würde die induzierte Spannung in einem Zweig gleich Null sein. Denn in diesem Fall wäre die Summe $\Sigma B_{Ei}(x)$ gleich Null (Bild 2.19-c).

Da die sich Hälfte der Spulenseiten im Nordfeld befinden, während sich die andere Hälfte im Südfeld befindet, müssen die Bürsten in einer solchen Lage angeordnet werden, daß die induzierte Spannung in der Läuferwicklung maximal ist. Die Bürsten sollen also in der neutralen Achse angeordnet werden.

Um die Richtung der induzierten Spannung in den Leitern am Läuferumfang zu bestimmen, orientiert man sich an der Richtung des *Vektorialprodukts* $(\overline{v} \times \overline{B}_E)$.

2.2.5 Das elektromagnetische Drehmoment des Gleichstrommotors

Wird die Erregerwicklung eines Gleichstrommotors von einem Erregerstrom I_E durchflossen, entsteht im Luftspalt ein beliebiges Erregerfeld $B_E(x)$. Man geht davon aus, daß die Bürsten in der neutralen Achse angeordnet sind und daß die Läuferwicklung vom Strom I_A durchflossen wird. Der Strom in einem beliebigen Stromzweig ist $I_a = I_A/2a$. Die Stromrichtung durch die Wicklung ist in Bild 2.20 dargestellt.

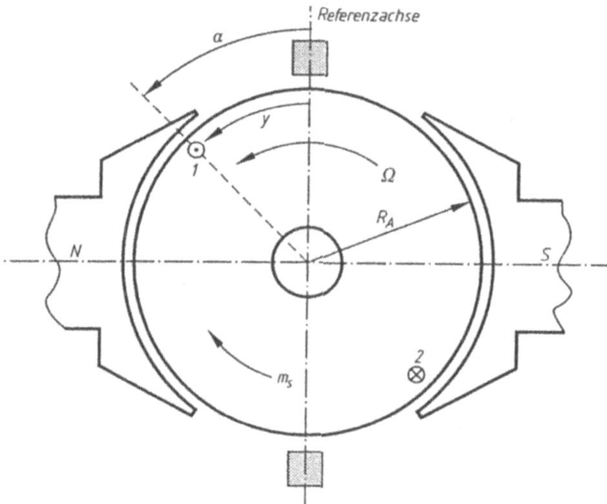

Bild 2.20
Schematischer Querschnitt einer Gleichstrommaschine

Man betrachtet einen Motor mit $2p = 2$ Polen. In Bild 2.20 ist auch die Polarität der Erregerpole ersichtlich. Durch die Anwendung des Satzes der generalisierten (Lagrangeschen) Kräfte kann das elektromagnetische Drehmoment, das auf den Läufer des Motors wirkt, berechnet werden. Der Zustand des Läufers, ob er stillsteht oder sich dreht, hat Folgerungen.

Man gehe von einer Spule mit w_s Windungen zu irgendeinem Zeitpunkt t aus. *Die Spulenseite 1 befindet sich im Nordfeld*, am Läuferumfang, im Abstand y von der interpolaren Symmetrieachse (Referenzachse) entfernt. Die *Spulenseite 2 befindet sich im Südfeld*, $y + y_l$ von der gewählten Referenzachse entfernt. Es ist zu berücksichtigen, daß $y_l = \tau$ ist. Man wählt als positive Durchlaufrichtung der Spulenwindungen die Richtung des Spulenstroms I_a. Die Wechselwirkungsenergie der Spule im Erregerfeld zum betrachteten Zeitpunkt ist

$$W_s = I_a w_s \Phi_\Gamma ,$$

wobei Φ_Γ der Fluß durch eine orientierte Oberfläche, gestützt auf den Umlauf einer der Windungen, ist. Genau wie in Abschnitt 2.2.4 ergibt sich:

$$\Phi_\Gamma = \int_{y}^{y+y_l} B_E(x)\, l \, dx \ .$$

Laut dem Satz der generalisierten (Lagrangeschen) Kräfte und der generalisierten Koordinate $\alpha = x/R_A$ beträgt das auf einer Spule und durch sie auf dem gesamten Läufer ausgeübte elektromagnetische Drehmoment

$$m_s = \left[\frac{\partial W_s}{\partial \alpha}\right]_{i=\text{konst.}} = R_A \left[\frac{\partial W_s}{\partial x}\right]_{i=\text{konst.}} = I_a l R_A w_s [B_E(y + y_1) - B_E(y)] .$$

Vorausgesetzt, $y_1 = \tau$ und $B_E(y + \tau) = -B_E(y)$, erhält man:

$$m_s = -2\, I_a l R_A w_s B_E(y) .$$

- Demzufolge ist das *elektromagnetische Drehmoment* m_s *proportional zum Strom* I_a *und zur Flußdichte* $B_E(y)$ *an den Spulenseiten.*

Das negative Vorzeichen steht in einer direkten Beziehung zur Richtung dieses Drehmoments: das Drehmoment m_s geht mit der Verringerung der Lagrangeschen Koordinate α einher (siehe Bild 2.20).

Kehrt der Strom in den Windungen der Spule um oder ändert sich die Polarität der Pole, wird das Drehmoment m_s positiv. Das elektromagnetische Drehmoment ist, gleichzeitig mit der Lage der Spulen, zeitlich veränderlich, aber immer mit den gleichen Vorzeichen. Erreicht die Spulenseite 1 das Südfeld, erhalten sowohl die Flußdichte $B_E(x)$ als auch der Strom I_a das entgegengesetzte Vorzeichen. Danach ist das Drehmoment m_s eine zwischen einem maximalen Wert und Null pulsierende Größe. Das elektromagnetische Drehmoment, das auf die k Spulen eines Stromzweigs ausgeübt wird, ist

$$M_a = \sum_{i=1}^{k} m_{si} = -2 I_a l R_A w_s L \sum_{i=1}^{k} B_{Ei}(y) .$$

Die Summe $\Sigma B_{Ei}(y)$ wird auch in Gl. (2.4) berechnet. Mit Hilfe dieser Gl. folgt:

$$m_a \approx M_a = -2 I_a l R_A w_s k B_{Emit} .$$

Diesmal erkennt man, daß das elektromagnetische Drehmoment für alle Spulen eines Zweigs zeitlich konstant ist, da in Wirklichkeit k nicht unendlich groß ist. Das über alle $2a$ identische und parallel geschaltete Stromzweige ausgeübte Drehmoment wird zu

$$M = 2a\, M_a = 2a\, I_a\, l\, R_A\, k\, w_s\, B_{Emit} .$$

Da $2 I_a = I_A$, $R_A = p\tau / \pi$ und $k w_s = N/4a$ ist, ergibt sich der absolute Wert des elektromagnetischen Drehmoments:

$$|M| = \frac{pN}{2\pi a} \Phi_E I_A . \tag{2.10}$$

- *Das elektromagnetische Drehmoment des Gleichstrommotors ist proportional zu dem gesamten Ankerstrom* I_A *und dem Fluß* Φ_E *eines Erregerpols.*

Gleichzeitig hängt das Drehmoment von einigen konstruktiven Größen des Motors ab, und zwar der:

- Gesamtzahl p der *Polpaare,*
- Gesamtzahl a der *Stromzweigpaare,*
- Gesamtzahl N der *aktiven Leiter* am Läuferumfang.

Bei einem gegebenen Motor kann der absolute Wert des Drehmoments mit

$$|M| = k_E \Phi_E I_A \tag{2.11}$$

hergeleitet werden.

Wie die induzierte Spannung E_E hängt auch das elektromagnetische Moment M nicht von der Änderung des magnetischen Felds am Läuferumfang, sondern nur vom Mittelwert B_{Emit} ab. Ändert man den Erregerstrom I_E – bei einem vorbestimmten Strom I_A in der Läuferwicklung – ändert sich auch das Drehmoment M. Bei einem ungesättigten Motor ist der Fluß Φ_E proportional zu I_E :

$$|M| = M_{EA}\, I_E\, I_A\,. \tag{2.12}$$

Bei vorgegebenem Strom I_A durch die Ankerwicklung ist das elektromagnetische Drehmoment nicht von der Drehzahl des Motors abhängig. Die Richtung des elektromagnetischen Drehmoments M wird durch die Richtung des Vektorialprodukts $\overline{J} \times \overline{B}_E$ in einem Leiter am Läuferumfang bestimmt. $\overline{J}$ ist hier der Stromdichtevektor (Betrag in A/mm^2).

2.3 Die magnetische Ankerrückwirkung

Ist die Gleichstrommaschine an ein Stromnetz angeschlossen und findet ein Austausch elektrischer Leistung statt, werden die Windungen der Läuferwicklung von Strom durchflossen. Die Läuferwicklung erzeugt ein eigenes magnetisches Feld, *Rückwirkungsfeld* genannt. *Das Rückwirkungsfeld des Ankers (Läufers) überlagert sich mit dem Erregerfeld des Ständers (Hauptfeld).* Das so entstandene resultierende Feld beeinträchtigt den Motorbetrieb.

Einen wesentlichen Einfluß auf die Form des Rückwirkungsfelds hat die Bürstenstellung. Man setzt voraus, daß die Bürsten in der *neutralen Achse* angeordnet sind. Außerdem nimmt man an, daß der Motor mit $2p = 2$ Polen und einer Schleifenwicklung ausgestattet ist. Diese Voraussetzungen beeinflussen nicht die allgemeine Gültigkeit der aus dieser Betrachtung des Läuferfelds resultierenden Schlußfolgerungen. Das Haupt(erreger)feld des Stators wird in Bild 2.9 dargestellt, das Rückwirkungsfeld des Ankers (Läufers) in Bild 2.21.

Die beiden magnetischen Felder addieren sich unter der einen Hälfte eines Polschuhs, während unter der anderen Hälfte desselben Polschuhs die Kraftlinien beider Felder entgegengesetzt sind. Das Rückwirkungsfeld verstärkt das Erregerfeld unter der einen Hälfte des Polschuhs und schwächt es unter der anderen ab.

Um das Rückwirkungsfeld des Ankers im Luftspalt quantitativ zu bestimmen, wird das Durchflutungsgesetz auf einen Umlauf angewandt. Dieser Umlauf ist eine Kraftlinie (Bild 2.21), die den Luftspalt über Läuferzähne zweimal durchfließt. Diese Läuferzähne befinden sich an beiden Seiten symmetrisch in einem Abstand x' gegenüber der Achse eines Erregerpols und verketten sich zu n_x Nuten. Im Eisen der Erregerpole und des Läufers betrachtet man die Feldstärke des magnetischen Felds als null (große relative Permeabilität). Aus Symmetriegründen hat die Feldstärke H_A des Rückwirkungsfelds im Luftspalt die gleiche Größe an den beiden Seiten der Polarachse (bei gleichen Entfernungen x'), jedoch verschiedene Richtungen. Bei der Durchlaufrichtung des in Bild 2.21 dargestellten Umlaufs ergibt sich:

$$2\, H_A\, \delta = n_x\, \theta_a\,,$$

wobei θ_a die einer Nut entsprechende Durchflutung ist. Demzufolge ist

$$H_A = \frac{n_x\, \theta_A}{2\delta}\,.$$

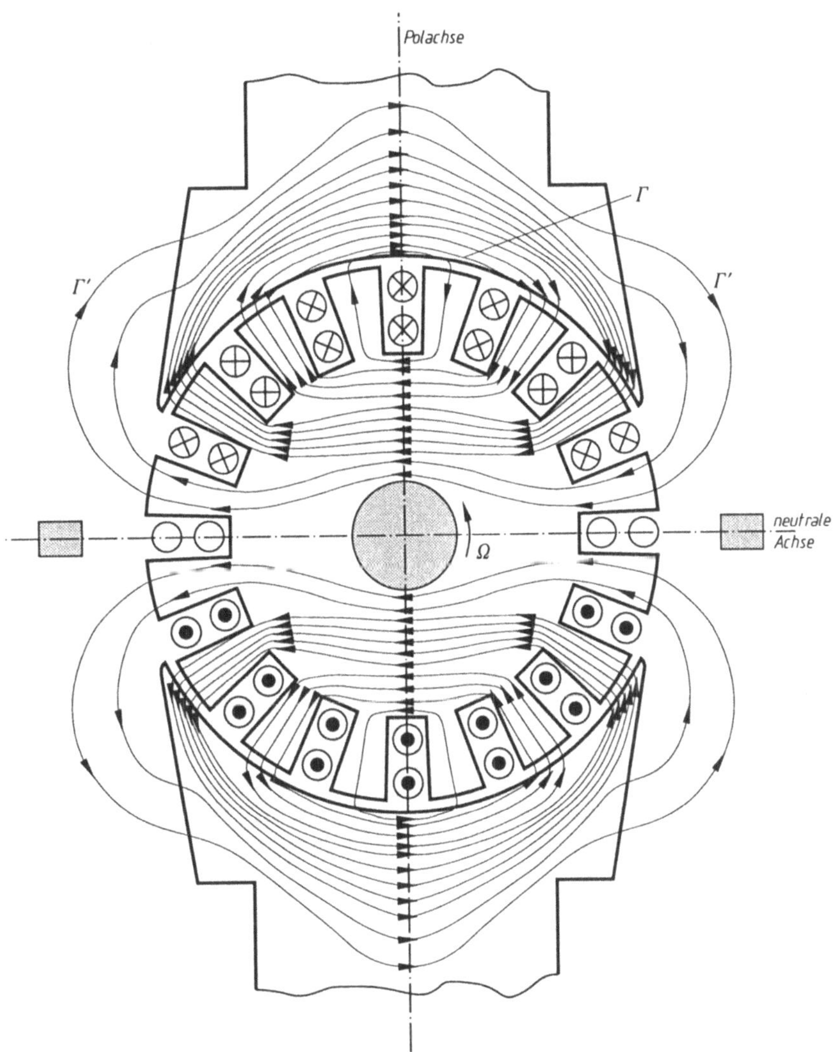

Bild 2.21 Rückwirkungsfeld des Läufers

Das Rückwirkungsfeld besitzt eine um so größere Feldstärke unter dem Pol, je größer der Abstand x' ist, denn mit x' wächst die Anzahl n_x der gleichartig durchfluteten Nuten. In der neutralen Zone aber hat das Rückwirkungsfeld eine viel kleinere Feldstärke, da die Länge der Kraftlinien durch die Luft groß ist, trotz deren entsprechend großer Durchflutung (Kraftlinie Γ', Bild 2.21).

Steht der Läufer still, bildet das Rückwirkungsfeld eine Stufenänderung am Läuferumfang unter dem Pol (jede Stufe entspricht einem Läuferzahn). In der neutralen Zone nimmt das Feld schlagartig ab.

Bei laufendem Läufer (im Motorbetrieb), wenn die Läuferzähne im Verhältnis zu der Achse des Erregerpols veränderliche Lagen einnehmen, wird sich das Rückwirkungsfeld im Luftspalt unter dem Polschuh *linear* und nicht mehr stufenweise ändern (Bild 2.22).

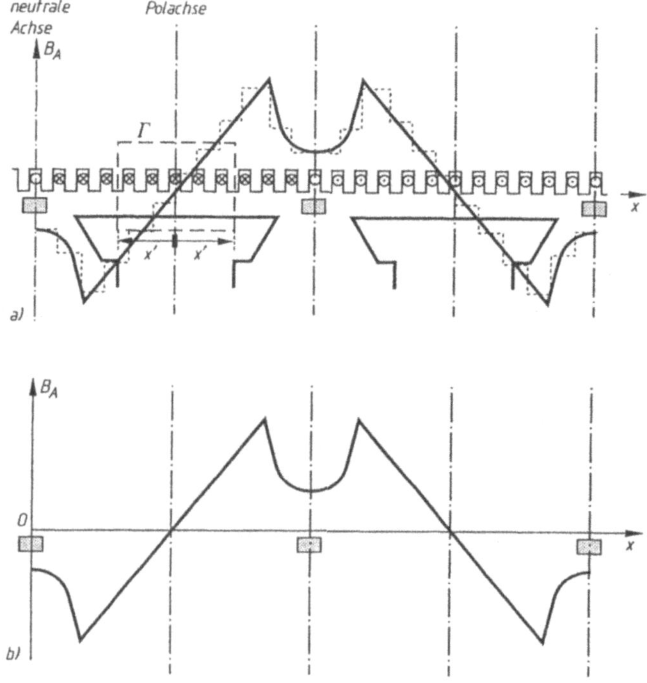

Bild 2.22
Verlauf des Rückwirkungsfelds am Umfang des Ankers

In der *neutralen Zone ist das Rückwirkungsfeld nicht gleich null.* Dadurch werden in den von den Bürsten kurzgeschlossenen Spulen Spannungen induziert. Die Symmetrieachse des magnetischen Rückwirkungsfelds liegt in der neutralen Achse; ein derartiges Feld wird *Querfeld* genannt.

Im normalen Motorbetrieb überlagern sich die beiden Felder zu einem *resultierenden* Feld. Unter der Voraussetzung, daß der magnetische Kreis nicht gesättigt ist, kann das resultierende Feld direkt aus der Überlagerung der beiden Felder hergeleitet werden (Bild 2.23).

Aus der Analyse des Spektrums des resultierenden Felds wie auch aus seinem Verlauf am Läuferumfang wird seine Verzerrung sichtbar. Die Kraftlinien sind nicht mehr gleichförmig unter dem Polschuh verteilt, sondern dichter unter einer Hälfte des Polschuhs und weniger dicht unter der anderen. In der neutralen Achse ist das neue resultierende Feld nicht mehr gleich null.

Da das resultierende Feld unter einer Hälfte des Polschuhs intensiver als das Erregerfeld ist und gleichzeitig schwächer unter der anderen Hälfte, bleibt der Magnetisierungsfluß Φ_μ unverändert im Vergleich zum Erregerfluß Φ. Das Integral $\int \overline{B}\,\overline{dA}$, das einem Polteil am Läuferumfang entspricht, behält den gleichen Wert. Demzufolge sind weder die in der Läuferwicklung induzierte Spannung E_E noch das elektromagnetische Drehmoment M vom Querrückwirkungsfeld beeinträchtigt, solange das Eisen des Motors nicht gesättigt ist.

Wird die Sättigung der Polschuhe und der Läuferzähne berücksichtigt, muß man das Feld in den zwei Polschuhhälften eines Hauptpols getrennt beurteilen. Führt die Überlagerung beider Felder zu einem schwächeren resultierenden Feld, erscheint keine Sättigung; führt sie dagegen zu einem verstärkten resultierenden Feld, kann sich die Sättigung bemerkbar machen. Diese unterschiedlichen Situationen des ferromagnetischen Werkstoffs verursachen einen unvollkommenen Ausgleich des resultierenden Felds. Dieses wird dadurch verschoben (Bild 2.23, fette, unterbrochene Kurve). Der Fluß Φ_μ des resultierenden Felds ist um einige Prozentpunkte kleiner als der Fluß Φ_E des Erregerfelds.

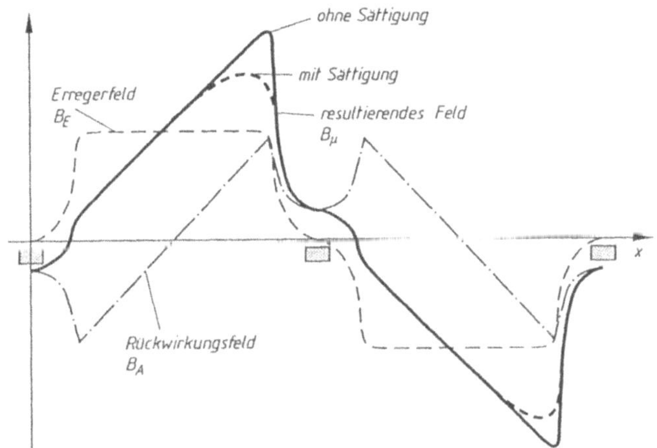

Bild 2.23
Resultierendes Feld einer Gleichstrommaschine im Motorbetrieb

Die induzierte Spannung E_μ zeigt auch im Falle der vollen Belastung des Motors eine kleine Verringerung gegenüber der im Leerlauf induzierten Spannung E_E. Es wird vorausgesetzt, daß die Drehzahlen und die Erregerströme beider Betriebe unverändert bleiben. Unter Belastung nimmt E_μ im Vergleich zu E_E (Leerlauf) etwas ab.

Eine andere unangenehme Folge, die die Feldverzerrung unter den Polen hervorruft, besteht darin, daß in einigen Zeitabschnitten die induzierte Spannung viel höhere Werte als im Leerlauf erreichen kann. Da diese induzierte Spannung die Isolierung zwischen zwei Lamellen beansprucht, können elektrische Entladungen auftreten.

Alle diese unangenehmen Erscheinungen können durch konstruktive Mittel begrenzt werden. Das Rückwirkungsfeld kann in der Zone zwischen den Erregerpolen mit kleiner Schuhweite durch den Einsatz zusätzlicher Pole mit kleinerer Schuhweite (*Wendepole* oder *Hilfspole* genannt) vermindert oder sogar beseitigt werden (Bild 2.24-a, b). Ihre Wicklung wird in Reihe mit der Ankerwicklung geschaltet.

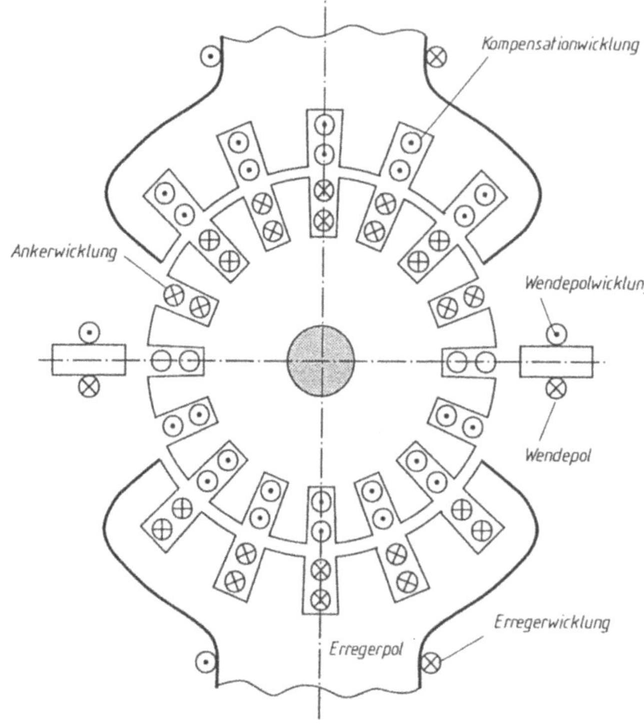

Bild 2.24
Gleichstrommaschine (schematischer Querschnitt): a), b) verschiedene Wicklungen, c) elektrische Ersatzschaltbilder der Wicklungen bei der Gleichstrommaschine

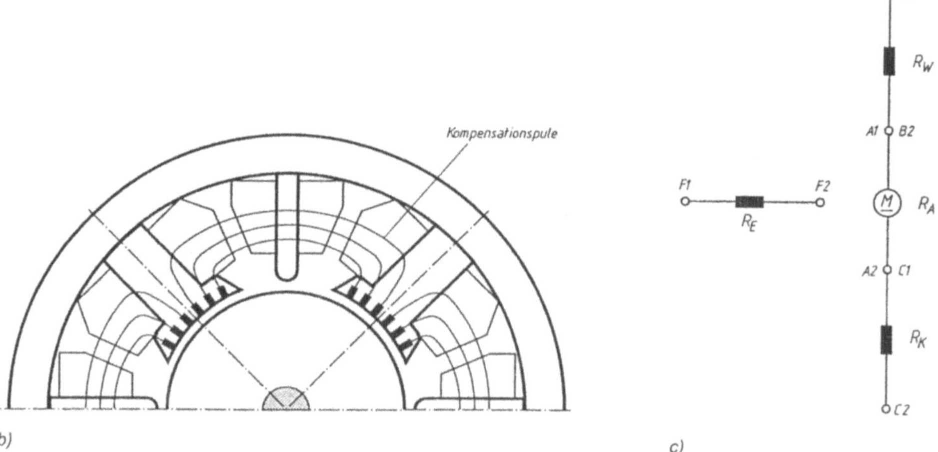

Die Spulen der Wendepole haben eine passende Windungszahl und sind vom Ankerstrom in einer für die Bekämpfung des Anker-Rückwirkungsfelds bestimmten Richtung durchflossen. Wendepole sind bei allen Gleichstrommotoren größerer Leistungen (*über 1 kW*) vorgesehen.

Bei Betriebsarten, bei denen mit großen Stromstößen zu rechnen ist und die Nennwerte der Antriebsmotoren überschritten werden können (Walzwerkmotoren), benutzt man noch eine andere zusätzliche Wicklung, *Kompensationswicklung* genannt. Diese in Nuten der Hauptpole untergebrachte Sonderwicklung wirkt gegen das Rückwirkungsfeld (Bild 2.24-a, b). Auch diese Wicklung wird mit der Ankerwicklung in Reihe geschaltet, so daß die in den Läufernuten und den Erregerpolnuten untergebrachten Leiter in entgegengesetzten Richtungen vom Ankerstrom durchflossen werden. Demzufolge hat ein Gleichstrommotor mit der umfassendsten Ausbauvariante vier Wicklungen, die schematisch in Bild 2.24-c dargestellt sind:

- A1-A2 = *Ankerwicklung,*
- B1-B2 = *Wendepolwicklung,*
- C1-C2 = *Kompensationswicklung* (alle drei hintereinander geschaltet),
- F1-F2 = *Erregerwicklung* (fremderregt).

2.4 Energetische Arbeitsbetriebe – stationäre und dynamische Zustände

Die Gleichstrommaschine kann vom Standpunkt der energetischen Umwandlung in drei Arbeitsbetrieben laufen: als *Generator, Motor* oder *Bremse.*

- Als *Generator* wandelt die Maschine die von einem Antriebsmotor erhaltene mechanische Energie in elektrische Energie, die weiter an einen *elektrischen Verbraucher* (z.B. ein elektrisches Netz) abgegeben wird (*mechano-elektrischer Energiewandler*).
- Als *Motor* wandelt die Maschine die von einem Netz zugeführte elektrische Energie in mechanische Energie, die an einen *mechanischen Verbraucher* (z.B. eine Drehmaschine) weiter gegeben wird (*elektro-mechanischer Energiewandler*).
- Als *elektrische Bremse* erhält die Maschine gleichzeitig mechanische Leistung (über ihre Welle) und elektrische Leistung aus einem Gleichstromnetz (über ihre Klemmen). Sie wandelt diese beide Leistungen unumkehrbar in Wärme um. Gleichzeitig entwickelt sie ein Drehmoment (*Bremsmoment*), das für die Bremsung einer an ihrer Welle gekoppelten Arbeitsmaschine erforderlich ist.

Man benutzt folgende Verabredungen:

- die induzierte Spannung E_E gilt als positiv, wenn sie die gleiche Richtung wie der Ankerstrom I_a (bzw. I_A) hat;
- das elektromagnetische Drehmoment M gilt als positiv, wenn es dieselbe Richtung wie im Motorbetrieb hat.

2.4.1 Der Motorbetrieb

Definitiongemäß findet die Wandlung der elektrischen Leistung in mechanische Leistung statt. Die erhaltene mechanische Leistung kann verschiedene Arbeitsmaschinen (Kräne, Drehmaschinen, Pumpen, Fahrzeuge usw.) mit einem breiten Spektrum der Bewegungsmöglichkeiten antreiben.

Dazu muß eine Gleichstrommaschine über ihre Klemmen A1 und A2 an ein Gleichstromnetz konstanter Spannung U_A angeschlossen sein. Durch die Läuferwicklung (bzw. Kompensations-, Wendepolwicklung) der Maschine fließt der Strom I_A. Man setzt voraus, daß durch die Erregerwicklung ein Erregerstrom I_E fließt. Die Erregerquelle kann beliebig sein oder dieselbe, die auch die Läuferwicklung versorgt. Die Richtung der beiden Ströme I_A und I_E ist in Bild 2.25 dargestellt. Sind die Leiter der Läuferwicklung von Strom durchflossen und befinden sie sich in einem magnetischen Erregerfeld, werden sie von elektromagnetischen Kräften beeinflußt, die wiederum ein Drehmoment ausüben werden. Dieses Drehmoment besitzt den absoluten Wert

$$M = \frac{pN}{2\pi a} I_A \Phi_E .$$

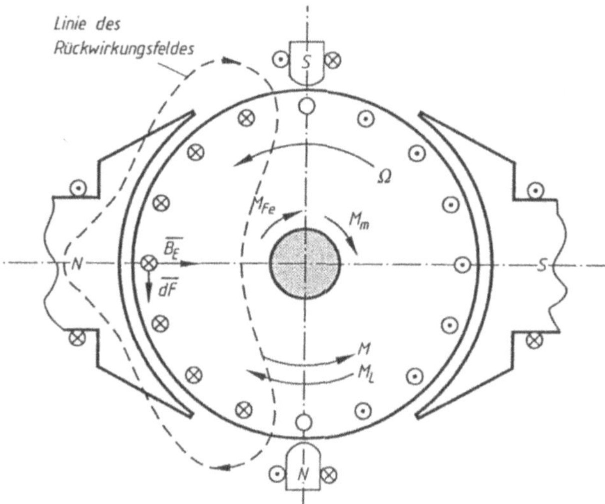

Bild 2.25
Zum Verständnis des Motorbetriebs bei der Gleichstrommaschine

Seine Richtung ist in Bild 2.25 eingezeichnet (die Umfangskraft besitzt gleiche Richtung wie der Vektor ($\overline{J}_A \times \overline{B}_E$). Ist dieses Drehmoment größer als das gesamte statische Lastmoment an der Motorwelle, setzt sich der Läufer in Bewegung. Es tritt eine Beschleunigung ein, die bis zu dem Augenblick dauert, in dem das Lastmoment das elektromagnetische Drehmoment erreicht. Danach bleibt die Drehgeschwindigkeit konstant. Durch die Bewegung im Erregerfeld, werden in verschiedenen Spulen elektrische Spannungen induziert. Sind Ω die Winkelgeschwindigkeit des Motors und Φ_E der Polfluß und gilt die Richtung des Stroms I_A als positiv, entsteht in einem Stromzweig folgende induzierte Spannung:

$$E_E = -\frac{pN}{2\pi a} \Omega \Phi_E . \tag{2.13}$$

Das Minusvorzeichen zeigt, daß die Richtung der induzierten Spannung E_E (in irgendeiner Spulenseite mit dem lokalen Vektor ($\overline{J}_A \times \overline{B}_E$) übereinstimmend) der gewählten positiven Richtung (Richtung des Vektors $\overline{J}_A$) entgegengesetzt ist. Selbstverständlich wird zusätzlich auch die Funktion

$$\Phi_E = f(I_E) , \tag{2.14}$$

bzw. die Magnetisierungskennlinie $B = f(H)$ benötigt.

Wird für den Motor das *Verbraucher-Pfeilsystem* (*VPS*) angewendet (Bild 2.26), kann seine Betriebsgleichung abgeleitet werden. Dafür wird der zweite Kirchhoffsche Satz für einen Umlauf benutzt. Fängt man an der Klemme A1 an, durchläuft die Läuferwicklung durch die Leiter, erreicht die Klemme A2 und schließt über die Luft zur Klemme A1 (mit U_{BK} als Spannungsabfall beim *Bürsten-Kommutator-Kontakt*) an, ergibt sich:

$$R_A I_A + U_{BK} - U_A = E_E .$$

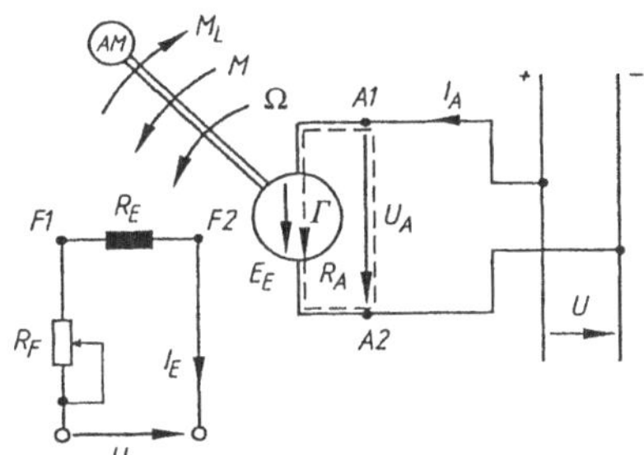

Bild 2.26
Ersatzschaltbild des Gleichstrommotors:
I_A Ankerstrom,
I_E Erregerstrom (*Feldstrom*),
R_A Widerstand des Ankerkreises,
R_E Widerstand der Erregerwicklung,
R_F Feldwiderstand

Werden die Summanden anders angeordnet, bekommt man:

$$U_A = R_A I_A + U_{BK} - E_E \text{*}. \tag{2.15}$$

Die Betriebsgleichung kann eine vereinfachte Form annehmen, vorausgesetzt, daß der Ohmsche Spannungsabfall $R_A I_A$ auch den Bürstenspannungsabfall U_{BK} mit einschließt:

$$U_A = R_A I_A - E_E . \tag{2.15-a}$$

Aufgrund der schon für den Motorbetrieb der Gleichstrommaschine festgesetzten Beziehungen (2.13) bis (2.15) kann man nach und nach, diesmal auch quantitativ, den Umwandlungsprozeß der elektrischen in mechanischer Leistung verfolgen. Man bezieht sich auf die Drehmomente, die auf den Läufer ausgeübt werden.

Man geht davon aus, daß der Motor eine Arbeitsmaschine AM antreibt, die an der Läuferwelle ein Lastmoment M_L entwickelt. Das vom Motor entwickelte Moment M muß größer als das Lastmoment sein. Betrachtet man M_m als ein für mechanischen Reibungen zuständiges Moment, M_{Fe} durch Eisenverluste im Läufer verursacht, $M_J = J(d\Omega/dt)$ als *Beschleunigungs- bzw. Trägheitsmoment* (mit J als Gesamtmassenträgheitsmoment des Antriebssystems, auf die Motorwelle bezogen), gilt:

$$M - M_L - M_m - M_{Fe} = M_J = J \frac{d\Omega}{dt} .$$

Dreht sich der Motor bei *konstanter Winkelgeschwindigkeit*, folgt

$$M = M_L + M_m + M_{Fe} .$$

Die vom Motor abgegebene mechanische Leistung P_2 ist der Nutzleistung $M_L\Omega$ der angetriebenen Arbeitsmaschine AM gleich:

$$P_2 = M_L \Omega .$$

Die Leistungsverluste, die den Momenten M_m und M_{Fe} entsprechen, können durch die Beziehungen $P_m = M_m\Omega$ und $P_{Fe} = M_{Fe}\Omega$ bestimmt werden. Der Ausdruck der mechanischen Leistung P ist:

$$P = M\Omega = P_2 + P_m + P_{Fe} .$$

---

* Einige Autoren definieren eine induzierte Spannung E_E', die gleich groß wie E_E und ihr entgegengesetzt ist ($E_E' = -E_E = + \frac{pN}{2\pi a} \Omega \Phi_E$) und bezeichnen sie als *gegenelektromotorische Spannung*. In diesem Fall wäre die Motorengleichung: $U_A = R_A I_A + U_{BK} + E_E'$.

Diese Leistung kann physikalisch erklärt werden. Mit

$$P = M\ \Omega = \frac{pN}{2\pi a}\,\Omega\, I_{\mathrm{A}}\, \Phi_{\mathrm{E}} = -E_{\mathrm{E}}\, I_{\mathrm{A}}$$

(und die Betriebsgleichung des Motors (2.15) berücksichtigend) folgt:

$$P = -E_{\mathrm{E}}\, I_{\mathrm{A}} = U_{\mathrm{A}}\, I_{\mathrm{A}} - R_{\mathrm{A}}\, I_{\mathrm{A}}^2 - U_{\mathrm{BK}}\, I_{\mathrm{A}}\,.$$

Die Leistung P hat auch eine elektrische Bedeutung. Wird sie vom Standpunkt des Versorgungsnetzes betrachtet, stellt P zur selben Zeit auch eine elektrische Leistung dar. Sie ist die Differenz zwischen der elektrischen Leistung $P = U_{\mathrm{A}} I_{\mathrm{A}}$ (dem Motor vom elektrischen Speisenetz zugeführt) und den Jouleschen Verlusten $R_{\mathrm{A}} I_{\mathrm{A}}^2$ in der Ankerwicklung (eventuell auch in der Wendepol- bzw. Kompensationswicklung) sowie im Kontakt Bürsten-Kommutator $U_{\mathrm{BK}} I_{\mathrm{A}}$.

P stellt die elektrische Leistung dar, die über das elektromagnetische Feld des Motors in mechanische Leistung umgewandelt wird. Sie wird deshalb die *elektromagnetische Leistung* des Motors genannt.

Aufgrund dieser Betrachtungen läßt sich die Leistungsbilanz des Gleichstrommotors ableiten. Eine anschauliche Darstellung dieser Bilanz ist in Bild 2.27 zu sehen. Hier wurde auch die benötigte elektrische Leistung $U_{\mathrm{E}} I_{\mathrm{E}}$ berücksichtigt, die für die Abdeckung der Jouleschen Verluste $R_{\mathrm{E}} I_{\mathrm{E}}^2$ in der Erregerwicklung (hier wird auch der eventuelle Feldvorwiderstand eingeschlossen) notwendig ist.

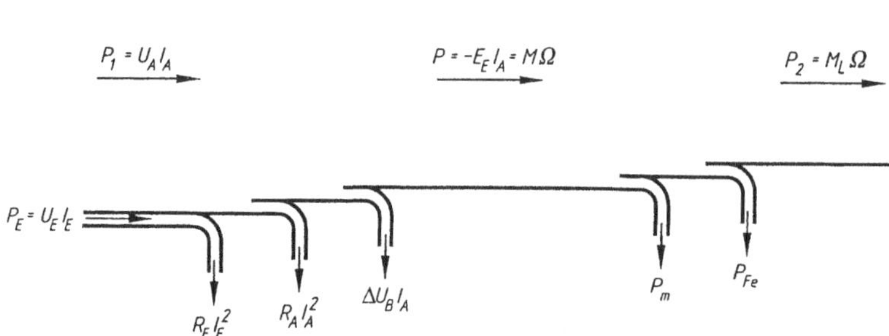

Bild 2.27 Leistungsbilanz des Gleichstrommotors

Aus der Betriebsgleichung des Gleichstrommotors ergibt sich ein Ausdruck, der deutlich die Winkelgeschwindigkeit betont. Da $E_{\mathrm{E}} = k_{\mathrm{E}}\ \Phi_{\mathrm{E}}$, wobei k_{E} eine Konstante für eine bestimmte Maschine ist, führt die Betriebsgleichung (2.15) zu

$$\Omega = \frac{U_{\mathrm{A}} - R_{\mathrm{A}}\, I_{\mathrm{A}} - U_{\mathrm{BK}}}{k_{\mathrm{E}}\, \Phi_{\mathrm{E}}}\,. \tag{2.16}$$

Diese Gleichung wird auch anders interpretiert:

$$\Omega = \frac{U_{\mathrm{A}}}{k_{\mathrm{E}}\, \Phi_{\mathrm{E}}} - \frac{R_{\mathrm{A}}\, I_{\mathrm{A}} + U_{\mathrm{BK}}}{k_{\mathrm{E}}\, \Phi_{\mathrm{E}}} = \frac{U_{\mathrm{A}}}{k_{\mathrm{E}}\, \Phi_{\mathrm{E}}} - \frac{R_{\mathrm{A}} + R_{\mathrm{BK}}}{k_{\mathrm{E}}\, \Phi_{\mathrm{E}}}\, I_{\mathrm{A}} = \Omega^*_0 - \Delta\Omega\,, \tag{2.16-a}$$

wobei:

$U_{\mathrm{BK}} = R_{\mathrm{BK}}\, I_{\mathrm{A}}$ (mit R_{BK} = Widerstand des Bürsten-Kollektor-Kontaktes) und

$$\Omega^*{}_0 = \frac{U_A}{k_E \Phi_E}, \tag{2.17}$$

die *ideale Leerlaufwinkelgeschwindigkeit* (entspricht dem Ankerstrom $I_A = 0$, bei einem idealisierten, verlustfreien Motor) und

$$\Delta\Omega = \frac{R_A I_A + U_{BK}}{k_E \Phi_E} \tag{2.18}$$

die Winkelgeschwindigkeitsabfall darstellen.

Benutzt man die vereinfachte Betriebsgleichung (2.15-a), erhält die Winkelgeschwindigkeit Ω den Ausdruck:

$$\Omega \approx \frac{U_A - R_A I_A}{k_E \Phi_E}. \tag{2.16-b}$$

Dieser Ausdruck hebt die Größen hervor, die den Wert der Winkelgeschwindigkeit bestimmen, eine der wichtigsten Größen, die jeden Motorbetrieb kennzeichnet.

Bemerkung: Um die Drehrichtung eines Gleichstrommotors zu ändern, muß das Vorzeichen seines elektromagnetischen Drehmoments geändert werden. Da $M = k_E \Phi_E I_A$ ist, folgt, daß *entweder die Richtung des Ankerstroms I_A oder die Richtung des Erregerstroms I_E geändert werden muß* (folglich die Richtung des Flusses Φ_E), *nicht jedoch beide gleichzeitig geändert werden dürfen.*

2.4.2 Generatorbetrieb

Es wird vorausgesetzt, daß eine Gleichstrommaschine von einem Motor (Dieselmotor, Dampf-, Wasserturbine usw.) in der in Bild 2.28 eingezeichneten Drehrichtung bei konstanter Winkelgeschwindigkeit Ω angetrieben wird. Dabei entwickelt der Antriebsmotor ein aktives Drehmoment M_a mit derselben Drehrichtung. Die Erregerwicklung der Gleichstrommaschine ist von einem Strom I_E durchflossen. Dieser sei von einer Gleichstromquelle versorgt (Gleichstromrichter, Akkumulator, Gleichstromgenerator oder sogar die betrachtete elektrische Maschine).

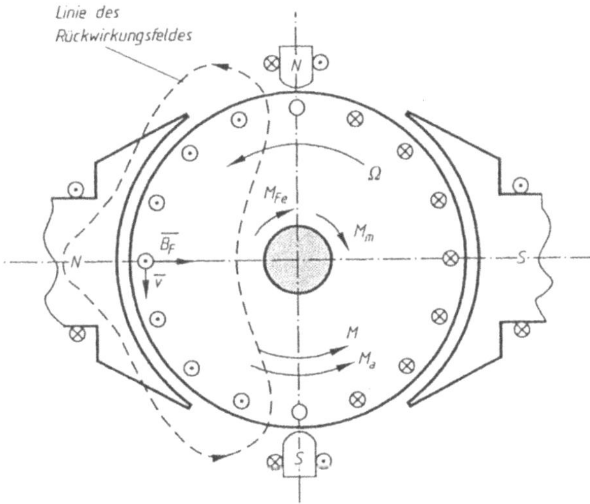

Bild 2.28
Schematischer Querschnitt eines Gleichstromgenerators

Unter den obigen Bedingungen werden in den Spulen der Ankerwicklung, die sich im magnetischen Feld der Erregerpole drehen, Spannungen induziert. Zwischen den Klemmen A1, A2 der Maschine wird eine Spannung U_{A0} festgestellt; U_{A0} stimmt mit der in einem Stromweg induzierten Spannung E_E überein. Schließen diese Klemmen über einen Widerstand, erzeugt die induzierte Spannung E_E einen Strom I_A, der auch die Ankerwicklung durchfließt. Seine Richtung über die Spulen ist der des Zählpfeils der induzierten Spannung gleich. Ihre gemeinsame Richtung ist in Bild 2.29 eingezeichnet. Die Richtung der induzierten Spannung in einer Spulenseite stimmt mit der Richtung des Vektors ($\overline{v} \times \overline{B}_E$) überein.

Unter einem Lastbetrieb wird die Spannung U_A an den Klemmen der Ankerwicklung im Vergleich zu der induzierte Spannung E_μ, wegen verschiedener Spannungsabfälle, ungleich sein. Diese Spannungsabfälle sind von mehreren vom Strom I_A durchflossenen Widerständen verursacht (*Wendepolwicklung*, eventuell *Kompensationswicklung,* Bürsten-Kommutator-Kontakt). Es wird zunächst der zweite Kirchhoffsche Satz auf den Umlauf Γ (Bild 2.29) angewendet, indem man von der Klemme A2 ausgeht, dann über die Läuferwicklung auf die Klemme A1 und über die Luft zurück auf die Klemme A2 geht. Dabei sollen die vereinbarten positiven Zählrichtungen verschiedener Größen (Spannungen, Ströme, induzierte Spannungen), die in Bild 2.29 dargestellt sind, beachtet werden. Es ergibt sich:

$$R_A I_A + U_{BK} + U_A = E_E, \tag{2.19}$$

wobei R_A der gesamte Widerstand des Ankerkreises ist, einschließlich der Widerstände der Wendepol- und der Kompensationswicklung (die immer hintereinander geschaltet sind); mit U_{BK} hat man den Spannungsabfall über dem Bürsten-Kommutator-Kontakt bezeichnet.

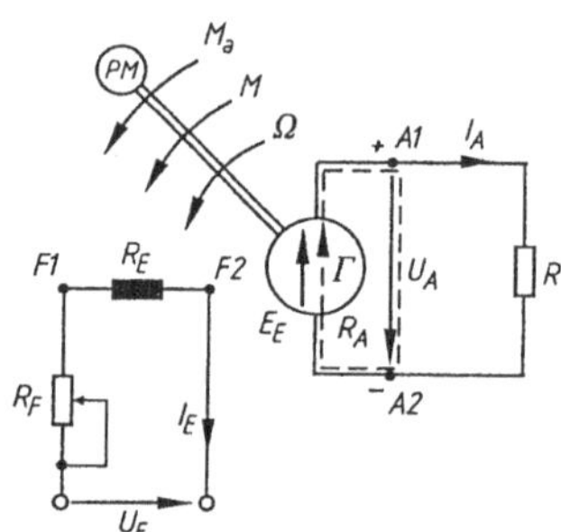

Bild 2.29
Ersatzschaltbild des fremderregten Gleichstromgenerators

Gl. (2.19) wird als *Betriebsgleichung* der im Generatorbetrieb befindenden Maschine bezeichnet.

In einigen Fällen, *in denen* der Genauigkeit des Ergebnisses keine besondere Beachtung geschenkt wird, kann der Spannungsabfall U_{BK} im Vergleich zum Ohmschen Spannungsabfall vernachlässigt werden. Man kann diesen auch beim Ohmschen Spannungsabfall einschließen. Damit kann die Betriebsgleichung (2.19) vereinfacht werden zu

$$R_A I_A + U_A \approx E_E. \tag{2.19-a}$$

Werden der Gl. (2.19) die bekannte Beziehung

$$E_E = \frac{pN}{2\pi a} \Omega \Phi_E \tag{2.20}$$

(wobei Φ_E der magnetische Erregerfluß ist) sowie die Gleichung des Lastwiderstandes

$$U_A = R I_A \tag{2.21}$$

und die Gleichung

$$\Phi_E = f(I_E) \tag{2.22}$$

hinzugefügt, erhält man ein Gleichungssystem mit vier Gleichungen. In diesen Gleichungen sind die Größen Ω, I_E, R_A, I_A, p, a und N sowie der Lastwiderstand R bekannt. Mit ihrer Hilfe kann man dann die Größen U_A, E_E, Φ_E und I_A bei einer beliebiger Belastung der Maschine ausrechnen.

In dem oben beschriebenen Fall gibt die Maschine über ihre Klemmen eine bestimmte elektrische Leistung an den Verbraucher ab. Diese Leistung wird vom Antriebsmotor geliefert: die mechanische Leistung, von der Maschine an ihrer Welle vom Antriebsmotor erhalten, wird in elektrische Leistung umgeformt und dem Endverbraucher zugeführt. Die elektrische Maschine befindet sich im *Generatorbetrieb*. Dieser Betrieb wird quantitativ noch durchschaubarer, betrachtet man die in der Maschine erscheinenden Momente.

Die Gleichstrommaschine muß zunächst erregt werden, d.h. ihre Erregerwicklung ist von einem Strom I_E durchgeflossen. Die Maschine soll auch mit der Winkelgeschwindigkeit Ω gedreht werden. Mehrere Momente wirken auf den Läufer:

- das *aktive Drehmoment* M_a, vom Antriebsmotor AM an der Welle entwickelt, das auch die Drehrichtung bestimmt,
- das *für die mechanischen Verluste (infolge der Bewegung des Läufers und des Ventilators* in der Luft, der Reibungen in den Maschinenlagern und am Bürsten-Kollektor-Kontakt) *zuständige Widerstandsmoment* M_m. M_m unterstützt die Drehung nicht; es ist ein Widerstandsmoment (dem aktiven Drehmoment M_a entgegengesetzt),
- das *für die Eisenverluste* (durch Wirbelströme und magnetische Hysterese verursacht) *zuständige Widerstandsmoment* M_{Fe},
- das *elektromagnetische Moment* M.

Der analytische Ausdruck des Moments M, entsprechend seiner positiven Zählrichtung, ist:

$$M = -\frac{pN}{2\pi a} I_A \Phi_E \,. \tag{2.23}$$

Die reale Richtung dieses Moments M ist der Bewegung entgegengesetzt (die elektromagnetische Kraft hat die Richtung des Vektors $\overline{I}_A \times \overline{B}_E$). Damit wird die Bewegungsgleichung des Läufers

$$M_a - M_m - M_{Fe} + M = J \frac{d\Omega}{dt},$$

wobei J das gesamte Trägheitsmoment der Maschinengruppe Motor-Generator ist (bezogen auf die Motorwelle).

Im stationären Zustand sind Ω = konst. und $d\Omega/dt = 0$. Die Bewegungsgleichung wird diesmal einfacher:

$$M_a = M_m + M_{Fe} - M \,.$$

Die mechanische Leistung, die der Gleichstrommaschine vom Antriebsmotor mittels der Welle zugeführt wird, lautet somit:

$$P_1 = M_a \Omega = M_m \Omega + M_{Fe} \Omega - M \Omega = P_m + P_{Fe} + P,$$

wobei: $P_{\mathrm{m}} = M_{\mathrm{m}}\,\Omega$ = Reibungsverluste ,

$P_{\mathrm{Fe}} = M_{\mathrm{Fe}}\,\Omega$ = Eisenverluste im Läufer ,

$P = -M\,\Omega$.

Die Größe P wird *elektromagnetische Leistung* genannt. Demzufolge dient eine mechanische Teilleistung (vom Antriebsmotor an die Gleichstrommaschine abgegeben) dazu, die Reibungs- und Eisenverluste zu decken. Die Restleistung P, die elektromagnetische Leistung also, bekommt leicht einen physikalischen Sinn, wenn man die Gl. (2.22) und (2.23) in Betracht zieht:

$$P = -M\,\Omega = \frac{pN}{2\pi a}\,\Omega\, I_{\mathrm{A}}\,\Phi_{\mathrm{E}} = E_{\mathrm{E}}\, I_{\mathrm{A}} \,. \tag{2.24}$$

Andererseits gilt:

$$P = E_{\mathrm{E}} I_{\mathrm{A}} = U_{\mathrm{A}}\, I_{\mathrm{A}} + U_{\mathrm{BK}}\, I_{\mathrm{A}} + R_{\mathrm{A}}\, I_{\mathrm{A}}^2 \,. \tag{2.24-a}$$

- Vom Verbraucher aus gesehen ist die Leistung P also *eine elektrische Leistung*. Der größte Teil dieser Leistung, $P_2 = U_{\mathrm{A}} I_{\mathrm{A}}$, wird dem an den Klemmen der Maschine angeschlossenen Verbraucher abgegeben; sie stellt die elektrische Nutzleistung dar.
- Die Restleistung, $U_{\mathrm{BK}} I_{\mathrm{A}} + R_{\mathrm{A}} I_{\mathrm{A}}^2$, dient zur Deckung der Jouleschen Verluste an den Bürsten bzw. in den Läufer- und Wendepolwicklungen (eventuell auch in der Kompensationswicklung).

Die *Leistungsbilanz* (*energetische Bilanz*) bei der Gleichstrommaschine im Generatorbetrieb kann auch in Bild 2.30 verfolgt werden. Darin ist auch die Leistung $P_{\mathrm{E}} = R_{\mathrm{E}} I_{\mathrm{E}}^2 = U_{\mathrm{E}} I_{\mathrm{E}}$ eingeschlossen, die zur Erregung des Generators nötig ist (R_{E} ist der Erregerwicklungswiderstand, der, wenn vorhanden, auch den Vorwiderstand – Feldwiderstand – R_{F} einschließt).

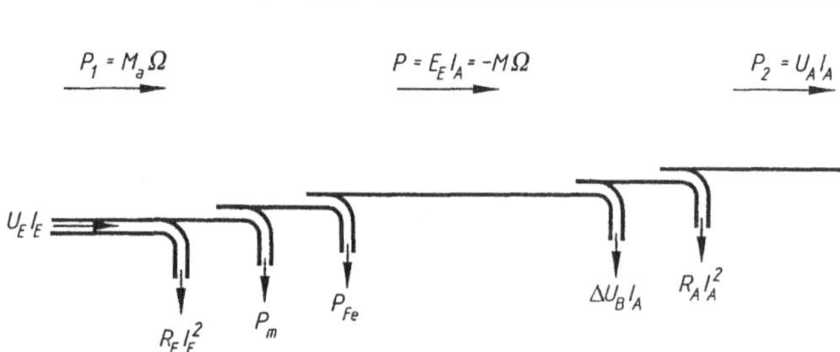

Bild 2.30
Leistungsbilanz des Gleichstromgenerators

2.4.3 Elektrischer Bremsbetrieb

Es wird zunächst angenommen, daß eine Gleichstrommaschine, die als Motor arbeitet, mit einer Arbeitsmaschine gekoppelt ist. Unter gewissen Umständen kann das von der Arbeitsmaschine erzeugte Moment aktiv werden (Kran, Lokomotive, Aufzug). Infolgedessen kann die elektrische Maschine in entgegengesetzter Richtung gegenüber der normalen Motordrehrichtung mit einer bestimmten Winkelgeschwindigkeit gedreht werden. Man nimmt zusätzlich an, daß es im Ankerkreis der elektrischen Maschine noch einen Vorwiderstand R_{B} gibt, dessen Funktion später erklärt wird.

In diesem Fall bleibt, vom energetischen Gesichtspunkt aus, der an der angelegten Spannung U_{A} eingeschaltete Ankerkreis ein Energieverbraucher. Der Ankerstrom wird, bei der gleichen Spannungspolung U_{A} wie im Motorbetrieb, dieselbe Richtung beibehalten (Bild 2.31). Das vom Anker entwickelte elektromagnetische Moment M behält weiterhin seine Richtung wie im Motorbetrieb (bei der gleichen Richtung des Erregerstroms). Folglich kann geschrieben werden:

$$M = \frac{pN}{2\pi a} \Phi_E I_A . \tag{2.25}$$

Das Moment hat seine Richtung umgekehrt. Es bewirkt nicht mehr die Drehung, sondern es ist ein Widerstandsmoment geworden, da es sich dem aktiven, von der Arbeitsmaschine erzeugten Moment widersetzt. Im Vergleich zur normalen Drehrichtung im Motorbetrieb hat die Gleichstrommaschine jetzt eine entgegengesetzte Drehrichtung.

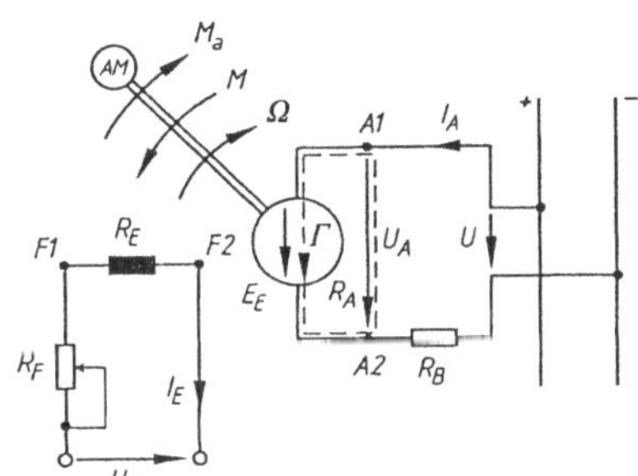

Bild 2.31
Gegenstrombremsen einer fremderregten Gleichstrommaschine

Die elektrische Maschine nimmt elektrische Leistung vom Gleichstromnetz und mechanische Leistung von der Arbeitsmaschine auf. Die insgesamt erhaltene Leistung wird in der elektrischen Maschine und auch im zusätzlichen Vorwiderstand (im Ankerkreis) R_B in Verluste umgewandelt. Eine solche Leistungsbilanz entspricht dem elektrischen *Bremsbetrieb* (Gegenstrombremsen).

Die induzierte Spannung E_E hat eine positive Richtung, die konventionell mit der Stromrichtung im Anker übereinstimmt. Es muß aber bemerkt werden, daß – bei gleicher Richtung des Erregerstroms wie im Motorbetrieb, aber bei entgegengesetzter Drehrichtung – auch die Richtung der induzierte Spannung derjenigen im Motorbetrieb entgegengesetzt ist. Mithin:

$$E_E = \frac{pN}{2\pi a} \Phi_E \Omega .$$

Der Maschensatz längs des geschlossenen Umlaufs Γ (Bild 2.31) führt zu

$$(R_A + R_B) I_A + U_{BK} - U_A = E_E .$$

Werden die Glieder der obigen Gleichung anders angeordnet, ergibt sich:

$$U_A = (R_A + R_B) I_A + U_{BK} - E_E . \tag{2.26}$$

Da E_E und der Ankerstrom I_A dieselbe Richtungen haben, addiert man E_E zu der angelegten Ankerspannung U_A, um den Wert und die Richtung des Stroms I_A festzulegen. Ohne die Anwesenheit des zusätzlichen Widerstands R_B im Ankerkreis würde der Ankerstrom I_A sehr große und schädliche Werte ($U_A + E_E = U_A + k_E \Phi_E \Omega = (R_A + R_B) I_A + U_{BK}$) annehmen.

Auf den Läufer wirken also folgende Momente:

- M_m, von den mechanischen Reibungen verursachtes Moment,
- M_{Fe}, infolge der Eisenverluste,
- M, das elektromagnetische Moment,
- M_a, das von außen zugeführte Moment.

Mit J als *Gesamtträgheitsmoment* (auf die Welle der elektrischen Maschine bezogen), nimmt das Grundgesetz der Dynamik folgende Form an:

$$M_a - M - M_m - M_{Fe} = J \frac{d\Omega}{dt}.$$

Man hat zusätzlich vorausgesetzt, daß J konstant ist, d.h. daß die Massenverteilung im drehenden Maschinensystem im Vergleich zur Drehachse im Laufe der Zeit oder in bezug auf den Drehwinkel unverändert bleibt.

Im stationären Betrieb (Ω = konst.) wird die obige Gleichung einfacher:

$$M_a = M + M_m + M_{Fe}. \tag{2.27}$$

Multipliziert man Gl. (2.27) mit Ω, erhält man:

$$P_2 = M\,\Omega + P_m + P_{Fe}.$$

In dieser Gleichung bedeuten

- $P_2 = M_a\Omega$ die mechanische Leistung, die der elektrischen Maschine von außen durch die Welle zugeführt wird,
- P_m die Reibungsverluste,
- P_{Fe} die Eisenverluste, von den Wirbelströmen und der Hysterese verursacht,
- $P = M\Omega$ die elektromagnetische Leistung der Maschine.

Mit der Hilfe der induzierte Spannung E_E und des elektromagnetischen Moments M bekommt man noch

$$P = M\,\Omega = E_E I_A.$$

Hieraus kann man eine wichtige Schlußfolgerung ziehen: von der aufgrund des äußeren Drehmoments erhaltenen mechanischen Leistung P_2 an der Welle verwandelt sich der größte Teil – die elektromagnetische Leistung P – in elektrische Ankerleistung. Diese Umformung findet mittels des elektromagnetischen Felds statt. Mit Hilfe der Gl. (2.26) sieht man, was aus dieser elektrischen Leistung wird:

$$P = E_E I_A = -U_A I_A + (R_A + R_B)\,I_A^2 + U_{BK} I_A,$$

bzw.

$$P + P_1 = (R_A + R_B)\,I_A^2 + U_{BK} I_A.$$

$P_1 = U_A\,I_A$ stellt hier die *elektrische Leistung* dar, die vom Versorgungsnetz zugeführt wird. Dementsprechend verwandeln sich sowohl die elektromagnetische Leistung P, die aus der an der Welle empfangenen mechanischen Leistung herrührt als auch die elektrische Leistung, die über die Bürsten vom Versorgungsnetz zugeführt wird, unwiderruflich in Joulesche Verluste im Ankerkreis. So entsteht Wärme in den Widerständen R_A (der Ankerwicklung) und R_B (zusätzlicher Vorwiderstand im Ankerkreis) sowie im Widerstand des Bürsten-Kommutator-Kontakts. Die Leistungsbilanz der elektrischen Maschine im elektrischen Bremsbetrieb ist in Bild 2.32 wiedergegeben.

Man benötigt den Vorwiderstand R_B, um den von der Maschine aufgenommenen Ankerstrom zu begrenzen. Er übernimmt, als Außenwiderstand, Joulesche Verluste; damit vermindert man die Erwärmung der Maschine.

Der elektrische Bremsbetrieb findet zahlreiche Anwendungen in der einfachen industriellen Antriebstechnik, trotz der endgültigen Umwandlung der beiden zugeführten Leistungen (elektrische und mechanische) in Wärme.

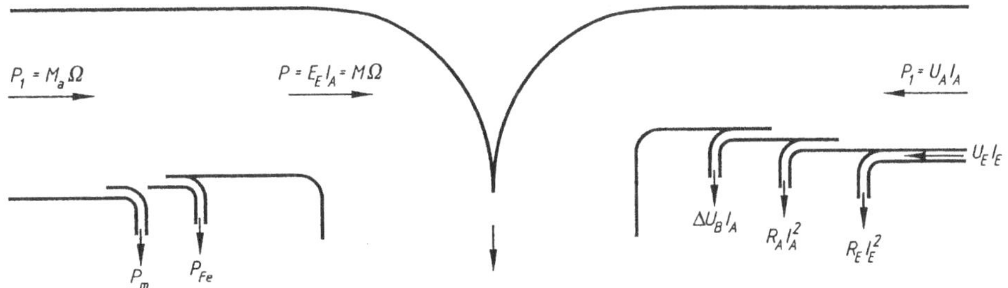

Bild 2.32 Leistungsbilanz der Gleichstrommaschine im Gegenstrombremsbetrieb

2.4.4 Gleichungen der dynamischen Betriebszustände

Man setzt voraus, daß ein Gleichstrommotor sich in einem *transienten oder dynamischen Vorgang* befindet. An den Ankerkreis wird eine zeitlich veränderliche Spannung u_A angelegt. Der Ankerstrom ist i_A, die Erregerspannung u_E und der Erregerstrom i_E. Der transiente elektromagnetische Zustand in den elektrischen Maschinenkreisen und gleichzeitig der transiente mechanische Zustand des Läufers werden berücksichtigt. Folgende Gleichungen beschreiben das Maschinenverhalten:

$$\left\{\begin{aligned} & u_E = R_E i_E + \frac{d}{dt}(L_{EE} i_E), \\ & u_A = R_A I_A + \frac{d}{dt}(L_{AA} i_A) + e_E, \\ & e_E = -k_E \Phi_E n = -k_m \Phi_E \Omega, \\ & m = k_m \Phi_E i_A, \\ & m = J \frac{d\Omega}{dt}, \\ & \Phi_E = f(i_E), \\ & m_L = f(\Omega). \end{aligned}\right. \tag{2.28}$$

Die erste Gleichung erhält man unter der Anwendung des Gesetzes der elektromagnetischen Induktion im Erregerkreis. Der vom Erregerstrom erzeugte und mit den Erregerwindungen verkettete Fluß ist $L_{EE} i_E$. Die zweite Gleichung bekommt man von demselben Gesetz im Ankerkreis; dabei ist $L_{AA} i_A$ der mit der Ankerwicklung verkettete, vom eigenen Strom i_A erzeugte Fluß. L_{EE} und L_{AA} sind die Selbstinduktivitäten der oben erwähnten Stromkreise.

Zwischen dem Ankerstrom i_A und dem Erregerwicklungskreis gibt es keine Gegeninduktion, falls die Bürsten in der neutralen Achse angeordnet sind, da in diesem Fall das Ankerwicklungsfeld nur ein Querfeld ist. Seine Feldlinien laufen quer zu den Erregerpolen und verketten sich mit keiner Windung der Erregerwicklung. Betrachtet man nur eine zweipolige Maschine, sind die Achse der Erreger- und die der Ankerwicklung senkrecht aufeinander. Das von der Erregerwicklung erzeugte Feld hat die Polarachse als Wirkungsachse; das von der Ankerwicklung erzeugte Feld wirkt in der Bürstenachse.

Die zwei weiteren Gleichungen des Systems (2.28) sind schon bekannt; sie stellen die durch Drehung induzierte Spannung bzw. das elektromagnetische Drehmoment dar.

Die fünfte Gleichung wurde unter der Anwendung des Grundgesetzes der Dynamik hergeleitet. Darin sind m_J das gesamte auf die Motorwelle bezogene Massenträgheitsmoment und m_L das Lastmoment der mit dem Motor gekoppelten Arbeitsmaschine. Hier werden auch mechanische Reibungsmomente, wie z.B. das Eisenverlustmoment, eingeschlossen. Auch das Lastmoment ist auf die Motorwelle bezogen.

Die Gleichungen des Systems (2.28) sind nichtlinear infolge mehrerer nichtlinearen Abhängigkeiten, und zwar:

- der *Selbstinduktivitäten* L_{EE} *und* L_{AA} *vom Sättigungszustand* der magnetischen Kreise,
- des *Flusses* Φ_E *vom Erregerstrom* i_E (diese Abhängigkeit ist von der Sättigung und der Hysterese beeinflußt),
- des *Lastmoments* m_L *von der Winkelgeschwindigkeit* Ω .

Infolgedessen werden auch die Produkte $\Phi_E\,\Omega$ und $\Phi_E\,i_A$ nichtlinear, die in den Ausdrücken der induzierte Spannung und des elektromagnetischen Drehmoments erscheinen.

Alle diese Nichtlinearitäten erschweren die Lösung des Systems (2.28) durch analytische Methoden. Nur in bestimmten Fällen – wenn eine Linearisierung um einen stationären Betriebspunkt oder Vereinfachungen und einschränkende Bedingungen angenommen werden können – kann dieses Gleichungssystem auf klassischem Weg aufgelöst werden. PCs erlauben heute eine relativ leichte numerische Behandlung dynamischer Antriebsprobleme.

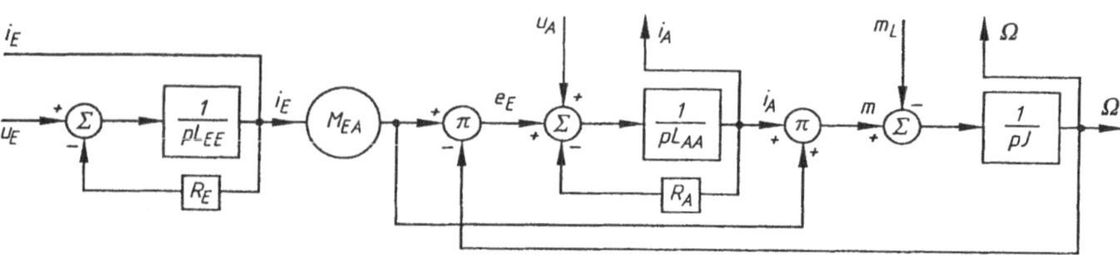

Bild 2.33 Signalflußplan eines fremderregten Gleichstrommotors

Das Gleichungssystem (2.28) kann durch ein Signalflußdiagramm dargestellt werden, das zu einem Übersichtsbild oder zur Benutzung eines analogen Rechners führt. Ein solcher Signalflußplan ist in Bild 2.33 dargestellt; hier erscheint der Operator $p = \mathrm{d}/\mathrm{d}t$ nur unter der Form L/p, die einer Integration entspricht. Das mit Σ gekennzeichnete Element ist ein Summenpunkt (Additionselement) der Eingangsgrößen; jede dieser Größen besitzt ein algebraisches Vorzeichen. Die Buchstabe π bezeichnet ein Multiplikationselement der Eingangsgrößen. Im Signalflußdiagramm in Bild 2.33 werden die Sättigung und die magnetische Hysterese vernachlässigt. Unter diesen Voraussetzungen nimmt das Gleichungssystem (2.28) folgende Form an:

$$\left\{\begin{aligned} u_E &= R_{EE}\, i_E + L_{EE} \frac{\mathrm{d}i_E}{\mathrm{d}t}\,, \\ u_A &= R_A I_A + L_{AA} \frac{\mathrm{d}i_A}{\mathrm{d}t} - e_E\,, \\ e_E &= -\, M_{EA}\, i_E\, \Omega\,, \\ m &= M_{EA}\, i_E\, i_A\,, \\ m &= J \frac{\mathrm{d}\Omega}{\mathrm{d}t} + m_L\,. \end{aligned}\right. \tag{2.29}$$

Diesmal besteht die Nichtlinearität nur noch bei den Produkten $i_E\,\Omega$ und $i_E\,i_A$. Um leichter zu verstehen, wie das Signalflußdiagramm zustande kommt, werden die obigen Gl. in folgende Form umgeschrieben:

$$\begin{cases} u_E - R_{EE}\, i_E \dfrac{1}{p\, L_{EE}} = i_E\,, \\[2ex] (u_A - R_A\, I_A - M_{EA}\, i_E\, \Omega) \dfrac{1}{p\, L_{AA}} = i_A\,, \\[2ex] (M_{EA}\, i_E\, i_A - m_L) \dfrac{1}{p\, J} = \Omega. \end{cases} \tag{2.29-a}$$

Es muß betont werden, daß es in Bild 2.33 drei Eingangsgrößen (u_E, u_A und m_L) sowie drei entsprechende Ausgangsgrößen (u_E, i_A und Ω) gibt. Mithin kann das Signalflußdiagramm mittels der Größenpaare (u_E, i_E), (u_A, i_A) und (m_L, Ω), mit den Versorgungsquellen der Erregung, des Ankerkreises bzw. der mechanischen Last ergänzt werden.

- *Der Gleichstrommotor mit Fremderregung, vielseitig bei automatischen Regelungssystemen angewendet, stellt ein elektromechanisches, nichtlineares, mehrfach veränderbares Element dar.*

Im transienten Vorgang der elektrischen Gegenstrombremsung bleiben weiterhin die Gl. (2.28) gültig, mit dem einzigen Unterschied, daß die induzierte Spannung e_E und das elektromagnetische Moment m ein anderes Vorzeichen bekommen.

Im transienten Vorgang als Generator sind die Gl. (2.28) ebenfalls gültig; die Momente m und m_L wechseln aber gegenseitig ihre Plätze, und die Ankerspannung u_A wird mit dem entgegengesetzten Vorzeichen betrachtet.

2.4.5 Einteilung der Gleichstrommaschinen nach Erregungsart

Die Gleichstrommaschinen können auch nach ihrer Erregungsart geordnet werden. In Tabelle 2.1 sind die Gleichstrommaschinen nach dieser Einteilung aufgeführt. Weiterhin werden ihre hauptsächlichen Kennlinien und Leistungen beschrieben. Die für Erregung benötigte Leistung beträgt 1 bis 10 % der Nennleistung der Maschine. Der Prozentsatz ist bei kleineren Maschinen größer.

Tabelle 2.1 Erregungsarten bei Gleichstrommaschinen

<table>
<tr><th colspan="8">Gleichstrommaschinen</th></tr>
<tr><td>mit Dauermagneten</td><td colspan="3">mit einer einzigen Erregerwicklung</td><td colspan="4">mit mehreren Erregerwicklungen</td></tr>
<tr><td rowspan="2"></td><td>von Fremdquelle gespeist</td><td colspan="2">von der Ankerwicklung gespeist</td><td colspan="2">von der Ankerwicklung gespeist (in Reihe/parallel)</td><td colspan="2">von Fremdquelle und der Ankerwicklung gespeist</td></tr>
<tr><td></td><td>in Reihe</td><td>parallel</td><td>verstärkend wirkend</td><td>schwächend wirkend</td><td>verstärkend wirkend</td><td>schwächend wirkend</td></tr>
</table>

2.5 Kennlinien der Gleichstrommotoren

2.5.1 Motoren mit Fremd- oder Nebenschlußerregung

Es muß vorab gesagt werden, daß es zwischen den Motoren mit konstanter Fremderregung (Bild 2.26) und denen mit Nebenschlußerregung (Bild 2.34-a) einen Unterschied gibt. Fremderregte Maschinen werden aus einer externen Quelle gespeist; bei Nebenschlußmaschinen liegt die Erregerwicklung an der gleichen Spannung wie die Ankerklemmen ($U_E = U_A$, parallel).

Die Spannung U_A, an den Klemmen der Ankerwicklung des Nebenschlußmotors angelegt, wird unter allen Betriebsbedingungen des Motors als konstant angenommen. Der durch die Ankerwicklung fließende Strom I_A und der Erregerstrom I_E sind völlig unabhängig. Im stationären Betrieb verhält sich der Nebenschlußmotor wie ein Motor mit konstanter Fremderregung. In einem transienten Zustand bleibt diese Schlußfolgerung noch gültig, da zwischen der Ankerwicklung und der Nebenschlußerregung keine magnetische Kopplung besteht. Infolgedessen gibt es keinen Grund, um jeden der beiden Motortypen einzeln zu betrachten. Am häufigsten eingesetzt werden Motoren mit Fremderregung.

Bei einer Gleichstrommaschine mit Nebenschluß- oder Fremderregung, die im Motorbetrieb arbeitet, können während des Betriebs folgende Größen zeitveränderlich sein: U_A, I_A, I_E, Ω, M, P_2. *Die Beziehung zwischen zwei dieser Größen (die anderen als konstant vorausgesetzt) wird natürliche Kennlinie des Motors benannt.* Einige dieser Kennlinien des fremderregten Motors werden weiter beschrieben, um seine Merkmale besser hervorzuheben.

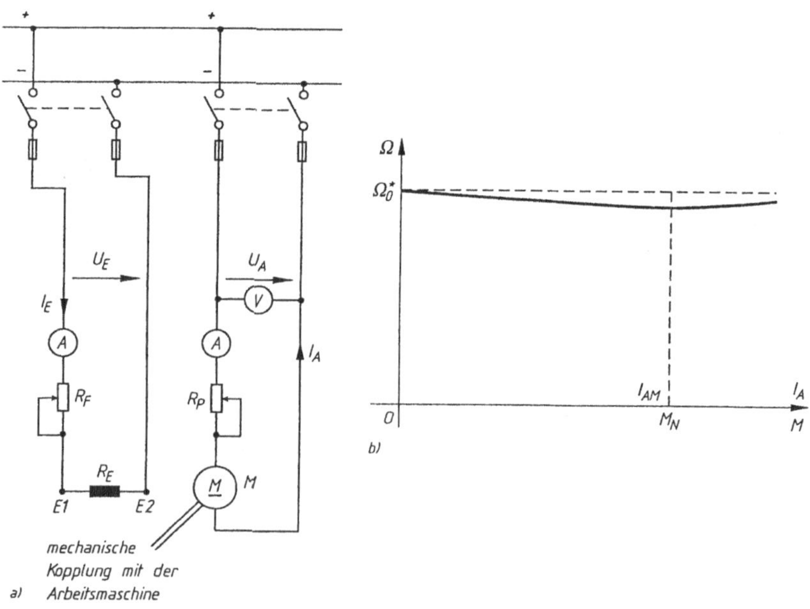

Bild 2.34 Gleichstrommotor: a) mit Nebenschluß- oder Fremderregung, b) Kennlinie $\Omega(I_A)$

Die *Winkelgeschwindigkeitskennlinie unter Lastzustand* wird durch die Gleichung $\Omega = f(I)$ bei $U_A = U_{AN}$ = konst. und I_E konst. definiert. Hier ist $I = I_A + I_E$. Da der Erregerstrom I_E im allgemeinen nur einige Prozente des Ankerstroms I_A beträgt, wird diese Kennlinie mit der Kennlinie $\Omega = f(I_A)$ übereinstimmen. Die Kennlinie $\Omega = f(I_A)$ kann analytisch hergeleitet werden. Der Ausdruck der Winkelgeschwindigkeit nach Gl. (2.16-a) lautet:

$$\Omega = \frac{U_A - R_A I_A - U_{BK}}{k_E \Phi_E} = \frac{U_A - (R_A + R_{BK}) I_A}{k_E \Phi_E} \,.$$

Steigt der Strom I_A an, so nimmt, bei konstantem Nenner, der Zähler der Gleichung ab, da I_E = konst. Somit nimmt die Drehzahl mit dem Anstieg des von der Ankerwicklung aufgenommenen Stroms, d.h. gleichzeitig mit dem Anstieg des Widerstandsmoments an der Welle (das vom Motor erzeugten Drehmoment M ist proportional zum Strom I_A). linear ab. Die Abnahme ist im Vergleich zur Leerlaufdrehzahl, bei demselben konstanten Erregerstrom, nur geringfügig. Dies ist erklärlich, da auch unter voller Belastung die Spannungsabfälle $R_A I_A + U_{BK} I_A$ nur einige Prozente der Spannung U_A ausmachen. Folglich nimmt die Drehzahl unter Nennbelastung, im Vergleich zur Leerlaufgeschwindigkeit, um einige Prozente ab (Bild 2.34-b).

Wird auch die Verringerung des resultierenden Flusses Φ_μ im Vergleich zum Fluß Φ_E im Leerlauf (beim gleichen Erregerstrom) unter Belastung – infolge des Ankerquerfelds – in Betracht gezogen, ergibt sich, daß für größere Ankerströme I_A die Drehzahlkennlinie sogar wieder ansteigen kann.

Ändert man den Wert des Erregerstroms, der für eine solche Kennlinie konstant bleiben soll, erhält man ein *Drehzahl-Drehmoment-Kennlinienfeld* bei voller Belastung. Unter all diesen Kennlinien ist diejenige Kennlinie für die Beurteilung der Motoreigenschaften interessant, bei der der Erregerstrom einen Wert annimmt, bei dem der mit Nennlast belastete Motor die garantierte Nenndrehzahl erreicht.

Der Strom I_A ändert sich durch die Veränderung des Lastmoments an der Maschinenwelle. So etwas kann durch die Kupplung des Motors mit einem Belastungsgenerator (Bremsmaschine), der die Belastung stufenweise ändert, relativ bequem erreicht werden. Eine kontinuierliche Belastungsänderung des Motors kann auch mit einer gekoppelten mechanischen oder hydraulischen Bremse verwirklicht werden.

- *Man erhält die Drehmomentkennlinie als die Beziehung $M = f(I_A)$ bei I_E = konst. und U_A = konst. (Bild 2.35).*

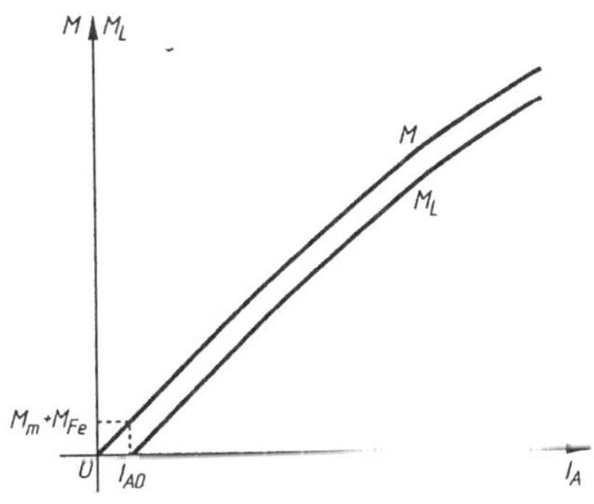

Bild 2.35
Drehmomentkennlinie $M = f(I_A)$ des Gleichstrommotors
(M_L Nutzmoment an der Motorwelle)

Da das elektromagnetische Moment M des Motors vom Ausdruck $M = k_E \Phi_E I_A$ wiedergegeben ist, ergibt sich, daß, solange die Ankerrückwirkung vernachlässigbar klein bleibt, die Drehmomentkennlinie $M = K I_A$ wird. Hier hat man $K = k_E \Phi_E =$ konst. Diese Drehmomentkennlinie wird durch eine durch den Ursprung gehende Gerade dargestellt (Bild 2.35). Wenn sich bei höheren Belastungen die Ankerrückwirkung bemerkbar macht, verringert sich der Fluß ein wenig mit der Belastung, und die Drehmomentkurve weicht leicht ab. Das Nutzmoment M_L an der Maschinenwelle wird

$$M_L = M - M_m - M_{Fe} .$$

Die Drehmomente M_m und M_{Fe} behalten aber einen konstanten Wert für eine beliebige Belastung; die Drehzahl und die Erregung der Maschine sind gleichfalls praktisch konstant. Daraus ergibt sich, daß, um die Kennlinie des Nutzmoments M_L als Funktion des Laststroms zu erhalten, von der Kennlinie $M = f(I_A)$ der konstante Wert $M_m + M_{Fe}$ abgezogen werden muß.

Die Kennlinie $M_L = f(I_A)$ bekommt man also durch eine Verschiebung der Kennlinie $M = f(I_A)$ in der (M, I_A)-Ebene um die entsprechende Strecke $M_m + M_{Fe}$ (Bild 2.35). Der Schnittpunkt der Kennlinie $M_L = f(I_A)$ mit der Abszissenachse gibt den wirklichen Leerlaufstrom I_{A0} des Motors.

- *Die mechanische Kennlinie wird durch die Gleichung $\Omega = f(M_L)$ bei $I_E =$ konst. und $U_A = U_{AN} =$ konst. definiert. Diese Kennlinie ist von der Drehzahlkennlinie hergeleitet; sie ist in der Praxis besonders wichtig.*

Um den Verlauf dieser Kennlinie zu bestimmen, werden einige *vereinfachende Annahmen* getroffen.

Bei konstanter Geschwindigkeit ist $M = M_L + M_m + M_{Fe}$ (wobei die Momente M_m und M_{Fe} relativ klein sind). Folglich kann $M \approx M_L$ gesetzt werden. Mithin kann mit sehr guter Näherung die Funktion $\Omega = f(M)$ benutzt werden. Da

$$M = \frac{pN}{2\pi a} \cdot \Phi_E I_A ,$$

folgt, daß für eine gegebene Maschine $M = k_E \Phi_E I_A$ ist. Falls der Erregerstrom konstant bleibt und die Ankerrückwirkung vernachlässigt werden kann, wird das Drehmoment M proportional zum Ankerstrom I_A. Infolgedessen hat die Kennlinie denselben Verlauf wie auch die Winkelgeschwindigkeitskennlinie $\Omega = f(I_A)$ im Belastungszustand (Bild 2.34-b).

Der rechnerische Ausdruck dieser mechanischen Kennlinie, falls die Ankerrückwirkung und der Bürstenspannungsabfall vernachlässigt werden, ist

$$\Omega = \frac{U_A}{k_E \Phi_E} - \frac{R_A}{(k_E \Phi_E)^2} M .$$

Aber $\Omega^*_0 = U_A / k_E \Phi_E$ stellt die *ideale Leerlaufwinkelgeschwindigkeit* (bei $M = 0$) dar. Andererseits ist das Anlaßmoment M_A (M bei $\Omega = 0$):

$$M_A = \frac{U_A}{k_E \Phi_E} \times \frac{(k_E \Phi_E)^2}{R_A} = \Omega_0^* \frac{(k_E \Phi_E)^2}{R_A} . \qquad (2.30)$$

Folglich kann die mechanische Kennlinie in die Form

$$\Omega = \Omega_0^* \left(1 - \frac{M}{M_A} \right)$$

umgeschrieben werden.

- *Anmerkung: Die Winkelgeschwindigkeit Ω wird, wenn Verwechslungen ausgeschlossen sind, zur Vereinfachung weiterhin als Drehzahl bezeichnet.*

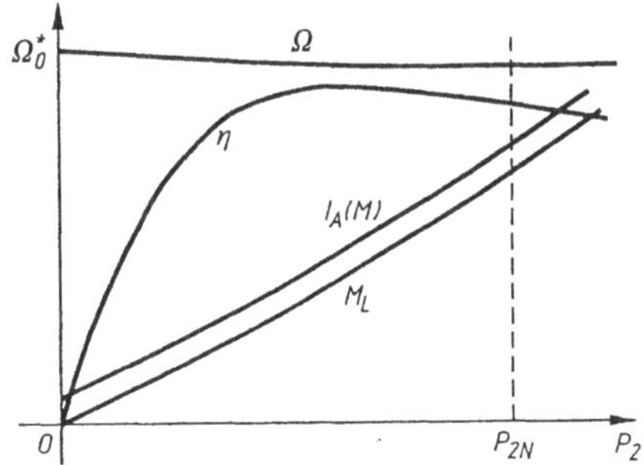

Bild 2.36
Kennlinien des Gleichstrommotors mit konstanter Fremd- oder Nebenschlußerregung:
Ω, η, I_A, M_L als Funktionen der Nutzleistung P_2;
Ω_0^* ideale Leerlaufwinkelgeschwindigkeit

Eine solche mechanische Kennlinie, bei der die Drehzahl unter Belastung im Vergleich zum Leerlauf nur sehr wenig (einige Prozente) abnimmt, wird *harte Kennlinie* genannt. Somit besitzt der elektrische Motor mit *konstanter Fremd- oder Nebenschlußerregung eine harte mechanische Charakteristik.* Man sollte sich auch die Tatsache merken, daß die abgegebene mechanische Nutzleistung P_2 praktisch nur vom Lastmoment M_L abhängt ($P_2 = M_L\Omega$ bei I_E = konst. und Ω beinahe konst.).

Die harte mechanische Kennlinie beschränkt die Anwendungen des Motors mit Fremd- oder Nebenschlußerregung auf die Antriebe, die eine ungefähr konstante Drehzahl benötigen (Werkzeugmaschinen, Walzwerke, Verdichter usw.).

In Bild 2-36 sind die mechanischen Kennlinien des fremderregten Gleichstrommotors als Funktion der abgegebenen Nutzleistung P_2 dargestellt nämlich:

- Drehzahlkennlinie: $\Omega = f(P_2)$,
- Ankerstromkennlinie: $I_A = f(P_2)$,
- Lastmomentkennlinie: $M_L = f(P_2)$,
- Wirkungsgradkennlinie: $\eta = f(P_2)$.

Wie die Kennlinien als Funktion vom Ankerstrom im Belastungszustand werden auch diese Kennlinien experimentell bestimmt, indem man die Ankerspannung gleich der Anker-Nennspannung ($U_A = U_{AN}$) bei konstantem Erregerstrom (I_E = konst.) hält. Sie werden vorzugsweise dann abgelesen, wenn die Nutzleistung P_2 leicht gemessen werden kann (Gleichstrom-Pendelmaschine, kalibrierte Bremseinrichtung).

Wäre die Motordrehzahl konstant, würden sich die Momente M_L und M proportional zu P_2 ändern. Da die Drehzahl sich doch unter Belastung leicht ändert (Drehmoment $M_L = P_2/\Omega$), werden die Charakteristiken $M_L = f(P_2)$ und $M = f(P_2)$ geringfügig nach oben gebogen.

- *Anmerkung: Bei einem Motor mit Fremd- oder Nebenschlußerregung (also konstanter Erregung) kann wegen seiner harten mechanischen Kennlinie behauptet werden, daß die Drehzahl im stationären Betrieb, bei angegebenem Fluß Φ_E, gemäß Gl. (2.27) nur von der Ankerspannung U_A abhängt. Der aufgenommene Ankerstrom I_A wird von dem an der Motorwelle der angetriebenen Arbeitsmaschine entwickelten Lastmoment M_L abhängen. Also: Das Drehmoment M_L hängt nicht, wie augenscheinlich in Bild 2.35 dargestellt, vom Strom I_A ab, sondern umgekehrt (falls U_A und Φ_E gegeben sind).*

Das Gleichungssystem im dynamischen Zustand des Gleichstrommotors mit Nebenschlußerregung ist jenes, das in Abschnitt 2.4.4 abgeleitet wird. Das Gleichungssystem (2.28) kann in bestimmten Fällen unter einigen Voraussetzungen linearisiert werden. Diese Voraussetzungen sind:

- Drehzahlsteuerung des Motors durch ein an die Erregerwicklung bei konstantem Ankerstrom (I_A = konst.) angelegtes Signal,
- Drehzahlsteuerung des Motors durch ein an die Erregerwicklung bei konstanter Ankerspannung (U_A = konst.) angelegtes Signal,
- Drehzahlsteuerung des Motors durch ein an die Läuferwicklung bei konstantem Erregerstrom (I_E = konst.) angelegtes Signal.

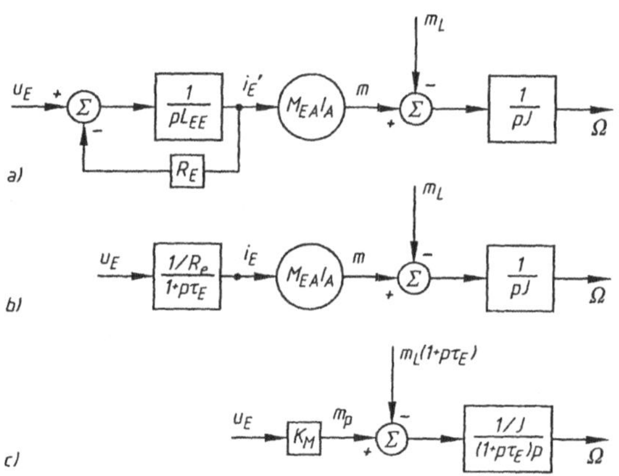

Bild 2.37
Signalflußdiagramme des Gleichstrommotors mit Nebenschlußerregung:
a) Drehzahlsteuerung durch die Erregerwicklung,
b) und c) dito, vereinfacht

Die *Drehzahlsteuerung durch die Erregerwicklung bei* I_A = konst. bietet im Bildbereich folgende Grundgleichungen:

$$U_E = (R_E + p\,L_{EE})\,i_E\,,$$

$$M_{EA}\,I_A\,i_E = p\,J\,\Omega + m_L\,.$$

Die Eingangsgröße ist hier die an die Erregerwicklung angelegte Spannung u_E; die Ausgangsgröße ist die Winkelgeschwindigkeit Ω an der Motorwelle.

Das Signalflußdiagramm des behandelten Motors wird in diesem Falle vom allgemeinen Signalflußdiagramm (Bild 2.33) hergeleitet. Das in Bild 2.37-a eingezeichnete Signalflußdiagramm darf weiterhin mit der mechanischen Kennlinie $\Omega = f(m_L)$ ergänzt werden, um eine Gesamtdarstellung zu erreichen. Das Signalflußdiagramm nach Bild 2.37-a kann auch vereinfacht werden (siehe Bild 2.37-b, c). In Bild 2.37-b sieht man, daß die Spannung U_E mittels eines Verzögerungsglieds mit der Zeitkonstante $\tau_E = L_{EE}/R_E$ des Erregerkreises eine Winkelgeschwindigkeit Ω erzwingt. In Bild 2.37-c ist das Signalflußdiagramm in einer neuen Form gezeichnet; hierbei erscheint der Motor als einfacher Spannung-Drehmoment-Umwandler mit dem Übertragungsfaktor

$$K_M = \frac{M_{EA}\,I_A}{R_E}\,.$$

Oben wurde angenommen, daß die Trägheit des Motors und seine Reibung im Flußdiagramm der Belastung eingeschlossen werden können. Das Drehmoment m_L stellt in diesem Fall das gesamte Lastmoment dar. Die Übertragungsfunktion der gesamten Motorbelastung, für den Fall $m_L = 0$, wird folgendermaßen aus Bild 2.37-c hergeleitet:

$$\frac{\Omega(s)}{u_E(s)} = \frac{\frac{k_M}{J}}{s(1+s\tau_E)} ,$$

wobei s der *Laplace-Operator* ist. Diese Drehzahlsteuerungsmethode des fremderregten Motors weist den Vorteil einer kleinen Steuerungsleistung (Erregungsleistung) auf. Sie verlangt aber für den Ankerkreis eine aufwendigere Gleichstrom-Versorgungsquelle, da die Läuferleistung ziemlich hoch ist. Weil die Zeitkonstante $\tau_E = 0{,}5$ bis 1 s groß ist, zeigt diese Steuerungsmethode auch eine große Trägheit.

Die Drehzahlsteuerung durch die Erregerwicklung bei u_A = konst. ist den Gleichungen des nichtlinearen Systems (2.27) unterworfen. Es wird vorausgesetzt, daß die Eingangsgrößen des Motor-Belastung-Systems kleine Abweichungen (mit dem Zeichen ' bezeichnet) von einem stationären Arbeitspunkt (mit dem Index 0 bezeichnet) aufweisen. Sie werden:

$$\left\{ \begin{aligned} u_E &= U_{E0} + u'_E , \\ u_E &= U_{A0} + u'_A , \\ m_L &= M_{L0} + m'_L . \end{aligned} \right. \qquad (2.31)$$

Die Ausgangsgrößen sind:

$$\begin{aligned} I_E &= I_{E0} + i'_E , \\ I_A &= I_{A0} + i'_A , \\ \Omega &= \Omega_0 + \Omega' . \end{aligned} \qquad (2.31\text{-a})$$

Die Größen, die den stationären Arbeitspunkt beschreiben, werden von den folgenden algebraischen Gleichungen vorgegeben:

$$\begin{aligned} U_{E0} &= R_E I_{E0} , \\ U_{A0} &= R_A I_{A0} + U_0 = R_A I_{A0} + M_{EA} I_{E0} \Omega_0 , \\ M_0 &= M_{EA} I_{E0} I_{A0} = M_{L0} . \end{aligned} \qquad (2.31\text{-b})$$

Werden in die Gleichungen des Systems (2.29) die neuen Ausdrücke der funktionellen Größen unter Berücksichtigung des stationären Zustands eingeführt, kann man dann folgendes Gleichungssystem herleiten:

$$\begin{aligned} u'_E &= (R_E + p L_{EE}) i'_E , \\ u'_A &= (R_A + p L_{AA}) i'_A + M_{EA} I_{E0} \Omega' + M_{EA} \Omega_0 i'_E , \\ m' &= M_{EA} I_{E0} i'_A + M_{EA} I_{A0} i'_E = J p \Omega' + m'_L . \end{aligned} \qquad (2.31\text{-c})$$

Dabei sind die Variablen, die mit (') notiert wurden, die kleinen Abweichungen. In den obigen Beziehungen wurden die Produkte zweier Abweichungen gegenüber den Termen mit einer einzigen Abweichung vernachlässigt. Diese Prozedur entspricht der Voraussetzung, daß die Abweichungen sehr klein gegenüber den mit dem Index 0 bezeichneten Arbeitsgrößen sind. Auf diese Art und Weise ist eine Linearisierung des Gleichungssystems, das einem stationären Arbeitspunkt entspricht, möglich.

In Bild 2.38-a ist ein dem linearisierten Gleichungssystem entsprechendes mathematisches Modell wiedergegeben. Unter den Voraussetzungen $U_A = \text{konst.}$ und $m_L = \text{konst.}$ kann man dieses System gemäß den Bildern 2.38-b, c vereinfachen, da in diesem Falle $u'_A = 0$ und $m'_L = 0$.

Die *Übertragungsfunktion* des Systems unter den letzten Voraussetzungen lautet:

$$\frac{\Omega'(s)}{u'_E(s)} = -\frac{1}{R_E\, I_{E0}\, M_{EA}} \times \frac{M_{EA}\, I_{E0}\, \Omega_0 - R_A\, I_{A0}(1+s\tau_A)}{(1+s\tau_E)(1+s\tau_m+s^2\tau_m\tau_A)}\,, \tag{2.32}$$

mit:

s	die komplexe Laplace-Variable,
$\tau_E = L_{EE}/R_E$	die Zeitkonstante des Erregerkreises im stationären Zustand (durch den Wert des Erregerstroms I_{E0} charakterisiert),
$\tau_A = L_{AA}/R_A$	die Zeitkonstante des Ankerkreises,
$F \;=\; M_{EA}^2 I_{E0}^2$	der Reibungskoeffizient,
$\tau_m = \;J/F$	die mechanische Zeitkonstante.

Der Parameter M_{EA} wird zum stationären Referenzbetrieb bestimmt. Wie zu erwarten war, zieht ein Anstieg der Erregerspannung u_E eine Verringerung der Winkelgeschwindigkeit Ω nach sich (gemäß dem Minuszeichen vor der Übertragungsfunktion).

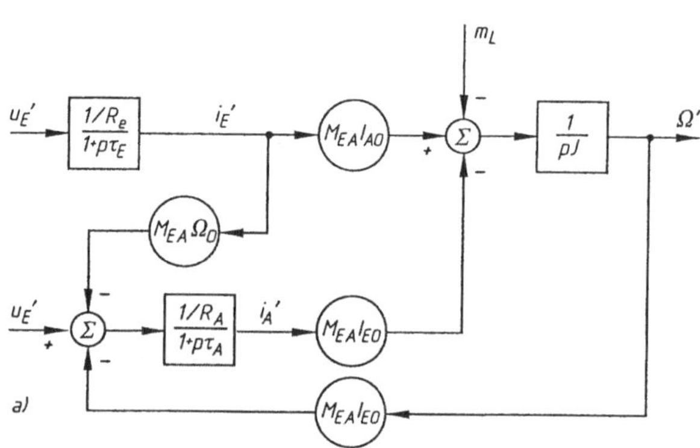

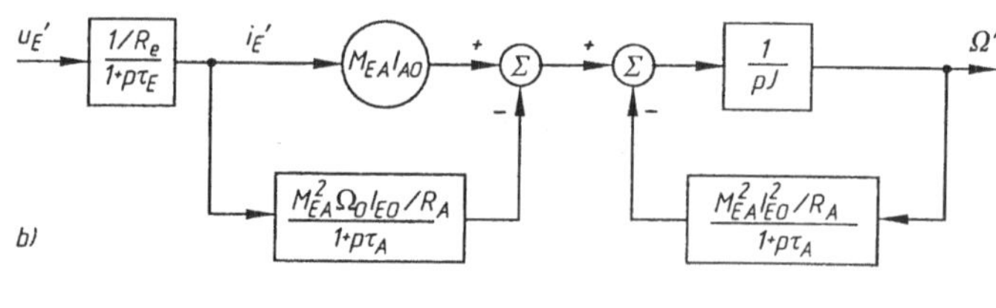

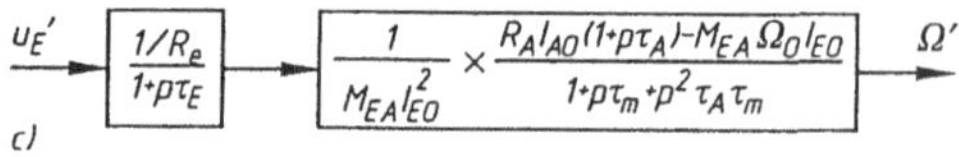

Bild 2.38
Signalflußdiagramme des fremderregten Gleichstrommotors:
a) Drehzahlsteuerung durch die Erregerwicklung bei gleichbleibender Spannung (U_A = konst.);
b), c) dito, vereinfacht

Es muß hervorgehoben werden, daß die oben erzielten Ergebnisse nur im Falle kleiner Abweichungen der Betriebsgrößen gültig sind; sonst ist das Gleichungssystem nichtlinear und muß als solches betrachtet werden.

Die *Drehzahlsteuerung über die Ankerwicklung bei $I_E = konst.$*, oft auch *Ward-Leonard-Steuerung* genannt, führt zu den folgenden Grundgleichungen:

$$u_A = M_{EA} I_E \Omega + (R_A + pL_{AA})\, i_A ,$$
$$M_{EA} I_E\, i_A = p\, J\, \Omega + m_L .$$

Die Eingangsgröße ist die an die Ankerwicklung angelegte Spannung u_A, die Ausgangsgröße die Winkelgeschwindigkeit Ω. Wird das allgemeine Signalflußdiagramm aus Bild 2.33 dem betrachteten Fall angepaßt, ergibt sich das in Bild 2.39-a dargestellte Signalflußdiagramm.

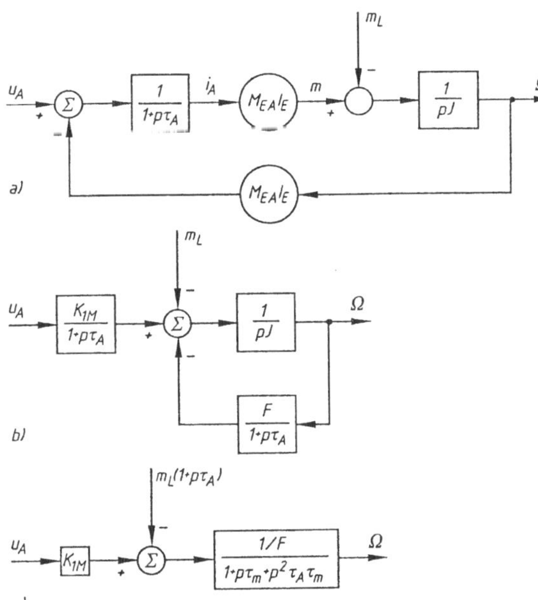

Bild 2.39
Signalflußdiagramme des fremderregten Gleichstrommotors:
a) Drehzahlsteuerung durch den Ankerkreis bei gleichbleibendem Erregerstrom (I_E = konst.);
b), c) dito, vereinfacht

Dieses kann weiterhin vereinfacht werden. In den Bildern 2.39-b, c gelten folgende Bezeichnungen:

$$\tau_A = \frac{L_{AA}}{R_A}, \quad \tau_m = \frac{J}{F}, \quad K_{IM} = \frac{M_{EA} I_E}{R_A}, \quad F = \frac{(M_{EA} I_E)^2}{R_A} .$$

In Bild 2.39-c wird der Motor idealisiert, als einfacher *Spannung-Drehmoment-Umwandler*, mit einem Übertragungsfaktor K_{IM} (Bild 2.39-a, b, c) dargestellt. Sein Trägheitsmoment und die Reibungen sind der Belastung zugerechnet worden. *Bei Abwesenheit des Lastmoments m_L ist die Übertragungsfunktion des Motor-Belastung-Systems*:

$$\frac{\Omega(s)}{u_A(s)} = \frac{K_{IM} / F}{1 + s\tau_m + s^2 \tau_m \tau_A} .$$

Das zeigt, daß in diesem Fall der fremderregte Motor mit einem PT2-Verspätungsglied nachgebildet werden kann. In vielen Fällen kommt man deshalb zu gedämpften mechanischen Schwingungen.

Nach einer nur in Sonderfällen angenommenen Näherung kann die Zeitkonstante τ_A des Ankerkreises (Größenordnung 10^{-2}) im Vergleich zu der Zeitkonstante τ_m (Größenordnung 10^{-1}) vernachlässigt werden. Infolgedessen vereinfacht sich die Übertragungsfunktion zu

$$\frac{\Omega(s)}{u_A(s)} \approx \frac{\frac{K_M}{F}}{1+s\tau_m}\ .$$

Der fremderregte Motor verhält sich dynamisch – mit einer gewissen Näherung – wie ein Verzögerungsglied mit einer Zeitkonstante $\tau_m = J/F$.

- *Anmerkung 1*: Die Einführung eines durch den Motor verursachten zähflüssigen Reibungskoeffizienten F stellt, vom Gesichtspunkt der Stabilität des automatisierten Regelungssystems her, einen sehr günstigen Aspekt dar, weil der Motor zur Dämpfung der möglichen Betriebsschwingungen beiträgt.
- *Anmerkung 2*: Der Motor mit Dauermagneterregung verhält sich im stationären oder dynamischen Betrieb wie ein fremderregter Motor (bei Φ_E = konst.) und weist dieselben Kennlinien auf.
- *Anmerkung 3*: Es gibt Motoren mit doppelter Erregerwicklung (Verbund- oder Compoundmotoren), bei denen die Fremderregung bzw. Nebenschlußerregung überwiegt:
  - *Wirkt die Reihenschlußerregung differential (in Gegenrichtung zur Nebenschluß- bzw. Fremderregung) und besitzt einen Korrekturcharakter*, wird der Motor eine sehr harte mechanische Kennlinie (Kurve b, Bild 2.40) aufweisen, d.h. eine beinahe konstante Winkelgeschwindigkeit, unabhängig vom Lastmoment an der Motorwelle.
  - *Wirkt die Reihenschlußerregung noch stärker differential*, kann eine mechanische Kennlinie vom Typ c, Bild 2.40, erzielt werden: steigt das Lastmoment an, wird auch die Winkelgeschwindigkeit höher. Eine derartige Kennlinie kann im Betrieb instabil werden. Im Falle der Kurve c, wenn die Belastung eine Kennlinie M_L = konst. hat, ist die Bedingung der statischen Stabilität nicht erfüllt, und man gelangt zu einer instabilen Arbeitsweise.
  - *Wirkt die Reihenerregerwicklung additional* (in der gleichen Richtung wie die Nebenschlußerregung), bekommt man eine elastische, fallende mechanische Kennlinie (Kurve d, Bild 2.40).

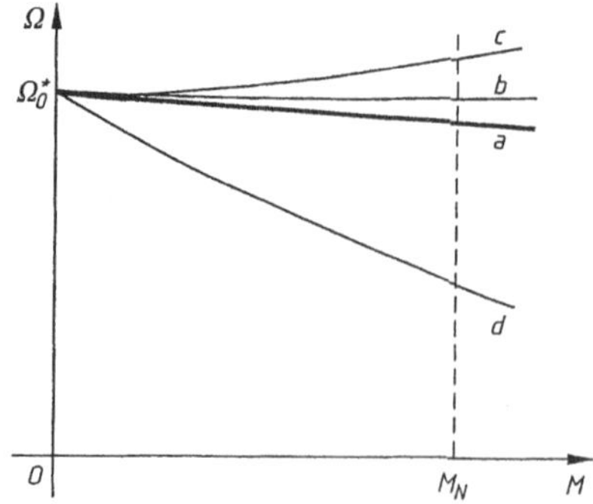

Bild 2.40
Mechanische Kennlinien $\Omega = f(M)$ des Gleichstrom-Verbundmotors:
Ω^*_0 ideale Leerlaufwinkelgeschwindigkeit

Durch ein relativ einfaches Mittel – das Hinzufügen einer zusätzlichen Erregerwicklung – kann die mechanische Kennlinie des Motors derart beeinflußt werden, daß sie in möglichst großem Maße den Ansprüchen des technologischen Prozesses entgegenkommt.

Wegen des heute weit verbreiteten 4-Quadrantenbetriebs mit Stromrichtern zur Ankerspeisung werden keine Reihenschlußwicklungen mehr eingesetzt, da man sie bei Stromumkehr umschalten müßte. Die Art der Kennlinie kann über die Regelung am Stromrichter eingestellt und an den Prozeß angepaßt werden.

2.5.2 Motor mit Reihenschlußerregung

Der Gleichstrom-Reihenschlußmotor fand früher ein breites Spektrum an Anwendungsmöglichkeiten; die Bedeutung geht heute stark zurück. Wegen der Vollständigkeit der Darstellung soll er hier jedoch ergänzend betrachtet werden. Das prinzipielle Schaltbild dieses Motortyps ist in Bild 2.41 gezeigt.

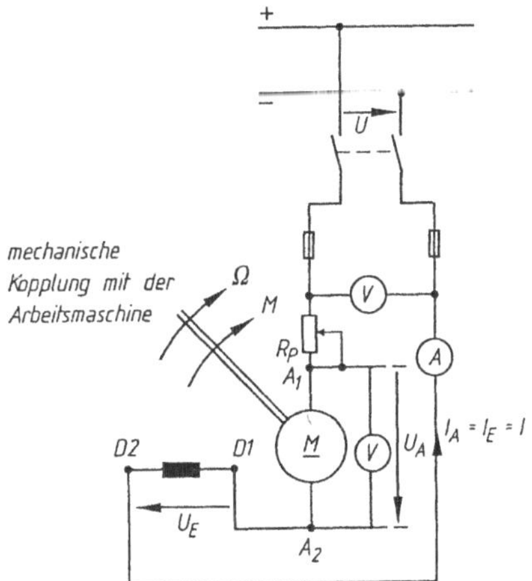

Bild 2.41
Schaltbild des Gleichstrom-Reihenschlußmotors

Da die Erregerwicklung und die Ankerwicklung im Reihe geschaltet sind, werden sie vom gleichen Strom durchflossen und somit $I_E = I_A = I$. Diese Besonderheit führt zu ernsthaften Rückwirkungen auf die Betriebskennlinie des Motors mit Reihenschlußerregung.

Die Betriebsgleichung des Motors lautet, da $I_A = I_E = I$:

$$U_A = -E_E + R_A I + U_{BK},$$

wobei in diesem Falle U_A die angelegte Spannung an die Ankerkreisklemmen darstellt. Ist U die Netzspannung und der Feldwiderstand $R_F = 0$, besteht zwischen U und U_A folgende Beziehung:

$$U = U_A + R_E I \tag{2.33}$$

Die Drehzahlkennlinie unter Belastung wird durch die Beziehung $\Omega = f(I)$ bei $U = U_N =$ konst. definiert. Der Verlauf dieser Kennlinie wird, unter Berücksichtigung von Gl. (2.33), vom Ausdruck der Winkelgeschwindigkeit hergeleitet:

$$\Omega = \frac{U_A - R_A I - U_{BK}}{k_E \Phi_E} = \frac{U - (R_A + R_E) I - U_{BK}}{k_E \Phi_E}.$$

Wenn der vom Versorgungsnetz aufgenommene Strom I ansteigt, wird der Zähler kleiner. Gleichzeitig wird der Nenner größer, da der Fluß $\Phi=f(I)$ ist. Ändert sich der Strom I vom Leerlauf zum normalen Nennbetrieb des Motors, wächst der Nenner beachtlich. Am Anfang findet diese Steigung proportional zum Strom I statt; danach, wenn die Sättigung des magnetischen Kreises und das Phänomen des Anker-Rückwirkungsfelds sich bemerkbar machen, bleibt der Fluß beinahe konstant. Der Zähler nimmt gleichzeitig ständig ab, linear zum Strom I. Diese Abnahme beträgt, sogar bei Nennbetrieb, nur einige Prozente. Infolgedessen ändert sich die Winkelgeschwindigkeit beachtlich dem Ankerstrom nach.

Bei geringer Belastung, d.h. bei geringem Ankerstrom, steigt die Winkelgeschwindigkeit stark an; bei größerer Belastung nimmt die Winkelgeschwindigkeit stark ab (Bild 2.42-a). In der Nähe des Nennankerstroms I_N nimmt die Winkelgeschwindigkeit nur noch geringfügig ab. Der Kennlinienteil, der experimentell abgelesen werden kann, ist in Bild 2.42-a mit voller Linie hervorgehoben. Der Maximalwert $\Omega_{max} \approx$ (2 bis 2,5) Ω_N bezeichnet die aus mechanischen Sicherheitsgründen höchstzugelassene Winkelgeschwindigkeit. Folglich ist die Drehzahlkennlinie im Betriebszustand von der entsprechenden Kennlinie des fremderregten Gleichstrommotors deutlich verschieden.

Die Kennlinie des elektromagnetischen Drehmoments wird als $M=f(I)$ bei $U=$ konst. definiert. Man weiß, daß das elektromagnetische Drehmoment proportional zum Erregerfluß Φ_E (genauer gesagt zum Fluß Φ_μ) und zum Ankerstrom I ist. Im Falle des Reihenschlußmotors gilt $\Phi_E=f(I)$. Solange der magnetische Kreis des Motors ungesättigt bleibt, ist der Fluß Φ_E praktisch proportional zum Strom I ($\Phi_E \approx k_\Phi I$), und folglich hängt das elektromagnetische Drehmoment M vom Quadrat des Ankerstroms I ($M = k_{1m} I^2$) ab. Wird bei größeren Strömen der magnetische Kreis gesättigt und wird auch noch das Ankerrückwirkungsfeld berücksichtigt, dann bleibt der Fluß Φ_E beinahe konstant. Das elektromagnetische Drehmoment ändert sich demnach proportional zum Ankerstrom I. Die obigen Gründe erklären den Kurvenverlauf vom Bild 2.42-b.

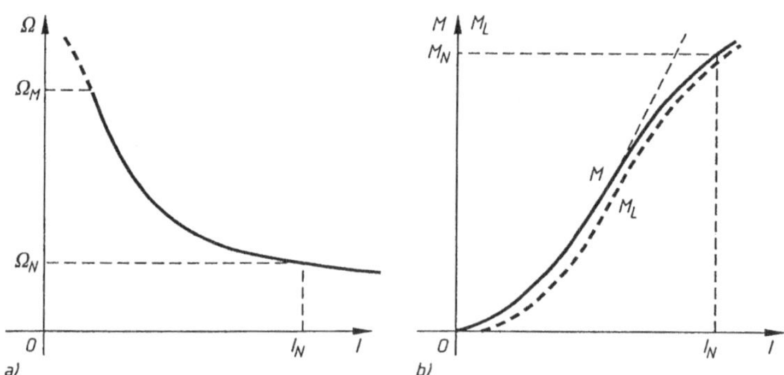

Bild 2.42 Kennlinien des Gleichstrom-Reihenschlußmotors:
a) Winkelgeschwindigkeit-Ankerstrom $\Omega(I_A)$,
b) Drehmoment-Ankerstrom $M(I_A)$, Nutzmoment-Ankerstrom $M_L(I_A)$

Das Nutzmoment verändert sich als Funktion des Stroms I, wie die unterbrochene Kennlinie in Bild 2.42-b zeigt. Bei kleiner Belastung des Motors ist die Winkelgeschwindigkeit groß, das mechanische Reibungsmoment M_m wächst ersichtlich, während das den Eisenverlusten entsprechende Drehmoment M_{Fe} beinahe konstant bleibt (die Winkelgeschwindigkeit steigt an, und der Fluß nimmt bei einem schwachen Strom ab).

Die mechanische Kennlinie ist durch die Gleichung $\Omega = f(M_L)$ bei $U = U_N$ = konst. definiert. Wie auch beim fremderregten Gleichstrommotor wird man annehmen, daß $M \approx M_L$ ist. Geht man von der Drehzahlkennlinie im Betriebszustand aus, kann der Verlauf der mechanischen Kennlinie hergeleitet werden. Somit bekommt man für relativ kleine Ströme I (im Vergleich zum Nennwert I_N; dies bedeutet, daß die Sättigung des magnetischen Kreises nicht eingetreten ist) folgenden analytischen Ausdruck der mechanischen Kennlinie:

$$\Omega = \frac{U - (R_A + R_F) K_1 \sqrt{M} - U_{BK}}{K_2 \sqrt{M}} ,$$

mit $K_1 = \frac{1}{\sqrt{k_{1m}}}$ und $K_2 = \frac{k_E k_\Phi}{\sqrt{k_{1m}}}$.

Sind die I-Stromwerte relativ groß (die Sättigung ist also vorhanden), gilt folgender Ausdruck:

$$\Omega = \frac{U - (R_A + R_F) K_3 M - U_{BK}}{K_4} .$$

Verbindet man, aufgrund der oben angegebenen analytischen Ausdrücke, die zwei entsprechenden Kurven miteinander, so erhält man die Kennlinie aus Bild 2.43. Der allgemeine Verlauf dieser Kennlinie ähnelt dem Verlauf der Drehzahlkennlinie im Betriebszustand, und zwar einer verschobenen, bezüglich der Abszissenachse gleichseitigen Hyperbel. Die mit der Belastung an der Welle stark abfallende Winkelgeschwindigkeit kennzeichnet das sogenannte Reihenschlußverhalten. Im Vergleich zum Nebenschlußmotor ist die Kennlinie viel stärker abfallend.

Eine derartige mechanische Kennlinie wird weiche Kennlinie genannt; der Gleichstrom-Reihenschlußmotor hat eine weiche mechanische Kennlinie.

Für den Einsatz des Reihenschlußmotors soll man eine wichtige Tatsache beachten: die abgegebene Nutzleistung dieses Motors ist praktisch konstant, unabhängig vom Wert des Lastmoments ($P_2 = M_L \Omega$ = konst. wegen der hyperbelförmigen Veränderung der Winkelgeschwindigkeit als Funktion des Lastmoments). Es gibt Anlagen, für die diese Bedingung $P_2 \approx$ konst. günstig ist: der elektrische Antrieb von Zügen, Straßenbahnen, Hebeanlagen und Kräne, Aufzüge usw.

Es gibt aber auch einen großen Nachteil der Reihenschlußmotoren, der nicht übersehen werden darf: wenn das Lastmoment an der Welle des Motors sehr klein oder Null ist (Leerlauf), nimmt die Winkelgeschwindigkeit des Motors sehr große Werte an, der Motor „geht durch" und kann mechanisch zerstört werden. Aus diesem Grunde werden manche Reihenschlußmotoren mit automatischen Drehzahl-Schutzeinrichtungen versehen, die den Motor ausschalten, wenn die Winkelgeschwindigkeit einen vorbestimmten Maximalwert überschreitet. Der Motor darf auch nicht mit Riementrieben arbeiten.

Der Motor kann auch eine doppelte Erregung (Verbund- bzw. Compoundmotor) aufweisen (mit einer vorherrschenden Reihenschlußwicklung). Die zusätzliche Nebenschlußwicklung hat nur einen Korrekturcharakter, um die Winkelgeschwindigkeit im Bereich der kleinen Lastmomente zu begrenzen (unterbrochene Kennlinie, Bild 2.43).

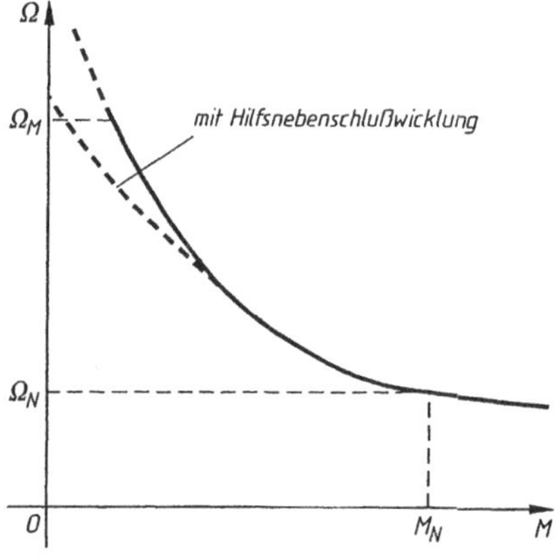

Bild 2.43
Mechanische Kennlinie $\Omega(M)$ des Gleichstrom-Reihenschlußmotors:
M_N Nenndrehmoment

Weitere Kennlinien des Reihenschlußmotors als Funktion der Nutzleistung sind in Bild 2.44 eingezeichnet.

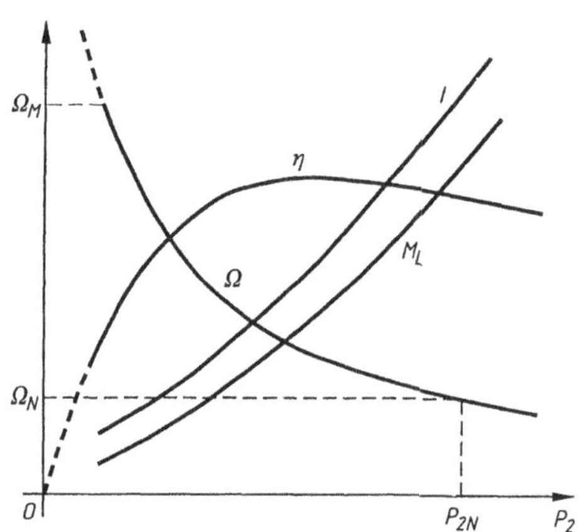

Bild 2.44
Kennlinien des Gleichstrom-Reihenschlußmotors als Funktionen der Nutzleistung P_2

Die Gleichungen des dynamischen Zustands des Reihenschlußmotors sind gleich den allgemeinen Gleichungen, die in Abschnitt 2.4.4 aufgestellt werden,

$$u = (R + p\,L)\,i + M_{EA}\,\Omega\,i\,, \qquad (2.34)$$
$$M_{EA}\,i^2 = p\,J\,\Omega + m_L$$

hergeleitet, wobei $R = R_A + R_E$, $L = L_{EE} + L_{AA}$. Dieses Gleichungssystem ist, selbst bei fehlender Sättigung und der magnetischen Hysterese, ersichtlich nicht linear infolge der Anwesenheit der Ausdrücke i^2 und Ωi.

Weiterhin wird ein Linearisierungsbeispiel der Gleichungen im dynamischen Zustand angegeben, um zu einer Übertragungsfunktion des Reihenschlußmotors zu gelangen. Man setzt voraus, daß die Linearisierung um einen Arbeitspunkt im stationären Betrieb (durch die Größen U_0, I_0, Ω_0 und M_{L0} charakterisiert) ausgeführt wird. Es wird ebenfalls vorausgesetzt, daß die Betriebsgrößen relativ kleine Abweichungen (mit ′ gekennzeichnet) um die Werte des ausgewählten Referenzpunkts aufweisen:

$$\begin{cases} u = U_0 + u', \\ i = I_0 + i', \\ m_L = M_{L0} + m'_L, \\ \Omega = \Omega_0 + \Omega'. \end{cases} \tag{2.35}$$

Aufgrund des Systems (2.34) können weitere Beziehungen abgeleitet werden:

$$U_0 + u' = (R + p\,L)\,(I_0 + i') + M_{EA}\,(\Omega_0 + \Omega')\,(I_0 + i'), \tag{2.36}$$
$$M_{EA}\,(I_0 + i')^2 = p\,J\,(\Omega_0 + \Omega') + M_{L0} + m'_L .$$

Werden die Gleichungen des stationären Betriebs

$$U_0 = R I_0 + M_{EA}\,\Omega_0\,i_0 ,$$
$$M_{EA}\,I_0^2 = M_{L0}$$

berücksichtigt und die Produkte zweier kleinen Abweichungen im System (2.36) weggelassen, ergibt sich:

$$u' = (R + p L)\,i' + M_{EA}\,I_0\,\Omega' + M_{EA}\,\Omega_0\,i', \tag{2.36-a}$$
$$2\,M_{EA}\,I_0\,i' = J p\,\Omega' + m'_L .$$

Das oben angegebene linearisierte Gleichungssystem kann zum mathematischen Modell aus Bild 2.45-a führen, das wiederum in ein Bild 2.39 ähnliches Modell überführt werden kann. In den Bildern 2.45-b,c gilt

$$K_{2M} = \frac{2 M_{EA}\,I_0}{R + M_{EA}\,\Omega_0} \quad \text{bzw.} \quad F = \frac{2 (M_{EA}\,I_0)^2}{R + M_{EA}\,\Omega_0}$$

Diese Bilder können für das Herleiten der Übertragungsfunktion des Reihenschlußmotors dienen, die für die Analyse der Stabilität kleiner Signale um einen Arbeitspunkt des stationären Betriebs, im Falle $m'_L = 0$, nötig ist:

$$\frac{\Omega'(s)}{u'(s)} = \frac{\frac{K_{2M}}{F}}{1 + s\tau_m + s^2\,\tau_m\,\tau}\ , \tag{2.37}$$

mit s als Laplacescher Operator,

$$\tau = \frac{L}{R + M_{EA}\,\Omega_0}\ , \tag{2.38}$$

$$\tau_m = \frac{J}{F}\ . \tag{2.39}$$

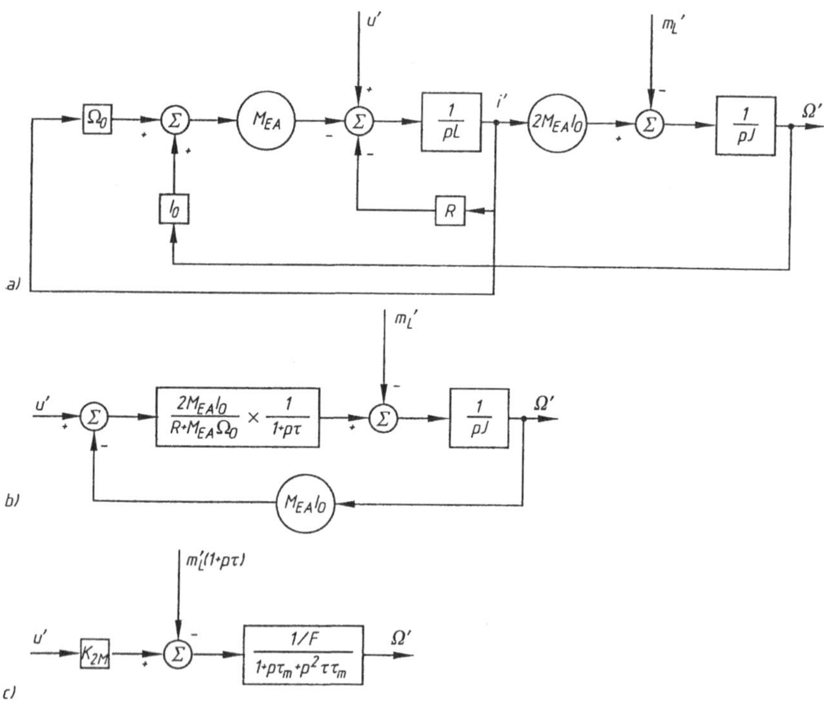

Bild 2.45 Signalflußdiagramme des Gleichstrom-Reihenschlußmotors (kleine Abweichungen)

Diese Übertragungsfunktion zeigt, daß der Reihenschlußmotor zähflüssige Reibungen auf funktionellem Weg einführt, mit positiven Wirkungen auf die Stabilität des gesamten Antriebssystems.

Ist die Netzspannung konstant ($u' = 0$) und führt das Lastmoment die Störung m'_L ein, ist die Übertragungsfunktion:

$$\frac{\Omega'(s)}{u'(s)} = -\frac{\dfrac{1+s\tau}{F}}{1+s\tau_m+s^2\tau_m\tau} \quad . \tag{2.37-a}$$

- *Der Reihenschlußmotor ändert seine Drehrichtung nicht, wenn sich die Polarität der Spannung ändert. Bei Änderung der Polarität der Netzspannung u ändert sich auch die Richtung des Ankerstroms i und damit die Richtung des Erregerflusses* Φ_E. *Das elektromagnetische Drehmoment, proportional zum Produkt* $i\,\Phi_E$, *wird die gleiche Richtung beibehalten. Der Motor kann also auf Änderung der Polarität der Netzspannung nicht mehr durch Änderung seiner Drehrichtung reagieren.*

Um als *umkehrbarer Servomotor* eingesetzt zu werden, muß der Reihenschlußmotor mit einer speziellen Vorrichtung ausgestattet werden, wie z.B.:

- *einem Polwender PR* oder
- *zwei Dioden mit je zwei getrennte Erregerwicklungen* oder
- *einer einzigen Erregerwicklung, aber mit Diodenbrücke,*

wie in den Bildern 2.46 dargestellt. Wechselt die Netzspannung u ihre Polarität, schaltet das Relais PR die andere Erregerwicklung ein, die einen Fluß in derselben Richtung sichert. So behält der Fluß Φ_E, bei der Polaritätsänderung der angelegten Spannung seine vorherige Richtung. Da der Strom i aber seine bisherige Richtung ändert, ändert sich auch die Richtung des elektromagnetischen Drehmoments.

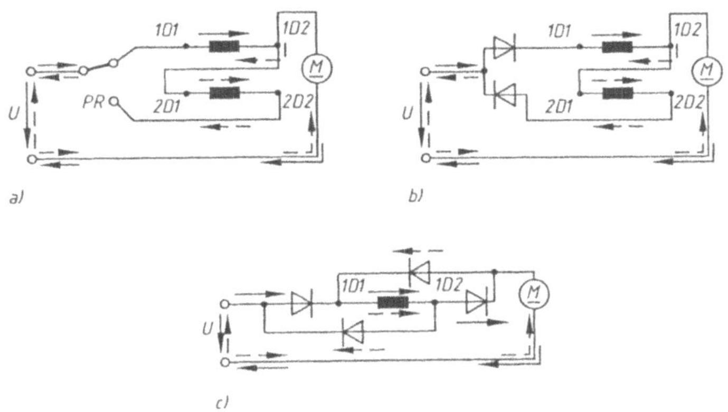

Bild 2.46
Spezielle Vorrichtungen beim Gleichstrom-Reihenschlußmotor (PR Polwender; 1D1, 1D2, 2D1, 2D2 Dioden):
a), b) zwei Erregerwicklungen,
c) Diodenbrücke, eine einzige Erregerwicklung

Anmerkung: Der Reihenschlußmotor kann auch im Wechselstrombereich benutzt werden, mit denselben Eigenschaften wie im Gleichstrombereich. Daher wird er auch Universalmotor genannt. Dann muß der magnetische Kreis geblecht sein.

2.6 Anlauf der Gleichstrommotoren – automatisierte Anlaufstromkreise

In der Praxis werden zum Hochlauf der Gleichstrommotoren folgende Anlaufarten eingesetzt:

- unmittelbares Anschalten des Motors ans Versorgungsnetz,
- Reihenschaltung von Vorwiderständen in den Ankerkreis,
- Stellung der Ankerspannung (Anlassen bei verminderte Spannung über Stromrichter oder Generatoren ohne Anlaßwiderstände).

2.6.1 Direkter Anlauf

Vom Gesichtspunkt der geringen Gerätekosten und des einfachen Anlaufs ist das unmittelbare Anschalten des Motors an die Nennspannung die vorteilhafteste Anlaufart. In diesem Fall beschränkt sich der Anlauf auf das einfache Schließen des Ankerkreisschalters; die Erregerwicklung muß bereits im voraus an die betreffende Erregerspannung geschaltet werden, und der volle Erregerstrom muß fließen. Diese Anlaßmethode zeigt aber eine Reihe großer Nachteile, die durch den Anlaufstromstoß verursacht sind:

- Am Kommutator des Motors kann ein starkes Funken entstehen,
- Im Falle einer langen Anlaufdauer (Antriebe mit großer Trägheit) macht sich ein sehr hoher Temperaturanstieg aller Wicklungen des Ankerkreises bemerkbar,
- Der Betrieb der Meß- und Schutzgeräte im Ankerkreis wird erschwert,

- Im Versorgungsnetz findet ein großer Spannungsabfall statt, wenn es nicht dem Anlaufstromstoß entsprechend bemessen wurde,
- An der Welle des Motors tritt ein großes Beschleunigungsmoment auf, für das die mechanischen Übertragungssysteme und die Antriebsmaschine ausgelegt werden müssen.

Der direkte Anlauf ist, infolge der obigen Nachteile, nur bei kleinen Motoren (bis etwa 1 kW) erlaubt.

Man betrachtet weiter die Faktoren, die den Ankerstromstoß am Anlauf bei einer direkten Einschaltung ans Netz bestimmen. Der Motor soll mit Fremderregung ausgestattet werden; der Erregerstrom ist konstant und im voraus eingeschaltet. Die Betriebsgleichungen sind in diesem Fall

$$
\begin{aligned}
U &= R_A i_A + L_{AA}\frac{\mathrm{d}i_A}{\mathrm{d}t} + M_{EA} I_E \Omega \,, \\
m &= M_{EA} I_E i_A = J\frac{\mathrm{d}\Omega}{\mathrm{d}t} \,,
\end{aligned}
\tag{2.40}
$$

die zu folgenden Beziehungen in den Laplaceschen Bildfunktionen führen:

$$
\begin{aligned}
\frac{U}{s} &= R_A(1 + s\,\tau_A)\, I_A(s) + M_{EA} I_E\, \Omega(s) \,, \\
M(s) &= M_{EA} I_E\, I_A(s) = s J\, \Omega(s) \,.
\end{aligned}
\tag{2.40-a}
$$

Mit Hilfe dieser Gleichungen werden folgende Ausdrücke hergeleitet:

$$
\begin{aligned}
I_A(s) &= \frac{U\tau_m}{R_A} = \frac{1}{1 + s\tau_m + s^2\tau_m\tau_A} \,, \\
\Omega(s) &= \frac{U}{M_{EA} I_E} \times \frac{1}{1 + s\tau_m + s^2\tau_m\tau_A} \,.
\end{aligned}
\tag{2.40-b}
$$

Diese Ausdrücke zeigen, daß der zeitliche Verlauf des Ankerstroms i_A und der Winkelgeschwindigkeit Ω von den Werten der Zeitkonstanten τ_m und τ_A (die in Abschnitt 2.5.1 als $\tau_A = L_{AA}/R_A$ und $\tau_m = J/F$ definiert sind) abhängen:

- ist $\tau_m > 4\tau_A$, wird das Trinom $1 + s\tau_m + s^2\tau_m\tau_A$ komplexe Wurzeln haben. Der Strom i_A steigt in diesem Fall von Null an, erreicht ein Maximum I_{AM} (maximaler Anlaß-Ankerstrom) und strebt dann gedämpft, *periodisch*, gegen Null (unterbrochene Kennlinie in Bild 2.47);
- ist $\tau_m < 4\tau_A$, zeigt die zeitliche Stromkurve anfangs ungefähr denselben Verlauf, strebt dann aber *aperiodisch* gegen Null (Kurve mit voller Linie).

In Bild 2.47 wird zum Vergleich auch der Fall dargestellt, bei dem, aus einem beliebigen Grund (z.B. festgebremster Läufer, also $\Omega = 0$), der Motor nach dem Einschalten ans Netz weiter stehenbleibt. In diesem Fall ändert sich der Graph des Stroms i_A exponentiell und strebt gegen den Grenzwert $I_{St} \approx U/R_A$.

Der Stromstoß beim Anlauf ohne Lastmoment, in Bild 2.47 mit I_{St} bezeichnet, wird quantitativ aus der Beschreibung der Spannungen mit der Bedingung $(\mathrm{d}i_A/\mathrm{d}t) = 0$ bestimmt. Man erhält:

$$
I_{St} = \frac{U - M_{EA} I_A \Omega}{R_A} \,. \tag{2.41}
$$

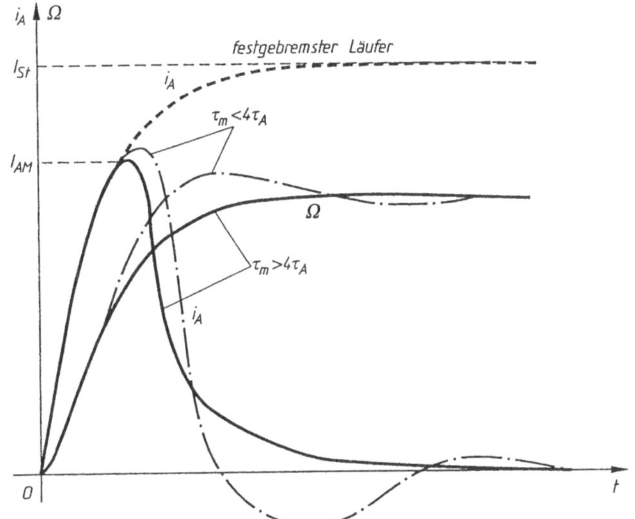

Bild 2.47
Ankerstrom $i_A(t)$ und Winkelgeschwindigkeit $\Omega(t)$ als Zeitfunktionen beim direkten Anlauf des fremderregten Gleichstrommotors

Bleibt in dem Zeitraum, in dem i_A den Spitzenwert I_{St} erreicht, die Motordrehzahl noch vernachlässigbar klein (langsamer Anlauf, wie z.B. bei Antrieben mit großem Trägheitsmoment), ergibt sich $I_{St} \approx U/R_A$. In diesem Fall wird die Anlaufstromspitze nur von der Versorgungsnetzspannung und vom Ankerkreiswiderstand bestimmt; sie ist ungefähr gleich groß wie der Wert, den man beim Anlassen mit festgebremstem Läufer erreicht hat.

Unter Nennstrom I_{AN} entsteht einen Anker-Nennspannungsabfall $R_A I_{AN}$, der 5 bis 10 % der Nennspannung U_N beträgt [$R_A I_{AN} = (0{,}05$ bis $0{,}1)\, U_N$], was einer Stromspitze $I_{AM} = (10$ bis $20)\, I_{AN}$ entspricht, die wegen des Kommutators nur sehr selten zulässig ist. Falls im oben angegebenen Zeitraum der Motor anläuft und eine beliebige Drehzahl erreicht, bevor der Ankerstrom i_A sein maximalen Wert $I_{St} = (U - M_{EA} I_E \Omega)$ annimmt, wird der Stromstoß sicherlich weniger schädlich sein.

Bei einem direkten Anlauf ohne Lastmoment beträgt die bezogene Stromspitze bei den fremderregten Motoren etwa

$$\frac{I_{AM}}{I_{AN}} = 8{,}5 \text{ bis } 15 ,$$

die Anlaufzeit ist

$$t_A = (0{,}1 \text{ bis } 0{,}3)\ s .$$

Diese Zeit entspricht, mit einer guten Näherung, der Zeitspanne 4 τ_m nach Anlaufbeginn. Beim Anlauf unter Last ist der Stromstoß um 15 bis 35 % größer im Vergleich zum Stromstoß bei Leeranlauf; die Anlaufzeit t_A wird länger. Die Erwärmung der Ankerwicklung ist oft vernachlässigbar klein (in der Größenordnung einiger Kelvin). Eine spezielle Beachtung muß der Stromwendung geschenkt werden: bei einem direkten Anlauf entstehen Funken und Lichtbögen am Kommutator, die sogar zu einem Rundfeuer führen können. Versuche haben gezeigt, daß im Falle eines Anlaßstroms:

- $I_{AM} = (4$ bis $6)\, I_{AN}$ man nur eine geringe Funkenbildung unter einer Hälfte und an den Kanten der Bürsten beobachtet;
- $I_{AM} = (7$ bis $11)\, I_{AN}$ man stärkere Funken beobachtet; dieses „Spritzfeuer“ ist nicht zulässig, wenn der Motor häufig angelassen wird.

Auch eine geringe Funkenbildung hat eine stärkere Abnutzung von Kommutator und Bürsten zur Folge, wodurch wieder die Funkenbildung verstärkt wird usw. Sogar bei Motoren kleinerer Leistung, die zum häufigen Anlaß bestimmt sind, darf der Spitzenstrom I_{AM} den Wert (4 bis 6) I_{AN} nicht überschreiten. Diese allgemeine Aussage muß im speziellen Fall überprüft werden, um bleibende Schäden zu vermeiden.

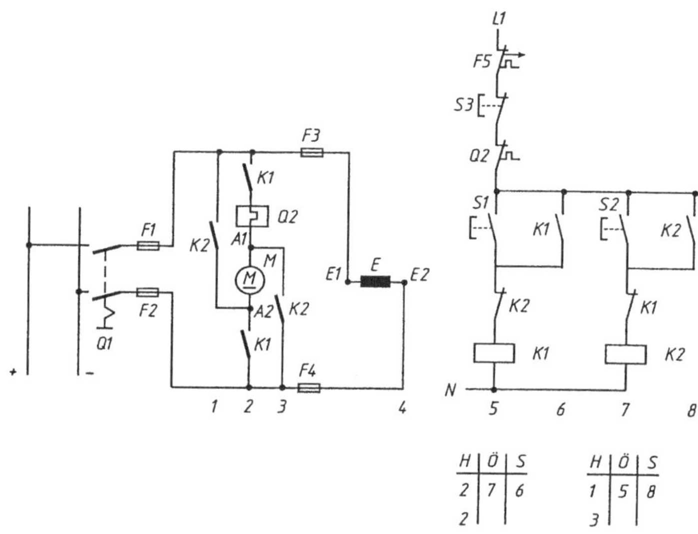

Bild 2.48 Schaltbild eines automatisierten reversierbaren Gleichstrommotors (direkter Anlauf)

In Bild 2.48 ist das prinzipielle Schaltbild für automatisiertes reversierbares Einschalten für beide Drehrichtungen dargestellt. Die Stromkreise sind von links nach rechts unterhalb des Schaltbildes numeriert. Unter den Schützsymbolen sind die Stromkreise, *in denen* die entsprechenden Leistungs- und ihre Hilfskontakte eingesetzt werden, angegeben.

Bei Linkslauf betätigt man den Taster S1, bei Rechtslauf den Taster S2. Mit Taster S3 schaltet man den Ankerkreis des Motors unabhängig von der Drehrichtung des in Betrieb befindlichen Motors aus. Es werden zwei Leistungsschütze benötigt, K1 für Linkslauf und K2 für Rechtslauf.

Zunächst wird der Netzschalter Q1 geschlossen, der die Erregerwicklung E des Motors an das Gleichstromnetz legt. Der Steuerungsteil wird über F5 versorgt. Durch Betätigung des Tasters S1 wird das Schütz K1 (und damit sein Elektromagnet) erregt. Seine Leistungskontakte K1 im Ankerkreis 2 schließen; gleichzeitig werden auch seine zwei Hilfskontakte K1 betätigt:

- Der Hilfskontakt (*Schließer*) K1 *in Strom*kreis 6, auch *Selbsthaltekontakt* genannt, erlaubt die Beibehaltung der Spannung an der Spule K1, nachdem der Taster S1 nicht mehr vom Betreiber betätigt wird. So hält sich weiterhin die Spannung an den Klemmen der Spule K1.
- Der Hilfskontakt (*Öffner*) K1 *in Strom*kreis 7 öffnet, wenn die Spule K1 an Spannung liegt. Damit verhindert man die versehentliche Versorgung der Spule K2 durch eine Betätigung des Tasters S2, wenn die Spule K1 unter Spannung steht. Der Öffner K1 *in Strom*kreis 7 verriegelt damit gegen erneutes Einschalten während des Betriebs des Motors M. Eine ähnliche Funktion hat auch der Öffner K2 in Stromkreis 5.

Braucht die vom Motor angetriebene Arbeitsmaschine die andere Drehrichtung, muß man zunächst den Ausschalttaster S3 (*Öffnertaster*) drücken. Dadurch wird die Versorgung der betreffenden Schützspule unterbrochen, der Ankerstromkreis 2 des Motors wird dadurch ausgeschaltet, und die ganze Anlage kommt nach der Auslaufzeit in ihre ursprüngliche Ruhestellung. Erst dann darf der Schließertaster S2 betätigt werden. Auf diese Weise wird das Schütz K2 mit Spannung versorgt; es zieht an und schließt seine Leistungskontakte K2, die Stromkreise 1 und 3 sowie den Selbsthaltekontakt K2 in Stromkreis 8. Gleichzeitig schließt der Verriegelungskontakt K2 in Stromkreis 5.

Mithin wird ein falsches Schalten des Schützes K1 ausgeschlossen. Die Leistungskontakte K2 ändern die Polarität der angelegten Ankerspannung. Bei gleicher Richtung des Erregerstroms wird der Motor in die andere Drehrichtung anlaufen.

2.6.2 Anlauf mit Widerstandsanlasser

Um den Anlaufstrom zu begrenzen, werden Vorwiderstände R_V in den Ankerkreis eingeschaltet, die zu einem Anlaßwiderstand – *Anlasser* genannt – gehören. Der Anlaufvorgang erfolgt durch stromabhängige, stufenweise Abschaltung der Ankervorwiderstände. Nach ihrem Einsatz und den Betriebsbedingungen werden die Anlasser in unterschiedlichen Bauformen und aus verschiedenen Werkstoffen hergestellt. Wenn zum Anlauf von Gleichstrommotoren noch Anlasser eingesetzt werden, kommen fast nur metallische Anlasser, luft- oder ölgekühlt, hand-, halb- oder vollautomatisiert gesteuert, in Frage.

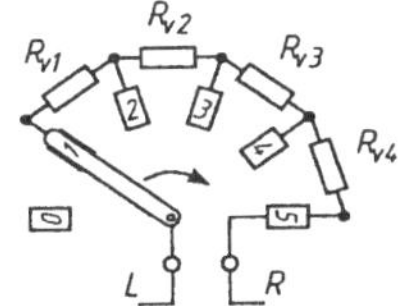

Bild 2.49
Widerstandsanlasser mit Handkurbel und vier Widerstandsstufen R_{V1} bis R_{V4}

Das Schaltbild eines Anlassers wird in Bild 2.49 gezeigt. Der Anlaßwiderstand besteht in diesem Falle aus vier hintereinander geschalteten Widerstandsstufen mit einer Handkurbelbetätigung. Die sechs Kontakte sind:

- 0 Ankerkreis unterbrochen,
- 1 bis 4 Zwischenkontakte,
- 5 für den normalen Motorbetrieb.

Bewegt man die Kurbel in Pfeilrichtung (Bild 2.49), werden die Widerstandsstufen aus dem Ankerkreis nacheinander herausgenommen. Nach Beendigung des Anlaufs bleibt die Anlasserkurbel auf Kontakt 5 (Betrieb).

Zur Untersuchung des Anlaufvorgangs wird zur Vereinfachung vorausgesetzt, daß Erregerstrom und Erregerfluß bestimmte konstante Werte (I_E = konst., Φ_E = konst.) haben. So eine Situation ist gegeben, wenn der Erregerstrom über keine der Anlaßwiderstandsstufen fließt. Bei der Umschaltung der Anlasserkurbel von Kontakt 0 auf Kontakt 1 findet der erste Stromstoß statt, der den oberen Schaltstrom I_{AM} festlegt. Zu Beginn des Anlaßvorgangs ist die induzierte Spannung $U_E = 0$ ($\Omega = 0$). Wird die Zeitkonstante des Ankerkreises vernachlässigbar [$\tau = L_{AA}/(R_A + R_V) \approx 0$], ergibt sich:

$$I_{AM} = \frac{U_A}{R_A + \sum R_V}, \tag{2.42}$$

wobei ΣR_V die Summe aller Widerstandsstufen des Anlassers ist. Dem Strom I_{AM} entspricht ein elektromagnetisches Drehmoment $M_1 = k_E \Phi_E I_{AM}$. Ist dieses Drehmoment größer als das Lastmoment an der Motorwelle, läuft der Antrieb mit einer Winkelbeschleunigung an. Es wird eine Spannung im Ankerkreis induziert, die zur Winkelgeschwindigkeit Ω proportional ist (Kennlinie A, Bild 2.50). Demzufolge werden gemäß der Kennlinie A der Anlaufstrom und gleichzeitig das zu ihm proportionale Anlaufmoment abnehmen. Erreicht der Anlaufstrom den Wert I_{Am}, schiebt man die Anlasserkurbel auf Kontakt 2; dadurch wird die erste Vorwiderstandsstufe ausgeschaltet. Bei einer passenden Auslegung des Anlassers steigt der Anlaufstrom erneut bis auf I_{AM} an. Dieser Anlaufvorgang findet weiter in der gleichen Reihenfolge (die Kennlinien a $\Rightarrow$ b $\Rightarrow$ c $\Rightarrow$ d $\Rightarrow$ e und A $\Rightarrow$ B $\Rightarrow$ C $\Rightarrow$ D $\Rightarrow$ E, Bild 2.50) statt, bis alle Vorwiderstandsstufen aus dem Ankerstromkreis herausgenommen werden. Dadurch gelangt der Motor zu einem stationären Betriebspunkt (Strom I_A, Winkelgeschwindigkeit Ω).

Läßt man die Anlasserkurbel längere Zeit auf einem beliebigen Zwischenkontakt ruhen (nicht empfohlen, da der Anlasser meist nur für einen Kurzzeitbetrieb ausgelegt ist), würde die Änderung des Ankerstroms den unterbrochenen Linien entsprechen. Diese Kurven sind Verlängerungen der zugehörigen vollen Linien.

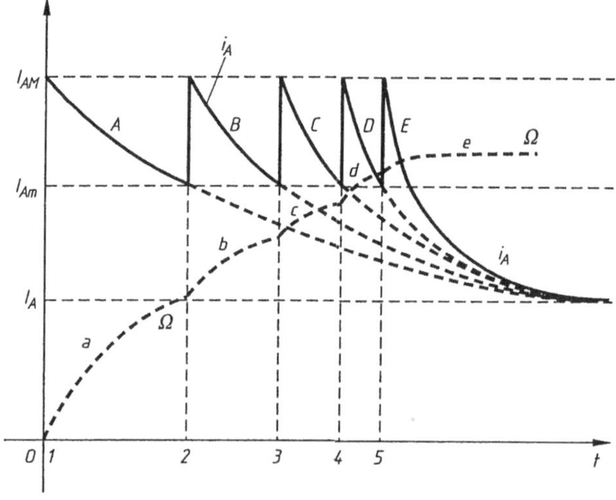

Bild 2.50
Zeitliche Änderung des Ankerstroms i_A und der Winkelgeschwindigkeit Ω beim Anlasseranlauf des Gleichstrommotors

Der Strom I_{Am} stellt die untere Grenze des Anlaufstroms dar und wird unterer (minimaler) Schaltstrom genannt. Die Anlasser werden für den Anlauf der Motoren unter voller oder halber Nennbelastung hergestellt. Der Auslegung eines Anlassers liegen folgende Schaltströme zugrunde: $I_{AMax} = I_{AM} = (2{,}5 \text{ bis } 1{,}5) I_{AN}$, $I_{Amin} = I_{Am} = (1{,}3 \text{ bis } 1{,}1)\, I_{AN}$. Die größeren Werte beziehen sich auf Motoren kleinerer Nennleistung und umgekehrt. Die Schaltströme I_{AM} und I_{Am} legen das Schaltverhältnis $k_i = I_{AM}/I_{Am}$ fest. Der größte Ankerkreiswiderstand, $R_{Az} = U/I_{AM}$, legt den gesamten Anlasserwiderstand $\Sigma R_V = R_{Az} + R_A$ fest. Hierbei ist der Ankerwiderstand R_A bekannt. Die Anlasser werden nach einem mittleren geometrischen Strom

$$I_A = \sqrt{I_{AM}\, I_{Am}} = (1{,}8 \text{ bis } 1{,}3)\, I_{AN}$$

ausgelegt. Die Anzahl z der Widerstandsstufen beträgt 4 bis 7 oder mehr. Ist die Leistung des Versorgungsnetzes, bei einem leichten Anlauf (z.B. Leeranlauf), groß im Vergleich zur Nennleistung des anlaufenden Motors, wird oft $z = 1$ oder $z = 2$ angenommen. Auf diese Weise erhält man einen leichten Anlasser, was in bestimmten Fällen sehr wichtig ist.

Der Anlaßvorgang verläuft aber nicht stoßfrei. Beim Einschalten fremderregter Gleichstrommotoren muß man aufpassen, daß der Anlasser nur in den Ankerkreis eingeschaltet wird; sonst wird der Erregerstrom betroffen (ein verringerter Erregerstrom in der Anlaßphase kann zur gefährlichen mechanischen Winkelgeschwindigkeitsstößen führen).

- *Anmerkung: Die Erregerwicklung muß deshalb immer vor dem Ankerkreis an das Versorgungsnetz geschaltet werden, damit die Gleichstrommaschine einen Erregerfluß bestimmten Betrags schon vor dem Anlassen erreichen kann.*

Der Anlauf der Gleichstrom-Reihenschlußmotoren zeigt einige spezifische Besonderheiten. Die Erregerwicklung des Reihenschlußmotors wird in Reihe zur Ankerwicklung geschaltet. Sind die übrigen Bedingungen dieselben, so ist der Anlaufstrom kleiner als beim Nebenschlußmotor. Der Reihenschlußmotor besitzt ein größeres Anlaufmoment als der fremderregte Motor, da gleichzeitig zum Anlaufstrom I auch der Erregerfluß Φ_E ansteigt. Diese Eigenschaft des Reihenschlußmotors wird bei vielen Anwendungen hoch geschätzt (elektrische Fahrzeuge und Lokomotiven, Aufzugsanlagen usw.), ebenso, daß er – auch ohne Elektronik – weich anläuft.

- *Der Reihenschlußmotor darf aber nicht ohne Lastmoment an seiner Welle eingeschaltet werden. In so einem Falle würde der Motor eine unzulässig große Winkelgeschwindigkeit erreichen, die zu schweren Beschädigungen oder sogar zu seiner mechanischen Zerstörung führen könnte.*

2.6.3 Anlauf bei verringerter Ankerspannung ohne Widerstandsanlasser

In Antriebsanlagen großer Leistung wird der Widerstandsanlasser zu aufwendig; außerdem kann er große Energieverluste verursachen, insbesondere bei oftmaligem Einschalten des Motors. Darum führt man bei einigen Antriebssystemen (Walzwerkmotoren, Antriebsmotoren für Schiffsschrauben usw.) den Anlaufvorgang ohne Widerstandsanlasser so aus, daß die angelegte Ankerspannung verringert wird. Zu diesem Zweck setzt man Leonardumformer mit leistungselektronischen Bauelementen ausgestattete Stromrichter ein. Die letzte Variante hat die Maschinenumformer in den Industrieländern weitgehend verdrängt. Sie wird, wie weiterhin noch gezeigt wird, auch zur Drehzahlstellung genutzt.

2.6.4 Automatischer Anlaufvorgang

Wenn der Motoranlauf nach einem einzigen anfänglichem Starteingriff des Nutzers ohne weitere nachträgliche Eingriffe abläuft, bezeichnet man den Anlauf als automatisiert. In Bild 2.51 ist ein Widerstandsanlasser eines Nebenschluß-Gleichstrommotors dargestellt (mit drei Widerstandsstufen). Zum Abschalten der einzelnen Widerstandsstufen benutzt man Schütze.

Das Schließen der Kontakte K1 kann mittels einer Steuerung automatisch als Funktion der Zeit, des Stroms oder der Winkelgeschwindigkeit verlaufen. Diese Steuerung wird mit passenden Schaltern oder Schützen versehen.

In Bild 2.51 ist das Schaltbild eines automatisierten drehzahlbezogenen Anlaufsteuerungssystems für einen fremderregten Gleichstrommotor dargestellt. Dabei benutzt man drei Widerstandsstufen. Das Steuerungssystem enthält folgende Geräte:

- einen *Handschalter* Q1 als Netztrenner; er wird nur dann betätigt, wenn der Motor sich stromlos im Stillstand befindet,
- ein *Schütz* K1 mit einem Selbsthalte-Hilfskontakt K1, parallel zum Taster S1 geschaltet,
- ein *Überstrom-Relais* Q2, das den Motor M gegen mögliche Überbelastungen schützt,
- drei *Schütze* K2, K3 und K4; ihre Leistungskontakte werden immer nur stromlos geöffnet, d.h. ohne Lichtbogen und Stromunterbrechung,
- die *Schmelzsicherungen* F1, F2, F3 und F4 zum Schutz der Leistungsstromkreise und des Steuerungsstromkreises,
- einen *Öffnertaster* S2 und einen *Schließertaster* S1, beide mit Rückfall zur Ausgangslage.

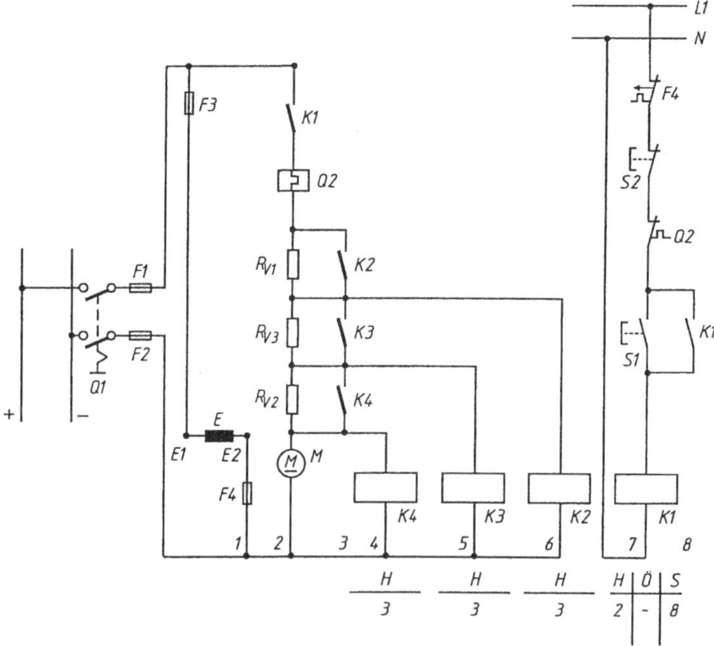

Bild 2.51 Schaltbild zum automatisierten Anlauf mit drei Widerstandsstufen und vier Schritte des Nebenschluß-Gleichstrommotors

Die *Drehzahl-Anlaßsteuerung* benötigt eine Drehzahlmessung mit Auswertung und Betätigung der betreffenden Schütze. Die Winkelgeschwindigkeit wird indirekt über die in der Ankerwicklung induzierte Spannung $U_E = -k_E \Phi_E \Omega = -k\Omega$ (bei Φ_E = konst.) gemessen.

Das Schließen des Schalters Q1 bereitet die Anlage zum Anlassen vor; die Erregerwicklung E wird mit Spannung versorgt. Durch Betätigen des Tasters S1 wird das Schütz K1 an Spannung gelegt. Der Kontakt K1, Stromkreis 2 schließt, und der Motor M läuft an. Dieser Vorgang findet beim größten in den Ankerkreis eingeführten Anlaßwiderstand $\Sigma R_V = R_{V1} + R_{V2} + R_{V3}$

statt. Im ersten Augenblick erreicht der Ankerstrom den oberen Schaltwert I_{AM}. Danach nimmt der Ankerstrom stufenweise ab, während die Winkelgeschwindigkeit Ω steigt. Bei einer gewissen Winkelgeschwindigkeit Ω_1 erreicht der Ankerstrom den unteren Schaltwert I_{Am}. Zu diesem Zeitpunkt weist die Spannung an das Beschleunigungsschütz K2 den Wert

$$U_{K2} = k\,\Omega_1 + (R_A + R_{V3} + R_{V2})\,I_{Am} \tag{2.43}$$

auf. Diese Spannung U_{K2} muß der Einschaltspannung des Relais K2 gleich sein. Das Schütz K2 wird also die erste Widerstandsstufe R_{V1} kurzschließen; der Ankerstrom steigt plötzlich wieder bis zum oberen Schaltwert I_{AM} an. Was das Schütz K3 und K4 anbelangt, müssen ihre Einschaltspannungen

$$U_{K3} = k\,\Omega_2 + (R_A + R_{V3})\,I_{Am}\,, \tag{2.44}$$

bzw.

$$U_{K4} = k\,\Omega_3 + R_A\,I_{Am} \tag{2.45}$$

gleiche Werte aufweisen. In dieser Weise werden der Reihe nach die drei Widerstandsstufen R_{V1}, R_{V2} und R_{V3} kurzgeschlossen. Wegen der nur kleinen Unterschiede zwischen den Einschaltspannungen der Beschleunigungsrelais K2, K3, K4 können diese identisch sein. Die Schaltung benötigt also nur Beschleunigungsrelais.

- *Die automatisierte Drehzahl-Anlaßsteuerung, nur bei kleinen Leistungen angewendet (Werkzeugmaschinen, Hilfsanlagen der Walzwerke usw.), weist aber einen schwerwiegenden Nachteil auf: die Anlaufwiderstände können, im Falle eines verlängerten Anlaßvorgangs, als Folge eines Schadens in der Anlage thermisch beschädigt werden.*

Denselben Nachteil könnte man bei einer Belastung mit einem sehr großen Trägheitsmoment feststellen. Tatsächlich werden die Anlaßwiderstände für einen Kurzzeitbetrieb bemessen und hergestellt, damit sie kostengünstig, nicht zu groß und nicht zu schwer sind. Eine unerwünschte Verlängerung ihrer Betriebsdauer kann eine thermische Beschädigung zur Folge haben.

Ein weiterer Nachteil besteht in der Schwierigkeit, die Einschaltspannung der Beschleunigungsrelais entsprechend auszuwählen. Dabei soll man die Änderung der Anlaßwiderstandswerte vom anfänglich kalten Zustand bis zu dem Zustand, der nach einer Anzahl wiederholter Anlaßvorgänge erzielt wird, mit betrachten.

Eine Anlaßschaltung mit *Steuerung über den Ankerstrom* (mit zwei Widerstandsstufen) ist in Bild 2.52-a dargestellt. Das Schaltbild enthält das Schütz K1, das mit Hilfe der Taster S1 und S2 (zum Einschalten bzw. Ausschalten) gesteuert wird. Man benötigt noch zwei Beschleunigungsschütze K2 und K3 sowie zwei Stromrelais K4 und K5 zur Steuerung der Beschleunigungsschütze. Zwei weitere Zeitrelais K6 und K7 benötigt man, um eine Einschaltverzögerung zu bewirken.

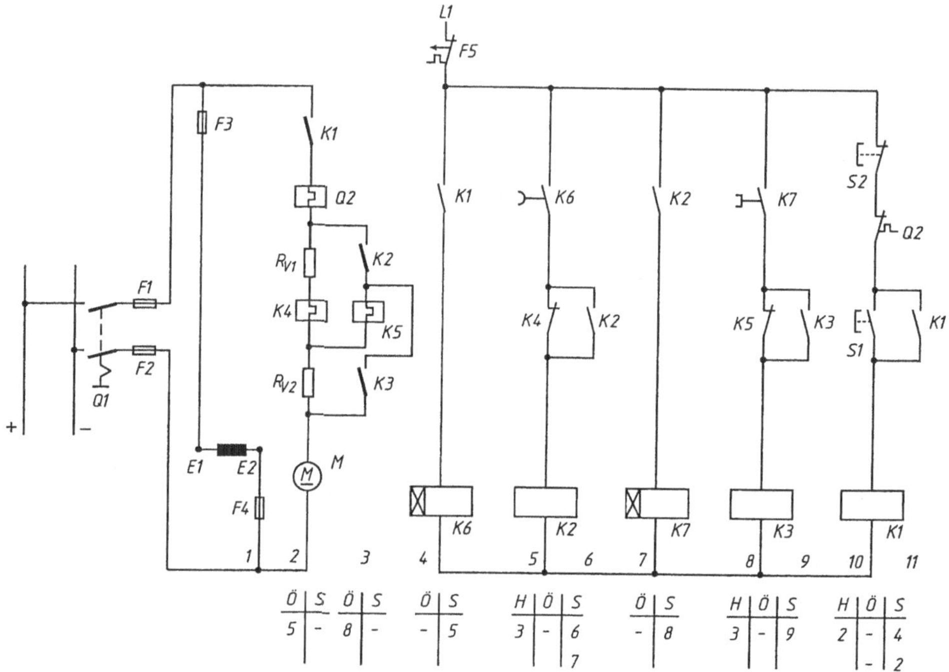

Bild 2.52 Schaltbild eines automatisierten drehzahlbezogenen Anlaufs für einen Gleichstrommotor

Der Schalter Q1 legt den Leistungskreis an Gleichspannung; F5 versorgt den Steuerkreis. Durch Betätigen des Tasters S1 wird die Spule des Schützes K1 an die Spannung gelegt. Der Leistungskontakt K1 (Stromkreis 2) schließt und der Motor M läuft mit den im Ankerkreis in Reihe geschalteten Anlaßwiderständen R_{V1} und R_{V2} an. Das Schütz K1 hält sich über den Hilfskontakt K1, Stromkreis 11. Der Ankerstrom erreicht den oberen Schaltwert I_{AM}; er durchfließt das Stromrelais K4 und bewirkt dessen Einschalten. Sein Kontakt K4, ein Öffner, in Stromkreis 5 öffnet, und damit wird die Versorgung des ersten Beschleunigungsschützes K2 abgeschaltet. Zu dem Zeitpunkt, in dem das Schütz K1 seinen Hilfskontakt K1 in Stromkreis 4 schließt, erlaubt es die Erregung des Hilfszeitrelais K6. Sein Kontakt K6, Stromkreis 5 schließt mit einer vorbestimmten Zeitverzögerung. Die Zeitverzögerung des Relais K6 wird etwas größer als die Einschaltzeit des Relais K4, aber kleiner als die Zeit t_1 (Bild 2.53-b), gewählt.

Zu dem Zeitpunkt t_1 erreicht der abnehmende Ankerstrom den unteren Schaltwert I_{Am}. Ist der Ankerstrom $i_A = I_{Am}$ (bei $t = t_1$), so ist der zeitverzögerte Kontakt K6, Stromkreis 5 schon geschlossen. Alles wird derart eingerichtet, daß der Rückstellungsstrom des Relais K4 gerade I_{Am} ist. Infolgedessen schließt sein Hilfskontakt K4, Stromkreis 5, das Beschleunigungsschütz K2 wird erregt und bewirkt das Kurzschließen der ersten Widerstandsstufe R_{V1}. Gleichzeitig schließen auch die Hilfskontakte K2 in Stromkreis 6 (Selbsthaltekontakt) und in Stromkreis 7 (Versorgung des zweiten Zeitrelais K7). Der Strom i_A, der über die Stromrelaisspule K5 fließt ($R_{V1} + R_{d1} \gg R_{d2}$), erreicht erneut den oberen Schaltwert I_{AM}. Das Relais K5 schaltet ein und öffnet den Öffner K2, Stromkreis 7; dadurch wird die Versorgung des Beschleunigungsschützes K3 unterbrochen. Das Relais K7 schließt nach einer Zeitverzögerung den Kontakt K7, Stromkreis 7 (bei $t < t_2$) (Bild 2.53). Im Zeitpunkt t_2 erreicht der abnehmende Ankerstrom den unteren Schaltwert I_{Am}. Dieser Strom trifft mit dem Rückstellungsstrom des Relais K5 zusammen; das Relais schaltet aus und sein Kontakt K5 kommt in seine Anfangsstellung zurück, d.h. er schließt. In dieser Weise wird das Beschleunigungsschütz K3 versorgt und somit wird auch die zweite Widerstandsstufe R_{V2} kurzgeschlossen.

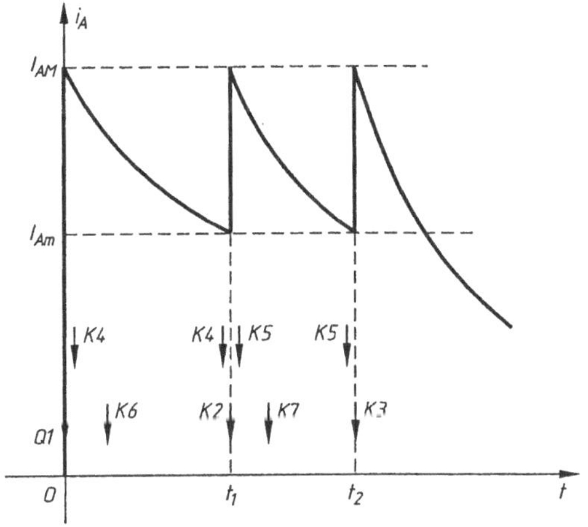

Bild 2.53
Automatisierter, zweistufiger ankerstrombezogener Anlauf bei einem Gleichstrommotor:
a) Schaltbild,
b) Änderung des Ankerstroms i_A während des Anlaufs
(I_{AM}, I_{Am} Maximal- bzw. Minimalwert des Ankerstroms)

Obgleich das vorgelegte Schaltbild nur zwei Widerstandsstufen benötigt, enthält es mehr Kontakte und Relais als das erste Schaltbild. Es ist also nicht so betriebssicher und gleichfalls teuerer. Es hat aber den Vorteil, daß die Schaltströme I_{AM} und I_{Am} sicherer eingestellt werden können, unabhängig vom Trägheitsmoment der Arbeitsmaschine.

Die Zwischenrelais K5 und K6 sind unbedingt notwendig. Würde das Relais K6 fehlen, müßte sein Kontakt durch einen Hilfskontakt K1 ersetzt werden. Das würde zum Einschalten des Beschleunigungsschützrelais K2 vor Einschalten des Relais K4 führen, was unerwünscht wäre.

Der Zeitverlauf der Anlaßsteuerung des Motors ist in Bild 2.54 dargestellt. In diesem Schaltbild wird die Zeitverzögerung des Zeitrelais K4 als Differenz zwischen der Zeit, die zur Beibehaltung der ersten Widerstandsstufe des Anlassers nötig ist, und der Einschaltzeit des Schützes K2 ($t_{K4} = t_1 - t_{K2}$) bestimmt. Auf ähnliche Weise wird auch die Zeitverzögerung des Relais K5 ($t_{K5} = t_2 - t_{K3}$) gewählt.

Das Schließen des Schalters Q1 bereitet die Schaltung zum Anlassen vor; F5 versorgt die Steuerung, und der Kontakt K2, Stromkreis 8 wird geöffnet, während der Kontakt K5, Stromkreis 9 geschlossen bleibt.

Durch Betätigen des Tasters S1 setzt man die Ankerwicklung unter Spannung. Der Motor läuft an und die Anlaßwiderstände R_{V1} und R_{V2} in seinen Ankerkreis werden eingeschaltet. Durch Öffnen des Kontaktes K1, Stromkreis 7 beginnt die Einschaltverzögerung seines Öffnerkontakts. Das Relais K5 öffnet den Kontakt von Stromkreis 9, und das Schütz K3 schließt die erste Widerstandsstufe R_{V1} kurz. Von diesem Zeitpunkt an beginnt die Zeitverzögerung des Relais K5 (die Spule des Relais wird vom Kontakt K3, Stromkreis 3 kurzgeschlossen). Endet diese Zeitverzögerung, schließt das Relais K5 seinen Kontakt in Stromkreis 9, das Schütz K4 schaltet ein und schließt die zweite Widerstandsstufe R_{V2} kurz.

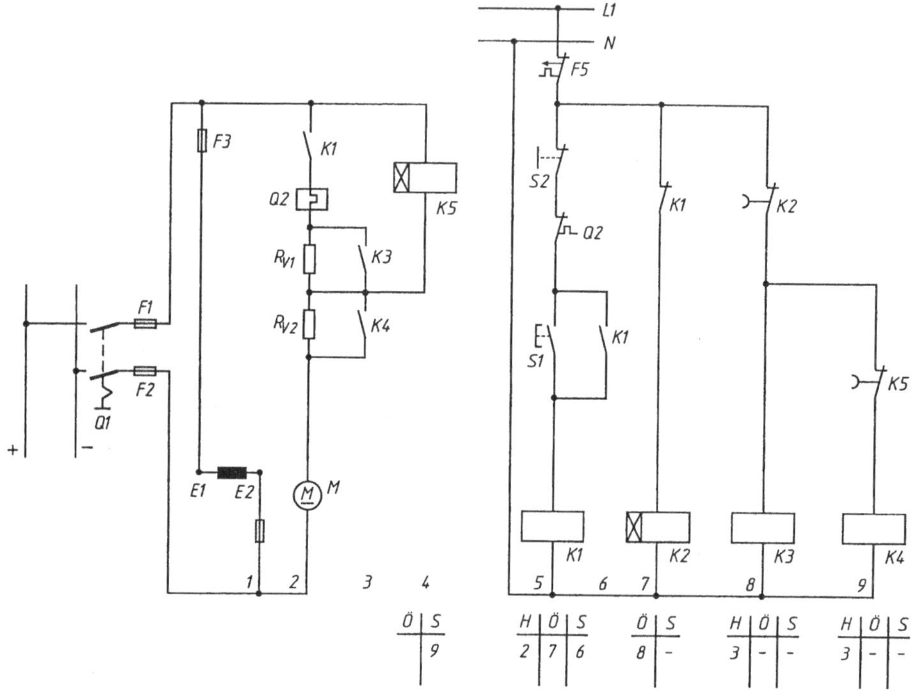

Bild 2.54 Schaltbild der automatisierten Zeitanlaß-Steuerung eines Gleichstrommotors mit Anlaßwiderstand

2.6.5 Handumschaltergesteuerter Anlasser

In der Praxis gibt es noch Fälle, in denen das Einschalten verschiedener Anlaßwiderstandsstufen mit Hilfe eines handgesteuerten Umschalters geschieht.

- *Der Umschalter ist ein Stromschalter mehrfacher Wirkung, zur Ausführung mehrerer Umschaltungen in den Anlaß- und Regelungskreisen bestimmt.*

Der sogenannte *Trommelumschalter* (Bild 2.55-a) besteht aus mehreren metallischen, kreisförmigen Segmenten, im allgemeinen aus Kupfer, auf einem Zylinder angeordnet, der mittels eines Steuergeräts um seine Achse dreht. Dieses Steuergerät besteht aus einem Steuerhandrad, einem Zahnrad und aus einer Federklinke. Die metallischen Segmente können elektrisch nach Bedarf mit einer oder mehreren Gruppen verbunden werden.

Vor den Kupfersegmenten befinden sich feststehende fingerförmigen Bürsten, die auf einer oder mehreren Achsen angebracht sind. Durch Drehen des Zylinders werden bestimmte Segmente in Kontakt zu gewissen Bürsten, bei vorbestimmten Stellungen des Zylinders, kommen. Dadurch stellt man die gewünschten Verbindungen her.

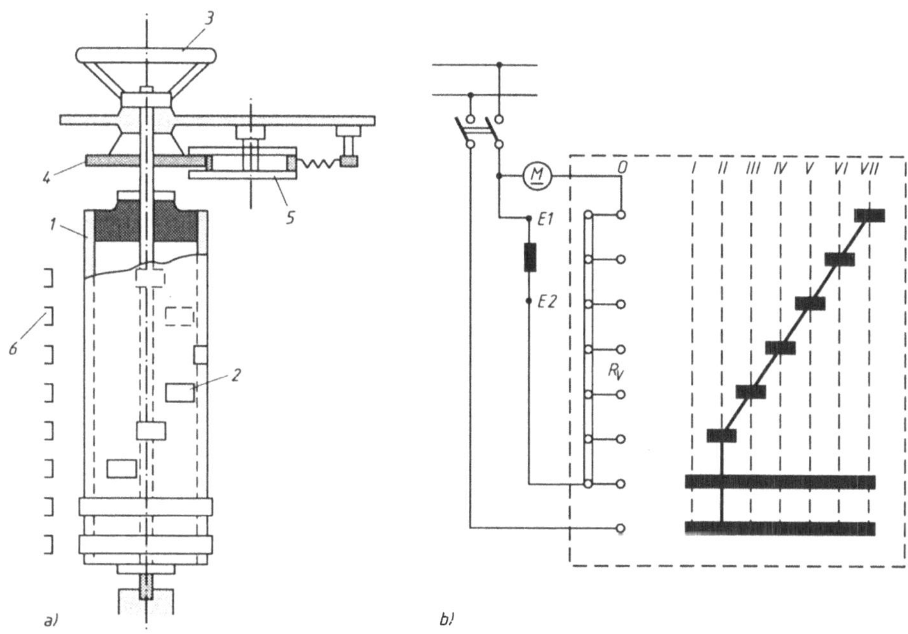

Bild 2.55 Mechanischer Anlaßschalter: a) Aufbau, b) Betriebsdiagramm eines Anlaßwiderstandes:
1 Zylinder, 2 kreisförmiger Segment, 3 Steuerrad,
4 Zahnrad, 5 Federklinke, 6 Kontakte

In Bild 2.55-b ist das Betriebsdiagramm eines über einen Umschalter gesteuerten Anlaßwiderstands dargestellt. Bei Stellung I des Umschalters wird der Motor mit allen Anlaßwiderstandsstufen ans Netz geschaltet. Bei den anderen Positionen (II bis VII) werden die Widerstandsstufen nacheinander kurzgeschlossen. Im Bild ist die Dynamik des Umschalters dargestellt: die Läufersegmenten und der Linie der unbeweglichen Bürsten sowie die Trennungspunkte der Widerstandsstufen. Die Segmente können auf den markierten Linien (I bis VII) in Kontakt zu den unbeweglichen Bürsten kommen. Dadurch wird der Anlaß-Rheostat über diese Stellungen gesteuert. Die oben erwähnten Linien weisen darauf hin, welche Segmente die Bürsten an jeder Position berühren.

Der Rheostat weist zwei lange Segmente auf, die mit den Bürsten an den Positionen I bis VII in Kontakt kommen. Das erste von unten ist zum Einschalten eines der Netzleiter bestimmt. Das zweite muß die Erregerwicklung des Motors während der Anlaßzeit stets an die Netzspannung geschaltet halten.

Manchmal sind Hilfsvorrichtungen vorgesehen, um ein zu schnelles Umschalten seitens des Anwenders zu verhindern. Durch sie findet das Kurzschließen der Anlaßwiderstandsstufen in vorbestimmten Zeiträumen statt, unabhängig von der Geschwindigkeit der Handsteuerung. In diesem Fall werden Beschleunigungsschützrelais und Zeitrelais benötigt; der Motoranlaß wird dann halbautomatisch genannt.

2.7 Anwendung der Gleichstrommaschine als Bremse in den elektrischen Antrieben

Die Bremsung elektrischer Antriebe wird zu folgenden Zwecken benutzt:

- *Drehzahlstellen* bei Antriebssystemen, die Drehmomenten infolge der Schwerkraft ausgesetzt sind,
- *Drehzahlverringerung* eines Antriebssystems, um eine Änderung des technologischen Arbeitsvorgangs zu bewirken oder rasch zum Stillstand zu kommen.

Im Folgenden werden verschiedene Anwendungsarten der Gleichstrommaschine zur Bremsung einer Arbeitsmaschine betrachtet. Von Anfang an muß betont werden, daß das elektrische Bremsen deutliche Vorteile im Vergleich zur mechanischen Bremsung aufweist. Diese sind:

- mechanische Abnutzung der Bremsklötze fehlt,
- kleinere Abmessungen der Bremsanlage,
- sichere Steuerung des Bremsdrehmoments,
- teilweise mögliche Rückgewinnung der kinetische Energie, die im Bremsvorgang auftritt,
- dieselbe elektrische Maschine kann als Motor oder als Bremse benutzt werden.

2.7.1 Gegenstrombremsen

Dieser Bremsbetrieb wird ziemlich selten in den mit Gleichstrommaschinen ausgestatteten Antriebssystemen verwendet, da die Verluste bedeutend größer als bei anderen Bremsverfahren sind. Er zeigt zwei Varianten, wenn man vom Normalbetrieb als Motor ausgeht:

- durch *Änderung eines großen im Ankerkreis eingeschalteten Vorwiderstands*; der Übergang vom Motorbetrieb in den Bremsbetrieb erfolgt nach einem Drehrichtungswechsel (bei gleicher Spannungspolarität an den Klemmen),
- *durch Umpolung der Ankerspannungspolarität und Einschaltung eines Vorwiderstandes in den Ankerkreis* unter Beibehaltung der Drehrichtung.

Das *Gegenstrombremsen mit Drehrichtungswechsel* wird ziemlich oft bei Hebezeugen und Aufzügen angetroffen. Man stelle sich eine solche Anlage, z.B. eine Schachtförderanlage, vor, von einem Gleichstrommotor angetrieben. Der Motor sei bei konstantem Erregerstrom fremderregt und soll eine große Last mit relativ hoher Winkelgeschwindigkeit heben. Es sei A der entsprechende Arbeitspunkt an der mechanischen Eigenkennlinie a des Motors (Bild 2.56). Sobald die Last eine bestimmte Höhe erreicht hat, soll die Hebegeschwindigkeit verringert werden. Das erreicht man – bei gleichbleibendem elektromagnetischen Drehmoment und angelegter Spannung – durch Einschalten eines Vorwiderstandes R_V in den Ankerkreis. Die Gleichstrommaschine arbeitet weiterhin im Motorbetrieb, aber an einem neuen Arbeitspunkt auf einer Kennlinie größerer Neigung. Die mechanische Kennlinie des Motors hat den analytischen Ausdruck

$$\Omega = \Omega_0^* - \frac{R_A}{(k_E\, \Phi_E)^2} M \ ,$$

wobei $\Omega_0^* = U_A / k_E \Phi_E$ die *ideelle Leerlaufwinkelgeschwindigkeit* darstellt (*an der Motorwelle gibt es kein Lastmoment, und seine eigene mechanische Verluste sind vernachlässigt*). Die mechanische Kennlinie, die einem eingeschalteten Vorwiderstand R_V entspricht, wird aber

$$\Omega = \Omega_0^* - \frac{R_A + R_V}{(k_E \Phi_E)^2} M \, , \tag{2.46}$$

und ihre Neigung ergibt sich proportional zu $R_A + R_V$. An dieser neuen mechanischen Kennlinie (b in Bild 2.56) ist der Arbeitspunkt B.

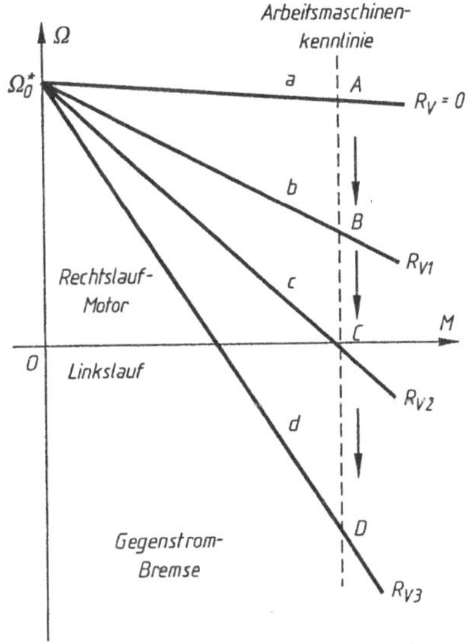

Bild 2.56
Kennlinien $\Omega(M)$ eines fremderregten Gleichstrommotors für verschiedene zusätzliche Vorwiderstände R_V im Ankerkreis ($R_{V1} < R_{V2} < R_{V3}$):
a Eigenkennlinie des Motors ($R_V = 0$)

Zu einem bestimmten Zeitpunkt und in einer gewissen Höhe tritt die Notwendigkeit des Anhaltens auf. Die Last muß dann auf einer senkrechten Linie verschoben werden. In diesem Fall wird die Drehzahl der Maschine Null sein; sie muß aber dasselbe elektromagnetische Drehmoment entwickeln. Der Kennlinie c gemäß (Bild 2.56) können die obigen Erfordernisse mit Hilfe eines vergrößerten, in den Ankerkreis eingeschalteten Vorwiderstands R_{V2} erzielt werden. Im Arbeitspunkt C der Kennlinie c befindet sich die Maschine weder im Motor- noch im Bremsbetrieb, sondern an der Grenze beider Betriebsarten. Die der Maschine zugeführte elektrische Leistung wird im gesamten Ankerkreiswiderstand $R_A + R_{V2}$ in Wärme umgewandelt. Da die Winkelgeschwindigkeit $\Omega = 0$ ist, erhält oder entwickelt die Gleichstrommaschine keine mechanische Leistung.

Um die Last zu senken, d.h. um die Drehrichtung im Vergleich zur früheren Situation zu wechseln, muß ein noch größerer Vorwiderstand R_{V3} eingeschaltet werden. Der Arbeitspunkt wandert dabei nach D, in den Bereich der negativen Winkelgeschwindigkeiten, im IV. Quadranten der (Ω, M)-Ebene. Wird der Widerstand R_V weiterhin erhöht, erfolgt ein Drehrichtungswechsel, und man kann die Lastabwärtsgeschwindigkeit ändern. In dieser letzten Situation arbeitet die elektrische Maschine im „*Gegenstrombetrieb*", wie Abschnitt 2.4.3 bestätigt. Ihr wird aufgrund der zeitlichen Verringerung der potentiellen Energie der im Schwerefeld der Erde bewegten Körpermassen mechanische Leistung an der Welle zugeführt. Zur gleichen Zeit entnimmt sie dem Versorgungsnetz weiterhin noch elektrische Energie. Die gesamt erhaltene Energie – mechanische und elektrische – wird im Ankerkreiswiderstand $R_A + R_{V3}$ in Wärme umgewandelt. Die Maschine erzeugt ein elektromagnetisches Moment gleicher Richtung wie im Motorbetrieb; diesmal weist aber das Drehmoment eine zur Drehzahl entgegengesetzte

Richtung auf. Damit wird es zum Bremsmoment, denn es wirkt dem von den Körpermassen entwickelten Lastmoment entgegen.

Die *Gegenstrombremsung mit Umpolung der angelegten Ankerspannung* wird bei einigen elektrischen Antrieben angewendet, besonders dort, wo die Arbeitsmaschine rasch bis zum Stillstand gebremst werden muß. Es soll z.B. das Antriebssystem einer reversierbaren Walzenstraße untersucht werden. In einer solchen Anlage soll die elektrische Maschine, nachdem sie im Motorbetrieb mit einer bestimmten Drehrichtung gearbeitet hatte, die ganze Anlage schnell bis zum Stillstand abbremsen und dann die Walzen in die entgegengesetzte Richtung beschleunigen.

Im Rechtslauf-Motorbetrieb wird an die Ankerklemmen eine Spannung bestimmter Polarität gelegt. Der Arbeitspunkt sei A auf der Eigenkennlinie a (Bild 2.57). Zu einem gewissen Zeitpunkt wird die Bremsung der ganzen Anlage nötig. Dafür unterbricht man schlagartig die Ankerkreisversorgung (der Erregerstrom wird beibehalten), indem man einen passend ausgelegten Vorwiderstand R_V in den Ankerkreis einschaltet. Der nächste Schritt ist das Anlegen einer Ankerspannung umgekehrter Polarität aus dem Versorgungsnetz.

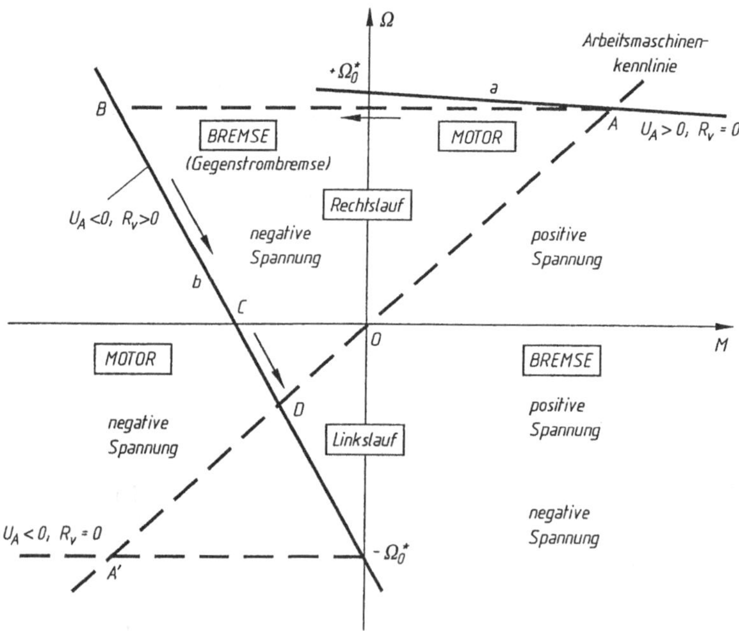

Bild 2.57 Kennlinie $\Omega(M)$ im II. Quadranten bei Umpolung der angelegten Ankerspannung und zusätzlichem Vorwiderstand im Ankerkreis (Gegenstrombremsung)

Die neue mechanische Kennlinie wird b, Bild 2.57. Ihre analytische Gleichung erreicht man aus Gl. (2.16-a), wobei die ideelle Leerlaufwinkelgeschwindigkeit Ω_0^* das Minusvorzeichen erhält, da die angelegte Spannung jetzt nicht mehr U, sondern $-U$ ist:

$$\Omega = -\Omega_0^* - \frac{R_A + R_V}{(k_E \Phi_E)^2} M . \tag{2.46-a}$$

Der Arbeitspunkt A wandert zu B auf der neuen mechanischen Kennlinie im II. Quadranten der (Ω, M)-Ebene bei derselben Winkelgeschwindigkeit, die die Maschine zur Zeit der Unterbrechung des Motorbetriebs hatte. Im neuen Arbeitspunkt B arbeitet die elektrische Maschine im Rechtslauf. Ihr wird weiterhin elektrische Leistung vom Netz zugeführt. Die Ankerspannung wechselt ihr Vorzeichen und der Strom ebenfalls, da jetzt die induzierte Spannung und die Klemmenspannung in die gleiche Richtung wirken, um die Ankerstromrichtung zu ändern. Die Maschine erhält schlagartig an ihre Welle mechanische Leistung auf Kosten der zeitlichen Verringerung der kinetischen Energie, die in den Drehmassen der Walzenstraße gespeichert ist. Im Lauf der Zeit wird die erhaltene elektrische und mechanische Energie in den Widerständen $R_A + R_V$ in Wärme umgewandelt. Im Arbeitspunkt B besitzt das elektromagnetische Drehmoment ein entgegengesetztes Vorzeichen im Vergleich zu dem im Arbeitspunkt A; der Strom I_A fließt jetzt in entgegengesetzte Richtung (bei erhaltengebliebener Erregerstromrichtung). Aus diesem Grund wirkt jetzt das elektromagnetische Drehmoment gegen die Drehrichtung. Diese einfache Leistungsbilanz entspricht völlig jener, die in Abschnitt 2.4.3 vorgelegt wurde (das Arbeitsprinzip der fremderregten Gleichstrommaschine im Gegenstrombetrieb).

Läßt man die Maschine in der oben analysierte Situation gemäß Kennlinie b (Bild 2.57) arbeiten, wird die Anlage gebremst und die Winkelgeschwindigkeit verringert sich nach und nach. Der Arbeitspunkt B wandert in Richtung des Punkts C. Zu einem bestimmten Zeitpunkt kommt die Anlage zum Stillstand (Punkt C), und danach beschleunigt sie im Linkslauf. Die elektrische Maschine arbeitet wieder im Motorbetrieb im III. Quadranten der (Ω, M)-Ebene, aber im Linkslauf. Der stationäre Betriebspunkt ist D.

Weil der Punkt D nicht günstig für die Walzenstraße ist, kann das System auf den Punkt A' (symmetrisch zu A in Verhältnis zu O) gebracht werden. Der Widerstand R_V wird bis auf Null verringert.

2.7.2 Bremsung im Generatorbetrieb mit Energierückgewinnung (Nutzbremsung)

Man setzt voraus, daß eine von Gleichstrommaschinen angetriebene elektrische Lokomotive einen Hang hinauffahren muß. Dabei muß sie auch ein bestimmtes, von den Schwerekräften und Reibungen erzeugtes Lastmoment überwinden. Solange der Zug steigt, arbeiten die elektrischen Maschinen im Motorbetrieb (Arbeitspunkt A, Bild 2.58). Aus den entsprechenden Betriebsgleichungen ergibt sich

$$I_A = \frac{U_A - k_E \Phi_E \Omega}{R_A}, \tag{2.47}$$

wobei $\Phi_E = \text{konst.}$

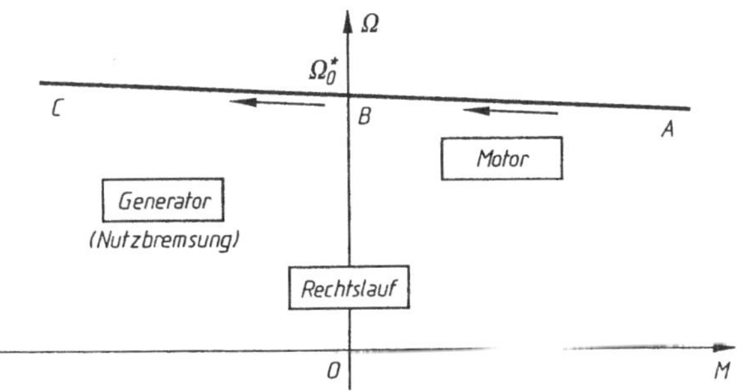

Bild 2.58
Mechanische Kennlinie $\Omega = f(M)$ für die Nutzbremsung

Aus dem obigen Ausdruck sieht man, daß, je mehr sich der Zug der Kuppe nähert und das Lastmoment abnimmt, auch der Ankerstrom I_A abnimmt und die Winkelgeschwindigkeit Ω zunimmt. Der Arbeitspunkt wandert auf der Kennlinie in Bild 2.58 vom größeren Drehmomentbereich nach *B*.

Ist der Aufstieg beendet, kommt der von der Lokomotive gezogenen Zug auf eine waagerechte Ebene, und dann setzt er seine Bewegung talabwärts fort. Am Anfang des Hangs werden jetzt die Schwerekräfte aktive Kräfte, die die Bewegung aufrechterhalten. Die Schwerekräfte können zu einem gegebenen Zeitpunkt die Reibungskräfte übersteigen. Das Widerstandsmoment an der Maschinenwelle wird Null, so wie der Strom I_A auch. In dieser Situation hat man $\Omega = \Omega_0^*$ (Punkt *B*). Die elektrischen Maschinen arbeiten nicht mehr im Motorbetrieb, aber sie drehen sich weiterhin, bei gleicher Drehrichtung wie bisher. Es handelt sich jetzt um einen idealen Leerlaufbetrieb.

Wird die Abstiegsneigung größer, vergrößert sich das auf die Welle der elektrischen Maschinen ausgeübte aktive Moment; der Zug beschleunigt, und die Winkelgeschwindigkeit Ω wird größer als Ω_0^* ($\Omega > \Omega_0^*$). Die in der Ankerwicklung induzierte Spannung U_E übersteigt, bei demselben Vorzeichen, die Klemmenspannung U_A, während der Strom I_A seine Richtung wechselt. Das von den Maschinen erzeugte Drehmoment wirkt in die entgegengesetzte Richtung, da der Erregerfluß unverändert geblieben ist. Es wird zum Bremsmoment, widersetzt sich der Zugbeschleunigung und begrenzt somit den Wert der Winkelgeschwindigkeit.

Da der Strom I_A seine Richtung gewechselt hat, die Polarität der Spannung U_A aber unverändert geblieben ist, bekommen die elektrischen Maschinen keine Leistung vom Stromnetz. Im Gegenteil, jetzt speisen sie elektrische Leistung in das Stromnetz zurück. Die elektrischen Maschinen arbeiten nun im Generatorbetrieb, auf Kosten der Verringerung potentieller Energie der Zugmasse im Schwerefeld. In dieser Betriebsart arbeitet eine elektrische Maschine wie eine Bremse, aber mit Rückgewinnung kinetischer Energie, was einen nennenswerter Vorteil darstellt.

Der elektrisch angetriebene Zug, der in einem hügeligen Gelände hinabfährt, kann dabei einem Zug, der hochfährt, elektrische Leistung über das Stromnetz zuliefern. Dadurch wird die für die gesamte Versorgung der elektrifizierten Eisenbahn einzuspeisende elektrische Leistung kleiner. Dieser Sachverhalt stellt gegenüber dem Fahrbetrieb mit Diesel-, Dampflokomotiven oder Lkw einen wesentlichsten Vorteil des elektrischen Fahrbetriebs dar; besonders bei gebirgigem Gelände.

Es soll darauf hingewiesen werden, daß in Bild 2.58 der Bremsbetrieb als Generator mit Energierückgewinnung (Nutzbremsung) im II. Quadranten stattfindet. Die entsprechenden Bremsbetriebspunkte befinden sich an der Verlängerung der mechanischen Kennlinien vom I. Quadranten, wie z.B. Punkt *C*, jenseits des Punkts *B*, der dem ideellen Leerlauf entspricht. Der Übergang vom Motorbetrieb in den *Bremsbetrieb als Generator* erfolgt stetig bei Überschreiten der idealen Leerlaufdrehzahl.

Die Nutzbremsung mit einer Gleichstrom-Reihenschlußmaschine wird durch Umschaltung des Feldes erreicht und bei älteren Straßenbahnantrieben realisiert.

Aus Sicherheitsgründen muß bei einer Nutzbremseinrichtung zusätzlich eine Widerstandsbremseinrichtung vorgesehen werden – z.B. für den Fall, daß das Netz nicht aufnahmefähig ist.

2.7.3 Bremsung im Generatorbetrieb ohne Energierückgewinnung (Widerstandsbremsung)

In zahlreichen Antriebssystemen benötigt man Bremsungen. In diesen Fällen kann auch die sogenannte Widerstandsbremsung angewendet werden.

Gegeben sei eine fremderregte Gleichstrommaschine, die im Motorbetrieb arbeitet (Punkt A, Bild 2.59) und eine Zentrifuge antreibt. Muß man die Zentrifuge abbremsen, wird der Ankerkreis vom Netz abgeschaltet und auf einen Widerstand R umgeschaltet. Bei diesem Vorgang bleibt der Erregerstrom unverändert. Die elektrische Maschine, die ihren Drehsinn beibehält, geht in Generatorbetrieb über und liefert, nach Abzug der Generatorverluste, elektrische Energie in den Widerstand. Diese Energie stammt aus der in der Zentrifugenmasse gespeicherten kinetischen Energie. Man muß den Widerstand R so auslegen, daß die kinetische Energie in Form von Wärme im Widerstand R, im Ankerwicklungswiderstand R_A der Maschine und durch Reibungen schnell aufgebraucht wird. Auf diese Weise kann die Zentrifuge gebremst werden.

Die in der Ankerwicklung der elektrischen Maschine induzierte Spannung hat dasselbe Vorzeichen wie vorher. Die Stromrichtung wird jetzt von dieser induzierte Spannung bestimmt und ist der Stromrichtung im Motorbetrieb entgegengesetzt. Das von der Maschine erzeugte Drehmoment wird jetzt zum Bremsdrehmoment (Punkt B, Bild 2.59).

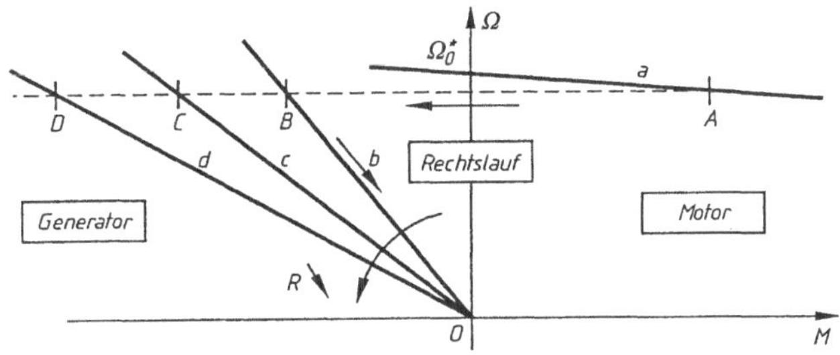

Bild 2.59
Mechanische Kennlinien $\Omega = f(M)$ für die Widerstandsbremsung (II. Quadrant)

Die Betriebsgleichungen der Maschine sind unter diesen Umständen:

$$E = k_E \Phi_E \Omega = (R_A + R) I_A + U_{BK} ,$$
$$M = -k_E \Phi_E I_A = -k_E \Phi_E \frac{k_E \Phi_E \Omega - U_{BK}}{R_A + R} . \tag{2.48}$$

Wird der Bürstenspannungsabfall vernachlässigt, bekommt man folgende Beziehung zwischen dem Bremsmoment M und der Winkelgeschwindigkeit Ω :

$$M = -\frac{(k_E \Phi_E)^2}{R_A + R} \Omega . \tag{2.49}$$

Gl. (2.49) stellt eine Gerade veränderlicher Steigung dar, die durch den Koordinatenursprung geht (Kennlinie b, Bild 2.59). Ihre Steigung hängt von dem Erregerfluß und dem Widerstand R ab; bei einem gegebenen Erregerfluß ist das Bremsmoment im ersten Bremsaugenblick um so höher, also die Bremsung um so schneller, je kleiner der Widerstand R ist; die Höhe des Ankerstroms ist dabei zu beachten, um keine Schäden am Kommutator zu erhalten.

2.8 Drehzahlsteuerung der Gleichstrommotoren

Betrachtet man die Drehzahlsteuerung – manuell oder automatisiert – so weisen Gleichstrommotoren im Vergleich zu den üblichen Wechselstrommotoren Vorteile auf. Diese Vorteile bestehen in der einfachen Art der Steuerung. Die Notwendigkeit der Drehzahlsteuerung bei konstantem Drehmoment ist ersichtlich, wenn man an elektrische Lokomotiven und Fahrzeuge, Walzenstraßen, Werkzeugmaschinen usw. denkt. Aus der Untersuchung der Winkelgeschwindigkeit

$$\Omega = \frac{U_A - R_A I_A - U_{BK}}{k_E \Phi_E} ,$$

ergeben sich die Möglichkeiten der Drehzahlsteuerung, und zwar:

- Steuerung der Ankerkreisspannung U_A bei einer vorgegebenen Netzspannung U ,
- Steuerung des Erregerflusses Φ_E ,
- Steuerung der Spannung U des Versorgungsnetzes oder der Versorgungsquelle.

Jede der oben aufgezählten Methode wird im Folgenden zusammenfassend erörtert. Die Eigenschaften der erzielten Drehzahlsteuerung werden unter der Voraussetzung eines konstanten Lastmomentes M_L an der Motorwelle (elektromagnetisches Drehmoment M = konst.) betrachtet.

2.8.1 Drehzahlstellen über die Ankerspannung U_A

Das Verstellen der angelegten Ankerspannung (bei einem konstanten Erregerstrom i_E) von einem starren Versorgungsnetz (U = konst.) kann durch in den Ankerkreis eingeschaltete verstellbare Widerstände erzielt werden (Bild 2.60). Indem man die in Bild 2.60 eingeführten Bezeichnungen benützt, bekommt man folgende Betriebsgleichungen:

$$U_A = k_E \Phi_E \Omega + R_A I_A ,$$

$$U_A + R_V I_A = U ,$$

$$M = k_E \Phi_E I_A .$$

Es ergibt sich

$$\Omega = \Omega_0^* - \frac{R_A + R_V}{(k_E \Phi_E)^2} M ,$$

wobei $\Omega_0^* = U/k_E\Phi_E$ die ideelle Leerlaufwinkelgeschwindigkeit ist. Dementsprechend ist auch die neue mechanische künstliche Kennlinie eine Gerade (Bild 2.61: für R_{V1} die Gerade b, für R_{V2} die Gerade c bzw. für R_{V3} die Gerade d). Ist R_V verstellbar – stufenweise oder stufenlos – erhält man ein Kennlinienfeld veränderlicher Steigung, wobei alle mechanischen Charakteristiken denselben Schnittpunkt Ω_0^* auf der Ordinatenachse aufweisen. Aus Bild 2.61 ergibt sich sofort, daß sich der Motor bei einem konstanten Drehmoment M, z.B. $M = M_N$, mit einer einstellbaren Winkelgeschwindigkeit drehen kann, falls R_V einstellbar ist. Theoretisch könnte der Motor bei jeder Winkelgeschwindigkeit zwischen Null und beinahe Ω_0^* arbeiten. Wegen der unten angegebenen Betrachtungen wird der Drehzahlstellbereich in der Praxis auf $0{,}3\Omega_0^*$ bis Ω_0^* begrenzt.

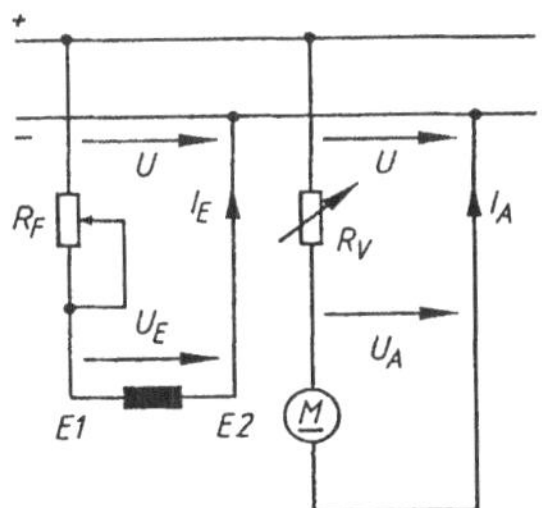

Bild 2.60
Schaltbild zur Drehzahlsteuerung des fremderregten Gleichstrommotors mittels im Ankerkreis eingeschalteter verstellbarer Widerstände

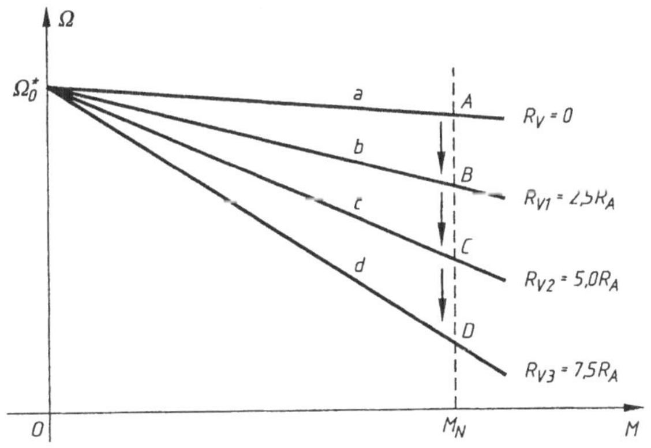

Bild 2.61
Kennlinienfeld zum Drehzahlstellen des Gleichstrommotors bei verschiedenen im Ankerkreis eingeschalteten Widerständen ($R_{V1} < R_{V2} < R_{V3}$).

Diese Drehzahlstellmethode ist durch folgende Merkmale gekennzeichnet:

- Die Nutzleistung $P_2 = M_L \Omega \approx M\Omega$ ist proportional zur Winkelgeschwindigkeit, während die aufgenommene Leistung $P_1 = U_A I_A$ konstant bleibt. Bei konstantem Drehmoment wird die Nutzleistung um so kleiner, je niedriger die Winkelgeschwindigkeit wird. Der Wirkungsgrad nimmt also gleichzeitig mit der Winkelgeschwindigkeit ab.
- Nimmt die Winkelgeschwindigkeit ab, wird die Kühlung des Motors immer schwieriger, da eine geringere Kühlung auftritt.
- Die Kommutierung ist besser bei niedrigen Winkelgeschwindigkeiten.
- Der Drehzahlstellbereich ist größer bei größeren Drehmomenten.
- Die Methode ist wegen der hohen Verlusten im Vorwiderstand höchst unwirtschaftlich. Die Gerätekosten sind hoch, da der Widerstand R_V groß und teuer ist.
- Die Einstellung der Drehzahl (Winkelgeschwindigkeit) kann nur unter Ω_0 stattfinden.
- Die thermische Bemessung des Vorwiderstands R_V stimmt selbstverständlich nicht mit der eines Anlaßwiderstands überein. Der Stellwiderstand R_V muß für Dauerbetrieb bemessen und hergestellt werden, denn er könnte dauernd im Motorankerkreis eingeschaltet bleiben. Er kann jedoch auch nur als Anlaßwiderstand genutzt werden. Die Nutzung eines Anlaßwiderstandes zum Drehzahlstellen ist umgekehrt i.a. nicht gestattet!

2.8.2 Feldsteuerung

Die Drehzahleinstellung kann auch durch Verringerung des Erregerstroms I_E mit Hilfe des Feldwiderstandes R_F ausgeführt werden.

Es wird wie vorher vorausgesetzt, daß das Drehmoment konstant bleibt, aber kleiner als das Nennmoment ist. Zunächst wird ein fremderregter Motor mit $R_V = 0$ und $U_A = U =$ konst. am starrem Versorgungsnetz betrachtet. Für zwei verschiedene Werte I_{E1} und I_{E2} des Erregerstroms ergeben sich zwei verschiedene Werte des Erregerflusses, Φ_{E1} bzw. Φ_{E2}. Es sei $\Phi_{E1} < \Phi_{E2}$. Da $M =$ konst., folgt $I_{A1} > I_{A2}$. Aus

$$\frac{\Omega_1}{\Omega_2} = \frac{\Phi_{E1}}{\Phi_{E2}} \times \frac{U_A - R_A I_{A1} - U_{BK}}{U_A - R_A I_{A2} - U_{BK}}, \tag{2.50}$$

wird berücksichtigt, daß der Spannungsabfall $R_A I_A$ nur einige Prozent der Summe $(U_A - R_A I_A - U_{BK})$ beträgt, ergibt sich $\Omega_1 > \Omega_2$. Folglich führt die Verringerung des Erregerstroms unter der Bedingung eines konstanten Drehmoments zur Erhöhung der Drehzahl und des Ankerstroms. Die entsprechenden mechanischen Kennlinien sind in Bild 2.62 dargestellt.

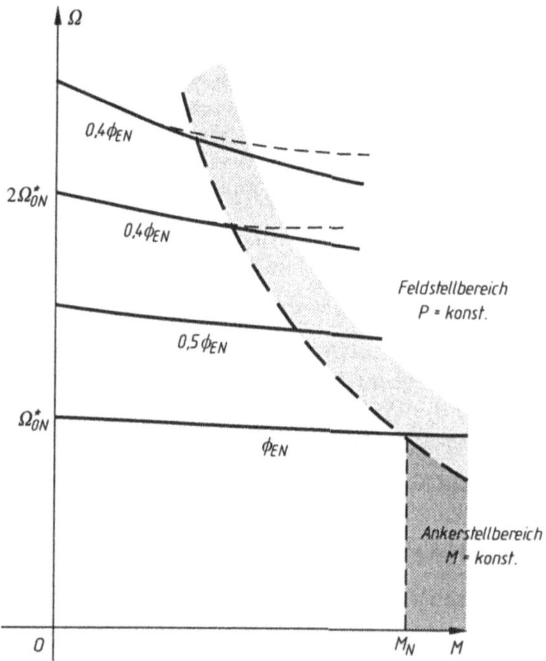

Bild 2.62
Kennlinien zur Drehzahlsteuerung bei verschiedenen Erregerflüssen (M_N, Φ_{EN} Nenndrehmoment bzw. Nennerregerfluß)

Man bemerkt, daß bei konstantem Drehmoment, gleichzeitig mit der Verringerung des Erregerflusses, der vom Motor aufgenommene Strom I_A ansteigt. Wenn dieser Strom den höchstzulässigen Wert I_{AN} (vom Standpunkt der Kommutatorbelastung) überschritten hat, ist der Motorbetrieb nur noch kurzzeitig erlaubt. In Bild 2.62 wurde auch die Hyperbel dargestellt, die der Gleichung $M\Omega = P_N =$ konst. entspricht. Diese Hyperbel teilt den I. Quadranten in zwei Bereiche. Der Motorbetrieb im schraffierten Bereich ist nur kurzzeitig zulässig, da hier $I_A > I_{AN}$.

Aus den obigen Betrachtungen geht hervor, daß die Drehzahlstellung mit der Feldsteuerungsmethode durch folgende Eigenschaften charakterisiert ist:

- Bei gleichbleibendem Drehmoment wächst die vom Netz aufgenommene Leistung $P_1 = U_A I_A$ proportional zu I_A, und gleichzeitig steigt die Winkelgeschwindigkeit, wegen der Verringerung des Erregerstroms. Die Nutzleistung $P_2 = M_L \Omega \approx M \Omega$ erhöht sich bei der Verringerung des Erregerstroms. Der Wirkungsgrad wird durch Vergrößerung der Jouleschen Verluste $R_A I_A^2$ in der Ankerwicklung bestimmt.
- Wird der Erregerfluß kleiner, nimmt das zulässige Motordrehmoment, vom Standpunkt der Erwärmung, ab.
- Die Kommutierung (Stromwendung) ist schwieriger, da die Drehzahl und der Ankerstrom gleichzeitig ansteigen.
- Die Winkelgeschwindigkeit kann nur erhöht, aber kaum unter die Nennwinkelgeschwindigkeit Ω_N (die dem Nennerregerstrom entspricht) eingestellt werden. Der Erregerfluß kann den Nennerregerfluß nicht wesentlich überschreiten, weil der magnetische Kreis gesättigt wird und ein zu hoher Erregerstrom benötigt würde. Eine Vergrößerung des Erregerstroms kommt also nicht in Betracht, auch aus thermischen Gründen.
- Die Drehzahlstellung mittels der Feldsteuerung ist deutlich kostengünstiger als die Drehzahlstellung durch die angelegte Ankerspannung aus einem starren Stromnetz, da der Erregerstrom und folglich die Wärmeverluste im Feldwiderstand viel kleiner sind.
- Die Gerätekosten sind relativ gering, da der Feldwiderstand kleinere Werte hat.
- Im Falle einer starken Feldschwächung und bei starkem Ankerstromanstieg kann der Motor instabil arbeiten. Ist das Erregerfeld sehr schwach geworden und das Ankerquerrückwirkungsfeld der Ankerwicklung sehr stark, nimmt der resultierende Fluß Φ_μ im Vergleich zu Φ_E stark ab. Die mechanische Kennlinie kann ansteigen (s. Bild 2.62, mit unterbrochenen Linien gezeichneten Kurven), der Betrieb wird aus diesem Grunde instabil. Demnach darf die Drehzahlstellung über das Erregerfeld nur im nicht schraffierten Bereich stattfinden. Durch die Feldschwächung wird das Hauptfeld stark verzerrt. Dadurch wird die Segmentspannung zwischen zwei Kommutatorsegmenten u.U. unzulässig hoch. Hohe Feldschwächung findet man daher nur bei Maschinen mit Kompensationswicklung. Hier ist ein Bereich 1:10 möglich.

Die obigen Betrachtungen können auch beim Gleichstrom-Reihenschlußmotor angewendet werden. Man braucht hier einen einstellbaren Widerstand, der parallel zur Erregerwicklung eingeschaltet werden muß (Bild 2.63), um den Erregerstrom einzustellen.

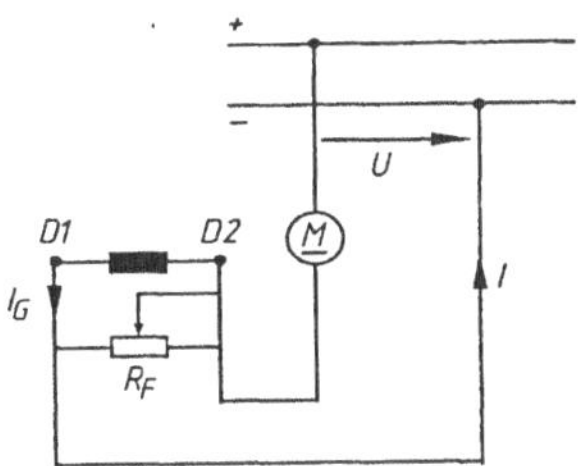

Bild 2.63
Einschalten eines einstellbaren Widerstandes parallel zur Erregerwicklung beim Gleichstrom-Reihenschlußmotor

2.8.3 Leonard-Umformer

Die Drehzahlstellung durch *Motor-Generator-Sätze* wie *Leonard- und* (mit Schwungrad) *Ilgner Umformer* wird nur im Falle eines sehr großen Drehzahlstellbereichs angewendet. Der Gleichstrommotor benötigt eine eigene Versorgungsspannung in Form eines Gleichstromgenerators oder einer Stromrichteranlage (Gleichrichter) verstellbarer Spannung. Im Folgenden wird nur der Motor-Generator-Satz behandelt; die Lösungen mit Stromrichterantrieben, die heute überwiegend eingesetzt werden, werden später ausführlich erklärt und untersucht.

Der sogenannte *Motor-Generator-Satz* oder *Leonard-Umformer* ist etwa 90 Jahre alt und wird als klassische Variante – im Laborbetrieb – eingesetzt. Er ist der Stammvater verschiedener moderner, mit Stromrichterstellgliedern ausgestatteter Antriebsschaltungen. Das Grundprinzip des Motor-Generator-Satzes ist die Drehzahlstellung eines fremd- oder reihenerregten Gleichstrommotors über eine von einem eigenen Generator gespeiste verstellbare Ankerspannung. Bild 2.64 zeigt den Grundtyp der Leonardschaltung.

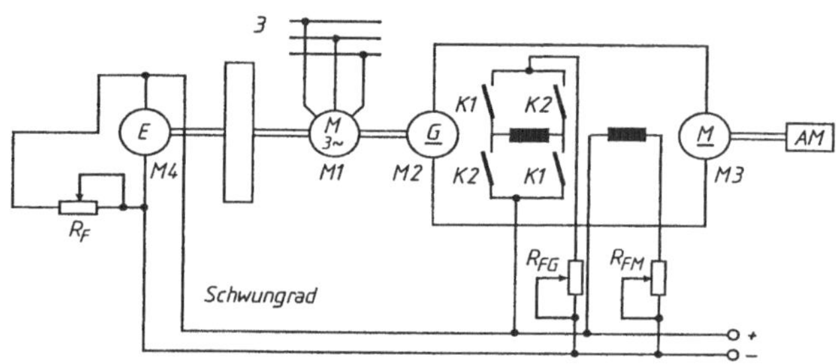

Bild 2.64
Blockschaltbild des Leonard-Umformers (mit Schwungrad: Ilgner-Umformer)

Der fremderregte Gleichstrommotor M3, der die Arbeitsmaschine AM antreibt, wird vom Gleichstromgenerator M2 mit verstellbarer Spannung gespeist. Dieser Generator wird vom Motor M1 angetrieben. Der Motor M1 kann ein Asynchronmotor (bei kleinen Leistungen), ein Schleifringläufer-Asynchronmotor, ein Synchronmotor (bei hohen Leistungen) oder ein Dieselmotor (z.B. für dieselelektrische Lokomotiven und Schiffe) sein. Damit der Motor-Generator-Satz seine elektrische Leistung nur aus einem starren Drehstromnetz bekommen kann, wird noch eine weitere elektrische Maschine M4 benötigt, um die Gleichspannung für die Erregerwicklungen der Maschinen M2 und M3 zu liefern, wenn man nicht Stromrichter nutzt. Diese Maschine, eigentlich ein selbsterregter Nebenschlußgenerator, wird Erregermaschine (E) genannt. Ihre Nennleistung ist viel kleiner als die Nennleistung anderer elektrischer Maschinen dieses Satzes, die beinahe einheitlicher Nennleistung sind.

Das Reversieren des Motors M3 wird durch die Änderung der Ankerspannungspolarität des Generators M2 oder durch den Richtungswechsel des Erregerstroms vom Motor M3 erzielt. In der Schaltung in Bild 2.64 findet die Änderung der Ankerspannungspolarität des Generators über eine Polwenderschaltung im Erregerfeld (Brücke zweier Schützkontakte) statt. In der Steuerschaltung der Schützkontakte muß es eine Verriegelung geben (K1 darf nur dann eingeschaltet werden, wenn K2 ausgeschaltet ist und umgekehrt).

Um das Arbeitsprinzip zu erklären, wird vorausgesetzt, daß die Maschinen sich vorerst im Stillstand und ohne Spannung befinden. Der Antriebsmotor M1 wird gestartet, die Spannung der Erregermaschine M4 wird über den Feldwiderstand R_F eingestellt. Vor dem Anlassen des Motors M3 wird geprüft, ob der Feldwiderstand R_{FG} des Generators M2 seinen höchsten und der Feldwiderstand R_{FM} des Motors M3 seinen niedrigsten Wert haben. Die gewünschte Drehrichtung des Motors M3 wird gewählt, indem die Kontakte K1 oder K2 entsprechend geschlossen werden. Danach erregt man den Generator M2 stufenweise über den Feldwiderstand R_{FG}, bis die nötige Spannung für die Motordrehzahl erreicht wird. Durch Richtungsänderung seines Erregerstroms ändert der Generator M2 die Richtung seiner Spannung; damit ändert sich die Richtung der Motordrehzahl.

Wird die Spannung an den Generatorklemmen kleiner als die durch Bewegung induzierte Spannung in der Ankerwicklung des Motors M3 – eine Situation, die nach einer schnellen Abnahme des Erregerstroms des Generators M2 gegeben ist und zur schnellen Bremsung benützt wird – wechseln untereinander die Maschinen M3 und M2 ihre Betriebsart. Die Maschine M3 geht in den Generatorbetrieb (Nutzbremsung) über. Die in den drehenden Teilen der Arbeitsmaschine gespeicherte kinetische Energie wird, abgesehen von einigen kleinen Verlusten, an die Welle der Maschine M2 übertragen, die jetzt im Motorbetrieb arbeitet. Überschreitet die Drehzahl der Maschine M1 (als Asynchronmaschine vorausgesetzt) ihre Synchrondrehzahl, wird diese Maschine als Generator mit Rückgewinnung der Energie arbeiten, d.h. sie wird elektrische Energie dem Versorgungsnetz zuführen. Bei einer Synchronmaschine ändert sich der Polradwinkel, und sie arbeitet ebenfalls als Generator.

Die Nenndrehzahl des Motors M3 wird bei Nennspeisespannung und Nennerregerfluß erreicht. Wären die Hauptmaschinen des Satzes Spezialmaschinen, würde man durch die Erhöhung der Generatorspannung höhere Drehzahlen als die Nenndrehzahl bekommen. Die Drehzahl des Motors M3 kann noch gesteigert werden, wenn sein Erregerfluß geschwächt wird. Durch Erregungsveränderung des Generators kann einen Drehzahlstellbereich von etwa 8:1 erzielt werden. Ändert man auch den Erregerfluß des Motors, wird der Drehzahlstellbereich noch größer, etwa 25:1. Bei Einsatz eines Drehzahlregelungssystems kann sogar ein Drehzahlstellbereich 1000:1 erreicht werden.

Um die Gleichung der mechanischen Kennlinien $\Omega_{\mathrm{M}} = f(M)$ des Motors M3 herzuleiten, betrachtet man das Ersatzschaltbild im stationären Betrieb des gemeinsamen Ankerkreises der Maschinen M2 und M3 (Bild 2.65). Die Indizes G und M beziehen sich auf den Generator (Maschine M2) bzw. auf den Motor (Maschine M3). Der Gesamtwiderstand des Ankerkreises beider Maschinen beträgt $R_{\mathrm{A}} = R_{\mathrm{AG}} + R_{\mathrm{AM}}$. Laut Schaltbild (Bild 2.65) gilt:

$$E_{\mathrm{EG}} + E_{\mathrm{EM}} = R_{\mathrm{A}}\, I_{\mathrm{A}}\,.$$

Im stationären Betrieb gilt:

$$E_{\mathrm{EG}} = k_{\mathrm{G}}\, \Phi_{\mathrm{FG}}\, \Omega_{\mathrm{G}}\,,$$

$$E_{\mathrm{EM}} = -\, k_{\mathrm{M}}\, \Phi_{\mathrm{FM}}\, \Omega_{\mathrm{M}}\,.$$

Das elektromagnetische Drehmoment des Motors M3 ist

$$M_{\mathrm{M}} = k_{\mathrm{M}}\, \Phi_{\mathrm{EM}}\, I_{\mathrm{A}}\,.$$

Werden aus den vier obigen Gleichungen die Größen E_{EG}, E_{EM} und I_{A} eliminiert, ergibt sich:

$$\Omega_{\mathrm{M}} = \frac{k_{\mathrm{G}}\, \Phi_{\mathrm{EG}}\, \Omega_{\mathrm{G}}}{k_{\mathrm{M}}\, \Phi_{\mathrm{EM}}} - \frac{R_{\mathrm{A}}}{\left(k_{\mathrm{M}}\, \Phi_{\mathrm{EM}}\right)^2}\, M_{\mathrm{M}}\,. \tag{2.51}$$

Man bemerkt, daß der Drehzahlabfall (das zweite Glied auf der rechten Seite) im Motorbetrieb im Leonard-Satz größer ist als derjenige, der nur dem Motor, bei seiner Versorgung unmittelbar aus einem Stromnetz mit Innenwiderstand Null, entsprechen würde. Im ersten Fall tritt beim Drehzahlabfall der Faktor $R_{\mathrm{A}} = R_{\mathrm{AG}} + R_{\mathrm{AM}}$ auf: die Steigung der mechanischen Kennlinien wird damit im Betrag größer, und die Kennlinien fallen stärker.

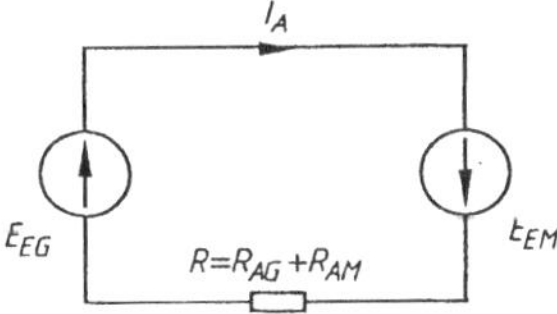

Bild 2.65
Äquivalenter gemeinsamer Ankerkreis eines Leonard-Umformers

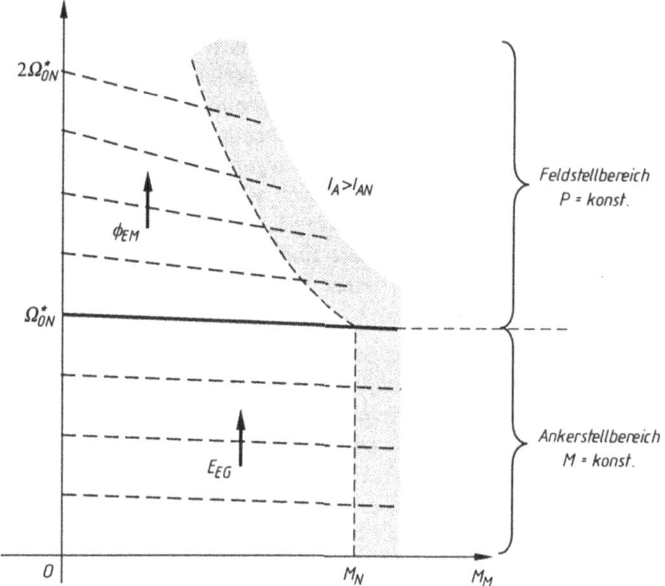

Bild 2.66
Kennlinienfeld
$\Omega = f(M)$ im
I. Quadranten eines
Leonard-Umformers

Aus Gl. (2.51) ergibt sich, daß die Drehzahlstellung auf zwei Arten ausgeführt werden kann:

- Beibehaltung eines konstanten Erregerflusses des Motors $\Phi_{\mu M}$ (üblicherweise $\Phi_{\mu M} = \Phi_{\mu MN}$ = konst.) und Änderung der induzierte Spannung U_{EG} des Generators durch die Verstellung seines Erregerflusses $\Phi_{\mu G}$ (durch den eigenen Feldwiderstand R_{FG}),
- Beibehaltung einer konstanten induzierte Spannung E_{EG} des Generators und Verstellung bzw. Verringerung des magnetischen Flusses $\Phi_{\mu M}$ des Motors (durch den eigenen Feldwiderstand R_{FM}).

Die gleichzeitige Verstellung beider Flüsse wird in der Praxis nicht angewendet. Auf diese Weise erzielt man einen größeren Drehzahlstellbereich und annehmbare Stromwerte im gemeinsamen Ankerkreis beider Hauptmaschinen.

Die mechanischen Kennlinien [Gl. (2.51)] bestehen aus zwei Bereichen (Bild 2.66). Der erste Bereich entspricht dem Betrieb des fremderregten, mit einstellbarer Spannung versorgten Motors. Die mechanischen, geraden Kennlinien liegen parallel zur Eigenkennlinie. Der zweite Bereich entspricht dem eines feldgeschwächten fremderregten Motors. Die Kennlinien sind Geraden; ihre Neigungen nehmen mit der Abnahme des Erregerflusses zu.

Die untere Grenze, bis zu der die Motordrehzahl ohne automatische Regelsysteme verstellt werden kann, beträgt ca. 0,1 Ω_N, da sich bei niedrigen Winkelgeschwindigkeiten der Betrag der Spannung an den Motorklemmen dem Spannungsabfall des Ankerstromkreises nähert. Die höchste erreichbare Winkelgeschwindigkeit – (2 bis 3)Ω_N – hängt von der Kommutierung, der mechanischen Läuferfestigkeit und der statischen Betriebsstabilität ab.

Die mechanischen Kennlinien in Bild 2.66 sind nicht in allen vier Quadranten eingezeichnet, die Maschine M3 kann aber in allen diesen Quadranten und Betrieben arbeiten.

Um die maximal zulässige Drehmomentänderung und die zulässige Höchstleistung darzustellen, wird der Drehzahlbereich in zwei Unterbereiche eingeteilt, unter und über der Nenndrehzahl:

- Im *ersten Unterbereich* ($\Omega_M < \Omega_N$), dem *Ankerstellbereich* oder *Spannungsstellbereich*, begrenzt der Ankerstrom die maximal zulässigen Werte des Drehmoments oder der Leistung. In diesem Unterbereich *bleibt der Erregerfluß des Motors unverändert bei seinem Nennwert* Φ_{FMN}. *Die Klemmenspannung ist unter ihren Nennwert* U_N *verstellbar.* Unter diesen Umständen beträgt – wenn der Ankerstrom bis zum Nennwert I_{AN} begrenzt wird – das zulässige Höchstdrehmoment $M_{max} = k_M \Phi_{EM} I_{AN} = M_N$. *Die Leistung ändert sich proportional zur Drehzahl* (Bild 2.67).
- Im *zweiten Unterbereich* ($\Omega_M > \Omega_{MN}$), dem *Feldstellbereich* bzw. *Feldschwächbereich, ist der Fluß* Φ_{EM} *geschwächt*; *die Spannung an den Klemmen des Motors bleibt konstant auf ihrem Nennwert* ($U_A = U_{AN}$ = konst.). Auf der Grenzkennlinie bleibt die Leistung bei verringertem Ankerstrom, aber steigender Drehzahl gleich $P_1 = U_A I_A \approx P_N$. Dabei *nimmt das maximal zulässige Drehmoment proportional zum Fluß ab* (bei einem angegebenen Ankerstrom – Bild 2.67).

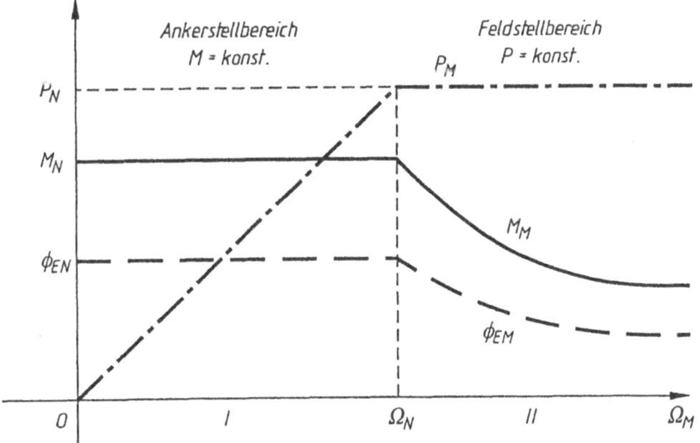

Bild 2.67
Nennmoment M_N und -leistung P_N bei einem Leonard-Umformer (I_A = konst.)

Die Hauptvorteile des Leonard-Umformers oder des Motor-Generator-Satzes bestehen in der guten Beherrschung der Steuerungsvorgänge, in der Energierückspeisung (Nutzbremsung) und in seiner Robustheit. Seine Nachteile sind:

- *hohe Anschaffungskosten und großer Raumbedarf*, durch die Anzahl der Hauptmaschinen bedingt,
- *große gesamtinstallierte Leistung* (ca. drei mal größer als die zum Antrieb der Arbeitsmaschine notwendige Leistung),
- *kleiner Gesamtwirkungsgrad* infolge mehrfacher Energieumwandlung auftretender Verluste; betragen die Wirkungsgrade einzelner elektrischen Hauptmaschinen $\eta_N = 0{,}8$, ergibt sich der Gesamtwirkungsgrad zu $\eta_{ges} = \eta_N^3 = 0{,}8^3 \approx 0{,}5$ (bei großen Nennleistungen wirtschaftlicher, z.B. $\eta_N = 0{,}95 \Rightarrow \eta_{ges} = 0{,}869$).

Der Leonard-Umformer wurde vornehmlich zum Antrieb der Arbeitsmaschinen eingesetzt, die eine Drehzahlstellung in einem breiten Drehzahlstellbereich und bei häufigem Bremsen und Reversieren benötigen (z.B. reversierbare Walzenstraßen, große Werkzeugmaschinen, Hebezeuge, Drahtseilbahnen, Großraum-Aufzugsanlagen großer Geschwindigkeit, Tiefbohranlagen usw.).

Durch die modernen Stromrichter hat er sehr stark an Bedeutung verloren und wird bei Neuanlagen nur noch in Laboratorien oder Anlagen für Entwicklungsländer oder Länder mit sehr schwachen öffentlichen Netzen eingesetzt.

2.9 Übungen

2Ü.1 *Folgende Angaben sind beim magnetischen Kreis in Bild 2.68-a bekannt: Windungszahl der Erregerspule $w_E = 500$, Erregergleichstrom $I_E = 0{,}56$ A, Luftspalt $\delta = 0{,}5$ mm, Ankerdurchmesser $D = 60$ mm, Eisenpermeabilität μ_{Fe}. Die Axiallänge l ist gleich der Polteilung τ, und die Polschuhbreite beträgt $2/3$ einer Polteilung ($b_p = 2\tau/3$).*

a) Es soll die Verteilung der magnetischen Flußdichte am Ankerumfang bestimmt werden. Im Äußeren der Polschuhbreite ist das magnetische Feld vernachlässigbar klein;

b) Welche ist die Flußdichte an einem Pol?

a) Zunächst wird die Verteilung der magnetischen Flußdichte am äußeren Ankerrandgebiet untersucht werden. Dafür wendet man das Durchflutungsgesetz auf einem Umlauf Γ_1 *ABCD* an. Dieser Umlauf schneidet den Luftspalt zweimal in der Nähe eines Pols (z.B. Nordpol in Bild 2.68-a und schließt sich über das Ankereisen und den entsprechenden Pol. Da $\mu_{Fe} \approx \infty$, wird $H_{Fe} \approx 0$, d.h. die magnetische Feldstärke in den Eisenteilen des Γ_1 ist vernachlässigbar klein.

Es seien H_{AB} die Feldstärke im Luftspalt der Dicke δ am Halbdurchschnitt *AB* und H_{DC} die Feldstärke am Halbdurchschnitt *DC*. Beide Felder sind vom Pol aus zum Läufer hin orientiert. Die magnetische Spannung längst des Umlaufs Γ_1 ist also

$$\oint_{\Gamma_1} \overline{H}\,\overline{\mathrm{d}s} = H_{AB}\delta - H_{DC}\delta \ .$$

Hier ist aber das obige Umlaufintegral der magnetischen Feldstärke gleich Null, da auch die Durchflutung Null ist; somit ergibt sich

$$H_{AB} = H_{DC} = H_1 \, .$$

Der Umlauf Γ_1 wurde *willkürlich* gewählt, unter der Bedingung daß er *zweimal radial den Luftspalt unter demselben Pol durchläuft.* Davon ergibt sich, daß am vom Nordpol bedeckten Ankerumfang die magnetische Feldstärke gleichbleibend – H_2 im Betrag, und immer längst eines Radius zum Läufer hin gerichtet ist.

Auf gleiche Weise kann die Gültigkeit einer ähnlichen Annahme auch für den Südpol gezeigt werden. Die magnetische Feldstärke ist gleichbleibend H_2 auf der gleichen Breite b_p des Südpols, nur ist sie zum Pol hingerichtet.

Um eine Beziehung zwischen den Größen H_1 und H_2 zu erhalten, wird das Gesetz des magnetischen Flusses einer geschlossenen Fläche S angewendet, die mit der zylindrischen Ankerfläche übereinstimmt. Der magnetische Fluß muß nur auf der Seitenfläche ausgerechnet werden, weil das magnetische Feld nur am Ankerrand – axiale gemeinsame Länge l des Läufers und der Maschinenpole – existiert. Das Feld an den beiden Kreisflächen des Läuferzylinders kann als Null betrachtet werden.

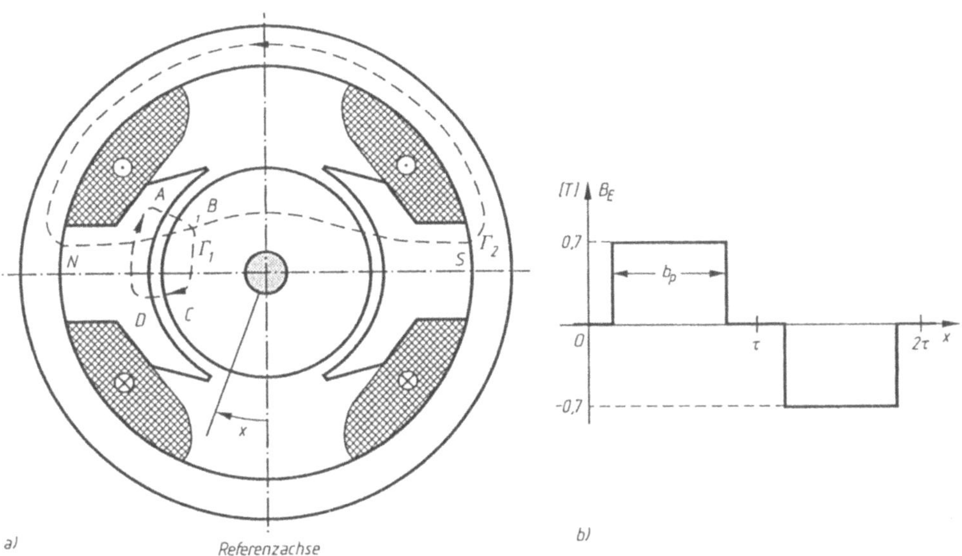

Bild 2.68 a) magnetischer Kreis und Erregerspulen,
b) magnetische Flußdichte B_E am Läuferumfang

Die von einem Pol bedeckte Fläche ist $A_p = b_p L$. Da der magnetische Fluß $\mu_0 H_1 A_p$ des Nordpols in den Läufer dringt, weist er, bei Anwendung des Gesetzes des magnetischen Flusses, ein negatives Vorzeichen auf. Der magnetische Fluß $\mu_0 H_2 A_p$ des Südpols kommt aus dem Läufer heraus und wird als positiv angenommen. Somit gilt:

$$\mu_0 H_1 A_p - \mu_0 H_2 A_p = 0 ,$$

woraus die Schlußfolgerung

$$H_1 = H_2 = H_E$$

gezogen wird. Demnach ändert sich das magnetische Feld am Läuferumfang laut Bild 2.68-b. Im Zwischenpolbereich ist das Feld gleich Null. Die magnetische Flußdichte verteilt sich somit periodisch am Läuferumfang. Die Periode beträgt 2τ, das doppelte der Polteilung $\tau(\tau = \pi D/2p)$.

Um den Betrag der Größe H_F zu bestimmen, wendet man noch einmal das Durchflutungsgesetz an, diesmal längst des Umlaufs Γ_2 der mit einer Feldlinie der magnetischen Flußdichte übereinstimmt; *dieser Umlauf führt zweimal über den Luftspalt, aber unter verschiedenen Polen.* Die magnetische Spannung ist

$$\oint_{\Gamma_2} \overline{H}\ \overline{ds} = H_1\delta + H_2\delta = 2H_E\delta .$$

Die Durchflutung entspricht einer offenen Fläche, die sich auf den Umlauf Γ_2 stützt und $2w_E I_E$ beträgt, da alle vom Erregerstrom durchflossenen Leiter dieselbe Stromrichtung zeigen und die Fläche $A_{\Gamma 2}$ durchsetzen. Somit gelten:

$$2H_E \delta = 2\, w_E I_E ,$$

$$H_E = \frac{w_E I_E}{\delta} = \frac{500 \times 0{,}56}{0{,}5 \times 10^{-3}} = 0{,}56 \times 10^6 \text{ A/m} ,$$

$$B_E = \mu_0 H_E = 4\pi \times 10^{-7} \times 0{,}56 \times 10^6 = 0{,}7 \text{ T} .$$

Anmerkung: Was geschieht, wenn der unter den zwei Polen angeordnete Luftspalt nicht die selbe Stärke (exzentrischer Läufer) aufweist?

- ist $p = 1$ (*zweipolige* Maschine) ändert sich nichts: $H_1 = H_2$, $H_1 \delta_1 + H_2 \delta_2 = 2w_E I_E$, folglich $H_1 = H_2 = H_E = 2w_E I_E (\delta_1 + \delta_2)$;
- für $p > 2$ führt der verschiedenartige Luftspalt zu ungleichen Feldern unter den am Ankerumfang befindenden Polen. Bei einem kleineren Luftspalt ist die Feldstärke größer und umgekehrt.

b) Der Polfluß ergibt sich zu:

$$\Phi_E = \int_0^\tau B_E(x)\, l\, dx = l b_p B_E = \frac{2}{3}\tau^2 B_E ,$$

$$\Phi_E = \frac{2}{3} \times \left(\frac{\pi \times 0{,}06}{2}\right)^2 \times 0{,}7 = 4{,}14 \times 10^{-3} Wb .$$

2Ü.2 *Die Abmessungen eines Polkerns (Bild 2.69) sind:* $l = \tau = 90$ *mm,* $b_m = 30$ *mm,* $h_m = 12$ *mm.*

a) Es sollen die Polspulen ausgelegt werden bei einer Erregerspannung der Maschine $U_E = 240$ *V. Die Maschine ist mit* $2p = 4$ *Polen ausgestattet, der Ausfüllfaktor einer aus Kupferdraht gefertigte Erregerspule (Verhältnis zwischen dem gesamten Kupferquerschnitt und der Querschnittfläche der Spule) ist* $k_{Cu} = 0{,}5$*. Die Erregerdurchflutung einer Spule beträgt* $\Theta_{SE} = w_{SE} I_E = 360$ *A.*

b) Es soll auch die Übertemperatur einer Erregerspule abgeschätzt werden. Der Wärmeübertragungskoeffizient ist $k_\theta = 20$ $W/°Cm^2$*.*

a) Der Widerstand der $2p$ hintereinander geschalteten Polspulen der Erregerwicklung ist

$$R_E = 2p\, \rho_{Cu0} \frac{w_S\, l_{mE}}{A_{CuE}} , \qquad (2.52)$$

wobei:

ρ_{Cu0} spezifischer elektrischer Widerstand von Kupfer ($1/58 = 0{,}01724\ \Omega\,mm^2/m$ bei 20 °C),
w_S Windungszahl einer Spule,
l_{mE} mittlere Windungslänge einer Erregerspule (m),
A_{CuE} reine Leiterquerschnittsfläche des Erregerkupferdrahtes (mm^2).

Nach dem Ohmschen Gesetz erhält man

$$U_E = R_E I_E = 2p \frac{l_{mE}}{A_{CuE}} \Theta_{SE} = \frac{l_{mE}\Theta_E}{A_{CuE}} ,$$

da $\Theta_{SE} = w_{SE} I_E$ (Ampèrewindungszahl einer Spule) und $\Theta_E = 2p\,\Theta_{SE}$ (Gesamtampèrewindungszahl der Erregerwicklung) sind. Von der letzten Gleichung ausgehend, kann die mittlere Windungslänge l_{mE} der Erregerspule ermittelt werden, wenn die Spulenabmessungen bekannt sind (Bild 2.69).

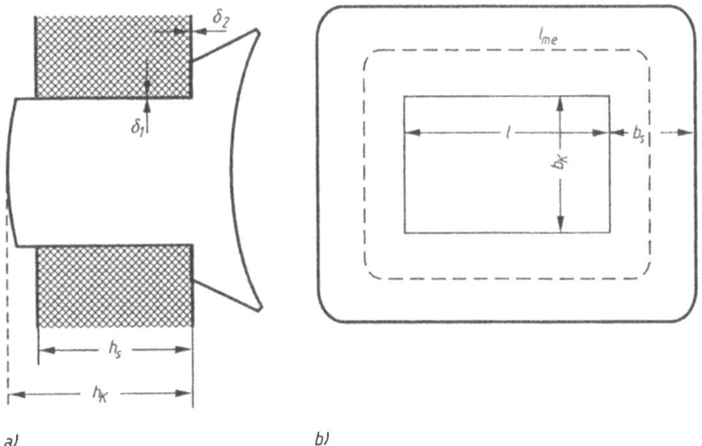

Bild 2.69 a) Polkern und Polerregerspule, b) Abmessungen einer Erregerspule

Die gesamte Kupferfläche einer Erregerspule ist

$$A_{CuSE} = w_{SE} A_{CuE} = w_{SE} I_E / J_E = \theta_E / J_E = 360/3 = 120 \text{ mm}^2,$$

und die Spulenquerschnittsfläche A_{SE} (in Bild 2.69-a grau unterlegt)

$$A_{SE} = A_{CuSE} / k_{CuE} = 120/0{,}5 = 240 \text{ mm}^2 .$$

Beträgt die Spulenhöhe $h_S \approx h_K = 12$ mm (Bild 2.69-a), kann die Spulendicke ermittelt werden:

$$b_S = A_{SE}/h_S = 240 / 12 = 20 \text{ mm} ,$$

die mittlere Windungslänge (Bild 2.69-b) ebenfalls:

$$l_{mE} = 2\,(l + b_K) + \pi b_S = 2 \times (90 + 30) + 20 \times 3{,}14 = 303 \text{ mm} .$$

Folglich bekommt man als Gesamtquerschnittsfläche der Erregerwicklung:

$$A_E = \frac{2p\rho_{Cu} l_{mE}\theta}{U_E} = \frac{2 \times 2{,}2 \times 10^{-8} \times 0{,}303 \times 360}{240} = 2 \times 10^{-8} \text{ m}^2 = 0{,}02 \text{ mm}^2,$$

wobei $\rho_{Cu} = 2{,}2 \times 10^{-8}$ Ωm (spezifischer Widerstand von Kupfer bei 75 °C).

Aus einem Kupferrunddraht-Katalog geht hervor, daß zu $A_{Cu} = 0{,}02$ mm² der normierte Durchmesser des Leiters $D_{Cu} = 0{,}16$ mm ist mit einem Isolationsschicht von insgesamt δ_{Di} = 0,02 mm. Der Gesamtdurchmesser des isolierten Drahtes wird

$$D_{Ei} = D_{Cu} + \delta_{Di} = 0{,}16 + 0{,}02 = 0{,}18 \text{ mm}$$

sein. Der notwendige Erregerstrom ist:

$$I_E = A_E\, J_E = 0{,}02 \times 3 = 0{,}06 \text{ A} ,$$

die Windungszahl der Spule:

$$w_E = \frac{\theta_E}{I_E} = \frac{360}{0{,}06} = 6000 \text{ Windungen} .$$

Um die Spule weiter auszulegen, müssen noch die Schichtanzahl der Spule und die Leiteranzahl pro Schicht bestimmt werden. So kann gleichzeitig, auch der gewählte Füllfaktor nachgeprüft werden.

Besser formuliert, kann man die Spulendicke b_S, die vorerst aufgrund von k_{Cu} gewählt wurde, nachprüfen. Die Spule ist als Wickelkörper ausgeführt (Bild 2.69-a), der zum Polkern hin eine Dicke δ_1 = 1 mm und seitlich eine Dicke δ_2 = 0,6 mm hat. Die Leiterzahl N_{CuSch} pro Spulenschicht ergibt sich, indem die Spulennutzhöhe durch den Durchmesser des isolierten Leiters geteilt wird:

$$N_{CuSch} = (h_S - 2\delta_2) / D_{Ei} = (12 - 2{\times}0{,}6) / 0{,}18 = 60$$

Kupferdrähte pro Spulenschicht. Somit beträgt die Schichtenzahl

$$N_{Sch} = \frac{w_E}{N_{CuSch}} = \frac{6000}{60} = 100 \text{ Schichten.}$$

Die eigentliche Spulendicke wird mithin:

$$b'_S = N_{Sch}\, D_E + \delta_1 = 100 \times 0{,}18 + 1 = 19 \text{ mm}$$

Dieser ermittelte Wert entspricht dem vorläufig gewählten Wert (b_S = 20 mm), so daß eine neue Berechnung nicht mehr nötig ist.

b) Als Übertragungsfläche A_W der in der Spule erzeugten Stromwärme wird nur die äußere Seitenfläche der Spule betrachtet, um eine gute Auslegung zu erreichen:

$$A_W = (b_K + 2l + 2\pi b_S)\, h_S = (2 \times 30 + 2 \times 90 + 40 \times 3{,}14) \times 12 = 4387 \text{ mm}^2 .$$

Die von der Stromwärme verursachten Übertemperatur, auf die Umgebungstemperatur bezogen, wird:

$$\theta = \frac{U_E I_E}{2 p \alpha A_W} = \frac{240 \times 0{,}06}{2 \times 20 \times 4{,}387 \times 10^{-3}} = 82 \text{ K} .$$

Die Spulentemperatur θ_{S0} unter normalen Umgebungsbedingungen (bei einer Lufttemperatur θ_L = 40 °C) ist

$$\theta_{S0} = \theta + \theta_L = 82 + 40 = 122 \text{ °C} .$$

Die Spulenisolation muß Wärmeklasse B sein.

2Ü.3 *Es soll die Übertragungsfunktion eines fremderregten Generators bestimmt werden. Die Eingangsgröße ist die Erregerspannung, die Ausgangsgröße die Leerlauf-Ankerspannung (bei konstanter Winkelgeschwindigkeit). Man vernachlässigt die Sättigung des magnetischen Kreises und den Bürstenspannungsabfall (Bild 2.70).*

Die Gleichungen des Generators sind:

$$e = M_{EA}\, \Omega\, i_E ,$$

$$u_E = R_E\, i_E + L_{EE} \frac{di_E}{dt} .$$

Durch Anwendung der Laplace-Transformation unter Null-Anfangsbedingungen erhält man folgende Transformierten:

$$E(s) = M_{EA}\, \Omega I_E(s) ,$$

$$U_E(s) = (R_E + s\, L_{EE})\, I_E(s) .$$

Eliminiert man $I_E(s)$ aus den beiden obigen Gleichungen, ergibt sich die verlangte Übertragungsfunktion:

$$F_{ü} = \frac{U_A(s)}{U_E(s)} = \frac{E(s)}{U_E(s)} = \frac{M_{EA}\,\Omega}{R_E + s\,L_{EE}} = \frac{k_U}{1 + s\,\tau_E} ,$$

wobei $k_U = M_{EA}\,\Omega/R$ und $\tau_E = L_{EE}/R_E$.

Die Zeitkonstante τ_E nimmt Werte zwischen (0,1 bis 0,6) s an. Infolgedessen kann der fremderregte Generator als ein Leistungsverstärker mit einem Verstärkungskoeffizienten k_U betrachtet werden. Sein Verhalten ist folglich dasjenige eines Verzögerungselements erster Ordnung (PT1). Die Verzögerung wird von der elektromagnetischen Trägheit der Erregerwicklung verursacht.

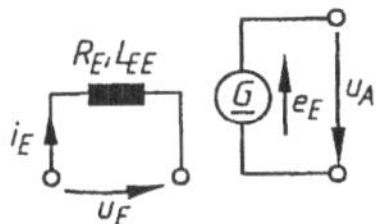

Bild 2.70
Schaltbild eines fremderregten Gleichstromgenerators

Was den Leistungsgewinn anbelangt, kann dieser als ein Verhältnis zwischen der Nutzleistung des Generators und der Erregerleistung definiert werden:

$$K_P = \frac{P_2}{P_E} \approx 10 \text{ bis } 100 .$$

Die Erregerleistung beträgt (1 bis 5) % der Nutzleistung. Bei Generatoren größerer Leistung ist der Prozentsatz kleiner und umgekehrt.

2Ü.4 *Von einem fremderregten Gleichstrommotor sind bekannt: Nenn-Ankerspannung U_{AN} = 440 V, Nenn-Ankerstrom I_{AN} = 50 A, Ankerwiderstand R_A = 0,6 Ω, Nenn-Bürstenspannungsabfall U_{BK} = 3 V, Nenndrehzahl $n_N = 800\ min^{-1}$, Erregerkreiswiderstand R_E = 176 Ω .*

a) *Welche ist die im Nennbetrieb induzierte Spannung E_N?*

b) *Wie groß ist das vom Motor erzeugte elektromagnetische Drehmoment M_N in diesem Fall?*

c) *Falls die mechanischen Verluste P_m = 500 W und die Eisenverluste P_{Fe} = 600 W betragen, wie hoch ist der Wirkungsgrad η_N des Motors?*

d) *Welches ist das vom Motor entwickelte Nutzmoment $M_W = M_2 = M_L$ (M_W = Moment an der Welle, M_2 = Sekundärmoment, M_L = Lastmoment)?*

a) Die induzierte Spannung E_N ist aus der Spannungsgleichung zu errechnen:

$$E_N = U_A - R_{AN}\,I_{AN} - U_{BK} = 440 - 0{,}6 \times 50 - 3 = 407 \text{ V} .$$

b) Um das elektromagnetische Drehmoment zu berechnen, verwendet man den doppelten Ausdruck der elektromagnetischen Leistung, $P = -E\,I_A = M\,\Omega$. Damit erhält man:

$$M_N = \frac{E_N\,I_{AN}}{\Omega_N} = \frac{407 \times 50 \times 60}{2 \times 3{,}14 \times 800} = 242{,}9 \text{ Nm} .$$

c) Da es sich um einen Nebenschlußmotor handelt, beträgt der gesamte vom Stromnetz aufgenommene Motorstrom:

$$I_N = I_{AN} + I_{EN} = I_{AN} + \frac{U_{AN}}{R_E} = 50 + \frac{440}{176} = 52{,}5 \text{ A} .$$

Die vom Stromnetz dem Motor zugeführte Nennleistung ist somit:

$$P_{1N} = U_{AN} I_{AN} = 440 \times 52{,}5 = 23100 \text{ W} = 23{,}1 \text{ kW}$$

Die Gesamtverluste in der Maschine beim Nennbetrieb sind:

$$\begin{aligned}\Sigma P_{VN} &= P_{JAN} + P_{JFN} + P_m + P_{FE} = R_A I_{AN}^2 + U_{AN} I_{FN} + P_m + P_{Fe} = \\ &= 0{,}6 \times 50^2 + 440 \times 2{,}5 + 500 + 600 = 3700 \text{ W} .\end{aligned}$$

Letztendlich kann man den Nennwirkungsgrad der Maschine ausrechnen:

$$\eta_N = \frac{P_{2N}}{P_{1N}} = \frac{P - \Sigma P_{VN}}{P_{1N}} = 1 - \frac{\Sigma P_{VN}}{P_{1N}} = 1 - \frac{3700}{23100} = 0{,}84 .$$

d) Das Nutzmoment im Nennbetrieb wird mittels der Nutzleistung $P_{2N} = P_{1N} - \Sigma P_{VN}$ berechnet, da die Winkelgeschwindigkeit bekannt ist:

$$M_{LN} = M_{WN} = M_{2N} = \frac{P_{2N}}{\Omega_N} = \frac{P - \Sigma P_{VN}}{\Omega_N} = \frac{23100 - 3700}{2 \times 314 \times 800} \times 60 = 231{,}7 \text{ Nm} .$$

2Ü.5 *Ein fremderregter Gleichstrommotor hat folgende Angaben: $U_N = 220$ V, $I_N = 360$ A (gesamt aufgenommener Strom), $R_A = 0{,}025\ \Omega$, $R_E = 48\ \Omega$. Die Magnetisierungskennlinie ist tabellarisch vorhanden,*

E/E_{EB}	0,40	0,60	1,00	1,20	1,33	1,40
I_E/I_{EB}	0,40	0,60	1,00	1,50	2,00	2,50

wobei die bezugsinduzierte Spannung $E_{EB} = -210$ V und der Bezugserregerstrom $I_{EB} = 5$ A betragen. Die Bezugsdrehzahl ist $n_B = 470$ min^{-1}. Unter Vernachlässigung von Ankerrückwirkungseffekten und Bürstenspannungsabfall sind folgende Größen zu bestimmen:

a) die Leerlaufdrehzahl n_{01}, wenn der Ankerkreis von einem Leerlaufstrom $I_{A01} = 10$ A durchflossen ist,

b) die Nenndrehzahl, wenn der gesamtaufgenommene Nennstrom $I_N = 360$ A beträgt,

c) der Feldwiderstand R_F, der in Reihe zur Erregerwicklung eingeschaltet werden muß, wenn die Leerlaufdrehzahl $n_{02} = 1200$ min^{-1} betragen soll (bei einem Leerlaufstrom I_{A02} = 12 A). Wie hoch ist die Nenndrehzahl n_{N2} unter diesen Umständen?

a) Der Erregerstrom ist

$$I_E = \frac{U_N}{R_E} = \frac{220}{48} = 4{,}6 \text{ A} ,$$

und sein bezogenen Wert beträgt $I_E/I_{EB} = 4{,}6/5 = 0{,}92$.

Einer Bezugsdrehzahl $n_B = 470$ min^{-1} und einem bezogenem Erregerstrom 0,92 entspricht eine gleichfalls bezogene induzierte Spannung 0,92 (siehe obige Tabelle). Damit bekommt man:

$$E_{1B} = 0{,}92\, E_B = 0{,}92 \times (-210) = -193{,}20 \text{ V} .$$

Bei einer noch unbekannten Leerlaufdrehzahl n_{01} ist die induzierte Spannung:

$$E_{E1} = -U_N + R_A I_{A01} = -220 + 0{,}025 \times 10 = -219{,}75 \text{ V} .$$

Vom Vorzeichen abgesehen ist die induzierte Spannung der betrachteten Maschine, bei gleichbleibendem Erregerstrom, der Drehzahl proportional :

$$\frac{E_{E1}}{E_{1B}} = \frac{n_{01}}{n_B} .$$

Daraus folgt

$$n_{01} = n_B \frac{E_{01}}{E_{1B}} = 470 \times \frac{-219{,}75}{-193{,}20} = 534{,}59 \text{ min}^{-1} .$$

b) Unter Nennlast ändert sich die induzierte Spannung:

$$E_{1N} = -U_N + R_A I_{AN} = -U_N + R_A (I_N - I_E) = -220 + 0{,}025 \times (360 - 4{,}6) = -211{,}11 \text{ V}.$$

Infolgedessen wird die Drehzahl des Motors:

$$n_{N1} = n_B \frac{E_{1N}}{E_{1B}} = 470 \times \frac{-211{,}11}{-193{,}20} = 513{,}56 \text{ min}^{-1} .$$

Aus diesen Ergebnissen ist ersichtlich, daß die Drehzahl des Motors unter Nennlast im Vergleich zum Leerlauf nur geringfügig abnimmt, im untersuchten Fall nur 22 min^{-1} [bzw. $(22 \times 100)/534 = 4{,}1$ %]. Dieses Resultat bestätigt die Erwartungen, daß der Nebenschlußmotor eine harte mechanische Kennlinie besitzt.

c) Bei einer neuen Leerlaufdrehzahl n_{02} wird die induzierte Spannung:

$$E_{E2} = -U_N + R_A I_{A02} = -220 + 0{,}025 \times 12 = -219{,}7 \text{ V}$$

Bezogen auf die Drehzahl $n_B = 470 \text{ min}^{-1}$ wird sie, bei gleichbleibendem Erregerstrom, zu:

$$E_{B2} = E_{E2} \frac{n_B}{n_{02}} = -219{,}7 \times \frac{470}{1200} = -86 \text{ V}$$

oder in relativen Einheiten:

$$\frac{E_{B2}}{E_B} = 0{,}41 .$$

Der entsprechende bezogene bzw. relative Erregerstrom wird:

$$\frac{I_{E2}}{I_{EB}} = 0{,}41 ,$$

mit

$$I_{E2} = 0{,}41\, I_{EB} = 0{,}41 \times 5 = 2{,}04 \text{ A} .$$

Man bemerkt, daß der Erregerstrom sich deutlich verringert hat. Das geschah nur mit Hilfe eines im Erregerstromkreis in Reihe geschalteten Feldwiderstandes R_F, der die Verringerung des Erregerstroms bis zum Wert I_{E2} ermöglicht. Wegen

$$R_E + R_F = \frac{U_N}{I_{E2}} = \frac{220}{2{,}04} = 107{,}3\ \Omega$$

gilt:

$$R_F = 108 - 48 = 59{,}31\ \Omega .$$

Bei Nennlast wird die induzierte Spannung:

$$E_{N2} = -U_N + R_A(I_N - I_{E2}) = -220 + 0{,}025 \times (360 - 2{,}04) = -211{,}05 \text{ V}.$$

Die entsprechende Drehzahl wird 4 % niedriger als die Leerlaufdrehzahl:

$$n_{N2} = 1200 \times \frac{-211{,}05}{-219{,}7} = 1152{,}75 \text{ min}^{-1}.$$

Die Einschaltung eines Feldwiderstands in den Erregerstromkreis und der dadurch verringerte Erregerstrom führen zur Änderung der mechanischen Kennlinie. Bei gleichbleibendem Drehmoment ist die Drehzahl höher als im Falle der natürlichen Kennlinie.

2Ü.6 *Ein Reihenschlußmotor besitzt folgende Magnetisierungskurve:*

E/E_B	%	16	32	44	64	84	100	108	118
I/I_B	%	8	16	24	40	64	100	128	168

Die Referenz- bzw. Bezugsgrößen sind: Drehzahl $n_B = 600$ min^{-1}, Erregerstrom $I_B = 78$ A, induzierte Spannung $E_B = -200$ V. Der Motor hat folgende Daten: Nennspannung $U_N = 220$ V, Nennstrom $I_N = 78$ A, Widerstand der Erregerwicklung $R_E = 0{,}04\ \Omega$, Ankerwiderstand $R_A = 0{,}16\ \Omega$. Die magnetische Ankerrückwirkung und die Bürstenspannungsabfälle werden vernachlässigt. Man bestimme:

a) *die Nenndrehzahl und das elektromagnetische Nenndrehmoment und*

b) *die zu den aufgenommenen Strömen $I_1 = 39$ A bzw. $I_2 = 130$ A entsprechenden Drehzahlen (n_1 bzw. n_2) und Drehmomente (M_1 bzw. M_2).*

c) *Zur Erregerwicklung wird ein Widerstand $R_{EP} = 0{,}06\ \Omega$ parallel geschaltet. Dabei beträgt der vom Motor aufgenommene Strom $I_3 = I_N = 78$ A. Wie groß sind die Drehzahl n_3 und das vom Motor erzeugte Drehmoment M_3?*

d) *Zur Ankerwicklung wird ein Widerstand $R_{AR} = 2\ \Omega$ in Reihe geschaltet. Wie groß ist das Anzugsdrehmoment M_4?*

a) Bei noch unbekannter Nenndrehzahl n_{N1} beträgt die induzierte Spannung:

$$E_N = -U_N + (R_N + R_F) I_N = -220 + (0{,}16 + 0{,}04) \times 78 = -204{,}4 \text{ V}.$$

Der Nennerregerstrom ist $I_N = 78$ A und entspricht dem Referenzstrom I_B. Bei einer Referenzdrehzahl $n_B = 600$ min^{-1} bedeutet dies eine 100 %ige induzierte Spannung, also $E = E_B = -200$ V. Die induzierte Spannungen sind aber, bei gleichbleibendem Erregerstrom, proportional den Drehzahlen, also:

$$\frac{n_N}{n_B} = \frac{E_N}{E_B}.$$

Daraus ergibt sich:

$$n_N = n_B \frac{E_N}{E_B} = 600 \times \frac{-204{,}4}{-200} = 613 \text{ min}^{-1}.$$

Das elektromagnetische Drehmoment entspricht dem Nennbetrieb und wird aus dem doppelten Ausdruck der elektromagnetischen Leistung $M_N\, \Omega_N = -E_N I_N$ ermittelt:

$$M_N = \frac{-E_N\, I_N}{\Omega_N} = \frac{204{,}4\times 78}{2\times 3{,}14\times 613}\times 60 = 249\ \text{Nm}\,.$$

b) Auf gleiche Weise wird zunächst für I_1 = 39 A, d.h. 50 % vom Referenzstrom bei der Referenzdrehzahl von 600 min^{-1}, die bezogene induzierte Spannung errechnet. Von der angegebenen Magnetisierungskurve findet man über Interpolation eine bezogene oder relative induzierte Spannung im Betrag von 72,3 %, als absoluter Wert:

$$E_{B1} = 0{,}723\, E_B = 0{,}723\times(-\,200) = -\,144{,}6\ \text{V}\,.$$

Bei tatsächlicher Drehzahl und gleichbleibendem Strom beträgt die induzierte Spannung:

$$E_1 = -\,U_N + (R_A + R_E) I_{A1} = -\,220 + (0{,}16 + 0{,}04)\times 39 = -\,212{,}2\ \text{V}\,.$$

Die verlangte Drehzahl wird somit:

$$n_1 = 600\times\frac{-212{,}2}{-144{,}6} = 880\ \text{min}^{-1}.$$

Das entsprechende elektromagnetische Drehmoment ergibt sich zu:

$$M_1 = \frac{-E_N\, I_N}{\Omega} = \frac{204{,}4\times 78}{2\times 3{,}14\times 880}\times 60 = 90\ \text{Nm}\,.$$

Ähnlich kann man, für andere vom Motor aufgenommenen Ströme *I*, folgende Tabelle erstellen:

I/I_N	0,24	0,50	1,00	1,28	1,67
n/n_N	2,40	1,44	1,00	0,91	0,82
M/M_N	0,10	0,36	1,00	1,38	1,93

Für I_2 = 130 A mit dem Relativwert $I_2/I_N = 130/78 = 1{,}6667 \approx 1{,}67$ (die letzte Spalte) gilt:

$$n_2 \approx 0{,}82\, n_N = 0{,}82\times 613 = 502{,}66\ \text{min}^{-1}\,,$$
$$M_2 \approx 1{,}93\, M_N = 1{,}93\times 249 = 480{,}57\ \text{Nm}\,.$$

In Bild 2.71-a ist die Kurve $n/n_N = f(M/M_N)$ gezeichnet. In Bild 2.71-b ist die Kurve $M/M_N = f\,(I/I_N)$ dargestellt. Die erste Kurve stellt eine elastische mechanische Kennlinie dar, die dem Reihenschlußmotor eigentümlich ist: bei Verringerung des Drehmoments steigt die Motordrehzahl an. Bei großen Drehmomenten wird die Kennlinie ziemlich hart.

c) Die Parallelschaltung des Widerstandes R_{EP} zur Erregerwicklung verursacht einen schwächeren Erregerstrom:

$$I_3 = I_B\,\frac{R_{EP}}{R_E + R_{EP}} = 78\times\frac{0{,}06}{0{,}04+0{,}06} = 46{,}8\ \text{A}$$

und damit $I_3/I_B = 46{,}8/78 = 0{,}60$ bzw. 60 % .

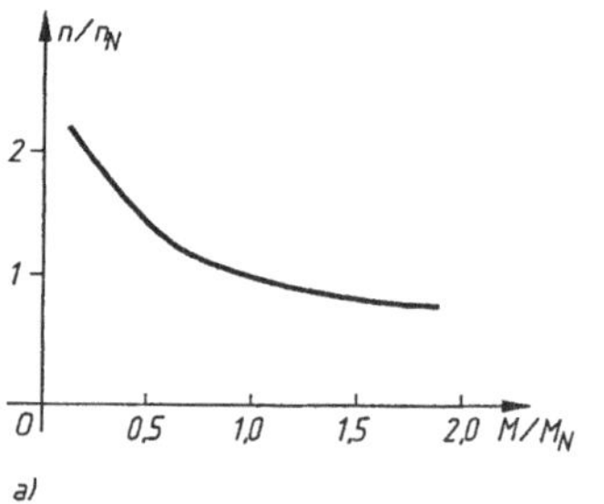

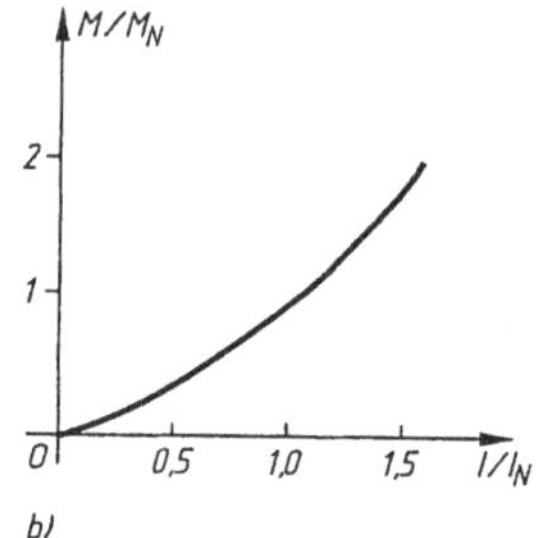

Bild 2.71 Kennlinien des Reihenschluß-Gleichstrommotors: a) $n/n_N = f(M/M_N)$, b) $M/M_N = f(I/I_N)$

Einem relativen Erregerstrom von 60 % entspricht die Drehzahl n_B = 600 min^{-1} mit einer relativen induzierten Spannung (siehe Tabelle für die Magnetisierungskurve) von 80,7 %, d.h. 0,807 × (– 200) = – 161,4 V. Die tatsächliche induzierte Spannung beträgt:

$$E_3 = -U_N + R_A\left[R_A + \frac{R_E R_{EP}}{R_E + R_{EP}}\right] I_N = -220 + \left[0{,}16 + \frac{0{,}04 \times 0{,}06}{0{,}04 + 0{,}06}\right] \times 78 = -205{,}7 \text{ V} .$$

Damit werden die Motordrehzahl:

$$n_3 = 600 \times \frac{-205{,}7}{-161{,}4} = 765 \text{ min}^{-1}$$

und das elektromagnetische Drehmoment:

$$M_3 = \frac{205{,}7 \times 78}{2 \times 3{,}14 \times 765} \times 60 = 200 \text{ Nm} .$$

Durch die Erregerfeldschwächung steigt, bei gleichbleibendem Ankerstrom, die Drehzahl an.

d) Der angenommene Anlaufstrom I (bei Ω = 0 bzw. E = 0) ist:

$$I_4 = \frac{U_N}{R_A + R_F + R_{AR}} = \frac{220}{0{,}16 + 0{,}04 + 2} = 100 \text{ A} .$$

In diesem Fall beträgt der relative Erregerstrom:

$$I_4 / I_B = 100 / 78 = 1{,}28$$

oder 128 %. Würde sich die Maschine bei einem solchen Erregerstrom mit der Drehzahl n_B = 600 min^{-1} drehen, würde die induzierte Spannung 128 % des Referenzwerts betragen, d.h. $E_4 = 1{,}28 \times E_B = 1{,}28 \times (-200) = -256$ V. Da $E_4 = -k_E\, \Phi_E\, \Omega_B$, folgt:

$$k_E\, \Phi_E = \frac{-E_4}{\Omega_B} = \frac{256}{2 \times 3{,}14 \times 600} \times 60 = 4{,}07 \text{ Wb} .$$

Das Anlaßdrehmoment kann jetzt ermittelt werden:

$$M_{A4} = k_E\, \Phi_E\, I_4 = 4{,}07 \times 100 = 407 \text{ Nm} = 1{,}64\, M_N .$$

Dieses Drehmoment sichert den Anlauf unter Nennlast ($M_A > M_N$).

2Ü.7 *Zwei fremderregte Gleichstrommotoren werden vom gleichen Stromnetz versorgt und sind mechanisch gekoppelt. Sie entwickeln ein gesamtes elektromagnetisches Drehmoment M. Wie wird dieses Drehmoment auf die beiden Motoren verteilt? Die Motoren sind identisch, nur folgende Größen weisen andere Beträge auf:*

a) die Ankerwiderstände R_{A1} *bzw.* R_{A2},

b) die Erregerflüsse Φ_{E1} *bzw.* Φ_{E2}.

Die magnetische Ankerrückwirkung und die Bürstenspannungsabfälle werden vernachlässigt.

a) Beide Motoren weisen dieselbe Klemmenspannung und Drehzahl auf:

$$U = -E_{E1} + R_{A1} I_{A1} = -E_{E2} + R_{A2} I_{A2},$$

wobei $E_{E1} = E_{E2} = -k_E \Phi_E \Omega$.

Die Drehmomente sind den aufgenommenen Strömen proportional:

$$\frac{M_1}{M_2} = \frac{I_{A1}}{I_{A2}}.$$

Aus den ersten zwei Gleichungen erhält man $R_{A1} I_{A1} = R_{A2} I_{A2}$, was zu folgendem Gleichungssystem führt:

$$\frac{M_1}{M_2} = \frac{R_{A2}}{R_{A1}},$$

und

$$M_1 + M_2 = M.$$

Aus diesem Gleichungssystem ergibt sich:

$$M_1 = M \frac{R_{A2}}{R_{A1} + R_{A2}},$$

und

$$M_2 = M \frac{R_{A1}}{R_{A1} + R_{A2}}.$$

Das gesamte Drehmoment M verteilt sich umgekehrt proportional zu den Ankerwiderständen auf die beiden Motoren. Gehören die Maschinen derselben Baureihe an, dürfen die Widerstände R_{A1} und R_{A2} nicht mehr als 5 % voneinander abweichen. Das Ergebnis ist nur eine kleine Differenz zwischen den erzeugten Drehmomenten bzw. Leistungen der gekoppelten Motoren.

b) Im Fall $\Phi_{E1} = \Phi_{E2}$ sind die induzierten Spannungen bei gleichbleibender Drehzahl nicht mehr gleich:

$$E_{E1} = -k_E \Phi_{E1} \Omega,$$

bzw.

$$E_{E2} = -k_E \Phi_{E2} \Omega.$$

Es ergibt sich:

$$U = k_E \Phi_{E1} \Omega + R_A I_{A1} = k_E \Phi_{E2} \Omega + R_A I_{A2},$$

$$\frac{M_1}{M_2} = \frac{\Phi_{E1} I_{A1}}{\Phi_{E2} I_{A2}} \,,$$

$$M_1 + M_2 = M \,.$$

Die Lösung des obigen Gleichungssystems mit zwei Variablen ist:

$$M_1 = M \frac{\Phi_{E1} (U - k_E \Phi_{E1} \Omega)}{U(\Phi_{E1} + \Phi_{E2}) - k_E \, \Omega (\Phi_{E1}^2 + \Phi_{E2}^2)} \,,$$

$$M_2 = M \frac{\Phi_{E2} (U - k_E \Phi_{E2} \Omega)}{U(\Phi_{E1} + \Phi_{E2}) - k_E \, \Omega (\Phi_{E1}^2 + \Phi_{E2}^2)} \,.$$

Falls z.B., $\Phi_{E1} = 1{,}05\ \Phi_{E2}$ und $k_E\ \Phi_{E2}\ \Omega = 0{,}9\ U$, dann:

$$\frac{M_1}{M_2} = 0{,}5775 \,,$$

und damit $M_1 = 0{,}366\ M$ bzw. $M_2 = 0{,}634\ M$.

Dies bedeutet, daß eine Differenz von nur 5 % der Erregerflüsse zu einer großen Belastungsdifferenz der zwei Maschinen führt.

Die Maschine, die einen größeren Fluß aufweist, übernimmt nur ein Drittel der Gesamtlast, während die andere Maschine zwei Drittel übernimmt, also 16 % mehr Belastung als im gewünschten Fall einer gleichmäßigen Lastverteilung. Die Überbelastung wird vom Schutzrelais der betreffenden Maschine erfaßt: der überlastete Motor wird abgeschaltet. Der bisher unterbelastete Motor übernimmt somit die ganze Last, wird auch überbelastet und von seinem Schutzsystem vom Stromnetz geschaltet.

Zu einer richtigen Belastungsverteilung unter den beiden Motoren müssen spezielle Maßnahmen getroffen werden. Dies kompliziert das Antriebssystem.

2Ü.8 *Zwei fremderregte Gleichstrommotoren 1 und 2 arbeiten unter Belastung, die proportional der Drehzahl ist. Die Ankerwicklung des ersten Motors wird von einer starren Spannung, die Ankerwicklung des zweiten Motors von einer starren Stromquelle versorgt. Die Drehzahl beider Motoren muß erhöht werden. Wie müssen die in den Erregerstromkreisen eingeschalteten Feldvorwiderstände betätigt werden, um diese Drehzahlerhöhung zu erzielen? Die Erregerstromkreise werden von einem starren Netz versorgt.*

Diese Übung kann auf graphische Weise einfach gelöst werden (Bild 2.72-a). Die mechanische Kennlinie des mit konstanter Spannung versorgten Motors, bei einem Erregerfluß Φ_{E1}, ist die Gerade (1). Ihr Schnittpunkt mit der Kennlinie der Arbeitsmaschine (unterbrochene Linie in Bild 2.72-a) ist der Punkt A_1. Um im Betriebspunkt A_2 eine größere Drehzahl zu erreichen, muß der Erregerfluß verringert werden. Damit bekommt man eine mechanische Kennlinie vom Typ (2).

Bei dem mit konstanter Spannung gespeisten Motor entwickelt sich ein elektromagnetisches Drehmoment $M = k_E \Phi_E I_A$; es ist also drehzahlunabhängig. Mithin ist die mechanische Kennlinie, bei einem vorgegebenen Erregerfluß Φ_{E1}, eine Parallele zur Ordinatenachse [Gerade (1) in Bild 2.72-b]. Der Betriebspunkt liegt im Schnittpunkt A_1 mit der mechanischen Kennlinie der Arbeitsmaschine. Wird ein Arbeitspunkt größerer Drehzahl verlangt, z.B. A_2, muß auch das elektromagnetische Drehmoment ansteigen, was einem erhöhten Erregerfluß Φ_{E2} entspricht [Kennlinie (2) in Bild 2.72-b].

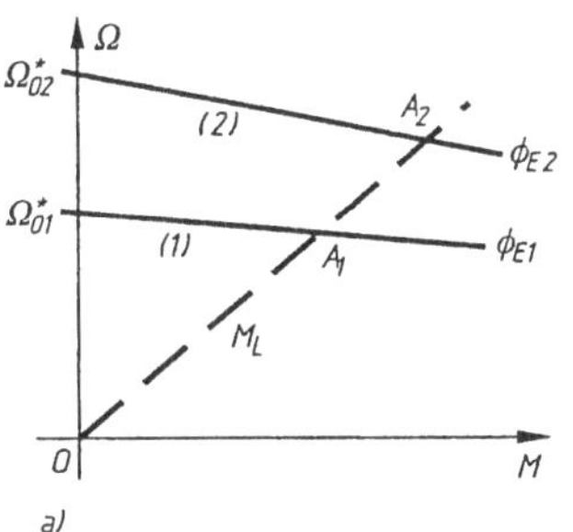

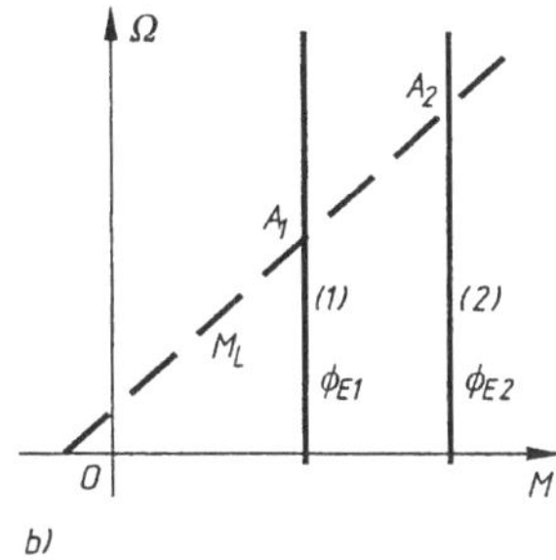

Bild 2.72
Kennlinien von zwei fremderregten Gleichstrommotoren:
a) $\Omega = f(M)$ bei zwei Erregerflüssen Φ_{F1} = konst., Φ_{F2} = konst. (Belastungsmoment $M_F \sim \Omega$),
b) Betriebspunkte A_1 und A_2 der Motoren

2Ü.9 *Ein Gleichstrom-Nebenschlußmotor hat folgende Daten: $U_N = 220$ V, $n_N = 935$ min^{-1}, $I_{AN} = 175$ A, $R_A = 0{,}04\ \Omega$, bei gleichbleibendem Erregerfluß. Zum Anlauf des Motors werden drei Widerstandsstufen verwendet, die auf jeder Stufe zu gleichen oberen und unteren Grenzen des Anlaßstroms führen sollen. Die untere Grenze des Anlaßstroms I_{Am} beträgt 110 % vom Nennwert I_{AN} des Ankerstroms. Zu bestimmen sind:*

a) der Spitzenanlaßstrom (die Ankerinduktivität, die Ankerrückwirkung und die Bürstenspannungsabfälle werden vernachlässigt),

b) die Widerstandsstufen des Anlassers,

c) der zeitliche Verlauf der Anlaßdrehzahl (Lastdrehmoment $M_L = 60 + 3{,}25\ \Omega$ Nm, Gesamtträgheitsmoment, auf die Motorwelle bezogen, $J = 7{,}5$ kgm^2; dabei ist Ω in s^{-1} gemessen).

a) In Bild 2.73-a ist das elektrische Schaltbild des mit dreistufigem Widerstandsanlasser ausgestatteten Motors gezeigt. Die Widerstandsstufen werden von den Schützenkontaken K1, K2, K3 während des Anlassens zu passenden Zeitmomenten t_1, t_2, t_3, aufeinanderfolgend kurzgeschlossen.

In Bild 2.73-b ist der Graph der Zeitfunktion $i_A(t)$ dargestellt. I_{AM} bezeichnet den erreichten Maximalwert, I_{Am} den Minimalwert des Anlaufstroms ($I_{Am} = 1{,}1\ I_{AN}$). Der im Anlaßvorgang größte Ankerstrom ist also I_{AM}, der kleinste ist I_{Am}.

Liegt die Schützspule K einmal an Spannung (Bild 2.73-a), wächst der Strom schlagartig bis zum Spitzenstrom I_{AM} (infolge der Vernachlässigung der kleinen Ankerinduktivität). Bezeichnet man mit R_1 den Gesamtwiderstand des Anlassers ($R_1 = r_1 + r_2 + r_3$), bekommt man, da die induzierte Spannung Null ist ($\Omega = 0$), im Zeitpunkt $t = (0+)$ folgende Spannungsgleichung:

$$U = (R_A + R_1)\, I_{AM}\,. \tag{2.53}$$

Der aufgenommene Ankerstrom steigt schnell bis zum seinem Maximalwert I_{AM}; so auch das elektromagnetische Anlaßmoment. Der Motor läuft an, und die Drehzahl steigt. Die jetzt entstandene und ansteigende induzierte Spannung ruft eine Verringerung des Ankerstroms hervor. Zu einem bestimmten Zeitpunkt t_1, bei der Winkelgeschwindigkeit Ω_1 (Bild 2.73-c), erreicht der Anlaßstrom sein Minimalwert I_{Am} (Bild 2.73-b). In demselben Zeitpunkt t_1 schließt das Schützrelais K1 die erste Widerstandsstufe r_1 kurz, der Ankerstrom wächst schlagartig und erreicht wieder I_{AM}. Der im Ankerkreis gebliebene Anlasserwiderstand ist $R_2 = r_2 + r_3$. Zur Zeit t_1- gilt noch die Spannungsgleichung

$$U = (R_A + R_1)\, I_{Am} + k_E\, \Phi_E\, \Omega_1\,.$$

Einen Augenblick später, zur Zeit t_1+ gilt folgende Gleichung:

$$U = (R_A + R_2)\, I_{AM} + k_E\, \Phi_E\, \Omega_1\,,$$

da die Winkelgeschwindigkeit Ω keine plötzliche Änderung annehmen kann. Aus den obigen Gleichungen ergibt sich sofort:

$$(R_A + R_1)\, I_{Am} = (R_A + R_2)\, I_{AM}\,. \tag{2.54}$$

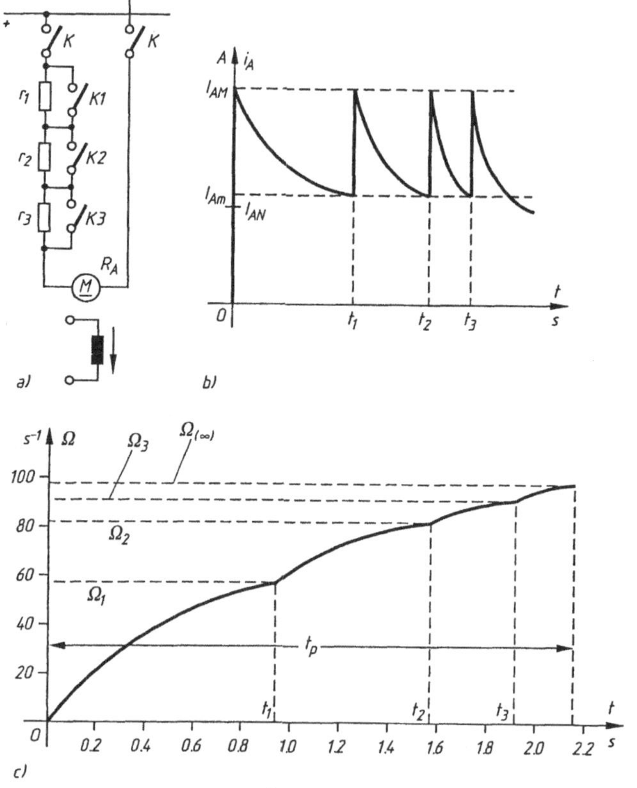

Bild 2.73
Anlauf des Gleichstrom-Nebenschlußmotors mit dreistufigem Widerstandsanlasser:
a) Schaltbild,
b) Zeitfunktion $i_A(t)$: I_{AM}, I_{Am} Maximal- bzw. Minimalwert des Anlaufstroms,
c) zeitlicher Verlauf der Winkelgeschwindigkeit Ω (t)

In gleicher Weise werden folgende Gleichungen für die Augenblicke t_2 und t_3, in denen die Widerstandsstufen r_2 bzw. r_3 kurzgeschlossen werden. (Bilder 2.73-b, c) hergeleitet (wobei $R_3 = r_3$):

$$(R_A + R_2)\, I_{Am} = (R_A + r_3)\, I_{AM} = (R_A + r_3)\, I_{AM}\,, \tag{2.55}$$

$$(R_A + r_3)\, I_{Am} = R_A\, I_{AM}\,. \tag{2.56}$$

Das Gleichungssystem – Gl. (2.53) bis Gl. (2.56) – erlaubt die Ermittlung von R_1, R_2, R_3 und I_{AM}. Multipliziert man die vier Gleichungen miteinander, ergibt sich :

$$U I_{Am}^3 \;=\; R_A I_{AM}^4\,.$$

Mit $k_I = I_{AM}/I_{Am}$ kann man das erzielte Ergebnis für n Widerstandsstufen verallgemeinern. Zwei wichtige Beziehung zur Dimensionierung des Anlassers sind:

$$U = R_A\, I_{AM}\, k_I^n\,,$$

bzw.

$$U = R_A I_{Am} k_I^{n+1} .$$

Wählt man die Stufenzahl n und den oberen Schaltstrom I_{AM} vor, so ergibt sich I_{Am}; ist aber $k_I = I_{AM}/I_{Am}$ und einer der beiden Extremwerte bzw. sind die beide Extremwerte I_{AM} und I_{Am} des Anlaßstroms gegeben, erhält man daraus die Stufenzahl n. Im letzten Fall muß für die oben gegebene Übung k_I erneut errechnet werden, da $n \in N$.

Im konkreten Fall dieser Übung ist $n = 3$ und folglich:

$$k_I = \sqrt[4]{\frac{U}{R_A I_{Am}}} = \sqrt[4]{\frac{220}{0{,}04 \times 1{,}1 \times 175}} = 2{,}32$$

und I_{AM} wird:

$$I_{AM} = k_I I_{Am} = 2{,}32 \times 1{,}1 \times 175 = 446 \text{ A} = 2{,}54 \, I_{AN} .$$

Diese Ergebnisse zeigen, daß der Anlaufstrom Werte zwischen 2,54 I_{AN} und 1,1 I_{AN} annehmen wird; das von ihm erzeugte elektromagnetische Drehmoment ist größer als das Nenndrehmoment.

b) Zunächst sollen die Widerstände R_1, R_2, R_3 errechnet werden; danach werden die Widerstandsstufen r_1, r_2, r_3 ermittelt. Aus Gl. (2.53) erhält man:

$$R_A + R_1 = \frac{U}{I_{AM}} = R_A k_I^3 .$$

Infolgedessen:

$$R_1 = R_A(k_I^3 - 1) = 0{,}04 \times (2{,}323 - 1) = 0{,}456 \, \Omega = r_1 + r_2 + r_3 .$$

Gl. (2.54) liefert:

$$R_A + R_2 = (R_A + R_1)\frac{I_{Am}}{I_{AM}} = R_A k_I^2 ,$$

so daß:

$$R_2 = R_A(k_I^2 - 1) = 0{,}04 \times (2{,}32^2 - 1) = 0{,}174 \, \Omega = r_2 + r_3 .$$

Weiter gilt:

$$R_3 = R_A (k_I - 1) = 0{,}04 \times (2{,}32 - 1) = 0{,}053 \, \Omega = r_3 .$$

Somit sind die Widerstandsstufen:

$$r_3 = R_3 = 0{,}053 \, \Omega = 1{,}32 \, R_A ,$$

$$r_2 = R_2 - r_3 = 0{,}174 - 0{,}053 = 0{,}121 \, \Omega = 3{,}02 \, R_A ,$$

$$r_1 = R_1 - R_2 = 0{,}456 - 0{,}174 = 0{,}282 \, \Omega = 7{,}05 \, R_A .$$

Das Drehmoment des Motors kann auch als eine Funktion der Winkelgeschwindigkeit Ω ausgedrückt werden:

In der Zeitspanne $t \in (0, t_1)$:

$$M_1 = k_E \Phi_E i_A - k_E \Phi_E \frac{U - k_E \Phi_E \Omega}{R_A + R_1} .$$

Die dem Nennbetrieb entsprechende Größe $k_E \Phi_E$ ist:

$$k_E \Phi_E = \frac{U_N - R_A I_{AN}}{\Omega_N} = \frac{220 - 0{,}04 \times 175}{2 \times 3{,}14 \times 935} \times 60 = 2{,}175 \text{ Wb},$$

bzw.

$$M_1 = 2{,}175 \times \frac{220 - 2{,}175\,\Omega}{0{,}496} = 964{,}7 - 9{,}538\,\Omega \text{ Nm}.$$

Die Bewegungsgleichung im Zeitbereich $(0, t_1)$ ist:

$$M_1 - M_L = \frac{d\Omega}{dt}$$

oder, mit den angegebenen Größen:

$$904{,}7 = 12{,}788\,\Omega + 7{,}5\,\frac{d\Omega}{dt}.$$

Mit der Anfangsbedingung $\Omega(0) = 0$ lautet die Lösung der Bewegungsgleichung:

$$\Omega(t) = 70{,}75 \times (1 - e^{-1{,}705 t_1}).$$

Im Zeitpunkt $t = t_1$ gilt:

$$i_A = I_{Am} = 1{,}11 \times 75 = 192{,}5 \text{ A}.$$

Die Winkelgeschwindigkeit Ω_1 ergibt sich aus der Beziehung

$$I_{Am} = \frac{U - k_E \Phi_E \Omega_1}{R_A + R_1}$$

zu:

$$\Omega_1 = \frac{U - (R_A + R_1) I_{Am}}{k_E \Phi_E} = \frac{220 - 0{,}496 \times 192{,}5}{2{,}175} = 57{,}25 \text{ s}^{-1}.$$

Um die Zeit t_1 auszurechnen, setzt man die gefundene Ω_1 in die Funktion $\Omega(t)$ ein:

$$57{,}25 = 70{,}75 \times (1 - e^{-1{,}705 t_1}).$$

Daraus folgt:

$$t_1 = 0{,}972 \text{ s}.$$

In der Zeitspanne $t \in (t_1, t_2)$, wobei die zweite Widerstandsstufe beibehalten wird, verringert sich der Ankerkreiswiderstand zu $R_A + R_2$. Das elektromagnetische Drehmoment wird:

$$M_2 = k_E \Phi_E \frac{U - k_E \Phi_E \Omega}{R_A + R_2} = 2{,}175 \times \frac{220 - 2{,}175 \times \Omega}{0{,}214} = (2236 - 22{,}106\,\Omega) \text{ Nm}.$$

Die Bewegungsdifferentialgleichung erhält die Form

$$M_2 - M_L = J\,\frac{d\Omega}{dt},$$

oder mit Zahlenwerten:

$$2176 = 25{,}356\,\Omega + 7{,}5\frac{d\Omega}{dt},$$

mit der Anfangsbedingung $\Omega(t_1) = 57{,}25\ \text{s}^{-1}$. Die Lösung der Gleichung lautet:

$$\Omega(t) = 85{,}812 - 28{,}562 \times e^{-3{,}381(t-0{,}972)}.$$

Zur Zeit $t = t_2$ wird die Winkelgeschwindigkeit Ω_2, und der Ankerstrom nimmt wieder den Minimalwert I_{Am} an:

$$I_{Am} = \frac{U - k_E\,\Phi_E\,\Omega_2}{R_A + R_2}.$$

Daraus ergibt sich:

$$\Omega_2 = \frac{U - (R_A + R_2)\,I_{Am}}{k_E\,\Phi_E} = \frac{220 - 0{,}214 \times 192{,}5}{2{,}175} = 82{,}21\ \text{s}^{-1}.$$

Setzt man Ω_2 in die allgemeine Lösung $\Omega(t)$ ein, kann jetzt die Zeit

$$t_2 = 1{,}579\ \text{s}$$

ermittelt werden.

Auf ähnliche Weise findet man in der Zeitspanne $t \in (t_2, 3)$:

$$\Omega(t) = 93{,}966 - 11{,}756 \times e^{-7{,}216(t-1{,}579)}.$$

Damit ergibt sich:

$$\Omega_3 = 92{,}918\ \text{s}^{-1},$$

und

$$t_3 = 1{,}914\ \text{s}.$$

Für $t > t_3$ beträgt die Zeitfunktion der Winkelgeschwindigkeit:

$$\Omega(t) = 97{,}95 - 5{,}032 \times e^{-16{,}202(t-1{,}014)}.$$

Somit findet man sogleich die Geschwindigkeit im Dauerbetrieb

$$\Omega_\infty = 97{,}95\ \text{s}^{-1}.$$

Die Gesamtdauer des Anlaufvorgangs beträgt

$$t_A \approx t_3 + 4\tau_3 = 1{,}914 + 4/16{,}202 = 2{,}16\ \text{s}.$$

Die Dauer der letzten Stufe des Vorgangs wurde als viermal so lang wie die Zeitkonstante $\tau_4 = 1/16{,}202$ geschätzt. In Bild 2.73-c ist der Graph $\Omega(t)$ dargestellt.

2Ü.10 *Ein Gleichstrom Reihenschlußmotor (GRM) ist von einer sinusförmige Spannung $u = 120\sqrt{2}\sin(314\,t)$ versorgt. Der Motor hat folgende Daten:*

$R_A = 0{,}1\ \Omega$, $L_{AA} = 0{,}001\ H = 1\ mH$, $R_E = 0{,}03\ \Omega$, $L_{EE} = 2\ mH$, $M_{EA} = 18\ mH$.

a) *Wie groß sind die Durchschnittsdrehzahl und die erzeugte mechanische Leistung? Der Effektivwert des aufgenommenen Stroms beträgt 25 A.*

b) *Der Motor wird jetzt von einer gleichinduzierten Spannung $E = -120$ V versorgt; der aufgenommene Strom beträgt wieder 25 A. Zu berechnen sind die Drehzahl, das Drehmoment und die entwickelte mechanische Leistung.*

a) Die Spannungsgleichung der Maschine lautet

$$u = (R_\mathrm{A} + R_\mathrm{E})\, i + (L_\mathrm{AA} + L_\mathrm{EE}) \frac{\mathrm{d}i}{\mathrm{d}t} + M_\mathrm{EA}\, \Omega i\,,$$

wobei Ω konstant ist. Die obige Differentialgleichung führt zum folgenden Ausdruck für den Effektivwert des aufgenommenen Stroms:

$$I = I = \frac{U}{\sqrt{(R_\mathrm{A} + R_\mathrm{E} + M_\mathrm{EA}\, \Omega)^2 + \omega^2 (L_\mathrm{AA} + L_\mathrm{EE})^2}}\,.$$

Dabei ist ω die Kreisfrequenz der Spannung u. Setzt man in den obigen Ausdruck die angegebenen Zahlenwerte, ergibt sich:

$$25^2\,[(0{,}1 + 0{,}03 + 0{,}018\,\Omega)^2 + (0{,}001 + 0{,}002)^2 \times 314^2] = 120^2\,,$$

$$\Omega = 254\ \mathrm{s}^{-1}\,,$$

oder

$$n = 60\,\frac{\Omega}{2\pi} = 60\,\frac{254}{2\ \ 3{,}14} = 2420\ \mathrm{min}^{-1}\,.$$

Das mittlere Drehmoment beträgt:

$$M = M_\mathrm{EA}\, I^2 = 0{,}018 \times 25^2 = 11{,}25\ \mathrm{Nm}\,.$$

Die mechanische Leistung ist:

$$P = M\, \Omega = 11{,}25 \times 254 = 2860\ \mathrm{W}\,.$$

b) Im Gleichstrombetrieb nimmt die Spannungsgleichung folgende Form an:

$$(R_\mathrm{A} + R_\mathrm{E})\, I + M_\mathrm{EA}\, \Omega\, I = U\,.$$

Daraus kann die Winkelgeschwindigkeit ermittelt werden:

$$\Omega = \frac{U - (R_\mathrm{A} + R_\mathrm{E}) I}{M_\mathrm{EA}\, I} = \frac{120\ \ (0{,}1 + 0{,}03)\ \ 25}{0{,}018\ \ 25} = 259{,}4\ \mathrm{s}^{-1}\,.$$

Die betreffende Drehzahl ist

$$n = 60\,\frac{\Omega}{2\pi} = 60 \times \frac{259{,}4}{2\ \ 3{,}14} = 2477\ \mathrm{min}^{-1}\,.$$

Das erzeugte Drehmoment ist dasselbe wie unter Punkt a; die mechanische Leistung beträgt:

$$P = M\, \Omega = 11{,}25 \times 259{,}4 = 2918\ \mathrm{W}\,.$$

Anmerkung: Die obigen Berechnungen zeigen, daß ein Gleichstrom-Reihenschlußmotor, – beinahe mit denselben Leistungen – auch mit Wechselstrom laufen kann. Solche Motoren werden Universalmotoren genannt und finden eine breite Anwendung in Wechselstromantrieben kleinerer Leistung, z.B. Föhn, Staubsauger, Bohrmaschine.

2Ü.11 *Ein GNM (Gleichstrom-Nebenschlußmotor) hat folgende Daten:*
$R = 18\ m\Omega$, $L_{AA} = 1\ mH$, $R_E = 27{,}5\ \Omega$, $M_{EA} = 0{,}314\ H$, $J_m = 10\ kg\ m^2$. Die vom Motor angetriebene Arbeitsmaschine hat ein auf die Motorwelle bezogenes Trägheitsmoment $J_L = 10\ kg\ m^2$ und ein bezogenes Lastmoment $m_L = [1200 + 300 \sin(15t)]\ Nm$. Der Motor arbeitet im stationären Betrieb. Zu bestimmen sind:

a) die augenblickliche Winkelgeschwindigkeit,

b) die momentanen Ankerstrom- und Drehmomentwerte,

c) die durchschnittliche Nutzleistung.

a) Zur Verallgemeinerung setzt man das pulsförmige Lastmoment wie folgt an:

$$m_L = M_{L0} + M_t \sin\omega t$$

mit $M_{L0} = 1200$ Nm, $M_t = 300$ Nm, $\omega = 15\ s^{-1}$.

Die Betriebsgleichungen des Motors sind:

$$M_{EA} I_E i_A - M_{L0} - M_t \sin\omega t = J \frac{d\Omega}{dt} ,$$

$$U = R_A i_A + L_{AA} \frac{di_A}{dt} + M_{EA} I_E \Omega ,$$

mit $J = J_m + J_L$.

Der Strom i_A wird aus den nächsten zwei Differentialgleichungen

$$i_A = \frac{1}{M_{EA} I_E} (M_{L0} + M_t \sin\omega t + J \frac{d\Omega}{dt}) ,$$

$$\frac{di_A}{dt} = \frac{1}{M_{EA} I_E} (\omega M_t \cos\omega t + J \frac{d^2\Omega}{dt^2}) ,$$

eliminiert. Man erhält:

$$J L_{AA} \frac{d^2\Omega}{dt^2} + J R_A \frac{d\Omega}{dt} + (M_{EA} I_E)^2 \Omega =$$

$$= M_{EA} I_E \Omega - M_{L0} R_A - M_t R_A \sin\omega t - M_t L_{AA} \cos\omega t .$$

Unter Berücksichtigung von

$$M_{EA} I_E = M_{EA} \frac{U_E}{I_E} = 0{,}314 \frac{220}{27{,}5} = 0{,}512 \text{ Wb} ,$$

erhält man beim Einsatz numerischer Werte:

$$0{,}02 \frac{d^2\Omega}{dt^2} + 0{,}36 \frac{d\Omega}{dt} + 6{,}31\ \Omega = 531{,}4 - 5{,}4 \sin(5t - 4{,}5) \cos(15t) .$$

Man versucht eine partikuläre Lösung des stationären Betriebs der Form

$$\Omega = A + B \sin(15t) + C \cos(15t) ,$$

die in die Differentialgleichung eingeführt wird. Durch Vergleich bekommt man drei Gleichungen zur Bestimmung der Konstanten A, B und C:

$$6{,}31\,A = 531{,}4\,,$$

$$1{,}81\,B - 5{,}40\,C = -\,5{,}4\,,$$

$$5{,}40\,B + 1{,}81\,C = -\,4{,}5\,.$$

Daraus ergeben sich die Werte

$$A = \ \ 84{,}2$$

$$B = -\,1{,}05$$

$$C = \ \ 0{,}65$$

und damit:

$$\Omega\ = 84{,}2 - 1{,}05\sin(15t) + 0{,}65\cos(15t) = 84{,}2 - 1{,}23\sin(15t - 31{,}7°)\,.$$

Wie ersichtlich, ist die Winkelgeschwindigkeit auch pulsförmig, doch die Amplitude ihrer sinusförmigen Komponente ist sehr klein (nur etwa 1,5 % im Vergleich zur Gleichwertkomponente, die 84,2 s^{-1} beträgt). Das erklärt sich als Folge des relativ großen Trägheitsmoments des Antriebssystems. Die sinusförmige Komponente des Lastmoments hat aber eine Amplitude, die 25 % von ihrer Gleichwertkomponente beträgt (300 × 100/1200).

b) Man erhält sofort den aufgenommenen Strom, denn:

$$i_{\mathrm{A}} = \frac{1}{M_{\mathrm{EA}}\,I_{\mathrm{E}}}\,(M_{\mathrm{L0}} + M_{\mathrm{t}}\sin\omega t + J\,\frac{\mathrm{d}\Omega}{\mathrm{d}t})\,,$$

bzw. in Zahlen:

$$i_{\mathrm{A}} = 477 + 41{,}5\sin(15t) - 125\cos(15t) = 477 + 131\sin(15t - 71{,}6°)\,.$$

Diesmal kann festgestellt werden, daß der Strom eine starke pulsförmige Komponente aufweist; ihre Amplitude beträgt 27,5 % der Gleichwertkomponente. Demzufolge machen sich die Schwingungen des Widerstandsmoments im zeitlichen Verlauf des Stroms stark, im zeitlichen Verlauf der Winkelgeschwindigkeit aber reduziert bemerkbar. Mehr noch, die Schwingungen des Stroms sind etwas größer als diejenigen des Widerstandsmoments (dank eines vorhandenen Resonanzeffekts im Ankerkreis; dieser kann mit einem RLC-Kreis gleichgesetzt werden). Das momentane elektromagnetische Drehmoment ist:

$$m = M_{\mathrm{EA}}\,I_{\mathrm{E}}\,i_{\mathrm{A}} = 1200 + 105\sin(15t) - 314\cos(15t) = 1200 + 332\sin(15t - 71{,}6°)\,.$$

c) Der in einer Periode T ermittelte Mittelwert der Nutzleistung beträgt:

$$P = \frac{1}{T}\int_0^T m_{\mathrm{L}}\,\Omega\,\mathrm{d}t\ = 84{,}2 \times 1200 - \frac{1}{2} \times 1{,}23 \times 332 \times \cos(39{,}9°) = 100{,}9\ \mathrm{kW}\,.$$

2Ü.12 *Ein Gleichstrom-Nebenschlußmotor (GNM) hat folgende Daten:* $R_A = 0{,}08\ \Omega$, $L_{AA} = 0{,}01\ H$, $R_E = 110\ \Omega$, $M_{EA} = 1\ H$, $U = 110\ V$, $I_{AN} = 125\ A$, $J_m = 1\ kg\ m^2$. *Die Eisen- und die mechanischen Verluste, die Bürstenspannungsabfälle sowie die Ankerrückwirkung sind vernachlässigbar. Während des Anlaßvorgangs schaltet man in den Ankerkreis einen Vorwiderstand* $R_V = 0{,}42\ \Omega$. *Bei einem gleichbleibenden Erregerstrom wird der Ankerkreis schlagartig geschlossen.*

a) Man bestimme die zeitlichen Verläufe des Ankerstroms $i_A(t)$ *und der Winkelgeschwindigkeit* $\Omega(t)$. *Der Anlaßvorgang findet im Leerlaufzustand des Motors (ohne Lastmoment an der Motorwelle) statt.*

b) Welche ist die stationäre Leerlaufdrehzahl nach der Ausschaltung des Anlaufvorwiderstands?

a) Das Betriebsgleichungssystem ist folgendes:

$$U = (R_A + R_V)\, i_A + L_{AA} \frac{di_A}{dt} + M_{EA} I_E \Omega ,$$

$$M_{EA} I_E i_A = J \frac{d\Omega}{dt} .$$

Unter Einsatz der angegebenen Zahlenwerte lautet dieses System:

$$110 = 0{,}5\, i_A + 0{,}01 \frac{di_A}{dt} + \Omega ,$$

$$i_A = \frac{d\Omega}{dt} ,$$

da $M_{EA} I_E = M_{EA} \dfrac{U_E}{R_E} = 1 \times \dfrac{110}{110} = 1$ Wb .

Beseitigt man i_A, ergibt sich:

$$0{,}01 \frac{d^2\Omega}{dt^2} + 0{,}5 \frac{d\Omega}{dt} + \Omega = 110 .$$

Die zugehörige charakteristische Gleichung der obigen Differentialgleichung ist eine Gleichung 2. Ordnung mit konstanten Koeffizienten:

$$0{,}01\, r^2 + 0{,}5\, r + 1 = 0 ,$$

mit den Wurzeln:

$$r_{1,2} = \frac{-0{,}5 \pm \sqrt{0{,}25 - 0{,}04}}{0{,}02} .$$

Damit erhält man:

$$r_1 = -2{,}087 ,$$

$$r_2 = -47{,}913 .$$

Somit ist die allgemeine Lösung, nach dem bekannten Ansatz,

$$\Omega(t) = 110 + C_1\, e^{-2{,}087\, t} + C_2\, e^{-47{,}913\, t} .$$

Die Integrationskonstanten C_1 und C_2 werden mit Hilfe der Anfangsbedingungen

$$\Omega(0) = 0$$

und

$$i_A(0) = \frac{d\Omega}{dt} = 0$$

bestimmt. Man bekommt:

$$C_1 + C_2 = -110 ,$$

$$2{,}087 C_1 + 47{,}913 C_2 = 0$$

und daraus

$$C_1 = -115{,}01\,,$$

$$C_2 = 5{,}01\,,$$

so daß:

$$\Omega(t) = 110 - 115{,}01\ \mathrm{e}^{-2{,}087\,t} + 5{,}01\ \mathrm{e}^{-47{,}913\,t},$$

$$i_A(t) = 240\ \mathrm{e}^{-2{,}087\,t} - 240\ \mathrm{e}^{-47{,}913\,t}.$$

Das erste Exponentialglied der oben erzielten Funktionen wird nach etwa drei Zeitkonstanten, also nach 1,43 s (3/2,087) abgedämpft, das zweite nach 0,063 s (3/47,913).

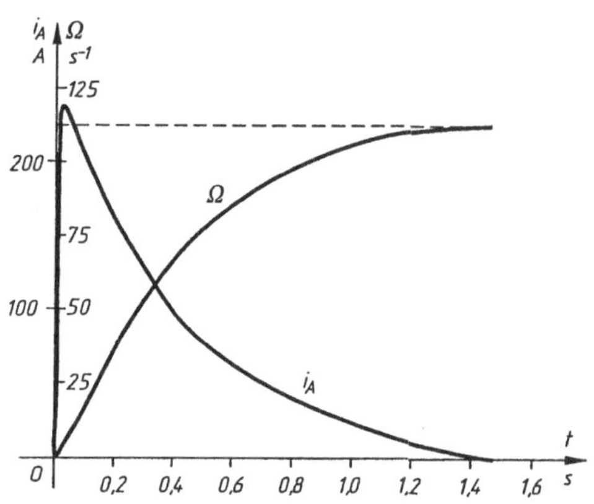

Bild 2.74
Zeitliche Verläufe des Ankerstroms $i_A(t)$ und der Winkelgeschwindigkeit $\Omega(t)$ beim Anlaß eines GNM im Leerlauf

In Bild 2.74 sind die entsprechenden Charakteristiken $i_A(t)$ und $\Omega(t)$ gezeigt. Der i_A kann nach etwa 0,06 *s* gleich dem ersten Exponentialglied gesetzt werden. Sein Spitzenwert beträgt etwa 240 A, d.h. fast $2I_{AN}$. Der gesamte dynamische Anlaufvorgang dauert etwa 1,5 s. Die Winkelgeschwindigkeit ändert sich beinahe nach einer Exponentialkurve. Ihre Anfangssteigung ist Null $[(\mathrm{d}\Omega/\mathrm{d}t) = 0$ bei $t = 0]$, wie auch beim Graph des Stroms $[(\mathrm{d}i_A/\mathrm{d}t) = 0$ bei $t = 0]$. Würde der Vorwiderstand R_V nicht in den Ankerkreis geschaltet, wäre der Spitzenwert des Anlaufstroms ungefähr $U/R_A = 110/0{,}08 = 1375\ \mathrm{A} = 11\ I_{AN}$. Der Drehmomentstoß wäre gleicher Größenordnung im Vergleich zum Nenndrehmoment. Der Ankerkreiswiderstand ist unbedeutend, da der Motor sich im Leerlauf befindet und beinahe keine Verluste ($i_{A0} \approx 0$) aufweist. Der Motor läuft mit einer ideellen Leerlaufwinkelgeschwindigkeit

$$\Omega_0^* = \frac{U}{M_{EA} I_E} = \frac{110}{1} = 110\ \mathrm{s}^{-1}\,,$$

bzw. mit der ideellen Leerlaufdrehzahl

$$n_0^* = 60 \frac{\Omega_0^*}{2\pi} = 60 \times \frac{110}{2 \times 3{,}14} = 1050\ \mathrm{min}^{-1}\,.$$

2Ü.13 *Ein GNM hat die Daten $U = 220$ V, $R_A = 18\ m\Omega$, $R_E = 27{,}5\ \Omega$, $M_{EA} = 314$ mH, $J_m = 10\ kgm^2$. Er treibt eine Arbeitsmaschine an, mit den auf die Motorwelle bezogenen Größen Trägheitsmoment $J_L = 10\ kg\ m^2$ und Lastmoment $M_L = 1400$ Nm. Der Motor läuft im stationären Betrieb. Man führt in den Ankerkreis einen in Reihe geschalteten Vorwiderstand $R_V = 0{,}2\ \Omega$ ein. Die Ankerkreiswiderstand wird vernachlässigt.*

a) *Man bestimme $i_A(t)$ und $\Omega(t)$ nach Einschaltung des Vorwiderstands. Das Lastmoment M_L bleibt konstant, unabhängig von der Drehzahl.*

b) *Der Motor läuft nach der Einschaltung von R_V mit der gleichen Drehzahl wie in a. Die Hälfte von R_V wird kurzgeschlossen. Wie verlaufen $i_A(t)$ und $\Omega(t)$?*

a) Im stationären Anfangszustand werden der aufgenommene Ankerstrom I_{A0} und die (reelle) Leerlaufwinkelgeschwindigkeit Ω_0 aus folgendem Gleichungssystem ermittelt:

$$U = R_A I_{A0} + M_{EA} I_E \Omega ,$$

$$M_{EA} I_E I_{A0} = M_L .$$

Somit errechnet man:

$$I_{A0} = \frac{1400}{0{,}314.8} = 557{,}3 \text{ A} ,$$

$$\Omega_0 = \frac{U - R_A I_{A0}}{M_{EA} I_E} = \frac{U}{M_{EA} I_E} - \frac{R_A I_{A0}}{M_{EA} I_E} = \Omega_0^* - \Delta\Omega_0 = 83{,}59 \text{ s}^{-1} ,$$

mit:

$I_E = U/R_E = 220/27{,}5 = 8$ A (Erregerstrom),

$$\Omega_0^* = \frac{U}{M_{EA} I_E} = \frac{220}{0{,}314 \times 8} = 87{,}58 \text{ s}^{-1}$$ (ideale Leerlauf-Winkelgeschwindigkeit),

$$\Delta\Omega_0 = \frac{R_A I_{A0}}{M_{EA} I_E} = \frac{0{,}018 \times 557{,}3}{0{,}314 \times 8} = 3{,}99 \text{ s}^{-1}$$ (Leerlauf-Winkelgeschwindigkeitsabfall).

Nach Einschaltung des Vorwiderstandes $R_V = 2\ \Omega$ fängt ein transienter Vorgang an. Die Gleichungen dieses Vorgangs sind:

$$U = (R_A + R_V)\, i_A + M_{EA} I_E \Omega ,$$

$$M_{EA} I_E i_A - M_L = J \frac{d\Omega}{dt} ,$$

mit $J = J_m + J_L$.

Unter Anwendung der Laplace-Transformation bekommt man im Bildbereich:

$$\frac{U}{s} = (R_A + R_V)\, I_A(s) + M_{EA} I_E \Omega(s) ,$$

$$M_{EA} I_E I_A(s) - \frac{M_L}{s} = s J \Omega(s) - J \Omega_0 .$$

Beseitigt man $I_A(s)$ aus diesem algebraischen Gleichungssystems, mit $R = R_A + R_V$, erhält man:

$$\Omega(s) = \frac{R\,J\,\Omega_0\,s + U\,M_{\mathrm{EA}}\,I_{\mathrm{E}} - R\,M_{\mathrm{L}}}{s[R\,J\,s + (M_{\mathrm{EA}}\,I_{\mathrm{E}})^2]} ,$$

oder mit Zahlenwerten:

$$\Omega(s) = \frac{83{,}59\,s + 56{,}752}{s(s+1{,}447)} = \frac{39{,}22}{s} + \frac{44{,}37}{s+1{,}447} .$$

Die zugehörige Zeitfunktion ist:

$$\Omega(t) = (39{,}22 + 44{,}37\ \mathrm{e}^{-1{,}447\,t})\ \mathrm{s}^{-1} .$$

Die Original- bzw. Zeitfunktion des Ankerstroms ist:

$$i_{\mathrm{A}}(t) = \frac{M_{\mathrm{L}}}{M_{\mathrm{EA}}\,I_{\mathrm{E}}} + \frac{J}{M_{\mathrm{EA}}\,I_{\mathrm{E}}} \times \frac{\mathrm{d}\Omega}{\mathrm{d}t} = (557{,}3 - 511{,}2\ \mathrm{e}^{-1{,}447\,t})\ \mathrm{A} .$$

In Bild 2.75 sind die Charakteristiken Ω (t) und $i_{\mathrm{A}}(t)$ dargestellt. Der Strom verzeichnet im ersten Augenblick nach dem Einschalten von R_{V} eine plötzliche Verringerung von 556,3 A auf 46,1 A. Nachher beträgt die Zeitkonstante 0,69 s (1/1,447). Nach etwa 3 bis 4 Zeitkonstanten, also ca. 2 s, bleiben der Ankerstrom wie auch der Erregerstrom konstant. Das Einschalten des Vorwiderstandes R_{V} verursacht die Verringerung der Winkelgeschwindigkeit von 83,59 s^{-1} auf 39,22 s^{-1}. Ihr zeitlicher Verlauf ist eine Exponentialkurve der gleichen Zeitkonstante, wie auch beim Ankerstrom.

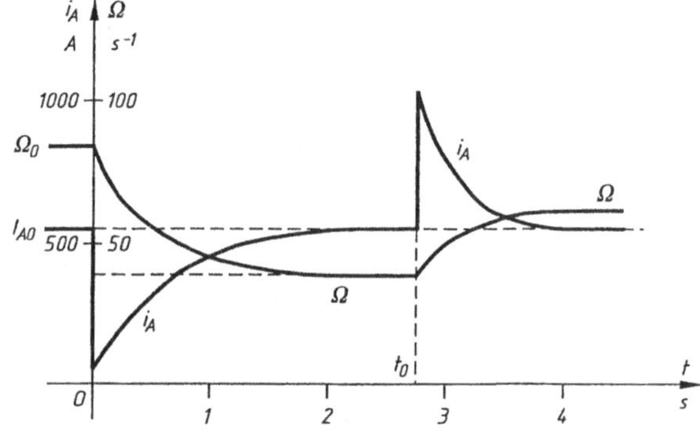

Bild 2.75
Zeitliche Verläufe des Ankerstroms $i_{\mathrm{A}}(t)$ und der Winkelgeschwindigkeit $\Omega(t)$ bei einem GNM: $t \in (0, t_0)$ nach Einschaltung $(t = 0)$ eines Vorwiderstandes R_{V} im Ankerkreis, $t > t_0$ nach Kurzschließen $(t = t_0)$ einer Hälfte von R_{V}

b) Es wird vorausgesetzt, daß im Zeitpunkt $t_0 > 2$ s (Bild 2.75) der Kurzschluß einer Hälfte von R_{V} stattfindet. Die Betriebsgleichungen bleiben die gleichen wie vorher, nur die Anfangsbedingungen sind diesmal verschieden: bei $t = t_0$ gelten $I_{\mathrm{A01}} = 557{,}3$ A und $\Omega_{01} =$ 9,22 s^{-1}. Man erhält:

$$\Omega\ (s) = \frac{R_1\,J\,\Omega_{01}\,s + U\,M_{\mathrm{EA}}\,I_{\mathrm{E}} - R_1\,M_{\mathrm{L}}}{s[R_1\,J\,s + (M_{\mathrm{EA}}\,I_{\mathrm{E}})^2]} = \frac{39{,}22s + 164{,}17}{s(s+2{,}674)} ,$$

mit

$$R_1 = (R_{\mathrm{A}} + R_{\mathrm{V}})/2 = 0{,}118\ \Omega .$$

Somit:

$$\Omega(t) = [61{,}39 - 22{,}17\ \mathrm{e}^{-2{,}674(t-t_0)}]\ \mathrm{s}^{-1} ,$$

$$i_{\mathrm{A}}(t) = [557{,}3 + 472\ \mathrm{e}^{-2{,}674(t-t_0)}]\ \mathrm{A} .$$

Diesmal verzeichnet der Strom (Bild 2.75) einen plötzlichen Anstieg von 557,3 A auf 1029,3 A, danach kommt er stufenweise, mit einer kleineren Zeitkonstante, 0,374 s (1/2,674), zum Wert des stationären Betriebs (557,3 A) zurück. Die Winkelgeschwindigkeit wächst, mit derselben Zeitkonstante, exponentiell bis auf den Wert 61,38 s^{-1}.

2Ü.14 *Eine fremderregte Gleichstrommaschine entwickelt im Motorbetrieb unter Nenn-Ankerspannung $U_{AN} = 110$ V bei einer Drehzahl $n_N = 1500\ min^{-1}$ ein Nenndrehmoment $M_N = 14$ Nm. Die gleiche Maschine hat im Ankerkreis einen im Reihe geschalteten Bremsvorwiderstand R_B. Bei konstant gebliebenem Erregerstrom erzeugt sie im ersten Augenblick des Gegenstrombremsbetriebs, bei Umpolung der Ankerspannung, dasselbe Drehmoment M_N.*

a) *Der Widerstand R_A beträgt 0,5 Ω und $L_{AA} \approx 0$. Man bestimme den Bremsvorwiderstand R_B.*

b) *Die Arbeitsmaschine setzt ein auf die Motorwelle bezogenes Lastmoment, proportional zur Drehzahl, $M_L = M_N(n/n_N)$, entgegen. Das gesamte an der Motorwelle umgerechnete Trägheitsmoment ist $J = 0{,}07$ kg m^2. Es interessiert der Drehzahlzeitverlauf. Die Ankerrückwirkung und die Bürstenspannungsabfälle werden übersehen.*

a) Die Gleichung der mechanischen Kennlinie im Motorbetrieb lautet:

$$\Omega = \frac{U_N}{k_E \Phi_E} - \frac{R_A M}{(k_E \Phi_E)^2} \quad . \tag{2.57}$$

Im Gegenstrombremsbetrieb durch Umpolung der Ankerspannung und nach Einschalten des Bremsvorwiderstands R_B ist sie:

$$\Omega = -\frac{U_N}{k_E \Phi_E} - \frac{(R_A + R_B)M}{(k_E \Phi_E)^2} \tag{2.58}$$

Die zugehörigen Kennlinien sind in Bild 2.76 – Geraden (1) und (2) – gezeigt.

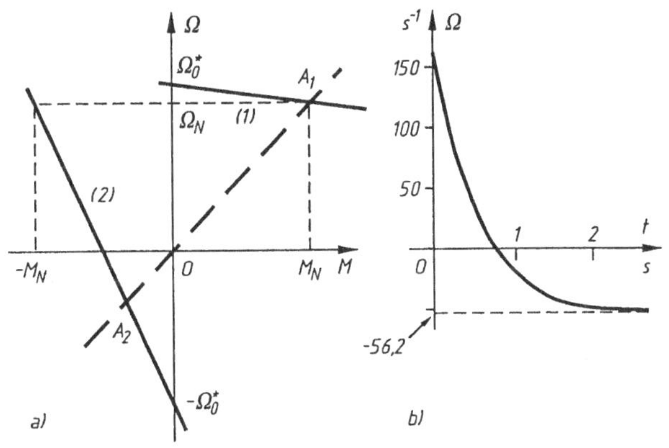

Bild 2.76
Gegenstrombremsung mit Umpolung der Ankerspannung des fremderregten Gleichstrommotors:
a) zugehörige Kennlinie (2),
b) zeitlicher Verlauf der Winkelgeschwindigkeit $\Omega(t)$ während der Gegenstrombremsung ($\Omega < 0$, IV. Quadrant)

Der Widerstand R_B sollte berechnet werden unter der Bedingung, daß im ersten Moment der Bremsung die Maschine bei der Winkelgeschwindigkeit Ω_N ein Bremsmoment M_N erzeugen muß. Um R_B zu bestimmen, setzt man in Gl. (2.58) $\Omega = \Omega_N$ und $M = M_N$ ein. Man erhält:

$$R_B = \frac{(k_E \Phi_E)^2 \Omega_N + k_E \Phi_E U_N}{M_N} - R_A .$$

Die Größe $k_E\Phi_E$ erhält man aus Gl. (2.57), wobei $\Omega = \Omega_N = 2\pi n_N/60$ und $M = M_N$. So ergibt sich die Gleichung 2. Grades:

$$\Omega_N (k_E \Phi_E)^2 - U_N (k_E \Phi_E) + R_A M_N = 0,$$

oder mit Zahlenwerten:

$$157{,}08(k_E \Phi_E)^2 - 110(k_E \Phi_E) + 7 = 0 .$$

Die zwei Lösungen lauten:

$$(k_E \Phi_E)_1 = 0{,}629 ,$$

$$(k_E \Phi_E)_2 = 0{,}0708 .$$

Nur der erste Wert hat physikalischen Sinn. Für $(k_E \Phi_E)^2 = 0{,}0708$ und $M = M_N$ wäre $I_{AN} = M_N/(k_E \Phi_E)^2 = 14/0{,}0708 = 197{,}7$ A; das wäre aber ein Anker-Spannungsabfall $R_A I_A = 0{,}5 \times 197{,}7 = 98{,}9$ V – beinahe die ganze Ankerspannung. Somit:

$$R_B = \frac{0{,}629^2 \times 157{,}08 + 0{,}629 \times 10}{14} \times 0{,}5 = 8{,}88\ \Omega = 17{,}76\, R_A .$$

b) Das Bremsmoment ergibt sich aus Gl. (2.58):

$$M = -\frac{(k_E \Phi_E)^2 \Omega}{R_A + R_B} - \frac{U_N (k_E \Phi_E)}{R_A + R_B} .$$

Die Bewegungsgleichung ist in diesem Fall

$$M - M_L = J \frac{d\Omega}{dt} ,$$

bzw.

$$-\frac{(k_E \Phi_E)^2 \Omega}{R_A + R_B} - \frac{U_N (k_E \Phi_E)}{R_A + R_B} - M_N \frac{\Omega}{\Omega_N} = J \frac{d\Omega}{dt} .$$

Mit den Zahlenwerten erhält man die Differentialgleichung:

$$-7{,}3763 = 0{,}07 \frac{d\Omega}{dt} + 0{,}1313\, \Omega .$$

Mit der Anfangsbedingung $\Omega(0) = 157{,}08\ s^{-1}$ ergibt: sich:

$$\Omega(t) = (-56{,}17 + 213{,}25\, e^{-1{,}876\, t})\ s^{-1} .$$

In Bild 2.76-b ist der zeitliche Verlauf der Winkelgeschwindigkeit während des Bremsvorgangs dargestellt. Sie nimmt relativ schnell ab – nach einer Exponentialkurve mit der Zeitkonstante 0,533 s (1/1,876). Sie wird zu Null im Augenblick $t = 0{,}71$ s, danach wird sie negativ: im neuen Motorbetrieb anderer Drehrichtung. Die stationäre Winkelgeschwindigkeit wird das Wert $-56{,}17\ s^{-1}$ besitzen.

2Ü.15 *Die elektrische Maschine von 2Ü.14 wird wieder in einem Gegenstrombetrieb eingesetzt, aber bei entgegengesetztem Drehsinn unter Beibehaltung derselben Ankerspannungspolarität und Reihenschaltung eines Widerstandes R_B in den Ankerkreis. In diesem Bremsbetrieb erzeugt die Maschine, bei entgegengesetzter Drehzahl $-n_N$, das stationäre elektromagnetische Drehmoment M_N. Man bestimme den Widerstand R_B.*

Bei derselben Ankerspannungspolarität und bei Einschaltung eines Vorwiderstandes R_B hat die mechanische Kennlinie die Gleichung:

$$\Omega = \frac{U_N}{k_E \Phi_E} - \frac{(R_A + R_B)M}{(k_E \Phi_E)^2} \; .$$

Setzt man in diese Gleichung $\Omega = -\Omega_N$ und $M = M_N$ ein, erhält man:

$$R_B = \frac{\Omega_N (k_E \Phi_E)^2 + (k_E \Phi_E) U_N}{M_N} - R_A =$$

$$= \frac{157{,}08 \times 0{,}629^2 + 0{,}629 \times 110}{14} - 0{,}5 =$$

$$= 8{,}88\ \Omega - 17{,}76\ R_A \; .$$

Das ist dasselbe Ergebnis wie in 2Ü-14. Das ist selbstverständlich, denn es geht eigentlich um denselben Bremsbetrieb, allerdings bei Vorzeichenänderung der Koordinaten des Betriebspunkts.

2Ü.16

a) *Der in 2Ü.14 erwähnte fremderregte Gleichstrommotor muß in einem Generatorbetrieb ohne einen zusätzlichen Vorwiderstand im Ankerkreis nutzgebremst werden. Wie hoch ist die Drehzahl des Generators unter Entwicklung eines elektromagnetischen Bremsmoments M_N? Der Erregerstrom soll als konstant betrachtet werden.*

b) *Mit der gleichen Maschine führt man eine Widerstandsbremsung (Generatorbetrieb ohne Energierückgewinnung) aus. Unmittelbar zu Beginn der Bremsung muß die Maschine ein Bremsmoment M_N erzeugen. Man bestimme den in den Ankerkreis zu schaltenden Vorwiderstand R_B.*

a) Die Gleichung der mechanischen Kennlinie unter der angelegten Ankerspannung U_{AN} und ohne zusätzliche Widerstände im Ankerkreis lautet:

$$\Omega = \frac{U_N}{k_E \Phi_E} - \frac{R_A M}{(k_E \Phi_F)^2} \; .$$

Setzt man in diese Gl. $M = M_N$ ein, erhält man die erwünschte Winkelgeschwindigkeit:

$$\Omega = \frac{110}{0{,}629} + \frac{0{,}5 \times 14}{0{,}629^2} = 192{,}57\ \mathrm{s}^{-1} \; .$$

Das sind 22,6 % mehr als der Betrag der entsprechende Winkelgeschwindigkeit bei gleichem Drehmoment im Motorbetrieb.

b) Zunächst muß die Gleichung der Kennlinie $\Omega = f(M)$ im dynamischen Bremsbetrieb festgestellt werden. Bei gleichbleibenden positiven Richtungen für Ω und M (wie im Motorbetrieb) können folgende Gleichungen aufgestellt werden:

$$k_E \Phi_E \Omega = (R_A + R_B) I_A ,$$

$$M = -k_E \Phi_E I_A .$$

Eliminiert man den Ankerstrom I_A, erhält man:

$$\Omega = -\frac{(R_A + R_B)M}{(k_E \Phi_F)^2} .$$

Den Widerstand R_B bestimmt man aus dieser Gleichung, indem man $\Omega = \Omega_N$ und $M = -M_N$ einsetzt:

$$R_B = \frac{(k_E \Phi_E)^2 \Omega_N}{M_N} - R_A = \frac{0{,}629^2 \times 157{,}08}{14} - 0{,}5 = 3{,}94\ \Omega = 7{,}88\ R_A .$$

2Ü.17

a) *Es soll das mathematische Modell eines fremderregten, über den Ankerkreis gesteuerten Gleichstrommotors bei gleichbleibender Erregung hergeleitet werden. Die Eingangsgröße ist die Ankerspannung U_A, die Ausgangsgröße die Winkelgeschwindigkeit Ω. Der magnetische Kreis wird als ungesättigt vorausgesetzt.*

b) *Das Lastmoment ist Null (Leerlauf). Man bestimme die Übertragungsfunktionen $I_A(s)/U_A(s)$ und $\Omega(s)/U_A(s)$. Diese Funktionen sollen für einen Motor mit den folgenden Daten errechnet werden: $P_N = 22{,}5$ kW, $U_N = 440$ V, $n_N = 645\ \text{min}^{-1}$, $R_A = 0{,}72\ \Omega$, $GD^2 = 4\ \text{kpm}^2$, $I_{AN} = 57$ A, $\tau_A = L_{AA}/R_A = 35$ ms. Welches ist die Antwort des Motors bei einem Spannungssprung von 440 V?*

c) *Falls das Lastmoment proportional zur Winkelgeschwindigkeit ist ($M_L = F\Omega$), soll die Übertragungsfunktion $\Omega(s)/U_A(s)$ gefunden werden. Einzelfall: der Motor aus Pkt. b, bei dem $F_L = 5$ Nms.*

a) Die Betriebsgleichungen des Motors, die den transienten Vorgang bei I_E = konst. beschreiben, sind:

$$u_A = R_A i_A + L_{AA} \frac{di_A}{dt} + M_{EA} I_E \Omega ,$$

$$M_{EA} I_E i_A - m_L = J \frac{d\Omega}{dt} ,$$

mit:

J auf die Motorwelle bezogenes Gesamtträgheitsmoment,

m_L augenblickliches, auf die Motorwelle bezogenes Lastmoment.

Das Gleichungssystem ist linear. Unter Anwendung der Laplace-Transformation bei Null-Anfangsbedingungen bekommt man folgendes transformiertes Gleichungssystem:

$$U_A(s) = (R_A + s L_{AA}) I_A(s) + M_{EA} I_E \Omega (s) ,$$

$$M_{EA} I_E I_A(s) - M_L(s) = sJ\Omega (s) ,$$

das weiter optimaler umgeformt werden kann:

$$[U_A(s) - M_{EA} I_E \Omega(s)] \frac{1}{R_A + s L_{AA}} = I_A(s)\,,$$

$$[M_{EA} I_E I_A(s) - M_L(s)] \frac{1}{sJ} = \Omega(s)\,.$$

Dies führt zum Signalflußdiagramm (Bild 2.77). Darin sind $U_A(s)$ und $M_L(s)$ Eingangsgrößen (U_A als Steuergröße und M_L als mögliche Störgröße), $\Omega(s)$ ist Ausgangsgröße. In den elektrischen Antriebssystemen ist auch $I_A(s)$ vom Interesse.

b) Vorausgesetzt, daß der Motor im Leerlauf läuft, ist $M_L(s) = 0$. Wird $I_A(s)$ als Ausgangsgröße betrachtet, verändert sich das Signalflußdiagramm in Bild 2.77-a zu dem in Bild 2.77-b. Im Ergebnis der Berechnung nach der Signalfluß-Algebra ergibt sich die Übertragungsfunktion:

$$\frac{I_A(s)}{U_A(s)} = \frac{\dfrac{1}{R_A(1+s\tau_A)}}{1+\dfrac{(M_{EA} I_E)^2}{sR_A J}\dfrac{1}{1+s\tau_A}} = \frac{1}{R_A}\frac{\tau_m}{1+s\tau_m+s^2\tau_n\tau_A}\,,$$

wobei $\tau_m = R_A J/(M_{EA} I_E)^2$ eingeführt wurde. Diese Größe wird üblich *elektromechanische Zeitkonstante* des Motors genannt.

Wird die oben erhaltene Übertragungsfunktion berücksichtigt, kann das Signalflußdiagramm des Motors bei gleichbleibenden Erregerstrom und ohne Lastmoment auf die Form vom Bild 2.77-c umgebildet werden. Von hier aus bekommt man die Übertragungsfunktion:

$$\frac{\Omega(s)}{U_A(s)} = \frac{1}{M_{EA} I_E} \times \frac{1}{1+s\tau_m+s^2\tau_n\tau_A}\,.$$

Somit verhält sich der konstant erregte, im Leerlauf laufende Gleichstrommotor als ein Verzögerungselement 2. Ordnung (PT2). Was den aufgenommenen Strom anbelangt, ist der Motor einem RLC-Kreis analog. Tatsächlich leitet man, von der Übertragungsfunktion $I_A(s)/U_A(s)$ ausgehend, her:

$$I_A(s) = \frac{U_A(s)}{R_A + sL_{AA} + \dfrac{(M_{EA} I_E)^2}{sJ}}$$

Mit $R = R_A$, $L = L_{AA}$ und $C = J/(M_{EA} I_E)^2$ ergibt sich folgende Analogie:

$$I_A(s) = \frac{U_A(s)}{R + sL + \dfrac{1}{sC}}\,.$$

- *Der Motor verfügt über zwei Speicher, die Energie speichern können:*
  - *das magnetische Feld der Ankerwicklung (Induktivität* L_{AA}*),*
  - *die drehenden Antriebsmassen [„Kapazität“* $C = J/(M_{EA} I_E)^2$*].*

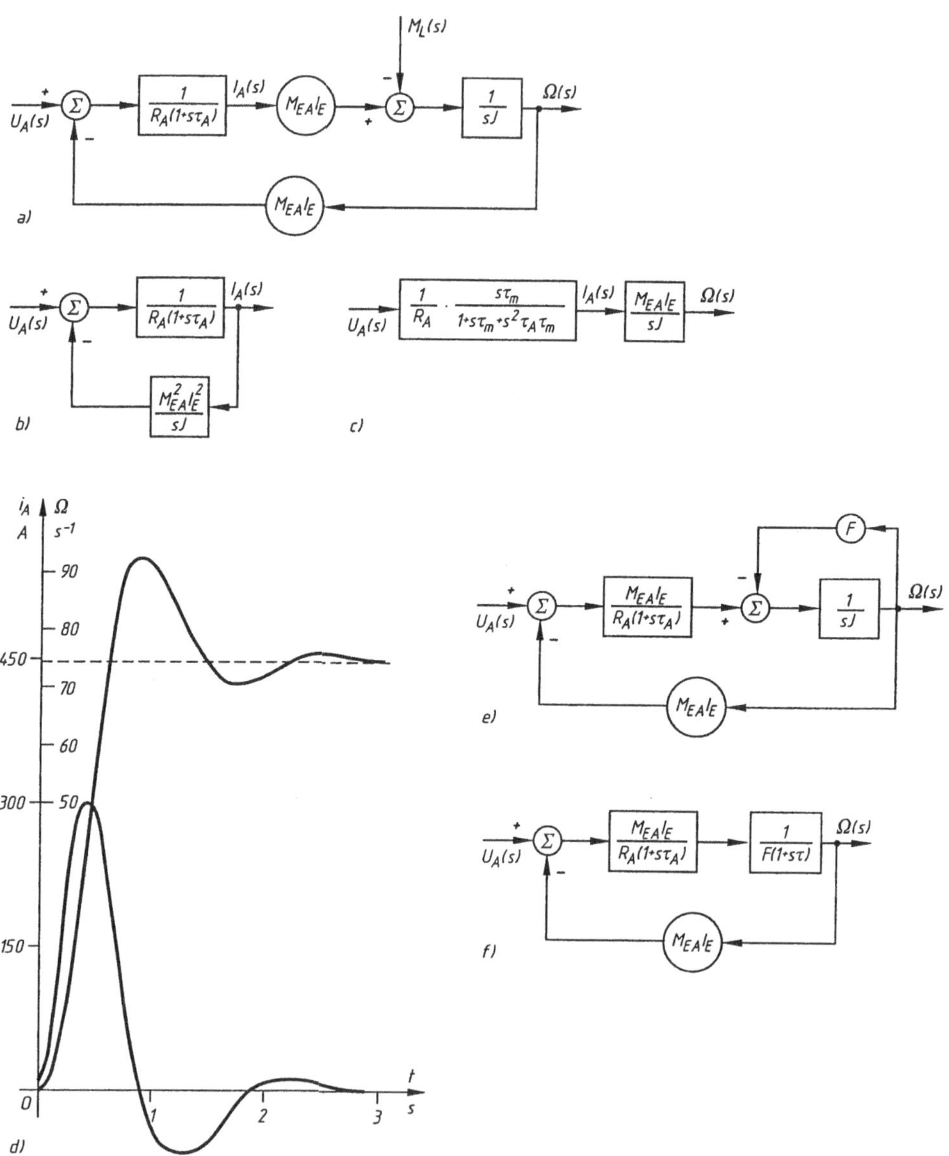

Bild 2.77 Fremderregter Gleichstrommotor (GMF) bei gleichbleibender Erregung (Steuerung über den Ankerkreis): a) Signalflußdiagramm, b), c) dito vereinfacht, d) $i_A(t)$ und Ω (t), e) Signalflußdiagramm des GMF bei $M_L \sim \Omega, f$) dito vereinfacht

Um die Übung unter Anwendung numerischer Werte aufzulösen, soll man zunächst einige Größen berechnen:

$$M_{EA} I_E = \frac{U_{EN}}{\Omega_N} = \frac{U_{AN} - R_A\, I_{AN}}{2\pi\, n_N} \times 60 = \frac{440 - 0{,}72 \times 57}{2 \times 3{,}14 \times 645} \times 60 = 5{,}91 \text{ Wb},$$

$$J = \frac{G\,D^2}{4\,g} = \frac{4\times 9{,}81}{4\times 9{,}81} = 1\ \text{kgm}^2\ \ (GD^2 = 4\ \text{kpm} = 4\times 9{,}81\ \text{Nm}^2)\,,$$

$$\tau_m = \frac{R_A\,J}{(M_{EA}\,I_E)^2} = \frac{0{,}72\times 1}{5{,}91^2} = 20{,}6\ \text{ms}\,.$$

Folglich:

$$\frac{I_A(s)}{U_A(s)} = \frac{1}{0{,}72}\,\frac{0{,}0206\,s}{1+0{,}0206\,s+0{,}0206\times 0{,}035\,s^2} = \frac{39{,}68\,s}{s^2+28{,}6\,s+1387}\,.$$

Bildet U_A einen Spannungssprung von 440 V, ist $U_A(s) = 440/s$ und somit:

$$I_A(s) = 507{,}83\,\frac{34{,}38}{(s+14{,}3)^2+34{,}38^2}\,.$$

Als Originalfunktion im Zeitbereich ergibt sich:

$$I_A(t) = 507{,}83\ \mathrm{e}^{-14{,}3\,t}\sin(34{,}38t)\ \text{A}\,.$$

Für die Winkelgeschwindigkeit ergibt sich (Bild 2.77-c):

$$\Omega\,(s) = \frac{M_{EA}\,I_E}{J\,s}\,I_A(s) = 74{,}4\left[\frac{1}{s} - \frac{s+28{,}6}{(s+14{,}3)^2+34{,}38^2}\right],$$

d.h.:

$$\Omega\,(t) = 74{,}4\{1 - \mathrm{e}^{-14{,}3\,t}[\cos(34{,}38\,t) - 0{,}416\sin(34{,}38\,t)]\}\,.$$

Die Kurven $i_A(t)$ und $\Omega\,(t)$ sind in Bild 2.77-d dargestellt. Der Strom $i_A(t)$ steigt in den ersten Augenblicken des direkten Anlaufs sehr schnell an, da diesmal keine zusätzliche Vorwiderstände im Ankerstromkreis vorhanden sind und dieser unter Nennspannung liegt. Danach strebt er schwingend gegen Null. Seinen Spitzenwert, etwa 300 *A*, d.h. mehr als 5 I_{AN}, erreicht er nach etwa 40 ms vom Einschaltaugenblick aus. Der Ankerstrom ist nach etwa 300 ms völlig abgedämpft. Die Winkelgeschwindigkeit wächst sehr schnell auf ihren stationären Leerlaufwert von 74,4 s^{-1}, überschreitet diesen Wert, und nach etwa zwei Schwingungen kommt sie zu diesem Wert zurück.

- *Anmerkung: Die Schwingungsvorgänge des Stroms und der Winkelgeschwindigkeit sind vom gleichen Polynom* $(1 + \tau_m s + \tau_m\tau_A s^2)$ *der Übertragungsfunktionen* $I_A(s)/U_A(s)$ *und* $\Omega(s)/U_A(s)$ *geprägt. Ist die Lösung* $\tau_m^2 - 4\tau_m\tau_A > 0$ *bzw.* $\tau_m > 4\tau_A$*, sind seine Wurzeln reell und negativ; die Vorgänge verlaufen aperiodisch. Bei den meisten Gleichstromantrieben mit angekuppelte Arbeitsmaschine tritt dieser Verlauf auf. Im Falle* $\tau_m > 4\tau_A$ *sind diese Wurzeln komplex, mit negativen reellen Teilen, die Situation der bestehenden Übung. Es bilden sich gedämpfte Schwingungsvorgänge aus. Dieser Ablauf tritt nur bei trägheitsarmen Antrieben auf.*

c) Unter der Annahme $M_L = F_L\Omega$ vervollständigt sich das Signalflußdiagramm aus Bild 2.77-a und nimmt die in Bild 2.77-e vorgestellte Form an. Fällt die kurze Rückkopplungsschleife (innere Schleife) weg, erreicht man eine erste Vereinfachung (Bild 2.77-f). Dabei wird $\tau = J/F_L = 1/5 = 0{,}2$ s eingeführt.

Die neue Übertragungsfunktion $\Omega\,(s)/U_A(s)$ ist:

$$\frac{\Omega(s)}{U_A(s)} = \frac{1}{M_{EA}\,I_E}\,\frac{1}{1+\frac{\tau_m}{\tau}+\frac{\tau_m(\tau_A+\tau)}{\tau}s+\tau_m\,\tau_A\,s^2}\,.$$

Für einen Spannungssprung von 440 V erhält man:

$$\Omega(s) = \frac{67{,}48}{s(1+0{,}0129s+0{,}00054s^2)} \,.$$

Die Winkelgeschwindigkeit stabilisiert sich nach einigen Schwingungen auf 67,48 s^{-1}. Der ganze Anlaufvorgang dauert 0,25 s.

2Ü.18

a) Es soll das mathematische Modell eines fremderregten Gleichstrommotors aufgestellt werden. Der Motor ist über den Erregerkreis gesteuert, bei einem Ankerstrom $i_A = I_{AN}$ = konst. Der Ankerkreis wird von einer konstanten Stromquelle versorgt, der magnetische Kreis wird als ungesättigt vorausgesetzt.

b) Unter der Annahme einer drehzahlabhängigen Belastung $M_L = F_L\Omega$: wie lautet die Übertragungsfunktion des Motors? Die Eingangsgröße ist die Erregerspannung u_E, die Ausgangsgröße die Winkelgeschwindigkeit Ω. Wie verhält sich der Motor bei einer Erregerspannung von 440 V? Er hat folgende Daten: $U_N = 440$ V, $P_N = 22{,}5$ kW, $n_N = 645$ min^{-1}, $R_A = 0{,}72\ \Omega$, $I_{AN} = 57$ A, $R_E = 440\ \Omega$, $\tau_E = L_{EE}/R_E = 0{,}5$ s, $U_{EN} = 440$ V, $J = 1$ kgm^2, $F_L = 5$ Ns.

c) Man zeichne das Feld der mechanischen Kennlinien $\Omega = f(M)$ für verschiedene Werte der Eingangsspannung U_E ein.

a) Die Betriebsgleichungen im dynamischen Motorbetrieb sind:

$$u_E = R_E\, i_E + L_{EE}\frac{di}{dt} \,,$$

$$M_{EA}\, I_A\, i_E - m_L = J\,\frac{d\Omega}{dt} \,.$$

Nach Anwendung der Laplace-Transformation bekommt man die Bildfunktionen:

$$U_E(s) = (R_E + s\,L_{EE})\, I_E(s) \,,$$

$$M_{EA}\, I_A\, I_E(s) - M_L(s) = s\,J\frac{d\Omega}{dt}(s) \,,$$

was zum Signalflußdiagramm in Bild 2.78-a führt. Dabei ist $\tau_E = L_{EE}/R_E$.

b) Mit $M_L(s) = F_L\Omega\,(s)$ ändert sich das Signalflußdiagramm in Bild 2.78-a in das in Bild 2.78-b. Die erwünschte Übertragungsfunktion ist mithin:

$$\frac{\Omega(s)}{U_E(s)} = \frac{M_{EA}\, I_A}{F_L\, R_E} \times \frac{1}{(1+s\tau_E)(1+s\tau)} \,,$$

mit $\tau = J/F_L$.

Um die Berechnung mit Zahlenwerten auszuführen, braucht man vorerst die Größen M_{EA} und τ:

$$M_{EA} = \frac{U_A - R_A\, I_{AN}}{\Omega_N\, I_E} = \frac{440-0{,}72\times 57}{2\times 3{,}14\times 645\times 1} \times 60 = 5{,}907 \text{ H} \,,$$

$$\tau = \frac{J}{F_L} = \frac{1}{5} = 0{,}2 \text{ s} \,.$$

Folglich kommt man, mit $U_E(s) = 440/s$, zu:

$$\Omega(s) = \frac{5{,}907 \times 57 \times 440}{5 \times 440} \times \frac{1}{s\,(1+0{,}5s)\,(1+0{,}2\,s)}\,,$$

$$\Omega(t) = 67{,}34 - 112{,}23\ \mathrm{e}^{-2\,t} + 44{,}89\ \mathrm{e}^{-5\,t}\,.$$

In Bild 2.78-c ist der zeitliche Verlauf der Winkelgeschwindigkeit bei diesem Hochlauf unter Belastung dargestellt. Der vollständige, transiente Vorgang dauert etwa 2 s (vergleiche das Ergebnis aus c.).

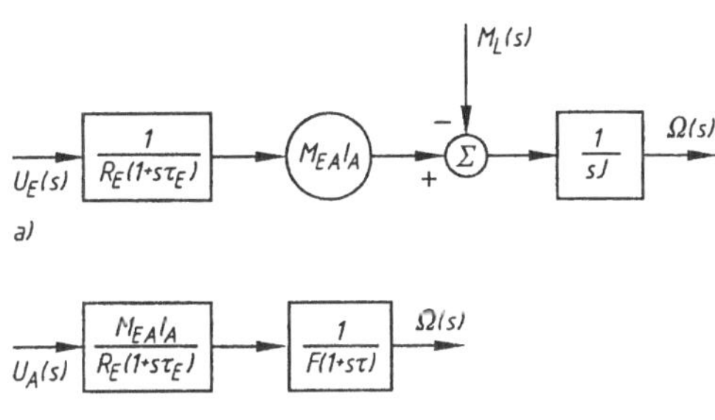

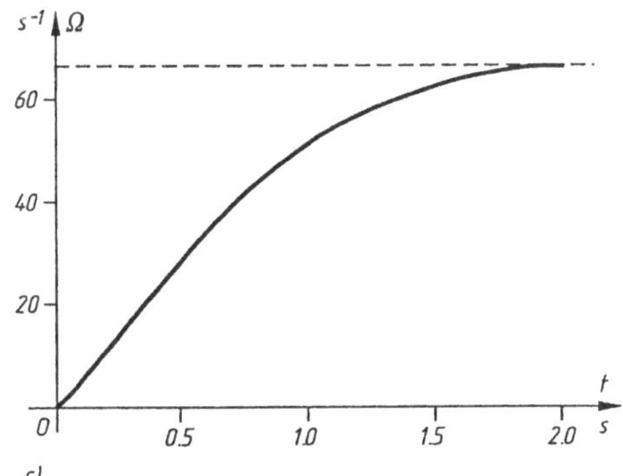

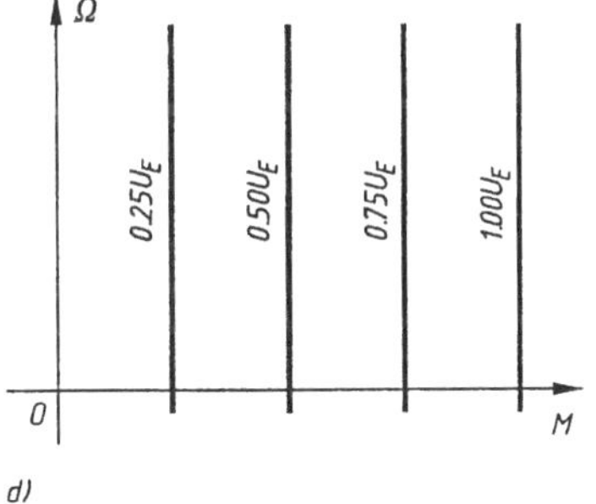

Bild 2.78
Fremderregter Gleichstrommotor, über den Erregerkreis gesteuert:
a) Signalflußdiagramm,
b) dito vereinfacht,
c) zeitlicher Verlauf der Winkelgeschwindigkeit $\Omega(t)$,
d) Kennlinienfeld bei verschiedenen Erregerspannungswerten U_E (bei Belastungsstrom I_A = konst.)

c) Im stationären Betrieb ist das erzeugte elektromagnetische Drehmoment bei gleichbleibendem Ankerstrom

$$M = M_{\text{EA}} I_{\text{A}} I_{\text{E}} = \frac{M_{\text{EA}} I_{\text{A}}}{R_{\text{E}}} U_{\text{E}} ,$$

unabhängig von der Winkelgeschwindigkeit und proportional zur Eingangsgröße U_{E}. In Bild 2.78-d ist das erzielte Kennlinienfeld bei verschiedenen Erregerspannungswerten dargestellt.

2Ü.19 *Für einen GRM sind folgende Daten gegeben: R_A, R_E, L_{EE}, L_{AA}, M_{EA} und J. Er läuft im stationären Betrieb mit folgenden Betriebsgrößen: U_0, Ω_0, M_{L0} (Lastmoment). Es sollen das mathematische Modell und die Übertragungsfunktion des Motors bestimmt werden. Dabei sind das Lastmoment die Eingangs- und die Winkelgeschwindigkeit die Ausgangsgröße. Die Betriebsgrößen nehmen nur kleine Änderungen um den oben beschriebenen stationären Betriebspunkt an.*

a) Mit den Bezeichnungen $R = R_{\text{A}} + R_{\text{E}}$, $L = L_{\text{AA}} + L_{\text{EE}}$ sind die Betriebsgleichungen im dynamischen Zustand:

$$u = Ri + L\frac{\mathrm{d}i}{\mathrm{d}t} + M_{\text{EA}}\, i\Omega ,$$

$$M_{\text{EA}}\, i^2 - m_{\text{L}} = J\,\frac{\mathrm{d}\Omega}{\mathrm{d}t} .$$

Das Gleichungssystem ist wegen der Glieder i^2 und $i\Omega$ nichtlinear. Im stationären Anfangszustand gelten die Betriebsgleichungen:

$$U_0 = RI_0 + M_{\text{EA}}\, I_0\, \Omega ,$$

$$M_{\text{EA}}\, I_0^2 = M_{\text{L0}} .$$

Nimmt man an, daß die zeitlich veränderlichen Größen x (u, Ω, i, m_{L}) vom stationären Anfangszustand X aus nach $(X + x')$ verlaufen, und erstreckt sich die Änderung x' nur auf kleine Werte ($x' \ll X$), können die Gleichungen des dynamischen Vorgangs linearisiert werden. Es seien:

$$u = U_0 + u' ,$$

$$\Omega = \Omega_0 + \Omega' ,$$

$$m_{\text{L}} = M_{\text{L0}} + m'_{\text{L}} ,$$

$$i = I_0 + i' .$$

Man setzt diese Größen in die Gleichungen des dynamischen Vorgangs; die Glieder 2. Kleinheitsordnung (i'^2 und $i'\Omega'$) dürfen vernachlässigt werden. Unter gleichzeitiger Beachtung der Gleichungen des stationären Anfangszustands bekommt man:

$$u' = Ri' + L\frac{\mathrm{d}i'}{\mathrm{d}t} + M_{\text{EA}}\,(\Omega\, i' + I_0\, \Omega') ,$$

$$2\, M_{\text{EA}}\, I_0\, i' - m'_{\text{L}} = J\frac{\mathrm{d}\Omega'}{\mathrm{d}t} .$$

Dieses Differentialgleichungssystem ist linear für die mit (') angenommenen kleinen Größen. Unter Anwendung der Laplace-Transformation ergibt sich, wenn die Anfangsbedingungen Null sind, folgendes algebraisches Gleichungssystem:

$$U'(s) = (R + M_{\mathrm{EA}}\,\Omega_0 + s\,L)\,I'(s) + M_{\mathrm{EA}}\,I_0\,\Omega'(s)\,,$$

$$2\,M_{\mathrm{EA}}\,I_0\,I'(s) - M'_{\mathrm{L}}(s) = s\,J\,\Omega'(s)\,,$$

das dem Signalflußdiagramm in Bild 2.79-a entspricht. Bei $u' = 0$ und mit m'_{L} als Eingangsgröße nimmt das erhaltene Modell eine einfachere Form an (Bild 2.79-b).

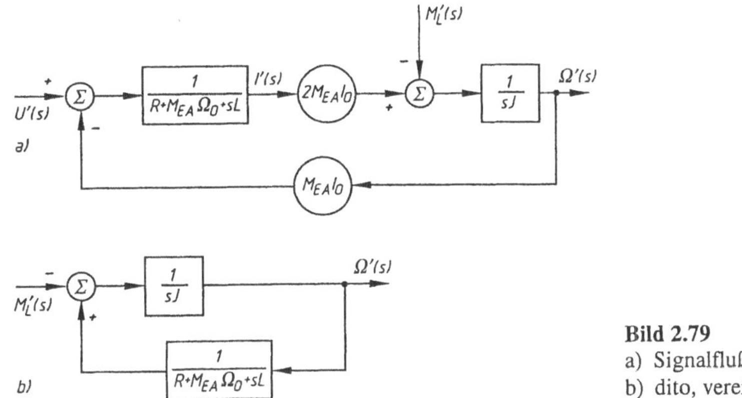

Bild 2.79
a) Signalflußdiagramm eines GRM,
b) dito, vereinfacht

Die in der Aufgabe verlangte Übertragungsfunktion wird somit:

$$\frac{\Omega'(s)}{M'_{\mathrm{L}}(s)} = -\frac{\dfrac{1}{sJ}}{1+\dfrac{2M_{\mathrm{EA}}^2 I_0^2}{sJ\left(R+M_{\mathrm{EA}}\,\Omega_0+sL\right)}} = -\frac{R+M_{\mathrm{EA}}\,\Omega_0+Ls}{LJs^2+J\left(R+M_{\mathrm{EA}}\Omega_0\right)s+2M_{\mathrm{EA}}^2 I_0^2}\,.$$

Mit den Bezeichnungen:

$$\tau_{\mathrm{m}} = \frac{J\left(R+M_{\mathrm{EA}}\Omega_0\right)}{2M_{\mathrm{EA}}^2 I_0^2}\,,$$

und

$$\tau_{\mathrm{A}} = \frac{L}{1+\tau_{\mathrm{m}}\,s+\tau_{\mathrm{m}}\,\tau_{\mathrm{A}}\,s^2}\,,$$

erhält man:

$$\frac{\Omega'(s)}{M'_{\mathrm{L}}(s)} = -\frac{R+M_{\mathrm{EA}}\,\Omega_0}{2M_{\mathrm{EA}}^2 I_0^2}\times\frac{1+\tau_{\mathrm{A}}\,s}{1+\tau_{\mathrm{m}}\,s+\tau_{\mathrm{m}}\,\tau_{\mathrm{A}}\,s^2}\,.$$

Das Minusvorzeichen entspricht der Tatsache, daß ein Anstieg des Lastmomentes eine Verringerung der Winkelgeschwindigkeit zu Folge hat.

2Ü.20 *Gegeben sei ein Leonard-Satz (Generator-Motor-System) (Bild 2.80). Die Führungsgröße u_E wird durch einen Verstärker V (Verstärkungsfaktor k_A) an die Erregerwicklung des Generators gelegt. Der Erregerstrom des Motors und die Winkelgeschwindigkeit Ω_G sollen als gleichbleibend ($I_E = I_{EN} =$ konst., $\Omega_G =$ konst.) betrachtet werden. Die angetriebene Arbeitsmaschine bekommt die vom Motor gelieferte mechanische Energie über ein Zahnradgetriebe, dessen Übersetzungsverhältnis $k_\Omega = \Omega_L / \Omega$ ist. Das auf die Motorwelle bezogene Lastmoment ist proportional zur Winkelgeschwindigkeit $M_L = F_L \Omega$ (zähflüssige Reibung). Die anderen Parameter, die zur Untersuchung des Leonard-Satzes nötig sind, können Bild 2.80 entnommen werden. Man bestimme die Übertragungsfunktion $\theta_L(s)/E(s)$. Dabei sind θ_L der Wellenlagewinkel der Arbeitsmaschine und u_E die Führungsgröße.*

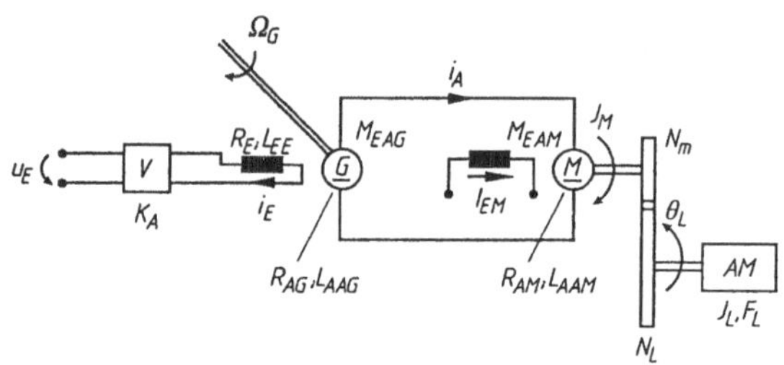

Bild 2.80
Leonard-Umformer
(Generator-Motor-System)
(u_E Erregerspannung als Führungsgröße)

Das Gleichungssystem des dynamischen Vorgangs ist:

$$k_A u_E = R_E i_E + L_{EE} \frac{di}{dt} ,$$

$$M_{EAG} \Omega_G i_E - M_{EAM} I_{EM} \Omega = (R_{AG} + R_{AM}) i_A + (L_{AAG} + L_{AAM}) \frac{di_A}{dt} ,$$

$$M_{EAM} I_{EM} i_A - F \Omega = J \frac{d\Omega}{dt} ,$$

$$\Omega = k_\Omega \frac{d\theta_L}{dt} .$$

In diesem System sind $F = F_L / k_\Omega$ und $J = J_M + J_L k_\Omega^2$. Mit:

$$R = R_{AG} + R_{AM} ,$$

und

$$L = L_{AAG} + L_{AAM} ,$$

und unter Anwendung der Laplace-Transformation erhält man das Gleichungssystem:

$$k_A E(s) = (R_E + s L_{EE}) I_E(s) ,$$

$$M_{EAG} \Omega_G I_E(s) - M_{EAM} I_{EM} \Omega(s) = (R + s L) I_A(s) ,$$

$$M_{EAM} I_{EM} I_A(s) = (F + s J) \Omega(s) = (F + s J) s k_\Omega \theta_L(s) .$$

Durch Eliminieren der Zwischengrößen $I_E(s)$, $I_A(s)$ und $\Omega(s)$ ergibt sich die Übertragungsfunktion:

$$\frac{\theta_L(s)}{E(s)} = \frac{k_A M_{EAM} I_{EM} M_{EAG} \Omega_G}{k_\Omega R_E R(F+F_M)} \times \frac{1}{s(1+s\tau_E)\left[1+(\tau_A+\tau_m)\frac{F}{F+F_M}s+\tau_m\tau_A\frac{F}{F+F_M}s^2\right]},$$

mit:

$$F = \frac{M_{EAM}^2 I_{FM}^2}{R},$$

$$\tau_E = \frac{L_{EE}}{R_E},$$

$$\tau_m = \frac{J}{F},$$

$$\tau_A = \frac{L_{AA}}{R_A}.$$

3 Leistungselektronische Stellglieder für Gleichstromantriebe

3.1 Gleichstrom-Stromrichter als Stellglieder

Der Thyristor- und Transistoreinsatz in Stromrichtern für Gleichstromantriebe brachte einen riesigen Sprung in der Technologie drehzahlveränderbarer Antriebe. Die mit diesen Halbleiterventilen ausgerüsteten Stromrichter haben schnell die bis dahin eingesetzten Stellgliedertypen – Magnetverstärker oder Leonardsätze – für Neukonstruktionen vom Markt verdrängt, allein schon wegen der großen Leistungsverstärkung (10^9) und dem hohen Wirkungsgrad (97 %), die diese Stromrichtergeräte erreichen.

Auch andere Vorteile wie hohe Dynamik, keine beweglichen Teile und hohe Betriebssicherheit wurden schnell hochgeschätzt. Preis und Volumen dieser neuen Stromrichtergeräte und -anlagen nahmen und nehmen noch dauernd ab.

Als Stromrichter für drehzahlveränderbare Gleichstromantriebe stehen sogenannte „netzgeführte" Stromrichter mit Dioden (ungesteuert) und Thyristoren (gesteuert) sowie „selbstgeführte" Stromrichter (Steller, Chopper) mit Transistoren (IGBT) oder GTO-Thyristoren zur Auswahl. Die Leistung des Antriebs, die erforderliche Zahl der Betriebsquadranten und die gewünschte Dynamik entscheiden mit über die Art des Stromrichters und die eingesetzte Schaltung.

Besonders die neuen – mit digitaler Steuerung arbeitenden – Stromrichter erlauben die Vernetzung der Antriebe mit einem übergeordneten Leitsystem oder mit anderen Antrieben einer Anlage. So lassen sich die Drehzahlen, Drehmomente und Energierichtungen schnell den Anforderungen des Prozesses anpassen. Parametrierung und Betrieb der Anlagen sind einfacher.

Im Folgenden wird der gesamte Bereich der Gleichstrom-Stromrichter-Systeme, von den einfachsten und preiswertesten bis zu den komplexeren Systemen, ausführlich behandelt. Um die komplexeren Systeme besser verstehen zu können, werden die einfacheren Schaltungen sehr ausführlich besprochen und in allen Details diskutiert; dies ist gewollt, auch wenn diese Schaltungen in der Praxis selten zum Einsatz kommen. Die bei den einfachen Systemen gewonnenen Erkenntnisse lassen sich auf die komplexeren Schaltungen übertragen und ermöglichen so eine schnelle Einarbeitung in diese Systeme.

3.1.1 Einwegstromrichter (Einwegschaltung)

In Bild 3.1 ist das prinzipielle Schaltbild des einfachsten steuerbaren Stromrichters, gespeist von einem Wechselstromnetz, für die Versorgung eines fremderregten Gleichstrommotors gezeigt: ein Thyristor TH, ein Halbleiterventil, das nur eine Stromrichtung zuläßt, speist die Maschine. Der Zündzeitpunkt des Thyristors kann mit Hilfe eines Zündgenerators, der später noch näher beschrieben wird, zeitlich verändert – gesteuert – werden. Einzelheiten über Thyristoren werden in Abschnitt 1.9.3 erörtert. Bei Stromfluß beträgt der Spannungsabfall etwa 2 V von dem Zeitpunkt an, in dem durch ein Steuersignal – Stromimpuls bestimmter Kurvenform an der *Steuerelektrode (Gate G)* – der Thyristor eingeschaltet oder „gezündet" hat.

In Gegenrichtung, im *Sperrzustand*, hat der Thyristor einen beinahe unendlichen Widerstand.

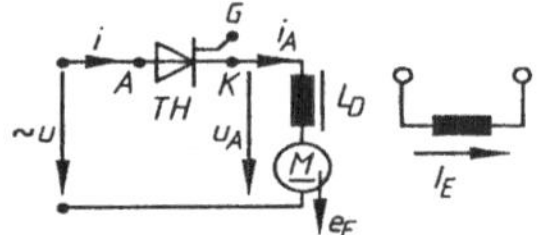

Bild 3.1
Antrieb mit fremderregtem Gleichstrommotor, gesteuert über einen Einwegstromrichter (M1)

Zum Verständnis der Schaltung mit Thyristor und Motor nach Bild 3.1 werden folgende Vereinfachungen angenommen:

- der Spannungsabfall am Thyristor im Durchlaßzustand wird vernachlässigt,
- sein Widerstand in Sperrichtung wird als unendlich groß betrachtet,
- der Motor hat einen gleichbleibenden Erregerstrom (der Erregerkreis wird gewöhnlich von demselben Wechelstromnetz über einen ungesteuerten Stromrichter gespeist),
- die Netzimpedanz wird (zunächst) vernachlässigt,
- man betrachtet nur den stationären Betrieb der Anlage,
- der Motor hat ein sehr kleines Massenträgheitsmoment J, um den Spannungsverläufen mit der Winkelgeschwindigkeit Ω folgen zu können,
- die von der magnetischen Sättigung des Motors herrührende Nichtlinearität wird nicht beachtet.

Unter diesen Voraussetzungen gelten die folgenden Betriebsgleichungen mit den Momentanwerten des Motors:

$$\begin{cases} U_{\mathrm{A}} = R\, i_{\mathrm{A}} + L\, \dfrac{\mathrm{d}i_{\mathrm{A}}}{\mathrm{d}t} - e_{\mathrm{E}}, \\ e_{\mathrm{E}} = -\, k_{\mathrm{E}}\, \Phi_{\mathrm{E}}\, \Omega, \\ m = k_{\mathrm{E}}\, \Phi_{\mathrm{E}}\, i_{\mathrm{A}}, \\ m - m_{\mathrm{L}} = J\, \dfrac{\mathrm{d}\Omega}{\mathrm{d}t}, \end{cases} \tag{3.1}$$

mit:

U_{A}	Klemmenspannung,
I_{A}	Ankerstrom,
R, L	Widerstand bzw. Induktivität des Ankerstromkreises (einschließlich einer eventuell in den Ankerkreis eingeschalteten Glättungsdrossel),
k_{E}	Proportionalitätskoeffizient der induzierten Spannung, bei magnetischem Fluß Φ_{E} und Winkelgeschwindigkeit Ω,
m	elektromagnetisches Drehmoment,
m_{L}	Lastmoment, das auch das Reibungsmoment und die entsprechenden Eisenverluste des Motors enthält,
J	Gesamtträgheitsmoment des Antriebssystems Motor-Arbeitsmaschine, auf die Motorwelle bezogen.

Im stationären Betrieb ändern sich infolge der Periodizität der Wechselspannung und der Tatsache, daß die Zündung des Thyristors dieselbe Periodizität aufweist, auch die Betriebsgrößen der Maschine periodisch. In Bild 3.2 werden der Verlauf der Größen u_{A}, i_{A}, $-e_{\mathrm{E}}$, Ω, sowie die sinusförmige Netzspannung $u = U_{\mathrm{m}} \sin \omega t$ gezeigt. Die Abszissenachse ist im Winkel ωt, proportional zur Zeit t, geteilt; der Proportionalitätskoeffizient ist die Kreisfrequenz ω der Spannung u.

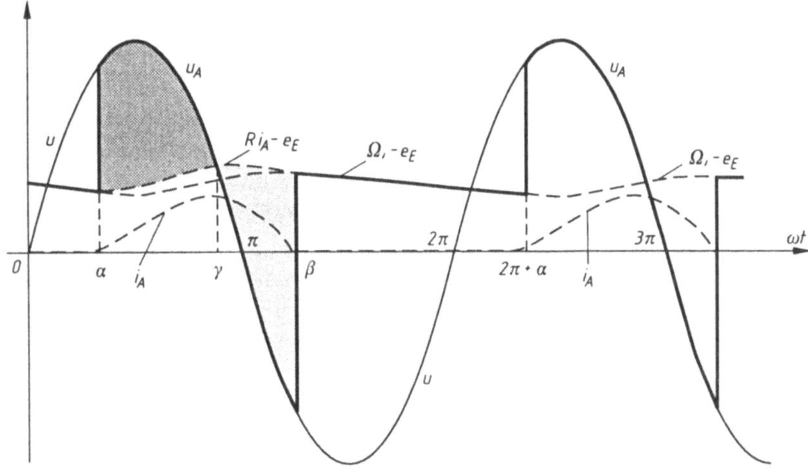

Bild 3.2 Verlauf der Betriebsgrößen u, u_A, i_A und e_E des Gleichstrommotors in Bild 3.1

Um die gezeigten Kurvenverläufe von Bild 3.2 nachzuvollziehen, genügt die Analyse im Bereich $0 \leq \omega t < 2\pi$. Abhängig vom Durchlaßzustand des Thyristors, wird dieser Bereich in drei Winkel-Unterbereiche geteilt:

- $0 \leq \omega t < \alpha$, wobei α der *Verzögerungswinkel der Zündung* (*Zündwinkel, bzw. Steuerwinkel* α) des Thyristors in Bezug auf den Zeitpunkt $\omega t = 0$ ist: bei einer positiven Spannung zwischen Anode und Kathode beginnt erst bei $\omega t = \alpha$ der leitende Zustand des Thyristors.

  In diesem ganzen Unterbereich, in dem der Thyristor sich im blockierten Zustand – *vorwärts gesperrt* – befindet, gilt $i_A = 0$. Aus der ersten Gleichung des Systems (3.1) ergibt sich $u_A = -e_E$, d.h. daß die Ankerklemmenspannung u_A der Maschine (als *Betrag* betrachtet) gleich der induzierten Spannung e_E ist.

  Die letzte Größe ist direkt proportional zur Winkelgeschwindigkeit Ω des Läufers. Ω hat infolge eines früheren Motorbetriebs einen gewissen Wert; der Läufer hat dabei kinetische Energie gespeichert. Da der Ankerstrom Null ist, ist das elektromagnetische Drehmoment ebenfalls Null. Infolge dieses Umstands verringert sich Ω in diesem Unterbereich stetig, wegen der vom Lastmoment m_L verursachten Bremsung.

- $\alpha \leq \omega t < \beta$: im Zeitpunkt $\omega t = \alpha$ ($\alpha < 180°$) bekommt der Thyristor TH einen Zündimpuls. Zu diesem Zeitpunkt ist die Netzspannung u größer als die induzierte Spannung $-e_E$, der Thyristor kann zünden, schaltet (kippt) in den Durchlaßzustand und führt einen Strom.

  Wäre zu diesem Zeitpunkt noch $u < -e_E$, dann wäre das *„Kathodenpotential"* größer als das *„Anodenpotential"*, und eine Zündung hätte nicht stattfinden können. Die Spannung u_A erreicht sprunghaft der Wert u der Netzspannung. Der Strom i_A kann wegen der Ankerinduktivität L (und der eventuellen Anlagen- und Netzinduktivität) nur stetig von Null ansteigen (Steigung $di_A/dt = u/L$), erreicht den Höchstwert I_{Am} und nimmt danach wieder ab. Die Spannung u hat bei $\omega t = \pi$ den Wert Null und wird ab da negativ. Getrieben von der Spannung der Drosselinduktivität, fließt der Strom durch den Ankerkreis weiter, auch nach dem ωt den Winkel π erreicht hat. Die Differenz zwischen der Netzspannung u und der induzierten Spannung $-e_E$ ist aufgrund der im magnetischen Feld des Läuferkreises gespeicherten Energie negativ. Zum Zeitpunkt β wird der Strom i_A Null, und der Thyristors sperrt. Es wird vorausgesetzt, daß $\beta > \pi$ ist. Vom Zeitpunkt α bis zum Zeitpunkt τ, zu dem

i_A seinen Höchstwert I_{Am} erreicht, wird im magnetischen Feld des Ankerkreises Energie (vom Speisenetz kommend) gespeichert. Dies kann durch Multiplizieren der 1. Gleichung des Systems (3.1) mit i_A gezeigt werden:

$$u i_A = -e_E i_A + R i_A^2 + \frac{d}{dt}\left(\frac{1}{2} L i_A^2\right). \tag{3.2}$$

Die Gleichung zeigt, daß die vom Netz abgegebene Leistung $u i_A$ folgende Leistungen und Verluste deckt:

- die *elektromagnetische Leistung* $-e_E\, i_A = m\Omega$, die gleich der gesamten, von der Maschine erzeugten mechanischen Leistung ist,
- die *Joule-Verluste* $P_J = R i_A^2$ („Kupferverluste“) in der Wicklung,
- den *Leistungsteil* $\frac{d}{dt}\left(\frac{1}{2} L i_A^2\right) = L i_A \frac{di_A}{dt} > 0$, der zum zeitlichen Anstieg der im magnetischen Feld der Läuferwicklung gespeicherten Energie (im ganzen Bereich $\alpha \leq \omega t < \beta$) dient.

In den folgenden Augenblicken, nach γ bis hin zu π, ändert sich der Leistungsumsatz, da $(di_A/dt) < 0$. Dies bedeutet, daß die schon im magnetischen Feld gespeicherte Energie der Läuferwicklung (und der zusätzlich in Reihe geschalteten Spule) zurück an den Stromkreis gegeben wird. Neben dieser Energiequelle liefert das Netz weiterhin Energie an den Stromkreis, denn sowohl i_A als auch u haben dasselbe Vorzeichen.

Vom Zeitpunkt π an und bis der Strom i_A Null wird nimmt die Leistungsbilanz eine neue Form an. Da die Spannung u bei positivem Strom i_A negativ ist, bekommt die Leistung $u i_A$ ein anderes Vorzeichen: *der Motor liefert Energie zurück ins Speisenetz.* Diese Energie kommt vom magnetischen Feld der Läuferwicklung (und von der Glättungsdrossel). Bis zum Nulldurchgang des Stroms werden sowohl die vom Motor entwickelte mechanische Energie als auch der durch die Joulesche Verluste verursachte Energieverlust von der im magnetischen Feld des Ankerstromkreises gespeicherten Energie gedeckt.

Mithin gibt es die Möglichkeit der Verlängerung des Durchlaßzustands des Thyristors über den Zeitpunkt t_d hinaus durch den Beitrag der zeitweise gespeicherten Energie im magnetischen Feld des Ankerkreises. Was die Winkel ωt, γ und β anbelangt, können einige nützliche Ergebnisse zur weiteren Betrachtung gemacht werden. Dafür wird einmal die erste Gleichung des Systems (3.1) für $\alpha \leq \omega t < \gamma$ und einmal für $\gamma \leq \omega t < \beta$ integriert:

$$\left\{\begin{aligned} &\int_{\alpha}^{\gamma} \left[u - \left(R i_A - e_E\right)\right] d(\omega t) = \int_{\alpha}^{\gamma} L\, di_A = \omega L\, I_{am}, \\ &\int_{\gamma}^{\beta} \left[u - \left(R i_A - e_E\right)\right] d(\omega t) = \int_{\gamma}^{\beta} L\, di_A = -\omega L\, I_{Am}. \end{aligned}\right. \tag{3.3}$$

Das erste Integral stellt den Flächeninhalt zwischen der oberen Spannungskurve u und der unteren Kurve ($R_A I_A - e_E$) dar. Diese Fläche ist von den Winkeln α und τ begrenzt und in Bild 3.2 waagerecht (grau unterlegt). Die senkrecht grau unterlegte Fläche im gleichen Bild entspricht dem zweiten Integral. Die beiden Flächen sind gleich, gemäß ihrer oben erhaltenen Ausdrücke, und proportional zum im Zeitpunkt τ erreichten Höchststrom I_{Am}.

- Im Winkelbereich $\alpha \leq \omega t < \beta$ wird – da der Strom i_A nicht Null ist – das elektromagnetische Maschinendrehmoment m nicht Null. In den Zeitspannen, in denen $m > m_L$ ist, beschleunigt der Läufer und seine Winkelgeschwindigkeit Ω steigt (Bild 3.2). Die drehenden Teile des Antriebssystems speichern kinetische Energie. Diese Energie wird benötigt zum Fortsetzen der Bewegung in den Zeitspannen, in denen $m < m_L$ ist.

- Für $\beta \le \omega t < 2\pi$: in dieser Zeitspanne sperrt der Thyristor: der Strom i_A und auch das elektromagnetische Drehmoment m sind Null. Die Klemmenspannung u_A folgt der induzierten Ankerspannung $-e_E$, die proportional mit der Winkelgeschwindigkeit Ω abnimmt. Die Lage ist ähnlich der für die Zeitspanne $0 \le \omega t < \alpha$.

Integriert man die erste Gleichung des Systems (3.1) über eine ganze Periode und dividiert alle ihre Glieder durch 2π, ergibt sich eine andere nützliche Beziehung für die Mittelwerte der Betriebsgrößen:

$$U_A = RI_A + k_E \Phi_E \Omega_{mit} \tag{3.4}$$

Da der Spannungsabfall RI_A relativ klein ist, *ist der Mittelwert der Winkelgeschwindigkeit Ω_{mit} vom Mittelwert der angelegten Ankerspannung U_A abhängig.* Die Ankerspannung U_A ist eine Funktion des Zündwinkels α. Gl. (3.4) zeigt auch, daß beim Anlauf α einen Wert in der Nähe von π annehmen muß: am Anfang, mit $\Omega_{mit} = 0$, kann man U_A bzw. I_A nur dadurch begrenzen, daß α nahezu den Wert π annimmt.

Integriert man auch die vierte Gleichung des Systems (3-1) über eine Periode, gelangt man zu einer anderen wichtigen Beziehung zwischen den Mittelwerten der Betriebsgrößen:

$$M_L = k_E \Phi_E I_A . \tag{3.5}$$

Sie zeigt, daß der Mittelwert M_L des Lastmoments bei stationärem Betrieb den Mittelwert I_A des Ankerstroms erzwingt.

Ein Anstieg des mittleren Lastmoments bei gleichem Winkel α führt zur Erhöhung des Strompulses i_A im Durchlaßzustand, um einen höheren Mittelwert I_A zu erzielen.

- Im Winkelbereich (π, β) fließt die im magnetischen Feld der Maschine gespeicherte Energie teilweise ins Speisenetz zurück. Es stellt sich die Frage, ob es nicht möglich wäre, diese Teilenergie, statt sie zum Speisenetz zurückfließen zu lassen, im Ankerstromkreis zu verbrauchen, um den Strom i_A über den Winkel $\omega t = \pi$ (bei diesem Winkel wird die Spannung u negativ) hinaus weiter zu verlängern. In dieser Lage, bei gleichbleibendem Lastmoment, also bei gleichem Mittelwert des Stroms, wäre dann der Höchstwert I_{Am} kleiner und damit auch der Effektivwert des Stroms i_A geringer.

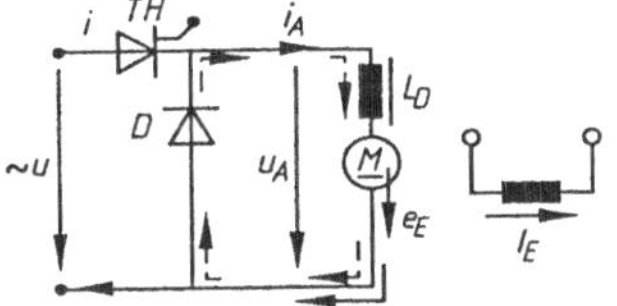

Bild 3.3
Antrieb mit fremderregtem Gleichstrommotor, gesteuert über einen Einwegstromrichter mit Freilaufdiode:
TH Thyristor, D Freilaufdiode

Die Schaltung nach Bild 3.3 erlaubt die Verwirklichung dieser Idee. Sie unterscheidet sich von der vorherigen Schaltung durch das Einschalten einer Freilaufdiode D antiparallel zum Ankerkreis. Solange die Spannung u positiv bleibt und der Thyristor TH sich im Durchlaßzustand befindet, sperrt die Diode infolge der Polarität der Spannung u. Wird diese Spannung im Zeitpunkt $\omega t = \pi$ negativ, wird die Diode leitend. Der Strom i_A kommutiert vom Thyristor TH auf die Diode D; der Strom i_A fließt weiter, und der Thyristor sperrt.

Im Bereich (α, π) fließt der Strom den in Bild 3.3 mit vollen Pfeilen gezeigten Weg und folgt im Bereich (π, β) dem mit unterbrochenen Pfeilen gezeigten Verlauf. Der Ankerkreis ist kurzgeschlossen ($u_A = 0$). Der Strom fließt über diesen zweiten Weg, solange es im magnetischen Feld des Ankerkreises (Ankerwicklung und Glättungsdrosselspule) noch gespeicherte Energie gibt. In Bild 3.4 sind die Graphen der sich in einem stationären Betrieb befindenden Größen (u, u_A, i_A und $-e_E$) im Falle des viel günstigeren Schaltbilds 3.3 dargestellt. Die Winkel α (Anfang des Durchlaßzustands – der Strom i_A erreicht seinen Höchstwert I_{Am}) und β (i_A wird Null) müssen wie früher die Bedingung der gleichen Flächen erfüllen, entsprechend den Gl. (3.3). Diese Flächen sind durch verschiedene Schraffierungen hervorgehoben.

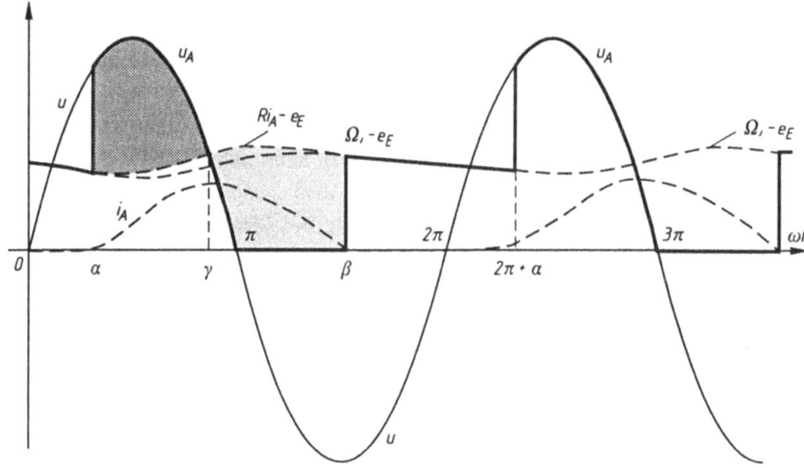

Bild 3.4 Winkelverlauf der Betriebsgrößen u, u_A, i_A und e_E des Antriebssystems in Bild 3.3

Man bemerkt, daß in den beiden vorgelegten Gleichrichterschaltungen der Ankerstrom im Winkelbereich (β, $2\pi + \alpha$) Null bleibt. Im Augenblick $2\pi + \alpha$ erhält der Thyristor TH an seiner Steuerelektrode G wieder einen Zündimpuls. Der Stromkreis arbeitet also in einem lückenden Strombetrieb. Für $\omega t = 2\pi + \alpha$ – wenn der Thyristor wieder durchschaltet und der Strom nicht Null ist – sagt man, daß die Schaltung in einem *lückfreien Ankerstrombetrieb* arbeitet. Bei der einpulsigen Gleichrichter-Schaltung kann dieser Betrieb nur bei einer sehr großen Ankerkreisinduktivität und größeren Lastmomenten erreicht werden.

Auch wenn die einphasigen, einpulsigen Gleichrichter in der Praxis höchstens bei sehr kleinen Leistungen eingesetzt werden, kann man das Prinzip dieser Stromrichterschaltungen bei Gleichstromantrieben aufzeigen. Ihre wesentlichen Vorteile sind der niedrige Preis und der einfache Aufbau. Sie weisen aber auch gravierende Nachteile auf:

- der Ankerstrom hat ein großes Verhältnis k_f (Effektivwert/Mittelwert), da sein Stromimpuls nur eine relativ kurze Zeit im Vergleich zu einer Periode fließt. Der Motor erzeugt unter erreichtem Nennstrom ein kleineres Drehmoment, da das Drehmoment vom Mittelwert und die erzeugte Wärme vom Effektivwert des Ankerstroms i_A abhängen,
- dem mittleren Moment sind Pendelmomente überlagert,
- der Kommutator muß den hohen Spitzenstrom verkraften,

- wird zwischen Netz und Maschine – wie oft üblich – ein Transformator angeschlossen, wird die Sekundärwicklung des Trafos von einem Gleich-Pulsstrom durchflossen, dessen große Gleichwertkomponente den magnetischen Kreis sättigen kann,
- bei großen Lastmomenten und kleinen Drehzahlen, im lückenden Strombetrieb, arbeitet die Maschine mit Momentenstößen (Pendelmomenten), da ihr die Energie in einem einzigen Strompuls pro Periode zugeführt wird.

Anmerkung 1: Um den Thyristor in den Durchlaßzustand zu versetzen, muß im „Zeitpunkt" α ein Zündimpuls eingespeist werden. Dabei muß die Netzspannung u größer als die induzierte Ankerspannung $-e_E$ sein, da sonst die an den Klemmen des Thyristors anliegende Anoden-Kathoden-Spannung (AK-Spannung) $u_{AB} = u - (-e_E)$ negativ (Bild 3.1) und die Zündung nicht möglich ist.

Anmerkung 2: In Fällen mit $\beta < \pi$ entsteht im Durchlaßbereich (α, β) kein Unterbereich mehr, in dem die im magnetischen Feld gespeicherte Energie teilweise zum Netz zurückfließt. Die Diode D, zur Verlängerung des Durchlaßzustands eingesetzt, wirkt sich nicht mehr aus.

Anmerkung 3: Beim Anlauf mit der E1-Schaltung muß der Zündwinkel α ab dem Wert π des Steuerwinkels (bei dem der Mittelwert der Ausgangsspannung Null ist) gesteuert werden, um keinen Stromstoß zu verursachen. Danach wird α allmählich verringert, bis die gewünschte Drehzahl (Mittelwert der Spannung) erreicht wird.

Anmerkung 4: Die in den Ankerkreis eingeschaltete Drosselspule L_D dient zur Erhöhung der „magnetischen Trägheit" des Stromkreises. Da der Stromimpuls unter dieser Voraussetzung zeitlich länger anhält, verliert er seine „Spitzform". Die Drosselspule L_D wird „Glättungs-" oder „Filterdrossel" genannt.

Dies alles sind Gründe und Gegebenheiten, die dazu führen, daß diese Schaltung in der Praxis nur bei sehr kleinen Leistungen eingesetzt wird. Sie wird hier besprochen, um das Grundprinzip und die Arbeitsweise mit den Praxisproblemen aufzuzeigen.

3.1.2 Brückenschaltung (Wechselstrom-Zweipulsgleichrichter)

Ein Zweipulsstromrichter zur Gleichrichtung beider Halbschwingungen ist in Bild 3.5 dargestellt. Es handelt sich um eine halbgesteuerte Wechselstrom-Brückenschaltung (zweiggesteuert). Die Brücke enthält zwei Thyristoren TH_1 und TH_2 in einem Zweig, sowie zwei Dioden D_3 und D_4 in dem anderen Zweig der Brücke A⇒B⇒C⇒D. Die Schaltung kann aus einem Wechselstromnetz über einen Transformator T versorgt werden. Die Thyristoren TH_1 und TH_2 bekommen wechselweise Steuerstromimpulse (Zündimpulse). Sie arbeiten jeweils eine halbe Periode der Speisespannung u. Der Thyristor TH_1 richtet mit einem einstellbaren Steuerwinkel α_1 die positive Halbschwingung der Spannung u_2 gleich, während der Thyristor TH_2 beim gleichen Steuerwinkel α_1 die negative Halbschwingung gleichrichtet (Bild 3.6).

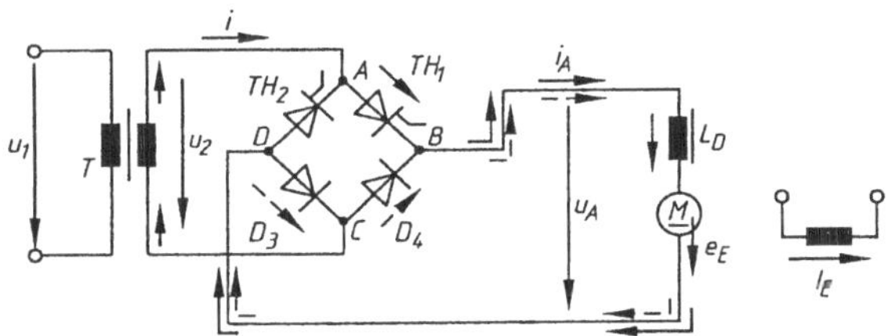

Bild 3.5
Schaltbild des halbgesteuerten Zweipulsstromrichters zur ankerkreisbezogenen Steuerung des fremderregten Gleichstrommotors: TH_1, TH_2 Thyristoren, D_3, D_4 Dioden

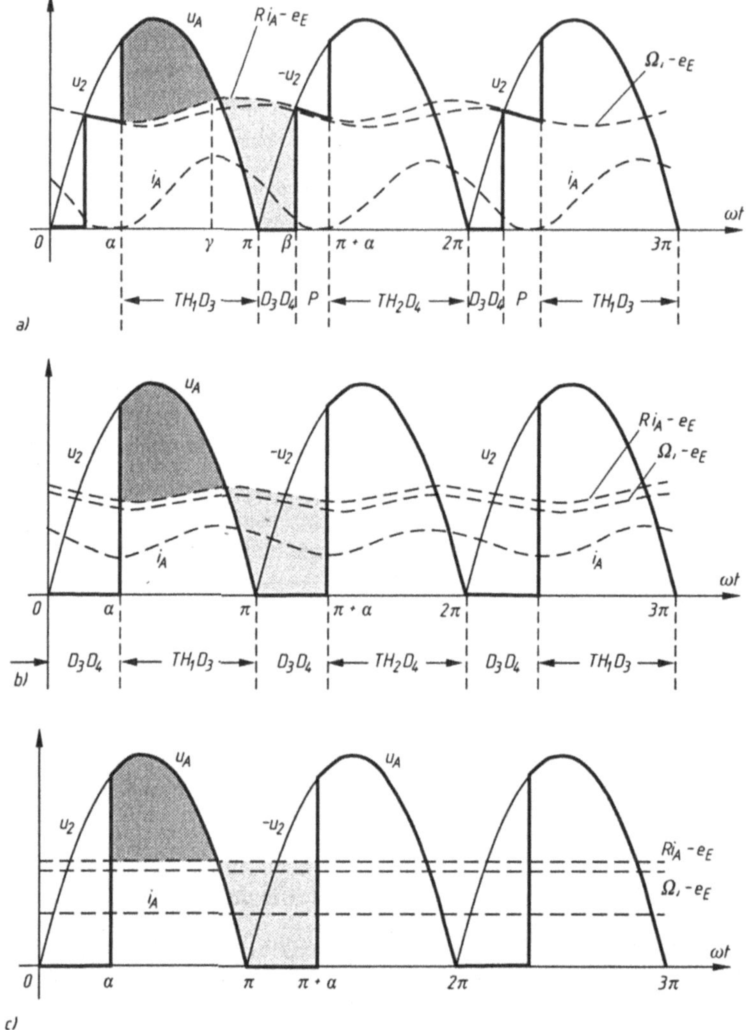

Bild 3.6 Kurvenverläufe zu Bild 3.5; der Ankerstrom i_A ist: a) unterbrochen (lückender Strombetrieb), b) lückfrei ($i_A = 0$), c) konstant (i_A = konst.)

Leitet der Thyristor TH_1, so fließt der Strom über den Weg A⇒B⇒M⇒D⇒C und die Diode D_3 (voller Pfeil, Bild 3.5). Im leitenden Zustand des Thyristors TH_2 ist die Spannung $u_A = -u_2$ (Bild 3.6-a). In dieser Zeitspanne fließt der Strom über den Weg C⇒B⇒M⇒D⇒A über die Ankerwicklung des Motors (in der gleichen Richtung wie im ersten Fall und in entgegengesetzter Richtung der induzierten Spannung e_E).

Der Vorteil dieser Schaltung ist, daß TH_1und D_3 den Strom leiten und die Spannung u_2 Null ist, der Strom i_A wird von den Dioden D_3 und D_4 übernommen (Freilauf). Somit ist die Verwertung der im magnetischen Feld der Ankerwicklung und der Drosselspule L_D gespeicherten Energie möglich. In diesem Zeitintervall schließt sich der Strom über den Weg

D⇒C⇒B⇒M⇒D (unterbrochene Pfeile, Bild 3.5), und $u_A = 0$. Der gleiche Zustand tritt auch ein wenn TH_2 und D_4 leiten und die Spannung u_2 erneut zu Null wird.

In Hinsicht auf den Strom i_A kann man zwei Fälle unterscheiden, je nachdem ob dieser *lückend* oder *nichtlückend* fließt:

- Im ersten Fall (Bild 3.6-a) ist die Induktivität des Ankerkreises relativ klein, ebenso wie die im Bereich des anwachsenden Stroms gespeicherte Energie. Der Strom i_A löscht im Zeitpunkt β, bevor der zweite Thyristor zum Zeitpunkt $\pi+\alpha$ zu leiten beginnt. Im Intervall (β, $\pi+\alpha$) *ist der Strom* $i_A = 0$, *und die Schaltung befindet sich in einer Betriebspause.*
- Im zweiten Fall (Bild 3.6-b) reicht die gespeicherte Energie, um den Strom i_A bis zum Zündpunkt des nächsten Thyristors zu verlängern, da diesmal die Zeitkonstante L/R erheblich größer als die Periode der Spannung u_2 ist. Der Strom i_A pendelt zwischen seinem Höchstwert und seinem Minimalwert, *wird aber nicht Null.*

Beide Fälle entsprechen gleichem Steuerwinkel α_l der Thyristoren und gleichem Lastmoment m_L. Aus diesem Vergleich geht – bei gleichbleibendem Mittelwert – hervor, daß i_A im ersten Fall eine bedeutend stärkere Welligkeit aufweist.

Man kann sich auch einen *theoretischen Grenzfall* vorstellen, in dem die Induktivität des Ankerkreises besonders groß wäre (Zeitkonstante L/R gegen unendlich). Das kann nur mit Hilfe einer in den Ankerkreis geschalteten Drossel sehr großer Induktivität erzielt werden. Die *„magnetische Trägheit"* des Ankerkreises wäre jetzt so groß, daß sie sich einem raschen Anstieg oder einer Verringerung des Stroms i_A widersetzen würde. Der Strom i_A ergäbe sich als konstant und gleich I_A (Bild 3.6-c). Da das Trägheitsmoment des elektrischen Antriebssystems – Maschine/Arbeitsmaschine – oft relativ groß ist, ist auch die mechanische Trägheit entsprechend groß. Im Verlauf einer Periode der Spannung u wäre also die Winkelgeschwindigkeit Ω praktisch konstant. In diesem Fall bliebe auch die induzierte Spannung e_E konstant.

Die „Gleichflächenbedingung" ist auch in diesem Grenzfall gültig (Bild 3.6-c: günstigster Fall für den Maschine).

- *Es ist bemerkenswert, daß diesmal die Mittel- und Effektivwerte des Stroms* i_A *gleich groß sind. Dies bedeutet die geringste Erwärmung bei gleichem Lastdrehmoment.*

Bei gleichbleibendem Steuerwinkel α der Thyristorenzündung kann die mechanische Kennlinie der Maschine verschiedene Verläufe annehmen, je nachdem, ob der Strom i_A lückend oder nicht lückend ist:

- im *lückfreien Strombetrieb* sieht die mechanische Kennlinie wie bei einem fremderregten, von einem Gleichstromnetz (Gleichstromgenerator oder Akku, siehe Bild 2.47) versorgten Motor aus;
- im Falle des *lückenden Strombetriebs* zeigt die Kennlinie bei gleichem Steuerwinkel α eine deutliche Abweichung von einem harten Verlauf, denn es gibt im Lückbereich einen *starken Drehzahlanstieg bei kleinen Drehmomenten.*

Dieses Phänomen ist typisch für den gesteuerten Stromrichterantrieb bei kleinen Drehmomentwerten. Es soll in allen Einzelheiten analysiert werden. Zunächst wird das oben erwähnte Phänomen zeichnerisch und dann auch rechnerisch gezeigt.

In den Bildern 3.7-a, d ist $\alpha = \pi/2$; der Belastungsgrad der Maschine wird immer größer. Bei einem gegebenen großen Massenträgheitsmoment ist die Drehzahlwelligkeit vernachlässigbar klein; der Lastkreiswiderstand sei im Vergleich zur Reaktanz $X_L = \omega L$ klein. Infolge dieses Sachverhalts gilt Ω = konst. Die vorausgesetzten Vereinfachungen beeinflussen die sich ergebenden Folgerungen und die analytischen Berechnungen nur geringfügig.

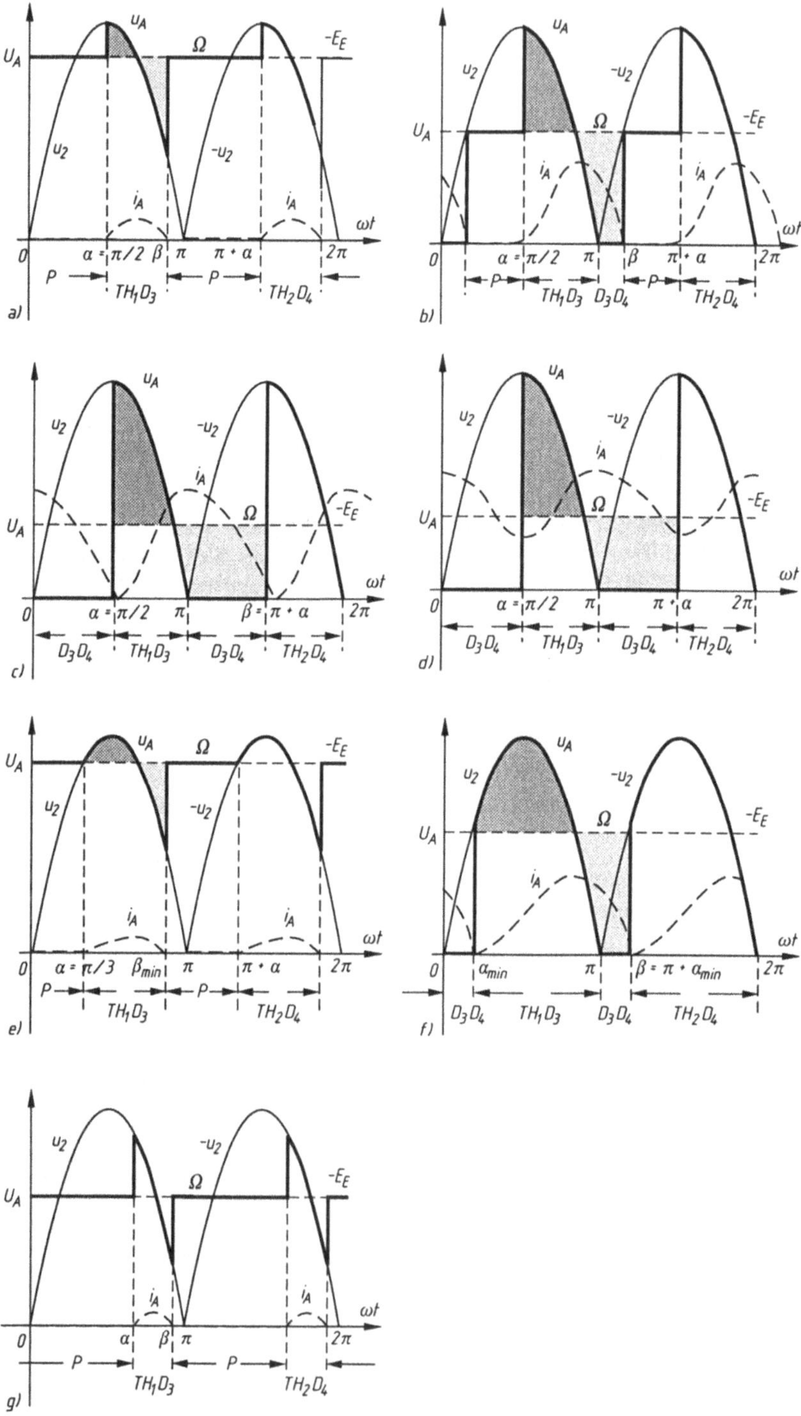

Bild 3.7 Verschiedene Kurvenverläufe von i_A, u_A, e_E bei Ω = konst.; a), b), e) und g) lückender Ankerstrombereich

In Bild 3.7-a ist das vom Motor erzeugte Drehmoment sehr gering; infolgedessen ist auch der Stromimpuls klein, sowohl seine Amplitude als auch seine Zeitdauer ($\beta < \pi$). Die Amplitude hängt von der grau unterlegten Fläche ab – Gl. (3.3). Im Durchlaßbereich (α, β) ist die Klemmenspannung $u_A = u$, während der Strompause (β, $\pi + \alpha$) wird sie $u_A = -e_E = -E_E = k_E \Phi_E \Omega$. Der Mittelwert der Spannung u im Intervall (α, β) erzwingt den Mittelwert der Spannung u_A, so daß für eine ganze Periode $U_A = -E_E$ ist. Da diese Ankerspannung groß ist, ergibt sich eine hohe Winkelgeschwindigkeit.

In Bild 3.7-b erhöhen sich – bei gleichem Zündwinkel – die Belastung des Motors und damit auch die Dauer und die Amplitude des Stromimpulses; man erhält $\beta > \pi$. Im Winkelbereich (α, π) ist $u_A = u$, im Bereich (π, β) ist $u_A = 0$. In der Strompause (β, $\pi + \alpha$) wird $u_A = -E_E$. Im Durchlaßbereich (α, β) kann das Kriterium der gleichen Flächen angewendet werden, und man erhält den erzwungenen Mittelwert der Spannung $U_A = -E_E$. Offensichtlich ist die zu $-E_E$ proportionale Winkelgeschwindigkeit Ω viel niedriger als im vorhergehenden Fall.

Erhöhen sich das Lastmoment und damit auch das vom Motor erzeugte Drehmoment weiter, kommt man in einem bestimmten Augenblick an die *Grenze des lückenden Strombetriebs* (s. Bild 3.7-c: $\beta = \pi + \alpha = 3\pi/2$). Der Stromimpuls erreicht jetzt einen erheblich größeren Höchstwert (die grau unterlegte Fläche ist größer). Es gibt keine Strompause mehr. Der Mittelwert der Klemmenspannung $U_A = -E_E$ ist viel geringer, was auch eine verringerte Winkelgeschwindigkeit Ω bedeutet.

Erhöht sich das Lastmoment an der Welle des Motors noch mehr (Bild 3.7-d), so kann festgestellt werden, daß der Mittelwert des Stromimpulses proportional zum Mittelwert des Drehmoments steigt; nicht aber der Höchstwert des Stromimpulses. Der Verlauf der Spannungskurve u_A verändert sich nicht im Vergleich zum Fall aus Bild 3.7-c. Der Gleichwert der Spannung $U_A = -E_E$ und die Drehzahl ändern sich nicht. Dementsprechend ist *im lückfreien Betrieb die Drehzahl nahezu konstant*, unabhängig von der Belastung. Eigentlich nimmt die Drehzahl gleichzeitig mit einer Erhöhung des Drehmoments geringfügig ab, da in Wirklichkeit $R \approx 0$ ist.

Bei der Abnahme der Belastung und dem Erreichen des *lückenden Strombetriebs* erhöht sich die Drehzahl erheblich. Im Leerlauf kommt man zu einer höheren Drehzahl, etwa der dreifachen des *lückfreien* Betriebs. Bei idealem Leerlauf entspricht die erreichte Drehzahl einer Ankerspannung der Amplitude U_m der Speisespannung u_2 (Bild 3.8).

Betrachtet man die mechanische Kennlinie bei einem anderen Winkel α, z.B. $\alpha = 3\pi/2$, so erscheint zusätzlich zu den bei $\alpha = \pi/2$ hergeleiteten Folgerungen ein neuer hervorgehobenen Effekt (s. Bild 3.7-e). Dieses Bild entspricht, bei $\alpha = \pi/3$, einer Motorbelastung mit dem Mittelwert der Spannung $U_A = -E_E = k_E\ \Phi_E\ \Omega$, gleich dem Wert der Sekundärspannung u_2 im Augenblick des Anlegens eines Zündimpulses über die Steuerelektrode des Thyristoren: $U_m \sin\alpha = U_m \sin(\pi/3)$. Der zugehörige Betrieb ist ein *lückender Strombetrieb*. Die AK-Spannung des Thyristors ist, bei Einsatz des Zündimpulses, gleich der Differenz zwischen der Klemmenspannung $u_A = U_A = -E_E$ und der Versorgungsspannung $u_2 = U_m \sin(\pi/3)$. Mithin ist die AK-Spannung im Zeitpunkt $\omega t = \alpha$ Null, denn es ist bekannt, daß zum Erreichen des Durchlaßzustands beim Einspeisen eines Stromimpulses in die Steuerelektrode die AK-Spannung positiv sein muß. Immerhin entspricht Bild 3.7-e einem Grenzfall, wobei der Thyristor an der Grenze der Zündbedingungen liegt.

Verringert sich das Lastmoment unter den in Bild 3.7-e gezeigten Wert, kann die Winkelgeschwindigkeit nicht mehr erhöht werden, denn auch $-E_E$ steigt an und würde größer als die Sekundärspannung $U_m \sin\alpha = U_m \sin(\pi/3)$ im Zeitpunkt $\omega t = \alpha$. Die AK-Spannung wäre negativ, und der Thyristor könnte nicht zünden. Verpaßt man die Zündung, werden $i_A = 0$ bzw. $m = 0$.

Die Maschine bremst unter dem Einfluß des Lastmoments, und die Winkelgeschwindigkeit nimmt ab. Während ihrer Abnahme wird in einem bestimmten Augenblick $-E_E$ kleiner als $U_m \sin(\pi/3)$, und die Thyristoren zünden wieder. Somit entstehen ein Strom und ein elektromagnetisches Drehmoment; der Motor wird beschleunigt. Die Drehzahl steigt an, und jetzt wird der Fall $-E_E > U_m \sin(\pi/3)$ erreicht: die Thyristoren blockieren. Der Motor weist folglich eine instabile, pulsierende Drehzahl auf: ein solcher Betrieb ist unbrauchbar.

Bei $\alpha = \pi/3$ ergibt sich, daß der Leerlaufbetrieb sowie jeder Betrieb mit einem Drehmoment kleiner als das in Bild 3.7-e dargestellte unmöglich sind. Für höhere Drehmomente gelten die für den Fall $\alpha = \pi/2$ hergeleiteten Folgerungen. Solange der *lückende Strombetrieb* aufrechterhalten bleibt, ist die erzielte mechanische Kennlinie sehr elastisch (Bild 3.8); im nichtlückenden Strombetrieb ist die Kennlinie hart ($R \approx 0$).

Bild 3.7-e zeigt, daß es bei $\alpha < \pi/2$ einen Belastungsgrenzfall gibt, *bei dem der Motorbetrieb noch stabil ist.* Es gibt also einen Winkel β_{min}, folglich aucheine *minimale Stromimpulsdauer*, bei der die Zündung der Thyristoren noch gewährleistet wird; bei $\alpha = \pi/3$ ergibt sich $\beta_{min} \approx 5\pi/6$, bei $\alpha = \pi/2$, erhält man $\beta_{min} = \pi/2$ (Nulldauer des Stromimpulses, d.h. Leerlauf).

Nimmt α zu Null hin ab, steigt β_{min} an. Es gibt also auch einen Wert α_{min} (Bild 3.7f) des Steuerwinkels der Thyristoren, der zu $\beta_{min} = \pi + \alpha_{min}$ führt; er gewährleistet im Grenzfall noch einen lückenden Betrieb:

- bei $\alpha < \alpha_{min}$ ist nur ein *lückfreier Betrieb* möglich,
- bei $\alpha > \pi/2$ erscheint das oben beschriebene Phänomen der Instabilität nicht mehr und daher ist der Leerlauf, wie bei $\alpha = \pi/2$, möglich. Dies geht aus Bild 3.7-h hervor, was einer schwachen Belastung für $\alpha = 2\pi/3$ entspricht.

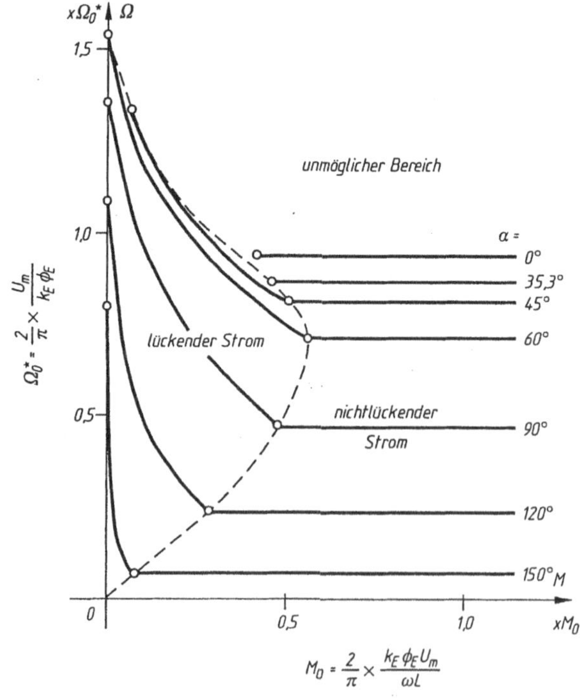

Bild 3.8
Kennlinienfeld des fremderregten Gleichstrommotors, gespeist über eine halbgesteuerte Gleichrichterbrücke
(Parameter: Steuerwinkel α)

In Bild 3.8 ist ein Feld der mechanischen Kennlinien eingezeichnet; es gehört einem fremderregten Motor, bei gleichbleibender Erregung, der über eine halbgesteuerte Gleichrichterbrücke (B2h) gespeist wird. Die Maschine kann nur im 1. Quadranten der Ebene (Ω, M) betrieben werden, und zwar im Motorbetrieb mit einer bestimmten Drehrichtung. Bild 3.8 zeigt drei Betriebsbereiche: *lückender und lückfreier Betrieb* sowie den *unmöglichen Betriebsbereich. Der starke Winkelgeschwindigkeitsanstieg des Motors im Bereich des lückenden Stroms bei verringerten Belastungen ist offensichtlich.*

Man erkennt auch die Möglichkeit der Drehzahlsteuerung durch Änderung des Steuerwinkels α bei gegebenem, gleichbleibenden Lastmoment.

Im *nichtlückenden Betrieb* ergibt sich der Mittelwert der Spannung aus Bild 3.6-b:

$$U_\mathrm{A} = \frac{1}{\pi}\int_\alpha^\pi u_\mathrm{A}\,\mathrm{d}(\omega t) = \frac{1}{\pi}\int_\alpha^\pi U_\mathrm{m}\sin\omega t\,\mathrm{d}(\omega t) = U_\mathrm{m}\,\frac{1+\cos\alpha}{\pi}\;.$$

Ein analytischer Ausdruck der mechanischen Kennlinien kann leicht hergeleitet werden: aus der mit Mittelwerten geschriebenen Gl. (3.4)

$$U_\mathrm{A} = U_\mathrm{m}\,\frac{1+\cos\alpha}{\pi} = R\,I_\mathrm{A} + k_\mathrm{E}\,\Phi_\mathrm{E}\,\Omega = \frac{R\,M}{k_\mathrm{E}\,\Phi_\mathrm{E}} - k_\mathrm{E}\,\Phi_\mathrm{E}\,\Omega,$$

ergibt sich:

$$\Omega = \frac{U_\mathrm{m}(1+\cos\alpha)}{\pi\,k_\mathrm{E}\,\Phi_\mathrm{E}} - \frac{R\,M}{k_\mathrm{E}^2\,\Phi_\mathrm{E}^2}\;, \tag{3.6}$$

eine Gerade also (für $\alpha=$ konst.) geringerer Steigung und kleinem Drehzahlabfall, proportional zum entwickelten Drehmoment. Wird der Widerstand R, wie früher, vernachlässigt, ergeben sich harte Kennlinien (Bild 3.8).

Der Betrieb im lückenden Strombereich, wobei die mechanische Kennlinie sehr elastisch ist, verursacht schwerwiegende Komplikationen im Falle der Automatisierung des Antriebssystems. Immerhin kann der oben erwähnte Lückbereich durch Vergrößerung der Lastkreisinduktivität L (der Glättungsdrossel $\mathrm{L_D}$) verringert werden. In diesem Fall verringern sich auch die Bezugsgröße $M_0 = 2\lambda E_\mathrm{E}\,U_\mathrm{m}/(\pi\omega L)$ (Bild 3.8) und die Fläche des lückenden Strombereichs. Es kann noch hinzugefügt werden, daß diese Größe als Funktion der mittleren Gleichspannung U_A0 für $\alpha = 0$ (ungesteuerte Ventile) ausgedrückt werden kann. Da $U_\mathrm{A0} = 2U_\mathrm{m}/\pi$, ergibt sich:

$$M_0 = \frac{k_\mathrm{E}\,\Phi_\mathrm{E}\,U_\mathrm{A0}}{\omega L}\;.$$

Anmerkung 1: Die oben beschriebene Brücke kann voll mit Thyristoren bestückt werden; dann heißt sie „vollgesteuerte Wechselstrombrücke". Die Zündung der Thyristoren auf zwei gegenüberliegenden Brückenseiten erfolgt gleichzeitig. Die Änderung der Klemmenspannung u_A unterscheidet sich im Vergleich zur halbgesteuerten Schaltung durch die Tatsache, daß im Durchlaßbereich (α, β) u_A immer der Spannung u_2 folgt. Deshalb dürfen keine Unterbereiche mit $u_\mathrm{A} = 0$ erscheinen.

- Die *halbgesteuerte Schaltung* zeichnet sich durch einen besonders geringen Aufwand an Ventilen, Zündgeräten und durch die gute Glättung des Gleichstroms aus.
- Die *vollgesteuerte Brückenschaltung* als Zweipulsgleichrichter wird später noch am Fall anderer vollgesteuerter Stromrichter analysiert.

Bemerkung 2: Eine Variante der vorgestellten Schaltung – unter dem Namen Gaudet-Schaltung bekannt – ist in Bild 3.9 dargestellt. Sie ist in Brückenschaltung mit vier Dioden und einem einzigen Thyristor aufgebaut sowie mit einer zur Verlängerung des Stroms i_A bestimmten Freilaufdiode D versehen.

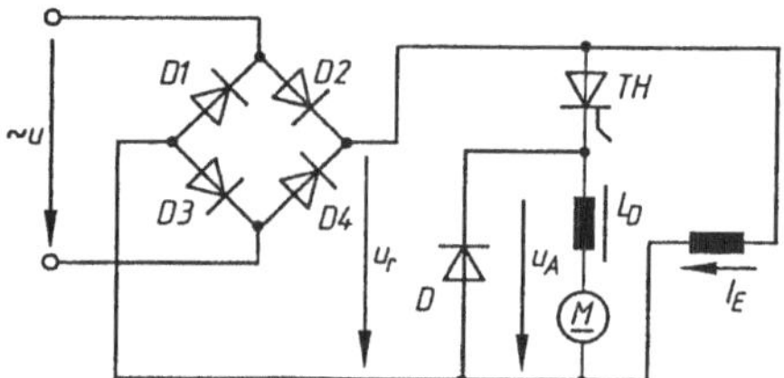

Bild 3.9
Gaudet-Schaltung

Die Ausgangsspannung u_r der Brücke bleibt immer positiv (zweipulsige gleichgerichtete Sinusspannung). Der Thyristor TH erhält jeweils einen Zündimpuls in einer Wechselspannungshalbperiode. Der wesentliche Vorteil der Schaltung besteht in der Verwendung eines einzigen Thyristors. Weil u_r immer positiv bleibt, wird der Thyristor TH nie einer Sperrspannung ausgesetzt. Auf diese Weise ist der Thyristor gegen Sperrspannungsbeanspruchungen geschützt und kann günstiger ausgewählt werden.

Das Leistungsspektrum der Wechselstromschaltungen wird in der Praxis wegen der unsymmetrischen Netzbelastung bzw. wegen der Belastung des N-Leiters auf ca. 10 kW begrenzt.

3.2 Drehstrom-Stromrichter

3.2.1 Dreipulsstromrichter (Zweiquadranten Sternschaltung)

Bei Leistungen größer als 3 kW entsprechen die Wechselstrom-Stromrichter oft nicht mehr den üblichen Anforderungen, und man verwendet Drehstrom-Stromrichterschaltungen.

Im Folgenden wird eine Dreiphasenanlage zur Gleichrichtung einer Strangspannungshalbschwingung vorgestellt, die nur drei Thyristoren braucht. Dreipulsgleichrichter sind vom energetischen Gesichtspunkt aus nicht die besten Gleichrichter, da sie meistens Dreiphasentransformatoren (die schlecht ausgenutzt werden) benötigen. Das gilt für Gleichstromantriebe mit standardisierter Gleichspannung (150, 170, 260, 300, 400, 460 V) und Drehstromversorgungsspannungen (230, 400, 690 V). Da der Dreipulsstromrichter einfacher aufgebaut ist, ist er aber für das Verständnis verschiedener Phänomene (besonders des Wechselrichterbetriebs) hilfreich.

Bild 3.10-a zeigt die Dreipuls-Mittelpunktschaltung (M3). Von einem DY-Transformator wird die aus drei Thyristoren TH_U, TH_V, TH_W bestehende Gleichrichteranlage versorgt. Zwischen dem Nullpunkt des Thyristorensterns und dem Nullpunkt der dreiphasigen Sekundärwicklung des Transformators wird die Ankerwicklung des konstant fremderregten Motors eingeschaltet. In den Ankerkreis wird gewöhnlich noch eine Glättungsdrossel mit sehr großer Induktivität L_D geschaltet, um die magnetische Trägheit des Ankerkreises zu erhöhen. Damit kann i_A nahezu als konstant (I_A = konst.) betrachtet werden.

Angenommen, der Motor treibt die Wickeltrommel einer Krananlage an, auf die ein Seil zum Anheben oder Herunterlassen einer Masse G gewickelt ist.

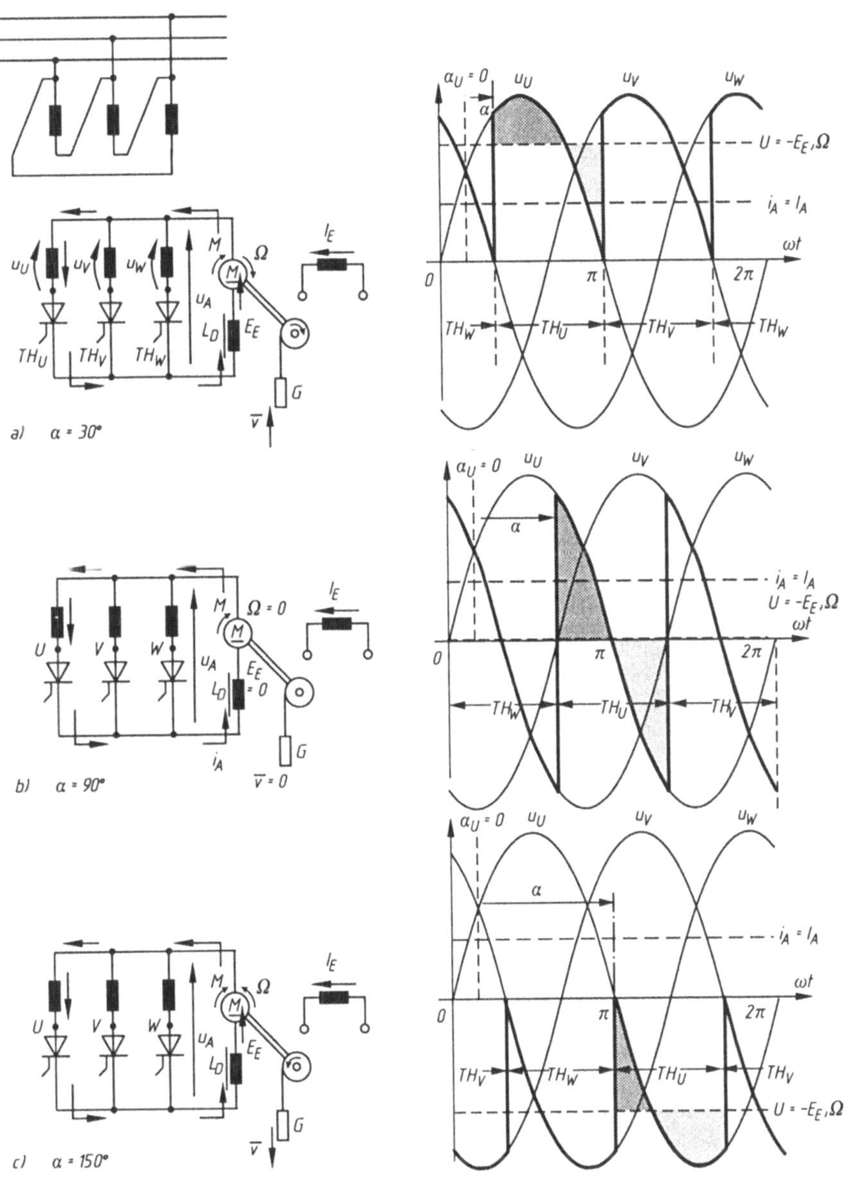

Bild 3.10 Dreipulsgleichrichter (Mittelpunktschaltung M3) im lückfreien Betrieb und zugehörige Kurvenverläufe der Betriebsgrößen;
Parameter Steuerwinkel α: a) $\alpha = 30°$, b) $\alpha = 90°$, c) $\alpha = 150°$

In Bild 3.10-a sind auch die Sekundärstrangspannungen u_U, u_V, u_W dargestellt. Es wird vorausgesetzt, daß sie ein symmetrisches Dreiphasensystem im Uhrsinn bilden. Die Thyristoren erhalten nacheinander – bei gleichbleibenden 120°-Intervallen – Zündimpulse in der Folge TH_U, TH_V, TH_W. Jeder Thyristor weist den gleichen Steuerwinkel auf, und dieser kann theoretisch Werte in den Grenzen 0° bis 180° annehmen. Der Winkel α eines beliebigen Thyristors wird vom natürlichen Zündzeitpunkt Nz gezählt, wenn die entsprechende Strangspannung höher als die der anderen beiden Stränge wird.

In Bild 3.10-a ist der Zeitpunkt $\alpha = 0$ für den Thyristor TH_U gezeigt, wenn der augenblickliche Wert der Spannung u_U größer als u_V bzw. u_W wird. Im Folgenden wird das Verhalten im *lückfreien Betrieb* der Thyristorengruppe und der elektrischen Maschine für verschiedene Werte des Verzögerungs- bzw. Zündwinkels α analysiert (s. Bild 3.10):

- Im ersten Fall, *bei* $\alpha = 30°$, werden die Zeitpunkte gezeigt, zu denen die Thyristoren TH_U, TH_V, TH_W zünden. Jeder von ihnen leitet den Strom $i_A = I_A$ in einem Winkelbereich von 120°. Leitet der Thyristor TH_U, ist die Klemmenspannung $u_A = u_U$. Befindet sich der Thyristor TH_V im leitenden Zustand, so ist $u_A = u_V$; das Gleiche gilt für den Thyristor TH_W, mit $u_A = u_W$. In Bild 3.10-a ist der Zeitverlauf der Spannung u_A fett dargestellt; der Strom in der Schaltung, bei leitendem TH_U, ist mit unterbrochener Linie eingezeichnet. Der Mittelwert der Spannung an den Maschinenklemmen ist U_A mit demselben positiven Vorzeichen wie der Strom $i_A = I_A$.

  Die Maschine läuft im Motorbetrieb. Das von ihr erzeugte elektromagnetische Drehmoment ist M. Ihre Winkelgeschwindigkeit Ω hat einen Drehsinn, der dem Heben der Masse G entspricht.

  Die Thyristorenanlage arbeitet als Gleichrichter. Setzt man zur Vereinfachung des Problems $R \approx 0$ und $\Omega =$ konst., wird der Mittelwert der Klemmenspannung U_A gleich der induzierten Anker-Quellenspanung $-E_E$. Die Bedingung der gleichen Flächen bei den Kurven $u_A = f(\omega t)$ mit $U_A = -E_E$ im leitendem Winkelbereich des Thyristors TH_U ist in Bild 3.10-a grau unterlegt dargestellt.

- Erhöht sich der Zündwinkel bis zu $\alpha = 90°$ (Bild 3.10-b), wird der Mittelwert der Spannung u_A Null: $U_A = -E_E = 0$. Da $U_A = 0$, sind auch die induzierte Spannung E_E und die Drehzahl n des Motors Null. Die Masse G tritt in einen statischen Zustand ein. Der Ankerstrom ist der gleiche wie vorher, der Motor erzeugt ein elektromagnetisches Drehmoment M gleichen Drehsinns, dessen Betrag genau so groß ist wie das des Lastmoments ($M = M_L$). Die von der Maschine erzeugte mechanische Leistung ist Null, da $\Omega = 0$.

  Die Maschine befindet sich an der Grenze des Motorbetriebs: sie entwickelt zwar ein Drehmoment, ihre Winkelgeschwindigkeit ist aber Null.

- Wird der Zündwinkel α weiterhin erhöht ($\alpha = 150°$, Bild 3.10-c), weist die Klemmenspannung u_A einen negativen Mittelwert U_A auf, und dadurch muß auch die induzierte Spannung $-E_E$ negativ sein. Dies gilt jedoch nur unter der Annahme, daß die Maschine den entgegengesetzten Drehsinn (im Vergleich zum Fall $\alpha = 30°$) hat. Die unveränderte Richtung des Ankerstroms i_A stimmt diesmal mit der Richtung der induzierten Spannung E_E nicht überein. Der Sinn des elektromagnetischen Drehmoments bleibt gleich und wird deshalb zum treibenden Moment, da sich der Drehsinn geändert hat. Das aktive Moment wird vom Gewicht der Masse G verursacht, die jetzt abgesenkt wird.

  Analysiert man die in der elektrischen Maschine zustandegekommene energetische Umwandlung, stellt man fest, daß die Maschine im Generatorbetrieb läuft.

  Dem Motor wird an ihrer Welle – infolge der zeitlichen Abnahme der in der Masse G gespeicherten potentiellen Energie im Schwerefeld der Erde – mechanische Leistung zugeführt. Die mechanische Leistung wird in elektrische Leistung umgewandelt und mittels der Stromrichterschaltung – Thyristoren und Dreiphasentransformator – an das Drehstromnetz abgegeben. Die Leistung $U_A I_A$ bekommt ein anderes Vorzeichen (I_A ist positiv, U_A negativ geworden im Vergleich zum Fall $\alpha = 30°$). In diesem Betrieb arbeitet der Stromrichter nicht mehr als Gleichrichter, der die Drehstromenergie in Gleichstromenergie umwandelt, sondern genau im umgekehrten Betrieb. Ein solcher Betrieb wird *Wechselrichterbetrieb* genannt.

- *Für $\alpha > 90°$ arbeiten somit die elektrische Maschine im Generatorbetrieb und die Thyristorenanlage als Wechselrichter.*

  In der Praxis ist der Wechselrichterbetrieb sehr wichtig: dieselbe elektrische Maschine kann, vom Wert des Stromrichter-Zündwinkels abhängig, als Motor oder als nutzbremsender Generator eingesetzt werden.

Was die mechanischen Kennlinien des Stromrichter-Maschinen-Systems anbelangt, so sind die Grundphänomene gleich denen der halbgesteuerten Einphasenbrücke. Der Wechselrichterbetrieb ist aber bei einer solchen Brücke nicht möglich, da die Freilaufdioden keine Spannungsumkehr zulassen.

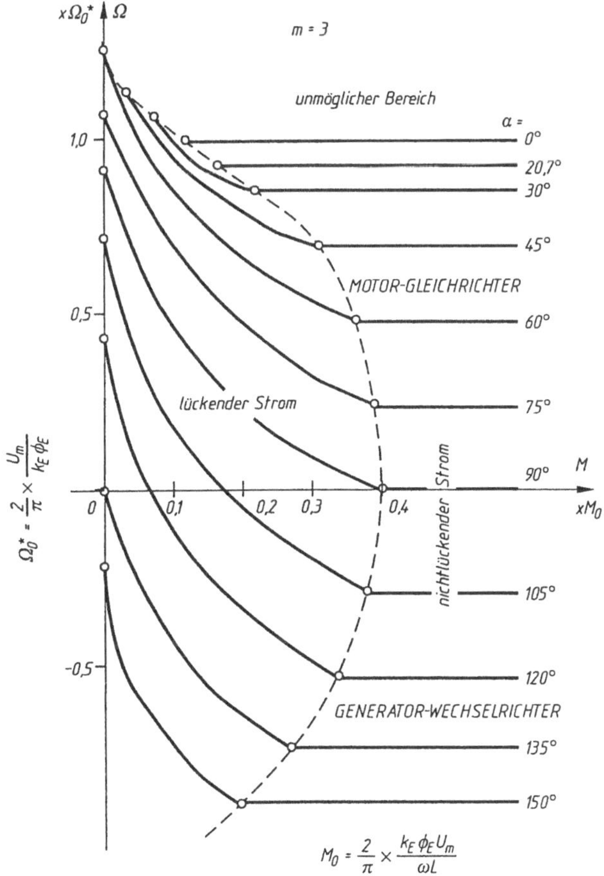

Bild 3.11
Kennlinienfeld des Antriebs mit dreiphasigem gesteuerten Dreipulsstromrichter

Da keine Freilaufdioden vorhanden sind, gibt es im Wechselrichterbetrieb keine Intervalle, in denen die Klemmenspannung u_A einen Nullwert haben kann. In Bild 3.11 werden die mechanischen Kennlinien des Antriebs mit dreiphasig gesteuertem Dreipulsstromrichter (M3C) mit DY-Transformator ($m = 3$) bei Zweiquadrantenbetrieb des M/Ω-Kennlinienfelds und verschiedenen Werten des Zündwinkels α dargestellt:

- im I. Quadranten Gleichrichter-Motor-Betrieb,
- im IV. Quadranten Wechselrichter-Generator-Betrieb.

Gleichfalls werden auch die lückenden und lückfreien Bereiche sowie die Ellipse, die diese Bereiche begrenzt, hervorgehoben.

- Für $\alpha < \alpha_{min} = 20{,}68°$ ist der Betrieb mit lückendem Strom unmöglich.

Im *lückfreien Strombetrieb* ergibt sich als Mittelwert der Spannung im analysierten Fall (Bild 3.10-a, mit $m = 3$):

$$U_A = \frac{3}{2\pi} \int_{(\pi/6)+\alpha}^{(\pi/6)+\alpha+(2\pi/3)} u_A \, d(\omega t) = \frac{3U_m}{2\pi} \int_{(\pi/2)+\alpha}^{(5\pi/6)+\alpha} \sin \omega t \, d(\omega t) = U_{A0} \cos\alpha,$$

mit $U_{A0} = \frac{3\sqrt{3}}{2\pi} U_m.$

Im lückfreien Betrieb ändert sich der Mittelwert der Spannung U_A proportional zu $\cos\alpha$:

- Für $\alpha \in (0, \pi/2)$ bzw. für $U_A > 0$ ergibt sich *Motorbetrieb*: der Stromrichter arbeitet im *Gleichrichterbetrieb* (GR),
- Für $\alpha \in (\pi/2, \pi)$ bzw. für $U_A < 0$ erhält man einen *Generatorbetrieb*: der Stromrichter arbeitet im *Wechselrichterbetrieb* (WR).

Analog zur Herleitung der Gl. (3.6) kann folgende Gleichung der mechanischen Kennlinie, bei *lückfreiem Strom* und $R = 0$, angegeben werden:

$$\Omega = \frac{U_{A0} \cos\alpha}{k_E \Phi_E} - \frac{R M}{k_E^2 \Phi_E^2} . \tag{3.7}$$

- Der Übergang von einem Mittelwert der Spannung zur anderen kann sanft ausgeführt werden, wie in Bild 3.12-a bei stufenloser Änderung des Zündwinkels von $\alpha = 0°$ auf $\alpha = 90°$ zu sehen ist;
- Falls α nur stufig von 30° direkt auf 150° geändert werden könnte, erhält man die in Bild 3.12-c dargestellten Kennlinien;
- Auch eine plötzliche Änderung des Winkels α ist möglich, wie in Bild 3.12-b gezeigt wenn er von 30° plötzlich auf 90° und dann wieder auf 30° verstellt wird. Die Durchlaßdauer eines Thyristors (Stromflußdauer) ist in diesem Fall bedeutend größer oder kleiner als 120°.

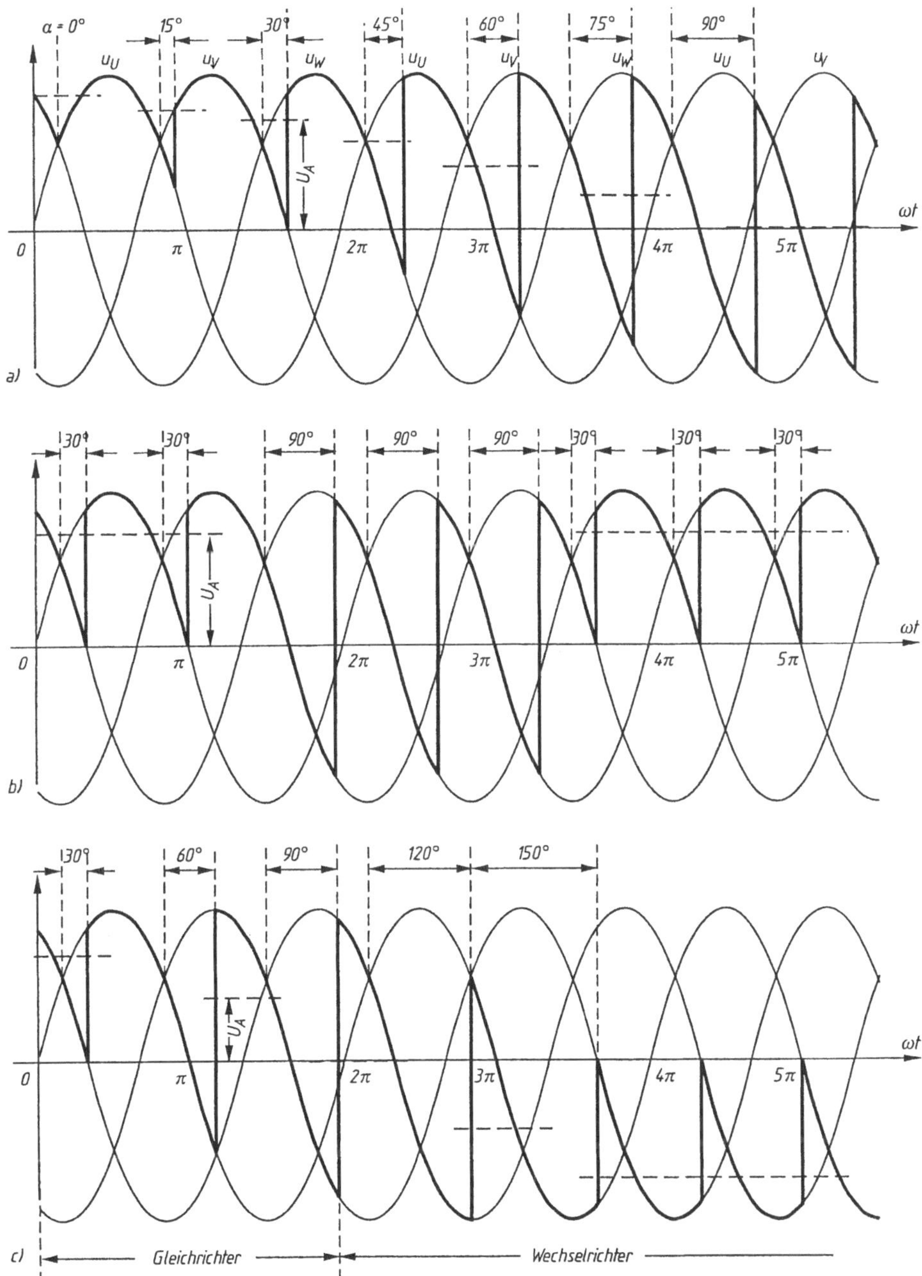

Bild 3.12 Einfluß der Änderungsweise des Steuerwinkels α auf die entstehende Gleichspannung und auf den Stromrichterbetrieb:

a) stufenlose Änderung von 0° auf 90°,

b) plötzliche Änderung von 30° auf 90° und dann wieder auf 30°

c) stufenweise Änderung von 30° auf 150°

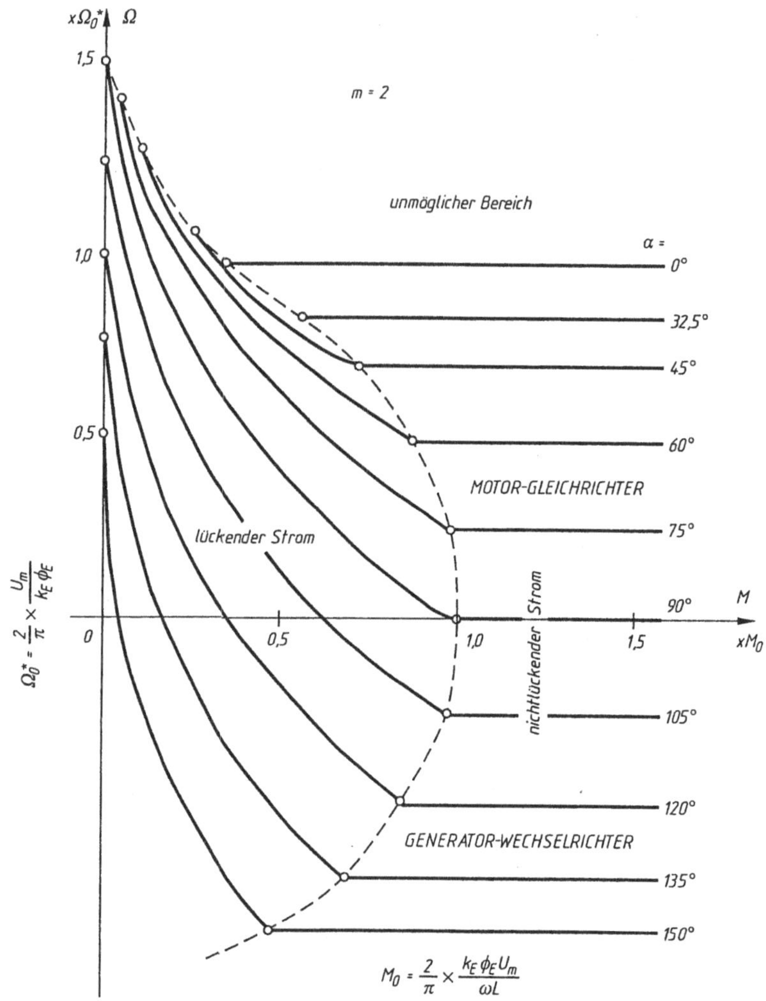

Bild 3.13 Kennlinienfeld im Gleich- und Wechselrichterbetrieb bei Antrieben mit fremderregter Gleichstrommaschine (gleichbleibende Drehrichtung) (Parameter: Steuerwinkel α)

Anmerkung: Die mechanischen Kennlinien, die mit der vollgesteuerten Wechselstrombrücke (mit vier Thyristoren) erzielt werden können, ergeben sich aus den vorigen Berechnungen, indem man $m = 2$ setzt. Damit bekommt man das in Bild 3.13 dargestellte Kennlinienfeld. Die vollgesteuerte Wechselstrombrücke kann auch in zwei Quadranten arbeiten. Bemerkenswert ist, daß bei einer gleichen Spannung U_{A0} und bei einer gleichen Induktivität L (also beim gleichen Bezugsdrehmoment M_0) die Fläche des lückenden Strombereichs bei der vollgesteuerten Wechselstrombrücke viel größer ist als bei der dreipulsigen Mittelpunktschaltung (Dreipulsstromrichter mit DY-Transformator). Dies zeigt die Vorteile der Anwendung der M3-Stromrichter gegenüber der B2-Schaltung.

3.2.2 Umkehrstromrichter (Dreipulsstromrichter in Vierquadranten-Sternschaltung)

In dem Beispiel in Abschnitt 3.2.1 wird vorausgesetzt, daß die Dreiphasen-Thyristorenanlage zusammen mit einer fremderregten Gleichstrommaschine zum Antrieb einer Krananlage verwendet wird. Der *Wechselrichter-Generator-Betrieb* wird durch die *Umkehr der Drehrichtung* erzielt – unter der Bedingung $\alpha > 90°$ (Bild 3.14, I. und IV. Quadrant). In den elektrischen kontaktbehafteten Antrieben mit unumkehrbarer Drehrichtung ist der Wechselrichter-Generator-Betrieb nur durch Ankerspannungs- oder Erregerflußumkehr möglich – mittels Umkehrkontakten (Bild 3.14, I. und II. Quadrant oder III. und IV. Quadrant). Die elektrische Maschine befindet sich in einem *nutzbremsenden Generatorbetrieb*: die in den drehenden Körpern gespeicherte Energie in elektrische Energie umgewandelt und dann nahezu vollständig ins Speisenetz zurückgespeist wird. Der Vierquadranten-Betrieb des Winkelgeschwindigkeit-Drehmomenten-Kennlinienfelds ist mit Hilfe einer Wendeschützschaltung schwierig, denn diese benötigt eine Pause von etwa 0,1 bis 0,2 s zur Umkehr im Ankerkreis bzw. von 0,5 bis 2,5 s im Erregerkreis.

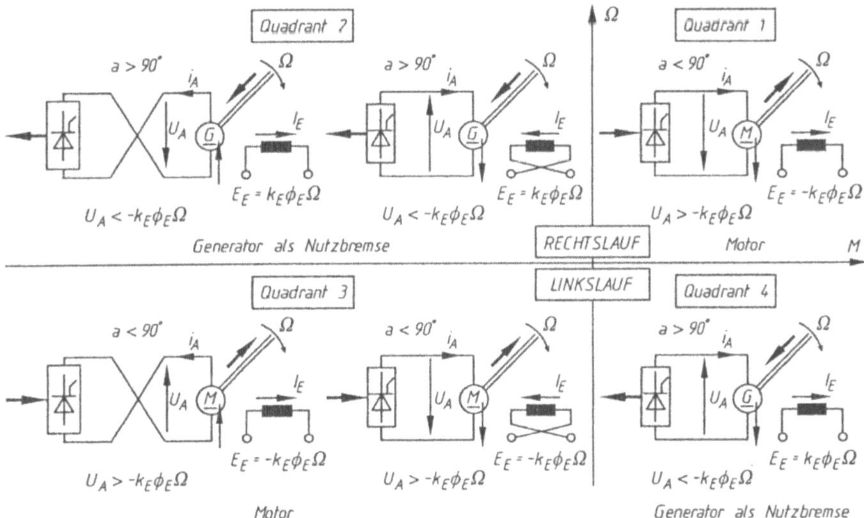

Bild 3.14 Vierquadranten-Betrieb der fremderregten Gleichstrommaschine

Für einige elektrische Antriebe, wie z.B. umkehrbare Walzwerkanlagen und Werkzeugmaschinen, verlangt man, daß die elektrische Maschine in allen vier Quadranten der Ebene (Ω, M) arbeiten kann. Daraus ergibt sich, daß die Maschine ohne Wendeschaltung im Anker- oder im Erregerkreis als Motor in beiden Drehrichtungen und im nutzbremsenden Generatorbetrieb gleichfalls in beiden Drehrichtungen laufen muß. Eine Anlage die diesen Ansprüchen gerecht wird und keine Umkehrschalter benötigt, ist in Bild 3.15 dargestellt. Sie besteht aus zwei identischen Stromrichtern in Mittelpunktschaltung, jeder mit DY-Transformatoren (vom Typ wie in Bild 3.10), *gegenparallel* an die Ankerklemmen der Gleichstrommaschine *geschaltet*. Die Nullpunkte der Sekundärwicklungen beider Transformatoren T_1 und T_2 wie auch die Nullpunkte beider Thyristorengruppen TH_I und TH_{II} sind mit den Klemmen des Ankerkreises verbunden.

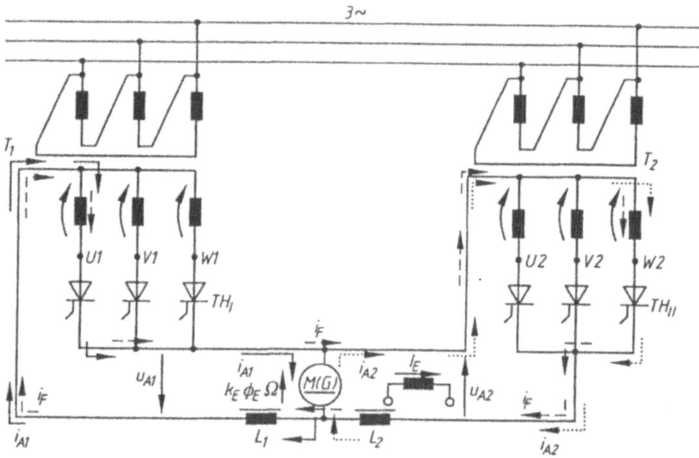

Bild 3.15 Umkehrbarer Betrieb der fremderregten Gleichstrommaschine mit Umkehrstromrichter (zwei identische, gegenparallel geschaltete Stromrichter in Mittelpunktschaltung M3)

Es seien u_{A1} die Ausgangsspannung der ersten Thyristorengruppe und u_{A2} die Ausgangsspannung der anderen Gruppe mit dem in Bild 3.15 angezeigten positiven Richtungen. Es wird vorausgesetzt, daß die zwei Thyristorengruppen mit den Zündwinkeln α_1 bzw. α_2 arbeiten, die die Bedingung $\alpha_1 + \alpha_2 = 180°$ erfüllen. In diesem Fall weisen die Mittelwerte der Ausgangsspannungen U_{A1} und U_{A2} beider Thyristorengruppen, entsprechend Gl. (3.7), den gleichen Betrag, aber mit entgegengesetztem Vorzeichen, auf.

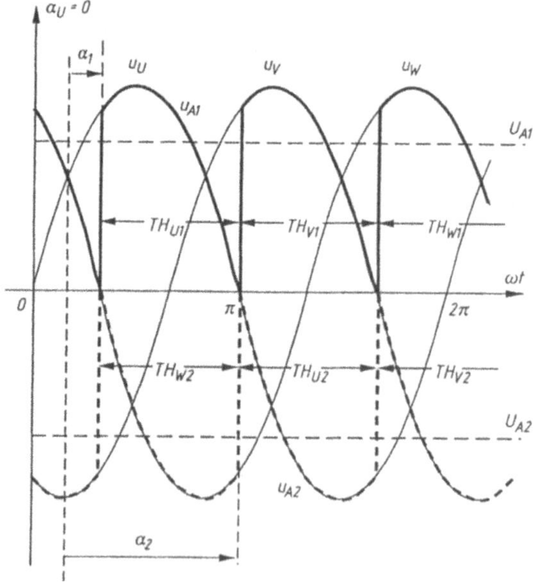

Bild 3.16
Kurvenverläufe der Ausgangssekundärspannungen u_U, u_V, u_W bzw. U_{A1}, U_{A2} (Mittelwerte der Ausgangsspannungen u_{A1}, u_{A2})

Diese Aussagen gelten auch für Bild 3.16, wobei

- u_U, u_V, u_W – die Sekundärspannungen der beiden Transformatoren T_1 und T_2 ,
- u_{A1} und u_{A2} – die augenblicklichen Ausgangsspannungen,
- U_{A1} und U_{A2} – deren Mittelwerte,

für den Sonderfall $\alpha_1 = 30°$ und $\alpha_2 = 180° - \alpha_1 = 150°$ dargestellt werden.

Zunächst wird ein lückfreier Strombetrieb für beide Anlagen angenommen. Auf diese Voraussetzung wird später zurückgekommen. Demnach stimmt der Sinn der Spannung U_{A1} für $\alpha_1 < 90°$ mit u_{A1} aus Bild 3.15 überein. Der Sinn der Spannung U_{A2} für $\alpha_2 = (180° - \alpha_1) > 90°$ stimmt mit dem entgegengesetzten Sinn von u_{A2} überein. Folglich sind die zwei Thyristorengruppen gegenparallel an die Ankerwicklung geschaltet.

Angenommen, die elektrische Maschine dreht sich mit einer Winkelgeschwindigkeit Ω. Die tatsächliche Richtung der in der Ankerwicklung induzierten Spannung $-E_E = k_E \Phi_{En} \Omega$ ist die aus Bild 3.15. Die Richtung des Stroms i_A und der energetische Betrieb der elektrischen Maschine hängen vom Spiel der Beträge von U_{A1}, U_{A2} und $k_E \Phi_E \Omega$, ab. In der Tat, bei $U_{A1} = -U_{A2} > k_E \Phi_E \Omega$ besitzt der Ankerstrom die Richtung von i_{A1}. Vergleicht man diesen Sinn (in Bild 3.15 mit vollem Pfeil gezeichnet) mit den möglichen Durchlaßrichtungen beider Thyristorengruppen, stellt man gleich fest, daß nur die linke Gruppe arbeiten kann. Da $\alpha_1 < 90°$, befindet sich diese Gruppe im Gleichrichterbetrieb. Die zweite Thyristorengruppe (rechts in Bild 3.15) wirkt nicht. Was die elektrische Maschine anbelangt, befindet sie sich im Motorbetrieb: an den Klemmen wird ihr elektrische Leistung zugeführt, der Strom i_A fließt im Sinne der induzierten Ankerspannung.

Bei gleichbleibendem Drehsinn kann der Ankerstrom, falls $U_{A1} = -U_{A2} > \alpha_1$, nur den Sinn von i_{A2} (unterbrochene Linie in Bild 3.15) besitzen. Dieser Sinn ist die Durchlaßrichtung für die rechte Thyristorengruppe. Da diese Gruppe bei $\alpha_2 > 90°$ arbeitet, befindet sie sich im *Wechselrichterbetrieb* und die elektrische Maschine im *Generatorbetrieb*. Die Maschine gibt elektrische Energie ins Netz ab; der Strom i_A hat dieselbe Richtung wie die tatsächliche induzierte Spannung. In diesem Fall verhält sich die linke Thyristorengruppe passiv.

Ändert sich der Drehsinn, ändert sich also das Vorzeichen der Winkelgeschwindigkeit Ω, bekommt auch die induzierte Spannung $k_E \Phi_E \Omega$ ein anderes Vorzeichen.

Für $\alpha_1 > 90°$ und $\alpha_2 = (180° - \alpha_1) < 90°$, wenn also $-U_{A1} = U_{A2} > k_E \Phi_E \Omega$, ist die *linke Thyristorengruppe im Wechselrichterbetrieb*; die rechte Gruppe verhält sich passiv und spielt dabei eine *Gleichrichterrolle*. Die elektrische Maschine läuft als Motor.

Die untersuchte Anlage gestattet der elektrischen Maschine, im Motor- oder im nutzbremsenden Generatorbetrieb in beiden Drehrichtungen zu arbeiten. Die Thyristorenanlagen arbeiten wechselweise als Gleichrichter oder Wechselrichter. In den Zeitpunkten, in welchen sie eine passive Rolle spielen, erzeugen sie am Ausgang nur eine Gegenspannung, ohne Nutzstrom anzunehmen.

Wie aus Bild 3.16 ersichtlich ist, wird gleichzeitig je ein Thyristor aus jeder Gruppe gezündet; somit besteht die Gefahr eines Kurzschlusses zwischen den Dreiphasengruppen der Thyristoren. Während die Mittelwerte der Spannungen U_{A1} und U_{A2}, unter der Bedingung $\alpha_1 + \alpha_2 = 180°$, sind deren augenblickliche Werte u_{A1} und u_{A2} nicht zu jedem Zeitpunkt in den gleichen gegenseitigen Verhältnis.

Aus Bild 3.16 geht z.B. hervor, daß für $\alpha_1 = 30°$ und $\alpha_2 = 150°$ im Zeitpunkt $\omega t = 90°$ $u_{A1} = U_m$ und $u_{A2} = -U_m/2$; die Thyristoren TH_{U1} und TH_{W2} befinden sich im Durchlaßzustand. Es entsteht ein Kreisstrom i_E (unterbrochener Pfeil in Bild 3.15), der über die Strangwicklung U1 der ersten Thyristorengruppe und die Strangwicklung W2 der zweiten Thyristorengruppe schließt, ohne die Ankerwicklung zu durchlaufen.

Es seien u_U die augenblickliche Spannung des Strangs U1 und u_W die augenblickliche Spannung des Strangs W2. Man nimmt an, daß die Widerstände und Streuinduktivitäten der Transformatorwicklungen vernachlässigt, aber die Induktivitäten L_1 und L_2 der zwei Drosseln berücksichtigt werden. Unter diesen Voraussetzungen wendet man das Induktionsgesetz entlang des Stromkreises von i_F an und erhält:

$$u_U + u_W = u_F = (L_1 + L_2)\frac{di_F}{dt} .$$

Diese Beziehung gilt, solange die Thyristoren TH_{U1} und TH_{W2} im leitenden Zustand bleiben. Bild 3.17-a zeigt den Verlauf der Spannung ($u_F = u_U + u_W$), die im vorgenannten Intervall den Strom i_E erzeugt. Die Induktivitäten L_1 und L_2 müssen so ausgelegt werden, daß dieser Kreisstrom begrenzt wird. Im nächsten Bereich, solange die Thyristoren TH_{V1} und TH_{U2} gleichzeitig im leitendem Zustand bleiben, ändern sich der Weg des Kreisstroms und die Spannung ($u_F = u_V + u_U$). Die Verläufe der Spannung u_F und des Stroms i_F hängen vom Wert der Winkel α_1 und α_2 ab (Bild 3.17).

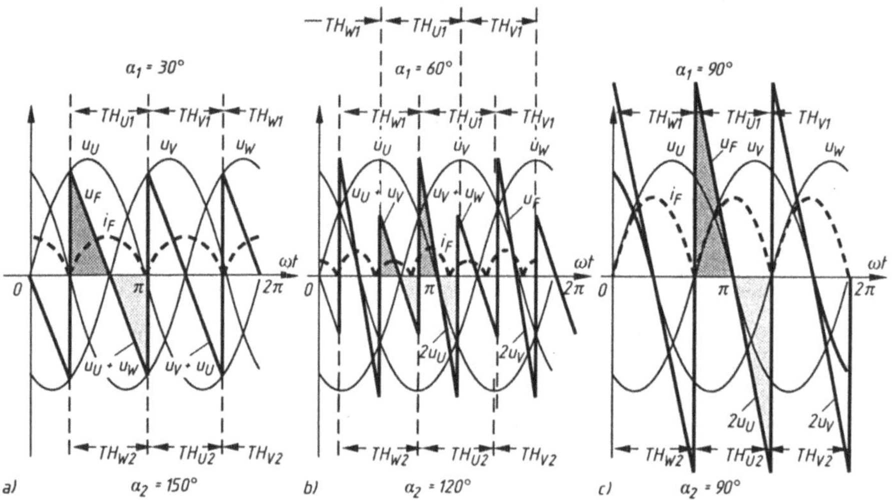

Bild 3.17 Kurvenverläufe von u_F und i_F bei einem dreiphasigen gesteuerten Dreipulsstromrichter für unterschiedliche Werte des Steuerwinkels $\alpha\,(\alpha_1, \alpha_2)$

Je nachdem, ob die einen oder die anderen Thyristoren der beiden Gruppen gleichzeitig gezündet sind, nimmt der Kreisstrom den einen oder anderen Weg. Wesentlich ist die Feststellung, daß dieser Strom, in einer Stromführungsdauer von 120°, in Form eines Pulses oder zweier Pulse über alle Thyristoren nacheinander fließt. Der entsprechende mittlere Fahrstrom I_F belastet zusätzlich die aktiven Thyristoren und verursacht auch den leitenden Zustand der passiven Thyristoren. Vom energetischen Gesichtspunkt aus ist dieser Kreisstrom unangenehm, er erzeugt zusätzliche Verluste in den Wicklungen und Thyristoren und begrenzt die Belastungsfähigkeit der aktiven Thyristorengruppe.

Der Fahrstrom hat aber auch eine interessante nützliche Wirkung. Es seien $\alpha_1 = 30°$ und $\alpha_2 = 150°$; die linke Thyristorengruppe ist aktiv. Es wird weiter angenommen, daß das Lastmoment genügend klein sei, so daß die Anlage im lückendem i_A-Strombetrieb arbeitet. Der Strom i_A hat dabei die Form eines Pulses, der durch die Strangwicklung U1 im Zeitpunkt $\omega t = 60°$ beginnt und vor $\omega t = 180°$, wenn der nächste Thyristor gezündet wird, zu Ende ist. Gibt es keinen Fahrstrom, arbeitet die Maschine bei einer höheren Drehzahl im Vergleich zum lückfreien Strombetrieb (Bild 3.11). Die Spannung u_{A1} ist der Ankerquellenspannung $k_E \Phi_E \Omega$ gleich, solange der Strom lückend ist; die Kurven aus Bild 3.16 gelten für einen lückfreien Strom.

Die Existenz des Fahrstroms ergibt folgendes: Entsprechend Bild 3.17-a und für $\alpha_1 = 30°$ bzw. $\alpha_2 = 150°$ fließt dieser Strom im Bereich $\omega t \in (60°, 180°)$ auch über die Strangwicklung U1. Er hat die Form eines Pulses, der bei $\omega t = 60°$ beginnt und bei $\omega t = 180°$ aufhört. Der über den Thyristor TH_{U1} fließende Gesamtstrom (Nutzstrom i_{A1} plus Fahrstrom i_F) fließt somit solange, bis der Thyristor TH_{V1} zündet.

- *Die Anlage arbeitet infolge des Fahrstroms (Kreisstroms) im lückfreien Strombetrieb*; im ganzen Winkelbereich $\omega t \in (60°, 180°)$ folgt die Spannung u_{A1} an den Lastklemmen der Strangspannung.

Aus Bild 3.17 geht hervor, daß – abhängig von den Winkeln α_1 und $\alpha_2 = (180° - \alpha_1)$ – der Fahrstrom (Kreisstrom) eine zeitlich verschiedene Form aufweist. Ihn gibt es im ganzen Durchlaßzustand eines Thyristors, und er hat einen veränderlichen Mittelwert. Mit Hilfe der Drosseln L_1 und L_2 werden die Mittelwerte noch während der Auslegung der Anlage auf zulässige Werte begrenzt. Das gleiche Ergebnis könnte auch im Betrieb erzielt werden, falls die Bedingung $(\alpha_1 + \alpha_2) = 180°$ auch nur annähernd, je nach Fall, erfüllt wird.

Es wurden automatische Regelsysteme mit der Summe $\alpha_1 + \alpha_2$ um den Wert 180° in Abhängigkeit von I_A projektiert, so daß immer ein lückfreien Strombetrieb gegeben ist und nur ein begrenzter Kreisstrom. Die Drosseln L_1 und L_2 werden in den Kreisstromkreis bzw. mit einer von den zwei Thyristorengruppen (Bild 3.15) geschaltet, um gleichzeitig eine Glättung der Ströme i_{A1} und i_{A2} zu verwirklichen (Verringerung der Oberschwingungen).

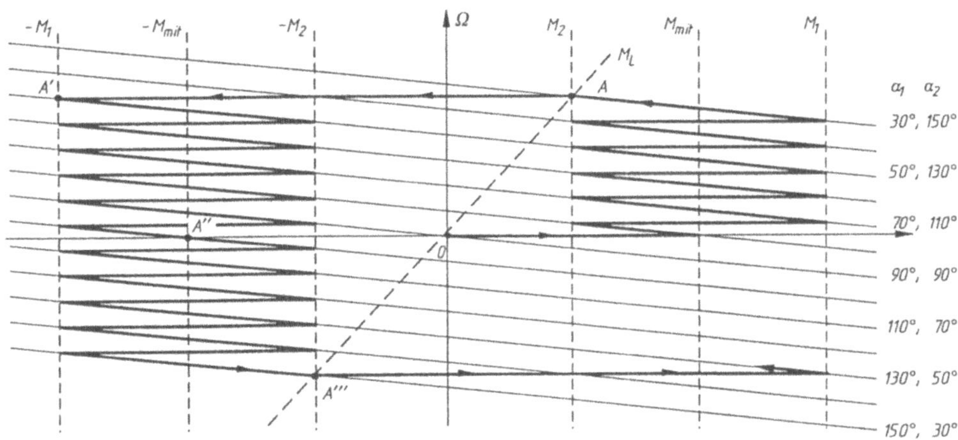

Bild 3.18 Mechanische Kennlinien des Antriebssystems in Bild 3.17 für verschiedene Werte des Steuerwinkels $\alpha(\alpha_1, \alpha_2)$

Unter Berücksichtigung vorgelegter Betrachtungen wird das Feld der mechanischen Kennlinien der beschriebenen Umkehranlage wie in Bild 3.18 aussehen: der lückende Strombereich aus Bild 3.11 verschwindet. In dem Kennlinienfeld in Bild 3.18 wird der Ankerkreiswiderstand berücksichtigt, was eine gewisse Neigung der Kennlinien zur Drehmomentenachse bedeutet.

Die Anlage funktioniert folgendermaßen: beim Anlauf wird $\alpha_{\mathrm{I}} = \alpha_2 = 90°$ angenommen, so daß $U_{\mathrm{AI}} = -U_{\mathrm{A2}}$, da die Quellenspannung $k_{\mathrm{E}}\Phi_{\mathrm{E}}\Omega$ ($\Omega = 0$) und auch der Strom i_{A} Null sind. Weiterhin wird α_{I} verringert und entsprechend α_2 vergrößert, z.B. $\alpha_{\mathrm{I}} = 80°$ bzw. $\alpha_2 = 100°$: man erreicht die Spannungen $U_{\mathrm{AI}} = -U_{\mathrm{A2}} > 0$. Da die Quellenspannung $k_{\mathrm{E}}\Phi_{\mathrm{E}}\Omega$ Null ist, tritt die linke Thyristorengruppe $\mathrm{TH_I}$ in Betrieb. Die rechte Thyristorengruppe $\mathrm{TH_{II}}$ ist passiv. Es entsteht ein mittleres elektromagnetisches Drehmoment M_{mit}. Die elektrische Maschine läuft in einer bestimmten Drehrichtung, z.B. nach rechts an, wenn M_{mit} größer als das auf die Motorwelle bezogene Lastmoment M_{L} wird. Die Winkelgeschwindigkeit Ω und die Quellenspannung $k_{\mathrm{E}}\Phi_{\mathrm{E}}\Omega$ erhöhen sich. Die Quellenspannung bleibt aber infolge des Spannungsabfalls $R_{\mathrm{A}}i_{\mathrm{AI}}$ kleiner als U_{AI}. Fortlaufend α_{I} verringernd und entsprechend α_2 vergrößernd ($\alpha_{\mathrm{I}}+\alpha_2 = 180°$), erreicht man einen Arbeitspunkt A im stationären Betrieb.

In Bild 3.18 entspricht A den Zündwinkeln $\alpha_{\mathrm{I}} = 30°$ und $\alpha_2 = 150°$. Die Maschine arbeitet im Motorbetrieb im Rechtslauf, während die linke Thyristorengruppe als Gleichrichter aktiv ist.

Von der Steuerung wird verlangt, daß bei einer Änderung der Winkel α_{I} und α_2 das elektromagnetische Drehmoment immer zwischen den Grenzwerten M_1 und M_2 bleiben muß. Sicherlich interessiert eine automatische Einrichtung, die dem Drehmoment in der ganzen Beschleunigungszeitspanne den konstanten Wert M_{mit} bzw. während der ganzen Hochlaufzeit ohne Anlasser einen konstanten und begrenzten Strom sichern kann. Dieser Umstand ist sowohl vom technischen als auch vom wirtschaftlichen Gesichtspunkt aus besonders wichtig.

Soll die elektrische Maschine abgebremst werden, genügt eine schnelle Erhöhung des Winkels α_{I} bzw. eine entsprechende Abnahme des Winkels α_2, z.B. $\alpha_{\mathrm{I}} = 50°$ und $\alpha_2 = 130°$; man erreicht momentan $U_{\mathrm{AI}} = -U_{\mathrm{A2}} < k_{\mathrm{E}}\Phi_{\mathrm{E}}\Omega$. Die rechte Thyristorengruppe wird passiv, die linke aktiv: diese wird anfänglich im *Wechselrichterbetrieb* arbeiten, da $\alpha_2 > 90°$. Der Arbeitspunkt befindet sich in A, bei der gleichen Winkelgeschwindigkeit wie der des Punkts A', denn bei plötzlicher Veränderung der Winkel α_{I} und α_2 kann sich die Winkelgeschwindigkeit nicht schlagartige ändern. Der Arbeitspunkt A' liegt auf einer neuen Kennlinie, entsprechend den neuen Werten von α_{I} und α_2.

Das von der elektrischen Maschine erzeugte elektromagnetische Drehmoment ist negativ geworden, denn es ist jetzt ein Bremsmoment. Die Maschine befindet sich in einem *nutzbremsenden Generatorbetrieb*; sie wandelt die in den drehenden Körpern gespeicherte kinetische Energie in elektrische Energie um, die dem Drehstromnetz zugeführt wird.

Die Steuerung kann so ausgeführt werden, daß der Winkel α_{I} fortlaufend stufenlos erhöht und α_2 dementsprechend verringert wird, so daß das mittlere Bremsmoment konstant bleibt. Der Arbeitspunkt steigt zur Position A'' ab, dem eine Winkelgeschwindigkeit $\Omega = 0$ entspricht.

Wird α_{I} weiterhin erhöht und α_2 verringert, wird die elektrische Maschine von den beiden Thyristorengruppen mit dem Mittelwert der Spannungen U_{AI} und U_{A2} entgegengesetzten Sinns – im Vergleich zu den vorgehenden Fällen – versorgt. Die Maschine läuft wieder im Motorbetrieb, aber im Linkslauf. Der Arbeitspunkt befindet sich im III. Quadranten (Punkt A'''). Die rechte Thyristorengruppe ist aktiv und im Gleichrichterbetrieb.

Um abzubremsen genügt es, angesichts der Werte von α_{I} und α_2, die dem Punkt A''' entsprechen, den Winkel α_{I} schlagartig zu verringern bzw. α_2 zu erhöhen. Der Arbeitspunkt verschiebt sich zu einer neuen Kennlinie bei konstanter Winkelgeschwindigkeit im IV. Quadranten. Die Maschine arbeitet jetzt im *Linkslauf als Generator*, indem die linke aktive Thyristorengruppe in den Wechselrichterbetrieb übergangen ist.

Somit können durch die Betätigung eines Potentiometers der elektronische Zündgenerator gesteuert und der Betrieb der elektrischen Maschine in allen vier Quadranten der Ebene (Ω, M) ermöglicht werden.

Alle Dreipulsstromrichter haben trotz ihrer Einfachheit und der Anwendung von nur drei Thyristoren einen gemeinsamen Nachteil: in den Sekundärstrangwicklungen entstehen periodische positive Pulsströme, also mit Gleichwertkomponenten. Diese erzeugen konstante magnetische Flüsse im magnetischen Kreis und belasten zusätzlich die Sekundärwicklungen des Transformators. Um diesen Nachteil zu vermeiden, werden Sechspulsstromrichter oder Stromrichter höherer Pulszahlen eingesetzt.

3.2.3 Drehstrombrückenschaltung (Sechspulsstromrichter)

Diese Anlage (Bild 3.19) ist auch als vollgesteuerte *Drehstrombrücke* bekannt. Sie kann als eine Reihenschaltung zweier Dreipulsgleichrichter M3C aufgefaßt werden und benötigt sechs Thyristoren. Sie ist die Standardschaltung im Bereich von 3 kW bis 30 MW.

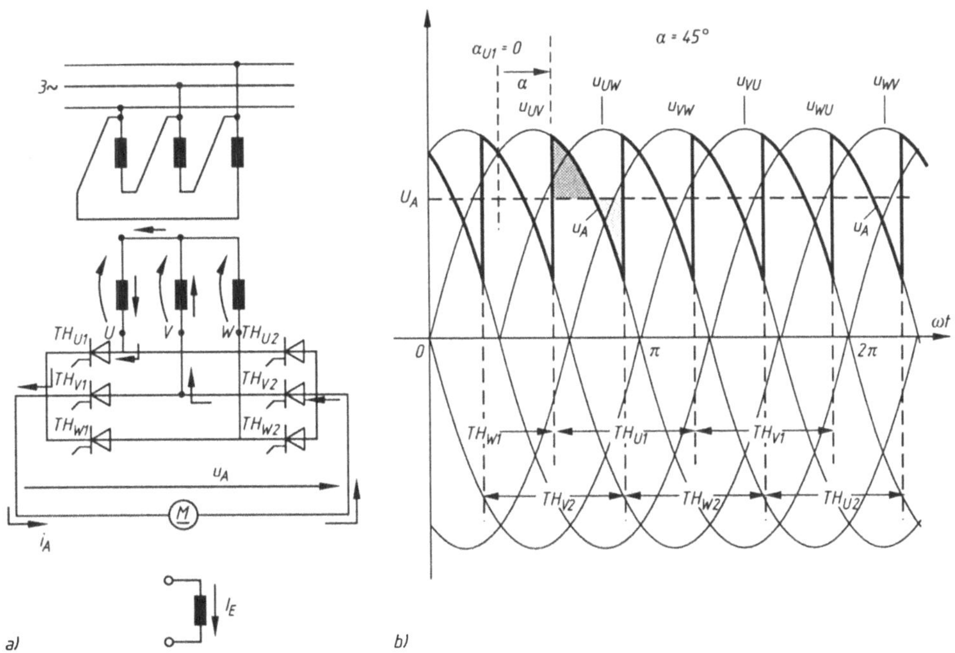

Bild 3.19 Vollgesteuerte Drehstrombrücke B6C:
a) Schaltbild, b) Winkelverläufe der gleichgerichteten Spannungen

Eine kostengünstigere Lösung besteht aus drei Thyristoren auf einer Seite und drei Dioden auf der anderen Seite; die Brücke heißt jetzt „halbgesteuert".

Bei den *vollgesteuerten Sechspulsstromrichtern* bekommen die Thyristoren Zündimpulse in Winkelintervallen von $\pi/3$, in der Arbeitsfolge U1, W2, V1, U2, W1, V2, U1. Gleichzeitig im Durchlaßzustand befinden sich immer ein Thyristor aus der linken Gruppe und einer (einem anderen Strang angehörend) der rechten Gruppe. Z.B. befinden sich in Bild 3.19 die Thyristoren TH_{U1} und TH_{V2} gleichzeitig im leitenden Zustand.

Die Klemmenspannung u_A ist, bis zum Zeitpunkt, in dem der nächste Thyristor zündet, nämlich TH_{W2}, gleich der verketteten Sekundärspannung $u_{UV} = u_U - u_V$ bei *lückfreiem Strombetrieb*. Da von diesem Punkt an die Spannung $u_{UV} = u_U - u_V$ größer wird, ändert der Strom seinen Weg und fließt nun über die Thyristoren TH_{U1} und TH_{W2}. Die Spannung u_A wird gleich u_{VW}. Danach zündet der Thyristor TH_{V1}, der den Strom vom Thyristor TH_{U1} der gleichen Gruppe übernimmt. Die Spannung u_A wird gleich u_{VW} sein, und der Strom fließt diesmal über die Thyristoren TH_{V1} und TH_{W2} usw.

In Bild 3.19-b ist angenommen, daß der Zündwinkel α einen Wert von 45° aufweist. Beim Thyristor TH_{U1} ist der Zeitpunkt $\alpha = 0°$ hervorgehoben, in dem die Spannung u_{UW} größer als die anderen verketteten Spannungen wird. Dieser Zeitpunkt wird als Bezugsaugenblick für den Zündwinkel Nz des Thyristoren TH_{U1} angenommen.

Im Unterschied zu den anderen Stromrichterschaltungen gestattet die Sechspulsbrücke die Erzeugung einer gleichgerichteten Spannung mit sechs Pulsen kleinerer Amplitude ($m = 6$) in einer Netzspannungsperiode.

Der Strom fließt über eine Sekundärstrangwicklung, z.B. U, in einer Richtung, solange der Thyristor TH_{U1} gezündet ist, und in entgegengesetzter Richtung, solange der Thyristor TH_{U2} leitet. Somit ist dieser Strom ein Wechselstrom, ohne Gleichkomponente, was einen wesentlichen Vorteil darstellt (siehe Abschnitt 3.9). Die erzielten mechanischen Kennlinien des untersuchten Systems sind in Bild 3.20 gezeigt.

Erwähnenswert ist folgender Vorteil der vollgesteuerten Drehstrombrückenschaltung B6C: sie besitzt bei gleichbleibenden Spannung U_{A0} und Induktivität die kleinste Fläche des lückenden Strombetriebsbereichs.

Der Mittelwert der Spannung in lückfreiem Strombetrieb (Bild 3.19-b) ist:

$$U_A = \frac{3}{\pi} \int_{(\pi/3)+\alpha}^{(2\pi/3)+\alpha} u_A \, d(\omega t) = \frac{3\sqrt{3}\, U_m}{\pi} \int_{(\pi/3)+\alpha}^{(2\pi/3)+\alpha} \sin \omega t \, d(\omega t) = U_{A0} \cos\alpha \tag{3.8}$$

mit: $U_{A0} = \dfrac{3\sqrt{3}\, U_m}{\pi}$,

U_m Amplitude der Netzstrangspannung.

Die vollgesteuerte Drehstrombrücke kann auch im *Wechselrichterbetrieb bei $\alpha > 90°$* arbeiten. In einer Gegenparallelschaltung eignet sie sich für Umkehranlagen, die in allen vier Quadranten der Ebene (*Ω, M*) arbeiten kann.

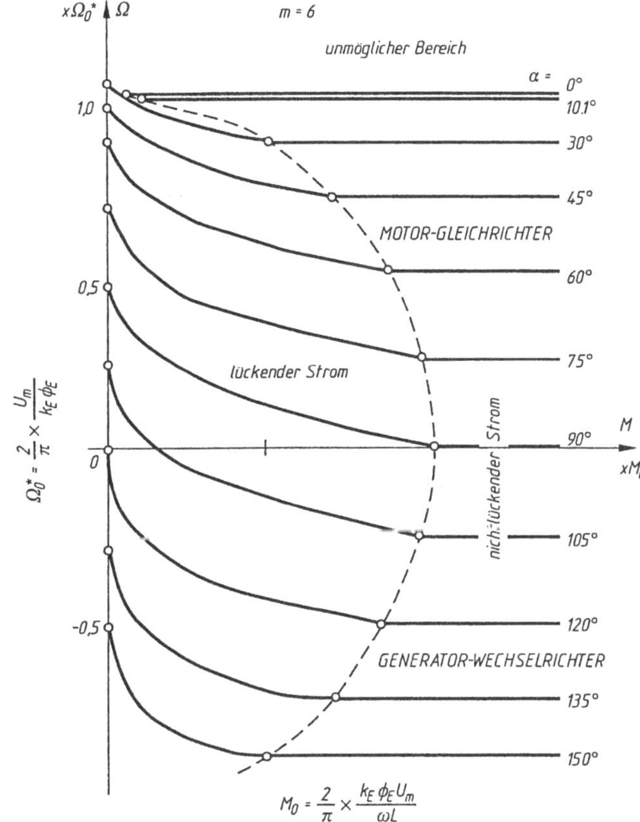

Bild 3.20
Kennlinienfeld (M) des Antriebssystems in Bild 3.19 (Parameter: Steuerwinkel α)

3.3 Energetische Betrachtungen über Stromrichter

Stromrichter werden bei großen Leistungen eingesetzt (bis zu mehreren MW). Einige energetische Aspekte, die in den vorstehenden Abschnitten nicht berücksichtigt werden, sollen hervorgehoben werden:

- Weiterhin wird, vom energetischen Standpunkt aus, die vollgesteuerte Drehstrombrücke analysiert, die ausschließlich bei größeren Leistungen in den steuerbaren elektrischen Antrieben genutzt wird;
- Vorausgesetzt wird, daß der in der Anlage eingesetzte Transformator und die sechs Ventile *verlustfrei* sind;
- Betrachtet wird der lückfreie Strombetrieb, bei vollständiger Glättung und konstantem Strom im Ankerkreis des Motors.

In Bild 3.21-a ist die gleichgerichtete Klemmenspannung u_A für einen vorgegebenen Zündwinkel $\alpha < 90°$ dargestellt. In Bild 3.21-b sind die Sekundärstrangspannung u_U und der durch die entsprechende Strangwicklung fließende Strom i_U eingezeichnet. Dieser Wechselstrom weist rechteckige Form auf, mit einer Stromführungsdauer von $120° = 2\pi/3$ im Bogenmaß und einer Amplitude von I_A. Beachtlich für i_U ist die Beibehaltung seiner Form, unabhängig von α.

Die Lage seiner rechteckigen Stromblöcke ändert sich im Vergleich zu den Halbschwingungen der entsprechenden Spannung u_U für verschiedene Winkel α. Der Mittelwert U_A der gleichgerichteten Spannung u_A ist gemäß Gl. (3.8):

$$U_A = \frac{3\sqrt{3}}{\pi} U_m \cos\alpha,$$

wobei U_m die Amplitude der Sekundärstrangspannung u_U ist. Der Effektivwert I_U des Stroms i_U ist (vgl. Bild 3.21-b):

$$I_U = \sqrt{\frac{1}{2\pi}\int_0^{2\pi} i_U^2 \, d(\omega t)} = \sqrt{\frac{1}{2\pi} 2 I_A^2 \int_{(\pi/6)+\alpha}^{(5\pi/6)+\alpha} d(\omega t)} = I_A \sqrt{\frac{2}{3}} . \tag{3.9}$$

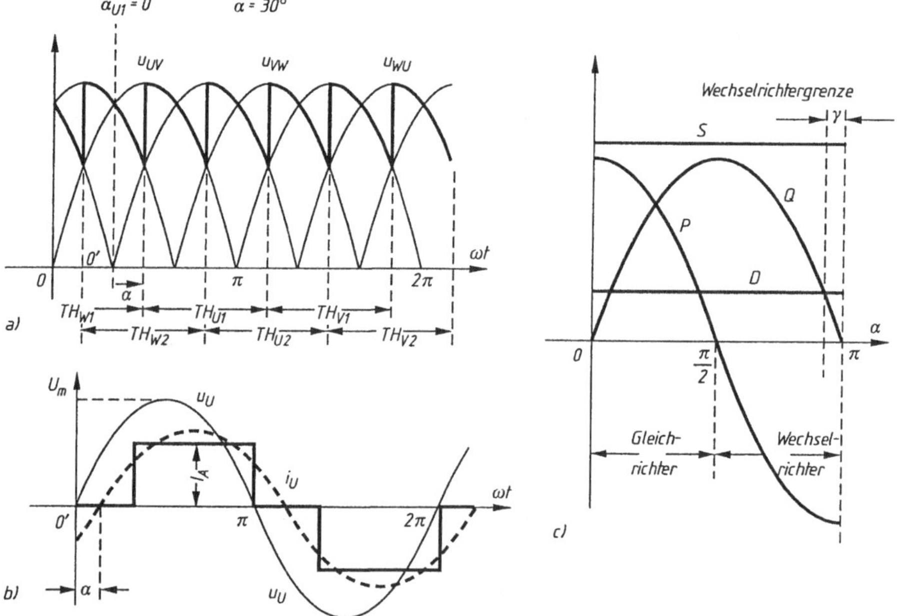

Bild 3.21 Lückfreier Strombetrieb bei konstantem Ankerkreisstrom: a) Winkelverlauf der gleichgerichteten Spannung u_A bei vorgegebenen $\alpha < 90°$, b) Winkelverläufe von u_U und i_U, c) Leistungen D, P, Q, S als Steuerwinkelfunktionen

Der periodische Strom i_U kann als eine Fourier-Reihe entwickelt werden; der Anfang des Integrationsintervalls ist O (Bild 3.21-b). Da der Mittelwert von i_U in einer Periode Null ist, enthält die Fourier-Reihe keinen Gleichstromanteil. Man bekommt zunächst:

$$i_A = i_U = \sum_1^\infty A_m^{(\nu)} \sin\nu\,\omega t + \sum_1^\infty B_m^{(\nu)} \cos\nu\,\omega t = \sum_1^\infty I_m^{(\nu)} \sin(\nu\,\omega t - \Phi_\nu) .$$

Gemäß den Euler-Fourierschen Formeln ergeben sich die Koeffizienten:

$$A_{\mathrm{m}}^{(\nu)} = \frac{1}{\pi}\int_{0}^{2\pi} i_{\mathrm{U}} \sin\nu\omega t \,\mathrm{d}(\omega t) = -\frac{4I_{\mathrm{A}}}{\pi}\left[\int_{\alpha+(\pi/6)}^{\alpha+(5\pi/6)} \sin\nu\omega t\,\mathrm{d}(\omega t) - \int_{\alpha+(7\pi/6)}^{\alpha+(11\pi/6)} \sin\nu\omega t\,\mathrm{d}(\omega t)\right] =$$

$$= -\frac{4I_{\mathrm{A}}}{\pi}\sin\left(\nu\frac{\pi}{3}\right)\sin\left(\nu\frac{\pi}{2}\right)\cos(\nu\alpha+\nu\pi)\,,$$

bzw.

$$B_{\mathrm{m}}^{(\nu)} = \frac{1}{\pi}\int_{0}^{2\pi} i_{\mathrm{U}} \cos\nu\omega t\,\mathrm{d}(\omega t) = \frac{4I_{\mathrm{A}}}{\pi}\sin\left(\nu\frac{\pi}{3}\right)\sin\left(\nu\frac{\pi}{2}\right)\sin(\nu\alpha+\nu\pi)\,,$$

was zeigt, daß diese Fourier-Reihe nur die Oberschwingungen 1, 5, 7, 11, 13, 19, ..., $6k-1$, $6k+1$, ..., mit $k \in N_0$ und $\nu \in N$ enthält. Für die Grundschwingung des Stroms gelten:

$$A_{\mathrm{m}}^{(1)} = \frac{2\sqrt{3}}{\pi} I_{\mathrm{A}} \cos\alpha,$$

und

$$B_{\mathrm{m}}^{(1)} = -\frac{2\sqrt{3}}{\pi} I_{\mathrm{A}} \sin\alpha,$$

und der analytische Ausdruck der Grundschwingung wird somit:

$$i_{\mathrm{U}}^{(1)} = \frac{2\sqrt{3}}{\pi} I_{\mathrm{A}}(\cos\alpha\sin\omega t - \sin\alpha\cos\omega t) = \frac{2\sqrt{3}}{\pi} I_{\mathrm{A}} \sin(\omega t - \alpha)\,,$$

mit dem Effektivwert:

$$I_{\mathrm{U}}^{(1)} = \frac{\sqrt{6}}{\pi} I_{\mathrm{A}}\,. \tag{3.10}$$

Bleibt I_{A} konstant, bleibt auch $I_{\mathrm{U}}^{(1)}$ konstant, unabhängig vom Wert des Winkels α. Die Grundschwingung eilt der Strangspannung u_{U} um genau $\varphi_1 = \alpha$ nach (Bild 3.21-b).

Die von der Sekundärwicklung des Transformators mit dem Motor über den Gleichstromrichter ausgetauschte Wirkleistung lautet:

$$P = 3\,U_{\mathrm{U}}\,I_{\mathrm{U}}^{(1)}\cos\varphi_1 = 3\,\frac{U_{\mathrm{m}}}{\sqrt{2}}\frac{\sqrt{6}\,I_{\mathrm{A}}}{\pi}\cos\alpha = \frac{3\sqrt{3}}{\pi}U_{\mathrm{m}}\,I_{\mathrm{A}}\cos\alpha.$$

Nach Gl. (3.8) kann die Wirkleistung auch in die Form

$$P = U_{\mathrm{A}}\,I_{\mathrm{A}}$$

gebracht werden. Diese Form zeigt, daß die Wirkleistung des Transformators der Leistung der Mittelwerte der Gleichkomponenten der Spannung und des Stroms im Ankerkreis des Motors gleich ist.

Aufschlußreich ist der Sachverhalt, daß bei gleichbleibenden U_{m} und I_{A} die Wirkleistung positiv und abhängig von α ist (Bild 3.21-c). Das entspricht einer Energieübertragung vom Transformator zum elektrischen Motor im *Gleichrichterbetrieb* ($\alpha < 90°$). Im *Wechselrichterbetrieb* ($\alpha > 90°$) wird die Wirkleistung negativ, was eine Energieübertragung in entgegengesetzter Richtung, vom elektrischen Motor zum Transformator bzw. Drehstromnetz, bedeutet.

Die Blindleistung

$$Q = 3\,U_{\mathrm{U}}\,I_{\mathrm{U}}^{(1)}\sin\varphi_1 = \frac{3\sqrt{3}}{\pi}\,U_{\mathrm{m}}\,I_{\mathrm{A}}\sin\alpha$$

ist auch eine Funktion von α, bei gleichbleibendem Vorzeichen (Bild 3.21). Anders gesagt: *unabhängig vom Maschinenbetrieb (Motor oder Generator) verhält sich der Stromrichter mit dem Ankerkreis der Maschine dem Stromnetz gegenüber, was die Blindleistung anbelangt, wie ein induktiver Verbraucher.*

Die Scheinleistung des Transformators, der sich ersichtlich im nichtsinusförmigen Betrieb befindet, lautet:

$$S = 3U_{\mathrm{U}}I_{\mathrm{U}},$$

wobei $U_{\mathrm{U}} = U_{\mathrm{m}}/\sqrt{2}$ den Effektivwert der Sekundärspannung u_{U} und I_{U} den Effektivwert des Stroms i_{U} bezeichnen [Gl. (3.9)]. Mithin:

$$S = 3\frac{U_{\mathrm{m}}}{\sqrt{2}}I_{\mathrm{A}}\sqrt{\frac{2}{3}} = \sqrt{3}U_{\mathrm{m}}I_{\mathrm{A}}\,.$$

Diese Scheinleistung ist unabhängig vom Winkel α, der die Größe der Drehzahlsteuerung darstellt (Bild 3.21). Bei beliebigem α und Betrieb der elektrischen Maschine, Motor oder Generator, unabhängig von Wert und Vorzeichen der zwischen der elektrischen Maschine und dem Transformator ausgetauschten Leistung, wird der Transformator nur mit konstanter Scheinleistung S beansprucht. Das gilt, solange $I_{\mathrm{A}} =$ konst., d.h. solange das von der elektrischen Maschine erzeugte Drehmoment konstant bleibt.

Der Leistungsfaktor des Stromrichters ist, einem nichtsinusförmigen Betrieb gemäß:

$$k = \frac{P}{S} = \frac{3}{\pi}\cos\alpha = 0{,}955\cos\alpha\,.$$

- *Hier aus kann eine, durch ihre energetische Folgen sehr wichtige, Schlußfolgerung hergeleitet werden: je näher der Zündwinkel des Thyristors an 90° liegt, desto geringer ist der Leistungsfaktor. Dieser Aspekt stellt eine negative Eigentümlichkeit mit großer Bedeutung bei der Anwendung der mit Thyristoren ausgestatteten Stromrichter in den steuerbaren Antriebssystemen dar.*
- *Je niedriger die Drehzahlen sind, die bei konstantem Lastmoment erzielt werden sollen, desto weniger stellt das System Stromrichter-Motor, bei geringem Leistungsfaktor, für das Drehstromnetz einen Wirkverbraucher dar.*

Überdies arbeitet ein solcher Verbraucher mit nichtsinusförmigen Betrieb. Er speist ins Stromnetz Stromoberschwingungen ein, die andere unangenehme Vorgänge hervorrufen können (Resonanz mit bestimmten Frequenzen, Störgeräusche in den Fernmeldelinien).

Die Blindleistung Q kann durch angemessene Mittel ausgeglichen werden (Kondensatorbatterie oder andere Kompensationsglieder, übererregte Synchronmaschinen). Die bei gleichbleibendem I_{A} von α unabhängige *Oberschwingungsblindleistung* oder *Verzerrungsleistung*

$$D = \sqrt{S^2 - P^2 - Q^2} = U_{\mathrm{m}}I_{\mathrm{A}}\sqrt{3 - \frac{27}{\pi^2}} = 0{,}514\,U_{\mathrm{m}}I_{\mathrm{A}}$$

kann aber nur sehr schwierig kompensiert werden.

Bei anderen Stromrichterschaltungen ist die oben beschriebene Lage noch ungünstiger. Bei einpulsigen Stromrichtern z.B., $i_A = I_A$ vorausgesetzt, beträgt der Leistungsfaktor der Sekundärwicklung sterngeschalteter Transformatoren:

$$k = \frac{\sqrt{2}}{2\pi} \cos\alpha = 0{,}675 \cos\alpha .$$

Dieser schwache Leistungsfaktor wird auch durch die Gleichstromkomponente, die die Sekundärwicklung zusätzlich belastet, erklärt. Die halbgesteuerte Schaltung benötigt einen geringeren Aufwand für die Steuereinrichtung und für die Ventile. Man braucht aber eine größere Glättungsdrossel und/oder eine Freilaufdiode. Infolgedessen ist die halbgesteuerte Schaltung nur bis zu etwa 100 kW Gleichstromleistung vorteilhaft.

3.4 Kommutierungsvorgänge in Stromrichtern

In allen vorher stehenden Abschnitten wird die vereinfachende Annahme getroffen, daß das Wechselstromnetz – einschließlich des Transformators, wenn dieser ein Teil der Anlage ist – einen inneren Scheinwiderstand gleich Null hat. Diese Annahme vereinfacht die Vorgänge:

- genau gleichbleibende Versorgungsspannung, unabhängig vom gelieferten Strom;
- keine magnetische Trägheit infolge einer nicht existierenden Netzinduktivität, die sich der plötzlichen Änderung des gelieferten Stroms entgegensetzen könnte, Strom, der die Ventile des Stromrichters durchläuft.

Man soll aber nicht vergessen, daß jeder Thyristor sehr empfindlich gegen die Stromsteilheit di/dt ist, die eine gewisse Höchstgrenze nicht überschreiten darf. Wenn die Stromquelle – Anpassungstransformator inklusive – nicht eine genügend große Induktivität aufweist, die sich einer großen Stromänderungsgeschwindigkeit über die Thyristoren entgegensetzen kann, müssen die Stränge mit speziellen Drosseln ausgestattet werden (s. Abschnitt 1.9.3). Infolgedessen befinden sich auf dem Stromweg der Ventile hintereinander geschaltete Induktivitäten, die neue Aspekte einführen.

In Bild 3.22-a ist z.B. das sekundärseitige Schaltbild eines sterngeschalteten Drehstromtransformators gezeigt. In jeden Strang sind die entsprechenden Wicklungsstreuinduktivitäten $L_{\sigma k}$ des Transformators (siehe Abschnitt 4.4) geschaltet. Die Wirkwiderstände der Wicklungen werden weiterhin vernachlässigt, da sie, von einem kleinen Spannungsabfall und Stromverluste abgesehen, keine zusätzliche Vorgänge verursachen.

Es wird *lückfreier Strombetrieb* vorausgesetzt. Im Ankerkreis des Motors ist der Strom $i_A = I_A$ = konst., vom Wert des an der Motorwelle bezogenen Lastmoments M_L bestimmt.

In Bild 3.22-b sind die Graphen der Sekundärspannungen u_U, u_V, u_W dargestellt. Als *Winkelursprung* wurde der Punkt O gewählt, in dem die Spannung u_U höher als u_V bzw. u_W ist, d.h. seit die Zündverzögerung des Thyristors vom Strang U gezählt wird. Es sei α die in Bild angezeigte Verzögerung.

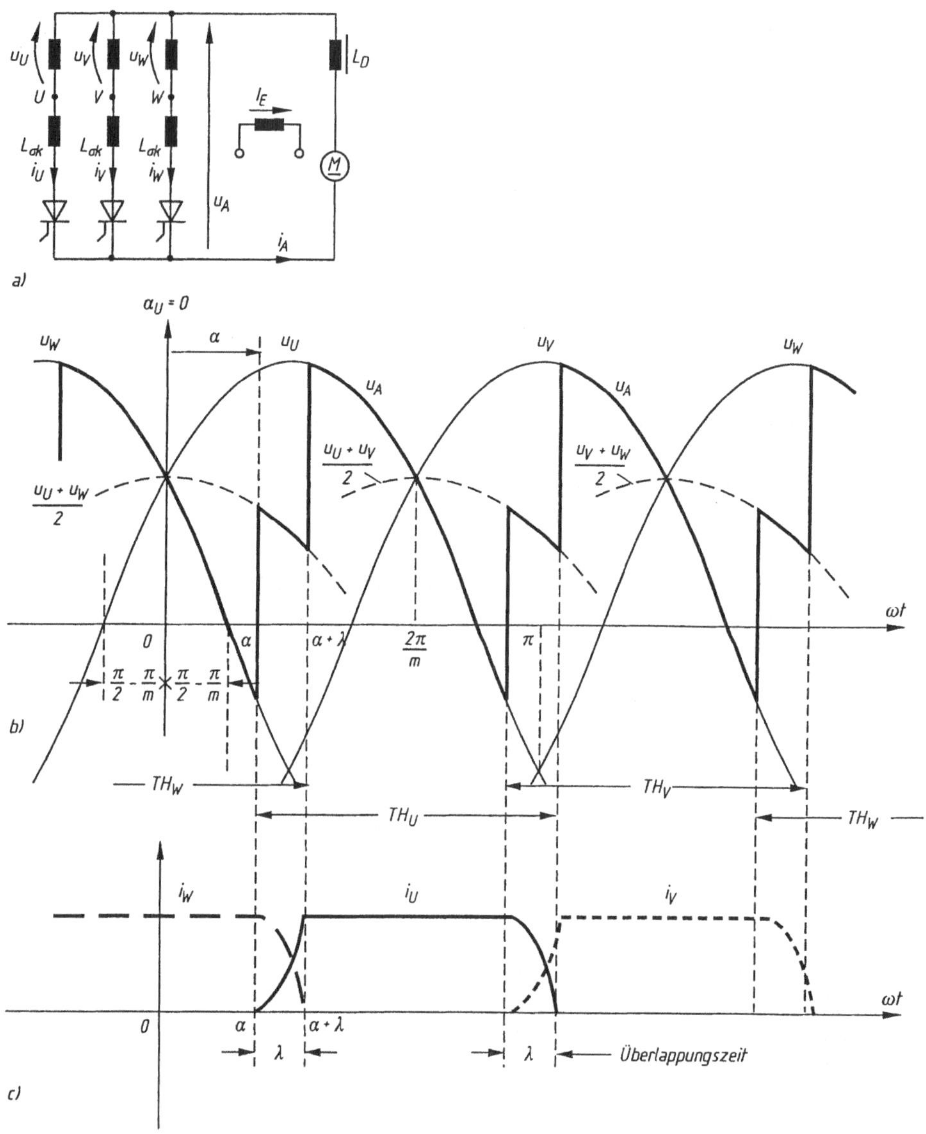

Bild 3.22 Überlappungsvorgang im lückfreien Strombetrieb:
a) äquivalentes Schaltbild,
b) Winkelverlauf der gleichgerichteten augenblicklichen Spannung u_A,
c) Winkelverlauf der Thyristorenströme

Im Unterschied zu den vorherigen Untersuchungen wird diesmal der Strom i_U wegen der Induktivität $L_{\sigma k}$ nicht mehr schlagartig den Wert I_A annehmen können. Er wird vom Zeitpunkt α an – in einer Zeitspanne λ – von Null auf den Wert I_A steigen. Offensichtlich wird sich die gleiche Induktivität $L_{\sigma k}$ auch der augenblicklichen Verringerung des Stroms i_W vom Strang W (Strom, der schon vor dem Zeitpunkt α floß) widersetzen. Somit befinden sich im Winkelbereich die zwei Thyristoren der Stränge W und U im Durchlaßzustand: der Strom i_W strebt gegen Null, i_U gegen I_A. Dieser Winkelbereich λ während der Kommutierung und Aufteilung des Laststroms auf zwei Ventile heißt *Überlappungswinkel der Thyristoren*. Die entsprechende Kommutierungszeit wird *Überlappungszeit* genannt. Es interessiert, wie lange dieses Kommutierungsintervall dauert und wie die Graphen der Ströme i_W und i_U aussehen. Für die Stränge U und W gelten die Spannungs- und Stromgleichungen:

$$u_A - u_W = -L_{\sigma k}\,\frac{di_W}{dt}\,,$$

$$u_A - u_U = -L_{\sigma k}\,\frac{di_U}{dt}\,,$$

$$i_W + i_U = i_A = I_A\,.$$

Aus diesem Gleichungssystem geht gleich hervor:

$$u_A = \frac{u_W + u_U}{2}\,, \tag{3.11}$$

$$L_{\sigma k}\,\frac{di_U}{dt} = -L_{\sigma k}\,\frac{di_W}{dt} = \frac{u_U - u_W}{2}\,.$$

Demzufolge wird wegen der Betriebsüberlappung beider Thyristoren die gleichgerichtete Spannung u_A der halben Summe der Spannungen beider kommutierenden Strangwicklungen entsprechen (Bild 3.22-b, Kurve mit fetter Linie). Dieser Sachverhalt gilt, solange Überlappung vorliegt.

Um die Überlappungswinkel λ und die rechnerischen Ausdrücke beider Ströme i_U und i_W zu bestimmen, müssen die Differentialgleichungen (3.11) integriert werden. Die Berechnung wird im Falle einer Anlage mit m-pulsiger gleichgerichteter Spannung in einer Periode der Netzspannung durchgeführt. Vorausgesetzt, daß die Kurven der Spannungen u_U und u_W den Bezugsursprung 0 (Bild 3.22-b) aufweisen, erhält man:

$$u_W = -U_m \sin\left[\omega t - \left(\frac{\pi}{2} - \frac{\pi}{m}\right)\right] = U_m \cos\left(\omega t + \frac{\pi}{m}\right),$$

$$u_U = U_m \sin\left[\omega t + \left(\frac{\pi}{2} - \frac{\pi}{m}\right)\right] = U_m \cos\left(\omega t - \frac{\pi}{m}\right).$$

Gemäß Gl. (3.11):

$$\frac{u_W - u_U}{2} = -\frac{U_m}{2}\,2\sin\frac{\pi}{m}\,\sin\omega t = \omega L_{\sigma k}\,\frac{di_W}{d(\omega t)}\,,$$

oder

$$\omega L_{\sigma k}\, i_W = U_m \sin\frac{\pi}{m}\,\cos\omega t + C\,,$$

wobei C eine Integrationskonstante ist. Für $\omega t = \alpha$, $i_W = I_A$ folgt aus der letzten Gl.:

$$\omega L_{\sigma k}\, I_A = U_m \sin\frac{\pi}{m}\,\cos\alpha + C\,,$$

bzw.:

$$\omega L_{\sigma k}\, i_W = U_m \sin\frac{\pi}{m}\,(\cos\omega t - \cos\alpha) + \omega L_{\sigma k}\, I_A\,,$$

$$\omega L_{\sigma k}\, i_U = -\,U_m \sin\frac{\pi}{m}\,(\cos\omega t - \cos\alpha)\,.$$

Um die Größenordnung des Überlappungswinkels λ festzustellen, wird angenommen, daß $m = 3$ und $\omega L_{\sigma k} I_U = 0{,}05\, U_U$, wobei I_U und $U_U = U_m/\sqrt{2}$ die Effektivwerte des Sekundärstroms bzw. der Sekundärstrangspannung des Transformators bezeichnen. Der induktive Spannungsabfall $\omega L_{\sigma k} I_U$ – Betrag: 5 % der *Spannung* U_U – ist ein üblicher Wert, wenn der Transformator um den Nennbetrieb arbeitet. Für $m = 3$ ergibt sich $I_U = I_A/\sqrt{3}$, und folglich

$$\cos\alpha - \cos(\alpha+\lambda) = \frac{\omega L_{\sigma k} I_W}{U_U} \times \frac{I_A}{I_U} \times \frac{U_U}{U_m \sin\frac{\pi}{m}} = 0{,}05\sqrt{3}\,\frac{1}{\sqrt{2}\frac{\sqrt{3}}{2}} = 0{,}05\sqrt{2}\,.$$

Mit Hilfe dieser Beziehung ergibt sich folgende Tabelle:

α	0°	10°	20°	30°	45°	60°	90°	120°	135°	150°
λ	21°40'	14°00	9°10'	7°30'	5°30'	4°30'	4°00'	4°50'	6°00'	21°00'

Offensichtlich ist der Überlappungswinkel λ beider Ventile abhängig von α. Bei kleinen Zündwinkeln α bzw. um 150° erreicht der Winkel λ größere Werte. Wenn die Induktivität der Quellenspannung – einschließlich des Anpassungstransformators – größer ist, kann der Überlappungswinkel λ größere Werte als 20° erreichen, wie aus der oben aufgestellten Tabelle hervorgeht.

Eine erste Wirkung des Kommutierungsvorgangs besteht in der Verringerung des Mittelwerts der gleichgerichteten Spannung U_A im Vergleich zu Gl. (3.7). Der neue Mittelwert der Spannung U_A' kann aus Bild 3.22-b ermittelt werden:

$$U_A' = \frac{m}{2\pi}\left[\int_0^{\alpha} u_W\, \mathrm{d}(\omega t) + \int_{\alpha}^{\alpha+\lambda} \frac{u_U + u_W}{2}\, \mathrm{d}(\omega t) + \int_{\alpha+\lambda}^{2\pi/m} u_U\, \mathrm{d}(\omega t)\right] =$$

$$= \frac{m U_m}{2\pi} \sin\frac{\pi}{m}\,[\cos\alpha + \cos(\alpha+\lambda)]\,. \tag{3.12}$$

Da für $\lambda = 0$ der gleichgerichtete Mittelwert der Spannung

$$\delta U_A = \frac{m U_m}{\pi} \sin\frac{\pi}{m} \cos\alpha,$$

ist ergibt sich, daß der Kommutierungsvorgang folgenden Spannungsänderung hervorruft:

$$\delta U_A = U_A - U_A' = \frac{m}{2\pi} U_m \sin\frac{\pi}{m}\,[\cos\alpha - \cos(\alpha+\lambda)] = \frac{m}{2\pi}\,\omega L_{\sigma k} I_A\,. \tag{3.13}$$

Für $m = 3$ und für die angenommenen Werte rechnet man einen Mittelwert der Spannungsänderung von 4 % des Effektivwerts U_U aus.

Eine andere wichtige Folge der *Ventilüberlappung* der Stränge W und U ergibt sich daraus, daß während der Kommutierungsdauer λ der Strom i_W abnehmen muß und der Strom i_U ansteigen muß, wobei ihre Summe konstant bleibt, also:

$$\frac{di_W}{dt} < 0 \text{ und } \frac{di_U}{dt} > 0 .$$

Nach Gl. (3.11) ergibt sich während der Kommutierungsdauer der Ventile aus den Strängen W und U:

$$u_U - u_W = u_{UW} = U_m \sin \frac{\pi}{m} \sin \omega t > 0 .$$

Bezüglich des angenommenen Ursprungs 0 (Bild 3.22-b) wird die obige Bedingung im Bereich $0 \leq \omega t < \pi$ erfüllt. Da sowohl der Zündwinkel α als auch λ veränderlich sind, kann ihre Summe den Wert 180° nicht überschreiten, also $\alpha + \lambda < 180°$. Wird diese Bedingung nicht erfüllt, ergibt sich während der Kommutierung die Ungleichung $u_U < u_W$, folglich $(di_W/dt) > 0$ und $(di_U/dt) < 0$. Dies bedeutet, daß das Ventil U unmöglich den Strom vom Ventil W übernehmen kann. Da λ variabel ist, aber 20° bis 30° für α unweit von 180° nicht überschreitet, ergibt sich, daß der größtmögliche Wert für α um 150° bis 160° liegt. Der Betriebsbereich des Winkels α verringert sich mithin im Wechselstromrichterbetrieb.

Eine weiterer Vorgang im Zusammenhang mit den oben betrachteten Phänomenen, der den nutzbaren Steuerbereich von α noch mehr verringert, soll noch besprochen werden. Es ist bekannt, daß ein Thyristor sperrt, wenn der Strom im Durchlaßzustand Null wird. Um positive Spannung wieder sperren zu können, müssen die Ladungsträger ausgeräumt werden. Dazu ist es notwendig, während der Freiwerdezeit – eine Zeitspanne von einigen Mikrosekunden – zwischen Anode und Kathode eine negative (umgekehrte) Spannung anzulegen. Besteht aber bei der Stromlöschung eine positive Spannung zwischen Anode und Kathode, blockiert der Thyristor nicht.

In Bild 3.23-a ist die Spannung u_{VU} beim Thyristor des Strangs U – zwischen Anode und Kathode – als Funktion des Winkels ωt graphisch dargestellt. Es wird der Kommutierungsvorgang bei einer Anlage mit $m = 3$ im Gleichrichterbetrieb bei $\alpha = 30°$ und $\lambda \approx 15°$ berücksichtigt. Im Durchlaßbereich ist die Spannung $u_{VU} \approx 1$ V, im Bild unbedeutend klein:

- Befindet sich nur der Thyristor TH_V im Durchlaßzustand, gilt:
  $u_{VU} = u_U - u_V = u_{UV}$,
- Während der Kommutierung der Thyristoren TH_V und TH_W gilt:
  $u_{UV} = u_U - u_A = u_U - 0{,}5(u_V + u_W)$,
- Leitet nur der Thyristor TH_W, gilt:
  $u_{UV} = u_U - u_W = u_{UW}$.

Aus Bild 3.23-a ist ersichtlich, daß im Falle der Löschung des Thyristors TH_U die Spannung u_{VU} während einer langen Zeitdauer γ negativ ist; der Thyristor sperrt. Nimmt die Spannung u_{VU} wieder positive Werte an, leitet der Thyristor nur, wenn ein Zündimpuls an seine Steuerelektrode kommt.

Im Wechselrichterbetrieb ist die Lage etwas anders. Man betrachtet z.B. einen Zündwinkel von $\alpha = 135°$. Die Spannung u_{VU} zeigt diesmal den zeitlichen Verlauf, der in Bild 3.23-b dargestellt ist. Das Zeitintervall nach dem Löschen des i_U-Stroms, in dem die Spannung u_{VU} negativ bleibt, hat sich bedeutend vermindert. Wird der Winkel γ kleiner als die minimale Winkeldauer γ_{min}, die notwendig ist um den Thyristoren auszuräumen, kippt der Thyristor wieder in den leitenden Zustand, wenn die Spannung u_{VU} wieder positive Werte annimmt, auch ohne daß ein Steuersignal an seiner Steuerelektrode nötig ist. Der Winkel γ_{min}, der der zur Sperrung des Thyristors notwendigen Zeit entspricht, hängt von den Daten des Thyristors ab. Bei Thyristoren für die übliche industrieller Netzfrequenz $f = 50$ Hz beträgt $\gamma_{min} = 1$ bis 2°. Bei Frequenzthyristoren ist γ_{min} vernachlässigbar klein.

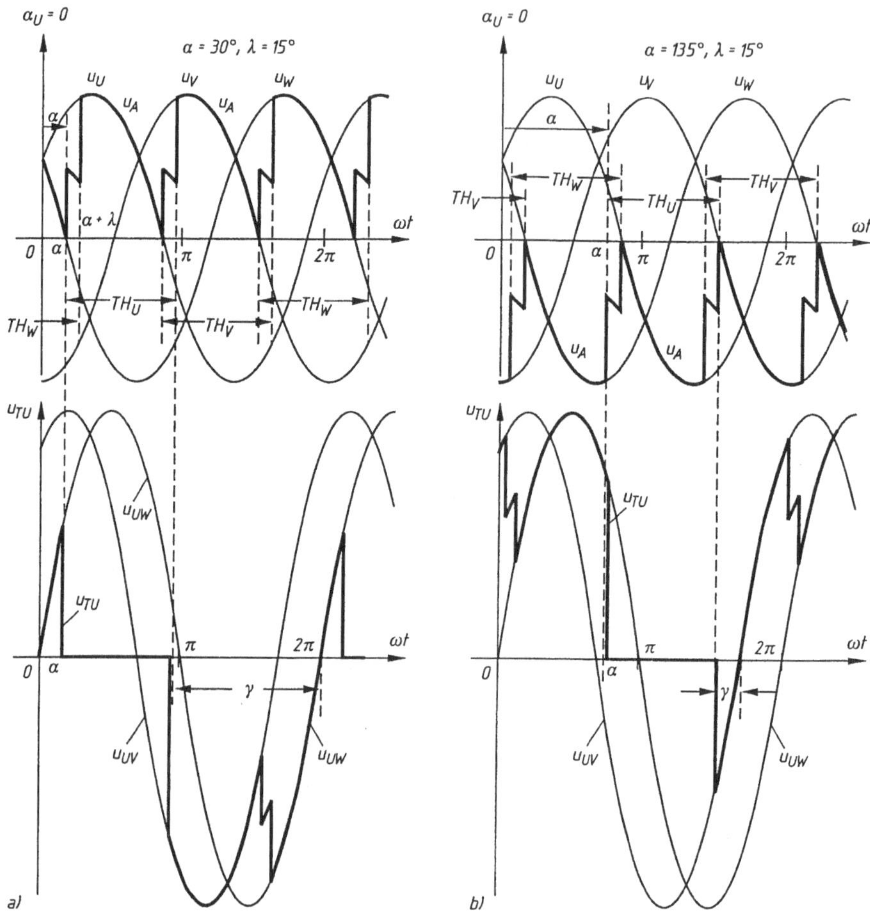

Bild 3.23 Winkelverlauf der Thyristorenspannungen u_U, u_V, u_W mit Berücksichtigung des Winkels α: a) $\alpha = 30°$, b) $\alpha = 135°$

Angesichts der oben analysierten Vorgänge muß Gl. (3.14) ergänzt werden:

$$(\alpha + \lambda + \gamma_{min}) < 180°, \qquad (3.14\text{-a})$$

was bei den gewöhnlichen Thyristoren den Betriebsbereich der Wechselrichter noch etwas verringert. Aus diesem Grunde beträgt in der Praxis der Höchstwert für den Zündwinkel α im Wechselrichterbetrieb ca. 150°.

Anmerkung 1: Bei den Antriebssystemen im Vierquadranten-Betrieb (4Q) führt die Bedingung $(\alpha_1, \alpha_2) = 180°$, zusammen mit der Einschränkung $(\alpha_1, \alpha_2) < 150°$ zu der Schlußfolgerung:

$$(\alpha_1, \alpha_2) > 30° .$$

Anmerkung 2: Für diese Anlagen (Bild 3.15) wird sogar die Bedingung $(\alpha_1 + \alpha_2) = 180°$ in Frage gestellt, wenn die Gleichspannungsänderung wegen des Kommutierungsvorgangs berücksichtigt wird. *Im Gleichrichterbetrieb ist die mittlere Spannung wegen der Kommutierung vermindert, während sie sich im Wechselrichterbetrieb erhöht.* Klarer wird die Situation durch einen Vergleich zwischen den Bildern 3.23-a und 3.23-b, mit $\lambda = 15°$ in beiden Bildern. Arbeiten die erste Anlage bei $\alpha = 30°$ und die zweite bei $\alpha = 135°$, dann sind die Mittelwerte der Spannungen vom Betrag gleich, und ein *Gegenparallelbetrieb* ist möglich. In diesem Fall ist $(\alpha_1 + \alpha_2) = 150°$.

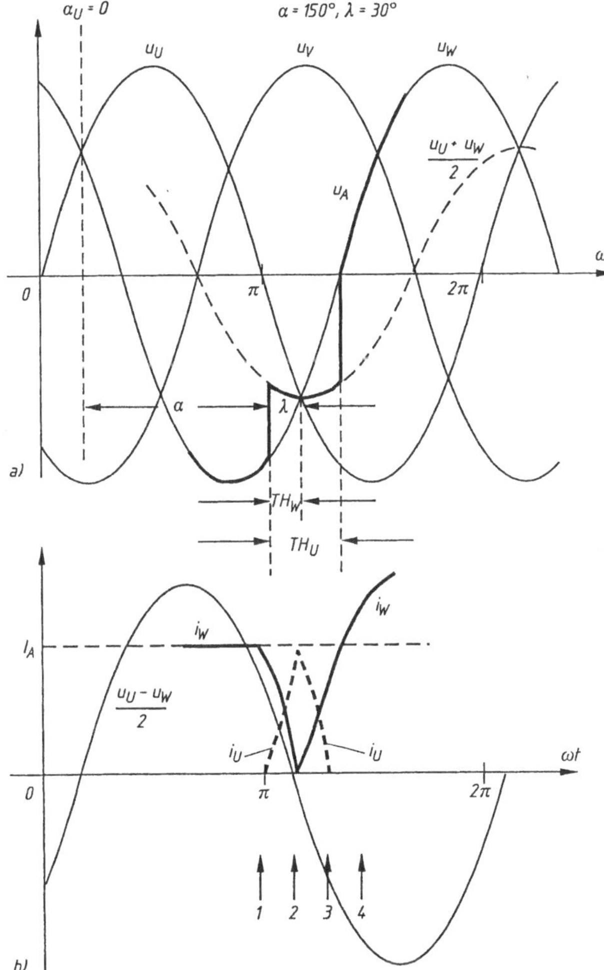

Bild 3.24
Einfluß der Kommutierung bei $\alpha = 150°$
a) augenblickliche Spannungsform,
b) augenblickliche Ströme *iW* und *iU*

Anmerkung 3: Es ist interessant zu untersuchen, was passiert, wenn Gl. (3.14-a) nicht erfüllt wird. Man betrachtet einen Betrieb mit $\alpha = 150°$, $\lambda = 30°$ und $\gamma \approx 0°$. Dies entspricht einem *Wechselrichterbetrieb*: die elektrische Maschine arbeitet als Generator. Man verfolgt die Kommutierung der Thyristoren TH_W und TH_U nach Gl. (3.11).

- Im *Zeitpunkt 1* (Bild 3.24) bekommt der Thyristor TH_U einen Zündimpuls und arbeitet überlappend mit TH_W. Da im Bereich λ die Spannungsdifferenz $(u_U - u_W) > 0$, ergibt sich auch $(di_U/dt) > 0$ und $(di_W/dt) < 0$; der Strom i_U steigt an, der Strom i_W nimmt ab (Bild 3.24-b).

- Im *Zeitpunkt 2*, wenn i_U den Wert I_A erreicht hat und i_W zu Null wurde, müßte der Thyristor TH_W sperren. Dazu müssen aber die Sperrbedingungen erfüllt werden. Eine dieser Bedingungen verlangt, daß im Zeitpunkt, in dem der Durchlaßstrom durch den Thyristor Null geworden ist, die AK-Spannung negativ sein muß (mindestens solange, wie die Freiwerdezeit des Thyristoren ist). Bild 3.24-b zeigt aber, daß nach dem Zeitpunkt 2 die AK-Spannung am Thyristor TH_W positiv $[(u_W - u_U) > 0]$ ist. Der Thyristor TH_W bleibt im leitenden Zustand, und, da $(di_W/dt) = 0{,}5\ (u_W - u_U) > 0$, steigt i_W wieder an, während der Strom i_U abnimmt. So findet keine abgeschlossene Kommutierung zwischen den Thyristoren TH_W und TH_U statt, sondern es kommt zu einer Rück-Kommutierung. Der Strom überlappt weiter, und $u_A = 0{,}5(u_W - u_U)$ wie in Bild 3.24-a.
- Im *Zeitpunkt 3* wird der Strom i_U zu Null und die AK-Spannung am Thyristor TH_U ist negativ: $(u_U - u_W) < 0$; dieser Thyristors sperrt, während der Thyristor TH_W im leitenden Zustand bleibt. Die Ausgangsspannung u_A des Stromrichters entspricht nun der Strangspannung u_W, die jetzt positiv ist (Bild 3.24-a). Zur Generatorspannung addiert sich die Strangspannung u_W und treibt den Strom i_W; dieser übersteigt den Strom I_A bei weitem, fast unabhängig von den sich im Kreis befindenden Widerständen. Nur das Schutzsystem – Sicherung oder Überstromschalter – kann diesen Strom abschalten. Die Nichterfüllung der Gl. (3.11) führt folglich zu einer empfindlichen Betriebsstörung – dem gefürchteten Wechselrichterkippen. Das Wechselrichterkippen kann auch andere Ursachen haben. In der Praxis kann Wechselrichterkippen auch auftreten, wenn die Netzspannung durch eine Kurzzeitstörung von mehr als 2 ms ausfällt.

3.5 Analoge Steuergeräte für netzgeführte Stromrichter

Die mit Thyristoren ausgerüsteten Stromrichter benötigen *Steuergeräte*. Das Steuergerät erzeugt abhängig von einem zugeführten Steuersignal Impulse zur Zündung der Stromrichterventile. Die Zündimpulse müssen verschiedene Forderungen erfüllen, was Form – Amplitude, Dauer, zeitliche Steilheit – Frequenz oder Phasenlage anbelangt. Im Folgenden werden einige Einzelheiten über diese wichtigen analogen Steuergeräte vorgestellt.

Setzt man einen *Stromrichter in M3-Schaltung* voraus, so zeigt Bild 3.25 das Blockschaltbild dieses Antriebs und eines passenden Steuergeräts. Man kann folgende Komponenten erkennen:

- die Komponenten im Leistungsteil:
  - den Drehstromtransformator LT,
  - drei Thyristoren TH_1 bis TH_3 ,
  - den Motor M,
  - den Shunt SI zur Strommessung und den Tachogenerator TG;
- die Komponenten im Regel/Steuerteil:
  - der Drehzahlregler R_{Ω},
  - der Stromregler R_i,
  - der Synchronisierungstransformator ST,
  - die Blöcke zur Bildung der Bezugsspannungen BBS,
  - die Impulsbildungsgeräte IB,
  - die Ausgangsverstärker AV,
  - das Kurzschlußschutzgerät KSG.

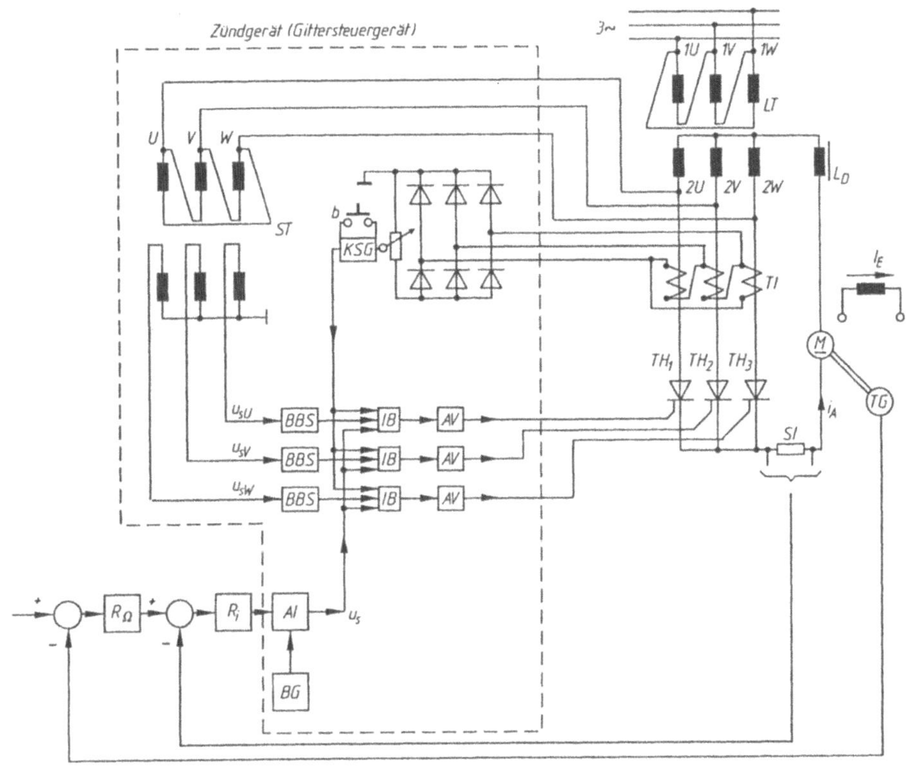

Bild 3.25 Blockbild eines Antriebs mit Stromrichter (M3-Schaltung) und Steuergerät

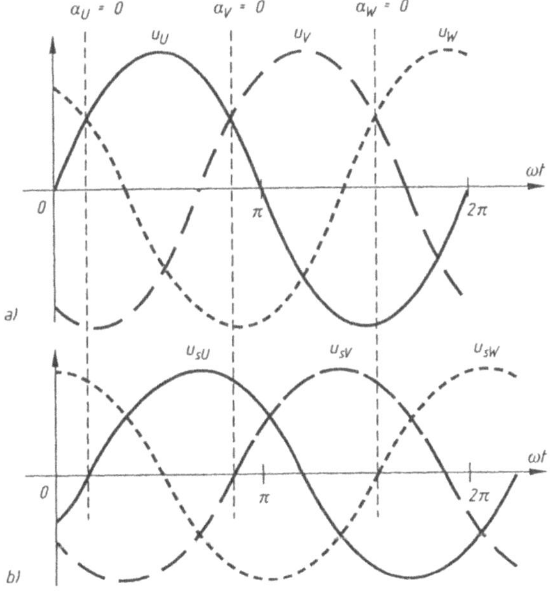

Bild 3.26
Sekundärstrangspannungen (zu Bild 3.25) als Winkelfunktionen:
a) u_U, u_V, u_W (Leistungstransformator LT);
b) u_{sU}, u_{sV}, u_{sW} (Synchronisierungstransformator ST)

Der Synchronisierungstransformator ST erzeugt an seinem Ausgang für jeden Thyristor eine sinusförmige Spannung u_S, die mit der Netzfrequenz synchronisiert ist, und legt den Bezugspunkt für den entsprechenden Strang bei $\alpha = 0$ (natürlicher Zündzeitpunkt Nz) fest. In Bild 3.26-a werden die Sekundärstrangspannungen des Transformators LT und in Bild 3.26-b die Synchronisierspannungen u_{sU}, u_{sV}, u_{sW} dargestellt. Ein Transformator, der eine Phasennacheilung der Sekundärspannung u_{sU} um 30° in Bezug auf die Primärspannung u_U liefern soll, muß Dreieck-Stern geschaltet werden (Bild 3.25).

Die BBS Geräte erzeugen, als Funktion der Synchronisierungsspannungen, für jeden Thyristor sägezahn- (Bild 3.27-a) und cosinusförmige (Bild 3.27b) Bezugsspannungen.

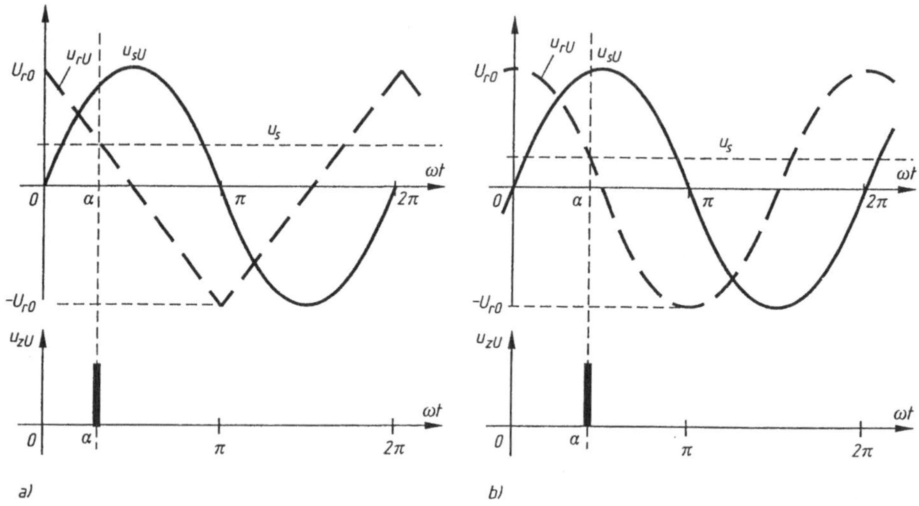

Bild 3.27 Sägezahn- (a) und cosinusförmige- (b) Bezugsspannungen als Winkelfunktionen

Bei jedem Thyristor wird von der Bezugsspannung u_r algebraisch die Steuerspannung u_s abgezogen, die der Stromreglerausgang liefert. Die Spannungsdifferenz $u_r - u_s$ wird an die Eingänge der Impulsbildungsgeräte IB angelegt. Von diesen Geräten gibt es in der Praxis viele Varianten; eine davon wird in Bild 3.28 gezeigt.

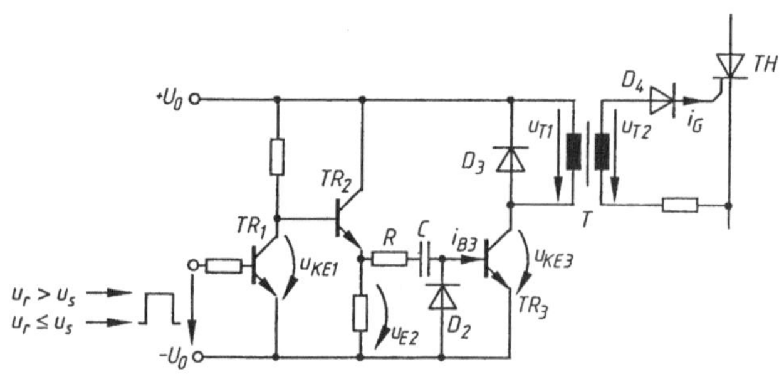

Bild 3.28
Steuergerät mit Transistoren TR_1, TR_2, TR_3

Die Spannungsdifferenz $u_r - u_s$ wird auf die Basis des Transistors TR_1 gelegt. Solange diese algebraische Summe positiv bleibt, leitet der Thyristor, und sein Kollektorpotential u_{CE1} ist fast Null (Bild 3.29-b). Vom Zeitpunkt $\omega t = \alpha$ an wird die Spannung $u_r - u_s$ zu Null, der Transistor TR_1 sperrt: das Kollektorpotential u_{CE1} und die Spannung U_0 der Versorgungsquelle (Bild 3.29-b) sind gleich. Der Transistor TR_2 schaltet durch, sein Emitterpotential U_{E2} erhöht sich schlagartig auf den Wert U_0. Unter der Wirkung des plötzlichen Anstiegs der Spannung U_{E2} wird der Kondensator C geladen.

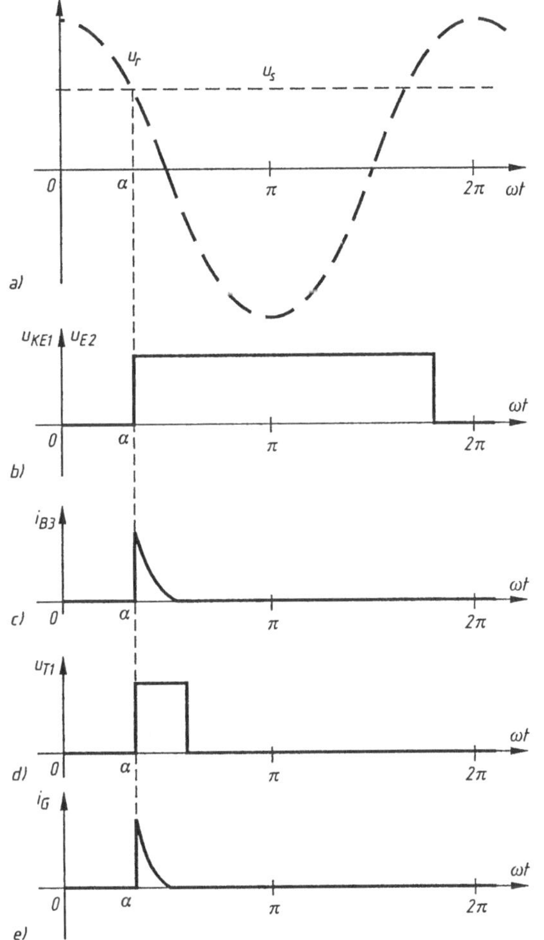

Bild 3.29
Zeitverläufe der Parameter im Steuergerät von Bild 3.28:
a) u_r,
b) u_{CE1}, u_{E2},
c) i_{B3},
d) u_{T1}, e) i_G

Der Ladungsstrom i_{B3} fließt über die Basis des Transistors TR_3 (Bild 3.29-c), und dieser schaltet durch, solange der Ladeprozeß des Kondensators noch nicht beendet ist. In dieser Zeitspanne wird das Kollektorpotential U_{CE3} des Transistors TR_3 nahezu Null: die ganze Spannung liegt an den Primärwicklungsklemmen des Zündübertragers T (Bild 3.29-d). Unter dem Einfluß dieses Spannungsimpulses u_{T1} wird in der Sekundärwicklung eine Spannung induziert.

Infolgedessen entsteht der Zündimpulsstrom i_G über die Steuerelektrode G und die Kathode K des Thyristors TH (Bild 3.29-e). Die Diode D_2 dient zur Entladung des Kondensators C, und die Diode D_3 ist die Freilaufdiode zur Primärwicklung des Zündtransformators T, für die Zeit, nachdem der Spannungsimpuls u_{V1} an ihren Klemmen verschwunden ist. Ansonsten würde sich die induzierte Spannung zur Spannung U_0 addieren, und der Transistor TR_3 wäre u.U. überbeansprucht.

Wenn sich die Steuerspannung u_s in Betrag und Richtung ändert, wird die Spannungsdifferenz $u_r - u_s$ zu einem anderen Zeitpunkt α negativ sein, und der Spannungspuls am Ausgang IB verschiebt sich.

Der Ausgang des Steuergeräts wird auf den Eingang eines Verstärkers AV (Bild 3.25) geschaltet, und dieser verstärkt die Leistung des Zündimpulses bis zu dem Wert, den die eingesetzten Thyristoren benötigen. Mit Hilfe eines Zündübertragers mit mehreren getrennten Sekundärwicklungen kann der gleiche Zündimpuls potentialgetrennt auf mehrere Thyristoren verteilt werden, wenn diese gleichzeitig gezündet werden sollen, z.B. bei Reihen- oder Parallelschaltung.

Das *Gate-Steuergerät (Grillensteuergerät GSG)* kann auch andere Hilfsfunktionen erfüllen; zwei davon sind in Bild 3.25 gezeigt:

- *Eine erste Funktion* besteht in der Sperrung der Zündimpulse der Thyristoren bei Überstrom, z.B. bei Kurzschluß. Dafür benutzt man drei Stromwandler TI, zwischen Sekundärseite des LT-Trafos und den Thyristoren geschaltet. Sie versorgen über einen Gleichrichter ein *KSG (Kurzschluß-Schutzgerät).* Im Fall eines gefährlichen Überstroms blockiert *KSG* die Impulsbildung. Damit der Betrieb des KSGs wieder freigegeben wird, muß der Anwender zum Entriegeln den Taster b (Bild 3.25) betätigen.
- *Eine zweite Funktion*, die vom GSG unterstützt werden kann, besteht in der *Begrenzung des Zündwinkels der Thyristoren auf Werte, die einen einwandfreien Betrieb der Schaltung gewährleisten.* Z.B. kann α für die Anlage nach Bild 3.15 nur 150° (Wechselrichterendlage) und nicht 180° betragen, so wie in Abschnitt 3.4 gezeigt wird; gleiches gilt für die Begrenzung des Gleichrichtwinkels. Um den Gleichrichtwinkel und den Wechselrichterwinkel einzustellen, wird der Block BG aus Bild 3.25 verwendet, der auf den Ausgangsverstärker AI des Stromreglers R_i einwirkt und die Werte der Steuerspannung u_s begrenzt.

Bei der Drehstrombrücke B6C ist zum Betrieb erforderlich, daß das Steuergerät gleichzeitig an zwei Thyristoren in verschiedenen Strängen Zündimpulse überträgt. In Bild 3.19 sieht man, daß, wenn das Steuergerät nur an den Thyristor TH_{U1} einen Zündimpuls schicken würde, der Stromkreis offen bliebe. Deshalb muß gleichzeitig auch der Thyristor TH_{V2} einen Zündimpuls bekommen. Folglich versorgt das Gerät gleichzeitig beide Thyristoren THU1 und TH_{V2} mit Zündimpulsen und ebenso – zyklisch – auch die anderen Thyristoren mit Zündimpulsen.

Bedingt durch die um 60° versetzte Ansteuerung werden bei der Drehstrombrückenschaltung für lückenden Strom (entspricht praktisch einem Neustart) je Thyristor zwei um 60 auseinanderliegende Zündimpulse benötigt (60°-Folgeimpuls).

Zur Untersuchung *dynamischer Vorgänge* braucht man die *Übertragungsfunktion des Steuergeräts und des Stromrichters.* Geht man von einer M3-Schaltung aus, so soll die Beziehung zwischen der Steuerspannung und dem Zündwinkel α hergeleitet werden. Diese Beziehung hängt von der Bezugsspannung u_r ab. Im Fall der abfallenden Zahnflanke der Sägezähne (Bild 3.27-a) gilt:

$$u_r = U_{r0}\left(1 - \frac{2\omega t}{\pi}\right) .$$

Im Zeitpunkt $\omega t = \alpha$ gilt, wie schon bekannt, $(u_r - u_s) = 0$; danach wird diese Differenz negativ und ruft die Bildung des Zündsignals (Bild 3.29-a) hervor:

$$u_r - u_s = U_{r0}\left(1 - \frac{2\alpha}{\pi}\right) - u_s = 0\,,$$

bzw.

$$\alpha = \frac{\pi}{2}\left(1 - \frac{u_s}{U_{r0}}\right),$$

was zur Kurve 1 in Bild 3.30-a führt.

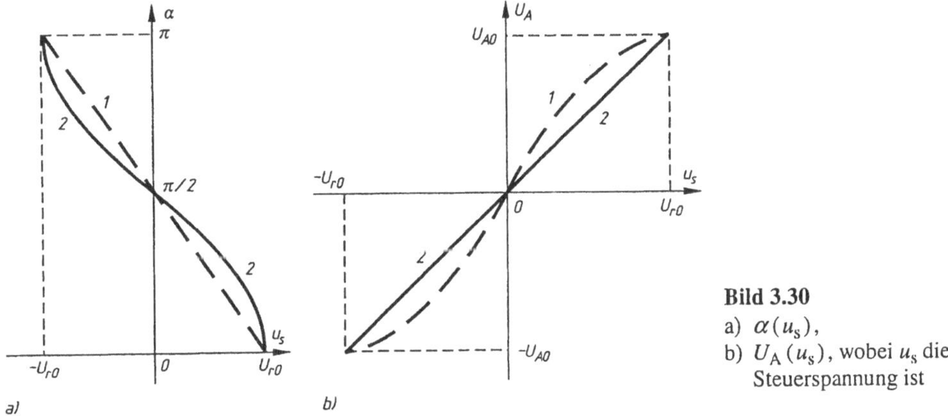

Bild 3.30
a) $\alpha(u_s)$,
b) $U_A(u_s)$, wobei u_s die Steuerspannung ist

Im Falle einer cosinusförmigen Bezugsspannung u_r (Bild 3.27-b), ergibt sich:

$$\alpha = \arccos\left(\frac{u_s}{U_{r0}}\right)$$

(Kurve 2 in Bild 3.30-a). Hier beträgt der Mittelwert der Spannung U_A an den Belastungsklemmen, als Funktion vom Winkel α, gemäß Gl. (3.8):

$$U_A = U_{A0} \cos \alpha\ .$$

Für die sägezahnförmige Bezugsspannung erhält man – als Beziehung zwischen der Steuerspannung u_s und dem Mittelwert der Spannung U_A:

$$U_A = U_{A0} \cos\left[\frac{\pi}{2}\left(1 - \frac{u_s}{U_{r0}}\right)\right] = U_{A0} \sin\left(\frac{\pi}{2}\frac{u_s}{U_{r0}}\right) \tag{3.15}$$

also eine nichtlineare Beziehung (Kurve 1 in Bild 3.30b). Für eine cosinusförmige Bezugsspannung erhält man:

$$U_A = \frac{U_{A0}}{U_{r0}} u_s\,, \tag{3.15-a}$$

diesmal eine lineare, vorteilhaftere Beziehung (Kurve 2 in Bild 3.30-b).

Die oben ermittelten Gl. (3.15) und (3.15-a) gelten im *stationären Zustand.* In einem *dynamischen Betrieb* gelten sie nur unter der zusätzlichen Bedingung, daß auch eine Totzeit t_m berücksichtigt werden muß. Die von den Thyristoren bedingte *Totzeit* ist die Zeitspanne zwischen dem Augenblick der Entstehung eines neuen gewünschten Steuerzustands und dem Augenblick, in dem der Thyristor gezündet werden kann (s. Bild 3.31).

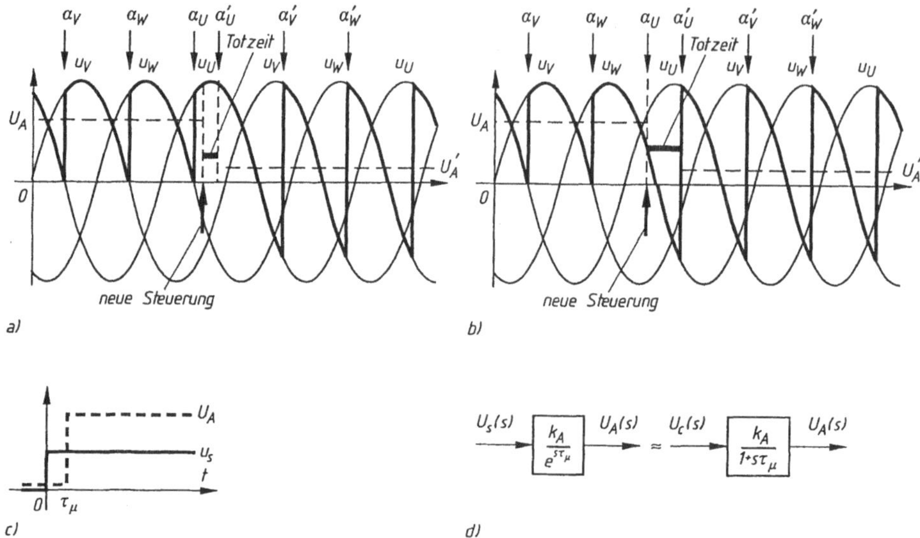

Bild 3.31 Gleichrichter mit Totzeit:
a) neuer Zündimpuls im Durchlaßzustand von TH_U,
b) neuer Zündimpuls vor dem Durchlaßzustand von TH_U,
c) Zeitverlauf von U_A und u_s,
d) Blockbild zur Erzielung der Übertragungsfunktion des Systems Steuergerät-Stromrichter

Die Zeitpunkte, in denen die Thyristoren, *entsprechend den alten Befehlen*, gezündet wurden, sind mit α_U, α_V, α_W bezeichnet. Mit α_U', α_V', α_W' werden die Zündwinkel eines neuen Steuerzustands bezeichnet (z.B. zur Absenkung des gleichgerichteten Mittelwert der Spannung von U_A zum Wert U_A'). Mit einem schwarzen Pfeil ist der Zeitpunkt markiert, in dem eine neue Steuersituation zustande gekommen ist. Dies kann zufälligerweise auch gerade geschehen, *kurz nachdem* der Thyristor TH_U schon einen, dem alten Steuerzustand (Bild 3.31-a) entsprechenden, Zündimpuls bekommen hat. Der oben erwähnte Zeitpunkt kann aber auch *vor dem Empfang* eines Zündimpulses nach der alten Steuerung (Bild 3.31-b) liegen:

- *Im ersten Fall* wird der Thyristor TH_U entsprechend der alten Steuerung gezündet; bekommt er erneut ein Zündsignal im Zeitpunkt α_U', bewirkt dies nichts, da er schon im Durchlaßzustand ist.
- Im *zweiten Fall* reagiert der Thyristor TH_U nach der neuen Steuerung, da diesmal α_U' dem alten Zeitpunkt α_U voreilt. In beiden Fällen gibt es eine Totzeit. Diese Totzeit ist zufällig; sie hängt vom Zeitpunkt ab, in dem die neue Steuersituation eintritt, weiter auch vom folgenden Durchlaßzustand des Thyristors. Die minimale Totzeit ist selbstverständlich Null, und die maximale Totzeit stimmt mit der Periode der gleichgerichteten Spannungspulse überein. Bezeichnet man mit f die Frequenz der Netzspannung und mit m die Pulszahl der gleichgerichteten Spannung in einer Periode ($T = 1/f$), beträgt die maximale Totzeit $(f\,m)^{-1}$. Der Mittelwert der beiden Extremwerte kann als Totzeit des Stromrichters

$$\tau_\mu = \frac{1}{2\,f\,m}\,,$$

angesehen werden. Ist die zeitliche Änderung der Steuerspannung u_s (Bild 3.31-c) bekannt, bzw. hier:

$$u_s = \begin{cases} u_s(t) & \text{für } t > 0 \\ 0 & \text{für } t \leq 0 \end{cases}$$

bekommt man folgenden analytischen Ausdruck für die gleichgerichtete Spannung U_A :

$$U_A = \begin{cases} k_A\, u_s(t - \tau_\mu) & \text{für } t > \tau_\mu \\ 0 & \text{für } t \leq \tau_\mu \end{cases}$$

Die Laplace-Transformierte dieser Zeitfunktion ist:

$$U_A(s) = k_A\, e^{(-s\tau_\mu)U_s(s)} \,.$$

Die Übertragungsfunktion des Systems *Steuergerät-Stromrichter* wird:

$$\frac{U_A(s)}{U_s(s)} = k_A\, e^{-s\tau_\mu} = \frac{k_A}{e^{s\tau_\mu}} \,.$$

Bei guter Annäherung, da τ_μ nur einige Millisekunden beträgt, also sehr klein ist, kann der Nenner in einer Reihe entwickelt und davon nur zwei Glieder betrachtet werden. So ergibt sich:

$$\frac{U_A(s)}{U_s(s)} = \frac{k_A}{1 + s\tau_\mu} \,.$$

Das erzielte Ergebnis zeigt, das die Totzeit τ_μ äquivalent einer Zeitkonstante τ_μ ist.

Den *Übertragungsfaktor* k_A (*Verhältnis der Ausgangsgröße zur Eingangsgröße eines Signalübertragungssystems*) gewinnt man aus den Gl. (2.14) und (3.15). Im Fall einer sägezahnförmigen Bezugsspannung ist k_A variabel (Bild 3.30) zwischen einem Höchstwert $[(\pi U_{A0})/(2U_{r0})$ bei $u_s \approx 0]$ und Null (bei den Extremwerten der Steuerspannung u_s). In der Auslegung wird der Höchstwert angenommen. Für eine cosinusförmige Bezugsspannung ist $k_A = U_{A0}/U_{r0}$ konstant.

3.6 Gleichspannungssteller

Die Entwicklung der Leistungselektronik erlaubte die Verwirklichung einer älteren Idee mit einem besonders hohem Wirkungsgrad in Zusammenhang mit der Drehzahlsteuerung und -regelung von Gleichstrommaschinen. Es handelt sich um die Versorgung der Maschine mit periodischen Spannungspulsen bestimmter Höhe U_0, Weite und Periodendauer T (Pulsweitenmodulation). Die Pulsdauer t_a und entsprechend auch die Pausendauer t_p sind variabel (Bilder 3.32-a, b).

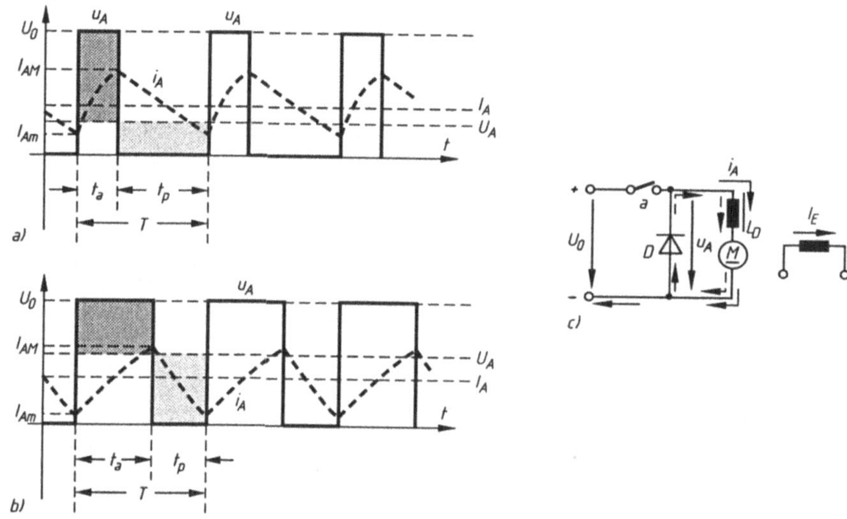

Bild 3.32 Versorgung des Gleichstrommotors mit periodischen Spannungspulsen: a), b) $u_A(\omega t)$, U_A und I_A bei verschiedenen Einschaltzeiten t_a, c) Schaltung

Grundsätzlich kann eine solche rechteckige Spannungsform mit Hilfe der in Bild 3.32-c gezeichneten Schaltung erzielt werden. Der Schalter a öffnet und schließt mit der Periode T, der Gleichstrommotor ist fremderregt oder eines anderen Typs. Die Einschaltzeit sei t_a. Wichtig ist auch die Freilaufdiode D, damit die Überspannung bei der vom Schalter a verursachten Stromunterbrechung auf den kleinstmöglichen Wert begrenzt wird.

Die im Ankerkreis gespeicherte Energie gewährleistet über den von der Diode angebotenen Stromweg die Beibehaltung des Stroms i_A auch in der Pulspause. Die Stromrichtung in der Einschaltzeit t_a ist mit einem *kontinuierlichen Pfeil*, die in der Pausenzeit mit einem *unterbrochenen Pfeil* (Bild 3.32-c) dargestellt. In den Bildern 3.32-a, b werden zwei Fälle der Spannung u_A gezeigt, die bei gleichbleibender Periodendauer unterschiedliche Einschaltzeiten t_a aufweisen. Während der Einschaltzeit steigt der Strom i_A an, und im Pausenintervall t_p nimmt er ab. Weiterhin wird ein lückfreier Stromverlauf vorausgesetzt; im Pausenintervall nimmt der Strom ab, aber er wird nicht Null. Eine andere Annahme ist eine gleichbleibende Winkelgeschwindigkeit Ω während der ganzen Periode T.

In der *Einschaltzeit* t_a gelten folgende Gleichungen:

$$u_A = U_0 = R i_A + L \frac{di_A}{dt} - e_E,$$

$$e_E = -k_E \Phi_E \Omega,$$

$$m = k_E \Phi_E i_A = m_L + J \frac{d\Omega}{dt}.$$

Im *Pausenintervall* t_p gelten dieselben Gleichungen, aber $u_A = 0$, denn die Diode schließt den Ankerkreis praktisch kurz. Wenn man die arithmetischen Mittelwerte der Betriebsgleichungen innerhalb einer Periode der Klemmenspannung ($T = t_a + t_p$) ausrechnet, erhält man:

$$U_A = R I_A + k_E \Phi_E \Omega, \qquad M = k_E \Phi_E I_A = M_L, \tag{3.16}$$

wobei U_A, I_A, M und M_L die ermittelten Mittelwerte der Ankerspannung, des Ankerstroms, des elektromagnetischen Drehmoment und des gesamten, auf die Motorwelle bezogenen Lastmoments sind. Der Mittelwert der Selbstinduktionsspannung ist Null,

$$\frac{1}{T}\int_0^T L\frac{di_A}{dt}dt = \frac{L}{T}\left[\int_0^{t_a} di_A + \int_{t_a}^{T} di_A\right] = 0,$$

da im stationären Betrieb im Zeitintervall t_a der Strom genau so ansteigt, wie er im Zeitintervall t_p abnimmt (gleiche Spannung-Zeit-Flächen). Am Ende des Einschaltintervalls t_a stellt der Strom den Anfangswert für das Intervall t_p und umgekehrt dar. Demgemäß, abgesehen vom kleinen Ohmschen Spannungsabfall RI_A, gilt auch hier die Bedingung der gleichen Flächen, wie auch im Fall der Drehzahlsteuerung mit Hilfe steuerbarer Stromrichter. Das ist in den Bildern 3.32-a,b durch verschiedene Schraffierungen dargestellt. Aber:

$$U_A = \frac{1}{T}\int_0^T u_A dt = \frac{t_a}{T} U_0.$$

Das Verhältnis $t_a/T = \alpha$ ist die sogenannte relative Pulsdauer oder Tastzeit $0 \leq \alpha < 1$. Damit erhält man:

$$U_A = \alpha U_0 = R I_A + k_E \Phi_E \Omega. \tag{3.17}$$

Verändert man die relative Pulsdauer so variiert auch die Winkelgeschwindigkeit Ω, bei konstantem Erregerfluß.

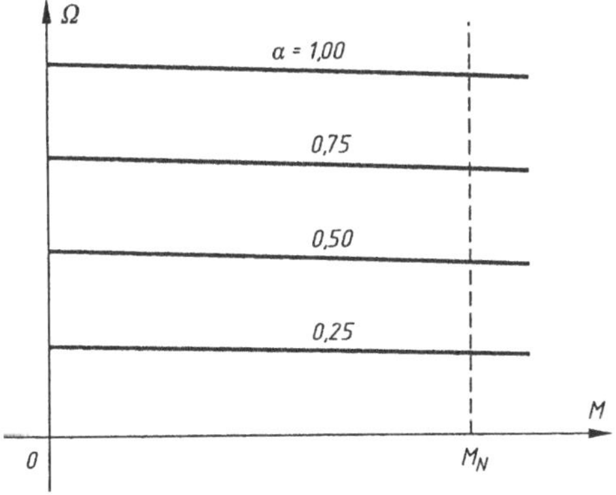

Bild 3.33
Kennlinienfeld $\Omega(M)$ des Antriebssystems aus Bild 3.32-c für verschiedene Steuerwinkel α (MN Nenndrehmoment)

Das Feld der mechanischen Kennlinien, die sich bei nichtlückendem Strom und Motorbetrieb mit Rechtslauf ergeben, sind in Bild 3.33 dargestellt. Die Gleichung einer beliebigen Kennlinie ergibt sich aus den Gl. (3.16) und (3.17):

$$\Omega = \frac{\alpha U_0 - R I_A}{k_E \Phi_E} = \frac{\alpha U_0}{k_E \Phi_E} - \frac{R}{k_E^2 \Phi_E^2} M \, .$$

Aus dem Diagramm geht klar hervor, daß man beim selben Drehmoment M verschiedene Drehzahlen als Funktion von α erhalten werden. Bei $\alpha = 1$ kommt die Einschaltdauer t_a der Pulsperiode gleich; somit erreicht man den bekannten Betrieb bei konstanter Ankerspannung. Die entsprechende mechanische Kennlinie für $u_A = U_{AN}$, ohne zusätzliche Widerstände im Ankerkreis, nennt man *Eigenkennlinie* bzw. *natürliche Kennlinie.*

In der Praxis wird der Schalter a durch Halbleiterventile ersetzt. Es werden Thyristoren und Transistoren verschiedener Bauart eingesetzt. Für normale Thyristoren werden Löschschaltungen benötigt. Um diesen Aufwand zu umgehen, werden heute in der Praxis bei sehr großen Leistungen, verbunden mit hohen Spannungen, Abschalt-Thyristoren (GTO-Thyristoren) und bei kleinen Leistungen im Bereich von Spannungen bis ca. 150 V Schalttransistoren (IGB-Transistoren) eingesetzt. Dadurch vereinfachen sich die Schaltungen wesentlich, und der Platzbedarf sinkt stark.

3.6.1 Schaltung eines Gleichstromstellers mit Löschthyristor

In Bild 3.34-a ist eine Schaltung mit normalen Thyristoren dargestellt, die den Schalter a ersetzt. Dieses Schaltbild zeigt von Anfang an einen Vorteil der elektronischen Lösung auf: im Unterschied zu einem gewöhnlichen mechanischen Schalter gibt es keine beweglichen Teile und keine Abnutzung der Kontakte. Die Betriebssicherheit dieses Schaltung ist sehr groß, trotz der hohen üblichen Schaltfrequenz von 50 bis 2000 Hz und mehr.

Dieser statische Schalter stellt einen *Gleichspannungssteller* dar. Er wandelt direkt elektrische Gleichstromenergie wiederum in Gleichstromenergie, ohne Wechselstromzwischenkreis. Der Spannungsmittelwert wird vom Wert der Eingangsspannung U_0 zum Wert $U_A = \alpha U_0$ herabgesetzt (*Tiefsetzsteller*).

Die Schaltung nach Bild 3.34 zeigt auch den Aufwand, der wegen der Löschschaltung notwendig ist. Bei modernen Stellern findet man nur ein Schaltelement. Um die vielen noch in Betrieb befindlichen Schaltungen verstehen zu können, soll diese Schaltung und ihre Arbeitsweise näher untersucht werden.

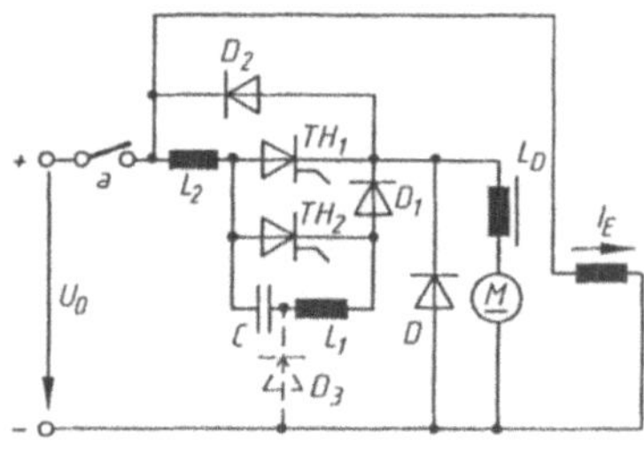

Bild 3.34
Antrieb mit Gleichstromsteller:
TH_1 Thyristor;
TH_2 Löschthyristor;
D_1, D_2 Löschdioden,
D_3 Begrenzungsdiode;
D Freilaufdiode

Die Schaltung (Bild 3.34) enthält zwei Thyristoren TH_1 und TH_2. Der erste ersetzt den Schalter a aus dem Hauptkreis, und der zweite dient zur Löschung des ersten Thyristors nach Ablauf des aktiven Zeitintervalls. Somit ist TH_2 ein *Löschthyristor.* Die Schaltung enthält noch einen

Reihenschwingkreis, der den Kondensator C und die Drossel L_1 enthält. Es gibt auch die Löschdioden D_1 und D_2 (für den Hauptthyristor TH_1 eingesetzt), die Begrenzungsdiode D_3 sowie die Freilaufdiode D für den Ankerstrom i_A. Der Hauptschalter a setzt die Schaltung in Betrieb und schaltet den Erregerkreis des Motors M ein.

Um die Betriebsweise der Schaltung und den zeitlichen Verlauf verschiedener Größen zu untersuchen, wird zunächst der Zeitpunkt $t = 0$ (Anfang des Löschvorgangs des Hauptthyristors TH_1) betrachtet. Es wird vorausgesetzt, daß der Löschvorgang sehr schnell erfolgt. Seine Dauer ist viel geringer als die Periode T der Spannungspulse oder die minimale Dauer eines Pulses. Unter diesen Umständen kann der Belastungsstrom i_A im ganzen Löschintervall des Thyristors TH_1 als nahezu konstant beim Spitzenwert I_{AM} betrachtet werden (Bild 3.32). Die Spannungsgefälle in den Thyristoren im Durchlaßzustand werden vernachlässigt.

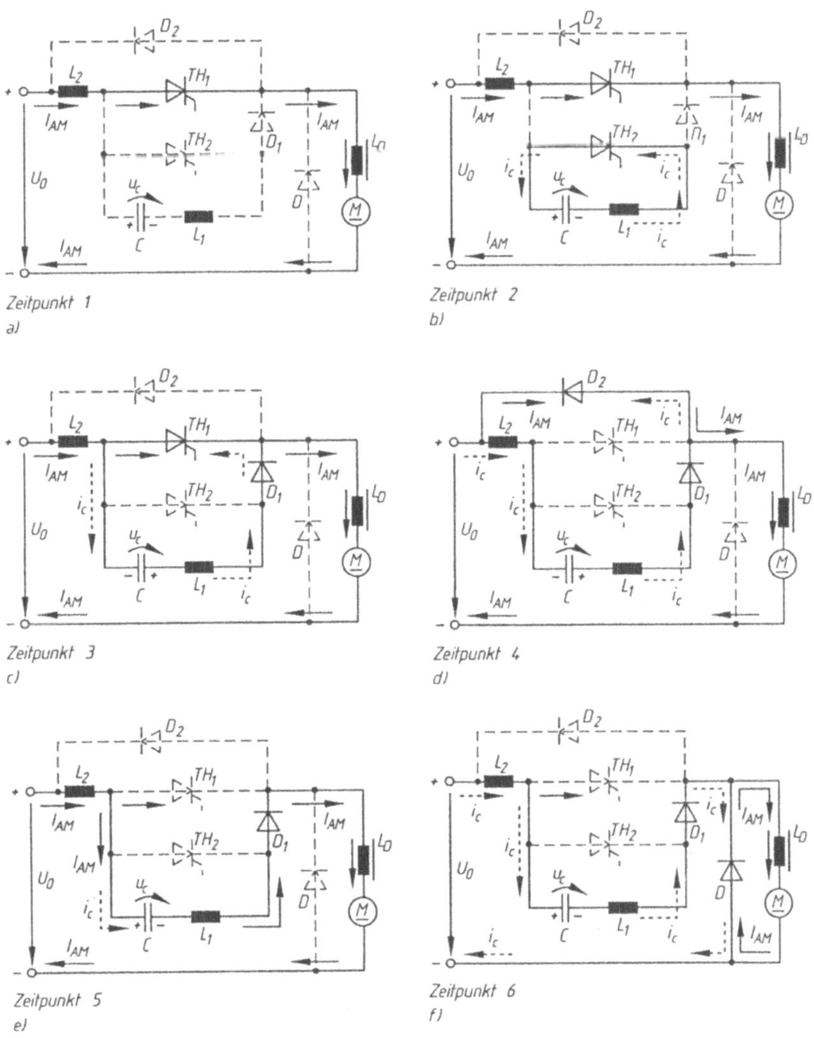

Bild 3.35 Betrieb des Antriebssystems in Bild 3.34 in verschiedenen Zeitpunkten

Die Schaltungsgrößen im Zeitpunkt 1 bei $t = 0$, bevor das Löschsignal des Hauptthyristors TH_1 gegeben wurde, sind in Bild 3.35-a dargestellt. In diesem Zeitpunkt befindet sich der Thyristor TH_1 im leitendem Zustand und der Hilfsthyristor TH_2 ist gesperrt. Der Kondensator C ist wegen seines vorherigen Betriebs mit der gezeigten Polarität geladen, und seine Klemmenspannung ist $u_C = U_{C0}$. Es wird zunächst angenommen, die Anfangsspannung U_{C0} sei höher als die Versorgungsspannung U_0 und deshalb fließe kein Strom über den Kondensator. Der Belastungsstrom $i_A = I_{AM}$ fließt über den Weg $[+] \Rightarrow L_2 \Rightarrow TH_1 \Rightarrow L_D \Rightarrow M \Rightarrow [-]$.

Zum Zeitpunkt $t = 0$ bekommt der Hilfsthyristor TH_2 einen Zündimpuls. Der Hauptstrom fließt auf demselben Weg wie früher. Aber der Thyristor TH_2 gestattet jetzt die Entladung des Kondensators C auf dem Weg $C \Rightarrow TH_2 \Rightarrow L_1 \Rightarrow C$. Die Lage zu einem weiteren Zeitpunkt 2, später als der, in dem der Thyristor TH_2 leitend wird, ist in Bild 3.35-b gezeigt.

Es interessieren der Zeitverlauf des Entladungsstroms i_C des Kondensators C und der der Klemmenspannung u_C. Aus Bild 3.35-b erhält man:

$$u_C = -L_1 \frac{di_C}{dt},$$

$$i_C = C \frac{du_C}{dt}.$$

Ersetzt man den Strom i_C in diesen zwei Gleichungen, gelangt man zu einer linearen Differentialgleichung 2. Ordnung mit konstanten Koeffizienten:

$$u_C + L_1 C \frac{d^2 U_C}{dt^2} = 0,$$

die eine Schwingungsgleichung mit den Anfangsbedingungen $u_C(0) = U_{C0}$ und $i_C(0) = 0$ darstellt. Der Lösungsansatz lautet:

$$u_C = U_{C0} \cos \omega_1 t,$$

was noch zu folgendem Ausdruck des Stroms führt:

$$i_C = -\omega_1 C U_{C0} \sin \omega_1 t,$$

wobei $\omega_1 = 1/\sqrt{L_1 C}$ die Kreisfrequenz der Schwingungen ist. Diese kann sehr hoch sein (wie am Anfang dieser Betrachtungen vorausgesetzt, um die schnellen Vorgänge beschreiben zu können). Also ist der Zeitverlauf der Spannung an den Kondensatorklemmen eine Cosinuskurve. Die Kurven $u_C(t)$ und $i_C(t)$ sind in Bild 3.36 dargestellt.

- Im *Zeitpunkt* $t = t_1$ (Punkt 0_1, Bild 3.36), $\omega_1 t = \pi$. Der Strom i_C ist Null, und der Thyristor TH_2 blockiert. Im gleichen Augenblick ist $u_C = -U_{C0}$. Die Polarität der Kondensatorspannung ändert sich im Vergleich zu Zeitpunkt 1. Die folgende positive Schwingung des Stroms i_C findet den Weg $C \Rightarrow L_1 \Rightarrow D_1 \Rightarrow TH_1 \Rightarrow C$. Dieser Strom überlagert sich jetzt dem Hauptstrom $i_A = I_{AM}$ über den Thyristor TH_1. Die Ströme fließen in entgegengesetzte Richtungen, und i_C ist betragsmäßig geringer als I_{AM}. Für $t > t_1$ (Zeitpunkt 3) ändert sich der Zustand der Schaltung wie in Bild 3.35-c.

  Die oben ermittelten Betriebsgleichungen gelten weiterhin. Es wird aber ein neuer Zeitursprung angenommen, und zwar der Punkt 0_1 (Bild 3.36). Zu diesem Ursprung lauten die Anfangsbedingungen: $t = 0$, $u_C(0_1) = -U_{C0}$, $i_C(0_1) = 0$. Man erhält:

  $$U_C = -U_{C0} \cos \omega_1 t,$$

  $$i_C = \omega_1 C U_{C0} \sin \omega_1 t.$$

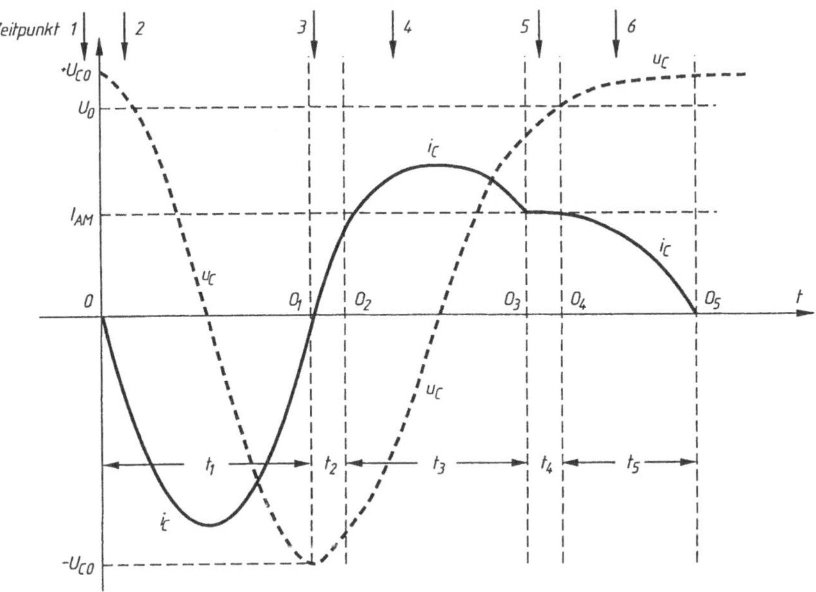

Bild 3.36 Zeitverläufe von u_C und i_C (s. Bild 3.34) in verschiedenen Zeitpunkten

- Diese Ausdrücke gelten bis zum Zeitpunkt 0_2, für $t = t_2$ (vom neuen Ursprung 0_1 aus gerechnet). Zu diesem Zeitpunkt erreicht der Strom i_C in seinem Anstieg den Wert I_{AM}, und der Thyristor TH_1 sperrt; der resultierende Strom über TH_1 wird zu Null. In demselben Zeitpunkt hat die Klemmenspannung am Kondensator den Wert $u_C(0_2) = -U_{C0} \cos \omega_1 t_2$. Da $i_C(0_1) = \omega_1 C U_{C0} \sin \omega_1 t_2 = I_{AM}$, kann geschrieben werden:

$$\sin \omega_1 t_2 = \frac{I_{AM}}{\omega_1 C U_{C0}} = \frac{I_{AM}}{U_{C0}} \sqrt{\frac{L_1}{C}} ,$$

$$\cos \omega_1 t_2 = \sqrt{1 - \left(\frac{I_{AM}}{U_{C0}} \right)^2 \frac{L_1}{C}} .$$

Wegen der Blockierung des Thyristors TH_1 nach dem Augenblick 0_2 wird der Schwingungsstrom des Kondensators C den Weg $C \Rightarrow L_1 \Rightarrow D_1 \Rightarrow L_2 \Rightarrow C$ bzw. der Hauptstrom I_{AM} (solange $|i_C| > I_{AM}$) den Weg $[+] \Rightarrow D_2 \Rightarrow L_D \Rightarrow M \Rightarrow [-]$ nehmen (Bild 3.35-d, Zeitpunkt 4). Um den zeitlichen Verlauf der Größen u_C und i_C zu bestimmen, schreibt man die Betriebsgleichungen in folgender Form:

$$u_C = -(L_1 + L_2) \frac{di_C}{dt} ,$$

$$i_C = C \frac{du_C}{dt} .$$

- Der *Zeitursprung wird diesmal im Punkt 0_2 gewählt*; die Integration der oben angegebenen Gleichungen wird in Bezug auf diesen neuen Zeitursprung aufgeführt. Die Anfangsbedingungen sind also $i_C(0_2) = I_{AM}$ und $u_C(0_2) = -U_{C0} \cos \omega_1 t_2$. Es ergibt sich:

$$u_C = -U_{C0}\sqrt{1-\left(\frac{I_{AM}}{U_{C0}}\right)^2\frac{L_1}{C}}\cos\omega_2 t + I_{AM}\sqrt{\frac{L_1}{C}}\sin\omega_2 t\,,$$

$$i_C = U_{C0}\sqrt{1-\left(\frac{I_{AM}}{U_{C0}}\right)^2\frac{L_1}{C}}\sqrt{\frac{L_1+L_2}{C}}\sin\omega_2 t - I_{AM}\cos\omega_2 t\,,$$

mit $\omega_2 = 1/\sqrt{(L_1+L_2)C}$.

- Die *Spannungspolarität* ändert sich unterdessen wieder (Bild 3.36), und zu einem bestimmten Augenblick 0_3 (nach einer Zeitdauer t_3, ab 0_2 gerechnet), nachdem der Strom i_C den Höchstwert I_{AM} erreicht hat, wird er die Diode D_2 blockieren.
- Die *Kreisstromlage* ändert sich weiter nach dem Zeitpunkt 0_3 (Bild 3.35-e, Zeitpunkt 5). Der Hauptstrom fließt jetzt den Weg $[+]\Rightarrow L_2\Rightarrow C\Rightarrow L_1\Rightarrow D_1\Rightarrow M\Rightarrow[-]$ entlang. Er verursacht eine zusätzliche Ladung des Kondensators, diesmal beim konstantem Strom $i_C = I_{AM}$. Die Spannung steigt jetzt linear an, da:

$$i_C = I_{AM} = C\frac{\mathrm{d}u_C}{\mathrm{d}t}\ .$$

- Mit einem weiteren neuen Zeitursprung in 0_3 ergibt sich für $t = 0$: $u_C = u_C\ (0_3)$, und folglich:

$$u_C = u_C\,(0_3) + \frac{I_{AM}}{C}\,t\,.$$

- Diese Lage gilt bis zum Zeitpunkt 0_4 (nach $t = t_4$ von 0_3 aus), wenn die Spannung u_C in ihrem linearen Anstieg den Wert U_0 der Gleichstromquelle erreicht hat. In diesem Zeitpunkt 0_4 ist die Klemmenspannung u_A Null, und die Freilaufdiode D öffnet. Der Ankerstrom I_{AM} fließt jetzt über die Diode D_2 und existiert aufgrund der im magnetischen Feld der Belastung gespeicherten Energie. Der Quellenstrom kann, wegen der Induktivitäten L_1, L_2, nicht schlagartig unterbrechen.
- Dieser Strom besteht noch im Zeitintervall t_5, zwischen den Zeitpunkten 0_4 und 0_5 (Bild 3.36). Er fließt über den Kondensator C und verursacht eine Überladung, bei einer Endspannung $U_{C0} > U_0$. Er fließt weiterhin über $L_1\Rightarrow D_1\Rightarrow D$ (Bild 3.35-f, Zeitpunkt 6). Die Diode D ist folglich von i_C und I_{AM} im Sperrsinn durchflossen, aber der resultierende Strom $I_{AM} - i_C$ bestimmt in der ganzen Zeitdauer t_5 den Durchlaßzustand der Diode. Die Betriebsgleichungen im Zeitintervall t_5 sind:

$$-U_0 + u_C = -(L_1 + d\,L_2)\ \frac{\mathrm{d}i_C}{\mathrm{d}t}\ ,$$

$$i_C = C\ \frac{\mathrm{d}u_C}{\mathrm{d}t}\ .$$

Mit dem Zeitursprung in 0_4 lauten die Anfangsbedingungen $t = 0$, $u_C = u_C(0_4) = U_0$, $i_C = i_C(0_4) = I_{AM}$. Man erhält:

$$u_C = U_0 + I_{AM}\ \sqrt{\frac{L_1+L_2}{C}}\ \sin\omega_2\,,$$

$$i_C = +\ I_{AM}\cos\omega_2 t\,.$$

- Der Kondensator C bleibt geladen in der Freilaufdauer der Diode D_2 nach dem Zeitpunkt 0_5 bis zu einem neuen Zündimpuls des Thyristors TH_1 (bei einer Überspannung $U_{C0} >' U_0$ und der in Bild 3.35-f gezeigten Polarität). Die Überspannung kann ermittelt werden, da im Zeitpunkt 0_5 der Strom Null wird, und daher die negative Schwingung nicht stattfinden kann. Setzt man $\omega_2 t_5 = \pi/2$ in die Formel der Spannung u_C ein, bekommt man:

$$U_{C0} = U_0 + I_{AM} \sqrt{\frac{L_1 + L_2}{C}} \; .$$

Die Überspannung U_{C0} kann bis zu U_0 durch die Einführung einer Diode D_3 verändert werden, so wie in Bild 3.34 mit unterbrochener Linie gezeigt wird. Da die Dauer des Löschvorgangs des Thyristors TH_1 sehr kurz ist, nehmen ω_1 und ω_2 hohe Werte an, um die Pulsfrequenz der Spannung u_A nicht sehr zu verringern.

3.6.2 Steller mit Nutzbremsung

Der statische Gleichstromsteller – auch unter dem Namen *Chopper* bekannt – kann nicht nur zur Drehzahlstellung, sondern auch zum nutzbremsenden Generatorbetrieb mit Energierückgewinnung eingesetzt werden. In diesem Fall wird die kinetische Energie der bewegten Teile in Gleichstromenergie umgewandelt, die – abgesehen von einigen Verlusten – in die Gleichspannungsquelle mit der Spannung U_0 (Netz) zurückgespeist wird.

Der Rückspeisevorgang geschieht in zwei Stufen (Intervallen). Im ersten Zeitintervall t_a wird die vom Generator erzeugte elektrische Energie in den magnetischen Feldern der Ankerwicklung und der Drosselspule L_D gespeichert. In dem darauffolgenden zweiten Zeitintervall t_p werden diese gespeicherte Energie und auch die zusätzlich vom Generator erzeugte Energie in die Quelle (Netz) zurückgespeist; danach wiederholen sich die Vorgänge der beiden Intervalle.

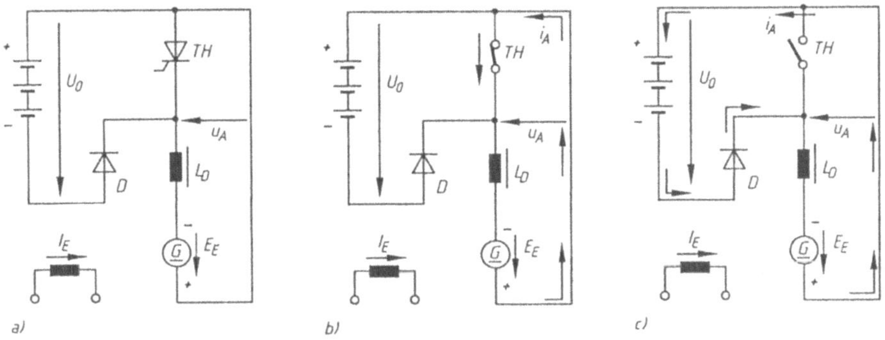

Bild 3.37 Gleichstromsteller (Chopper): a) Schaltbild einer Bremsung mit; b), c) Durchlaß- bzw. Sperrzustand des Thyristors TH

Das prinzipielle Schaltbild einer Bremsung mit Energierückgewinnung ist in Bild 3.37-a dargestellt. Hierbei sind TH ein normaler Thyristor mit Löschschaltung, D eine Diode und L_D eine Drosselspule. Der normale Thyristor TH könnte aber auch durch einen löschbaren Thyristor (GTO) oder einen Transistorschalter (IGBT) ersetzt werden.

In der Zeitspanne t_a befindet sich der Thyristor im Durchlaßzustand (Bild 3.37-b); die Spannungsgleichung des Kreises Generator-Thyristor-Drossel lautet:

$$E_E = R i_A + (L_D + L_{AA}) \frac{di_A}{dt} \; .$$

Unter der Voraussetzung eines stationären Betriebs, bei Ω = konst. und I_E = konst., steigt der Strom im Zeitintervall t_a von seinem Minimalwert I_{Am} auf seinen Maximalwert I_{AM} an; die Drossel L_D, wie auch die Ankerwicklung des Generators speichern Energie in ihre magnetischen Felder.

Im Fall $R \approx 0$ wird der Strom i_A linear wachsen (Bild 3.38), und

$$\int_0^{t_a} \frac{E_E}{L_D + L_{AA}} \, dt = \int_0^{t_a} di_A ,$$

nämlich

$$\frac{E_E}{L_D + L_{AA}} \, t_a = I_{AM} - I_{am} . \tag{3.18}$$

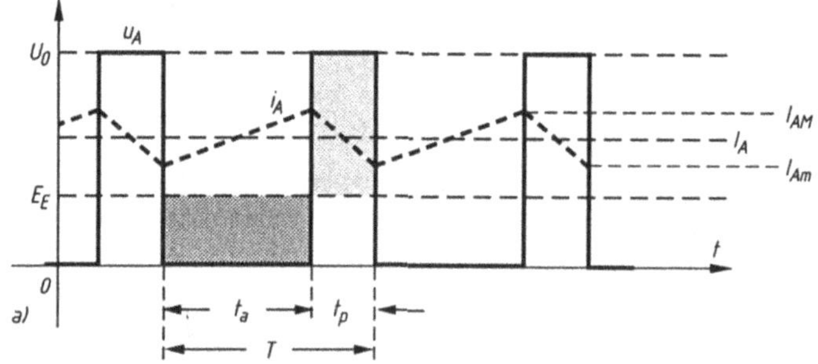

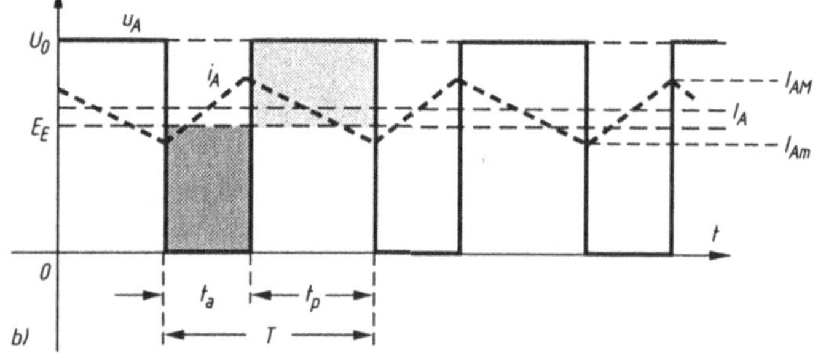

Bild 3.38
a), b) Zeitverläufe von u_A, i_A und deren Mittelwerte U_A, I_A bei gleichbleibender Periode T und veränderbarem t_a

Nach Ablauf der Zeit t_a sperrt der Thyristor TH, z.B. durch einen nicht in Bild 3.37-a dargestellten Hilfskreis. Der neue Weg des Stroms i_A wird jetzt derjenige aus Bild 3.37-c; die Gleichspannungsquelle U_0 (Netz) wird geladen. Es erfolgt eine Energieübertragung aus dem magnetischen Feld der Ankerwicklung und der Drosselspule L_D sowie auch direkt aus dem Ankerkreis des Generators zur Quellenspannung $U_0 > E_E$ (Netz). Die Maschinengleichung ist jetzt:

$$E_E - U_0 = R i_A + (L_D + L_{AA}) \frac{di_A}{dt} .$$

Da $U_0 > E_E$ ist, ergibt sich auch $di_A/dt < 0$. Der Strom i_A nimmt im Laufe der Zeit ab. Nach der Integration der oben angegebenen Gleichung unter der Voraussetzung $R \approx 0$ erhält man:

$$\int_{t_a}^{T} \frac{E_E - U_0}{L_D + L_{AA}} \, dt = \int_{t_a}^{T} di_A .$$

Im stationären Betrieb ist der Wert des Stroms i_A am Ende der Periode T gleich seinem Anfangswert, nämlich I_{Am} (Bild 3.38-a), und mithin:

$$\frac{E_E - U_0}{L_D + L_{AA}} t_p = I_{Am} - I_{AM} \,. \tag{3.19}$$

Die Gl. (3.18) und (3.19) führen zu:

$$E_E t_a = (U_0 - E_E)\, t_p \,,$$

was in Bild 3.38 durch Gleichheit der schraffierten Flächen dargestellt ist. Die letzte Beziehung kann mit Hilfe der relativen Betriebsdauer des Thyristoren TH ($\alpha = t_a/T$) umgeformt werden, da $t_a + t_p = T$. Man erhält:

$$E_E = k_E \Phi_E \Omega = U_0 \frac{t_p}{T} = U_0 (1 - \alpha) \,.$$

Das vom Generator erzeugte elektromagnetische mittlere Moment

$$M = \frac{E_E I_A}{\Omega} = k_E \Phi_E I_A$$

stellt ein Bremsmoment dar. Somit kann die Schaltung aus Bild 3.37-a gewählt werden, um eine Anlage mit Energierückgewinnung zu bremsen. Das Bremsmoment bestimmt den Mittelwert des von der elektrischen Maschine erzeugten Stroms, und die relative Betriebsdauer des Thyristors schreibt eine gewisse Drehzahl vor. Wird α stufig von 0 auf 1 geändert, wird die entsprechende Anlage stufenweise gebremst.

In Bild 3.38-b mit $\alpha = 0{,}7$ sind E_E und Ω relativ groß. In Bild 3.38-a beträgt $\alpha = 0{,}4$; die Drehzahl ist bei gleichbleibendem Bremsmoment bedeutend niedriger. Der Übergang vom *Motorbetrieb* (Ersatzschaltbild 3.34) zum *Bremsbetrieb als Generator mit Rückgewinnung der Energie* (Ersatzschaltbild 3.37) kann auf elektronischer Weise erzielt werden.

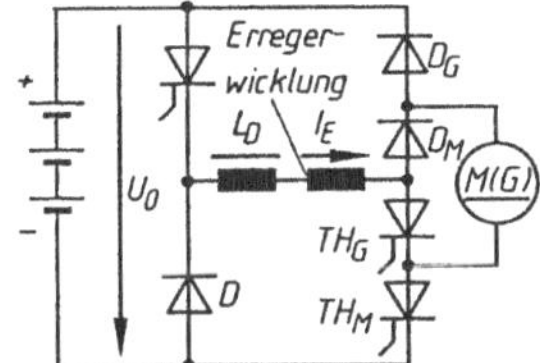

Bild 3.39
Ersatzschaltbild des Motors- und Bremsbetriebs mit Rückgewinnung der Energie (fremderregter Gleichstrommotor)

Die in Bild 3.39 dargestellte Schaltung gilt die für beide Arbeitsbetriebe; sie nutzt eine elektronische Kommutierung. Der Thyristor TH_1 stellt die Spannungsimpulse für die beiden Betriebsarten her. Er ist der Chopper-Thyristor (Stellerschalter). Die Thyristoren TH_M (Motor) und TH_G (Generator) sind jeweils nur in einem der beiden Betriebsarten-Intervalle des elektrischen Motors leitend. Der Motor ist eine Reihenschlußmaschine:

- Im *Motorbetrieb* sind der Thyristor TH_M gezündet und TH_G gesperrt:
  - Im *aktiven Zeitintervall* fließt der Strom über folgenden Weg:
    $[U_{0+}] \Rightarrow TH_1 \Rightarrow L_D \Rightarrow EW \Rightarrow D_M \Rightarrow AW \Rightarrow TH_M \Rightarrow [U_{0-}]$*;
  - Im *Pausenintervall* fließt der Strom über folgenden Weg:
    $AW \Rightarrow TH_M \Rightarrow D \Rightarrow L_D \Rightarrow EW \Rightarrow D_M \Rightarrow AW$.

* EW steht für Erregerwicklung, AW für Ankerwicklung

- *Im Generatorbetrieb* bei gleichbleibender Richtung der induzierten Spannung E_E, wie im vorherigen Betrieb, nimmt der Strom
  - im aktiven Zeitintervall der Energiespeicherung folgenden Weg: $AW \Rightarrow D_G \Rightarrow TH_1 \Rightarrow L_D \Rightarrow EW \Rightarrow TH_G \Rightarrow AW$, der Thyristor TH_M ist gesperrt;
  - Im Rückladeintervall der Quelle U_0 fließt der Strom über den Weg: $AW \Rightarrow TH_G \Rightarrow [U_0] \Rightarrow D_F \Rightarrow L_D \Rightarrow EW \Rightarrow TH_G \Rightarrow AW$.

Der Erregerstrom behält immer die gleiche Richtung bei, während der Ankerstrom seine Richtung beim Übergang vom Motor- zum nutzbremsenden Generatorbetrieb ändert. Dabei ändert das auch elektromagnetische Moment seine Wirkungsrichtung.

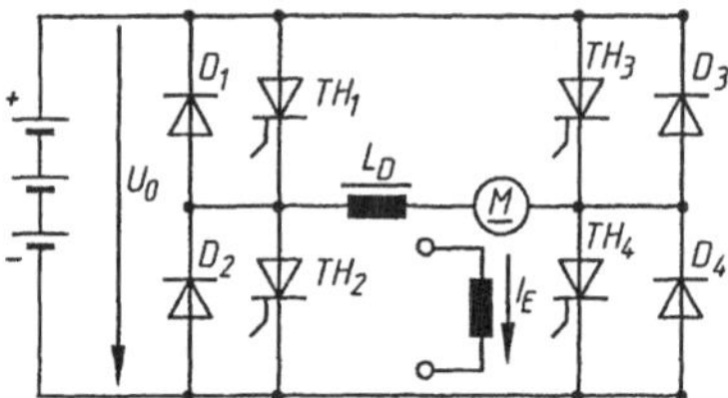

Bild 3.40
Ersatzschaltbild eines Choppers für drehzahlveränderbaren Vierquadrantenbetrieb eines fremderregten Gleichstrommotors

In Bild 3.40 ist das prinzipielle Schaltbild einer Stellerschaltung (Chopper) für drehzahlveränderbaren Vierquadrantenbetrieb in der (Ω/M)-Ebene eines fremderregten Motors dargestellt. Motorbetrieb und Nutzbremsung ist für beide Drehrichtungen möglich.

Um die Schaltverluste zu reduzieren, wird das Prinzip der versetzten Pulsung eingesetzt. Es arbeitet so:

- Im Linkslauf-Motorbetrieb:
  - im *ersten aktiven Zeitintervall* arbeiten der Thyristor TH_1 und der Hilfsthyristor TH_4,
  - im *ersten Freilaufintervall (Pausenintervall)* arbeiten der Thyristor TH_4 und die Diode D_2; bei gleichem Laufsinn und bei Nutzbremsung ,
  - im *zweiten aktiven Intervall* der Energieaufspeicherung, arbeiten der Thyristor TH_1 und die Diode D_4,
  - im *zweiten Freilaufintervall* (Pausenintervall) der Energierückgewinnung arbeiten die Dioden D_1 und D_3;
- Im *Rechtslauf Motorbetrieb* sind die Thyristoren TH_3, TH_2 bzw. TH_2 und die Diode D_1 in den beiden entsprechenden Zeitintervallen eingesetzt;
- Zur *Bremsung* werden die Thyristoren TH_1 und die Diode D_3, bzw. die Dioden D_3 und D_2, gebraucht.

Im Leistungsbereich bis 30 kW sind Schaltfrequenzen von 10 kHz und mehr üblich. Durch das versetzte Pulsen der beiden in Reihe liegenden Schalter ist die Pulsfrequenz des Ankerstroms doppelt so hoch wie die Schaltfrequenz. Dadurch kann oft eine zusätzliche Glättungsdrossel entfallen. Solche Gleichstromsteller werden im Bereich der Werkzeugmaschinen und Handhabungsautomaten eingesetzt. Sie zeichnen sich durch eine hohe Dynamik aus, da bei 10 kHz Pulsfrequenz die Totzeit mit $t < 0{,}1$ ms praktisch Null ist. (Zum Vergleich: Bei einer B6C-Schaltung beträgt die mittlere Totzeit ca. 1,7 ms).

Bei mittleren und größeren Leistungen bis zu 400 kW und Spannungen bis zu 1000 V werden heute erfolgreich IGBT, bei höheren Leistungen GTO eingesetzt. Diese Halbleiterschalter brauchen keine kostenaufwendige Löschungseinrichtungen und erreichen Pulsfrequenzen bis zu einigen kHz. Einsatzfälle sind z.B. die modernisierten Antriebe von Straßenbahnen.

Die statischen Gleichstrompulssteller zur Drehzahlstellung der Motoren weisen einen Hauptvorteil auf: *die Änderung des Spannungsmittelwerts an den Motorklemmen bei konstanter Spannung der Versorgungsquelle ist kaum verlustbehaftet*, im Unterschied zu der Methode, die einen variablen Vorwiderstand im Ankerkreis benötigt.

Diese Drehzahlstellmethode, im Bereich von nahezu Null bis zur Nenndrehzahl, durch periodische Spannungspulse wird bei Antrieben von Straßenbahnen, Troleybussen, Elektroautos, Flurfördergeräten usw. angewendet. Sie wird weiter bei jenen Antrieben eingesetzt, deren einzige Versorgungsquelle eine Batterie galvanischer Elemente oder eine Akkumulatorenbatterie ist, (z.B. Walkman und tragbare CD-Player). Zum Antrieb elektrischer Fahrzeuge ist sie konkurrenzlos.

Die elektrische Schaltung erlaubt die Rückgewinnung der Energie in den Bremszeiten, was den Gesamtwirkungsgrad beträchtlich erhöht, insbesondere dort, wo häufige Bremsungen nötig sind, wie das bei elektrischen Straßenfahrzeugen der Fall ist.

3.6.3 Brems-Chopper (Pulsschalter)

Wird Bremsenergie in den Zwischenkreis gespeist, steigt die Zwischenkreisspannung an. Um die Bauteile zu schützen, muß die Zwischenkreisspannung begrenzt werden. Die Energie wird dann in einem Bremswiderstand in Wärme umgesetzt. Ein Schwellwertschalter schaltet bei Überschreitung einer vorgegebenen Schaltschwelle einen Ballastwiderstand über einen Leistungsschalter (Pulsschalter, Chopper) zu und beim Unterschreiten einer weiteren Schwelle wieder ab. Bild 3.41 zeigt das Blockschaltbild.

Werden – z.B. bei Werkzeugmaschinen – aus einem gemeinsamen DC-Kreis mehrere Achsen gespeist, kommt es zum Energieausgleich zwischen den Antrieben, und der Brems-Chopper braucht nur zugeschaltet zu werden, wenn keine andere Achse Energie aufnimmt.

Bei langen Bremsvorgängen – z.B. bei Abzugswicklern – kann die Bremsenergie auch über einen antiparallelen Eingangsstromrichter ins Netz zurückgespeist werden. Das Verfahren ist jedoch schaltungstechnisch aufwendig, da ein antiparalleler Eingangsstromrichter vorhanden sein muß. Dies kann ein netzgeführter Stromrichter oder ein selbstgeführter Pulsstromrichter sein. Die letzte Lösung wird immer häufiger eingesetzt, da der Netzstrom fast sinusförmig ist und zusätzlich $\cos\varphi$ gestellt werden kann (s. Kap. 7).

3.7 Übungen

3Ü.1 *Ein mit Dauermagneten erregter Gleichstrommotor hat folgende Daten:* $k_E \Phi_E = 0{,}4\ Wb$, $R_A = 6{,}5\ \Omega$, $L_{AA} = 0{,}09\ H$. *Er wird über einen Thyristor von einer Spannungsquelle* $u = U_m \sin \omega t = 172 \sin 314 t\ V$ *gespeist.*

a) *Bei gleichbleibender Winkelgeschwindigkeit* $\Omega 135 s^{-1}$ *soll der zeitliche Verlauf des Ankerstroms* i_A *bei einem Zündwinkel* $\alpha = 30°$ *ermittelt werden.*

b) *Wie ist der Zeitverlauf der Klemmenspannung* $u_A(t)$*?*

c) *Wie wird der Zeitverlauf des Stroms* i_A *sein, wenn im Falle des Punkts a eine Freilaufdiode parallel zur Ankerwicklung eingeschaltet wird? Die Spannungsabfälle im Durchlaßzustand an den Thyristoren und Diode sowie an den Bürsten werden vernachlässigt.*

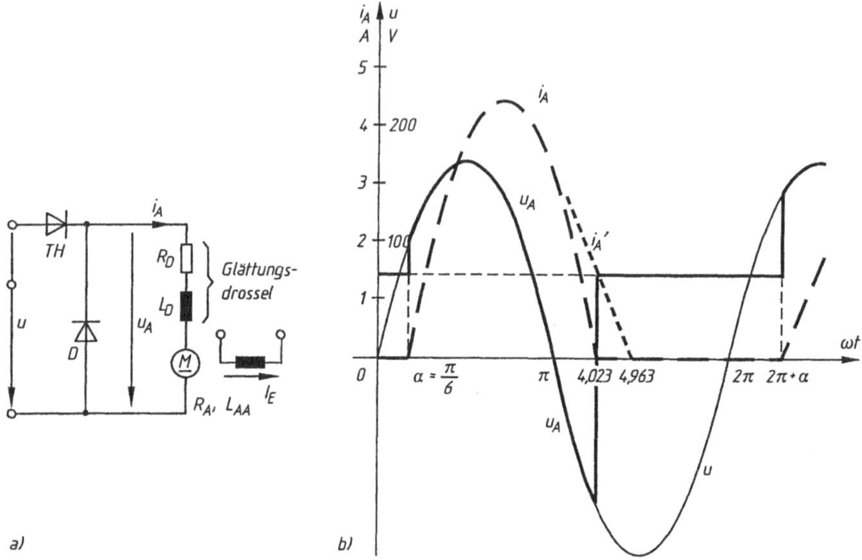

Bild 3.41 Gleichstrommotor, erregt mit Dauermagneten, gespeist über den Thyristor TH:
a) Schaltbild: D Freilaufdiode, LD Glättungsdrosselspule, b) Winkelverlauf von i_A und u_A

a) In Bild 3.41-a wird die Schaltung mit einer Freilaufdiode D und einer Glättungsdrosselspule L_D im Ankerkreis dargestellt. Der Thyristor ist mit TH bezeichnet. Existiert die Spule nicht, sind $R_D = 0$ und $L_D = 0$. Im Durchlaßzustand des Thyristors TH, ohne die Diode D, also für $\omega t > \alpha$, lautet die Gleichung des Motors im lückenden Betrieb:

$$u = u_A = R_A i_A + L_{AA} \frac{di_A}{dt} + k_E \Phi_E \Omega,$$

mit $u = U_m \sin \omega t$.

Die Anfangsbedingung ist: bei $\omega t = \alpha$ gilt $i_A = 0$. Somit:

$$R_A i_A + L_{AA} \frac{di_A}{dt} = U_m \sin \omega t - k_E \Phi_E \Omega.$$

Die partikuläre Lösung dieser Differentialgleichung 1. Ordnung ist

$$i_{Ap} = M + N \cos \omega t + P \sin \omega t,$$

wobei die Konstanten M, N und P durch die Identifizierung bestimmt werden. Zunächst ermittelt man die 1. Zeitableitung di_{Ap}/dt:

$$\frac{di_{Ap}}{dt} = -N \cos \omega t + \omega P \sin \omega t,$$

dann setzt man diese Ableitung sowie i_{Ap} in die Differentialgleichung ein. Man bekommt folgendes algebraisches Gleichungssystem:

$$R_A M = -k_E \Phi_E \Omega,$$

$$R_A N + \omega L_{AA} P = 0,$$

$$R_A P - \omega L_{AA} N = U_m.$$

Es ergibt sich:

$$M = -\frac{k_E \Phi_E \Omega}{R_E},$$

$$N = -\frac{\omega L_{AA} U_m}{R_A^2 + \omega^2 L_{AA}^2},$$

$$P = \frac{R_A U_m}{R_A^2 + \omega^2 L_{AA}^2},$$

und:

$$i_{Ap} = -\frac{k_E \Phi_E \Omega}{R_A} + \frac{U_m}{\sqrt{R_A^2 + \omega^2 L_{AA}^2}} \sin(\omega t - \varphi),$$

mit $\tan\varphi = (\omega L_{AA}) / R_A$.

Der Lösungsansatz und damit die allgemeine Lösung ergibt sich dadurch, daß zur Lösung der homogenen Differentialgleichung (des freien Vorgangs oder des Einschaltvorgangs) noch eine partikuläre Lösung addiert wird. Man bekommt:

$$i_A = A\, e^{(-\omega t/\tan\varphi)} - \frac{k_E \Phi_E \Omega}{R_A} + \frac{U_m}{\sqrt{R_A^2 + \omega^2 L_{AA}^2}} \sin(\omega t - \varphi),$$

Mit dem Einsatz der Anfangsbedingung bestimmt man die Integrationskonstante A; man kommt auf:

$$A = \left[\frac{k_E \Phi_E \Omega}{R_A} - \frac{U_m}{\sqrt{R_A^2 + \omega^2 L_{AA}^2}} \sin(\alpha - \varphi)\right] e^{(\alpha/\tan\varphi)}.$$

Mit $\alpha = \pi/6$ und den Eingangsdaten erhält man:

$$\tan\varphi = \frac{\omega L_{AA}}{R_A} = \frac{314 \times 0{,}09}{6{,}5} = 4{,}348 \quad \text{also} \quad \varphi = 1{,}345 \text{ rad},$$

$$Z = \sqrt{R_A^2 + \omega^2 L_{AA}^2} = \sqrt{6{,}5^2 + (314 \times 0{,}09)^2} = 29\ \Omega,$$

$$\frac{U_m}{Z} = \frac{172}{29} = 5{,}931 \text{ A},$$

$$\frac{k_E \Phi_E \Omega}{R_A} = \frac{0{,}4 \times 135}{6{,}5} = 8{,}308 \text{ A},$$

und somit:

$$i_A = 12{,}650\, e^{[-(\omega t - \pi/6)/4{,}348]} - 8{,}308 + 5{,}931 \sin(\omega t - 1{,}345).$$

Die Ankerstromkurve i_A bei $\omega t > \pi/6$ bis zum Stromnullwert (für $\omega t = 4{,}023$) ist in Bild 3.41-b dargestellt. Man bemerkt sogleich, daß der Stromimpuls eine begrenzte Winkeldauer von etwa 185° hat. Er wird viel früher Null als der Thyristor von neuem einen Zündimpuls (im Winkelaugenblick $\omega t = 2\pi + \alpha$) bekommt. Der Motor befindet sich offensichtlich im *lückenden Strombetrieb*.

Die Klemmenspannung u_A des Motors ist identisch mit der Wechselspannung u der Versorgungsquelle, solange der Strom noch über die Ankerwicklung fließt. Im Pausenintervall des Stroms ist die Klemmenspannung gleich der in der Ankerwicklung induzierten Spannung $e_E = -k_E \Phi_E \Omega$. In Bild 3.41-b ist der Zeitverlauf der Spannung u_A dargestellt.

Wird eine Diode D parallel zur Ankerwicklung (Bild 3.41-a) eingeschaltet, fängt sie im Augenblick der Vorzeichenänderung ($\omega t = \pi$) der Wechselspannung u an zu leiten. Der Ankerstrom, jetzt mit i'_A bezeichnet, fließt nun über die Diode D. Der Thyristor TH beendet seinen Durchlaßzustand, sperrt und trennt die Spannungsquelle vom Motor ab. Der Strom i'_A wird, aufgrund der im magnetischen Feld der Ankerwicklung gespeicherten Energie, noch eine Zeitlang fließen. In Bild 3.41-b ist der Zeitverlauf dieses Stroms mit einer unterbrochene Linie dargestellt. Die analytische Form der Betriebsgleichung lautet:

$$0 = R_A i'_A + L_{AA} \frac{di'_A}{dt} + k_E \Phi_E \Omega,$$

mit der Anfangsbedingung $\omega t = \pi$, $i'_A = i_A(\pi)$. Solange der *Strom* i'_A fließt, ist der Motor von der Diode D kurzgeschlossen, und seine Klemmenspannung ist Null. Mit den angegebenen Zahlenwerten:

$$6{,}5\, i'_A + 0{,}09 \frac{di'_A}{dt} = -54\,.$$

Für $\omega t = \pi$ wird $i_A = i'_A(\pi) = 4{,}41$ A .

Die Lösung der Differentialgleichung ist somit:

$$i'_A(\omega t) = 26{,}011\, e^{[-\omega t/4{,}348]} - 8{,}308\,.$$

Die Freilaufdiode bewirkt also die zeitliche Verlängerung des Stromimpulses um ca. 54°.

3Ü.2 *Im Gleichrichter-Motor-Satz aus Bild 3.42-a läuft der Gleichstrommotor bei einer nahezu konstanten Winkelgeschwindigkeit. Die gesamte Ankerkreisinduktivität des Motors ist genügend groß, so daß der Ankerstrom $I_A = 20$ A als geglättet angesehen werden soll. Die Primärspannung des Transformators beträgt $u_1 = 220\sqrt{2}\sin 314t$ V, und sein Übersetzungsverhältnis ist $ü = w_1/w_2 = 1{,}8$. Bei einem Zündwinkel der Thyristoren $\alpha = \pi/4$ sind zu bestimmen:*

a) *der Zeitverlauf der Ströme über die Thyristoren und Dioden sowie der Klemmenspannung,*

b) *der Zeitverlauf der Primär- und Sekundärströme des Transformators, die miteinander durch die Beziehung $w_1 i_1 - w_2 i_2 = 0$ gebunden sind,*

c) *die Effektivwerte der Thyristoren- und Diodenströme sowie der Strangströme des Transformators,*

d) *der Mittelwert der Klemmenspannung als Funktion von α und das Maximum des Mittelwerts U_{AM},*

e) *der Effektivwert der Grundschwingung des Primärstroms und seine Phasenverschiebung zur Primärspannung und der Leistungsfaktor des Transformators,*

f) *die Winkelgeschwindigkeit Ω des Motors bei $k_E \Phi_E = {,}35$ Wb und $R_A = 0{,}4\ \Omega$; die Streureaktanzen des Transformators und seine Verluste sowie die Durchlaßspannungen auf Thyristoren und Dioden werden vernachlässigt.*

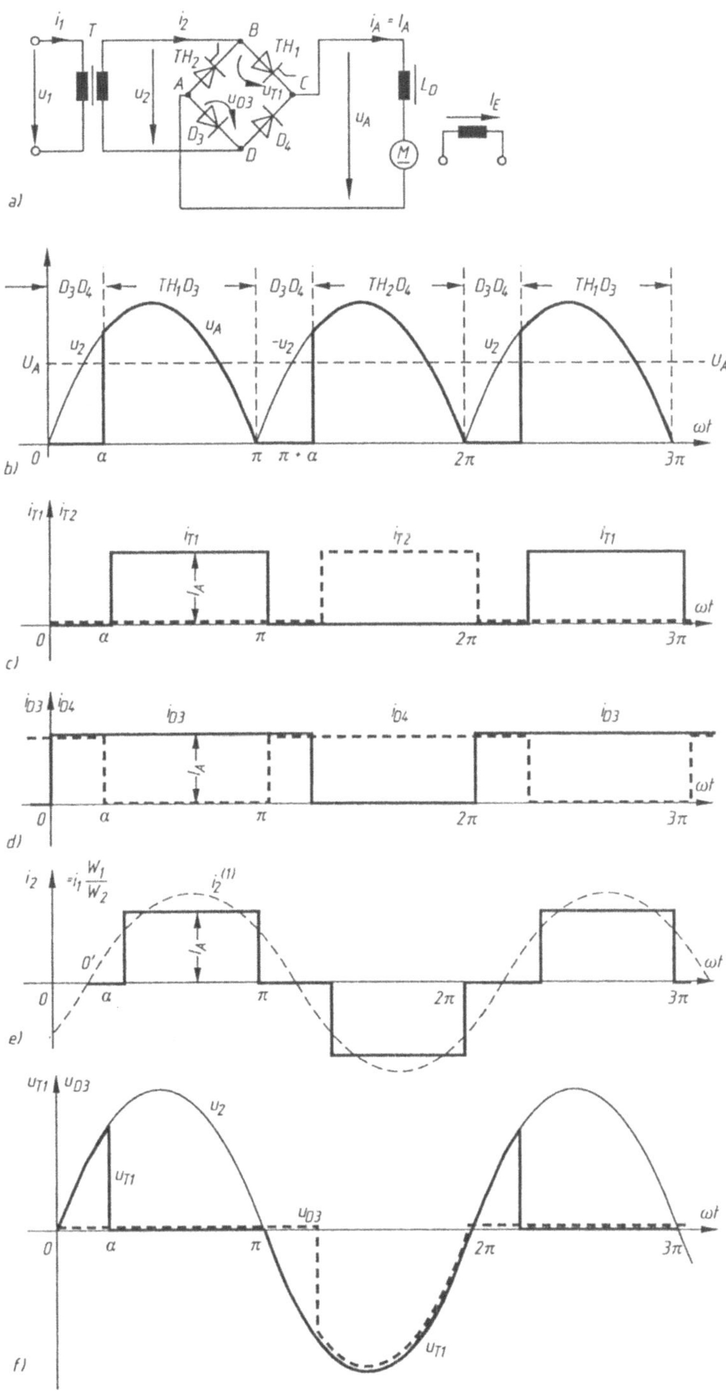

Bild 3.42 Gleichrichter-Motor-Satz: a) Schaltbild, b) Funktionen vom Winkel ωt: $|u_2|$, u_A, c) Thyristorenströme i_{T1}, i_{T2}, d) Diodenströme i_{D3}, i_{D4} e) i_2, f) u_{T1}, u_{D3}, u_2

a) In Bild 3.42-b sind die positiven Halbperioden der Spannungen u_2 und $-u_2$ dargestellt.

- Zu den Zeitpunkten $\omega t = \alpha$, $2\pi + \alpha$, $4\pi + \alpha$ bekommt der Thyristor TH_1 ein Zündsignal; zu den Zeitpunkten $\omega = \pi + \alpha$, $3\pi + \alpha$, $5\pi + \alpha$ wird der Thyristor TH_2 gezündet. Die Dioden D_3 und D_4 befinden sich immer im Durchlaßzustand, wenn ihre AK-Spannung positiv ist.
- Zum Zeitpunkt $\omega t = \alpha$ bekommt der Thyristor TH_1 einen Zündimpuls und fängt an, zusammen mit der Diode D_3 aus der Gegenseite der Brücke, zu leiten.
- Der Strom fließt bis zum Zeitpunkt $\omega t = \pi$ den Weg $B \Rightarrow C \Rightarrow L_D \Rightarrow M \Rightarrow A \Rightarrow D$ und schließt sich über die Sekundärwicklung des Transformators. In dieser ganzen Zeitspanne sind $u_A = u_2$ und $i_2 = i_A = I_A$.
- Im Zeitpunkt $\omega t = \pi$ ist die Sekundärspannung $u_2 = 0$ und somit $u_{DC} = 0$. Die Diode D_4 sperrt. Gleich nach dem Zeitpunkt $\omega t = \pi$ werden u_2 negativ, $u_{DC} > 0$ und die Diode D_4 leitet. Sie übernimmt den Strom i_A vom Thyristor TH_1, der sperrt.
- Vom Zeitpunkt $\omega t = \pi$ bis zu $\omega = \pi + \alpha$, wenn der Thyristor TH_2 zündet, fließt der Ankerstrom über den Weg $C \Rightarrow L_D \Rightarrow M \Rightarrow A \Rightarrow D \Rightarrow C$; die Dioden D_3 und D_4 schließen jetzt den Ankerkreis der Maschine kurz. Der Strom i_A fließt weiterhin, dank der im magnetischen Feld der Drosselspule L_D und der Ankerwicklung aufgespeicherte Energie. Mithin gilt bei $\omega t \in (\pi, \pi + \alpha)$: $u_A = 0$ und $i_2 = 0$.
- Im Zeitpunkt $\omega t = \pi + \alpha$ beginnt der Durchlaßbetrieb des Thyristors TH_2: die Sekundärwicklung des Transformators wird erneut in den Weg des Stroms i_A eingeschlossen. Dieser Strom fließt jetzt den Weg $L_D \Rightarrow M \Rightarrow A \Rightarrow B \Rightarrow SW \Rightarrow D \Rightarrow C \Rightarrow L_D$*.
- Es ist offensichtlich, daß bis zum Zeitpunkt $t = 2\pi$, wenn $u_2 = 0$ und die Diode D_3 ihren Durchlaßbetrieb startet und erneut mit der Diode D_4 den Ankerkreis kurzschließt, der Strom i_A die Sekundärwicklung des Transformators im *Gegensinn* durchfließt. Somit sind $i_2 = -i_A$ und $u_A = -u_2$.

In Bild 3.42-b ist der Graph der Spannung u_A am Brückenausgang durch eine fette Linie dargestellt.

In Bild 3.42-c sind die Thyristorströme eingezeichnet, die die Form eines rechteckigen Pulses der Dauer $\pi - \alpha$ in einer Periode 2π haben; sie sind offensichtlich mit π verschoben.

In Bild 3.42-d ist der Winkelverlauf der rechteckförmigen Ströme über die Dioden dargestellt, die auch von längerer Dauer (bzw. $\pi + \alpha$) sind. Was die AK-Spannung u_{T1} am Thyristor TH_1 (Bild 3.42-f) anbelangt, kann geschätzt werden, daß diese im Durchlaßintervall Null und danach gleich u_2 ist, solange D_4 leitet. Zu den Zeitpunkten $\omega t = \alpha$, $2\pi + \alpha$, $4\pi + \alpha$ usw. bekommt TH_1 einen Zündimpuls ($u_{T1} > 0$), um die Zündung zu gewährleisten.

Die AK-Spannung u_{D3} der Diode D_3 ist nicht Null; sie ist gleich u_2 im Durchlaßzustand des Thyristors TH_2. Bemerkenswert ist, daß alle beide Spannungen u_{T1} und u_{D3} in einem bestimmten Augenblick gleich der Amplitude der Sekundärspannung sind; sie beanspruchen die Anode-Kathode-Strecke. Die Thyristoren und Dioden müssen derart gewählt werden, daß sie solchen Beanspruchungen gewachsen sind.

b) Der Sekundärstrom i_2 ist gleich der algebraischen Summe $i_{T1} - i_{T2}$ (Bild 3.42-e). Der Primärstrom zeigt einen ähnlichen Verlauf, bei einem anderen Maßstab, da $i_1 = i_2/ü$.

c) Der Effektivwert des Stroms, der durch die Thyristoren fließt, beträgt:

---

* SW steht für Sekundärwicklung

$$I_{T1} = \sqrt{\frac{1}{2\pi}\int_0^{2\pi} i_{T1}^2\, d(\omega t)} = \sqrt{\frac{1}{2\pi}\int_0^{\pi} i_A^2\, d(\omega t)} = I_A\sqrt{\frac{\pi-\alpha}{2\pi}} \;.$$

Über die Dioden D_3 oder D_4 fließt der Strom:

$$I_{D3} = I_{D4} = I_A\sqrt{\frac{\pi-\alpha}{2\pi}} \;.$$

In gleicher Weise werden die Effektivwerte der Sekundär- und Primärströme des Transformators hergeleitet:

$$I_2 = I_A\sqrt{\frac{\pi-\alpha}{\pi}} \quad \text{bzw.} \quad I_1 = \frac{I_2}{\ddot{u}} = I_2\,\frac{w_2}{w_1} \;.$$

Mit den angegebenen Zahlenwerten:

$$I_{T1} = I_A\sqrt{\frac{\pi-\alpha}{2\pi}} = 20\sqrt{\frac{\pi-\pi/4}{2\pi}} = 12{,}2\ \text{A}\,,$$

$$I_{D3} = I_A\sqrt{\frac{\pi-\alpha}{2\pi}} = 20\sqrt{\frac{\pi+\pi/4}{2\pi}} = 15{,}8\ \text{A}\,,$$

$$I_2 = I_A\sqrt{\frac{\pi-\alpha}{2\pi}} = 20\sqrt{\frac{\pi-\pi/4}{\pi}} = 17{,}3\ \text{A}\,,$$

$$I_1 = I_2\frac{w_2}{w_1} = 17{,}3\frac{1}{1{,}8} = 9{,}6\ \text{A}\,.$$

d) Aufgrund der Kurve $u_A = f(\omega t)$ (Bild 3.42-b) erhält man:

$$U_A = \frac{1}{\pi}\int_0^{\pi} u_A\, d(\omega t) = \frac{1}{\pi}\int_0^{\pi} U_{2m}\sin(\omega t)\, d(\omega t) = \frac{U_{2m}}{\pi}\,(1+\cos\alpha)\,,$$

also

$$U_A = \frac{U_{1m}}{\pi}\times\frac{w_2}{w_1}\,(1+\cos\alpha) = \frac{220\sqrt{2}}{\pi}\times\frac{1}{1{,}8}\left(1+\cos\frac{\pi}{4}\right) = 93{,}7\ \text{V}\,.$$

Bei $\alpha = 0$ ist der Mittelwert der Gleichspannung:

$$U_{A0} = \frac{2}{\pi}\,U_{1m}\frac{w_2}{w_1} = \frac{2}{\pi}\,220\sqrt{2}\,\frac{1}{1{,}8} = 110\ \text{V}\,.$$

Somit beträgt die Nennspannung des Motors 110 V.

e) Wird der Winkelursprung in 0' (Bild 3.42-e) angenommen, kann der Wechselstrom in einer Fourier-Reihe entwickelt werden. Die periodische Funktion $i_2 = f(\omega t)$ ist aber eine ungerade Funktion, da die Beziehung $i_2(\omega t) = -i_2(-\omega t)$ besteht. Liegt eine solche Funktion vor, treten nur Sinusglieder auf. Die Amplitude der Oberschwingungen der Ordnung $m = 2k+1$, wobei $k = 0, 1, 2, 3, \ldots$, ergibt sich nach der Formel der Fourier-Analyse:

$$I_{2m}^{(\nu)} = \frac{1}{\pi}\int_0^{2\pi} i_2 \sin\nu\omega t\, d(\omega t) = \frac{2}{\pi}\int_0^{\pi+\alpha/2} I_A \sin\nu\omega t\, d(\omega t) = \frac{4}{\pi}I_A\cos\frac{\alpha}{2}\;.$$

Die Grundschwingung ($\nu = 1$) weist somit folgende Amplitude auf:

$$I_{2m}^{(1)} = \frac{4}{\pi} I_A \cos\frac{\alpha}{2} = \frac{4}{\pi} \times 20 \cos\frac{\pi}{8} = 23{,}5 \text{ A} .$$

Ihr Effektivwert beträgt:

$$I_2^{(1)} = \frac{I_{2m}^{(1)}}{\sqrt{2}} = \frac{23{,}5}{\sqrt{2}} = 16{,}7 \text{ A} .$$

Der Phasenverschiebungswinkel der Grundschwingung, im Vergleich zum Phasenwinkel der Spannung u_2, ist:

$$\varphi_2^{(1)} = \frac{\alpha}{2} = 22{,}5°, \text{ also } \cos\varphi_2^{(1)} = \cos\frac{\alpha}{2} = 0{,}924 .$$

Je größer die Zündverzögerung α, desto mehr wird die Grundschwingung des Sekundärstroms der Spannung u_2 nacheilen. Der Effektivwert der Grundschwingung des Primärstroms ist:

$$I_1^{(1)} = I_2^{(1)} \frac{w_2}{w_1} = 16{,}7 \times \frac{1}{1{,}8} = 9{,}28 \text{ A} .$$

Dieser Strom ist um $\varphi_1^{(1)} = \varphi_2^{(1)} = \alpha/2$ zur Primärspannung phasenverschoben. Die Primärscheinleistung ist einfach zu berechnen, da die Effektivwerte des Stroms und der Spannung bekannt sind:

$$S_1 = U_1 I_1 = 220 \times 9{,}6 = 2112 \text{ VA} .$$

Die Primärwirkleistung ist

$$P_1 = U_1 I_1^{(1)} \cos\varphi_1^{(1)} = 220 \times 9{,}28 \times 0{,}924 \cong 1886 \text{ W} ,$$

da die Spannung u_1 vollkommen sinusförmig ist; der Transformator überträgt also Leistung nur dank der Grundschwingung des Stroms i_1. Die Mittelleistung am Gleichrichterausgang, vom Ankerkreis des Motors übernommen, ist:

$$P = U_A I_A = 93{,}2 \times 20 \cong 1886 \text{ W} .$$

Es ergibt sich eine erwartete Schlußfolgerung: $P = P_1$ ($\cong$ 1886 W), da vorausgesetzt wurde, daß sowohl der Transformator als auch der Gleichrichter gar keine Verluste aufweisen. Der Leistungsfaktor des *Gleichrichter-Motor-Satzes* ist definitionsgemäß:

$$K = \frac{P_1}{S_1} = \frac{1886}{2112} = 0{,}893$$

(kleiner als $\cos\varphi_1^{(1)}$ da $S_1 = \sqrt{P_1^2 + Q_1^2 + D_1^2}$, wobei D_1 die Verzerrungs- oder Oberschwingungsblindleistung ist und Q_1 die Blindleistung).

f) Die Winkelgeschwindigkeit des Motors wird praktisch vom Mittelwert der Klemmenspannung U_A erzwungen:

$$\Omega = \frac{U_A - R_A I_A}{M_{EA} I_E} = \frac{93{,}2 - 0{,}4 \times 20}{0{,}35} = 243{,}4 \text{ s}^{-1} ,$$

was eine Drehzahl $n = 2325 \text{ min}^{-1}$ bedeutet.

3Ü.3 *Es sei eine vollgesteuerte B2-Brücke mit Thyristoren und einem fremderregten Motor gegeben (Bild 3.43-a).*

a) Es sind, bei $\alpha = \pi/3$, der Winkelverlauf der Klemmenspannung im lückfreien und dann im lückenden Strombetrieb i_A zu bestimmen; die Strompause beträgt $\pi/6$; die Winkelgeschwindigkeit des Motors wird als konstant vorausgesetzt. Die Induktivität der Wechselstromquelle wird vernachlässigt.

b) Vorausgesetzt ist ein lückfreier Strom: man lege die Abhängigkeit des Mittelwerts der Spannung U_A vom Zündwinkel α fest. Ist der Brückenbetrieb als Wechselrichter möglich?

c) Die gleichen Probleme wie unter Punkt b für den Fall, daß parallel zum Ausgangskreis des Stromrichters sich eine Freilaufdiode befindet (Bild 3.43-a, unterbrochene Linie).

a) In Bild 3.43-b ist der Verlauf der Spannung u_A am Brückenausgang eingezeichnet (unter Annahme eines lückfreien Stroms).

- Im Augenblick $\omega t = \alpha = \pi/3$ bekommen die Thyristoren TH_1 und TH_3, die eine Halbperiode lang im Durchlaßzustand sind, ein Zündsignal. In dieser ganzen Zeitspanne ist $u_A = u$, wobei u die Wechselspannung der Stromquelle ist. Bei $\omega t = \pi + \alpha$ beginnen die Thyristoren TH_2 und TH_4 zu leiten. Sie übernehmen die Leitung des Ankerstroms i_A, für eine Halbperiode der Spannung u. In dieser Zeitspanne ist $u_A = -u$. In Bild 3.43-c ist mit fetter Linie der Verlauf der Spannung u_A bei gleichbleibendem $\alpha = \pi/3$, in lückendem i_A-Strombetrieb, dargestellt. Auch hier ist die Klemmenspannung u_A während der Strompause genau so groß wie die induzierte Spannung

$$-E_E = k_E \Phi_E \Omega .$$

b) Bei einem beliebigen Zündwinkel α (Bild 3.43-b), kann man den Mittelwert der Spannung am Brückenausgang ermitteln:

$$U_A = \frac{1}{\pi}\int_0^{\pi} u_A \, d(\omega t) = \frac{1}{\pi}\left[-\int_0^{\alpha} u_A d(\omega t) + \int_{\alpha}^{\pi} u_A d(\omega t)\right] = \frac{2U_m}{\pi} U_{2m} \cos\alpha .$$

Wie diese Beziehung zeigt, verläuft die Mittelwertspannung U_A zwischen $2U_m/\pi$ und $-2U_m/\pi$, wenn der Winkel α von 0 bis π zunimmt. Somit ist der Betrieb, bei gleichbleibender, von den Thyristoren zugelassener Richtung des Stroms i_A, auch bei einem negativen Mittelwert der Klemmenspannung möglich. Das entspricht einer Energieübertragung von der im Generatorbetrieb laufenden Gleichstrommaschine zum Stromnetz. Infolgedessen *ist der Wechselrichterbetrieb möglich.*

c) Wird parallel zum Brückenausgangskreis eine Freilaufdiode geschaltet, dann sieht die Gleichspannung wie in Bild 3.43-d (fette Kennlinie), aus. Falls die Thyristoren TH_1 und TH_2 bei $\omega t = \alpha$ zu leiten beginnen, dauert ihr Leitungsbetrieb nur bis $\omega t = \pi$, wenn $u = 0$. Die Diode D (Bild 3.43-a) leitet auch: sie schließt den Ausgangskreis kurz, und die Spannung u_A bleibt Null, bis $\omega t = \pi + \alpha$. Zu jenem Zeitpunkt zünden die Thyristoren TH_2 und TH_4 an, und $u_A = -u$. Der Mittelwert der Spannung U_A ist in diesem Fall:

$$U_A = \frac{1}{\pi}\int_{\alpha}^{\pi+\alpha} u_A \, d(\omega t) = \frac{1}{\pi}\int_{\alpha}^{\pi} U_m \sin(\omega t)\, d(\omega t) = \frac{U_m}{\pi}\,(1 + \cos\alpha) .$$

Als Schlußfolgerung (siehe auch Bild 3.43-d) gilt, daß für jedes $\alpha \in (0, \pi)$ der Mittelwert der Klemmenspannung U_A nie negativ werden kann; demzufolge ist ein *Wechselrichterbetrieb unmöglich.*

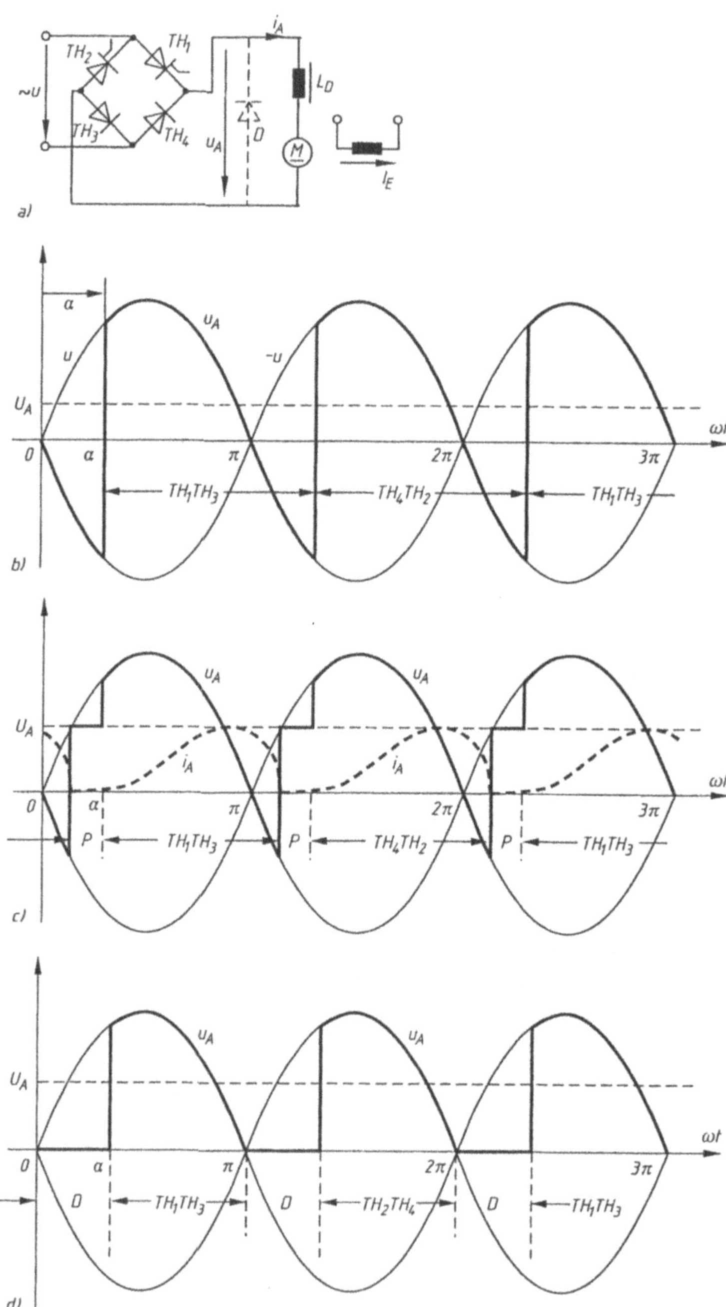

Bild 3.43 a) Vollgesteuerte Zweipulsbrücke und ein fremderregter Gleichstrommotor,
b) u_A am Brückenausgang bei beliebigem α (lückfreier Strom i_A),
c) u_A als Winkelfunktion (i_A in lückendem Strombetrieb mit $\alpha = 60°$)

3Ü.4 *Ein fremderregter Gleichstrommotor, gespeist von zwei gegenparallel geschalteten B2C-Thyristorenbrücken, kann im Vierquadranten-Betrieb (Bild 3.44) der (Ω/M)-Ebene arbeiten.*

a) *Wie sieht der Winkelverlauf der Spannungen an den gemeinsamen Ausgangsklemmen der Brücken bei Zündwinkeln $\alpha_1 = 60°$ und $\alpha_2 = 120°$ aus? Die Brücken werden über identische Transformatoren versorgt.*

b) *Für die oben angegebenen Winkel soll der Kreisstromverlauf zwischen den beiden Brücken bestimmt werden. Welcher ist der Mittelwert dieses Stroms?*

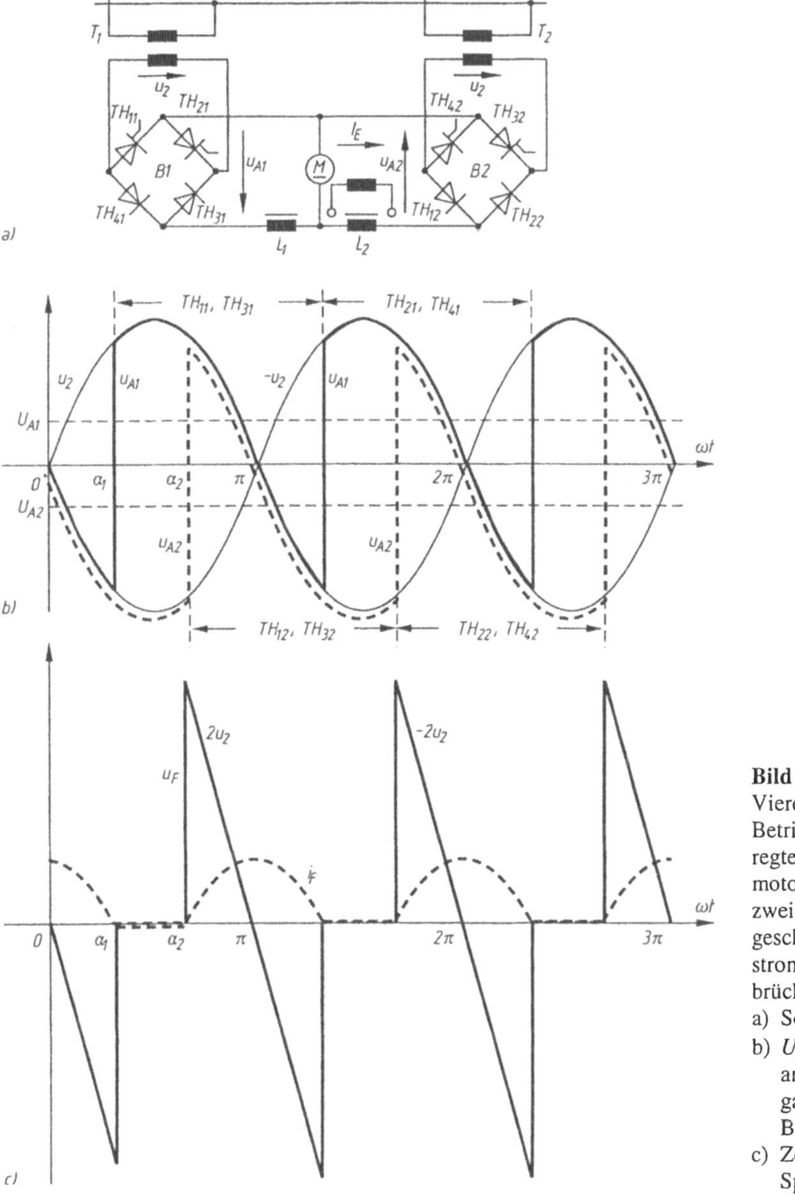

Bild 3.44 Vierquadranten-Betrieb des fremderregten Gleichstrommotors, gespeist über zwei gegenparallel geschaltete Wechselstrom-Thyristorbrücken B1, B2:
a) Schaltbild,
b) $U_{A1}(\omega t)$, $u_{A2}(\omega t)$ am Klemmenausgang der Brücken B1 bzw. B2,
c) Zeitverlauf der Spannung $2u_2$

a) In Bild 3.44-a ist das prinzipielle Schaltbild eines im Vierquadranten-Betrieb arbeitenden Antriebssystems gezeigt. Die beiden gegenparallel geschalteten Wechselstrombrücken sind an die Motorklemmen angeschlossen. Das System enthält zwei identische Einphasentransformatoren T_1 und T_2 zur Versorgung der Brücken B1 und B2. In den Ausgangsmaschen beider Brücken werden zur Begrenzung des Kreisstroms die Drosseln L_1 bzw. L_2 eingeschaltet. Die Brücken müssen derart gegenparallel geschaltet werden, daß jede die Führung des Ankerstroms zuläßt, wenn dieser eine gewisse Richtung aufweist. Diese Richtung ist an den beiden Brücken verschieden.

Bei $\alpha_1 = 60°$ sieht die gleichgerichtete Spannung u_{A1} am Ausgang der Brücke B_1 so aus wie in Bild 3.44-b (fette, volle Kurve), vorausgesetzt, daß ein lückfreier Strombetrieb herrscht. Die entsprechende Mittelwert der Spannung, U_{A1}, die ein positives Vorzeichen aufweist, ist gleichfalls in Bild 3.44-b gezeigt.

Bei $\alpha_2 = 120°$ hat die Spannung u_{A2} einen anderen Verlauf (Bild 3.44-b, fette, unterbrochene Kurve). Der Mittelwert dieser Spannung, U_{A2}, ist negativ, aber vom Betrag U_{A1} gleich. Folglich erzeugen diese zwei Brücken mit $\alpha_1 + \alpha_2 = 180°$ den gleichen Mittelwert der Spannungen, nur mit entgegengesetzten Vorzeichen: $U_{A1} = -U_{A2}$. An die Motorklemmen legt man die gleiche Spannung gleicher Polarität an. Der Ankerstrom i_A wird von der einen oder anderen Brükke übernommen, je nach dem Augenblickswert der Spannung. Nach der energetischen Arbeitsweise der Gleichstrommaschine kann sie sich im Generator- und Motorbetrieb befinden.

b) Bei $\alpha_1 = 60°$ und $\alpha_2 = 120°$ besitzen die Spannungen u_{A1} und u_{A2} gleiche Mittelwerte entgegengesetzter Vorzeichen. Sie sind aber nicht *in jedem Augenblick* gleich und mit entgegengesetztem Vorzeichen; das verursacht Kreisströme zwischen den beiden Wechselstrombrücken. Um den Verlauf des Kreisstroms zu bestimmen, stellt man aufgrund des Bilds 3.44-b zunächst fest, daß:

- im *Bereich* $(\alpha_1, \pi+\alpha_1)$ sind die Thyristoren TH_{11} und TH_{31} der ersten Brücke B1 gezündet;
- im *Bereich* $(\alpha_2, \pi+\alpha_2)$ sind die Thyristoren TH_{12} und TH_{32} im leitenden Zustand;
- im *Bereich* $(\alpha_2, \pi+\alpha_1)$ ergibt sich eine *Betriebsüberlappung*. In diesem Bereich sind die Sekundärwicklungen beider Transformatoren hintereinandergeschaltet. Die Spannungsquellen werden im Sekundärkreis addiert, was einen Kreisstrom erzeugt. Dieser Strom i_F fließt über den Weg $TH_{11} \Rightarrow TH_{32} \Rightarrow [-u_{22}] \Rightarrow TH_{12} \Rightarrow L_2 \Rightarrow L_1 \Rightarrow TH_{31}$ $[-u_{21}] \Rightarrow TH_{11}$;

  In diesem Kreis gibt es nur die Induktivitäten der Drosselspulen L_1 und L_2. Da $u_{21} = u_{22} = u_2$, gilt im Bereich $(\alpha_2, \pi+\alpha_1)$ folgende Gleichung:

  $$2u_2 = 2L\frac{di_F}{dt} \quad \text{oder} \quad \frac{di_F}{d(\omega t)} = \frac{u_2}{\omega L},$$

  da $L_1 = L_2 = L$. Die Anfangsbedingung lautet $i_F(\alpha_2) = 0$. In Bild 3.44-c ist der Zeitverlauf der Spannung $2u_2$ gezeigt. Sie ruft den Kreisstrom, wie auch die Änderung dieses pulsförmigen Stroms, hervor. Der Strom i_F, dessen Zeitableitung proportional zu u_2 ist, erreicht einen Höchstwert bei $u_2 = 0$. Er steigt von Null an und geht auf Null zurück, da u_2 im untersuchten Bereich einen Mittelwert von Null hat. Die Integration der oben angegebenen Differentialgleichung führt zu:

  $$i_F = \int_{\alpha_2}^{t} \frac{u_2}{\omega L} d(\omega t) = \frac{U_m}{\omega L}\int_{\alpha_2}^{t} \sin\omega t \, d(\omega t) = \frac{U_m}{\omega L}(\cos\alpha_2 - \cos\omega t).$$

- Man kann gleich nachprüfen, daß $i_F(\pi+\alpha_1) = 0$.

- Im *Bereich* (α_1, α_2) überlappen sich im Betrieb die Thyristoren TH_{11} und TH_{31} (Brücke B1) bzw. die Thyristoren TH_{22} und TH_{42} (Brücke B2). Auch in diesem Fall werden die Sekundärwicklungen der Transformatoren im Reihe geschaltet. Die augenblicklichen Spannungen sind um 180° phasenverschoben, und es wird kein Kreisstrom erzeugt. Der Mittelwert I_F des Kreisstroms ist:

$$I_F = \frac{1}{\pi}\int_{\alpha_2}^{\pi+\alpha_1} \frac{U_m}{\omega L}(\cos\alpha_2 - \cos\omega t)\,d(\omega t) = \frac{2\alpha_1}{\pi}\frac{U_m}{\omega L}\cos\alpha_2 - 2\frac{U_m}{\omega L}\sin\alpha_2 .$$

Infolge der Beziehung $\alpha_1 + \alpha_2 = \pi$ kann I_F auch folgende Form annehmen:

$$I_F = \frac{2\alpha_1}{\pi}\frac{U_m}{\omega L}\left(\frac{1}{\alpha_1}\sin\alpha_1 - \cos\alpha_1\right).$$

Dieser Mittelwert kann mit Hilfe der Drosselspulen L_1 und L_2 (mit identischen Induktivitäten L) begrenzt werden; er ändert sich in Abhängigkeit vom Zündwinkel α_1. Sein Höchstwert ergibt sich für $\alpha_1 = \pi/2$.

3Ü.5 *Der Gleichrichter aus Bild 3.45-a, der einen fremderregten Motor bei konstanter Erregung versorgt, hat einen Zündwinkel der Thyristoren $\alpha = \pi/6$. Vorausgesetzt werden eine sehr große Zeitkonstante des Ankerkreises und gleichbleibende Winkelgeschwindigkeit. Zu bestimmen sind:*

a) der Zeitverlauf der Ströme über die Thyristoren,

b) der Zeitverlauf des Primärstroms eines beliebigen Strangs für $w_1 i_1 - w_2(i_2 - I_{20}) = 0$, wobei I_{20} der Mittelwert des Sekundärstroms und w_1, w_2 die Strangwindungszahlen des Transformators sind,

c) der Zeitverlauf des Linienstroms (Netzstromes),

d) der Zeitverlauf der Klemmenspannung eines Thyristors,

e) die Effektivwerte der Ströme,

f) die Primär- und Sekundärscheinleistungen in Abhängigkeit der dem Motor zugeführten Gleichstromleistung; die magnetischen Streuungen des Transformators werden vernachlässigt.

a) In Bild 3.45-b sind die drei Sekundärstrangspannungen u_{2U}, u_{2V}, u_{2W} wie auch die Gleichspannung u_A am Gleichrichterausgang (Kurve fett gezeichnet) bei $\alpha = \pi/6$ dargestellt. Auch die Durchlaßzeit jedes Thyristors ist angezeigt. In den Bildern 3.45-c, d, e sind die Ströme dargestellt, die die Thyristoren und die Sekundärwicklungen des Transformators T durchfließen. Jeder Thyristor übernimmt den Ankerstrom $i_A = I_A$ für eine Zeitspanne von $2\pi/3$. Somit hat der Strom über einen Thyristor, z.B. i_{2U}, die Form eines rechteckigen Pulses der Höhe I_A und der Dauer $2\pi/3$. Der Mittelwert dieses Stroms über eine Periode beträgt $I_{20} = I_A/3$. Die Wechselkomponente des Stroms i_{2U} ist in Bild 3-45 schraffiert gezeichnet.

b) Da nur die Wechselkomponente eines Strangstroms im Sekundärkreis auf den entsprechenden Primärstrang bezogen wird, ergibt sich:

$$i_{1U} = \frac{w_2}{w_1}(i_{2U} - I_{20}) .$$

Analoge Gleichungen erhält man für die anderen Primärstrangströme. In den Bildern 3.45-c, d, e sind, mit einem anderen Maßstab, auch die Primärströme i_{1U}, i_{1V}, i_{1W} dargestellt.

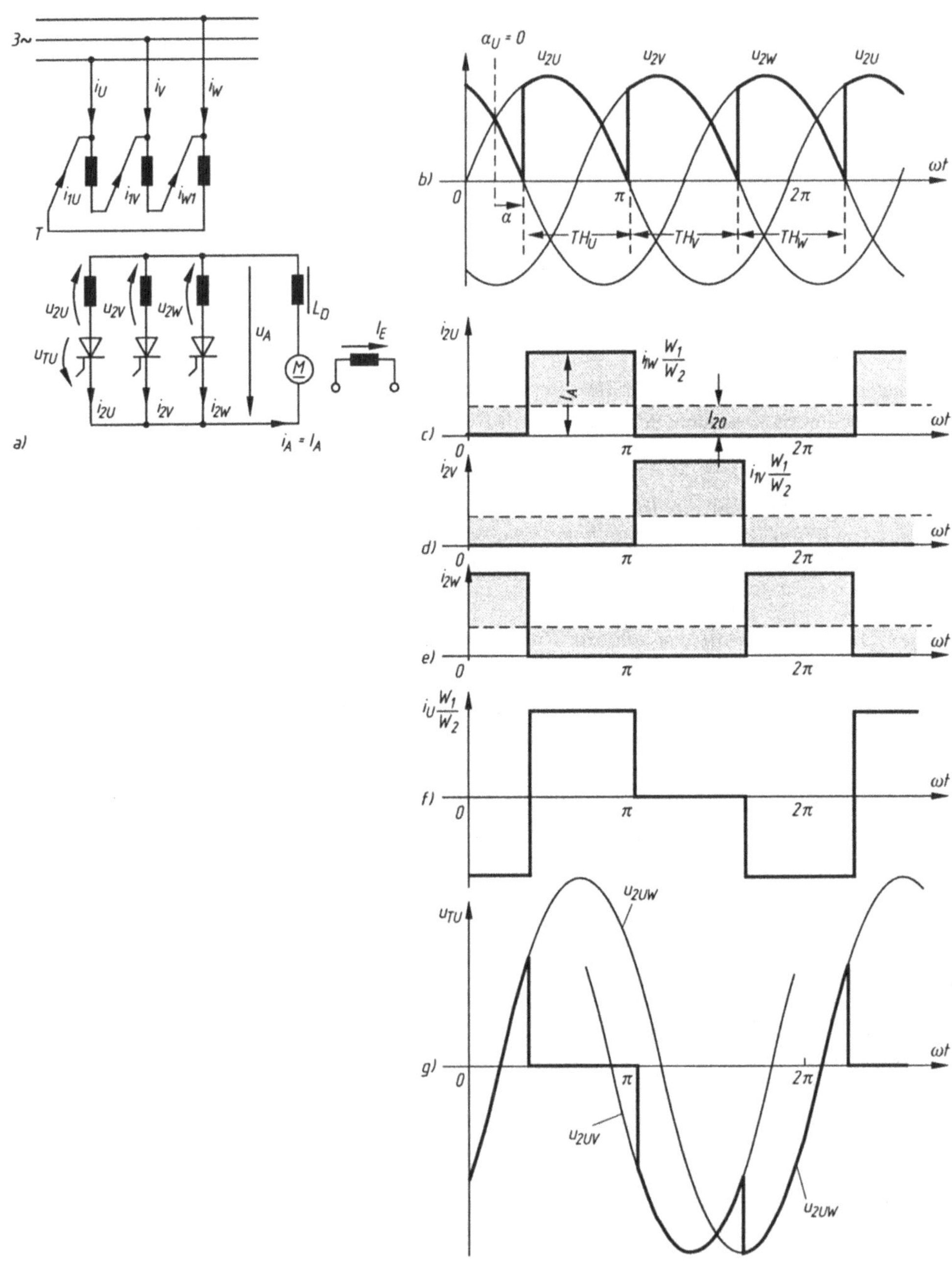

Bild 3.45 Antrieb eines fremderregten Gleichstrommotors, versorgt von einem Dreipulsgleichrichter M3 (sehr große Zeitkonstante im Ankerkreis):
a) Schaltbild, b) Sekundärspannungsverläufe $u_{2U}(\omega t)$, $u_{2V}(\omega t)$, $u_{2W}(\omega t)$,
c), d), e) Winkelverläufe von $i_{2U}(\omega t)$, $i_{2V}(\omega t)$, $i_{2W}(\omega t)$,
f), g) Winkelverläufe von $i_U\,(w_1/w_2)$ bzw. u_{2UV} und u_{2UW}

c) Um den Netzleiterstrom zu errechnen, verwendet man der Knotensatz im Knoten A des Transformators:

$$i_U = i_{1U} - i_{1W} = \frac{w_2}{w_1}(i_{2U} - i_{2W}).$$

Sein Zeitverlauf ist in Bild 3.45-f gezeigt.

d) Man berücksichtigt den Thyristor in Strang U; der Zeitverlauf der AK-Spannung u_{TU} an seinen Klemmen wird bestimmt. In der Durchlaßzeit des Thyristors TH_U ist seine Durchlaßspannung 1 bis 4 V, deshalb kann sie vernachlässigt werden: $u_{TU} \approx 0$ (Bild 3.45-g). Im folgenden Drittel der Periode leitet der Thyristor des V-Strangs, und somit gilt:

$$u_{TU} = u_{2U} - u_{2V} = u_{2UV}.$$

Damit ist die AK-Spannung gleich der verketteten Spannung zwischen den Sekundärsträngen U und V. In Bild 3.45-g ist der Zeitverlauf der Spannung u_{TU} fett gezeichnet. Man bemerkt, daß die maximal negative Spannung, die jeden Thyristor beansprucht, gleich der Amplitude der verketteten Sekundärspannung, d.h. $U_2\sqrt{6}$ ist, wobei U_2 der Effektivwert der Spannung in einer Sekundärstrangwicklung ist.

e) Der Effektivwert des Sekundärstroms in einer Strangwicklung (bzw. Thyristor) beträgt:

$$I_2 = \sqrt{\frac{1}{2\pi}\int_0^{2\pi} i^2\,\mathrm{d}(\omega t)} = \sqrt{\frac{I_A^2}{2\pi}\int_{\pi/3}^{\pi}\mathrm{d}(\omega t)} = \frac{I_A\sqrt{3}}{3}.$$

Berücksichtigt man den Zeitverlauf eines Primärstrangstroms, z.B. $i_{1U}(\omega t)$, kann man seinen Effektivwert I_1 ermitteln:

$$I_1 = \frac{w_2}{w_1}\sqrt{\frac{1}{2\pi}\int_0^{2\pi}(i_{2U} - I_{20})^2\mathrm{d}(\omega t)} = \frac{w_2}{w_1}\sqrt{\frac{1}{2\pi}\left[\frac{4I_A^2}{9}\times\frac{2\pi}{3} + \frac{I_A^2}{9}\times\frac{4\pi}{3}\right]} =$$

$$= \frac{w_2}{w_1} I_A \frac{\sqrt{2}}{3}.$$

Den Netzleiterstrom als Effektivwert erhält man mit Hilfe des Bilds 3.45-f:

$$I_U = \frac{w_2}{w_1} I_A \frac{\sqrt{6}}{3}.$$

f) Die Scheinleistung des Transformators sekundär ist:

$$S_2 = 3\,U_2 I_2.$$

Für $m = 3$ gibt es folgende Beziehung zwischen dem Mittelwert der Gleichspannung U_A und dem Effektivwert der Sekundärstrangspannung U_2:

$$U_A = \frac{3}{\pi} U_2\sqrt{2}\sin\frac{\pi}{3}\cos\alpha,$$

die bei $\alpha = \pi/6$ ergibt:

$$U_A = \frac{9\sqrt{2}}{4\pi} U_2 = 1{,}013\,U_2,$$

und somit:

$$S_2 = 3\,U_2 I_2 = 3\,\frac{U_A}{1{,}013}\,\frac{I_A\sqrt{3}}{3} = 1{,}71\,U_A I_A\,.$$

Die primäre Scheinleistung des Transformators ist:

$$S_1 = 3\,U_1 I_1 = 3\frac{w_1}{w_2}U_2\,\frac{w_2}{w_1}\,I_A\,\frac{\sqrt{2}}{3} = 1{,}40\,U_A I_A\,.$$

Interessant ist die Tatsache, daß der Transformator primär- und sekundärseitig unterschiedliche Scheinleistungen aufweist, weil die Sekundärwicklungen mit einer Gleichstromkomponente I_{20} belastet sind, die keine Äquivalenzkomponente in den Primärwicklungen hat. Die mittlere Scheinleistung stellt die Bauleistung des Transformators dar:

$$S = \frac{S_1 + S_2}{2} = \frac{1{,}71 + 1{,}40}{2}\,U_A I_A = 1{,}55\,U_A I_A\,.$$

Der gesamte Leistungsfaktor des Trafo-Gleichrichter-Motor-Satzes für $\alpha = \pi/6$ ist:

$$K = \frac{P_1}{S_1} = \frac{U_A I_A}{1{,}40 U_A I_A} = \frac{1}{1{,}4} = 0{,}714\,.$$

3Ü.6 *Man betrachte die halbgesteuerte Drehstrom-Brückenschaltung aus Bild 3.46-a.*

a) Wie ist der Zeitverlauf der Spannung u_A am Brückenausgang, bei $\alpha = 30°$ und $\alpha = 90°$, in der Annahme eines lückfreien Ankerstroms?

b) Wie lautet der analytische Ausdruck der Mittelgleichspannung U_A bei einem beliebigen Winkel α?

c) Darf diese Brücke im Wechselrichterbetrieb eingesetzt werden?

a) In Bild 3.46-b ist der Zeitverlauf der Spannung u_A am Ausgang der halbgesteuerten Brücke bei $\alpha = 30°$, dargestellt. Bekommt, z.B., der Thyristor TH_U einen Zündimpuls, wird er in der Zeit von 30° die Stromleitung zusammen mit der Diode D_V übernehmen: in dieser Zeitspanne überschreitet die Spannung u_{UV} die anderen verketteten Spannungen, und die Diode D_V ist die einzige, die eine Durchlaßspannung aufweist. Danach, für eine Zeitspanne von 90°, bleibt das Ventil TH_U zusammen mit der Diode D_W offen, da hier $u_{UW} > u_{UV}$.

Nachdem der Thyristor TH_U den Strom i_A in der gesamten Zeit von 120° geleitet hat, bekommt der – folgende – Thyristor TH_V einen Zündimpuls. Er bleibt, zusammen mit den Dioden D_W und D_U, im leitenden Zustand für die Zeit von 30° bzw. 90° usw. Wird $\alpha > 60°$, z.B. $\alpha = 90°$, so ändert sich die Lage, und der Verlauf der Spannung u_A wird anders als vorher. Zündet der Thyristor TH_U (Bild 3.46-c), übernimmt er für eine Zeit von 90° auch den Strom, zusammen mit der Diode D_W, bis zu dem Augenblick, in dem die Spannung u_{UW} Null wird. In diesem Augenblick ist die AK-Spannung der Diode praktisch Null, und diese Diode übernimmt die Leitung des Ankerstroms. Zusammen mit dem Ventil TH_U wird sie über eine Zeitspanne von 30° den Ankerkreis des Motors kurzschließen. Der Strom fließt weiterhin, aufgrund der im magnetischen Feld der Anker- und Drosselwicklung gespeicherten Energie.

Danach erhält der Thyristor TH_V einen Zündimpuls und beginnt zusammen mit der Diode D_U zu leiten. In der ersten Zeit von 90° entspricht die Ausgangsspannung u_A der Spannung u_{VU}; in der darauffolgendem Zeitspanne von 30° leitet TH_V zusammen mit der Diode D_V: die Ankerspannung u_A ist Null.

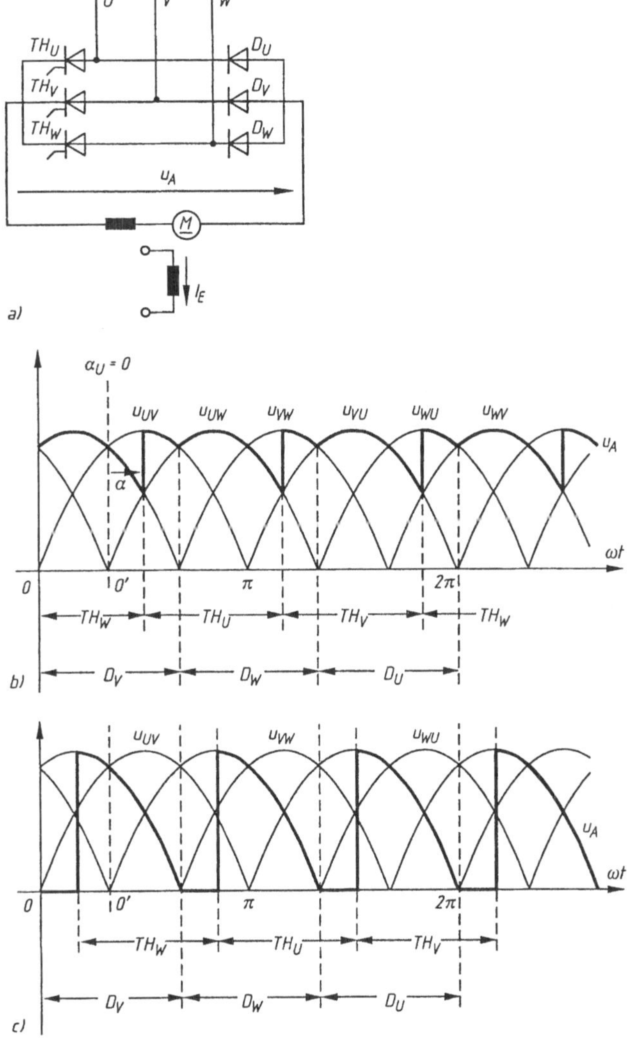

Bild 3.46
Antrieb eines fremderregten Gleichstrommotors von einer halbgesteuerten Drehstrom-Brückenschaltung:
a) Schaltbild,
b) $u_A(\omega t)$ für $\alpha < 60°$,
c) $u_A(\omega t)$ für $\alpha > 60°$

b) Zur Ermittlung des Mittelwerts der Spannung am Brückenausgang wird zunächst der Fall $\alpha < 60°$ untersucht: die Ankerspannung u_A weist den Zeitverlauf aus Bild 3.46-b auf. Wählt man als Winkelursprung den Punkt 0', der einer Zündverzögerung des Thyristors TH_U entspricht, wird $u_A = u_{UV}$ im Bereich (α, $\pi/3$) bzw. $u_A = u_{UW}$ im Bereich ($\pi/3$, $\alpha + 2\pi/3$). Man erhält:

$$u_{UV} = U_m \sin\left(\omega t + \frac{\pi}{3}\right),$$

$$u_{UW} = U_m \sin \omega t,$$

wobei U_m die Amplitude der verketteten Spannung im Drehstromnetz bezeichnet. Folglich wird der Mittelwert der Spannung U_A:

$$U_A = \frac{3}{2\pi}\left[\int_{\alpha}^{\pi/3} U_m \sin\left(\omega t + \frac{\pi}{3}\right) d(\omega t) + \int_{\pi/3}^{2\pi/3+\alpha} U_m \sin\omega t \, d(\omega t)\right] =$$

$$= \frac{3U_m}{2\pi}(1 + \cos\alpha).$$

Im Fall $\alpha > 60°$ verläuft die gleichgerichtete Spannung wie in Bild 3.46-c; ihr Mittelwert beträgt:

$$U_A = \frac{3}{2\pi}\int_{\alpha}^{\pi} U_m \sin(\omega t)\, d(\omega t) = \frac{3U_m}{2\pi}(1 + \cos\alpha),$$

und man bekommt den gleichen analytischen Ausdruck wie für $\alpha < 60°$.

c) Die halbgesteuerte Brücke kann nicht im Wechselrichterbetrieb eingesetzt werden, da im ganzen Änderungsbereich des α-Zündwinkels der Mittelwert der Spannung U_A das Vorzeichen nicht wechselt.

3Ü.7 *Ein Gleichstrommotor bei gleichbleibender Fremderregung hat den Ankerkreiswiderstand $R_A = 0{,}4\ \Omega$ und eine Zeitkonstante $\tau_A = L_{AA}/R_A = 20$ ms. Er wird von einer vollgesteuerten Drehstrom-Brückenschaltung versorgt. Die verkettete Effektivspannung des Drehstromnetzes ist $U = 380$ V bei einer Frequenz $f = 50$ Hz.*

a) Der Zeitverlauf des Ankerstroms in einem lückfreien stationären Betrieb soll bestimmt werden. Man kennt die Mittelwerte I_A dieses Stroms bei $\alpha = 30°$, $60°$ und $90°$. Es wird eine konstante Winkelgeschwindigkeit Ω vorausgesetzt.

b) Wie ändert sich der Zeitverlauf des Ankerstroms, wenn in den Ankerkreis eine Glättungsdrossel mit einer Zeitkonstante $\tau_A = 100$ ms geschaltet wird?

c) Bei welchen von diesen drei Werten des Winkels α ist die Kommutierung am Kollektor am schwierigsten? Der Überlappungsvorgang der Thyristoren wird vernachlässigt.

a) In Bild 3.47-a wird der Zeitverlauf der Spannung u_A am Brückenausgang gezeigt. Diese Spannung wird an den Ankerkreis des Motors gelegt. Die Spannungsgleichung lautet:

$$u_A = Ri_A + L\frac{di_A}{dt} + k_E \Phi_E \Omega,$$

mit:

R	Gesamtwiderstand des Ankerkreises,
L	Gesamtinduktivität desselben Kreises,
$k_E \Phi_E \Omega$	induzierte Spannung.

Im stationären Betrieb ist die Spannung u_A pulsförmig, die Pulsdauer beträgt $\pi/3$, und der Mittelwert von u_A ist U_A. Der Strom i_A ist auch pulsförmig (Bild 3.47-b), mit dem Mittelwert I_A. Für die Mittelwerte aller Größen der Spannungsgleichung in einer Pulsdauer von $\pi/3$ ergibt sich:

$$U_A = RI_A + k_E \Phi_E \Omega.$$

Zieht man die zwei Gleichungen voneinander ab, erhält man folgende Differentialgleichung für die Wechselstromkomponente $(i_A - I_A)$ des Ankerstroms:

$$u_A - U_A = R(i_A - I_A) + L\frac{d(i_A - I_A)}{dt}.$$

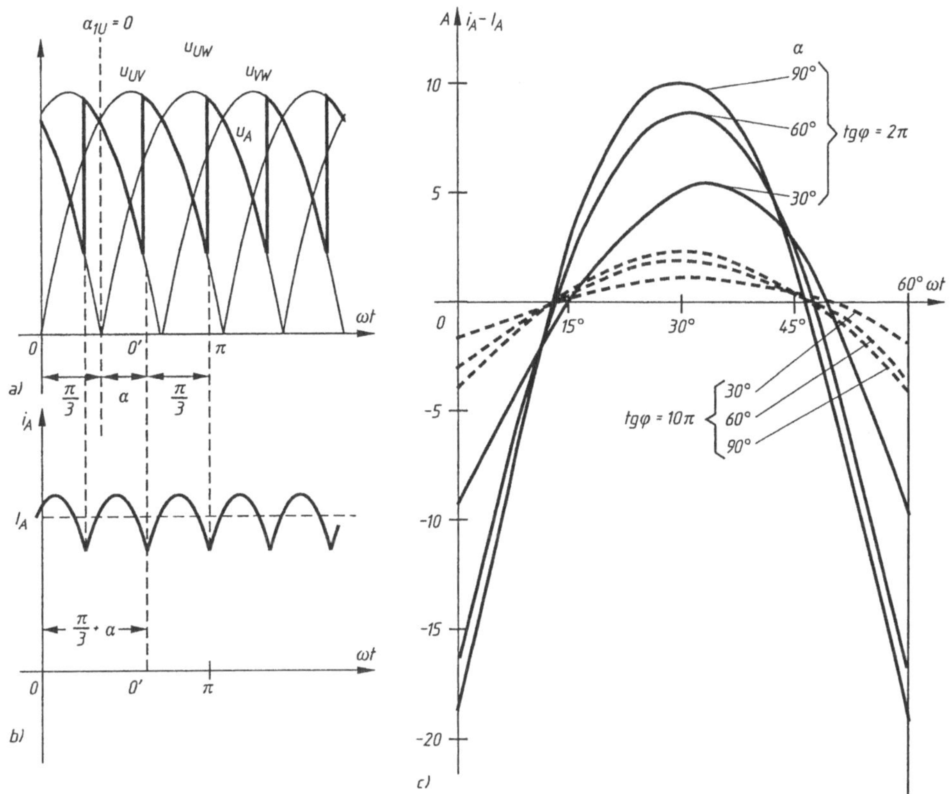

Bild 3.47 Fremderregter Gleichstrommotor bei konstantem Erregerfluß, gespeist von einer vollgesteuerten Drehstrom-Brückenschaltung:
a) Zeitverlauf von u_A am Brückenausgang,
b) dito von i_A,
c) Einfluß der Glättungsdrossel auf $i_A - I_A = f(\omega t)$ für $\alpha = 90°, 60°, 30°$ (unterbrochene Linien)

Mit dem Zeitursprung im Punkt 0' (Bild 3.47) wird die Spannung u_A :

$$u_A = U_m \sin(\omega t + \frac{\pi}{3} + \alpha) .$$

Dieser analytische Ausdruck gilt in der ganzen Zeitspanne eines Pulses, $0 \leq \omega t < \pi/3$. Andererseits ist der Mittelwert der Gleichspannung:

$$U_A = \frac{3}{\pi} U_m \cos\alpha .$$

Die Differentialgleichung der Wechselstromkomponente $(i_A - I_A)$ kann für $0 \leq \omega < \alpha$ weiter umgeformt werden:

$$U_m \sin(\omega t + \frac{\pi}{3} + \alpha) - \frac{3}{\pi} U_m \cos\alpha = R\,(i_A - I_A) + L \frac{d(i_A - I_A)}{dt} .$$

Die Lösung dieser Gleichung lautet:

$$(i_A - I_A) = C\,e^{-\omega t/\tan\varphi} - \frac{3}{\pi} \times \frac{U_m}{R} \cos\alpha + \frac{U_m}{Z} \times \sin(\omega t + \frac{\pi}{3} + \alpha - \varphi)\,,$$

wobei C eine Integrationskonstante ist und:

$$Z = \sqrt{R^2 + \omega^2 L^2} \text{ bzw. } \varphi = \arctan \frac{\omega L}{R}\,.$$

Die Konstante C wird mit der vom stationären Betrieb erzwungenen Bedingung bestimmt: bei $\omega t = 0$ und $\omega t = \pi/3$ hat die Wechselstromkomponente den gleichen Wert (Bild 3.47-b). Also:

$$C = -\frac{U_m}{Z} \times \frac{\sin(\alpha - \varphi)}{1 - e^{-\pi/3\tan\varphi}}\,.$$

Aber $Z\cos\varphi = R$ und damit :

$$(i_A - I_A)\frac{Z}{U_m} = -\frac{e^{-\omega t/\tan\varphi}}{1 - e^{-\pi/3\tan\varphi}} \sin(\alpha - \varphi) - \frac{3}{\pi} \times \frac{\cos\alpha}{\cos\varphi} + \sin(\omega t + \frac{\pi}{3} + \alpha - \varphi)\,.$$

Dieses Ergebnis gilt im Bereich $0 \leq \omega t < \pi/3$. In den folgenden Zeitspannen von jeweils 60° oder $\pi/3$ Bogenmaß ändert sich der Strom periodisch. Im konkret angegebenen Fall, für $R_A = 0{,}4\ \Omega$ und $\tau_A = 0{,}02$ s, ergibt sich:

$$\omega L = \omega\, \tau_A R = 314 \times 0{,}02 \times 0{,}4 = 2{,}512\ \Omega\,,$$

$$Z = \sqrt{R^2 + \omega^2 L^2} = \sqrt{0{,}4^2 + 2{,}512^2} = 2{,}54\ \Omega\,,$$

$$\tan\varphi = 2\pi \Rightarrow \cos\varphi = 0{,}157 \Rightarrow \varphi = \arccos(0{,}157) = 80{,}96°\,,$$

$$U_m = 380\sqrt{2} = 537{,}4\ \text{V}\,.$$

In Bild 3c sind die Kurven

$$(i_A - I_A) = f(\omega t)$$

bei $\alpha = 30°$, 60°, 90° dargestellt. Die Ankerstromwelligkeit im lückfreien Strombetrieb hängt nur von den Parametern des Ankerkreises und von α ab. Bei $\alpha = 90°$ ist die Welligkeit am größten.

b) Wird – bei unveränderten Ankerkreiswiderstand R, aber bei einer fünffach größeren Zeitkonstante τ_A – eine Glättungsdrossel eingeschaltet, erhält man:

$$\tan\varphi = 10\pi,$$

$$Z = \sqrt{0{,}4^2 + (5 \times 2{,}512)^2} = 12{,}57\ \Omega\,,$$

$$\cos\varphi = 0{,}0318\,,$$

$$\varphi = \arccos(0{,}0318) = 88{,}18°\,.$$

In Bild 3.47-c sind mit unterbrochenen Linien die Kurven $(i_A - I_A)Z/U_m = f(\omega t)$ für die neue Situation eingezeichnet. Der Glättungseffekt ist offensichtlich.

c) Der schwierigste Kommutierungsbetrieb wird im Fall $\alpha = 90°$ verzeichnet, wenn die Welligkeit des Stroms i_A am größten ist. Beim gegebenen Mittelwert I_A bei $\alpha = 90°$ erreicht der Strom i_A ungefähr in der Pulsmitte seinen größten Wert, für $\tau_A =$ konst.

3Ü.8 *Für den vollgesteuerten Gleichrichtern mit $m = 2$, 3 und 6 Pulsen der gleichgerichteten Spannung in einer Periode des Wechselstromnetzes sollen die minimalen Zündwinkel α_0 bestimmt werden, angefangen von jenen, die nicht mehr zum stationären lückenden Strombetrieb führen können. Vorausgesetzt werden: Vernachlässigung des Überlappungsvorgangs und des Ankerkreiswiderstands, konstante Winkelgeschwindigkeit und konstante Erregung.*

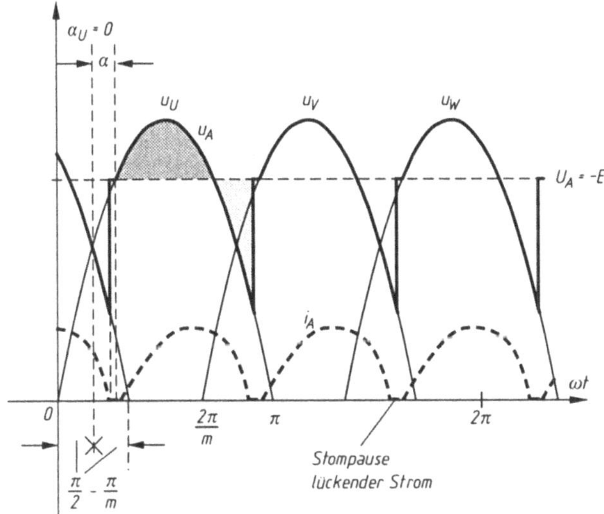

Bild 3.48
Zeitverlauf der gleichgerichteten Spannung u_A und des Ankerstroms i_A (vollgesteuerter Gleichrichter mit $m = 3$)

In Bild 3.48 wird der Zeitverlauf der gleichgerichteten Spannung und des Ankerstroms bei einem gegebenen Winkel α gezeigt. Das Bild bezieht sich auf den Fall $m = 3$, kann aber zu allgemein gültigen Ergebnissen führen. In der Strompausendauer gibt die Spannung u_A am Gleichrichterausgang die Quellenspannung $-E_E$ wieder. Bekommt irgendein Ventil einen Zündimpuls, muß seine AK-Spannung positiv sein: die Klemmenspannung muß größer als die Quellenspannung sein ($U_A > -E_E$), sonst kommt das betreffende Ventil nicht zum Leiten. Soll der Zündimpuls erhalten werden (Bild 3), muß folgende Bedingung gelten:

$$U_m \sin(\alpha + \frac{\pi}{3} - \frac{\pi}{m}) > -E_E. \tag{3.20}$$

Anderseits sind die induzierte Spannung $-E_E$ und die Mittelwert der Spannung U_A gleich, wenn der Ankerspannungsabfall vernachlässigt wird:

$$-E_E = U_A.$$

Im Grenzfall, wenn die Strompause gegen Null strebt, strebt die induzierte Spannung $-E_E$ zum Mittelwert U_A im lückfreien Strombetrieb, der nach Gl. (3-13) bekannt ist:

$$-E_E = U_A = \frac{m}{\pi} U_m \sin\frac{\pi}{m} \cos\alpha. \tag{3.21}$$

Es gibt somit einen Grenzwert α_0 des Winkels α, bei dem ein *stationärer Betrieb* – mit der kleinsten Strompause – *noch möglich ist.* Für diesen Grenzwert α_0 sind die Bedingungen nach Gl. (3.20) und Gl. (3.21) gleich:

$$U_m \sin(\alpha_0 + \frac{\pi}{2} - \frac{\pi}{m}) = \frac{m}{\pi} U_m \sin\frac{\pi}{m} \cos\alpha_0. \tag{3.22}$$

- Für $m = 2$ führt Gl. (3.22) zu:

$$\sin\alpha_0 = \frac{2}{\pi}\cos\alpha_0 ,$$

bzw.

$$\alpha_0 = \arctan\frac{2}{\pi} = 32{,}48^\circ .$$

Demnach gibt es nur einen lückfreien Strombetrieb bei einer zweipulsigen Wechselstrombrücke (B2C) und Zündwinkeln kleiner als $\alpha_0 = 32{,}48°$. Einen lückenden Strombetrieb gibt es nur für $\alpha > 32{,}48°$.

- Für $m = 3$ ergibt sich:

$$\sin(\alpha_0 + \frac{\pi}{6}) = \frac{3\sqrt{3}}{2\pi}\cos\alpha_0 ,$$

$$\frac{\sqrt{3}}{2}\sin\alpha_0 = (\frac{3\sqrt{3}}{2\pi} - \frac{1}{2})\cos\alpha_0 ,$$

$$\alpha_0 = \arctan\left(\frac{3}{\pi} - \frac{\sqrt{3}}{3}\right) = 20{,}68^\circ .$$

- Für $m = 6$ ergibt sich:

$$\sin(\alpha_0 + \frac{\pi}{6}) = \frac{3}{\pi}\cos\alpha_0 ,$$

$$\frac{1}{2}\sin\alpha_0 = \left(\frac{3}{\pi} - \frac{\sqrt{3}}{2}\right)\cos\alpha_0 ,$$

$$\alpha_0 = \arctan\left(\frac{6}{\pi} - \sqrt{3}\right) = 10{,}08^\circ .$$

3Ü.9 *Ein mit Dauermagneten erregter Gleichstrommotor hat eine Zeitkonstante des Ankerkreises $\tau_A = L_{AA}/R_A = 20$ ms, $R_A = 0{,}4\ \Omega$. Er wird durch einen Gleichstromsteller (Chopper) versorgt, der bei $\alpha = t_a/T = 0{,}5$ arbeitet. Die Periode der Spannungspulse beträgt $T = 2$ ms, die Spannung an den Klemmen der Gleichstromquelle $U_0 = 220$ V. Der vom Motor aufgenommene mittlere Ankerstrom ist I_A.*

a) Wie ist der Zeitverlauf des Ankerstroms im stationären lückfreien Strombetrieb?

b) Wie hoch ist der Minimalwert I_{Am} des Stroms, bei dem der Strom i_A lückfrei ist?

c) Man zeichne den Zeitverlauf der Spannung u_A, um einen lückenden Ankerstrom zu erreichen.

Es wird eine konstante Winkelgeschwindigkeit angenommen. Die Bürstenspannungsabfälle werden vernachlässigt.

a) In Bild 3.49-a ist das prinzipielle Schaltbild einer steuerbaren Drehzahlregelung für einem Permanentmagnet-Gleichstrommotor dargestellt.

- In der Zeitspanne $0 \le t < t_a$ – solange der Motor an die Quelle U_0 geschaltet ist – lautet die Maschengleichung des Ankerkreises:

$$u_A = U_0 = R\, i_{A1} + L\frac{\mathrm{d}i_{A1}}{\mathrm{d}t} + k_E \Phi_E \Omega\,, \tag{3.23}$$

wobei R, L die Kreisparameter und $k_E\, \Phi_E\, \Omega$ die induzierte Spannung sind.

- In der Zeitspanne $t_a \leq t < T$, wenn der Motor von der Quelle U_0 getrennt und sein Ankerkreis von der Diode D kurzgeschlossen ist, nimmt Gl. (3.23) folgende Form an:

$$u_A = 0 = R\, i_{A2} + L\frac{\mathrm{d}i_{A2}}{\mathrm{d}t} + k_E \Phi_E \Omega\,. \tag{3.24}$$

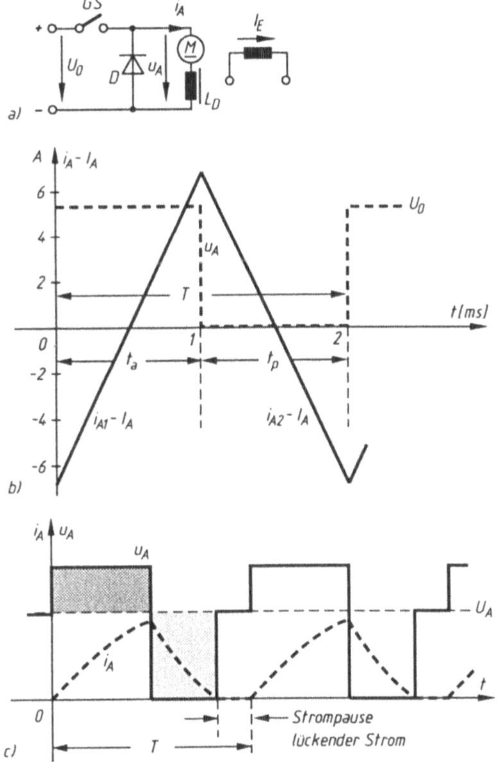

Bild 3.49
Permanentmagnet-Gleichstrommotor mit steuerbarer Drehzahlregelung:
a) Schaltung,
b), c) $(i_A - I_A)$ bzw. u_A und i_A als Zeitfunktionen $f(\omega t)$

In den Gl. (3.23) und (3.24) ist i_{A1} der Ankerstrom in der ersten Zeitspanne bzw. i_{A2} der gleiche Strom in der zweiten Zeitspanne. Rechnet man die Mittelwerte der Größen u_A, i_A und $k_E \Phi_E \Omega$ über die Dauer einer Periode T der Spannung u_A (Bild 3.49-b) aus, ergibt sich:

$$U_A = \alpha\, U_0 - R\, I_A + k_E \Phi_E \Omega\,, \tag{3.25}$$

mit:

$U_A = \alpha\, U_0$	Mittelwert in einer Periode T der Spannung u_A,
$\alpha = t_a / T = (T - t_p)/T$,	
I_A	Mittelwert des Ankerstroms i_A.

Zieht man Gl. (3.25) von den Gl. (3.23) und (3.24) ab, erhält man:

– für $0 \leq t \leq t_a$: $U_0\,(1 - \alpha) = R\,(i_{A1} - I_A) + L\dfrac{\mathrm{d}(i_{A1} - I_A)}{\mathrm{d}t}$,

- für $t_a \le t < \mathrm{T}$: $U = R\,(i_{A2} - I_A) + L\,\dfrac{\mathrm{d}(i_{A2} - I_A)}{\mathrm{d}t}$.

Die allgemeine Lösung der ersten Differentialgleichung ist:

$$i_{A1} - I_A = C_1\, e^{(-t/\tau_A)} - \alpha\,\frac{U_0}{R}\,(1 - \alpha)\,,$$

und die der zweiten:

$$i_{A2} - I_A = C_2\, e^{[-(t-t_a)/\tau_A]} - \alpha\,\frac{U_0}{R}\,.$$

Hier sind C_1 und C_2 Integrationskonstanten. Die Kontinuität des Ankerstroms und der stationäre Betrieb führen zu folgenden Bedingungen:

$$i_{A1}(t_a) = i_{A2}(t_a)\,,$$
$$i_{A1}(0) = i_{A2}(T)\,.$$

Somit:

$$C_1 = -\frac{U_0}{R}\times\frac{1-e^{-t_p/\tau_A}}{1-e^{-T/\tau_A}}\,,$$

$$C_2 = +\frac{U_0}{R}\times\frac{1-e^{-t_a/\tau_A}}{1-e^{-T/\tau_A}}\,.$$

Folglich:

- für $0 \le t \le t_a$: $i_{A1} = I_A + \dfrac{U_0}{R}\left[1-\alpha-\dfrac{1-e^{-t_p/\tau_A}}{1-e^{-T/\tau_A}}\,e^{-t/\tau_A}\right]$,
- für $t_a \le t < T$: $i_{A2} = I_A + \dfrac{U_0}{R}\left[-\alpha-\dfrac{1-e^{-t_a/\tau_A}}{1-e^{-T/\tau_A}}\,e^{-(t-t_a)/\tau_A}\right]$.

Für die angegebenen Daten:

$$t_a/\tau_A = 0{,}001/0{,}020 = 0{,}05\,,$$
$$t_p/\tau_A = t_a/\tau_A = 0{,}05\,,$$
$$U_0/R = 220/0{,}4 = 550\ \mathrm{A}\,,$$
$$\mathrm{T}/\tau_A = 0{,}10\,,$$

und somit:

- für $0 \le t \le t_a$: $i_{A1}(t) = I_A + 550 \times (0{,}5 - 0{,}5125\mathrm{e}^{-t/0{,}02})$,
- für $t_a \le t < T$: $i_{A2}(t) = I_A + 550 \times [-0{,}5 + 0{,}5125\mathrm{e}^{-(t-0{,}001)/0{,}02}]$.

In Bild 3.49-b sind die Kennlinien der Ströme $i_{A1}(t)$ und $i_{A2}(t)$ dargestellt; der Strom i_A steigt nahezu linear im Bereich $(0,\ t_a)$ an und nimmt dann in gleicher Weise, im Bereich (t_a, T), ab.

b) Man bemerkt, daß der Verlauf des Stroms i_A nicht von der Belastung, sondern nur von den Parametern des Motors und des Gleichstromstellers abhängt, solange sich die elektrische Maschine im lückfreien Betrieb befindet. Der Mittelwert I_A des Ankerstroms wird vom Lastmoment M_L an der Welle des Motors erzwungen. Bei gleichbleibendem Zündwinkel α und abnehmendem Lastmoment M_L kann von einem bestimmten Augenblick an ein lückender Strombetrieb erreicht werden. Der Minimalwert I_{Am} des Mittelankerstroms I_A, bei dem der lückende Strombetrieb erscheint, kann aus der Bedingung:

$$i_{A1}(0) = i_{A2}(T) = 0$$

ermittelt werden. Folglich:

$$I_{Am} = \frac{U_0}{R}\left[\alpha - \frac{1-e^{-t_p/\tau_A}}{1-e^{-T/\tau_A}}\right]. \tag{3.26}$$

Mit den erwähnten Zahlenwerte (siehe auch Bild 3.49-b):

$$I_{Am} = 6{,}872 \text{ A}.$$

c) Im lückendem Strombetrieb ist in den Strompausen die Spannung u_A gleich der induzierten Spannung $E_E = -k_E \Phi_E \Omega$. In Bild 3.49-c wird diese Spannung dargestellt, ein vernachlässigbarer Spannungsabfall $R\, I_A$ vorausgesetzt. In diesem Fall ist

$$-E_E = U_A.$$

3Ü.10 *Ein fremderregter Gleichstrommotor hat die Daten $U_N = 440$ V, $I_{AN} = 20$ A, $R_A = 2{,}7\ \Omega$, $\tau_a = L_{AA} / R_A = 20$ ms. Er wird von einer Pulsstellerbrücke mit Thyristoren versorgt.*

a) Bei welchem Wert des Mittelstroms I_A entsteht der lückende Strombetrieb im Falle, daß keine Glättungsdrossel in den Ankerkreis eingefügt wird?

b) Bei 0,05 I_{AN} soll es noch einen lückfreien Strombetrieb geben, bei beliebigem Zündwinkel α der Thyristoren. Man wähle die Glättungsdrossel.

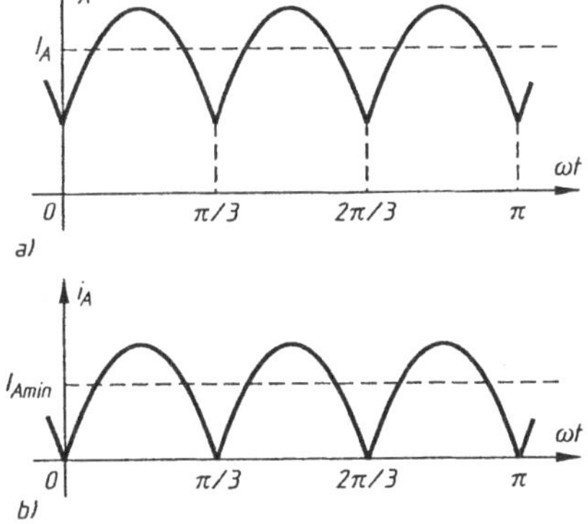

Bild 3.50
Fremderregter Gleichstrommotor, versorgt von einer Pulsstellerbrücke mit Thyristoren
a) Zeitverlauf des Ankerstroms $i_A(\omega t)$, für $m = 6$, $\alpha = 90°$,
b) dito an der Grenze des lückfreien Strombetriebes

a) In Bild 3.50-a wird der Zeitverlauf des Ankerstroms für $m = 6$ wiedergeben. Der Motor läuft in einem *lückfreien Strombetrieb*. Die Schwingungen des Stroms i_A um den Mittelwert I_A hängen nur vom Winkel α und von $\tan\varphi = L / R$ ab, wobei L und R die Induktivität bzw. der Widerstand des Ankerkreises (siehe Übung 3Ü.8) sind. Der Mittelwert des Stroms wird vom Mittellastmoment M_L an der Motorwelle erzwungen.

Die größten Schwingungen um den Mittelwert I_A finden bei einem Winkel $\alpha = 90°$ (Bild 3.48) statt. Bei $\alpha = 90°$, wenn sich der Mittelwert I_A verringert, kann der Fall aus Bild 3.50-b erreicht werden, in dem sich der Motor an der Grenze des lückfreien Strombetriebs befindet. Jede weitere Verringerung von I_A führt zu einem lückendem Betrieb. An der Grenze des lückfreien

Stroms wird der minimale Mittelwert des Ankerstroms I_{Am} aus der Bedingung $i_A(0) = 0$ ermittelt werden. Mit Hilfe der Gl. (3.26) aus Übung 3Ü.9 erhält man mit der oben angegebenen Bedingung:

$$I_{Am} = \frac{U_m}{R} \left[\frac{\cos^2\varphi}{1-e^{-\pi/3\tan\varphi}} - \cos\varphi \sin(30° + \varphi)\right] . \tag{3.27}$$

Aus der Gleichung

$$U_A = \frac{6}{\pi} U_m \sin\frac{\pi}{6} \cos\alpha ,$$

ergibt sich für $\alpha = 0$ und $U_A = U_{AN} = 440$ V :

$$U_m = \frac{\pi U_{AN}}{3} = 460{,}8 \text{ V} .$$

Für den angegebenen Motor ergibt sich:

$$\tan\varphi = \frac{\omega L_{AA}}{R_A} = 2\pi ,$$

$$\cos\varphi = 0{,}1572 ,$$

$$\varphi = 80{,}96° ,$$

$$\sin(30°+\varphi) = 0{,}9338 ,$$

und somit:

$$I_{Am} = \frac{460{,}8}{2{,}7}\left[\frac{0{,}1572^2}{1-e^{-1/6}} - 0{,}1572 \times 0{,}9338\right] = 2{,}42 \text{ A} ,$$

d.h. 12 % vom Nennankerstrom.

b) Um bei einem Mittelwert von 5 % des Nennstroms einen lückfreien Strom zu erreichen, ist der Einsatz einer Glättungsdrossel nötig. Zur Auslegung der Induktivität wird Gl. (3.27) herangezogen, in die $\alpha = 90°$ und $I_{am} = 0{,}05\, I_{AN} = 0{,}5 \times 20 = 1$ A eingesetzt werden. Man erhält folgenden transzendente Gleichung:

$$\frac{\cos^2\varphi}{1-e^{-\pi/3\tan\varphi}} - \cos\varphi \sin(30°+\varphi) = \frac{R I_{Am}}{U_m} = \frac{2{,}7\times 1}{460{,}8} = 0{,}00586 .$$

Durch numerische Methoden oder durch Reihenentwicklungen ergibt sich als Lösung $\varphi = 86{,}2°$ oder $\tan\varphi = 4{,}8\,\pi$. Somit beträgt die neue Zeitkonstante des Ankerkreises $\tau = 0{,}0488$ s. Vorausgesetzt, daß die Glättungsdrossel einen viel kleineren Widerstand als die Ankerwicklung aufweist, ergibt sich die notwendige gesamte Ankerkreisinduktivität:

$$L = \tau R_A = 0{,}048 \times 2{,}7 = 0{,}1296 \text{ H} .$$

Aber die Induktivität der Ankerwicklung ist

$$L_{AA} = \tau_A R_A = 0{,}020 \times 2{,}7 = 0{,}0540 \text{ H} .$$

Mithin muß die Glättungsdrossel die Induktivität

$$L_d = L - L_{AA} = 0{,}1296 - 0{,}0540 = 0{,}0756 \text{ H} ,$$

(1,5 mal größer als der Wert der Ankerwicklungsinduktivität) aufweisen.

3Ü.11 *Für den gleichen Motor wie in der vorherigen Übung, aber von einem Chopper versorgt:*

a) *Man wähle die nötige Glättungsdrossel unter der Bedingung, daß bei 0,05 I_{AN} ein lückender Strombetrieb vorhanden sein soll, unabhängig vom Steuerfaktor $\alpha = t_a/T$ (t_a = Spannungspulsdauer, T = Pulsperiode). Die Frequenz der Spannungspulse beträgt 300 Hz, die Spannung der Gleichstromquelle U_0 440 V.*

b) *Führt man keine Glättungsdrossel in den Ankerkreis ein, welcher wäre der kleinste Strom I_A, der noch einen lückfreien Strombetrieb gewährt?*

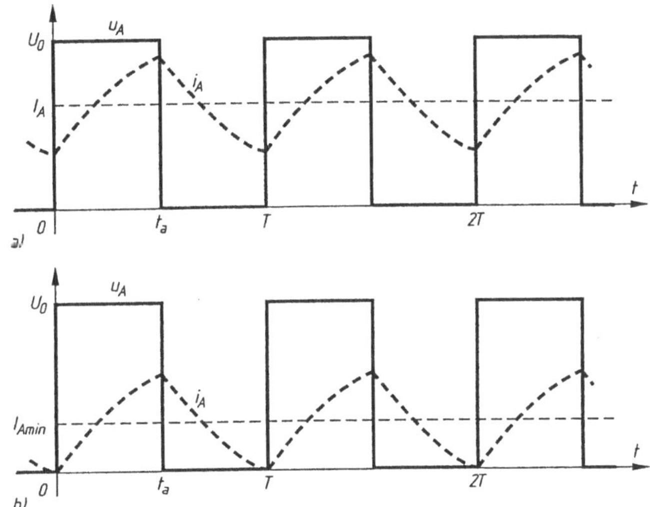

Bild 3.51
Derselbe Motor wie in 3Ü.10:
a) Zeitverlauf von i_A bei $\alpha = 0{,}5$ und lückfreiem Strombetrieb,
b) dito an der Grenze des lückfreien Strombetriebes

a) In Bild 3.51-a ist der Zeitverlauf des Ankerstroms bei $\alpha = 0{,}5$ und einem lückfreien Strom eingezeichnet. Bei $\alpha = 0{,}5$ wird die größte Schwingung des Ankerstroms i_A um den Mittelwert I_A (Übung 3Ü.9) verzeichnet. Die Schwingungen vom Ankerstrom hängen nur von den Parametern α, t und T ab. Sie sind die gleichen bei beliebigem Wert des Mittelwerts I_A, solange der lückfreie Strom noch besteht. Der Mittelwert I_A ist vom Mittelwert M_L des Lastmoments erzwungen. An der Grenze des lückfreien Strombetriebs, wenn der Mittelstrom den Wert I_A annimmt, ist Bild 3b gültig; es ergibt sich für diese Fall $i_A(0) = 0$. Mit der in 3Ü.9 erhaltenen Gl. kann man schreiben:

$$I_{Am} = \frac{U_0}{R}\left[\alpha - 1 + \frac{1 - e^{-(1-\alpha)T/\tau_A}}{1 - e^{-T/\tau_A}}\right]. \tag{3.28}$$

In dieser Übung muß $I_{am} = 0{,}05 \times I_{AN} = 0{,}05 \times 20 = 1$ A betragen. Bei $\alpha = 0{,}5$ erhält man folgende Gleichung:

$$-0{,}5 + \frac{1 - e^{-T/2\tau'_A}}{1 - e^{-T/\tau'_A}} = \frac{2{,}7 \times 1}{440}\ .$$

Setzt man $e^{(-T/2\tau'_A)} = x$ und $a = 2{,}7 \times 1/440 = 0{,}006136$, kann man die Gleichung umformen:

$$x^2(a + 0{,}5) - x - (a - 0{,}5) = 0\ .$$

Die Wurzeln dieser quadratischen Gleichung sind:

$$x_{1,2} = \frac{1 \pm \sqrt{1-4(0{,}25-a^2)}}{1+2a} = \frac{1 \pm 2a}{1+2a} \, ,$$

bzw.:

$$x_1 = 1, \; x_2 = \frac{1-2a}{1+2a} \, .$$

Dementsprechend:

$$x = e^{-T/2\tau'_A} = \frac{1-2a}{1+2a} \, ,$$

oder

$$\frac{T}{\tau'_A} = 2 \ln \frac{1+2a}{1-2a} = 2 \ln \frac{1+2 \times 0{,}006136}{1-2 \times 0{,}006136} = 0{,}0491 \, .$$

Da $T = 0{,}00333$ s – entsprechend einer Pulsfrequenz $f = 300$ Hz – ergibt sich die nötige Ankerkreiskonstante:

$$\tau'_A = \frac{0{,}00333}{0{,}0491} = 0{,}0679 \text{ s} \, .$$

Wird der Widerstand der Glättungsdrossel im Vergleich zum Widerstand des Ankerkreises vernachlässigt, würde die gesamt nötige Induktivität des Ankerkreises

$$L = \tau'_A R_A = 0{,}0679 \times 2{,}7 = 0{,}1831 \text{ H}$$

betragen; daraus ergibt sich:

$$L_{AA} = \tau'_A R_A = 0{,}02 \times 2{,}7 = 0{,}054 \text{ H} \, .$$

Infolgedessen beträgt die Induktivität der Glättungsdrossel :

$$L_D = L - L_{AA} = 0{,}1039 - 0{,}054 = 0{,}1291 \text{ H} \, .$$

Anmerkung: Derselbe Motor, von einem Drehstrom-Gleichrichter ($m = 6$) gespeist (die Frequenz der Spannungspulse beträgt also 300 Hz), benötigt bei dem gleichen minimalen Ankerstrom I_{Am} im lückfreien Strombetrieb eine Glättungsdrossel kleinerer Induktivität im Vergleich zum Gleichstromsteller mit gleicher Frequenz der Ausgangsspannungspulse.

b) Würde die Glättungsdrossel nicht eingesetzt, dann wäre der lückende Strombetrieb sofort erreicht. Der Mittelstrom nimmt zum Wert I_{Am} ab; dieser Wert ist nach Gl. (3.28):

$$I_{Am} = \frac{440}{2{,}7} \left(0{,}5 - 1 + \frac{1-e^{-0{,}167/2}}{1-e^{-0{,}167}} \right) = 3{,}39 \text{ A} \, ,$$

mit:

$$\frac{T}{\tau_A} = \frac{0{,}00333}{0{,}020} = 0{,}167 \, .$$

Man erreicht dem lückenden Strombetrieb bei einer Stromabnahme von 17 % unter dem Nennwert. Von diesem Gesichtspunkt aus zeigt der Gleichstromsteller einen Nachteil im Vergleich zum Gleichstromrichter.

4 Elektrische Transformatoren in Antriebssystemen

Die Änderung verschiedener Parameter, die in der Wechselstromtechnik üblich sind – Spannung, Strom, Phasenanzahl –, wird mit elektrischen Transformatoren realisiert. Diese Geräte dienen zur Anpassung der Energieparameter an die funktionellen Merkmale verschiedener Verbraucher. Man kann ohne weiteres behaupten, daß heutzutage ohne Leistungstransformatoren die elektrische Energienutzung unvorstellbar wäre.

Der elektrische Transformator ermöglicht die Übertragung elektrischer Energie über sehr große Entfernungen. Diese Übertragung findet mit kleinen Verlusten, also mit hohem Wirkungsgrad statt, dank der Hochspannung in einer Größenordnung von Hunderten *kV*. Stufenweise werden die Spannung erhöht, die Energie übertragen und dann an die Verbraucher verteilt. Ob die Verbraucher klein oder groß, industriell oder häuslich sind, ist belanglos. Für die einzelnen Transportwege gibt es verschiedene Spannungsebenen, die miteinander mittels Transformatoren verbunden sind.

Die elektrischen Transformatoren spielen bei elektrischen Antrieben eine wichtige Rolle. Sie finden sich schon als Wechsel- und Drehstromtransformatoren in den Schaltbildern in Kapitel 3.

Da die elektromagnetischen Erscheinungen in Transformatoren – ähnlich wie in den elektrischen Wechsel- und Drehstrommaschinen – auf dem Induktionsgesetz beruhen, stellt der Transformator die Grundlage für die Theorie dieser elektrischen Maschinen dar. Deswegen ist seine Theorie von große Bedeutung.

4.1 Grundausführungen des elektrischen Transformators

Der elektrische Transformator kann *ein-, zwei-, drei- oder m-phasig* sein, *je nach Art des Speisenetzes und den Ansprüchen des Verbrauchers*. Der einfachste ist allerdings der Wechselstromtransformator. Dieser Leistungstransformator, in Antriebssystemen oder energietechnischen Anlagen verwendet, besitzt folgende Grundbauelemente:

- magnetischer Kern,
- Primär- bzw. Sekundärwicklung,
- Ölkessel falls der Transformator mit Öl gekühlt ist.

Der magnetische Kern dient als Weg für den Hauptfluß des Transformators. Bei Leistungstransformatoren mit Industriefrequenz enthält der Werkstoff des Eisenkerns (das sogenannte Transformatorenblech) einen relativ hohem Siliziumgehalt (ungefähr 4 %). Die Blechdicke beträgt etwa 0,35 mm. Die Bleche werden untereinander isoliert (Lack, Oxidschicht). Die Verwendung solcher mit Silizium legierten Eisenbleche führt zu einer merklichen Herabsetzung der Eisenverluste. Kaltgewalzte Bleche mit magnetischer Vorzugsrichtung werden auch verwendet.

Den Kern des Wechselstromtransformators stellt man in zwei Ausführungsvarianten her: als *Wechselstrom-Kerntransformator* (Bild 4.1-a) oder als *Wechselstrom-Manteltransformator* (Bild 4.1-b). Der Kern besteht aus den beiden Grundelementen: den Schenkeln und den Jochen. Bei den kleinen Wechselstromtransformatoren (Einphasentransformatoren) mit Scheinleistungen unter 500 VA wird das Blech oft aus einem Stück gestanzt. In einem Schenkel muß es einen Schnitt geben, damit die Wicklungen des Transformators eingelegt werden können. Die Blechpressung bei solchen Transformatoren wird durch Nietbolzen oder Schweißen erreicht. Als Querschnittsformen geblechter Kerne verwendet man Quadrate oder Rechtecke.

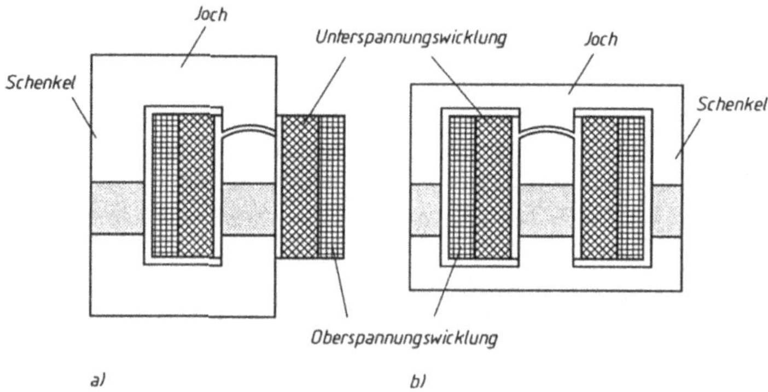

Bild 4.1 a) Wechselstrom-Kerntransformator, b) Wechselstrom-Manteltransformator

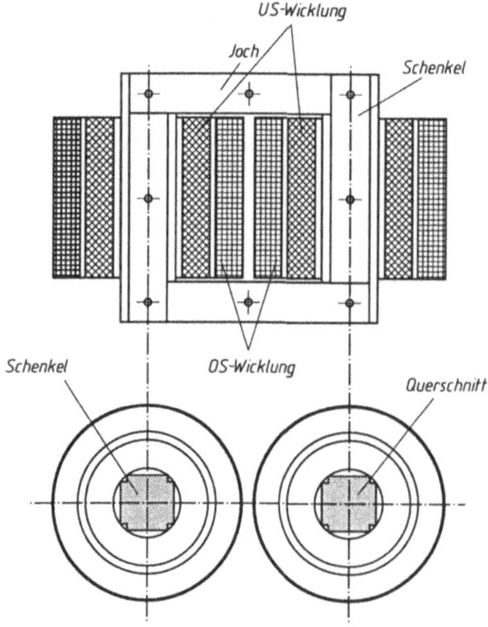

Bild 4.2
Aufbau eines Wechselstrom-Kerntransformators

Bei den Wechselstromtransformatoren größerer Leistung werden die Bleche für Schenkel und Joche einzeln gestanzt (Bild 4.2), um eine rationelle Verwendung der Blechtafeln zu erzielen, aus denen die Blechstreifen für den Kern geschnitten werden. Dieses Verfahren erleichtert auch den Kernaufbau und das Einbringen der Wicklungen. Um Stoßstellen zu vermeiden, werden die Bleche überlappend geschichtet; an den Ecken u.U. mit 45°/45° oder 30°/60° Stoßfugen. Die Kernbleche werden mit Gewindebolzen zu einem kompakten Paket gepreßt oder verschweißt. Die Schrauben müssen gegenüber den Blechen und den nichtmagnetischen Druckscheiben sorgfältig isoliert werden, um Kurzschlüsse zu vermeiden.

Um eine bessere Ausnutzung der Kreisfläche zu erreichen, kann der Querschnitt der Schenkel und Joche in diesem Falle komplizierter sein und von Quadrat oder Rechteck abweichen. Bei gegebener Querschnittsfläche werden gleichzeitig auch die Längenabmessungen kleiner (Bild 4.2).

4.1.1 Wicklungen des Wechselstromtransformators

Nach der Anordnung beider Wicklungen eines Transformators auf den Schenkeln unterscheidet man:

- *Zylinderwicklungen* oder genauer *koaxiale zylindrische Wicklungen*: Die Unterspannungswicklung liegt mit kleinerem mittleren Durchmesser am Kern; die Oberspannungswicklung umschließt die Unterspannungswicklung aus isolationstechnischen Gründen. Die beiden Wicklungen nehmen die volle Schenkelhöhe ein. Sie können als
  - *einfach-konzentrische* (Bild 4.2) oder
  - *doppelt-konzentrische* Zylinderwicklungen ausgeführt werden.
- *Scheibenwicklungen* (Bild 4.3): Auf der Schenkelhöhe werden abwechselnd nebeneinander Teile der Ober- und Unterspannungswicklung angeordnet.

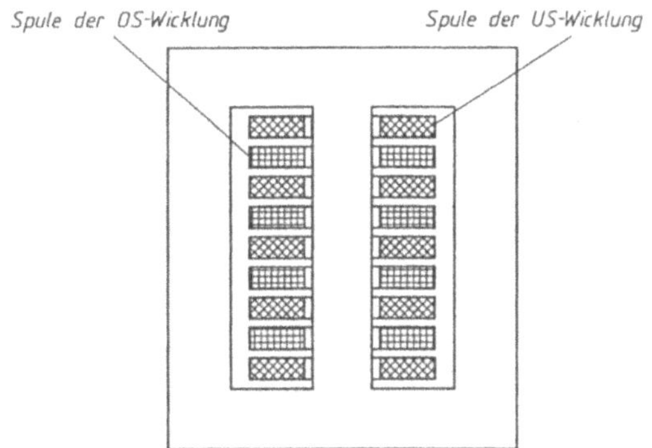

Bild 4.3
Scheibenwicklungen bei einem Wechselstrom-Manteltransformator

Die Wicklungen bestehen aus kreisförmigen Windungen, die mit isolierten Kupfer- oder Aluminiumleitern ausgeführt werden. Die Isolierzylinder, auf denen die Wicklungen aufgebracht sind, werden aus Hart- oder Weichpapier hergestellt. Gegeneinander sowie gegen Schenkel und Joche sind diese Wicklungen durch verschiedene isolierte vorgefertigte Schichten (*Preßspann, Polyvinyl, Hartpapier* usw.) sowie durch Luftzonen getrennt.

Die Transformatoren können je nach *Kühlungsart* in mehreren Kategorien eingeteilt werden:

- Trockentransformatoren, mit
  - natürlicher Selbstkühlung oder
  - künstlicher Kühlung,

  bei denen sich die Wicklungen in freier Luft befinden (Ausführungsart insbesondere für Transformatoren unter 1 kVA);
- Öltransformatoren, und zwar:
  - *mit natürlicher Selbstkühlung*: der magnetische Kern und die Wicklungen liegen in einem mit Öl gefülltem Gefäß (geläufige Ausführungsart bei Nennleistungen 1 bis 1000 kVA);
  - *mit künstlicher Kühlung* (*Fremdaußenlüftung oder mit künstlicher Ölströmung und künstlicher Ölkühlung*), Ausführungsart die man bei Transformatoren großer Leistung antrifft.

4.1.2 Ölkessel

Der Ölkessel der Transformatoren (Bild 4.4) wird aus Stahlblech hergestellt. Bei Leistungen *über 100 kVA* trägt dieser Kessel *Kühlrippen, Kühlröhren* oder *Wellungen* zwecks Vergrößerung der Abkühlungsfläche. Das im Transformatorkessel benützte Öl spielt eine bedeutende Rolle, sowohl durch seine Isolierungseigenschaft – die viel besser ist als die von Luft – als auch durch die Verbesserung der Wicklungskühlung. Um eine ständige Füllung des Ölkessels zu sichern, befindet sich auf seinem oberen Deckel ein kleines Ausgleichsgefäß, das die Schwankungen der durch die Betriebstemperatur verursachten Ölvolumenänderungen ausgleichen soll.

Auf dem Kesseldeckel werden in der Regel die *Hoch-* und *Niederspannungsdurchführungen* des Transformators angebracht. Sie stellen die Verbindung zwischen den Transformatorwicklungen und den Außennetzen dar. Die Durchführungen sind aus Porzellanisolatoren hergestellt. Die Form und die Abmessung hängen von der Betriebsspannung der betreffenden Wicklung ab.

4.2 Erregerfeld, Rückwirkungsfeld, Gleichungssystem, Ersatzschaltbild

4.2.1 Magnetisches Feld

Die Wirkungsweise des Transformators beruht auf dem elektromagnetischen Induktionsgesetz, und zwar auf der magnetischen Beeinflussung zweier unbeweglicher elektrischer Kreise. In Bild 4.5 ist der prinzipielle Aufbau eines Wechselstromtransformators gezeigt.

Es wird angenommen, daß die beiden Wicklungen gleichen Wickelsinn auf den Schenkeln besitzen. Die Anfangsklemmen sind 1U1 bzw. 2U1 und die Endklemmen 1U2 bzw. 2U2. Legt man an die Klemmen 1U eine Wechselspannung u_1 mit beliebigem Zeitverlauf an, wird die Wicklung 1U *Primärwicklung* genannt und von einem Strom i_1 durchflossen.

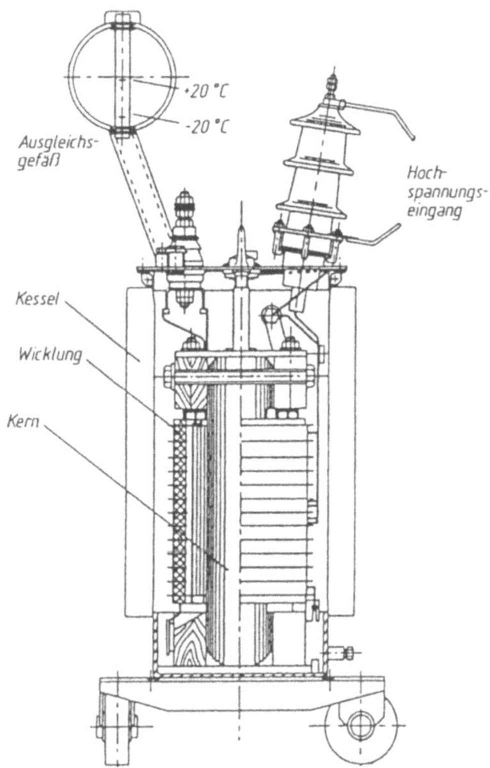

Bild 4.4
Ölkessel eines Wechselstromtransformators ($S_N > 100$ kVA)

Dieser Strom erzeugt ein magnetisches Feld, dessen Feldlinien auch mit der anderen Wicklung – *Sekundärwicklung* genannt – verkettet sind. Folglich werden sämtliche Windungen der Sekundärwicklung von einem vom Primärstrom i_1 erzeugten gleichen magnetischen Hauptfluß Φ_μ durchflutet. Dieser Fluß ist, wie auch der Strom i_1, zeitveränderlich.

In den Windungen der Sekundärwicklung wird eine Spannung induziert, die man an den Klemmen 2U dieser Wicklung messen kann. Ihr Betrag kann größer oder kleiner als u_1 sein, abhängig von der Windungszahl w_2 der Sekundärwicklung. Schließt man einen Wechselstromverbraucher an die Klemmen 2U an, wird der Sekundärstromkreis geschlossen.

Die induzierte Spannung erzeugt dementsprechend einen Strom i_2, und an den Klemmen 2U wird man eine Spannung u_2 feststellen können, die mit der Spannung an den Klemmen des Wechselstromverbrauchers übereinstimmt. Der Transformator erhält durch die Primärwicklung eine Leistung $u_1 i_1$ vom Speisenetz und liefert die Leistung $u_2 i_2$ über die Klemmen 2U. Er ändert den Spannungswert u_1 des Speisenetzes auf den Wert u_2, gemäß dem Bedarf des Verbrauchers, der an den Sekundärklemmen angeschlossen ist. Von den Verlusten abgesehen, sind die zwei augenblicklichen Leistungen $u_1 i_1$ und $u_2 i_2$ gleich.

Sei w_1 die Windungszahl der Primärwicklung; $w_1 i_1$ stellt die augenblickliche Primärdurchflutung, die ein *magnetisches Erregerfeld* erzeugt, dar. Die Windungszahl der Sekundärwicklung bezeichnet man als w_2. Arbeitet der Transformator unter Belastung, dann gibt es auch eine augenblickliche Sekundärdurchflutung $w_2 i_2$. Das von dieser Durchflutung erzeugte zusätzlichen magnetische Feld wird *Rückwirkungsfeld* genannt. Die beiden Felder überlagern sich zu einem *resultierenden magnetischen Feld*, das von der resultierenden Durchflutung $w_1 i_1 + w_2 i_2$ hervorgerufen wird.

Infolge der magnetischen Sättigung des verwendeten Eisenkerns kann man nicht genau voraussagen, welcher Anteil der magnetischen Flußdichte in einem beliebigen Punkt des resultierenden Felds aus der Primärdurchflutung und welcher Anteil aus der Sekundärdurchflutung resultiert. Das Superpositionsprinzip der Effekte ist in diesem Falle unmöglich anzuwenden.

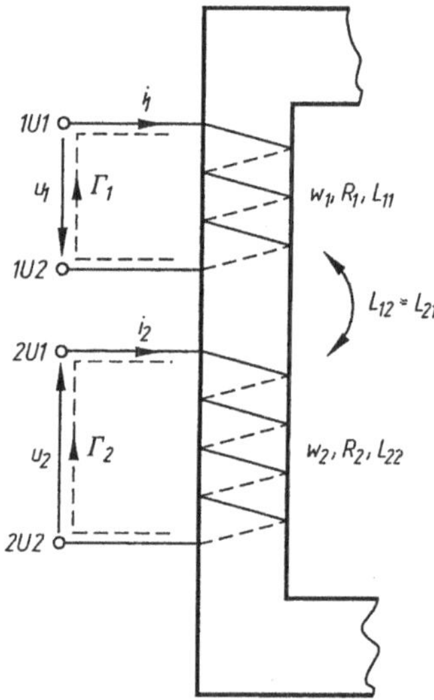

Bild 4.5
Primär- (1U1, 1U2) und Sekundärwicklung (2U1, 2U2) eines Wechselstromtransformators

Man kann einige wichtigen Schlußfolgerungen ableiten, indem man den Feldlinienverlauf des resultierenden magnetischen Felds (Bild 4.6) beobachtet. Man merkt, daß man diese Feldlinien in drei Arten unterteilen kann:

- Feldlinien, die *völlig im magnetischen Kern des Transformators verlaufen*: diese verketten die beiden Wicklungen. Man bezeichnet sie als Linien des magnetischen Nutzfelds (Hauptfluß);
- Feldlinien, die *teilweise im magnetischen Kern (verkettet mit der Primärwicklung) und teilweise in Luft verlaufen*: diese Linien werden als Linien des *magnetischen Streufelds der Primärwicklung bezogen auf die Sekundärwicklung* (σ_{12}) bezeichnet;
- Feldlinien, *die teilweise im magnetischen Kern (verkettet mit der Sekundärwicklung) und teilweise in Luft verlaufen*: diese Linien gehören zum *magnetischen Streufeld der Sekundärwicklung bezogen auf die Primärwicklung* (σ_{21}).

Die Linien des magnetischen Nutzfelds, die den Querschnitt des magnetischen Kerns durchfließen, ergeben den Fluß Φ_μ. Dieser Fluß wird sowohl mit den w_1 Windungen der Primärwicklung als auch zu den w_2 Windungen der Sekundärwindung verkettet.

Damit erhält man für die Flußverkettungen der beiden Wicklungen $\Psi_{\mu 1} = w_1 \Phi_\mu$ und $\Psi_{\mu 2} = w_2 \Phi_\mu$. Die Feldlinien des Nutzfelds werden, selbstverständlich, dank der resultierenden Durchflutung $w_1 i_1 + w_2 i_2$ erzeugt. Diese Aussage geht aus der Anwendung des Durchflutungsgesetzes hervor, indem man dieses Gesetz entlang einer Nutzfeldlinie (Kurve Γ, Bild 4.6) anwendet.

Die Durchflutung, die dieser Feldlinie entspricht, gleicht offensichtlich der Summe von Primär- und Sekundärdurchflutung. Infolgedessen hängen sowohl der Fluß Φ_μ als auch die verketteten Flüsse $\Psi_{\mu 1}$ und $\Psi_{\mu 2}$, die den beiden Wicklungen des Transformators entsprechen, direkt von der resultierenden Durchflutung ab. Die Sättigung des magnetischen Kerns führt zu der Feststellung, daß die verketteten Nutzflüsse $\Psi_{\mu 1}$ und $\Psi_{\mu 2}$ keine linearen Funktionen der entsprechenden Durchflutungen sind.

Die Streufeldlinien der Primärwicklung bezogen auf die Sekundärwicklung schließen sich teilweise durch die Luft, teilweise durch den Kern. Wird der magnetische Widerstand eines beliebigen Verlaufs dieses Felds analysiert, erkennt man sofort, daß der magnetische Gesamtwiderstand der Summe des magnetischen Luftwiderstands und des magnetischen Kernwiderstands gleicht.

Der magnetische Kernwiderstand kann als variabel betrachtet werden, da er von seinem Sättigungszustand, also von den nichtlinearen Eigenschaften des Eisens abhängt. Aber selbst wenn der Eisenkern einen hohen Sättigungsgrad aufweisen würde, betrüge der magnetische Widerstand des Kernabschnitts nur einige Tausendstel, höchstens einige Hunderstel vom magnetischen Widerstand des Luftabschnitts. Somit wird der magnetische Widerstand des betrachteten Verlaufs fast nur vom magnetischen Luftabschnitt bestimmt, abgesehen von einer unbedeutenden Abweichung.

Die Linien des Streufelds der Primärwicklung bezogen auf die Sekundärwicklung werden selbstverständlich nur von der Primärdurchflutung verursacht. Diese Aussage entspricht der Anwendung des Durchflutungsgesetzes entlang einer beliebigen Linie des Streufelds (Kurve Γ_1, Bild 4.6). Diese Linien führen zu einem bestimmten verketteten Streufluß $\Psi_{\sigma 12}$ der Primärwicklung bezogen auf die Sekundärwicklung. Die vorliegenden Betrachtungen zeigen, daß der magnetische Widerstand des Luftabschnitts aller Kraftlinien, die diesen Streufluß definieren, konstant ist. Er wird nicht vom Sättigungsgrad des magnetischen Kerns beeinträchtigt. Folglich hängt der verkettete Streufluß $\Psi_{\sigma 12}$ proportional von der Primärdurchflutung $w_1 i_1$ ab.

Die Amplitude des verketteten Streuflusses $\Psi_{\sigma 12}$ ist relativ klein gegenüber dem verketteten Nutzfluß $\Psi_{\mu 1}$. Der magnetische Eisenkern, der eine erhöhte Permeabilität im Vergleich zu Luft besitzt, zieht die große Mehrheit der Feldlinien, die der resultierenden magnetischen Flußdichte gehören, an.

Ähnlich kann man den verketteten Streufluß $\Psi_{\sigma 12}$ der Sekundärwicklung bezogen auf die Primärwicklung definieren. Letztendlich darf man sagen, daß die Primärwicklung von einem verketteten Fluß

$$\Psi_1 = \Psi_{\mu 1} + \Psi_{\sigma 12} = w_1 \Phi_\mu + \Psi_{\sigma 12}$$

und die Sekundärwicklung von einem verketteten Fluß

$$\Psi_2 = \Psi_{\mu 2} + \Psi_{\sigma 21} = w_2 \Phi_\mu + \Psi_{\sigma 21}$$

durchflossen wird.

4.2.2 Gleichungssystem des dynamischen Betriebs

Man setzt zunächst voraus, daß die Verluste im magnetischen Eisenkern unbedeutend klein sind und der Kern ungesättigt ist. Unter diesen Voraussetzungen kann man die Selbstinduktivitäten L_{11}, L_{22} und die Gegeninduktivitäten L_{12}, L_{21} (mit $L_{12} = L_{21}$) der beiden Wicklungen benutzen. Man nimmt weiterhin an, daß die beiden magnetisch gekoppelten Wicklungen denselben Wicklungssinn auf dem Schenkel haben. Die Primärwicklung wird als Empfängerkreis betrachtet, die positiven Zählrichtungen des Primärstroms i_1 und der Primärspannung u_1 entsprechen Bild 4.5; sie werden nach der Regel der Empfängerkreise (*VPS: Verbraucher-Pfeilsystem*) verknüpft.

Man betrachtet die Sekundärwicklung als Generatorkreis. Sie muß die gleiche positive Zählrichtung für den Strom i_2 wie auch die Primärwicklung besitzen. Der Fluß der beiden Wicklungen wird also addiert. Die positive Zählrichtung der Sekundärspannung u_2 entspricht der Regel der Generatorkreis (*QPS: Quellen-Pfeilsystem* – Bild 4.5).

Es sei Γ_1 eine geschlossene Kurve, die von der Klemme 1U1 ausgeht, sich durch das Innere des Leiters der Primärwicklung bis zur Klemme 1U2 fortsetzt und sich dann durch die Luft von der Klemme 1U2 bis zur Klemme 1U1 längs einer Linie der Klemmenspannung u_1 schließt. Der Durchlaufsinn der Kurve soll der positiven Zählrichtung des Stromes i_1 entsprechen. Wendet man das elektromagnetische Induktionsgesetz längs der geschlossenen Kurve Γ_1 an, erhält man:

$$R_1 i_1 - u_1 = -L_{11}\frac{di_1}{dt} - L_{12}\frac{di_2}{dt}$$

wobei R_1 der Wicklungswiderstand ist.

Man betrachtet weiter eine andere geschlossene Kurve Γ_2, die von der Sekundärklemme 2U1 ausgeht, entlang des Stromes i_2 und durch das Innere des Leiters zur Klemme 2U2 reicht. Von dieser Klemme aus schließt sich diese Kurve dann durch die Luft zwischen 2U2 und 2U1 längs einer Linie der Sekundärspannung u_2. Man erhält folgende Gleichung, indem man das Induktionsgesetz für die Kurve Γ_2 schreibt:

$$R_2 i_2 + u_2 = -L_{22}\frac{di_2}{dt} - L_{21}\frac{di_1}{dt}$$

Mit R_2 wird der Widerstand der Sekundärwicklung bezeichnet. Durch die Anordnung der Glieder beider Gleichungen erhält man ein Differentialgleichungssystem mit konstanten Koeffizienten. Dieses wird für jeden Transformatorbetrieb, also für jeden transienten Vorgang gelten:

$$\begin{cases} u_1 = R_1 i_1 + L_{11}\dfrac{di_1}{dt} + L_{12}\dfrac{di_2}{dt} \\ -u_2 = R_2 i_2 + L_{22}\dfrac{di_2}{dt} + L_{21}\dfrac{di_1}{dt} \\ u_2 = R_2 i_2 + L\dfrac{di_2}{dt} + \dfrac{1}{C}\int i_2\,dt \end{cases} \tag{4.1}$$

Die letzte Gleichung gibt die Verbindung zwischen der Spannung und dem Strom der Sekundärwicklung wieder. Es wird angenommen, daß an den Sekundärklemmen 2U ein Verbraucher anschaltet ist; *R, L,* und *C* bezeichnen hier seine äquivalenten Parameter.

Das System (4.1) kann verändert werden; anstelle der Induktivitäten L_{11}, L_{22} und $L_{12} = L_{21}$ kann eine andere Gesamtheit von Induktivitäten eingeführt werden. So käme eine Verbindung zu den Nutz- und Streuflüssen zustande. Um dieses Ziel zu erreichen, wird von der ersten Gl. (4.1) das Glied

$$\frac{w_1}{w_2} L_{12} \frac{di_1}{dt}$$

abgezogen und wieder hinzugefügt. In der zweiten Gleichung wird mit dem Glied

$$\frac{w_2}{w_1} L_{21} \frac{di_2}{dt}$$

ähnlich verfahren, wobei w_1 und w_2 die Windungszahlen der Primär- bzw. der Sekundärwicklung sind. Damit ergibt sich:

$$\left\{ \begin{aligned} u_1 &= R_1 i_1 + \left(L_{11} - \frac{w_1}{w_2} L_{12} \right) \frac{di_1}{dt} + \frac{L_{12}}{w_2} \frac{d}{dt} (w_1 i_1 + w_2 i_2) \\ -u_2 &= R_2 i_2 + \left(L_{22} - \frac{w_2}{w_1} L_{21} \right) \frac{di_2}{dt} + \frac{L_{21}}{w_1} \frac{d}{dt} (w_1 i_1 + w_2 i_2) \end{aligned} \right. \tag{4.2}$$

Offensichtlich stellt $L_{11} i_1$ den verketteten Fluß der Wicklung 1 dar, der nur von dieser Wicklung 1 erzeugt wird. Er ist mit den eigenen Windungen (*Streufluß*) wie auch mit den Sekundärwindungen (*Nutzfluß, da er die magnetische Kopplung zwischen den Wicklungen darstellt*) verkettet. Anderseits stellt definitionsgemäß $L_{12} i_1$ den verketteten Fluß – bezogen auf die in Reihe geschalteten w_2 Windungen der zweiten Wicklung 2 – dar, der von der Wicklung 1 erzeugt wird. Die Größe $L_{12} i_1 / w_2$ bildet den Fluß ab, der sowohl die Sekundärwindung, als auch die Primärwindung durchfließt.

Dieser Fluß, der den ferromagnetischen Kern durchfließt, *wird nur von der Wicklung 1 erzeugt.* Die Größe $(w_1 / w_2) L_{12} i_1$ hat den physikalischen Sinn eines verketteten Flusses, bezogen auf die w_1 Windungen der Wicklung 1, der auch die Wicklung 2 durchfließt.

Demnach bildet die nur von der Wicklung 1 erzeugte Differenz

$$L_{11} i_1 - \frac{w_1}{w_2} L_{12} i_1 = \left(L_{11} - \frac{w_1}{w_2} - L_{12} \right) i_1$$

den verketteten Fluß, der aber die Wicklung 2 nicht durchfließt. Diese Differenz gibt somit genau den Streufluß $\Psi_{\sigma 12}$ der Primärwicklung, bezogen auf die Wicklung 2, wieder (in Bild 4.5 hervorgehoben):

$$\left(L_{11} - \frac{w_1}{w_2} L_{12} \right) i_1 = \Psi_{\sigma 12} = L_{\sigma 12} i_1 \tag{4.3}$$

wobei die Größe

$$L_{\sigma 12} = L_{11} - \frac{w_1}{w_2} - L_{12}$$

als die *Streuinduktivität der Primärwicklung bezogen auf die Sekundärwicklung* zu betrachten ist. Diese Induktivität (keine Kombination der klassischen Induktivitäten L_{11} und L_{22}), hängt nicht vom Sättigungsgrad des magnetischen Kreises ab. Dieser offensichtliche Vorteil wird erzielt, obgleich L_{11} und L_{12}, einzeln betrachtet, je nach Sättigungsgrad veränderlich sind.

Ähnlich läßt sich eine Streuinduktivität der Sekundärwicklung bezogen auf die Primärwicklung definieren:

$$L_{\sigma 21} = L_{22} - \frac{w_2}{w_1} L_{21} \,. \tag{4.4}$$

Damit wird der sekundäre Streufluß zu:

$$\Psi_{\sigma 21} = L_{\sigma 21} i_2 \,.$$

Der Ausdruck $w_1 i_1 + w_2 i_2$ bildet die resultierende Durchflutung der beiden Wicklungen ab, unabhängig von irgendwelchem Betrieb des Transformators. Zunächst wird die resultierende Durchflutung folgendermaßen definiert:

$$w_1 i_1 + w_2 i_2 = w_1 i_\mu \tag{4.5}$$

wobei i_μ der Magnetisierungsstrom des Transformators ist. Gemäß dieser Definition wird verständlich, daß dieser Strom, der nur die w_1 Windungen der Primärwicklung durchfließt, genau der resultierenden Durchflutung gleicht, die in einem beliebigen Betrieb erzeugt wird.

Es interessiert die physikalische Bedeutung des letzten Gliedes aus der ersten Gl. (4.2). Die Größe $(w_1 / w_2) L_{12} i_1$ ein verketteter Fluß bezogen auf die Wicklung 1 und von dieser Wicklung erzeugt; er ist auch mit den Windungen der Wicklung 2 verkettet. Dieser Fluß ist also ein Nutzfluß. Die Größe $L_{12} i_2$, von den Windungen der Wicklung 2 erzeugt, ist definitionsgemäß ein verketteter Fluß bezogen auf die Windungen der Wicklung 1. Er ist ebenfalls ein Nutzfluß. Die Summe

$$\frac{w_1}{w_2} L_{12} + L_{12} i_2 = \frac{L_{12}}{w_2} (w_1 i_1 + w_2 i_2) = \Psi_{\mu 1} = w_1 \Phi_\mu$$

bestätigt die magnetische Kopplung der beiden Wicklungen (Bild 4.5) und ist im Grunde ein mit den Windungen der Wicklung 1 verketteter *Nutzfluß*. Gl. (4.5) zufolge kann man schreiben:

$$w_1 \Phi_\mu = \frac{L_{12}}{w_2} (w_1 i_1 + w_2 i_2) = \frac{w_1}{w_2} L_{12} i_\mu = L_\mu i_\mu \tag{4.6}$$

wobei

$$L_\mu = \frac{w_1}{w_2} L_{12} \tag{4.7}$$

definitionsgemäß die Nutzinduktivität oder die Magnetisierungsinduktivität bezogen auf die Primärwicklung ist. Da sie von der Gegeninduktivität L_{12} abhängt, wird sie vom Sättigungszustand des magnetischen Kreises beeinflußt. Die Streuinduktivitäten hängen aber nicht von der Sättigung ab, wie schon erwähnt.

Analog kann das Endglied aus der zweiten Gl. (4.2) in die Form

$$\frac{L_{21}}{w_1}(w_1 i_1 + w_2 i_2) = \Psi_{\mu 2} = w_2 \Phi_\mu = \frac{w_2}{w_1} L_\mu i_\mu$$

gebracht werden.

Auf diese Weise, nach der Umwandlung von (4.2), erhält das Gleichungssystem (4.1) eine neue Form: die Induktivitäten L_{11}, L_{22} und $L_{12} = L_{21}$ wurden durch die Induktivitäten $L_{\sigma 12}$, $L_{\sigma 21}$ und L_μ ersetzt. Obwohl alle Selbst- und Gegeninduktivitäten vom Sättigungsgrad des magnetischen Kerns betroffen sind, würde nun die Sättigung (wenn sie berücksichtigt werden würde) das Transformatorverhalten nur über die Magnetisierungsinduktivität L_μ beeinflussen. Danach

$$\left\{\begin{aligned}
u_1 &= R_1 i_1 + L_{\sigma 12}\frac{\mathrm{d}i_1}{\mathrm{d}t} + L_\mu \frac{\mathrm{d}i_1}{\mathrm{d}t} = R_1 i_1 + L_{\sigma 12}\frac{\mathrm{d}i_1}{\mathrm{d}t} + w_1 \frac{\mathrm{d}\Phi_\mu}{\mathrm{d}t} - \\
-u_2 &= R_2 i_2 + L_{\sigma 21}\frac{\mathrm{d}i_2}{\mathrm{d}t} + \frac{w_2}{w_1} L_\mu \frac{\mathrm{d}i_\mu}{\mathrm{d}t} = R_2 i_2 + L_{\sigma 12}\frac{\mathrm{d}i_2}{\mathrm{d}t} + w_2 \frac{\mathrm{d}\Phi_\mu}{\mathrm{d}t} \\
& w_1 i_1 + w_2 i_2 = w_1 i_\mu \\
& w_1 \Phi_\mu = L_\mu i_\mu \\
& u_2 = R i_2 + L\frac{\mathrm{d}i_2}{\mathrm{d}t} + \frac{1}{C}\int i_2 \,\mathrm{d}t
\end{aligned}\right. \tag{4.8}$$

Der Ersatz der Induktivitäten L_{11}, L_{22} und $L_{12} = L_{21}$ durch die Induktivitäten $L_{\sigma 12}$ und $L_{\sigma 21}$ entspricht dem Ersatz der von der Selbst- und Gegeninduktion verursachten Spannung durch Spannungen, die nur infolge der Existenz der Streufelder erzeugt werden,

$$e_{\sigma 12} = -L_{\sigma 12}\frac{\mathrm{d}i_1}{\mathrm{d}t} \quad \text{bzw.} \quad e_{\sigma 21} = -L_{\sigma 21}\frac{\mathrm{d}i_2}{\mathrm{d}t} \tag{4.9}$$

und die in Primär- und Sekundärwicklung induzierten Spannungen

$$e_{\mu 1} = -w_1\frac{\mathrm{d}\Phi_\mu}{\mathrm{d}t} = -L_\mu \frac{\mathrm{d}i_1}{\mathrm{d}t} \quad \text{bzw.} \quad e_{\mu 2} = -w_2 \frac{\mathrm{d}\Phi_\mu}{\mathrm{d}t} = \frac{w_2}{w_1} L_\mu \frac{\mathrm{d}i_2}{\mathrm{d}t} \tag{4.10}$$

Schließlich kann man feststellen, daß derselbe Nutzfluß Φ_μ sowohl in der Primär- wie auch in der Sekundärwicklung Nutzspannungen induziert. Das Verhältnis dieser Spannungen ist gleich dem Verhältnis der Windungszahlen:

$$\frac{e_{\mu 1}}{e_{\mu 2}} = \frac{w_1}{w_2} \tag{4.11}$$

Gl. (4.11) – das Übersetzungsverhältnis – gilt als *eine der Grundgleichungen der Transformatorentheorie.*

4.2.3 Stationäres Betriebsverhalten – Ersatzschaltbild, Zeigerbild

Man nimmt an, daß die Primärspannung u_1 eine zeitlich sinusförmige Größe ist und daß der quasistationäre Betrieb berücksichtigt wird. Im Gleichungssystem (4.8) können folglich alle zeitlich sinusförmigen Größen in komplexe Größen im Bildbereich umgewandelt werden:

$$\begin{cases} \underline{U}_1 = R_1\underline{I}_1 + jX_{\sigma 12}\underline{I}_1 - \underline{E}_{\mu 1} \\ -\underline{U}_2 = R_2\underline{I}_2 + jX_{\sigma 21}\underline{I}_2 - \underline{E}_{\mu 2} \\ w_1\underline{I}_1 + w_2\underline{I}_2 = w_1\underline{I}_\mu \\ \underline{E}_{\mu 1} = \dfrac{w_1}{w_2}\underline{E}_{\mu 2} = jX_\mu \underline{I}_\mu = j\,\omega w_1 \underline{\Phi}_\mu \\ \underline{U}_2 = R\underline{I}_2 + jX\underline{I}_2 \end{cases} \tag{4.12}$$

mit:

$$X_{\sigma 12} = \omega L_{\sigma 12},\ X_{\sigma 21} = \omega L_{\sigma 21},\ X_\mu = \omega L_\mu,\ X = \omega L + \frac{1}{\omega C}$$

wobei $\omega = 2\pi f$ die Kreisfrequenz des Speisenetzes ist. Weiterhin sind R und X die Lastparameter und f_1 die Frequenz. Die Effektivwerte der induzierten Primär- und Sekundärspannungen, als Funktion der Flußamplitude $\Phi_{\mu m}$, können folgendermaßen ausgedrückt werden:

$$E_{\mu 1} = \frac{2\pi}{\sqrt{2}} f w_1 \Phi_{\mu m} \quad \text{bzw.} \quad E_{\mu 2} = \frac{2\pi}{\sqrt{2}} f w_2 \Phi_{\mu m} \tag{4.13}$$

Die Gl. (4.12) eignen sich nicht zur Darstellung in einem Zeigerbild, da die entsprechenden Primär- und Sekundärzeiger sehr verschiedene Längen aufweisen können. Im allgemeinen ist der Zeiger $\underline{U}_1$ sehr groß im Vergleich zum Zeiger $\underline{U}_2$ und der Zeiger $\underline{I}_1$ sehr klein, verglichen mit Zeiger $\underline{I}_2$. Es ergibt sich ein Zeigerbild, in dem einige Größen unverhältnismäßig groß und andere Größen winzig sind.

Mehr noch, die ersten drei Gleichungen des Systems (4.12) suggerieren die Gleichungen eines Ersatzschaltbildes: die ersten zwei davon können als Kirchhoffsche Gleichungen 2. Satzes in komplexer Schreibweise für den Umlaufweg längs einer geschlossenen Masche aufgefaßt werden, die dritte Gleichung als Kirchhoffsche Gleichung 1. Satzes für einen Knoten. Leider weisen die ersten zwei Gleichungen kein gemeinsames Glied auf, da die zwei Maschen keine gemeinsame Seite haben und darum auch keinen gemeinsamen Knotenpunkt.

Gemäß Gleichungssystem (4.12) gilt aber: $\underline{E}_{\mu 1}(w_1/w_2) = \underline{E}_{\mu 2}$. Multipliziert man das zweite Glied mit dem Bruch (w_1/w_2), erhält man anstelle der induzierten Sekundärspannung $\underline{E}_{\mu 2}$ genau die induzierte Primärspannung $\underline{E}_{\mu 1}$. Auf diese Art und Weise bekommt man ein gemeinsames Glied in den ersten zwei Gleichungen und demnach die Möglichkeit eines Ersatzschaltbildes mit zwei Maschen und einem Knoten.

Zusätzlich werden auch die Disproportionen in der graphischen Darstellung der gleichliegenden Primär- und Sekundärzeiger beseitigt. Durch Multiplikation der zweiten

Gleichung des Systems (4.12) mit dem Verhältnis (w_1/w_2) ergibt sich folgende Beziehung:

$$-\underline{U}_2\frac{w_1}{w_2} = R_2\left(\frac{w_1}{w_2}\right)^2 \underline{I}_2 + jX_{\sigma 21}\left(\frac{w_1}{w_2}\right)^2 \underline{I}_\mu \frac{w_2}{w_1} - \underline{E}_{\mu 2}\frac{w_1}{w_2} .$$

Es bietet sich an, folgende *transformierten Größen* einzuführen:

$$\left\{\begin{aligned} &\underline{U}_2' = \underline{U}_2\frac{w_1}{w_2}, \quad \underline{E}_{\mu 2}' = \underline{E}_{\mu 2}\frac{w_1}{w_2} = \underline{E}_{\mu 1} \\ &\underline{I}_2' = \underline{I}_2\frac{w_2}{w_1} \\ &R_2' = R_2\left(\frac{w_1}{w_2}\right)^2, \quad X_{\sigma 21}' = X_{\sigma 21}\left(\frac{w_1}{w_2}\right)^2 \end{aligned}\right. \tag{4-14}$$

Die mit (') bezeichneten sekundären Größen sind auf die Primärseite bezogen. Durch die Benutzung dieser, auf die Primär- bezogenen Sekundärgrößen, bleiben die Phasenverschiebungen zwischen diesen Größen erhalten, und die Leistung verhält sich ebenso invariant. Werden also die komplexen Größen mit den reellen Faktoren

$$\frac{w_1}{w_2}, \ \frac{w_2}{w_1} \text{ oder } \left(\frac{w_1}{w_2}\right)^2$$

multipliziert, bleibt ihr Phasenwinkel unverändert. Es soll hier auch die Gültigkeit folgender Beziehungen hervorgehoben werden:

$$U_2' I_2' = U_2 I_2, \quad R_2' I_2'^2 = R_2 I_2^2, \quad X_{\sigma 21}' I_2'^2 = X_{\sigma 21} I_2^2, \quad E_{\mu 2}' I_2' = E_{\mu 2} I_2 .$$

Das Gleichungssystem (4.12) wird dann:

$$\left\{\begin{aligned} \underline{U}_1 &= R_1\underline{I}_1 + jX_{\sigma 12}\underline{I}_1 - \underline{E}_{\mu 1} \\ -\underline{U}_2' &= R_2'\underline{I}_2' + jX_{\sigma 21}'\underline{I}_2' - \underline{E}_{\mu 2}' \\ &\underline{I}_1 + \underline{I}_2' = \underline{I}_\mu \\ &\underline{E}_{\mu 1} = -jX_\mu \underline{I}_\mu \\ &\underline{U}_2' = R'\underline{I}_2' + jX'\underline{I}_2' \end{aligned}\right. \tag{4-15}$$

wobei R' und X' die auf die Primärseite bezogenen Lastparameter, gemäß Gl. (4.14) sind.

Dieses System entspricht dem in Bild 4.7-a dargestellten Ersatzschaltbild: das Ersatzschaltbild eines idealen Transformator, mit den Windungszahlen w_1 und w_2, ohne Verluste und Streufelder, der an den Klemmen 2U1' und 2U2' eingeschaltet ist. An den Ausgangsklemmen 2U1 und 2U2 erhält man die reelle Sekundärspannung und den reellen Sekundärstrom (*nichttransformierte Größen*).

Die gleichen Ergebnisse würden erreicht, wenn die Primärgrößen auf die Sekundärseite transformiert wären. In diesem Fall bleiben die Transformationsregeln (4.14) weiterhin gültig unter der Bedingung, daß die Indizes 1 und 2 miteinander getauscht werden. Um auch die Eisenverluste im magnetischen Kern – infolge der Hysterese und der Wirbelströme – zu berücksichtigen, führt man eine Korrektur im Ersatzschaltbild und im Gleichungssystem ein.

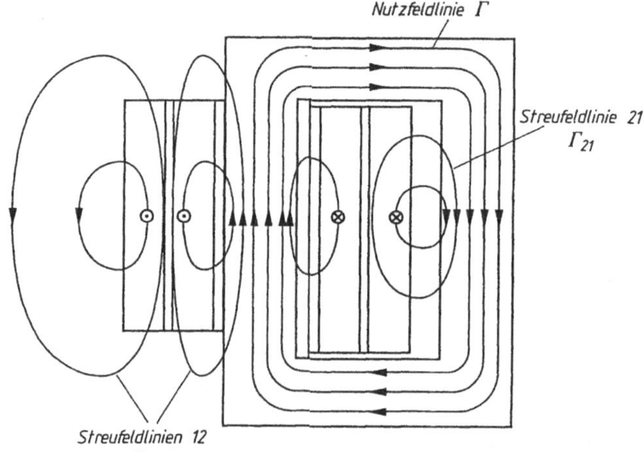

Bild 4.6
Feldlinienverlauf in einem Wechselstromtransformator

Mit einer genügend guten Näherung kann man annehmen, daß *bei einer bestimmten Frequenz die Hystereseverluste proportional dem Quadrat der Amplitude* $B_{\mu m}$ *der Eisenflußdichte sein werden.*

Was die Wirbelstromverluste anbelangt, sind diese genau dem Quadrat der Amplitude $B_{\mu m}$ *proportional.* Andererseits ist $B_{\mu m}$ der Amplitude des Nutzflusses $\Phi_{\mu m}$ proportional und weiter ist dieser letzte direkt proportional dem Effektivwert $E_{\mu 1}$ der induzierten Primärspannung.

Die gesamten Eisenverluste P_{Fe} sind also proportional dem Wert $E_{\mu 1}^2$. Die Proportionalitätsgröße hat die Qualität eines Widerstands R_{Fe} zur Potenz -1, wobei R_{Fe} Eisenverlustwiderstand genannt wird. Somit kann im Ersatzschaltbild (Bild 4.7) in dem Querzweig, an dem die komplexe Spannung $U_{\mu 1}$ liegt, ein Widerstand R_{Fe} geschaltet werden. In dem Widerstand R_{Fe} wird durch den Jouleschen Effekt ein Wirkleistungsverlust erzeugt, der exakt gleich den Eisenverlusten im betrachteten Betrieb ist. Damit gilt:

$$P_{Fe} = \frac{E_{\mu 1}}{R_{Fe}} = R_{Fe} I_{Fe}^2 \quad bzw. \quad E_{\mu 1} = R_{Fe} I_{Fe}^2$$

Durch diese Korrektur ergibt sich ein neues Ersatzschaltbild (Bild 4.7-b). Das letzte Ersatzschaltbild ist komplizierter, aber genauer und entspricht folgendem Gleichungssystem:

$$\left\{\begin{aligned} \underline{U}_1 &= R_1 \underline{I}_1 + jX_{\sigma 12}\underline{I}_1 - \underline{E}_{\mu 1} \\ -\underline{U}'_2 &= R'_2 \underline{I}'_2 + jX'_{\sigma 21}\underline{I}'_2 - \underline{E}_{\mu 1} \\ \underline{I}_1 + \underline{I}'_2 &= \underline{I}_0 = \underline{I}_\mu + \underline{I}_{Fe} \\ \underline{E}_{\mu 1} &= -jX_\mu \underline{I}_\mu = -R_{Fe}\underline{I}_{Fe} \\ \underline{U}'_2 &= R'\underline{I}'_2 + jX'\underline{I}'_2 \end{aligned}\right. \qquad (4.16)$$

Das in Bild 4.8 dargestellte Zeigerbild gibt genau das Gleichungssystem (4.16) wieder, das auch die Existenz der Eisenverluste berücksichtigt. In diesem Zeigerbild ist als Phasenursprung der Nutzfluß $\underline{\Phi}_\mu$ ausgewählt, gemeinsame Größe der beiden Wicklungen. Es wird eine induktive Last vorausgesetzt, und deshalb eilt der Sekundärstrom $\underline{I}_2$ der Sekundärspannung nach.

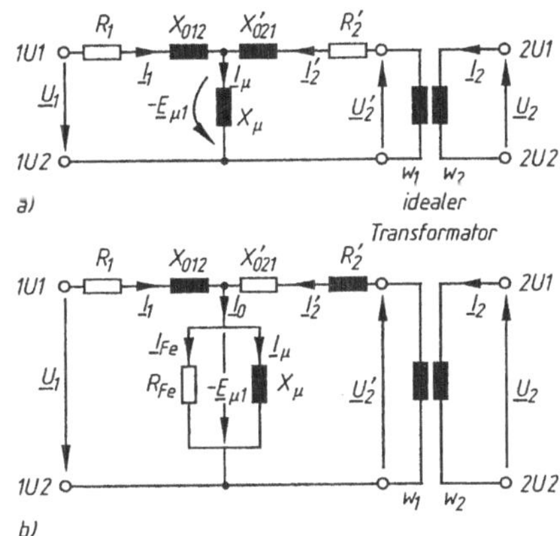

Bild 4.7
Ersatzschaltbilder eines Wechselstromtransformators mit Kupferverlusten und Streufeldern:
a) ohne Eisenverluste,
b) mit Eisenverlusten.
Die Größen R'_2, $X'_{\sigma 21}$ und U'_2 sind auf die Primärseite bezogen.

Anmerkung 1: Um einen höheren Wirkungsgrad und eine größtmögliche Verminderung des Ohmschen Spannungsabfalls unter Last zu erzielen, werden die Transformatoren mit einem relativ kleinen Primärwiderstand R_1 hergestellt. Demnach ist der Effektivwert des Spannungsabfalls $R_1 I_1$, selbst im Nennbetrieb, sehr klein im Vergleich zum Effektivwert der Spannung U_1. Meistens ist $R_1 I_1 \approx 0{,}01\ U_1$, des öfteren noch kleiner. Aus diesem Grund ist in Bild 4.8 der Zeiger $R_1 \underline{I}_1$ unverhältnismäßig groß im Vergleich zu $\underline{U}_1$. Andererseits ist die Amplitude des verketteten Streuflusses $\Psi_{\sigma 12}$ ziemlich klein gegenüber der Amplitude des verketteten Nutzflusses $w_1 \Phi_\mu$, da der Streufluß eine lange Luftstrecke durchläuft, während sich der Nutzfluß durch den hochpermeablen Kern des ferromagnetischen Kreises schließt.

Dies zeigt, daß auch das Glied $jX_{\sigma 12}\underline{I}_1$, verglichen mit $\underline{E}_\mu$, zahlenmäßig sehr klein ist. Auch $jX_{\sigma 12}\underline{I}_1$ wird sehr übertrieben (im Nennbetrieb ist erfahrungsgemäß $X_{\sigma 12}\underline{I}_1$ ca. 0,05 $E_{\mu 1}$) als Betrag im Zeigerbild (Bild 4.8) dargestellt. Infolge dieser Betrachtungen kann mit einer sehr guter Näherung gesagt werden, daß die Zeiger $\underline{U}_1$ und $-\underline{E}_{\mu 1}$ praktisch im Betrieb übereinstimmen. Somit gilt:

$$\underline{U}_1 \approx -\underline{E}_{\mu 1} = j\omega w_1 \underline{\Phi}_\mu = \frac{2\pi}{\sqrt{2}} f w_1 \underline{\Phi}_{\mu m}$$

Für $U_1 \approx$ konst. und $\omega = 2\pi f =$ konst. ergibt sich auch $\Phi_{\mu m} \approx$ konst. *Die Amplitude des Nutzflusses im ferromagnetischen Kern eines gegebenen Transformators wird vom Effektivwert der Primärspannung und der Speisenetzfrequenz bestimmt.* Bleiben diese beiden Größen konstant, was in der Praxis der Fall ist, wird die Nutzflußamplitude $\Phi_{\mu m}$ im Betrag unverändert bleiben, unabhängig vom in normalen Grenzen behaltenen Belastungsgrad des Transformators und den Wicklungsströmen. Der Effektivwert der Primärspannung und ihre Frequenz bestimmen also den Kernfluß; nicht die Wicklungsströme, wie man auf den ersten Blick glauben könnte.

Letztendlich ergeben die Bedingungen $U_1 =$ konst. und $\omega =$ konst., die von jetzt an, unabhängig von den Strömen I_1 und I_2 und unter normaler Belastung, als gültig angenommen werden, folgende Beziehungen:

$$E_{\mu 1} \approx \text{konst.},\quad I_\mu \approx \text{konst.},\quad I_{Fe} \approx \text{konst.},\quad P_{Fe} \approx \text{konst.},\quad I_0 \approx \text{konst.}$$

Anmerkung 2: Im Leerlaufzustand des Transformators ($I_2 = 0$) sind der aufgenommene Primärstrom I_{10} und die Sekundärspannung U_{20}. Üblicherweise beträgt I_{10} bauleistungsabhängig 1 bis 6 % von I_{1N}, d.h. daß der Leerlaufstrom in der Primärwicklung, im Vergleich zum Primärnennstrom, sehr klein ist. Deshalb sind die Spannungsfälle $R_1 I_{10}$ und $X_{\sigma 12} I_{10}$ zahlenmäßig unbedeutend. Die Gl. (4.16) werden damit:

$$\underline{U}_1 = -\underline{E}_{\mu 1},\quad -\underline{U}'_{20} = -\underline{E}_{\mu 1} = \underline{U}_1,\quad \underline{I}_{10} = \underline{I}_0 = \underline{I}_\mu + \underline{I}_{Fe}\,.$$

Diesen Überlegungen entsprechend stellt der Strom $\underline{I}_0$, der vorher nur als Summe $\underline{I}_\mu + \underline{I}_{Fe}$ definiert war, den *Leerlaufstrom des Transformators* dar. Das Verhältnis der Primärspannung zur Sekundärspannung im Leerlauf wird *Übersetzungsverhältnis ü* (Transformationsfaktor k_T) genannt, mit

$$ü = k_T = \frac{U_1}{U_{20}}.$$

Da $U'_{20} = U_{20}\dfrac{w_1}{w_2}$ ergibt sich, daß *das Übersetzungsverhältnis des Wechselstromtransformators gleich dem Verhältnis der Windungszahlen ist:*

$$ü = \frac{U_1}{U_{20}} = \frac{w_1}{w_2} \tag{4.17}$$

Dieses Verhältnis gilt als ein sehr wichtiger Hinweis für den Konstrukteur. Da bei der Auslegung eines Transformators U_1 (die Spannung des Speisenetzes) vorgegeben und U_{20} vom Verbraucher vorgeschrieben ist, ergibt sich automatisch eine Beziehung zwischen den Windungszahlen.

Gl. (4.17) bildet die Grundlage des *Spannungswandlers.* Der Spannungswandler – der Meßtechnik – ist ein Transformator, bei dem die Eigenschaft der Spannungsumformung ausgenutzt wird, um hohe Wechselspannungen auf Werte zurückzuführen, für die sich Spannungsmesser günstig auslegen lassen. So kann eine Hochspannung mit Hilfe eines Spannungswandlers zwischen der Hochspannungsquelle und dem Niederspannungsmeßgerät gemessen werden. Eine weitere Bedingung soll hierbei erfüllt werden: die Eingangsimpedanz des Niederspannungsmeßgerätes muß sehr groß sein. Damit arbeitet der Spannungswandler praktisch im Leerlauf und Gl. (4.17) gilt. Aus Bild 4-7 geht hervor:

$$\underline{U}_{1\mathrm{U}} = \underline{U}_1 \quad \text{und} \quad \underline{U}_{2\mathrm{U}0} = -\underline{U}_{20}$$

Aber

$$\underline{U}_{20} = \underline{U}'_{20}\frac{w_1}{w_2} = \underline{U}_1\frac{w_1}{w_2}$$

Dabei gilt:

$$\frac{\underline{U}_{1U}}{\underline{U}_{2U0}} = \frac{w_1}{w_2} = \ddot{u} = k_{\mathrm{T}}$$

was erlaubt, folgendes zu formulieren: die äquivalenten Spannungen besitzen im Leerlauf praktisch gleiche Phasenverschiebungen.

Anmerkung 3: Im Nennbelastungsbetrieb $I_1 = I_{1\mathrm{N}}$ und $I_2 = I_{2\mathrm{N}}$ darf der Strom $I_0 = I_{10}$ vernachlässigt werden, da er nur $(0{,}01$ bis $0{,}06)I_{1\mathrm{N}}$ beträgt. Dadurch wird die dritte Gleichung des Systems (4.16):

$$\underline{I}_{1\mathrm{N}} + \underline{I}'_{2\mathrm{N}} = 0 \quad \text{bzw.} \quad \frac{I_{1\mathrm{N}}}{I_{2\mathrm{N}}} = \frac{w_2}{w_1} = \frac{1}{\ddot{u}} \tag{4.18}$$

d.h.: das Übersetzungsverhältnis der Nennströme ist umgekehrt proportional zu den Windungszahlen. Demzufolge kann – unter Berücksichtigung der Gl. (4.17) und (4.18) – behauptet werden, daß ein Transformator mit einer niedrigeren Spannung im Sekundärkreis von einem größeren Strom durchflossen wird und umgekehrt.

Die Größe $S_{\mathrm{N}} = U_{1\mathrm{N}}I_{1\mathrm{N}}$ ist die Nennscheinleistung des Wechselstromtransformators. Mit Hilfe der Gl. (4.17) und (4.18) ergibt sich:

$$S_{\mathrm{N}} = U_{1\mathrm{N}}I_{1\mathrm{N}} = U_{20}I_{20}$$

Folglich ändert der Transformator die Spannungen in einem gegebenen und die Nennströme im umgekehrten Verhältnis. Die Scheinleistung bleibt unverändert, was zu erwarten war.

Gl. (4.18) stellt die Grundlage des Stromwandlers der Meßtechnik dar; dieser wird zum Messen der Ströme großer Effektivwerte benutzt. Die Primärwicklung wird vom zu messenden hohen Strom durchflossen, während die Sekundärwicklung an einen Strommesser kleinerer Stromstärke angeschlossen ist. Die Impedanz des Strommessers muß relativ klein sein, damit Gl. (4.18) gültig bleibt (Belastung mit Strömen die praktisch Nennwerte haben).

Vorausgesetzt wurden positive Zählrichtungen für die Ströme i_1 und i_2. Aber, wie schon erwähnt,

$$\frac{\underline{I}_{1\mathrm{N}}}{\underline{I}_{2\mathrm{N}}} = \frac{w_2}{w_1} = \frac{1}{\ddot{u}}$$

d.h.: *unter Nennbelastung sind die Ströme* i_1 *und* i_2 *um* 180° *untereinander phasenverschoben, und mithin fließen sie durch die Windungen in entgegengesetzte Richtungen.*

Anmerkung 4: Der auf die Primärseite bezogene Sekundärwiderstand R_2' ist ungefähr dem Primärwiderstand gleich. Definitionsgemäß,

$$R_1 = \rho \frac{w_1 l_1}{A_1} = \rho \frac{w_1 l_1 J_1}{I_1}, \qquad R_2 = \rho \frac{w_2 l_2}{A_2} = \rho \frac{w_2 l_2 J_2}{I_2}$$

mit

ρ	spezifischer elektrischer Widerstand des Leiters [Ωmm^2/m]
l_1 und l_2	mittlere Windungslängen beider Wicklungen [m]
J_1 und J_2	Stromdichten in den beiden Wicklungen [A/mm^2]

Da aber im allgemeinen die Beziehungen $J_1 \approx J_2$ und $l_1 \approx l_2$ gelten und wenn zusätzlich noch der Strom I_0 vernachlässigt wird, folgt:

$$R_2' = R_2 \left(\frac{w_1}{w_2} \right)^2 = \rho \frac{w_2 l_2 J_2}{I_2} \left(\frac{w_1}{w_2} \right)^2 \approx \rho \frac{w_1 l_1 J_1}{I_1} = R_1$$

Man kann zeigen, daß unter den gleichen Näherungsbedingungen gilt: $X_{\sigma 12} \approx X_{\sigma 21}'$. Dementsprechend, durch die Benutzung bezogener Größen, haben die zwei Wicklungen fast dieselben numerischen Parameterwerte.

Anmerkung 5: Die Beziehung der Ströme im Gleichungssystem (4.16) kann folgendermaßen umgeformt werden:

$$\underline{I}_1 = \underline{I}_0 - \underline{I}_2' = \underline{I}_\mu + \underline{I}_{Fe} - \frac{w_1}{w_2} \underline{I}_2$$

Dies bedeutet, daß der von der Primärwicklung aufgenommene Strom drei Komponenten enthält:

- *die erste erzeugt das resultierende magnetische (Nutz-) Feld im ferromagnetischen Kern,*
- *die zweite verursacht die Eisenverluste,*
- *die dritte, die wichtigste, stellt den auf den Primärteil bezogenen Sekundärstrom* $\underline{I}_2'$ *dar.*

Anmerkung 6: Der Fluß Φ_μ ist zeitlich sinusförmig veränderlich in den Grenzen $+\Phi_{\mu m}$ und $-\Phi_{\mu m}$, von der Effektiv-Primärspannung und ihrer Frequenz bestimmt (*Anmerkung 1*). Die Abhängigkeit zwischen dem augenblicklichen Nutzfluß Φ_μ und dem augenblicklichen Magnetisierungsstrom i_μ ist in Bild 4.9 dargestellt, gemäß der Hystereseschleife des verwendeten ferromagnetischen Werkstoffes, aus dem der Kern aufgebaut wird. Falls die Abhängigkeit $\Phi_\mu = (i_\mu)$ in den Grenzen $\pm \Phi_{\mu m}$ (die punktierte Schleife) linear wäre, dann würde die zeitlich sinusförmige Änderung des Flusses eine zeitlich sinusförmige Änderung des Magnetisierungsstroms bedeuten. In diesem Fall könnte man eine völlig konstante Magnetisierungsinduktivität L_μ definieren, wie im System (4.16) vorausgesetzt wurde.

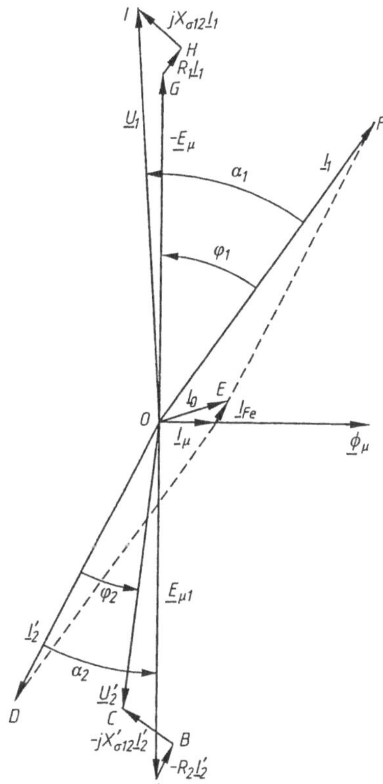

Bild 4.8
Zeigerbild des reellen Wechselstromtransformators

In der Praxis, ist die von U_1 und f durchgesetzte Abhängigkeit $\Phi_\mu = f(I_\mu)$ in den Grenzen $\pm\Phi_{\mu m}$ nicht linear. Sie weicht mehr oder weniger von einer Geraden ab, abhängig von der Lage des maximalen Arbeitspunktes ($I_{\mu m}$, $\Phi_{\mu m}$) nach dem Sättigungsknick der Hystereseschleife in Bild 4.9. Aus diesem Grund schwankt die Induktivität L_μ leicht, wenn der Fluß sich ändert, und der Magnetisierungsstrom ist zeitlich nicht sinusförmig, sondern verzerrt. Neben einer Grundschwingung enthält der Magnetisierungsstrom auch noch Oberschwingungen. Im Folgenden soll diese Bemerkung allerdings nicht beachtet werden, so daß weiter $I_\mu \approx$ konst. und i_μ als sinusförmig gelten.

4.2.4 Leistungsbilanz

Das Zeigerbild 4.8 führt sogleich zu den Wirk- und Blindleistungsbilanzen des Transformators. Man projiziert die Seiten des Vierecks OGHI längs der Richtung des Zeigers $\underline{I}_1$. Nach der Multiplikation aller Glieder mit I_1 erhält man:

$$U_1 I_1 \cos\varphi_1 = E_{\mu 1} I_1 \cos\alpha_1 + R_1 I_1^2 \tag{4.19}$$

Andererseits wird, durch das Projizieren der Seiten des Dreiecks OEF längs der Richtung des Zeigers $-\underline{E}_{\mu 1}$, folgende Beziehung hergeleitet, in der alle Glieder mit dem Faktor $E_{\mu 1}$ multipliziert wurden:

$$E_{\mu 1} I_1 \cos\alpha_1 = E_{\mu 1} I_{\mathrm{Fe}} + E_{\mu 1} I_2' \cos\alpha_2 \tag{4.20}$$

Projiziert man jetzt die Seiten des Vierecks OABC längs der Richtung des Zeigers $\underline{I}_2'$, erhält man eine neue Beziehung. Nach Multiplizieren mit I_2' ergibt sich:

$$E_{\mu 1} I_2' \cos\alpha_2 = R_2' I_2'^2 + U_2' I_2' \cos\varphi_2 \tag{4.21}$$

Gemäß den Gl. (4.20) und (4.21), wird Gl. (4.19):

$$U_1 I_1 \cos\varphi_1 = R_1 I_1^2 + R_2' I_2'^2 + E_{\mu 1} I_{\mathrm{w}} + U_2' I_2' \cos\varphi_2$$

Da $R_1 I_1^2 = P_{\mathrm{J}1}$ bzw. $R_2' I_2'^2 = R_2 I_2^2 = P_{\mathrm{J}2}$, folgt:

$$U_1 I_1 \cos\varphi_1 = P_1 \quad \text{bzw.} \quad U_2' I_2' \cos\varphi_2 = U_2 I_2 \cos\varphi_2 = P_2$$

$$E_{\mu 1} I_{\mathrm{w}} = P_{\mathrm{Fe}}.$$

Damit ergibt sich:

$$P_1 = P_{\mathrm{J}1} + P_{\mathrm{J}2} + P_{\mathrm{Fe}} + P_2$$

Diese Ergebnisse zeigen, daß die vom Netz an der Primärwicklung zugeführte Wirkleistung P_1 die Jouleschen Verluste $P_{\mathrm{J}1}$ und $P_{\mathrm{J}2}$ in den beiden Wicklungen, die Eisenverluste P_{Fe} und auch die über die Klemmen der Sekundärwicklung an den Verbraucher gelieferte Wirkleistung deckt.

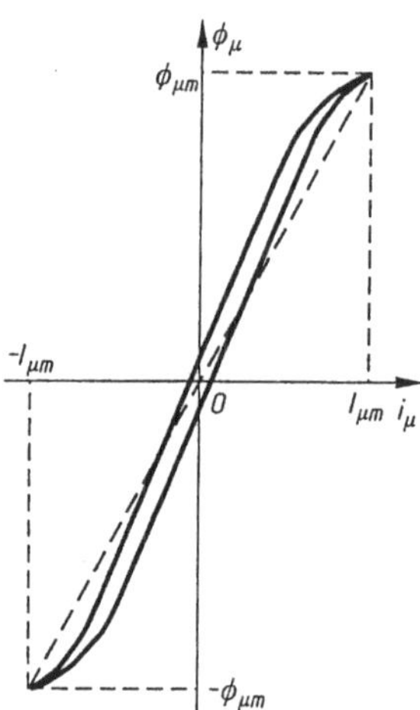

Bild 4.9
Hystereseschleife [$\Phi = f(i)$]

Die Wirkleistung $U_{\mu 1} I_1 \cos\alpha_1 = E_{\mu 1} I_1 \cos(\underline{I}_1, -\underline{E}_{\mu 1})$ ist elektromagnetische Wirkleistung. Sie bedeutet, als physikalische Erkenntnis, die mittels des elektromagnetischen Felds von der Primär- auf die Sekundärseite übertragene Leistung.

Durch Projektionen auf senkrechten zu den vorher gewählten Richtungen erhält man folgendes Gleichungssystem:

$$\begin{aligned} U_1 I_1 \sin\varphi_1 &= E_{\mu 1} I_1 \sin\alpha_1 + X_{\sigma 12} I_1^2, \\ E_{\mu 1} I_1 \sin\alpha_1 &= E_{\mu 1} I_\mu + E_{\mu 1} I_2' \sin\alpha_2, \\ E_{\mu 1} I_2' \sin\alpha_2 &= X_{\sigma 12}' I_2'^2 + U_2' I_2' \sin\varphi_2, \end{aligned}$$

oder, als Endergebnis,

$$U_1 I_1 \sin\varphi_1 = X_{\sigma 12} I_1^2 + X_{\sigma 12} I_2^2 + X_\mu I_\mu^2 + U_2 I_2 \sin\varphi_2.$$

Hier stellt das erste Glied die vom Transformator mit dem Netz ausgetauschte Blindleistung Q_1 dar. Die Größen $X_{\sigma 12} I_1^2$ und $X_{\sigma 12} I_2^2$ sind Blindleistungen, an die in den magnetischen Streufeldern lokalisierte und abgespeicherte Energie gebunden. Zur Magnetisierung des ferromagnetischen Kerns braucht man die Blindleistung $X_\mu I_\mu^2$. Das letzte Glied $U_2 I_2 \sin\varphi_2$ entspricht der vom Verbraucher geforderten und über die Sekundärklemmen gelieferten Blindleistung.

Die Wirk- und Blindleistungsbilanzen wurden anschaulich in den Bildern 4.10 und 4.11, für eine Ohmsch-induktive Belastung, dargestellt.

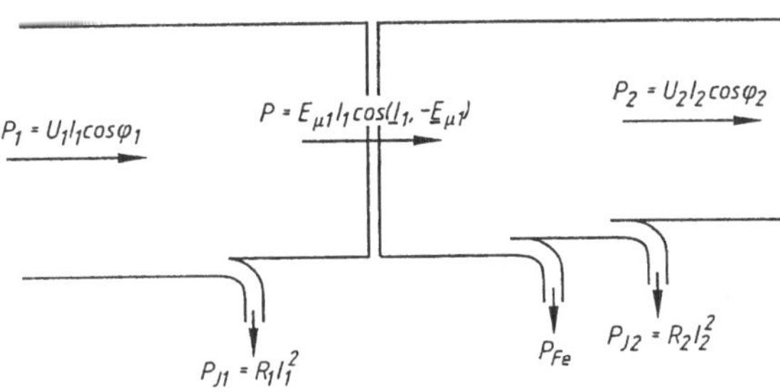

Bild 4.10
Wirkleistungsbilanz des Wechselstromtransformators (Ohmsch-induktive Belastung)

Falls die Belastung Ohmsch-kapazitiv ist, bleibt die Wirkleistungsbilanz unverändert; die Blindleistungsbilanz ändert sich, da Q_2 ein negatives Vorzeichen aufweist. Bei einem im Betrag hohen Q_2 (hohe kapazitive Blindleistung) wird es möglich, daß auch Q_1 ein negatives Vorzeichen bekommt.

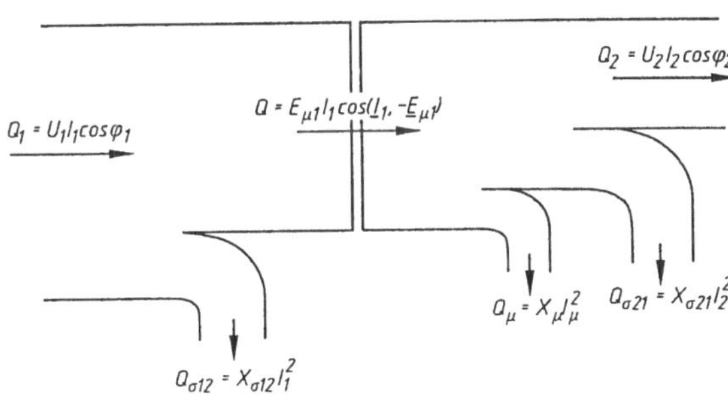

Bild 4.11
Blindleistungsbilanz des Wechselstromtransformators (Ohmsch-induktive Belastung)

4.2.5 Vereinfachtes Ersatzschaltbild

Das Gleichungssystem (4.16) wie auch das Ersatzschaltbild (Bild 4.6) lassen sich im Fall einer Belastung in der Nähe des Nennwertes vereinfachen. Der Strom I_0 darf – im Vergleich zu den Strömen I_1 und I_2' – vernachlässigt werden, so, als ob die Querzweigimpedanz in den Bildern 4.7-a, b einen unendlichen Wert hätte. So entsteht das vereinfachte Ersatzschaltbild (Bild 4.12-a), das als Kappsches Ersatzschaltbild bekannt ist.

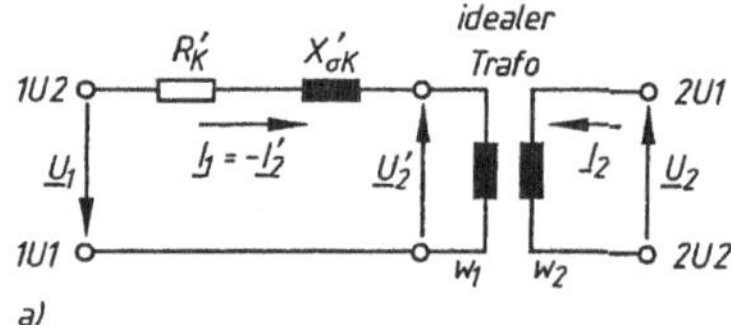

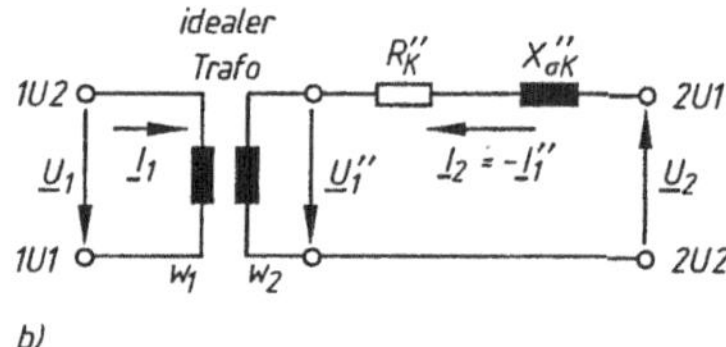

Bild 4.12
Kappsches Ersatzschaltbild:
a) auf die Primärseite bezogen,
b) auf die Sekundärseite bezogen

Die Größe

$$\underline{Z}_K' = R_K' + jX_{\sigma K}' = (R_1 + R_2') + j(X_{\sigma 12} + X_{\sigma 21}')$$

heißt Kappsche Impedanz des Transformators, auf die Primärseite bezogen.

Im Kappschen Ersatzschaltbild sind die beide Ströme $\underline{I}_2' = \underline{I}_1$, was die folgende äquivalente Spannungsgleichung gelten läßt:

$$\underline{U}_1 = -\underline{U}_2 + R_K'\underline{I}_K + \underline{j}X_{\sigma K}'\underline{I}_1$$

Es kann auch ein anderes Kappsches Ersatzschaltbild aufgestellt werden, mit den Primärgrößen auf die Sekundärseite bezogen (Bild 4.12-b). In diesem Fall wird die Kappsche Impedanz:

$$\underline{Z}_K'' = R_K'' + jX_{\sigma K}'' = (R_1'' + R_2) + j(X_{\sigma 12}'' + X_{\sigma 21})$$

4.3 Kennlinien des Wechselstromtransformators

Eine wichtige Kennlinie im Betrieb des Transformators ist die sogenannte *Belastungskennlinie*, durch $U_2 = f(I_2)$ definiert (für $U_1 = \text{konst.} = U_{1N}$ und $f = \text{konst.} = f_N$). Im Leerlauf ($I_2 = 0$) bleibt die Sekundärspannung U_2 konstant.

Unter Belastung ($I_2 > 0$) hängt die Spannung U_2 vom *Belastungsstrom* I_2 und von der *Art der Belastung* (d.h. vom *Verschiebungsfaktor des Verbrauchers*) ab. Gewöhnlich wird anstelle der Belastungskennlinie die Sekundärspannungsänderung δU_2, bezogen auf die Leerlaufspannung U_{20}, betrachtet:

$$\frac{\delta U_2}{U_{20}} = \frac{U_{20} - U_2}{U_{20}}$$

Bezieht man die Sekundärgrößen auf die Primärseite, gilt im Leerlauf :

$$U'_{20} = E'_{\mu 2} = E_{\mu 2} \approx U_1$$

Somit ergibt sich eine neue Form der bezogenen Spannungsänderung:

$$\frac{\delta U_2}{U_{20}} = \frac{U'_{20} - U'_2}{U'_{20}} = \frac{U_1 - U'_2}{U_1}$$

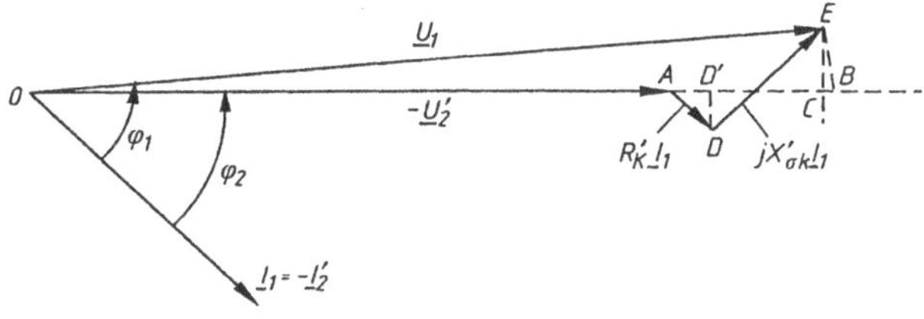

Bild 4.13
Zeigerbild des Kappschen Ersatzbildes (Sekundär- auf die Primärseite bezogen)

In Bild 4.13 ist die algebraische Differenz $U_1 - U'_{20}$ durch das Segment AB hervorgehoben. Um einen analytischen Ausdruck der Sekundärspannungsänderung abzuleiten, bezieht man sich auf dieses vereinfachtes Zeigerbild. Da der Winkel zwischen den Zeigern $\underline{U}_1$ und $-\underline{U}'_2$ in der Praxis sehr klein ist, projiziert man den Zeiger $\underline{U}_1$ auf die Richtung des Zeigers $-\underline{U}'_2$. Das so erhaltene Segment OC entspricht, mit einer sehr guten Genauigkeit (die Abweichung ist BC) der Spannung $\underline{U}_1$. Man kann annehmen, daß $\underline{U}_1 - \underline{U}'_2 \approx$ Segment AC beträgt. Aber das Segment AC gleicht offensichtlich die Summe der Projektionen $\overline{AD}$ und $\overline{DE}$ auf die Richtung des Zeigers $-U'_2$:

$$\overline{AC} = \overline{AD'} + \overline{D'C}$$

Da $\overline{AD} = R'_K \underline{I}_1$, $\overline{DE} = X'_{\sigma K} \underline{I}_1$ und $\sphericalangle BAD = \varphi_2$, folgt:

$$U_1 - U'_2 = R'_K I_1 \cos\varphi_2 + X'_{\sigma K} I_1 \sin\varphi_2$$

und deshalb

$$\frac{\delta U_2}{U_{20}} = \frac{R'_K I_1}{U_1} \cos\varphi_2 + \frac{X'_{\sigma K} I_1}{U_1} \sin\varphi_2 .$$

Mit:

$u_{aN} = \dfrac{R'_K I_{1N}}{U_{1N}}$ *relativer Ohmscher Nennspannungsabfall* – (auf die Nennspannung bezogen),

$u_{rN} = \dfrac{X'_{\sigma K} I_1}{U_1}$ *relativer induktiver Nennspannungsabfall* und

$\beta = \dfrac{I_1}{I_{1N}}$ *Belastungsgrad* (*Belastungskoeffizient*) des Transformators,

erhält man

$$\frac{\delta U_2}{U_{20}} = \beta\,(u_{aN}\cos\varphi_2 + u_r \sin\varphi_2).$$

Die relative Spannungsänderung $\delta U_2 / U_{20}$ kann nach der Belastungsart (induktiv, Ohmsch oder kapazitiv) ein positives oder negatives Vorzeichen aufweisen. Die positive Änderung der Sekundärspannung bedeutet definitionsgemäß eine Spannungsabsenkung; die negative Änderung derselben Spannung bezeichnet einen Spannungsanstieg.

In Bild 4.14-a ist der Graph der Funktion $(\delta U_2/U_{20}) = f(\beta)$ für einen Transformator mittlerer Leistung und unter einem $\cos\varphi_2 =$ konst. dargestellt. In Bild 4.14-b ist die Funktion $(\delta U_2/U_{20}) = f(\cos\varphi_2)$ für $\beta =$ konst. gezeigt. Für eine hohe kapazitive Belastung wird die Spannungsänderung δU_2 negativ, d.h., die Spannung δU_2 steigt gleichzeitig mit dem Laststrom I_2 an.

Für eine bestimmte leicht kapazitive Belastung gilt $\delta U_2 = 0$: In diesem Sonderfall bleibt die Sekundärspannung U_2 unverändert bzw. $U_2 = U_{20}$. Die Belastungskennlinien sind in Bild 4.14-c wiedergegeben.

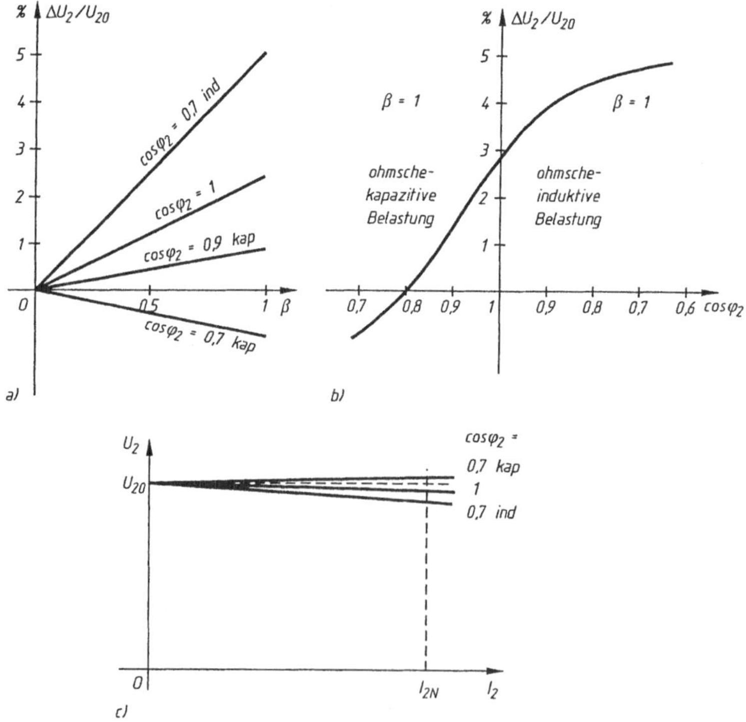

Bild 4.14 Relative Änderung der Sekundärspannung $\delta U_2 / U_{20}$ bei einem Wechselstromtransformator:
a) als Funktion des Belastungsgrades β, unter $\cos\varphi_2 =$ konst.,
b) als Funktion des Leistungsfaktors $\cos\varphi_2$, unter $\beta =$ konst.,
c) Belastungskennlinien $U_2 = f(I_2)$; I_{2N} Nenn-Sekundärstrom

Die bezogenen Größen u_{aN} und u_{rN} ändern sich von einem zum anderen Transformator, je nach Bautyp und Nennleistung.

Je höher die Nennscheinleistung ist, desto kleiner ist der bezogene Ohmsche Spannungsabfall u_{aN} und desto größer der bezogene induktive Spannungsabfall u_{rN} (s. Tab. 4.1). Die Transformatoren größerer Nennleistungen weisen – unter gleichem Belastungskoeffizient, gleichem Verschiebungskoeffizient und gleicher Belastungsnatur – größere Spannungsänderungen an den Sekundärklemmen auf

In den Transformatorenstationen der Energieübertragungsnetze muß aber die Sekundärspannung möglichst konstant behalten werden. Sie darf, unter bestimmten Grenzen, nur kleine Änderungen gemäß den Verbraucheransprüchen aufweisen. Infolgedessen müssen die Transformatoren, vom Belastungsgrad abhängig, eine einstellbare Sekundärspannung besitzen.

Tabelle 4.1 Übliche Werte für die bezogenen Größen u_a, u_r, u_K

Scheinleistung S [kVA]	u_{aN} (%)	u_{rN} (%)	u_K (%)
6,3 bis 63	3,6 bis 3,0	1,7 bis 2,2	4
63 bis 630	2,6 bis 2,1	5,4	5,6
630 bis 1600	1,8 bis 1,3	5,8 bis 5,9	7 bis 11
2500 bis 10000	1,2 bis 0,7	7,0 bis 11,0	7 bis 11 u. mehr
16000 bis 63000	0,65 bis 0,45	8,0 bis 12,0	12 bis 23

Die Forderung nach einem solchen Verhalten bringt bestimmte Schwierigkeiten. Im Leerlauf hat die Sekundärspannung den Ausdruck

$$U_{20} = E_{\mu 2} = \frac{2\pi}{\sqrt{2}} f w_2 \Phi_{\mu m}$$

mit

$$\Phi_{\mu m} = \frac{U_1 \sqrt{2}}{w_1}$$

Wenn die Belastung ansteigt, kann man die Sekundärspannungsänderung durch die Änderung der Spannung U_{20} ausgleichen. Ein anderer Wert der Spannung U_{20} läßt sich einstellen, indem die Flußamplitude $\Phi_{\mu m}$ oder die Windungszahl w_2 geändert wird. Die Änderung der Frequenz f kommt aus Kostengründen nicht in Frage.

Gewöhnlich ist die Spannung U_1 konstant. *Wenn die Sekundärwicklung eine Oberspannungswicklung ist*, ist es bequemer, die Windungszahl w_2 zu ändern. Diese Windungszahländerung führt man stufenweise aus, mit Hilfe einiger Spulenanzapfungen der Sekundärwicklung und einem Umschalter. Sind die Anzapfungen auf der Oberspannungsseite ausgeführt worden, werden sie von einem verminderten Strom durchflossen, und der Umschalter darf kleiner ausgelegt werden. Somit wäre diese Lösung vorteilhafter.

Mit *einer Sekundärwicklung niedrigerer Spannung*, unter der Bedingung U_1 = konst., wäre das oben beschriebene Verfahren nicht mehr angebracht, da die Spulenanzapfungen und der Umschalter für einen größeren Strom ausgelegt werden müssen. Es ist also vorteilhafter, die Spulenanzapfungen und den Umschalter in der Primärwicklung vorzusehen. So werden die Wicklungszahl w_1 und der Fluß $\Phi_{\mu m}$ veränderlich, aber nur in sehr engen Grenzen.

Das Ansteigen des Flusses $\Phi_{\mu m}$ über einen entsprechenden Nennwert kann eine Sättigung des magnetischen Kreises und eine Erhöhung des Magnetisierungsstroms hervorrufen.

- Die standardisierten Transformatoren kleinerer und mittlerer Leistung besitzen drei Spannungsstufen, und zwar die *Nennstufe* und zwei weitere Stufen, je um 5 % über bzw. unter der Nennstufe (0,95 U_N, U_N und 1,05 U_N);
- Die Transformatoren größerer Leistung können fünf Stufen aufweisen;
- Bei sehr großen Nennleistungen gibt es manchmal eine noch größere Stufenanzahl.

Die Stufeneinstellung der Sekundärspannung wird bei kleineren Transformatoren üblicherweise an dem vom Speisenetz abgeschalteten Transformator ausgeführt. Bei viel größeren Transformatoren ist die Unterbrechung der Verbraucherversorgung nicht erlaubt, und die Spannungseinstellung wird unter Last ausgeführt.

Im Anschluß an die Größen u_{aN} und u_{rN} soll nun auch die sogenannte bezogene Kurzschlußspannung u_K definiert werden. Falls der Transformator die Sekundärklemmen kurzgeschlossen hat ($U_2 = 0$), hängen die Wicklungsströme nur vom Wert der angelegten Primärspannung ab. Der Wert dieser Spannung U_{1K}, die die Wicklungs-Nennströme verursacht, wird Kurzschlußspannung genannt.

Aus dem *Kappschen Ersatzschaltbild* ergibt sich :

$$U_{1K} = Z'_K I_{1N} = I_{1N}\sqrt{R'^2_K + X^2_{\sigma K}}$$

Nach Division durch U_{1N} ergibt sich der Ausdruck der bezogenen Kurzschlußspannung als relativer Wert:

$$u_K = \frac{U_{1K}}{U_{1N}} = \sqrt{u_a^2 + u_r^2}$$

Diese Größe stellt einen kennzeichnenden Parameter des Transformators dar und hat besondere Betriebs- und Baufolgen. Die bezogene Kurzschlußspannung u_K beträgt nur einige Prozente der Nennspannung. Übliche Werte für u_K sind in Tab. 4.1 aufgeführt.

In der Praxis treten Situationen ein, in denen der Transformator im Kurzschluß unter die Nennspannung U_{1N} kommt. Mit I_{1KN} – Primär-Kurzschlußstrom unter der Primär-Nennspannung U_{1N} – gilt:

$$\frac{I_{1KN}}{I_{1N}} = \frac{U_{1N}}{U_{1K}} = \frac{1}{u_K}$$

Da die absolute Kurzschlußspannung U_{1K} nur (0,05 bis 0,1)U_{1N} beträgt, wird der Effektivwert I_{1KN} des stationären Primär-Kurzschlußstroms bei Nennspannung 10 bis 20 mal größer als der Effektiv-Nennstrom I_{1N}. Ein solcher Überstrom kann vom Transformator nicht verkraftet werden. Die starke Erwärmung führt zu einer schnellen Schädigung der Wicklungsisolation.

Darum ist der Kurzschlußzustand mit Nennspannung höchst gefährlich; der Transformator muß mit Schutzgeräten versehen werden (Schmelzsicherungen, Überstromrelais, die den Transformator automatisch vom Speisenetz abschalten). Diese Geräte schützen den Transformator gegen besonders große Dauerströme. Diese Schutzgeräte können aber nicht rasch genug – in den ersten Zeitmomenten des Kurzschlusses – reagieren, um große Spitzenströme (bis zum 2 I_{1KN}) zu verhindern. Die schlimme Folge besteht in der Erzeugung starker elektrodynamischen Kräfte, proportional dem Quadrat der Spitzenströme. Diese Kräfte stellen die wahre Gefahr im Kurzschlußzustand dar; im Fall nicht entsprechender Bauarten können sie die mechanische Zerstörung des Transformators verursachen.

Eine andere wichtige Größe zur Qualitätsbeurteilung eines Transformators ist der Wirkungsgrad. Definitionsgemäß ist der Wirkungsgrad das Verhältnis zwischen der abgegebenen (sekundären) Wirkleistung $P_2 = U_2 I_2 \cos\varphi_2$ und der zugeführten (primären) Wirkleistung $P_1 = U_1 I_1 \cos\varphi_1$:

$$\eta - \frac{P_2}{P_1}.$$

Gemäß der Leistungsbilanz des Transformators

$$P_1 = P_{Fe} + P_J + P_2$$

mit:

$$P_2 = U_2 I_2 \cos\varphi_2 = S_2 \cos\varphi_2$$

und

$$P_J = P_{J1} + P_{J2} = R_1 I_1^2 + R_2 I_2^2$$

erhält man

$$\eta = \frac{P_2}{P_2 + P_J + P_{Fe}} = \frac{U_2 I_2 \cos\varphi_2}{U_2 I_2 \cos\varphi_2 + P_J + P_{Fe}} = \frac{S_2 \cos\varphi_2}{S_2 \cos\varphi_2 + P_J + P_{Fe}}.$$

Werden der Belastungsgrad

$$\beta = \frac{I_1}{I_{1N}} = \frac{I_2}{I_{2N}}$$

sowie die Jouleschen Verluste im Nennbetrieb

$$P_{JN} = P_{J1N} + P_{J2N} = R_1 I_{1N}^2 + R_2 I_{2N}^2$$

in Betracht gezogen, erhält man in irgendwelchem stationären Betrieb

$$P_J = \beta^2 P_{JN}$$

Der Ausdruck des Wirkungsgrades wird folglich:

$$\eta = \frac{\beta U_2 I_{2N} \cos\varphi_2}{\beta U_2 I_{2N} \cos\varphi_2 + \beta^2 P_{JN} + P_{Fe}} = \frac{\beta S_{2N} \cos\varphi_2}{\beta S_{2N} \cos\varphi_2 + \beta^2 P_{JN} + P_{Fe}}$$

Danach hängt der Wirkungsgrad η, für einen gegebenen Transformator, vom Belastungsgrad β und vom Sekundär-Verschiebungsfaktor $\cos\varphi_2$ ab. Die Voraussetzung dazu ist U_1 = konst.

Der maximale Wert $\eta_{max} = \eta_m$ des Wirkungsgrads wird für einen vorbestimmten Verschiebungsfaktor $\cos\varphi_2$ sowie bei einem vorbestimmten Belastungsgrad β_m erreicht. Letzterer kann aus der Gleichung

$$\frac{d\eta}{d\beta} = \frac{S_{2N}\cos\varphi_2(P_{Fe} - \beta^2 P_{JN})}{(\beta^2 P_{JN} + \beta S_{2N}\cos\varphi_2 + P_{Fe})^2} = 0$$

ermittelt werden. Man sieht gleich, daß $\frac{d\eta}{d\beta} = 0$ zu der Gleichung

$$P_{Fe} = \beta_m{}^2 P_{JN} = P_J$$

bzw.

$$\beta_m = \sqrt{\frac{P_{Fe}}{P_{JN}}}$$

führt. Der Wirkungsgrad erreicht seinen maximalen Wert η_m für denjenigen Belastungsgrad β_m, für den die Jouleschen Verluste den Eisenverlusten gleichen:

$$\eta_m = \frac{\beta_m S_{2N}\cos\varphi_2}{\beta_m S_{2N}\cos\varphi_2 + \beta_m^2 P_{JN} + P_{Fe}} = \frac{\beta_m S_{2N}\cos\varphi_2}{\beta_m S_{2N}\cos\varphi_2 + 2P_{Fe}}.$$

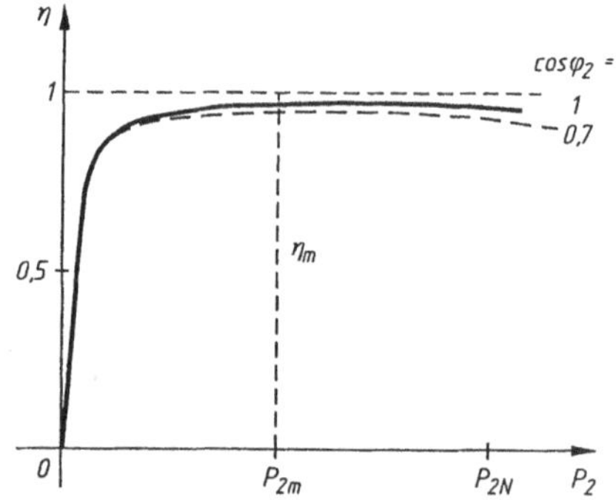

Bild 4.15
Wirkungsgrad η des Wechselstromtransformators als Funktion von P_2 (Nutzleistung des Transformators) mit $\cos\varphi_2$ = konst.

Es ist leicht zu verstehen, daß der Wirkungsgrad seinen Maximalwert für den häufigsten Belastungsgrad im Betrieb haben muß. Die Erfahrung zeigt, daß für einen normalen Transformator β_m zwischen 0,5 und 0,75 betragen soll. Infolgedessen sind die Eisenverluste $P_{Fe} = (0{,}25 \text{ bis } 0{,}56)P_{JN}$. Die Transformatorenhersteller erfüllen normalerweise diese Gleichung. Als zusätzliche Bedingung gilt:

$$\beta_m = \frac{P_{2m}}{P_{2N}}$$

wobei P_{2m} die meist gefahrene Nutzleistung des Transformators ist, was erlaubt

$$P_{2m} = (0{,}5 \text{ bis } 0{,}75)\, P_{2N}$$

zu schreiben. Die Kennlinien $\eta = f(P_2)$, unter $\cos\varphi_2$ = konst., sind in Bild 4.15 gezeigt.

Im allgemeinen ist der Wirkungsgrad des Transformators höher als derjenige der drehenden Maschinen, da keine mechanische Verluste auftreten.

Die Transformatoren mit Nennleistungen zwischen 10 kVA bis zu einigen 100 kVA besitzen Nennwirkungsgrade von 0,95 bis 0,97. Bei Transformatoren sehr großer Nennleistung kann der Nennwirkungsgrad sogar 0,99 überschreiten. Der Wirkungsgrad nimmt bei Transformatoren kleiner Leistung unter 10 kVA sogar bis unter 0,7 ab.

4.4 Drehstromtransformatoren

Die in den Drehstromnetzen verwendeten Transformatoren (Bilder 4.16-b, c) sind meistens in zwei kompakten Bauvarianten (Kern- und Manteltransformator) hergestellt, oder sie setzen sich aus drei einzelnen Einphasentransformatoren (Wechselstromtransformatoren) zusammen (Transformatorenbank). Die Primärwicklungen schaltet man in Stern oder Dreieck.

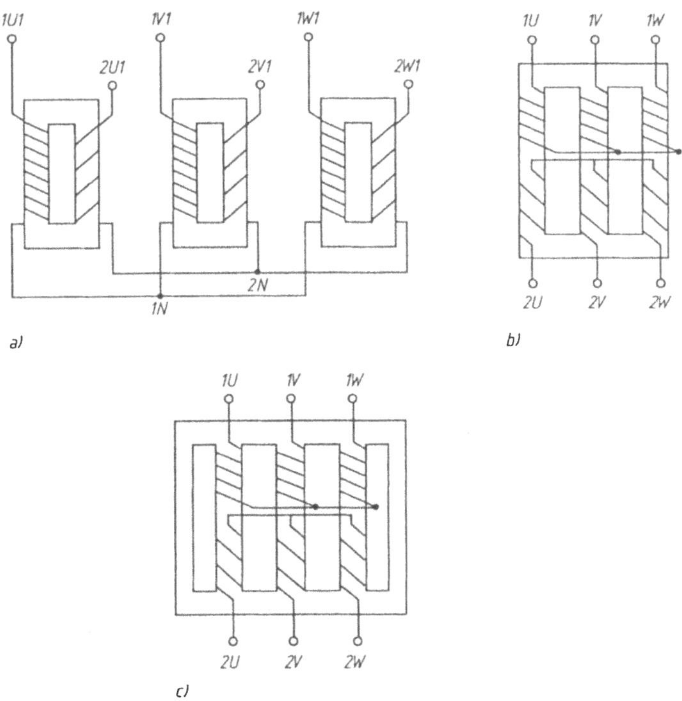

Bild 4.16 Drehstromtransformatoren:
a) Transformatorenbank, b) Kerntransformator, c) Manteltransformator

Die Entstehung des Kern-Drehstromtransformatoren – mit drei Schenkeln und zwei Jochen –, erklärt Bild 4.17-a. Von drei gegenüberstehenden Einphasentransformatoren kann man sich die Schenkel 1, 2, 3 in einem einzigen Schenkel vereint denken. Da in den symmetrischen Drehstromsystemen die Summe der magnetischen Nutzflüsse gleich Null ist ($\Phi_U + \Phi_V + \Phi_W = 0$) wird der magnetische Fluß in dem gemeinsamen Schenkel immer Null sein. Damit gibt es keine Notwendigkeit eines zusätzlichen Schenkels mehr. Mithin gelangt man an die kompakte Drehstromkonstruktion mit drei Schenkeln und sechs Jochen (Bild 4.17-b).

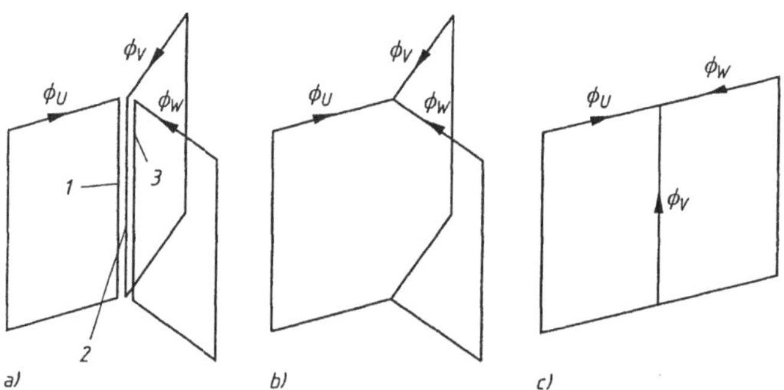

Bild 4.17 a), b) und c): Entstehung des Kern-Drehstromtransformators

Die Schenkelachsen werden in drei um 120° in Bezug zueinander gedrehten Ebenen gelegt. Wenn man jetzt auch die Joche des magnetischen Kerns des Stranges B verkürzt, erhält man eine noch einfachere Konstruktion, die drei Schenkel in derselben Ebene enthält (Bild 4.17-c). Diese Bauart ist in der Praxis weit verbreitet; *sie bringt aber eine magnetische Unsymmetrie mit sich, die manchmal zu einigen unerwünschten Folgen im Transformatorbetrieb führen kann.*

Der kompakte magnetische Kern mit drei Schenkeln in derselben Ebene wird aus gestanzten Blechen hergestellt (Bild 4.2). In den Ecken gibt es 45° oder 30°/60°-Schnitte, um den Fluß gut um die Ecke zu leiten. Sonst zeigt der Drehstromtransformator, im Vergleich zum Wechselstromtransformator, keine weiteren Besonderheiten im Aufbau.

Die im reellen oder im komplexen Bereich geschriebenen Differentialgleichungen des Einphasentransformators sowie Zeigerdiagramm, Ersatzschaltbild und seine Kennlinien dürfen auch für die Untersuchungen des Betriebs jedes Strangs eines Drehstromtransformators verwendet werden (Bild 4.17-a).

Die Transformatoren mit kompaktem magnetischen Kern weisen aber einige funktionelle Merkmale auf, die unter Anwendung der Theorie des Wechselstromtransformators auf dem Weg der Untersuchung eines Strangs des Drehstromtransformators berücksichtigt werden müssen. Die Gültigkeit der Theorie des Wechselstromtransformators für den Drehstromtransformator wird deshalb im Folgenden gezeigt.

Für irgendeinen Strang des Drehstrom-Kerntransformators, z.B. U aus Bild 4.18-b (mit denselben positiven Zählrichtungen für die sechs Ströme und denselben Wicklungssinn), kann man schreiben:

$$\begin{cases} u_{1U} = R_1 i_{1U} + L_{1U1U} \dfrac{di_{1U}}{dt} + L_{1U1V} \dfrac{di_{1V}}{dt} - L_{1U1W} \dfrac{di_{1W}}{dt} + \\ \qquad + L_{1U2U} \dfrac{di_{2U}}{dt} - L_{1U2V} \dfrac{di_{2V}}{dt} - L_{1U2W} \dfrac{di_{2W}}{dt}, \\ -u_{2U} = R_2 i_{2U} + L_{2U2U} \dfrac{di_{2U}}{dt} - L_{2U2V} \dfrac{di_{2V}}{dt} - L_{2U2W} \dfrac{di_{2W}}{dt}, \end{cases}$$

mit:

R_1, R_2 Primär-, bzw. Sekundärwiderstand

L_{jMkN} Gegeninduktivität zwischen den Wicklungen jM und kN

u_{jM} augenblickliche Klemmenspannung der betrachteten Wicklung jM

i_{jM} augenblicklicher Strom, der die Wicklung jM durchfließt

($M, N = U, V, W$ und $j, k = 1, 2$)

Falls die magnetische Unsymmetrie nicht in Betracht kommt, gelten, mit genügend guter Genauigkeit, die folgenden Beziehungen:

$$L_{1U1V} = L_{1U1W};\quad L_{2U2V} = L_{2U2W};\quad L_{1U2V} = L_{1U2W};\quad L_{2U1V} = L_{2U1W}$$

Man nimmt an, daß die Stromsysteme die Bedingungen

$$i_{1U} + i_{1V} + i_{1W} = 0 \quad \text{und} \quad i_{2U} + i_{2V} + i_{2W} = 0$$

erfüllen. Dies stimmt für den Fall, daß die Nulleiter im Primär- sowie im Sekundärteil fehlen. Unter diesen Voraussetzungen vereinfachen sich die zwei oben zunächst geschriebenen Gleichungen, und zwar:

$$\begin{cases} u_{1U} = R_1 i_{1U} + (L_{1U1U} + L_{1U1V}) \dfrac{d\,i_{2U}}{dt} + (L_{1U2U} + L_{1U2V}) \dfrac{d\,i_{2U}}{dt}, \\ -u_{2U} = R_2 i_{2U} + (L_{2U2U} + L_{2U2V}) \dfrac{d\,i_{2U}}{dt} + (L_{2U1U} + L_{2U1V}) \dfrac{d\,i_{2U}}{dt}. \end{cases}$$

In dieser Form sind die Betriebsgleichungen eines Stranges des Transformators fast identisch mit den Gleichungen eines Wechselstromtransformators. Die einzigen Unterschiede:

- *anstelle der Selbstinduktivitäten* L_{11}, L_{22} *treten jetzt die Induktivitäten*

  $\mathcal{L}_{11} = L_{1U1U} + L_{1U1V}$ *und* $\mathcal{L}_{22} = L_{2U2U} + L_{2U2V}$

  auf bzw.
- *anstelle der Gegeninduktivität* L_{12} *erscheint die Induktivität*

  $\mathcal{L}_{12} = L_{1U2U} + L_{1U2V} = L_{2U1U} + L_{2U1V} = \mathcal{L}_{21}$.

Die oben beschriebenen Bedingungen der elektrischen und magnetischen Symmetrie eines Strangs werden nicht durch die Ströme anderen Stränge beeinflußt. Die Interaktion mit den anderen Strängen macht sich durch die Änderung der Selbst- und Gegeninduktivitäten der Primär- und Sekundärwicklungen des betrachteten Stranges bemerkbar.

Diese abgeleiteten Induktivitäten werden zyklische Induktivitäten genannt. Die zyklische Selbstinduktivität $\mathcal{L}_{11}$ hat nicht die Qualität einer Selbstinduktivität – gemäß der klassischen Theorie – als Quotient zwischen dem verketteten Fluß und dem Strom, der diesen Fluß erzeugt.

Die *zyklische Induktivität* $\mathcal{L}_{11}$ bezieht sich eigentlich auf den von allen drei Primärwicklungen verketteten erzeugten Fluß durch eine der Primärwicklungen. Sie umfaßt die gleichzeitige Wirkung aller Ströme der Primärwicklungen auf die betrachtete Primärwicklung. Analog umfaßt die zyklische Gegeninduktivität $\mathcal{L}_{12}$ die gleichzeitige Wirkung aller Ströme der Sekundärwicklungen auf eine Primärwicklung.

Der Vorteil der Einführung zyklischer Induktivitäten in die Untersuchung der Drehstromtransformatoren (wie auch der Drehstrommaschinen) besteht in der Möglichkeit einer vereinfachten Untersuchung, und zwar nur auf einen einzigen Strang bezogen.

Wohlgemerkt, das gilt nur unter den Bedingungen elektrischer und magnetischer Symmetrie, die also eine erfolgreiche Erweiterung der Theorie des Wechselstromtransformators auf den Drehstromtransformator erlaubt.

Infolge dessen verhält sich der Drehstromtransformator so, als würde jeder Strang selbständig arbeiten. Ein Strang der Primärwicklung verhält sich in so einer Art, als würde er nur mit dem entsprechenden Strang desselben Schenkels arbeiten.

Die Drehstromtransformatoren weisen in Zusammenhang mit den Schaltungen der Strangwicklungen einige Besonderheiten auf. Den DIN/VDE-Bestimmungen nach werden die Wicklungsklemmen so bezeichnet, wie aus Bild 4.18-a für den Wechselstromtransformator und aus Bild 4.18-b für den Drehstromtransformator hervorgeht.

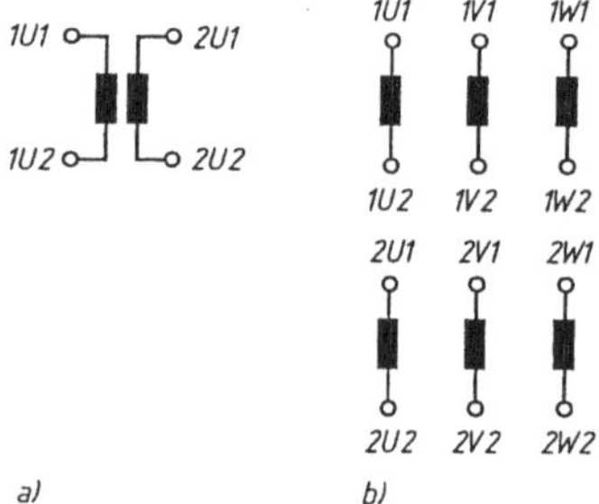

Bild 4.18
Bezeichnung der Wicklungsklemmen:
a) Wechselstromtransformator,
b) Drehstromtransformator

Der Anfang und das Ende der Oberspannungswicklung werden mit 1U1 bzw. 1U2 bezeichnet. Für die Unterspannungswicklung werden die Bezeichnungen 2U1 für den Anfang und 2U2 für das Ende benutzt. Das dreiphasige Oberspannungsnetz wird immer an die Klemmen 1U1, 1V1, 1W1 angeschlossen; das dreiphasige Unterspannungsnetz wird an die Klemmen 2U1, 2V1, und 2W1 angeschlossen. Die Nullklemme wird mit N oder n bezeichnet.

Wenn die Bezeichnungen der Wicklungsklemmen bekannt sind, können die Wicklungen des Drehstromtransformators richtig in Stern oder in Dreieck geschaltet werden. Das ist besonders wichtig im Falle des Parallelbetriebs mehrerer Transformatoren.

Die *Sternschaltung* der Oberspannungswicklungen ist in Bild 4.19-a dargestellt. In diesem Fall beträgt die verkettete Spannung $\sqrt{3}$ mal die Strangspannung; die Netzleiterströme sind gleich den Strangströmen des Drehstromtransformators.

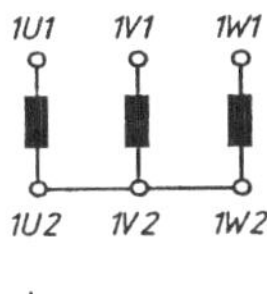

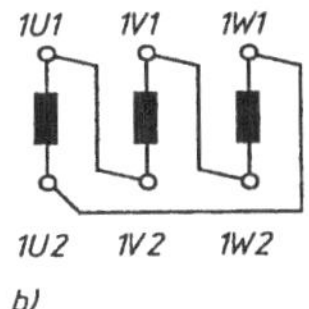

Bild 4.19
Schaltungen der Drehstromtransformatoren:
a) Stern,
b) Dreieck

In Bild 4.19-b ist eine *Dreieckschaltung* dargestellt. Diesmal ist die verkettete Spannung gleich der Strangspannung; der Netzleiterstrom ist $\sqrt{3}$ mal größer als der Strangwicklungsstrom.

- Die *Sternschaltung beider Wicklungen* – primär und sekundär – wird *Stern-Stern* genannt und mit *Yy* gekennzeichnet;
- Die *Sternschaltung primär* kombiniert mit der *Dreieckschaltung sekundär*, wird *Stern-Dreieck* genannt und mit *Yd* gekennzeichnet;
- Die *Sternschaltung primär* kombiniert mit der *Zickzack-Schaltung sekundär*, wird *Stern-Zickzack* genannt und mit *Yz* gekennzeichnet;
- Die *Dreieckschaltung beider Wicklungen* – primär und sekundär – wird *Dreieck-Dreieck* genannt und mit *Dd* gekennzeichnet;
- Die *Dreieckschaltung primär* kombiniert mit der *Sternschaltung sekundär*, wird *Dreieck-Stern* genannt und mit Dy gekennzeichnet;
- Die *Dreieckschaltung primär* kombiniert mit der *Zickzack-Schaltung sekundär*, wird *Dreieck-Zickzack* genannt und mit *Dz* gekennzeichnet.

Falls bei der *Sternschaltung* der *Nullpunkt* (*Sternpunkt*) herausgeführt wird, wird diese Schaltung mit *YN*, bzw. *yn* gekennzeichnet. Man nennt sie *Sternschaltung mit Nullpunkt*.

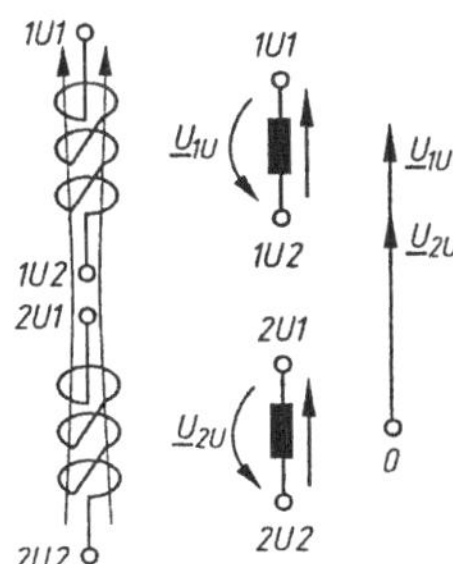

Bild 4.20
Wechselstromtransformator: Zählrichtungen, Spannungszeigerbild (derselbe Wicklungssinn)

Die dreiphasigen Transformatorenschaltungen unterscheiden sich voneinander nicht nur durch die Art der Verbindungen zwischen den Strangwicklungen, sondern auch durch die Phasenverschiebung zwischen den Primär- und Sekundärspannungen, *gemessen zwischen zwei gleichen Klemmen.*

Um dies zu erläutern, wird wieder der Wechselstromtransformator (Bild 4.20) betrachtet, dessen Wicklungen denselben Wicklungssinn haben sollen (z.B. Uhrzeigersinn, vom Anfang zum Ende der Wicklung hin betrachtet). Die Klemmenspannungen werden sich als aufeinandergesetzte Zeiger $\underline{U}_{1U}$, bzw. $\underline{U}_{2U}$ darstellen (wenn man die kleinen Spannungsabfälle infolge des Streuflusses und der Wicklungswiderstände nicht beachtet). Diese Schaltgruppe des Transformators wird mit *Yy0* bezeichnet und bekommt die Kennzahl 0. Die Ziffer 0 unterstreicht, daß der Phaseverschiebungswinkel zwischen diesen zwei gleichen Zeigern $\underline{U}_{1U}$ und $\underline{U}_{2U}$ Null ist (*genau wie der Winkel zwischen den Zeigern einer analogen Uhr, wenn die Stunden 0, 12 oder 24 angezeigt werden*).

Wenn an demselben Transformator eine der beiden Spulen im umgekehrten Sinn gewikkelt ist oder eins der beiden Klemmenpaare umgekehrt bezeichnet wäre (Bild 4.21) im Vergleich zur ersten Situation, wird der Phasenverschiebungswinkel zwischen den entsprechenden gleichen Zeigern $\underline{U}_{1U}$ *und* $\underline{U}_{2U}$ 180° *sein.* Diese Zeiger sind diesmal entgegengesetzt. Ein solcher Transformator gehört der Schaltgruppe 6 an. Die Ziffer weist darauf hin, daß die Phasenverschiebung zwischen den gleichen Spannungen primär und sekundär die gleiche ist wie diejenige zwischen den Uhrzeigern, wenn die Stunde 6 angezeigt wird.

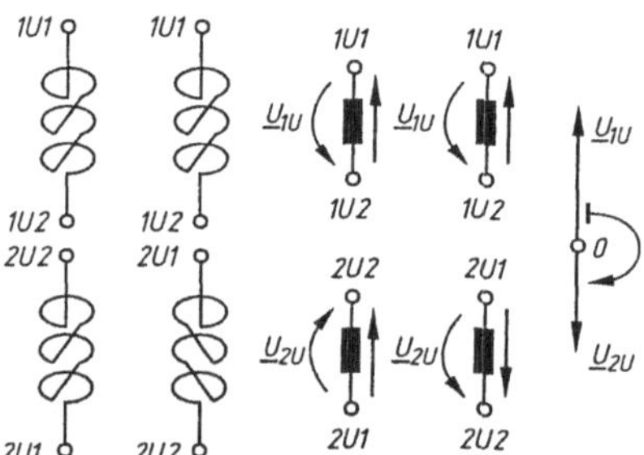

Bild 4.21
Einfluß der Wicklungssinne oder der Umkehrung beider Klemmenpaare bei einem Wechselstromtransformator

Die Wechselstromtransformatoren können infolgedessen nur zwei Schaltvarianten (6 oder 12) vorweisen, was die Phasenverschiebungen zwischen den gleichnamigen Primär- und Sekundärspannungen anbelangt. Bei den Drehstromtransformatoren ist die Lage komplexer.

Zunächst wird der Fall der Drehstromtransformatoren der Schaltgruppe *Yy* analysiert. Dabei wird vorausgesetzt, daß die Wicklungen denselben Wicklungssinn – z.B. rechtsgängig – besitzen und daß jeder Strang unabhängig von den anderen Strängen arbeitet, genau wie ein Wechselstromtransformator. Man kann die entsprechenden Zeigerdiagramme der Primär- und Sekundärspannungen aufzeichnen (Bild 4.22).

Sei *1N-UVW* der Stern der Primärstrangspannungen, wobei der Strangfolge identisch mit dem Uhrzeigersinn ist. Der Zeiger V zeigt auf 12 Uhr. Die Spannung $\underline{U}_{2U}$ des Sekundärstrangs 2U ist phasengleich mit der Spannung $\underline{U}_{1U}$ des. In ähnlicher Weise liegen der

Spannungszeiger $\underline{U}_{2V}$ zum gleichen Primärzeiger $\underline{U}_{1V}$ und der Zeiger $\underline{U}_{2W}$ zum Zeiger $\underline{U}_{1W}$. Auf diese Art und Weise bekommt man den Spannungsstern *2N-UVW* der Sekundärstränge.

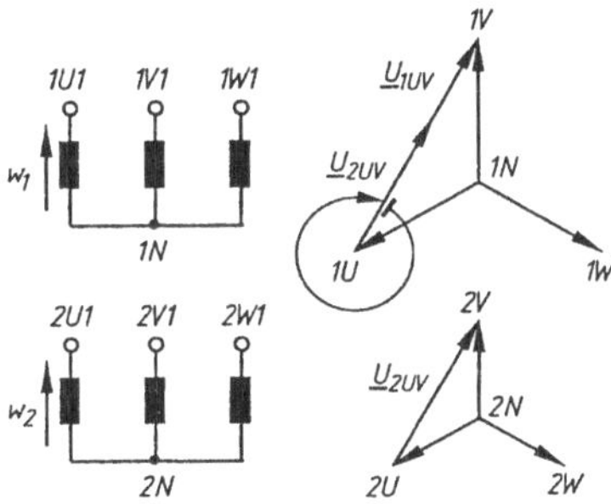

Bild 4.22
Schaltbild Yy-12 und zugehöriges Spannungszeigerdiagramm des Drehstromtransformators

Die Phasenverschiebung zwischen den zwei gleichen verketteten Spannungen $\underline{U}_{1UV}$ und $\underline{U}_{2UV}$ beträgt 0°. Das kann man durch eine parallele Verlegung des Sekundärspannungsstern, bis der Punkt 2U den Punkt 1U erreicht hat, zeigen. Folglich gehört der betrachtete Transformator Yy der mit 0 gekennzeichnete Schaltgruppe an. Ein solcher Transformator wird mit Yy-0 bezeichnet.

Falls bei einem Transformator Yy-0 die Anfänge und Enden der Sekundär-Strangwicklungen untereinander getauscht werden, dann erhält man einen Yy-6 Transformator (Bild 4.23).

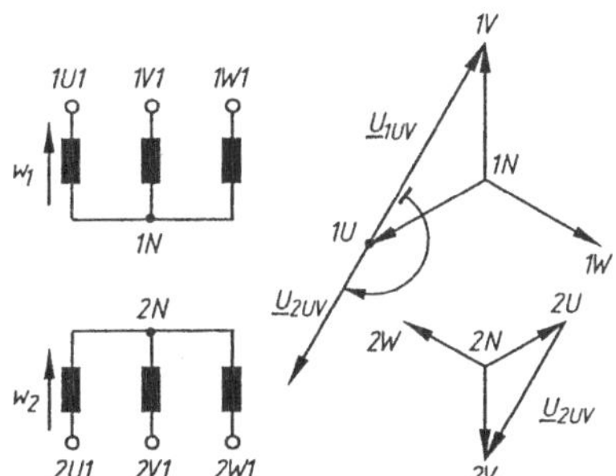

Bild 4.23
Schaltbild Yy-6 und zugehöriges Spannungszeigerdiagramm des Drehstromtransformators

Vom gleichen Gesichtspunkt aus wird nun die Schaltung Yd (Bild 4.24-a) untersucht. Zuerst wird der Zeigerstern 1N-UVW der Primärstrangspannungen gezeichnet. Der Zeiger V zeigt auf 12 Uhr. Danach leitet man die Lage der Sekundärstrangspannungen her. Auf jedem magnetischen Schenkel arbeiten die Primär- und Sekundärwicklungen in derselben Art wie bei einem Wechselstromtransformator. Demnach, wenn die Wicklungen denselben Wicklungssinn besitzen, ist die Spannung $\underline{U}_{2UV}$ gleichphasig zu der Spannung $\underline{U}_{1UV}$. Ähnlich wird auch die Spannung $\underline{U}_{2VW}$ gleichphasig zu $\underline{U}_{1VW}$ bzw. $\underline{U}_{2WU}$ zu $\underline{U}_{1WU}$.

Um jetzt die Phasenverschiebungen zwischen zwei verketteten Spannungen festzustellen, z.B. $\underline{U}_{1UV}$ und $\underline{U}_{2UV}$, führt man eine parallele Verlegung des Dreiecks 2UVW durch, bis die Spitze 2U den Punkt 1U erreicht (Bild 4.24-a). Der zwischen den Zeigern $\underline{U}_{1UV}$ und $\underline{U}_{2UV}$ gemessene Winkel, im Strangfolgesinn, beträgt 330°, gleich dem zwischen den Uhrzeigern gemessenen Winkel, wenn 11 Uhr anzeigt wird. Der untersuchte Transformator gehört also der Schaltgruppe Yd-11 an.

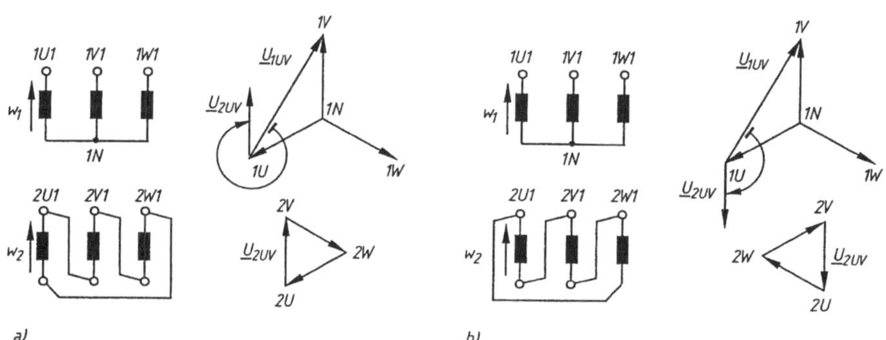

Bild 4.24 Schaltbilder Stern-Dreieck und zugehöriges Spannungszeigerdiagramm: a) Yd-11, b) Yd-5

Wenn beim oben berücksichtigten Transformator die Anfänge und die Enden der Sekundär-Strangwicklungen getauscht werden, bekommt man einen Transformator Yd-5 (Bild 4.24-b). In Bild 4.25 wird das Schaltbild und das Spannungszeigerdiagramm der Schaltgruppe Dy-11 dargestellt.

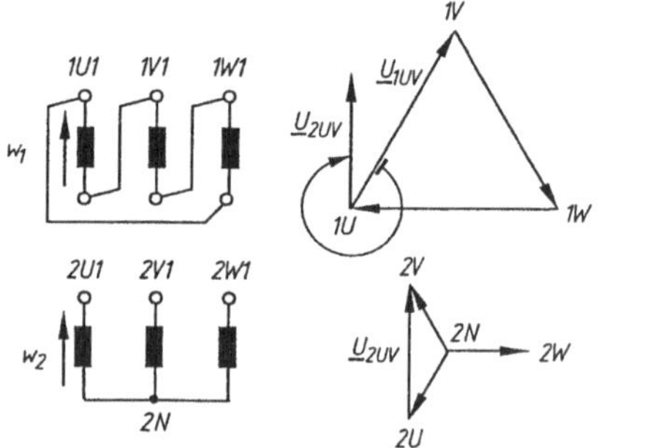

Bild 4.25
Ersatzschaltbild Dy-11 und Spannungszeigerdiagramm

Zusammenfassung: Die in einer Schaltgruppe bezeichnete Zahl gibt den Phasenverschiebungswinkel zwischen irgend zwei gleichen verketteten Primär- und Sekundärspannungen des Transformators an. Diese Zahl gibt die Stunde an, für die der Winkel zwischen dem Minutenzeiger (Sekundärspannung) und dem Stundenzeiger (Primärspannung) einer hypothetischen analogen Uhr dem Phasenwinkel zwischen den gleich-verketteten Spannungen gleicht.

Es können auch andere Schaltgruppen des Drehstromtransformators, z.B. Yy-2, Yy-4 usw. bzw. Yd-1, Yd-3 usw. verwirklicht werden, zu denen es durch Klemmentausch kommt; sie spielen allerdings in der Praxis keine Rolle.

Die meist verwendeten Schaltgruppen in der Praxis sind Yy-0 und Dy-11.

Bisweilen wird noch, vorzugsweise in den Stromrichteranlagen, die Stern-Zickzack-Schaltgruppe Yz benutzt. Das Schaltbild ersieht man aus Bild 4-26a. Die Primärwicklung ist im Stern geschaltet; die Sekundärwicklung verfügt auf jedem Schenkel über zwei Spulen, jede mit $w_2/2$ in Reihe geschalteten Windungen.

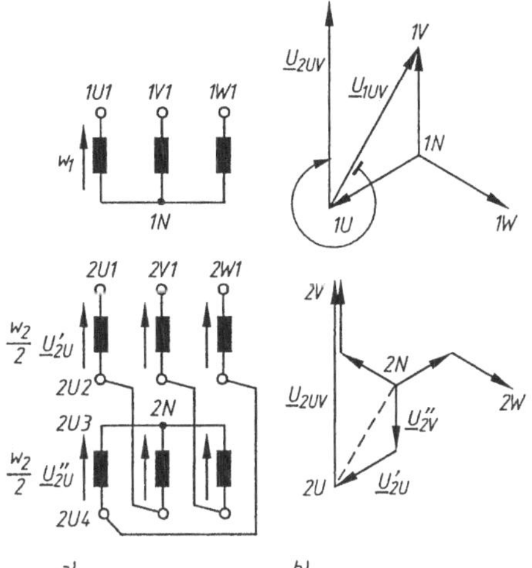

Bild 4.26
Stern-Zickzack-Schaltgruppe Yz-11:
a) Ersatzschaltbild,
b) Spannungszeigerdiagramm

Um die Phasenverschiebung zwischen gleiche Spannungen (primär- und sekundärseitig) festzustellen, bemerkt man, daß der Zeiger $\underline{U}_{2\mathrm{U}}$ sich durch die Zusammensetzung der Zeiger $\underline{U}''_{2\mathrm{V}}$ und $\underline{U}'_{2\mathrm{U}}$ ergibt. Aber der Zeiger $\underline{U}'_{2\mathrm{V}}$ ist dem Zeiger der Primärspannung $\underline{U}_{1\mathrm{V}}$ entgegengesetzt, während der Zeiger $\underline{U}_{2\mathrm{U}}$ gleichphasig zu dem Zeiger $\underline{U}_{1\mathrm{U}}$ ist. Unter diesen Bedingungen wird der Stern 2N-UVW gezeichnet.

Das Zeigerdiagramm in Bild 4.26-b weist darauf hin, daß es um eine Schaltgruppe Yz-11 handelt. Diese Schaltgruppe ist vorteilhaft, da bei einer unsymmetrischen Sekundärbelastung (z.B. bei der M3-Schaltung) die Unsymmetrie auf der Primärseite kleiner wird. Wenn die Strangströme Gleichstromkomponenten aufweisen würden (der Fall der Gleichrichter mit $m = 3$) hebt sich ihre magnetische Wirkung auf einen vorgegebenen Schenkel des Transformators auf (sie haben entgegengesetzte Richtungen in den beiden Spulen desselben Schenkels).

Im Unterschied zum Wechselstromtransformator, bei dem das Übersetzungsverhältnis der Spannungen gleich dem Windungszahlverhältnis ist, ändert sich die Lage bei den Drehstromtransformatoren.

Das Übersetzungsverhältnis (Verhältnis der gleichen verketteten Spannungen) im Leerlauf hängt nicht nur von den Windungszahlen w_1 und w_2 der Strangwicklungen, sondern *auch von der Schaltgruppe des Transformators ab.* Aus diesem Grund ergibt sich für die Schaltgruppe Yy aus dem Zeigerdiagramm (Bild4.22):

$$\ddot{u} = \frac{U_{1UV}}{U_{2UV}} = \frac{\sqrt{3}U_{1U}}{\sqrt{3}U_{2U}} = \frac{w_1}{w_2}$$

Der Reihe nach bekommt man zu den folgenden Schaltgruppen:

- Yd (Bild 4.24):

$$\ddot{u} = \frac{U_{1UV}}{U_{2UV}} = \frac{\sqrt{3}U_{1U}}{U_{2U}} = \sqrt{3}\,\frac{w_1}{w_2}$$

- Dy (Bild 4.25):

$$\ddot{u} = \frac{U_{1UV}}{U_{2UV}} = \frac{U_{1U}}{\sqrt{3}U_{2U}} = \frac{1}{\sqrt{3}}\frac{w_1}{w_2}$$

- Yz (Bild 4.26):

$$\ddot{u} = \frac{U_{1UV}}{U_{2UV}} = \frac{U_{1U}}{U_{2U}} = \frac{U_{1U}}{2U_{2U}'\cos\frac{\pi}{6}} = \frac{w_1}{2\frac{w_2}{2}\frac{\sqrt{3}}{2}} = \frac{2}{\sqrt{3}}\frac{w_1}{w_2}$$

Man bemerkt, daß bei gleichem Übersetzungsverhältnis und w_1 bei der Schaltgruppe Yz 15 % mehr Sekundärwicklungen als bei der Schaltgruppe Yy gewickelt werden müssen, was zusätzlichen Werkstoffverbrauch bedeutet.

4.5 Spartransformatoren

Häufig ist es notwendig, z.B. in den Ober- und Unterspannungsanlagen, Fernmeldeanlagen, in der elektrischer Antriebs- oder Automatisierungstechnik, nur *eine kleine Spannungsänderung von etwa* 10 bis 50 % zu realisieren. Die Verwendung üblicher Vollwicklungs-Transformatoren mit zwei getrennten Wicklungen ist, vom technisch-ökonomischen Gesichtspunkt aus, ungünstig. Viel günstiger erweist sich die Benutzung eines *sogenannten Spartransformators.*

Angenommen, die Spannung eines Wechselstromnetzes sollte vom Wert U_I auf U_{II} geändert werden. Dafür könnte ein Transformator mit zwei Wicklungen verwendet werden. An die Primärwicklung wird die Netzspannung U_I angelegt, während die Sekundärwicklung in Reihe zur Primärwicklung geschaltet wird.

Die Summe der entsprechenden Zeiger der Sekundärspannung $\underline{U}_2$ und der Eingangs- oder Primärspannung $\underline{U}_1$ soll, im Betrag, die nötige Spannung U_{II} ergeben (Bild 4.27-a). Der so geschaltete Transformator, der eine galvanische Verbindung zwischen den Wicklungen (im Knoten 1U1, Bilder 4.27-a, b) aufweist, heißt Spartransformator.

Wird die Spannung U_I mit Hilfe eines gewöhnlichen Transformators (Bild 4.27-c) geändert, dann muß dieser Transformator für die Bau-Scheinleistung $U_I I_I \approx U_{II} I_{II}$ ausgelegt werden. Verwendet man aber einen Spartransformator mit derselben Durchgangsleistung, wird seine Typenleistung $U_1 I_1 \approx U_2 I_2$ sein.

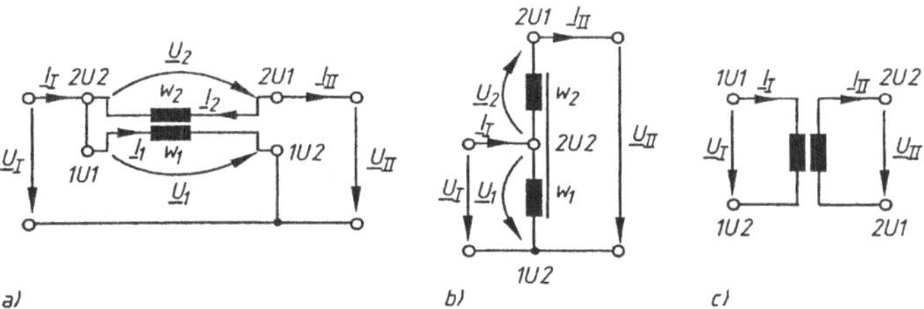

Bild 4.27 Spannungssteigernder Spartransformator:
a), b) Ersatzschaltbilder, c) Wechselstromtransformator

Im Falle des Spartransformators muß man den Unterschied, $U_I I_I \approx U_{II} I_{II} = U_{II} I_2$ zwischen der Durchgangsleistung und der Typenleistung $U_1 I_1 \approx U_2 I_2$ berücksichtigen. Der Grund dafür besteht darin, daß das elektrische Netz dem Sekundärkreis Leistung zuführt, sowohl direkt über die in Reihe geschaltete Sekundärwicklung als auch mittels des elektromagnetischen Felds aus dem Transformator.

Die direkt übertragene Leistung beeinflußt nicht die Auslegung und die Abmessungen des Spartransformators. In dieser wesentlichen Feststellung besteht der Vorteil des Spartransformators dem *Zweiwicklungs-Transformator* gegenüber, bei dem die ganze Leistung $U_I I_I \approx U_{II} I_{II}$ nur über das elektromagnetische Feld übertragen wird. Um die wirtschaftlichen Vorteile des Spartransformators richtig zu begreifen, muß man das Verhältnis zwischen der *elektromagnetischen Typenleistung* ($U_1 I_1 \approx U_2 I_2$) und der *gesamt übertragenen Leistung* ($U_I I_I \approx U_{II} I_{II}$) betrachten.

In diesem Sinn interessieren die Betriebsgleichungen des Spartransformators (die positiven Zählrichtungen, Bild 4.27-a). Man nimmt an, daß die Primärwicklung w_1 und die Sekundärwicklung w_2 Windungen haben. Man erhält:

$$\begin{cases} \underline{I}_I = \underline{I}_1 + \underline{I}_2 \\ \underline{I}_2 = \underline{I}_{II} \\ \underline{U}_1 = \underline{U}_I \\ \underline{U}_I = \underline{U}_{II} + \underline{U}_2 \\ \dfrac{U_1}{U_2} \approx \dfrac{w_1}{w_2} \\ w_1 \underline{I}_1 + w_2 \underline{I}_2 \approx 0 \,. \end{cases}$$

Unter der Voraussetzung, daß alle Verluste und Spannungsabfälle sowie auch der Magnetisierungsstrom vernachlässigt werden, ergeben sich die letzten zwei Gleichungen aus den klassischen Gleichungen des Transformators. Für die Gleichungen 3, 4 und 5 gilt:

$$\underline{U}_I \left(1 + \frac{w_1}{w_2} \right) = \underline{U}_{II}$$

oder, in Effektivwerten,

$$U_{\mathrm{II}} = U_{\mathrm{I}}\left(1+\frac{w_1}{w_2}\right).$$

Mithin ist der berücksichtigte Spartransformator ein spannungssteigernder Transformator, da $U_{\mathrm{II}} > U_{\mathrm{I}}$. Andererseits gilt:

$$\frac{U_2}{U_{\mathrm{II}}} = \left|\frac{\underline{U}_2}{\underline{U}_{\mathrm{II}}}\right| = \left|\frac{\underline{U}_{\mathrm{I}}\frac{w_2}{w_1}}{\underline{U}_{\mathrm{II}}}\right| = \frac{w_2}{w_1+w_2} = \frac{U_{\mathrm{II}}-U_{\mathrm{I}}}{U_{\mathrm{II}}}$$

Darum wird das Verhältnis zwischen der Typenleistung $U_2 I_2$ des Spartransformators und der gesamten abgegebenen *Durchgangsleistung* $U_{\mathrm{II}} I_{\mathrm{II}}$ zu

$$\frac{U_2 I_2}{U_{\mathrm{II}} I_{\mathrm{II}}} = \frac{U_2 I_2}{U_{\mathrm{II}} I_2} = \frac{U_2}{U_{\mathrm{II}}} = \frac{U_{\mathrm{II}}-U_{\mathrm{I}}}{U_{\mathrm{II}}} = 1 - \frac{U_{\mathrm{I}}}{U_{\mathrm{II}}}$$

Hier bemerkt man, daß die Benutzung des Spartransformators mit einem geringeren Verbrauch an aktiven Stoffen (Kupfer oder Aluminium und Elektroblech) um so angebrachter ist, je nachdem, wie stark sich das Verhältnis $U_{\mathrm{I}}/U_{\mathrm{II}}$ Eins nähert. Mit anderen Worten: U_{II} soll nur geringfügig im Vergleich zu U_{I} geändert werden. Ist z.B. $U_{\mathrm{II}} = 1{,}25 U_{\mathrm{I}}$, wird die Typenleistung eines Spartransformators für die gleiche abgegebene Leistung nur 20 % der Leistung eines üblichen Transformators betragen. Mehr noch, die Gewichtsverminderung der aktiven Baustoffe führt selbstverständlich zur Verminderung der elektrischen und magnetischen Verluste. Demgemäß ist der Wirkungsgrad des Spartransformators – bei einer gleichen gesamten abgegebenen Leistung – immer höher als der des üblichen Transformators.

Der gemeinsame Nachteil der Spartransformatoren (Autotransformatoren) besteht aber darin, daß die Sekundärwicklung galvanisch mit der Primärwicklung verbunden ist (im Knoten 1U1, Bild 4.27). Die Sekundärwicklung muß also mit der gleichen Isolation gegen Masse ausgestattet werden. Dieser Umstand verhindert den wirtschaftlichen Bau der Spartransformatoren für Übertragungsverhältnisse größer als 1,5 bis 2,0.

Ein weiterer Nachteil des Spartransformators ist die geringe Kurzschlußspannung oder umgekehrt der hohe Kurzschlußstrom im Fehlerfall. U.U. müssen Strombegrenzungsdrosseln den Kurzschlußstrom begrenzen.

Selbstverständlich kann man auch spannungssenkende Spartransformatoren benutzen.

Das Schaltbild eines solchen Spartransformators ist in Bild 4.28-b dargestellt. Ein Schaltbild für *Drehstrom-Spartransformatoren* ist in Bild 4.29 gezeigt.

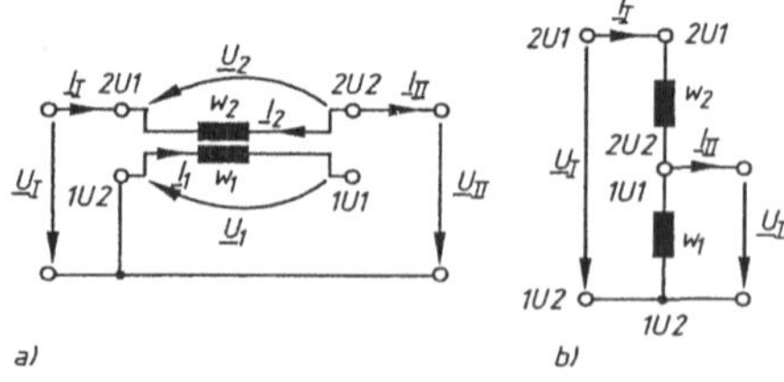

Bild 4.28
Spannungssenkender Spartransformator:
a) und b) Ersatzschaltbilder

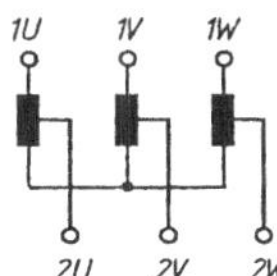

Bild 4.29
Schaltbild eines Drehstrom-Spartransformators

Der Spartransformator wird auch als Einrichtung zur Stufeneinstellung der Sekundärspannung bei relativ kleinen Leistungen gebaut. Die Spannungseinstellung ist durch die Änderung der Windungszahlen im Sekundärbereich mit Hilfe eines Schleifers oder mit Sonderumschaltern realisiert. Solche Spannungssteller werden bei relativ kleinen Leistungen benutzt ($S < 5$ kVA).

4.6 Übungen

4Ü.1 *Im Ersatzschaltbild einer Wechselstromdrossel (Wechselstromtransformator im Leerlauf) werden die parallel geschalteten Parameter R_{Fe} (der den Eisenverlusten entsprechenden Widerstand) und X_μ (die Magnetisierungsreaktanz) durch die Parameter R_0 bzw. X_0 in Reihenschaltung ersetzt. Welche Beziehungen gibt es zwischen R_0, X_0 und R_{Fe}, X_μ ? Wie vereinfacht man diese Beziehungen für $R_{Fe} >> X_\mu$?*

Das der Wechselstromdrossel entsprechende Ersatzschaltbild ist in Bild 4.30-a dargestellt. Die Parameter R_{Fe} und X_μ sind parallel geschaltet. diese Parameter müssen durch die in Reihe geschalteten Parameter R_0 und X_0 ersetzt werden, so wie in Bild 4.30-b. Die komplexe Gleichung der zwei Impedanzen ist:

$$\frac{jR_{\mathrm{Fe}}X_\mu}{R_{\mathrm{Fe}}+X_\mu} = R_0 + jX_0$$

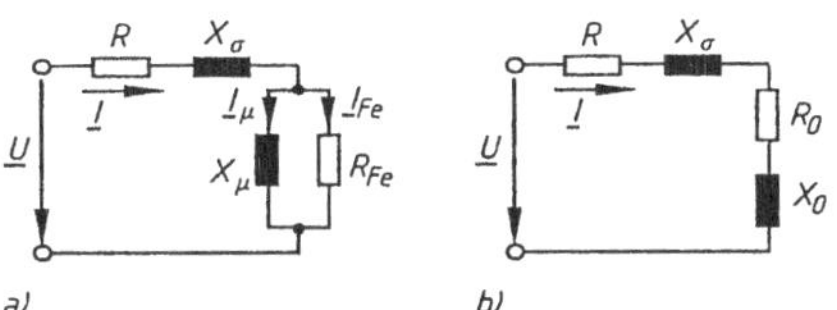

Bild 4.30
Ersatzschaltbilder einer Wechselstromdrossel mit:
a) parallelgeschalteten R_{Fe}, X_μ,
b) reihengeschalteten R_0, X_0

Multipliziert man diese Gleichung mit dem komplex konjugierten Nenner des ersten Terms (also mit $R_{\mathrm{Fe}} - jX_\mu$), erhält man:

$$R_0 = \frac{R_{\mathrm{Fe}}X_\mu^2}{R_{\mathrm{Fe}}^2+X_\mu^2} \quad \text{bzw.} \quad X_0 = \frac{R_{\mathrm{Fe}}^2X_\mu}{R_{\mathrm{Fe}}^2+X_\mu^2}$$

Für $R_{\mathrm{Fe}} \gg X_\mu$ vereinfachen sich die oben erzielten Ausdrücke weiter:

$$R_0 \approx \frac{{X_\mu}^2}{R_{\mathrm{Fe}}} \quad \text{bzw.} \quad X_0 \approx X_\mu$$

4Ü.2 *Eine Drossel mit den konstanten Parametern R und L wird im Zeitpunkt t = 0 an ein Wechselstromnetz geschaltet; die so an die Drosselklemmen angelegte Spannung ist* $u = U\sqrt{2}\,\sin(\omega t - \alpha)$. *Bestimmt werden sollen:*

a) der zeitliche Verlauf des Stromes, der die Drossel durchfließt.

b) der Wert der im transienten Vorgang auftauchenden ersten Stromspitze, im Vergleich zum stationären Effektivwert des Stroms.

Zahlenwerte: $U = 220$ V, $L/R = 0{,}06$ s; $\omega = 314\ \mathrm{s}^{-1}$; $\alpha = 90°$.

a) Die Differentialgleichung des Stromes i lautet

$$u = U\sqrt{2}\,\sin(\omega t - \alpha) = R\,i + L\frac{\mathrm{d}i}{\mathrm{d}t}$$

mit der Anfangsbedingung $i = 0$ für $\omega = 0$.

Eine partikuläre Lösung findet man dabei mit dem Ansatz

$$i_{\mathrm{p}} = I\sqrt{2}\,\sin(\omega t - \alpha - \varphi)$$

Die Größen I und φ sind mittels der Identifikation zu bestimmen:

$$U\sqrt{2}\,\sin(\omega t - \alpha) \equiv R\,I\sqrt{2}\,\sin(\omega t - \alpha - \varphi) + \omega L\,I\sqrt{2}\,\cos(\omega t - \alpha - \varphi)$$

Für $\omega t = \alpha$ erhält man aus der obigen Identität:

$$-R\sin\varphi + \omega L\cos\varphi = 0$$

d.h.:

$$\varphi = \arctan\frac{\omega L}{R}$$

oder

$$\tan\varphi = \frac{\omega L}{R} = 314 \times 0{,}06 = 6\pi.$$

Wird jetzt in derselben Identität $\omega t = \varphi$ eingesetzt, erhält man:

$$U\sin(\varphi - \alpha) = -R\,I\sin\alpha + \omega L\,I\cos\alpha$$

Mit $\omega L = R\tan\varphi$ ergibt sich:

$$U = \frac{R\,I}{\cos\varphi} = RI\sqrt{1+\tan^2\varphi} = I\sqrt{R^2+\omega^2 L^2}$$

bzw.

$$I = \frac{1}{\sqrt{R^2+\omega^2 L^2}}$$

Der allgemeine Lösungsansatz der Differentialgleichung lautet aber:

$$i = C\mathrm{e}^{-\mathrm{R}t/\mathrm{L}} + I\sqrt{2}\,\sin(\omega t - \alpha - \varphi)$$

Die Bestimmung der Integrationskonstante C wird mit Hilfe der Anfangsbedingung $i(0)=0$ ausgeführt. Schließlich nimmt der analytische Ausdruck des Stroms folgende Form an:

$$i = I\sqrt{2}\left[\sin(\alpha+\varphi)e^{(-Rt/L)}+\sin(\omega t-\alpha-\varphi)\right].$$

b) Für $\alpha=0$ wird der oben bestimmte Ausdruck zu:

$$i = I\sqrt{2}\left[\sin(\varphi)e^{(-\omega t/\tan\varphi)}+\sin(\omega t-\varphi)\right].$$

Die Ableitung dieses Stromes nach der Variablen ωt, die dann zu Null wird, gibt weiterhin den Zeitpunkt ωt_0, der zum Erreichen des Maximalwerts $\hat{\imath}_0 = I_0\sqrt{2}$ nach dem Einschalten der Drossel nötig ist. Man erhält also:

$$e^{(-\omega t_0/\tan\varphi)}-\frac{\cos(\omega t_0-\varphi)}{\cos\varphi}=0$$

und folglich

$$\omega t_0 = 0{,}9687\pi$$

Damit wird der gesuchte Strom:

$$i_0 = I\sqrt{2}\left[\sin\varphi\, e^{(-\omega t_0/\tan\varphi)}+\sin(\omega t_0-\varphi)\right] = I\sqrt{2}\,\frac{\sin\omega t_0}{\cos\varphi} = 2{,}62I.$$

Für $\alpha=90°$ gilt für den Strom i den Ausdruck:

$$i = I\sqrt{2}\left[\sin\varphi\, e^{(-\omega t_0/\tan\varphi)}+\cos(\omega t_0-\varphi)\right]$$

Die Ableitung nach ωt wird in einer ähnlicher Weise ausgeführt. Wird dann diese Ableitung zu Null, kann man den Winkel ω_1 – wann der erste Maximalwert i_1 des Stroms erreicht wird – ausrechnen. Es ergibt sich die transzendente Gleichung:

$$e^{(-\omega t_1)} = \frac{\sin\varphi\sin(\omega t_1-\varphi)}{\cos^2\varphi}$$

und davon, mit $\omega t_1 = 0{,}9679\frac{\pi}{2}$, der Maximalwert

$$i_{1max} = I\sqrt{2}\left[\cos\varphi\, e^{(-\omega t_1/\tan\varphi)}-\cos(\omega t_1-\varphi)\right] = -I\sqrt{2}\,\frac{\cos\omega t_1}{\cos\varphi} = 1{,}345\,I.$$

4Ü.3 *Wird Spannung an die Klemmen der Primärwicklung eines Transformators angelegt, dessen Sekundärwicklung sich im Leerlauf befindet, wird der aufgenommene Strom in der Primärwicklung nicht sinusförmig sein. Angenommen, sein analytischer Ausdruck wäre*

$$i = 4\sin(314\,t-72°)+1{,}7\sin(942\,t-110°),$$

es sind folgende Größen zu ermitteln:

a) Effektivwert des Stromes,

b) zugeführte Wirk- und Blindleistung.

a) Der analytische Ausdruck des Stromes zeigt, daß dieser zwei Komponenten besitzt:

- eine *Grundschwingung* mit einem Effektivwert $I_1 = \dfrac{4\sqrt{2}}{2} = 2\sqrt{2}$ A und
- eine *Oberschwingung dritter Ordnung* mit dem Effektivwert

$$I_3 = \frac{1{,}7\sqrt{2}}{2} = 0{,}85\sqrt{2}\ \text{A}.$$

Damit wird der Effektivwert des Leerlaufstroms:

$$I = \sqrt{I_1^2 + I_3^2} = \sqrt{8 + 2 \times 0{,}85^2} = 3{,}07\ \text{A}$$

b) Da die angelegte Spannung vollkommen sinusförmig verläuft, wird die Wirkleistung vom Speisenetz, vermittels der Grundschwingung, dem Transformator zugeführt. Da aber die Stromgrundschwingung der Spannung mit dem Winkel $\varphi_1 = 72°$ nacheilt, werden die aufgenommene *Wirkleistung*

$$P_1 = U_1 I_1 \cos\varphi_1 = 220 \times 2\sqrt{2} \times \cos 72° = 192{,}3\ \text{W}$$

und die aufgenommene *Blindleistung*

$$Q_1 = U_1 I_1 \sin\varphi_1 = 220 \times 2\sqrt{2} \times \sin 72° = 591{,}8\ \text{VAr}$$

sein.

4Ü.4 *Ein Wechselstromtransformator hat die Daten: $R_1 = 1\ \Omega$, $X_{\sigma 12} = 2\ \Omega$, $R_2' = 1\ \Omega$, $X_{\sigma 21}' = 2\ \Omega$, $R_{Fe} \approx \infty$, $U_1 = 220$ V, $ü = (w_1/w_2) = 15{,}81$. Es sind folgende Größen zu bestimmen:*

a) die Sekundärspannung im Leerlauf und unter Belastung (einem angeschlossenen Widerstand $R = 0{,}1\ \Omega$ entsprechend),

b) die abgegebene Wirkleistung P_2,

c) der Wirkungsgrad des Transformators.

Man benutzt das Ersatzschaltbild sowie die Rechnung mit komplexen Größen. Die Primärspannung wird als Phasenreferenzgröße angenommen.

a) Der Primärstrom $\underline{I}_1$ hat den folgenden Ausdruck:

$$\underline{I}_1 = \frac{\underline{U}_1}{R_1 + jX_{\sigma 12} + \dfrac{jX_\mu (R_2' + R' + jX_{\sigma 21}')}{R_2' + R' + j(X_{\sigma 21}' + X_\mu)}},$$

wobei R' der auf die Primärseite bezogene Belastungswiderstand ist,

$$R' = R\left(\frac{w_1}{w_2}\right)^2.$$

Mit den gegebenen Zahlenwerten erhält man:

$$R' = 0{,}1 \times 15{,}81^2 = 25\ \Omega$$

$$\underline{I}_1 = \frac{220}{1+2j+\dfrac{j(26+j2)\times 100}{26+j102}} = \frac{220\times(26+j102)}{-378+j2754} = 8{,}33\ \mathrm{e}^{-j22{,}1}\ \mathrm{A}\,.$$

Somit ist der Effektivwert des Primärstroms $I_1 = 8{,}33$ A; dieser Strom eilt der Spannung U_1 um 22,1° nach. Der Sekundärstrom, auf die Primärseite bezogen, ist:

$$\underline{I}'_2 = -\underline{I}_1 \times \frac{jX_\mu}{R'_2 + R' + j(X'_{\sigma 21} + X_\mu)}$$

oder mit Zahlenwerten:

$$\underline{I}'_2 = -\frac{220\times j100}{-378+j2754} = -7{,}91\ \mathrm{e}^{-j7{,}8}\ \mathrm{A}\,.$$

Mithin ist die bezogene Sekundärspannung im Lastbetrieb:

$$U'_2 = R'I' = 25\times 7{,}91 = 197{,}85\ \mathrm{V}$$

und der Spannungsbetrag wird

$$U_2 = \frac{U'_2}{\ddot{u}} = \frac{197{,}8}{15{,}81} = 12{,}51\ \mathrm{V}$$

Im Leerlauf ist der oben angegebene Stromausdruck zunächst gültig, unter der Voraussetzung $R'_2 = \infty$, d.h.:

$$\underline{I}_{10} = \frac{\underline{U}_1}{R_1 + j(X_{\sigma 12} + X_\mu)} = \frac{220}{1+j102} = 2{,}157\ \mathrm{e}^{-j89{,}44^\circ}\ \mathrm{A}$$

Die bezogene Sekundärspannung im Leerlauf ist:

$$U'_{20} = X_\mu I_{10} = 100\times 2{,}157 = 215{,}7\ \mathrm{V}$$

und die tatsächliche Sekundärspannung:

$$U_{20} = \frac{U'_{20}}{\ddot{u}} = \frac{215{,}76}{15{,}81} = 13{,}64\ \mathrm{V}$$

b) Die abgegebene Wirkleistung ist:

$$P_2 = R'_2\, I'^2_2 = 25\times 7{,}91^2 = 1564\ \mathrm{W}$$

c) Die aufgenommene Wirkleistung kann ausgerechnet werden:

$$P_1 = U_1 I_1 \cos\varphi_1 = 220\times 8{,}33\times \cos 22{,}1^\circ = 1699\ \mathrm{W}$$

Damit beträgt der Wirkungsgrad:

$$\eta = \frac{P_2}{P_1} = \frac{1564}{1699} = 0{,}92\,.$$

4Ü.5 *Die Nennscheinleistung eines Drehstromtransformators ist $S_N = 100$ kVA. Die Jouleschen Verluste in den Wicklungen, bei Nennströmen, betragen 2,2 % und die Eisenverluste 0,6 % der Nennscheinleistung.*

a) Wie groß ist der Wirkungsgrad des Transformators unter Nennbelastung bei einem Leistungsfaktor $\cos\varphi_2 = 1$?

b) Wie groß wäre der Wirkungsgrad für einen induktiven $\cos\varphi = 0{,}7_i$ und für $\beta = 0{,}5$?

c) Wie groß ist der Maximalwert des Wirkungsgrades η_{max}, und unter welcher Scheinleistung wird dieser Wert erreicht?

a) Der Ausdruck des Wirkungsgrades des Transformators ist:

$$\eta = \frac{P_1}{P_2} = \frac{3U_2 I_2 \cos\varphi_2}{3U_2 I_2 \cos\varphi_2 + P_{Fe} + P_{J1} + P_{J2}}$$

mit

U_2	Effektivwert der Sekundärspannung
I_2	Effektivwert des Sekundärstromes
P_{Fe}	Eisenverluste
P_{J1}, P_{J2}	Jouleschen Verluste in Primär- bzw. Sekundärwicklung

Um den Wirkungsgrad aus diesen Größen zu ermitteln, macht man zunächst die Annäherung $U_2 \approx U_{20}$: man vernachlässigt die Veränderung der Sekundärspannung unter Vollast, im Vergleich zur selben Spannung im Leerlauf. So wird das Glied 3 $U_{2N} I_{2N} \cos\varphi_2$ einige Prozente größer als in der Wirklichkeit sein; da es auch im Nenner des Wirkungsgrades erscheint, bleibt die Wirkung dieser Annäherung auf den Wirkungsgrad ganz unbedeutend.

Unter Nennlastbedingungen kann man schreiben:

$$3U_2 I_2 \cos\varphi_2 \approx 3U_{20} I_{2N} \cos\varphi_2 = S_N \cos\varphi_2$$

$$P_{J1N} + P_{J2N} = P_{JN}$$

und damit

$$\eta_N = \frac{S_N \cos\varphi_2}{S_N \cos\varphi_2 + P_{JN} + P_{Fe}} \; .$$

Den gegebenen Zahlenwerten entsprechend, hat man $P_{Fe} = 0{,}006 S_N = 0{,}6$ kW, $P_{JN} = 0{,}022 S_N = 2{,}2$ kW und $\cos\varphi_2 = 1$. Man erhält:

$$\eta_N = \frac{100 \times 1}{100 \times 1 + 0{,}6 + 2{,}2} = 0{,}9728 \; .$$

b) Die Scheinleistung wird auf die Hälfte reduziert, $S = 0{,}5 S_N = 50$ kVA. Die Eisenverluste P_{Fe} sind nicht von der Belastungsverminderung betroffen. Die Jouleschen Verluste sinken auf ein Viertel ab, falls die Ströme halbiert werden, da sie dem Quadrat der Ströme proportional sind und somit $P_J = \beta^2 P_{JN} = 0{,}5^2 P_{JN} = 0{,}25 P_{JN}$. Folglich:

$$\eta = \frac{50\times 0{,}7}{50\times 0{,}7+0{,}6+0{,}25\times 2{,}2} = 0{,}9682\ .$$

c) Mit $\beta = I_2/I_{2N}$ werden die Scheinleistung der Transformators, unter einer beliebigen Belastung, $S = \beta S_N$ (sicherlich nur bei konstant bleibenden U_2 und $\cos\varphi_2$) und die Jouleschen Verluste $P_J = \beta^2 P_{JN}$. Die Eisenverluste sind von der Last unabhängig. Der Wirkungsgrad

$$\eta = \frac{\beta\, S_N \cos\varphi_2}{\beta^2 P_{JN} + \beta\, S_N \cos\varphi_2 + P_{Fe}} = f(\beta)_{\cos\varphi_2 = \text{konst.}}$$

ist eine Funktion des Belastungsgrads. Betrachtet man die Gleichung $(d\eta/d\beta) = 0$, kann man den Wert β_m ausrechnen, für den der Wirkungsgrad maximal wird. Man bekommt, wie vorher gesehen:

$$\beta_m = \sqrt{\frac{P_{Fe}}{P_{JN}}} = \sqrt{\frac{0{,}6}{2{,}2}} = 0{,}52$$

und der maximale Wirkungsgrad, bei $\cos\varphi_2 = 1$ = konst. ist:

$$\eta_m = \frac{\beta_m\, S_N \cos\varphi_2}{\beta_m\, S_N \cos\varphi_2 + 2P_{Fe}} = \frac{0{,}52\times 100\times 1}{0{,}52\times 100\times 1 + 2\times 0{,}6} = 0{,}9774\ .$$

Die Differenz zwischen dem Maximal- und dem Nennwirkungsgrad, für ein und denselben Leistungskoeffizient, entspricht in der Praxis nur einem halben Prozent.

4Ü.6 *Ein Drehstromtransformator hat folgende Daten: $S_N = 10$ MVA, $ü = 10/35$ kV, Schaltgruppe Yy−12, $R_1 = 5{,}5\ \Omega$, $R_2 = 0{,}55\ \Omega$, $X_{\sigma 12} = 63{,}50\ \Omega$, $X_{\sigma 21} = 6{,}35\ \Omega$, $P_{Fe} = 44$ kW. Der Leerlaufstrom I_{10} beträgt 2,4 % vom Nennstrom. Der Transformator arbeitet auf seiner Primärseite mit der Nennscheinleistung und dem Leistungsfaktor $\cos\varphi_1 = 0{,}707$. Ermittelt werden sollen die Belastungsscheinleistung und der Leistungsfaktor sekundär.*

Die Übung wird mit Hilfe der Leistungsbilanz des Transformators gelöst. Demnach:

$$P_1 = P_2 + P_{J1} + P_{J2} + P_{Fe}$$

$$Q_1 = Q_2 + Q_{\sigma 12} + Q_{\sigma 21} + Q_\mu$$

mit:

$$P_1 = S_1 \cos\varphi_1 \qquad P_2 = S_2 \cos\varphi_2$$

$$Q_1 = S_1 \sin\varphi_1 \qquad Q_2 = S_2 \sin\varphi_2$$

$$S_1 = \sqrt{P_1^2 + Q_1^2} \qquad S_2 = \sqrt{P_2^2 + Q_2^2}$$

Um die oben angegebenen Formeln den Bedingungen der Übung anzupassen, sollten zunächst die Nennströme ermittelt werden. Der Nennprimärstrom ist :

$$I_{1N} = \frac{S_{1N}}{\sqrt{3}U_1} = \frac{10\times 10^6}{\sqrt{3}\times 110\times 10^3} = 52{,}49\ \text{A}\ .$$

Die aufgeschriebene Spannung auf dem Leistungsschild des Transformators sowie die angegebene Spannung in der Aussage sind immer verkettete bzw. Linienspannungen.

Der Übertragungsfaktor des Transformators ist:

$$\ddot{u} = \frac{U_1}{U_{20}} = \frac{110}{35} = 3{,}1429$$

und damit wird der sekundäre Nennstrom:

$$I_{2N} = \ddot{u}\, I_{1N} = 3{,}1429 \times 52{,}49 = 164{,}97 \text{ A} .$$

Die sekundäre Wirkleistung – mit Hilfe der Leistungsbilanz berechnet – ist:

$$\begin{aligned} P_2 &= P_1 - (P_{J1} + P_{J2} + P_{Fe}) = P_1 - (3R_1 I_1^2 + 3R_2 I_2^2 + P_{Fe}) = \\ &= 7{,}07 \times 10^2 - (3 \times 5{,}5 \times 52{,}49^2 + 3 \times 0{,}55 \times 164{,}97^2 + 44 \times 10^3) = \\ &= 6{,}935 \times 10^6 \text{ W} = 6{,}935 \text{ MW}. \end{aligned}$$

In der Blindleistungsbilanz wird zuerst die mit dem Speisenetz ausgetauschte Blindleistung ausgerechnet:

$$Q_1 = S_N \sin\varphi_1 = 10^7 \times 0{,}707 = 7{,}07 \times 10^6 \text{ VAr} = 7{,}07 \text{ MVAr}$$

Die für die Eisenmagnetisierung notwendige Blindleistung Q_μ ist:

$$Q_\mu = 3E_{\mu 1} I_\mu$$

mit:

$E_{\mu 1}$ die in der primären Strangwicklung induzierte Spannung

I_μ der Magnetisierungsstrom

Mit einer sehr guten Annäherung kann angenommen werden, daß die Spannung $E_{\mu 1}$ der primären Strangspannung gleicht:

$$E_{\mu 1} \approx \frac{U_1}{\sqrt{3}} = \frac{100}{\sqrt{3}} \times 10^3 \text{ V}$$

Der Magnetisierungsstrom I_μ hängt vom *Leerlaufstrom* I_{10} nach der Formel

$$I_\mu = \sqrt{I_{10}^2 - I_{Fe}^2}$$

ab, wobei I_{Fe} die den Eisenverlusten entsprechende Stromkomponente ist, d.h.:

$$I_{Fe} = \frac{P_{Fe}}{3U_{\mu 1}} = \frac{44 \times 10^3 \times \sqrt{3}}{3 \times 110 \times 10^3} = 0{,}23 \text{ A} .$$

Der Leerlaufstrom weist, gemäß der Aussage, den Wert:

$$I_{10} = 0{,}024 I_{1N} = 0{,}024 \times 52{,}49 = 1{,}26 \text{ A} .$$

Auf, und demnach ist

$$I_\mu = \sqrt{1{,}26^2 - 0{,}23^2} = 1{,}24 \text{ A} .$$

Die Ermittlung der abgegebenen Blindleistung Q_2 kann jetzt ausgeführt werden:

$$Q_2 = Q_1 - (3X_{\sigma 12} I_1^2 + 3X_{\sigma 21} I_2^2 + Q_\mu) = 7{,}07 \times 10^6 -$$
$$- (3 \times 63{,}5 \times 52{,}49^2 + 3 \times 6{,}35 \times 164{,}97^2 + 3 \times (100/3^{0,5}) \times 10^3 \times 1{,}24) =$$
$$= 5{,}812 \times 10^6 \text{ VAr} = 5{,}812 \text{ MVAr}.$$

Die Sekundärscheinleistung ist:

$$S_2 = \sqrt{P_2^2 + Q_2^2} = \sqrt{6{,}935^2 + 5{,}812^2} = 9{,}048 \text{ MVA}.$$

Der Leistungsfaktor wird

$$\cos\varphi_2 = \frac{P_2}{S_2} = \frac{6{,}935}{9{,}048} = 0{,}766.$$

Da der Verbraucher einen Ohmsch-induktiven Charakter besitzt, ist sein Leistungsfaktor günstiger als der des Transformators (in Primär). Das erklärt sich durch die Blindleistung, die für den eigenen Verbrauch vom Versorgungsnetz aufgenommen wird. Der Wirkungsgrad des Transformators, unter den Bedingungen der Aussage, zeigt einen guten Wert:

$$\eta = \frac{P_2}{P_1} = \frac{6{,}935}{7{,}070} = 0{,}981.$$

4Ü.7 *Ein Drehstromtransformator hat folgende Parameter: ü = 220/35 kV (verkettete Spannungen), Schaltgruppe Yy – 12,* $R'_K = 3\ \Omega$, $X'_K = 200\ \Omega$. *Wie groß ist der Betrag des Spannungsabfalls bei Nennbelastung* $I_{1N} = 100$ A *bei einem induktiven Leistungsfaktor* $\cos\varphi_2 = 0{,}8_i$. *Wie groß würde der Spannungsabfall, auch bei Nennbelastung, falls der angegebene Leistungsfaktor kapazitiv wäre ?*

Der relative Ohmsche Nennspannungsabfall ist:

$$u_{aN} = \frac{R'_K I_{1N}}{U_{1N}} = \frac{3 \times 100 \times \sqrt{3}}{220 \times 10^3} = 2{,}36 \times 10^{-3},$$

nur 0,236 %, ein sehr kleiner Wert, da der Transformator eine große Nennscheinleistung hat, $S_N = \sqrt{3} \times 220 \times 103 \times 100$ VA = 38,1 MVA. Der relative reaktive Nennspannungsabfall infolge der magnetischen Streureaktanz errechnet sich zu:

$$u_{rN} = \frac{X'_{\sigma K} I_{1N}}{U_{1N}} = \frac{200 \times 100 \times \sqrt{3}}{220 \times 10^3} = 0{,}157,$$

ein üblicher Wert (15,7 %) bei derartiger Leistung. Der relative sekundäre Nennspannungsabfall unter einer induktiven Belastung ($\cos\varphi_2 = 0{,}8_i$) ist:

$$\frac{U_{2N}}{U_{20}} = \beta_N (u_{aN}\cos\varphi_2 + u_{rN}\sin\varphi_2) = 1 \times (2{,}36 \times 10^{-3} \times 0{,}8 + 0{,}157 \times 0{,}6) = 0{,}0961,$$

da $\beta_N = 1$. Der absolute Wert des Nennspannungsabfalls ist damit:

$$\delta U_{2N} = U_{20} - U_{2N} = 0{,}0961\ U_{20} = 0{,}0961 \times \frac{35}{\sqrt{3}} = 1{,}94 \text{ kV}.$$

Da die Spannungsveränderung positiv ist (*bei induktivem Verbraucher fast immer*), nimmt die Sekundärspannung vom Leerlauf zur Vollast um 9,61 % ab. Diese Verminderung ist bedeutend, und es müssen Spannungsregelsysteme eingesetzt werden. Unter der gleichen Last, aber mit einem Ohmsch-kapazitiven Verbraucher ($\cos\varphi = 0{,}8_k$) bekommt die relative Veränderung der Sekundärspannung einen anderen Wert, und zwar:

$$\frac{U_2}{U_{20}} = 2{,}36 \times 10^{-3} \times 0{,}8 - 0{,}157 \times 0{,}6 = -0{,}092 \,.$$

Die absolute Spannungsänderung beträgt diesmal:

$$\delta U_2 = -0{,}0092 \, \frac{35}{\sqrt{3}} = -1{,}865 \text{ kV} \,.$$

Diesmal ist die Spannungsänderung negativ, was, im Vergleich zum Leerlauf, einem Anstieg der Sekundärspannung unter Vollast entspricht. Da der Spannungsanstieg 9,2 % beträgt, ist wieder der Einsatz eines Spannungsregelungssystems erforderlich.

4Ü.8 *a) Es soll die Übertragungsfunktion $F_1(s)$ eines Einphasentransformators im Leerlauf bestimmt werden; man setzt eine vollkommen magnetische Kopplung zwischen den beiden Wicklungen (keine Streufelder) voraus. Die Daten sind: $w_1 = 4000$ Wdg., $w_2 = 200$ Wdg., $L_{11} = 10$ H, $R_1 = 50\ \Omega$, $R_2 = 0{,}12\ \Omega$.*

b) Wie verhält sich die Sekundärspannung des Transformators bei einem primären Spannungssprung von 100 V?

c) Welchen Wert hat die Übertragungsfunktion $F_2(s)$ unter derselben Voraussetzung (ideale magnetische Kopplung), falls der Sekundärkreis auf einen Lastwiderstand $R = 2\ \Omega$ geschlossen wird? Es werden als Eingangsgröße die Primärspannung u_1 und als Ausgangsgröße der Sekundärstrom i_2 angenommen. Wie verhält sich der Transformator bei einem Primärspannungssprung mit der Amplitude 100 V?

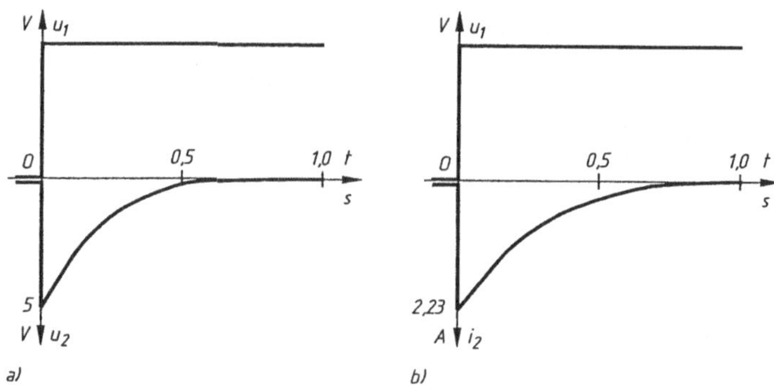

Bild 4.31 Wechselstromtransformator im Leerlauf, unter einem Primärspannungssprung: zeitlicher Verlauf: a) der Ausgangsspannung $u_2(t)$, b) des Ausgangsstroms $i_2(t)$

a) Das Betriebsverhalten des Transformators im Leerlauf (mit offenem Sekundärkreis) wird durch das folgende Gleichungssystem beschrieben :

$$u_1 = R_1 i_1 + L_{11} \frac{di_1}{dt} ,$$

$$-u_2 = L_{12} \frac{di_1}{dt} .$$

Mit Hilfe der Laplace-Transformation bekommt man folgendes algebraisches Gleichungssystem der Laplace-Transformierten:

$$U_1(s) = (R_1 + sL_{11}) I_1(s) ,$$

$$-U_2(s) = sL_{12} I_1(s) .$$

Unter der Voraussetzung einer vollkommenen Kopplung zwischen den Wicklungen verschwindet die Induktivität $L_{\sigma 12}$. Somit:

$$L_{\sigma 12} = L_{11} - \frac{w_1}{w_2} L_{12} = 0 \quad \text{bzw.} \quad L_{12} = \frac{w}{w_1} \mathrm{L}_{11} .$$

Mit diesem Ergebnis und durch Beseitigung der Bildfunktion $I_1(s)$ des Primärstroms aus dem algebraischen Gleichungssystem erhält man die erwünschte Übertragungsfunktion:

$$F_1(s) = \frac{U_{20}(s)}{U_1(s)} = -\frac{w_2}{w_1} \times \frac{s\tau_{11}}{1+s\tau_{11}} .$$

Die Größe $\tau_{11} = L_{11}/R_1$ stellt die Zeitkonstante der Primärwicklung dar. Mit den angegebenen Zahlenwerten ist die Übertragungsfunktion:

$$F_1(s) = -\frac{200}{4000} = \frac{0{,}2\,s}{1+0{,}2\,s} = \frac{0{,}01\,s}{1+0{,}2\,s} .$$

b) Legt man einen Spannungssprung von 100 V an die Klemmen der Primärwicklung an, ist die entsprechende Bildfunktion $U_1(s) = 100/s$ und damit:

$$U_{20}(s) = -\frac{0{,}01\,s}{1+0{,}2\,s} \times \frac{100}{s} = -\frac{1}{1+0{,}2\,s} = -\frac{5}{5+s} .$$

Die Zeitfunktion ist:

$$u_2(t) = -5\,\mathrm{e}^{-5t}\,\mathrm{V} .$$

Der Graph der Sekundärspannung ist in Bild 4.31-a aufgezeichnet.

c) Die Betriebsgleichungen ändern sich in diesem Fall wie folgt:

$$u_1 = R_1 i_1 + L_{11} \frac{di_1}{dt} + L_{12} \frac{di_1}{dt}$$

$$-u_2 = R_2 i_2 + L_{22} \frac{di_2}{dt} + L_{12} \frac{di_1}{dt}$$

mit $\quad L_{12} = \dfrac{w_2}{w_1} L_{11} \quad$ und $\quad L_{22} = \left(\dfrac{w_2}{w_1}\right)^2 L_{11} .$

Die letzten Gleichungen erhält man aus der Bedingung:

$$L_{\sigma 21} = L_{22} - \frac{w_2}{w_1} L_{12} = 0 \quad \text{bzw.} \quad L_{22} = \frac{w_2}{w_1} L_{12} = \left(\frac{w_2}{w_1} \right)^2 L_{11} .$$

Das entsprechende Gleichungssystem, durch Anwendung der Laplace-Umwandlung unter Anfangsbedingungen, die Null sind, nimmt folgende Gestalt an:

$$U_1(s) = (R_1 + sL_{11}) I_1(s) + sL_{12} I_2(s)$$

$$0 = (R_2 + R + sL_{22}) I_2(s) .$$

Wenn man jetzt die Zwischengröße $I_1(s)$ aufschreibt

$$I_1(s) = -\frac{R_2 + R + s\,L_{22}}{s\,L_{12}} \times I_2(s)$$

und sie dann in die erste Gleichung einführt, bekommt man folgende Übertragungsfunktion:

$$F_2(s) = \frac{I_2(s)}{U_1(s)} = \frac{s\,L_{12}}{R_1\,(R_2 + R) + s\left[L_{11}(R_2 + R) + R_1\,L_{22}\right] + s^2 (L_{11}\,L_{22} - L_{12}^2)} .$$

In Abwesenheit der Streufelder hat man $L_{11} L_{22} - L_{12}^2 = 0$ und damit:

$$F_2(s) = \frac{I_2(s)}{U_1(s)} = -\frac{1}{R_1(R_2 + R)} \times \frac{s\,L_{12}}{1 + s(\tau_{11} + \tau_{22})}$$

mit den Zeitkonstanten

$\tau_{11} = L_{11} / R_1$ Primärkreis

$\tau_{22} = L_{22} / (R_2 + R)$ Sekundärkreis (Verbraucher eingeschlossen)

Mit den angegebenen Zahlenwerten ergibt sich für $U_1(s) = 100/s$:

$$I_2(s) = -\frac{1}{2{,}12} \times \frac{1}{1 + s(0{,}2 + 0{,}0118)} ,$$

was zu folgender Zeitfunktion führt:

$$i_2(t) = -2{,}23\ \mathrm{e}^{-4{,}72\mathrm{t}}$$

Der Ausgangsstrom des Transformator ist folglich pulsartig und wird schnell abklingen (Bild 4.31-b).

4Ü.9 *An die Primärklemmen eines Wechselstromtransformators mit den Parametern* $R_1 = 1\ \Omega$, $R_2 = 2\ \Omega$, $L_{11} = 2{,}5 \times 10^{-2}$ *H*, $L_{22} = 5 \times 10^{-2}$ *H legt man einen Spannungsimpuls von 10 V an. Die Sekundärwicklung befindet sich im Kurzschluß. Es wird eine vollkommene magnetische Kopplung vorausgesetzt.*

a) Wie ist der Verlauf des Primärstroms $i_1(t)$*?*

b) Wie lautet die Zeitfunktion $i_2(t)$*?*

a) Die Betriebsgleichungen sind:

$$U_1 = R_1 i_1 + L_{11}\frac{di_1}{dt} + L_{12}\frac{di_2}{dt},$$

$$0 = R_2 i_2 + L_{22}\frac{di_2}{dt} + L_{12}\frac{di_1}{dt}.$$

Unter Null-Anfangsbedingungen und unter Anwendung der Laplace-Transformation erhält man das System der Laplace-Transformierten:

$$U_1(s) = (R_1 + sL_{11})I_1(s) + sL_{12}I_2(s),$$

$$0 = (R_2 + sL_{22})I_2(s) + sL_{12}I_1(s).$$

Aus der zweiten Gleichung ergibt sich:

$$I_2(s) = -I_1(s)\frac{sL_{22}}{R_2 + sL_{22}}.$$

Mit dieser Größe und mit Hilfe der ersten Gleichung erhält man:

$$I_1(s) = -\frac{(R_2 + sL_{22})U_1(s)}{R_1[1 + s(\tau_1 + \tau_2)]}.$$

Bei der angenommenen perfekten magnetischen Kopplung ($L_{11}L_{22} - L_{12}^2 = 0$) und mit den Zeitkonstanten $\tau_1 = L_{11}/R_1$ und $\tau_2 = L_{22}/R_2$ erhält man die Bildfunktion des Primärstroms:

$$I_1(s) = \frac{(1 + s\tau_2)U_1(s)}{R_1[1 + s(\tau_1 + \tau_2)]}$$

Mit den angegebenen Zahlenwerten bekommt man weiter der Reihe nach:

$$\tau_1 = \frac{2{,}5\times10^{-2}}{1} = 0{,}025\ s$$

$$\tau_2 = \frac{5\times10^{-2}}{2} = 0{,}025\ s$$

$$\tau_1 + \tau_2 = 0{,}05\ s$$

$$U_1(s) = \frac{10}{s}$$

Somit gilt das Ergebnis

$$I_1(s) = \frac{10\times(1 + 0{,}025s)}{1 + 0{,}05s}$$

das in zwei einfache Brüche zerlegt werden kann:

$$I_1(s) = 10\times\left[\frac{1}{s} - \frac{1}{2}\times\frac{1}{s+20}\right]$$

was zu folgender Zeitfunktion führt:

$$i_1(t) = 10 - 5\,\mathrm{e}^{-20t}$$

Im ersten Augenblick des Spannungssprungs steigt der Primärstrom plötzlich bis auf 5 A an; danach steigt er – nach einem Exponentialsatz mit einem Zeitkonstante von 0,05 *s* – weiter bis zum Endwert von 10 A. Der ganze transiente Vorgang dauert praktisch 0,2 *s* (viermal die Zeitkonstante).

b) Zur Bestimmung des Zeitverlaufs des Sekundärstroms muß die Gegeninduktivität L_{12} als bekannt vorausgesetzt werden; sie wird von der Bedingung der vollkommenen Kopplung abgeleitet:

$$L_{12} = \sqrt{L_{11} L_{22}} = \sqrt{2{,}5 \times 5} \times 10^{-2}\,\mathrm{H}\,.$$

Danach ist

$$I_2(s) = -\frac{3{,}536}{s+20}\,,$$

d.h.

$$i_2(t) = -3{,}536\,\mathrm{e}^{-20t}\,.$$

Der Sekundärstrom erreicht am Anfang schlagartig den Wert 3,536 A und nimmt danach exponentiell bis Null ab. Die Zeitkonstante beträgt auch hier 0,050 *s*.

4Ü.10 *Die Eisenquerschnittsfläche der Schenkel und Joche eines Wechselstromtransformators beträgt $A_{Fe} = 50$ cm², die Durchschnittslänge des magnetischen Kreises $l_m = 100$ cm. Die Windungszahl der Primärwicklung ist $w_1 = 100$ Windungen. Die Hystereseschleife des benutzten ferromagnetischen Werkstoffs ist in Bild 4.32-a dargestellt.*

a) *Um einen sinusförmigen magnetischen Fluß zu erzeugen, ist der Zeitverlauf des notwendigen Primärstromes im Leerlauf abzuleiten. Bei $t = 0$ muß der Fluß Null sein, danach positiv. Die magnetischen Streuungen und die Wirkung der Wirbelströme werden vernachlässigt.*
b) *Enthält die zeitlich periodische Kennlinie des Magnetisierungsstroms Oberschwingungen gerader Ordnung?*
c) *Zu berechnen ist der Effektivwert der Spannung, die an die Klemmen der Primärwicklung mit einer Netzfrequenz $f = 50$ Hz angelegt ist.*

a) In Bild 4.32b wird die zeitliche Sinusform des magnetischen Flusses $\Phi(\omega t) = \Phi_m \sin \omega t$ dargestellt. Ihre Amplitude Φ_m kann ermittelt werden,

$$\Phi_m = B_m A_{Fe} = 1{,}6 \times 50 \times 10^{-4} = 8 \times 10^{-3}\,\mathrm{Wb}$$

wobei $B_m = 1{,}6$ Wb/m² $= 1{,}6$ T die Amplitude der magnetischen Eisenflußdichte gemäß der eingezeichneten Hysteresekurve ist.

Um den Strom i_{10} des Transformators im Leerlauf zu bestimmen, soll eine Beziehung zwischen der Eisenfeldstärke H und i_{10} abgeleitet werden. Setzt man das Durchflutungsgesetz längs eines Umlaufs der Eisen-Mittelfeldlinie ein, $H l_m = w_1 i_{10}$, wird

$$i_{10} = \frac{H l_m}{w_1} = \frac{100}{100}\,\mathrm{A} = 1\,\mathrm{A}$$

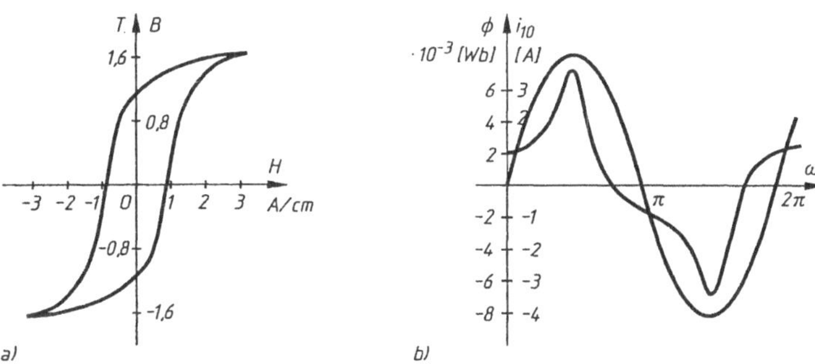

Bild 4.32 Wechselstromtransformator: a) Hystereseschleife $B(H)$, b) Graph des Primärstroms $i_{10}(\omega t)$ [sinusoidaler magnetischer Fluß $\Phi(\omega t)$]

wobei die Eisenfeldstärke H in A/cm gemessen wird. In Bild 4.32-b ist die zeitliche Verlaufskurve des Leerlaufstroms $i_{10} = f(\omega t)$ in einer Periode beschrieben. Diese Kurve ist punktiert eingezeichnet. Die Kurve $\Phi = f(\omega t)$ ist so dargestellt, daß der Scheitelwert des Flusses bzw. der magnetischen Flußdichte durch das gleiche Segment dargestellt wird. Für einen zufällig angenommenen Flußwert Φ findet man den entsprechenden Wert der Flußdichte B. Aus der Hystereseschleife wird dann die Feldstärke H und damit der Leerlaufstrom i_{10} erhalten. Man bemerkt sofort, daß dieser Strom stark verzerrt im Vergleich zu einer Sinusform ist. In jeder Halbperiode bekommt man eine um so ausgeprägtere Spitze, je gesättigter die Hystereseschleife ist.

b) Da

$$i_{10}(\omega t + \pi) = -i_{10}(\omega t)$$

wie aus der Kurve in Bild 4.32-b ersichtlich ist, ergibt sich daß i_{10} keine Oberschwingungen gerader Ordnung aufweist (die Funktion $\sin^2 \omega t$ erfüllt z.B. die oben aufgeschriebene Bedingung nicht).

c) Die Spannungsgleichung des elektrischen Primärkreises lautet – unter der in der Aufgabe getroffenen Annahme, daß die magnetischen Streufelder vernachlässigt werden:

$$u_1 = R_1 i_{10} + w_1 \frac{\mathrm{d}\Phi}{\mathrm{d}t} .$$

Da der Leerlaufstrom einen relativ kleinen Effektivwert hat, kann der Spannungsabfall $R_1 i_{10}$ im Vergleich zu den anderen Termen vernachlässigt werden. Somit ergibt sich:

$$u_1 \approx w_1 \frac{\mathrm{d}\Phi}{\mathrm{d}t} = w_1 \omega \Phi_\mathrm{m} \cos \omega t = w_1 \omega \Phi_\mathrm{m} \sin(\omega t + \frac{\pi}{2}) .$$

Dies bedeutet, daß die Primärspannung dem magnetischen Fluß Φ um ca. 90° vorauseilt. Ihr Effektivwert ist

$$U_1 \approx \frac{1}{\sqrt{2}} w_1 \omega \Phi_\mathrm{m} = \frac{1}{\sqrt{2}} \times 100 \times 2 \times \pi \times 50 \times 8 \times 10^{-3} = 177{,}7 \text{ V}$$

4Ü.11 *Ein Wechselstromtransformator liegt im Leerlauf an einer Spannung $u_I = U_I \sin(\omega t - \alpha)$. Am Zeitpunkt $t = 0$ wird an den Sekundärklemmen ein Kurzschluß verursacht.*

a) Wie verläuft zeitlich der vom Netz aufgenommene Strom i_I? Der Magnetisierungsstrom und die Eisenverluste werden vernachlässigt.

b) Für welche Anfangsphase α der Primärspannung wird die größte Stromspitze erreicht?

a) Da hier sich um einer transienter Vorgang handelt, sollen die Betriebsgleichungen unter Augenblicksgrößen gelten:

$$u_1 = R_1 i_1 + L_{\sigma 12}\frac{\mathrm{d}i_1}{\mathrm{d}t} + w_1\frac{\mathrm{d}\Phi_\mu}{\mathrm{d}t} \quad ,$$

$$0 = R_2 i_2 + L_{\sigma 21}\frac{\mathrm{d}i_2}{\mathrm{d}t} + w_2\frac{\mathrm{d}\Phi_\mu}{\mathrm{d}t} \quad ,$$

$$w_1 i_1 + w_2 i_2 = 0 \; .$$

Hier stellen $w_1\frac{\mathrm{d}\Phi_\mu}{\mathrm{d}t}$ und $w_2\frac{\mathrm{d}\Phi_\mu}{\mathrm{d}t}$ die Spannungen dar, die vom resultierenden Fluß in den beiden Wicklungen induziert werden. In der letzten Gleichung werden der Magnetisierungsstrom und die Eisenverluste vernachlässigt. Multipliziert man die zweite Gleichung mit dem Verhältnis w_1/w_2 und subtrahiert danach von der erhaltenen Gleichung die dritte, erhält man:

$$u_1 = (R_1 + R_2')i_1 + (L_{\sigma 12} + L_{\sigma 21}')\frac{\mathrm{d}i_1}{\mathrm{d}t}$$

mit

$$R_2' = R_2(w_1/w_2)^2 \text{ , und}$$

$$L_{\sigma 21}' = L_{\sigma 21}(w_1/w_2)^2 \; .$$

Aber $R_1 + R_2' = R_K'$ und $L_{\sigma 12} + L_{\sigma 21}' = L_{\sigma K}'$ sind der Kappsche Widerstand bzw. die Kappsche Streuinduktivität des Transformators. Infolgedessen verhält sich der Transformator während des transienten Kurzschlußvorgangs wie ein RL-Kreis. Falls

$$u_1 = U_1\sqrt{2}\,\sin(\omega t - \alpha)$$

kann die Lösung der Differentialgleichung

$$u_1 = R_K' i_{1K} + L_{\sigma K}'\frac{\mathrm{d}i_{1K}}{\mathrm{d}t}$$

in gleicher Weise wie in Übung 4Ü.1 hergeleitet werden:

$$i_1 = I_{1K}'\sqrt{2}\left[\sin(\alpha + \varphi)\mathrm{e}^{-\omega t/\tan\varphi} + \sin(\omega t - \alpha - \varphi)\right] \; .$$

In der obigen Gleichung wurde mit I_{1K} der Effektivwert des Primär-Kurzschlußstroms im stationären Betrieb bezeichnet:

$$I_{1K} = \frac{U_1}{\sqrt{R_K^2 + \omega^2 L_{\sigma K}^2}} \; .$$

Der Winkel φ ist:

$$\varphi = \arctan \frac{L_{\sigma K}}{R_K} \; .$$

Aus der Untersuchung des Augenblick-Kurzschlußstroms i_{1K} ergibt sich, daß sein zeitlicher Verlauf unabhängig von der Anfangsphase α der Primärspannung ist. Wenn $\alpha + \varphi = k\pi$, mit $k = \pm 1$, ± 2, dann verschwindet die aperiodische Komponente aus dem Ausdruck des Augenblick-Kurzschlußstroms i_{1K}. Vom ersten Augenblick des Kurzschlusses an erreicht der Strom seinen stationären Wert.

Im Sonderfall $\alpha + \varphi = \pi/2$ ist die aperiodische Komponente vom ersten Augenblick des Kurzschlusses maximal. Nach etwa einer Halbperiode, bei $t = \pi$, erreicht der Strom i_1 seine höchste Spitze:

$$\hat{\imath}_{1K} = i_{1K\max} - I_{1K} \sqrt{2} \left(1 + e^{-\pi R_K / \omega L_{\sigma K}} \right) \; ,$$

die ungefähr 1,6 bis 2,6 mal größer ist als der Effektivwert I_{1K} des stationären Betriebs.

4Ü.12 *Ein Drehstromtransformator mit einer Nennscheinleistung $S_N = 160$ kVA hat eine relative Kurzschlußspannung $u_K = 6$ %. Seine Jouleschen Verluste in den Wicklungen bei Nennbetrieb betragen $P_{JN} = 25$ kW.*

a) Bestimmt werden soll die relative Veränderung der Sekundärspannung vom Leerlauf zur Nennbelastung bei einem induktiven $\cos\varphi_2 = 0{,}8_i$.

b) Um wieviel größer ist bei diesem Transformator der Effektiv-Kurzschlußstrom im stationären Betrieb im Vergleich zum Nennstrom?

c) Man ermittle auch den größten Primärstromwert, der im Laufe des transienten Vorgangs, im Fall eines plötzlichen Kurzschlusses an den Sekundärwicklungsklemmen, auftritt.

a) Die relative Änderung der Sekundärspannung kann mit Hilfe der folgenden Formel ausgerechnet werden:

$$\frac{U_2}{U_{20}} = \beta \left(u_{aN} \cos\varphi_2 + u_{rN} \sin\varphi_2 \right)$$

mit

$$u_{aN} = \frac{R_K' I_{1N}}{U_{1N}} \; ,$$

$$u_{rN} = \frac{X_{\sigma K}' I_{1N}}{U_{1N}} \; .$$

Diese relative Änderung der Sekundärspannung kann auch durch u_{aN} und u_{rN} ausgedrückt werden:

$$u_{KN} = \sqrt{u_{aN}^2 + u_{rN}^2} = \frac{Z_K I_{1N}}{U_{1N}} .$$

Die in der Aussage angegebenen Nenn-Wicklungsverluste P_{JN} können mit dem Ohmschen Spannungsabfall in Beziehung gebracht werden. Multipliziert man den Ausdruck von u_{aN} mit $3I_{1N}$ im Nenner und im Zähler, gilt :

$$u_{aN} = \frac{3R_K' I_{1N}^2}{3U_{1N} I_{1N}} = \frac{P_{JN}}{S_N} = \frac{25}{1600} = 0{,}0156 .$$

Die gesuchte relative Änderung der Sekundärspannung vom Leerlauf zur Nennlast ($\beta = 1$) bei dem induktiven Leistungsfaktor $\cos\varphi_2 = 0{,}8_i$ ($\sin\varphi_2 = 0{,}6_i$) wird:

$$\frac{U_{2N}}{U_{20}} = u_{aN}\cos\varphi_2 + u_{rN}\sin\varphi_2 = 0{,}0156 \times 0{,}8 + 0{,}0579 \times 0{,}6 = 0{,}0472 .$$

Der Effektiv-Kurzschlußstrom ist somit um 4,72 % kleiner.

b) Der *Effektiv-Kurzschlußstrom* ist:

$$I_{1K} = \frac{U_{1N}}{\sqrt{R_K^2 + X_{\sigma K}^2}} = \frac{U_{1N}}{Z_K} .$$

Wenn die beiden Seiten der oben erzielten Gleichung durch den Nennstrom geteilt werden, erhält man:

$$\frac{I_{1K}}{I_{1N}} = \frac{U_{1N}}{Z_K I_N} = \frac{1}{u_K} .$$

Dies ist ein wichtiges Ergebnis: *Der Umkehrwert der relativen Kurzschlußspannung zeigt, wieviel mal der Effektivstrom im Kurzschlußfall den Nennstrom überschreitet.* Im konkreten Fall dieser Übung:

$$\frac{I_{1K}}{I_{1N}} = \frac{1}{u_K} = \frac{1}{0{,}06} = 16{,}67 .$$

Um die höchste Kurzschluß-Stromspitze zu finden, verwendet man Formeln, die in der vorherigen Übung aufgestellt wurden:

$$\hat{\imath}_{1K} = i_{1Kmax} = I_{1K}\sqrt{2}\left(1 + e^{-\pi R_K/\omega L_{\sigma K}}\right) .$$

Da

$$\frac{X_{\sigma K}'}{R_K'} = \frac{u_{rN}}{u_{aN}} = \frac{0{,}0579}{0{,}0156} = 3{,}71 ,$$

wird

$$\hat{\imath}_{1K} = i_{1Kmax} = I_{1K}\sqrt{2}\left(1 + e^{-\pi R_K/3{,}71}\right) = 2{,}02\, I_{1K} = 33{,}68\, I_{1N} .$$

Während eines Kurzschlußvorgangs bei einem bestimmten Transformator, etwa eine Halbperiode der Netzfrequenz (10 ms) nach der Kurzschlußerzeugung, werden demzufolge die Wicklungen von einem Strom beansprucht, der 30mal größer als der Nennstrom ist. Jedoch kann die thermische Beanspruchung nicht als gefährlich betrachtet werden, da gleich der Überstromschutz des Transformators einsetzt und der Transformator vom Versorgungsnetz abgeschaltet wird.

Die mechanische Beanspruchung der Wicklungen kann aber gefährlich sein – infolge der elektrodynamischen Kräfte die dabei auftreten – da diese Kräfte vom Quadrat der Wicklungsströme abhängen. *Diese Kräfte werden, im untersuchten Fall, 1000mal höher als im Normalbetrieb.* Der Transformator muß entsprechend fest gebaut werden, um diesen besonderen mechanischen Beanspruchungen widerstehen zu können.

4Ü.13 *Es soll der Effektivwert und die Phasenverschiebung der Spannungszeiger $\underline{U}_{2U}$ und $\underline{U}_{2V}$ für das Transformatorschaltbild Bild 4.33-a bestimmt werden, wobei $w_2/w_1 = \sqrt{3}$ und $U_{1U} = 127$ V.*

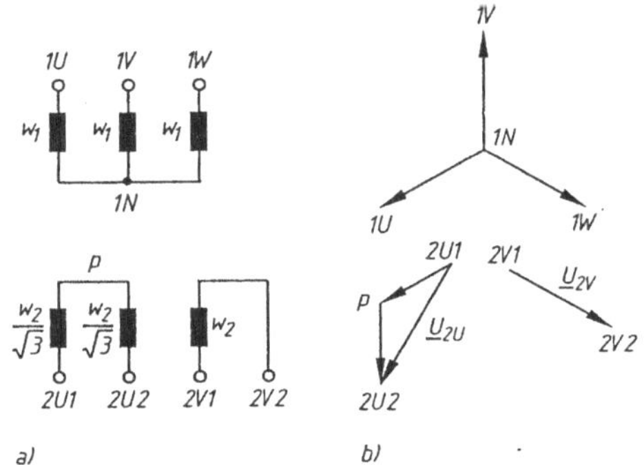

Bild 4.33
Drehstromtransformator zur Verwandlung der Phasenanzahl von 3 zu 2:
a) Ersatzschaltbild (primär: Drehstrom in Y; sekundär: Zweiphasensystem),
b) Spannungszeigerdiagramm

Auf der Primärseite wird der Transformator von einem Drehstromnetz gespeist. Die Spannungen $\underline{U}_{1U}$, $\underline{U}_{1V}$ und $\underline{U}_{1W}$ sind im Zeigerdiagramm (Bild 4.33-b) eingezeichnet.

Unter der Voraussetzung, daß der Transformator im Leerlauf arbeitet, wird zunächst die Spannung $\underline{U}_{2V}$ ermittelt. Wie aus dem Wicklungsschema ersichtlich ist, durchfließt der Primärwicklungsfluß 1W die Sekundärwicklung 2V, und folglich sind die Spannungen $\underline{U}_{2V}$ und $\underline{U}_{1W}$ (Bild 4.33-b) phasengleich. Was den Betrag von $\underline{U}_{2V}$ anbelangt, besteht die Gleichung:

$$\frac{U_{2V}}{U_{1W}} = \frac{w_2}{w_1} \; .$$

Die Spannung $\underline{U}_{2U}$ wird von den zwei Sekundärwicklungen 2U1p und p2U2 erzeugt, die mit den Flüssen der Primärwicklungen 1U und 1V verkettet sind. Die vom Fluß der Wicklung 1U induzierte Spannung $\underline{U}_{2U1p}$ ist phasengleich mit $\underline{U}_{1U}$, und deshalb:

$$\frac{U_{2U1p}}{U_{1U}} = \frac{w_2}{\sqrt{3}\, w_1} \; .$$

Die Spannung $\underline{U}_{p2U2}$ wird vom Fluß der Wicklung 1V induziert und ist gegenüber $\underline{U}_{1V}$ um den Winkel π verschoben (Bild 4.33-b). Anderseits gilt:

$$\frac{U_{p2U2}}{U_{1V}} = \frac{w_2}{\sqrt{3}\, w_1} .$$

Somit gilt:

$$\underline{U}_{2U} = \underline{U}_{2U1p} + \underline{U}_{p2U2}$$

Da aber $U_{2U1p} = U_{p2U2}$ (weil $U_{1U} = U_{1V}$), kommt man zur Zeigerzusammensetzung in Bild 4.33-b: so können der Betrag und die Phase der Spannung U_{2U} ermittelt werden. Man bemerkt, daß der Zeiger $\underline{U}_{2U}$ dem Zeiger $\underline{U}_{2V}$ um $\pi/2$ vorauseilt. Was den Betrag des Zeigers $\underline{U}_{2U}$ anbetrifft, so ergibt sich:

$$U_{2U} = 2U_{2U1p} \cos\pi/6 = U_{2U1p}\sqrt{3} = \frac{w_2}{w_1} U_{1W} = U_{2V} .$$

Die Sekundärspannungen $\underline{U}_{2U}$ und $\underline{U}_{2V}$, haben denselben Betrag und sind um 90° phasenverschoben; damit bilden sie ein symmetrisches Zweiphasensystem. Der untersuchte Transformator verwirklicht die Verwandlung der Phasenanzahl von 3 zu 2.

4Ü.14 *Ein Spartransformator überträgt die gesamte Scheinleistung $S = 100$ kVA. Die Primärspannung U_I beträgt 220 V, die Sekundärspannung U_{II} 380 V.*

a) Wie groß ist die Typenleistung des Spartransformators?

b) Welche sind die Ströme durch die beiden Wicklungen des Spartransformators?

a) Zwischen der *Typenscheinleistung* S_T und der *Durchgangsscheinleistung* S_D besteht folgende Beziehung:

$$S_T = S_D \times \left(1 - \frac{U_I}{U_{II}}\right) .$$

Die Typenleistung S_T bedeutet die – vermittels der magnetischen Kopplung zwischen den beiden Wicklungen des Spartransformators – übertragene Leistung. Sie enthält auch die infolge der galvanischen Verbindung zwischen den Wicklungen übertragene Leistung. Es ist also:

$$S_T = 100 \times \left(1 - \frac{220}{380}\right) = 42{,}1 \text{ kVA} .$$

Folglich wird die Typenleistung, für die der Kern und die Wicklungen des Spartransformators ausgelegt sind, deutlich kleiner als die gesamte Durchgangsscheinleistung.

b) Bezüglich Bild 4.34-a, bemerkt man, daß die Wicklung 2 vom Strom I_{II} des Spartransformatorsausgangs durchflossen wird. Dieser Strom kann leicht von der gesamten Durchgangsscheinleistung und der Ausgangsspannung abgeleitet werden:

$$I_{II} = \frac{S_T}{U_{II}} = \frac{100 \times 10^3}{380} = 263{,}1 \text{ A} .$$

In gleicher Weise erhält man den vom Transformator aufgenommenen Strom:

$$I_I = \frac{S_T}{U_I} = \frac{100 \times 10^3}{220} = 454{,}5 \text{ A} .$$

Der Strom durch die Wicklung 1 des Spartransformators wird damit:

$$I_1 = I_I - I_{II} = 454{,}5 - 263{,}1 = 191{,}4 \text{ A} .$$

Die Leiter der beiden Wicklungen in Bild 4.27-a werden infolgedessen zu den Strömen 191,4 A bzw. 263,1 A festgelegt.

5 Asynchronmotoren in elektrischen Antriebssystemen

5.1 Bauelemente der Drehstrom-Asynchronmaschine

5.1.1 Allgemeines

Über 90 % aller industriellen Antriebe arbeiten mit Drehstrom-Asynchronmaschinen. Der große Vorteil dieser Maschinenart besteht darin, daß die zugeführte elektrische Leistung – berührungslos und damit verschleißfrei – induktiv über das Drehfeld vom Ständer auf den Läufer übertragen wird. Dadurch entfallen Verschleißteile wie z.B. der Stromwender der Gleichstrommaschine, der dort diese Aufgabe übernimmt, jedoch von Zeit zu Zeit gewartet werden muß. Gleichzeitig können aber noch weitere Wünsche der Anwender kostengünstig erfüllt werden. Dies sind z.B.

- lagermaßige Normmaschinen,
- hohe Drehzahlen (bis 60.000 min^{-1}, Tendenz steigend),
- hohe Schutzart,
- geringer Einbauaufwand.

Die Drehstrom-Asynchronmaschine wird im stationären Betrieb durch eine betriebsbedingte Abweichung der Läuferwinkelgeschwindigkeit Ω von der synchronen Kreisfrequenz ω des Netzes gekennzeichnet:

$$\Omega = \frac{\omega}{p},$$

wobei p die Polpaarzahl der Maschine bezeichnet. Die Maschine läuft nie synchron, sondern immer mit einem Schlupf s

$$s = \frac{\Omega_1 - \Omega_2}{\Omega_1},$$

asynchron zum Drehfeld; daher der Name *Asynchronmaschine*. Da das Ständerfeld den Läufer induziert, wird sie auch *Induktionsmaschine* genannt.

5.1.2 Aufbau

Die Drehstrom-Asynchronmaschine besitzt zwei Hauptbestandteile (Bild 5.1):

- den *Ständer (Stator)* als den unbeweglichen Teil, der
  - das geblechte Ständerpaket,
  - das Gehäuse mit Füßen,
  - die Ständerwicklung,
  - die Lagerschilde,
  - den Klemmenkasten,
  - die Bürstenhalter (nur beim Schleifringläufer) enthält und

- *den Läufer (Rotor)* als den beweglichen Teil, der
- das geblechte Läuferpaket,
- die Läuferwicklung,
- das Lüfterrad,
- die *Schleifringe* (nur beim Schleifringläufer) enthält.

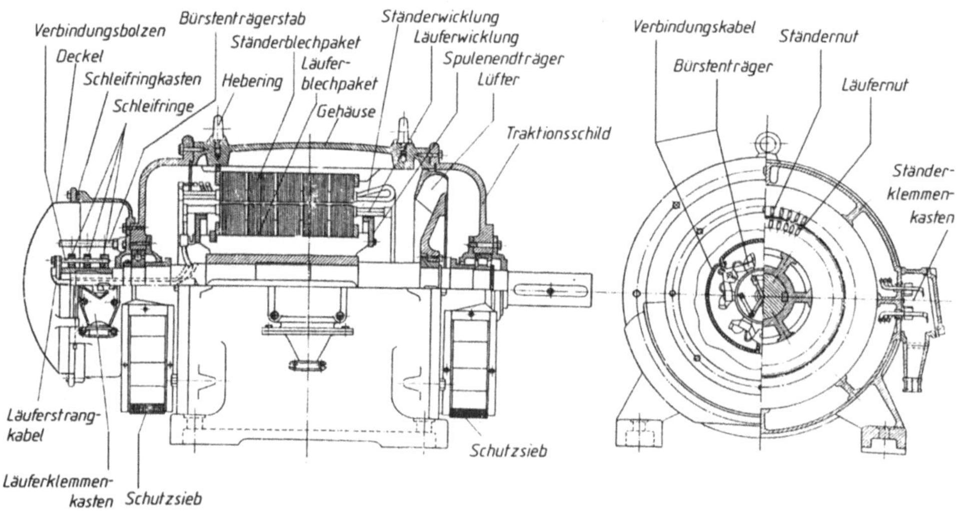

Bild 5.1 Drehstrom-Asynchronmaschine mit Schleifringläufer: Längs- und Querschnitt

Das Ständerblechpaket ist aus isolierten Dynamoblechen von 0,5 mm Dicke hergestellt. Das Blechpaket ist gepreßt und selbsttragend oder in ein Gehäuse eingepreßt. Die Bohrung hat eine zylindrische Form mit gleichmäßig am Umfang verteilten Nuten. In den Nuten liegen die Spulen der Drehstromwicklung. Die *Drehstromständerwicklung* (Bild 5.2) besteht aus drei identischen Strangwicklungen (Kupferleiter, Windungszahl, Länge, d.h. Widerstand, Induktivität usw.).

Die drei Wicklungen bilden wiederum ein räumlich symmetrisches System: sie sind räumlich um den geometrischen Winkel $2\pi/3p$ (p = *Polpaarzahl*) zueinander verschoben. Sie belegen die gleiche Nutenzahl und sind in *Stern* (Y) oder in *Dreieck* (D) geschaltet.

Über die *Ständerklemmen*, die sich in einem *Klemmenkasten* befinden, wird das gesamte Ständer-Wicklungssystem an das Speise-Drehstromnetz geschaltet. Der verwendete Leiterwerkstoff ist Kupfer (sehr selten Aluminium); die Leiter selbst sind gegeneinander und gegenüber den Nutwänden isoliert.

Die Wicklungen werden mit Lack imprägniert, um Versteifung, bessere Isolation und bessere thermische Leitung zu erzielen.

Auch das Läuferblechpaket ist zylindrisch aus Dynamoblechen von 0,5 mm Dicke hergestellt. Die Bleche sind hier manchmal nicht mehr voneinander isoliert, da, wie man sehen wird, die Magnetisierungsfrequenz des Läufers während des Motorbetriebs sehr gering ist und infolgedessen auch die Wirbelstrom-Eisenverluste unbedeutend sind. Am Umfang gibt es wieder ein gleichmäßig verteiltes Nutensystem – offen oder geschlossen –, das die *Läuferwicklung* aufnimmt.

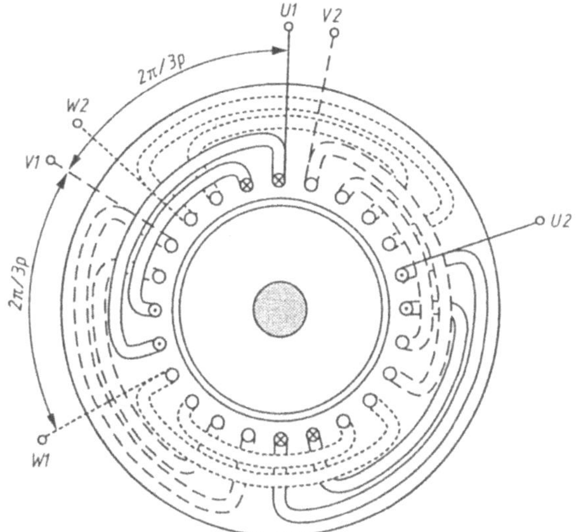

Bild 5.2
Drehstromwicklung im Ständer

Das Läuferblechpaket ist ebenfalls gepreßt und kraftschlüssig mit der Läuferwelle (z.B. durch Schrumpfung oder durch einen Keil) verbunden. Die Läuferwicklung kann mehrere Bauformen aufweisen.

In der häufigsten Ausführung ist die Läuferwicklung als Käfig hergestellt, d.h. aus einer Anzahl von Stäben aus Aluminium oder Kupfer, die die Läufernuten ausfüllen.

Die Stäbe werden an beiden Enden von Leitungsringen desselben Stoffes kurzgeschlossen (Bild 5.3).

In diesem Fall spricht man von einem *Kurzschlußläufer* oder *Käfigläufer*. Der *Kurzschlußläufer* wird seinerseits in drei grundsätzlichen Typen ausgeführt:

- *Einfach-Käfigläufer* (fast ohne Stromverdrängung),
- *Hochstab-Käfigläufer,*
- *Doppel-Käfigläufer* (mit erwünschter Stromverdrängung).

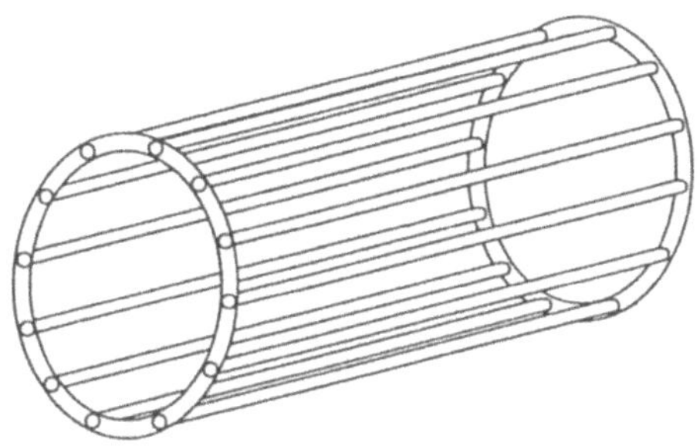

Bild 5.3
Käfig als Läuferwicklung eines Kurzschlußläufers

Bei dem *einfachen Käfigläufer* haben die Nuten meistens eine runde oder länglich runde Form (Bild 5.4) und sind über einen Steg von 0,4 bis 0,5 mm Dicke geschlossen. Der Käfig kann durch Druckguß aus Aluminiumlegierungen hergestellt werden. Dabei werden gleichzeitig mit den Stäben, die die Nuten füllen, auch die Kurzschlußringe gegossen; die Kurzschlußringe sind meist noch mit Lüfterflügeln und Wuchtzapfen versehen.

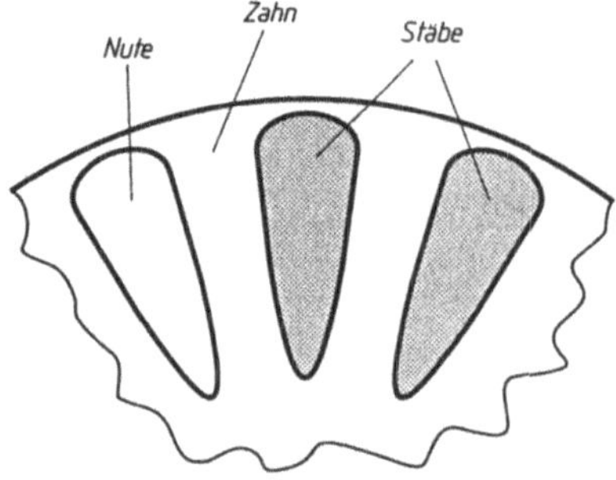

Bild 5.4
Nuten und Stäbe eines einfachen Käfigläufers

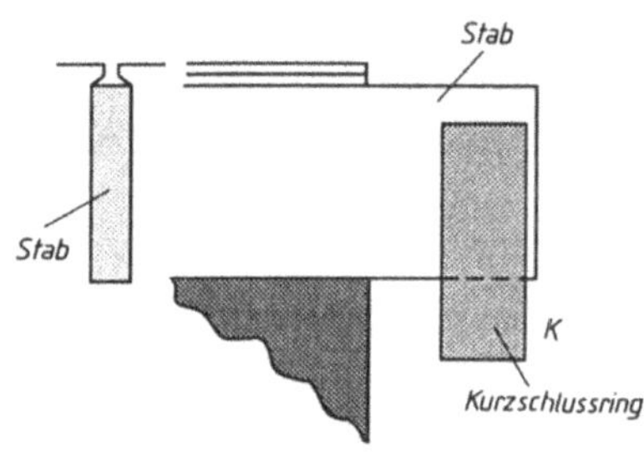

Bild 5.5
Kurzschlußring eines einfachen Käfigläufers

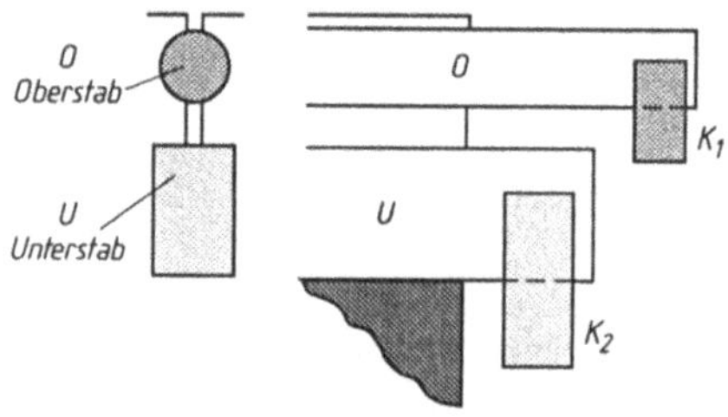

Bild 5.6
Kurzschlußringe K_1, K_2 eines Doppel-Käfigläufers

Die Form der Nuten eines Hochstabläufers wird in Bild 5.5 gezeigt. Die Höhe der Nuten ist etwa 10 bis 12 mal größer als die Breite. In diesem Fall wird der Käfig aus Kupfer- oder Messingstäben mit einem rechteckigen Querschnitt hergestellt, während die *Kurzschlußringe* K (s. Bild 5.5) meistens aus Kupfer sind.

Die Stäbe und die Ringe K werden mit Hilfe einer hochschnellenden Legierung zusammengelötet oder geschweißt. Wie beim einfachen Käfigläufer befindet sich zwischen den Stäben und den Nutwänden keine Isolation.

Der *Doppel-Käfigläufer* weist zwei Käfige auf:

- Der *obere Käfig* (O, Bild 5.6), mit relativ *großem elektrischen Widerstand* und *kleiner Induktivität*, wird aus *Messing* oder aus einer *speziellen Bronze* hergestellt;
- Der *untere Käfig* (U, Bild 5.6), *mit kleinerem Widerstand* und *relativ großer Induktivität*, wird aus *Kupfer* hergestellt.

Die Form der Nuten kann beim oberen Käfig rund und beim unteren rechteckig oder lang und gerundet sein. Zwischen den Nuten beider Käfige gibt es einen Abstand (Streusteg), der einen wichtigen Einfluß auf die Motorkennlinie ausübt.

Die Kurzschlußringe K_1 und K_2 (s. Bild 5.6) beider Käfige werden normalerweise aus Kupfer hergestellt. Oftmals wird der Doppelkäfig aber auch aus Aluminium durch Preßguß hergestellt. In diesem Fall wird der Ausschnitt zwischen den Käfigen gleichfalls mit Aluminium gefüllt.

Der Luftspalt δ zwischen Ständer und Läufer spielt eine wichtige Rolle. Tatsächlich ist die elektromagnetische Gegeninduktion zwischen Ständer und Läuferwicklung um so besser, desto kleiner der Luftspalt ist. Der Luftspalt δ wird auch von technologischen Gründen bestimmt. Seine Minimalwerte sind etwa:

- bei *normalen Motoren* bis zu 10 kW: 0,35 bis 0,55 mm ,
- bei *größeren Motoren* von 10 bis 100 kW: 0,50 bis 0,80 mm .

Falls der Motor unter schweren Betriebsbedingungen arbeiten soll, z.B. mit großen Lastmomentstößen, wird er mit einem vergrößerten Luftspalt gebaut (etwa 1,5 mal größer).

In der Ausführung als Schleifringläufer trägt der Läufer eine *dreisträngige Wicklung* gleicher Polpaarzahl wie der Ständer, die aus drei *räumlich symmetrisch verteilten* (um $2\pi/3p$ voneinander verschoben) und *identischen* Strangwicklungen (Kupferleiter, Drahtlänge, Windungszahl, Widerstand und Induktivität) besteht. Auch hier liegen die Windungen in den Nuten.

Meist sind die Strangwicklungen in Stern geschaltet, sehr selten in Dreieck. Jedes der drei freien Enden der Drehstromwicklungen wird an einen Schleifring geführt.

Die drei Schleifringe sind gegeneinander und gegenüber der Läuferwelle isoliert. Sie sind aber fest mit die Läuferwelle verbunden und laufen mit dieser um. Auf jedem Schleifring schleifen eine oder mehrere parallel geschaltete Bürsten (Kohlenbürsten/Kohlen), die aus Elektrographit oder aus Naturgraphit und Metallpulver hergestellt sind. Die drei Bürsten sind mit den Klemmen der Maschine elektrisch verbunden. Diese befinden sich in einem Läuferklemmenkasten.

Das Schleifring-Bürstensystem stellt über diese Gleitkontakte eine Verbindung zwischen den sich drehenden Läuferwicklungen und der „Außenwelt" des Motors her. Über diese Gleitkontakte kann man den Läuferkreis beeinflussen, um die Parameter der Wicklungen zu verändern oder diese rotierenden Kreise an äußere Dreiphasen-Spannungsquellen anzuschließen.

Einige Asynchronmotoren mit *Schleifringläufern* sind zusätzlich mit einem Gerät versehen, das den Kurzschluß der drei Schleifringe ausführt. Somit ist die *Dreiphasen-Läuferwicklung kurzgeschlossen.* Das Gerät wird manuell bedient. Manchmal sorgt dieses Gerät nach dem Kurzschließen auch für die *Abhebung der Bürsten von den Schleifringen*, damit die Reibungsverluste und die Bürstenabnutzung verringert werden (Bürstenabhebevorrichtung).

Ein richtiges Lagersystem ist ein Garant für einen hohen Maschinengebrauchswert. In der Serie sind Rillenkugellager eingesetzt, die bei einer hohen Einbaugenauigkeit für einen schwingungsarmen und geräuscharmen Lauf sorgen. Sie sind mit lithiumverseiften Wälzlagerfetten geschmiert, die Einsatztemperaturen von −20 bis +120 °C vertragen. Meist ist die Maschine dauergeschmiert für mindestens 10.000 Betriebsstunden.

5.2 Erregerfeld, induzierte Spannung, elektromagnetisches Drehmoment

Der Drehstrom-Asynchronmotor ist ständerseitig an das Versorgungsdrehstromnetz angeschlossen. Die Ständerwicklung stellt somit auch die Erregerwicklung der Maschine dar. Sie erzeugt ein magnetisches Erregerfeld. Da die dreiphasige Ständerwicklung aus drei Strangwicklungen besteht, die (im stationären Betrieb) von sinusförmigen Strömen durchflossen werden, betrachtet man zunächst das magnetische Feld eines Strangs. Danach werden die Wirkungen der drei Wicklungen überlagert, um das resultierende magnetische Feld des Ständers zu betrachten.

5.2.1 Das magnetische Feld einer Wechselstromwicklung

Es sei eine Wechselstromwicklung, die in $Q = 2p$ gleichmäßig verteilten Ständernuten untergebracht ist (Bild 5.7-a). Die Wicklung besteht aus:

- p hintereinander geschalteten Spulen zu je w_q Windungen. Jede Spule besitzt hier die Weite $y = \pi D/2 = \tau$ (Bild 5.7-b, wobei die Polpaarzahl $p = 2$ und die Polteilung der Maschine $\tau = \pi D/4$ ist, mit D als Innendurchmesser des Ständers); oder aus
- $2p$ in Reihe geschalteten Spulen, jede mit $w_q/2$ Windungen gleicher Weite $y = \pi D/2p$ (Bild 5.7-c). Wenn die Weite gleich der Polteilung τ ist sagt man, daß die Wicklung eine *Durchmesserteilung* besitzt.

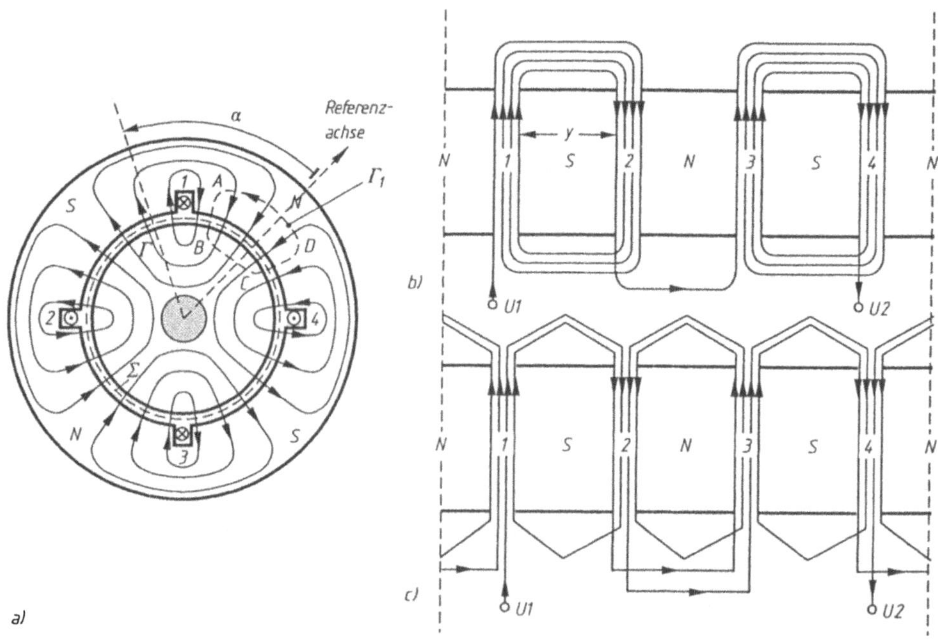

Bild 5.7 Wechselstromwicklung mit Durchmesserteilung im Ständer:
a) magnetisches Spektrum, b) Einschichtwicklung, c) Zweischichtwicklung

Es wird vorausgesetzt, daß die Wicklung von einem sinusförmigen Strom $i = I\sqrt{2}\cos\omega t$ durchflossen wird, der in einem bestimmten Augenblick die im Bild 5.7-a angegebene Stromrichtung hat. Die Wicklungen sind:

- *Einschichtwicklungen* (in jeder Nut befindet sich eine einzelne Spulenseite),
- *Zweischichtwicklungen* (in jeder Nut befinden sich zwei verschiedene Spulenseiten).

Bei beiden Wicklungsarten haben die Leiter einer Nut zu einem gegebenen Augenblick die gleiche Stromrichtung, während in den Leitern benachbarter Nuten die Stromrichtung entgegengesetzt ist. Die Windungszahl w_q aus einer Nut und auch die gesamte Windungszahl $w = p\,w_q$ bleiben für beide Wicklungsarten gleich.

Das magnetische Feld einer Wicklung zu einem bestimmten Zeitpunkt t ist in Bild 5.7-a – bei der dargestellten Richtung des Stromes – durch den prinzipiellen Verlauf der Feldlinien der Flußdichte gezeigt. Der Ständer-Innenumfang teilt sich in $2p$ Zonen, und zwar:

- p Zonen, bei denen die Feldlinien aus dem Ständer austreten und in den Läufer eintreten (*Nordpole N des Ständers*),
- p Zonen, alternierend mit den vorherigen, bei denen die Feldlinien aus dem Läufer austreten und in den Ständer eintreten (*Südpole S des Ständers).*

Die untersuchte Maschine besitzt folglich $2p$ Pole und $Q = 2p$ Nuten, d.h. $q = 1$ Nut pro Pol.

Es interessiert die Flußdichte B_E in einem beliebigen Punkt im Luftspalt δ der Maschine zu einem beliebigen Zeitpunkt t. Man nimmt an, daß die Feldlinien im idealisierten Luftspalt (glatte, nutenlose Innenoberfläche des Ständers bzw. Außenoberfläche des Läufers) radial verlaufen.

Man setzt weiterhin voraus, daß die magnetische Permeabilität des ferromagnetischen Stoffes des Ständers und des Läufers praktisch unendlich groß ist ($\mu_{Fe} \approx \infty$ bzw. $H_{Fe} \approx 0$). Bei gleichbleibendem Luftspalt ist die Flußdichte konstant und radial ausgerichtet.

Man wendet das Durchflutungsgesetz auf einen Umlauf Γ_1 an, der – jedesmal in der gleichen Polzone (z.B. Nord in Bild 5.7-a) – zweimal den Luftspalt radial durchläuft und sich über das Ständer- und Läufereisen schließt. Man wählt beim Umlauf Γ_1 eine Richtung, z.B. ABCD. Wenn H'_{E1} die magnetische Feldstärke im Luftspalt zwischen den Punkten A und B, bzw. H''_{E1} die Feldstärke zwischen den Punkten C und D sind, dann ergibt sich aus dem Durchflutungsgesetz (bei $H_{Fe} \approx 0$ auf den Strecken BC und DA über die Eisenteile):

$$\int_{\Gamma_1} \overline{H}.\overline{dr} = H'_{E1}\,\delta - H''_{E1}\,\delta = 0,$$

da die Durchflutung entsprechend dem Umlauf Γ_1 ersichtlich Null sein muß (jede Fläche, die sich innerhalb des geschlossenen Wegs Γ_1 befindet, umringt keinen Stromleiter). Folglich:

$$H'_{E1} = H''_{E1} = H_{E1}\,.$$

Bei dem Umlauf Γ, der zweimal den Luftspalt δ durchläuft, diesmal aber durch eine benachbarte Südpolzone, geht man ähnlich vor. Mit H'_{E2} und H''_{E2} – die entsprechenden magnetischen, radial-orientierten Feldstärken im Luftspalt – ergibt sich unter nochmaliger Anwendung des Durchflutungsgesetzes:

$$H'_{E2} = H''_{E2} = H_{E2}\,.$$

Wiederholt man die analytische Prozedur für die beiden anderen Polzonen der Maschine (Bild 5.7-a), bekommt man die Raumverteilung der Flußdichte $B_E = \mu_0 H_E$ im Luftspalt, zu einem bestimmten Zeitpunkt t, wie in Bild 5.8 (fette Linie) dargestellt ist.

Der Ursprung der Winkelkoordinate α bildet die Symmetrieebene einer Wicklungsspule. Man betrachtet die Flußdichte in der Nordpolzone als positiv und in der Südpolzone als negativ.

Man bemerkt, daß die Flußdichte einen plötzlichen Wertsprung vom Nut zu Nut zeigt, während sie innerhalb irgendeiner Spule sowie zwischen den Spulen unverändert bleibt.

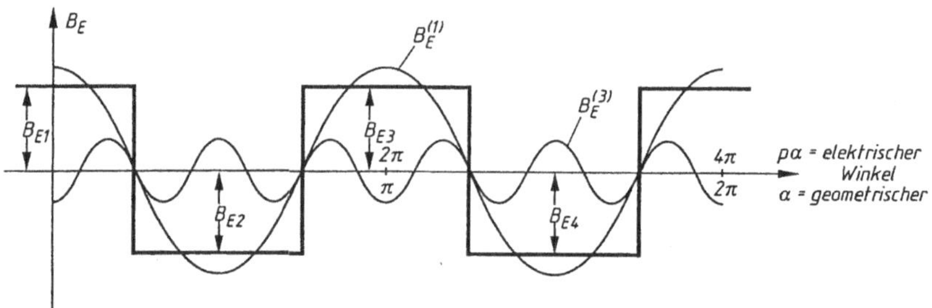

Bild 5.8 Raumverteilung der Flußdichte $B_E(\alpha)$ oder $B_E(p\alpha)$ (fette Linie), zu einem bestimmten Zeitpunkt

Um die Flußdichten B_{E1}, B_{E2}, B_{E3} und B_{E4} bzw. die entsprechenden Feldstärken zu bestimmen, wendet man zuerst das Durchflutungsgesetz längs einer Feldlinie an. Zum Beispiel gilt für die Feldlinie Γ, die eine Nut umkreist:

$$H_{E1}\delta + H_{E2}\delta = N_q i \tag{5.1}$$

Die Durchflutung einer Oberfläche, die sich auf die Kurve Γ stützt, ist $+N_q i$, da diese Oberfläche von N_q Leitern der Nuten durchstochen wird und jeder Leiter in gleicher Richtung von dem Strom i durchflossen ist. Für andere Feldlinien, die die anderen Nuten umgeben, gilt entsprechend:

$$H_{E2}\delta + H_{E3}\delta = N_q i\,,$$
$$H_{E3}\delta + H_{E4}\delta = N_q i\,,$$
$$H_{E4}\delta + H_{E1}\delta = N_q i\,.$$

Aus diesen Beziehungen lassen sich folgende Gleichungen herleiten:

$$\begin{aligned} &H_{E1} = H_{E3} \quad \text{und} \quad H_{E2} = H_{E4}\,,\\ &B_{E1} = B_{E3} \quad \text{und} \quad B_{E2} = B_{E4}\,. \end{aligned} \tag{5.2}$$

Man betrachtet weiterhin eine geschlossene Zylinderfläche Σ, die sich mit ihren Seitenflächen (Radius R) vollständig im Luftspalt δ befindet, koaxial zum Läuferzylinder. Die Länge dieser Zylinderfläche Σ muß größer als die Länge L des Läufers und des Ständers sein.

Dem Gesetz des magnetischen Flusses entsprechend muß der Fluß des magnetischen Flußdichtevektors über der Oberfläche Σ Null sein. Der Fluß über die beiden kreisförmigen Basisflächen des Zylinders Σ ist wiederum Null, da diese Flächen praktisch kein Feld aufweisen. Daher muß auch der Fluß durch die Seitenfläche des Zylinders (Radius R) Null sein. Da im Luftspalt die Flußdichte radial gerichtet ist (wie auch der Flächenteilchen-Vektor $\overline{\mathrm{d}A}$), ergibt sich:

$$\overline{B}_E \cdot \overline{\mathrm{d}A} = \pm B_E\, \mathrm{d}A = \pm B_E\, L R\, \mathrm{d}\alpha\, B_E\,,$$

wobei das Plusvorzeichen den Südzonen entspricht (da hier das Flächenteilchen $\overline{\mathrm{d}A}$ – wie auch $\overline{B}_E$ – zur Außenseite der Oberfläche Σ orientiert ist). Das Minusvorzeichen entspricht den Nordzonen (in denen $\overline{B}_E$ in entgegengesetzter Richtung zu $\overline{\mathrm{d}A}$ orientiert ist). Die ganze Seitenfläche von Σ liefert:

$$\int_0^{2\pi} \overline{B}_E \, \overline{dA} = LR\frac{\pi}{2}\left(-B_{E1} + B_{E2} - B_{E3} + B_{E4}\right) = 0 .$$

Mit Rücksichtnahme auf Gl. (5.2) kommt man zur Schlußfolgerung:

$$B_{E1} = B_{E2} = B_{E3} = B_{E4} = B_E .$$

Somit ändert sich die Flußdichte zu einem gegebenen Zeitpunkt t am Ständer-Innenumfang wechselweise in rechteckiger Form (Bild 5.8). Die Höhe des Rechtecks zum angenommenen Zeitpunkt t ermittelt man aus Gl. (5.1):

$$B_E = \mu_0 \frac{N_q \, i}{2} = \frac{\mu_0 \, N_q \, I\sqrt{2}}{2\delta} \cos\omega t \ .$$

Folglich ist die „Höhe" des Rechtecks eine Zeitfunktion, nach einem ähnlichem Gesetz wie das des sinusförmigen Stromes der Windungen. Es gibt Augenblicke, in denen das Feld überall Null ist, und andere Augenblicke, in denen die Polarität geändert wird (die Nordzone wird zur Südzone und umgekehrt). In der Theorie der elektrischen Maschine entwickelt man die räumlich-periodische rechteckige Welle der magnetischen Flußdichte in einer Fourier Reihe. Im allgemeinen, falls die rechteckige Welle $2p$ positive Teile (Nordpole) und $2p$ negative Teile (Südpole) aufweist, ist die Periode $2\pi/p$. Es ist ratsam, anstatt des geometrischen Raumwinkels α den vereinbarten elektrischen Winkel $p\alpha$ (p = Polpaarzahl) einzuführen. Die Flußdichtewelle bleibt auch im Verhältnis zum elektrischen Winkel $p\alpha$ periodisch, nur daß diesmal die Periode 2π ist. Daraus, daß die Funktion $B_E(p\alpha, t)$ die Bedingung

$$B_E(p\alpha, t) = -B_E(p\alpha + \pi, t)$$

erfüllt, geht hervor, daß die entsprechende Fourier-Reihe nur ungerade Oberwellen enthält. Weil die Flußdichte als Zeitfunktion auch eine zweite Bedingung

$$B_E(p\alpha, t) = -B_E(-p\alpha, t)$$

erfüllt, folgt, daß die Fourier-Reihe nur Cosinusglieder enthält (Bild 5.8). Folglich:

$$B_E(p\alpha, t) = \sum_{\nu=1}^{\infty} B_{Em}^{(\nu)} \cos\omega t \cos\nu p\alpha , \tag{5.3}$$

wobei $\nu = 2k + 1$, mit $k \in N^0$ (natürliche Zahlen und 0).

Die Amplitude $B_{Em}\cos\omega t$ der räumlichen Oberwelle ν. Ordnung der magnetischen Flußdichte zu einem gegebenen Zeitpunkt läßt sich durch die Theorie der Fourier-Reihen ermitteln:

$$B_{Em}^{(\nu)} \cos\omega t = \frac{1}{\pi} \int_0^{2\pi} B_E(p\alpha, t) \cos\nu p\alpha =$$

$$= \frac{1}{\pi} \times \frac{\mu_0 \, N_q \, I\sqrt{2}}{2\delta} \cos\omega t \left[\int_0^{\pi/2} \cos\nu p\alpha \, d(p\alpha) - \int_{\pi/2}^{3\pi/2} \cos\nu p\alpha \, d(p\alpha) + \int_{3\pi/2}^{2\pi} \cos\nu p\alpha \, d(p\alpha) \right]$$

(s. Bild 5.8 zur Festsetzung der Integrationsgrenzen). Nach einigen Umrechnungen erhält man:

$$B_{Em}^{(\nu)} = \frac{4(-1)^k}{\pi\nu} \times \frac{\mu_0 \, N_q \, I\sqrt{2}}{2\delta} = \frac{4(-1)^k}{\pi\nu} \times \frac{\mu_0 \, w \, I\sqrt{2}}{2p\delta} , \tag{5.4}$$

wobei $\nu = 2k + 1$, mit $k \in N^0$ und $w = N_q p$.

Die räumliche Grundwelle ($\nu = 1$, $k = 0$) der magnetischen Flußdichte hat, zu einem gegebenen Zeitpunkt t, eine $4/\pi$ mal größere Amplitude als die der rechteckigen Teile (Bild 5.8). Die Oberwelle 3. Ordnung ($\nu = 3$, $k = 1$) besitzt nur ein Drittel ihrer Amplitude, ist dreifacher Frequenz und besitzt, im Nullpunkt, die Gegenrichtung zur Grundwelle (Bild 5.8).

Im allgemeinen ist die Amplitude einer Oberwelle ν. Ordnung ν-fach kleiner, und ihre Frequenz ist ν-fach größer als die der Grundwelle.

Die Oberwelle beginnt im Nullpunkt ihre Halbperiode in die gleiche Richtung wie die Grundwelle, wenn ν gerade bzw. in Gegenrichtung, wenn ν ungerade ist.

Oftmals wird aus der Entwicklung der magnetischen Flußdichte in einer Fourier-Reihe nur die Grundwelle behalten, deren Ausdruck ist:

$$B_{\mathrm{E}}^{(1)}(p\alpha, t) = B_{\mathrm{Em}}^{(1)} \cos \omega t \cos p\alpha\,, \tag{5.5}$$

mit

$$B_{\mathrm{Em}}^{(1)} = \frac{2\mu_0\, w I \sqrt{2}}{\pi\, p\, \delta}\,. \tag{5.6}$$

Der zeitliche und räumliche Verlauf der Flußdichtewelle ist in Bild 5.9 dargestellt.

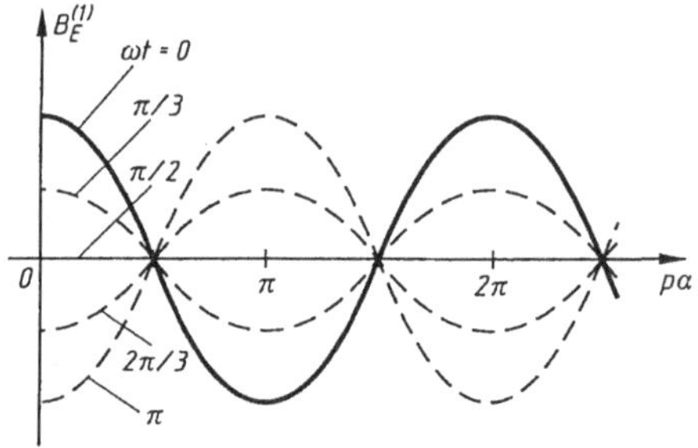

Bild 5.9
Zeitlicher und räumlicher Verlauf der Grundfeld-Flußdichtewelle $B^{(1)}$ als Funktion von (ωt) und $(p\alpha)$

Am Ständer-Innenumfang gibt es somit Punkte, an denen die Flußdichte ständig Null ist. In den anderen Punkten findet ein zeitlich sinusförmiger Verlauf der Flußdichte bei – von Punkt zu Punkt – veränderlicher Amplitude statt. Eine derartige zeitliche und räumliche Änderung ist vergleichbar mit einer stehenden Welle aus der Akustik oder Elektrodynamik.

Ein solches magnetisches Feld wird „zeitlich und räumlich sinusförmiges Wechselfeld" genannt.

Anmerkung 1: Entsprechend Gl. (5.4) ist die maximale Flußdichte der Oberwellen direkt proportional zum Effektivwert des Wicklungsstroms und zur Gesamtwindungszahl der hintereinander geschalteten Windungen. Sie hängt umgekehrt proportional vom Luftspalt δ ab (deswegen das große Interesse an einem möglichst kleinen Luftspalt). Werden auch die Sättigung des magnetischen Kreises und die Eisenverluste berücksichtigt, ist die Abhängigkeit zwischen Flußdichte und Strom komplexer und erinnert an die Wirkung der Hystereseschleife.

Anmerkung 2: Das magnetische Feld der Wicklung hängt nur von Windungszahl, Richtung und Wert des Stromes sowie der relativen Lage der Nuten ab. Es ist dagegen unabhängig von der Schichtzahl in der Nut oder der Art und Weise, wie die äußeren Schaltungen der Wicklungen ausgeführt sind. Die Wicklungen in Bild 5.7 erzeugen beim gleichen Strom i das gleiche magnetische Feld. In den meisten Wechselstrommaschinen sind die Windungen der Strangwicklung auf mehrere Nutenpaare pro Polpaar verteilt ($q > 1$), statt diese in nur einem einzigen Nutenpaar pro Polpaar (d.h. $q = 1$) unterzubringen.

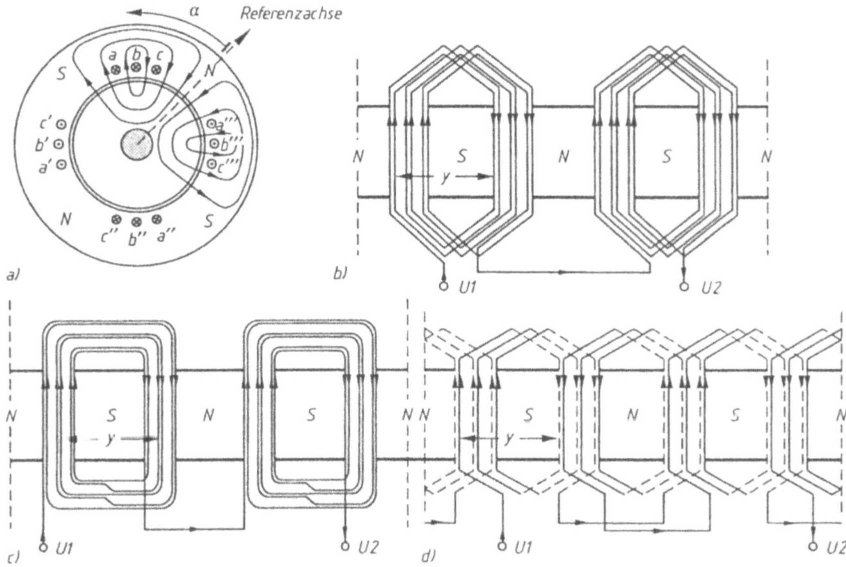

Bild 5.10 Wechselstromwicklung im Ständer: a) magnetisches Spektrum, b) bis d) Wicklungsvarianten

In Bild 5.10-a ist die Lage einer Wicklung mit $2p = 4$ und $q = 3$ dargestellt. Die Maschine hat folglich $Q = 2pq = 4 \times 3 = 12$ Nuten. Es sei N_q die Leiterzahl pro Nut. Die Gesamtwindungszahl der in Reihe geschalteten Windungen beträgt $w = pqN_q$.

Die Wicklung kann entweder

- *einschichtig* mit
  - *Spulen gleicher Weite* $y = \tau$ (Bild 5.10-b) und
  - *Spulen ungleicher Weite* (nur im Durchschnitt mit $y = \tau$, Bild 5.10-c) oder
- *zweischichtig* (Bild 5.10-d) hergestellt werden.

Wie oben gezeigt und wie aus der Anwendung des Durchflutungsgesetzes hervorgeht, erzeugen die oben angegebenen Wicklungen das gleiche Luftspaltfeld, da alle vom gleichen Strom durchflossen sind und gleiche Nuten am Ständer-Innenumfang und gleiche Leiterzahl pro Nut aufweisen. Die Spulenköpfe, auch wenn verschiedenartig geschaltet, bewirken die gleiche Stromrichtung in den Leitern verschiedener Nuten.

Die oben beschriebene Wicklung erzeugt eine Flußdichte, deren Feldlinien in Bild 5.10-a dargestellt sind. Man kann voraussetzen, daß dieses Feld das Ergebnis der Addition (Überlagerung) aller $q = 3$ Felder ist, die die Nutengruppen a-a'-a''-a''', b-b'-b''-b''' und c-c'-c''-c''' erzeugen.

Die Nutengruppe a-a'-a''-a''' erzeugt eine Flußdichte B_{Ea}, die zum Zeitpunkt t einen wechselnden, räumlich-rechteckigen Verlauf zeigt (Bild 5.11) (wie die der Wicklung aus Bild 5.7).

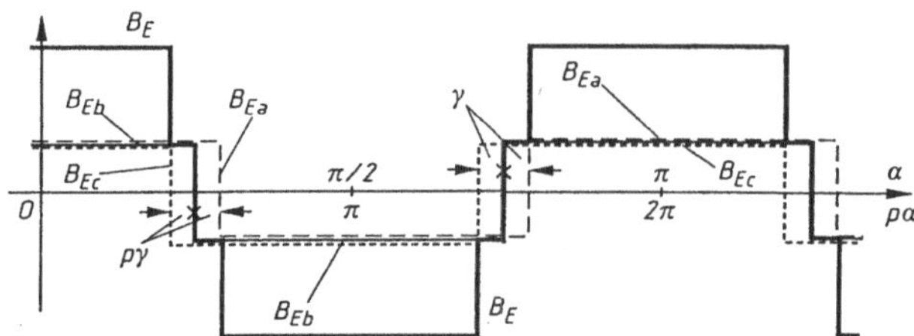

Bild 5.11
Raumverteilung der magnetischen Flußdichte (Wechselstromwicklung im Ständer)

In gleicher Weise erzeugt die Nutengruppe b-b'-b"-b"' eine Flußdichte B_{Eb} zwischen Ständer und Läufer, die im berücksichtigten Zeitpunkt t einen wechselnden rechteckigen Verlauf am Ständer-Innenumfang hat. Die Rechtecke haben die gleiche Höhe wie die der magnetischen Flußdichte B_{Ea} (Bild 5.11).

Anderseits sind die Flußdichterechtecke B_{Eb} gegenüber den Flußdichterechtecken B_{Ea} räumlich verschoben. Ist γ der *geometrische Winkel* zwischen zwei benachbarten Nuten derselben Nutengruppe, dann wird (da der *elektrische Winkel* p-fach größer als der *geometrische* Winkel ist) der elektrische Verschiebungswinkel zwischen den Rechtecken der magnetischen Flußdichte B_{Eb} und den Rechtecken der Flußdichte B_{Ea} $p\gamma$ sein.

In gleicher Weise wird die Nutengruppe c-c'-c"-c"' eine Flußdichte B_{Ec} erzeugen, die wiederum wechselnd und rechteckig ist. Sie ist um den Winkel $p\gamma$ gegenüber der magnetischen Flußdichte B_{Eb} verschoben. Die resultierende Flußdichte, die von allen $q = 3$ Nutengruppen erzeugt wird, wird durch Addition der partiellen magnetischen Flußdichten B_{Ea}, B_{Eb} und B_{Ec} (Bild 5.11, fette Linie) erzielt.

Man bemerkt, daß zum Zeitpunkt t die resultierende Flußdichte am Ständer-Innenumfang räumlich treppenförmig verteilt ist. Ihre Form nähert sich mehr einer Sinuskurve als einer rechteckigen Verteilung wie bei Wicklungen mit $q = 1$. Das bedeutet, daß die räumlichen Oberwellen der resultierenden magnetischen Flußdichte geringer sind als im Fall einer kompakten Wicklung (in einem einzigen Nutenpaar pro Polpaar untergebracht).

Dieses Ergebnis ist wertvoll, da die räumlichen Oberwellen des Magnetfelds den Betrieb der Wechselstrommaschine beeinflussen.

Möchte man den Vorgang tiefer betrachten, bedient man sich wieder der Entwicklung in einer Fourier-Reihe der partiellen magnetischen Strangflußdichten B_{Ea}, B_{Eb} und B_{Ec}, die jede der $q = 3$ Nutengruppen erzeugt. Man betrachtet zunächst die Grundwellen: sie weisen alle die gleiche Amplitude auf

$$B_{\text{Eam}}^{(1)} = \frac{2\mu_0 N_q I\sqrt{2}}{\pi\delta}$$

und sind räumlich um einen Winkel $p\gamma$ verschoben (Bild 5.12).

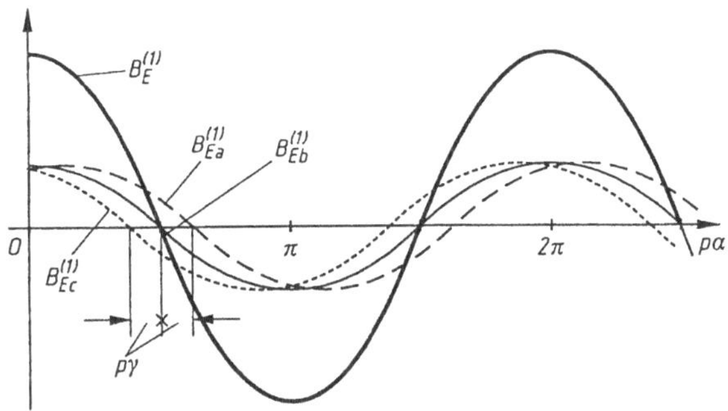

Bild 5.12
Räumliche Grundwelle $B_E^{(1)}$ der Flußdichte und die Strangflußdichten B_{Ea}, B_{Eb}, B_{Ec}

Wenn man in einem Zeigerdiagramm die $q = 3$ Zeiger $\underline{B}_{\mathrm{Eam}}^{(1)}$, $\underline{B}_{\mathrm{Ebm}}^{(1)}$ und $\underline{B}_{\mathrm{Ecm}}^{(1)}$ der Grundwellen der partiellen Flußdichten mit den entsprechenden Verschiebungen darstellt (Bild 5.13), kann man sehr leicht den Zeiger $\underline{B}_{\mathrm{Em}}^{(1)}$ der Grundwelle der resultierenden magnetischen Flußdichte bestimmen:

$$\underline{B}_{\mathrm{Em}}^{(1)} = \underline{B}_{\mathrm{Eam}}^{(1)} + \underline{B}_{\mathrm{Ebm}}^{(1)} + \underline{B}_{\mathrm{Ecm}}^{(1)} .$$

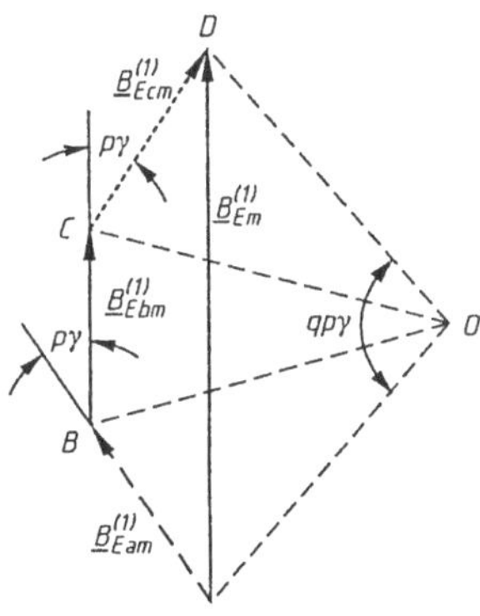

Bild 5.13
Zusammensetzung der Grundwellen der Flußdichte $\underline{B}_{\mathrm{Eam}}^{(1)}$, $\underline{B}_{\mathrm{Ebm}}^{(1)}$ und $\underline{B}_{\mathrm{Ecm}}^{(1)}$

Da der geometrische Winkel γ, aus verfahrenstechnischen Gründen, immer nur ein Bruchteil von π ist, folgt, daß die Zeiger $\underline{B}_{\mathrm{Eam}}^{(1)}$, $\underline{B}_{\mathrm{Ebm}}^{(1)}$ und $\underline{B}_{\mathrm{Ecm}}^{(1)}$, geometrisch addiert, einen Teil eines regelmäßigen Polygons darstellen müssen. Es seien O der Mittelpunkt des entsprechenden Polygons und A, B und C die Spitzen des Polygons (Bild 5.13). Der resultierende Zeiger $\underline{B}_{\mathrm{Em}}^{(1)}$ stellt eine Sehne $\overline{AD}$ des Umkreises dar. Um den Betrag des Zeigers $\underline{B}_{\mathrm{Em}}^{(1)}$ zu erhalten, berechnet man den Radius $\overline{OA}$ sowohl im gleichschenkligen Dreieck OAB wie auch im Dreieck OAD:

$$\overline{OA} = \frac{1}{2} \times \frac{B_{\mathrm{Eam}}^{(1)}}{\sin(p\gamma/2)} = \frac{1}{2} \times \frac{B_{\mathrm{Em}}^{(1)}}{\sin(qp\gamma/2)} ,$$

also:

$$B_{\text{Em}}^{(1)} = q\, B_{\text{Eam}}^{(1)} \frac{\sin(qp\gamma/2)}{q \sin(p\gamma/2)} = q\, B_{\text{Eam}}^{(1)}\, k_{\text{q}}^{(1)},$$

mit

$$k_{\text{q}}^{(1)} = \frac{\sin(qp\gamma/2)}{q \sin(p\gamma/2)}.$$

Somit hat die Grundwelle der resultierenden magnetischen Flußdichte eine kleinere Amplitude als die Amplitudensumme der partiellen Grundwellen.

Der Faktor $k_{\text{q}}^{(1)}$ – *Zonenfaktor* genannt und immer *untereinheitlich* – berücksichtigt die Wicklungsverteilung. Er zeigt, in welchem Maße sich die Grundwelle der magnetischen Flußdichte im Luftspalt pro Pol verringert, wenn diese Wicklung in mehrere kleinere Nuten verteilt wird, anstatt sie kompakt auszuführen. Die Grundwelle des resultierenden Magnetfelds ist:

$$B_{\text{E}}^{(1)}(p\alpha, t) = B_{\text{Em}}^{(1)} \cos \omega t \cos p\alpha = \frac{2\,\mu_0\, w\, k_{\text{q}}^{(1)} I \sqrt{2}}{\pi\, p\, \delta} \cos \omega t \cos p\alpha\,.$$

Der Ursprungspunkt der Koordinate α ist die Symmetrieachse aus Bild 5.10-a. Was die räumliche Oberwelle ν. Ordnung der resultierenden magnetischen Flußdichte anbelangt, wird die schon oben bestimmte Gleichung angewendet, nur sind diesmal die Zeiger $\underline{B}_{\text{Eam}}^{(\nu)}$, $\underline{B}_{\text{Ebm}}^{(\nu)}$ und $\underline{B}_{\text{Ecm}}^{(\nu)}$ um einen Winkel $p\gamma$ verschoben (auch für die Oberwelle gilt $\gamma_{\text{elek}} = p\gamma_{\text{geom}}$: der elektrische Winkel ist p-fach größer als der geometrische Winkel). Folglich:

$$B_{\text{Em}}^{(\nu)} = q\, B_{\text{Eam}}^{(\nu)}\, k_{\text{q}}^{(\nu)},$$

mit

$$k_{\text{q}}^{(\nu)} = \frac{\sin(\nu\, qp\gamma/2)}{q \sin(\nu p\gamma/2)}.$$

Der analytische Ausdruck der räumlichen Oberwelle ν. Ordnung der resultierenden magnetischen Flußdichte lautet:

$$B_{\text{E}}^{(\nu)}(p\alpha, t) = B_{\text{Em}}^{(\nu)} \cos \omega t \cos \nu\, p\alpha = (-1)^k \frac{2\,\mu_0\, w\, k_q^{(\nu)} I \sqrt{2}}{\pi\, \nu\, p\, \delta} \cos \omega t \cos \nu\, p\alpha\,.$$

Die Beträge verschiedener Zonenfaktoren für verschiedene räumlichen Oberwellen und q-Zahlen (von Nuten pro Pol) sind in Tabelle 5.1 aufgeführt.

Darin wurden die Faktoren $k_{\text{q}}^{(1)}$ für einen Ständer mit drei Wechselstromwicklungen berechnet, jede mit $2p$ Polen und q Nuten pro Pol. Alle Nuten sind symmetrisch an der Peripherie des Ständer-Innenumfangs verteilt. Die Verteilung der Wechselstromwicklungen (Strangwicklungen) in mehrere Nuten pro Pol führt zur deutlichen Verringerung räumlicher Oberwellen der magnetischen Luftspaltflußdichte.

Somit wird die Oberwelle 5. Ordnung z.B., im Fall $q = 1$ eine Amplitude von 20 % der Grundwellenamplitude, aber für $q = 3$ nur noch 4,3 % besitzen. Von $q = 1$ zu $q = 3$ nimmt die Amplitude der 5. Oberwelle also mehr als vierfach ab. Gleichzeitig wird die Grundwellenamplitude in geringem Maße verringert, hier nur um 4 bis 5 %.

Tabelle 5.1: Beträge der Zonenfaktoren als Funktion von der Anzahl Nuten pro Pol

q	$k_q^{(1)}$	$k_q^{(3)}$	$k_q^{(5)}$	$k_q^{(7)}$
2	0,9659	0,7071	0,2588	0,2588
3	0,9598	0,6667	0,2176	0,1774
4	0,9577	0,6533	0,2053	0,1576
5	0,9567	0,6472	0,2000	0,1494
6	0,9561	0,6440	0,1972	0,1453
8	0,9556	0,6407	0,1944	0,1413
9	0,9555	0,6399	0,1937	0,1403

Aus Tab. 5.1 ist ersichtlich, daß es sich nicht lohnt, die q-Zahl der Nuten pro Pol übertrieben groß zu wählen, da für $q > 5$ keine weitere wesentliche Reduzierung der Grundwellenamplitude zu beobachten ist.

Zur Verringerung der Grundwellenamplitude werden in großem Maße die sogenannten *Wicklungen verkürzten Schritts* verwendet. Um zu verstehen, worin solche Wicklungen bestehen und die Ausrechnung des von ihnen erzeugten Felds zu erleichtern, geht man von einer „normalen" Wicklung aus (Bild 5.14).

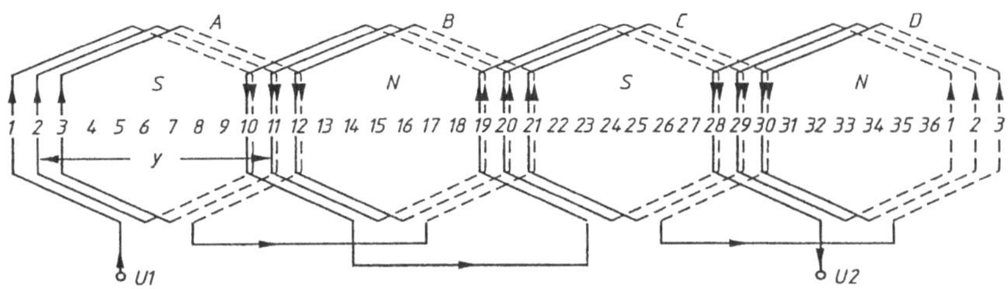

Bild 5.14 Wechselstromwicklung mit Durchmesserschritt

In Bild 5.14 ist das abgewickelte Schema einer Wechselstromwicklung mit Durchmesserschritt, $2p = 4$ Polen und $q = 3$ Nuten pro Pol dargestellt. Die Wicklung ist in 12 Nuten eines Ständers untergebracht, der also im ganzen 36 gleichmäßig am Umfang verteilte Nuten besitzt.

Die Wicklungsteilung ist eine *Durchmesserteilung*, da $\tau = Q/2p = 36/4 = 9$, und die durchschnittliche Weite einer beliebigen Spule, z.B. der Spule A, ist wiederum $y = 9$, also $y = \tau$. Die Wicklung ist zweischichtig. Die vier Spulen A, B, C, D der Wicklung sind in Reihe geschaltet, so wie in Bild 5.14 angegeben, um für alle Leiter aus einer Nut die gleiche Stromrichtung zu gewährleisten.

Das magnetische Feld dieser Wicklung ist bekannt. Man nimmt an der Wicklung gegenüber Bild 5.14 eine konstruktive Änderung vor: die ganze Spule B wird (in einer Anzahl von Nuten) näher an Spule A verschoben. Das gleiche geschieht mit Spule D in bezug auf Spule C.

Diese Verschiebung ist in Bild 5.15-a gezeigt: die Spulen B und D wurden um eine einzige Nut nach links verschoben. Die Spulen bleiben wie vorher in Reihe geschaltet. Man erhält selbstverständlich eine neue Wicklung, und das magnetische Feld dieser neuen Wicklung wird auch anders sein. Diese Tatsachen lassen sich leicht erklären, aufgrund verschiedener Verteilungen der Windungen im Nutensystem.

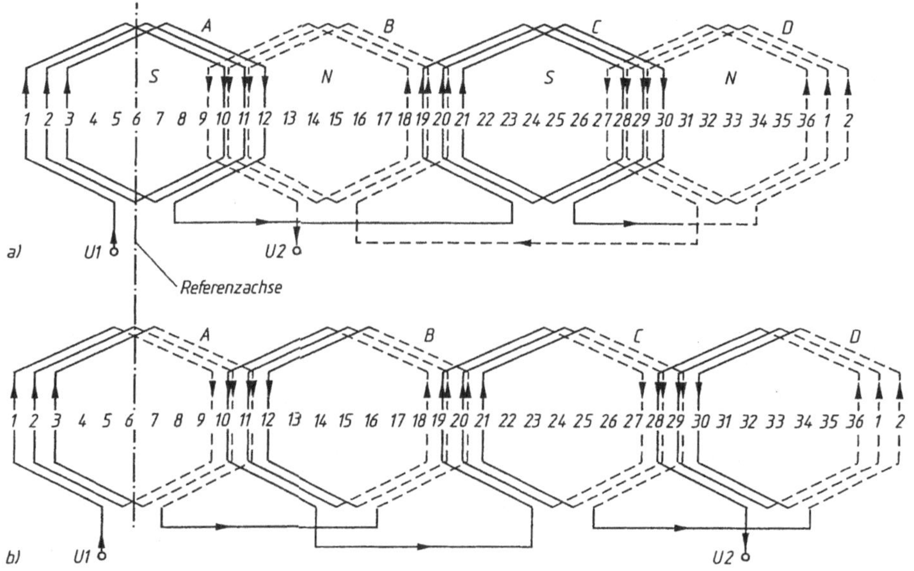

Bild 5.15 Wechselstromwicklungen, von der Wicklung in Bild 5-14 hergeleitet

Das Feld der Wicklung aus Bild 5.15-a ist leicht zu bestimmen. Die Spulen A und C mit *Durchmesserschritt* haben in den Nuten $w/2$ in Reihe geschalteten Windungen, die eine Treppenkurve *BEAC* der magnetischen Flußdichte erzeugen, wie in Bild 5.16 dargestellt ist. Die Spulen B und D, mit den gleichen Parametern, erzeugen eine Treppenkurve der magnetischen Flußdichte *BEBD*, die identisch zu *BEAC* ist, jedoch um eine Nut nach links verschoben.

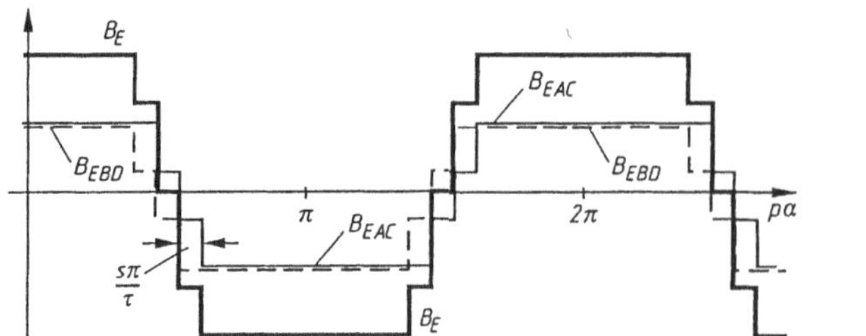

Bild 5.16 Raumverteilung der magnetischen Flußdichte (Wicklungen in Bild 5.15)

Die resultierende Flußdichte B_E (Bild 5.16, fette Linie) nähert sich einer Sinuskurve stärker als diejenige aus Bild 5.11. Es wird somit eine zusätzliche Unterdrückung der räumlichen Oberwelle der magnetischen Flußdichte erzielt. Um die Grundwelle der Flußdichte B_E zu bestimmen, addiert man die beiden Komponenten – die Grundwellen $B^{(1)}_{\text{FAC}}$ und $B^{(1)}_{\text{FBD}}$, die zwar gleiche Amplituden aufweisen, jedoch räumlich verschoben sind.

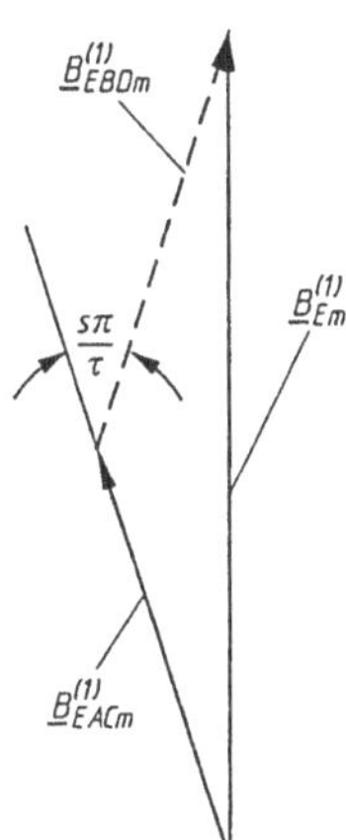

Bezeichnet man mit s die Verschiebung und mit D' den inneren Ständerdurchmesser, dann ist der geometrische Verschiebungswinkel der Spulen B und D in bezug auf die Grundlage (Bild 5.15-a) $2\pi s/\pi D$. Folglich wird der elektrische Verschiebungswinkel zwischen zwei Grundwellen p-mal größer als der geometrische Winkel sein, und zwar $(2\pi p s/\pi D) = \pi s/\tau$.

Bild 5.17

Zusammensetzung der Grundzeiger $\underline{B}^{(1)}_{\text{EACm}}$ und $\underline{B}^{(1)}_{\text{EBDm}}$

Bezieht man sich auf das Zeigerdiagramm (Bild 5.17) und summiert die Zeiger:

$$\underline{B}^{(1)}_{\text{Em}} = \underline{B}^{(1)}_{\text{EACm}} + \underline{B}^{(1)}_{\text{EBDm}}$$

so kommt man zu:

$$B^{(1)}_{\text{Em}} = 2\,B^{(1)}_{\text{EACm}} \cos\left(\frac{\pi s}{2\tau}\right), \text{ bzw.}$$

$$B^{(1)}_{\text{Em}} = 2\,k^{(1)}_{\text{s}} B^{(1)}_{\text{EACm}} = \frac{2\mu_0\, w\, k^{(1)}_{\text{q}} k^{(1)}_{\text{s}} I\sqrt{2}}{\pi\, p\, \delta},$$

mit

$$k^{(1)}_{\text{s}} = \cos\left(\frac{\pi s}{2\tau}\right) < 1 \text{ (\textit{Sehnungsfaktor})}.$$

Der Sehnungsfaktor, der die Sehnung berücksichtigt (immer kleiner als Eins), zeigt, daß die Verschiebung der Spulen B und D die Grundwelle der resultierenden magnetischen Flußdichte vermindert hat. Der analytische Ausdruck dieser Grundwelle in bezug auf die Bezugsachse aus Bild 5.15 ist:

$$B^{(1)}_{\text{E}}(p\alpha, t) = B^{(1)}_{\text{Em}} \cos\omega t \cos p\alpha\,.$$

Für die räumlichen Oberwellen der resultierenden magnetischen Flußdichte wird in ähnlicher Weise vorgegangen, nur daß der Ausdruck des Spulenfaktors anders ist. Für die Oberwellen ν. Ordnung gilt:

$$k^{(\nu)}_{\text{s}} = \cos\left(\frac{\nu\pi s}{2\tau}\right).$$

In Tab. 5.2 sind die Beträge des Sehnungsfaktors verschiedener Oberwellen in Abhängigkeit vom Verhältnis s/τ angegeben.

Tabelle 5.2: Sehnungsfaktoren in Abhängigkeit von s/τ

$\frac{s}{\tau}$	$k_s^{(1)}$	$k_s^{(3)}$	$k_s^{(5)}$	$k_s^{(7)}$
0,056	0,996	0,965	0,905	0,816
0,111	0,985	0,866	0,643	0,343
0,167	0,966	0,706	0,256	0,262
0,222	0,940	0,501	0,172	0,764
0,278	0,906	0,258	0,575	0,996
0,333	0,866	0,002	0,865	0,868

So kann durch die Verteilung einer Wicklung, wie sie in Bild 5.15-a gezeigt ist, eine deutliche Verringerung der Oberwellen, insbesondere der wichtigsten – und zwar der 3., 5. und 7. – erzielt werden. Gleichzeitig wird aber auch eine Verminderung der nützlichen Grundwelle um einige Prozent auftreten.

Durch die Verteilung der Wicklungen auf mehrere Nuten pro Pol und durch die gezielte Verschiebung der Spulen erreicht man praktisch die weitgehende Unterdrückung aller störenden Oberwellen. So beträgt z.B. für $q = 3$ und $s/\tau = 0{,}22$ die Oberwelle 5. Ordnung nur noch 0,75 % und die 7. Oberwelle nur noch 2 % der Grundwelle.

Die Wicklung aus Bild 5.15-a eignet sich aber für eine konstruktive Variante, die – aus ökonomischen Gründen – besonders vorteilhaft ist und keine Veränderung des Felds verzeichnet. Diese neue Variante beruht auf der schon bekannte Tatsache, daß im Luftspalt die Felder zweier verschiedenen Wicklungen gleich bleiben, solange diese Wicklungen die gleiche Windungszahl besitzen und von dem gleichen Strom durchflossen sind. Als zusätzliche Voraussetzung gilt, daß die beiden Wicklungen die gleiche Nutenverteilung haben müssen und daß die Stromrichtung in den Leitern gleichbleibend sein soll. Die Wicklung aus Bild 5.15-b erfüllt die oben genannten Bedingungen in Verhältnis zu der Wicklung aus Bild 5.15-a.

Die Wicklung aus Bild 5.15-b unterscheidet sich nur vom konstruktiven Gesichtspunkt aus von der Wicklung aus Bild 5.15-a, nicht aber, was die Luftspaltflußdichte betrifft. Der konstruktive Unterschied besteht in der Verwendung einiger Spulen A, B, C, D mit kleinerer mittlerer Weite $y < \tau$. Die mittlere Weite irgendeiner Spule ist um s Nuten vermindert. Für Bild 5.15-b beträgt $s = 1$. Die relative Verkürzung ist $s/\tau = 1/9 = 0{,}111$.

Der Einsatz einiger Spulen kleinerer Weite führt sowohl zu Kupferersparnis als auch gleichzeitig zur Dämpfung der Oberwellen der magnetischen Flußdichte. Solche Wicklungen werden *Wicklungen mit verkürztem Schritt* genannt. Sie werden in der Praxis sehr oft verwendet.

Zusammenfassend: die Wicklungen mit w Windungen der in Reihe geschalteten Spulen mit $2p$ Polen, q Nuten pro Pol und verkürztem Schritt erzeugen im Luftspalt eine Flußdichte:

$$B_E(p\alpha, t) = \sum_{\nu=1}^{\infty} B_{Em}^{(\nu)} \cos\omega t \cos\nu p\alpha ,$$

mit

$$B_{\rm Em}^{(\nu)} = (-1)^{k} \frac{2\mu_0\, w\, k_{\rm q}^{(\nu)} k_{\rm s}^{(\nu)} I\sqrt{2}}{\pi \nu p \delta}, \tag{5.7}$$

wobei: $m = 2k + 1$, mit $k \in N$.

Es gibt noch andere Methoden, um die Oberwellen des Felds zu dämpfen: die ungleichförmige Verteilung der Windungen in den Nuten oder die Nutenschrägung. Diese Methoden sind aber technisch wesentlich komplizierter.

5.2.2 Drehfeld, das magnetische Feld der Drehstromwicklung

In Bild 5.18 ist ein Ständer mit $2p = 2$ Polen und drei identischen Strangwicklungen (gleiche Windungszahlen, Leiter, besetzte Nuten) gezeigt, die in Stern- oder Dreieck geschaltet und von einem Drehstromnetz versorgt sind. Jede dieser drei Strangwicklungen belegt ein Drittel aller Ständernuten. Sie befinden sich am Innenumfang des Ständers symmetrisch verteilt, wie es am abgewickelten Schema der Wicklungen (Bild 5.18-b) gezeigt ist.

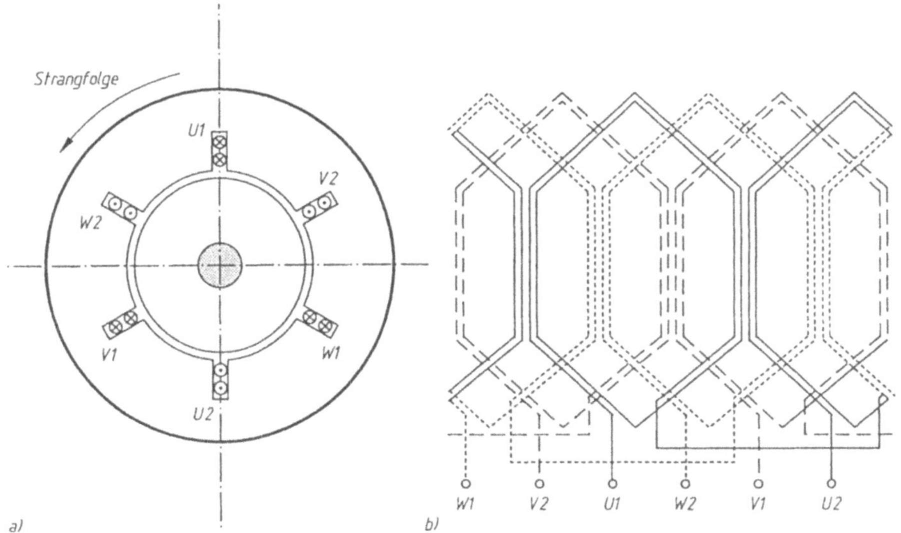

Bild 5.18 Ständerstrangwicklungen ($p = 1$): a) schematisch, b) abgewickeltes Schema der Wicklungen

Die Anfänge der drei Strangwicklungen sind U1, V1, W1, bzw. die Enden U2, V2, W2. Die Winkelverschiebung zwischen zwei Strangwicklungen beträgt $2\pi/3p$. Im Fall aus Bild 5.18 ist diese Verschiebung 120°, da $p = 1$. Zur Vereinfachung wird vorausgesetzt, daß jede Strangwicklung $q = 1$ Nuten pro Pol und einen Durchmesserschritt aufweist. Die Strangfolge der drei Wicklungen am Ständer-Innenumfang ist links herum. Die Ströme über die drei Strangwicklungen sind:

$$\begin{cases} i_{\rm U}(\omega t) = I\sqrt{2}\cos\omega t, \\ i_{\rm V}(\omega t) = I\sqrt{2}\cos(\omega t - 2\pi/3), \\ i_{\rm W}(\omega t) = I\sqrt{2}\cos(\omega t - 4\pi/3). \end{cases}$$

Es interessiert die Luftspaltflußdichte, die von allen drei Strangwicklungen erzeugt wird. Wird die Winkelachse einer Spule des U-Strangs als Symmetrieachse des Systems gewählt (Bild 5.18), so hat die Flußdichtegrundwelle $B_{\mathrm{EU}}^{(1)}$ der Strangwicklung U folgenden Ausdruck:

$$B_{\mathrm{EU}}^{(1)}(p\alpha,t)=B_{\mathrm{Em}}^{(1)}\cos\omega t\cos p\alpha\,,$$

mit

$$B_{\mathrm{Em}}^{(1)}=\frac{2\,\mu_0\,w\,k_{\mathrm{q}}^{(1)}k_{\mathrm{s}}^{(1)}I\sqrt{2}}{\pi\,p\,\delta}\,.$$

Die geometrische Raumverschiebung der Wicklung V zur Wicklung U beträgt $2\pi/3p$, und die Phasenverschiebung des Stromes i_{V} in Verhältnis zum Strom i_{U} beträgt $2\pi/3$. Folglich erhält man für die Grundwelle der magnetischen Flußdichte $B_{\mathrm{EV}}^{(1)}$ des V-Strangs:

$$B_{\mathrm{EV}}^{(1)}(p\alpha,t)=B_{\mathrm{Em}}^{(1)}\cos\left(\omega t-\frac{2\pi}{3}\right)\cos\left(p\alpha-\frac{2\pi}{3p}\right)=B_{\mathrm{Em}}^{(1)}\cos\left(\omega t-\frac{2\pi}{3}\right)\cos\left(p\alpha-\frac{2\pi}{3}\right).$$

Auf ähnliche Weise ergibt sich für die Induktionsgrundwelle $B_{\mathrm{EW}}^{(1)}$ der Strangwicklung W folgender Ausdruck:

$$B_{\mathrm{EW}}^{(1)}(p\alpha,t)=B_{\mathrm{Em}}^{(1)}\cos\left(\omega t-\frac{4\pi}{3}\right)\cos\left(p\alpha-\frac{4\pi}{3}\right).$$

Die Summe der drei Stranggrundwellen ergibt die resultierende Flußdichte $B_{\mathrm{E}}^{(1)}$:

$$B_{\mathrm{E}}^{(1)}=B_{\mathrm{EU}}^{(1)}+B_{\mathrm{EV}}^{(1)}+B_{\mathrm{EW}}^{(1)}\,.$$

Um diese Summe auszurechnen, kann man die magnetischen Stranginduktionen $B_{\mathrm{EU}}^{(1)}$, $B_{\mathrm{EV}}^{(1)}$ und $B_{\mathrm{EW}}^{(1)}$ auf Grund der trigonometrischen Identität

$$\cos\alpha\cos\beta=\frac{1}{2}[\cos(\alpha-\beta)+\cos(\alpha+\beta)],$$

wie folgt darstellen:

$$\begin{cases}B_{\mathrm{EU}}^{(1)}(p\alpha,t)=\frac{1}{2}B_{\mathrm{Em}}^{(1)}[\cos(\omega t-p\alpha)+\cos(\omega t+p\alpha)],\\[2ex] B_{\mathrm{EV}}^{(1)}(p\alpha,t)=\frac{1}{2}B_{\mathrm{Em}}^{(1)}\left[\cos(\omega t-p\alpha)+\cos\left(\omega t+p\alpha-\frac{4\pi}{3}\right)\right],\\[2ex] B_{\mathrm{EW}}^{(1)}(p\alpha,t)=\frac{1}{2}B_{\mathrm{Em}}^{(1)}\left[\cos(\omega t-p\alpha)+\cos\left(\omega t+p\alpha-\frac{8\pi}{3}\right)\right].\end{cases}$$

Da (unabhängig vom Wert der Variablen α und t):

$$\cos(\omega t+p\alpha)+\cos\left(\omega t+p\alpha-\frac{4\pi}{3}\right)+\cos\left(\omega t+p\alpha-\frac{8\pi}{3}\right)=0\,,$$

ergibt sich

$$B_{\mathrm{E}}^{(1)}(p\alpha,t)=\frac{3}{2}\,B_{\mathrm{Em}}^{(1)}\cos(\omega t-p\alpha)\,. \tag{5.8}$$

Ein solches Feld wird *magnetisches Drehfeld* benannt. Es ist deutlich verschieden von dem zeitlich und *räumlich sinusförmigen Feld* – Gl. (5.5). Tatsächlich verläuft, an irgendeinem Punkt am Ständer-Innenumfang, die Flußdichte konstanter Amplitude $(3/2)B_{\mathrm{Em}}$ sinusförmig (vgl. Bilder 5.19 und 5.9).

Der Reihe nach, zu verschiedenen Augenblicken, wird der maximale Wert an verschiedenen Punkten des Ständer-Innenumfangs gefunden. Alles geschieht so, als ob die sinusförmige Welle des Magnetfelds mit einer konstanten Winkelgeschwindigkeit Ω am Ständer-Innenumfang umlaufen würde. Darum wird ein solches Feld *Drehfeld* genannt.

- *Dieser Name ist insofern unpassend, da das Drehfeld nicht die Attribute eines festen Körpers (der allein sich drehen kann) aufweist.*

Trotzdem gibt diese Bezeichnung eine anschauliche Darstellung des zeitlichen und räumlichen Verlaufs eines solchen Felds.

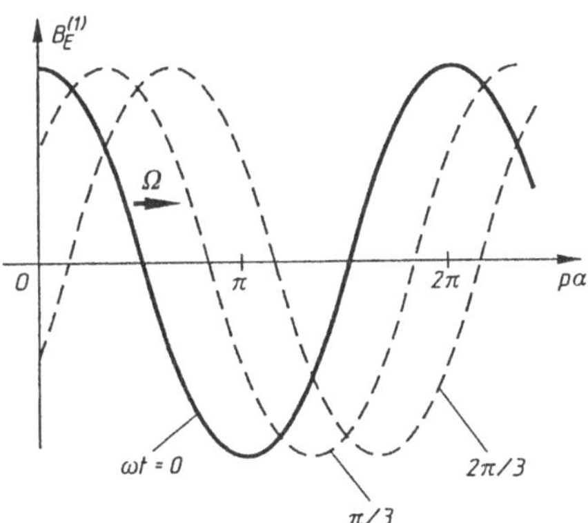

Bild 5.19
Zeitliche und räumliche Änderung der Grundwelle $\underline{B}_{\mathrm{E}}^{(1)}$ eines magnetischen Drehfeldes

Während man das magnetische Drehfeld zu den Wanderwellen zählen kann, muß man das zeitlich und räumlich sinusförmige Wechselfeld einer einzigen Strangwicklung als stehende Welle betrachten. Somit erzeugt die symmetrische Drehstromwicklung, die von einem symmetrischen Drehstromsystem durchflossen wird, ein Grundwellen-Drehfeld.

Einige Eigenschaften dieses Grundwellen-Drehfelds sind:

- *Die Amplitude des resultierenden Grundwellen-Drehfelds ist 3/2 der Amplitude der stehenden Strang-Grundwellenfelder*
- *Die Winkelgeschwindigkeit Ω des magnetischen Drehfelds $B_{\mathrm{E}}^{(1)}$ wird nur von der Kreisfrequenz ω der Strangströme und von der Polpaarzahl p der Strangwicklungen bestimmt.*

Zu einem bestimmten Zeitpunkt t beträgt die Flußdichte im Punkt α des Ständer-Innenumfangs:

$$B_{\mathrm{E}}^{(1)}(p\alpha,t)=\frac{3}{2}\,B_{\mathrm{Em}}^{(1)}\cos(\omega t-p\alpha)\,.$$

Nach einem Zeitintervall Δt findet man den gleichen Wert $B_E^{(1)}$ der Flußdichte an einem anderen Punkt $\alpha + \Delta\alpha$ wieder, d.h.:

$$\frac{3}{2} B_{\text{Em}}^{(1)} \cos(\omega t - p\alpha) = \frac{3}{2} B_{\text{Em}}^{(1)} \cos[\omega(t + \mathrm{d}t) - p(\alpha + \mathrm{d}\alpha)],$$

was zu folgender Gleichung führt:

$$\omega t - p\alpha = \omega(t + \mathrm{d}t) - p(\alpha + \mathrm{d}\alpha).$$

Von hier aus ergibt sich die Winkelgeschwindigkeit:

$$\Omega = \frac{\Delta\alpha}{\Delta t} = \frac{\omega}{p}. \tag{5.9}$$

Je größer die Frequenz f der Strangströme im Ständer und folglich auch ihre Kreisfrequenz $\omega = 2\pi f$ und je kleiner die Polpaarzahl p ist, desto größer wird die Winkelgeschwindigkeit Ω des magnetischen Drehfeldes. Die letzte Beziehung kann umgeformt werden, wenn die Drehzahl n in min^{-1} und die Frequenz f in Hz gemessen werden. Da

$$\Omega\,[\text{s}^{-1}] = \frac{2\pi\,[\text{rad}]\,n\,[\text{min}^{-1}]}{60}$$

und

$$\omega = 2\pi f (\text{rad} \times \text{Hz} = \text{rad} \times \text{s}^{-1}),$$

erhält man die Zahlenwertgleichung:

$$n = \frac{60\,f}{p}.$$

Beim europäischen Standardwert der Frequenz von 50 Hz beträgt

$$n = \frac{3000}{p}\,[\text{min}^{-1}].$$

Bei Drehstrommaschinen, die an das industrielle Drehstromnetz geschaltet sind, kann diese Drehzahl, auch *synchrone Drehzahl* genannt, nur stufenweise in Abhängigkeit von der Polpaarzahl p der Drehstromwicklung geändert werden. Mehr noch, in diesem Fall kann die Drehzahl n nicht höher als 3000 min^{-1} (bei $p = 1$ und $f = 50$ Hz) werden. Dies ist ein Nachteil der Wechselstrommaschinen, die mit Drehfeldern arbeiten.

In Tab. 5.3 sind die Werte der Drehzahl n und der Winkelgeschwindigkeit Ω in Abhängigkeit von der Polpaarzahl p bei der Standardfrequenz $f = 50$ Hz, angegeben.

Tabelle 5.3 Drehzahl n und Winkelgeschwindigkeit Ω in Abhängigkeit von der Polpaarzahl p bei der Standardfrequenz 50 Hz

p	1	2	3	4	5	6	8	10	12	15	20	25
$n\,[\text{min}^{-1}]$	3000	1500	1000	750	600	500	375	300	250	200	150	120
$\Omega\,[\text{s}^{-1}]$	314	157	104,7	78,5	62,8	52,4	39,3	31,4	26,2	20,9	15,7	12,5

- In dem Augenblick, in dem der Strom eines Strangs maximal ist, erreichen die Pole des Grundwellen-Drehfelds genau dieselbe Lage wie die stationären Pole des entsprechenden Strang-Wechselfelds (Polüberlappung).
- In dem Augenblick, in welchem der Strom eines Strangs maximal ist, erreicht das Drehfeld bei seiner Umdrehung genau die Symmetrieachse dieses Strangs. Die beiden Felder – das resultierende Drehfeld und das lokale Strang-Wechselfeld – haben in diesem Augenblick gleiche Symmetrieachse und gleiche Richtung (*Feldüberlappung*). Diese Behauptung kann auf analytischem Weg bewiesen werden.

  Der Strangstrom des Strangs U wird maximal und positiv bei $\omega t = 0$ sein:

$$\left[i_{\mathrm{U}}(\omega t)\right]_{\omega t=0} = i_{\mathrm{Umax}} = I\sqrt{2}\,.$$

  Das sinusförmige Feld des Strangs U wird in demselben Augenblick

$$B_{\mathrm{EU}}^{(1)}(p\alpha,0) = B_{\mathrm{Em}}^{(1)} \cos(p\alpha),$$

  bzw. das resultierende magnetische Drehfeld

$$B_{\mathrm{E}}^{(1)}(p\alpha,0) = \frac{3}{2} B_{\mathrm{Em}}^{(1)} \cos(p\alpha)$$

  sein. Die räumliche Position beider Größen $B_{\mathrm{EU}}^{(1)}$ und $B_{\mathrm{E}}^{(1)}$ ist also die gleiche [gleicher Cosinuswert $\cos(p\alpha)$], nur ihre Amplituden sind unterschiedlich.

  In dem Augenblick $\omega t = 2\pi/3$, in dem

$$\left[i_{\mathrm{V}}(\omega t)\right]_{\omega t=2\pi/3} = i_{\mathrm{Vmax}} = I\sqrt{2}$$

  ist, weist das Feld der Strangwicklung V folgenden Wert auf:

$$B_{\mathrm{EV}}^{(1)}\left(p\alpha, \frac{2\pi}{3}\right) = B_{\mathrm{Em}}^{(1)} \cos\left(p\alpha - \frac{2\pi}{3}\right).$$

  In dem gleichen Augenblick erreicht das magnetische Drehfeld den Wert

$$B_{\mathrm{E}}^{(1)}\left(p\alpha, \frac{2\pi}{3}\right) = \frac{3}{2} B_{\mathrm{Em}}^{(1)} \cos\left(p\alpha - \frac{2\pi}{3}\right).$$

  Folglich ist die Welle des Strangfelds B_{FV} räumlich vollkommen deckungsgleich mit der Welle des Drehfeldes $B_{\mathrm{E}}^{(1)}$. Nur ihre Amplituden bleiben verschieden. Nach einem weiteren Zeitintervall $2\pi/3$, also bei $\omega t = 4\pi/3$, erreicht der Strom des W-Strangs seinen maximalen Wert:

$$\left[i_{\mathrm{W}}(\omega t)\right]_{\omega t=4\pi/3} = i_{\mathrm{Wmax}} = I\sqrt{2}\,.$$

  Auch diesmal wird sich das magnetische Drehfeld dem lokalen Feld des W-Strangs vollkommen überlagern.

- Die Drehrichtung des magnetischen Drehfelds stimmt mit der Richtung der Strangfolge am Ständer-Innenumfang (Bild 5.18-a) überein. Die Winkelgeschwindigkeit des Drehfelds ist $\Omega = \Delta\alpha/\Delta t = \omega/p > 0$.

  Die Drehung des Drehfelds $B_{\mathrm{E}}^{(1)}$ findet im Sinne der Zunahme der allgemeiner Raumkoordinate α statt (Bild 5.19). Der Winkel α wird bei der Strangfolge U1-V1-W1 als positiv angenommen.

- *Um den Drehsinn des Drehfelds umzukehren, muß die Strangfolge geändert werden.* Dies läßt sich durch den Tausch von zwei der drei Zuleitungen des Speisenetzes zu den Strangwicklungen erreichen.

  Verfolgt man auch die anderen räumlichen Oberwellen des resultierenden Felds, bemerkt man, daß die Oberwellen ν. Ordnung des Drehfelds die Summe der Strang-Oberwellen der gleichen Ordnung sind:

$$B_{\mathrm{E}}^{(\nu)} = B_{\mathrm{EU}}^{(\nu)} + B_{\mathrm{EV}}^{(\nu)} + B_{\mathrm{EW}}^{(\nu)},$$

wobei

$$\begin{cases} B_{\mathrm{EU}}^{(\nu)}(p\alpha,t) = B_{\mathrm{Em}}^{(\nu)} \cos\omega t \, \cos\nu p\alpha, \\ B_{\mathrm{EV}}^{(\nu)}(p\alpha,t) = B_{\mathrm{Em}}^{(\nu)}\left[\cos\left(\omega t - \frac{2\pi}{3}\right)\cos\left(\nu p\alpha - \nu\frac{2\pi}{3}\right)\right], \\ B_{\mathrm{EW}}^{(\nu)}(p\alpha,t) = B_{\mathrm{Em}}^{(\nu)}\left[\cos\left(\omega t - \frac{4\pi}{3}\right)\cos\left(\nu p\alpha - \nu\frac{4\pi}{3}\right)\right], \end{cases}$$

bzw.

$$\begin{cases} B_{\mathrm{EU}}^{(\nu)}(p\alpha,t) = \frac{1}{2} B_{\mathrm{Em}}^{(\nu)}\left[\cos(\omega t - \nu\, p\alpha) + \cos(\omega t + \nu\, p\alpha)\right], \\ B_{\mathrm{EV}}^{(\nu)}(p\alpha,t) = \frac{1}{2} B_{\mathrm{Em}}^{(\nu)}\left[\cos\left(\omega t - \nu\, p\alpha + (\nu-1)\frac{2\pi}{3}\right) + \cos\left(\omega t + \nu\, p\alpha - (\nu+1)\frac{2\pi}{3}\right)\right], \\ B_{\mathrm{EW}}^{(\nu)}(p\alpha,t) = \frac{1}{2} B_{\mathrm{Em}}^{(\nu)}\left[\cos\left(\omega t - \nu\, p\alpha + (\nu-1)\frac{4\pi}{3}\right) + \cos\left(\omega t + \nu\, p\alpha - (\nu+1)\frac{4\pi}{3}\right)\right]. \end{cases}$$

Durch Summieren erhält man die ν. Oberwelle des Drehfelds:

$$B_{\mathrm{E}}^{(\nu)}(p\alpha,t) = \frac{1}{2} B_{\mathrm{Em}}^{(\nu)}\left[\cos(\omega t - \nu\, p\alpha) + \cos\left(\omega t + \nu\, p\alpha - (\nu+1)\frac{4\pi}{3}\right)\right] +$$
$$+ \cos\left(\omega t - \nu\, p\alpha + (\nu-1)\frac{4\pi}{3}\right) + \cos(\omega t + \nu\, p\alpha) +$$
$$+ \cos\left(\omega t + \nu\, p\alpha - (\nu+1)\frac{2\pi}{3}\right) + \cos\left(\omega t - \nu\, p\alpha - (\nu-1)\frac{2\pi}{3}\right).$$

- Für die *Oberwellen 7., 13, 19. Ordnung* usw., generell für $\nu = 6k + 1$, wird der Ausdruck der resultierenden Oberwelle ν. Ordnung des Drehfelds:

$$B_{\mathrm{E}}^{(\nu)}(p\alpha,t) = \frac{3}{2} B_{\mathrm{Em}}^{(\nu)} \cos(\omega t - \nu\, p\alpha).$$

  Somit haben die resultierenden Oberwellen 7, 13, 19,... Drehfelder mit dem gleichen Drehsinn wie die Grundwelle. Die Winkelgeschwindigkeit dieser Oberwellen ist:

$$\Omega^{(\nu)} = \frac{\omega}{\nu\, p}.$$

  Die Amplituden der Oberwellen sind umgekehrt proportional zu ihrer Ordnung.

- Für die *Oberwellen 3., 9., 15. Ordnung* usw., im allgemeinen für $\nu = 6k + 3$, ist das resultierende Feld Null. Dies ist in der Praxis sehr wichtig.

  In den dreisträngigen Maschinen enthält das resultierende Drehfeld keine 3. Oberwelle, die wichtigste als Größe nach der Grundwelle im Strangfeld.
  Gleichfalls verschwinden auch die Wellen 9., 15. usw. Die räumliche Verlaufskurve der resultierenden Felder zu einem bestimmten Zeitpunkt ist deswegen eher sinusförmig als der Feldverlauf einer Strangwicklung.

- Für die *Oberwellen 5., 11., 16. Ordnung* usw., generell für $\nu = 6k + 5$, hat das resultierende Feld den Ausdruck:

  $$B_{\mathrm{E}}^{(\nu)}(p\alpha, t) = \frac{3}{2} B_{\mathrm{Em}}^{(\nu)} \cos(\omega t + \nu\, p\alpha).$$

  Dadurch sind die Felder der Oberwellen 5, 11, 17,... *Drehfelder*, aber *gegenläufig* (man vergleiche die zwei Ausdrücke in denen $\cos(\omega t - \nu p\alpha)$ und $\cos(\omega t + \nu p\alpha)$ ist). Die Winkelgeschwindigkeit dieser Oberwellen ist:

  $$\Omega^{(\nu)} = \frac{\omega}{\nu\, p}.$$

- *Man bemerkt, daß diese Oberwellen des resultierenden Felds sich mit kleinerer Drehzahl als die Grundwelle drehen, und zwar ist die Drehzahl um so kleiner, je größer die Ordnung der Oberwelle ist.*

Im Folgenden soll nur auf die Grundwelle des resultierenden Drehfelds betrachtet werden.

- *Von besonderem Interesse ist noch eine Eigenschaft der magnetischen Felder in der Wechselstrommaschine: ein zeitlich und räumlich sinusförmiges Wechselfeld läßt sich in zwei Drehfelder gegenläufiger Richtung zerlegen. Diese zwei Drehfelder weisen die selbe Drehzahl und die selbe Amplitude auf. Diese ist gleich der Hälfte der Amplitude des ursprünglichen sinusförmigen Wechselfeldes.*

  Diese Eigenschaft wurde bereits oben, mit Hilfe der trigonometrischer Umformung, angewendet:

  $$B_{\mathrm{EU}}^{(1)}(p\alpha, t) = B_{\mathrm{Em}}^{(1)} \cos\omega t \cos p\alpha =$$

  $$= \frac{1}{2} B_{\mathrm{Em}}^{(1)} \cos(\omega t - p\alpha) + \frac{1}{2} B_{\mathrm{Em}}^{(1)} \cos(\omega t + p\alpha)$$

Anmerkung 1: Die gezeigten Ergebnisse können leicht für ν-Strangwicklungen, die von einem ν -Strangstromsystem bestromt sind, verallgemeinert werden. Das resultierende Grundwellenfeld ist ein Drehfeld, das alle Eigenschaften aufweist, die im Fall $\nu = 3$ analysiert wurden.

Anmerkung 2: Die Winkelgeschwindigkeit Ω des Drehfelds wird gegenüber dem Drehstrom-Wicklungssystem gemessen, *unabhängig davon, ob sich dieses Wicklungssystem dreht oder nicht.* Dies ist sehr wichtig für diejenigen Drehfelder, die von *dreiphasigen Läufer-Wicklungssystemen* erzeugt werden.

Anmerkung 3: Um Drehfelder mit höherer Drehzahl als 3000 min^{-1} zu erzeugen, ist es notwendig, die Frequenz f des Speisenetzes zu erhöhen. Es gibt Maschinen, die bei 100 oder 400 Hz oder sogar noch höheren Frequenzen arbeiten. Dies sind z.B. die Hilfsantriebe an Bord von Flugzeugen und die modernen Pumpenantriebe mit Umrichtern usw.

5.2.3 Spannungsinduktion durch die Drehfelder

Zur Vereinfachung betrachtet man noch einmal eine einphasige ungesehnte Wicklung mit $2p$ Polen und einer Nut pro Pol (Bild 5.20).

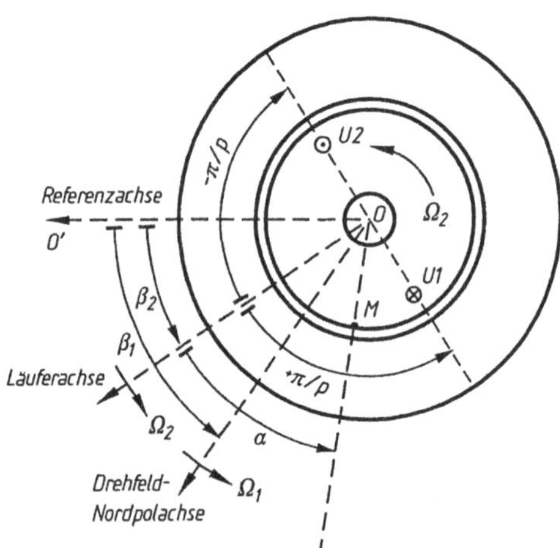

Bild 5.20
Einphasige ungesehnte einschichtige Läuferwicklung ($2p$ Pole, 1 Nut pro Pol)

Man setzt voraus, daß sich die Wicklung diesmal auf dem Läufer einer Drehstrommaschine befindet. Die einschichtige Wicklung hat also p in Reihe geschaltete Spulen, jede der Weite $y = \tau = \pi/p$. Es sei $w = pN_q$ die Gesamtwindungszahl der Wicklung, die in einem Nutenpaar untergebracht ist (mit N_q als Leiterzahl).

Dieser Läufer befindet sich im Bereich eines vom Ständer erzeugten Drehfelds (z.B. mit Hilfe eines Drehstrom-Wicklungssystems gleicher Zahl von 2 p Polen, wie auch die Wechselstromwicklung). Dieses Induktionsdrehfeld dreht sich in einem bestimmten Drehsinn mit der Winkelgeschwindigkeit Ω_1 in Verhältnis zu einer Bezugsachse $\overline{OO'}$ (Bild 5.20). Man nimmt an, daß auch der Läufer mit einer konstanten Winkelgeschwindigkeit Ω_2 läuft – bei gleicher Bezugsachse und in gleicher Drehrichtung wie das Induktionsdrehfeld. Es sei β_1 der Winkel zu der Achse eines Nordpols des Drehfelds im Zeitpunkt t. Man erhält:

$$\beta_1 = \Omega_1 t + \beta_{10} .$$

Wählt man den Ursprung der Zeitachse entsprechend (gerade so, daß in ihm die betrachtete Nordpolachse mit der Bezugsachse $\overline{OO'}$ zusammenfällt), wird β_1 zu:

$$\beta_1 = \Omega_1 t .$$

Es sei β_2 der Winkel – zum gleichen Zeitpunkt t – zwischen der Symmetrieachse der Strangwicklung U des Läufers und derselben Bezugsachse,

$$\beta_2 = \Omega_2 t + \beta_{20} .$$

Auch diesmal kann man bei $t = 0$ angemessene Bedingungen wählen. Um die Berechnung zu vereinfachen, setzt man voraus, daß $\beta_{20} = 0$. Also:

$$\beta_2 = \Omega_2 t . \tag{5.11}$$

Es sei α die Winkelkoordinate eines beliebigen Punktes M am Läuferaußenumfang in bezug auf die Läuferachse (Bild 5-20). Unter diesen Bedingungen ist der analytische Ausdruck der magnetischen Flußdichte im Punkt α und im Augenblick t:

$$B_{\mathrm{E}}(p\alpha, t) = B_{\mathrm{Em}} \cos p[\alpha - (\beta_1 - \beta_2)]$$

da der geometrische Winkel zwischen der Nordpolachse des Drehfelds und der M-Punktachse $\alpha-(\beta_1-\beta_2)$ beträgt. Der elektrische Winkel wird p-mal größer sein ($p>1$). Die räumliche Verteilung des Drehfelds im Verhältnis zu der Achse eines Nordpols zum Zeitpunkt t, wird eine Cosinuskurve sein. Man hat nur die Grundwelle des Erregerfelds berücksichtigt. Der Fluß des Drehfelds über eine einzige Windung der Läuferwicklung (Bild 5.20) ist

$$\phi = \int_{-\pi/2p}^{+\pi/2p} B_{\mathrm{E}}\, \mathrm{d}A = L R B_{\mathrm{Em}} \int_{-\pi/2p}^{+\pi/2p} \cos p[\alpha - (\beta_1 - \beta_2)] \mathrm{d}\alpha,$$

wobei die Integrationsgrenzen für eine Windung in bezug auf seine Symmetrieachse leicht auszurechnen sind, da die Windung den Bogen π/p am Läuferaußenumfang bedeckt. Man bezeichnet mit L die axiale Länge der Maschine und mit R den Läuferradius. Wird das Integral berechnet, so gilt unter Berücksichtigung der Gl. (5.10) und (5.11):

$$\phi = \frac{2}{p} L R B_{\mathrm{Em}} \cos p(\Omega_1 - \Omega_2)t = \Phi_{\mathrm{Em}} \cos p(\Omega_1 - \Omega_2)t, \qquad (5.12)$$

mit

$$\Phi_{\mathrm{Em}} = \frac{2}{p} L R B_{\mathrm{Em}} = \frac{2}{\pi} L \tau B_{\mathrm{Em}}. \qquad (5.13)$$

Φ_{Em} stellt den Fluß eines Drehfeldpols dar. Dieser Fluß ist zeitlich nach einem Sinusgesetz veränderlich und hat die Kreisfrequenz

$$\omega_2 = p(\Omega_1 - \Omega_2). \qquad (5.14)$$

Die Kreisfrequenz ω_2 hängt von der Polpaarzahl p der Maschine und der relativen Winkelgeschwindigkeit $\Omega_1 - \Omega_2$ des Erregerfelds in Verhältnis zum Läufer ab.

Je größer die Polzahl und die relative Winkelgeschwindigkeit des magnetischen Drehfelds sind, desto höher wird die Frequenz des Flusses.

Dieser Fluß durchdringt alle N_{q} Drähte, die das gleiche Nutenpaar belegen, und auch die berücksichtigte Windung. Gleichzeitig besitzen alle Windungen dieser Wicklung im einem bestimmten Augenblick t die gleiche Lage im magnetischen Drehfeld, da diese Wicklung wie auch das Drehfeld voraussetzungsgemäß die gleiche Polpaarzahl haben. Der verkettete Fluß für alle w Windungen der Wicklung lautet:

$$\Psi = w\phi = w\Phi_{\mathrm{Em}} \cos p(\Omega_1 - \Omega_2)t = w\Phi_{\mathrm{Em}} \cos \omega_2 t.$$

Dem Induktionsgesetz gemäß, wird in den Windungen der berücksichtigten Wicklung eine Spannung induziert:

$$e = -\frac{\mathrm{d}\Psi}{\mathrm{d}t} = \omega_2 w \Phi_{\mathrm{Em}} \cos\left(\omega_2 t - \frac{\pi}{2}\right). \qquad (5.15)$$

Diese Spannung eilt um $\pi/2$ dem Induktionsfluß nach. Ihr Effektivwert ist:

$$E = \frac{2\pi}{\sqrt{2}} f_2 w \Phi_{Em} \tag{5.16}$$

und ihre Frequenz:

$$f_2 = \frac{\omega_2}{2\pi} = \frac{p(\Omega_1 - \Omega_2)}{2\pi} .$$

Man bemerkt eine Reihe vom Ähnlichkeiten zwischen diesen Ausdrücken und denen des Transformators. Beim Studium der Drehstrommaschine werden diese Ähnlichkeiten wichtig.

Man setzt weiterhin voraus, daß die Wechselstromwicklung mehrere Nuten ($q > 1$) pro Pol aufweist. Die gesamte Windungszahl wird $w = p\,q\,N_q$ sein, wenn in jeder Nut N_q Drähte (*Windungsseiten*) vorhanden sind. In diesem Fall besitzt die Wicklung für jedes Polpaar q Nutenpaare, jedes um den geometrischen Winkel γ gegeneinander verschoben (Bild 5.21).

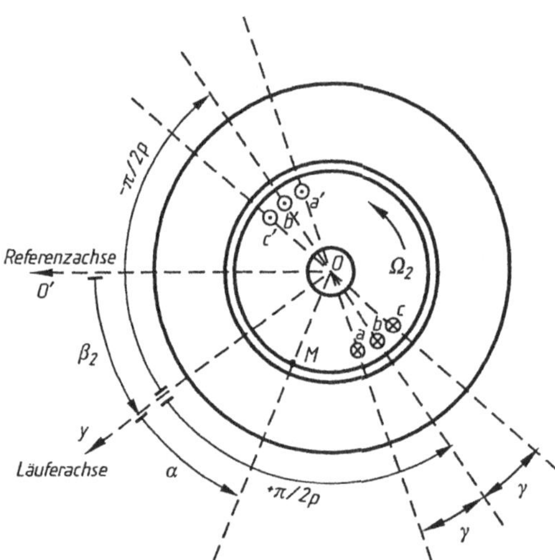

Bild 5.21
Einphasige ungesehnte einschichtige Läuferwicklung
($2p$ Pole, q Nuten pro Pol)

Man bezeichnet mit ϕ_a, ϕ_b, ϕ_c die Flüsse der Nutenpaare aa', bb', cc'. Diese Flüsse können durch Integration berechnet werden. Sie besitzen alle einen maximalen Wert Φ_{Em} und sind wiederum je um einen elektrischen Winkel $p\gamma$ verschoben. Bei der Berechnung des mit w Windungen verketteten Flusses müssen diese Phasenverschiebungen berücksichtigt werden:

$$\Psi = p(N_q\phi_a + N_q\phi_b + N_q\phi_c) = pN_q(\phi_a + \phi_b + \phi_c) .$$

Wenn als Bezugsachse die Symmetrieachse Oy des Nutenpaars bb' angenommen wird, werden die Ausdrücke der Lokalflüsse ϕ_a, ϕ_b, ϕ_c folgendermaßen aussehen:

$$\phi_a = \int_{-\pi/2p-\gamma}^{+\pi/2p-\gamma} B_E \, dA = L\,R\,B_{Em} \int_{-\pi/2p-\gamma}^{+\pi/2p-\gamma} \cos p[\alpha - (\Omega_1 - \Omega_2)t] d\alpha = \Phi_{Em} \cos(\omega_2 t + p\,\lambda) .$$

Das komplette System wird also zu:

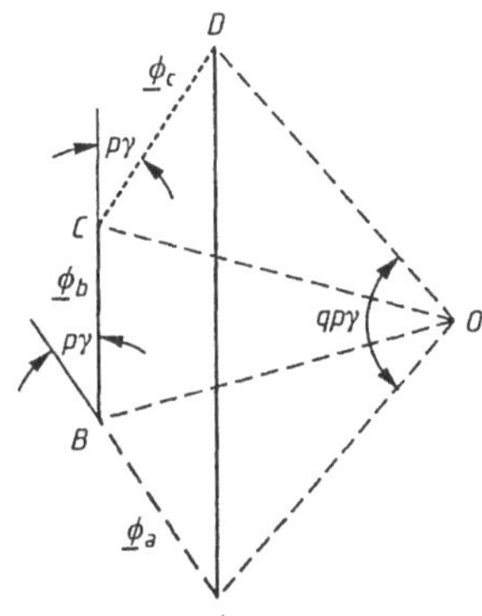

$$\phi_a = \int\limits_{-\pi/2p-\gamma}^{+\pi/2p-\gamma} B_E \, dA = \Phi_{Em} \cos(\omega_2 t + p\gamma),$$

$$\phi_b = \int\limits_{-\pi/2p}^{+\pi/2p} B_E \, dA = \Phi_{Em} \cos \omega_2 t,$$

$$\phi_c = \int\limits_{-\pi/2p+\gamma}^{+\pi/2p+\gamma} B_E \, dA = \Phi_{Em} \cos(\omega_2 t - p\gamma).$$

Bild 5.22
Zusammensetzung der Flußzeiger $\underline{\phi}_a$, $\underline{\phi}_b$, $\underline{\phi}_c$

Man bemerkt, daß die Flüsse ϕ_a, ϕ_b, ϕ_c phasenverschoben sind. Deren Summe kann berechnet werden (Zeigerdiagramm in der komplexen Ebene Bild 5.22):

$$\phi_a + \phi_b + \phi_c = q\Phi_{Em} \cos \omega_2 t \frac{\sin(q\,p\,\gamma/2)}{q \sin(p\,\gamma/2)} = q k_q^{(1)} \Phi_{Em} \cos \omega_2 t,$$

mit

$$k_q^{(1)} = \frac{\sin(q\,p\,\gamma/2)}{q \sin(p\,\gamma/2)} < 1$$

die in Abschnitt 5.2.1 als *Zonenfaktor* (für die Grundwelle, also bei $\nu = 1$) abgeleitet wird. Der mit den Windungen der berücksichtigten Wechselstromwicklung verkettete Fluß wird dann:

$$\Psi = pqN_q k_q \Phi_{Em} \cos \omega_2 t = w k_q \Phi_{Em} \cos \omega_2 t.$$

Die induzierte Spannung infolge der zeitlichen Änderung dieses Flusses ist

$$e = w k_q \omega_2 \Phi_{Em} \cos\left(\omega_2 t - \frac{\pi}{2}\right),$$

mit dem Effektivwert

$$E = \frac{2\pi}{\sqrt{2}} f_2 w k_q \Phi_{Em}.$$

Die induzierte Spannung eilt dem Fluß in bekannter Weise um $\pi/2$ (d.h. um 90°) vor. Um zu dem allgemeinen Fall zu gelangen, betrachtet man eine Wicklung *verkürzten Schrittes* ($y < \tau$). Es sei s die Sehnungsbreite. Da der Polteilung τ dem Bogen π/p entspricht, wird der geometrische Sehnungswinkel zu $\pi s/p\tau$. Da die Windungsweite kleiner ist, wird auch der Fluß durch eine Windung kleiner sein. Somit kann in diesem Fall für das Nutenpaar bb' geschrieben werden:

$$\phi_b = \int\limits_{-\pi/2p+\pi s/p\tau}^{+\pi/2p-\pi s/p\tau} B_E \, dA = L R B_{Em} \int\limits_{-\pi/2p+\pi s/p\tau}^{+\pi/2p-\pi s/p\tau} \cos p[\alpha - (\Omega_1 - \Omega_2)t] \, d\alpha =$$

$$= \Phi_{Em} \cos \frac{\pi s}{2\tau} \cos \omega_2 t = k_s \Phi_{Em} \cos \omega_2 t,$$

mit

$$k_\mathrm{s} = \cos\frac{\pi s}{2\tau} < 1 .$$

Hier ist k_s der in Abschnitt 5.2.1 abgeleitete *Sehnungsfaktor*. Im Fall der Wechselstromwicklung mit $2p$ Polen, q Nuten pro Pol und verkürztem Schritt bei einem Drehfeld der gleichen Polzahl und einer relativen Winkelgeschwindigkeit $\Omega_1 - \Omega_2 = \omega_2/p$ wird der verkettete Fluß:

$$\Psi = w\,k_\mathrm{q}\,k_\mathrm{s}\,\Phi_\mathrm{Em}\cos\omega_2 t \;=\; \Psi_\mathrm{m}\cos\omega_2 t .$$

Dabei beträgt die Amplitude:

$$\Psi_\mathrm{m} = w\,k_\mathrm{q}\,k_\mathrm{s}\,\Phi_\mathrm{Em} .$$

Die induzierte Spannung ist:

$$e = w\,k_\mathrm{q}\,k_\mathrm{s}\,\omega_2\Phi_\mathrm{Em}\cos\left(\omega_2 t - \frac{\pi}{2}\right), \tag{5.17}$$

mit dem Effektivwert

$$E = \frac{2\pi}{\sqrt{2}} f_2\, w\,k_\mathrm{q}\,k_\mathrm{s}\,\Phi_\mathrm{Em} \;=\; \frac{2\pi}{\sqrt{2}} f_2\,\Psi_\mathrm{m} , \tag{5.18}$$

und der Frequenz

$$f_2 = \frac{\omega_2}{2\pi} \;=\; p\,\frac{\Omega_1 - \Omega_2}{2\pi} .$$

Ist die Wicklung mit einer bestimmten Impedanz abgeschlossen, durchfließt ihre Windungen der Strom

$$i \;=\; I\sqrt{2}\;\cos\left(\omega_2 t - \frac{\pi}{2} - \varepsilon\right) ,$$

wobei ε der Phasenwinkel zwischen der Spannung $\underline{E}$ und dem Strom $\underline{I}$ ist. Freilich ist der Winkel ε von der Art der an den Wicklungsklemmen angeschalteten Impedanz und auch von den Wicklungsparametern (R, L) abhängig. Wenn das Erregerfeld auch Oberwellen der ν. Ordnung (wobei $\nu = 2k+1$) enthält, die sich mit der gleichem relativen Geschwindigkeit $\Omega_1 - \Omega_2$ in bezug auf den Läufer drehen, dann folgt:

$$B_\mathrm{E}^{(\nu)}(p\alpha, t) = B_\mathrm{Em}^{(\nu)}\cos\nu\,p\big[\alpha - (\Omega_1 - \Omega_2)t\big] .$$

Diese Oberwellen induzieren in die gleiche betrachtete Wechselstromwicklung Spannungs-Oberwellen des allgemeinen Ausdrucks

$$e^{(\nu)} = (-1)^k\, w\,k_\mathrm{q}^{(\nu)}k_\mathrm{s}^{(\nu)}\nu\,\omega_2\,\Phi_\mathrm{Em}^{(\nu)}\cos\left(\omega t - \frac{\pi}{2}\right),$$

mit

$$\left\{\begin{aligned} \Phi_\mathrm{Em}^{(\nu)} &= \frac{2}{\pi\nu} L\tau\Phi_\mathrm{Em}^{(\nu)} , \\ k_\mathrm{q}^{(\nu)} &= \frac{\sin(\nu\, q\, p\,\gamma/2)}{q\sin(\nu\, p\,\gamma/2)} , \\ k_\mathrm{s}^{(\nu)} &= \cos\frac{\nu\pi s}{2\tau} . \end{aligned}\right. \tag{5.18-a}$$

Die Existenz solcher Drehfelder ν. Ordnung, die sich mit der gleichen Geschwindigkeit wie die Grundwelle drehen – was in manchen Maschinen vorkommen kann – führt zu einer resultierenden, nichtsinusförmigen induzierten Spannung. Glücklicherweise können die Oberwellen der induzierten Spannung durch die Verteilung der induzierten Wicklung auf mehrere Nuten pro Pol und durch die Verwendung des verkürzten Schritts gedämpft werden. Es ist hervorzuheben, daß durch den Einsatz der Wicklungen mit $q > 1$ und $y < \tau$, zwei günstige Ergebnisse erzielt werden konnten:

- *Drehfelder*, deren räumliche Verteilung sich einer Sinuskurve nähert bzw.
- *induzierte Spannungen* deren zeitlicher Verlauf sich einer Sinuskurve nähert.

Die folgenden Betrachtungen beziehen sich zur Vereinfachung nur auf die Grundwellen. Es interessiert die *induzierte Spannung einer Drehstromwicklung*. Man betrachtet eine solche Drehstromwicklung mit $2p$ Polen, die aus drei identischen Wechselstromwicklungen besteht, jede um $2\pi/3p$ symmetrisch auf den Läuferumfang verteilt.

- Wenn als Bezugsachse die Symmetrieachse einer Strangspule (z.B. *Strang K*) angenommen wird, dann ist der zu diesem Strang verkettete Fluß

$$\Psi_K = w k_q k_s \Phi_{Em} \cos\omega_2 t \,.$$

- Für den *Strang L* weist der verkettete Fluß die gleiche Amplitude auf, ist aber zeitlich phasenverschoben, da die Strangwicklung L räumlich gegenüber der Strangwicklung K um den geometrischen Winkel $2\pi/3p$ verschoben ist:

$$\Psi_L = w k_q k_s \Phi_{Em} \cos\left(\omega_2 t - \frac{2\pi}{3}\right).$$

- Für den *Strang M*, um den geometrischen Winkel $4\pi/3p$ in Verhältnis zum Strang K verschoben, gilt der verkettete Fluß

$$\Psi_M = w k_q k_s \Phi_{Em} \cos\left(\omega_2 t - \frac{4\pi}{3}\right).$$

Die drei verketteten Strangflüsse bilden ein symmetrisches Drehstromsystem. Ähnlich werden die in jeden Strang induzierten Spannungen

$$\left\{\begin{aligned} e_K &= U\sqrt{2}\cos\left(\omega_2 t - \frac{\pi}{2}\right), \\ e_L &= U\sqrt{2}\cos\left(\omega_2 t - \frac{\pi}{2} - \frac{2\pi}{3}\right), \\ e_M &= U\sqrt{2}\cos\left(\omega_2 t - \frac{\pi}{2} - \frac{4\pi}{3}\right), \end{aligned}\right.$$

auch ein symmetrisches Drehstromsystem bilden. Die zeitliche Folge der induzierten Strangspannungen wird vom Drehsinn des Erregerfelds gegenüber dem Läufer bestimmt. Wenn die – in Stern oder Dreieck geschaltete – Wicklung an einen symmetrischen Drehstromverbraucher angeschlossen ist, werden die drei Strangströme zu:

$$\begin{cases} i_K = I\sqrt{2}\cos\left(\omega_2 t - \dfrac{\pi}{2} - \varepsilon\right), \\ i_L = I\sqrt{2}\cos\left(\omega_2 t - \dfrac{\pi}{2} - \varepsilon - \dfrac{2\pi}{3}\right), \\ i_M = I\sqrt{2}\cos\left(\omega_2 t - \dfrac{\pi}{2} - \varepsilon - \dfrac{4\pi}{3}\right), \end{cases}$$

und bilden wiederum ein symmetrisches dreiphasiges System.

5.2.4 Das elektromagnetische Drehmoment der Drehstrommaschine

Um das Drehmoment der Maschine zu berechnen, berücksichtigt man einen Läufer, der eine Drehstromwicklung hat und mit einer Winkelgeschwindigkeit Ω_2 im gleichen Drehsinn wie auch das von der Ständerwicklung erzeugte Erregerfeld läuft.

In Verhältnis zur selben Bezugsachse ist die Winkelgeschwindigkeit des Drehfelds Ω_1. Der mit den w Windungen der K-Läuferstrangwicklung verkettete Fluß (Abschnitt 5.2.3) ist:

$$\Psi_K = w k_q k_s \Phi_{Em} \cos p(\beta_1 - \beta_2) = w k_q k_s \Phi_{Em} \cos p(\Omega_1 - \Omega_2) t .$$

Der Strangstrom, der die Windungen durchfließt, beträgt:

$$i_K = I\sqrt{2}\cos\left[p(\Omega_1 - \Omega_2)t - \frac{\pi}{2} - \varepsilon\right].$$

Die Energie der induzierten Strangwicklung K im Erregerfeld wird:

$$W_K = i_K \Psi_K .$$

Das von der Wicklung K entwickelte elektromagnetische Drehmoment berechnet man mit Hilfe des Satzes der generalisierten (*Lagrangeschen*) Kräfte. Die generalisierte Koordinate ist der Winkel β_2, der zu einem gegebenen Zeitpunkt die Läuferposition gegenüber der Bezugsachse bestimmt (Bild 5.20). Somit:

$$M_K = \left(\frac{\partial W_K}{\partial \beta_2}\right)_{i_k = \text{konst.}}$$

oder, von W_K ausgehend:

$$M_K = p w k_q k_s \Phi_{Em} I\sqrt{2} \sin p(\beta_1 - \beta_2) \cos\left[p(\Omega_1 - \Omega_2)t - \frac{\pi}{2} - \varepsilon\right].$$

Da $p(\beta_1 - \beta_2) = p(\Omega_1 - \Omega_2)t$, ergibt sich:

$$M_K = \frac{1}{2} p w k_q k_s \Phi_{Em} I\sqrt{2} \left\{\sin\left(\frac{\pi}{2} + \varepsilon\right) + \sin\left[2p(\Omega_1 - \Omega_2)t - \frac{\pi}{2} - \varepsilon\right]\right\}.$$

Man bemerkt, daß dieses Drehmoment, das die Wicklung K im Läufer entwickelt hat, ein pulsierendes Drehmoment ist: einer zeitlich konstanten Komponente ist eine zeitliche Sinuskomponente doppelter Frequenz als die des Stromes überlagert. In gleicher Weise leitet man die Berechnung des Drehmoments für die anderen zwei Stränge ab. Die Strangmomente sind:

$$\begin{cases} M_K = \frac{1}{2} pw k_q k_s \Phi_{Em} I \sqrt{2} \left\{ \sin\left(\frac{\pi}{2} + \varepsilon\right) + \sin\left[2p(\Omega_1 - \Omega_2)t - \frac{\pi}{2} - \varepsilon\right]\right\}, \\ M_L = \frac{1}{2} pw k_q k_s \Phi_{Em} I \sqrt{2} \left\{ \sin\left(\frac{\pi}{2} + \varepsilon\right) + \sin\left[2p(\Omega_1 - \Omega_2)t - \frac{\pi}{2} - \varepsilon - \frac{4\pi}{3}\right]\right\}, \\ M_K = \frac{1}{2} pw k_q k_s \Phi_{Em} I \sqrt{2} \left\{ \sin\left(\frac{\pi}{2} + \varepsilon\right) + \sin\left[2p(\Omega_1 - \Omega_2)t - \frac{\pi}{2} - \varepsilon - \frac{8\pi}{3}\right]\right\}. \end{cases}$$

Das elektromagnetische, auf dem Läufer ausgeübte Gesamtdrehmoment wird

$$M = M_K + M_L + M_M = \frac{3}{2} pw k_q k_s \Phi_{Em} I \sqrt{2} \sin\left(\frac{\pi}{2} + \varepsilon\right), \tag{5.19}$$

da die Summe der Sinuskomponenten Null ist. Weil der Phasenwinkel zwischen den Zeigern $\underline{I}$ und $\underline{\Psi}(\pi/2 + \varepsilon)$ ist, darf man schreiben:

$$\left(\frac{\pi}{2} + \varepsilon\right) = \sphericalangle(\underline{I}, \underline{\Psi}).$$

Andererseits ist $\Psi_m = w k_q k_s \Phi_{Em}$ und $I_m = I\sqrt{2}$, so daß:

$$M = \frac{3}{2} p \Psi_m I_m \sin(\underline{I}, \underline{\Psi}). \tag{5.19-a}$$

Benutzt man weiter die Beziehung des Effektivwerts der induzierten Strangspannung:

$$E = \frac{2\pi}{\sqrt{2}} f_2 w k_q k_s \Phi_{Em} = \frac{1}{\sqrt{2}} p(\Omega_1 - \Omega_2) \Psi_m \tag{5.18}$$

mit $f_2 = p(\Omega_1 - \Omega_2)$, wird der Ausdruck des elektromagnetischen Drehmoments eine neue Form annehmen, und zwar:

$$M = \frac{3\,E\,I\cos(\underline{I}, \underline{E})}{\Omega_1 - \Omega_2} = \frac{3\,E\,I\cos\varepsilon}{\Omega_1 - \Omega_2}, \tag{5.19-b}$$

mit

$$\varepsilon = \sphericalangle(\underline{I}, \underline{E}).$$

Man bemerkt, daß, wenn der Läufer stillsteht oder sich mit konstanter Winkelgeschwindigkeit ($\Omega_2 =$ konst.) dreht und die Maschine im stationären Betrieb arbeitet ($E =$ konst., $I =$ konst., $\Omega_1 =$ konst.), das entwickelte Drehmoment ist zeitlich auch konstant.

- *Ist dieses Moment positiv, besitzt es dieselbe Drehrichtung wie das Erregerfeld. Ist es negativ, wirkt es in entgegengesetzter Richtung.*

Anmerkung: Aufgrund des Wechselwirkungsgesetzes (3. Newtonsches Gesetz) wird auf den Ständer der Maschine ein im Betrag gleiches Drehmoment negativen Vorzeichens ausgeübt:

$$M' = -M.$$

Der Ständer einer Maschine muß festgeschraubt werden.

5.3 Das magnetische Rückwirkungsfeld

Im Folgenden betrachtet man eine Maschine, deren Ständer $2p$ Pole und eine Winkelgeschwindigkeit Ω_1 gegenüber einer Bezugsachse aufweist. Sie erzeugt ein magnetisches Erregerfeld. Der Läufer besitzt eine symmetrische Drehstromwicklung und läuft – seinerseits mit der Winkelgeschwindigkeit Ω_2 gegenüber der gleichen Bezugsachse – in Drehrichtung des Drehfelds um. In den Strangwicklungen des Läufers werden symmetrische Spannungen induziert. Ist die Gleichung des Erregerfelds in Verhältnis zum Läufer (Abschnitt 5.2.2.):

$$B_E(p\alpha,t) = B_{Em}\cos[p\alpha - p(\Omega_1 - \Omega_2)t],$$

besitzen die in die Stränge K, L, M induzierte Spannungen folgende Werte:

$$\begin{cases} e_K = E\sqrt{2}\cos\left[p(\Omega_1 - \Omega_2)t - \dfrac{\pi}{2}\right], \\ e_L = E\sqrt{2}\cos\left[p(\Omega_1 - \Omega_2)t - \dfrac{\pi}{2} - \dfrac{2\pi}{3}\right], \\ e_M = E\sqrt{2}\cos\left[p(\Omega_1 - \Omega_2)t - \dfrac{\pi}{2} - \dfrac{4\pi}{3}\right]. \end{cases}$$

Man setzt voraus, daß die Strangwicklungen symmetrisch und in Stern oder Dreieck geschaltet sind. Die drei Strangströme

$$\begin{cases} i_K = I\sqrt{2}\cos\left[p(\Omega_1 - \Omega_2)t - \dfrac{\pi}{2} - \varepsilon\right], \\ i_L = I\sqrt{2}\cos\left[p(\Omega_1 - \Omega_2)t - \dfrac{\pi}{2} - \varepsilon - \dfrac{2\pi}{3}\right], \\ i_M = I\sqrt{2}\cos\left[p(\Omega_1 - \Omega_2)t - \dfrac{\pi}{2} - \varepsilon - \dfrac{4\pi}{3}\right], \end{cases}$$

bilden ein symmetrisches Drehstromsystem. Die Phasenfolge der Stränge K, L, M am Umfang des Läufers stimmt mit dem Drehsinn des Erregerfelds überein. Das raumsymmetrische Drehstrom-Wicklungssystem, das von einem ebenso zeitsymmetrischen Drehstrom-Stromsystem durchflossen wird, erzeugt ein Rückwirkungsfeld B_A, dessen Ausdruck in Abschnitt 5.2.2. hergeleitet wird. Die relative Winkelgeschwindigkeit dieses Drehfelds gegenüber dem Läufer ist $\Omega_1 - \Omega_2$, gegenüber der stillstehenden Bezugsachse Ω_1. Folglich ist das Rückwirkungsfeld, in Verhältnis zum Läufer:

$$B_A(p\alpha,t) = B_{Am}\cos\left[p\alpha - p(\Omega_1 - \Omega_2)t + \frac{\pi}{2} + \varepsilon\right].$$

Wenn die relative Winkelgeschwindigkeit des Erregerfelds in bezug auf den Läufer $\Omega_1 - \Omega_2$ ist, wird die Winkelgeschwindigkeit des Rückwirkungsfelds in Verhältnis zum Läufer auch $\Omega_1 - \Omega_2$ sein. Folglich weisen sowohl das Erregerfeld als auch das Rückwirkungsfeld die gleiche Winkelgeschwindigkeit in Verhältnis zum Läufer auf.

Die Drehrichtung des Rückwirkungsfelds stimmt mit der Drehrichtung des Erregerfelds überein. Die Phasenfolge der Läuferstränge hängt von der relativen Drehrichtung des Erregerfelds ab, und die Drehrichtung des Rückwirkungsfelds stimmt mit dem Sinn der Läuferstränge überein. Das Rückwirkungsfeld ist dem Erregerfeld um den Winkel $(\pi/2+\varepsilon)$ nacheilend, wie auch der Strom i aus einer Strangwicklung in Verhältnis zum Erregerfluß Φ_E der entsprechenden Strangwicklung (Bild 5.23-a). Die relative Stellung zwischen den zwei Drehfeldern ist eine Funktion von ε, hängt also von der Art der Außenimpedanz und den Parametern (Widerstand, Induktivität) der induzierten Drehstromwicklung ab.

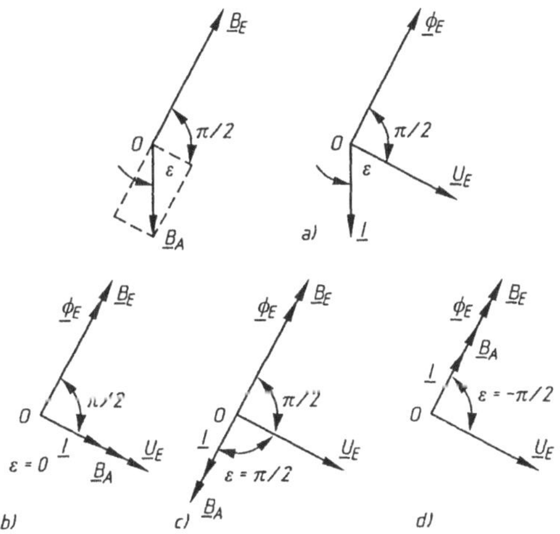

Bild 5.23
Zusammensetzung des Erregerfelds und Rückwirkungsfelds für verschiedene ε-Werte

- Ist $\varepsilon = 0$, d.h. sind der Strom i und die entsprechende Quellenspannung u_E phasengleich, dann sind die beide Drehfelder querverschoben: *die Pole des Rückwirkungsfelds befinden sich gerade zwischen den Polen des Erregerfelds* (Bild 5.23-b). Eine solche Rückwirkung des Läufers wird *Querrückwirkung* genannt (vgl. die Analogie zur Läuferrückwirkung bei der Gleichstrommaschine).

- Ist $\varepsilon = \pi/2$, d.h. der Strom i eilt um $\pi/2$ der Quellenpannung u_E nach, *dann sind die zwei Felder gegenphasig: die Nordpole eines Felds liegen den Südpolen des anderen Felds gegenüber.* In dieser Lage hat das Rückwirkungsfeld eine entgegengesetzte Wirkung gegenüber dem Erregerfeld. Eine solche Wirkung wird *entmagnetisierende Längsrückwirkung* genannt (Bild 5.23-c).

- Ist $\varepsilon = -\pi/2$, d.h. der Strom i eilt um $\pi/2$ der Quellenpannung u_E vor, *dann sind die zwei Felder vollkommen phasengleich: die gleichnamigen Pole beider Felder decken sich, und das Rückwirkungsfeld verstärkt das Erregerfeld.* Eine solche Wirkung wird *magnetisierende Längsrückwirkung* genannt (Bild 5.23-d).

  Selbstverständlich setzen sich die zwei Drehfelder zu einem resultierenden Drehfeld zusammen, dem *einzigen, das wirklich in der Maschine existiert.*

Zur Untersuchung verschiedener Drehstrommaschinen werden noch andere Einzelheiten in Verbindung mit der Rückwirkung des Läufers benötigt und erklärt.

5.4 Stationäre und dynamische Arbeitszustände

Die Drehstromasynchronmaschine kann in drei Betriebsarten stabil arbeiten:

- *Motorbetrieb*: Die Maschine wandelt die von einem Drehstromnetz zugeführte elektrische Leistung in mechanische Leistung um, die an die Welle einer Arbeitsmaschine abgegeben wird (*elektro-mechanische Umwandlung*).
- *Generatorbetrieb*: Die Maschine wandelt die mechanische Leistung, die ihr an der Welle von einem Antriebsmotor zugeführt wird, in elektrische Leistung um, die an einen Drehstromverbraucher geliefert wird (*mechano-elektrische Umwandlung*).
- *Bremsbetrieb*: Die elektrische Maschine bekommt gleichzeitig mechanische Leistung an der Welle von der bisher angetriebenen Arbeitsmaschine (z.B. als kinetische Energie gespeichert) und elektrische Leistung über die Ständerklemmen vom Drehstromnetz. *Sie formt die beiden Leistungen in Wärme um und entwickelt gleichzeitig ein zur Bremsung der antreibenden Arbeitsmaschine notwendiges Bremsmoment.*

Im Folgenden werden kurz das Arbeitsprinzip der Drehstromasynchronmaschine in diesen Betriebsarten erläutert und die dazugehörige Leistungsbilanz vorgelegt. Danach werden die Betriebsgleichungen hergeleitet.

5.4.1 Motorbetrieb

Angenommen, die Ständerdrehstromwicklung der Maschine ist an ein Drehstromnetz geschaltet. Die drei Strangwicklungen des Ständers sind von symmetrischen Sinusströmen der Kreisfrequenz ω_1 durchflossen. Sie erzeugen ein Erregerfeld, das sich in Ständer-Strangfolge mit der Winkelgeschwindigkeit Ω_1 dreht (siehe Gl. 5.9):

$$\Omega_1 = \frac{\omega_1}{p}$$

mit p = Polpaarzahl der Maschine.

Dieses Drehfeld wird in die Läufer-Drehstromwicklung, die vorläufig im Stillstand betrachtet wird ($\Omega_2 = 0$), ein symmetrisches Drehspannungssystem von drei Strangspannungen induzieren (siehe Abschnitt 5.2.3). Die Kreisfrequenz dieser Spannungen wird (siehe Gl. 5.14)

$$\omega_2 = p(\Omega_1 - \Omega_2) = p\Omega_1 = \omega_1 ,$$

da die Läufer-Strangwicklung die gleiche Polzahl wie die des Ständers hat. Die Läufer-Strangwicklungen sind kurzgeschlossen. Die induzierten Spannungen erzeugen drei Strangströme, die ihrerseits ein symmetrisches Drehstromsystem der Kreisfrequenz ω_2 bilden. Die Strangfolge am Läuferumfang wird vom Drehsinn des Ständerdrehfelds (Erregerfeld) bestimmt und stimmt mit ihm überein.

Da sich der Läufer mit seinen von Strömen durchflossenen Strangwicklungen im Ständerdrehfeld befindet, wirkt auf ihn ein elektromagnetisches Drehmoment M gemäß seiner Strangfolge (also in Richtung des Ständerdrehfelds). Ist dieses Drehmoment groß genug, um das Lastmoment an der Welle zu überwinden, setzt sich der Läufer in Richtung des Ständerdrehfelds in Bewegung. Die Läuferbeschleunigung dauert an, solange das von der Asynchronmaschine entwickelte Drehmoment größer als das Lastmoment ist.

Man setzt weiter voraus, daß der Läufer sich bei konstanter Winkelgeschwindigkeit Ω_2 dreht und daß $\Omega_2 < \Omega_1$. Diesmal wird die relative Winkelgeschwindigkeit des Ständerdrehfelds gegenüber dem Läufer $\Omega_1 - \Omega_2$ sein, und die Kreisfrequenz ω_2 der induzierten Spannung und der Läuferströme ändert sich zu:

$$\omega_2 = p(\Omega_1 - \Omega_2) < \omega_1 \,. \tag{5.20}$$

Berücksichtigt man die einheitenlose Größe „*Schlupf*", definiert durch

$$s = \frac{\Omega_1 - \Omega_2}{\Omega_1}, \tag{5.21}$$

bemerkt man, daß die Kreisfrequenz der Läuferströme nur den s. Bruchteil der Frequenz der Ständerströme darstellt

$$\omega_2 = s\,\omega_1 \tag{5.20-a}$$

wenn die Asynchronmaschine läuft.

Das Rückwirkungsfeld des Läufers wird die gleiche Geschwindigkeit gegenüber dem Läufer aufweisen wie auch das Erregerfeld. Die zwei Felder werden zu einem resultierenden Drehfeld zusammengesetzt, das seinerseits die gleiche Winkelgeschwindigkeit $\Omega_1 - \Omega_2$ gegenüber dem Läufer aufweist. Unter dem Einfluß dieses resultierenden Drehfelds wird in einem Läuferstrang eine Spannung $E_{\mu 2}$ induziert.

Es sei I_2 der Läuferstrom. In diesem Fall beträgt das elektromagnetische Drehmoment, das auf den Läufer ausgeübt wird, gemäß Gl. (5.19-b):

$$M = \frac{3\,E_{\mu 2}\,I_2 \cos(\underline{I}_2, \underline{E}_{\mu 2})}{\Omega_1 - \Omega_2} \,.$$

Der obige Zähler hat eine bestimmte Bedeutung: da die Läufer-Strangwicklungen kurzgeschlossen sind, sind die Strangklemmenspannungen Null, und der Zähler stellt gerade die Jouleschen Verluste P_{J2} (oder die Kupferverluste P_{Cu2}) in den Strangwicklungswiderständen des Läufers dar. Folglich:

$$\mathrm{M} = \frac{P_{J2}}{\Omega_1 - \Omega_2} = \frac{P_{J2}}{s\,\Omega_1}, \tag{5.22}$$

bzw.:

$$P_{J2} = sM\Omega_1 = M(\Omega_1 - \Omega_2) \,. \tag{5.23}$$

Im stationären Betrieb gibt es folgende Beziehung zwischen dem vom Motor entwickelten elektromagnetischen Drehmoment M, dem Lastmoment M_L (der angetriebenen Arbeitsmaschine AM – siehe Bild 5.24-a), dem Läuferreibungsmoment M_m und dem den Läufereisenverlusten entsprechenden Moment M_{Fe2}:

$$M - M_L - M_m - M_{Fe2} = J\frac{\mathrm{d}\Omega_2}{\mathrm{d}t} = 0 \,.$$

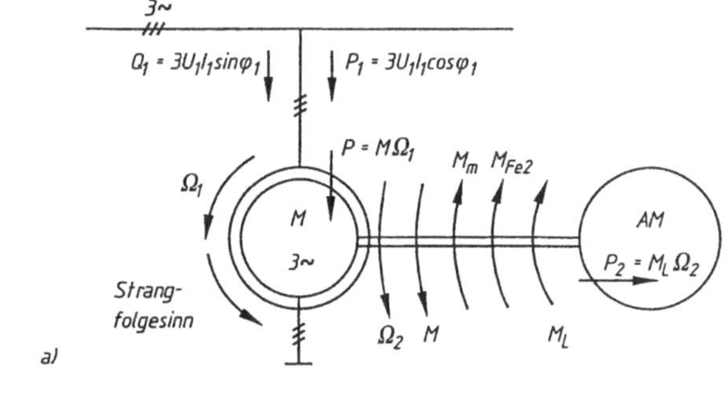

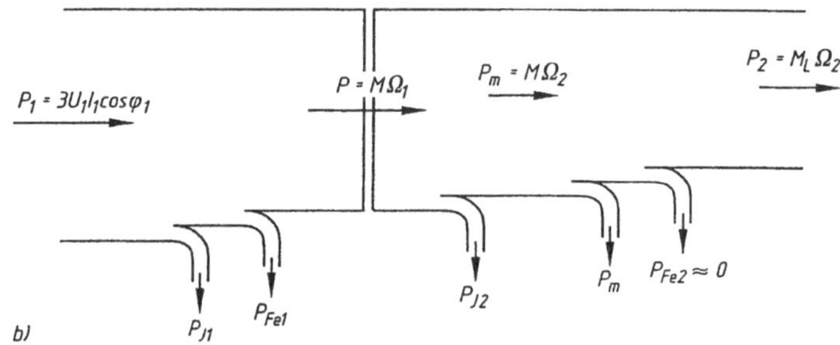

Bild 5.24
Stationärer Betrieb eines Drehstrom-Asynchronmotors:
a) Leistungen und Drehmomente,
b) Wirkleistungsbilanz

Multipliziert man in dieser Gleichung alle Terme mit Ω_2, erhält man eine Beziehung zwischen den mechanischen Leistungen:

$$P_M = P_2 + P_m + P_{Fe2}\,, \tag{5.24}$$

mit:

P_M	=	$M\Omega_2$	Gesamte, vom Motor entwickelte mechanische Leistung
P_2	=	$M_L\Omega_2$	mechanische Nutzleistung der Belastung (der angetriebenen Arbeitsmaschine AM)
P_m	=	$M_m\Omega_2$	durch Reibungen erzeugte mechanische Verluste
P_{Fe2}	=	$M_{Fe2}\Omega_2$	entsprechende Leistung der Läufereisenverluste

Die gesamte von der Maschine aufgenommene Leistung P ist folglich:

$$P = P_M + P_{J2} = P_2 + P_m + P_{Fe2} + P_{J2}\,.$$

Diese Leistung P wird dem Läufer vom Ständer über das elektromagnetische Luftspaltfeld übertragen. Man nennt diese Größe P *elektromagnetische* oder *innere Leistung*. Aufgrund der Gl. (5.23) und (5.24) gilt:

$$P = P_M + P_{J2} = M\Omega_2 + M(\Omega_1 - \Omega_2) = M\Omega_1\,. \tag{5.25}$$

In der Theorie der Asynchronmaschine ist diese Beziehung besonders wichtig. Die elektromagnetische Leistung P, die dem Läufer vom Ständer zugeführt wird, wird vom Speisenetz geliefert. Wenn:

$P_1 = 3U_1 I_1 \cos\varphi_1$ *Primäre, ständerseitig zugeführte Wirkleistung, aus dem Speisenetz übernommen*

mit: U_1 *Effektivwert der Ständer-Strangspannung*

I_1 *Effektivwert des Ständer-Strangstroms*

$\cos\varphi_1$ *Leistungsfaktor des Motors*

$P_{J1} = 3R_1 I_1^2$ *primäre, ständerseitige Jouleschen Verluste*

P_{Fe1} *primäre, ständerseitige Eisenverluste*

sind, dann erhält man folgenden Gleichung:

$$P = P_1 - P_{J1} - P_{Fe1}\,.$$

Die Asynchronmaschine nimmt somit im Motorbetrieb die elektrische Leistung vom Speisenetz auf und verwandelt sie, mittels des elektromagnetischen Felds, in mechanische Leistung, die weiterhin an die Welle der angetriebenen Arbeitsmaschine (Drehmaschine, Kran, Pumpe usw.) abgegeben wird. Die Leistungsbilanz des Asynchronmotors ist in Bild 5.24-b dargestellt.

Die Winkelgeschwindigkeit Ω_2 des Läufers kann die Winkelgeschwindigkeit Ω_1 des Ständerdrehfelds, *synchrone Winkelgeschwindigkeit* genannt, nicht erreichen oder überschreiten. Wenn der Läufer im Stillstand ist, wird er beim Anlauf beschleunigt, und seine Winkelgeschwindigkeit wächst stetig. Hätte der Läufer in diesem dynamischen Vorgang – hypothetisch – die synchrone Winkelgeschwindigkeit erreicht ($\Omega_2 = \Omega_1$), wären die induzierten Spannungen in den Strangwicklungen Null.

Als Folge wären die Läufer-Strangströme Null, d.h. daß auch das elektromagnetische Drehmoment Null wäre.

Bei Wegfall des Drehmoments beginnt der Läufer zu bremsen, statt weiter zu beschleunigen. Somit kann die Asynchronmaschine im normalen Motorbetrieb die synchrone Winkelgeschwindigkeit Ω_1 nicht erreichen. Aus diesem Grund wird dieser Maschinentyp auch-*Asynchronmaschine* genannt.

Die Asynchronmaschine arbeitet folglich im Motorbetrieb bei *theoretischen Winkelgeschwindigkeiten* des Läufers zwischen $\Omega_{20}^* = \Omega_1$ (*idealer Leerlauf* mit dem Schlupf $s_0^* = 0$) und $\Omega_{2K} = \Omega_{2A} = 0$ [Stillstand bzw. *Kurzschlußzustand* (K), *Anlaßzustand* (A), mit dem Anlaßschlupf $s_A = 1$].

Im normalen Betrieb als Motor ist die Winkelgeschwindigkeit Ω_2 des Läufers sehr nahe der synchronen Winkelgeschwindigkeit Ω_1. Dies geht aus den Gl. (5.23) bis (5.25) hervor. Da

$$P_{J2} = sP\,,$$

$$P_M = (1-s)P\,,$$

betragen die Jouleschen Verluste den s. Bruchteil der elektromagnetischen Wirkleistung P, die vom Ständer dem Läufer zugeführt wird, während die gesamte mechanische Leistung den $(1-s)$ Teil der Leistung P darstellt. Da der Motor, um einen hohen Wirkungsgrad zu erreichen, relativ kleine Joulesche Verluste gegenüber der Nennleistung aufweisen muß, ist auch der Schlupf s relativ klein. Gewöhnlich liegt der Schlupf bei Nennbelastung (s_N) je nach Leistung der Maschine zwischen 0,01 und 0,15.

Jetzt wird der physikalische Sinn des Begriffs „Schlupf“ klarer: er unterstreicht die Tatsache, daß der Asynchronläufer das Drehfeld nicht erreichen kann und im Motorbetrieb immer nacheilend bleibt.

Anmerkung 1: Falls die Ständerfrequenz $f_1 = 50$ Hz, dann geht aus Gl. (5.20-a) hervor, daß die Läuferfrequenz im Nennbetrieb $f_{2N} = s_N f_1 = (0{,}01$ bis $0{,}15) \times 50 = (0{,}5$ bis $7{,}5)$ Hz ist. Bei solchen Werten der Frequenz sind die Eisenverluste praktisch Null ($P_{Fe2} \approx 0$).

Anmerkung 2: Von der Blindleistungsbilanz aus gesehen ist der Asynchronmotor ein Ohmsch-induktiver Verbraucher (Ständer- und Läufer-Wicklungssystemen mit elektrischem Widerstand und Induktivität). Der Motor entnimmt dem Netz eine relativ große Blindleistung, um mit ihr das magnetische Erregerfeld der Maschine zu erzeugen.

- *Der Leistungsfaktor (Verschiebungsfaktor) $\cos\varphi_1$ des Motors ist deswegen immer Ohmsch-induktiv.*

5.4.2 Der Generatorbetrieb

Um diese Betriebsart zu verstehen, setzt man voraus, daß der Ständer der Drehstrom-Asynchronmaschine an ein Drehstromnetz geschaltet ist (Bild 5.25-a) und daß der Läufer der Maschine von einem Antriebsmotor PM (Dieselmotor, hydraulische Turbine, Windturbine, Gleichstrommotor) angetrieben wird (bei einer Winkelgeschwindigkeit $\Omega_2 > \Omega_1$).

Der Drehsinn des Läufers stimmt mit dem des Ständerdrehfelds überein.

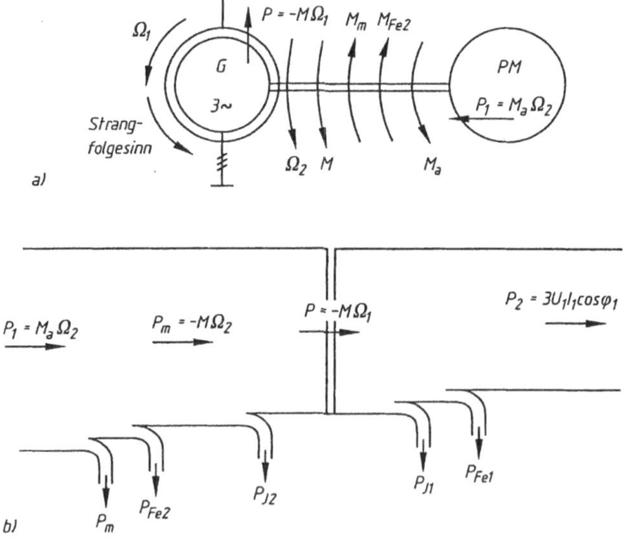

Bild 5.25
Stationärer Betrieb eines Drehstrom-Asynchrongenerators:
a) Leistungen und Drehmomente,
b) Wirkleistungsbilanz

Im vorherigen Abschnitt wurde gezeigt, daß im Motorbetrieb die Drehzahl Ω_2 kleiner als die synchrone Winkelgeschwindigkeit Ω_1 sein muß. Um die Maschine zu zwingen, bei einer Winkelgeschwindigkeit $\Omega_2 > \Omega_1$ zu laufen, ist ein Antriebsmotor nötig, der in der Lage ist, selbst Winkelgeschwindigkeiten größer als Ω_1 zu laufen. Damit kann er ein Drehmoment M_a im selben Drehsinn wie Ω_2 (Bild 5.25-a) entwickeln bzw. eine mechanische Leistung $P_1 = M_a\Omega_2$ an die Asynchronmaschine abgeben.

Der Schlupf der hier betrachteten Asynchronmaschine ist in diesem Fall negativ:

$$s = \frac{\Omega_1 - \Omega_2}{\Omega_1} < 0 .$$

Auf den Läufer der Asynchronmaschine wirken außer dem Drehmoment M_a des Antriebsmotors AM das Reibungsmoment M_m, das den Läufereisenverlusten P_{Fe2} entsprechende Moment M_{Fe2} und das elektromagnetische Moment M. Dieses Moment, dessen positiver Sinn mit dem Motorbetrieb übereinstimmt, ist:

$$M = \frac{3E_{\mu 2}\, I_2 \cos(\underline{I}_2, \underline{E}_{\mu 2})}{\Omega_1 - \Omega_2} . \tag{5.26}$$

Da der Läufer der betrachteten Asynchronmaschine kurzgeschlossen ist, stellt der Zähler die Joulesche Verluste P_{J2} des Läufers dar. Weil der Nenner negativ ist, muß auch das elektromagnetische Moment negativ sein:

$$M = \frac{P_{J2}}{\Omega_1 - \Omega_2} = \frac{P_{J2}}{s\,\Omega_1} < 0 ,$$

d.h. *es gibt ein Bremsmoment.* Die Maschine läuft als Generator, sie ist ein *mechanischer Verbraucher*, und ihr eigenes Moment ist nicht mehr ein *aktives Drehmoment*, sondern ein *Lastmoment.* Um die Leistungsbilanz festzustellen, betrachtet man die Bewegungsgleichung bei einer Winkelgeschwindigkeit Ω_2 = konst. (stationärer Betrieb):

$$M_a = -M + M_m + M_{Fe2} .$$

Durch Multiplikation aller Terme mit der Geschwindigkeit Ω_2 erhält man eine Beziehung zwischen den verschiedenen mechanischen Leistungen und Verlusten:

$$P_1 = P_M + P_m + P_{Fe2},$$

mit:

$P_1 = M_a \Omega_2$	mechanische Leistung, die der Asynchronmaschine an der Welle vom primären Antriebsmotor PM abgegeben wird,
$P_m = M_m \Omega_2$	vom Läufer durch mechanische Reibungen verlorene Leistung,
$P_{Fe2} = M_{Fe2} \Omega_2$	im Läufereisen durch Hysterese und Wirbelströme verlorene Leistung,
$P_M = -M\,\Omega_2$	verfügbare mechanische Leistung im Läufer.

Die Leistung P_M kann in zwei Komponenten zerlegt werden:

$$P_M = -M\,\Omega_2 = M(\Omega_1 - \Omega_2) - M\,\Omega_1 = P_{J2} + P .$$

- Die erste Komponente $M(\Omega_1 - \Omega_2) = P_{J2}$ stellt die *Jouleschen Verluste im Läufer* dar. Folglich verwandelt sich ein Teil der mechanischen Leistung P_M in elektrische Leistung P_{J2}.
- Die andere Komponente $P = -M\,\Omega_1$ wird *elektromagnetische Wirkleistung* genannt und stellt auch eine elektrische Leistung dar, die durch das sich im Luftspalt befindende elektromagnetische Feld vom Läufer zum Ständer übertragen wird.

Gl. (5.18) berücksichtigend, bekommt man:

$$E_{\mu 2} = \frac{2\pi}{\sqrt{2}} f_2\, w\, k_{q2}\, k_{s2}\, \Phi_{\mu m} = \frac{p}{\sqrt{2}} (\Omega_1 - \Omega_2)\, w_2\, k_{q2}\, k_{s2}\, \Phi_{\mu m}$$

und somit:

$$P_M = -M\,\Omega_1 = \frac{3p}{\sqrt{2}}\, w_2\, k_{q2}\, k_{s2}\, \Omega_1\, I_2\, \Phi_{\mu m} \cos(\underline{I}_2, \underline{E}_{\mu 2})\,.$$

Folglich besitzt die *elektromagnetische Leistung P* zwei Seiten:

- eine, die ihre *mechanische Natur*, als ein Teil der mechanischen Leistung P_M hervorhebt und
- eine zweite, die ihre *elektrische Natur* durch I_2 und $\Phi_{\mu m}$ nachweist.

Im Motorbetrieb besitzen sowohl das elektromagnetische Drehmoment M als auch die synchrone Winkelgeschwindigkeit Ω_1 den gleichen Drehsinn. Die elektromagnetische Leistung P wird vom Ständer zum Läufer durch das sich im Luftspalt befindende elektromagnetische Feld übertragen. Im Generatorbetrieb sind das Moment M und die Winkelgeschwindigkeit Ω_1 gegeneinander gerichtet.

Die Leistung P entspricht diesmal einer Energieübertragung vom Läufer zum Ständer. Die verfügbare mechanische Leistung P_M der Maschine wird in elektrische Leistung umgewandelt, von der ein Teil die Joulesche Verluste P_{J2} des Läufers deckt. Der andere Teil P wird an den Ständer abgegeben.

Die vom Ständer aufgenommene Leistung P deckt wiederum die eigenen Joulesche (Wicklungs-) Verluste P_{J1} und die Eisenverluste P_{Fe1} im Ständerblechpaket. Der Hauptanteil, der übrig bleibt, die Leistung P_2, wird dem Drehstromnetz zugeführt:

$$P = P_{J1} + P_{Fe1} + P_2\,,$$

$$P_2 = 3U_1 I_1 \cos\varphi\,,$$

mit: U_1 Ständer-Strangspannung, die vom bedienten Netz vorgeschrieben ist,

I_1 Ständerstrom, der von der Maschine ans Netz geliefert wird,

φ_1 Phasenverschiebungswinkel zwischen den Zeigern $\underline{U}_1$ und $\underline{I}_1$.

Da die Wirkleistung P_2 von der Asynchronmaschine erzeugt und vom Netz aufgenommen wird, geht hervor, daß $(\pi/2) < \varphi_1 < \pi$. Der Strom $\underline{I}_2$ weist also eine Wirkkomponente gegenphasig zu $\underline{U}_1$ auf. Die Wirkleistungsbilanz ist in Bild 5.25-b dargestellt. Sie entspricht, definitionsgemäß dem Generatorbetrieb.

- *Die Asynchronmaschine im Generatorbetrieb nimmt ihre zur Erregung (Magnetisierung des Eisenkerns) notwendige Blindleistung aus demselben Stromnetz auf, an das sie selbst die Wirkleistung abgibt.*
- *Somit ist, im Verhalten zu diesem Netz, der Asynchrongenerator „nur" ein Wirkleistungsgenerator und gleichzeitig ein induktiver Verbraucher von Blindleistung. Da $(\pi/2) < \varphi_1 < \pi$ ist, ergeben sich die Leistungen:*

$P_2 = 3U_1 I_1 \cos\varphi_1 < 0$ *Negative Wirkleistung, die von der Maschine ans Netz übertragen wird,*

$Q_2 = 3U_1 I_1 \sin\varphi_1 > 0$ *Positive Blindleistung, die Blindleistung eines induktiven Verbrauchers.*

Wenn das Netz diese Blindleistung, die für die Magnetisierung der Maschine benötigt wird, nicht liefern kann, kann der Asynchrongenerator auch nicht arbeiten. In dem elektrischen Netz, an dem der Asynchrongenerator arbeiten soll, muß es außer den gewöhnlichen Wirkleistungsverbrauchern (Motoren, Lampen, Öfen usw.) entweder Kondensatorenbatterien oder übererregte Drehstromgeneratoren geben, die fähig sind, die für den Asynchrongenerator notwendige Blindleistung zu liefern.

Da die meisten Verbraucher Ohmsch-induktiv sind, kann der Asynchrongenerator nicht allein arbeiten und hat deswegen keine große Verwendung.

Bei negativen Werten des Schlupfs ($s < 0$) befindet sich die Asynchronmaschine im Generatorbetrieb (übersynchronen Bremsbetrieb).

Anmerkung 1: Der Drehstrom-Asynchrongenerator findet eine interessante Anwendung in den Kleinwasserkraftwerken. In diesem Fall gibt er seine elektrische Wirkleistung in das örtliche Drehstromnetz ab, das wiederum an die mit Synchrongeneratoren ausgestatteten Elektrizitätsversorgungsunternehmen angeschlossen ist, die die Blindleistung liefern. Der Asynchrongenerator ist robust und preiswert.

Anmerkung 2: Der Schlupf s des Drehstrom-Asynchrongenerators ist im Betrag relativ klein (gleicher Begründung wie beim Motorbetrieb). Folglich gilt auch hier $s_N = 0{,}01$ bis $0{,}15$ (bzw. auch hier $P_{Fe2} \approx 0$).

5.4.3 Bremsbetrieb

Die Asynchronmaschine kann ebenso wie die Gleichstrommaschine im elektrischen Bremsbetrieb arbeiten. Sie bekommt sowohl elektrische Leistung vom Netz als auch mechanische Leistung an der Welle von einer Arbeitsmaschine, die gebremst werden muß. Durch den Jouleschen Effekt im Läuferkreis wird diese Leistung, zeitabhängig, in Wärme umgewandelt.

Man betrachtet eine Drehstrom-Asynchronmaschine, die ständerseitig an ein Drehstromnetz geschaltet ist. Sie kann von einer Arbeitsmaschine AM (z.B. einem Kran) gezwungen werden, bei einer gewissen Drehzahl mit entgegengesetzter Motordrehrichtung (d.h. gegen das Ständerdrehfeld, Bild 5.26-a) zu laufen.

In diesem Fall muß die Winkelgeschwindigkeit Ω_2 als negativ betrachtet werden, und es ergibt sich einen Schlupf größer als Eins:

$$s = \frac{\Omega_1 + \Omega_2}{\Omega_1} > 1.$$

Das von der Asynchronmaschine in diesem Betrieb entwickelte elektromagnetische Moment weist den gleichen Drehsinn auf wie das Ständerdrehfeld (wie auch im Motorbetrieb). Diesmal aber ist das Moment M kein aktives Drehmoment mehr, sondern ein Lastmoment, dem Läufer-Drehsinn entgegengesetzt (Bild 5.26-a):

$$M = \frac{3 E_{\mu 2} I_2 \cos(\underline{I}_2, \underline{E}_{\mu 2})}{\Omega_1 + \Omega_2} = \frac{P_{J2}}{\Omega_1 + \Omega_2} = \frac{P_{J2}}{s \Omega_1} > 0.$$

Die Bewegungsgleichung bei stationären Betrieb ($\Omega_2 = \text{konst.}$) wird:

$$M_a = M + M_m + M_{Fe2},$$

wobei M_a das Drehmoment bezeichnet, das von der Arbeitsmaschine AM entwickelt wurde. Dieses Moment zwingt die Asynchronmaschine, sich im Gegensinn zur Motordrehrichtung (von der Ständer-Strangfolge definiert) zu drehen. Multipliziert man auch hier jeder Term der

Momentengleichung mit der Winkelgeschwindigkeit Ω_2, erhält man eine mechanische Leistungsgleichung:

$$P_2 = P_\mathrm{M} + P_\mathrm{m} + P_\mathrm{Fe2}\,,$$

wobei $P_2 = M_\mathrm{a}\Omega_2$ die mechanische Leistung darstellt, die an die Welle der Asynchronmaschine von der Arbeitsmaschine abgegeben wird. Die Terme P_m und P_Fe2 behalten die bekannten physikalischen Bedeutungen. Die übriggebliebene mechanische Leistung

$$P_\mathrm{M} = M\,\Omega_2\,,$$

ist die dem Läufer der Asynchronmaschine zugeführte Leistung. Sie wird in eine elektrische Leistung umgewandelt, wie aus der folgenden Gleichung hervorgeht:

$$P_\mathrm{M} = M\,\Omega_2 = M\,(\Omega_1 + \Omega_2) - M\,\Omega_1 = P_\mathrm{J2} - P\,,$$

bzw.

$$P_\mathrm{M} + P = P_\mathrm{J2}\,.$$

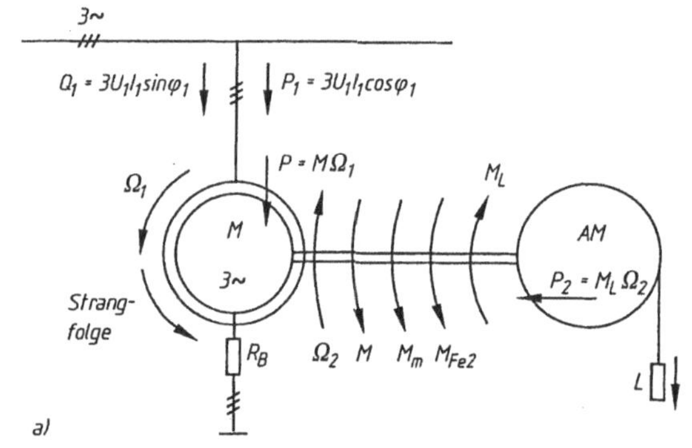

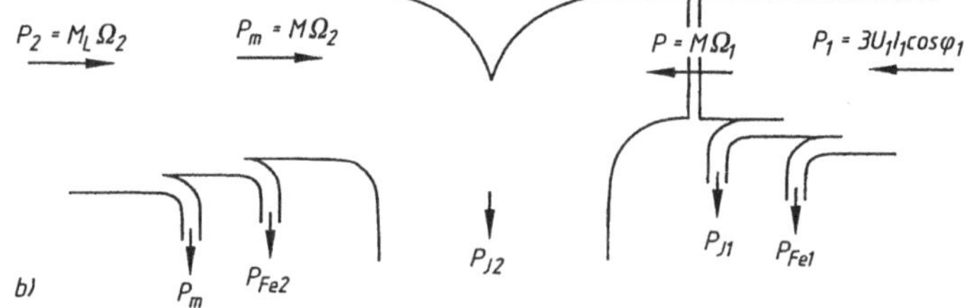

Bild 5.26
Stationärer Bremsbetrieb einer Drehstrom-Asynchronmaschine:
a) Leistungen und Drehmomente,
b) Wirkleistungsbilanz

Die Jouleschen Verluste des Läufers werden demnach von zwei Seiten her erzeugt:

- *erstens:* durch die mechanische Leistung P_M, die von der Arbeitsmaschine an die Welle geliefert und welche – über das im Luftspalt befindliche elektromagnetische Feld $\underline{B}$ – in elektrische Leistung im Läufer umgewandelt wird;
- *zweitens:* durch die elektromagnetische Leistung $P = M\Omega_1$, die vom Ständer herkommt und die – über dasselbe im Luftspalt befindliche elektromagnetische Feld $\underline{B}$ – in den Läufer übertragen wird. Diese elektromagnetische Leistung P entspricht einem elektromagnetischen Moment M gleichen Drehsinns wie im Motorbetrieb und synchroner Winkelge-

schwindigkeit Ω_1 bei ständerseitiger Strangfolge. Somit überträgt sich diese Leistung P, wie beim Betrieb als Asynchronmotor, vom Ständer zum Läufer.

Die elektromagnetische Leistung P stammt vom elektrischen Netz, an dem der Ständer angeschlossen ist. Es gilt:

$$P = P_1 - P_{J1} - P_{Fe1} \,,$$

wobei $P_1 = 3U_1 I_1 \cos\varphi_1$ (mit $\varphi_1 < \pi/2$) die vom Stromnetz zugeführte Wirkleistung darstellt. Die Wirkleistungsbilanz für den beschriebenen Fall ist in Bild 5.26-b dargestellt. Vom Gesichtspunkt der Blindleistung aus stellt die Drehstrom-Asynchronmaschine für das Speisenetz einen Ohmsch-induktiven Verbraucher dar. Die Drehstrom-Asynchronmaschine läuft beim Schlupf $s > 1$ als (elektrische) Bremse.

Anmerkung 1: Da im Bremsbetrieb die Joulesche Verluste des Läufers $P_{J2} = 3R_2 I_2^2$ sehr groß sind (siehe die Beziehung $P_{J2} = P_M + P$), folgt, daß auch der Läufer-Strangstrom I_2 große Werte erreichen kann. Um die Temperatur der Läuferwicklung zu begrenzen, ist es nötig, den Strom zu vermindern, was durch die Reihenschaltung einiger Widerstände R_B (Bild 5.26-a) in die Läuferstränge – beim Schleifringläufer – erreicht wird. In diesem Fall entstehen die Joulesche Verluste im Läuferkreis $P_J = 3(R_2 + R_B) I_2^2$ größtenteils in dem Vorwiderstand R_B, d.h. außerhalb der Maschine. Die Änderung des Strangwiderstands im Läufer ist natürlich nur bei der Asynchronmaschine mit Schleifringläufer möglich.

Bei den Asynchronmaschinen mit Käfigläufer kann der Läuferstrom nicht begrenzt werden, und der Läufer kann sehr stark erwärmt werden. In diesem Fall darf der Bremsbetrieb nur im Kurzzeitbetrieb eingesetzt werden.

Anmerkung 2: Im Bremsbetrieb ist der Schlupf größer als Eins. Dies zeigt, daß die Läufer-Stromfrequenz die Netzfrequenz überschreitet ($f_2 = sf_1$). Im üblichen Fall ist $f_1 = 50$ Hz. Bei einer größeren Läuferfrequenz können die Eisenverluste P_{Fe2} im Läufereisen nicht mehr vernachlässigt werden. Sie tragen auch zum zusätzlichen Erwärmen des Läufers und somit der Maschine im ganzen bei.

5.4.4 Gleichungen des stationären Zustandes

Um die Grundgleichungen des Asynchronmotors leichter zu erhalten, führt man einige Vereinfachungen ein:

- die Sättigung wird vernachlässigt (linearisierte Magnetisierungskennlinie),
- die Eisenfeldstärke ist praktisch Null,
- die Eisenverluste werden vernachlässigt,
- die Oberwellen der Drehfelder werden nicht berücksichtigt,
- es wird eine vollkommene konstruktive, magnetische und elektrische Symmetrie angenommen,
- die Winkelgeschwindigkeit ist konstant,
- das Drehspannungssystem der Ständerwicklung ist symmetrisch,
- es wird ein Schleifringläufer vorausgesetzt, der eine kurzgeschlossene, symmetrische Drehstromwicklung aufweist

Es sei Ω_2 die Läufergeschwindigkeit. Man betrachtet die Symmetrieachse der U-Strangwicklung als räumliche Ständerbezugsachse bzw. die Symmetrieachse der K-Strangwicklung als Läuferbezugsachse. Es sei β_2 der geometrische Winkel zwischen der Läuferbezugsachse und der Ständerbezugsachse (Bild 5.27).

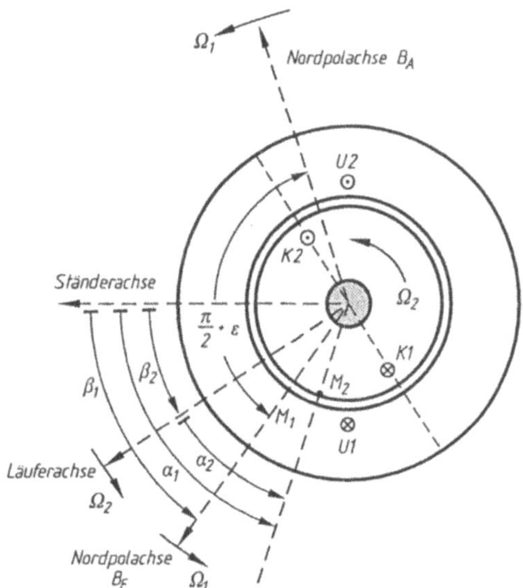

Bild 5.27
Achsen und Winkel zur Herleitung der Grundgleichungen des Drehstrom-Asynchronmotors

Mit einem günstig gewählten Zeitursprung kann man zu einem Augenblick t schreiben:

$$\beta_2 = \Omega_2 t .$$

Zum gleichen Augenblick werden die Ströme in den drei Ständer-Strangwicklungen U, V, W zu:

$$\begin{cases} i_U = I\sqrt{2}\cos(\omega_1 t) , \\ i_V = I\sqrt{2}\cos\left(\omega_1 t - \dfrac{2\pi}{3}\right) , \\ i_W = I\sqrt{2}\cos\left(\omega_1 t - \dfrac{4\pi}{3}\right) , \end{cases}$$

wobei ω_1 die Kreisfrequenz des Drehstrom-Speisenetzes darstellt. Dieses symmetrische Drehstromsystem erzeugt ein Erregerfeld B_F, das sich mit der Winkelgeschwindigkeit Ω_1 im Ständer-Strangfolgesinn (Gl. 5.9) dreht:

$$\Omega_1 = \frac{\omega_1}{p} .$$

Eine Nordpolachse dieses Feldes zeigt im Augenblick t den Winkel β_1 zur Ständer-Referenzachse U. Damit wird, wenn der ursprüngliche Augenblick $t = 0$ so gewählt wird, daß in demselben Augenblick alle drei Bezugsachsen – des Drehfelds, des U-Ständerstrangs und des K-Läuferstrangs – zusammenfallen:

$$\beta_1 = \Omega_1 t . \tag{5.28}$$

Für einen sich im Ständer befindenden Beobachter M_1, der sich an der Koordinate α_1 in bezug auf die Achse U befindet, ist die analytische Gleichung des Ständerdrehfelds:

$$B_E(\alpha_1,t) = B_{Em}\cos p(\alpha_1 - \beta_1) = B_{Em}\cos(\omega_1 t - p\alpha_1) . \tag{5.29}$$

Von der Nordpolachse aus zeigt die Feldgrundwelle eine Cosinusänderung: der Beobachter M_1 befindet sich am geometrischem Winkel $(\alpha_1 - \beta_1)$ bzw. am elektrischen Winkel $p(\alpha_1 - \beta_1)$ zur Nordpolachse. Für einen Beobachter M_2, der sich augenblicklich auf dem gleichen Radius wie auch M_1, aber diesmal im Läufer an der Koordinate α_2 zur Ursprungsachse K befindet (Bild 5.27), hat das gleiche Ständerdrehfeld die Gleichung:

$$B_{\mathrm{E}}(\alpha_2,t) = B_{\mathrm{Em}} \cos p[\alpha_2 - (\beta_1 - \beta_2)] = B_{\mathrm{Em}} \cos(\omega_2 t - p\alpha_2) \tag{5.30}$$

wobei

$$\omega_2 = p(\Omega_1 - \Omega_2) = s\,\omega_1$$

die Kreisfrequenz der elektrischen Läufergrößen ist – siehe Gl. (5.20) und (5.20-a).

Vergleicht man Gl. (5.29) und (5.30) miteinander, bemerkt man eine augenscheinliche Analogie: für den im Läufer sich befindenden Beobachter M_2 gilt die gleiche Gleichung des Ständerdrehfelds wie für den Ständer-Beobachter M_1 mit dem einzigen Unterschied, daß anstatt α_1 und β_1 α_2 und β_2 eingesetzt werden. In bezug auf die Feldamplitude stellen die beiden Beobachter den gleichen Wert fest:

$$B_{\mathrm{Em}} = \frac{3\mu_0\, w_1\, k_{\mathrm{w1}}\, I_1\sqrt{2}}{\pi\, p\, \delta}\,, \tag{5.31}$$

d.h. Gl. (5.7) mit $\nu = 1$ und $k_{\mathrm{w1}} = k_{\mathrm{q}}^{(1)} k_{\mathrm{s}}^{(1)}$.

- *Die Größe k_{w1}, die sowohl den Zonenfaktor k_q wie auch den Sehnungsfaktor k_s enthält, wird Wicklungsfaktor genannt.*

Das Erregerfeld (siehe Kap. 5.3) induziert in die Läuferstränge ein symmetrisches, dreiphasiges Spannungsquellen-System und folglich auch ein symmetrisches, dreiphasiges Stromsystem:

$$\begin{cases} i_{\mathrm{K}} = I_2\sqrt{2}\cos\left(\omega_2 t - \dfrac{\pi}{2} - \varepsilon\right), \\[2ex] i_{\mathrm{L}} = I_2\sqrt{2}\cos\left(\omega_2 t - \dfrac{\pi}{2} - \varepsilon - \dfrac{2\pi}{3}\right), \\[2ex] i_{\mathrm{M}} = I_2\sqrt{2}\cos\left(\omega_2 t - \dfrac{\pi}{2} - \varepsilon - \dfrac{4\pi}{3}\right), \end{cases} \tag{5.32}$$

der Kreisfrequenz ω_2, wobei ε der Phasenverschiebungswinkel zwischen der induzierten Spanung und dem entsprechenden Strom ist. Beim Asynchronmotor ist der Winkel ε nur von den Strangwicklungsparametern bestimmt, da diese kurzgeschlossen sind. Seinerseits erzeugt das Läufer-Stromsystem ein magnetisches Rückwirkungs-Nutzdrehfeld, das für den Beobachter M_2 im Läufer folgende Form hat:

$$B_{\mathrm{A}}(\alpha_2,t) = B_{\mathrm{Am}} \cos\left(\omega_2 t - p\,\alpha_2 - \frac{\pi}{2} - \varepsilon\right)$$

und im Ständer-Strangfolgesinn mit der Winkelgeschwindigkeit $(\Omega_1 - \Omega_2)$ *gegenüber dem Läufer* und mit Ω_1 *gegenüber dem Ständer* dreht. Für den Beobachter M_1 hat das Rückwirkungs-Drehfeld, entsprechend der oben bestimmten Regel, folgende Gleichung:

$$B_A(\alpha_1,t) = B_{Am} \cos\left(\omega_1 t - p\alpha_1 - \frac{\pi}{2} - \varepsilon\right), \text{ mit} \tag{5.33}$$

$$B_{Am} = \frac{3\mu_0 \, w_2 \, k_{w2} \, I_2 \sqrt{2}}{\pi \, p \, \delta} \tag{5.34}$$

Das Rückwirkungsfeld eilt dem Erregerfeld um den elektrischen Winkel $(\pi/2) + \varepsilon$ nach (Bild 5.28-a). Für ein und denselben Beobachter, z.B. M_1, geht zum Zeitpunkt $\omega_1 t = 0$ hervor, daß $\beta_1 = \beta_2 = 0$, d.h., daß sowohl die Ständerdrehfeldachse als auch die Läuferachse augenblicklich mit der Ständerachse zusammenfallen (Bild 5.27). Die analytischen Ausdrücke der Erreger- und Rückwirkungsfelder sind dann:

$$B_E(\alpha_1,0) = B_{Em} \cos(p\alpha_1) \, ,$$

$$B_A(\alpha_1,0) = B_{Am} \cos\left(p\alpha_1 - \frac{\pi}{2} + \varepsilon\right). \tag{5.33}$$

Wie ersichtlich ist, befinden sich:

- der positiv-maximale Wert (Nordpol) des Feldes $B_E(\alpha_1,t)$ am geometrischen Winkel $\alpha_1 = 0$ gegenüber der Ständerbezugsachse ,
- der positiv-maximale Wert (Nordpol) des Feldes $B_A(\alpha_1,t)$ am geometrischen Winkel $\alpha_1 = -(\pi/2p + \varepsilon/p)$ [elektrischer Winkel $p\alpha_1 = -(\pi/2 + \varepsilon)$] gegenüber derselben Achse.

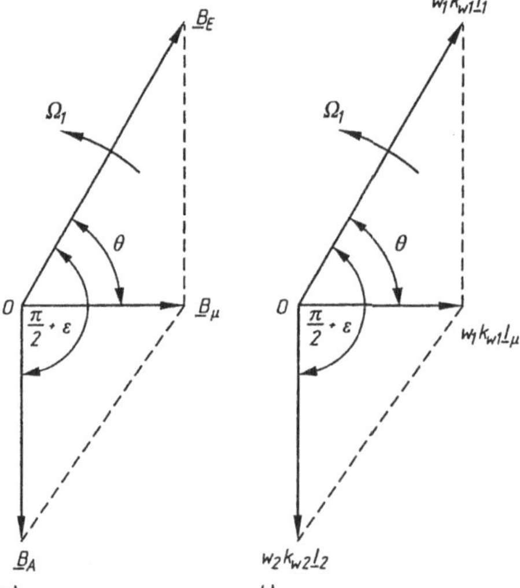

Bild 5.28
Zusammensetzung
a) der Felder und
b) der Ströme beim Drehstrom-Asynchronmotor

Die zwei Drehfelder setzen sich zu einem resultierenden Drehfeld B_μ zusammen, das für den Beobachter M_1 folgender Ausdruck hat:

$$B_\mu(\alpha_1,t) = B_E(\alpha_1, t) + B_A(\alpha_1, t) \, .$$

Addiert man beide Drehfelder mit Hilfe des Parallelogrammsatzes der Zeiger (Bild 5.28-a), ergeben sich die Amplitude $B_{\mu m}$ des resultierendes Drehfelds sowie der Lagewinkel θ gegenüber dem Erregerfeld. Der Winkel θ wird *Innenwinkel* der Maschine genannt. Der analytische Ausdruck des resultierenden Drehfeldes wird folglich:

$$B_\mu(\alpha_1,t) = B_{\mu m}\cos(\omega_1 t - p\alpha_1 - \theta).$$

Wie beim Transformator, kann man sich ein Ständerstromsystem der Kreisfrequenz ω_1 vorstellen, das *Magnetisierungs-Stromsystem* genannt wird und das ein magnetisches Grundwellen-Drehfeld mit den Merkmalen (Amplitude, Winkelgeschwindigkeit, Drehrichtung und räumliche Lage) des oben bestimmten resultierenden Drehfelds erzeugt. Diese Strang-Magnetisierungsströme sind:

$$\begin{cases} i_{\mu U} = I_\mu \sqrt{2}\cos(\omega_1 t - \theta), \\ i_{\mu V} = I_\mu \sqrt{2}\cos\left(\omega_1 t - \theta - \dfrac{2\pi}{3}\right), \\ i_{\mu W} = I_\mu \sqrt{2}\cos\left(\omega_1 t - \theta - \dfrac{4\pi}{3}\right). \end{cases}$$

Der gemeinsame Effektivwert I_μ ist an die Amplitude des resultierenden Drehfelds gebunden durch die bekannte Beziehung:

$$B_{\mu m} = \frac{3\mu_0 w_1 k_{w1} I_\mu \sqrt{2}}{\pi p \delta}. \tag{5.35}$$

Die Gl. (5.31), (5.34) und (5.35) und Bild 5.28-a zeigen, daß es zwischen den Strömen I_1, I_2 und I_μ eine Beziehung gibt. Diese Beziehung kann aber nicht ausführlich beschrieben werden, solange die Frequenzen verschiedener Ströme unterschiedlich sind: der Ständerstrom I_1 und der Magnetisierungsstrom I_μ weisen die Frequenz f_1 auf, der Läuferstrom I_2 hat eine andere Frequenz, $f_2 = sf_1$.

Das resultierende Drehfeld stellt ein Nutzfeld dar: es ist das Ergebnis einer Überlagerung der Erreger- und Rückwirkungsfelder, deren Feldlinien sowohl mit der Ständerwicklung als auch mit der Läuferwicklung verkettet sind und somit die magnetische Kopplung beider Wicklungen erzielen (wie beim Transformator). Dieses resultierende Drehfeld induziert ein Spannungssystem in die drei Ständer-Strangwicklungen. In dem Bezugsstrang U wird der Fluß $\phi_{\mu U}$ vom Feld B_μ erzeugt:

$$\phi_{\mu U} = \Phi_{\mu m}\cos(\omega_1 t - \theta).$$

Dieser erzeugt wiederum die induzierte Spannung:

$$e_{\mu U} = E_{\mu 1}\sqrt{2}\cos\left(\omega_1 t - \theta - \frac{\pi}{2}\right), \text{ mit}$$

$$\Phi_{\mu m} = \frac{2}{\pi} L\tau B_{\mu m}, \text{ bzw.}$$

$$E_{\mu 1} = \frac{2\pi}{\sqrt{2}} f_1 w_1 k_{w1} \Phi_{\mu m}. \tag{5.36}$$

Durch Vergleich der augenblicklichen Ausdrücke $e_{\mu U}$, $\phi_{\mu U}$ und $i_{\mu U}$ kommt folgende Zeigergleichung zustande:

$$\underline{E}_{\mu 1} = -\,\omega_1 w_1 k_{w1} \underline{\Phi}_\mu = -jX_\mu \underline{I}_\mu, \tag{5.37}$$

wobei die Zeiger Kreisfrequenz ω_1 bzw. Frequenz f_1 besitzen. Die Größe

$$X_\mu = \frac{12\,\mu_0\,(w_1 k_{w1})^2 f_1\,L\,\tau}{\pi\,p\,\delta} = \omega_1 L_\mu\,, \tag{5.38}$$

wird *Magnetisierungsreaktanz* genannt. L_μ ist die *Magnetisierungsinduktivität*. Dieses resultierende Drehfeld induziert ein Spannungssystem auch in die Strangwicklungen des Läufers. In dem Bezugsstrang K sind der induzierte Fluß:

$$\phi_{\mu K} = \Phi_{\mu m}\cos(\omega_2 - \theta)\,,$$

bzw. die entsprechende induzierte Spannung

$$e_{\mu K} = E_{\mu 2s}\cos\left(\omega_2 t - \theta - \frac{\pi}{2}\right),$$

wobei die Amplitude $\Phi_{\mu m}$ die gleiche wie im Ständer ist und

$$E_{\mu 2s} = \frac{2\pi}{\sqrt{2}} f_2 w_2 k_{w2} \Phi_{\mu m}\,.$$

Der Effektivwert der *induzierten resultierenden Läufer-Nutzspannung* $E_{\mu 2s}$ ist proportional zur Frequenz $f_2 = sf_1$ bzw. zum Schlupf s, so daß

$$E_{\mu 2s} = sE_{\mu 2}$$

geschrieben werden kann. Dabei hat diesmal $E_{\mu 2}$ auch die Frequenz f_1:

$$E_{\mu 2} = \frac{2\pi}{\sqrt{2}} f_1 w_2 k_{w2} \Phi_{\mu m}\,. \tag{5.39}$$

- *Die derart definierte Größe $E_{\mu 2}$ besitzt auch einen physikalischen Sinn: sie bedeutet den Effektivwert, der vom resultierenden Drehfeld B_μ induzierten Läufer-Nutzspannung beim stillstehenden Läufer ($\Omega_2 = 0$, $s = 1$ und $f_2 = sf_1 = f_1$).*

Aufgrund der Gl. (5.36) und (5.39) ergibt sich eine wichtige Beziehung:

$$\frac{E_{\mu 1}}{E_{\mu 2}} = \frac{w_1\,k_{w1}}{w_2\,k_{w2}}\,. \tag{5.40}$$

Durch Vergleich der Ausdrücke $e_{\mu K}$ und $\phi_{\mu K}$ darf folgende Zeigergleichung geschrieben werden:

$$\underline{\underline{E}}_{\mu 2s} = s\underline{\underline{E}}_{\mu 2} = -\,j\omega_2 w_2 k_{w2} \underline{\underline{\Phi}}_{\mu}\,,$$

wobei die doppelt unterstrichenen Größen Zeiger der Frequenz $f_2 = sf_1$ sind.

Weiterhin muß man die magnetische Streuung der Drehstromwicklungen berücksichtigen. Ähnlich wie bei einem Transformatorstrang erzeugt der Ständerstrang U auch ein Streufeld, dessen Feldlinien nur zu den eigenen Windungen (und nicht zu den Läuferwindungen) verkettet sind. Diese Linien schließen sich entweder (Bild 5.29):

- um die in den Nuten untergebrachten Strangleitern (senkrecht an die Nutenwände),
- über den Luftspalt der Maschine, ohne ins Läufereisen einzutreten oder über die Luft (um die Spulenköpfe).

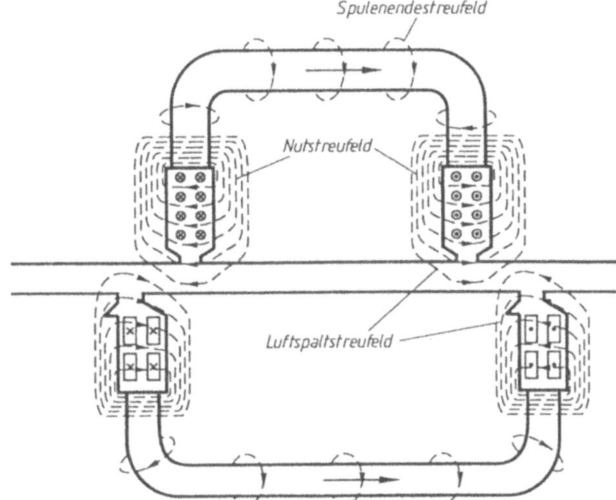

Bild 5.29
Magnetisches Streufeld

Der diesem Feld zugehörige Streufluß ist proportional und gleichphasig dem Strom. Für den Bezugsstrang U wird die von diesem Streufluß induzierte Spannung:

$$e_{\sigma 12U} = -L_{\sigma 12}\frac{\mathrm{d}i_U}{\mathrm{d}t} = \omega_1 L_{\sigma 12} I_1 \sqrt{2}\cos\left(\omega_1 t - \frac{\pi}{2}\right) = E_{\sigma 12}\sqrt{2}\cos\left(\omega_1 t - \frac{\pi}{2}\right),$$

mit:

$L_{\sigma 12}$ Streuinduktivität,

$X_{\sigma 12} = \omega_1 L_{\sigma 12}$ Streureaktanz,

$E_{\sigma 12} = X_{\sigma 12} I_1$ Effektivwert der Streu-Spannungsquelle im Ständerstrang.

Als Zeiger:

$$\underline{E}_{\sigma 12} = -jX_{\sigma 12}\underline{I}_1 .$$

Die Beträge der Zeiger $\underline{U}_{\sigma 12}$ und $\underline{I}_1$ sind von der Frequenz f_1. Im gleicher Weise werden auch die magnetischen Streuungen des Läufers gegenüber dem Ständer definiert. Die in den Bezugsstrang K induzierte Strangspannung der Kreisfrequenz $\omega_2 = s\omega_1$ beträgt:

$$e_{\sigma 21K} = -L_{\sigma 12}\frac{\mathrm{d}i_K}{\mathrm{d}t} = \omega_2 L_{\sigma 21} I_2 \sqrt{2}\cos(\omega_2 t - \pi - \varepsilon) = E_{\sigma 21}\sqrt{2}\cos(\omega_2 t - \pi - \varepsilon),$$

mit:

$E_{\sigma 21s} = \omega_2 L_{\sigma 21} I_2 = s\omega_1 L_{\sigma 21} I_2 = sX_{\sigma 21} I_2$ Effektivwert der Streu-Spannungsquelle

$X_{\sigma 21} = \omega_1 L_{\sigma 21}$ Läufer-Streureaktanz (bei Ständerkreisfrequenz ω_1 definiert)

Mit komplexen Zeigern:

$$\underline{\underline{E}}_{\sigma 21s} = -jX_{\sigma 21}\underline{\underline{I}}_2 ,$$

wobei diesmal die Zeiger die Frequenz f_2 aufweisen. Falls $\underline{U}_1$ die Strangspannung ist, dann:

$$\underline{U}_1 = R_1\underline{I}_1 + jX_{\sigma 21}\underline{I}_1 - \underline{E}_{\mu 1} , \tag{5.41}$$

wobei $R_1 \underline{I}_1$ der Ohmsche Spannungsabfall im Ständer-Strangwiderstand R_1 ist. Die Beträge aller oben angegebenen Zeiger sind von der Frequenz f_1. Da die Läufer-Drehstromwicklung kurzgeschlossen ist, ist die Strangspannung Null bzw.:

$$0 = R_2 \underline{\underline{I}}_2 + js X_{\sigma 21} \underline{\underline{I}}_2 + \underline{\underline{E}}_{\mu 2s}, \tag{5.42}$$

wobei $R_2 \underline{\underline{I}}_2$ der ohmsche Spannungsabfall über den Läufer-Strangwiderstand R_2 ist. Alle Zeiger weisen die Frequenz f_2 auf. Weil das oben angegebene Gleichungssystem – Gl. (5.41) und (5.42) – Gleichungen verschiedener Frequenzen beinhaltet, kann man kein gemeinsames Zeigerdiagramm bzw. gemeinsames Ersatzschaltbild herleiten, trotz der Analogie mit dem Gleichungssystem für die Primär- und Sekundärwicklungen des Transformators mit kurzgeschlossenem Sekundärkreis.

Es muß eine Umformung angewandt werden, um überall Zeiger gleicher Frequenz zu erhalten, ohne die energetische Bilanz des Motors zu ändern und ohne die räumliche Zusammensetzung der Felder bzw. der Ströme, die sie erzeugen, ersetzen zu müssen. Die Umformung geht von der Gleichung des elektromagnetischen Moments aus, dem Moment das mehrere gleichwertigen Formen annehmen kann:

$$M = \frac{3 E_{\mu 2s} I_2 \cos\left(\underline{\underline{I}}_2, \underline{\underline{E}}_{\mu 2}\right)}{\Omega_1 - \Omega_2} = \frac{3 s E_{\mu 2} I_2 \cos\left(\underline{\underline{I}}_2, \underline{\underline{E}}_{\mu 2}\right)}{\Omega_1 - \Omega_2} =$$

$$= \frac{3 E_{\mu 2} I_2 \cos\left(\underline{\underline{I}}_2, \underline{\underline{E}}_{\mu 2}\right)}{\Omega_1}.$$

Diesen gleichwertigen Ausdrücken entsprechend, kann der *reale Läufer* (der sich mit Ω_2 im Drehsinn des Ständerdrehfeldes dreht und in dessen Wicklungssystem Spannungen $E_{\mu 2s}$ der Frequenz f_2 induziert werden bzw. Ströme I_2 der Frequenz f_2 fließen) durch einen *fiktiven blokkierten Läufer* (bei $\Omega_2 = 0$ und Spannung $E_{\mu 2} = E_{\mu 2s}/s$ bzw. Ströme I_2 der Frequenz f_1) ersetzt werden.

Da die Spannung in diesem fiktiven Läufer $1/s$ mal wächst (damit der Effektiv Wert des Stromes gleich bleibt), muß der Läuferwiderstand im gleichen Verhältnis $1/s$ wachsen, d.h. er muß

$$\frac{R_2}{s} = R_2 + \frac{1-s}{s} R_2$$

werden. Auch die entsprechende Streureaktanz muß $X_{\sigma 21}$ an Stelle der tatsächlichen $sX_{\sigma 21}$ werden.

Indem der Widerstand und die Streureaktanz im gleichen Verhältnis wachsen, bleibt die Phasenverschiebung zwischen der Spannung und dem Strom unverändert.

Ersetzt man den realen beweglichen Läufer durch den fiktiven unbeweglichen Läufer, wird das Rückwirkungs-Drehfeld des Läufers seine Eigenschaften (vom Ständerbeobachtungsplatz M_1 her betrachtet) nicht ändern.

Im gleichwertigen stillstehenden Läufer erzeugt das Drehstromsystem desselben Effektivwert I_2, aber der Frequenz f_1, ein Drehfeld mit der Amplitude B_{Am} und der Winkelgeschwindigkeit Ω_1 gegenüber dem unbeweglichen Läufer bzw. auch gegenüber dem Ständer.

Wenn also der reale Läufer durch einen fiktiven stillstehenden Läufer ersetzt wird, ändern sich der magnetische Zustand des Ständers und des Luftspalts nicht.

Auch das vom Läufer entwickelte elektromagnetische Drehmoment M ändert sich nicht.

Auch vom energetischen Gesichtspunkt aus treten keine Veränderungen ein: die vom Ständer an den fiktiven stillstehenden Läufer übertragene elektromagnetische Leistung ($P = M\Omega_1$) bleibt unverändert.

Die Jouleschen Verluste des Läufers ändern sich wesentlich, da der Strom gleichbleibend ist, der Widerstand aber $1/s$ mal wächst. Die neuen Jouleschen Verluste sind:

$$3\frac{R_2}{s}I_2^2 = 3R_2 I_2^2 + 3R_2\frac{1-s}{s}I_2^2 = P_{J2} + P_M .$$

- *Die neuen fiktiven Jouleschen Verluste decken die Jouleschen Verluste P_{J2} im realen drehenden Läufer und die gesamte mechanische Leistung des Motors auf:*

$$P_M = (1-s)\,P = \frac{1-s}{s}P_{J2} .$$

Die energetische Bilanz des Asynchronmotors mit fiktivem stillstehenden Läufer ist also mit derjenigen der realen Maschine (Bild 5.24-b) identisch, mit dem einzigen unwesentlichen Unterschied, daß die entwickelte mechanische Leistung durch Joulesche Verluste im zusätzlichen fiktiven Läuferwiderstand $(1-s)R_2/s$ ersetzt wird.

Man bemerkt, daß der oben definierte gleichwertige Asynchronmotor (mit blockiertem, stillstehenden Läufer) mit einem Drehstromtransformator identisch ist, wobei die Ständerwicklung des Motors die Primärwicklung des Transformators bzw. die Läuferwicklung des Motors die Sekundärwicklung des Transformators darstellt. Für diesen äquivalenten Asynchronmotor können die Transformatorgleichungen angewendet werden. Für den Ständer (*Primär*) ist weiterhin die Spannungsgleichung (5.41) gültig. Für den Läufer (*Sekundär*) wird Gl. (5.42) zu:

$$0 = \frac{R_2}{s}\underline{I}_2 + jX_{\sigma 21}\underline{I}_2\,\underline{E}_{\mu 2} \qquad (5.42\text{-a})$$

wobei alle Zeiger gleiche Frequenz f_1 aufweisen. Die Einführung des gleichwertigen stillstehenden Läufers erleichtert auch die Feldzusammensetzung.

Wie vorher gezeigt wurde, ist die Amplitude B_{Em} proportional der Durchflutung $w_1 k_{w1} I_1$, B_{Am} zu $w_2 k_{w2} I_2$ und $B_{\mu m}$ zu $w_1 k_{w1} I_\mu$. Da in der gleichwertigen Maschine alle diese Zeiger $\underline{I}_1$, $\underline{I}_2$ und $\underline{I}_\mu$ gleicher Frequenz f_1 sind und untereinander genauso phasenverschoben wie die Felder $\underline{B}_E$, $\underline{B}_A$ und $\underline{B}_\mu$ räumlich verschoben sind, darf das Parallelogramm der Felder (Bild 5.28-a) durch das Parallelogramm der Ströme (Bild 5.28-b) ersetzt werden:

$$w_1 k_{w1}\underline{I}_1 + w_2 k_{w2}\underline{I}_2 = w_1 k_{w1}\underline{I}_\mu .$$

Somit ist man – mit Hilfe des fiktiven stillstehenden Läufers – zu einem gleichwertigen Transformator gelangt, welcher folgende Betriebsgleichungen aufweist:

$$\begin{cases} \underline{U}_1 = R_1\underline{I}_1 + jX_{\sigma 21}\underline{I}_1 - \underline{E}_{\mu 1} , \\ 0 = \dfrac{R_2}{s}\underline{I}_2 + jX_{\sigma 21}\underline{I}_2 - \underline{E}_{\mu 2} , \\ w_1 k_{w1}\underline{I}_1 + w_2 k_{w2}\underline{I}_2 = w_1 k_{w1}\underline{I}_\mu \\ \underline{E}_{\mu 1} = -jX_\mu \underline{I}_\mu \\ \underline{E}_{\mu 2} = \underline{E}_{\mu 1}\dfrac{w_2 k_{w2}}{w_1 k_{w1}} \end{cases} \qquad (5.43)$$

Wie beim Transformator werden auch hier die Läufergrößen umgeformt (transformiert bzw. bezogen), um zu einem Ersatzschaltbild und zu einem Zeigerdiagramm vergleichbarer Ständer- und Läufergrößen zu gelangen. Multipliziert man alle Glieder der zweiten Gleichung des Systems (5.43) mit dem Verhältnis $w_1 k_{w1}/w_2 k_{w2}$, erhält man $\underline{E}'_{\mu 2} = \underline{E}_{\mu 1}$.

Somit haben die beiden ersten zwei Gleichungen ein gemeinsames Glied $\underline{E}_{\mu 1}$, was ein Ersatzschaltbild mit zwei unabhängigen Maschen, aber mit einer gemeinsamen Seite nahelegt. Teilt man die dritte Gleichung des Systems (5.43) durch $w_1 k_{w1}$, bekommt man anstatt einer Durchflutungsgleichung eine Stromgleichung. Auf dieser Weise wird das System (5.43) zu:

$$\begin{cases} \underline{U}_1 = R_1 \underline{I}_1 + jX_{\sigma 21} \underline{I}_1 - \underline{E}_{\mu 1}, \\ 0 = \dfrac{R'_2}{s} \underline{I}'_2 + jX'_{\sigma 21} \underline{I}'_2 - \underline{E}_{\mu 1}, \\ \underline{I}_1 + \underline{I}'_2 = \underline{I}_\mu, \\ \underline{E}_{\mu 1} = -jX_\mu \underline{I}_\mu, \end{cases} \tag{5.43-a}$$

mit – ähnlich wie beim Transformator – :

$$\begin{cases} R'_2 = R_2 \dfrac{w_1 k_{w1}}{w_2 k_{w2}}, \\ X'_{\sigma 21} = X_{\sigma 21} \dfrac{w_1 k_{w1}}{w_2 k_{w2}}, \\ \underline{I}'_2 = \underline{I}_2 \dfrac{w_2 k_{w2}}{w_1 k_{w1}}, \\ \underline{E}'_{\mu 2} = \underline{E}_{\mu 2} \dfrac{w_1 k_{w1}}{w_2 k_{w2}} = \underline{E}_{\mu 1}. \end{cases}$$

Man führt auch hier eine Korrektur in bezug auf die Eisenverluste P_{Fe1} im Kern des Ständers ein, ähnlich wie in der Theorie des Transformators (siehe Kap. 4.2). Dies führt zu einer weiteren Änderung zweier Gleichungen des Systems:

$$\begin{aligned} &\underline{I}_1 + \underline{I}'_2 = \underline{I}_0 = \underline{I}_\mu + \underline{I}_{Fe}, \\ &\underline{E}_{\mu 1} = -jX_\mu \underline{I}_\mu = -R_{Fe} \underline{I}_{Fe}, \end{aligned} \tag{5.43-b}$$

mit:

R_{Fe}	Eisenverlustwiderstand
$P_{Fe1} = 3R_{Fe} I_{Fe}^2 = 3\dfrac{E_{\mu 1}^2}{R_{Fe}^2}$	Eisenverluste im Ständer
I_{Fe}	Strom, der den Eisenverlusten P_{Fe1} entspricht

Wie erwähnt, sind die Eisenverluste im Läufer (P_{Fe2}) im Motorbetrieb sehr gering (da die Frequenz $f_2 = sf_1$ sehr klein ist) und deshalb vernachlässigbar.

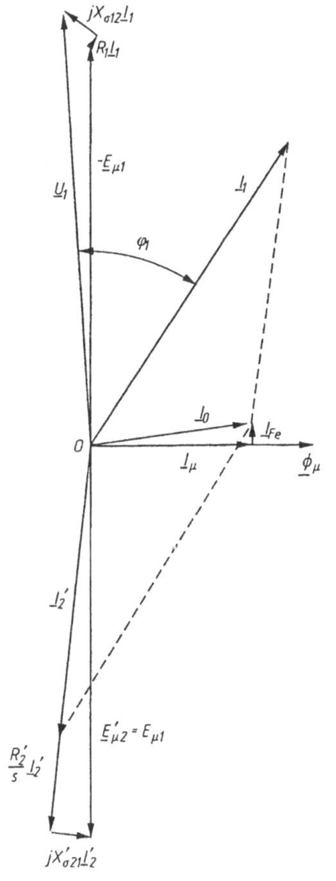

In Bild 5.30 ist das Zeigerdiagramm des Gleichungssystems (5.43-b) und (5.43-c) gezeigt. In Bild 5.31-a ist das Ersatzschaltbild dargestellt. In diesem Ersatzschaltbild wurde der gleichwertige Läuferwiderstand R_2'/s folgendermaßen aufgeteilt:

- Widerstand R_2' in welchem die Jouleschen Verluste P_{J2} erzeugt werden, und
- der Widerstand $R'(1-s)/s$, der die Qualität eines Belastungswiderstandes hat: die Leistungsverluste in diesem Widerstand stellen die gesamte elektrische, vom Motor in mechanische Leistung P_M umgewandelte Leistung dar.

Bild 5.30
Vollständiges Zeigerdiagramm des Drehstrom-Asynchronmotors mit Kurzschlußläufer

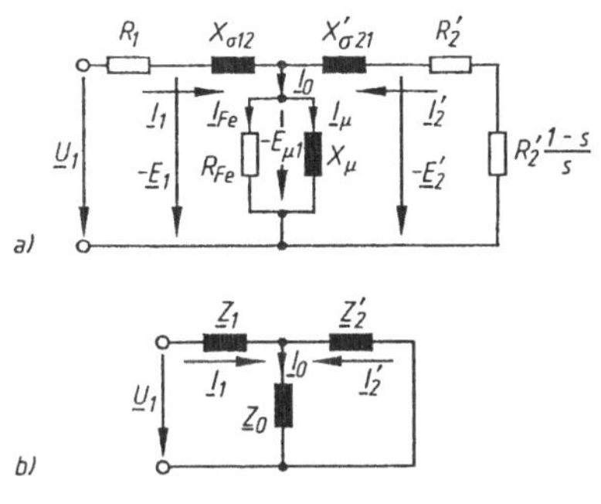

Bild 5.31
Ersatzschaltbilder des Drehstrom-Asynchronmotors mit Kurzschlußläufer

Mit:

$$\begin{cases} \underline{Z}_1 = R_1 + jX_{\sigma 12}\,, \\ \underline{Z}_2' = \dfrac{R_2'}{s} + jX_{\sigma 21}'\,, \\ \underline{Z}_0 = \dfrac{jR_{Fe}\,X_\mu}{R_{Fe} + jX_\mu}\,, \end{cases} \tag{5.44}$$

bekommt das Ersatzschaltbild die Form aus Bild 5.31-b. Aus diesem Ersatzschaltbild erhält man:

$$\underline{I}_1 = \frac{\underline{U}_1}{\underline{Z}_1 + \dfrac{\underline{Z}_0\,\underline{Z}'_2}{\underline{Z}_0 + \underline{Z}'_2}} = \underline{U}_1 \frac{\underline{Z}_0 + \underline{Z}'_2}{\underline{Z}_1\,\underline{Z}_0 + \underline{Z}_0\,\underline{Z}'_2 + \underline{Z}'_2\,\underline{Z}_1} .$$

Für den transformierten Läuferstrom gilt:

$$\underline{I}'_2 = -\underline{I}_1 \frac{\underline{Z}_0}{\underline{Z}_0 + \underline{Z}'_2} = -\underline{U}_1 \frac{\underline{Z}_0}{\underline{Z}_1\,\underline{Z}_0 + \underline{Z}_0\,\underline{Z}'_2 + \underline{Z}'_2\,\underline{Z}_1} .$$

Manchmal ist es üblich, diese Gleichungen zu vereinfachen, ohne daß deswegen die Genauigkeit des Ergebnisses darunter leidet. Wenn im Ausdruck des Stromes $\underline{I}_1$ der Zähler und der Nenner durch die Impedanz $\underline{Z}_0$ geteilt werden, ergibt sich:

$$\underline{I}_1 = \underline{U}_1 \frac{1 + \dfrac{\underline{Z}'_2}{\underline{Z}_0}}{\underline{Z}_1 + \underline{Z}'_2\left(1 + \dfrac{\underline{Z}'_2}{\underline{Z}_0}\right)} .$$

Es sei $\underline{c} = c e^{j\alpha} = 1 + \underline{Z}_1/\underline{Z}_0$.

Gewöhnlich hat die Impedanz $\underline{Z}_0$ einen viel größeren Betrag als die Impedanz $\underline{Z}_1$. Folglich hat die komplexe Größe $\underline{c}$ einen Betrag, der etwas größer als Eins ist, und ein Argument α sehr Nahe bei Null. Mit einer sehr guten Approximation kann man schreiben:

$$1 + \frac{\underline{Z}_1}{\underline{Z}_0} \approx c ,$$

mit:

$$c = 1{,}02 \text{ bis } 1{,}05 .$$

Somit werden die Ausdrücke der zwei Ströme:

$$\underline{I}_1 = \underline{U}_1 \frac{\underline{Z}_0 + \underline{Z}'_2}{\underline{Z}_0(\underline{Z}_1 + c\,\underline{Z}'_2)} ,$$

$$\underline{I}'_2 = -\underline{U}_1 \frac{1}{\underline{Z}_1 + c\,\underline{Z}'_2} . \tag{5.45}$$

Wie auch beim Transformator ist der Spannungsabfall $R_1 I_1$ am Ständerwiderstand R_1 sehr klein im Vergleich mit der Klemmenspannung U_1 bei einem normalen Arbeitsbetrieb des Asynchronmotors. Anderseits stellt auch der induktive Spannungsabfall $X_{\sigma 12} I_1$ einige Prozente von der Spannungsquelle $E_{\mu 1}$ dar. Aus der ersten Gleichung des Systems (5.43) ergibt sich somit:

$$\underline{U}_1 \approx -\underline{E}_{\mu 1} ,$$

$$U_1 \approx E_{\mu 1} = \frac{2\pi}{\sqrt{2}} f_1 w_1 k_{w1} \Phi_{\mu m} . \tag{5.46}$$

Solange die Ständer-Strangspannung einen konstanten Effektivwert hat, und solange die Frequenz konstant bleibt, ist auch die Amplitude des resultierenden Flusses konstant, und zwar unabhängig von der Motorbelastung. Auch die Komponenten I_μ und I_{Fe} des Stromes I_0 sind konstant.

Da der Sättigungszustand des magnetischen Kreises unverändert bleibt, ist auch die Reaktanz X_μ konstant. Somit entspricht das System (5.43) auch einer gesättigten Maschine, solange sie sich unter normalen Belastungsbedingungen befindet und solange U_1 = konst. und f_1 = konst. sind.

- *Die Reaktanz X_μ, die eine Nichtlinearität einführen konnte, ist von Anfang an konstant.*

Anmerkung 1: Der Magnetisierungsstrom I_μ und auch der Strom I_0 haben viel höhere Werte als bei Synchronmaschinen oder im Vergleich zu Transformatoren. Sie können 30 bis 90 % der Ständer-Nennströme erreichen. Wegen der Existenz eines Luftspaltes, der, aus mechanischen Gründen, wesentlich größer als beim Transformator ist, wird auch die Magnetisierungsdurchflutung entsprechend größer.

Anmerkung 2: Da normalerweise der Schlupf sehr klein ist, folgt, daß $(R_2'/s) \gg X_{\sigma 21}'$. Damit ist die Phasenverschiebung zwischen der induzierten Läufer-Nutzspannung $\underline{E}_{\mu 2}'$ und dem Läuferstrom $\underline{I}_2'$ in diesem Fall sehr klein, manchmal praktisch Null (Bild 5.30).

5.4.5 Gleichungen des dynamischen Zustandes

Zur Herleitung der Gleichungen des Drehstrom-Asynchronmotors werden für die weiteren Betrachtungen einige vereinfachenden Annahmen eingeführt:

- *ungesättigte Maschine,*
- *unendliche Permeabilität* der aktiven Eisenkernteile und als Effekt *vernachlässigbare Eisenverluste,*
- *vollkommene Symmetrie des Maschinenaufbaus* (elektrisch, magnetisch und konstruktiv oder geometrisch),
- *vernachlässigbare räumliche Oberwellen der magnetischen Ständer- und Läuferfelder.*

Das Prinzip der Überlagerung wird angewendet. Die Maschine soll einen bewickelten Schleifringläufer – mit kurzgeschlossenen Strangwicklungen – aufweisen. Man verwendet die Indizes U, V, W für die drei *Ständerstränge* bzw. K, L, M für die drei *Läuferstränge*. Für die Ständer-Stranggrößen benutzt man den Index 1, für die des Läufers den Index 2. Man bezeichnet mit:

- u_U, u_V, u_W die augenblicklichen Ständer-Strangspannungen,
- i_U, i_V, i_W die Ständer-Strangströme,
- R_1 den Ständer-Strangwiderstand.
- Die *Strang-Selbstinduktivitäten* im Ständer sind alle gleich: $L_{UU} = L_{VV} = L_{WW}$.
- Auch die Gegeninduktivitäten zwischen zwei Ständerstränge sind gleich: $L_{UV} = L_{VW} = L_{WU}$.
- Ebenso gilt für den Läufer einerseits $L_{KK} = L_{LL} = L_{MM}$, bzw. andererseits $L_{KL} = L_{LM} = L_{MK}$.

Alle aufgezählten Induktivitäten sind zeitlich konstant, auch wenn der Läufer läuft, weil der magnetische Kreis – bei beliebigen Stellungen des Läufers – unveränderlich bleibt. Dies resultiert aus der vollkommenen zylindrischen Symmetrie und dem gleichbleibenden Luftspalt am Umfang des Läufers.

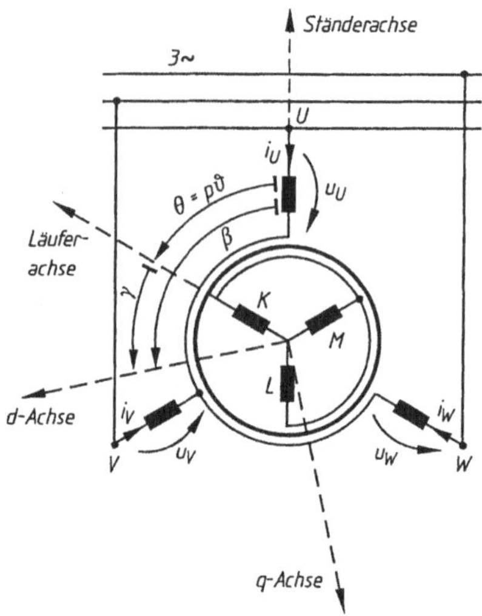

Bild 5.32
Zur Entwicklung der Gleichungen des dynamischen Zustandes des Drehstrom-Asynchronmotors mit Kurzschlußläufer

Die *Ständer-Läufer-Gegeninduktivitäten* sind aber veränderlich, da sie von der Läuferstellung (z.B. die Gegeninduktivität L_{UK} – Bild 5.32) abhängen. Wenn die Achsen der zwei Wicklungen U und K zusammenfallen, erreicht diese Induktivität ihr maximalen Wert L_{UKm}.

Man setzt voraus, daß die Gegeninduktivität L_{UK}, in bezug auf den Läufer-Stellungswinkel, eine zeitlich cosinusförmige Abhängigkeit hat. Wenn δ der geometrische Winkel zu einem gegebenen Zeitpunkt zwischen Ständer-Strangachse U und Läufer-Strangachse K ist, dann wird der elektrische Winkel θ, von dem die cosinusförmige Veränderung der Induktivität L_{UK} abhängt, p-mal größer sein (p: Polpaarzahl der Maschine). Somit:

$$\theta = p\vartheta .$$

Auf dieser Grundlage kann man die verschiedenen Gegeninduktivitäten zwischen irgendeinem Ständerstrang und Läuferstrang entwickeln (Bild 5.32):

$$\left\{\begin{array}{l} L_{UK} = L_{UKm}\cos\theta\ ;\ L_{UL} = L_{UKm}\cos\left(\theta + \dfrac{2\pi}{3}\right);\ L_{UM} = L_{UKm}\cos\left(\theta + \dfrac{4\pi}{3}\right), \\ L_{VK} = L_{UKm}\cos\left(\theta + \dfrac{4\pi}{3}\right);\ L_{VL} = L_{UKm}\cos\theta\ ;\ L_{VM} = L_{UKm}\cos\left(\theta + \dfrac{2\pi}{3}\right), \\ L_{WK} = L_{UKm}\cos\left(\theta + \dfrac{2\pi}{3}\right);\ L_{WL} = L_{UKm}\cos\left(\theta + \dfrac{4\pi}{3}\right);\ L_{WM} = L_{UKm}\cos\theta\ . \end{array}\right. \qquad (5.47)$$

Unter der Voraussetzung, daß der Ständerkreis ein Verbraucher ist (Motorbetrieb) und daß der Läufer kurzgeschlossene Stränge aufweist, gelten mit diesen Bezeichnungen:

$$\left\{\begin{aligned}
u_U &= R_1 i_U + L_{UU}\frac{di_U}{dt} - L_{UV}\frac{di_V}{dt} - L_{UV}\frac{di_W}{dt} + \frac{d}{dt}(L_{UK}i_K) + \frac{d}{dt}(L_{UL}i_L) + \frac{d}{dt}(L_{UM}i_M),\\
u_V &= R_1 i_V - L_{UV}\frac{di_U}{dt} + L_{UU}\frac{di_V}{dt} - L_{UV}\frac{di_W}{dt} + \frac{d}{dt}(L_{VK}i_K) + \frac{d}{dt}(L_{VL}i_L) + \frac{d}{dt}(L_{VM}i_M),\\
u_W &= R_1 i_W - L_{UV}\frac{di_U}{dt} - L_{UV}\frac{di_V}{dt} + L_{UU}\frac{di_W}{dt} + \frac{d}{dt}(L_{WK}i_K) + \frac{d}{dt}(L_{WL}i_L) + \frac{d}{dt}(L_{WM}i_M),\\
0 &= R_2 i_K + L_{KK}\frac{di_K}{dt} - L_{KL}\frac{di_L}{dt} - L_{KL}\frac{di_M}{dt} + \frac{d}{dt}(L_{UK}i_U) + \frac{d}{dt}(L_{VK}i_V) + \frac{d}{dt}(L_{WK}i_W),\\
0 &= R_2 i_L - L_{KL}\frac{di_K}{dt} + L_{KK}\frac{di_L}{dt} - L_{KL}\frac{di_M}{dt} + \frac{d}{dt}(L_{UL}i_U) + \frac{d}{dt}(L_{VL}i_V) + \frac{d}{dt}(L_{WL}i_W),\\
0 &= R_2 i_M - L_{KL}\frac{di_K}{dt} - L_{KL}\frac{di_L}{dt} + L_{KK}\frac{di_M}{dt} + \frac{d}{dt}(L_{UM}i_U) + \frac{d}{dt}(L_{VM}i_V) + \frac{d}{dt}(L_{WM}i_W).
\end{aligned}\right. \tag{5.48}$$

In den oben angegebenen Gleichungen wurde die Tatsache berücksichtigt, daß die Gegeninduktivitäten L_{UV} oder L_{KL} wie auch die Selbstinduktivitäten L_{UU} und L_{KK} zeitlich gleichbleibend sind, während die Ständer-Läufer-Gegeninduktivitäten durch zeitliche Cosinusfunktionen beschrieben werden können [Gl. (5.47)].

Der *verkettete Fluß z.B. der Wicklung U mit den Windungen der Wicklung L* wird folglich $L_{UK}i_U$ sein. Die von diesem zeitlich variablen Fluß (sowohl durch die Stromveränderung des i_U wie auch durch die veränderliche Induktivität L_{UK}) induzierte Spannung wird $-\frac{d}{dt}(L_{UK}i_U)$.

Andererseits werden – für die positiven Richtungen der Ströme i_U, i_V, i_W – die Flüsse der Stränge V und W durch die Windungen des Strangs U im Gegensinn zum eigenen Fluß des Strangs U sein. Folglich werden die selbstinduzierten Spannungen $-L_{UU}\frac{di_U}{dt}$ und die von den anderen Ständersträngen induzierten Spannungen $-L_{UV}\frac{di_V}{dt}$ bzw. $-L_{UW}\frac{di_W}{dt}$ Gegenrichtungen besitzen und deswegen in den Gleichungen mit einem anderen Vorzeichen erscheinen.

- *Für die zwischen einem Ständerstrang und einen Läuferstrang induzierte Spannung ist das Vorzeichen der magnetischen Kopplung in den Induktivitäten-Gleichungen eingeschlossen und wird von den Cosinusfunktionen wiedergegeben.*

Da die Ständer- und Läuferwicklungen keinen Nulleiter besitzen, gilt:

$$i_U + i_V + i_W = 0 \quad \text{und} \quad i_K + i_L + i_M = 0 \tag{5.49}$$

Mit den Gl. (5.47) und (5.49) kann das Gleichungssystem (5.48) in eine neue Form gebracht werden:

$$
\left\{
\begin{aligned}
u_U &= R_1 i_U + (L_{UU}+L_{UV})\frac{di_U}{dt} + L_{UKm}\frac{d}{dt}\left[i_K\cos\theta + i_L\cos\left(\theta+\frac{2\pi}{3}\right) + i_M\cos\left(\theta+\frac{4\pi}{3}\right)\right],\\
u_V &= R_1 i_V + (L_{UU}+L_{UV})\frac{di_V}{dt} + L_{UKm}\frac{d}{dt}\left[i_K\cos\left(\theta+\frac{4\pi}{3}\right) + i_L\cos\theta + i_M\cos\left(\theta+\frac{2\pi}{3}\right)\right],\\
u_W &= R_1 i_W + (L_{UU}+L_{UV})\frac{di_W}{dt} + L_{UKm}\frac{d}{dt}\left[i_K\cos\left(\theta+\frac{2\pi}{3}\right) + i_L\cos\left(\theta+\frac{4\pi}{3}\right) + i_M\cos\theta\right],\\
0 &= R_2 i_K + (L_{KK}+L_{KL})\frac{di_K}{dt} + L_{UKm}\frac{d}{dt}\left[i_U\cos\theta + i_V\cos\left(\theta+\frac{4\pi}{3}\right) + i_W\cos\left(\theta+\frac{2\pi}{3}\right)\right],\\
0 &= R_2 i_L + (L_{KK}+L_{KL})\frac{di_L}{dt} + L_{UKm}\frac{d}{dt}\left[i_U\cos\left(\theta+\frac{2\pi}{3}\right) + i_V\cos\theta + i_W\cos\left(\theta+\frac{4\pi}{3}\right)\right],\\
0 &= R_2 i_M + (L_{KK}+L_{KL})\frac{di_M}{dt} + L_{UKm}\frac{d}{dt}\left[i_U\cos\left(\theta+\frac{4\pi}{3}\right) + i_V\cos\left(\theta+\frac{2\pi}{3}\right) + i_W\cos\theta\right].
\end{aligned}
\right.
\tag{5.50}
$$

In den oben angegebenen Gleichungen treten einige Größen auf, die mit den zyklischen Induktivitäten (Kap. 4.4) in Zusammenhang gebracht werden können. Berechnet man den Fluß des U-Ständerstrangs, der nur von den Ständerströmen erzeugt ist, erhält man:

$$\Psi_{11U} = L_{UU}\,i_U - L_{UV}\,i_V - L_{UW}\,i_W .$$

Der verkettete Selbstfluß $L_{UU}\,i_U$ des U-Strangs kann in zwei Komponenten zerlegt werden:

- eine *Streukomponente* $L_{\sigma 12}\,i_U$ und
- eine *Nutzkomponente* $L_{UUn}\,i_U$.

Daraus folgt:

$$\Psi_{11U} = L_{\sigma 12}\,i_U + (L_{UUn}\,i_U - L_{UV}\,i_V - L_{UW}\,i_W) .$$

Die Glieder in der Klammer bilden den nur von den Ständerströmen erzeugten Nutzfluß, der mit den Windungen des U-Strangs verkettet ist. Dieser verkettete Nutzfluß tritt in der Definition der *zyklischen Ständer-Selbstinduktivität* $\pounds_{11}$ auf. Somit, durch Definition:

$$L_{UUn}\,i_U - L_{UV}\,i_V - L_{UW}\,i_W = L_{UUn}\,i_U - L_{UV}(i_V + i_W) = (L_{UUn} + L_{UV})i_U = \pounds_{11}\,i_U ,$$

mit:

$$i_U + i_V + i_W = 0 ,$$

$$L_{UV} = L_{UW} .$$

Daraus folgt:

$$L_{UU} + L_{UV} = L_{\sigma 12} + \pounds_{11} . \tag{5.51}$$

Auf gleiche Weise entsteht auch die Gleichung

$$L_{KK} + L_{KL} = L_{\sigma 21} + \pounds_{22} , \tag{5.52}$$

wobei $\pounds_{22}$ die *zyklische Läufer-Selbstinduktivität* darstellt. Um auch die *zyklische Ständer-Läufer-Gegeninduktivität* f_{12} einzuführen, muß man berücksichtigen, daß in den Gl. (5.47) diesmal $\theta = 0$, also

$$L_{UK} = L_{UKm} \quad \text{bzw.} \quad L_{UL} = L_{UM} = -\frac{1}{2} L_{UKm}.$$

In diesem Sonderfall ($\theta = 0$) wird der von allen Läufersträngen erzeugte und mit den Windungen des U–Ständerstrangs verkettete Fluß folgenden Ausdruck haben:

$$\Psi'_{12U} = L_{UK} i_K + L_{UL} i_L + L_{UM} i_M = L_{UK} i_K + L_{UL}(i_L + i_M) = \frac{3}{2} L_{UKm} i_K = \pounds_{12} i_K,$$

also,

$$\pounds_{12} = \pounds_{21} = \frac{3}{2} L_{UKm}. \tag{5.53}$$

Die Gl. (5.51) bis (5.53) zeigen, daß im System (5.50) eigentlich nur die zyklische Induktivität auftritt. Somit ist die Maschine durch die Parameter: R_1, R_2, $\pounds_{11}$, $\pounds_{22}$, $\pounds_{12} = \pounds_{21}$, $L_{\sigma 12}$, $L_{\sigma 21}$ vollkommen bestimmt. Mehr noch, die zyklischen Induktivitäten sind untereinander durch die Beziehungen

$$\pounds_{11} \pounds_{22} = \pounds_{12} \pounds_{21} = \pounds_{12}^2 \tag{5.54}$$

verbunden. Diese Beziehungen gehen aus der Tatsache hervor, daß diese Induktivitäten genau derselben Reluktanz des magnetischen Kreises entsprechen. Sie beschreiben die Nutzflüsse, die sowohl den Ständer als auch den Läufer über denselben Weg durchlaufen.

Alles geschieht so, als ob eine vollkommene magnetische Kopplung existiert. Die gleichen Feldlinien durchlaufen sowohl die Ständerwicklungen wie auch die Läuferwicklungen.

Es gibt keine Streuungen im Verhältnis zu den Flüssen, die die zyklischen Induktivitäten definieren: Gl. (5.54) darf auch für die vollkommene magnetische Kopplung angewendet werden. In diesem Fall aber gilt anstatt Gl. (5.54):

$$\frac{\pounds_{11}}{\pounds_{12}} = \frac{w_1 k_{w1}}{w_2 k_{w2}} \quad ; \quad \frac{\pounds_{22}}{\pounds_{21}} = \frac{w_2 k_{w2}}{w_1 k_{w1}}. \tag{5.54-a}$$

Das Differentialgleichungssystem (5.50) ist nicht linear, da sowohl die Ströme wie auch der Winkel $\theta = p\vartheta$ zeitlich variabel sind.

Die Lösung dieses Systems in einem dynamischen Motorbetrieb ist sehr schwierig und benötigt den Einsatz eines Rechners. Gewöhnlich wird eine Substitution der Variablen vorgezogen, die zu einem einfach zu integrierenden Gleichungssystem führt.

Im folgendem wird die Substitution der Variablen dargestellt, die von R. H. Park aufgrund einer Idee von A. Blondel vorgeschlagen wurde (die Park-Blondel Transformation). Diese Substitution begründet sich auf die Wahl neuer Bezugsachsen (die d-Direkt- und q-Querachsen), die sich bei einer beliebigen Geschwindigkeit gegenüber dem Ständer drehen und zueinander senkrecht stehen (Bild 5.32).

Die neuen, mit den Achsen d und q verbundenen Variablen, werden durch die Summierung aller Projektionen der Ständergrößen auf das neue d-q-Achsensystem erhalten. Somit sind die neuen:

- Ständer-Spannungsvariablen:

$$\left\{\begin{aligned} u_{\mathrm{d1}} &= +\frac{2}{3}\left[u_{\mathrm{U}}\cos\beta + u_{\mathrm{V}}\cos\left(\beta+\frac{4\pi}{3}\right)+u_{\mathrm{W}}\cos\left(\beta+\frac{2\pi}{3}\right)\right],\\ u_{\mathrm{q1}} &= -\frac{2}{3}\left[u_{\mathrm{U}}\sin\beta + u_{\mathrm{V}}\sin\left(\beta+\frac{4\pi}{3}\right)+u_{\mathrm{W}}\sin\left(\beta+\frac{2\pi}{3}\right)\right]; \end{aligned}\right. \tag{5.55}$$

- Ständer-Stromvariablen:

$$\left\{\begin{aligned} i_{\mathrm{d1}} &= +\frac{2}{3}\left[i_{\mathrm{U}}\cos\beta + i_{\mathrm{V}}\cos\left(\beta+\frac{4\pi}{3}\right)+i_{\mathrm{W}}\cos\left(\beta+\frac{2\pi}{3}\right)\right],\\ i_{\mathrm{q1}} &= -\frac{2}{3}\left[i_{\mathrm{U}}\sin\beta + i_{\mathrm{V}}\sin\left(\beta+\frac{4\pi}{3}\right)+i_{\mathrm{W}}\sin\left(\beta+\frac{2\pi}{3}\right)\right]; \end{aligned}\right. \tag{5.56}$$

- Läufer-Stromvariablen:

$$\left\{\begin{aligned} i_{\mathrm{d2}} &= +\frac{2}{3}\left[i_K\cos\gamma + i_V\cos\left(\gamma+\frac{4\pi}{3}\right)+i_W\cos\left(\gamma+\frac{2\pi}{3}\right)\right],\\ i_{\mathrm{q2}} &= -\frac{2}{3}\left[i_{\mathrm{K}}\sin\gamma + i_{\mathrm{V}}\sin\left(\gamma+\frac{4\pi}{3}\right)+i_{\mathrm{W}}\sin\left(\gamma+\frac{2\pi}{3}\right)\right]. \end{aligned}\right. \tag{5.57}$$

Die elektrischen Winkel β und γ haben die Bedeutung aus Bild 5.32. Zwischen diesen Winkeln gibt die Beziehung:

$$\beta - \gamma = \theta = p\vartheta\,. \tag{5.58}$$

Die *Rücktransformation* der Variablen ist leicht durchzuführen, und die realen Ständer-Strangströme als Funktionen von dem *Ständer-Längsstrom* i_{d1} bzw. *Ständer-Querstrom* i_{q1} haben folgenden Ausdrücke:

$$\left\{\begin{aligned} i_{\mathrm{U}} &= i_{\mathrm{d1}}\cos\beta - i_{\mathrm{q1}}\sin\beta\,,\\ i_{\mathrm{V}} &= i_{\mathrm{d1}}\cos\left(\beta+\frac{4\pi}{3}\right) - i_{\mathrm{q1}}\sin\left(\beta+\frac{4\pi}{3}\right),\\ \mathrm{i_W} &= \mathrm{i_{d1}}\cos\left(\beta+\frac{2\pi}{3}\right) - \mathrm{i_{q1}}\sin\left(\beta+\frac{2\pi}{3}\right). \end{aligned}\right. \tag{5.59}$$

Ähnlich lassen sich die Ausdrücke für die realen Läuferströme in Abhängigkeit von dem *Läufer-Längsstrom* i_{d2} und dem *Läufer-Querstrom* i_{q2} herleiten:

$$\left\{\begin{aligned} i_{\mathrm{K}} &= i_{\mathrm{d2}}\cos\beta - i_{\mathrm{q1}}\sin\gamma\,,\\ i_{\mathrm{L}} &= i_{\mathrm{d2}}\cos\left(\gamma+\frac{4\pi}{3}\right) - i_{\mathrm{q2}}\sin\left(\gamma+\frac{4\pi}{3}\right),\\ i_{\mathrm{M}} &= i_{\mathrm{d2}}\cos\left(\gamma+\frac{2\pi}{3}\right) - i_{\mathrm{q2}}\sin\left(\gamma+\frac{2\pi}{3}\right). \end{aligned}\right. \tag{5.60}$$

Mit diesen einführenden Angaben soll das neue Differentialgleichungssystem, mit den neuen Variablen d und q, ermittelt werden.

Um eine Gleichung für u_{d1} zu bekommen, werden die ersten drei Gleichungen des Systems (5.50), entsprechend den Gl. (5.55), durch *(2/3)cosβ (die erste)*, durch *(2/3)cos[β+(4π/3)] (die zweite)* und durch *(2/3)cos[β + (2π/3)] (die dritte)* multipliziert und erst dann summiert.

Multipliziert man dieselben Gleichungen, Term für Term: *die erste* durch *–(2/3)sinβ, die zweite* durch *–(2/3)sin[β + (4π/3)]* und *die dritte* durch *–(2/3)sin[β + (2π/3)],* erhält man durch Summierung die Spannung u_{q1}.

Auf eine ähnliche Art behandelt man die Läufer-Stranggleichungen. Hier wird der Winkel β durch den Winkel γ ersetzt. Nach einer Reihe elementarer Berechnungen ergibt sich folgendes Gleichungssystem:

$$\left\{\begin{aligned} u_{d1} &= R_1 i_{d1} + (L_{\sigma 12} + \pounds_{11})\frac{di_{d1}}{dt} + \pounds_{12}\frac{di_{d2}}{dt} - \frac{d\beta}{dt}\left[(L_{\sigma 12} + \pounds_{11})\, i_{q1} + \pounds_{12}\, i_{q2}\right], \\ u_{q1} &= R_1 i_{q1} + (L_{\sigma 12} + \pounds_{11})\frac{di_{q1}}{dt} + \pounds_{12}\frac{di_{q2}}{dt} - \frac{d\beta}{dt}\left[(L_{\sigma 12} + \pounds_{11})\, i_{d1} + \pounds_{12}\, i_{d2}\right], \\ 0 &= R_2 i_{d2} + (L_{\sigma 21} + \pounds_{22})\frac{di_{d2}}{dt} + \pounds_{21}\frac{di_{d1}}{dt} - \frac{d\beta}{dt}\left[(L_{\sigma 12} + \pounds_{22})\, i_{q2} + \pounds_{21}\, i_{q1}\right], \\ 0 &= R_2 i_{q2} + (L_{\sigma 21} + \pounds_{22})\frac{di_{q2}}{dt} + \pounds_{21}\frac{di_{q1}}{dt} - \frac{d\beta}{dt}\left[(L_{\sigma 21} + \pounds_{22})\, i_{d2} + \pounds_{12}\, i_{d1}\right], \end{aligned}\right. \tag{5.61}$$

mit:

$$\left\{\begin{aligned} \underline{u}_{B1} &= u_{d1} + j\,u_{q1}, \\ \underline{i}_{B1} &= i_{d1} + j\,i_{q1}, \\ \underline{i}_{B2} &= i_{d2} + j\,i_{q2}, \end{aligned}\right. \tag{5.62}$$

können die Gl. (5.61) auf nur zwei komplexe Gleichungen

$$\left\{\begin{aligned} \underline{u}_{B1} &= \left[R_1 + (L_{\sigma 12} + \pounds_{11})\left(j\frac{d\beta}{dt} + \frac{d}{dt}\right)\right]\underline{i}_{B1} + \pounds_{12}\left(j\frac{d\beta}{dt} + \frac{d}{dt}\right)\underline{i}_{B2}, \\ 0 &= \left[R_2 + (L_{\sigma 21} + \pounds_{22})\left(j\frac{d\gamma}{dt} + \frac{d}{dt}\right)\right]\underline{i}_{B2} + \pounds_{21}\left(j\frac{d\gamma}{dt} + \frac{d}{dt}\right)\underline{i}_{B1}, \end{aligned}\right. \tag{5.63}$$

vereinfacht werden.

- *Dieses Ergebnis stellt die Park-Blondel-Gleichungen des Drehstrommotors dar. Diese Gleichungen sind nicht linear. Man sieht, daß nicht nur die Ströme und Spannungen sondern auch die Winkelgeschwindigkeiten dβ/dt und dγ/dt zeitlich variabel sein können.*
- *Im Vergleich zu dem ursprünglichen System sind im neuen Gleichungssystem alle Parameter zeitlich konstant, was die Integration wesentlich vereinfacht.*

Damit das System (5.63) vollständig ist, muß noch die Bewegungsgleichung zugefügt werden. Um den Ausdruck des Drehmoments herzuleiten, wird der *Satz der generalisierten (Lagrangeschen) Kräfte* im magnetischen Feld angewandt:

$$m = \left(\frac{\partial W_{\mathrm{m}}}{\partial \theta}\right)_{\mathrm{i=konst.}} .$$

Die *generalisierte Koordinate* ist der geometrische Winkel θ der Läuferstellung, bezogen auf den Ständer, an einem bestimmten Zeitpunkt. Mit W_{m} ist die in den sechs magnetisch gekoppelten Wicklungen gespeicherte magnetische Energie bezeichnet.

Aus der allgemeinen Gleichung der Energie W_{m} behält man nur den Teil W'_{m}, und zwar denjenigen Teil, der von der relativen Läuferstellung gegenüber dem Ständer (nämlich vom Winkel $\theta = p\vartheta$) abhängt:

$$W'_{\mathrm{m}} = L_{\mathrm{UK}} i_{\mathrm{U}} i_{\mathrm{K}} + L_{\mathrm{UL}} i_{\mathrm{U}} i_{\mathrm{L}} + L_{\mathrm{UM}} i_{\mathrm{U}} i_{\mathrm{M}} + L_{\mathrm{VK}} i_{\mathrm{V}} i_{\mathrm{K}} + L_{\mathrm{VL}} i_{\mathrm{V}} i_{\mathrm{L}} + L_{\mathrm{VM}} i_{\mathrm{V}} i_{\mathrm{M}} \\ + L_{\mathrm{WK}} i_{\mathrm{W}} i_{\mathrm{K}} + L_{\mathrm{WL}} i_{\mathrm{W}} i_{\mathrm{L}} + L_{\mathrm{WM}} i_{\mathrm{W}} i_{\mathrm{M}}.$$

Gemäß den Gl. (5.47) der Gegeninduktivitäten gilt somit:

$$m = p\left(\frac{\partial W'_{\mathrm{m}}}{\partial \theta}\right)_{\mathrm{i=konst.}} =$$

$$= -pL_{\mathrm{UKm}} \Big[i_{\mathrm{U}} i_{\mathrm{K}} \sin\theta + i_{\mathrm{U}} i_{\mathrm{L}} \sin\left(\theta + \frac{2\pi}{3}\right) + i_{\mathrm{U}} i_{\mathrm{M}} \sin\left(\theta + \frac{4\pi}{3}\right) +$$

$$+ i_{\mathrm{V}} i_{\mathrm{K}} \sin\left(\theta + \frac{4\pi}{3}\right) + i_{\mathrm{V}} i_{\mathrm{L}} \sin\theta + i_{\mathrm{V}} i_{\mathrm{M}} \sin\left(\theta + \frac{2\pi}{3}\right) +$$

$$+ i_{\mathrm{W}} i_{\mathrm{K}} \sin\left(\theta + \frac{2\pi}{3}\right) + i_{\mathrm{W}} i_{\mathrm{L}} \sin\left(\theta + \frac{4\pi}{3}\right) + i_{\mathrm{W}} i_{\mathrm{M}} \sin\theta \Big] .$$

Mit Hilfe der Gl. (5.59) und (5.60) erhält man nach einfachen Berechnungen:

$$m = \frac{3}{2} p \pounds_{12} (i_{\mathrm{q1}} i_{\mathrm{d2}} - i_{\mathrm{d1}} i_{\mathrm{q2}}) = \frac{3}{2} p \pounds_{12} \mathrm{Re}(j \underline{i}^*_{\mathrm{B1}} \underline{i}_{\mathrm{B2}}) \tag{5.64}$$

wobei *Re* der reale Teil des Ausdrucks aus der letzten Klammer und $\underline{i}^*_{\mathrm{B2}}$ der konjugiert komplexe von $\underline{i}_{\mathrm{B2}}$ ist. Somit lautet die Bewegungsgleichung:

$$m = \frac{3}{2} p \pounds_{12} (i_{\mathrm{q1}} i_{\mathrm{d2}} - i_{\mathrm{d1}} i_{\mathrm{q2}}) - m_{\mathrm{L}} = J \frac{\mathrm{d}\Omega_2}{\mathrm{d}t} \tag{5.65}$$

mit

m_{L} gesamtes Widerstandsmoment

J gesamtes Trägheitsmoment, auf die Motorwelle bezogen

Ω_2 augenblickliche Winkelgeschwindigkeit des Läufers

Anmerkung 1: Die Gleichungen des stationären Zustandes können aus dem System (5.63) abgeleitet werden, wenn die Achsen d und q synchron mit dem Ständer-Drehfeld umlaufen und wenn der Zeitursprung passend gewählt wird (bei $t = 0$ soll die Achse d in ihrer Drehung mit der Ständer-Ursprungsachse U zusammenfallen).

In diesem Fall, zum Zeitpunkt $t = 0$ wird der elektrische Winkel βp-mal größer als der geometrische Winkel $\Omega_1 t$ (zwischen den Achsen d und U) sein: $\beta = p\Omega_1 t$ (Ω_1: Winkelgeschwindigkeit des Drehfeldes). Aber $\Omega_1 = \omega_1\, p$ und folglich $\beta = \omega_1 t$.

Wenn sich, bei $t = 0$, auch die Läuferachse mit der Achse U deckt, dann wird der elektrische Winkel θp-mal größer als der geometrische Winkel $\vartheta = \Omega_2 t$ (zwischen der Läufer-Bezugsachse K und der Ständer-Bezugsachse U). Dies bedeutet, daß $\theta = p\Omega_2 t$, wobei Ω_2 die Winkelgeschwindigkeit des Läufers ist. Folglich ist im stationärem Betrieb:

$$\gamma = \beta - \theta = p(\Omega_1 - \Omega_2)t = s\omega_1 t .$$

So wie im vorherigen Absatz angenommen, wird der Strom des Ständerstrangs U als Bezugsgröße bestimmt. Die Ströme i_U, i_V, i_W haben die Gl. (5.27). Nach Gl. (5.56) und mit $\beta = \omega_1 t$ gilt dann:

$$\left\{\begin{aligned} i_{d1} &= +\frac{2}{3} I_1\sqrt{2}\left[\cos\omega_1 t\cos\omega_1 t + \cos\left(\omega_1 t - \frac{2\pi}{3}\right)\cos\left(\omega_1 t + \frac{4\pi}{3}\right) + \right.\\ &\qquad \left. + \cos\left(\omega_1 t - \frac{4\pi}{3}\right)\cos\left(\omega_1 t + \frac{2\pi}{3}\right)\right] = I_1\sqrt{2}, \\ i_{q1} &= +\frac{2}{3} I_1\sqrt{2}\left[\cos\omega_1 t\sin\omega_1 t + \cos\left(\omega_1 t - \frac{2\pi}{3}\right)\sin\left(\omega_1 t + \frac{4\pi}{3}\right) + \right.\\ &\qquad \left. + \cos\left(\omega_1 t - \frac{4\pi}{3}\right)\sin\left(\omega_1 t + \frac{2\pi}{3}\right)\right] = 0 , \end{aligned}\right. \tag{5.66}$$

bzw.

$$\underline{i}_{B1} = I_1\sqrt{2} = \underline{I}_1\sqrt{2} . \tag{5.66-a}$$

Die Läuferströme i_K, i_L, i_M weisen die Gl. (5.32) auf. Durch die Definition in Gl. (5.57), mit $\gamma = s\omega_1 t = \omega_2 t$, erhält man:

$$\left\{\begin{aligned} i_{d2} &= +\frac{2}{3} I_1\sqrt{2}\left[\cos\left(\omega_2 t - \frac{\pi}{2} - \varepsilon\right)\cos\omega_2 t + \cos\left(\omega_2 t - \frac{\pi}{2} - \varepsilon - \frac{2\pi}{3}\right)\cos\left(\omega_2 t + \frac{4\pi}{3}\right) + \right.\\ &\qquad \left. + \cos\left(\omega_2 t - \frac{\pi}{2} - \varepsilon - \frac{4\pi}{3}\right)\cos\left(\omega_2 t + \frac{2\pi}{3}\right)\right] = +I_1\sqrt{2}\cos\left(\frac{\pi}{2} + \varepsilon\right), \\ i_{q2} &= +\frac{2}{3} I_1\sqrt{2}\left[\cos\left(\omega_2 t - \frac{\pi}{2} - \varepsilon\right)\sin\omega_2 t + \cos\left(\omega_2 t - \frac{\pi}{2} - \varepsilon - \frac{2\pi}{3}\right)\sin\left(\omega_2 t + \frac{4\pi}{3}\right) + \right.\\ &\qquad \left. + \cos\left(\omega_2 t - \frac{\pi}{2} - \varepsilon - \frac{4\pi}{3}\right)\sin\left(\omega_2 t + \frac{2\pi}{3}\right)\right] = -I_1\sqrt{2}\cos\left(\frac{\pi}{2} + \varepsilon\right), \end{aligned}\right. \tag{5.66-b}$$

bzw.

$$\underline{i}_{B2} = I_1\sqrt{2}\left[\cos\left(\frac{\pi}{2} + \varepsilon\right) - j\sin\left(\frac{\pi}{2} + \varepsilon\right)\right] = \underline{I}'_2\sqrt{2}\frac{w_1 k_{w1}}{w_2 k_{w2}} . \tag{5.66-c}$$

In diesem Fall ist der Park-Blondel-Läuferstrom $\underline{i}_{B2}$ proportional zum Zeiger $\underline{I}'_2$, dessen Phase dem Ständerstrom $\underline{I}_1$ um $[(\pi/2) + \varepsilon]$ nacheilt. Da die Strangspannung u_U dem Strom i_U um den Winkel φ_1 voreilt, gilt in gleicher Weise:

$$u_U = U_1\sqrt{2}\cos(\omega_1 t + \varphi_1) ,$$

$$u_V = U_1\sqrt{2}\cos\left(\omega_2 t + \varphi_1 - \frac{2\pi}{3}\right),$$

$$u_W = U_1\sqrt{2}\cos\left(\omega_2 t + \varphi_1 - \frac{4\pi}{3}\right),$$

und:

$$\underline{u}_{B1} = \underline{U}_1\sqrt{2}.$$

Andererseits gilt:

$$\frac{d\beta}{dt} = \omega_1\,; \quad \frac{d\underline{i}_{B1}}{dt} = 0\,; \quad \frac{d\gamma}{dt} = s\omega_1\,; \quad \frac{d\underline{i}_{B2}}{dt} = 0\,,$$

so daß die Gl. (5.63) im stationärem Zustand folgende Form bekommen:

$$\underline{u}_{B1} = \left(R_1 + j\omega_1 L_{\sigma 12}\right)\underline{I}_1 + j\omega_1 \pounds_{11}\underline{I}_1 + j\omega_1\frac{w_1 k_{w1}}{w_2 k_{w2}}\pounds_{12}\underline{I}_2',$$

$$0 = \left[\frac{R_2'}{s} + j\omega_1 L_{\sigma 12}\right]\underline{I}_2' + j\omega_1 \pounds_{21}\underline{I}_1 + j\omega_1\frac{w_1 k_{w1}}{w_2 k_{w2}}\pounds_{22}\underline{I}_2',$$

oder mit den Gl. (5.54-a):

$$\underline{U}_1 = (R_1 + jX_{\sigma 12})\underline{I}_1 + j\omega_1 \pounds_{11}\underline{I}_\mu\,,$$

$$0 = \left[\frac{R_2'}{s} + jX_{\sigma 12}'\right]\underline{I}_2' + j\omega_1 \pounds_{11}\underline{I}_\mu\,.$$

Durch Vergleich dieses Systems mit Gl. (5.43-b) gilt:

$$\omega_1 f_{11} = X_\mu\,,$$

was zu erwarten war. Die neuen Variablen i_{d1}, i_{q1}, i_{d2}, i_{q2} sind im stationären Zustand konstant.

Anmerkung 2: Die Achsen d und q können sich auch *synchron mit dem Läufer drehen.* Vereinbart man, daß die d-Achse und die Läufer-Bezugsachse K identisch sind (Bild 5.32), wird $\gamma = 0$ bzw. $(d\gamma/dt) = 0$ und das Gleichungssystem (5.63) vereinfacht sich.

Anmerkung 3: Die oben bestimmten Gleichungen, z.B. Gl. (5.63), können auch in eine einfachere Form gebracht werden, indem sie in Gleichungen mit relativen (einheitenlosen) Größen verwandelt werden. Die Bezugsgrößen müssen jedoch passend gewählt werden. Für die Kreisfrequenz wird als Bezugsgröße eine beliebige Kreisfrequenz ω_b gewählt. Die Ableitungen in bezug auf die Zeit können dann folgendermaßen berechnet werden:

$$\frac{d}{dt} = \omega_b\frac{d}{d(\omega_b t)} = \omega_b\frac{d}{d\tau}\,,$$

wobei $\tau = \omega_b t$. In dieser Art wird anstatt der Variable t, die gewöhnlich in Sekunden gemessen wird, die einheitenlose Variable τ (manchmal, wenn $\omega_b = \omega_1$, auch *Synchronzeit* genannt) eingeführt.

- Für die *Ständergrößen* [Spannungen, Widerstände (Reaktanzen) und Ströme] nimmt man als Bezugsgrößen U_{1b}, Z_{1b}, I_{1b} mit der Zwischenbeziehung:

  $$U_{1b} = Z_{1b} I_{1b}\,.$$

- Für die *Läufergrößen* nimmt man als Bezugsgrößen U_{2b}, Z_{2b} *und* I_{2b}, wiederum mit der Zwischenbeziehung:

  $$U_{2b} = Z_{2b} I_{2b} \,.$$

Nach der Wahl der Bezugsgrößen werden die relativen Größen folgendermaßen definiert:

$$\underline{u}_{B1r} = \frac{\underline{u}_{B1}}{U_{1B}}, \quad \underline{i}_{B1r} = \frac{\underline{i}_{B1}}{I_{B1}}, \quad \underline{i}_{B2r} = \frac{\underline{i}_{B2}}{I_{B2}} \,,$$

$$r_1 = \frac{R_1}{Z_{1B}}, \quad r_2 = \frac{R_2}{Z_{2B}} \,,$$

$$x_{\sigma 12} = \frac{\omega_b L_{\sigma 12}}{Z_{1B}}, \quad x_{\sigma 21} = \frac{\omega_b L_{\sigma 21}}{Z_{2B}} \,.$$

In bezug auf die zyklischen Selbst- und Gegenreaktanzen versucht man auch hier eine bequeme Umformungsstrategie zu erreichen, damit die relativen Reaktanzen gleich sind. Ein solches besonderes Ergebnis kann erzielt werden, da die Bezugsgrößen willkürlich gewählt sind. Man schreibt darum das System (5.63) nochmals, nachdem man die erste Gleichung durch $U_{1b} = Z_{1b} I_{1b}$ bzw. die zweite Gleichung durch $U_{2b} = Z_{2b} I_{2b}$ geteilt hat:

$$\left\{\begin{aligned} \underline{u}_{B1r} &= \left[\frac{R_1}{Z_{1B}} + \frac{\omega_b \left(L_{\sigma 12} + \mathcal{L}_{11}\right)}{Z_{1B}} \left(j\frac{d\beta}{d\tau} + \frac{d}{d\tau}\right)\right] \underline{i}_{B1r} + \frac{\omega_b \mathcal{L}_{12}}{Z_{1B}} \frac{I_{1B}}{I_{2B}} \left(j\frac{d\beta}{d\tau} + \frac{d}{d\tau}\right) \underline{i}_{B2r} \,, \\ 0 &= \left[\frac{R_2}{Z_{2B}} + \frac{\omega_b \left(L_{\sigma 21} + \mathcal{L}_{22}\right)}{Z_{2B}} \left(j\frac{d\gamma}{d\tau} + \frac{d}{d\tau}\right)\right] \underline{i}_{B2r} + \frac{\omega_b \mathcal{L}_{21}}{Z_{2B}} \frac{I_{1B}}{I_{2B}} \left(j\frac{d\gamma}{d\tau} + \frac{d}{d\tau}\right) \underline{i}_{B1r} \,. \end{aligned}\right. \tag{5.67}$$

Man betrachtet folgende Beziehungen:

$$x_{ad} = \frac{\omega_b \mathcal{L}_{12}}{Z_{1B}} \frac{I_{2B}}{I_{1B}} = \frac{\omega_b \mathcal{L}_{21}}{Z_{2B}} \frac{I_{1B}}{I_{2B}} = \frac{\omega_b \mathcal{L}_{11}}{Z_{1B}} \,, \tag{5.68}$$

die nur dann möglich sind wenn [siehe auch Gl. (5.54)]:

$$I_{2b} = I_{1b} \frac{\mathcal{L}_{12}}{\mathcal{L}_{22}} = I_{1b} \frac{\mathcal{L}_{11}}{\mathcal{L}_{21}} \,, \tag{5.69}$$

bzw.:

$$Z_{2b} = Z_{1b} \left(\frac{I_{1B}}{I_{2B}}\right)^2 = Z_{1b} \frac{\mathcal{L}_{22}}{\mathcal{L}_{11}} . \tag{5.70}$$

Diese Bedingungen dienen zur Wahl der Bezugsgrößen I_{2b}, Z_{2b}, die bis jetzt willkürlich waren. Die Größen I_{1b} und Z_{1b} bleiben auch weiterhin willkürlich. Durch die Umformungsbedingungen (5.69) und (5.70) bekommt das System (5-67) eine neue, vereinfachte Form:

$$\left\{\begin{aligned} \underline{u}_{B1r} &= \left[r_1 + \left(x_{\sigma 12} + x_{ad}\right)\left(j\frac{d\beta}{d\tau} + \frac{d}{d\tau}\right)\right] \underline{i}_{B1r} + x_{ad} \left(j\frac{d\beta}{d\tau} + \frac{d}{d\tau}\right) \underline{i}_{B2r} \,, \\ 0 &= \left[r_2 + \left(x_{\sigma 21} + x_{ad}\right)\left(j\frac{d\gamma}{d\tau} + \frac{d}{d\tau}\right)\right] \underline{i}_{B2r} + x_{ad} \left(j\frac{d\gamma}{d\tau} + \frac{d}{d\tau}\right) \underline{i}_{B1r} \,. \end{aligned}\right.$$

Man erhält ein Gleichungssystem mit relativen Größen, in dem die umformten zyklischen Induktivitäten gleich sind.

Die Bewegungsgleichung (5.65) kann auch in relativen Größen wiedergegeben werden. Das entsprechende Bezugsmoment muß von den schon gewählten Bezugsgrößen abhängig sein. Wenn ω_b die Bezugs-Kreisfrequenz ist, dann wird die Bezugs-Winkelgeschwindigkeit $\Omega_b = \omega_b / p$. Anderseits ist die Bezugsleistung im stationären Betrieb $(3/2)U_{1b}I_{1b}$ – laut Gl. (5.66-b) und Gl. (5.66-c)], wobei die Ströme i_{B1} und i_{B2} gleichwertig zu $I_1\sqrt{2}$ bzw. $I_2\sqrt{2}$ sind (also um $\sqrt{2}$ größer als die Effektivwerte der realen Ströme). Dies rechtfertigt den numerischen Faktor (3/2) aus dem Ausdruck der Bezugsleistung (die Ziffer 3 stammt von der Strangzahl). Folglich wird das Bezugsmoment:

$$M_b = \frac{3}{2}\frac{p\,U_{1b}\,I_{1b}}{\omega_b} = \frac{3}{2}\frac{p\,Z_{1b}\,I_{1b}^2}{\omega_b}\ .$$

Die Winkelbeschleunigung aus der Bewegungsgleichung kann in Abhängigkeit von der relativen Geschwindigkeit $\nu = \Omega_2 / \Omega_b$ folgendermaßen ausgedrückt werden:

$$\frac{d\Omega_2}{dt} = \Omega_b \frac{d\nu}{dt} = \frac{\omega_b^2}{p}\frac{d\nu}{d\tau}\ .$$

Nach Division durch das Bezugsmoment M_b bekommt das elektromagnetische Drehmoment [Gl. (5.64)], diesmal mit relativen Größen, folgende Form:

$$m_r = \frac{m}{M_b} = x_{ad}(i_{q1}\,i_{d2} - i_{d1}\,i_{q2}) = x_{ad}\,Re\,(j\,i_{B1}\,i_{B2})\ . \tag{5.72}$$

Dabei wurde auch Gl. (5.68) für x_{ad} in Betracht gezogen. Folglich wird die Bewegungsgleichung in relativen Größen:

$$m_r - m_{Lr} = H_{jr}\frac{d\nu}{d\tau}, \tag{5.73}$$

mit:

$$m_{Lr} = \frac{m_L}{M_b} \quad \text{und} \quad H_{jr} = \frac{J\omega_b^3}{\frac{3}{2}p^2\,U_{1b}\,I_{1b}}\ . \tag{5.74}$$

Die Größe H_{jr} wird *relative Trägheitskonstante der elektrischen Maschine* genannt. Gewöhnlich werden ständerseitig als Bezugsgrößen die Nennspannungsamplitude $U_{1N}\sqrt{2}$ und die Nennstromamplitude $I_{1N}\sqrt{2}$ ausgewählt. Also gelten:

$$I_{1b} = I_{1N}\sqrt{2} \quad \text{und} \quad U_{1b} = U_{1N}\sqrt{2}\ .$$

Folglich ist die Bezugsimpedanz im Ständer:

$$Z_{1b} = Z_{1N} = \frac{U_{1N}}{I_{1N}}\ .$$

5.5 Kennlinien des Drehstrom-Asynchronmotors

Unter Betriebskennlinien versteht man gewöhnlich die Funktionen

Ω_2	$=f(M)$	Mechanische (Belastungs-) Kennlinie
η	$=f(P_2)$	Wirkungsgradkennlinie
$\cos\varphi_1$	$=f(P_2)$	Leistungsfaktorkennlinie

unter den Bedingungen: $U_1 = U_{1N} =$ konst. und $f_1 = f_{1N} =$ konst. Selbstverständlich können auch andere Kennlinien definiert werden, die aber weniger wichtig zur Einschätzung der Eigenschaften eines Asynchronmotors im stationärem Zustand sind.

5.5.1 Die Mechanische Kennlinie des Asynchronmotors mit Schleifringläufer

Der allgemeine Ausdruck des elektromagnetischen Drehmoments eines Asynchronmotors im stationärem Zustand wird in Abschnitt 5.2.4 – Gl. (5.19-b) und (5.19-c) – hergeleitet. In Abschnitt 5.4.1 – Gl. (5.22) – wird eine Abhängigkeit zwischen dem elektromagnetischen Drehmoment M im stationären Betrieb, den Jouleschen Verlusten im Läufer P_{J2} und dem Schlupf s festgelegt:

$$M = \frac{P_{J2}}{s\,\Omega_1} = \frac{3\,R_2\,I_2^2}{s\,\Omega_1} = \frac{3\,R_2'\,I_2'^2}{s\,\Omega_1}, \tag{5.75}$$

wobei Ω_1 die synchrone Winkelgeschwindigkeit der Maschine ist. Mit den Gl. (5.45) und (5.44) läßt sich Gl. (5.75) weiter umformen.

$$I_2' = \frac{\underline{U}_1}{\underline{Z}_1 + c\,\underline{Z}_2} = \frac{\underline{U}_1}{R_1 + c\dfrac{R_2'}{s} + j\left(X_{\sigma 12} + c\,X_{\sigma 21}'\right)}, \tag{5.76}$$

mit

$$c \approx c = \left|1 + \frac{\underline{Z}_1}{\underline{Z}_0}\right| \quad \text{(Bild 5.31-b).}$$

Aus Gl. (5.76):

$$I_2'^2 = \frac{U_1^2}{\left(R_1 + c\dfrac{R_2'}{s}\right)^2 + \left(X_{\sigma 12} + c\,X_{\sigma 21}'\right)^2},$$

und damit erhält Gl. (5.75) eine neue Form:

$$M = \frac{3\,R_2'\,U_1^2}{s\,\Omega_1\left[\left(R_1 + c\dfrac{R_2'}{s}\right)^2 + \left(X_{\sigma 12} + c\,X_{\sigma 21}'\right)^2\right]}. \tag{5.77}$$

Das vom Asynchronmotor entwickelte elektromagnetische Drehmoment ist – bei konstanter Spannung U_1 des elektrischen Speisenetzes – eine Funktion vom Schlupf s [$M = f(s)$].

Bei der Darstellung der Funktion $M = f(s)$ bei U_1 = konst. fällt auf, daß bei $s = 0$ (*Synchronlauf* bzw. *idealer Leerlauf*) das Moment M zu Null wird. Auch für $s \to \pm\infty$ strebt das Moment wieder gegen Null. Somit weist die Funktion $M = f(s)$ dazwischen mindestens einen Extremwert auf, der eine wichtige Rolle bei der Einschätzung der Eigenschaften einer Drehstrom-Asynchronmaschine spielen kann.

Um den Schlupfwert s_K zu bestimmen, bei dem ein Extremwert des Drehmomentes auftritt, muß die erste Ableitung nach s zu Null gesetzt werden:

$$\frac{\mathrm{d}M}{\mathrm{d}s} = 0 .$$

Die vorstehende Gleichung ist äquivalent zu der Gleichung

$$\left(R_1 + c\frac{R_2'}{s}\right)^2 + \left(X_{\sigma 12} + c\,X_{\sigma 21}'\right)^2 - 2\,s\left(R_1 + c\frac{R_2'}{s}\right)c\frac{R_2'}{s} = 0 .$$

Ihre Wurzeln sind:

$$s_{K1,2} = \pm\frac{c\,R_2'}{\sqrt{R_1^2 + \left(X_{\sigma 12} + c\,X_{\sigma 21}'\right)^2}} . \tag{5.78}$$

Da normalerweise $R_1 \approx R_2'$ und $X_{\sigma 12} \approx X_{\sigma 21}' \approx (3 \text{ bis } 5)R_1$, ist der *positive erzielte Schlupf* $0 < s_{K1} < 1$. Dabei befindet sich ein Extremwert der Kennlinie $M = f(s)$ gerade im *Motorbereich* und kann deswegen nur ein Maximum M_{K1} sein (Bild 5.33). Der *negative Schlupf* $-1 < s_{K2} < 0$ entspricht dem *Generatorbetrieb*, und der entsprechende Wert M_{K2} des Moments stellt ein Minimum der Kennlinie $M = f(s)$ dar. Gewöhnlich ist

$$s_{K1,2} = \pm\, 0{,}06 \text{ bis } 0{,}30$$

(die kleineren Werte bei Maschinen größer Leistung, die höheren bei kleiner Leistung). Die Kennlinie $M = f(s)$ im theoretischen Bereich $(-\infty, +\infty)$ läßt somit zwei Extremwerte $M_{K1,2}$ zu. Um diese zu bestimmen, führt man den Wert $s_{K1,2}$ in Gl. (5.77) ein. Es ergibt sich:

$$M_{K1,2} = \pm\frac{3U_1^2}{2\,c\,\Omega_1\left[R_1 \pm \sqrt{R_1^2 + \left(X_{\sigma 12} + c\,X_{\sigma 21}'\right)^2}\right]} . \tag{5.79}$$

Der Schlupf s_{K1} gilt für den Motorbetrieb. Bei diesem Schlupf, kritischer Schlupf oder Kippschlupf genannt, entwickelt die Maschine den Maximalwert des Drehmomentes M_{K1}. Dieser Maximalwert wird Kippmoment genannt.

Da man sich hauptsächlich mit dem Motorbetrieb auseinandersetzt, werden das Kippmoment und der Kippschlupf mit M_K bzw. s_K bezeichnet. Es ist sehr wichtig zu bemerken:

Der Kippschlupf s_K ist direkt proportional dem Läufer-Strangwiderstand, während das Kippmoment M_K unabhängig von ihm ist. Diese Tatsache hat zur Entwicklung des Schleifringläufermotors geführt, der den Nachteil des schwachen Anlaßmomentes des Asynchronmotors aufgehoben hat.

Der Ausdruck des Moments M [Gl. (5.77)] kann auf eine einfachere Form gebracht werden. Dafür bearbeitet man erst das Verhältnis M/M_K:

$$\frac{M}{M_K} = \frac{2\,c\,R_2'\left[R_1 \pm \sqrt{R_1^2 + \left(X_{\sigma 12} + c\,X_{\sigma 21}'\right)^2}\right]}{s\left[R_1^2 + \left(X_{\sigma 12} + c\,X_{\sigma 21}'\right)^2\right] + \dfrac{c^2 R_2'^2}{s} + 2\,c\,R_1\,R_2'} .$$

Multipliziert man Zähler und Nenner mit

$$\frac{s_K}{c\,R_2'} = \frac{2\,c\,R_2'\left[R_1 \pm \sqrt{R_1^2\left(X_{\sigma 12} + c\,X_{\sigma 21}'\right)^2}\right]}{\sqrt{R_1^2 + \left(X_{\sigma 12} + c\,X_{\sigma 21}'\right)^2}} ,$$

erhält man noch einfachere Ausdrücke:

$$\frac{M}{M_K} = \frac{2(1+\lambda)}{\dfrac{s}{s_K} + \dfrac{s_K}{2} + 2} , \qquad (5.80)$$

mit

$$\lambda - \frac{R_1}{\sqrt{R_1^2 + \left(X_{\sigma 12} + c\,X_{\sigma 21}'\right)^2}} .$$

Da gewöhnlich $s_K \ll 1$, besonders bei Maschinen großer Leistung, verwendet man in überschlägigen Berechnungen die Beziehung:

$$M = \frac{2\,M_K}{\dfrac{s}{s_K} + \dfrac{s_K}{2}} , \qquad (5.81)$$

die als *„Kloss'sche Formel“* bekannt ist. Mit Hilfe dieser Formel kann die Form des Kennlinienverlaufs $M = f(s)$ (siehe Bild 5.33) leichter erklärt werden:

- *bei sehr kleinem Schlupf $s \ll s_K$ kann der Term s/s_K im Vergleich zu s_K/s (wegen $s/s_K \ll s_K/s$) vernachlässigt werden.* Folglich:

  $$M \approx \left[\frac{2\,M_K}{s_K}\right] s = K_{1s}\,s ,$$

  mit

  $$K_{1s} = 2M_K ,$$

  d.h., daß die Kennlinie $M(s)$ durch eine Gerade, die durch den Ursprung geht, angenähert werden kann;

- *bei großen Schlupfwerten $s > s_K$ kann der Term s_K/s im Vergleich zu s/s_K (da diesmal $s_K/s \ll s/s_K$) vernachlässigt werden.* Folglich:

  $$M \approx \left[\frac{2\,s_K\,M_K}{s}\right] = \frac{K_{2s}}{s} ,$$

  mit

  $$K_{2s} - 2s_K M_K ,$$

  d.h. die Kennlinie ist praktisch eine gleichseitige Hyperbel (Bild 5.33).

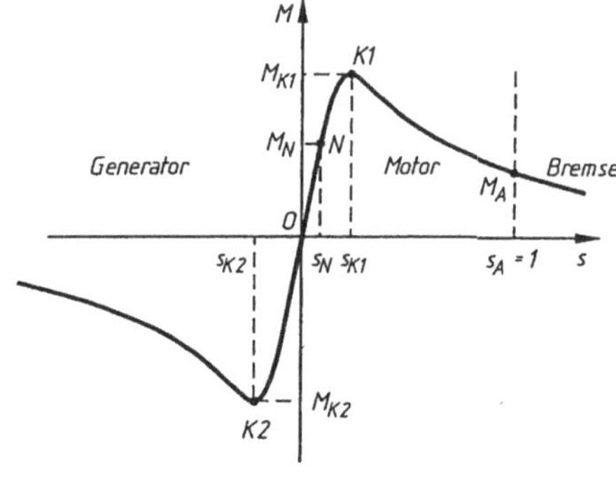

Bild 5.33
Drehmomentverlauf $M(s)$ bei der Drehstrom-Asynchronmaschine:
M Drehmoment,
M_N Nenndrehmoment,
M_{K1} und M_{K2} Kippmomente,
M_A Anlaßmoment,
s Schlupf,
s_{K1} und s_{K2} Kippschlüpfe,
$s_A = 1$ Anlaßschlupf.

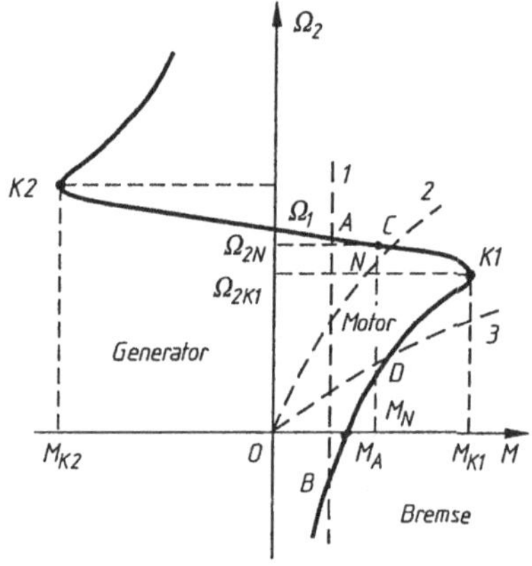

Bild 5.34
Mechanische Kennlinie $\Omega_2(M)$ der Drehstrom-Asynchronmaschine:
Ω_2 Läuferwinkelgeschwindigkeit,
M Drehmoment,
M_{K1} und M_{K2} Kippmomente,
M_A Anlaßmoment.

Die mechanische Kennlinie $\Omega_2 = f(M)$ geht aus der Kennlinie $M = f(s)$ hervor, wenn die lineare Beziehung zwischen der Winkelgeschwindigkeit und dem Schlupf $\Omega_2 = \Omega_1(1-s)$ berücksichtigt wird. In Bild 5.34 wird die derart gewonnene mechanische Kennlinie dargestellt.

Die Ursprungsordinate entspricht dem Synchronlauf, wenn das Moment $M = 0$ und $\Omega_2 = \Omega_1$ (also $s = 0$). Für $\Omega_2 = 0$ (bzw. $s = 1$) erreicht man das Anlaßmoment M_A. Aus der Untersuchung der mechanischen Kennlinie $\Omega_2 = f(M)$ bzw. der Kennlinie $M = f(s)$ gehen einige wichtige Eigenschaften des Drehstrom-Asynchronmotors hervor:

Der Asynchronmotor besitzt eine *begrenzte Belastbarkeit* – das *Kippmoment* M_K – bei einer bestimmten Speisespannung U_1. Gewöhnlich ist das Kippmoment $M_K = (1{,}5$ bis $3)\ M_N$, wobei M_N das Nenndrehmoment ist (Bilder 5.33 und 5.34). Überschreitet das Lastmoment an der Welle den Wert M_K, wird der Motor bis zum Stillstand gebremst (er *„kippt"*). Dieser Zustand ist eine Betriebsstörung in der entsprechenden Anlage: die Ständerströme erreichen Werte von (5 bis 8)I_{1N}. Der Motorschutz spricht prompt an und schaltet den Motor aus. Die vom Motor angetriebene Arbeitsmaschine ist außer Betrieb gesetzt. Die großen Ständerströme resultieren aus der Tatsache, daß der Asynchronmotor in diesem Fall nichts anderes ist, als *ein Transformator mit kurzgeschlossener Sekundärwicklung unter Nennprimärspannung*.

Hier sei daran erinnert, daß der Gleichstrommotor jedes Lastmoment (freilich für kürzeste Zeit) bis zum Wert des Anlaßmoments (bis 10 M_N) bei der Nennspannung aufbringen kann, falls der Stromwender die Überlast mittragen kann.

- *Die Fähigkeit des Asynchronmotors bei Betrieb mit konstanter Spannung, im Vergleich zum Gleichstrommotor, hohe zeitliche Lastmomentenstöße zu übernehmen, ist stark begrenzt.*
- *Das Anlaßmoment des Drehstrom-Asynchronmotors mit kurzgeschlossenem Schleifringläufer ist auch begrenzt. Je nach Leistung erhält man in der Praxis Werte von $M_A = (0{,}4$ bis $3)M_N$. Die großen Werte gelten für kleine Leistungen. Der Asynchronmotor kann deswegen grundsätzlich nicht unter Vollast (mit einem Lastmoment an der Welle, das dem Nennmoment M_N entspricht) anlaufen. Dies ist – besonders bei großen Leistungen – ein Nachteil.*
- *Außerdem kann der Anlaufständerstrom einen großen Wert von (5 bis 8)I_{1N} erreichen. Es gibt somit auch von diesem Gesichtspunkt aus Unterschiede im Vergleich zum Gleichstrommotor, dessen Anlaßmoment bei vergleichbaren Stromstößen bis zu 10 M_N – allerdings nur bei kleinen Leistungen – beträgt:*
  - *Beim Gleichstrommotor* stellt sich beim Anlassen neben der Verminderung der Stromstöße auch das Problem der Verminderung des Anlaßmoments. Dies paßt gut zusammen, da bei ihm das Moment proportional zum Strom ist;
  - *Beim Anlassen des Asynchronmotors* stellt sich dagegen neben der Verminderung der Stromstöße das Problem des Sinkens des Anlassmoments. Um den Anlauf unter voller Last zu ermöglichen (bei bestimmten Antrieben) oder um die Anlaufzeit zu vermindern (bei anderen Antrieben) muß man ein großes Anlaufmoment erzielen können.

Freilich gibt es auch Antriebe, die leer anlaufen. In diesen Fällen wird der Asynchronmotor beim Anlassen keine Schwierigkeiten bereiten.

Beim Asynchronmotor kann *das Problem der statischen Stabilität auftauchen* durch die relativ sonderbare Form seiner mechanischen Kennlinie (Bild 5.34). Ausgangspunkt ist die Ungleichung (1.2) (siehe Kap. 1.6)

$$\left[\frac{dM_\mathrm{L}}{d\Omega}\right]_\mathrm{A} > \left[\frac{dM}{d\Omega}\right]_\mathrm{A}.$$

Man setzt voraus, daß der Asynchronmotor einen Kran antreibt, dessen Kennlinie in Bild 5.34 durch die Gerade (1) dargestellt ist. Es sind zwei Betriebspunkte A und B im stationären Zustand möglich, aber nur A erfüllt die Bedingung der statischen Stabilität. Der Punkt B entspricht einem labilen Bremsbetrieb. Der stabile Betrieb bei einer Winkelgeschwindigkeit $\Omega_2 < \Omega_{2\mathrm{K}1}$ (oder bei einem Schlupf $s > s_\mathrm{K}$) ist hier unmöglich.

Wenn der Motor eine Arbeitsmaschine mit mechanischer Kennlinie von der Art zähflüssiger Reibungen (2) antreibt, dann ist C der einzige stabile Schnittpunkt. Falls die Kennlinie der Arbeitsmaschine von der Art (3) ist (z.B. Gleichstromgenerator mit konstanter Fremderregung und konstantem Belastungswiderstand), dann zeigt die Anwendung von Ungleichung (1.2), daß auch der Punkt D stabil ist.

Da aber im Punkt D die Winkelgeschwindigkeit $\Omega_2 < \Omega_{2\mathrm{K}1}$ bzw. $s > s_\mathrm{K}$ ist, ergeben sich große Joulesche Verluste $P_{\mathrm{J}2} = sP$ und ein *sehr niedriger Wirkungsgrad.* Ein solcher Antrieb ist nicht annehmbar, d.h., daß der Asynchronmotor nicht passend zur Arbeitsmaschine gewählt wurde: seine synchrone Winkelgeschwindigkeit ist zu groß.

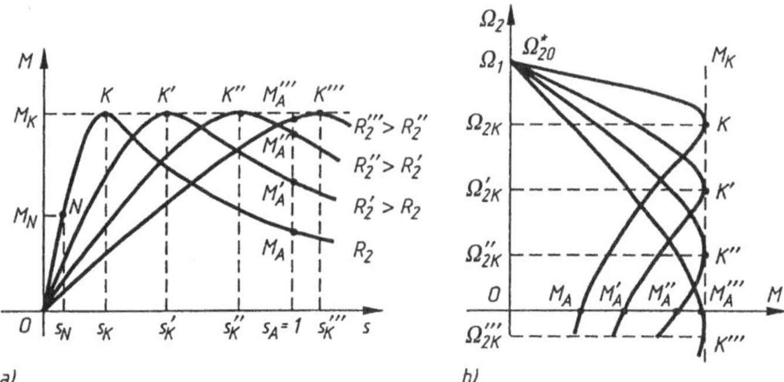

Bild 5.35 a) Drehmomentverlauf über den Schlupf $M(s)$ des Drehstrom-Asynchronmotors mit Vorwiderständen im Schleifringläuferkreis,
b) mechanische Kennlinien $\Omega_2(M)$ für denselben Motor
K, K', K'', K''' Kipp-Punkte, Ω_{2K}, Ω_{2K}', Ω_{2K}'', Ω_{2K}''' *Kipp-Winkelgeschwindigkeiten,*
s_K, s_K', s_K'', s_K''': *Kipp-Schlüpfe,* $s_A = 1$ *Anlaß-Schlupf*
M_A, M_A', M_A'', M_A''': *Anlaßmomente,* $\Omega_{20}^* = \Omega_1$ *ideale Leerlauf-Winkelgeschwindigkeit*

- *Zusammenfassend kann behauptet werden, daß der Asynchronmotor vom statischen Gesichtspunkt aus stabil und mit einem hohen Wirkungsgrad im Bereich $\Omega_2 > \Omega_{2K}$ bzw. $0 < s < s_K$ arbeitet. Innerhalb dieses Bereiches bleibt die mechanische Kennlinie hart, und große Lastmomentänderungen führen nicht zu großen Drehzahlveränderungen. So wie aus Bild 5.34 (oder Bild 5.33) hervorgeht, entspricht das Anwachsen des Moments vom Leerlauf zum Nennwert einem Drehzahlabfall von nur 2 bis 5 % (größer bei Motoren niedrigerer Leistung).*

Die *mechanische Kennlinie des Drehstrom-Asynchronmotors ist also hart im Bereich unter dem Kippschlupf* ($s < s_K$). Dieser Bereich ist gleichzeitig durch statische Stabilität und einen guten Wirkungsgrad charakterisiert, Eigenschaften, die den Nutzbereich des Asynchronmotors bestimmen (für Werkzeugmaschinen, Pumpen, Verdichter usw.). Unter diesem Gesichtspunkt ähnelt der Drehstrom-Asynchronmotor dem fremderregten Gleichstrommotor.

Gl. (5.79) zeigt, daß das Kippmoment unabhängig vom Wert des Läuferwiderstands ist. Wird der Läuferwiderstand vergrößert, was bei Motoren mit Schleifringläufer realisierbar ist, weisen die mechanischen Kennlinien (Bild 5.35) das gleiche Kippmoment M_K auf, das aber bei immer größeren Werten des Kippschlupfs vorhanden ist.

Für verschiedene in den Läuferkreis geschaltete *Zusatzwiderstände* (*Vorwiderstände*) ist das Anlaßmoment M_A (bei $\Omega_2 = 0$) verschieden. Es kann in bestimmten Fällen spürbar größer als das Nennmoment M_N sein und sogar dem Kippmoment M_K entsprechen (Bild 5.35). Manchmal wird die mechanische Kennlinie *ohne Vorwiderstände im Läufer* ($R_Z = 0$) *Eigene* bzw. *Natürliche Kennlinie*, die anderen Kennlinien (mit $R_{R2} = R_2 + R_Z$) werden *abgeleitete Widerstands-Kennlinien* (*artifizielle Kennlinien*) genannt.

5.5.2 Mechanische Kennlinien des Asynchronmotors mit Kurzschlußläufer

So wie in Kap. 5.1 gezeigt wird, eignet sich der Drehstrom-Asynchronmotor für einige konstruktive Änderungen, die durch ihre technologische Einfachheit und durch das Erreichen verbesserter Eigenschaften des Motors bemerkenswert sind. Diese konstruktiven Varianten beziehen sich nur auf den Läufer und bestehen im Ersatz der Läufer-Drehstromwicklung durch verschiedene Käfigformen.

Es kann gezeigt werden, daß diese Käfige vom elektromagnetischen Gesichtspunkt aus einer Mehrphasenwicklung entsprechen.

Man berücksichtigt zunächst einen Käfig mit einer Form, die in Bild 5.36-a gezeigt ist. Der Käfig besteht aus einer Reihe vom m kurzgeschlossenen Windungen aus leitenden Werkstoffen, die regelmäßig verteilt sind. Die Wicklungen bestehen aus Stäben im Läufer, die an den Läuferstirnseiten kurzgeschlossen sind.

- *Alle m Windungen besitzen die gleichen Stäbe längst der Läuferachse.*

Es ergibt sich eine mehrphasige „Läuferwicklung" mit m Strängen. Jede Windung ist ein Strang. Die räumliche Verschiebung zwischen den nebeneinanderliegenden Strängen ist $2\pi/m$. Folglich ist die m-phasige Läuferwicklung, vom konstruktiven Gesichtspunkt aus, symmetrisch.

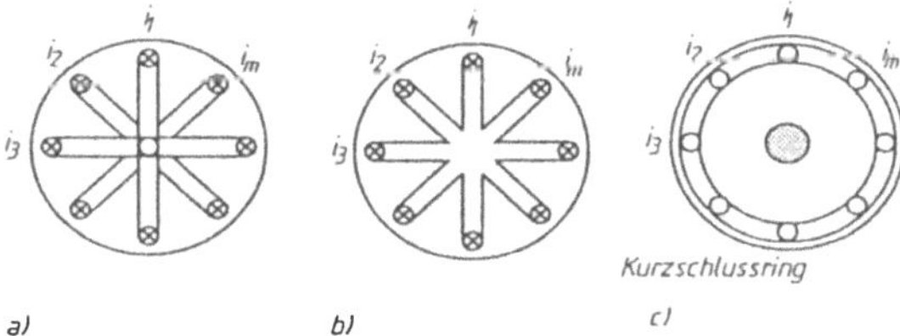

Bild 5.36
Varianten des Kurzschlußläufers

Das Ständer-Drehfeld besitzt gegenüber dem Läufer eine relative Winkelgeschwindigkeit $\Omega_1 - \Omega_2$ (mit Ω_1 Winkelgeschwindigkeit des Drehfeldes und Ω_2 die des Läufers). Man kann leicht feststellen, daß dieses Drehfeld in einer beliebige Läuferwindung einen magnetischen Wechselfluß erzeugt, der weiterhin eine Wechselspannung induziert. Die in den m Läuferwindungen induzierten Spannungen besitzen den gleichen Effektivwert, aber verschiedene Phasenverschiebungen. Diese Phasenverschiebungen beschreiben die verschiedenen Raumverteilungen der m Windungen, zu einem bestimmten Zeitpunkt, im Ständer-Drehfeld. Da die Läuferwindungen kurzgeschlossen sind, erzeugen die induzierten Spannungen die Ströme i_1, $i_2,\ldots,$ i_m, die wiederum zusammen ein symmetrisches m-phasiges Stromsystem bilden. Der resultierende Strom ist Null, da in jedem Moment gilt:

$$\sum_{j=1}^{m} i_\mathrm{j} = i_1 + i_2 + \ldots + i_\mathrm{m} = 0.$$

Der einzige Stromrückschlußleiter – längs der Läuferachse – wird also nicht vom Strom durchflossen. Folglich kann dieser zentraler Stromrückschlußleiter fehlen. Der Aufbau wird dadurch einfacher, und man gelangt zu der Variante aus Bild 5.36-b. Mehr noch, anstatt die Stäbe am Läuferumfang unter sich mit radialen Kurzschlußstäben in einem zentralen Knoten zu verbinden (was wegen der Anwesenheit der Läuferwelle unmöglich wäre), können diese Stäbe unter sich durch Kurzschlußringe (wie in Bild 5.36-c) verbunden werden. Diese Lösung verfeinert den Bau des Läuferkäfigs noch mehr.

Eine *symmetrische m-phasige Wicklung*, die wiederum von einem symmetrischen m-phasigen Stromsystem durchflossen ist, erzeugt ein Drehfeld gleich dem der Läufer-Drehstromwicklung des Asynchronmotors mit Schleifringläufer. Man kann also den Käfig mit einer Drehstromwicklung vergleichen, sowohl das erzeugte magnetische Feld als auch das entwickelte elektromagnetische Drehmoment betreffend. Somit definiert man einen *„Strangwiderstand"* R_2', eine *„Strangreaktanz"* $X_{\sigma 21}'$ und einen *Strangstrom* I_2' in auf die Ständerwicklung bezogene Größen, die die Gleichstellung des Käfigs mit einer herkömmlichen Drehstromwicklung ermöglichen. Deswegen ist keine neue Theorie der Asynchronmaschine mit Käfigläufer mehr nötig, obwohl diese, prinzipiell, von der Theorie der Maschine mit Schleifringläufer abweicht.

Der einfache Käfig- oder Kurzschlußläufer besitzt auch einige Nachteile:

- Er bietet z.B. nicht mehr die Möglichkeit einer Verbesserung der Anlaufbedingungen mit Hilfe zusätzlicher Anlaßwiderstände;
- Seine mechanische Kennlinie (Bild 5.33) kann nur durch Eingreifen in den Ständerkreis verändert werden. Deswegen besitzt der Motor mit einfachem Käfigläufer ein von der Leistung abhängiges Anlaßmoment. Bei großen Leistungen kann er u.U. nicht unter voller Last anlaufen;
- Beim Anlaufen zeigt er einen gefährlichen Stromstoß (Anzugsstrom) in der Größenordnung (6 bis 9)I_{1N}.

Eine andere konstruktive Variante des Asynchronmotors, die günstigere Anlaufwerte ermöglicht, ist der mit *Doppelkäfig-Läufer* ausgerüstete Motor. Der Ständer dieser Motorvariante unterscheidet sich durch nichts vom gewöhnlichen Ständer, aber der Läufer besitzt zwei Käfige:

- einen *Oberkäfig*, direkt an der Oberfläche des Läufers in unmittelbarer Nähe des Luftspaltes untergebracht und aus Material mit größerem spezifischen elektrischen Widerstand (Messing, Aluminiumbronze) gebaut,
- einen *Unterkäfig* aus Kupfer, zum Inneren des Läufers hin untergebracht (Bild 5.37-a).

Zwischen Außen- und Innennuten werden enge Luftschlitze realisiert. In den meisten Fällen sind die Käfige mit unterschiedlichen Stirnringen kurzgeschlossen.

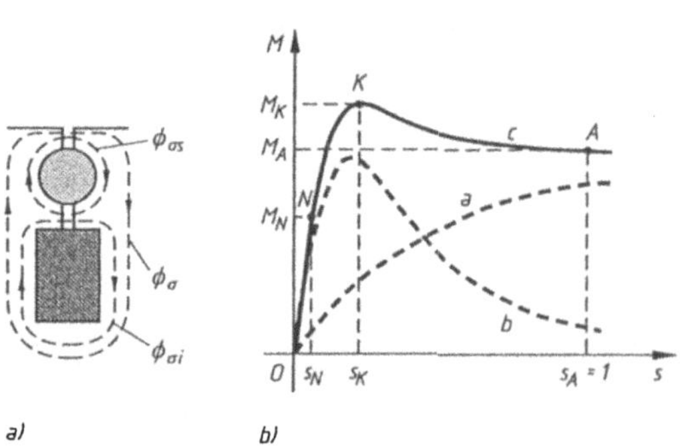

Bild 5.37
Drehstrom-Asynchronmotor mit Doppel-Käfigläufer:
a) Doppelstabausführung,
b) Drehmomentverlauf $M(s)$
A Anlaßpunkt,
M_A Anlaßmoment,
$s_A = 1$ Anlaßschlupf;
N Nennpunkt,
M_N Nenndrehmoment,
s_N Nennschlupf;
K Kippunkt,
M_K Kippmoment,
s_K Kippschlupf

Der erste Käfig besitzt Stäbe kleineren, der zweite Stäbe größeren Querschnitts, so daß der Unterschied zwischen den elektrischen Widerständen beider Käfige noch größer wird.

Die Stäbe des *Oberkäfigs* (auch *Anlaufkäfig* genannt) weisen einen viel größeren Widerstand auf als die Stäbe des *Unterkäfigs* (auch *Arbeitskäfig* genannt). Betrachtet man das Streufeldspektrum in Bild 5.37-a, stellt man fest, daß es:

- einen Streufluß Φ_σ gibt, der mit den Stäben beider Käfige verkettet ist,
- einen Fluß $\Phi_{\sigma s}$, der nur mit den Stäben des Oberkäfigs verkettet ist,
- einen Fluß $\Phi_{\sigma i}$, der nur mit den Stäben des Unterkäfigs verkettet ist.

Man bemerkt, daß der Fluß $\Phi_{\sigma s}$ sowohl den Luftschlitz des Läuferumfangs wie auch den Luftschlitz zwischen den Stäben beider Käfige umläuft, während die Flüsse Φ_σ und $\Phi_{\sigma i}$ nur einen Luftschlitz umlaufen. Deswegen ist der Fluß $\Phi_{\sigma s}$ ersichtlich kleiner als der Fluß $\Phi_{\sigma i}$. Folglich ist die Streureaktanz der Oberstäbe kleiner als die Streureaktanz der Unterstäbe.

Demzufolge zeigen die zwei Käfige verschiedene Kennlinien, und beim Anlauf, wie auch bei einem normalen Betrieb, übernehmen sie verschiedene Rollen:

Am Anfang des Anlassens, wenn der Läufer des Motors sich noch im Stillstand befindet ($\Omega_2 = 0$ bzw. $s = 1$), ist die Frequenz der induzierten Läuferströme $f_2 = sf_1 = f_1$. Der Strom im *Oberkäfig* – da ein sehr großer Widerstand gleichzeitig mit einer sehr niedrigen Streureaktanz vorhanden ist – ist fast in Phase mit der induzierten Spannung. Somit entwickelt der Oberkäfig ein relativ großes Anlaßmoment. Deswegen nennt man den Oberkäfig auch Anlaufkäfig. Da der Unterkäfig hingegen einen sehr kleinen Widerstand bei einer großen Reaktanz aufweist, wird er von Strömen durchflossen, die fast um 90° (quer) der betreffenden Spannung nacheilen; er entwickelt deshalb nur ein kleines Anlaßmoment.

Beschleunigt der Läufer – bzw. bei Zunahme seiner Winkelgeschwindigkeit Ω_2 – nimmt der Schlupf s ab und damit auch die Frequenz $f_2 = sf_1$. Bei der Frequenzabnahme der Läuferströme nehmen auch die Streureaktanzen der zwei Käfige so sehr ab, daß sie im normalen Betrieb, im Vergleich zu den Widerständen dieser Käfige, praktisch vernachlässigbar sind. Die beiden Läuferströme und die Spannung sind fast phasengleich. Diesmal wird der Strom im Unterkäfig (bei wesentlich geringerem Widerstand) größer, und das elektromagnetische Drehmoment wird fast nur von ihm entwickelt. Aus diesem Grund wird der Unterkäfig auch Arbeitskäfig genannt.

In Bild 5.37-b sind drei mechanische Kennlinien dargestellt:

- Kennlinie a: mechanische Kennlinie des Anlaufkäfigs,
- Kennlinie b: mechanische Kennlinie des Arbeitskäfigs,
- Kennlinie c: resultierende mechanische Kennlinie.

Man erkennt den günstigeren Anlauf, der durch den Doppelkäfig verbesserten mechanischen Kennlinie. Das Anlaßmoment M_A ist in diesem Leistungsbereich viel größer – (1,5 bis 2)M_N – als bei Motoren mit kurzgeschlossenem Schleifringläufer oder bei Motoren mit einfachem stromverdrängungsfreien Käfigläufer. Zusätzlich haben die mit Doppelkäfig ausgerüsteten Motoren einen kleineren Anzugsstrom (3,5 bis 5,5)I_{1N}, was ein weiterer und sehr großer Vorteil ist. Die Doppelkäfigmotoren werden serienmäßig bis zu einer Leistung von etwa 500 kW gebaut. Sie sind preiswerter als die Motoren mit Schleifringläufer, aber etwas teurer als die Motoren mit einfachem Käfigläufer.

Eine weitere Variante des Drehstrom-Asynchronmotors mit größerer Verbreitung stellt der Motor mit *Hochstab-Käfigläufer* (Bild 5.38-a) dar. Dieser Motortyp besitzt einen Käfig, der aus Kupferstäben mit *besonderen schlanken Querschnitt* (Höhe ≫ Breite) angefertigt und in speziellen, tiefen Nuten untergebracht ist. Auch dieser Motortyp zeigt verbesserte Anlaufeigenschaften.

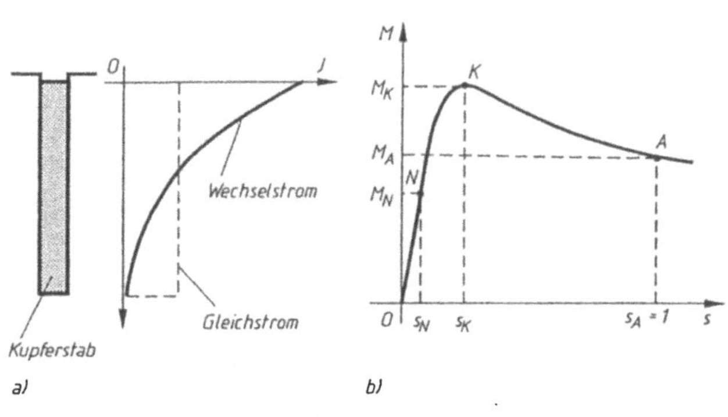

Bild 5.38
Drehstrom-Asynchronmotor mit Hochstab-Käfigläufer:
a) Hochstab,
b) Drehmomentverlauf $M(s)$
A Anlaßpunkt,
M_A Anlaßmoment,
$s_A = 1$ Anlaßschlupf,
N Nennpunkt,
M_N Nenndrehmoment,
s_N Nennschlupf,
K Kippunkt,
M_K Kippmoment,
s_K Kippschlupf.

Das Funktionsprinzip dieser Käfige liegt begründet in der ungleichmäßigen Stromdichte in den massiven Leitern, die von Wechselströmen durchflossen werden. Wird ein Stab des Läuferkäfigs von einem Gleichstrom durchflossen, ist die Stromdichte J über der ganzen Stabhöhe gleichmäßig verteilt (s. Bild 5.38-a, unterbrochene Kennlinie). Der Stab würde einen entsprechenden Widerstand und eine entsprechende Induktivität aufweisen. Ist der Stab aber von einem Wechselstrom durchflossen, wird die Stromdichte nicht mehr gleichmäßig über der Stabhöhe verteilt. Sie wird viel größer in der Nähe des Luftspalts sein und bleibt praktisch Null im entgegengesetzten Bereich, im Nutgrund (s. Bild 5.38-a, ununterbrochene Kennlinie).

Die Unregelmäßigkeit der Stromdichteverteilung ist um so auffälliger, je höher die Frequenz der Läuferströme ist. Wegen der ungleichmäßigen Verteilung der Stromdichte sind der Stabwiderstand im Wechselstrombetrieb erheblich größer und die Induktivität kleiner als im Gleichstrombetrieb. Beim Anlassen, wenn der Läufer noch still steht und die Frequenz f_2 ihren maximalen Wert $f_{2\max} = f_1$ hat, führt die ungleichmäßige Verteilung der Stromdichte zu einen hohen Stabscheinwiderstand und zu einer relativ kleinen Induktivität (Stromverdrängung).

Der Motor mit diesem Käfig entwickelt ein hohes Anlaßmoment. Wird der Läufer beschleunigt und nimmt die Läuferfrequenz bis zu einem ganz verminderten Wert (1 bis 2 Hz bei einer Standardfrequenz f_1 = 50 Hz) ab, verteilt sich die Stromdichte gleichmäßig auf die Höhe des Läuferstabes, ähnlich wie die Verteilung im Gleichstrombetrieb, und der Scheinwiderstand nimmt auch stark ab. Gleichzeitig nimmt die Streureaktanz mit der Frequenz empfindlich ab.

Der Stabstrom bleibt gleichphasig zur induzierten Spannung, und dadurch bleibt das entwikkelte Drehmoment hoch. In dieser konstruktiven Variante ist der Läuferwiderstand während des Hochlaufs veränderlich: von einem hohen Wert am Anfang des Anlaufs bis zu einem niedrigen Wert an seinem Ende. Man erreicht auf diesem Weg ganz automatisch, was beim Motor mit Schleifringläufer nur durch Einschalten von einstellbare Zusatzwiderstände in Reihe mit dem Läufer erreicht werden kann, um seine Anlaufeigenschaften zu verbessern.

Die mechanische Kennlinie ist in Bild 5.38-b eingezeichnet. Der ist *Hochstabmotor* ist etwas preiswerter als der Doppelkäfigmotor. Anderseits erlaubt er kein höheres Anzugsmoment als 1,5 M_N. Etwas bessere Ergebnisse liefert der Keilstabläufer, da der Verdrängungseffekt wegen der Formgebung wirksamer ist.

Für die Motoren werden Läuferklassen angegeben. Aus der Zuordnung kann man dann über die Kennlinie das Momentenverhalten erkennen.

5.5.3 Wirkungsgradkennlinie

Diese Kennlinie wird als: $\eta = f(P_2)$ bei $U_1 = U_{1N}$ = konst. und $f_1 = f_{1N}$ = konst. definiert. In der Asynchronmaschine treten die gleichen Verlustarten (mechanische Verluste P_m, Eisenverluste P_{Fe} und Joulesche Verluste P_J) wie auch in der Gleichstrommaschine auf.

- Die *mechanischen Verluste* P_m werden von den Luft- und Lagerreibungen verursacht. Erstere enthalten sowohl die Verluste durch die Luftreibung des Läufers als auch den Leistungsbedarf des Lüfters. Sie sind beide von der Drehzahl abhängig. In der Betriebszone des Asynchronmotors sind diese Verluste praktisch konstant (kleine Veränderungen der Drehzahl).
- Die *Eisenverluste* P_{Fe}, durch *Hysterese* und *Wirbelströme* verursacht, entstehen nur im Ständer (da $f_2 \ll f_1$, sind die *Eisenverluste in Läufer vernachlässigbar*). Auch diese Verluste sind konstant, unabhängig von der Belastung des Motors.
- Die *Jouleschen Verluste* P_J entstehen sowohl in der *Ständerwicklung* (P_{J1}) wie auch in der *Läuferwicklung* (P_{J2}). Diese Verluste werden erheblich von dem Belastungszustand des Motors beeinflußt (quadratisch). Die Gesamtverluste im Asynchronmotor sind:

$$\Sigma P_V = P_m + P_{Fe} + (P_{J1} + P_{J2}) = P_m + P_{Fe} + P_J \, .$$

Der Wirkungsgrad ist das Verhältnis (abgegebene Leistung)/(zugeführte Leistung). Unter Einführung der Verluste läßt er sich wie folgt formulieren:

$$\eta = \frac{P_2}{P_2 + \sum P_V} = \frac{P_1 - \sum P_V}{P_1} = 1 - \frac{\sum P_V}{P_1} \, . \tag{5.82}$$

Der Wirkungsgrad hängt von der abgegebenen Nutzleistung P_2 an der Welle ab. Die Kennlinie $\eta = f(P_2)$ ist in Bild 5.39 dargestellt. Gewöhnlich erreicht der Wirkungsgrad seinen Maximalwert bei (0,5 bis 0,75)P_{2N}.

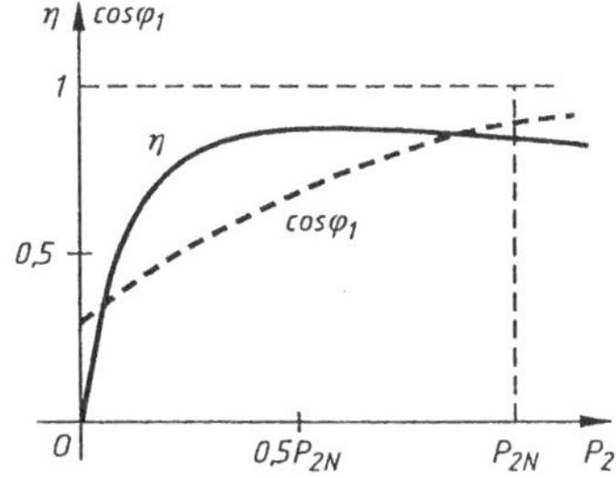

Bild 5.39
Wirkungsgrad η und Leistungsfaktor $\cos\varphi_1$ des Drehstrom-Asynchronmotors als Funktionen der Nutzleistung P_2

Der Wirkungsgrad der Asynchronmaschine (n = 1500 min^{-1}) ist:

- bei Maschinen von über 500 kW über 96,5 % ,
- bei Maschinen von 11 bis 200 kW etwa 88 bis 95,5 % ,
- bei Maschinen von 0,12 bis 1,1 kW etwa 56 bis 75 % .

5.5.4 Leistungsfaktorkennlinie

Diese Kennlinie ist durch die Funktion $\cos\varphi_1 = f(P_2)$ bei $U_1 = U_{1N} =$ konst. und $f_1 = f_{1N} =$ konst. definiert. Der Asynchronmotor nimmt vom Speisenetz einen Strom auf, der immer der Strangspannung (induktiv) nacheilt. Die physikalische Erklärung dieser Tatsache besteht in der Notwendigkeit, daß die Maschine Blindleistung aufnehmen muß, die für ihre Erregung (Magnetisierung des Eisens) benötigt wird. Der Motor arbeitet vom Gesichtspunkt der Blindleistung aus wie eine Drosselspule, so daß sein Leistungsfaktor immer induktiv ist.

Im Leerlauf ist der Leistungsfaktor sehr klein (0,1 bis 0,2), da die Wirkleistung P_0 relativ sehr klein ist ($P_0 = P_{Fe} + P_m$, also nur die Motorverluste) und die Blindleistung, die für die Erregung notwendig ist, beachtlich größer ist.

Bei zunehmender Belastung steigt – bei ungefähr konstant bleibender Blindleistung – die Nutzleistung des Motors an, so sich daß der Leistungsfaktor mit der Belastung verbessert. Er erreicht ungefähr bei der Nennleistung einen maximalen Wert von etwa 0,85 bis 0,9.

Auch die Kennlinie des Leistungsfaktors ist in Bild 5.39 dargestellt. Der relativ kleine Wert des Leistungsfaktors bei kleinerer Belastung stellt einen Nachteil des Asynchronmotors dar. Beim Einsatz elektrischer Asynchronmotoren an verschiedenen Arbeitsplätzen trifft man deswegen Maßnahmen, um den Leistungsfaktor zu verbessern (Kondensatorbatterien oder übererregte Synchronmotoren, wo es möglich ist).

5.6 Anlauf von Asynchronmotoren

Der Anlauf oder das Anlassen besteht im Übergang vom Stillstand bei stromloser Maschine zu einer bestimmten stationären Drehzahl im Betrieb am Netz. Die Hauptprobleme des Anlaufs eines Asynchronmotors – wie generell auch jeden Motors – sind die Werte für das *Anzugsmoment* und den *Anlaufstromstoß*. Damit der Läufer beschleunigen kann, muß der Motor ein größeres Moment als das Lastmoment entwickeln können. In einigen Fällen (Kugelmühlen, Verdichter, Bohranlagen, Hebemaschinen usw.) ist ein relativ großes Anzugsmoment notwendig, manchmal sogar größer als das Nenndrehmoment.

Von der Differenz zwischen dem Motordrehmoment und dem Lastmoment hängt auch die gesamte Anlaufzeit ab, die wiederum die Produktivität der Arbeitsmaschine in vielen Fällen bedeutend beeinflussen kann. Anderseits ist die Größe des Anlaufstroms durch einige Bedingungen begrenzt, die vom Speisenetz oder vom Motor selbst herrühren. Der Anlaufstrom ist groß. Dies geht aus dem Ersatzschaltbild (Bild 5.31) hervor: bei $s = 1$ hat der Läuferwiderstand R_2'/s seinen niedrigsten Wert.

Der Betrag der Läuferimpedanz Z_2' wird dadurch minimal, und das verursacht eine große Steigerung des Läuferstroms. Dies führt weiterhin zu einer entsprechenden Steigerung des Effektivwerts des Ständerstroms bis zum etwa 6 bis 8fachen des Nennwerts I_{1N}.

Während der transienten Ausgleichsvorgänge beim Anlaufvorgang kann der augenblickliche Ständerstromwert 10 bis 14 mal den Nennstromwert überschreiten. Mit der Abnahme der Beschleunigung des Motors bzw. mit der Abnahme des Schlupfs nimmt auch der Strom bis zu einer Grenze ab, die diesmal vom stationären Lastmoment bestimmt wird. Bei starken Motoren und schwachem Speisenetz ist die Herabsetzung der Anlaufströme von große Bedeutung.

Beim Anlaufen der Drehstrom-Asynchronmotoren werden verschiedene Verfahren und Hilfsanlagen eingesetzt. Beim Auswählen des Anlaufverfahrens von Asynchronmotoren müssen gewisse Bedingungen durch das elektrische Antriebssystem und durch das lokale Verteilungsnetz der elektrischen Energie erfüllt werden.

Allgemein wird ein ruhiges Anlaufen bevorzugt, da die dynamischen Stöße insbesondere für die mechanischen Übetragungsglieder gefährlich sind. Der Anlaufstrom darf nicht zu thermischen Überbeanspruchungen führen, die besonders für die Wicklungsisolation schädlich sind.

Das elektromagnetische Drehmoment des Motors muß die schnelle Beschleunigung des Antriebssystem gewährleisten. Die Anlaufverfahren unterscheiden sich nach dem Bautyp des Läufers (*Schleifring-* oder *Kurzschlußläufer*).

Beim Auswählen der einen oder der anderen Anlaufmethode werden auch die ökonomischen Gründe berücksichtigt. Beim Anlaufvorgang von Gleichstrommotoren waren die maximalen elektromagnetischen Drehmomente durch die Stromwendung und durch die in den Komponenten des Antriebssystems entstandenen mechanischen Beanspruchungen begrenzt.

Bei Asynchronmotoren sind Erwärmung der Wicklungen und elektrodynamische Kräfte zwischen den Spulenköpfen die wesentlichen Elemente. Obwohl alle Anlaufverfahren von Asynchronmotoren mit Käfigläufer auch beim Schleifringläufer angewendet werden können, laufen die Schleifringläufer fast ausschließlich – dank eines großen Anzugsmoments und eines verminderten Stromstoßes – mit Zusatzwiderständen im Läuferkreis an.

5.6.1 Direkter Anlauf

Dieses Verfahren führt zur einfachsten und sichersten Schaltung und besteht in dem Einschalten der Ständerspannungen. Beim direkten Anlauf im dynamischen oder transienten Zustand können die Strangströme sehr große Spitzenwerte erreichen (bis zu 9 bis 12 mal den Effektivwert). In Bild 5.40 ist der zeitliche Verlauf der Strangströme bei einem Direkteinschalten mit Nennlastdrehmoment und einem – im Vergleich zum Trägheitsmoment J_m des Motors – doppelten Trägheitsmoment J dargestellt.

Der zeitliche Verlauf des elektromagnetischen Drehmoments m und der Winkelgeschwindigkeit Ω_2 in demselben Fall ist in Bild 5.41 dargestellt. Wenn die Abhängigkeit des elektromagnetischen Drehmoments vom Schlupf [$M = f(s)$, oft auch als *mechanische Kennlinie bekannt*] dargestellt wird (unter den Bedingungen $M_L = M_N$ und $J = 2J_m$), dann resultiert eine Kennlinie wie in Bild 5.42, die sehr weit von der Kennlinie $M = f(s)$ im stationären Zustand entfernt ist.

Der große Anzugsstrom führt zu großen Spannungsfällen im Speisenetz. Dies kann andere Verbraucher stören, insbesondere die elektrische Beleuchtung in gemischten Netzen. Die Schalt- und Meßgeräte sind gleichfalls beansprucht. Zwischen den Ständerwickelköpfen entstehen große elektrodynamischen Kräfte. Der direkte Anlauf ist plötzlich und schnell, mit hohen dynamischen Stößen in den kinematischen Übertragungsgliedern. Die beschriebenen Nachteile des direkten Anlaufs werden im allgemeinen nur bei kleinen Nennleistungen und -spannungen akzeptiert.

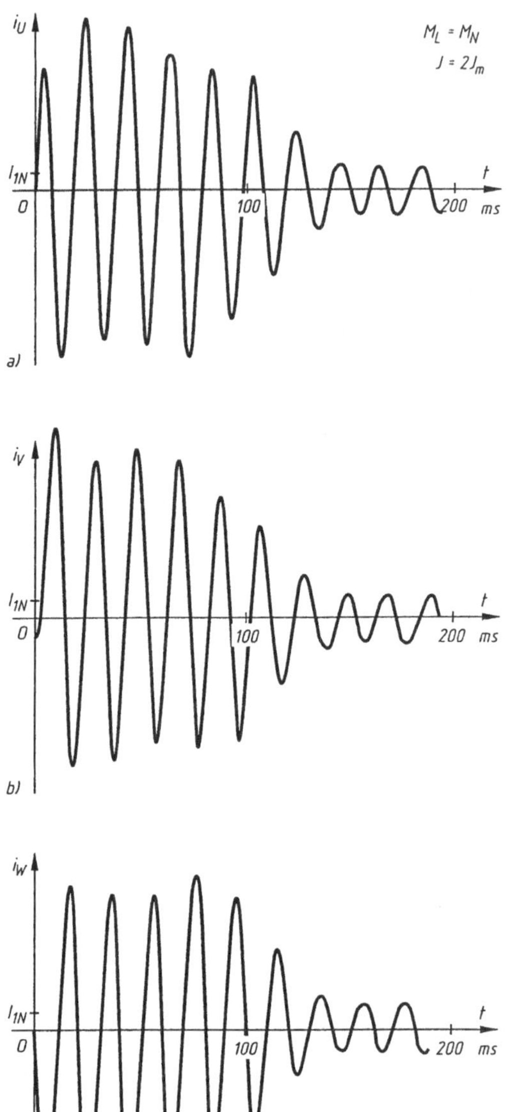

Bild 5.40
Zeitlicher Strangstromverlauf beim direkten Anlauf im dynamischen Zustand des Drehstrom-Asynchronmotors:
a) $i_U(t)$,
b) $i_V(t)$,
c) $i_W(t)$

In besonderen Fällen sind – mit der Genehmigung der Elektrizitätsversorgungsunternehmen (EVU) – Direkteinschaltungen von Asynchronmotoren bis zu mehreren Megawatt Nennleistung durchaus zulässig. Die Nennleistung des größten Asynchronmotors darf aber 20 % der Nennleistung des Transformators, der das Verteilungs-Speisenetz versorgt, nicht überschreiten.

Der direkte Anlauf des Asynchronmotors mit Kurzschlußläufer ist bei vielen einfachen Werkzeugmaschinen und Lüftern – kleiner Leistung – üblich.

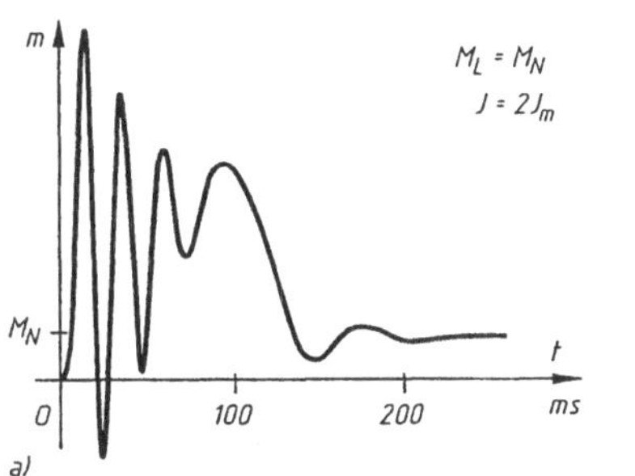

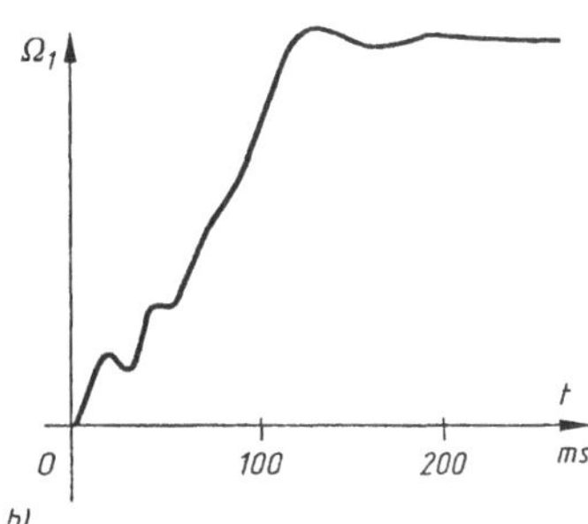

Bild 5.41 Zeitliche Verläufe beim direkten Anlauf im dynamischen Zustand des Drehstrom-Asynchronmotors: a) $m(t)$, b) $\Omega_2(t)$

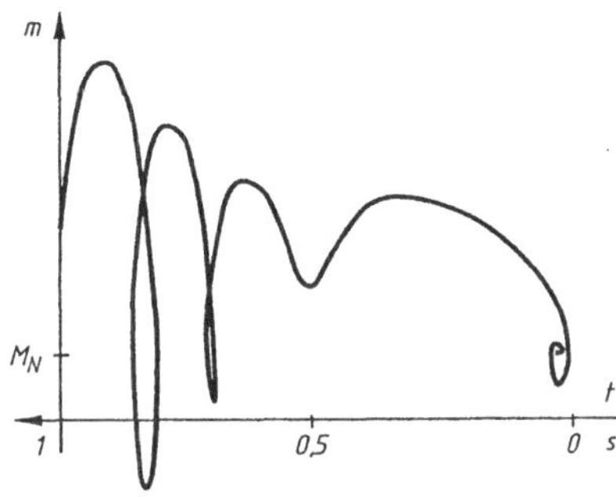

Bild 5.42
Dynamische Kennlinie $m(s)$ beim direkten Anlauf des Drehstrom-Asynchronmotors

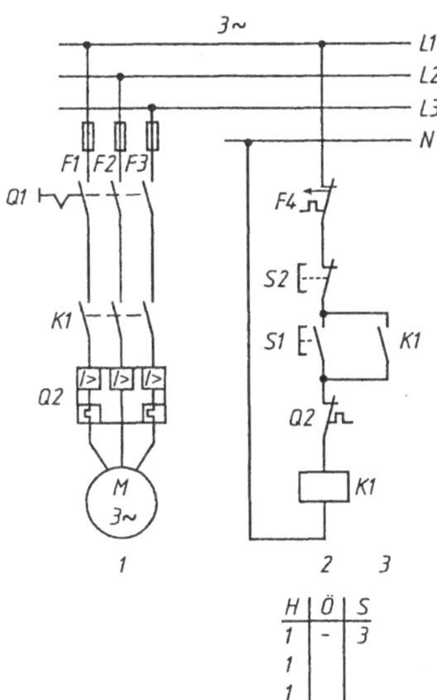

Bild 5.43
Automatisierte Direktanlauf-Steuerung (eine Drehrichtung) des Drehstrom-Asynchronmotors

In Bild 5.43 ist das prinzipielle Schaltbild einer automatisierten Direktanlauf-Steuerung (in einer einzelnen Drehrichtung) dargestellt:

Wird der Taster S1 betätigt – bei geschlossenem Schalter Q1 – wird die Schützspule K1 erregt. Dadurch wird die Ständerwicklung des Asynchronmotors (mit Kurzschlußläufer) M an das Speisenetz geschaltet.

Durch die gleichzeitige Schließung des Hilfsschließers K1 in Kreis 3 wird die Speisung der Schützspule K1, auch nach Freigabe des Tasters S1, gewährleistet.

Das Überstrom-Relais (I >) Q2 schützt den Motor gegen thermische Überlastung.

Der Motor ist noch durch die Schmelzsicherungen F1 bis F3 gegen Überströme (Kurzschluß in der Anlage oder im Motor) geschützt.

Der Motor wird auf Wunsch durch die Betätigung des Tasters S2 zum Stillstand gebracht, der die Speisung der Schützspule K1 unterbricht.

Für den Anlauf in beiden Drehrichtungen, im Vergleich zu dem vorherigen Schaltbild, wird noch ein Schütz K2 für die andere Betriebsrichtung benötigt (Bild 5.44). Dies ist notwendig, um eine Verriegelung der Schütze bzw. eine gleichzeitige Schließung beider Hauptschütze K1 und K2 (Kurzschluß des Speisenetzes) zu vermeiden.

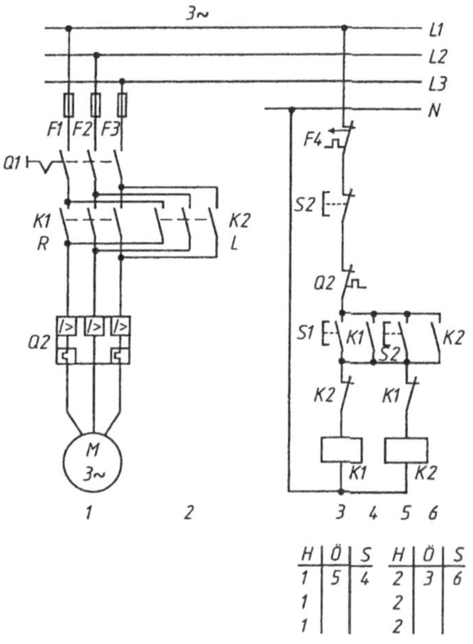

H	Ö	S	H	Ö	S
1	5	4	2	3	6
1			2		
1			2		

Bild 5.44
Automatisierte Direktanlauf-Steuerung in beiden Drehrichtungen des Drehstrom-Asynchronmotors

5.6.2 Stern-Dreieck-Anlauf

Diese Anlaufmethode kann nur bei Motoren mit betriebsmäßiger ständerseitiger Dreieckschaltung angewendet werden. Die Wicklungsstränge werden zunächst in Sternschaltung an das Netz gelegt. Bei Erreichen einer Drehzahl von etwa 90 bis 95 % der synchronen Drehzahl werden die Ständerwicklungen in Dreieck umgeschaltet. Die Umschaltung kann *manuell* (Bild 5.45-a mit einem Stern-Dreieck-Schalter) oder *automatisch* (über Leistungsschütze) erfolgen.

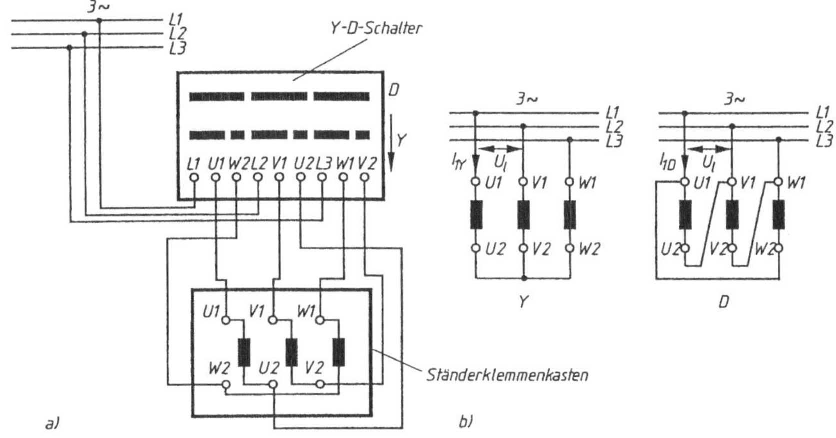

Bild 5.45 Stern-Dreieck-Anlauf des Drehstrom-Asynchronmotors:
a) mit Stern-Dreieck-Schalter, b) Schaltbilder Y und D

Beim Sternanlauf geht dabei der Einschaltstrom auf 1/3 des Werts beim Direkteinschalten zurück (gegenüber dem Strom im Fall eines direkten Anlaufs mit dreieckgeschalteter Ständerwicklung). Mit den Bezeichnungen aus Bild 5.45-b beträgt der Netzstrangstrom, wenn die Ständerwicklung sterngeschaltet ist:

$$I_{1Y} = \frac{U_1}{\sqrt{3}\, Z_m}.$$

Im Fall der Dreieckschaltung ist der Netzstrom:

$$I_{1D} = \sqrt{3}\,\frac{U_1}{Z_m},$$

so daß

$$\frac{I_{1Y}}{I_{1D}} = \frac{1}{3}.$$

Hier bedeutet Z_m die Motor-Strangimpedanz bei $s = 1$ (stillstehender Läufer).

Da sich die Strangspannungen bei Sternschaltung auf $1/\sqrt{3}$-mal reduzieren, nimmt das Anzugsdrehmoment, gegenüber dem direkten Anlauf dreieckgeschalteter Ständerwicklung, auf ein Drittel ab, denn dieses Moment ist dem Quadrat der Strangspannung U_1 im Ständer proportional. Folglich beschränkt man den Einsatz der Stern-Dreieck-Umschaltung auf die Fälle, in denen das Anlassen im Leerlauf oder mit verminderten statischen Widerstandsmoment stattfindet.

Bei der Dreieckumschaltung treten Strom- und Drehmomentspitzen auf, da der Motor auf eine andere mechanische Betriebskennlinie kommt (Bild 5.46).

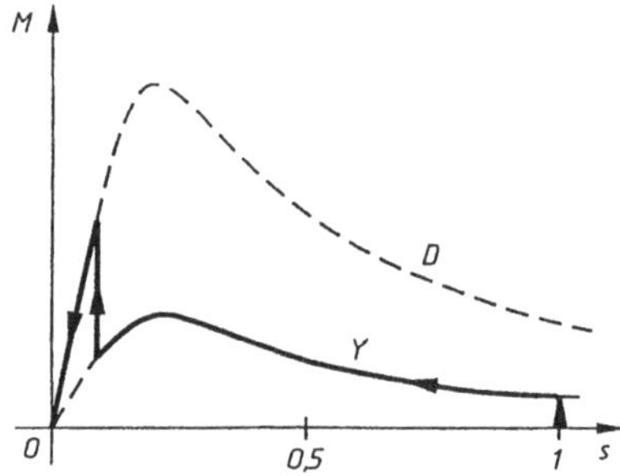

Bild 5.46
Auftreten der Drehmomentspitze bei der Dreieckumschaltung

Ein verfrühtes Umschalten von Stern- auf Dreieckschaltung führt zum Auftreten von Strom- und Drehmomentspitzen, die nahe bei denjenigen liegen, die im direkten Dreieckanlauf erzeugt werden. Die spezifischen Vorteile dieses Anlaufverfahrens gehen in diesem Fall verloren. Bleibt die Belastung des Motors nach dem Stern-Dreieck-Anlauf kleiner als α des Nennwertes, darf der Ständer zurück in Stern geschaltet werden.

Der aufgenommene Strom nimmt ab, der Leistungsfaktor und der Wirkungsgrad verbessern sich, und somit wird eine Herabsetzung der Verluste erreicht. Der Stern-Dreieck-Anlauf kann nur bei den Asynchronmotoren angewendet werden, bei denen alle sechs Klemmen der Ständerwicklung zugänglich sind. Überdies muß die Ständer-Strangspannung zu der verketteten Spannung des Speisenetzes passen.

In den üblichen Drehstromnetzen (400 V) soll darum auf dem Leistungsschild des Asynchronmotors 690/400 V stehen. Der Stern-Dreieck-Anlauf wird gewöhnlich bei Asynchronmotoren mit Käfigläufer und kleinen Nennleistungen (3 bis 5 kW) verwendet. Mit der Genehmigung des EVU kann dieses Anlaufverfahren auch bei Motoren höherer Nennleistungen angewandt werden.

5.6.3 Anlauf mit Drosselspulen im Ständerstromkreis

Die Verminderung der Motorklemmenspannung im ersten Augenblick des Anlaufs kann auch durch die Reihenschaltung einer passenden Drosselspule zu der Ständerwicklung erreicht werden. Man bezeichnet mit I_{Ad} den *Netzleiterstrom beim direkten Anlauf* und mit I_{Ar} denselben Strom beim *Anlauf mit reduziertem Strom* (mit Drosselspule):

$$I_{\mathrm{Ar}} = I_{\mathrm{Ar}} = \frac{I_{\mathrm{Ad}}}{k_{\mathrm{s}}}\,, \tag{5.83}$$

wobei $k_{\mathrm{S}}>1$ der *Verminderungsfaktor* (*Spulenkoeffizient*) des direkten Anlaufstroms ist. Benutzt man die vereinfachende Annahme $I_1 \approx I_2'$, wird das *reduzierte Anlaßmoment M_{Ar} (im Fall der Drosselreihenschaltung):*

$$M_{\mathrm{Ar}} = \frac{3R_2' I_2'^2}{\Omega_1} = \frac{3R_2' I_{\mathrm{Ar}}^2}{\Omega_1} = \frac{3R_2' I_{\mathrm{Ad}}^2}{\Omega_1} \times \frac{1}{k_{\mathrm{s}}^2} = \frac{M_{\mathrm{Ad}}}{k_{\mathrm{s}}^2}\,, \tag{5.84}$$

mit M_{Ad} als direktes Anlaßmoment.

Man bemerkt, daß ein k_{S}-faches des Stromes gleichzeitig eine Verminderung um k_{S}^2 des Anlaßmoments bedeutet. Aus diesem Grund kann diese Methode nur beim Anlassen im Leerlauf oder bei besonders kleinem Anlauflastmoment angewendet werden. Nachdem der Motor hochgelaufen ist, wird die Drosselspule ausgeschaltet.

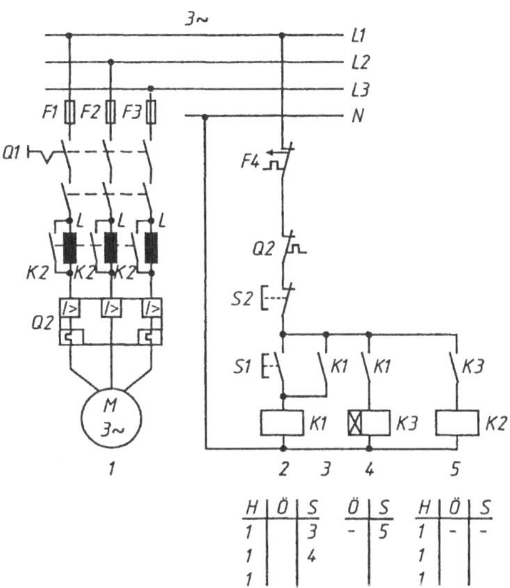

Bild 5.47
Automatisierte Steuerung eines Drehstrom-Asynchronmotors mit Kurzschlußläufer und Anlaßdrosseln L

In Bild 5.47 wird das Steuerprinzip für das gesteuerte Anlassen eines Asynchronmotors mittlerer Leistung mit Kurzschlußläufer mit Hilfe von Anlaßdrosseln dargestellt. Zunächst wird der Schalter Q1 geschlossen. Danach wird, durch Betätigung des Anlauftasters S1, das Schütz K1 eingeschaltet und der Motorständer M – über die Drosseln L – eingespeist. Durch den Hilfsschließer K1 wird die Spule des Zeitrelais K3 erregt. Dieses Relais schließt den Verzögerungsschließer in Kreis 5, und somit wird das Schütz K2 die Drosseln L kurzschließen. Der Motor läuft dann mit Nennspannung.

5.6.4 Anlauf mit Spartransformator

Um den Einschaltstrom durch einen Teilspannungsanlauf herunterzusetzen, ist ein Drehstromtransformator (Sparschaltung) nötig. Damit kann die Ständerwicklung des Drehstrom-Asynchronmotors mit Käfigläufer zunächst mit verminderter Spannung gespeist werden (Bild 5.48).

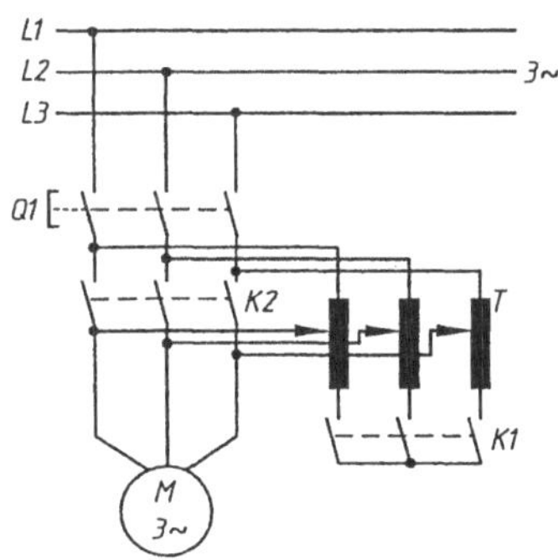

Bild 5.48
Anlauf mit Spartransformator eines Drehstrom-Asynchronmotors mit Käfigläufer

Der Schaltungsablauf mit Spartransformator, bei Verwendung z.B. einer einzigen Spannungsstufe, findet folgendermaßen statt: Zunächst sind die Schütze K1 und K2 sowie auch der Schalter Q1 geöffnet. Nach Schließen des Schalters K1 wird Schalter Q1 eingelegt. Auf diese

Weise versorgt der Spartransformator T den Motor M mit verringerter Spannung. Nachdem der Motor fast die synchrone Drehzahl erreicht hat, werden der Spartransformator-Nullpunkt geöffnet und Schalter K2 geschlossen. So ist der Spartransformator im normalen Betrieb abgeschaltet. Für diese Schaltung können Handschalter eingesetzt werden. Das Schema läßt auch eine Steuerung mit Schützen und Zeitrelais zu. Freilich ist die Spartransformatorschaltung teurer als die Drosselschaltung; sie ist aber technisch vorteilhafter und wird bei großen Leistungen eingesetzt. Wenn U_{1N} die Nennstrangspannung des Speisenetzes und gleichzeitig des Motors ist und U_{1m} die Ausgangsstrangspannung des Autotransformators bzw. die reduzierte Eingangsspannung des Motors in der Anlaufstufe, dann ist:

$$U_{1m} = \frac{U_{1N}}{ü},$$

mit $ü$ als Übersetzungsverhältnis des Spartransformators.

Der aufgenommene *reduzierte Strangstrom* ist:

$$I_{1m} = \frac{U_{1m}}{Z_m} = \frac{1}{ü} \times \frac{U_{1N}}{Z_m} = \frac{I_{Ad}}{ü},$$

mit Z_m als Ersatzimpedanz des Motorstrangs bei $s = 1$ (Stillstand).

Der Eingangsstrom des Spartransformators wird $ü$-mal kleiner als der Ausgangsstrom: der Spartransformator vermindert $ü$-mal die Spannung, vergrößert aber $ü$-mal den Strom. Folglich:

$$I_{Ar} = \frac{I_{1m}}{ü} = \frac{I_{Ad}}{ü^2}. \tag{5.85}$$

Anderseits wird das reduzierte Anlaßmoment:

$$M_{Ar} = M_{Ad}\left(\frac{U_{1m}}{U_{1N}}\right)^2 = \frac{M_{Ad}}{ü^2}. \tag{5.86}$$

Somit vermindert sich das Drehmoment beim Anlauf mit Spartransformator $ü^2$-mal im Vergleich zum natürlichen Anlaßmoment. Das gleiche gilt für den Anlaßstrom! Der Vergleich Gl. (5.85) und (5.86) mit (5.83) bzw. (5.84) zeigt den Vorteil des Spartransformators: bei der gleichen Verminderung des Drehmoments verzeichnet der Strom beim Spartransformatorenanlauf eine stärkere Verminderung als beim Drosselanlauf (z.B. für $M_{Ar} = 0{,}5\ M_{Ad}$ wird beim Spartransformatorenanlauf $I_{Ar} = 0{,}5\ I_{Ad}$ und beim Drosselanlauf $I_{Ar} = 0{,}75\ I_{Ad}$).

5.6.5 Anlauf des Asynchronmotors mit Schleifringläufer

Alle indirekten Anlaufmethoden mit Spannungsabsenkung von Asynchronmotoren haben den Nachteil, daß das Anlaßmoment gleichzeitig mit der Verminderung des Anlaufstroms verringert wird. Aus diesem Grund sind diese Methoden bei schwerem Anlauf nicht verwendbar. Der Asynchronmotor mit Schleifringläufer ist der einzige, der schwere Anläufe bei Leistungen von Tausenden kW bewältigen kann. Die wirksamste Anlaufmethode von Motoren mit Schleifringläufern besteht aus einem Satz regelbarer Zusatzwiderstände (angepaßt an den Motor), die über Schleifringe und Bürsten in Reihe mit der Läuferwicklung geschaltet sind (Bild 5.49).

Wären Induktivitäten eingeschaltet, hätte sich gleichzeitig mit der Verminderung des Stromes I_2' auch das Anlaßmoment verringert, da der Phasenverschiebungswinkel zwischen $\underline{E}_{\mu 2}$ und $\underline{I}_2$ zunehmen würde. Man weiß, daß der Wert des Kippmomentes M_K nicht vom Läuferwiderstand R_2 abhängt, wohl aber der Kippschlupf s_K.

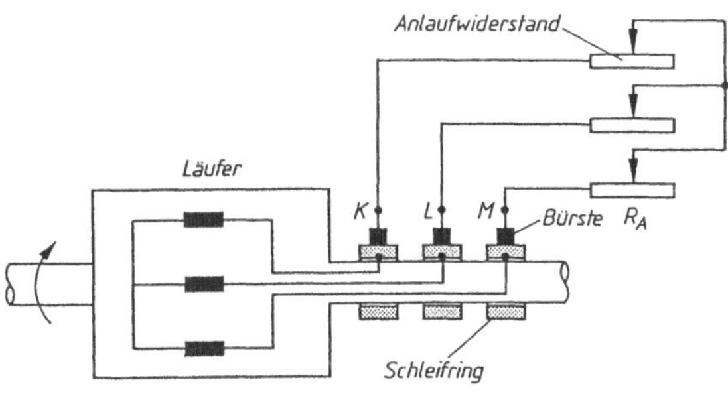

Bild 5.49
Zusatzwiderstände beim Anlauf des Drehstrom-Asynchronmotors mit Schleifringläufer

Die Kennlinien $M = f(s)$ für verschiedene Zusatzwiderstände R_Z sind in Bild 5.50 dargestellt. Sie zeigen, daß der Zusatzwiderstand R_Z mit der Verschiebung des Kippmomentes nach rechts zunimmt.

Es kann ein bestimmter Zusatzwiderstand R_{Zc} gewählt werden, so daß beim Anlaufen (s = 1) das Anlaßmoment M_1 erheblich größer als das Lastmoment M_L wird (Kennlinie b, Bild 5.50).

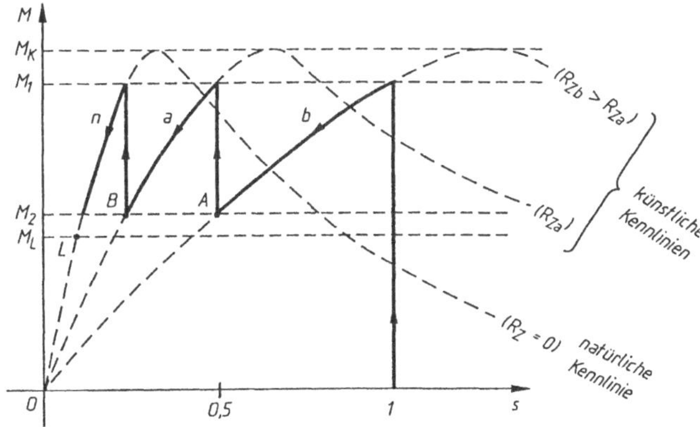

Bild 5.50
Mechanische Kennlinien $M(s)$ beim Anlauf des Drehstrom-Asynchronmotors mit Zusatzwiderständen: natürliche Kennlinie ($R_Z = 0$) und künstliche Kennlinien (mit $R_{Za} < R_{Zb}$)

Man nennt allgemein die mechanischen Kennlinien die durch Zusatzwiderstände entstehen, künstliche Kennlinien. Die mechanische Kennlinie bei $R'_Z = 0$ ist *die Eigen- oder natürliche Kennlinie.*

Der Anlaufvorgang findet folgendermaßen statt (Bild 5.50): man setzt voraus, daß im ersten Augenblick des Anlaufs der Zusatzwiderstand groß ist (R_{Zb}), um ein Anlaßmoment $M_A = M_1$ wesentlich größer als das Lastmoment M_L zu gewährleisten. Der Läufer beschleunigt, und bei zunehmender Drehzahl nehmen Schlupf und Drehmoment ab (Kennlinie b). Erreicht das Moment einen bestimmten minimalen Wert $M_2 > M_L$ (Punkt A), findet eine Umschaltung auf einen verminderten Zusatzwiderstand statt (von R_{Zb} auf R_{Za}). Der Arbeitspunkt springt auf die neue Kennlinie a. Der Läufer erzeugt wieder ein Drehmoment $M_1 \gg M_L$. Die Beschleunigung nimmt erneut zu, und der Schlupf nimmt weiter ab. Im Punkt B wiederholt sich dieser Ablauf. Für den Sprung von M_2 auf M_1 muß $R_Z = 0$ werden. Die Maschine hat ihre natürliche Kennlinie (n) erreicht. Die Beschleunigung und die Abnahme des Schlupfs bzw. der transiente Anlaufvorgang enden im Arbeitspunkt L (beim mechanischen Gleichgewicht $M = M_L$).

Die verschiedenen Stufen des Widerstandsanlassers R_Z müssen in der Anlaufzeit genau geschaltet werden, um ein mittleres Drehmoment zu gewährleisten, das groß genug sein muß, um den Hochlauf schnell zu erreichen. Da bei einem normalen Betrieb $R_Z = 0$, wird der Wirkungsgrad des Motors nicht beeinflußt.

Gegenüber Asynchronmotoren mit Kurzschlußläufer besteht noch der Vorteil, daß ein beachtlicher Anteil der Anlaufverluste nicht in der Maschine, sondern in den äußeren Zusatzwiderständen umgesetzt wird. Diese Anlaßmethode führt zu einem hohen Anlaßmoment und zu einem verminderten Anlaufstrom. Die regelbaren Anlaßwiderstände sind gewöhnlich aus metallischen Widerständen aufgebaut und luft- oder ölgekühlt. Bei großen Leistungen werden aber auch Wasserwiderstände eingesetzt.

Manchmal wird der Anlauf mit Hilfe von Schützen gesteuert, die durch Zeitrelais oder Stromrelais automatisch oder durch Handschalter gesteuert werden.

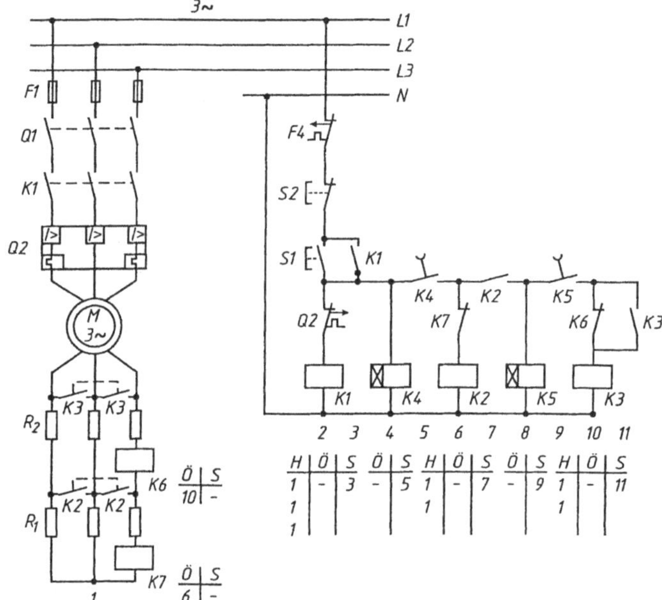

Bild 5.51
Automatisierter Anlauf mit zwei Widerstandsstufen im Schleifringläufer des Drehstrom-Asynchronmotors

In Bild 5.51 ist die elektrische Schaltung einer automatischen Steuerung des Anlaufs mit zwei Widerstandsstufen und Stromrelais dargestellt, mit folgender Wirkungsweise:

Vorausgesetzt, Schalter Q1 und F4 sind geschlossen, so wird durch Betätigung des Tasters S1 der Motorständer M durch den Schalter K1 ans Versorgungsnetz gelegt. Der Motor läuft mit vorgeschaltetem maximalem Zusatzwiderstand (die Zusatzwiderstände R1 und R2 sind in Reihe mit der Läuferwicklung eingeschaltet). Gleichzeitig mit dem Schütz K1 wird auch die Spule des Blockierungsrelais K4 erregt.

Die Ansprechzeit des Relais K4 ist höher als die des Beschleunigungsrelais K7 (der *normalgeschlossene Öffner* K7 in Kreis 6 öffnet vor der Schließung des *normal-geöffneten Schließers* K4 in Kreis 5). So wird der Betrieb des Schützes K2 während des Anstiegs des Stromes von Null auf den maximalen Wert I_1 blockiert.

Während der Beschleunigung des Motors nimmt der Läuferstrom ab. Beim minimalen Wert I_2 dieses Stromes schaltet das Stromrelais K7 in Kreis 1 aus und erregt die Spule des Schützes K2 in Kreis 6.

Durch seine Kontakte aus dem Kreis 1 schließt das Schütz K2 den Widerstand R1 kurz und erregt somit die Spule des Blockierungsrelais K5. Der Läuferstrom wächst wieder bis zum Maximalwert und nimmt dann bis zum Minimalwert hin ab.

Das Beschleunigungsrelais K6 öffnet seinen Öffner (normal-geschlossenen Kontakt) in Kreis 10 vor Schließung des Blockierungskontakts K5. Beim Erreichen des Schaltwerts I_2 schaltet das Relais K6 ein und erregt damit die Schalterspule K3 in Kreis 10. Das Schütz K3 wird den Widerstand R2 kurzschließen, und damit ist der Hochlauf beendet. Das Schema kann auch auf eine größere Anzahl von Anlaßstufen erweitert werden.

5.7 Bremsen der Asynchronmaschine

Der Bremsbetrieb der Asynchronmaschine wird in Abschnitt 5.4.3 vorgestellt. Dort wird gezeigt, daß dieser Betrieb bei positivem Schlupf eintritt:

$$s = \frac{\Omega_1 + \Omega_2}{\Omega_1} > 1 \ ,$$

d.h. bei Läufergeschwindigkeiten Ω_2 im Gegenlauf zu Ω_1 (des Drehfelds). Unter diesen Bedingungen bekommt die Maschine mechanische Leistung an der Welle zugeführt und elektrische Leistung aus dem Drehstrom-Speisenetz. Die beiden Leistungen werden, zeitweise, in Wärme umgesetzt, besonders im Läuferkreis. Gleichzeitig entwickelt die Maschine ein elektromagnetisches Moment im Sinne des Drehfelds, d.h. gegen die Läuferdrehrichtung. Dieses Moment stellt damit ein Bremsmoment dar. In den elektrischen Antriebssystemen wird auch der energetische Generatorbetrieb zum Abbremsen in Betracht gezogen, bei dem gleichfalls ein elektromagnetisches Bremsmoment entwickelt wird. Im Folgenden werden verschiedene Einsatzmöglichkeiten der Drehstrom-Asynchronmaschine als Bremse in einem Antriebssystem analysiert.

5.7.1 Bremsschaltung im Bremsbetrieb

In elektrischen Antrieben wird der Bremsbetrieb in zwei Varianten angewendet, die vom Grundbetrieb als Motor ausgehen:

- Durch *Änderung einiger in den Läufersträngen in Reihe geschalteten Bremswiderständen.* Der Übergang zum Bremsbetrieb wird durch Reversierung der Drehrichtung – bei gleichbleibender Strangfolge im Ständer – erreicht.
- Durch *Änderung der Strangfolge im Ständer bei gleichzeitiger Einschaltung eines Bremswiderstands* (wiederum in Reihe zur Läuferwicklung) bei gleichbleibender Drehrichtung.

5.7.1.1 Bremsbetrieb durch Reversierung

Man betrachtet einen Asynchronmotor, der einen Kran antreibt. Es wird ein Gewicht G abgehoben. Der Kran entwickelt ein Lastmoment M_L, das in Richtung und Betrag konstant bleibt.

In Bild 5.52 sind die mechanischen Kennlinien $\Omega_2 = f(M)$ der Asynchronmaschine für verschiedene in den Läuferkreis eingeschaltete Zusatzwiderstände R_Z wiedergegeben (*die Kennlinie a ist die natürliche Kennlinie für einen Zusatzwiderstand* $R_Z = R_{sa} = 0$). Vorausgesetzt, der

Motor läuft im stabilen Zustand in Punkt A unter einem Lastmoment M_L. Die Winkelgeschwindigkeit des Motors bei gleichem Lastmoment M_L nimmt mit Zunahme des Zusatzwiderstands R_Z ab (siehe die Betriebspunkte B, C und D). Durch die Einschaltung von Zusatzwiderständen in den Läuferkreis erreicht man also eine Verminderung der Geschwindigkeit bei konstanten Drehmoment.

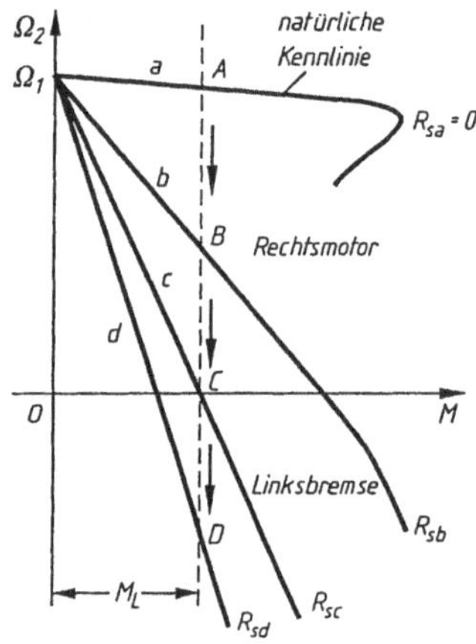

Bild 5.52
Mechanische artifizielle (künstliche) Kennlinien $\Omega_2(M)$ im Bremsbetrieb durch Reversierung der Drehzahl vom Drehstrom-Asynchronmotor (IV. Quadrant) mit $R_{sb} < R_{sc} < R_{sd}$

Wird der Wert des Zusatzwiderstands derart gewählt, daß die Geschwindigkeit Ω_2 des Motors Null ist (Kennlinie c, Betriebspunkt C, Zusatzwiderstand R_{sc}), kommen Motor und Gewicht G zum *Stillstand.*

- *Dies ist ein Betriebspunkt besonderer Art: die Maschine arbeitet nicht mehr als Motor, aber auch nicht als Bremse. In diesem Grenzzustand zwischen den beiden herkömmlichen Betrieben bekommt die Maschine weiterhin elektrische Leistung vom Speisenetz, die zeitweise in Wärme umgewandelt wird, besonders im Zusatzwiderstand R_Z. Die Maschine entwickelt keine mechanische Leistung, da $\Omega_2 = 0$.*

Um das Gewicht G zu senken bzw. um die Drehrichtung der Asynchronmaschine gegenüber dem Motorbetrieb umzukehren, muß ein noch größerer Zusatzwiderstand $R_Z > R_{sc}$ eingeschaltet werden. Der Betriebspunkt D befindet sich auf einer neuen mechanischen Kennlinie d im negativen Drehzahlbereich (IV. Quadrant).

Wird der Zusatzwiderstand R_Z weiterhin vergrößert, steigt die Sinkgeschwindigkeit des Gewichts G. In diesem letzten Fall, im IV. Quadranten, arbeitet die Maschine im Bremsbetrieb. Sie bekommt an der Welle mechanische Leistung durch die zeitliche Verminderung der potentiellen Energie des Gewichts im Schwerefeld der Erde.

Die Maschine bekommt gleichzeitig elektrische Leistung aus dem Versorgungsnetz. Die gesamte aufgenommene Leistung wird im Laufe der Zeit in Wärme umgesetzt, größtenteils im Zusatzwiderstand R_Z, also außerhalb der Maschine. Es wird ein elektromagnetisches Moment entwickelt, mit gleichem Drehsinn wie im Motorbetrieb und entgegensetzt zu dem von den Schwerekräften entwickelten Drehmoment.

Diese Bremsmethode ist unwirtschaftlich wegen des Energieverbrauchs im Zusatzwiderstand. Der Stillstandsbetrieb $\Omega_2 = 0$ für den kritischen Wert R_{ZKr} des Zusatzwiderstands ist nicht stabil. Bei einer kleinen Änderung des Zusatzwiderstandes um den Wert R_{ZKr} können unerwünschte Schwingungen des Gewichts G eintreten. Allerdings bleibt diese Bremsmethode der reinen mechanischen Bremsung klar überlegen.

5.7.1.2 Bremsbetrieb durch Änderung der Strangfolge im Ständer

Diese Bremsmethode wird in den elektrischen Antrieben eingesetzt, wo ein schnelles Erreichen des Stillstands notwendig ist.

Zu diesem Zweck wird die Maschine – nachdem sie im Motorbetrieb mit einer Drehrichtung gelaufen ist – vom Netz getrennt und nach Umpolung zweier Strangzuleitungen im Ständer mit passendem Läuferzusatzwiderstand R_Z wieder angeschlossen. Die Drehrichtung des Drehfeldes kehrt sich um (also $\Omega_1 \rightarrow -\Omega_1$), die Drehrichtung des Läufers bleibt zunächst erhalten ($+\Omega_2$). Die Maschine läuft in einem Bremsbetrieb, die Winkelgeschwindigkeit Ω_2 nimmt schnell ab und wird endlich zu Null.

Wenn zu diesem Zeitpunkt die elektrische Verbindung des Ständers zum Speisenetz nicht unterbrochen wird, arbeitet die Maschine wieder im Motorbetrieb, diesmal aber im Gegenlauf in bezug auf dem vorherigen Drehsinn.

Im anfänglichen Motorbetrieb beim Rechtslauf, bei einer gegebenen Ständer-Strangfolge und $R_Z = 0$, ist der Betriebspunkt Punkt A auf der Eigenkennlinie a in Bild 5.53. In einem bestimmten Augenblick – wenn die Anlage ein Bremsmanöver verlangt – wird die Strangfolge im Ständer durch Tausch zweier Strangzuleitungen geändert, und gleichzeitig werden die Zusatzwiderstände R_Z in die Läuferstränge geschaltet. Die neue mechanische Kennlinie des Maschinenbetriebs ist die Kennlinie b in Bild 5.53.

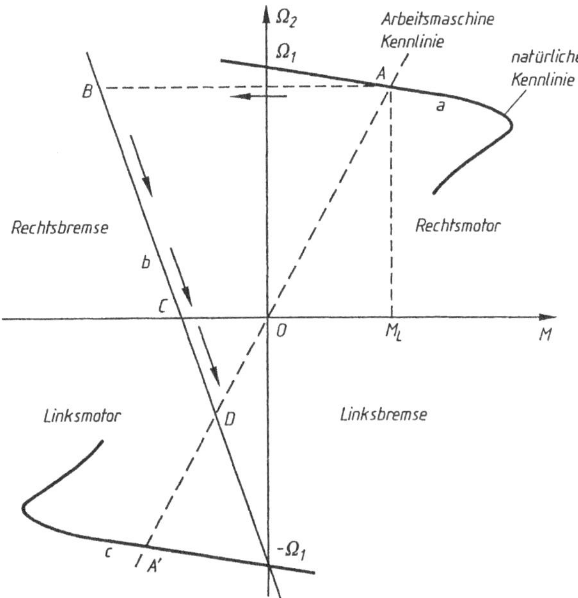

Bild 5.53
Mechanische Kennlinien $\Omega_2 = f(M)$ im Bremsbetrieb durch Änderung der Strangfolge im Ständer (Gegenstrombremsung, II. und IV. Quadrant)

Der Betriebspunkt springt schlagartig von Punkt A auf Punkt B auf der neuen mechanischen Kennlinie (im II. Quadranten Ω_2/M), bei gleicher Winkelgeschwindigkeit, bei der die Maschine zum Zeitpunkt der Änderung der Strangfolge gelaufen ist (die mechanische Trägheit ist wesentlich größer als die elektrische Trägheit).

Im neuen Betriebspunkt B arbeitet die Maschine im Bremsbetrieb im Rechtslauf. Tatsächlich nimmt sie elektrische Leistung vom Speisenetz, auf und gleichzeitig bekommt sie mechanische Leistung an der Welle aufgrund der Verminderung der in den mechanischen Drehteilen gespeicherten kinetischen Energie. Diese gesamte mechano-elektrische Leistung wird im Laufe des transienten Vorgangs in Wärme umgewandelt. Das ist der „Preis" für die Entwicklung des elektromagnetischen Moments im neuen Betriebspunkt B, das in Gegenrichtung zum Moment im Betriebspunkt A wirkt.

Dieses neue Moment stellt also ein Bremsmoment dar. Die Leistungsbilanz entspricht genau derjenigen im Bremsbetrieb. Diese Bremsart mit Hilfe einer Asynchronmaschine ist auch unter dem Namen Gegenstrombremsung bekannt.

Läßt man die Maschine in der vorher beschriebenen Lage weiter laufen, also auf der mechanischen Kennlinie b (Bild 5.53), wird die Anlage gebremst, und die Drehzahl nimmt weiter ab.

Im Punkt C steht die Anlage still. Danach findet eine Beschleunigung in Gegenrichtung statt, und die Maschine arbeitet wieder als Motor (Wiederhochlauf), diesmal aber im *Linkslauf* (III. Quadrant Ω_2 / M).

Ein stabiler Betriebspunkt wird in Punkt D erreicht, in dem die mechanische Kennlinie der Arbeitsmaschine, z.B. eine bestimmte zähflüssige Reibung (Bild 5.53), im Betrag dasselbe Lastmoment wie das Drehmoment des Motors erzeugt.

Nachdem die Drehrichtungsumkehr auf der mechanischen Kennlinie b der elektrischen Maschine stattgefunden hat, kann man den transienten Vorgang des Bremsbetriebs oder der Beschleunigung im Linkslauf ändern, indem man andere künstliche mechanische Kennlinien (durch Änderung der Zusatzwiderstände R_Z) benutzt.

5.7.2 Bremsung im Generatorbetrieb mit Energierückgewinnung

Nimmt man an, daß eine elektrische Lokomotive mit einem Drehstrom-Asynchronmotor einen Hang hinauffährt und das Lastmoment überwinden muß. Solange sie ansteigt, arbeitet die elektrische Maschine im Motorbetrieb. Der Arbeitspunkt wird z.B. der Punkt A auf der Eigenkennlinie sein (Bild 5.54).

Nimmt der Steigungswinkel ab, nimmt auch das Lastmoment ab und zusammen mit ihm auch das Drehmoment M des Motors. Der Betriebspunkt verschiebt sich auf die Eigenkennlinie im Richtung des II. Quadranten zu dem kleineren Moment; die Winkelgeschwindigkeit nimmt zu und nähert sich dem Synchronwert Ω_1.

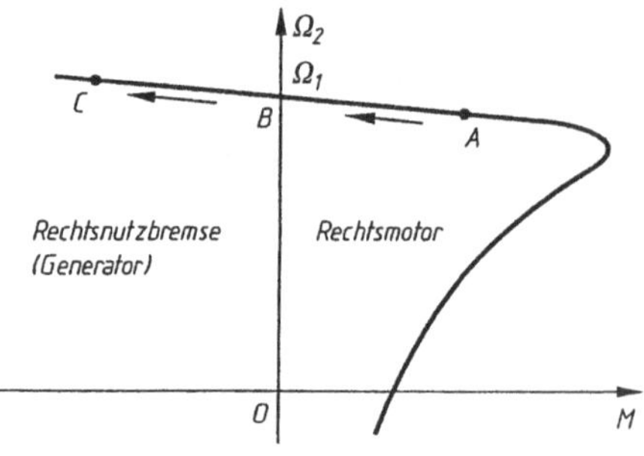

Bild 5.54
Mechanische Kennlinie $\Omega_2(M)$ der Drehstrom-Asynchronmaschine im Generatorbetrieb mit Energierückgewinnung (II. Quadrant)

Nach dem Anstieg wird ein waagerechtes Gelände befahren; danach beginnt der Abstieg. Die Schwerekräfte beginnen diesmal als aktive Kräfte zu wirken. Man erreicht ein kritisches mechanisches Gleichgewicht, daß den idealen Leerlauf der Maschine simuliert (Betriebspunkt *B*: $\Omega_2 = \Omega_1$, $s = 0, f_2 = 0$, $M = 0$): die Schwerkräfte und die eigenen Reibungskräfte der Maschine sind gleich, und das elektromagnetische Moment wird zu Null. Die Asynchronmaschine läuft nicht mehr als Motor: sie dreht sich aber bei einer Winkelgeschwindigkeit $\Omega_2 = \Omega_1$ in der gleichen Drehrichtung wie vorher.

Vergrößert sich der Abstiegswinkel des Geländes, vergrößern sich die Schwerkräfte bzw. das Schweremoment, und die Lokomotive beschleunigt. Die Winkelgeschwindigkeit Ω_2 überschreitet die synchrone Winkelgeschwindigkeit Ω_1. Diesmal aber wird das von der Asynchronmaschine entwickelte elektromagnetische Moment (bei $\Omega_2 > \Omega_1$) ein entgegengesetztes Vorzeichen aufweisen. Er wirkt nun als Bremsmoment, das sich der Beschleunigung der Lok widersetzt. Somit wird die Abstiegsgeschwindigkeit begrenzt. Der Betriebspunkt tritt in den II. Quadranten der Ebene Ω_2 / M ein. Die Maschine bekommt mechanische Leistung an der Welle und wandelt sie in elektrische Leistung um, die an das Versorgungsnetz abgegeben wird. Die Maschine arbeitet in bezug auf das Netz als Asynchrongenerator (bei negativem Schlupf).

Für das mechanische System (Zug mit Lokomotive) wirkt die Maschine gleichzeitig als elektrische Bremse, aber im *Generatorbetrieb mit Energierückgewinnung*.

5.7.3 Bremsung im Generatorbetrieb ohne Energierückgewinnung

Bei der Bremsung einer mechanischen Anlage, kann auch die Gleichstrombremsung eingesetzt werden. Dabei wird die Ständerwicklung der Asynchronmaschine vom Drehstromnetz abgeschaltet und von einer Gleichstromquelle gespeist. Die verschiedenen Schaltbilder der Ständerwicklungen an den Gleichstromquellen sind in Bild 5.55 gezeigt. Der Gleichstrom, der die Ständerwicklungen durchfließt, erzeugt im *Luftspalt ein räumlich stillstehendes und zeitlich konstantes magnetisches Feld*. Für den Läufer der Maschine, der sich weiter dreht, wirkt dieses Feld wie ein Drehfeld. Seine relative Geschwindigkeit gegenüber dem Läufer ist $-\Omega_2$. In die Strangwicklungen des Läufers werden Spannungen induziert, die ihrerseits Wechselströme erzeugen. Diese sich einstellenden Ströme bilden mit dem Gleichfeld das Bremsmoment. In den Strangwiderständen des Läufers wird durch Joulesche Verluste die ganze kinetische Energie verbraucht, die im drehenden Läufer und in der an der Welle gekoppelten mechanischen Arbeitsmaschine gespeichert ist. Somit wird die gesamte Anlage bis zum Stillstand gebremst. Die Zeitspanne bis zum Erreichen des Stillstands hängt von der Größe des Bremsmoments der Maschine ab. Dieses ist proportional zum Ständer-Erregerfluß und damit zum Läuferstrom. Die Maschine arbeitet im *Generatorbetrieb ohne Rückgewinnung der Energie*.

- Bei der *Asynchronmaschine mit Käfigläufer* wird die Änderung des Bremsmoments durch die Änderung des Erregergleichstroms im Ständer erreicht.
- Bei der *Asynchronmaschine mit Schleifringläufer* erreicht man dasselbe durch die Änderung der in Reihe mit den Läufer-Strangwicklungen eingeschalteten Zusatzwiderstände R_Z.

Das erzielte Kennlinienfeld für verschiedene zusätzliche Bremswiderstände R_Z ist in Bild 5.56 dargestellt. Die Eigenkennlinien sind:

- im *Motorbetrieb* Kennlinie a,
- im Gleichstrombremsungsbetrieb Kennlinie b.

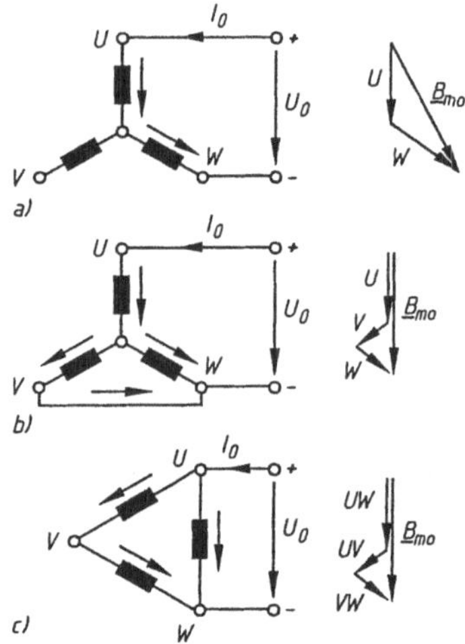

Bild 5.55
Schaltbilder der Ständerwicklungen und zugehörige Zeigerdiagramme der Luftspaltinduktion für die Gleichstrombremsung der Drehstrom-Asynchronmaschine

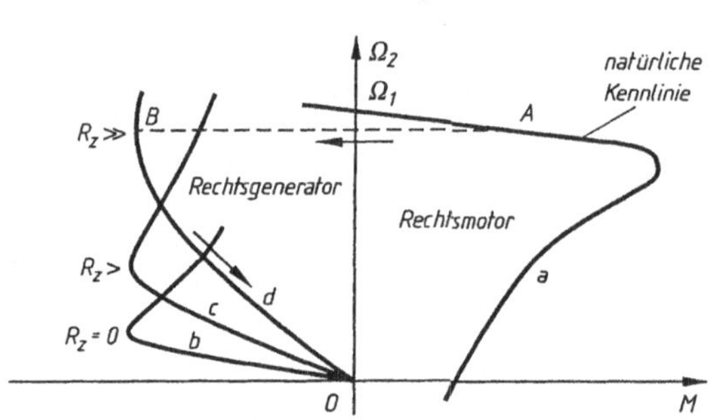

Bild 5.56
Kennlinienfeld $\Omega_2(M)$ für verschiedene Bremsvorwiderstände R_Z

Die anderen künstlichen Kennlinien c und d erhält man für verschiedene Bremswiderstände R_Z. Durch die plötzliche Umstellung vom Motorbetrieb auf den Generatorbetrieb ohne Energierückgewinnung (mit Bremseffekt) geht der Betriebspunkt aus der Position A auf die Position B, z.B. auf die künstliche Kennlinie d, über. Behält man den entsprechenden Zusatzwiderstand R_Z für diese Kennlinie bei, wird die Anlage bis zum Stillstand gebremst. Der Betriebspunkt verschiebt sich von Punkt B nach Punkt O.

In Bild 5.57 ist eine elektrische Schaltung einer automatisierten Steuerung für den Anlauf und das Bremsen mit Gleichstrombremsung eines Asynchronmotors dargestellt:

- *Zum Anlauf* wird – bei geschlossenen Schaltern Q1 und F4 – der Taster S1 betätigt; der Motor M wird vom Speisenetz über das Schütz K1 gespeist. Das Zeitrelais K2 in Kreis 5 wird seinen Schließer mit Öffnungsverzögerung in Kreis 6 einschalten.
- *Zum Anhalten mit Gleichstrombremsung* wird bei laufendem Motor M (K1 eingeschaltet) Taster S2 betätigt: das Schütz K2 zieht an und setzt das Schütz K1 außer Betrieb. Der Motor ist vom Speisenetz abgeschaltet und wird durch zwei Ständerstränge mit Gleichstrom über die Gleichstrombrücke V versorgt. Gleichzeitig mit dem Einschalten des Schützes K2 unterbricht sein Öffner in Stromkreis 3 diesen Stromkreis, und somit verliert das Relais K3 die Erregung. Die Öffnungsverzögerung seines Kontakts in Kreis 7 wird aktiviert. Die Öff-

nungszeit des Kontakts K3 muß etwas größer als die Bremszeit sein. So wird nach Beendigung der Bremsung der Schalter K2 außer Betrieb gesetzt.

Zum Anhalten ohne Bremsung wird Taster S3 betätigt, und der Motor wird über das Schütz K1 vom Speisenetz abgeschaltet.

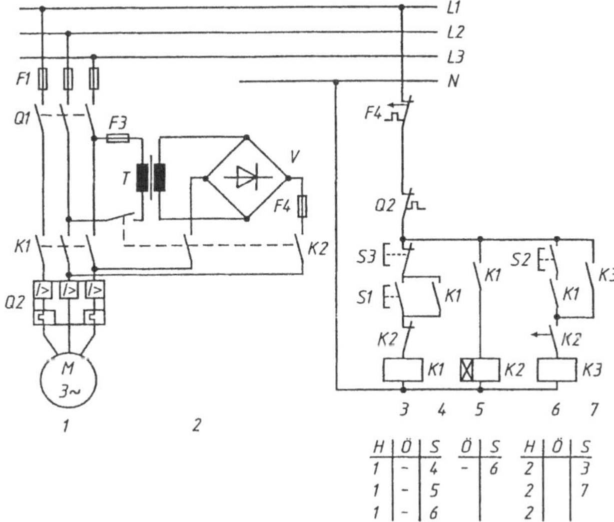

Bild 5.57
Automatisierte Anlaufsteuerung mit Gleichstrombremsung (Drehstrom-Asynchronmotor mit Kurzschlußläufer)

5.8 Drehzahlstellen von Asynchronmotoren

Die mechanischen Kennlinien des Asynchronmotors ähneln denen des fremderregten Gleichstrommotors. In vielen Einsatzbereichen müssen die elektrischen Motoren ihre mechanischen Kennlinien ändern können – manchmal in sehr großen Grenzen. Um dies zu erreichen, sind Drehzahlstellsysteme entstanden, die eine mehr oder weniger feine und gleichzeitig ökonomische Verstellung realisieren.

Unter diesem Gesichtspunkt unterscheiden sich die Asynchronmotoren und Gleichstrommotoren.:

- *Bei Gleichstrommotoren* läßt sich der Drehzahlbereich über die Auslegung der Ankerwicklung gut anpassen.

  Die Änderung des ErregerStromes ist eine preiswerte, feine und breite Stellmethode für höhere Drehzahlen, falls der Motor speziell für diesen Zweck ausgelegt und gebaut wird.
  Mit Hilfe der Leistungselektronik kann man relativ leicht und preiswert auch einen Stellbereich unter der Nenndrehzahl über stufenlose Spannungsänderung erzielen; oft begrenzt der Stromwender den Stellbereich.
- *Bei Asynchronmotoren* ist die synchrone Winkelgeschwindigkeit Ω_1 fest an die Frequenz des Speisenetzes gebunden und stellt die Obergrenze dar. Die Winkelgeschwindigkeit Ω_2 kann nur mit besonderen Mitteln geändert werden. Mit Hilfe der Leistungselektronik – Frequenzumrichter – kann man einen „beliebigen" Stellbereich über stufenlose Frequenzänderung erzielen. Wegen der robusten, einfachen und preisgünstigen Konstruktion des Asynchronmotors, die auch keine kostenaufwendige Wartung benötigt, übernimmt der Asynchronmotor immer mehr Einsatzbereiche vom Gleichstrommotor, bei denen eine feine und

breite Drehzahlstellung verlangt wird. Durch die berührungslose Leistungsübertragung gibt es fast keine Drehzahlgrenzen. Bei hohen Drehzahlen müssen die Lager besonders ausgewählt werden.

Beim Asynchronmotor kommen folgende zwei Gruppen der Drehzahlstellmethoden in Betracht, je nachdem,ob der Motor über seinen Ständer oder seinen Läufer gesteuert wird.

- Die erste Gruppe enthält folgende Methoden:
  - *Ständerspannungssteuerung* (Veränderung von U_1),
  - *Polumschaltung* (Veränderung der Polpaarzahl p),
  - *Frequenz/Spannungssteuerung der Drehstromversorgungsquelle;*
- Die zweite Gruppe schließt folgende Methoden ein:
  - *Widerstandssteuerung* (Veränderung des Zusatzwiderstandes des Läuferkreises),
  - *Läuferspannungssteuerung* (Einführung von Spannungsquellen derselben Frequenz wie die vom Ständer induzierte Hauptspannung in den Läuferkreis).

5.8.1 Ständerspannungssteuerung

Der Effektivwert der Strangspannung U_1 im Ständer kann durch die Anwendung eines steuerbaren Drehstromtransformators DT (Bild 5.58-a) verändert werden.

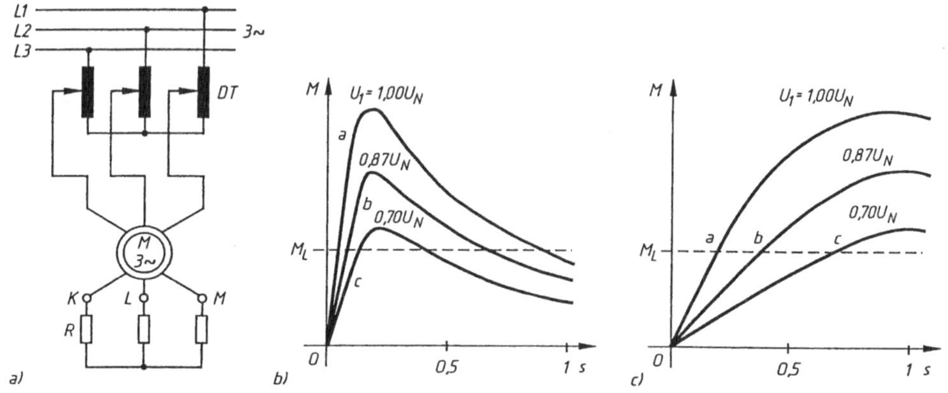

Bild 5.58 Ständerspannungssteuerung des Drehstrom-Asynchronmotors mit steuerbaren Drehstromtransformator:
a) Schaltbild,
b) Kennlinienfeld $M(s)$ mit variabler Parameter U_1 für einen Kurzschlußläufer,
c) dito für einen Schleifringläufer

Aus Abschnitt 5.5.1 ist bekannt, daß das Kippmoment M_K vom Quadrat der Klemmenspannung U_1 abhängt, während der entsprechende Kippschlupf s_K spannungsunabhängig ist. Folglich wird, falls der Asynchronmotor mit Kurzschlußläufer aufgebaut ist, das mechanische Kennlinienfeld (Spannung U_1 als Parameter) so wie in Bild 5.58-b aussehen.

Mit einer Arbeitsmaschine konstanten Lastmoments kann die Drehzahl nur in sehr eingeschränkten Grenzen verändert werden. Mit U_1 nimmt auch die Härte der Kennlinie ab. Die Läuferverluste wachsen, und die Belastungsfähigkeit nimmt, durch die schnelle Verminderung des Kippmomentes M_{K1} (proportional zu U_1^2), rasch ab.

Der Drehzahlstellbereich kann bei Motoren mit Schleifringläufer durch Einschalten von Läuferzusatzwiderständen (Bild 5.58-c) erweitert werden. In diesem Fall ist der Kippschlupf erheblich vergrößert. Gleichzeitig vermindert sich der gesamte Wirkungsgrad der Anlage durch zusätzliche Verluste, die in den äußeren Zusatzwiderständen erzeugt werden (Bild 5.58-a). Im Leerlauf ergibt sich keine nennenswerte Drehzahländerung.

Da die Spannung U_1 nur von U_{1N} *nach unten* geregelt werden darf, kommt nur eine Absenkung der Winkelgeschwindigkeit in Frage ($\Omega_2 < \Omega_{2N}$). Die Einstellung wird feiner, wenn ein Spartransformator mit stufenloser Spannungsstellung angewendet wird. Allerdings wird die Anlage in diesem Fall durch die Schiebekontakte teurer und anspruchsvoller. Diese Stellungsmethode wird normalerweise im *Kurzzeitbetrieb* eingesetzt.

Mit Drehstromstellern (W3C) nach dem Prinzip der Phasenanschnittsteuerung ist eine kostengünstige Lösung möglich.

5.8.2 Polumschaltung

Die Formel der Winkelgeschwindigkeit des Motors lautet bekanntlich:

$$\Omega_2 = \Omega_1(1-s) = \frac{1}{p}(1-s) = \frac{2\pi f_1}{p}(1-s)\,. \tag{5.87}$$

Durch Verändern der Polpaarzahl p wird auch die Synchron-Winkelgeschwindigkeit Ω_1 stufenweise verstellt. Diese Umschaltung kommt durch Schaltungsänderungen der Ständerwicklung zustande. Die Ständerwicklungen weisen diesmal spezielle Ausführungen (*Dahlander-Wicklung, zwei oder mehr getrennte Ständerwicklungen*) auf.

Die Veränderung der Polpaarzahl der Ständerwicklung bedeutet auch die Notwendigkeit, die Polpaarzahl der Läuferwicklung zu ändern, da die beiden Wicklungssysteme dieselbe Polpaarzahl besitzen müssen. Aus diesem Grund werden solche Maschinen fast nur mit Kurzschlußläufern gebaut, die eine variable Polpaarzahl erlauben.

Der Käfigläufer paßt sich der Polpaarzahl der Ständerwicklung automatisch an.

Am häufigsten arbeiten Asynchronmotoren *mit zwei Drehzahlen*. Solch ein Motor ist mit einer Ständerwicklung versehen, die aus je zwei Hälften in jedem Strang (für den Strang U z.B. sind die zwei Hälften U1-U2 und U3-U4) hergestellt ist. Die Strangwicklungshälften können in *Reihe* (Bild 5.59-b) oder *gegenparallel* (Bild 5.60-b) geschaltet werden.

In der Gegenparalellschaltung wird die Polzahl gegenüber der Reihenschaltung halbiert (vgl. das Spektrum der magnetischen Strangfelder, Bilder 5.59-a und 5.60-a).

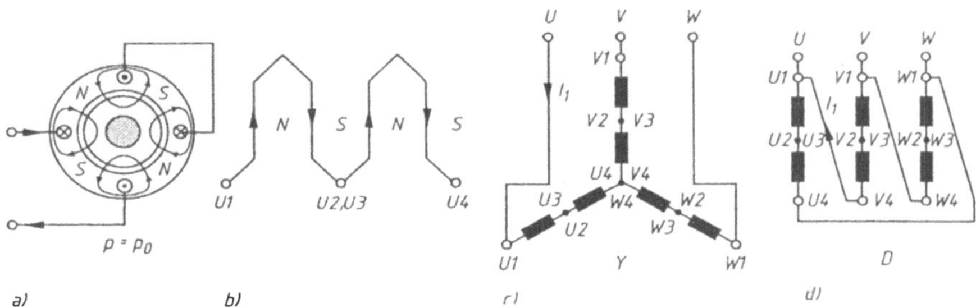

Bild 5.59 Dahlander-Wicklung ($p = 1$)

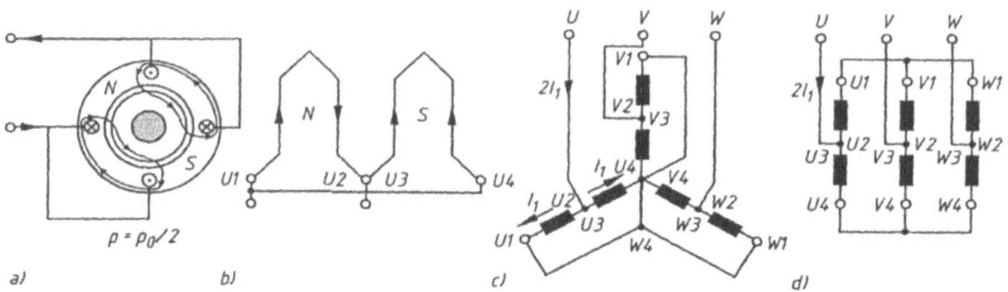

Bild 5.60 Dahlander Wicklung ($p = 2$)

In der *Stern-* (Y, Bild 5.59-c) oder *Dreieckschaltung* (D, Bild 5.59-d), wobei die beiden Hälften jeder Strangwicklung in Reihe geschaltet sind, weist die Maschine $p_Y = p_D = p$ Polpaare auf. In der *Doppelsternschaltung* (2Y oder YY, Bilder 5.60-c, d) durch die Gegenparalellschaltung der Wicklungshälften bekommt die Maschine $p_{2Y} = p_{YY} = p/2$ Polpaare. Die Abnahme der Polpaarzahl um 50 % verdoppelt die Synchrondrehzahl. Der *Übergang von der Sternschaltung zur Doppelsternschaltung* findet für den gleichen Wicklungsstrom bei gleichbleibendem Drehmoment statt. Ist I_1 der Strom über eine Wicklungshälfte des Ständerstrangs, dann gilt:

$(I_l)_Y = I_l$ bei einer *Sternschaltung (Y),*

$(I_l)_{2Y} = (I_l)_{2Y} = 2I_1$ bei einer *Doppelsternschaltung (2Y bzw. YY),*

wobei I_l der Netzstrom ist. Bei gleichen Leistungsfaktoren in den zwei Schaltungen verdoppelt sich die Wirkleistung $P_l = \sqrt{3}\, U_l I_l \cos\varphi_l$ in der *Doppelsternschaltung* gegenüber der *Sternschaltung*: $(P_l)_{2Y} = 2(P_l)_Y$. Da aber gleichzeitig $(\Omega_l)_{2Y} = 2(\Omega_l)_Y$, bleibt das Drehmoment konstant bzw. $(M)_{2Y} = (M)_Y$. Die Abnahme der Drehzahl findet in einem rückgewinnenden Bremsbetrieb statt (Bild 5.61).

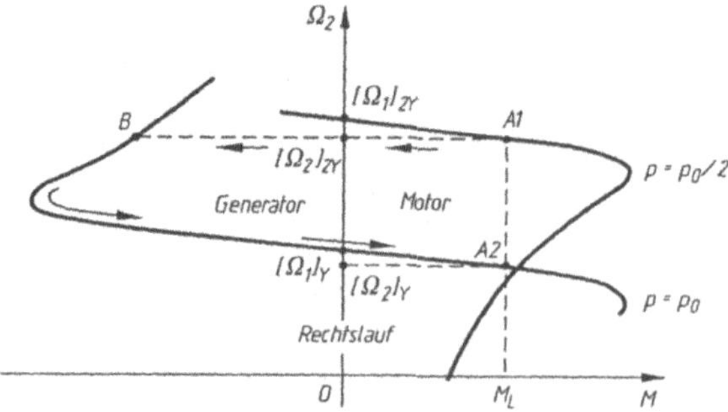

Bild 5.61
Mechanische Kennlinien $\Omega_2(M)$ für zwei Polpaarzahlen

Bei Umschaltung, z.B. von 2Y auf Y, findet zunächst ein Sprung vom Betriebspunkt $A1$ (I. Quadrant, M_L/Ω_2-Ebene) auf den Betriebspunkt B (II. Quadrant) statt. Danach nimmt – unter dem Einfluß des Bremsmoments – die Drehzahl ab. Erreicht die Drehzahl im untersynchronen Bereich die Drehzahl $(\Omega_1)_Y$, tritt die Maschine wieder im I. Quadrant in Motorbetrieb und erreicht am Ende den Betriebspunkt A2 (wenn inzwischen das Lastmoment konstant geblieben ist).

In der transienten Zwischenzone – auf dem Weg von $(\Omega_2)_{2Y}$ zu $(\Omega_1)_{2Y} < 2(\Omega_1)_Y$ – arbeitet die Maschine im *Generatorbetrieb mit Energierückgewinnung*. Der Sprung von der Dreieckschaltung zur Doppelsternschaltung findet bei einer praktisch gleichbleibenden Leistung statt. Bei gleichgebliebenem Leistungsfaktor $(\cos\varphi)_D = (\cos\varphi)_{2Y}$ bleibt die vom Speisenetz zugeführte Wirkleistung ungefähr die gleiche, denn:

- für die *Dreieckschaltung* (Bild 5.59-d) ist die Wirkleistung

$$(P_1)_D = \sqrt{3}\, U_1 I_1 \cos\varphi = \sqrt{3}\, U_1 (\sqrt{3}\, I_1) \cos\varphi = 3\, U_1 I_1 \cos\varphi \;;$$

- für die *Doppelsternschaltung* (Bild 5.60-d) ist die Wirkleistung

$$(P_1)_{2Y} = \sqrt{3}\, U_1 I_1 \cos\varphi = \sqrt{3}\, U_1 (2 I_1) \cos\varphi = 2\sqrt{3}\, U_1 I_1 \cos\varphi \,.$$

Wegen $2\sqrt{3} = 3{,}46 \approx 3$ darf man grob einschätzen, daß $(P_1)_D \approx (P_1)_{2Y}$.

Für die Umschaltung der Ständerwicklung werden spezielle Schütze bzw. Umschalter verwendet. Die Asynchronmotoren mit

- *drei Drehzahlen* werden mit einer gewöhnlichen und einer umschaltbaren Wicklung, die mit
- *vier Drehzahlen* werden mit zwei verschiedenen gewöhnlichen und einer umschaltbaren Wicklung – alle Wicklungen in den gleichen Nuten untergebracht – hergestellt.

Asynchronmotoren mit mehr als vier Drehzahlen werden wegen der Schwierigkeiten der Wicklungskonstruktion nicht hergestellt. Die Drehzahlstellung durch Polumschaltung ist wirtschaftlich und verlustarm, kann aber nur stufenweise erzielt werden. Der Nachteil dieser Methode besteht in der Notwendigkeit, eine oder mehrere spezielle Wicklungen im Ständer und auch einen speziellen Umschalter vorsehen zu müssen.

Polumschaltbare Asynchronmotoren werden meistens für Hebezeuge, einfache Drehmaschinen, Gebläse und Textilmaschinen eingesetzt; bei Waschmaschinen wegen der zwei Drehzahlen zum Waschen und Schleudern.

5.8.3 Frequenzsteuerung

Aus Gl. (5.87) geht hervor, daß eine andere Möglichkeit der Drehzahlverstellung in der Frequenzänderung (f_1) der Ständerspannung besteht. Da die industriellen Speisenetze konstante Frequenz haben, benötigt diese Methode einen *Frequenzumrichter* oder einen *eigenen Drehstrom-Synchrongenerator mit verstellbarer Ausgangsfrequenz*.

Die Drehzahlverstellung durch Frequenzveränderung erlaubt einen weiten Stellbereich und kann in mehreren Varianten realisiert werden. Die Einsatzfälle mit Frequenzsteuerung über Frequenzumrichter nehmen stark zu und verdrängen die Gleichstromlösungen zunehmend (vgl. Kap.7).

In den folgenden Abschnitten wird das Motordrehmoment über die Läuferverluste berechnet.

5.8.3.1 Drehzahlstellung durch die Konstanthaltung des Ständerflusses

Die Ständer-Spannungsgleichung aus dem System (5.43) kann in eine andere Form umgeschrieben werden, die den mit den Ständerwicklungen verketteten (Nutz- und Streu-) Fluß erfaßt:

$$\underline{U}_1 - R_1 \underline{I}_1 + jX_{\sigma 12} \underline{I}_1 - \underline{E}_{\mu 1} = R_1 \underline{I}_1 - \underline{E}_1 \,,$$

mit

$$\underline{E}_1 = \underline{E}_{\mu 1} - jX_{\sigma 12}\underline{I}_1 = \underline{E}_{\mu 1} + \underline{E}_{\sigma 12} = \underline{U}_1 - R_1\underline{I}_1 , \qquad (5.88)$$

und die *gesamt induzierte Ständerspannung* darstellt. Mit ψ_{1m} als Amplitude des *verketteten Ständerflusses* gilt:

$$E_1 = \frac{2\pi}{\sqrt{2}} f_1 \psi_{1m} . \qquad (5.89)$$

Die Bedingung Ψ_{1m} = konst. bedeutet auch

$$\frac{E_1}{f_1} = \text{konst.} \qquad (5.90)$$

D.h. daß derselbe magnetische Ständerzustand vorhanden ist, unabhängig von der Speisefrequenz f_1. Demnach muß der Frequenzumrichter, der den Asynchronmotor speist, nicht nur eine veränderbare Frequenz erzeugen, sondern gleichzeitig eine frequenzproportionale Ausgangsspannung U_1 erzeugen, die Gl. (5.90) erfüllt.

Mit den elektronischen Steuerungen kann Gl. (5.90) erfüllt werden (siehe Kap.7).

Das Feld der mechanischen Kennlinien $\Omega_2 = f(M)$ bei verschiedenen Speisefrequenzen f_1 unter der Bedingung Gl. (5.90) geht aus dem Ersatzschaltbild hervor (Bild 5.31-a), in dem die induzierte Ständerspannung mit E_1 bezeichnet ist.

Der Ausdruck des elektromagnetischen Drehmoments in diesem Fall, mit E_1 als Eingangsgröße, geht aus der allgemeinen Gl. (5.77) hervor, wenn $R_1 = 0$ angenommen wird (zur Vereinfachung gilt $c = 1$) und so U_1 durch E_1 ersetzt wird:

$$M = \frac{3 s R_2' E_1^2}{\Omega_1 \left[R_2'^2 + s^2 (X_{\sigma 12} + X_{\sigma 21}')^2 \right]} .$$

Das Kippmoment bekommt man aus Gl. (5.79) zu:

$$M_K = \frac{3 E_1^2}{2\,\Omega_1 (X_{\sigma 12} + X_{\sigma 21}')} . \qquad (5.91)$$

Dieses Kippmoment, mit der Bedingung E_1/f_1 = konst., ist unabhängig von der Frequenz f_1. Da der Zähler proportional zu U_1^2 ist und der Nenner proportional zu f_1^2 ist (wegen Ω_1 und den beiden Reaktanzen), bietet dieser Zustand einen konstant bleibenden Wert für M_K, unabhängig von f_1. Somit bleibt die Belastungsfähigkeit im Ankerstellbereich – bei E_1/f_1 = konst. –unabhängig von der Drehzahl konstant (Bild 5.62-a).

Die Bedingung E_1/f_1 = konst. und folglich Φ_{1m} = konst. kann nur bei Frequenzen $f_1 < f_{1N}$ aufrecht erhalten werden. Für $f_1 > f_{1N}$ gilt diese Möglichkeit nicht mehr, da E_1 seinen Nennwert E_{1N} nicht überschreiten darf. Es kann in diesem Fall nur E_1 = konst. eingesetzt werden, und damit, beim Wachsen von f_1 über den Nennwert, vermindert sich der verkettete Ständerfluß (Feldschwächbereich).

Die Spannung E_1 und mit ihr auch die Spannung U_1 müssen begrenzt werden, um die Isolation der Maschine und der Umrichterventile nicht zu gefährden.

Die Abhängigkeiten der Spannung E_1, der Klemmenspannung U_1 und der Amplitude ψ_{1m} des Ständerflusses von der Frequenz sind in Bild 5.63 gezeigt.

Bei niedrigen Frequenzen, wenn f_1 gegen Null geht muß auch E_1 gegen Null gehen, um die Bedingung E_1/f_1 = konst. für $f_1 < f_{1N}$ zu erfüllen.

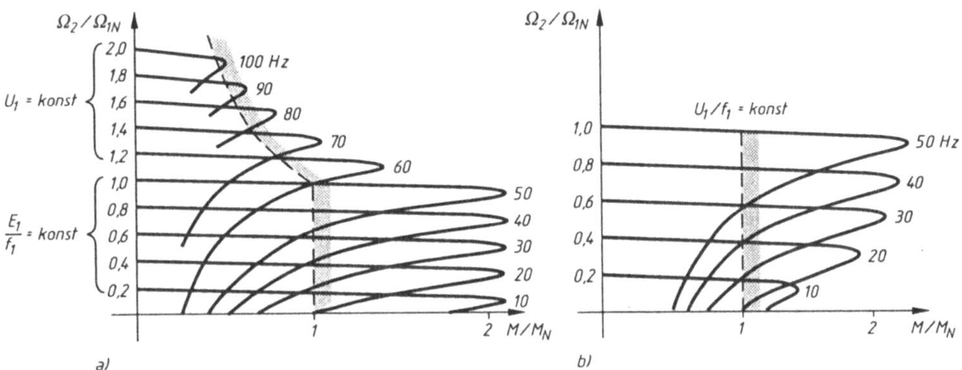

Bild 5.62 Mechanische relative Kennlinienfelder Ω_2/Ω_{1N} des Drehstrom-Asynchronmotors für verschiedene Ständerfrequenzen f_1: a) E_1/f_1 = konst. bzw. U_1 = konst., b) U_1/f_1 = konst.

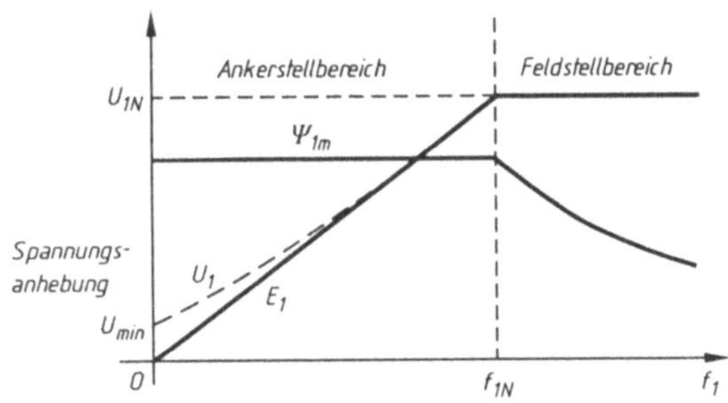

Bild 5.63
Die Kennlinien $E_1 = f(f_1)$, $U_1 = f(f_1)$ und $\psi_{1m} = f(f_1)$

Die Klemmenspannung U_1 kann aber nicht bis zu Null abnehmen – siehe Gl. (5.88) –, da der Ohmsche Spannungsfall $R_1 I_1 = U_{min}$ dies nicht zuläßt; die Spannungsanhebung U_{min} heißt auch Boost und ist einstellbar. Bei hohen Frequenzen, über f_{1N}, ist der Ohmsche Spannungsfall $R_1 I_1$ im Vergleich zu U_1 und E_1 vernachlässigbar und folglich $U_1 \approx E_1$.

Bei Frequenzen $f_1 > f_{1N}$ – bei $U_1 \approx E_1$ = konst. – vermindert sich das Kippmoment umgekehrt proportional zu f_1^2– siehe Gl. (5.91). Dies stellt ein Problem dar, da bei $\Omega_2 > \Omega_{2N}$ somit auch die Verminderung des Drehmoments an der Welle notwendig ist, um nicht die Grenzleistung, vom thermischen Gesichtspunkt aus, zu überschreiten. In Bild 5.62-a ist die Zone $I_1 > I_{1N}$ schraffiert.

Für die Regelung kann der Ständerfluß direkt durch eine in den Ständernuten untergebrachte Meßspule gemessen werden. Die direkte Messung hat sich in der Industriepraxis jedoch nicht bewährt. Indirekt wird der Ständerfluß durch die Messung der Spannung U_1 [Gl. (5.88)] und des Stromes I_1 [Gl. (5-89)] mit Hilfe eines Mikroprozessors ausgerechnet (R_1 ist für den Motor bekannt).

Wenn bei $f_1 < f_{1N}$ die Bedingung U_1/f_1 = konst. aufrechterhalten wird (was leichter durchzuführen ist), erreicht man die Kennlinien in Bild 5.62-b. Man sieht, daß sich das Kippmoment bei niedrigen Frequenzen – ohne Spannungsanhebung – stark vermindert. Dies verringert auch den Drehzahlstellbereich.

5.8.3.2 *Drehzahlstellung durch Konstanthaltung des Luftspaltflusses*

Die Amplitude des mit den ständerseitigen Strangwicklungen verketteten Nutzflusses ist mit der induzierten Spannung $E_{\mu 1}$ durch Gl. (5.36) verknüpft:

$$E_{\mu 1} = \frac{2\pi}{\sqrt{2}} f_1 \Psi_{\mu\mathrm{m}} .$$

Oftmals wird $\Psi_{\mu\mathrm{m}}$ *Luftspaltfluß* genannt, da die Ständer- und Läuferstreuflüsse den Luftspalt nicht überqueren. Um $\Psi_{\mu\mathrm{m}}$ konstant zu halten, muß $E_{\mu 1}/f_1$ = konst. sein. Auch in diesem Fall interessieren die mechanischen Kennlinien bei verschiedenen Frequenzen. Aus dem Ersatzschaltbild (Bild 5.31-a) erhält man:

$$\underline{E}_{\mu 1} = \left(\frac{R_2'}{s} + j X_{\sigma 21}'\right) \underline{I}_2'^2 .$$

Das führt auf die Gleichung des Drehmoments:

$$M = \frac{3 R_2' I_2'^2}{s \Omega_1} = \frac{3 s R_2' E_{\mu 1}^2}{\Omega_1 (R_2'^2 + s^2 X_{\sigma 21}'^2)} .$$

Das Kippmoment erhält man mit $s = s_K$ zu:

$$M_K = \frac{3 E_{\mu 1}^2}{2 \Omega_1 X_{\sigma 21}'^2} .$$

Dieses Drehmoment ist etwa zweimal größer als im vorherigen Fall – siehe Gl. (5.91) –, was eine vergrößerte Überlastungsfähigkeit bedeutet. Die Bedingung $E_{\mu 1}/f_1$ = konst. bedeutet, daß das Kippmoment – unabhängig von der Frequenz – gleichbleibend ist (Bild 5.64).

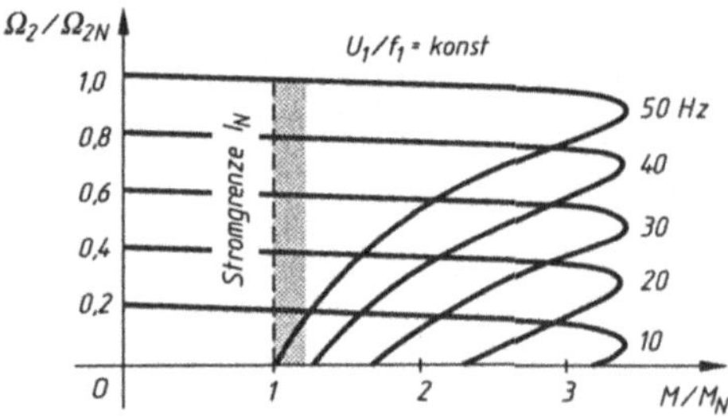

Bild 5.64
Mechanische relative Kennlinien $\Omega_2/\Omega_{1N} = f(M/M_N)$ bei U_1/f_1 = konst.

Auch in diesem Fall wird $E_{\mu 1N}$ – aus denselben Gründen wie vorher – nicht überschritten, und man erreicht fast die gleichen Kennlinien.

Auch diesmal könnte der Fluß $\Psi_{\mu\mathrm{m}}$ mit Hilfe einer im Luftspalt an den Ständerzahnkronen aufgeklebten Meßspule direkt gemessen werden. Die direkte Messung hat sich in der Industriepraxis jedoch nicht bewährt. Der Luftspaltfluß muß durch Berechnungen ermittelt werden, was heute wegen der hohen Rechenleistung der Prozessoren (DSP) über Maschinenmodelle möglich ist.

5.8.3.3 Drehzahlstellung durch Konstanthaltung der Läuferflußamplitude

Aus der Läuferspannungsgleichung des Systems (5.43-a) erhält man:

$$0 = \frac{R'_2}{s}\underline{I}'_2 + j\,X'_{\sigma 21}\,\underline{I}'_2 - \underline{E}_{\mu 1} = \frac{R'_2}{s}\underline{I}'_2 - \underline{E}'_{\mu 2},$$

mit

$$\underline{E}'_{\mu 2} = \underline{E}_{\mu 1} - X'_{\sigma 21}\,\underline{I}'_2 = \underline{E}_{\mu 1} + \underline{E}'_{\sigma 21} = \frac{R'_2}{s}\underline{I}'_2 .$$

$\underline{E}'_{\mu 2}$ ist die gesamte, in die *Läufer-Strangwicklungen induzierte Spannung*. Die Amplitude des mit den *Läuferwicklungen verketteten* Fluß Ψ'_{2m} ergibt sich aus der Gleichung:

$$\underline{E}'_{\mu 2} = \frac{2\pi}{\sqrt{2}} f_1 \Psi'_{2m} \frac{w_1 k_{w1}}{w_2 k_{w2}} .$$

Das elektromagnetische Drehmoment bei $\psi'_{2m} = \text{konst.}$ ist dann

$$M = \frac{3\,R'_2\,I'^2_2}{s\,\Omega_1} = \frac{3\,s\,E'^2_2}{\Omega_1\,R'_2} = \frac{3\,p^2(\Omega_1 - \Omega_2)\Psi'^2_{2m}}{2\,R'_2}\left(\frac{w_1 k_{w1}}{w_2 k_{w2}}\right)^2 ,$$

was zum Kennlinienfeld mit den „Geraden" in Bild 5.65 führt. Diese mechanischen Kennlinien erinnern an den durch die Ankerspannung U_A gesteuerten Gleichstrommotor bei konstanter Erregung (ohne Begrenzung durch den Stromwender und die Ankerrückwirkung).

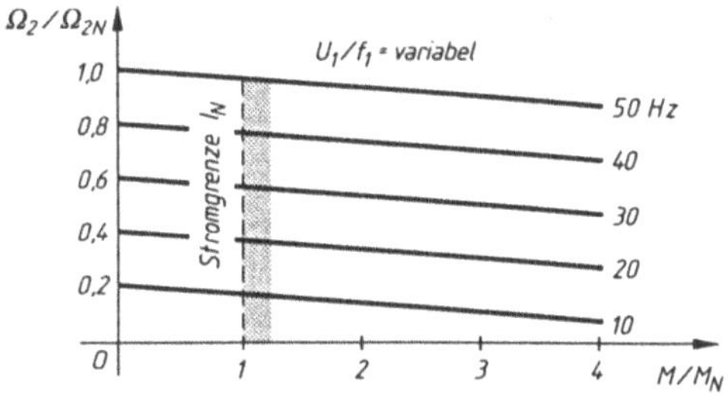

Bild 5.65
Mechanische relative Kennlinien $\Omega_2/\Omega_{1N} = f(M/M_N)$ bei U_1/f_1 = variabel

Bei Nennfrequenz und Läufernennfluß wird das Nenn-Anzugsmoment ($s = 1$):

$$M_{AN} = \frac{3\pi^2\Omega_{1N}\,\Psi'^2_{2m}}{2\,R'_2}\left(\frac{w_1 k_{w1}}{w_2 k_{w2}}\right)^2 = \frac{3\,E'^2_{2N}}{\Omega_{1N}\,R'_2} .$$

Dieses Drehmoment übersteigt das Kippmoment bei „normalem Betrieb" mit U_{1N} und f_{1N} um ein Vielfaches; allerdings auch den Strom. Dazu vergleicht man die Gleichung von M_{AN} mit Gl. (5.91), wobei $U_{1N} \approx E'_{2N}$ und $R'_2 \ll 2(X_{\sigma 12} + X'_{\sigma 21})$ ist.

- *In diesem Sonderfall gibt es weder einen Kippschlupf noch ein Kippmoment, da keine Streuung auftritt die zu einer Phasenverschiebung führt. Es ist das Verhalten der „idealen streuungslosen" Asynchronmaschine. Die Belastbarkeit ist vergleichbar mit derjenigen von fremderregten Gleichstrommotoren.*

Das oben angegebene Drehmoment M_{AN} benötigt einen Läuferstrom

$$I'_{2A} = \frac{E'_2}{R'_2},$$

der viel größer als der Nenn-Läuferstrom ist.

Der verkettete Läuferfluß kann nicht direkt gemessen werden; er muß durch Berechnungen ermittelt werden, was heute wegen der hohen Rechenleistung der Prozessoren (DSP) über Maschinenmodelle möglich ist.

Viele Umrichter mit Drehmomentregelung – nach dem Verfahren der „*feldorientierten Regelung*" – arbeiten heute nach diesen theoretischen Überlegungen.

5.8.3.4 Drehzahlstellung durch Konstanthaltung des Ständerstromes

Nach dem Ersatzschaltbild (Bild 5.31-a) mit $R_{Fe} \approx \infty$ (*idealisierte Maschine ohne Eisenverluste*) gilt:

$$-\underline{I}'_2 = \underline{I}_1 \frac{j X_\mu}{\frac{R'_2}{s} + j\left(X_\mu + X'_{\sigma 21}\right)}$$

und folglich ist das elektromagnetische Drehmoment:

$$M = \frac{3 R'_2 I'^2_2}{s \Omega_1} = \frac{3 s R'_2 X^2_\mu I^2_1}{\Omega_1 \left[R'^2_2 + s^2 (X_\mu + X'_{\sigma 21})^2\right]} .$$

Der Kippschlupf wird zu:

$$s_K = \frac{R'_2}{X_\mu + X'_{\sigma 21}},$$

und ist damit kleiner als im Fall U_1 = konst. Das Kippmoment

$$M_K = \frac{3 X^2_\mu I^2_1}{2 \Omega_1 (X_\mu + X'_{\sigma 21})},$$

ist vergleichbar mit demjenigen bei U_1 = konst.; es ist frequenzunabhängig, da Ω_1 und die beide Reaktanzen proportional zu f_1 sind.

Bild 5.66-a zeigt die mechanischen Kennlinien der Maschine (*Relativwerte* Ω_2/Ω_{1N} und M/M_N) für *konstante Nennwerte:*

- des *Ständerstromes* ($I_1 = I_{1N}$ = konst.),
- der *Netzfrequenz* ($f_1 = f_{1N}$ = konst.),
- des *Luftspaltflusses* ($\psi_\mu = \psi_{\mu N}$ = konst.),

sowie die Abhängigkeit zwischen Winkelgeschwindigkeit und Ständerspannung (Relativwerte Ω_2/Ω_{1N} und U_1/U_{1N}) wiederum für *konstante Nennwerte:*

- des *Ständerstromes* ($I_1 = I_{1N}$ = konst.),
- der *Netzfrequenz* ($f_1 = f_{1N}$ = konst.).

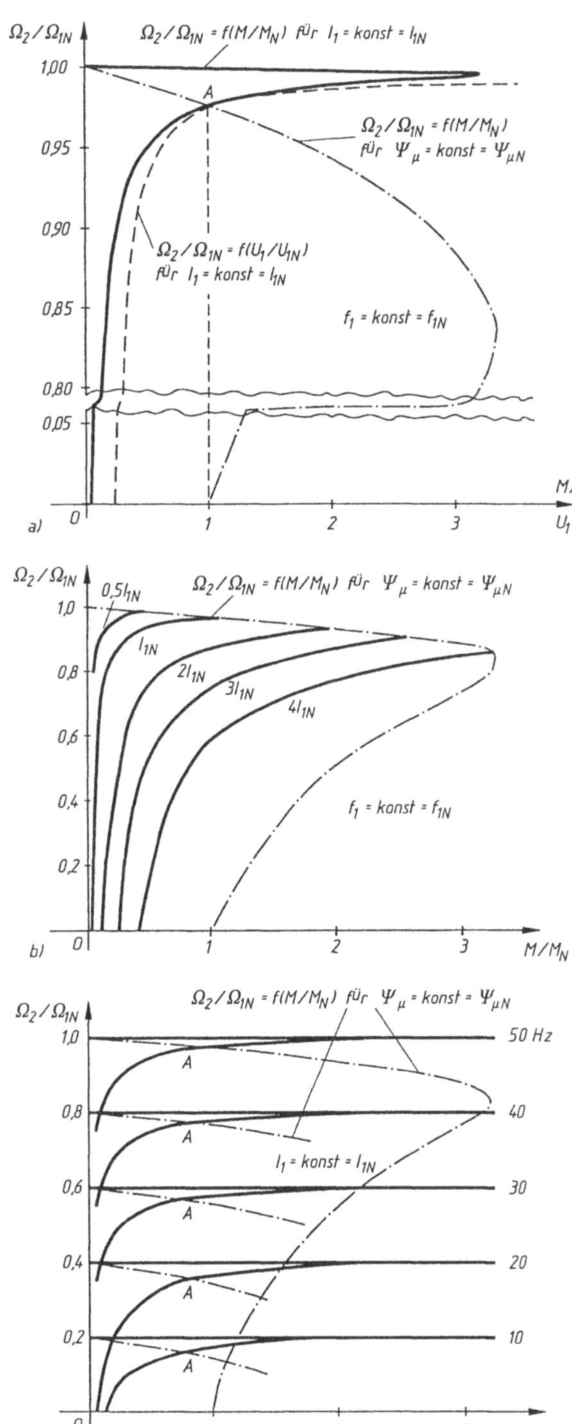

Bild 5.66
Mechanische relative Kennlinien $\Omega_2/\Omega_{1N} = f(U_1/U_{1N})$:
a) konstante Nennwerte $I_{1N}, f_{1N}, \Psi_{\mu N}$,
b) $f_1 = f_{1N}$ = konst. mit variablem Parameter I_1,
c) $I_1 = I_{1N}$ = konst. mit konstanten Parametern $\Psi_\mu = \Psi_{\mu N}$ = konst.

Man bemerkt, daß die Spannung U_1 gleichzeitig mit der Drehzahl wächst. Im Punkt A, erreicht die Spannung ihren Nennwert. Bei weiter steigender Drehzahl wird die Spannung höhere, unzulässige Werte erreichen, die zur Sättigung des magnetischen Kreises und zu unzulässigen Eisenverlusten führen können. Anderseits kann der Umrichter, der den Motor speist, keine höheren Spannungen als die Nennwerte liefern. Folglich ändert der Umrichter im Betriebspunkt A die Betriebsart von Konstantstrom in Konstantspannung. Dabei ist eine Rückwirkungsschleife in einem Regelungssystem notwendig, um die Stabilität zu sichern.

Bild 5.66-b stellt das Feld der mechanischen Kennlinien für verschiedene Konstantwerte des StänderStromes (I_1 = konst.) bei konstanter Nennfrequenz ($f_1 = f_{1N}$ = konst.) dar. Diese Kennlinien werden von der mechanischen Kennlinien für konstante Nennwerte des Luftspaltflusses ($\psi_\mu = \psi_{\mu N}$ = konst.) bei gleicher Frequenz ($f_1 = f_{1N}$ = konst.) begrenzt. Es ist wichtig, auf das *verringerte Anlaßmoment bei Nennstrom* hinzuweisen.

In Bild 5.66-c ist das Feld der mechanischen Kennlinien für konstante Nennwerte des StänderStromes ($I_1 = I_{1N}$ = konst.) und verschiedene Konstantwerte der Frequenz (Frequenz (f_1 = konst.) dargestellt. Zum Vergleich ist die Grenzcharakteristik für konstanten Luftspaltfluß ($\psi_\mu = \psi_{\mu N}$ = konst.) eingezeichnet.

5.8.3.5 Zusammenfassung

Die Methode der Drehzahlverstellung durch Verändern der Speisefrequenz f_1 (von 0 Hz bis 200 Hz und mehr)

- ermöglicht innerhalb eines weiten Stellbereichs
  - *stetig feine Steuerung* der Drehzahl,
  - einen *großen Drehzahlstellbereich* unterhalb und oberhalb der Nenndrehzahl,
- ist eine *verlustarme Drehzahlsteuerungsmethode* (abgesehen von den Verlusten im Umrichter).

Die Kosten für die Stellglieder liegen über denen des Asynchronmotors. Wie in Kap. 7 berichtet wird, führt die moderne Leistungselektronik zur Herstellung von Umrichtern, die eine gute Qualität der Steuerung gewährleisten. Da diese Umrichter heute auch von den Kosten günstig sind, verbreitet sich diese Drehzahlstellmethode sehr stark, da:

- der Asynchronmotor robust und einfach aufgebaut ist,
- hohe Drehzahlen möglich sind,
- der Asynchronmotor weniger Masse und Trägheitsmoment hat,
- keiner besonderen Wartung bedarf,
- in gefährdeten Umgebungen arbeiten kann, da der Käfigläufermotor keine Gleitkontakte besitzt.

5.8.4 Widerstandssteuerung im Läuferstromkreis

Diese Drehzahlsteuerungsmethode kann nur bei Schleifringläufermotoren angewendet werden. Das symmetrische Einschalten von Zusatzwiderständen – in Reihe zu den Läufer-Strangwicklungen – verändert zunehmend die Kippschlüpfe der mechanischen Kennlinien (vgl. Abschnitt 5.6.5: Anlassen der Drehstrom-Asynchronmotoren mit Schleifringläufer). In Bild 5.35-a sieht man z.B., daß – bei konstantem Widerstandsmoment – der Schlupf zusammen mit dem Läuferzusatzwiderstand wächst. Die Steuerungswiderstände mit stufenweise variablen Widerständen sind den Anlassern ähnlich, aber für Dauerbetrieb bemessen. Die Feinheit der Steuerung hängt von der Stufenzahl der Zusatzwiderstände ab. Diese Methode ist unvollkommen aus folgenden Gründen:

- sie ist unökonomisch, da die in den Zusatzwiderständen verlorengegangene Energie eine Verminderung des gesamten Wirkungsgrades mit sich bringt;
- sie ist relativ teuer, da ein Steuerungswiderstand, der über längere Zeiten in den Läuferkreis bei voller Last eingeschaltet bleiben muß, größer ausgelegt werden muß;
- die Änderungsweite der Drehzahl hängt in sehr weiten Grenzen von dem Belastungszustand des Motors ab:

  läuft der Motor bei kleinen Belastung und einem Schlupf $s = 0{,}01$, bringt eine 10-fache Zunahme des Läuferwiderstandes eine Verminderung der Drehzahl von maximal 9 %;

  läuft aber der Motor unter Nennlast bei Nennschlupf $s_N = 0{,}05$, führt eine 10-fache Zunahme des Läuferwiderstandes zu einer 10-fachen Zunahme des Rotorwiderstandes und zu einer Verringerung der Drehzahl von 45 %;
- bei geringfügigen Drehmomenten erreicht man nur kleine Änderungen der Drehzahl.

Diese Methode ist in jeder Hinsicht der Drehzahlsteuerungsmethode von fremderregten Gleichstrommotoren durch die Einführung von Widerständen in den Ankerkreis gleichwertig. Trotz des schlechten Wirkungsgrads wird die Drehzahlsteuerung mit Hilfe von Läuferwiderständen in der Praxis immer noch verwendet, insbesondere beim Betrieb von Brückenkränen (Aussetzbetrieb).

5.8.5 Läuferspannungssteuerung durch Einfügen eines variablen Drehspannungssystems in den Läuferkreis

Im vorigen Abschnitt wird die Änderung der mechanischen Kennlinien durch die Reihenschaltung eines symmetrischen, stufenweise änderbaren Zusatzwiderstands in den Läuferkreis erreicht. Im Ersatzschaltbild (Bild 5.67-a) erscheint ein Zusatzwiderstand, auf den Ständer bezogen (') und mit dem Faktor $1/s$ multipliziert. Seine Klemmenspannung ist $\underline{U}_2'/s = R'\underline{I}_2'/s$, in Phase zum Läuferstrom $\underline{I}_2'$. Wegen ihres verringerten Wirkungsgrads wird die Drehzahlsteuerung durch Änderung des Widerstandes R' nur prinzipiell behandelt.

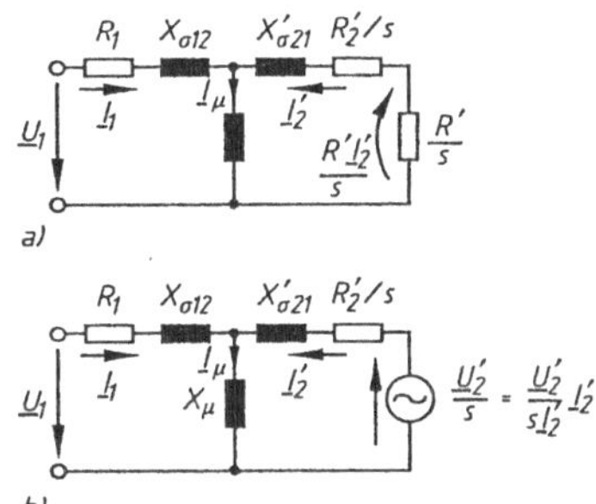

Bild 5.67
Strangschaltbilder des Drehstrom-Asynchronmotors mit Schleifringläufer:
a) Zusatzwiderstand im Läuferkreis,
b) Reihengeschaltete elektrische Spannung im Läuferstrang.

Man setzt voraus, daß anstatt eines Widerstands eine elektrische Spannung in Reihe mit jedem Läuferstrang eingeschaltet wird. Die Spannungsquelle besitzt die auf den Ständer bezogene Klemmenspannung $\underline{U}_2'$ – gleiche Frequenz und Phase – wie auch den entsprechenden Läufer-Strangstrom. Im Ersatzschaltbild erscheint, läuferseitig, die Spannung $\underline{U}_2'/s$ (Bild 5.67-b).

Der Vorteil liegt auf der Hand: anstatt Stromwärmeverluste in einem Zusatzwiderstand zu haben, wird hier die Wirkleistung mit Hilfe einer Spannungsquelle erhöht. Durch den Einsatz eines Frequenzumrichters wird diese Leistung an das Netz zurückgegeben. Es interessiert, wie die Drehzahl, durch eine Änderung der Spannung U_2' gesteuert wird. Man benutzt das Gleichungssystem des Ersatzschaltbildes aus Bild 5.67-b (wobei die Eisenverluste vernachlässigt sind):

$$\begin{aligned} \underline{U}_1 &= (R_1 + jX_{\sigma 12})\underline{I}_1 - \underline{E}_{\mu 1}, \\ 0 &= \frac{\underline{U'}_2}{s} + \left(\frac{R_2'}{s} + j X'_{\sigma 21}\right)\underline{I}_2' - \underline{E}_{\mu 1}, \\ \underline{E}_{\mu 1} &= -X_\mu \underline{I}_\mu, \\ \underline{I}_\mu &= \underline{I}_1 + \underline{I}_2'. \end{aligned} \tag{5.92}$$

In diesem System ist die Spannung $\underline{U}_2'$ gleichphasig zum Strom $\underline{I}_2'$. Man kann dies auch so schreiben:

$$\underline{U}_2' = \frac{U_2'}{I_2'}\underline{I}_2',$$

wobei U_2' und I_2' die entsprechenden Effektivwerte sind. Oben ist U_2'/I_2' ein Zusatzwiderstand, der dem Strangwiderstand R_2' hinzugefügt werden muß. Ähnlich Gl. (5.42) wird der Läuferstrom:

$$\underline{I'}_2 = -\frac{\underline{U}_1}{R_1 + \dfrac{cR_2'}{s} + \dfrac{cU_2'}{sI_2'} + j\left(X_{\sigma 12} + cX'_{\sigma 21}\right)}.$$

Aus diesem Ausdruck kommt man zu einer Gleichung 2. Grades, die den Effektivwert des Läuferstromes als Variable enthält:

$$\left[\left(R_1 + \frac{cR_2'}{s}\right)^2 + \left(X_{\sigma 12} + cX'_{\sigma 21}\right)^2\right] I_2'^2 + \left[2c\frac{U_2'}{s}\left(R_1 + \frac{cR_2'}{s} - U_1\right)\right] I_2' + \frac{c^2 R_2'}{s^2} = 0.$$

Man bemerkt, daß bei gegebener Spannung U_2' und $I_2' = 0$ (idealer Leerlauf, bei $M = 0$) besondere Werte des Schlupfs ($s_0 = cU_2'/U_1$) bzw. der Winkelgeschwindigkeit [$\Omega_0 = (1 - s_0)\Omega_1$] gegeben sind. D.h., daß die mechanische Charakteristik verschiedene Ordinaten in Abhängigkeit von U_2' aufweisen kann. Diese Feststellung führt zu einer interessanten Drehzahlsteuerung des Asynchronmotors. Um mehrere Informationen über diese Methode zu bekommen, benutzt man die 2. Gleichung des Systems (5.92):

$$\underline{E}'_{\mu 1} = \frac{R_2'}{s}\underline{I}'_2 + \frac{\underline{U}'_2}{s} + jX'_{\sigma 21}\underline{I}'_2.$$

Durch Multiplizieren aller Terme mit $3\,\underline{I}_2'^*$ und Behalten der reellen Teile erhält man eine Gleichung von Wirkleistungen:

$$\mathrm{Re}\left(3\underline{E}_{\mu 1}\underline{I'}_2^*\right) = 3\frac{R_2'}{s}I_2'^2 + 3\frac{U_2' I_2'}{s} + 3X'_{\sigma 21}I_2'^2 = 3R_2' I_2'^2 + 3U_2' I_2' + 3\frac{1-s}{s}\left(R_2' I_2'^2 + U_2' I_2'\right),$$

die folgende *Erläuterung* zuläßt: die vom Ständer dem Läufer zugeführte Wirkleistung $\mathrm{Re}(3\underline{E}_{\mu 1}\underline{I}_2'^*) = 3E_{\mu 1}I_2'\cos(\underline{I}_2', \underline{E}_{\mu 1})$ deckt:

- die *Jouleschen Verluste* in den Läuferwicklungen $P_{J2} = 3\,R_2'\,I_2'^2$,
- die der Drehspannungsquelle *übertragene Wirkleistung* $3U_2 I_2'$,
- die vom Motor entwickelte *mechanische Leistung*

$$M\,\Omega_2 = 3\frac{1-s}{s}\left(R_2'\,I_2'^2 + U_2'\,I_2'\right) = 3(1-s)E_{\mu 1}I_2'\cos(\underline{I}_2', \underline{E}_{\mu 1}),$$

wobei $\sphericalangle(\underline{I}_2', \underline{E}_{\mu 1})$ die *Phasenverschiebung* zwischen den Zeigern $\underline{I}_2'$ und $\underline{E}_{\mu 1}$ darstellt. Folglich ist das *Drehmoment*:

$$M = \frac{3(1-s)E_{\mu 1}\,I_2'\cos\left(\underline{I'}_2, \underline{E}_{\mu 1}\right)}{\Omega_1} = \frac{3\,E_{\mu 1}\,I_2'\cos\left(\underline{I'}_2, \underline{E}_{\mu 1}\right)}{\Omega_2}.$$

Wenn f_1 = konst. und U_2' = konst., dann Ω_1 = konst., $E_{\mu 1}$ = konst. und $I_\mu \approx$ konst. Somit M = konst., was ungefähr $I_2'\cos(\underline{I}_2', \underline{E}_{\mu 1})$ = konst. bedeutet.

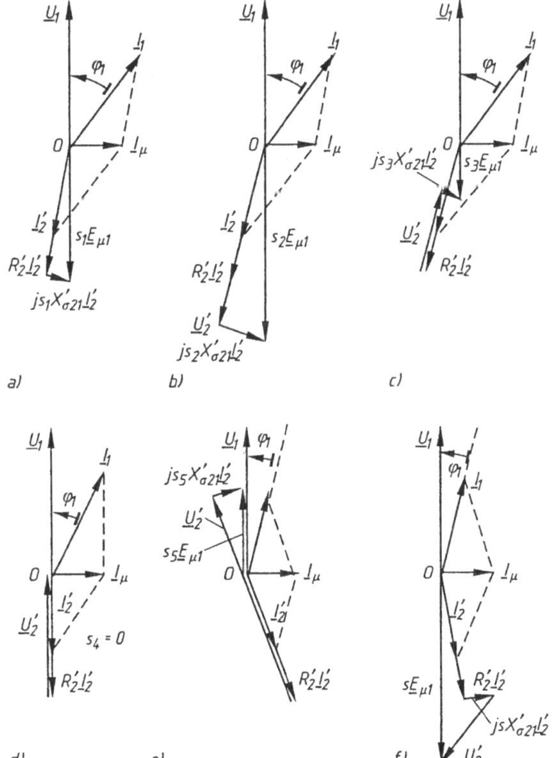

Bild 5.68
Zeigerdiagramme für verschiedene Spannungswerte von U_2'

In Bild 5.68 sind verschiedene Zeigerdiagramme für verschiedene Werte der Spannung U_2' eingezeichnet:

- Als *Bezugsdiagramm* ist das Zeigerdiagramm in Bild 5.68-a zu betrachten. Für $U_2' = 0$ stellt dies den klassischen Fall des *Asynchronmotors mit kurzgeschlossenem Läufer* dar. Zu einem bestimmten Drehmoment gehört ein bestimmter Schlupf s_1. Das Bild erlaubt auch, durch die Spannung $\underline{U}_1$ und den Strom $\underline{I}_1$, die Schätzung des Leistungsfaktors;
- Für das gleiche Drehmoment wie vorher bzw. für das gleiche $I_2'\cos(\underline{I}_2', \underline{E}_{\mu 1})$, jedoch für eine bestimmte Spannung $\underline{U}_2'$ in Phase zu $\underline{I}_2'$ ist das Zeigerdiagramm in Bild 5.68-b gezeigt. Der Motor antwortet mit einer *größeren induzierten Spannungsquelle* $s_2E_{\mu 1}$ bzw. mit *verminderter Winkelgeschwindigkeit*. Beides bedeutet einen Schlupf $s_2 > s_1$;

- Bild 5.68-c stellt den Fall dar, wenn $\underline{U}'_2$ in *Gegenphase* zu $\underline{I}'_2$ ist. Für das gleiche Drehmoment ist diesmal der Schlupf kleiner als der Bezugsschlupf ($s_3 < s_1$), und die *Winkelgeschwindigkeit nähert sich der synchronen Drehzahl*;
- Bild 5.68-d gibt den Fall einer Spannung $U'_2 = R'_2 I'_2$ wieder, die beiden Zeigern $\underline{U}'_2$ und $\underline{I}'_2$ weiterhin gegenphasig. In diesem Fall gibt es keine induzierte Spannung mehr, und der Schlupf ist Null. Der Motor läuft bei einer synchronen Drehzahl Ω_1. Die Spannung U'_2 wie auch der Läuferstrom I'_2 besitzen eine Frequenz Null. Die in den Läuferkreis eingeschaltete Quelle ist folglich eine Gleichstromquelle. Ein solcher Motor wird *synchronisierter Asynchronmotor* genannt;
- Wenn $\underline{U}'_2$ gegenphasig zu $\underline{I}'_2$ ist und $U'_2 > R'_2 I'_2$, wechselt der Schlupf sein Vorzeichen, so wie es in Bild 5.68-e gezeigt wird. Die Maschine entwickelt eine *übersynchrone Winkelgeschwindigkeit* ($\Omega_2 > \Omega_1$);
- Bild 5.68-f stellt gleichfalls einen interessanten Fall dar: diesmal ist $\underline{U}'_2$ phasennacheilend gegenüber $\underline{I}'_2$. Das Ergebnis ist erwähnenswert: zusammen mit der Drehzahlregelung ist auch eine Leistungsfaktorstellung möglich (was den Winkel φ_1 betrifft, sind die Bilder 5.68-b und 5.68-f zu vergleichen);
- Das Feld der mechanischen Kennlinien für verschiedene Spannungen $\underline{U}'_2$, die gleichphasig zum Strom $\underline{I}'_2$ sind, ist in Bild 5.69 dargestellt.

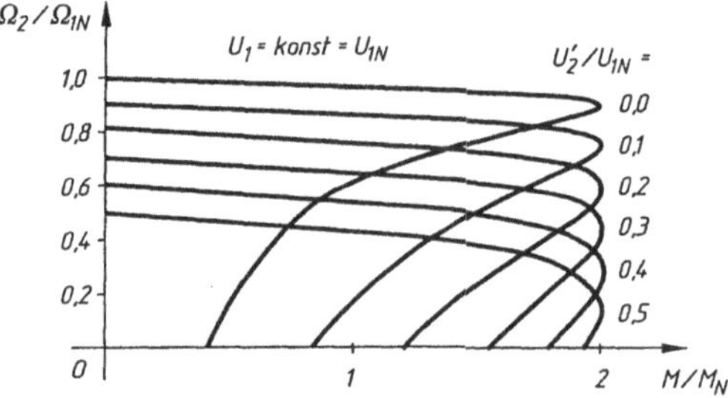

Bild 5.69
Mechanische relative Kennlinien $\Omega_2/\Omega_{1N} = f(M/M_N)$: variabler relativer Parameter U'_2/U_{1N}

5.8.6 Läuferspannungssteuerung durch eine in den Läuferkreis eingefügte Drehstromquelle variablen Stromes und variabler Frequenz (doppelgespeister Motor)

Man betrachtet einen Asynchronmotor mit Schleifringläufer, der ständerseitig von einer Drehstromquelle konstanter Spannung und Frequenz gespeist wird. Eine zweite Drehstromquelle, diesmal variablen Stromes und variabler Frequenz, speist den Läufer. Das Ersatzschaltbild des Motors ist in Bild 5.70 dargestellt.

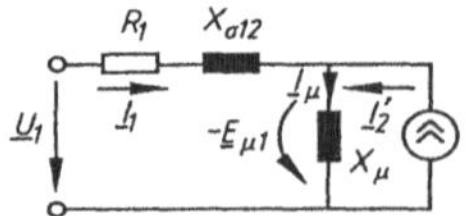

Bild 5.70
Strangersatzschaltbild des doppelgespeisten Drehstrom-Asynchronmotors

Im stationären Zustand ist der Schlupf $s = f_2/f_1$ – bei einer bestimmten Läuferfrequenz – konstant, unabhängig vom Lastmoment (solange dieses Moment die statische Belastungsfähigkeit des Motors nicht überschreitet). Die Winkelgeschwindigkeit des Motors $\Omega_2 = (1-s)\Omega_1$ muß auch konstant sein. *Der Asynchronmotor ist ein Synchronmotor geworden*, der bei einer konstanten Winkelgeschwindigkeit läuft, die kleiner als die synchrone Winkelgeschwindigkeit ist ($\Omega_2 < \Omega_1 = 2\pi f_1 / p$). Wie vorher beträgt das elektromagnetische Drehmoment:

$$M = \frac{3E_{\mu 1} I_2' \cos(\underline{I}_2', \underline{E}_{\mu 1})}{\Omega_1} .$$

Bei einem bestimmten Effektivwert I_2' des LäuferStromes bei konstant gebliebenen Parametern ($E_{\mu 1} \approx U_1$ = konst., f_1 = konst. und I_μ = konst.) gibt es ein maximales Drehmoment M_m, das die statische Belastungsfähigkeit definiert und das folgender Bedingung entspricht: $\cos(\underline{I}_2', \underline{E}_{\mu 1}) = 1$ bzw. $\underline{I}_2'$ ist in Phase zu $\underline{E}_{\mu 1}$ (Bild 5.71-a):

$$M_m = \frac{3 E_{\mu 1} I_2'}{\Omega_1} .$$

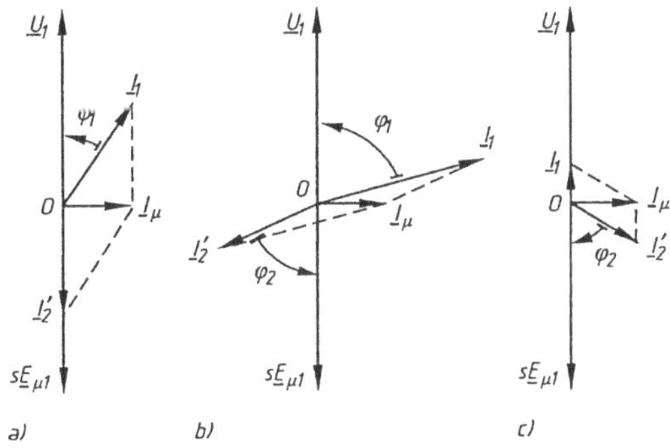

Bild 5.71
Zeigerdiagramme des doppelgespeisten Drehstrom-Asynchronmotors

Für die gleiche Läuferfrequenz f_2 und den gleichen Läuferstrom I_2' muß sich, wenn das Lastmoment abnimmt, auch das elektromagnetische Drehmoment vermindern. Diese Änderung wirkt auf den Phasenverschiebungswinkel ($\underline{I}_2'$, $\underline{E}_{\mu 1}$), und – als Endeffekt – der Leistungsfaktor verschlechtert sich (Bild 5.71-b). Bei gleichbleibendem Drehmoment und gleichbleibender Drehzahl (wie in Bild 5.71-b) läßt sich diesmal der Phasenverschiebungswinkel ($\underline{I}_2'$, $\underline{E}_{\mu 1}$) steuern, und damit kann auch der Leistungsfaktor gesteuert werden (Bild 5.71-c). Dies führt, zusammen mit der konstanten Aufrechterhaltung der Größen U_1, f_1 und f_2, zu einer entsprechenden Verringerung des Stromes I_2'. Das Feld der mechanischen Kennlinien bei Nennwert des LäuferStromes und variabler f_2 ist in Bild 5.72 dargestellt.

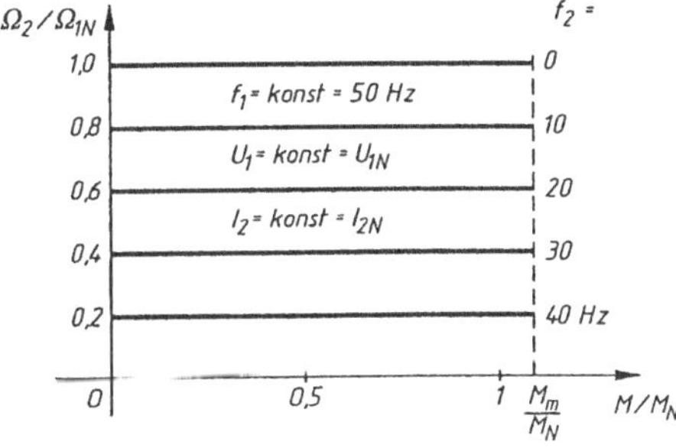

Bild 5.72
Mechanische relative Kennlinien $\Omega_2/\Omega_{1N} = f(M/M_N)$ bei $I_2 = I_{2N}$ = konst., f_1 = 50 Hz, $U_1 = U_{1N}$ = konst. mit variablem Parameter f_2

5.9 Wechselstrom-Asynchronmotor

Dieser Motortyp ist prinzipiell wie der Drehstrommotor aufgebaut. Der einzige Unterschied besteht darin, daß der Ständer eine einsträngige Wicklung besitzt, die an ein Wechselstromnetz angeschlossen ist. Gewöhnlich ist die Maschine mit einem Käfigläufer ausgestattet (Bild 5.73-a).

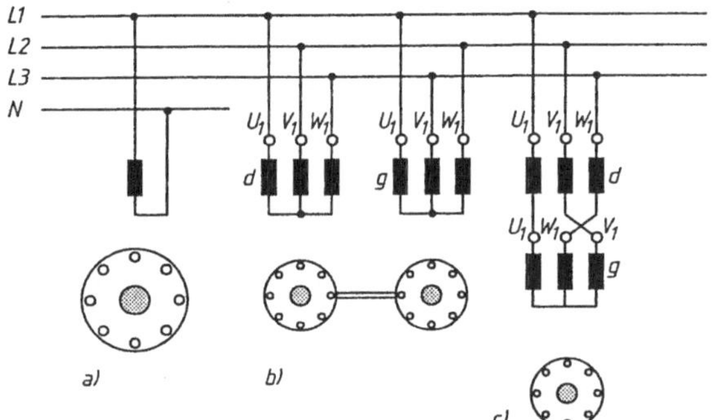

Bild 5.73
Wechselstrom-Asynchronmotor:
a) Ersatzschaltbild. Gleichwertige Drehstrom-Asynchronmotoren mit:
b) zwei Kurzschlußläufern und Drehstromwicklungen,
c) einem Kurzschlußläufer und zwei reihengeschalteten Ständerwicklungen

Die Ständer-Wechselstromwicklung, vom sinusförmigen Strom durchflossen, erzeugt ein zeitlich und räumlich sinusförmiges Wechselfeld, *das in zwei gegenläufige Drehfelder* (*halber Amplitude und gleicher Winkelgeschwindigkeit*) *zerlegt werden kann*:

$$B(p\alpha,t) = B_{\text{m}}\cos\omega t\cos p\alpha = \frac{1}{2}B_{\text{m}}\cos(\omega t - p\alpha) + \frac{1}{2}B_{\text{m}}\cos(\omega t + p\alpha)$$

$$= B_{\text{d}}(p\alpha,\, t) + B_{\text{g}}(p\alpha,t)$$

mit

$$\begin{cases} B_{\text{d}}(p\alpha,t) = \dfrac{1}{2}B_{\text{m}}\cos(\omega t - p\alpha) & \textit{direktes oder mitlaufendes Drehfeld} \\[2ex] B_{\text{g}}(p\alpha,t) = \dfrac{1}{2}B_{\text{m}}\cos(\omega t + p\alpha) & \textit{gegenlaufendes Drehfeld} \end{cases}$$

Auf diese Weise ist der *Wechselstrom-Asynchronmotor gleichwertig mit zwei identischen Drehstrom-Asynchronmotoren, deren Ständerwicklungen identische Drehfelder erzeugen (aber mit verschiedenem Umlaufsinn), und deren Läufer auf derselben Welle mechanisch befestigt sind* (Bild 5.73-b). Andererseits *sind diese zwei Drehstrom-Asynchronmotoren gleichwertig mit einem einzigen Drehstrom-Asynchronmotor mit zwei identischen, in Reihe geschalteten Ständerwicklungen d und g, die aber verschiedene Strangfolgen* (Bild 5.73-c) *aufweisen.*

Wie beim Wechselstrom-Asynchronläufer sind die Läuferleiter auch beim Drehstrom-Asynchronmotor (Bild 5.73-c) von Strömen durchflossen, die von beiden Ständer-Drehfeldern B_{d} und B_{g}, die gegensinnig umlaufen, induziert sind. Auf den Läufer wirken im Stillstand zwei elektromagnetische Drehmomente M_{d} und M_{g} die *identisch im Betrag sind, aber entgegengesetzte Drehsinne haben.*

Das *resultierende Drehmoment ist Null*, und der Läufer kann nicht in Bewegung gesetzt werden. Bekommt der Läufer jedoch in einer Drehrichtung (z.B. im Drehsinn des Drehfeldes B_{d})

einen mechanischen Impuls, so daß er mit einer Winkelgeschwindigkeit $\Omega_{2d} = \Omega_2$ (wie im Falle eines Drehstrom-Asynchronmotors) zu laufen beginnt, dann besitzt das magnetische Drehfeld B_d eine relative Geschwindigkeit $(\Omega_1 - \Omega_2)$, und die Frequenz des induzierten Läuferstromes wird:

$$f_{2d} = \frac{p(\Omega_1 - \Omega_2)}{2\pi} = \frac{p\,\Omega_1}{2\pi}\frac{(\Omega_1 - \Omega_2)}{\Omega_1} = sf_1.$$

Das Drehfeld B_g wird gegenüber dem Läufer eine relative Geschwindigkeit $(\Omega_1 + \Omega_2)$ aufweisen. Die Frequenz des induzierten Stromes ist:

$$f_{2d} = \frac{p(\Omega_1 + \Omega_2)}{2\pi} = \frac{p\,\Omega_1}{2\pi}\left(2 - \frac{(\Omega_1 - \Omega_2)}{\Omega_1}\right) = (2-s)f_1$$

wobei $2s$ der Läuferschlupf gegenüber dem Drehfeld B_g ist. In Bild 5.74 ist das elektromagnetische Drehmoment M_d in Abhängigkeit vom Schlupf s $[M_d = f(s)]$ dargestellt. Dieses Moment wird von der Wicklung d erzeugt und besitzt die gleiche Drehrichtung wie der Läufer selbst. Das vom Drehfeld der Wicklung g erzeugte elektromagnetische Drehmoment M_g läuft in Gegenrichtung.

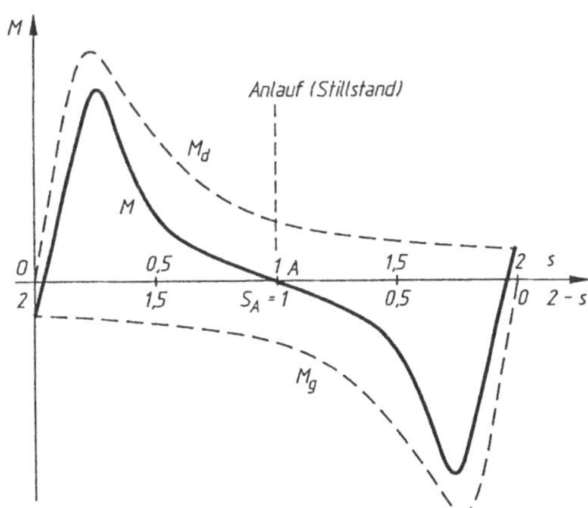

Bild 5.74
Mechanische Kennlinie $M(s)$ eines Wechselstrom-Asynchronmotors

- *Im Bereich* $0 < s \leq 1$ hat das Drehmoment M_d (mit $s_d = s$) einen aktiven Charakter: die Kennlinie $M_d = f(s_d)$ bzw. $M_d = f(s)$ zeigt in diesem Bereich einen ähnlichen Verlauf wie beim Drehstrom-Asynchronmotor. Für denselben Bereich ist der Läuferschlupf in bezug auf das entgegengerichtete Drehfeld $B_g\, s_g = 2 - s$: folglich ist das elektromagnetische Moment M_g ein Bremsmoment;
- *Im Bereich* $1 < s \leq 2$, stellt das Moment M_d ein Bremsmoment dar (diesmal ist $1 < s_d = s \leq 2$), und das Moment M_g wird aktiv, wird also ein elektromagnetisches Drehmoment; diesmal $0 < s_g = 2 - s \leq 1$.

Ist das Moment, wenn es als aktives Drehmoment wirkt, als positiv zu betrachten, so werden die Kennlinien $M_d = f(s)$ und $M_g = f(s)$ so wie in Bild 5.74 aussehen. Das resultierende Drehmoment

$$M = M_d + M_g$$

ist in demselben Bild dargestellt. Man bemerkt, daß für $s = 1$ das resultierende Drehmoment Null ist.

Andererseits, wenn der Läufer in beliebiger Drehrichtung einen mechanischen Impuls bekommt und das Lastmoment geringfügig ist (am besten im Leerlaufbetrieb), entwickelt der Motor einen Drehmomentüberschuß in gleicher Drehrichtung und beschleunigt, bis er eine Drehzahl in der Nähe des Synchronwertes erreicht hat.

Die Tatsache, daß der Wechselstrommotor allein kein Anlaßmoment entwickeln kann, stellt einen besonderen Nachteil dar. Deswegen muß er mit einem passenden Hilfsmittel versehen werden, das es ihm erlaubt, ein Anlaßmoment zu entwickeln.

Das Problem kann leicht gelöst werden, wenn im Augenblick des Anlassens an Stelle eines Wechselfelds ein Drehfeld erzeugt wird.

Besitzt der Ständer des Motors eine zusätzliche Wechselstromwicklung – Anlaufwicklung oder Hilfswicklung genannt – die:

- am Ständerumfang um den Winkel $\pi/(2p)$ gegenüber der Hauptwicklung verschoben ist,
- gleiche Windungszahl hat und
- von einen Strom mit dem gleichen Effektivwert, aber zeitlich phasenverschoben um $\pi/2$ gegenüber dem Strom aus der Hauptwicklung, durchflossen wird,

wird ein magnetisches Drehfeld erzeugt.

Sind die Ströme in den beiden Wicklungen:

Hauptwicklung $\quad i_U = I\sqrt{2}\cos\omega t$

Anlaß–Hilfswicklung $\quad i_V = I\sqrt{2}\cos(\omega t - \pi/2)$

werden die entsprechenden magnetische Felder (Grundwellen):

$$\begin{cases} B_U(p\alpha, \omega t) = B_m \cos\omega t \cos p\alpha \;, \\ B_V(p\alpha, \omega t) = B_m \cos\left(\omega t - \dfrac{\pi}{2}\right)\cos\left(p\alpha - \dfrac{\pi}{2}\right) . \end{cases}$$

Jedes der obigen Felder wird in ein *direktes oder mitlaufendes* Drehfeld und ein *gegenlaufendes* Feld zerlegt:

$$\begin{cases} B_U(p\alpha,\ \omega t) = \dfrac{1}{2}B_m\cos(\omega t - p\alpha) + \dfrac{1}{2}B_m\cos(\omega t + p\alpha) \;, \\ B_V(p\alpha,\ \omega t) = \dfrac{1}{2}B_m\cos(\omega t - p\alpha) + \dfrac{1}{2}B_m\cos(\omega t + p\alpha - \pi) \;. \end{cases}$$

Beide Gegenfelder löschen sich aus, während die Direktfelder sich summieren. Das resultierende Feld:

$$B(p\alpha,\ \omega t) = B_U(p\alpha,\ \omega t) + B_V(p\alpha,\ \omega t) = B_m\cos(\omega t - p\alpha) \;,$$

ist ein direktes Drehfeld, das ein Anlaßmoment erzeugt.

Wegen des Hilfscharakters der Anlaufwicklung (nach dem Hochlauf ist diese Wicklung nicht mehr nötig) werden in der Praxis die oben beschriebenen Bedingungen nicht genau umgesetzt. Eine Wechselstrom-Anlaßwicklung, mit einer kleineren Windungszahl, durchflossen von einem phasenverschobenen Strom mit einem kleineren Effektivwert als der Hauptstrom, verstärkt nur bedingt das direkte Drehfeld bzw. schwächt das Gegenfeld nur bedingt ab, so daß der Motor nur unbelastet starten kann.

In den Wechselstrom-Asynchronmotoren ist die Hauptwicklung in β der Nutenzahl untergebracht. Der Rest, also α, ist für die Hilfswicklung (Anlaßwicklung) reserviert. Alle beide Wicklungen sind an das gleiche Wechselstrom-Speisenetz angeschlossen. Um die Phasenverschiebung der zwei Ströme zu gewährleisten, wird in der Anlaßwicklung ein Kondensator in Reihe eingeschaltet (Bild 5.75). Die Kapazität des Kondensators ist so bemessen, daß bei $s = 1$ nur ein direktes Drehfeld erzeugt wird und der Motor so ein relativ großes Anlaßmoment entwickeln kann (Anlaßkondensator). Die Anlaufwicklung darf auch nach dem Anlassen aufrechterhalten werden. Somit kann eine Verbesserung des Leistungsfaktors erreicht werden. Da der optimale Wert des Kondensators – ausgelegt für den Anlauf – zu groß für den normalen Betrieb des Motors ist, wird oft nach dem Anlaufen ein Teil der Kapazität abgeschaltet (Betriebskondensator).

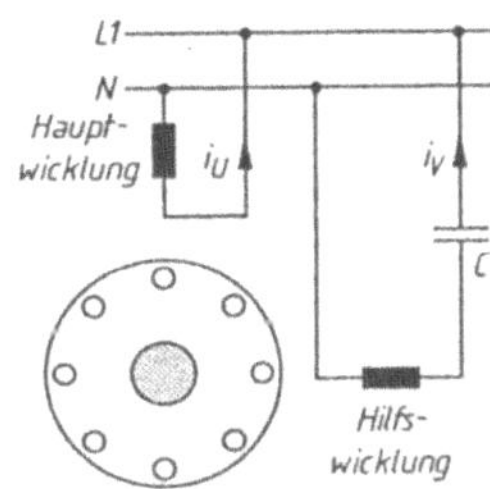

Bild 5.75
Wechselstrom-Asynchronmotor mit Hilfswicklung

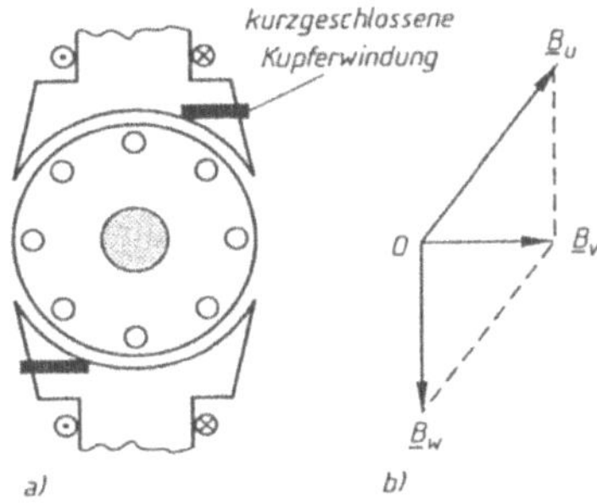

Bild 5.76
Spaltpolmotor:
a) Anordnung der kurzgeschlossener Kupferwicklung an den Polschuhen,
b) Zeigerdiagramm der magnetischen Felder

Oftmals wird in der Praxis eine Bauvariante des Wechselstrom-Asynchronmotors mit Hilfsstrang, der sogenannte *Spaltpolmotor* (Bild 5.76-a) eingesetzt. Der Ständer dieses Motors hat Schenkelpole, auf deren Kern sich die Wechselstromwicklung – der Hauptstrang – befindet.

Ein Teil der Polfläche ist von einer kurzgeschlossenen Kupferwicklung – dem Hilfsstrang – umgeben. Diese beide Stränge bilden zusammen einen Transformator. Das Feld B_U des Hauptstrangs induziert in die kurzgeschlossene Kupferwicklung des Hilfstrangs einen Strom I_W, der seinerseits das Feld B_W erzeugt.

Die zwei Felder B_U und B_W überlagern sich auf der Polbreite, die von der kurzgeschlossenen Windung umfaßt ist, und sind zeitlich phasenverschoben (Bild 5.76-b). Sie bilden zusammen ein resultierendes Feld B_V. Folglich befindet sich der Läufer unter dem Einfluß zweier Felder:

- auf der *Polzone des Hilfsstrangs* Feld B_V ,
- auf dem *Rest der Polfläche* Feld B_U .

Berücksichtigt man nur die räumlichen Grundwellen beider Felder, bemerkt man, daß der Läufer von zwei räumlich versetzten und zeitlich phasenverschobenen, sinusförmigen Wechselfeldern beeinflußt ist, genauso wie auch der Wechselstrom-Asynchronmotor mit Anlaßstrang. Da der Hilfsstrom I_W dem Hauptstrom nacheilt, wird sich der Motor vom Hauptstrang zum Spaltpol drehen. Eine *Drehrichtungsumkehr ist ohne weiteres nicht möglich* (gegebenenfalls mit Hilfe von weiteren Spaltpolwindungen zu erzielen).

In Anbetracht des *kleinen Anlaßmoments*, des *schwachen Wirkungsgrads* und des *verminderten Leistungsfaktors* trotz der konstruktiven Einfachheit wird der *Spaltmotor nur für sehr kleine Leistungen* (5 bis 50 W) gebaut und eingesetzt.

Die *Wechselstrommotoren mit Betriebskondensator* werden für Leistungen ab 50 W bis etwa 2 kW gebaut. Sie sind in der Automatisierung als *Stellmotoren* (Kap. 8.2) verbreitet. Stetig steuerbar können sie elektrische Signale in äquivalente *Drehmoment-, Drehzahl-, Drehwinkelwerte* umformen.

5.10 Übungen

5Ü.1 *Eine stillstehende Läufer-Wechselstromwicklung mit $w = 72$ in Reihe geschalteten Windungen, einem Wicklungsfaktor $k_w = 0{,}91$ und 2p Polen befindet sich in einem Erregerfeld der Amplitude $B_m = 0{,}6$ T, das bei synchroner Drehzahl $n_1 = 3000\ \text{min}^{-1}$ umläuft. Die axiale Länge des Läufers beträgt $l = 10$ cm, der Durchmesser $D = 15$ cm.*

a) Welches sind der Effektivwert U und die Frequenz f' der vom Erregerfeld in die Läuferwicklung induzierten Spannung?

b) Wie ändert sich die induzierte Spannung, wenn der Läufer sich bei der Drehzahl $n_2 = 2850\ \text{min}^{-1}$ im gleichen Sinn wie das Erregerfeld dreht? Beide Drehzahlen werden von einem festen Bezugssystem aus gemessen.

a) Es wird Gl. (5.18) verwendet

$$E = \frac{2\pi}{\sqrt{2}} f w k_w \Phi_m ,$$

mit dem Maximalfluß Φ_m

$$\Phi_m = \frac{2}{\pi} L s B_m = \frac{2}{\pi} \times 0{,}1 \times 0{,}236 \times 0{,}6 = 9{,}01 \times 10^{-3}\ \text{Wb} .$$

Dabei beträgt die Polteilung

$$\tau = \frac{\pi D}{2p} = \frac{\pi \times 0{,}15}{2 \times 1} = 0{,}236\ \text{m} .$$

Die Frequenz wird aus Gl. (5-14) erhalten:

$$f = \frac{\omega}{2\pi} = \frac{p(\Omega_1 - \Omega_2)}{2\pi} = \frac{p n_1}{60} = \frac{1 \times 3000}{60} = 50\ \text{Hz} ,$$

da die Winkelgeschwindigkeit der Maschine Ω_2 Null und die Winkelgeschwindigkeit des Drehfelds $\Omega_1 = 2\pi n_1/60$ sind. Somit:

$$E = \frac{2\pi}{\sqrt{2}} f w k_w \Phi_m = \frac{2\pi}{\sqrt{2}} \times 50 \times 72 \times 0{,}91 \times 9{,}01 \times 10^{-3} = 131{,}14\ \text{V}.$$

b) Wenn die relative Winkelgeschwindigkeit der Drehfelds gegenüber dem Anker geändert wird, dann ändern sich auch die Frequenz der Spannungsquelle und gleichzeitig auch ihr Effektivwert:

$$f' = \frac{p(\Omega_1 - \Omega_2)}{2\pi} = \frac{p(n_1 - n_2)}{60} = \frac{3000-2850}{60} = 2{,}5 \text{ Hz},$$

$$E = \frac{2\pi}{\sqrt{2}} f w k_w \Phi_m = \frac{2\pi}{\sqrt{2}} \times 2{,}5 \times 72 \times 0{,}91 \times 9{,}01 \times 10^{-3} = 6{,}56 \text{ V}.$$

Der Schlupf des Ankers in Bezug auf das Drehfeld ist:

$$s = \frac{\Omega_1 - \Omega_2}{\Omega_1} = \frac{n_1 - n_2}{n_1} = \frac{3000-2850}{3000} = 0{,}05.$$

5Ü.2 *Der Drehstromanker eines Asynchronmotors, der von einen symmetrischen Drehstromsystem der Frequenz $f_2 = 1$ Hz gespeist wird, weist $2p = 4$ Pole auf.*

a) Wie hoch ist die Drehzahl des Ankerdrehfelds in Verhältnis zum Ständer, wenn der Anker sich mit der Drehzahl $n_2 = 1470$ min^{-1} in Ankerstrangfolge dreht?

b) Gleiche Frage für den Fall, daß diesmal der Anker gleiche Drehzahl hat, sich aber im Gegensinn dreht?

a) Die Drehzahl des Ankerdrehfelds in Bezug auf den Anker selbst ergibt sich aus Gl. (5.9):

$$n = \frac{60\,\Omega}{2\pi} = \frac{60\,f_2}{p} = \frac{60 \times 1}{2} = 30 \text{ min}^{-1}.$$

Der Drehsinn des Drehfelds trifft mit dem Sinn der Ankerstrangfolge zusammen. Dreht sich der Anker seinerseits mit der Drehzahl n_2 gegenüber dem Ständer nach seiner Strangfolge, wird die Drehzahl des Ankerdrehfelds gegenüber dem Ständer:

$$n_1 = n + n_2 = 30 + 1470 = 1500 \text{ min}^{-1}.$$

b) Wenn der Anker sich mit gleichen Drehzahl n_2 gegenüber dem Ständer sich dreht, aber im Gegensinn seiner Strangfolge, wird die Drehzahl des Drehfelds gegenüber dem Ständer

$$n_1 = n_2\, n = 1470 - 30 = 1440 \text{ min}^{-1}$$

sein und im Gegensinn auch in bezug auf die Ankerstrangfolge.

5Ü.3 *Eine Wechselstrom-Ständerwicklung hat $2p = 6$ Pole, und der sinusförmige Strom der sie durchfließt, hat die Frequenz $f = 50$ Hz. Welche Frequenz hat die induzierte Spannung in einer Anker-Wechselstromwicklung, die auch $2p = 6$ Pole hat, wenn der Anker mit der Drehzahl $n_2 = 1000$ min^{-1} läuft?*

Eine Wechselstromwicklung, die von einem sinusförmigen Strom der Kreisfrequenz 1 durchflossen wird, erzeugt ein zeitlich und räumlich sinusförmiges Wechselgrundwellenfeld:

$$B(p\alpha, \omega t) = \frac{1}{2} B_m \cos(\omega t - p\alpha) + \frac{1}{2} B_m \cos(\omega t + p\alpha).$$

Beide Drehfelder besitzen gleiche Drehzahlen

$$n_1 = \frac{60\,\Omega}{2\pi} = \frac{60\,f}{p} = \frac{60 \times 50}{3} = 1000\ \mathrm{min}^{-1}$$

in Bezug auf den Ständer, aber verschiedener Drehrichtungen. Da der Anker sich, in bezug auf den gleichen Ständer im einen oder anderen Drehsinn, mit der Drehzahl $n_2 = 1000\ \mathrm{min}^{-1}$ dreht, wird die relative Drehzahl eines Drehfelds in bezug auf den Läufer Null sein (und zwar für das Drehfeld mit dem gleichen Drehsinn wie der Läufer), die des anderen Drehfeldes wird doppelt so groß sein, nämlich 2000 min^{-1}. Das Drehfeld mit der relativen Drehzahl Null induziert keine Spannung in die Ankerwicklung; das Drehfeld mit der relativen Drehzahl 2000 min^{-1} induziert eine Spannung mit der Frequenz:

$$f = \frac{p(n_1 + n_2)}{60} = \frac{3 \times 2000}{60} = 100\ \mathrm{Hz}\,.$$

5Ü.4 *Ein Drehstrom-Asynchronmotor mit Schleifringläufer und $2p = 6$ Polen wird über den Läuferkreis von einem dreiphasigen Speisenetz der Frequenz $f_1 = 50$ Hz gespeist. Der Ständer ist kurzgeschlossen.*

a) Welche Drehzahl weist das Läufer-Drehfeld in bezug auf den Läufer auf?

b) Vorausgesetzt, die Läufer-Strangfolge ist bekannt: in welchem Drehsinn wird das elektromagnetische Anlaßmoment auf den Läufer ausgeübt?

c) Falls sich der Läufer mit der Drehzahl $n_2 = 960\ \mathrm{min}^{-1}$ im Gegensinn seiner Strangfolge dreht, was ist die Frequenz der in die Ständerwicklung induzierte Spannung?

a) Die Winkelgeschwindigkeit des Läufer-Drehfelds bzw. seine Drehzahl, in bezug auf seinen eigenen Anker, betragen:

$$\Omega_1 = \frac{\omega_1}{p} = \frac{2\pi f_1}{p} = \frac{2\pi \times 50}{3} = 104{,}7\ \mathrm{s}^{-1},$$

$$n_1 = \frac{60\,\Omega_1}{2\pi} = \frac{60 \times 104{,}7}{2\pi} = 1000\ \mathrm{min}^{-1}\,.$$

Der Felddrehsinn stimmt mit der Läufer-Strangfolge überein.

b) Am Anfang des Anlaufs ist der Läufer unbeweglich. Sein Drehfeld wird ein elektromagnetisches Drehmoment auf den Ständer ausüben. Dieses Drehmoment versucht, den Ständer im Felddrehsinn (bzw. in Läufer-Strangfolge) anzutreiben. Dem Wechselwirkungsgesetz entsprechend wird auf den Läufer ein Drehmoment in Gegensinn des Läufer-Strangfolge ausgeübt. Überschreitet dieses Drehmoment das augenblickliche Lastmoment, beginnt der Läufer im Drehsinn des Drehmoments zu beschleunigen.

c) Der Aussage entsprechend dreht sich der Läufer im Gegenstrangfolgesinn mit der Drehzahl $n_2 = 960\ \mathrm{min}^{-1}$, während das Drehfeld sich mit der Drehzahl $n_1 = 1000\ \mathrm{min}^{-1}$ im erwähnten Strangfolgesinn dreht. Folglich ist die relative Drehzahl des Läufers gegenüber dem Ständer:

$$n_1 - n_2 = 1000 - 960 = 40\ \mathrm{min}^{-1}$$

und die Frequenz der in die Ständerstränge induzierte Spannung ist:

$$f_2 = \frac{p(n_1 - n_2)}{60} = \frac{3 \times 40}{60} = 2\ \mathrm{Hz}\,.$$

Demnach kann der Asynchronmotor mit Schleifringläufer vom Drehstrom-Speisenetz sowohl über Ständer wie auch über Läufer gespeist werden. Sein Betrieb ist exakt der gleiche, nur der Drehsinn ist umgekehrt.

5Ü.5 *Der Strom in jedem der drei Läuferstränge eines Drehstrom-Asynchronmotors mit Schleifringläufer beträgt 250 A, und der Läufer-Strangwiderstand 0,004 Ω. Der Motor hat 10 Pole, arbeitet bei 50 Hz und ist über den Ständer gespeist.*

a) Wie groß sind die gesamte entwickelte mechanische Leistung und die elektromagnetische Leistung bei einem Schlupf von 2 %?

b) Wie hoch ist das elektromagnetische Drehmoment, das der vorherige Schlupf ermöglicht?

a) Das entwickelte elektromagnetische Drehmoment ist:

$$M = \frac{3\,E_2\,I_2 \cos\left(\underline{E}_2, \underline{I}_2\right)}{\Omega_1 - \Omega_2}\,,$$

Ist der Läuferkreis kurzgeschlossen, stellt der Zähler der oben angegebenen Gleichung Stromverluste in den Läuferwicklungen dar:

$$3E_2 I_2 \cos(\underline{E}_2, \underline{I}_2) = 3R_2 I_2^2 = P_{J2}\,,$$

so daß

$$P_{J2} = M(\Omega_1 - \Omega_2) = sM\Omega_1\,.$$

Anderseits ist die gesamte entwickelte mechanische Leistung

$$P_M = M\Omega_2\,.$$

Addiert man P_{J2} und P_M, erhält man die gesamte Leistung, die im Läufer aufgebraucht wird. Diese Leistung kann nur vom Ständer vermittels des elektromagnetischen Felds herkommen, aus welchem Grund sie *elektromagnetische oder innere Leistung*

$$P = P_{J2} + P_M = M(\Omega_1 - \Omega_2) + M\Omega_2 = M\Omega_1$$

genannt wird. Mit Hilfe des Schlupfs

$$s = \frac{\Omega_1 - \Omega_2}{\Omega_1}$$

können die Joulesche Verluste des Läufers ausgedrückt werden:

$$P_{J2} = M(\Omega_1 - \Omega_2) = sP\,.$$

Die gesamte mechanische Leistung in bezug auf die elektromagnetische Leistung beträgt:

$$P_M = M\Omega_2 = (1-s)P\,.$$

Mit den oben genannten Zahlenwerten weisen die Leistungen folgende Werte auf:

$$P_{J2} = 3R_2 I_2^2 = 3 \times 0{,}004 \times 250^2 = 750\ \text{W}\,,$$

$$P = \frac{P_{J2}}{s} = \frac{750}{0{,}02} = 37{,}5\ \text{kW}\,.$$

Die vom Motor entwickelte mechanische Gesamtleistung ist:

$$P_M = (1-s)P = (1-0{,}02) \times 37{,}5\ \text{kW} = 36{,}75\ \text{kW}\,.$$

b) Das elektromagnetische Drehmoment ist:

$$M = \frac{P}{\Omega_1} = \frac{60\,P}{2\pi\, n_1} = \frac{60\,P\,p}{2\pi\, 60\, f_1} = \frac{60 \times 37{,}5 \times 10^3 \times 5}{2\pi\, 60 \times 50} = 596{,}8 \text{ Nm} .$$

5Ü.6 *Ein Drehstrom-Asynchronmotor hat folgende Daten: U_{1N} = 280 V (Strangspannung), I_{1N} = 10 A (Strangstrom), η_N = 0,85, $\cos\varphi_{1N}$ = 0,9, f_1 = 50 Hz, P_{Fe1} = 200 W (Ständer-Eisenverluste), P_m = 200 W (mechanische Verluste), R_1 = 0,8 Ω, 2p = 2. Es sollen folgende Größen bestimmt werden: Nutzleistung P_2, gesamte mechanische Leistung P_M, Joulesche Verluste im Ständer (P_{J1}) und Läufer (P_{J2}), Nennschlupf s_N, Nenndrehmoment M_N und Nenndrehzahl n_N.*

Die zugefügte (primäre) Nennwirkleistung ist:

$$P_{1N} = 3 U_{1N} I_{1N} \cos\varphi_{1N} = 3 \times 220 \times 10 \times 0{,}9 = 5940 \text{ W} .$$

Mit dem Nennwirkungsgrad η_N = 0,85 ergibt sich

$$P_{2N} = \eta_N P_{1N} = 0{,}85 \times 5950 = 5049 \text{ W} .$$

Diese Nutzleistung ist reiner mechanischer Natur. Fügt man dieser Leistung die mechanischen Verluste hinzu, erreicht man die gesamte mechanische Leistung P_M, die vom Motor entwickelt ist:

$$P_M = P_{2N} + P_m = 5049 + 200 = 5249 \text{ W} .$$

Die Nenn-Jouleschen Verluste im Ständer sind:

$$P_{J1N} = 3 R_1 I_{1N}^2 = 3 \times 0{,}8 \times 10^2 = 240 \text{ W} .$$

Die Nenn-Jouleschen Verluste im Läufer kann man aus der elektromagnetischen Nennleistung P_N ableiten, da die mechanische Gesamtleistung P_M schon bekannt ist. Die elektromagnetische Nennleistung P_N ist wiederum aus der aufgenommenen Nennwirkleistung P_{1N} zu gewinnen, nachdem die Nenn-Jouleschen Verluste P_{J1N}, sowie die Eisenverluste P_{Fe1}, beide im Ständer, abgezogen wurden:

$$P_N = P_{1N} - (P_{J1N} + P_{Fe1}) = 5940 - (240 + 200) = 5500 \text{ W} .$$

Also betragen die Nenn-Jouleschen Verluste im Läufer:

$$P_{J2N} = P_N - P_M = 5500 - 5249 = 251 \text{ W} .$$

Der Nennschlupf s_N wird aus dem Verhältnis der Joulesche Verluste im Läufer und der elektromagnetischen Leistung ermittelt:

$$s_N = \frac{P_{J2N}}{P_N} = \frac{251}{5500} = 0{,}0456 .$$

Weil die Maschine $2p$ = 2 Pole hat und der Frequenz f_1 = 50 Hz ist, beträgt ihre synchrone Drehzahl $n_1 = 3000 \text{ min}^{-1}$. Mit dem oben ermittelten Nennschlupf s_N bekommt man die Nenndrehzahl des Läufers:

$$n_{2N} = (1 - s_N) n_1 = (1 - 0{,}456) \times 3000 = 2862 \text{ min}^{-1} .$$

Das Nenndrehmoment geht aus der elektromagnetischen Leistung hervor:

$$M_N = \frac{P_N}{\Omega_1} = \frac{60\,P_N}{2\pi\, n_1} = \frac{60 \times 5500}{2\pi \times 3000} = 17{,}5 \text{ Nm} ,$$

oder aus der gesamten mechanischen Leistung P_M:

$$M_N = \frac{P_M}{\Omega_2} = \frac{60\,P_M}{2\pi n_2} = \frac{60 \times 5249}{2\pi \times 2862} = 17{,}5 \text{ Nm}$$

Das Nennutzmoment (das Nennmoment M_{2N} an der Welle bzw. das Nennlastmoment M_{LN}), ergibt sich aus der mechanischen Nutzleistung P_{2N}:

$$M_{2N} = M_{LN} = \frac{P_{2N}}{\Omega_2} = \frac{60\,P_{2N}}{2\pi n_2} = \frac{60 \times 5049}{2\pi \times 2862} = 16{,}85 \text{ Nm} .$$

Der Unterschied gegenüber dem elektromagnetischen Drehmoment besteht in den mechanischen Lager- und Luftreibungen.

5Ü.7 *Ein Asynchronmotor hat die Nenndrehzahl $n_{2N} = 1425$ min^{-1}. Die Drehstromständerwicklung ist an ein Speisenetz der Frequenz $f_1 = 50$ Hz angeschlossen:*

a) Wie hoch ist der Nennschlupf s_N des Motors?

b) Wie hoch ist die Stromfrequenz f_2 des Läufers?

a) Um den Schlupf des Motors zu bestimmen, braucht man seine synchrone Drehzahl. Da die Frequenz $f_1 = 50$ Hz beträgt, wird diese:

$$n_1 = \frac{60\,f_1}{p} = \frac{60 \times 50}{p} = \frac{3000}{p} \text{ min}^{-1} ,$$

wobei die Polpaarzahl p ganzzahlig ist. Für $p = 1, 2, 3, 4$ usw. sind die entsprechenden Synchrondrehzahlen 3000, 1500, 1000, 750 min^{-1}. Da die Nenndrehzahl n_{2N} des Läufers mit 1425 min^{-1} angegeben wurde, und da der Nennschlupf s_N sich zwischen 0,02 und 0,1 bewegt, kann in diesem Fall nur die Synchrongeschwindigkeit von 1500 min^{-1} in Frage kommen, was eine Polpaarzahl $p = 2$ (vierpolige Maschine) bedeutet. Also:

$$s_N = \frac{1500-1425}{1500} = 0{,}05 .$$

Für $n_1 = 3000$ min^{-1} wäre der Nennschlupf $s_N = (3000-1425)/3000 = 0{,}525$, was ein außergewöhnlicher Wert bedeutet. Somit besitzt die Maschine $p = 2$ Polpaare.

b) Die Frequenz f_2 des Läuferstromes ist an die Frequenz f_1 des Ständerstromes durch Gl. (5.20-a) gebunden. Demnach ist $f_2 = sf_1$ oder $f_{2N} = s_N f_1 = 0{,}05 \times 50 = 2{,}5$ Hz, ein sehr geringer Wert im Vergleich zur Ständerfrequenz f_1. Bei solch niedriger Frequenz sind die Eisenverluste des Läufers vernachlässigbar klein.

5Ü.8

a) Was geschieht bei einem Drehstrom-Asynchronmotor mit Käfigläufer ständerseitig in Sternschaltung beim Anlauf, wenn eine Strangwicklung unterbrochen wird? Wenn die Strangunterbrechung während des Betriebes stattfindet: läuft der Motor oder nicht?

b) Die gleichen Fragen für die ständerseitige Schaltung in Dreieck.

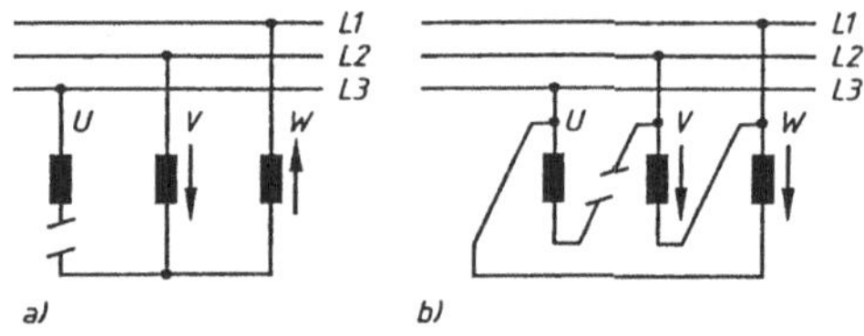

Bild 5.77
a) Sternschaltung,
b) Dreieckschaltung

a) Aus Bild 5.77-a ergibt sich Folgendes: wird z.B. der Strang U des Motors unterbrochen, fließt durch die zwei übrig gebliebenen Stränge V und W der gleiche Strom. Demnach gilt beim Anlauf:

$$\begin{cases} i_U = 0\,, \\ i_V = +I\sqrt{2}\cos\omega t\,, \\ i_W = -I\sqrt{2}\cos\omega t\,. \end{cases}$$

Jede vom Strom durchflossene Strangwicklung erzeugt (nur die Grundwelle wird hier berücksichtigt) ein räumlich und zeitlich sinusförmiges magnetisches Wechselfeld. Wählt man die Achse eines augenblicklichen Nordpols der Wicklung U als räumliche Bezugsachse, werden die zwei Felder B_V und B_W durch folgende Gleichungen beschrieben:

$$\begin{cases} B_V(p\alpha,\omega t) = B_m \cos\omega t \cos\left(p\alpha - \dfrac{2\pi}{3}\right), \\ B_W(p\alpha,\omega t) = -B_m \cos\omega t \cos\left(p\alpha - \dfrac{4\pi}{3}\right), \end{cases}$$

oder:

$$\begin{cases} B_V(p\alpha,\ \omega t) = \dfrac{1}{2} B_M \left[\cos\left(p\alpha - \omega t - \dfrac{2\pi}{3}\right) + \cos\left(p\alpha + \omega t - \dfrac{2\pi}{3}\right)\right], \\ B_W(p\alpha,\ \omega t) = -\dfrac{1}{2} B_M \left[\cos\left(p\alpha - \omega t - \dfrac{4\pi}{3}\right) + \cos\left(p\alpha + \omega t - \dfrac{4\pi}{3}\right)\right]. \end{cases}$$

Durch die Zusammensetzung beider Felder erhält man das resultierende Feld:

$$\begin{aligned} B(p\alpha,\ \omega t) &= B_V(p\alpha,\ \omega t) + B_W(p\alpha,\ \omega t) = \sqrt{3}\, B_m [\sin(p\alpha - \omega t) + \sin(p\alpha + \omega t)] \\ &= \sqrt{3}\, B_m \sin\omega t \sin p\alpha\,. \end{aligned}$$

Das bedeutet, daß es ein räumlich und zeitlich sinusförmiges Wechselfeld ist, gleichwertig zu zwei Drehfeldern halber Amplitude und Winkelgeschwindigkeit (ein mitlaufendes und ein gegenlaufendes Feld).

Auch hier, wie beim Wechselstrom-Asynchronmotor ohne Hilfsstrang, ist das elektromagnetische Drehmoment Null, und der Motor kann nicht von selbst anlaufen.

Findet die Strangunterbrechung während des Laufs statt, entwickelt der Motor ein Drehmoment in gleicher Drehrichtung: der angelaufene Wechselstrom-Asynchronmotor kann auch mit nur einer Wechselstromwicklung weiterarbeiten.

b) In Bild 5.77-b ist die Dreieckschaltung dargestellt. Die Strangwicklung zwischen den Klemmen U und V ist unterbrochen. Die zwei anderen Strangwicklungen VW und WU sind durchflossen von den Strömen:

$$\begin{cases} i_{\text{VW}} = I\sqrt{2}\cos\left(\omega t - \dfrac{2\pi}{3}\right), \\ i_{\text{WU}} = I\sqrt{2}\cos\left(\omega t - \dfrac{4\pi}{3}\right). \end{cases}$$

Sie erzeugen folgende Wechselfelder:

$$\begin{cases} B_{\text{VW}}(p\alpha,\ \omega t) = B_{\text{M}}\cos\left(\omega t - \dfrac{2\pi}{3}\right)\cos\left(p\alpha - \dfrac{2\pi}{3}\right), \\ B_{\text{WU}}(p\alpha,\ \omega t) = B_{\text{M}}\cos\left(\omega t - \dfrac{4\pi}{3}\right)\cos\left(p\alpha - \dfrac{4\pi}{3}\right). \end{cases}$$

Die räumliche Bezugsachse ist mit der Achse der Wicklung UV verbunden. In einer anderen Betrachtungsweise werden die zwei Felder:

$$\begin{cases} B_{\text{VW}}(p\alpha,\ \omega t) = \dfrac{1}{2}B_{\text{M}}\left[\cos(p\alpha - \omega t) + \cos\left(p\alpha + \omega t - \dfrac{4\pi}{3}\right)\right], \\ B_{\text{WU}}(p\alpha,\ \omega t) = \dfrac{1}{2}B_{\text{M}}\left[\cos(p\alpha - \omega t) + \cos\left(p\alpha + \omega t - \dfrac{8\pi}{3}\right)\right]. \end{cases}$$

Das ermöglicht die Herleitung des resultierenden Felds:

$$B(p\alpha,\ \omega t) = B_{\text{VW}}(p\alpha,\ \omega t) + B_{\text{WU}}(p\alpha,\ \omega t) = B_{\text{m}}\cos(p\alpha - \omega t) - \frac{1}{2}B_{\text{m}}\cos(p\alpha + \omega t)\ .$$

Dieses resultierende Feld hat zwei Komponenten, beides gegenläufige Drehfelder gleicher Winkelgeschwindigkeit, aber verschiedener Amplitude. Als Folge wird auf den Läufer – beim Anlaufen – ein resultierendes Drehmoment in Drehsinn des Drehfelds mit größerer Amplitude ausgeübt. Findet die Unterbrechung im Lauf statt, ist der Betrieb möglich (wie auch im Fall der Sternschaltung).

5Ü.9 *Ein Drehstrom-Asynchronmotor hat folgende Daten:* $s_N = 0{,}03$, $f_1 = 50\ \text{Hz}$, $2p = 6$, $M_K/M_N = 2{,}6$.

a) Wie groß ist das relative, auf das Nennmoment bezogene Anlaßmoment des Motors?

b) Es sollen die Läufer-Nenndrehzahlen berechnet werden, wenn die Zusatzwiderstände $R_{Z1} = 3R_2$, $R_{Z2} = 7R_2$ *und* $R_{Z3} = 11R_2$ *mit seinen Läufer-Strangwicklungen in Reihe geschaltet sind.*

a) Man wendet die *Kloss'sche Formel* an:

$$\frac{M}{M_{\text{K}}} = \frac{2}{\dfrac{s}{s_{\text{K}}} + \dfrac{s_{\text{K}}}{s}}\ ,$$

die für jeden Punkt (M, s) der mechanischen Kennlinie $M = f(s)$ gilt – also auch für den *Nennpunkt* $(M_{\text{N}}, s_{\text{N}})$ oder den *Kippunkt* $(M_{\text{K}}, s_{\text{K}})$]. Für den *Nennpunkt* läßt sich schreiben:

$$\frac{M_N}{M_K} = \frac{2}{\frac{s_N}{s_K} + \frac{s_K}{s_N}} = \frac{2\, s_N\, s_K}{s_N^2 + s_K^2} .$$

Mit $M_N / M_K = 1/2{,}6$ und $s_N = 0{,}03$ erhält man den Kippschlupf aus der Gleichung:

$$s_K^2 - 0{,}156\, s_K + 0{,}0009 = 0 .$$

Ihre Wurzeln sind $s_{K1} = 0{,}15$ und $s_{K2} = 0{,}006$. Da s_K größer als s_N sein muß, gilt nur der erste Wert, also $s_K = 0{,}15$. Beim Anlauf gilt: $M = M_A$ und $s_A = 1$. Dies bedeutet, nochmals mit Kloss'scher Formel:

$$\frac{M_A}{M_K} = \frac{2}{\frac{1}{0{,}15} + 0{,}15} = 0{,}293 .$$

Da $M_N / M_K = 1/2{,}6$, ergibt sich:

$$\frac{M_A}{M_N} = \frac{M_A}{M_K} \times \frac{M_K}{M_N} = 0{,}293 \times 2{,}6 = 0{,}762 .$$

Das Anlaufmoment ist also kleiner als das Nennmoment. Der Anlauf unter voller Last ist nicht möglich.

b) Mit zusätzlichen Widerständen, in Reihe mit den Läufersträngen eingeschaltet, ändert sich der Kippschlupf proportional zum gesamten Strangwiderstand des Läufers und damit auch das Anzugsmoment. Der künstliche Kippschlupf s_{Kj} ist proportional zu $R_2 + R_{Zj}$, der eigene Kippschlupf s_K nur zu R_2. Also:

$$\frac{s_{Kj}}{s_K} = \frac{R_2 + R_{Zj}}{R_2} = 1 + \frac{R_{Zj}}{R_2} ,$$

bzw.:

$$s_{Kj} = s_K \left(1 + \frac{R_{Zj}}{R_2} \right) .$$

Für $R_{Z1} = 3R_2$, $R_{Z2} = 7R_2$ *und* $R_{Z3} = 11R_2$ sind die entsprechenden *künstlichen Kippschlüpfe*:

$$\left\{ \begin{aligned} s_{K1} &= s_K \left(1 + \frac{3R_2}{R_2} \right) = 0{,}15 \times 4 = 0{,}6 , \\ s_{K2} &= s_K \left(1 + \frac{7R_2}{R_2} \right) = 0{,}15 \times 8 = 1{,}2 , \\ s_{K3} &= s_K \left(1 + \frac{11R_2}{R_2} \right) = 0{,}15 \times 12 = 1{,}8 . \end{aligned} \right.$$

Die neuen *künstlichen Nennschlüpfe* s_{N1}, s_{N2} und s_{N3} ergeben sich auch aus der Kloss'schen Formel. So bekommt man für $s_{K1} = 0{,}6$ z.B. die Gleichung:

$$\frac{M_{\rm N}}{M_{\rm K}} = \frac{2}{\dfrac{s_{\rm N1}}{s_{\rm K1}} + \dfrac{s_{\rm K1}}{s_{\rm N1}}} = \frac{2 s_{\rm N1} s_{\rm K1}}{s_{\rm N1}^2 + s_{\rm K1}^2} \; .$$

Mit Zahlenwerten:

$$s_{\rm N1}^2 - 3{,}12 s_{\rm N1} + 0{,}36 = 0 \; .$$

Die Wurzeln sind:

$$(s_{\rm N1})_1 = 3 \;\text{ und }\; (s_{\rm N1})_2 = 0{,}12 \, .$$

Da auch in diesem Fall – *künstliche mechanische Kennlinie (1)* – der künstliche Nennschlupf $n_{\rm N1}$ kleiner als der entsprechende künstliche Kippschlupf $n_{\rm K1}$ sein muß, gilt nur die zweite Wurzel, also:

$$s_{\rm N1} = (s_{\rm N1})_2 = 0{,}12 \, .$$

Das entspricht einer künstlichen Nenndrehzahl des Läufers bei Nennbelastung:

$$(n_{\rm 2N})_1 = n_1(1 - s_{\rm N1}) = 1000 \times (1 - 0{,}12) = \; 880 \;\text{min}^{-1} \, ,$$

(die sechspolige Maschine hat bei f_1 = 50 Hz eine synchrone Drehzahl n_1 = 1000 min^{-1}). Ähnlich erhält man:

$$s_{\rm N2} = 0{,}24 \quad \text{bzw.} \quad (n_{\rm 2N})_2 = 760 \;\text{min}^{-1} \, ,$$

$$s_{\rm N3} = 0{,}36 \quad \text{bzw.} \quad (n_{\rm 2N})_3 = 640 \;\text{min}^{-1} \, .$$

Anmerkungen:

- Nur ein Asynchronmotor mit Schleifringläufer erlaubt die Einführung eines zusätzlichen Widerstands in den Läuferkreis.
- Je kleiner die eingestellte Drehzahl ist, desto stärker nimmt der Zusatzwiderstand zu, und damit verschlechtert sich der Wirkungsgrad (zusätzliche Joulesche Verluste).

5Ü.10 *Ein Drehstrommotor in Sternschaltung hat folgende Daten: R_1 = 0,78 Ω, $X_{\sigma 12}$ = 2,22 Ω, X_μ = 27 Ω, R_2' = 1 Ω, $X_{\sigma 21}'$ = 3 Ω, s_N = 0,05.*

a) Es soll der Effektivwert der aufgenommenen Ständerstrome bestimmt werden. Die verkettete Speisespannung beträgt 380 V.

b) Wie groß sind die zugeführte Wirkleistung und der Leistungsfaktor?

c) Wie hoch sind die abgegebene mechanische Leistung und das elekromagnetische Drehmoment, wenn f_1 = 50 Hz und p = 3 Polpaare?

Alle Fragen beziehen sich auf den Nennbetrieb. Die Eisenverluste werden vernachlässigt.

a) Man benutzt das Ersatzschaltbild der Maschine. Der aufgenommene Ständerstrom bei einer Strangspannung U_1 = 220 V (die verkettete Netzspannung beträgt 380 V und die Ständerwicklungen sind in Stern geschaltet) wird:

$$\underline{I}_{\rm 1N} = \frac{\underline{U}_1}{R_1 + j\,X_{\sigma 12} + \dfrac{j\,X_\mu(R_2'/s_{\rm N} + j\,X_{\sigma 21}')}{R_2'/s_{\rm N} + j(X_\mu + X_{\sigma 21}')}} \; .$$

Mit den obengenannten Zahlenwerten und mit

$$\frac{R_2'}{s_N} = \frac{1}{0{,}05} = 20\,\Omega\ ,$$

erhält man für den Strom $\underline{I}_{1N}$ ($\underline{U}_1$ als *Phasenursprung*):

$$\underline{I}_{1N} = \frac{220 \times (20 + 30\,j)}{(0{,}78 + 2{,}22\,j)(20 + 30\,j) + 27\,j \times (20 + 30\,j)} = 8{,}87 - 9{,}16\,j\,.$$

Der Effektivwert des Nenn-Ständerstromes ist somit:

$$I_{1N} = \sqrt{8{,}87^2 + 9{,}16^2} = 12{,}75\ \mathrm{A}\,.$$

b) Die zugeführte Wirkleistung ergibt sich aus der Wirkkomponente des Ständerstromes und der Strangspannung:

$$P_1 = 3U_1(I_1 \cos\varphi_1) = 3 \times 220 \times 8{,}87 = 5854{,}2\ \mathrm{W}\,.$$

Der Leistungsfaktor des Motors ist

$$\cos\varphi_1 = \frac{I_1 \cos\varphi_1}{I_1} = \frac{8{,}87}{12{,}75} = 0{,}696\ ,$$

ein ziemlich schwacher Leistungsfaktor und doch ein gewöhnlicher Wert für Asynchronmotoren mit einer synchronen Drehzahl von nur 1000 min^{-1} und bei relativ kleiner Leistung.

c) Um die mechanische Leistung P_M zu bestimmen, muß erst die elektromagnetische Leistung P berechnet werden (die Ständer-Eisenverluste P_{Fe1} werden vernachlässigt):

$$P = P_1 - P_{J1} = P_1 - 3R_1 I_1^2 = 5824{,}2 - 3 \times 0{,}78 \times 12{,}75^2 = 5473{,}8\ \mathrm{W}\,.$$

Entsprechend Übung 5Ü.5 ist:

$$P_M = (1 - s_N)P = (1 - 0{,}05) \times 5473{,}8 = 5200{,}1\ \mathrm{W}\,.$$

Die Nenn-Jouleschen Verluste im Läufer betragen:

$$P_{J2N} = s_N P = 0{,}05 \times 5473{,}8 = 273{,}7\ \mathrm{W}\,.$$

Sind die elektromagnetische Leistung und die Synchrondrehzahl bekannt, kann das elektromagnetische Moment berechnet werden:

$$M = \frac{P}{\Omega_1} = \frac{60\,P}{2\pi\,n_1} = \frac{60 \times 5473{,}8}{2\pi \times 1000} = 52{,}27\ \mathrm{Nm}\,.$$

5Ü.11 *Ein Drehstrom-Asynchronmotor mit Kurzschlußläufer hat folgende Daten: U_{1N} = 220 V (Strangspannung), f_1 = 50 Hz, 2p = 8, R_1 = 0,065 Ω, R_2' = 0,08 Ω, $X_{\sigma 12} = X'_{\sigma 21}$ = 0,148 Ω, I_{10} = 17,5 A (Leerlaufstrom), P_{Fe1} = 520 W (Eisenverluste im Ständer) und P_m = 415 W (mechanische Verluste). Man bestimme die Nutzleistung P_2, die zugeführte Wirkleistung P_1, den Leistungsfaktor $\cos\varphi_1$, den Wirkungsgrad η und das Nutzdrehmoment M_2 (bzw. Lastmoment M_L) bei einem 4 %igen Schlupf.*

Man verwendet das Ersatzschaltbild des Asynchronmotors, diesmal aber die Eisenverluste berücksichtigend. Zuerst muß der Widerstand R_{Fe} berechnet werden, der den Eisenverlusten entspricht. Mit guter Näherung kann vorausgesetzt werden, daß die resultierende Spannung $E_{\mu 1}$ gleich der Strangspannung U_1 ist:

$$E_{\mu 1} \approx U_1 = 220 \text{ V} .$$

Folglich ist der Widerstand

$$R_{Fe} = \frac{3 E_{\mu 1}^2}{P_{Fe}} = \frac{220}{279,2} = 279,2 \, \Omega \ .$$

Der Strom I_{Fe} ist:

$$I_{Fe} = \frac{3 E_{\mu 1}}{R_{Fe}} = \frac{220}{279,2} = 0,788 \text{ A} .$$

Demnach kann der Magnetisierungsstrom I_μ berechnet werden, da der Leerlaufstrom I_0 bekannt ist:

$$I_\mu = \sqrt{I_0^2 - I_{Fe}^2} = \sqrt{17,5^2 - 0,788^2} = 17,48 \text{ A} .$$

Der Magnetisierungsstrom I_μ ist praktisch gleich dem Leerlaufstrom I_0 und viel größer als der Eisenverluststrom. Die Magnetisierungsreaktanz X_μ ergibt sich aus der resultierenden Spannung $E_{\mu 1}$ und dem Magnetisierungsstrom I_μ :

$$X_\mu = \frac{E_{\mu 1}}{I_\mu} = \frac{220}{17,48} = 12,59 \, \Omega \ .$$

Auf diese Weise werden alle Elemente des Ersatzschaltbilds ermittelt und die *Ersatzimpedanz* bestimmt (Bild 5.31-b):

$$\underline{Z}_e = \underline{Z}_1 + \frac{\underline{Z}_0 \, \underline{Z'}_2}{\underline{Z}_0 + \underline{Z'}_2} \ ,$$

mit

$$\underline{Z}_1 = R_1 + jX_{\sigma 12} = 0,065 + j0,148 \ ,$$

$$\underline{Z}_2' = \frac{R_2'}{s} + jX_{\mu 21}' = \frac{0,08}{0,04} + j0,148 = 2 + j0,148 \ ,$$

$$\underline{Z}_0 = \frac{R_{Fe} \times jX_\mu}{R_{Fe} + jX_\mu} = \frac{279,2 \times j12,59}{279,2 + j12,59} = 0,566 + j12,56 \ .$$

Folglich ist:

$$\underline{Z}_e = 0,065 + j0,148 + \frac{(0,566 + j12,56)(2 + j0,148)}{2,566 + j12,708} = 1,960 + j0,588 \ .$$

Der vom Speisenetz aufgenommene Ständerstrom ist:

$$\underline{I}_1 = \frac{\underline{U}_1}{\underline{Z}_e} = \frac{220}{1,960 + 0,588\,j} = 102,98 - j30,89 \ ,$$

mit dem Effektivwert:

$$I_1 = \sqrt{102,98^2 + 30,89^2} = 107,51 \text{ A} .$$

Die aufgenommene Wirkleistung beträgt:

$$P_1 = 3U_1(I_1 \cos\varphi_1) = 3 \times 220 \times 102{,}98 = 67967 \text{ W} = 67{,}967 \text{ kW} ,$$

der Leistungsfaktor ist:

$$\cos\varphi_1 = \frac{I_1 \cos\varphi_1}{I_1} = \frac{102{,}98}{107{,}51} = 0{,}958 .$$

Um die Nutzleistung P_2 zu bestimmen, zieht man aus der zugeführten Leistung P_1 alle Verluste der Maschine ab.

$$\Sigma P_V = P_{Fe1} + P_{J1} + P_{J2} + P_m .$$

Mit:

$$P_m = 415 \text{ W} ,$$

$$P_{Fe1} = 520 \text{ W} ,$$

$$P_{J1} = 3R_1 I_1^2 = 3 \times 0{,}065 \times 107{,}51^2 = 2253{,}9 \text{ W} ,$$

$$P_{J2} = s\,P = s\,(P_1 - P_{Fe1} - P_{J1}) = 0{,}04 \times (67970 - 520 - 2253{,}9) = 2607{,}8 \text{ W} ,$$

erhält man:

$$\Sigma P_V = 520 + 2253{,}9 + 2607{,}8 + 415 = 5796{,}7 \text{ W} ,$$

bzw.:

$$P_2 = P_1 - \Sigma P_V = 67970 - 5796{,}7 = 62173 \text{ W} = 62{,}173 \text{ kW} .$$

Der Wirkungsgrad ist:

$$\eta = \frac{P_2}{P_1} = \frac{62{,}173}{67{,}967} = 0{,}9148$$

bzw. in Prozente $[\eta]_{\%} = 91{,}48\ \%$.

Das Nutzmoment wird aus der Nutzleistung P_2 und der Winkelgeschwindigkeit Ω_2 des Läufers erhalten:

$$M_2 = M_L = \frac{P_2}{\Omega_2} = \frac{60\,P_2}{(1-s)\Omega_1} = \frac{60\,P_2}{(1-s) \times 2\pi\,n_1} = \frac{60 \times 62173}{(1-s) \times 2\pi \times 750} = 824{,}5 \text{ Nm} .$$

5Ü.12 *Ein Drehstrom-Asynchronmotor hat vernachlässigbare mechanische Verluste. Er treibt eine Arbeitsmaschine an, die nur Trägheitsmoment aufweist (Leerlauf), so daß das auf die Motorwelle bezogene Gesamtträgheitsmoment J ist. Man bestimme die durch Joulesche Effekt im Läufer, während des Anlaufvorgangs, verlorene Gesamtenergie, und zwar in Abhängigkeit von: Trägheitsmoment J, synchroner Winkelgeschwindigkeit Ω_1 und Leerlauf-Winkelgeschwindigkeit Ω_{20}.*

Die durch Jouleschen Effekt in der Läuferwicklung, während des dynamischen Anlaufbetriebes, verlorene Energie beträgt:

$$W_{J2} = \int_0^{t_p} 3\,R_2\,i_2^2\,\mathrm{d}t ,$$

wobei t_p die für den Anlauf und für das Erreichen der Drehzahl Ω_{20} im Leerlaufbetrieb nötige Zeitspanne ist. Um diese Energie in Abhängigkeit von J, Ω_1 und Ω_{20} auszudrücken, muß man von der Beziehung zwischen den Joulesche Verlusten des Läufers P_{J2} und dem elektromagnetischen Drehmoment M:

$$P_{J2} = M(\Omega_1 - \Omega_2) ,$$

wie auch von der Grundgleichung der Läuferbewegung (das Lastmoment M_L ist Null):

$$M = J\frac{d\Omega_2}{dt}$$

ausgehen. Somit ergibt sich:

$$W_{J2} = \int_0^{t_p} P_{J2}\,dt = \int_0^{t_p} M\left(\Omega_1 - \Omega_2\right)dt = \int_0^{\Omega_{20}} J\left(\Omega_1 - \Omega_{20}\right)d\Omega_2 .$$

Das Integral kann jetzt leicht berechnet werden:

$$W_{J2} \approx \frac{1}{2} J\,\Omega_{20}^2 .$$

Mit anderen Worten: *die während eines dynamischen Anlaufvorgangs durch den Jouleschen Effekt verlorene Gesamtenergie im Läuferkreis eines Asynchronmotors ist gleich der in den beweglichen Teilen des Antriebssystems gespeicherte kinetische Energie.*

Somit wird die Hälfte der Energie, die der Läufer vom Ständer bekommen hat, in den beweglichen Teilen in Form kinetischer Energie gespeichert. Die andere Hälfte geht unwiderruflich, durch Jouleschen Effekt in den Läuferwicklungen, in Wärme verloren.

Je größer das auf die Welle bezogene Trägheitsmoment J ist, desto größer werden die Jouleschen Verluste im Läufer.

Werden die Verluste in der Ständerwicklung berücksichtigt, so steigen die Gesamtverluste nochmals in etwa um die Hälfte an.

5Ü.13 *Ein Drehstrom-Asynchronmotor, der im Nennbetrieb bei einem Nennschlupf $s_N = 0{,}04$ läuft, wird durch eine Gegenstromschaltung durch gleichzeitiges Einschalten je eines zusätzlichen Bremswiderstands R_B in jeden der Läuferstränge gebremst. Welchen Wert muß der Bremswiderstand R_B (in bezug auf den Widerstand eines Läuferstrangs R_2), haben, damit im ersten Augenblick das Bremsmoment den Wert des Nenndrehmoments ($M_B = M_N$) annimmt? Der Kippschlupf der Maschine ist $s_K = 0{,}15$.*

Vom Augenblick der Gegenstromschaltung an befindet sich die Maschine im Bremsbetrieb. Die *anfängliche* Winkelgeschwindigkeit *dieses Bremsbetriebs* ist gleichzeitig die *End-Winkelgeschwindigkeit* des *vorherigen Motorbetriebs*:

$$\Omega_{2N} = (1 - s_N)\,\Omega_1 .$$

Der Drehsinn des *anfänglichen* Umlaufs ist *entgegengesetzt* dem *Ständer-Strangfolgesinn*. Der *Anfangsschlupf* des Läufers im *Bremsbetrieb* ist:

$$s_B = \frac{\Omega_1 + \Omega_{2N}}{\Omega_1} = \frac{\Omega_1 + \Omega_1\left(1 - s_N\right)}{\Omega_1} = 2 - s_N > 1 ,$$

bzw.:

$$s_B = 2 - 0{,}04 = 1{,}96 \ .$$

Folglich kann die Kloss'sche Formel angewendet werden, da das Bremsmoment (gleich dem Nennmoment: $M_B = M_N$) und der Schlupf s_N bekannt sind. Durch die Einschaltung der Bremswiderstände R_B in die Läuferstränge ergibt sich ein neuer Kippschlupf s_{KB} und somit:

$$\frac{M_B}{M_K} = \frac{M_N}{M_K} = \frac{2}{\dfrac{s_B}{s_{KB}} + \dfrac{s_{KB}}{s_B}} \ .$$

Das Verhältnis M_N / M_K ist unbekannt, es ist aber das gleiche wie in der Kloss'schen Formel; im normalen Nennmotorbetrieb:

$$\frac{M_N}{M_K} = \frac{2}{\dfrac{s_N}{s_K} + \dfrac{s_K}{s_N}} = \frac{2}{\dfrac{0{,}04}{0{,}15} + \dfrac{0{,}15}{0{,}04}} = 0{,}498 \ .$$

Die Anwendung der Kloss'schen Formel im Bremsbetrieb führt zu folgender Gleichung 2. Grades für den neuen Kippschlupf s_{KB}:

$$s_{KB}^2 - 7{,}79\, s_{KB} + 3{,}764 = 0$$

mit den Wurzeln:

$$(s_{KB})_1 = 7{,}30 \quad \text{und} \quad (s_{KB})_2 = 0{,}484 \ .$$

Nur die erste Wurzel (also $s_{KB} = 7{,}30$) hat einen physikalischen Sinn für die bestehende Übung: von den zwei Kennlinien $M = f(s)$, die den Punkt (s, M_N) haben, ist nur diejenige zum Kippschlupf $s_{KB} = 7{,}30$ passend, die vom statischen Gesichtspunkt aus zu einem stabilen Betrieb führt. Da der Kippschlupf dem gesamten Läufer-Strangwiderstand proportional ist, ergibt sich:

$$\frac{s_{KB}}{s_K} = \frac{R_2 + R_B}{R_2} = 1 + \frac{R_B}{R_2} \ ,$$

und somit ist:

$$R_B = \left(\frac{s_{KB}}{s_K} - 1 \right) R_2 = \left(\frac{7{,}30}{0{,}15} - 1 \right) R_2 = 47{,}7\, R_2 \ .$$

5Ü.14 *Ein vierpoliger Drehstrom-Asynchronmotor hat: $M_K = 160$ Nm, $s_K = 0{,}15$, $J = 0{,}09$ kgm^2 und $f_1 = 50$ Hz, wobei hier J das gesamte Trägheitsmoment an seiner Welle ist. Der Leerlaufschlupf ist praktisch Null ($s_0 \approx 0$). Es soll der Drehzahlverlauf festgestellt werden wenn, beim vorläufigen Leerlaufbetrieb, plötzlich ein Lastmoment $M_L = 0{,}25\, M_K$ aufgeschaltet wird. Die mechanischen Verluste werden vernachlässigt; vorausgesetzt wird, daß im erzeugten dynamischen Vorgang der Maschinenschlupf die ganze Zeit relativ klein bleibt im Vergleich zum Kippschlupf s_K. Die dynamischen elektromagnetischen Vorgänge werden ebenfalls vernachlässigt.*

Falls die elektrische Zeitkonstante des Motors vernachlässigt wird (sie ist viel kleiner als die mechanische Zeitkonstante und kann deswegen in einem mechanisch-dynamischen Vorgang vernachlässigt werden), dann gilt für die Läuferbewegung das allgemeine elektromagnetische Moment:

$$M = \frac{2M_K}{\frac{s}{s_K} + \frac{s_K}{s}} .$$

Eine weitere Vereinfachung der Kloss'schen Formel ist möglich für:

- für $s \ll s_K$ (in der *Nähe des Leerlaufpunkts)* gilt $M \approx 2M_K s / s_K$,
- für $s_K \ll s$ (beim *Anlauf* mit $s_K \ll s_A = 1$) gilt $M \approx 2M_K s_K / s$, bzw. im *Anlaufpunkt* mit $M = M_A$ und $s = s_A = 1$, gilt $M_A \approx 2M_K s_K$.

Im ersten Fall erhält man die Bewegungsgleichung angenähert zu:

$$M = \frac{2M_K}{\frac{s}{s_K} + \frac{s_K}{s}} ,$$

wobei $\Omega_2 = (1-s)\Omega_1$ und folglich

$$\frac{d\Omega_2}{dt} = -\Omega_1 \frac{ds}{dt} .$$

Die Anfangsbedingungen der differentialen Bewegungsgleichung 1. Ordnung lauten $s \approx 0$ bei $t = 0$. Die allgemeine Lösung dieser Gleichung ist:

$$s = \frac{s_K}{8} + C\,e^{-t/\tau_m} .$$

Die elektro-mechanische Zeitkonstante τ_m erhält man zu:

$$\tau_m = \frac{J\,\Omega_1}{2M_K} ,$$

und die Integrationskonstante wird mit Hilfe der Anfangsbedingungen bestimmt. Somit lautet die allgemeine Lösung dieser Gleichung, da $C = -s_k/8$:

$$s = \frac{s_K}{8}\left(1 - e^{-t/\tau_m}\right) .$$

Dies stellt eine Exponentialkurve dar; der stationäre Wert beträgt ein Achtel des Kippschlupfs s_K. Was den Zeitverlauf der Winkelgeschwindigkeit Ω_2 des Läufers betrifft, bekommt man:

$$\Omega_2 = (1-s)\Omega_1 = 1 - \frac{s_K}{8}\left(1 - e^{-t/\tau_m}\right) .$$

Bei einer plötzlichen Belastung des Motors mit einem Lastmoment nimmt die Winkelgeschwindigkeit des Motors exponentiell ab und nähert sich an einen vom Lastmoment abhängigen Wert an.

Für die oben angegebenen Zahlenwerte gilt:

$$\Omega_1 = \frac{1}{p} = \frac{2\pi f_1}{p} = \frac{2\pi \times 50}{2} = 157{,}1 \text{ rad/s} ,$$

$$\tau_m = \frac{J\,\Omega_1}{2M_K} = \frac{0{,}09 \times 157{,}1}{2 \times 160} = 0{,}044 \text{ s} ,$$

$$s = 0{,}02\,(1 - e^{-t/0{,}044}) .$$

5Ü.15 *Ein in Stern geschalteter Drehstrom-Asynchronmotor weist folgende Daten auf:* $f_1 = 50$ *Hz,* $n_{2N} = 1425$ *min*$^{-1}$*,* $R_1 = 0{,}25\ \Omega$*,* $R_2' = 0{,}23\ \Omega$*,* $X_{\sigma 12} = X_{\sigma 21} = 0{,}6\ \Omega$*, der Leerlaufstrom* $I_{10} = 7{,}1$ *A, die Eisenverluste* $P_{Fe} = 250$ *W, das Übersetzungsverhältnis* $(w_1 k_{w1})/(w_2 k_{w2}) = 1{,}67$*. Das gesamte Trägheitsmoment des Antriebssystems beträgt* $J = 0{,}2$ *kgm*^{2}*. Das gesamte Lastmoment ist* $M_L = 64$ *Nm, unabhängig von der Drehzahl.*

a) Beim kurzgeschlossenen Läufer werden die Strang-Nennspannungen $U_{1N} = 220$ *V angelegt. Wie groß ist das Anlaßmoment* M_A*?*

b) Da die Arbeitsmaschine mechanisch gekoppelt ist, soll die Anfangs-Winkelbeschleunigung des Läufers bestimmt werden.

c) Welches ist das elektromagnetische Kippmoment des Motors?

d) Welchen Wert müssen die Zusatzwiderstände R_Z *haben, die in Reihe zu jedem Läufer-Strangwiderstand* R_2 *eingeschaltet werden müssen, damit beim Anlauf das Kippmoment erreicht werden kann* $(M_A = M_K)$*?*

a) Das Anlaßmoment M_A wird aus Gl. (5.77) mit $s_\mathrm{A} = 1$ erhalten (wobei angenähert gilt: $M_\mathrm{A} \approx 2 M_\mathrm{K} s_\mathrm{K}$):

$$M_\mathrm{A} = \frac{3 R_2' U_\mathrm{1N}^2}{\Omega_1 \left[(R_1 + c R_2')^2 + (X_{\sigma 12} + c X_{\sigma 21}')^2 \right]}$$

Um diese Formel anwenden zu können, müssen die Größen Ω_1 und c bekannt sein. Mit $n_\mathrm{2N} = 1425\ \mathrm{min}^{-1}$ und $f_1 = 50$ Hz sind $n_1 = 1500\ \mathrm{min}^{-1}$, $p = 2$ und:

$$\Omega_1 = \frac{2\pi n_1}{60} = \frac{2\pi \times 1500}{60} = 157{,}1\ \mathrm{s}^{-1}\,.$$

Zur Berechnung der Größe c verwendet man den Ausdruck:

$$c = \left| 1 + \frac{\underline{Z}_1}{\underline{Z}_0} \right|,$$

mit:

$$\underline{Z}_1 = R_1 + j X_{\sigma 12}\,,$$

$$\underline{Z}_0 = \frac{j R_\mathrm{Fe} X_\mu}{R_\mathrm{Fe} + j X_\mu}\,,$$

$$R_\mathrm{Fe} = \frac{3 E_{\mu 1}^2}{P_\mathrm{Fe1}} = \frac{3 \times 220^2}{250} = 580{,}8\ \Omega\,.$$

Man kann sofort den Strom ermitteln:

$$I_\mathrm{Fe} = \frac{E_{\mu 1}}{R_\mathrm{Fe}} = \frac{220}{580{,}8} = 0{,}379\ \mathrm{A}\,,$$

und damit den Magnetisierungsstrom:

$$I_\mu = \sqrt{I_{10}^2 - I_\mathrm{Fe}^2} = \sqrt{7{,}1^2 - 0{,}379^2} = 7{,}09\ \mathrm{A}\,.$$

Mit der Magnetisierungsreaktanz

$$X_\mu = \frac{3E_{\mu 1}^2}{P_{\text{Fe}1}} = \frac{3\times 220^2}{250} = 31{,}03\ \Omega\ ,$$

wird die *Querzweigimpedanz* des Ersatzschaltbildes berechnet:

$$\underline{Z}_0 = \frac{R_{\text{Fe}}\times jX_\mu}{R_{\text{Fe}}+jX_\mu} = \frac{580{,}8\times j31{,}03}{580{,}8+j31{,}03} = 1{,}65+j30{,}94\ .$$

Folglich erhält man:

$$c = \left|1+\frac{\underline{Z}_1}{\underline{Z}_0}\right| = \left|1+\frac{0{,}25+j0{,}60}{1{,}65+j30{,}94}\right| = \left|\frac{1{,}90+j31{,}54}{1{,}65+j30{,}94}\right| = 1{,}02$$

und

$$M_\text{A} = \frac{3R_2' U_{1\text{N}}^2}{\Omega_1\left[(R_1+cR_2')^2+(X_{\sigma 12}+cX_{\sigma 21}')^2\right]} = \frac{3\times 0{,}23\times 220^2}{157{,}1\times(0{,}485^2+1{,}212^2)} = 124{,}8\ \text{Nm}\ .$$

b) Die Bewegungsgleichung lautet:

$$M - M_\text{L} = J\frac{\text{d}\Omega_2}{\text{d}t}\ .$$

Die Anfangsbeschleunigung beim Anlauf unter dem Lastmoment M_L = 64 Nm und bei einem gesamten Trägheitsmoment J = 0,2 kgm^2 wird damit:

$$\varepsilon p = \left[\frac{\text{d}\Omega_2}{\text{d}t}\right]^2_{t=0} = \frac{M_\text{A}-M_\text{L}}{J} = \frac{124{,}8-64}{0{,}2} = 304\ \text{s}^{-2}\ .$$

b) Das Kippmoment wird mit Hilfe von Gl. (5.79) ausgerechnet:

$$M_\text{K} = \frac{3U_{1\text{N}}^2}{2c\,\Omega_1\left(R_1+\sqrt{R_1^2+(X_{\sigma 12}+cX_{\sigma 21}')^2}\right)} =$$

$$= \frac{3\times 220^2}{2\times 1{,}02\times 157{,}1\times\left(0{,}25+\sqrt{0{,}25^2+1{,}212^2}\right)} = 309{,}55\ \text{Nm}\ .$$

d) Der Kippschlupf s_K muß hier gleich s_A = 1 eingesetzt werden, falls das Anzugsmoment gleich dem Kippmoment ($M_\text{A} = M_\text{K}$) sein muß. Der eigene Kippschlupf, im Fall des betrachteten Motors, beträgt:

$$s_\text{K} = \frac{cR_2'}{\sqrt{R_1^2+(X_{\sigma 12}+cX_{\sigma 21}')^2}} = \frac{1{,}02\times 0{,}23}{\sqrt{0{,}25^2+1{,}212^2}} = 0{,}19\ .$$

Um $s_\text{K} = s_\text{A}$ = 1 zu erreichen, muß in jeden Läuferstrang ein auf den Ständer bezogener Zusatzwiderstand R_Z' in Reihe eingeschaltet werden. Er kann aus folgender Beziehung ermittelt werden:

$$\frac{s_A}{s_K} = \frac{1}{s_K} = \frac{R_2' + R_Z'}{R_2'} = 1 + \frac{R_Z'}{R_2'} \ ,$$

wobei

$$R_Z' = \left(\frac{1}{s_K} - 1\right) R_2' = \left(\frac{1}{0{,}19} - 1\right) \times 0{,}23 = 0{,}98\ \Omega \ .$$

Um den realen Wert R_Z des Zusatzwiderstands zu ermitteln, benutzt man die Umrechnungsformel, die für die Läuferimpedanzen lautet:

$$R_Z = R_Z' \left(\frac{N_2 k_{w2}}{N_1 k_{w1}}\right)^2 = 0{,}98 \left(\frac{1}{1{,}67}\right)^2 = 0{,}351\ \Omega \ .$$

5Ü.16 *Vom Motor aus der vorhergehenden Übung wird verlangt, daß die Arbeitsmaschine bei 1000 min^{-1} angetrieben wird. Das Lastmoment bleibt das gleiche.*

a) Wie groß soll der Strang-Zusatzwiderstand R_Z im Läuferkreis sein?

b) Wenn das Antriebssystem Motor-Arbeitsmaschine sich bei 1000 min^{-1} dreht, wie hoch ist die anfängliche Winkelbeschleunigung, falls der Zusatzwiderstand plötzlich kurzgeschlossen wird?

Der dynamische elektromagnetische Vorgang und die mechanischen Verluste werden vernachlässigt.

a) Wird ein Zusatzwiderstand R_Z' in Reihe zum Läufer-Strangwiderstand R_2' geschaltet, ist das neue elektromagnetische Drehmoment

$$M = \frac{3(R_2' + R_Z')U_{1N}^2}{2\Omega_1 \left[\left(R_1 + \frac{c(R_2' + R_Z')}{s}\right) + (X_{\sigma 12} + c\,X_{\sigma 21}')^2\right]} = M_L \ .$$

In dieser Formel sind bekannt:

- das Drehmoment $M = M_L = 64$ Nm ,
- der Schlupf $s = \dfrac{1500 - 1000}{1500} = \dfrac{1}{3}$,
- die Motorparameter (Widerstände und Streureaktanzen).

Unbekannt ist dagegen der Zusatzwiderstand R_Z'. Mit den Zahlenwerten erhält man:

$$64 = M = \frac{3(R_2' + R_Z')U_{1N}^2}{2\Omega_1 \left[\left(R_1 + \frac{c(R_2' + R_Z')}{s}\right) + (X_{\sigma 12} + c\,X_{\sigma 21}')^2\right]} = M_L$$

$$64 = \frac{3 \times 220^2 (R_2' + R_Z')}{\frac{1}{3} \times 157{,}1 \left\{\left[0{,}25 + 1{,}02 \times 3(R_2' + R_Z')\right]^2 + 1{,}212^2\right\}} \ ,$$

was zu folgender Gleichung 2. Grades in $(R'_2+R'_Z)$ führt:

$$9{,}364(R'_2+R'_Z)^2-41{,}79(R'_2+R'_Z)+1{,}53=0\ .$$

Die Wurzel, die einen physikalischen Sinn aufweist, beträgt:

$$R'_2+R'_Z=4{,}43\ \Omega\ ,$$

bzw.:

$$R'_Z=4{,}20\ \Omega\ .$$

Somit ist der reale Wert des Zusatzwiderstands:

$$R_Z=R'_Z\left(\frac{w_2\,k_{w2}}{w_1\,k_{w1}}\right)^2=4{,}2\left(\frac{1}{1{,}67}\right)^2=1{,}5\ \Omega\ .$$

Dieser Zusatzwiderstand ist relativ groß, etwa 20 mal größer als der eigene Läufer-Strangwiderstand. Das Ergebnis ist erklärbar. Bei relativ kleinen Lastmomenten, wie in dieser Übung (das Lastmoment ist etwa ein fünftel vom Kippmoment), übt der Zusatzwiderstand einen kleineren Einfluß auf den Schlupf aus, als dies bei größeren Lastmomenten passiert.

b) Wenn der Zusatzwiderstand kurzgeschlossen ist, steigt das elektromagnetische Drehmoment sprunghaft bis auf den Wert:

$$=\frac{3U_{1N}^2}{2\,c\,\Omega_1\left(R_1+\sqrt{R_1^2+\left(X_{\sigma12}+c\,X'_{\sigma21}\right)^2}\right)}=$$

$$=\frac{3\times220^2}{2\times1{,}02\times157{,}1\times\left(0{,}25+\sqrt{0{,}25^2+1{,}212^2}\right)}=268{,}1\ \text{Nm}\ .$$

Die Winkelbeschleunigung im ersten Augenblick des Zusatzwiderstand-Kurzschlusses folgt aus der Bewegungsgleichung:

$$M'-M_L=\frac{\mathrm{d}\Omega_2}{\mathrm{d}t}\ .$$

Somit ist:

$$\frac{\mathrm{d}\Omega_2}{\mathrm{d}t}=\frac{M\ -M_L}{J}=\frac{268{,}4-64}{0{,}2}=1020{,}5\ \text{s}^{-2}\,.$$

5Ü.17 *Ein Drehstrom-Asynchronmotor mit Schleifringläufer und $2p=4$ Polen wird ständerseitig von einem Drehstromnetz der Frequenz $f_1=50$ Hz und läuferseitig von einem Drehstromnetz der Frequenz $f_2=25$ Hz gespeist. Die beiden symmetrischen Drehspannungssysteme besitzen Spannungen, die die Maschine nicht sättigen.*

a) *Welche Drehzahlen sind im Betrieb dieses Motors möglich? Wie werden diese Drehzahlen von einem Lastmoment beeinflußt?*

b) *Wenn die beiden Speisenetze getauscht werden (also 50 Hz läuferseitig und 25 Hz ständerseitig): Welche Betriebsdrehzahlen des Motors werden in diesem Fall möglich sein?*

a) Damit das elektromagnetische Drehmoment entstehen kann, müssen die zwei erzeugten Drehfelder im Ständer und im Läufer gleicher Drehzahlen und Drehrichtungen aufweisen. Die Drehzahl des Ständerdrehfelds in bezug auf den Ständer ist:

$$n_1 = \frac{60\,f_1}{p} = \frac{60 \times 50}{2} = 1500 \text{ min}^{-1}$$

in Ständer-Strangfolgesinn. Wenn der Läufer die gleiche Strangfolge wie der Ständer hat, dann ist die Drehzahl des Läuferdrehfeldes in bezug auf den Läufer:

$$n_2 = \frac{60\,f_2}{p} = \frac{60 \times 25}{2} = 750 \text{ min}^{-1},$$

was bedeutet, daß der Läufer sich in gleicher Drehrichtung mit 750 min^{-1} drehen muß. Wenn der Läufer eine dem Ständer entgegengesetzte Strangfolge aufweist, damit das eigene Drehfeld sich mit der Drehzahl von 1500 min^{-1} in bezug auf den Ständer und in seiner Strangfolge dreht, muß die Drehzahl des Läufers 2250 min^{-1} betragen und das Ständer-Strangfolgesinn besitzen.

b) Wenn $f_1 = 25$ Hz und $f_2 = 50$ Hz, ergeben sich folgende Drehzahlen beider Drehfelder in bezug auf den entsprechenden Läufer:

$$n_1 = \frac{60\,f_1}{p} = \frac{60 \times 25}{2} = 750 \text{ min}^{-1},$$

$$n_2 = \frac{60\,f_2}{p} = \frac{60 \times 50}{2} = 1500 \text{ min}^{-1}.$$

Die Drehrichtung stimmt mit der entsprechenden Strangfolge überein.

Damit sich die zwei Felder bei gleicher Richtung der Strangfolge synchron drehen, muß der Läufer in Gegenrichtung bei 750 min^{-1} laufen.

Bei einer umgekehrten Strangfolge muß der Läufer sich in Ständer-Strangfolge bei einer Drehzahl gleich 2250 min^{-1} drehen.

Falls das elektromagnetische Drehmoment kleiner als das Lastmoment ist, nehmen die erwähnten Drehzahlen ab, bis der Motor zum Stillstand kommt. Demnach kann der Motor nur bei einer bestimmten Drehzahl und mit einer bestimmten Drehrichtung arbeiten. Er wird demzufolge zum *Synchronmotor.* Dies nutzt man für drehzahlveränderbare Antriebe aus.

5Ü.18 *Ein Drehstrom-Asynchronmotor hat folgende Daten:* $R_1 = R_2 = 0{,}2\ \Omega$, $X_{\sigma 12} = X'_{\sigma 21} = 0{,}65\ \Omega$, $X_\mu = 30\ \Omega$, $2p = 6$ *Pole, die Nennstrangspannung* $U_{1N} = 200$ V. *Die Reaktanzen sind bei der Frequenz* $f_1 = 50$ Hz *ausrechnet. Die Eisenverluste werden vernachlässigt.*

a) Bestimmt werden sollen Kippmoment, Kippschlupf, Schlupf und Drehzahl bei einem Lastmoment (Reibungsmomente des Motors eingeschlossen) $M_L = 220$ *Nm;*

b) Wie groß wäre das neue Kippmoment, wenn die Frequenz f_1 *bis auf 5 Hz abnimmt, unter der Bedingung* $U_1/f_1 =$ *konst.?*

c) Wie groß muß die Spannung U_1 *sein, damit bei* $f_1 = 5$ Hz *das Kippmoment das gleiche wie bei Pkt. a) bleibt? Wie groß sind Schlupf und Motordrehzahl in diesem Fall bei einem Lastmoment von 220 Nm?*

a) Das Kippmoment ist:

$$M_K = \frac{3U_{1N}^2}{2c\,\Omega_1\left(R_1 + \sqrt{R_1^2 + (X_{\sigma 12} + c\,X'_{\sigma 21})^2}\right)} =$$

$$= \frac{3 \times 220^2}{2 \times 1{,}02 \times 104{,}7 \times \left(0{,}2 + \sqrt{0{,}2^2 + (0{,}65 + 1{,}02 \times 0{,}65)^2}\right)} = 444{,}9 \text{ Nm},$$

mit

$$\Omega_1 = \frac{\omega_{1N}}{p} = \frac{2\pi f_{1N}}{p} = \frac{2\pi \times 50}{3} = 104{,}7 \text{ s}^{-1},$$

$$c = \left|1 + \frac{\underline{Z}_1}{\underline{Z}_0}\right| = \left|\frac{R_1 + j(X_{\sigma 12} + X_\mu)}{jX_\mu}\right| = \left|\frac{0{,}2 + 30{,}65\,j}{30\,j}\right| = 1{,}02\,.$$

Der Kippschlupf ist:

$$s_K = \frac{c\,R'_2}{\sqrt{R_1^2 + (X_{\sigma 12} + c\,X'_{\sigma 21})^2}} = \frac{1{,}02 \times 0{,}2}{\sqrt{0{,}2^2 + (0{,}65 + 1{,}02 \times 0{,}65)^2}} = 0{,}153\,.$$

Um den Schlupf s beim gesamten Lastmoment $M_L = 220$ Nm zu bestimmen, kommt folgende Gleichung im Betracht:

$$M = M_L = \frac{3R'_2 U_{1N}^2}{2\Omega_{1N}\left[\left(R_1 + c\frac{R'_2}{s}\right)^2 + (X_{\sigma 12} + c\,X'_{\sigma 21})^2\right]} =$$

$$= \frac{3 \times 0{,}2 \times 220^2}{104{,}7\,s \times \left[\left(0{,}2 + 1{,}02\frac{0{,}2}{s}\right)^2 + (0{,}65 + 1{,}02 \times 0{,}65)^2\right]}\,.$$

Sie führt zu der algebraischen quadratischen Gleichung:

$$1{,}764\,s^2 - 1{,}179\,s + 0{,}0408 = 0\,,$$

mit der passenden Lösung $s = 0{,}0366$. Die entsprechende Läuferdrehzahl wird:

$$n_2 = (1-s)n_1 = (1 - 0{,}0366) \times 1000 = 963{,}4 \text{ min}^{-1}\,.$$

b) Die Bedingung U_1/f_1 = konst. bei $f_1 = 5$ Hz verlangt einen bestimmten Spannungswert, der aus der Beziehung

$$\frac{U_1}{f_1} = \frac{U_{1N}}{f_{1N}}$$

ausgerechnet wird, und zwar:

$$U_1 = U_{1N}\frac{f_1}{f_{1N}} = U_{1N}\frac{5}{50} = 0{,}1\,U_{1N} = 0{,}1 \times 220 = 22 \text{ V}\,.$$

Das neue elektromagnetische Kippmoment M'_K wird bei der neuen synchronen Winkelgeschwindigkeit

$$U_1 = U_{1N} \frac{f_1}{f_{1N}} = U_{1N} \frac{5}{50} = 0{,}1\ \Omega_{1N},$$

und mit den neuen Streureaktanzen, die mit dem gleichen Faktor $f_1/f_{1N} = 5/50 = 0{,}1$ multipliziert werden müssen, berechnet. Also:

$$M'_K = \frac{3U_{1N}^2}{2c\Omega_1\left(R_1 + \sqrt{R_1^2 + \left(X_{\sigma 12} + c X'_{\sigma 21}\right)^2}\right)} =$$

$$= \frac{3 \times 0{,}1^2 \times 220^2}{2 \times 1{,}02 \times 0{,}1 \times 104{,}7 \times \left(0{,}2 + \sqrt{0{,}2^2 + 0{,}1^2 \times (0{,}65 + 1{,}02 \times 0{,}65)^2}\right)} = 154{,}8\ \text{Nm}.$$

Es zeigt sich, daß der Motor in diesem Fall nicht laufen kann, da das neue Kippmoment M'_K kleiner als das Lastmoment $M_L = 220$ Nm ist.

c) Damit bei der Frequenz $f_1 = 5$ Hz das Kippmoment den Wert aus a) behalten kann, muß die Spannung U_1 angehoben werden. Sie muß einen neuen Wert U'_1 annehmen, so daß

$$U_1'^2 = U_1^2 \frac{M_K}{M'_K},$$

bzw.

$$U'_1 = U_1 \sqrt{\frac{M_K}{M'_K}} = 22\sqrt{\frac{444{,}9}{154{,}8}} = 37{,}3\ \text{V}.$$

Bei dieser angehobenen Spannung und beim Lastmoment $M_L = 220$ Nm erhält man den Motorschlupf aus der Gleichung:

$$220 = \frac{3 \times 0{,}2 \times 37{,}3^2}{0{,}1 \times 104{,}7 s' \left[\left(0{,}2 + 1{,}02 \frac{0{,}2}{s}\right)^2 + 0{,}1^2 \times (0{,}65 + 1{,}02 \times 0{,}65)^2\right]}.$$

Man bekommt folgende algebraische Gleichung 2. Grades:

$$0{,}0572 s'^2 - 0{,}280 s' + 0{,}0416 = 0,$$

mit der passenden Lösung:

$$s' = 0{,}157.$$

Das bedeutet eine Drehzahl:

$$n_2' = (1 - s')n_1' = (1 - 0{,}157) \times 0{,}1 \times 1000 = 84{,}3\ \text{min}^{-1}.$$

Der neue Schlupf – bei der neuen Frequenz $f_1 = 5$ Hz – ist viel größer als im Fall des Betriebs mit demselben Lastmoment und der Frequenz $f_1 = 50$ Hz. Diese Feststellung führt zu der Schlußfolgerung, daß bei einer kleineren Frequenz die mechanische Kennlinie relativ gesehen weniger hart wird. Im Kennlinienfeld erhält man aber eine parallelverlaufende Kennlinie.

Der neue Kippschlupf

$$s_K = \frac{c\,R_2'}{\sqrt{R_1^2 + \frac{f_1^2}{f_{1N}^2}\left(X_{\sigma 12} + c\,X_{\sigma 21}'\right)^2}} = \frac{1{,}02 \times 0{,}2}{\sqrt{0{,}2^2 + 0{,}1^2\left(0{,}65 + 1{,}02 \times 0{,}65\right)^2}} = 0{,}85\,,$$

ist also etwa fünfmal größer als $s_K = 0{,}153$ bei $f_1 = 50$ Hz.

5Ü.19 *Ein Drehstrom-Asynchronmotor mit Schleifringläufer hat folgende relative Daten:* $r_1 = r_2 = 0{,}03$, $x_{\sigma 12} = x_{\sigma 21} = 0{,}078$, $x_{ad} = 2{,}922$. *Die Bezugsgröße für die Ständerparameter ist die Impedanz* $Z_{1N} = U_{1N}/I_{1N}$, *und für die Läuferparameter ist die Impedanz*

$$Z_{2N} = \frac{U_{2N}}{I_{2N}} = Z_{1N}\frac{\pounds_{22}}{\pounds_{11}}\,,$$

wobei $\pounds_{11}$, $\pounds_{12}$, $\pounds_{22}$, $\pounds_{21}$ (*mit* $\pounds_{11}\pounds_{22} = \pounds_{12}\pounds_{21} = \pounds_{12}^2 = \pounds_{21}^2$) *zyklische Selbst- und Gegeninduktivitäten sind. Die relative Reaktanz* x_{ad} *wird durch die Gleichung*

$$x_{ad} = \frac{\omega_{1N}\,\pounds_{11}}{Z_{1N}}$$

definiert. Wie ist der Zeitverlauf der Ständerströme, wenn ständerseitig an die Strangwicklungen ein dreiphasiges symmetrisches Spannungssystem angelegt wird. Diese Spannungen haben den gemeinsamen Effektivwert U_{1N} *und die Kreisfrequenz* ω_{1N}. *Der Läufer ist blockiert* ($\Omega_2 = 0$) *und kurzgeschlossen.*

Man wendet das *Park-Blondel-Gleichungssystem* (5.63) an. Man berücksichtigt, daß der Läuferwinkel $\gamma =$ konst. ist und somit $(\mathrm{d}\gamma/\mathrm{d}t) = 0$. Zusätzlich, um die Rechnungen zu vereinfachen, wird das Achsensystem (d, q) als stillstehend angenommen und somit $(\mathrm{d}\beta/\mathrm{d}t) = 0$. Anstatt der Zeitvariablen t wird die Größe $s = \omega_{1N}t$ eingesetzt. Mit diesen Vereinfachungen gilt es:

$$\left\{\begin{aligned} \underline{u}_{B1} &= R_1\,\underline{i}_{B1} + \omega_{1N}(L_{\sigma 12} + \pounds_{11})\frac{\mathrm{d}\underline{i}_{B1}}{\mathrm{d}\tau} + \omega_{1N}\pounds_{12}\frac{\mathrm{d}\underline{i}_{B1}}{\mathrm{d}\tau}\,, \\ 0 &= R_2\,\underline{i}_{B2} + \omega_{1N}(L_{\sigma 21} + \pounds_{22})\frac{\mathrm{d}\underline{i}_{B1}}{\mathrm{d}\tau} + \omega_{1N}\pounds_{21}\frac{\mathrm{d}\underline{i}_{B1}}{\mathrm{d}\tau}\,. \end{aligned}\right. \tag{5.93}$$

In der ersten Gleichung muß die Größe $\underline{u}_{B1}$ mit Hilfe der Beziehungen

$$\left\{\begin{aligned} \underline{u}_{B1} &= u_{d1} + j\,u_{q1}\,, \\ u_{d1} &= +\frac{2}{3}\left[u_U\cos\beta + u_V\cos\left(\beta + \frac{4\pi}{3}\right) + u_W\cos\left(\beta + \frac{2\pi}{3}\right)\right], \\ u_{q1} &= -\frac{2}{3}\left[u_U\cos\beta + u_V\cos\left(\beta + \frac{4\pi}{3}\right) + u_W\cos\left(\beta + \frac{2\pi}{3}\right)\right], \end{aligned}\right.$$

berechnet werden. Mit

$$\begin{cases} u_U = U_{1N}\sqrt{2}\cos(\tau-\alpha)\,, \\ u_V = U_{1N}\sqrt{2}\cos\left(\tau-\alpha-\dfrac{2\pi}{3}\right), \\ u_W = U_{1N}\sqrt{2}\cos\left(\tau-\alpha-\dfrac{4\pi}{3}\right), \end{cases}$$

wobei α eine beliebige Anfangsphase der Spannung u_U ist, erhält man:

$$\begin{cases} u_{d1} = +\dfrac{2\sqrt{2}}{3}U_{1N}\left[\cos\beta\cos(\tau-\alpha)+\cos\left(\beta+\dfrac{4\pi}{3}\right)\cos\left(\tau-\alpha-\dfrac{2\pi}{3}\right)+\right. \\ \left.+\cos\left(\beta+\dfrac{2\pi}{3}\right)\cos\left(\tau-\alpha-\dfrac{4\pi}{3}\right)\right] = U_{1N}\sqrt{2}\cos(\tau-\beta-\alpha) \\ +\dfrac{2\sqrt{2}}{3}U_{1N}\left[\cos\beta\cos(\tau-\alpha)+\cos\left(\beta+\dfrac{4\pi}{3}\right)\cos\left(\tau-\alpha-\dfrac{2\pi}{3}\right)\right. \\ \left.+\cos\left(\beta+\dfrac{2\pi}{3}\right)\cos\left(\tau-\alpha-\dfrac{4\pi}{3}\right)\right] = U_{1N}\sqrt{2}\cos(\tau-\beta-\alpha)\;, \\ u_{q1} = -\dfrac{2\sqrt{2}}{3}U_{1N}\left[\sin\beta\cos(\tau-\alpha)+\sin\left(\beta+\dfrac{4\pi}{3}\right)\cos\left(\tau-\alpha-\dfrac{2\pi}{3}\right)+\right. \\ \left.+\sin\left(\beta+\dfrac{2\pi}{3}\right)\cos\left(\tau-\alpha-\dfrac{4\pi}{3}\right)\right] = U_{1N}\sqrt{2}\cos(\tau-\beta-\alpha) \\ \left.+\sin\left(\beta+\dfrac{2\pi}{3}\right)\cos\left(\tau-\alpha-\dfrac{4\pi}{3}\right)\right] = -U_{1N}\sqrt{2}\sin(\tau-\beta-\alpha)\,, \\ \underline{u}_{B1} = u_{d1}+ju_{q1}+\sin\left(\beta+\dfrac{2\pi}{3}\right)\cos\left(\tau-\alpha-\dfrac{4\pi}{3}\right)\Bigg] = -U_{1N}\sqrt{2}\sin(\tau-\beta-\alpha)\,. \end{cases}$$

Fällt die Achse d mit der Achse U des *Ständer-Bezugsstrangs* zusammen, so ergibt sich $\beta = 0$, was zusätzlich das *Park-Blondel-Gleichungssystem* vereinfacht. Daraus folgt:

$$\underline{u}_{B1} = +\sin\left(\beta+\frac{2\pi}{3}\right)\cos\left(\tau-\alpha-\frac{4\pi}{3}\right)\Bigg] = -U_{1N}\sqrt{2}\sin(\tau-\beta-\alpha)\,.$$

Mit $U_{1N}/2$ als *Spannungsbezugsgröße* und $I_{1N}/2$ als *Strombezugsgröße* wird die relative Ständerspannung:

$$\underline{u}_{B1r} = +\sin\left(\beta+\frac{2\pi}{3}\right)\cos\left(\tau-\alpha-\frac{4\pi}{3}\right)\Bigg] = -U_{1N}\sqrt{2}\sin(\tau-\beta-\alpha)\,.$$

Die entsprechende *Laplace-Bildfunktion* hat die Form:

$$\underline{u}_{B1r}(s) = \frac{e^{j\alpha}}{s-j}\,.$$

Im Gleichungssystem (5.93) teilt man:

- die beiden Terme der 1. Gleichung durch $U_{1N}/2 = Z_{1N}I_{1N}/2$,
- die Terme der 2. Gleichung durch $Z_{2N}I_{2N}/2$,

wobei [siehe Gl. (5.68)]:

$$\frac{\omega_{1N}\,\mathcal{L}_{12}}{Z_{1N}}\frac{I_{2N}}{I_{1N}} = \frac{\omega_{1N}\,\mathcal{L}_{21}}{Z_{2N}}\frac{I_{1N}}{I_{2N}} = \frac{\omega_{1N}\,\mathcal{L}_{11}}{Z_{1N}} = \frac{\omega_{1N}\,\mathcal{L}_{11}}{Z_{1N}} = x_{ad}\,.$$

Es ergibt sich folgendes Gleichungssystem in relativen Größen:

$$\underline{u}_{B1r} = r_1\,\underline{i}_{B1r} + (x_{\sigma 12} + x_{ad})\frac{d\underline{i}_{B1r}}{d\tau} + x_{ad}\frac{d\underline{i}_{B1r}}{d\tau}\,,$$

$$0 = r_1\,\underline{i}_{B2r} + (x_{\sigma 21} + x_{ad})\frac{d\underline{i}_{B1r}}{d\tau} + x_{ad}\frac{d\underline{i}_{B1r}}{d\tau}\,,$$

wobei die Ströme relative Größen haben:

$$\underline{i}_{B1r} = \frac{d\underline{i}_{B1r}}{d\tau}\,, \quad \text{bzw.} \quad \underline{i}_{B2r} = \frac{d\underline{i}_{B1r}}{d\tau}\,.$$

Unter Anwendung der *Laplace-Transformation* und Einsetzen der Zahlenwerte erhält man:

$$\frac{e^{j\alpha}}{s-j} = (0{,}03+3s)\,\underline{i}_{B1r}(s) + 2{,}922s\,\underline{i}_{B2r}(s)\,,$$

$$0 = (0{,}03+3s)\,\underline{i}_{B2r}(s) + 2{,}922s\,\underline{i}_{B1r}(s)\,.$$

Eliminiert man den relativen Läuferstrom $\underline{i}_{B2r}(s)$, wird das Laplace-Bild des relativen Ständerstromes:

$$\underline{i}_{B1r}(s) = \frac{e^{j\alpha}}{s-j}\times\frac{0{,}03+3\,s}{0{,}462\,s^2+0{,}18\,s+0{,}0009} =$$

$$= 6{,}49\,e^{j\alpha}\frac{s+0{,}01}{(s-j)(s+0{,}00507)(s+0{,}3845)}\,.$$

Die *Original- oder Zeitfunktion* des Stromes hat folgende Form:

$$\underline{i}_{B1r}(\tau) = 6{,}49\times[(0{,}3796 - j\times 0{,}8728)e^{j(s-\alpha)} + (0{,}00006 - j\times 0{,}01333)e^{-j\,0{,}0506s} +$$
$$+ (-0{,}3306 + j\times 0{,}8599)e^{j\alpha}\,e^{-0{,}3845s}] = \underline{i}_{d1} + j\underline{i}_{q1}\,.$$

Der reale relative Strom des Ständer-Bezugsstranges wird mit Hilfe der *Rücktransformation* [Gl. (5.60)] erreicht:

$$i_{Ur}(s) = 6{,}49\times[0{,}3796\cos(s-\alpha) + 0{,}9728\sin(s-\alpha) +$$
$$+\ e^{-0{,}00506s}(0{,}00006\cos\alpha - 0{,}01333\sin\alpha) +$$
$$+\ e^{-0{,}38450s}(-0{,}3306\cos\alpha + 0{,}85990\sin\alpha)]\,.$$

Man bemerkt, daß dieser Strom von der *Anfangsphase* α der Speisespannung abhängig ist. Die *nichtperiodische Komponente* mit großer Zeitkonstante hat eine vernachlässigbare Amplitude. So erhält man für $\alpha = \pi/2$ und $s = \pi$:

$$i_U = 7{,}336 I_{1N}\sqrt{2} = 10{,}37 I_{1N}\,,$$

was eine *Stromspitze von mehr als dem 10fachen Nennwert* bedeutet. Demnach kann der Stromstoß beim Anlauf, im Fall des blockierten Läufers, 10mal den Nennstromwert überschreiten, nur etwa eine *Halbperiode* nach dem Einschalten.

6 Synchronmaschinen in elektrischen Antriebssystemen

6.1 Bauelemente der Synchronmaschine

Die Synchronmaschine wird im stationären Betrieb durch eine starre Beziehung zwischen der Läuferwinkelgeschwindigkeit Ω_1 und der Kreisfrequenz ω des Netzes gekennzeichnet:

$$\Omega_1 = \frac{\omega}{p}, \tag{6.1}$$

wobei p die Polpaarzahl der Maschine ist.

Die Synchronmaschine besitzt zwei Hauptbestandteile (Bild 6.1):

- *den Ständer (Stator)* als den unbeweglichen Teil, der
  - das *geblechte Ständerpaket* – u.U. selbsttragend –,
  - das *Gehäuse* mit Füßen oder Aufhängungen,
  - die *Ständerwicklung*,
  - die *Lagerschilde*,
  - den *Klemmenkasten* und
  - den *Bürstenapparat* für die Erregerschleifringe enthält, sowie
- *den Läufer (Rotor)* als den beweglichen Teil welcher:
  - den *massiven Vollpolläufer* oder das *geblechte Polrad*,
  - die *Läuferwicklung*,
  - eine zusätzliche *Kurzschlußdämpferwicklung*,
  - das *Lüfterrad* und
  - die *Schleifringe* für die Erregerwicklung enthält.

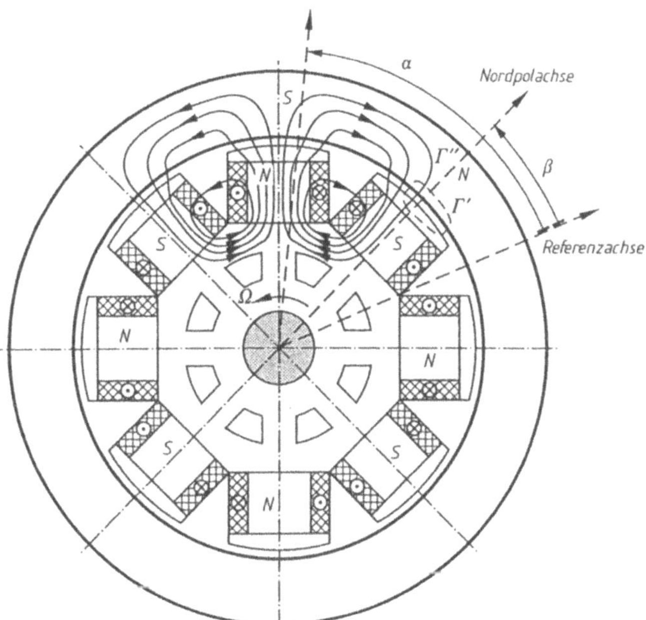

Bild 6.1
Drehstromsynchronmaschine mit Schenkelpolläufer

Der Ständer der Synchronmaschine unterscheidet sich prinzipiell nicht vom Ständer der Asynchronmaschine. Das Ständerblechpaket ist aus isolierten Elektroblechen von 0,5 mm Dicke aufgebaut. Es ist gepreßt und selbsttragend oder in einem Gehäuse befestigt. Die Bohrung hat eine zylindrische Form mit gleichmäßig am Umfang verteilten Nuten. In den Nuten liegen die Spulen der Drehstromwicklung.

Die *Drehstrom-Ständerwicklung* besteht meist aus drei identischen Strangwicklungen (Kupferleiter, Windungszahl, Länge, d.h. Widerstand, Induktivität usw. gleich).

Die drei Wicklungen bilden wiederum ein räumlich symmetrisches System: sie sind räumlich um den geometrischen Winkel $2\pi/3p$ (p = Polpaarzahl) zueinander verschoben. Sie belegen die gleiche Nutenzahl und sind in Stern oder Dreieck geschaltet.

Über die *Ständerklemmen*, die sich in einem *Klemmenkasten* befinden, wird das gesamte Ständer-Wicklungssystem an das Speise-Drehstromnetz geschaltet. Der verwendete Leiterwerkstoff ist Kupfer (sehr selten Aluminium); die Leiter selbst sind gegeneinander und gegenüber den Nutwänden isoliert. Die Wicklungen werden mit Lack imprägniert, um Versteifung, bessere Isolation und bessere thermische Leitung zu erzielen.

Im Läuferaufbau unterscheiden sich Asynchron- und Synchronmaschinen stark. Der Läufer wird, im Fall der *Innenpolmaschinen*, in zwei Bauvarianten hergestellt, mit:

- *Schenkelpolen* – ausgeprägten Polen – (Bild 6.1) und mit
- *Vollpolen* (Bild 6.2).

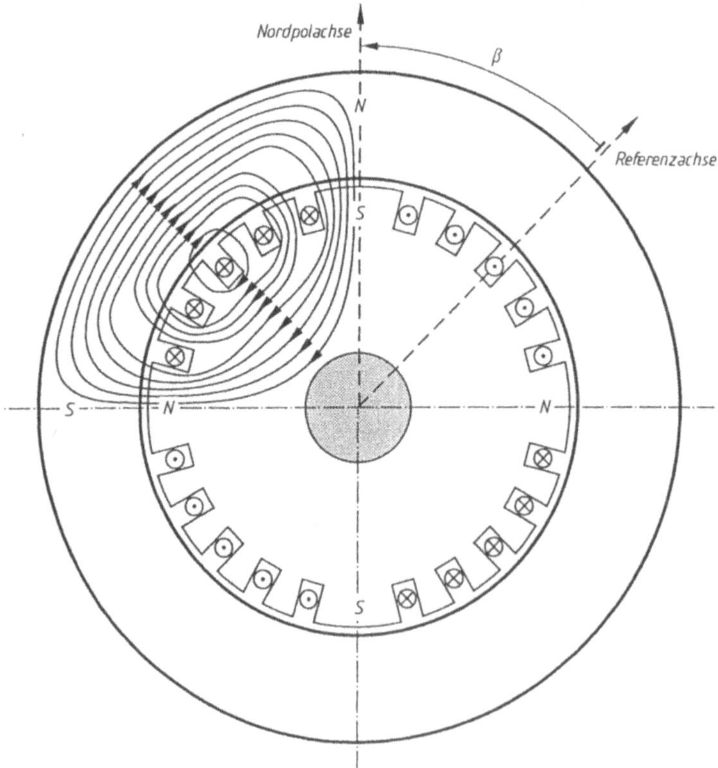

Bild 6.2
Drehstromsynchronmaschine mit Vollpolläufer (Turboläufer)

Der Läufer bei Schenkelpolausführung besteht aus einer Reihe von am Läuferumfang befestigten Polen. Die Pole tragen Erregerwicklungen, die vom Erregergleichstrom durchflossen werden. Die Erregerspulen der Pole werden hintereinander oder parallel so geschaltet, daß am Läuferumfang abwechselnd Nord- und Südpole auftreten.

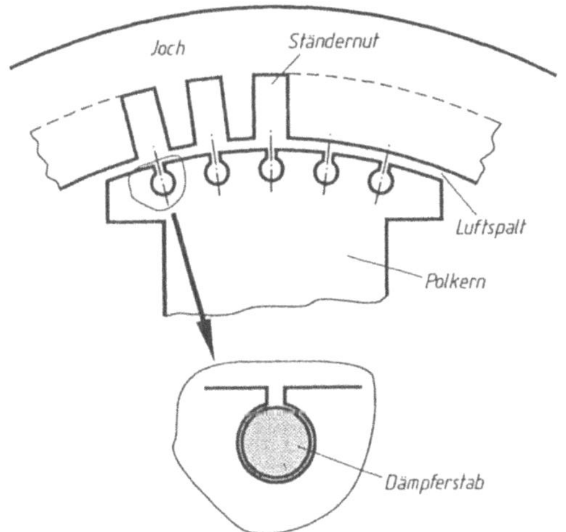

Bild 6.3
Schenkelpolläufer mit Dämpferstäben in den Einzelpolen

Der Erregerstrom wird über zwei Bürsten und Schleifringe aus einer externen Quelle zugeführt. In den Polschuhnuten liegen oft eine Reihe von an den Enden kurzgeschlossenen Kupferstäben; sie bilden den sogenannten *Dämpferkäfig* (Bild 6.3). Er verbessert das Betriebsverhalten bei verschiedenen nichtstationären Betriebszuständen, wie noch gezeigt wird. Die Stäbe fehlen in der Pollücke.

Obwohl der Schenkelpolläufer technisch relativ einfach aufgebaut ist, eignet er sich wegen der mechanischen Fliehkraftbelastung nicht für Maschinen mit größeren Drehzahlen. Schenkelpolmaschinen werden daher häufig von langsamlaufenden Wasserturbinen angetriebenen. Dies erfolgt bei relativ niedrigen Drehzahlen (einige Hundert Umdrehungen pro Minute).

Bei Schenkelpolmaschinen ist der relativ große Luftspalt unter den Polschuhen ungleichmäßig, meist sinusförmig gestaltet; in der Pollücke ist er sehr groß.

Der *Vollpol- oder Turboläufer* (Bild 6.2) besteht aus einer massiven zylindrischen Stahlwalze – komplett oder in Scheiben – mit höchster mechanischer Festigkeit. Er wird 2- bis 6polig ausgeführt. Der Luftspalt ist *gleichförmig am Umfang*, wenn man von der Nutung absieht. Inmitten jeden Pols bleibt eine Zone von ungefähr ein Drittel der Polweite nutenfrei. In den Nuten am Läuferumfang werden die Erregerspulen untergebracht. Unmagnetische Nutenverschlußkeile nehmen die Fliehkräfte auf. Die Wickelköpfe der Erregerspulen sind durch nichtmagnetische aufgeschrumpfte Kappen gegen die Fliehkräfte gesichert.

Da diese Konstruktion eine große mechanische Festigkeit hat, wird sie auch für die schnellaufenden Synchronmaschinen-Direktantriebe mit höheren Drehzahlen (bis zu 8000 min^{-1}) sowie für die sogenannten – von Turbinen angetriebenen – *Synchronturbogeneratoren* der Kraftwerke eingesetzt. Direktantriebe mit Umrichterspeisungen für Pumpen laufen mit 8000 min^{-1} und mehr.

6.2 Erregungsvorgang, induzierte Spannung, elektromagnetisches Drehmoment

Zur Erzeugung des magnetischen Erregerfelds in der Synchronmaschinen werden – anders als in den Asynchronmaschinen – Schenkel- oder Vollpolläufer mit Gleichstromwicklungen verwendet.

6.2.1 Erregerfeld

Betrachtet man als Beispiel einen Schenkelpolläufer mit p Polpaaren (Bild 6.1, $p = 4$), dann fließt über die konzentrierten Erregerspulen ein Gleichstrom I_E so, daß die Pole eine wechselnde Polarität am Umfang besitzen: p Pole mit Südpolarität bzw. p Pole mit Nordpolarität. Den prinzipiellen Feldverlauf zeigt Bild 6.1. Dort, wo die Feldlinien aus dem Ständer herauskommen und in den Läufer eintreten, wird – definitionsgemäß – ein Nordpol erzeugt. Der Südpol im Ständer ist durch die Ständerzone definiert, wobei die Feldlinien aus dem Läufer herauskommen und in den Ständer eintreten.

Man geht davon aus, daß sich der Läufer mit einer Winkelgeschwindigkeit Ω dreht. Es sei β der Winkel, der in einem Zeitpunkt t zwischen einer Nordpolachse des Läufers (Läuferbezugsachse) und einer feststehenden Raumursprungsachse gebildet wird, eine gleichförmige Drehung vorausgesetzt:

$$\beta = \Omega t + \beta_0 ,$$

wobei mit β_0 der Winkel β bei $t = 0$ bezeichnet wird. Zur Vereinfachung der Beziehungen kann man $\beta_0 = 0$ setzen, und folglich ist:

$$\beta = \Omega t .$$

Die Flußdichte im Luftspalt am Ständerinnenumfang zum Zeitpunkt t kann – bei Annahme eines glatten Ständers (ohne Zahnnutgeometrie) – berechnet werden, indem die Gesetze des magnetischen Felds angewendet werden. Es sei Γ' ein geschlossener Umlauf, der zweimal den Luftspalt unter dem gleichen Polschuh schneidet und sich über das Poleisen (in nächster Nähe der Polfläche) und über das Ständereisen (in nächster Nähe seines Innenumfangs) schließt. Mit Hilfe des Durchflutungsgesetzes erhält man:

$$H_{E1}\delta - H_{E2}\delta = \Theta_{S\Gamma} = 0 .$$

Oben bezeichnen H_{E1} und H_{E2} die Luftspaltfeldstärke des magnetischen Felds, wo der geschlossene Umlauf Γ' den Luftspalt längs des Radius schneidet. $\Theta_{S\Gamma}$ ist die Durchflutung einer Oberfläche, die sich auf den Umlauf Γ' stützt (hier $\Theta_{S\Gamma} = 0$). Für die Eisenteile des Umlaufs Γ' gilt $\mu_{Fe} \approx \infty$ und folglich $H_{fe} \approx 0$. Infolgedessen ergibt sich, da der Umlauf Γ' willkürlich gewählt wurde:

$$H_{E1} = H_{E2} = H_{E0} ,$$

bzw.:

$$B_{E1} = B_{E2} = B_{E0} .$$

B_{E0} bezeichnet hier die Flußdichte im Luftspalt in der Ständer-Polzone. Somit ist das Feld im Luftspalt unter dem Pol als gleichbleibend zu betrachten. Dies gilt ebenfalls für alle andere Pole. Es wird eine geometrische und elektromagnetische Symmetrie der Maschine vorausgesetzt, d.h. regelmäßig verteilte Polteile gleicher Geometrie, Eisenqualität und gleichen Luftspalts sowie gleiche Erregerspulen, die vom gleichen Strom durchflossen sind bzw. gleiche Durchflutungen herstellen usw. Unter dieser Annahme weist die Flußdichte unter verschiedenen Polen denselben Wert auf. Ihre Richtung hängt von der lokalen Polarität ab. Diese Schlußfolgerung ist eine Folge des Gesetzes des magnetischen Flusses.

Am Rande der Pole nimmt das Feld ab, da sich der Luftspalt beträchtlich vergrößert, und selbstverständlich ist das Feld in der Symmetrieachse zwischen den Polen Null. Folglich sieht der Verlauf des Magnetfelds im Luftspalt zum Zeitpunkt t so wie in Bild 6.4 aus.

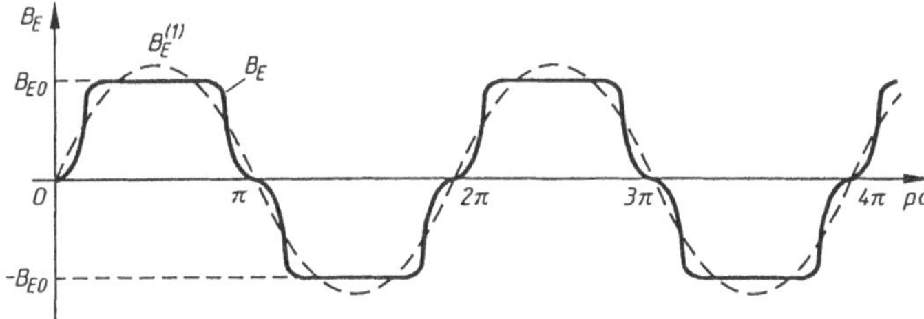

Bild 6.4
Räumlicher Verlauf der magnetischen Flußdichte B_E und ihrer Grundwelle $B_E^{(1)}$ im Luftspalt (Synchronmaschine mit Schenkelpolläufer)

Wie im Fall der Asynchronmaschine verwendet man die Entwicklung der Wechselwelle der magnetischen Flußdichte im Luftspalt in eine Fourier-Reihe.

Die Grundwelle $B_E^{(1)}$ der magnetischen Flußdichte weist $2p$ Alternanzen auf (8 im Fall von Bild 6.1). Der positive Scheitelwert der Grundwelle liegt in der Nordpolachse, der negative Scheitelwert in der Südpolachse. Der Wert dieser magnetischen Flußdichtegrundwelle in einem Punkt M der Winkelkoordinate α (Bild 6.1) am Ständerinnenumfang in Abhängigkeit vom Winkel $\beta\ = \Omega t$ lautet:

$$B_E^{(1)}(p\alpha,\, t) = B_{Em}^{(1)} \cos\, p(\alpha - \beta) = B_{Em}^{(1)} \cos(p\alpha - p\Omega t)\ .$$

Dabei ist B_E^1 der Scheitelwert der magnetischen Induktionsgrundwelle.

Die erzielte Gleichung ist der analytische Ausdruck eines magnetischen Drehfelds (siehe Abschnitt 5.5.2). Alles läuft so ab, als ob die sinusförmige Grundwelle der magnetischen Flußdichte im Luftspalt sich dort gemeinsam mit dem Läufer drehen würde.

- So kommt man zu einer neuen Erzeugungsart eines Drehfelds in der elektrischen Maschine (Drehfeld „mechanischen" Ursprungs).
- Diese Art unterscheidet sich von derjenigen, die bei der Asynchronmaschine mit dem Drehfeld mit *„Wechselstrom"-Ursprung* galt:
  - dort ein dreiphasiges symmetrisches Wicklungssystem, das von einem dreiphasigen symmetrischen Wechselstromsystem durchflossen wird (mit unterschiedlichen Winkelgeschwindigkeiten des Ständerdrehfelds und des Läufers);
  - hier ist die Winkelgeschwindigkeit des Drehfelds (Grundwelle der magnetischen Flußdichte) gleich der Winkelgeschwindigkeit des Läufers (Schenkelpolläufer mit Gleichstromerregung), und zwar Ω.

Die vollständige Entwicklung in einer Fourier-Reihe lautet:

$$B_E(p\alpha,\, t) = \sum B_{Em}^{(1)} \cos(\nu p\alpha - \nu p\Omega t)\ ,$$

wobei die *Wellenordnung ν immer eine ungerade Ganzzahl* ist.

So wie in Abschnitt 5.2.3 gezeigt wird, induzieren die Oberwellen gleicher Winkelgeschwindigkeit Ω und mit $2p\nu$ Polen in die Ständerwicklungen Spannungen der Frequenz:

$$f^{(\nu)} = \frac{p\nu\Omega}{2\pi} = \nu f^{(1)} ,$$

die verschieden ist bei verschiedenen Oberwellen. Infolgedessen wird die resultierende induzierte Spannung im Vergleich zur zeitlichen Sinuskurve verformt, ebenso wie die Welle $B(p\alpha, t)$ sich von einer räumlichen Sinuskurve unterscheidet.

Es müssen Methoden gesucht werden, um die Oberwellenamplitude zu verringern. Eine vielfach angewendete Methode besteht in der *progressiven Veränderung der Luftspaltlänge unter dem Polschuh* nach einem bestimmten Gesetz. In der Polachse wird ein Luftspalt von einer minimalen Dicke δ_0 gewählt, und zu den Polspitzen hin wird der Luftspalt symmetrisch vergrößert bis zum Wert (2 bis 3)δ_0. Kehrt man zum allgemeinen Ausdruck der magnetischen Flußdichte zurück, so läßt sich die Amplitude $B_{\mathrm{Em}}^{(\nu)}$ der ν-ten Oberwelle in bezug auf B_{E0} in der Polachse berechnen. Bei einer gegebenen Form des Polschuhs ist die Amplitude $B_{\mathrm{Em}}^{(\nu)}$ proportional zu B_{E0}:

$$B_{\mathrm{Em}}^{(\nu)} = k_{\mathrm{E}}^{(\nu)} B_{\mathrm{E0}} , \tag{6.2}$$

wobei $k_{\mathrm{E}}^{(\nu)}$ ein einheitenloser Faktor ist, der sogenannte *Formfaktor des Polschuhs*. Die Größe B_{E0} kann ausgerechnet werden, indem das Durchflutungsgesetz zum Umlauf Γ'' (Bild 6.1) angewendet wird. Diese Kurve schließt sich zweimal über den Luftspalt an den Achsen von zwei benachbarten Polschuhen, um sich danach auf einem mittleren Weg über den Ständer, die Polzonen und den Läufer zu schließen. Man erhält:

$$\int_{\Gamma''} \overline{H}\,\mathrm{d}\overline{r} = 2H_{\mathrm{E0}}\delta_0 = 2w_{\mathrm{E}} I_{\mathrm{E}} ,$$

wobei w_{E} die Windungszahl der Polspule bzw. I_{E} den Erregergleichstrom bezeichnen.

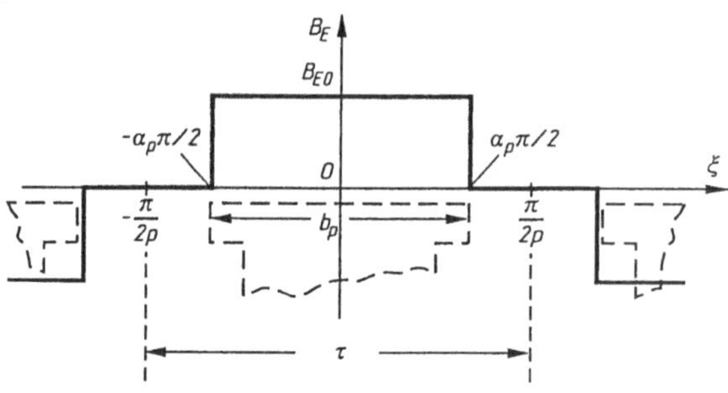

Bild 6.5
Zur Berechnung des Polformfaktors

Mit $B_{\mathrm{E0}} = \mu_0 H_{\mathrm{E0}}$ gilt:

$$B_{\mathrm{E0}} = \frac{\mu_0 w_{\mathrm{E}} I_{\mathrm{E}}}{\delta_0} . \tag{6.3}$$

Somit hängt die Flußdichte in der Läuferpolachse, ähnlich wie bei der Gleichstrommaschine, vom Erregerstrom ab.

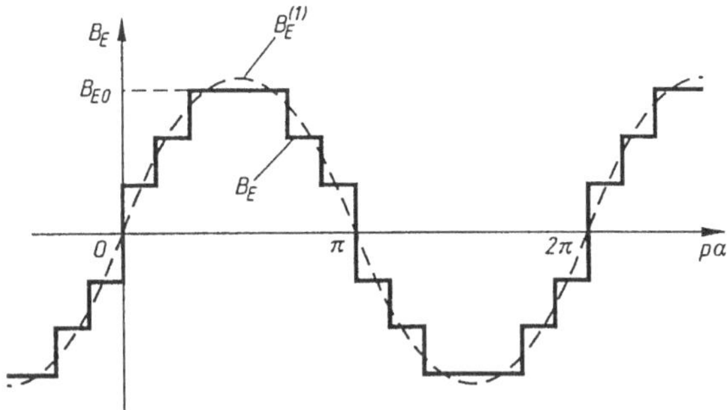

Bild 6.6
Räumlicher Feldverlauf der Erregung an der inneren Ständerbohrung (Vollpolsynchronmaschine)

Der *Polformfaktor* $k_E^{(\nu)}$ kann in einigen einfachen Fällen berechnet werden. So darf z.B., wenn der Luftspalt unter dem Polschuh konstant bleibt und dessen Wert δ_0 sehr klein ist im Vergleich zum Läuferdurchmesser, die Flußdichte in der Pollücke vernachlässigt werden (Bild 6.5). In diesem Fall stellt die Kurve der magnetischen Flußdichte praktisch ein Rechteck der Höhe B_{E0} dar. Die Amplitude der ν-ten Oberwelle wird:

$$B_E^{(\nu)} = \frac{4}{\pi}\int_0^{\pi/2} B_E(\xi)\cos\nu p\xi \, d(p\xi) = \frac{4}{\pi} B_{E0} \int_0^{\alpha_p \pi/2} \cos\nu p\xi \, d(p\xi) =$$

$$= \frac{4}{\pi\nu} B_{E0} \sin\frac{\nu\alpha_p\pi}{2} , \tag{6.4}$$

wobei $\alpha_p = b_p/\tau$ der *Polbedeckungsfaktor* ist (das Verhältnis zwischen der Weite b_p des Polschuhs und der *Polteilung* $\tau = \pi D/2p$, mit D als Läuferdurchmesser). Aus den Gl. (6.2) und (6.4) erhält man:

$$k_E^{(\nu)} = \frac{4}{\pi\nu}\sin\frac{\nu\alpha_p\pi}{2} , \tag{6.4-a}$$

was zeigt, daß der Formfaktor stark mit der Oberwellenordnungszahl abnimmt.

Falls $\alpha_p = 2/3$ ist (ein in der Praxis oft auftretender Fall) werden $k_E^{(1)} = 1{,}105$, $k_E^{(3)} = 0$, $k_E^{(5)} = -0{,}221$, $k_E^{(7)} = 0{,}158$ usw. Ein ähnliches magnetisches Drehfeld kann auch beim *Vollpolläufer* erreicht werden. In diesem Fall (Bild 6.2) ist der Luftspalt am Läuferumfang konstant (von den Nuten abgesehen). In Bild 6.2 ist der angenäherte Feldverlauf eingezeichnet, ein räumlich treppenförmiges magnetisches Wechselfeld (Bild 6.6).

Auch dieses Feld kann in eine Fourier-Reihe entwickelt werden. Selbstverständlich ist das Amplitudenspektrum verschiedener Oberwellen verschieden von dem, das beim Schenkelpolläufer gefunden wird.

Die Gl. (6.2) und (6.3) gelten weiterhin, aber der Formfaktor bekommt einen anderen Wert. Im Fall des Vollpolläufers ist die Drehfeldwelle näher am Sinusverlauf. Bezieht man sich auf die Grundwelle, wird der magnetische Fluß unter einem Erregerpol:

$$\Phi_{Em}^{(1)} = L\tau B_{Emed}^{(1)} = \frac{2}{\pi} L\tau B_{Em}^{(1)} . \tag{6.5}$$

Dieser Fluß ist direkt vom Erregerstrom abhängig. Bei Vernachlässigung der Sättigung und der Hysterese ist der Fluß direkt proportional dem Erregerstrom I_E. Sonst gilt die Abhängigkeit, die bei der Gleichstrommaschine festgestellt wurde (Bild 2.11).

6.2.2 Die induzierte Spannung (Polradspannung)

In diesem Abschnitt wird die durch ein magnetisches Drehfeld induzierte Spannung betrachtet. Man berücksichtigt eine erregte Drehstrommaschine, deren Läufer sich mit der Winkelgeschwindigkeit Ω dreht (Bild 6.7-a). Zur Vereinfachung setzt man voraus, daß die Maschine einen Vollpolläufer hat (also konstanter Luftspalt). Der Läufer erzeugt ein Erregerfeld der Winkelgeschwindigkeit Ω gegenüber einer feststehenden Bezugsachse. Man wählt als Symmetrieachse die Achse der Spule des ständerseitigen U-Strangs. Es seien $\beta = \Omega t$ der Winkel einer Nordpolachse N des Erregerfelds in bezug auf die Bezugssachse und α die Winkelkoordinate eines beliebigen Punktes M am Ständerinnenumfang. Wird nur die Grundwelle untersucht, erhält man:

$$B_E(p\alpha, t) = B_{Em} \cos p(\alpha - \beta) = B_{Em} \cos(p\alpha - p\Omega t) ,$$

wobei p die Polpaarzahl ist ($p = 1$ in Bild 6.7).

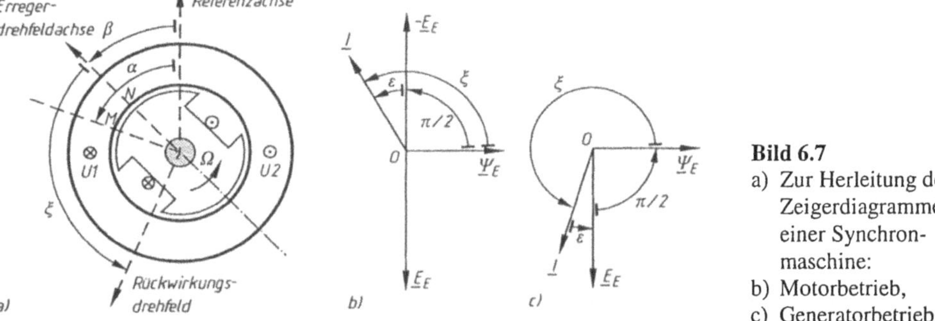

Bild 6.7
a) Zur Herleitung der Zeigerdiagramme einer Synchronmaschine:
b) Motorbetrieb,
c) Generatorbetrieb

Der Fluß dieses Drehfelds durch eine einzige Windung der Bezugsstrangwicklung U1-U2, Windung der Breite π/p, lautet:

$$\Phi_{EU} = \int_{-\pi/2p}^{+\pi/2p} B_E(p\alpha, t) L R \, d\alpha = L R B_{EM} \int_{-\pi/2p}^{+\pi/2p} \cos(p\alpha - p\Omega t) d\alpha =$$

$$= \Phi_{Em} \cos(p\beta) = \Phi_{Em} \cos(p\Omega t) ,$$

wobei, Gl. (6.5) entsprechend:

$$\Phi_{Em} = (2/p) L R B_{Em} = (2/\pi) L \tau B_{em} .$$

Der verkettete Fluß durch alle w Windungen der Bezugswicklung mit einem Wicklungsfaktor $k_w = k_q k_s$ (sieheAbschnitt 5.2.3) wird:

$$\Psi_{EU} = w k_w \Phi_{EU} = w k_w \Phi_{Em} \cos(p\beta) = w k_w \Phi_{Em} \cos(p\Omega t) ,$$

und somit ist die induzierte Spannung:

$$e_{EU} = E_E\sqrt{2}\cos(p\Omega t - \pi/2)\ ,$$

mit dem Effektivwert:

$$E_E = \left(2\pi/\sqrt{2}\right) f w k_w \Phi_{Em}\ .$$

Die Kreisfrequenz $\omega = 2\pi f$ der induzierten Spannung hängt von der Läuferwinkelgeschwindigkeit Ω und von der Polpaarzahl p ab:

$$\omega = 2\pi f = p\Omega\ .$$

In den anderen Ständer-Strangwicklungen V und W sind u_{EV} und u_{EW} die induzierten Spannungen (vorausgesetzt: dreiphasige Bau- und Raumsymmetrie des Wicklungssystems) sein:

$$e_{EV} = E_E\sqrt{2}\cos[(p\Omega t - \pi/2) - 2\pi/3]\ ,$$

$$e_{EW} = E_E\sqrt{2}\cos[(p\Omega t - \pi/2) - 4\pi/3]\ .$$

Die drei induzierten Spannungen (e_{EU}, e_{EV}, e_{EW}) bilden ein symmetrisches Drehspannungssystem mit einer Strangfolge, die vom Drehsinn der Erregerfelds sowie vom Sinn der Läuferwinkelgeschwindigkeit abhängt.

6.2.3 Das elektromagnetische Drehmoment

Die ständerseitige Drehstromwicklung der Synchronmaschine sei an ein symmetrisches Drehstromnetz der Kreisfrequenz ω angeschlossen. Der Läufer sei einfachheitshalber ein Vollpolläufer mit konstantem Luftspalt δ_0. Läuft er bei beliebiger Winkelgeschwindigkeit Ω in Ständerstrangfolge um, dann wirkt auf den Ständer ein elektromagnetisches, augenblickliches Drehmoment.

Zunächst sei das elektromagnetische Drehmoment m_U hergeleitet, das auf den Maschinenläufer nur mittels des Bezugsstrangs U ausgeübt wird. Es sei

$$i_U = I\sqrt{2}\cos(\omega t + \xi)\ ,$$

der augenblickliche Strom mit dem Anfangsphasenwinkel ξ, der über den Bezugsstrang U fließt. Die Interaktionsenergie zwischen dem Strang U und dem Läufer beträgt:

$$W_{mU} = w k_w \Phi_{EU}\, i_U = w k_w \Phi_{Em} I\sqrt{2}\cos(p\beta)\cos(\omega t + \xi)\ .$$

Das entsprechende, auf den Läufer ausgeübte elektromagnetische Drehmoment bekommt man durch Anwendung des Satzes der generalisierten Lagrangeschen Kräfte:

$$m_U = \left[\frac{W_{mU}}{\beta}\right]_{i=\text{konst.}}\ .$$

Dabei ist β die generalisierte Läuferstellungskoordinate in Verhältnis zur Bezugsachse (Bild 6.7-a). Nach einfachen Berechnungen ergibt sich:

$$\begin{aligned} m_U &= -p w k_w \Phi_{Em} I\sqrt{2}\sin(p\Omega t)\cos(\omega t + \xi) = \\ &= -\frac{1}{2} p w k_w I\sqrt{2}\,[\sin(p\Omega t + \omega t + \xi) + \sin(p\Omega t - \omega t - \xi)]\ . \end{aligned}$$

Ähnlich gilt für die anderen Stränge V und W:

$$m_V = -\frac{1}{2} p w k_w I\sqrt{2}\left[\sin\left(p\Omega t + \omega t + \xi - \frac{4\pi}{3}\right) + \sin(p\Omega t + \omega t + \xi)\right],$$

$$m_W = -\frac{1}{2} p w k_w I\sqrt{2}\left[\sin\left(p\Omega t + \omega t + \xi - \frac{8\pi}{3}\right) + \sin(p\Omega t + \omega t + \xi)\right].$$

Letztendlich ergibt sich das augenblickliche elektromagnetische Gesamtmoment, das auf den Läufer wirkt:

$$m = m_U + m_V + m_W = -\frac{3}{2} p w k_w \Phi_{Em} I\sqrt{2}\,\sin(p\Omega t + \omega t + \xi).$$

Die Analyse dieser Gleichung führt zu einer wichtigen Schlußfolgerung:

- falls $\Omega \neq \omega/p$ (d.h. wenn die Läuferwinkelgeschwindigkeit *nicht gleich* der durch die Polpaarzahl p geteilten Kreisfrequenz ω der Ständerströme ist), dann ist der zeitliche Mittelwert des elektromagnetischen Drehmoments Null. Dieses Ergebnis gilt für eine beliebige ganzzahlige Periodenanzahl. Es muß noch eine Bedingung hinzugefügt werden: die Winkelgeschwindigkeit Ω muß die gleiche Richtung wie die Ständerstrangfolge aufweisen;
- gilt das Gegenteil [$\Omega = \omega/p$, Gl. (6.1)], dann wird das gesamte mittlere Drehmoment M nicht Null sein:

$$M = -\frac{3}{2} p w k_w \Phi_{Em} I\sqrt{2}\,\sin(p\Omega t + \omega t + \xi) = \frac{3}{2} p \Psi_{Em} I_m \sin(\underline{\Psi}_E, \underline{I}) \tag{6.7}$$

mit (siehe Bilder 6.7-b, c):

$\Psi_{Em} = w k_w \Phi_{Em}$	Amplitude des verketteten Ständerstrang-Erregerflusses
$I_m = I\sqrt{2}$	Amplitude des verketteten Ständer-Strangstroms
$\xi = \sphericalangle(\underline{W}_E, \underline{I})$	Winkel zwischen Phasoren $\underline{W}_E$ und $\underline{I}$

- Im *Motorbetrieb* ist das elektromagnetische Moment $M > 0$, also aktiv (Drehmoment derselben Laufrichtung wie die der Läuferwinkelgeschwindigkeit). Folglich gilt: $\xi \in (0, \pi)$ (Bild 6.7-b);
- Im *Generatorbetrieb*: $M < 0$, d.h. $\xi \in (\pi, 2\pi)$ (Bild 6.7-c).

In beiden Fällen, die in den Bildern 6.7-b, c dargestellt sind, gilt

$$\sphericalangle(\underline{\Psi}_E, \underline{I}) + \sphericalangle(\underline{I}, \underline{E}_E) = 3\pi/2$$

und somit

$$\sin(\underline{\Psi}_E, \underline{I}) = -\cos(\underline{I}, \underline{E}_E).$$

Andererseits ergibt sich aus Gl. (6.6)

$$p\Psi_{Em} = E_E\sqrt{2}/\Omega,$$

und dementsprechend nimmt Gl. (6.7) die Form an, die später benutzt wird:

$$M = \frac{3 E_E I \cos(\underline{I}, \underline{E}_E)}{\Omega}. \tag{6.8}$$

Anmerkung 1: Gl. (6.8) kann auch aus Gl. (5.19-b) hergeleitet werden. Bei der Synchronmaschine wirkt – anders als bei der Asynchronmaschine – die induzierte „Ankerwicklung" im allgemeinen im Ständer. Das auf den Läufer ausgeübte Moment hat infolgedessen ein entgegengesetztes Vorzeichen, und die relative Winkelgeschwindigkeit des Erregerfelds in bezug auf den Anker ist diesmal Ω und nicht $(\Omega_1 - \Omega_2)$ wie bei der Asynchronmaschine.

Anmerkung 2: Beim Anlauf der Synchronmaschine sind anfänglich die Läuferwinkelgeschwindigkeit Null und $\Omega = 0$; das bedeutet, daß es kein mittleres Synchrondrehmoment gibt. Somit entwickelt der Synchronmotor kein Anlaufmoment; ein großer Nachteil für diesen Motor. Diesen Nachteil kann man aber ohne große konstruktive Änderungen beseitigen, wie noch gezeigt wird.

6.3 Das magnetische Rückwirkungsfeld

Wählt man die Achse einer Spule der Strangwicklung U als feststehende Bezugsachse, wird das Erregerfeld gegenüber einem Beobachter M der Koordinate α:

$$B_{\mathrm{E}}(p\alpha, t) = B_{\mathrm{Em}} \cos p(\alpha - \beta) = B_{\mathrm{Em}} \cos(\omega t - p\alpha) ,$$

wobei $\beta = \Omega t$ der Stellungswinkel zu einem bestimmten Zeitpunkt der Achse eines Nordpols N ist (Bild 6.7-a).

Gl. (6.1) entsprechend, die definitionsgemäß der Synchronmaschine vorgeschrieben ist, können die Ständerströme keine andere Winkelfrequenz als $\omega = p\Omega$ aufweisen, und damit werden sie ihrerseits ein *Rückwirkungsfeld* der Winkelgeschwindigkeit $\Omega = \omega/p$ (Gl. (5.9) entsprechend) bzw. der gleichen Drehzahl wie das Erregerfeld erzeugen.

Zusätzlich wird auch die Ständerstrangfolge mit dem Drehsinn des Erregerfelds übereinstimmen, und damit wird auch das Rückwirkungsfeld den gleichen Drehsinn besitzen. Der Phasenverschiebungswinkel zwischen den zwei Feldern hängt von der ursprünglichen Phase des Ständerstroms über die Bezugsstrangwicklung U ab. So sieht das ständerseitige Drehstromsystem wie folgt aus:

$$\begin{cases} i_{\mathrm{U}} = I\sqrt{2}\,\cos(\omega t + \xi) , \\ i_{\mathrm{V}} = I\sqrt{2}\,\cos\left(\omega t + \xi - \dfrac{2\pi}{3}\right) , \\ i_{\mathrm{W}} = I\sqrt{2}\,\cos\left(\omega t + \xi - \dfrac{2\pi}{3}\right) , \end{cases}$$

und mit $(\omega t + \xi)$ anstatt ωt (siehe auch Abschnitt 5.2.2) bekommt das Erregerfeld, für den gleicher Beobachter M, folgenden Ausdruck:

$$B_{\mathrm{A}}(p\alpha, t) = B_{\mathrm{Am}} \cos(\omega t - p\alpha + \xi) ,$$

mit:

$$B_{\mathrm{Am}} = \frac{3\mu_0\, w\, k_{\mathrm{w}}\, I\sqrt{2}}{\pi\, p\, \delta} ,$$

w Strangwindungszahl,

k_{w} Wicklungsfaktor,

δ Luftspaltdicke.

Die ursprüngliche Phase ξ des Bezugsstroms i_U wurde willkürlich gewählt. Die Größe ξ ist von Fall zu Fall veränderlich als Funktion des jeweiligen Arbeitszustands der Maschine (Bilder 6.7-b, c) und abhängig von den Maschinenparametern, wie noch gezeigt wird.

Der Ausdruck des Rückwirkungsfelds zeigt, daß dieses Feld voreilend angesichts des Drehsinns um den geometrischen Winkel ξ/p im Vergleich zum Erregerfeld (Bild 6.7-a) verschoben ist. Da ξ veränderlich ist, kann man mehrere besondere Fälle unterscheiden:

- bei $\xi = \pm\pi/2$ steht das Rückwirkungsfeld senkrecht zum Erregerfeld (Bild 5.23-b). Man spricht von einem *Querfeld.* Die Rückwirkungsfeldlinien schließen sich querlaufend über die Polzonen (gerade wie in Bild 2.21 der Gleichstrommaschine);
- bei $\xi = \pi$ sind die zwei Felder entgegengerichtet, und es gibt eine *entmagnetisierende Längsrückwirkung* in dem Sinne, daß sich die Rückwirkungsfeldlinien auf demselben Weg wie die Erregerfeldlinien, aber entgegengesetzt, schließen (Bild 5.23-c);
- bei $\xi = 0$ werden die zwei Felder addiert: die beiden Feldlinienarten laufen auf dem gleichen Weg mit gleichem Sinn, was auch die Bezeichnung *magnetisierende Längsrückwirkung* rechtfertigt (Bild 5.23-d).

Für beliebiges ξ ist die Rückwirkung teilweise eine *magnetisierende* oder *entmagnetisierende Längsrückwirkung*, teilweise eine Querrückwirkung. Die zwei Felder, das Erreger- und das Rückwirkungsfeld, überlagern sich und erzeugen ein gemeinsames resultierendes magnetisches Drehfeld. Dieses Summenfeld ist ein Nutzfeld, das die magnetische Kopplung zwischen Ständer und Läufer bewirkt.

6.4 Die Synchronmaschine im stationären und im dynamischen Zustand

Die Synchronmaschine kann in zwei Betriebsarten laufen: im *Motor-* und im *Generatorbetrieb*:

- im *Motorbetrieb* wandelt die Maschine die von einem Drehstromnetz zugeführte elektrische Leistung in mechanische Leistung um, die an die Welle einer Arbeitsmaschine (Pumpe, Verdichter usw.) abgegeben wird. Sie arbeitet wie ein *elektro-mechanischer Wandler.*
- im *Generatorbetrieb* wandelt die Maschine die an der Welle von einem Antriebsmotor (Dampf oder Wasserturbine, Dieselmotor usw.) zugeführte mechanische Leistung in elektrische Leistung um, die an ein Drehstromnetz abgegeben wird. Dabei arbeitet sie wie ein *mechano-elektrischer Wandler.* Dieses Betrieb ist gleichzeitig einen *Bremsbetrieb*, da die Maschine der Welle mechanische Leistung entzieht.
  - Wird die elektrische Leistung an ein Drehstromnetz abgegeben, wird der Bremsbetrieb als „*Generatorbetrieb mit Wiedergewinnung der Energie*“ eingestuft;
  - Wird die elektrische Leistung dagegen auf Widerstände als Joule-Verluste verbraucht, wird der Bremsbetrieb als „*Generatorbetrieb mit Joule-Verluste*“ eingestuft. Ein elektromagnetisches Synchronmoment wird dann erzeugt, weil der Läufer die gleiche veränderliche Winkelgeschwindigkeit wie das Ständerdrehfeld besitzt.

6.4.1 Motorbetrieb

Vorausgesetzt, eine Synchronmaschine ist ständerseitig an ein Drehstromnetz der Kreisfrequenz ω geschaltet, so wird die Ständerwicklung von Strömen durchflossen, die ein elektrisches Drehstromsystem bilden. Es wird ein Drehfeld der Winkelgeschwindigkeit $\Omega = \omega/p$ in

Strangfolgerichtung erzeugt. Der Läufer soll sich – mit seiner bestromten Erregerwicklung – mit der Winkelgeschwindigkeit Ω' = drehen.

Abschnitt 6.2.3 entsprechend ist das Drehmoment eine zeitlich pulsierende Größe, die in der Zeitspanne einer Läuferumdrehung einen Mittelwert gleich Null aufweist.

Befindet sich der Läufer im Stillstand ($\Omega' = 0$), wird auch der Mittelwert des Drehmoments Null. Folglich hat der *Synchronmotor kein Anzugsmoment.*

Das stellt, im Vergleich zu anderen elektrischen Motorarten, einen besonders großen Nachteil dar. Im Fall, daß $\Omega' = \Omega = \omega/p$, entwickelt die Maschine ein Drehmoment, das diesmal einen Mittelwert verschieden von Null besitzt.

Wenn der Läufer in gleicher Richtung bei der gleichen Winkelgeschwindigkeit wie das vom Ständer erzeugten Drehfeld läuft, kann die Synchronmaschine ein Moment entwickeln, und so kann sie als Motor arbeiten. Dieses Moment ist positiv gegenüber dem Läufer, unter der Bedingung, daß der Phasenverschiebungswinkel $\sphericalangle(\underline{\psi}_E, \underline{I}) \sphericalangle \in (0, \pi)$.

Ein positives Moment in Verhältnis zum Läufer bedeutet ein treibendes Drehmoment. Somit entwickelt die Maschine eine mechanische Leistung $P = M\Omega$, die sie größtenteils an die angetriebene Arbeitsmaschine abgibt – über die mechanische Welle. Der Rest deckt die eigenen mechanischen Verluste. Die Maschine entnimmt diese Leistung dem elektrischen Speisenetz. Sie arbeitet also im Motorbetrieb.

Zusammenfassung: Der Synchronmotor entwickelt kein Anzugsmoment. Wird er aber durch ein beliebiges Verfahren bis zur synchronen Winkelgeschwindigkeit angetrieben, kann er unter bestimmten Bedingungen ein eigenes Drehmoment entwickeln.

Der Läufer des Synchronmotors kann – mit einem kleinen Hilfsantriebsmotor (Anwurfmotor) – bis zur synchronen Winkelgeschwindigkeit gebracht werden. Der Hilfsmotor, der mit der Welle gekoppelt ist, kann eine höhere Drehzahl als die synchrone Drehzahl der Maschine erreichen; nach der Synchronisierung des Synchronmotors wird er abgeschaltet.

Ein anderes Verfahren, das häufig angewendet wird, ist der sogenannte *Asynchronanlauf* des Synchronmotors. In diesem Fall wird der Synchronmotor mit einem Läuferkäfig, z.B. dem Dämpferkäfig (Bild 6.3), versehen, der ein asynchrones Drehmoment erzeugen kann. Dieses Drehmoment ist genügend groß, um den Läufer im Leerlauf oder bei geringer Belastung bis fast zur synchronen Drehzahl zu beschleunigen (weitere Einzelheiten zu diesem Thema siehe Kap. 6.6).

Um die Wirkleistungsbilanz des Synchromotors festzustellen, braucht man die Momentengleichung im stationären Betrieb. Außer dem Drehmoment M wird der Läufer von einem Lastmoment M_L der angetriebenen mechanischen Anlage und von einem eigenen mechanischen Reibungsmoment M_m (infolge der Lager-, Läufer- und Lüfterreibungen) belastet:

$$M - M_L - M_m = 0 \,.$$

Die an die angetriebenen Arbeitsmaschine abgegebenen mechanische Leistung ist P_2:

$$P_2 = M_L \Omega \,.$$

Entsprechend dem Reibmoment M_m können die Leistungsverluste P_m aufgrund der Beziehung

$$P_m = M_m \Omega$$

definiert werden. Durch Multiplizieren mit Ω führt die Momentengleichung zu einer Leistungsgleichung:

$$P = M\Omega = P_2 + P_m \,.$$

Somit weist die gesamte mechanische Leistung $P = M\Omega$, die vom Synchronmotor entwickelt wird, zwei Teile auf. Ein Teil ist die Nutzleistung, die an die Welle der angetriebenen Arbeitsmaschine abgegeben wird, der andere Teil dient zur Deckung der mechanischen Reibungen.

Man sieht, daß die Leistung $P = M\Omega$ vom Ständer mit Hilfe des elektromagnetischen Felds entwickelt wird. Deswegen wird diese Leistung *elektromagnetische Leistung* genannt. Sie wird vom elektrischer Drehstromnetz her geliefert, das die Ständerwicklung des Motors versorgt. Man erhält:

$$P = P_1 - P_{J1} - P_{Fe} = P_1 - P_{Cu1} - P_{Fe} \, ,$$

mit:

P_1	die vom Stromnetz angenommene Wirkleistung,
$P_{J1} = P_{Cu1}$	die Jouleschen bzw. Kupferverluste in der Ständerwicklung,
P_{Fe}	die Ständer-Eisenverluste.

Die Wirkleistungsbilanz des Synchronmotors ist in Bild 6.8-a dargestellt. In der Leistungsbilanz wird auch die Erregerleistung P_E berücksichtigt, die völlig für die Wicklungsverluste $P_{JE} = P_{CuE}$ in der Erregerwicklung verbraucht wird.

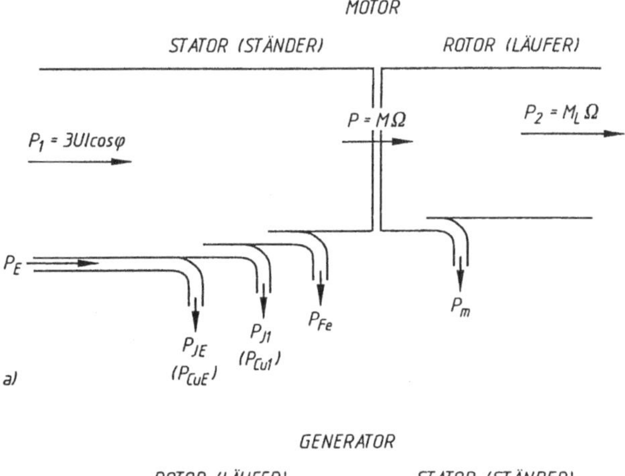

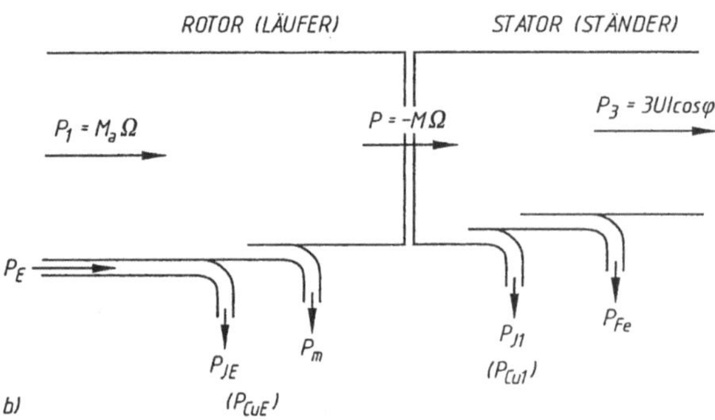

Bild 6.8
Wirkleistungsbilanz der Synchronmaschine:
a) Motorbetrieb,
b) Generatorbetrieb

Bei der *Innenpolsynchronmaschine* wird das Erregerfeld von der Gleichstromwicklung im Läufer erzeugt. Dafür braucht die Erregerwicklung eine fremde elektrische Versorgungsquelle.

Bei verschiedenen Synchronmaschinen geschieht dies durch eine Hilfserregermaschine (Gleichstromgenerator) auf der Maschinenwelle.

Bei moderneren Synchronmaschinen werden auch statische, mit dem Läufer umlaufende, mit Dioden oder Thyristoren aufgebaute Stromrichtersysteme eingesetzt. Sie richten die Drehspannungen eines auf der Welle sitzenden Hilfsdrehstromgenerators – ein Außenpoltyp – gleich. Die Erregung des Hilfsgenerators erfolgt über Spulen im Ständer. So entfallen die Schleifringe; die Maschine ist „bürstenlos" und wartungsarm.

6.4.2 Generatorbetrieb

Man betrachtet den Fall, daß die Erregerwicklung einer Synchronmaschine direkt mit Gleichstrom aus irgend einer Quelle versorgt wird und daß der Läufer mit einer Winkelgeschwindigkeit – im richtigen Drehsinn – von irgendeinem Antriebsmotor angetrieben wird.

Unabhängig davon, ob der Läufer mit Schenkelpolen oder mit Vollpolen konstruiert ist, erzeugt die Erreger-Läuferwicklung ein Erregerfeld mit p Polpaaren und einer Winkelgeschwindigkeit Ω. Dieses Drehfeld erzeugt seinerseits einen zeitlich variablen Fluß durch die Windungen im Ständer.

Besitzt das Erregerfeld eine räumliche sinusförmige Verteilung, so ändert sich dieses Feld zeitlich sinusförmig mit der Kreisfrequenz $\omega = p\Omega$.

In der berücksichtigten Strangwicklung wird folglich eine zeitlich sinusförmige induzierte Spannung E_E der gleichen Kreisfrequenz ω entstehen. Somit wird in den drei Ständer-Strangwicklungen ein symmetrisches dreiphasiges Spannungssystem induziert. Die zeitliche Folge der drei induzierten Spannungen ist vom Drehsinn des Erregerfelds bedingt.

Wenn die Ständerwicklung an eine symmetrische dreiphasige Impedanz angeschlossen ist, wird sie von Strangströmen durchflossen, die gleichfalls ein symmetrisches Drehstromsystem bilden. Die Maschine liefert an die Belastungsimpedanz eine gewisse Wirkleistung P_2, die sie vom primären Antriebsmotor abnimmt. Die Maschine arbeitet im Generatorbetrieb. Das zeigt auch die Leistungsbilanz (Bild 6.8-b).

Der Antriebsmotor entwickelt ein Antriebsdrehmoment M_A an der Welle des Synchrongenerators, dessen Sinn mit dem Drehsinn des Läufers und folglich auch mit dem Drehsinn des Erregerfelds übereinstimmt. Der Antriebsmotor gibt an die Synchronmaschine eine mechanische Leistung ab:

$$P_1 = M_A \Omega \, .$$

Auf den Maschinenläufer wird auch ein elektromagnetisches Moment M ausgeübt, das positiv ist, wenn es im Drehsinn wirkt:

$$M = \frac{-3 E_E I \cos\left(\underline{I},\, \underline{E}_E\right)}{\Omega} \, ,$$

Gl. (6.8) entsprechend. Dieses Moment ist aber negativ, da unabhängig von der Natur der Belastungsimpedanz $\cos(\underline{I}, \underline{E}_E) > 0$ ist. Also stellt das elektromagnetische Moment M ein Gegenmoment dar. Gleichzeitig wird auf den Läufer auch ein Gegenmoment M_m der mechanischen Reibung ausgeübt. Somit gilt, wenn der Läufer sich mit einer konstanten Winkelgeschwindigkeit Ω = konst. dreht,

$$M_A = -M + M_m \, ,$$

oder, nach Multiplikation mit Ω:

$$P_1 = -M\Omega + P_m \, .$$

Hier sind $P_m = M_m \Omega$ die mechanischen Verluste der Maschine. Die Leistung $P = -M\Omega = 3E_0 I \cos(\underline{I}, \underline{E}_0)$ stellt eine elektrische Wirkleistung dar, die dem Ständer zugeführt wird. Von der mechanischen Leistung P_1 wird folglich der größte Teil in elektrische Leistung umgewandelt und weiterhin auf den Ständer, mit der Hilfe des elektromagnetischen Felds im Luftspalt, übertragen. Diese Leistung $P = -M\Omega$ wird *elektromagnetische Leistung* genannt.

Aus der vom Ständer übernommenen Leistung P wird der größte Teil dem Verbraucher (der Belastungs- bzw. Verbraucherimpedanz Z_V) zugeführt. Ein kleinerer Teil $P_{J1} = P_{Cu1}$ wird durch den Jouleschen Effekt in der Ständer-Drehstromwicklung als Wicklungsverluste verloren gehen, und ein letzter Teil P_{Fe} dient zur Deckung der Ständer-Eisenverluste. Somit gilt:

$$P = P_2 + P_{J1} + P_{Fe} = P_2 + P_{Cu1} + P_{Fe}.$$

Im Läufereisen werden keine Verluste erzeugt, da der Läufer von einem zeitlich konstanten Fluß durchflutet wird. Die Leistungsbilanz ist in Bild 6.8-b dargestellt.

Der Synchrongenerator hat sehr geeignete Kennlinien zur Erzeugung der elektrischen Energie. Er gilt weltweit als Hauptlieferant dieser Energie bei den Elektrizitätsversorgungsunternehmungen.

6.4.3 Gleichungen des stationären Zustands des Synchronmotors

Ähnlich wie bei der Theorie des Drehstrom-Asynchronmotors werden zunächst einige vereinfachende Annahmen getroffen:

- Linearer magnetischer Kreis der Maschine: ungesättigt und ohne Hysterese;
- Vernachlässigbare Eisenverluste (später werden notwendige Korrekturen eingeführt);
- Volle konstruktive, magnetische und elektrische Symmetrie der Maschine, was die Annahme eines konstanten Luftspalts einschließt. Die berücksichtigte Maschine ist also mit einem Vollpolläufer ausgestattet. Die Schenkelpolmaschine, die komplizierter ist, wird bei der Ableitung des Gleichungssystems im dynamischen Zustand betrachtet;
- Die Maschine wird durch ein beliebiges Hilfsmittel angelassen und läuft danach konstant (Ω = konst.);
- Nur die Grundwellen der Erreger- und Rückwirkungsfelder werden berücksichtigt.

Es sei I_E der Erregerstrom. Für einen Ständer-Beobachter M wird der analytische Ausdruck des magnetischen Erregerfelds

$$B_E(p\alpha, t) = B_{Em} \cos p(\beta - \alpha) = B_{Em} \cos(\omega t - p\alpha) \,, \tag{6.9}$$

mit

$$\beta = \Omega t \,,$$

$$\omega = p\Omega \,.$$

Der Winkel und die Bezugsachsen ergeben sich aus Bild 6.7-a. Die Flußdichte B_{Em} ist:

$$B_{Em} = \frac{\mu_0 \, w_E \, k_E^{(1)} \, I_E}{\delta} \,, \tag{6.9-a}$$

entsprechend den Gl. (6.2) und (6.3). Da die Drehstromwicklung im Ständer an einem Drehstromnetz der Kreisfrequenz $\omega = p\Omega$ angeschlossen ist, werden die Strangströme [siehe Bild 6.7-b, mit $\xi \in (0, \pi)$ und $\xi = (\pi/2) + \varepsilon$]:

$$\begin{cases} i_{\text{U}} = I\sqrt{2}\,\cos\left(\omega t + \dfrac{\pi}{2} + \varepsilon\right), \\ i_{\text{V}} = I\sqrt{2}\,\cos\left(\omega t + \xi - \dfrac{2\pi}{3}\right), \\ i_{\text{W}} = I\sqrt{2}\,\cos\left(\omega t + \dfrac{\pi}{2} + \varepsilon - \dfrac{2\pi}{3}\right), \end{cases}$$

wobei der Winkel ε später bestimmt wird. Dieses Drehstromsystem erzeugt für den Beobachter M ein Rückwirkungsfeld mit folgender Form (Bild 6.7-a):

$$B_{\text{A}}(p\alpha, t) = B_{\text{Am}} \cos(\omega t - p\alpha + \xi), \tag{6.10}$$

mit

$$B_{\text{Am}} = \frac{3\,\mu_0\, w\, k_{\text{w}}\, I\sqrt{2}}{\pi\, p\, \delta}. \tag{6.10-a}$$

Das Rückwirkungsfeld weist die gleiche Winkelgeschwindigkeit Ω und den gleichen Drehsinn wie das Erregerfeld auf. Im Vergleich zum letzten ist es genau um $(\pi/2) + \varepsilon$ voreilend, bezogen auf die Anfangsphase des Stroms i_{U}. Die zwei Felder addieren sich und bilden das resultierende Nutzmagnetfeld B_μ, wie es in Bild 6.9-a dargestellt wird.

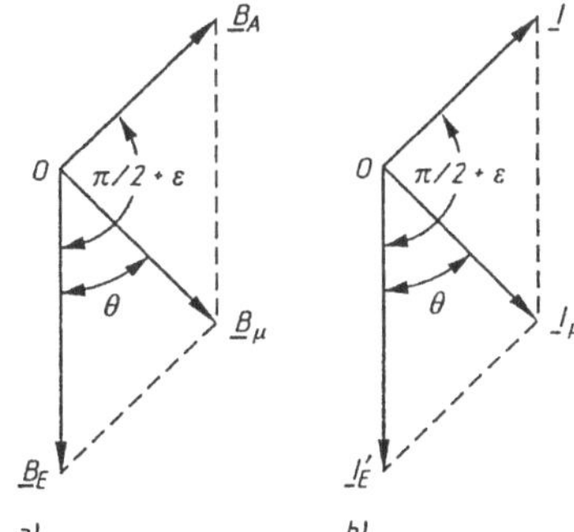

Bild 6.9
Zusammensetzung der Drehfeldzeiger (a) und Stromzeiger (b)

Dieses resultierende Feld (Bild 6.9) ist dem Erregerfeld um den elektrischen Winkel θ (*Polradwinkel* oder noch *innerer Winkel* genannt) voreilend, so daß

$$B_{\text{A}}(p\alpha, t) = B_{\text{Am}} \cos(\omega t - p\alpha + \theta).$$

Ähnlich wie bei der Asynchronmaschine oder beim Transformator führt man auch hier den Magnetisierungsstrom ein. Im Ständerbezugstrang U besitzt dieser Strom folgenden analytischen Ausdruck:

$$i_{\mu\text{U}} = I_\mu \sqrt{2}\,\cos(\omega t + \theta).$$

Er bildet, zusammen mit den ähnlichen Strömen von den anderen Strängen, ein symmetrisches Drehstromsystem, das ein magnetisches Drehfeld, mit allen Merkmalen des resultierenden Drehfeldes B_μ erzeugt. Folglich ist I_μ an $B_{\mu\text{m}}$ durch die Beziehung

$$B_{\mathrm{Am}} = \frac{3\mu_0\, w\, k_{\mathrm{w}}\, I\sqrt{2}}{\pi\, p\, \delta}\,, \tag{6.11}$$

gebunden.

- *Was das Erregerfeld betrifft, übernimmt man von der Theorie der Asynchronmaschine einen wertvollen Gedanken: man ersetzt den realen Läufer durch einen gedachten, stillstehenden Läufer, der eine symmetrische Drehstromwicklung (K, L, M) besitzt. Diese soll, wie die Ständerwicklung auch, die gleiche Windungszahl w und den gleichen Wicklungsfaktor k_w aufweisen. Mehr noch, die Achse des Läuferstranges K fällt mit der Achse des Ständerstranges U zusammen (bei gleichbleibender Strangfolge).*

Die Drehstromwicklung im Läufer ist von einem symmetrischen Drehstromsystem der Frequenz des Ständers und dem Effektivwert I'_{E} durchflossen, so daß ein Drehfeld mit genau den Merkmalen des realen Erregerfelds erzeugt wird. Somit hat der Strom für den Bezugsstrang K, wenn Gl. (6.9) des Erregerfelds berücksichtigt wird, folgende Form:

$$i'_{\mathrm{EK}} = I'_{\mathrm{E}}\sqrt{2}\cos\omega t\,.$$

Der Effektivwert I'_{E} ergibt sich aus der Amplitudengleichung (6.9-a):

$$\frac{3\mu_0\, w\, k_{\mathrm{w}}\, I'_{\mathrm{E}}\sqrt{2}}{\pi\, p\, \delta} = \frac{\mu_0\, w_{\mathrm{E}}\, k_{\mathrm{E}}^{(1)} I_{\mathrm{E}}}{\delta}\,.$$

Daraus erhält man:

$$I'_{\mathrm{E}} = I_{\mathrm{E}}\frac{\pi\, p\, w_{\mathrm{E}}\, k_{\mathrm{E}}^{(1)}}{3\sqrt{2}\, w\, k_{\mathrm{w}}}\,. \tag{6.12}$$

Der Strom I'_{E} wird *auf den Ständer bezogener Erregerstrom* genannt, d.h. auf die Frequenz und die Windungszahl des Ständers bezogen. Deshalb kann die in Bild 6.9-a gezeigte Zusammensetzung der Drehfelder durch die in Bild 6.9-b gezeigte Zusammensetzung der Ströme ersetzt werden. Die Ströme sind von derselben Kreisfrequenz und haben gegenseitige Phasenverschiebungen, die identisch zu den räumlichen Verschiebungen der betreffenden Drehfelder sind:

$$\underline{I} + \underline{I}'_{\mathrm{E}} = \underline{I}_{\mu}\,. \tag{6.13}$$

Somit hat man eine erste Betriebsgleichung im stationären Zustand des Synchronmotors erhalten. Berücksichtigt man auch die ständerseitigen Eisenverluste, bekommt die obige Gleichung die übliche Korrektur, die auch schon beim Transformator und beim Asynchronmotor angewendet wurde:

$$\underline{I} + \underline{I}'_{\mathrm{F}} = \underline{I}_0\,, \tag{6.14}$$

$$\underline{I}_0 = \underline{I}_{\mu} + \underline{I}_{\mathrm{Fe}}\,,$$

mit

I_{μ} Magnetisierungskomponente,

I_{Fe} Stromkomponente entsprechend der Eisenverluste des resultierenden Leerlaufstroms I_0.

Des weiteren verfolgt die Theorie das bekannte Modell aus den vorher betrachteten Untersuchungen. Das resultierende Nutzdrehfeld induziert das resultierende Spannungssystem, so daß:

$$\underline{E}_{\mu} = -jX_{\mu}\underline{I}_{\mu}\,, \tag{6.15}$$

mit

$$E_\mu = \frac{2\pi}{\sqrt{2}} f w k_w \Phi_{\mu m}, \tag{6.15-a}$$

bzw.

$$\begin{aligned} \Phi_{\mu m} &= \frac{2}{\pi} L \tau B_{\mu m} = \frac{6 \mu_0 w k_w L \tau I_\mu \sqrt{2}}{\pi^2 p \delta}, \\ X_\mu &= \frac{12 \mu_0 f (w k_w)^2 L \tau}{\pi p \delta}. \end{aligned} \tag{6.16}$$

Es wird dann auch noch das induzierte Spannungssystem eingeführt, das in die Ständerstränge von den magnetischen Streufeldern induziert wird (Bild 5.29):

$$\underline{U}_\sigma = -X_\sigma \underline{I}. \tag{6.17}$$

Endlich wird die ständerseitige Spannungsgleichung aufgestellt, indem die positiven Zählrichtungen beim Verbraucher berücksichtigt werden:

$$\underline{U} = R\underline{I} + jX_\sigma \underline{I} - \underline{E}_\mu .$$

Dabei bezeichnen $\underline{U}$ den Zeiger der ständerseitig angelegte Strangspannung und R den Strangwiderstand im Ständer. Auf diese Art wird folgendes Gleichungssystem des stationären Synchronmotorbetriebes erhalten:

$$\begin{aligned} &\underline{U} = R\underline{I} + jX_\sigma \underline{I} - \underline{E}_\mu , \\ &\underline{E}_\mu = -jX_\mu \underline{I}_\mu = -R_{Fe} \underline{I}_{Fe} , \\ &\underline{I} + \underline{I}'_E = \underline{I}_0 = \underline{I}_\mu + \underline{I}_{Fe} , \end{aligned}$$

wobei $R_{Fe} = E_\mu^2 / P_{Fe} = E_\mu / I_{Fe}$ der entsprechende Widerstand der Eisenverluste P_{Fe} ist.

Das Zeigerdiagramm des Gleichungssystems (6.18) ist in Bild 6.10 wiedergegeben, während in Bild 6.11 das Ersatzschaltbild des Synchronmotors dargestellt ist. In diesem Ersatzschaltbild wird eine Stromquelle I'_E = konst. eingeschlossen (solange der reale Erregerstrom konstant bleibt).

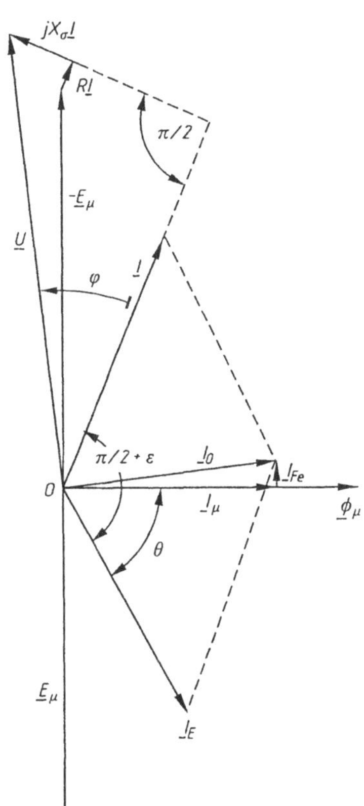

Bild 6.10
Zeigerdiagramme des Vollpolsynchronmotors

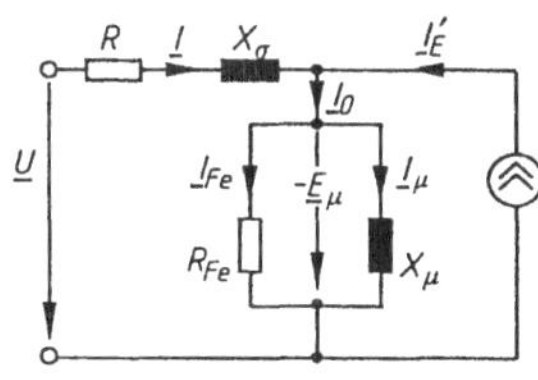

Bild 6.11
Ersatzschaltbild des Vollpolsynchronmotors

Manchmal zieht man es vor, daß im Gleichungssystem des Synchronmotors die durch das Erregerfeld induzierte Spannung E_{E} auch enthalten sein soll. Die Eisenverluste vernachlässigend und den Gl. (6.15) und (6.17) entsprechend, erhält man:

$$\underline{E}_{\mu} = -jX_{\mu}(\underline{I} + \underline{I}'_{\mathrm{E}}) = -jX_{\mu}\underline{I} + \underline{E}_{\mathrm{E}}\,.$$

Hier ist

$$\underline{E}_{\mathrm{E}} = -jX_{\mu}\underline{I}'_{\mathrm{E}}\,,$$

die durch das Dreherregerfeld induzierte Spannung. Das kann sogleich mit Hilfe der Gl. (6.16), (6.12), (6.9-a) und (6.5) nachgewiesen werden. Freilich hat man:

$$E_{\mathrm{E}} = \frac{2\pi}{\sqrt{2}} f w k_{\mathrm{w}} \Phi_{\mathrm{Em}}\,. \tag{6.19}$$

Wird $\underline{E}_{\mu}$ in die erste Gleichung des Systems (6.18-a) eingesetzt, so gilt:

$$\underline{U} = R\underline{I} + j(X_{\sigma} + X_{\mu})\underline{I} - \underline{E}_{\mathrm{E}}\,.$$

Die Größe $X_{\mathrm{s}} = X_{\sigma} + X_{\mu}$ heißt *synchrone Reaktanz* der Maschine; damit wird die Spannungsgleichung:

$$\underline{U} = R\underline{I} + jX_{\mathrm{s}}\underline{I} - \underline{E}_{\mathrm{E}}\,, \tag{6.20}$$

was zu einem neuen Zeigerdiagramm (Bild 6.12) und zu einem neuen Ersatzschaltbild (Bild 6.13) führt. Das Zeigerdiagramm hebt die Tatsache hervor, daß der Winkel zwischen $\underline{E}_{\mu}$ und $\underline{E}_{\mathrm{E}}$ den Polradwinkel ϑ darstellt und daß der Winkel ε der Phasenverschiebungswinkel zwischen $\underline{I}$ und $-\underline{E}_{\mathrm{E}}$ ist.

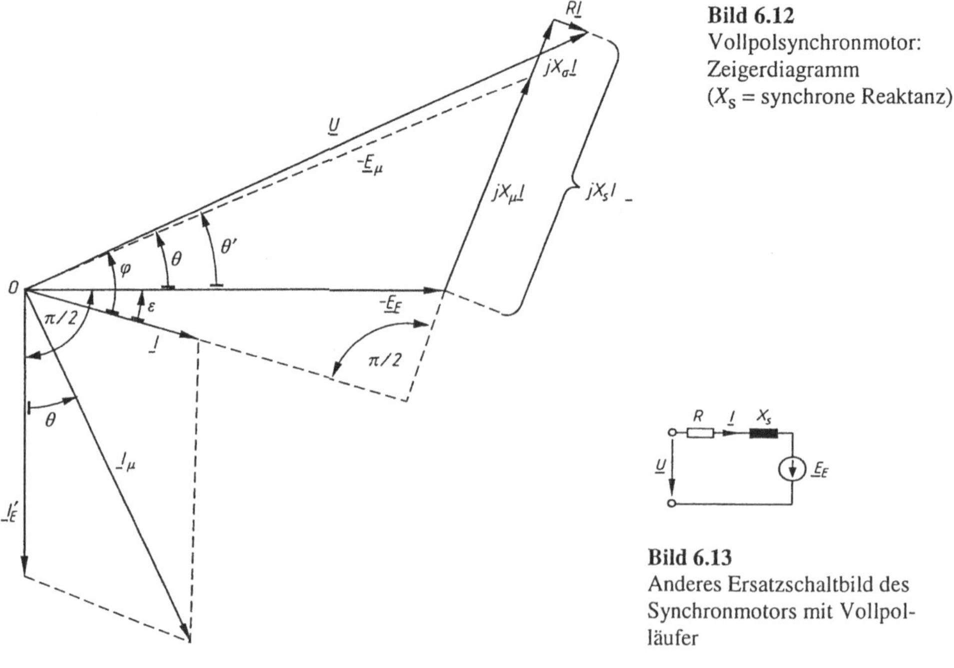

Bild 6.12
Vollpolsynchronmotor: Zeigerdiagramm (X_{s} = synchrone Reaktanz)

Bild 6.13
Anderes Ersatzschaltbild des Synchronmotors mit Vollpolläufer

Oft wird der Winkel θ zwischen $\underline{U}$ und $-\underline{E}_E$ mit dem Polradwinkel θ' zwischen $-\underline{E}_\mu$ und $-\underline{E}_E$ gleichgesetzt. Der Unterschied zwischen den beiden Winkeln ist vernachlässigbar klein, besonders bei Motoren größerer Leistung. Gl. (6.20) wird des öfteren verwendet, um die Eigenschaften des Vollpolsynchronmotors zu untersuchen.

Anmerkung 1: Normalerweise wird das Versorgungsnetz durch U = konst. und f = konst. gekennzeichnet. Gewöhnlich ist der Ohmsche Spannungsfall RI sehr klein im Vergleich zur Spannung U. Die Streuspannungsfall $X_\sigma I$ beträgt auch nur einige Prozent der induzierten Nutzspannung E_μ.

Wenn der Strom den Nennwert I_N erreicht, gilt

$$U \approx -E_\mu .$$

Infolgedessen, unter den Bedingungen U = konst. und f = konst., geht aus Gl. (6.15a) hervor, daß die Amplitude $\Phi_{\mu m}$ des resultierenden Flusses und der Magnetisierungsstrom I_μ bei beliebigem Belastungsgrad des Motors praktisch konstant sind (Überbelastung, Betriebsstörungen oder Außertrittfallen werden ausgeschlossen). Auch die Eisenverluste werden praktisch gleichbleibend sein, solange der resultierende Fluß und die Frequenz konstant bleiben. Folglich: I_{Fe} = konst.

Anmerkung 2: Das Gleichungssystem (6.18) und Gl. (6.20) können dem Generatorbetrieb angepaßt werden, indem die positive Zählrichtung verschiedener Größen entsprechend der Zählrichtung für Generatorstromkreise geändert wird. Letztendlich bedeutet dies, daß in den oben erwähnten Gleichungen U mit $-U$ vertauscht wird. Auf dieser Grundlage ändern sich die Zeigerdiagramme und die Ersatzschaltbilder.

6.4.4 Gleichungen des dynamischen Zustandes

Zur Untersuchung der transienten Vorgänge des Synchronmotors werden meistens die *Park-Blondel*-Gleichungen verwendet, die aus Gleichungen in realen augenblicklichen Größen verschiedener Ständer- und Läuferkreise durch eine passende Variablensubstitution hergeleitet werden.

Um diese Gleichungen zu erhalten, berücksichtigt man einen Schenkelpol-Synchronmotor, der einen Dämpferkäfig mit vollständigen Kurzschlußringen (am ganzen Umfang) besitzt. Dieser Käfig wirkt sowohl in der Längsachse (Polachse) als auch in der Querachse (Zwischenpolsymmetrieachse).

Folgende Vereinfachungen werden angenommen:

- ungesättigte Maschine;
- praktisch unendliche Eisenpermeabilität;
- vernachlässigbare Eisenverluste;
- volle elektrische Symmetrie (die Ständerstränge haben gleiche Parameter): Windungszahl, Widerstand, Induktivität usw.) der Maschine;
- konstanter Luftspalt unter den Polen;
- man berücksichtigt nur die Grundwellen der magnetischen Erreger- und Rückwirkungsfelder.

Der Motor hat drei identische ständerseitige Strangwicklungen U, V, W, symmetrisch im Innenraum der Ständerbohrung (vgl. prinzipielles Schema in Bild 6.14) untergebracht.

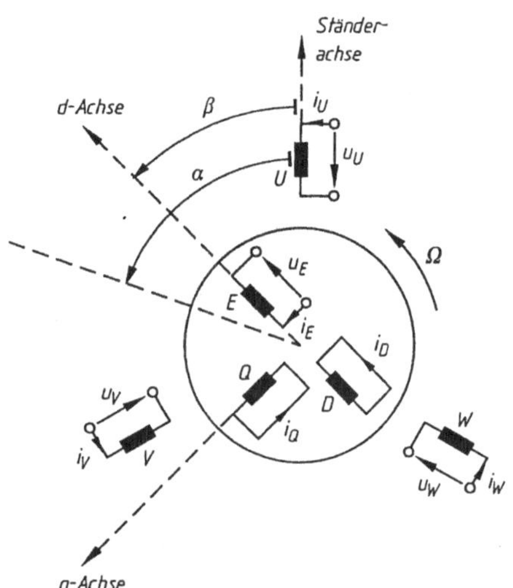

Bild 6.14
Zur Gewinnung der Park-Blondel-Gleichungen

Der Läufer hat:

- *eine Erregerwicklung E,*
- *eine Nordpolachse bzw. Läuferlängsachse d,*
- *eine im Verhältnis zum Drehsinn voreilende Symmetrieachse bzw. Querachse q.*

Auf dem Läufer gibt es auch zwei *kurzgeschlossene Dämpfungswicklungen*, gleichwertig zu dem in den Polschuhen untergebrachten Käfig:

- *die erste, D, wirkt in der Längsachse d wie auch die Erregerwicklung E;*
- *die zweite, Q, wirkt in der Querachse q.*

Es sei Ω die augenblickliche Winkelgeschwindigkeit des Läufers im Gegenuhrzeigersinn.

Der geometrische Winkel der Achse d des Läufers mit der Symmetrieachse einer Spule des Bezugstrangs U zu einem Zeitpunkt t wird mit β bezeichnet (Bild 6.14). Selbstverständlich gilt: $\beta = f(t)$ und $\Omega = \mathrm{d}\beta/\mathrm{d}t$.

Der elektrische Stellungswinkel des Läufers ist $\gamma = p\beta$.

Bevor man die sechs Maschengleichungen der Stromkreisen (drei Ständerkreise U, V, W und drei Läuferkreise E, D, Q) beschreibt, müssen die verschiedenen Selbst- und Gegeninduktivitäten untersucht werden. Man beginnt mit den *Ständersträngen.*

Im Unterschied zum Asynchronmotor oder zum Vollpolsynchronmotor sind diesmal die Selbstinduktivitäten L_{UU}, L_{VV}, L_{WW} und die Gegeninduktivitäten L_{UV}, L_{VW}, L_{WU} *zeitlich veränderlich* in Funktion von der Läuferstellung (infolge des ungleichförmigen Luftspalts an der Ständerbohrung), was die Untersuchung der Schenkelpol-Synchronmotoren sehr verkompliziert. Um dies zu zeigen, bezieht man sich auf das Bild 6.15, in dem einfachheitshalber eine Maschine mit $p = 1$ berücksichtigt wird (also: geometrischer Winkel β gleich elektrischer Winkel Ωt), deren Strang U von einem beliebigen Strom i_{U} durchflossen ist.

Wäre der Luftspalt δ überall *konstant*, hätte die Wicklung U ein sinusförmiges magnetisches Feld $B_0(p\alpha)$ erzeugt. Zur Dämpfung der Oberwellen sollen die Verteilung der Wicklung in mehreren Nuten pro Pol und Strang, $q > 1$ und mit verkürzter Spulenweite sein:

$$B_0(p\alpha) = \frac{4}{\pi} \times \frac{\mu_0\, w\, k_w\, i_U}{p\,\delta} \;,$$

mit

w Windungszahl pro Ständerstrang,
k_w entsprechender Wicklungsfaktor.

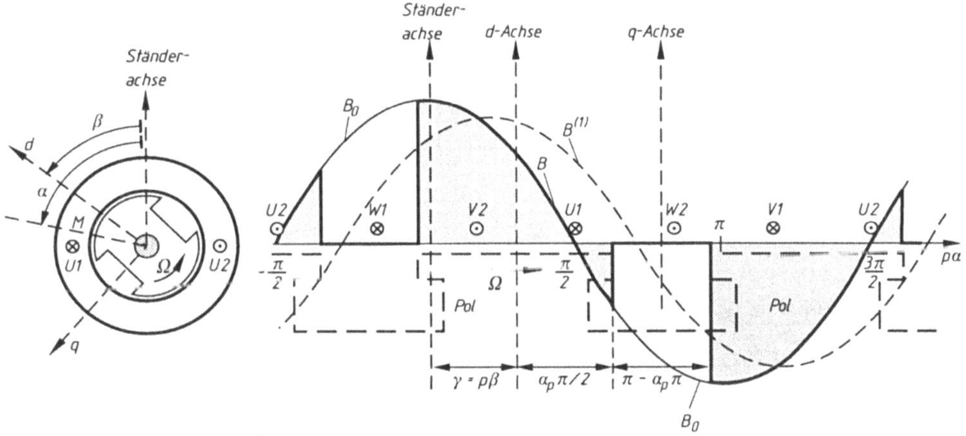

Bild 6.15 Räumlicher Verlauf der magnetischen Flußdichte einer Synchronmaschine mit Schenkelpolläufer

Der geometrische Winkel α ist die Koordinate eines beliebigen Punkts M am Ständerinnenumfang (Bild 6.15).

Berücksichtigt man aber einen *variablen* Luftspalt δ, der nur unter dem Pol [innerhalb des elektrischen Weitewinkels $\pi\alpha_p$ (wobei $\alpha_p = b_p/s$, hier $\alpha_p \approx \beta$, b_p = Polschuhbreite, s = Polteilung)] konstant und sehr klein bzw. sehr groß außerhalb der Polzone bleibt [innerhalb des elektrischen Weitewinkels $\pi - \pi\alpha_p = \pi(1-\alpha_p)$]. Somit wird die räumliche Verteilung des von der Wicklung U erzeugten Felds $B(p\alpha)$, in Verhältnis zur Sinuskurve $B_0(p\alpha)$ (Kurve bei der schraffierter Fläche in Bild 6.15), empfindlich geändert.

Vor der Zwischenpolzone, welche im Zeitpunkt t irgendwo in die von der Strangwicklung U umfaßten Zone fällt, ist der reale Feldbetrag $B(p\alpha)$ sehr verringert (praktisch Null), da der Luftspalt sehr groß ist und dem Flußdurchgang eine besonders große Reluktanz entgegensetzt wird.

Zur Untersuchung der Selbstinduktivität L_{UU} wie auch der Gegeninduktivitäten L_{UV}, L_{UW} berücksichtigt man nur die Grundwelle $B^{(1)}(p\alpha)$ des realen verformten Felds $B(p\alpha)$, da die Oberwellen keine große Spannung im eigenen Ständerstrang bzw. in anderen Ständersträngen induzieren (Verteilung der Wicklung, $q > 1$, gekürzter Schritt usw., siehe Abschnitt 5.2.3).

In Bild 6.15 ist die Grundwelle $B^{(1)}(p\alpha)$ durch eine unterbrochene Linie dargestellt. Es wird eine beliebige räumliche Verschiebung im Vergleich zur Sinuskurve $B_0(p\alpha)$ hervorgehoben, die gültig bei δ = konst. wäre. Mithin wird der analytische Ausdruck des Felds $B^{(1)}(p\alpha)$ zu

$$B^{(1)}(p\alpha) = K_1 \sin p\alpha + K_2 \cos p\alpha \;. \tag{6.21}$$

Die Koeffizienten K_1 und K_2 bekommt man aus der Entwicklung in einer Fourier-Reihe:

$$K_1 = \frac{1}{\pi}\int_0^{2\pi} B(p\alpha)\sin p\alpha\, \mathrm{d}(p\alpha) = \frac{2}{\pi}\int_0^{\pi} B(p\alpha)\sin p\alpha\, \mathrm{d}(p\alpha) \ ,$$

$$K_2 = \frac{1}{\pi}\int_0^{2\pi} B(p\alpha)\cos p\alpha\, \mathrm{d}(p\alpha) = \frac{2}{\pi}\int_0^{\pi} B(p\alpha)\cos p\alpha\, \mathrm{d}(p\alpha) \ ,$$

da die Welle $B(p\alpha)$ die Bedingung $B(p\alpha + \pi) = -B(p\alpha)$ erfüllt. Zusätzlich ist die Welle $B(p\alpha)$ unter dem Pol gleich $B_0(p\alpha)$ bzw. Null in der Zwischenpol-Achse (Bild 6.15). Folglich:

$$K_1 = \frac{8\mu_0\, w k_\mathrm{w}\, i_\mathrm{U}}{\pi^2 p\,\delta}\left[\int_0^{\gamma+(\alpha_\mathrm{p}\pi/2)} \cos p\alpha \sin p\alpha\, \mathrm{d}p\alpha + \int_{\pi+\gamma-(\alpha_\mathrm{p}\pi/2)}^{\pi} \cos p\alpha \sin p\alpha\, \mathrm{d}p\alpha\right] =$$

$$= \frac{4\mu_0\, w k_\mathrm{w}\, i_\mathrm{U}}{\pi^2 p\,\delta} \sin\alpha_\mathrm{p}\pi\ \sin 2\gamma, \tag{6.22}$$

$$K_2 = \frac{8\mu_0\, w k_\mathrm{w}\, i_\mathrm{U}}{\pi^2 p\,\delta}\left[\int_0^{\gamma+(\alpha_\mathrm{p}\pi/2)} \cos^2 p\alpha\, \mathrm{d}p\alpha + \int_{\pi+\gamma-(\alpha_\mathrm{p}\pi/2)}^{\pi} \cos^2 p\alpha\, \mathrm{d}p\alpha\right] =$$

$$= \frac{4\mu_0\, w k_\mathrm{w}\, i_\mathrm{U}}{\pi^2 p\,\delta}(\alpha_\mathrm{p}\pi + \sin\alpha_\mathrm{p}\pi\ \cos 2\gamma) \ . \tag{6.23}$$

Jetzt läßt sich der verkettete Nutzfluß W_{UUu} ausrechnen, der von der eigenen Durchflutung $\Theta_{\mathrm{UU}} = w_\mathrm{U} I_\mathrm{U}$ erzeugt wird. Dabei bezeichnet w_U die Windungszahl der Strangwicklung U, die vom eigenen Strom i_U durchflossen wird. Dazu muß der Mittelwert der Flußdichte $B^{(1)}(p\alpha)$ auf der Weite $(-\pi/2, +\pi/2)$ der Spule U berechnet werden. Danach ermittelt man den Fluß durch eine Windung, und durch Multiplikation mit wk_w erhält man den verketteten Nutzfluß:

$$\Psi_{\mathrm{Uuu}} = wk_\mathrm{w} L\tau\frac{1}{\pi}\int_{-\pi/2}^{+\pi/2} B^{(1)}(p\alpha)\mathrm{d}p\alpha = \frac{2\, w k_\mathrm{w}\, L\tau}{\pi} K_2 =$$

$$= \frac{4\mu_0\, w k_\mathrm{w}\, i_\mathrm{U}}{\pi^2 p\,\delta}\left(\alpha_\mathrm{p}\pi + \sin\alpha_\mathrm{p}\pi\ \cos 2\gamma\right) .$$

Teilt man diesen Fluß durch den Strom i_U, so ergibt sich die Nutzselbstinduktivität L_{UUu}, entsprechend dem verketteten Fluß, der den Luftspalt durchläuft:

$$L_{\mathrm{UUu}} = \frac{\Psi_{\mathrm{UUu}}}{i_\mathrm{U}} = L_1 + L_2 \cos 2\gamma \ ,$$

Mit

$$L_1 = \frac{8\mu_0 (w k_\mathrm{w})^2 L\tau\, i_\mathrm{U}}{\pi^3 p\,\delta}\alpha_\mathrm{p}\pi \ ,$$

$$L_2 = \frac{8\mu_0 (w k_\mathrm{w})^2 L\tau\, i_\mathrm{U}}{\pi^3 p\,\delta}\sin\alpha_\mathrm{p}\pi \ . \tag{6.24}$$

Da $\alpha_p \approx 2/3$, ergibt sich $L_1 > 2L_2$ und dadurch eine Winkeländerung der gesamten Selbstinduktivität L_{UU}, die auch die Anwesenheit des Streufeldes berücksichtigt:

$$L_{UU} = L_\sigma + L_{UUu} = L_\sigma + L_1 + L_2 \cos 2\gamma\,, \tag{6.25}$$

wie in Bild 6.16 gezeigt ist.

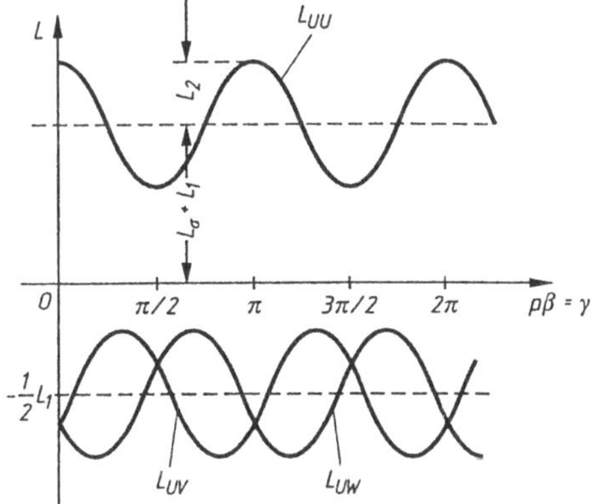

Bild 6.16
Zeitverlauf der Selbstinduktivität L_{UU} und der Gegeninduktivitäten L_{UV} und L_{UW}

Gl. (6.21) berücksichtigend, wird das verkettete Grundwellen-Induktionsfeld $B^{(1)}(p\alpha)$ im Luftspalt vom U-Strang erzeugt und zu den Windungen des Strangs V verkettet.

Mit dem Mittelwert der Flußdichte $B^{(1)}(p\alpha)$ im Winkelbereich ($\pi/6{,}7$ bis $\pi/6$), was einer Spule des V-Strangs entspricht (Bild 6.15), bekommt man:

$$\begin{aligned} \Psi_{UV} &= w k_w L \tau \frac{1}{\pi} \int_{\pi/6}^{7\pi/6} B^{(1)}(p\alpha) \mathrm{d}p\alpha = \frac{w k_w L \tau}{\pi} \left(\sqrt{3} K_1 - K_2\right) = \\ &= \left[-\frac{1}{2} L_1 + L_2 \left(\frac{1}{2}\cos 2\gamma + \frac{\sqrt{3}}{2}\sin 2\gamma\right)\right] i_U = \\ &= \left[-\frac{1}{2} L_1 + L_2 \cos\left(2\gamma - \frac{2\pi}{3}\right)\right] i_U\,, \end{aligned}$$

und damit:

$$L_{UV} = L_{VU} = \frac{\Psi_{UV}}{i_U} = -\frac{1}{2} L_1 + L_2 \cos\left(2\gamma - \frac{2\pi}{3}\right). \tag{6.26}$$

Analog leitet man her:

$$\left\{ \begin{aligned} L_{UW} &= L_{WU} = -\frac{1}{2} L_1 + L_2 \cos\left(2\gamma - \frac{4\pi}{3}\right), \\ L_{VV} &= L_\sigma + L_1 + L_2 \cos\left(2\gamma - \frac{4\pi}{3}\right), \\ L_{WW} &= L_\sigma + L_1 + L_2 \cos\left(2\gamma - \frac{2\pi}{3}\right), \\ L_{VW} &= L_{WV} = -\frac{1}{2} L_1 + L_2 \cos 2\gamma\,. \end{aligned} \right. \tag{6.27}$$

Folglich sind alle diese Induktivitäten Zeitfunktionen (Bild 6.16). Die Gleichungen der Gegeninduktivitäten schließen auch das Vorzeichen der magnetischen Kopplung ein. Um diesmal die *Gegeninduktivitäten* zwischen Ständer und Läufer zu ermitteln, betrachtet man den verketteten Fluß des Erreger-Grundwellenfelds

$$B_E(p\alpha)=\frac{\mu_0 w_E k_E i_E}{\delta}\cos p(\alpha-\beta)=\frac{\mu_0 w_E k_E i_E}{\delta}\cos(p\alpha-\gamma)\ ,$$

durch die Windungen der Strangwicklung U im Ständer bzw:

$$\Psi_{EU}=w k_w L\tau\frac{1}{\pi}\int_{-\pi/2}^{+\pi/2}B_E(p\alpha)\mathrm{d}p\alpha=\frac{2\mu_0 w_E k_E w k_E L\tau i_E}{\pi\delta}\cos\gamma\,,$$

so daß:

$$\begin{cases} L_{UE}=L_{UEm}\cos\gamma\,,\\ L_{VE}=L_{UEm}\cos\left(\gamma-\frac{2\pi}{3}\right),\\ L_{WE}=L_{UEm}\cos\left(\gamma-\frac{4\pi}{3}\right),\end{cases} \tag{6.28}$$

mit

$$L_{UEm}=\frac{2\mu_0 w_E k_E w k_E L\tau}{\pi\delta}\,. \tag{6.29}$$

Auf die gleiche Weise lassen sich folgende Ausdrücke der *Gegeninduktivitäten (Ständerstromkreis der Längsdämpfung* bzw. *Ständerstromkreis der Querdämpfung*) ermitteln:

$$\begin{cases} L_{UD}=L_{UDm}\cos\gamma\,,\\ L_{VD}=L_{UDm}\cos\left(\gamma-\frac{2\pi}{3}\right),\\ L_{WD}=L_{UDm}\cos\left(\gamma-\frac{4\pi}{3}\right),\\ L_{UQ}=L_{UQm}\sin\gamma\,,\\ L_{VQ}=L_{UQm}\sin\left(\gamma-\frac{2\pi}{3}\right),\\ L_{WQ}=L_{UQm}\cos\left(\gamma-\frac{4\pi}{3}\right).\end{cases} \tag{6.27}$$

Die Induktivitäten L_{FF}, L_{DD}, L_{QQ}, $L_{FD}=L_{DF}$ hängen nicht von der Läuferstellung ab.

Zwischen den Kreisen E und D einerseits und Q anderseits gibt es keine Gegeninduktion, da sie elektrisch senkrecht zueinander sind (keine Feldlinie des Q-Kreises verkettet sich mit den Windungen des F- bzw. des D-Kreises).

Die Differentialgleichungen des Schenkelpol-Synchronmotors können dann folgendermaßen geschrieben werden:

$$u_U = R i_U + \frac{d}{dt}(L_{UU} i_U) + \frac{d}{dt}(L_{UV} i_V) + \frac{d}{dt}(L_{UW} i_W) + \frac{d}{dt}(L_{UE} i_E) + \frac{d}{dt}(L_{UD} i_D) + \frac{d}{dt}(L_{UQ} i_Q)\,,$$

$$u_V = R i_V + \frac{d}{dt}(L_{UV} i_U) + \frac{d}{dt}(L_{VV} i_V) + \frac{d}{dt}(L_{VW} i_W) + \frac{d}{dt}(L_{VE} i_E) + \frac{d}{dt}(L_{VD} i_D) + \frac{d}{dt}(L_{VQ} i_Q)\,,$$

$$u_W = R i_W + \frac{d}{dt}(L_{UW} i_U) + \frac{d}{dt}(L_{WV} i_V) + \frac{d}{dt}(L_{WW} i_W) + \frac{d}{dt}(L_{WF} i_F) + \frac{d}{dt}(L_{WD} i_D) + \frac{d}{dt}(L_{WQ} i_Q),$$

$$u_E = R_E i_E + L_{EE} \frac{di_E}{dt} + \frac{d}{dt}(L_{UE} i_U) + \frac{d}{dt}(L_{VE} i_V) + \frac{d}{dt}(L_{WE} i_W) + L_{ED} \frac{di_D}{dt}\,,$$

$$0 = R_D i_D + L_{DD} \frac{di_D}{dt} + \frac{d}{dt}(L_{UD} i_U) + \frac{d}{dt}(L_{VD} i_V) + \frac{d}{dt}(L_{WD} i_W) + L_{ED} \frac{di_E}{dt}\,, \tag{6.31}$$

$$0 = R_Q i_Q + L_{QQ} \frac{di_Q}{dt} + \frac{d}{dt}(L_{UQ} i_U) + \frac{d}{dt}(L_{VQ} i_V) + \frac{d}{dt}(L_{WQ} i_W)\,.$$

Dic Integration dieser nichtlinearen Gleichungen in verschiedenen konkreten Fällen ist wegen der zeitlich veränderlichen Induktivitäten sehr schwierig. Um diese Integration zu erleichtern, wird eine Substitution der Ständergrößen vorgenommen, die Park, aufgrund einer Idee von Blondel, vorgeschlagen hat.

Die Beziehungen zwischen den neuen Variablen u_d und i_d, u_q und i_q und den alten Variablen sind diejenigen, die in der Theorie des Asynchronmotors schon dargestellt wurden. Hier sollte man auch die Gleichungen

$$u_U + u_V + u_W = 0\,,$$

$$i_U + i_V + i_W = 0\,,$$

berücksichtigen. Folglich:

$$\begin{cases} u_d = +\frac{2}{3}\left[u_U \cos\gamma + u_V \cos\left(\gamma - \frac{2\pi}{3}\right) + u_W \cos\left(\gamma - \frac{4\pi}{3}\right)\right], \\ u_q = -\frac{2}{3}\left[u_U \cos\gamma + u_V \cos\left(\gamma - \frac{2\pi}{3}\right) + u_W \cos\left(\gamma - \frac{4\pi}{3}\right)\right], \end{cases} \tag{6.32}$$

oder umgekehrt:

$$\begin{cases} u_U = u_d \cos\gamma - u_q \sin\gamma\,, \\ u_V = u_d \cos\left(\gamma - \frac{2\pi}{3}\right) - u_q \sin\left(\gamma - \frac{2\pi}{3}\right), \\ u_W = u_d \cos\left(\gamma - \frac{4\pi}{3}\right) - u_q \cos\left(\gamma - \frac{4\pi}{3}\right). \end{cases} \tag{6.33}$$

Ähnlicherweise bekommt man das Gleichungssystem für die Ständerströme. Nach Multiplikation

der *1. Gleichung* des Systems (6.31) mit $\frac{2}{3}\cos\gamma$, der 2. *Gleichung* des Systems (6.31) mit $\frac{2}{3}\cos\left(\gamma-\frac{2\pi}{3}\right)$,

der 3. *Gleichung* des Systems (6.31) mit $\frac{2}{3}\cos\left(\gamma-\frac{4\pi}{3}\right)$,

wird durch Addieren u_d ermittelt. Analog wird, mit Hilfe des Gleichungsystems (6.32), u_q ausgerechnet. Letztendlich kommt man zum folgendem neuen Gleichungssystem:

$$\begin{cases} u_\mathrm{d} = Ri_\mathrm{d} + \dfrac{\mathrm{d}\Psi_\mathrm{d}}{\mathrm{d}t} - \Psi_\mathrm{q}\dfrac{\mathrm{d}\gamma}{\mathrm{d}t}, \\ u_\mathrm{q} = Ri_\mathrm{q} + \Psi_\mathrm{d}\dfrac{\mathrm{d}\gamma}{\mathrm{d}t} + \dfrac{\mathrm{d}\Psi_\mathrm{d}}{\mathrm{d}t}, \\ u_\mathrm{E} = R_\mathrm{E}i_\mathrm{E} + \dfrac{\mathrm{d}\Psi_\mathrm{E}}{\mathrm{d}t}, \\ 0 = R_\mathrm{D}i_\mathrm{D} + \dfrac{\mathrm{d}\Psi_\mathrm{D}}{\mathrm{d}t}, \\ 0 = R_\mathrm{Q}i_\mathrm{Q} + \dfrac{\mathrm{d}\Psi_\mathrm{Q}}{\mathrm{d}t}, \end{cases} \tag{6.34}$$

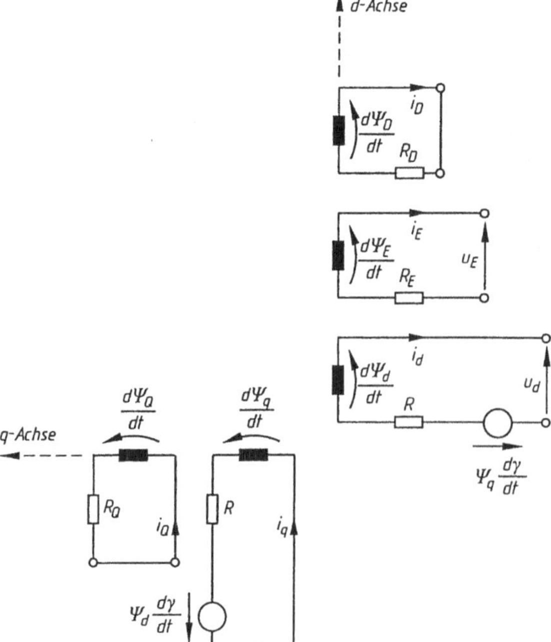

Bild 6.17
Elektrisches Schaltbild einer Synchronmaschine mit Schenkelpolläufer nach den d-, q-Achsen

wobei die verschiedenen verketteten Flüsse folgende Form aufweisen:

$$\begin{cases} \Psi_d = L_d\, i_d + L_{dE}\, i_E + L_{dD}\, i_D\,, \\ \Psi_q = L_q\, i_q + L_{qQ}\, i_Q\,, \\ \Psi_E = \dfrac{3}{2} L_{dE}\, i_d + L_{EE}\, i_E + L_{ED}\, i_D\,, \\ \Psi_D = \dfrac{3}{2} L_{dD}\, i_d + L_{ED}\, i_E + L_{DD}\, i_D\,, \\ \Psi_Q = \dfrac{3}{2} L_{qQ}\, i_q + L_{QQ}\, i_Q\,, \end{cases} \tag{6.34-a}$$

mit:

$$\begin{cases} L_d = L_\sigma + \mathcal{L}_{ad} = L_\sigma + \dfrac{3}{2}\,(L_1 + L_2)\,, \\ L_q = L_\sigma + \mathcal{L}_{aq} = L_\sigma + \dfrac{3}{2}\,(L_1 - L_2)\,, \\ \mathcal{L}_{ad} = \dfrac{6\,\mu_0\,(w\,k_w)^2\,k_{ad}\,L\,\tau}{\pi^2\,p\,\delta}\,, \\ \mathcal{L}_{aq} = \dfrac{6\,\mu_0\,(w\,k_w)^2\,k_{aq}\,L\,\tau}{\pi^2\,p\,\delta}\,, \\ k_{ad} = \dfrac{\alpha_p\,\pi + \sin\alpha_p\,\pi}{\pi}\,, \\ k_{aq} = \dfrac{\alpha_p\,\pi - \sin\alpha_p\,\pi}{\pi}\,, \\ L_{dD} = L_{UDm}\,, \\ L_{dE} = L_{UEm}\,, \\ L_{qQ} = L_{UQm}\,. \end{cases} \tag{6.35}$$

Beim *Vollpolmotor* ist der Luftspalt am Innern des Ständerumfangs konstant, also $\alpha_p = 1$, was folgende Gleichungen ergibt:

$k_{ad} = k_{aq} = 1\,,$

$\mathcal{L}_{ad} = \mathcal{L}_{aq} = L_\mu$ [siehe Gl. (6.16)] ,

$L_d = L_q = L_s$ [siehe Abschnitt 6.4.3 mit $L_s = L_\sigma + L_\mu$ = *Synchroninduktivität*].

Bild 6.17 zeigt ein elektrisches Ersatzschaltbild, dem neuen Gleichungssystem (6.34) entsprechend.

Die Gleichungssysteme (6.34) und (6.34-a) enthalten Differentialgleichungen, deren Parameter (Widerstände, Induktivitäten) konstant sind. Diese hängen nicht mehr vom Winkel γ und dadurch von der Zeit ab.

Unter diesen Bedingungen lassen sich diese Gleichungen viel leichter integrieren. Das System bleibt jedoch auch weiterhin nichtlinear.

Damit das Gleichungssystem im dynamischen Zustand vollständig bleibt, muß der Ausdruck des elektromagnetischen Drehmoments als Funktion von den neuen Größen festgestellt werden.

Es muß auch die Bewegungsgleichung des Antriebssatzes Motor-Arbeitsmaschine aufgestellt werden. Dafür verwendet man das Theorem der generalisierten (Lagrangeschen) Kräfte:

$$m = \left[\frac{\partial W_m}{\partial \beta}\right]_{i=\text{konst.}}$$

mit:

W_m im magnetischen Feld gespeicherte Energie,

β generalisierte Koordinate, die die Läuferstellung in Verhältnis zur räumlichen Bezugsachse festsetzt (Bild 6.15).

Die Ableitung wird unter der Voraussetzung berechnet, daß alle Wicklungsströme i konstant sind. Da die Größe W_m von den Selbst- und Gegeninduktivitäten sowie von den Strömen abhängt, und da die Ströme als konstant angenommen werden, sollen in den Berechnungen der partiellen Ableitung nur noch die Induktivitäten bezüglich β abgeleitet werden. Man leitet somit, im allgemeinen Ausdruck der Energie W_m, nur denjenigen Teil W'_m ab, der vom Winkel β abhängt (die sogenannte Interaktionsenergie):

$$W'_m = \frac{1}{2}(L_{UU}\, i_U^2 + L_{VV}\, i_V^2 + L_{WW}\, i_W^2) + L_{UV}\, i_U\, i_V + L_{VW}\, i_V\, i_W + L_{WU}\, i_W\, i_U +$$
$$+ (L_{UE}\, i_U + L_{VE}\, i_V + L_{WE}\, i_W)\, i_E + (L_{UD}\, i_U + L_{VD}\, i_V + L_{WD}\, i_W)\, i_D +$$
$$+ (L_{UQ}\, i_U + L_{VQ}\, i_V + L_{WQ}\, i_W)\, i_Q .$$

Folglich:

$$m = \frac{1}{2} p\left(\frac{dL_{UU}}{d\gamma} i_U^2 + \frac{dL_{VV}}{d\gamma} i_V^2 + \frac{dL_{WW}}{d\gamma} i_W^2\right) +$$
$$+ p\left(\frac{dL_{UV}}{d\gamma} i_U i_V + \frac{dL_{VW}}{d\gamma} i_V i_W + \frac{dL_{WU}}{d\gamma} i_W i_U\right) + p\left(\frac{dL_{UE}}{d\gamma} i_U + \frac{dL_{VE}}{d\gamma} i_V + \frac{dL_{WE}}{d\gamma} i_W\right) i_E +$$
$$+ p\left(\frac{dL_{UD}}{d\gamma} i_U + \frac{dL_{VD}}{d\gamma} i_V + \frac{dL_{WD}}{d\gamma} i_W\right) i_D + p\left(\frac{dL_{UQ}}{d\gamma} i_U + \frac{dL_{VQ}}{d\gamma} i_V + \frac{dL_{WQ}}{d\gamma} i_W\right) i_Q .$$

In diesem Ausdruck werden die realen Ströme i_U, i_V, i_W durch ihren Längs- und Querkomponenten, entsprechend den Beziehungen vom Typ (6.33), bzw. die Induktivitäten, durch ihre Gl. (6.26), (6.27) und (6.30) ersetzt. Nach einer Reihe von Berechnungen kommt man zur Drehmomentgleichung:

$$m = \frac{3}{2} p\left[L_{dE}\, i_E\, i_q + \left(L_d - L_q\right) i_d\, i_q + L_{dD}\, i_D\, i_q - L_{qQ}\, i_Q\, i_d\right], \tag{6.36}$$

oder auch

$$\mathrm{m} = \frac{3}{2} p\,(\Psi_d\, i_q - \Psi_q\, i_d) . \tag{6.36-a}$$

Die *Bewegungsgleichung* wird:

$$m - m_L = J\frac{d\Omega}{dt} = \frac{J}{p} \times \frac{d^2\gamma}{dt^2} \;, \tag{6.37}$$

da $\gamma = p\beta$ und $d\beta/dt = \Omega$. Weiter sind:

m_L das *totale Gegenmoment* an der Motorwelle,

J das *totale Trägheitsmoment.*

Das elektromagnetische Drehmoment m hat folglich drei Komponenten, so wie Gl. (6.36) zeigt:

- *die erste* ist eine Folge des Zusammenwirkens zwischen dem Ständer- und dem Erregerstromkreis (gültig auch im stationärem Betrieb),
- *die zweite* kommt von der geometrischen Unsymmetrie der Schenkelpolmaschine her ($L_d = L_q$, gültig auch im stationärem Betrieb), die aber bei der Vollpolmaschine nicht vorhanden ist,
- *die dritte* stellt ein Dämpfungsmoment dar: es ist abhängig von den Strömen i_D und i_Q (nicht vorhanden im stationären Betrieb und auch nicht, wenn die Maschine keinen Käfig besitzt).

Anmerkung 1: Die oben festgelegten Gleichungen können mit Hilfe einheitenloser Größen in eine einfachere Form umgeformt werden. Um diese Umwandlung zu erreichen, muß von vornherein eine Reihe von Grundbezugsgrößen gewählt werden. Für die Kreisfrequenz oder die Winkelgeschwindigkeit wählt man als Grundbezugsgröße einen beliebigen Wert ω_b. Auf diese Weise werden die Ableitungen nach der Zeit

$$\frac{d}{dt} = \omega_b \frac{d}{d(\omega_b t)} = \omega_b \frac{d}{d\tau} \;,$$

mit $\tau = \omega_b t$. So wird anstelle der in Sekunden gemessene unabhängige Variable t eine relative Variable τ eingeführt (manchmal auch *Synchronzeit* genannt, wenn $\omega_b = p\Omega_b$, wobei $\Omega_b = \Omega_N$ die Nennwinkelgeschwindigkeit des Motors ist). Die Ableitung des Winkels γ nach der Zeit, d.h. die elektrische *augenblickliche* Winkelgeschwindigkeit, wird:

$$\frac{d\gamma}{dt} = \omega_b \frac{d\gamma}{d(\omega_b t)} = \omega_b \frac{d\gamma}{d\tau} = \omega_b \nu \;,$$

wobei $\nu = d\gamma/ds$ die *augenblickliche relative elektrische Winkelgeschwindigkeit* ist. Durch Multiplizieren verschiedener Induktivitäten mit der Grundkreisfrequenz ω_b ergeben sich Reaktanzen mit gleichen Indices. Aus diesem Grund erhalten die Gleichungssysteme (6.34) und (6.34-a) die neuen Formen:

$$\begin{cases} u_d = R\, i_d + \dfrac{d(\omega_b \Psi_d)}{d\tau} - \nu\, \omega_b \Psi_q \,, \\ u_q = R\, i_q + \dfrac{d(\omega_b \Psi_q)}{d\tau} + \nu\, \omega_b \Psi_d \,, \\ u_E = R_E\, i_E + \dfrac{d(\omega_b \Psi_E)}{d\tau} \,, \\ 0 = R_D\, i_D + \dfrac{d(\omega_b \Psi_q)}{d\tau} \,, \\ 0 = R_Q\, i_Q + \dfrac{d(\omega_b \Psi_Q)}{d\tau} \,, \end{cases} \tag{6.38}$$

Und

$$\begin{cases} \omega_b \Psi_d = X_d i_d + X_{dE} i_E + X_{dD} i_D , \\ \omega_b \Psi_q = X_q i_q + X_{qQ} i_Q , \\ \omega_b \Psi_E = \dfrac{3}{2} X_{dE} i_d + X_{EE} i_E + X_{ED} i_D , \\ \omega_b \Psi_D = \dfrac{3}{2} X_{dD} i_d + X_{ED} i_E + X_{DD} i_D , \\ \omega_b \Psi_Q = \dfrac{3}{2} X_{qQ} i_d + X_{QQ} i_Q . \end{cases} \tag{6.38-a}$$

Die Reaktanzen X_d und X_q werden *synchrone Längs-* bzw. *synchrone Querreaktanz* ($X_d > X_q$) genannt.

Für ständerseitige Größen wie Spannungen, Widerstände (Reaktanzen) und Ströme wählt man U_b, Z_b und I_b als Grundbezugsgrößen, zwischen denen die Beziehung $U_b = Z_b I_b$ gilt.

Im Erregerstromkreis werden dann die gleiche Rolle die Größen U_{Eb}, Z_{Eb} und I_{Eb} übernehmen. Auch hier gilt $U_{Eb} = Z_{Eb} I_{Eb}$.

In gleicher Weise werden weiter die Grundbezugsgrößen für die beiden Dämpfungskreisen angenommen: $U_{Db} = Z_{Db} I_{Db}$ *und* $U_{Qb} = Z_{Qb} I_{Qb}$.

Hat man einmal diese Grundgrößen für die verschiedenen Stromkreise ausgewählt, werden die relativen oder bezogenen Größen (per Einheit) auf folgende Weise definiert:

$$\begin{cases} u_{dr} = \dfrac{u_d}{U_b} , \quad u_{qr} = \dfrac{u_q}{U_b} , \\ i_{dr} = \dfrac{i_d}{I_b} , \quad i_{qr} = \dfrac{i_q}{I_b} , \quad i_{Er} = \dfrac{i_E}{I_b} , \quad i_{Dr} = \dfrac{i_D}{I_b} , \quad i_{Qr} = \dfrac{i_Q}{I_b} , \\ \Psi_{dr} = \dfrac{\omega_b \Psi_d}{U_b} = \dfrac{X_d}{Z_b}\dfrac{i_d}{I_b} + \dfrac{X_{dE}}{Z_b}\dfrac{i_E}{I_{Eb}}\dfrac{I_{Eb}}{I_b} + \dfrac{X_{dD}}{Z_b}\dfrac{i_d}{I_{Db}}\dfrac{I_{Db}}{I_b} , \\ \Psi_{qr} = \dfrac{\omega_b \Psi_q}{U_b} = \dfrac{X_q}{Z_b}\dfrac{i_q}{I_b} + \dfrac{X_{qQ}}{Z_b}\dfrac{i_Q}{I_{Qb}}\dfrac{I_{Qb}}{I_b} , \\ \Psi_{Er} = \dfrac{\omega_b \Psi_E}{U_{Eb}} = \dfrac{3}{2}\dfrac{X_{dE}}{Z_{Eb}}\dfrac{i_d}{I_b}\dfrac{I_b}{I_{Eb}} + \dfrac{X_{EE}}{Z_{Eb}}\dfrac{i_E}{I_{Eb}} + \dfrac{X_{ED}}{Z_{Eb}}\dfrac{i_D}{I_{Db}}\dfrac{I_{Db}}{I_b} , \\ \Psi_{Dr} = \dfrac{\omega_b \Psi_D}{U_{Db}} = \dfrac{3}{2}\dfrac{X_{dD}}{Z_{Db}}\dfrac{i_d}{I_b}\dfrac{I_b}{I_{Db}} + \dfrac{X_{DD}}{Z_{Db}}\dfrac{i_D}{I_{Db}} + \dfrac{X_{ED}}{Z_{Db}}\dfrac{i_E}{I_{Eb}}\dfrac{I_{Eb}}{I_{Db}} , \\ \Psi_{Qr} = \dfrac{\omega_b \Psi_Q}{U_{Qb}} = \dfrac{X_{qQ}}{Z_{Qb}}\dfrac{i_q}{I_b}\dfrac{I_b}{I_{Qb}} + \dfrac{X_{QQ}}{Z_{Qb}}\dfrac{i_Q}{I_{Qb}} . \end{cases} \tag{6.39}$$

Die Reaktanzen können auch in relativen Größen ausgedrückt werden. So schreibt man, z.B., die relativen Selbstreaktanzen:

$$x_d = \frac{X_d}{Z_b} , \quad x_q = \frac{X_q}{Z_b} , \quad x_{EE} = \frac{X_{EE}}{Z_{Eb}} , \quad x_{DD} = \frac{X_{DD}}{Z_{Db}} , \quad x_{QQ} = \frac{X_{QQ}}{Z_{Qb}} ,$$

mit

$$X_d = X_\sigma + X_{ad} = \omega_b(L_\sigma + L_{ad}) ,$$

$$X_q = X_\sigma + X_{aq} = \omega_b(L_\sigma + L_{aq}) .$$

Ähnlich lassen sich die relativen Widerstände und die relativen Ständerstreureaktanzen definieren:

$$r = \frac{R}{Z_b} , \; r_E = \frac{R_E}{Z_{Eb}} , \; r_D = \frac{R_D}{Z_{Db}} , \; r_Q = \frac{R_Q}{Z_{Qb}} , \; x_\sigma = \frac{X_\sigma}{Z_b} .$$

Was die relativen Gegenreaktanzen zwischen den Stromkreisen betrifft, lassen sich bestimmte Definitionen herausfinden, so daß die Ausdrücke der relativen Flüsse (6.39) vereinfacht werden. Wird es erzwungen, daß in den Ausdrücken der Flüsse W_{dr} und W_{Er} die gleiche relative Gegeninduktivität mit dem Index $_{dE}$ erscheinen soll, so gilt:

$$x_{dE} = \frac{X_{dE}}{Z_b}\frac{I_{Eb}}{I_b} = \frac{3}{2}\frac{X_{dE}}{Z_{Eb}}\frac{I_b}{I_{Fb}} .$$

Um diese Gleichung zu erfüllen, muß dann

$$Z_{Eb} = \frac{3}{2} Z_b \left[\frac{I_b}{I_{Eb}}\right]^2 . \qquad (6.40)$$

Die letzte Beziehung zeigt, daß die Grundimpedanz Z_{Eb}, die zur freien Wahl stand, an die *Größen* Z_b, I_b und I_{Eb} gebunden sein muß. In gleicher Weise wird

$$x_{dD} = \frac{X_{dD}}{Z_b}\frac{I_{Db}}{I_b} = \frac{3}{2}\frac{X_{dD}}{Z_{Db}}\frac{I_b}{I_{Db}} ,$$

vorgeschrieben. Folglich ist auch die Impedanz Z_{Db} nicht unabhängig, sondern muß folgende Gleichung erfüllen:

$$Z_{Eb} = \frac{3}{2} Z_b \left[\frac{I_b}{I_{Db}}\right]^2 . \qquad (6.41)$$

Auf ähnliche Weise ergibt sich:

$$x_{qQ} = \frac{X_{qQ}}{Z_b}\frac{I_{Qb}}{I_b} = \frac{3}{2}\frac{X_{qQ}}{Z_{Qb}}\frac{I_b}{I_{Qb}} ,$$

bzw.

$$Z_{Qb} = \frac{3}{2} Z_b \left[\frac{I_b}{I_{Qb}}\right]^2 . \qquad (6.42)$$

Nach diesen Umformungen bekommen die Gl. (6.38) und (6.39-a) folgende Form:

$$\left\{\begin{aligned} u_{dr} &= r\, i_{dr} + \frac{d\Psi_{dr}}{d\tau} - \nu\Psi_{qr}, \\ u_{qr} &= r\, i_{qr} + \frac{d\Psi_{qr}}{d\tau} + \nu\Psi_{dr}, \\ u_{Er} &= r_E\, i_{Er} + \frac{d\Psi_{Er}}{d\tau}, \\ 0 &= r_D\, i_{Dr} + \frac{d\Psi_{Dr}}{d\tau}, \\ 0 &= r_Q\, i_{Qr} + \frac{d\Psi_{dr}}{d\tau}, \end{aligned}\right. \tag{6.43}$$

bzw.:

$$\left\{\begin{aligned} \Psi_{dr} &= (x_\sigma + x_{ad})\, i_{dr} + x_{dE}\, i_{Er} + x_{dD}\, i_{Dr}, \\ \Psi_{qr} &= (x_\sigma + x_{aq})\, i_{qr} + x_{qQ}\, i_{Qr}, \\ \Psi_{Er} &= x_{dE}\, i_{dr} + x_{EE}\, i_{Er} + x_{ED}\, i_{Dr}, \\ \Psi_{Dr} &= x_{dD}\, i_{dr} + x_{ED}\, i_{Er} + x_{DD}\, i_{Dr}, \\ \Psi_{Qr} &= x_{qQ}\, i_{qr} + x_{QQ}\, i_{Qr}. \end{aligned}\right. \tag{6.44}$$

Da die Bezugsströme I_{Eb}, I_{Db} und I_{Qb} zur freien Wahl stehen, bestimmt man sie aus den zusätzlichen Bedingungen so, daß die Ausdrücke der relativen Flüsse noch weiter vereinfacht werden können. Aus der Gleichung

$$\frac{\mu_0\, w_E\, k_E\, I_{Eb}}{\delta} = \frac{3\mu_0\, w\, k_w\, k_{ad}\, I_b}{\pi\, p\, \delta},$$

erhält man den Strom I_{Eb}:

$$I_{Eb} = I_b \frac{3\, w\, k_w\, k_{ad}}{\pi\, p\, w_E\, k_E}. \tag{6.45}$$

Wird der Strom I_{Eb} entsprechend Gl. (6.45) gewählt, hat dies eine interessante Folge. Definitionsgemäß gilt

$$x_{dE} = \frac{X_{dE}}{Z_b}\frac{I_{Eb}}{I_b} = \frac{X_{dE}}{Z_b}\frac{3\, w\, k_w\, k_{ad}}{\pi\, p\, w_E\, k_E}.$$

Aber, wie schon oben gezeigt wurde [vgl. Gl. (6.29)]:

$$X_{dE} = \omega_b\, L_{dE} = \omega_b\, L_{UEm} = \frac{3\mu_0\, w_E\, k_E\, w\, k_w\, L\, \tau\, \omega_b}{\pi\, \delta},$$

und folglich muß

$$x_{dE} = \frac{6\mu_0 (w\, k_w)^2 k_{ad}\, L\, \tau\, \omega_b}{\pi^2\, p\, \delta} \times \frac{1}{Z_b}. \tag{6.46}$$

Aber nach Gl. (6.35) ist:

$$X_{ad} = \omega_b \pounds_{ad} = \frac{6\mu_0 (w k_w)^2 k_{ad} L \tau \omega_b}{\pi^2 p \delta} . \tag{6.47}$$

Vergleicht man die Gl. (6.46) und (6.47), erhält man:

$$x_{dE} = \frac{X_{ad}}{Z_b} = x_{ad} . \tag{6.48}$$

Somit verringert man durch passende Wahl des Erregergrundstroms I_{Eb} die Parameterzahl in den Gleichungen der relativen Flüsse. Auf gleiche Weise:

$$I_{Db} = I_b \frac{3 w k_w k_{ad}}{\pi p w_D k_D} ,$$

$$I_{Qb} = I_b \frac{3 w k_w k_{ad}}{\pi p w_Q k_Q} ,$$

mit:

w_D *äquivalente Windungszahl,*
k_D *äquivalenter Wicklungsfaktor,*
für die *Grundwelle der Längs-Dämpfungswicklung* so wie
w_Q *äquivalente Windungszahl,*
k_Q *äquivalenter Wicklungsfaktor,*
für die *Grundwelle der Quer-Dämpfungswicklung.*

bzw.:

$$\begin{aligned} x_{dD} &= x_{ad} , \\ x_{qQ} &= x_{aq} . \end{aligned} \tag{6.49}$$

Aufgrund der Gl. (6.48) und (6.49) bekommt das Gleichungssystem der relativen Flüsse (6.44) eine noch einfachere Form:

$$\left\{ \begin{aligned} \Psi_{dr} &= x_\sigma i_{dr} + x_{ad} (i_{dr} + i_{Er} + i_{Dr}) , \\ \Psi_{qr} &= x_\sigma i_{qr} + x_{aq} (i_{qr} + i_{Qr}) , \\ \Psi_{Er} &= x_{ad} i_{dr} + x_{EE} i_{Er} + x_{ED} i_{Dr} , \\ \Psi_{Dr} &= x_{ad} i_{dr} + x_{ED} i_{Er} + x_{DD} i_{Dr} , \\ \Psi_{Qr} &= x_{aq} i_{qr} + x_{QQ} i_{Qr} . \end{aligned} \right. \tag{6.50}$$

Die Zahl der relativen Reaktanzen vermindert sich von 10 auf 7. In relativen Werten, mit der Größe $3pU_b I_b / 2\omega_b$ als Grundmoment, weist das (relative) elektromagnetische Drehmoment folgende Form auf:

$$m_r = \Psi_{dr} i_{qr} - \Psi_{qr} i_{dr} , \tag{6.51}$$

oder,

$$m_r = x_{ad} i_{qr} (i_{dr} + i_{Er} + i_{Dr}) - x_{aq} i_{dr} (i_{qr} + i_{Qr}) . \tag{6.52}$$

Ist das elektromagnetische Drehmoment positiv, so wird es in Richtung der Winkelgeschwindigkeit wirken (Antriebsmoment). Im entgegengesetzten Fall ist dieses Moment als Bremsmoment einzustufen. Die Bewegungsgleichung (6.37), diesmal in bezogener Form, lautet:

$$m_r - m_{Lr} = H_{Jr} \frac{d\nu}{d\tau} , \tag{6.53}$$

wobei

$$H_{Jr} = \frac{J\, \omega_b^3}{\frac{3}{2} p^2\, U_b\, I_b} ,$$

als *relative Trägheitskonstante* bekannt ist.

Anmerkung 2: Der Fall des Vollpolsynchronmotors kann aufgrund des gleichen Gleichungssystems (6.43) und (6.50) untersucht werden, indem die nötigen Vereinfachungen vorgenommen werden ($x_{ad} = x_{aq}$).

Anmerkung 3: Der symmetrische stationäre Zustand stellt einen Sonderfall des oben bestimmten Gleichungssystems dar. Mit $i_D = i_Q = 0$, $i_E = I_E$, $d\Psi/dt = 0$ und $d\gamma/dt = \omega = p\Omega$, bekommt das System (6.34) und (6.34-a) folgende Form:

$$\begin{cases} U_d = R\, I_d - \omega \Psi_q , \\ U_q = R\, I_q + \omega \Psi_d , \\ U_E = R_E\, I_E , \\ \Psi_d = L_d\, I_d + \dfrac{L_{dE}}{\sqrt{2}}\, I_E , \\ \Psi_q = L_q\, I_q . \end{cases} \tag{6.50}$$

In diesem Gleichungssystem werden, anstelle der klein geschriebenen Park-Blondel-Koordinaten, die mit Versalien geschriebenen Effektiv- bzw. Gleichwerte berücksichtigt. Aber die Park-Blondel-Zeiger werden – siehe Abschnitt 5.4.5, Anmerkung 1 – im stationären Betrieb, mit der Achse *d* als ausgewählter *reeller* Achse und der Achse *q* als ausgewählter *imaginärer* Achse, zu:

$$\underline{u}_B = \underline{U}_U \sqrt{2} = \underline{U} \sqrt{2} = (U_d + j\, U_q) \sqrt{2} = u_d + j\, u_q ,$$

$$\underline{i}_B = \underline{I}_U \sqrt{2} = \underline{I} \sqrt{2} = (I_d + j\, I_q) \sqrt{2} = i_d + j\, i_q .$$

Es ergibt sich :

$$i_d = I_d \sqrt{2} , \quad i_q = I_q \sqrt{2} , \quad u_d = U_d \sqrt{2} , \quad u_q = U_q \sqrt{2} ,$$

und durch Analogie:

$$\psi_d = \Psi_d \sqrt{2} , \quad \psi_q = \Psi_q \sqrt{2} .$$

Nach Beseitigen der Flüsse und mit Hilfe der Reaktanzen leitet man folgendes Gleichungssystem her:

$$\begin{cases} U_d = R\, I_d - X_q\, I_q , \\ U_q = R\, I_q + X_d\, I_d + \dfrac{\omega}{\sqrt{2}}\, L_{dE}\, I_E . \end{cases} \tag{6.54}$$

Wenn die 2. Gleichung mit j multipliziert wird und dann die beiden Gleichungen addiert werden, erhält man:

$$\underline{U} = R\,\underline{I} + j\,X_{\mathrm{d}}\,\underline{I}_{\mathrm{d}} + j\,X_{\mathrm{q}}\,\underline{I}_{\mathrm{q}} - \underline{E}_{\mathrm{E}}\,, \tag{6.55}$$

was zum Zeigerdiagramm in Bild 6.18 führt. Der letzte Term stellt gerade die von der Erregerwicklung induzierte Spannung E_{E} dar, da aufgrund der Gl. (6.29), (6.5) und (6.6):

$$\frac{1}{\sqrt{2}}\,\omega\,L_{\mathrm{dE}}\,I_{\mathrm{E}} = \frac{1}{\sqrt{2}}\,\omega\,L_{\mathrm{UEm}}\,I_{\mathrm{E}} = \frac{2\,\omega\,\mu_0\,w_{\mathrm{E}}\,k_{\mathrm{E}}\,w\,k_{\mathrm{w}}\,L\,\tau}{\sqrt{2}\,\pi\,\delta}\,I_{\mathrm{E}} =$$

$$= \frac{2\pi}{\sqrt{2}}\,f\,w\,k_{\mathrm{w}}\,L\,\tau\,\frac{2\,\mu_0\,w_{\mathrm{E}}\,k_{\mathrm{E}}}{\pi\,\delta}\,I_{\mathrm{E}} = \frac{2\pi}{\sqrt{2}}\,f\,w\,k_{\mathrm{w}}\,\Phi_{\mathrm{Em}} = E_{\mathrm{E}}\,.$$

Bild 6.18 entspricht genau dem Vollpoldiagramm ($X_{\mathrm{d}} = X_{\mathrm{q}}$) in Bild 6.12, wenn letzteres um 180° gedreht wird.

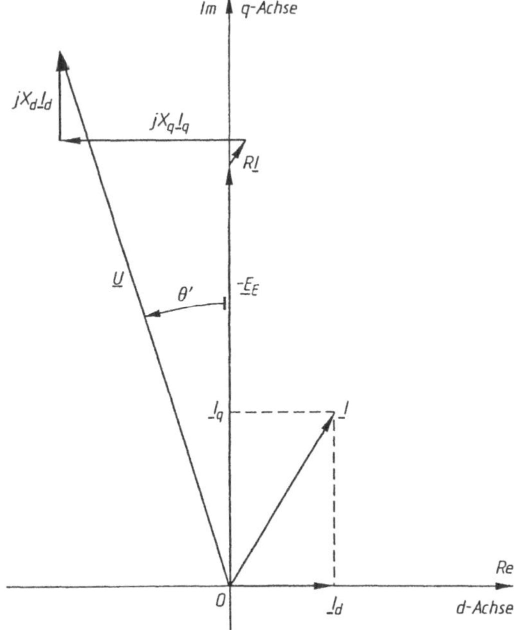

Bild 6.18
Zeigerdiagramm des Synchronmotors mit Schenkelpolläufer

Was das elektromagnetische Drehmoment des Schenkelpolmotors im stationärem Zustand betrifft, gilt:

$$M = \frac{3}{2}\times\frac{p}{\omega}\,[X_{\mathrm{dE}}\,i_{\mathrm{E}}\,i_{\mathrm{q}} - (X_{\mathrm{d}} - X_{\mathrm{q}})\,i_{\mathrm{d}}\,i_{\mathrm{q}}] = \frac{3}{2\,\Omega}\Big[X_{\mathrm{dE}}\,I_{\mathrm{E}}\,I_{\mathrm{q}}\sqrt{2} + 2\big(X_{\mathrm{d}} - X_{\mathrm{q}}\big)I_{\mathrm{d}}\,I_{\mathrm{q}}\Big] =$$

$$= \frac{3U_{\mathrm{E}}\,I_{\mathrm{q}} + \big(X_{\mathrm{d}} - X_{\mathrm{q}}\big)I_{\mathrm{d}}\,I_{\mathrm{q}}}{\Omega}\,.$$

Anmerkung 4: Üblich werden als ständerseitige Grundbezugsgrößen die Amplitude der Nennstrangspannung $U_{\mathrm{N}}\sqrt{2}$ und die Amplitude des Nennstrangstroms $I_{\mathrm{N}}\sqrt{2}$ angenommen. Somit:

$$I_b = I_N\sqrt{2} \quad \text{und} \quad U_b = U_N\sqrt{2} \ ,$$

und

$$Z_b = Z_N = \frac{U_N}{I_N} \ .$$

Anmerkung 5: Das oben ermittelte Park-Blondel-Gleichungssystem kann auch auf den Drehstrom-Synchrongenerator angewendet unter der Bedingung, die positive Zählrichtung für die Ständergrößen zu ändern. Der Ständer ist jetzt ein Generatorkreis, was bedeutet, daß die Vorzeichen der Spannungen u_d und u_q geändert werden müssen.

6.5 Kennlinien des Synchronmotors

Da die wichtigste Größe, vom Gesichtspunkt der elektrischen Antriebe aus, das Drehmoment ist, wird zunächst eine Gleichung des elektromagnetischen Drehmoments als Funktion der Motorparameter vorgestellt. Man fängt mit den Gl. (6.56) des Schenkelpol-Synchronmotors an. Daraus werden die Ströme I_d und I_q eliminiert. Aus den Gl. (6.54), wobei $R \approx 0$ eingesetzt wird, ergibt sich:

$$I_d = \frac{U_q + U_E}{X_d}, \quad I_q = \frac{U_d}{X_q} \ .$$

Aber, dem Diagramm in Bild 6.18 entsprechend, wobei der Verschiebungswinkel zwischen der induzierten Spannung $\underline{E}_E$ und der angelegten Spannung $\underline{U}$ durch den Polradwinkel approximiert wird ($\theta' \approx \theta$), werden die Komponenten U_d und U_q auf den positiven Richtungen der Achsen d und q:

$$U_d = -U\sin\theta, \quad U_q = U\cos\theta .$$

Folglich gilt:

$$I_d = \frac{U\cos\theta - E_E}{X_d}, \quad I_q = \frac{U\sin\theta}{X_q}, \tag{6.57}$$

und Gl. (6.56) wird zu:

$$M = \frac{3}{\Omega}\left[\frac{E_E U}{X_d}\sin\theta + \frac{1}{2}\left(\frac{1}{X_q} - \frac{1}{X_d}\right)U^2 \sin 2\theta\right]. \tag{6.58}$$

Beim Vollpolsynchronmotor gilt $X_d = X_q = X_s$, und die oben erzielte Gleichung vereinfacht sich:

$$M = \frac{3}{\Omega} \times \frac{E_E U}{X_s}\sin\theta . \tag{6.59}$$

Im Fall des Schenkelpol-Synchronmotors gibt es neben dem vom Erregerstrom abhängenden Hauptanteil des elektromagnetischen Drehmoments (durch die induzierte Spannung E_E) noch einen Anteil, der keine Funktion der Erregung ist, sondern nur von der angelegten Spannung abhängt. Diese letztere Komponente – das sogenannte *Reluktanzmoment* – ist der Unsymmetrie des magnetischen Kreises in beiden Achsen (Längs- und Querachse: $X_d \neq X_q$) zu verdanken. Das Reluktanzmoment kann alleine den Betrieb des Motors bei vermindertem Lastmoment gewährleisten.

Es gibt Synchronmotoren – *Reluktanzmotoren* –, die nur aufgrund dieses Drehmoments arbeiten (also ohne Gleichstromerregung), was die Konstruktion der Maschine bedeutend vereinfacht.

Genau betrachtet ist das reaktive Moment relativ schwach und wird daher nur bei Maschinen kleinerer Leistung verwendet (siehe Abschnitt 8.2.1). Da nun die Magnetisierung wieder vom Ständerstrom aufgebracht werden muß, benötigen die Reluktanzmaschinen eine größere Blindleistung, da der Luftspalt wegen der Ruluktanznuten größer als bei der normalen Asynchronmaschine ist.

6.5.1 Mechanische Kennlinie

Die oben abgeleitete Gleichung des elektromagnetischen Drehmoments gilt nur, solange sich die Maschine im stationären Synchronbetrieb befindet. Beim Außertrittfallen wird der Mittelwert dieses Momenteßs automatisch zu Null, so wie in Abschnitt 6.2.3 gezeigt wird. Infolgedessen sieht die mechanische Kennlinie $\Omega = f(M)$ der Synchronmaschine, unter den Annahmen U = konst., I_F = konst. und f = konst., so aus, wie Bild 6.19 zeigt.

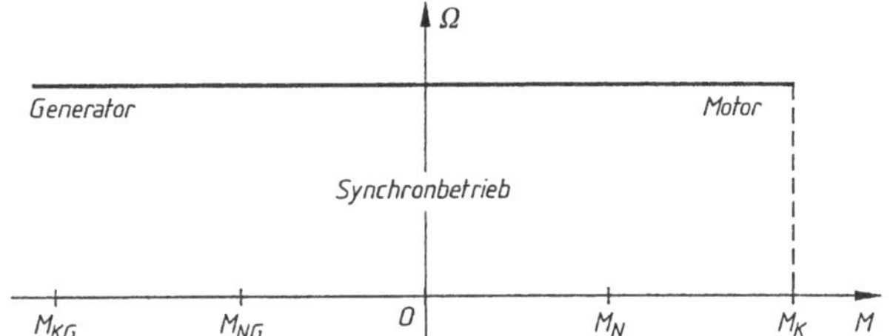

Bild 6.19
Mechanische Kennlinie $\Omega(M)$ der Synchronmaschine (M_K: Kippmoment)

Diese Kennlinie ist starr: die Synchronmaschine läuft im stationärem Zustand bei gleichbleibender Drehzahl, unabhängig von der mechanischen Belastung an der Welle, solange dieses Moment nicht einen gewissen Wert – das *Kippmoment* – überschreitet.

6.5.2 Die V-Kennlinien der Synchronmaschine

Einfachheitshalber betrachtet man die Vollpolsynchronmaschine. Die Schlußfolgerungen gelten aber auch für die Schenkelpol-Synchronmaschine. Unter der Bedingung M = konst. bei U = konst. und f = konst. bekommt man aus Gl. (6.59):

$$\frac{E_E \sin\theta}{X_s} = \text{konst.} \tag{6.60}$$

Da aber $E_E \sin\theta = X_s I \cos\theta$ (Bild 6.12, mit $R \approx 0$ und $\theta' \approx \theta$), erhält man:

$$\frac{E_E \sin\theta}{X_s} = I\cos\varphi = \text{konst.} \tag{6.61}$$

Berücksichtigt man jetzt das Zeigerdiagramm in Bild 6.20-a, (das aus Bild 6.12 bei $R \approx 0$ und $\theta' \approx 0$ hervorgeht), ist eine interessante Schlußfolgerung möglich: Ist der Erregerstrom I_E variabel, so verändert sich auch die induzierte Spannung E_E einschließlich des von der Maschine aufgenommenen Stroms I, während der Leistungsfaktor $\cos\varphi$ eine Änderung im entgegengesetzten Sinn aufweist.

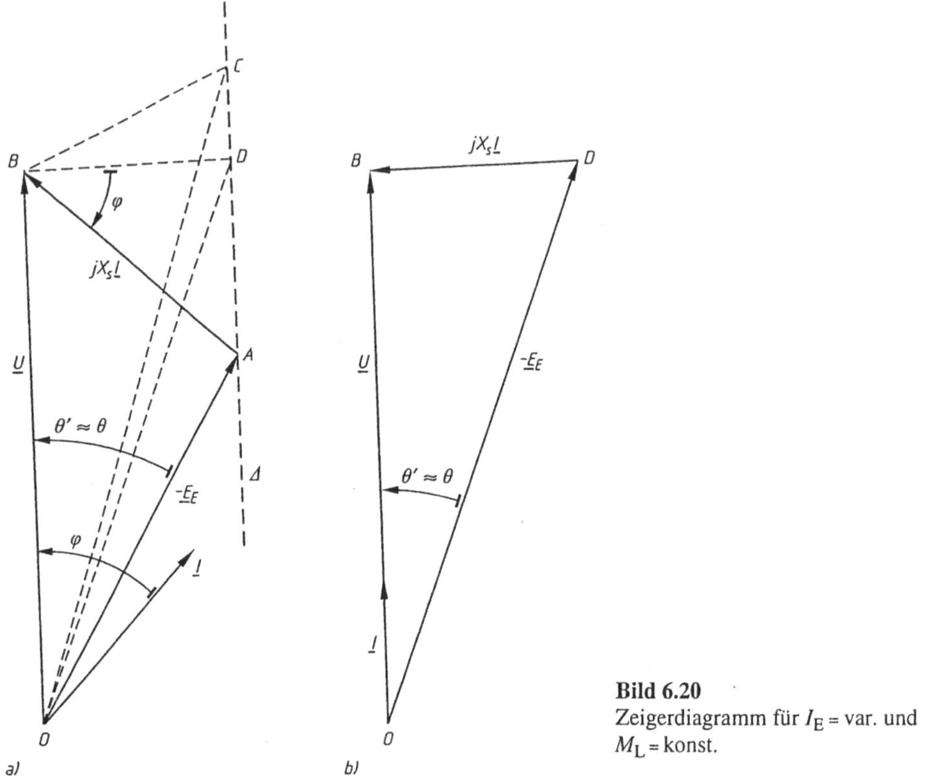

Bild 6.20
Zeigerdiagramm für I_E = var. und M_L = konst.

Es gibt folglich die Möglichkeit, bei gleichbleibendem Lastmoment und bei U = konst. und f = konst. (die letzten zwei Größen bestimmt das Versorgungsnetz), daß *die Synchronmaschine bei veränderlichem Leistungsfaktor laufen kann.* Diese Feststellung hat besondere Folgen und muß ausführlicher analysiert werden.

In Bild 6.20-a wird festgestellt, daß der geometrische Ort der Zeigerspitze $-\underline{E}_E$ unter der Bedingung $I\cos\varphi$ = konst. oder $X_s I\cos\varphi$ = konst. = $\overline{BD}$ (wobei ∢ ABD = φ) eine zum Strangspannungszeiger parallele Gerade D ist. Wenn der Erregerstrom derart wächst, daß auch die induzierte Spannung E_E erhöht wird, dann verringert sich das zum Strom I proportionale Segment $\overline{AB}$, und folglich wächst $\cos\varphi$.

Es gibt einen Wert I_{Eopt} des Erregerstroms, *den optimalen Erregerstrom*, bei dem die Zeigerspitze der induzierten Spannung $-\underline{E}_E$ auf den Punkt D zukommt. Hier gilt $\varphi = 0$ bzw. $\cos\varphi = 1$ (Bild 6.20-b), also der Maximalwert, während der angenommene Strom I einen Minimalwert verzeichnet. Wird die Erregung der Maschine weiterhin so fortgesetzt, so daß $E_E > \overline{OD}$, ändert sich das Vorzeichen von φ. Statt eines induktiven Betriebs geht der Motor in einen kapazitiven Betrieb über, der Leistungsfaktor $\cos\varphi < 1$, und der Strom fängt wieder an, größer zu werden.

In Bild 6.21 sind die Kennlinien $I = f(I_E)$ bei M = konst. und f = konst. dargestellt. Diese Kennlinien sind als *V-Kennlinien* des Motors bekannt.

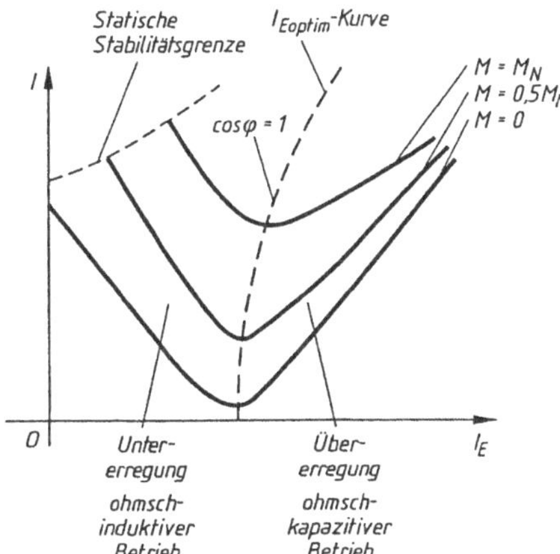

Bild 6.21
V-Kennlinien des Vollpolsynchronmotors
(I_E = var. und M_L = konst.)

Die V-Kennlinien zeigen, daß der Synchronmotor sich gegenüber dem Netz bei einem:

- Erregerstrom $I_E < I_{Eopt}$ wie ein *Ohmsch-induktiver* Verbraucher verhält;
- Erregerstrom $I_E = I_{Eopt}$ wie ein *rein Ohmscher* Verbraucher verhält;
- Erregerstrom $I_E > I_{Eopt}$ wie ein *Ohmsch-kapazitiver* Verbraucher verhält.

Gleiches gilt für den Generatorbetrieb.

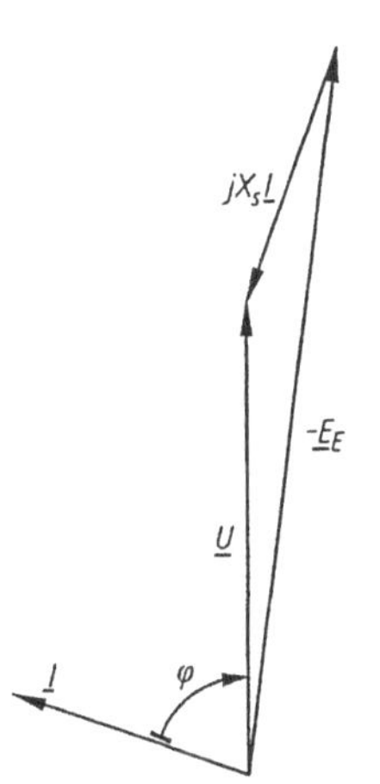

Somit kann der Synchronmotor, zum Unterschied vom Asynchronmotor, bei jedem gewünschtem Leistungsfaktor unter jeder normalen Belastung arbeiten. Der Synchronmotor kann *übererregt* bei kapazitivem Leistungsfaktor laufen, um den gesamten Leistungsfaktor einer Anlage mit stark induktiven Verbrauchern (z.B. Asynchronmotoren) zu verbessern. Das Zeigerdiagramm des Motors in diesem Betrieb ist in Bild 6.22 dargestellt.

Bild 6.22
Zeigerdiagramm des übererregten Vollpolsynchronmotors
(kapazitiver Leistungsfaktor)

Als übererregte Synchronmaschine kann sie in Netzknotenpunkten der Übertragungs- und Verteilungssysteme für elektrischen Energie arbeiten, um die Blindleistungsbilanz zu verbessern (drehende Blindleistungsmaschine, Synchronkompensator).

6.5.3 Die Kennlinie des Polradwinkels. Statische und dynamische Stabilität

Die Synchronmaschine zeigt eine Besonderheit mit wichtigen Folgerungen für ihren Betrieb sowie für das Drehstromnetz: den starren Zusammenhang zwischen Läuferdrehzahl und Drehstrom-Netzfrequenz im „stationärem Zustand“.

Jede Synchronmaschine ist praktisch immer einigen Störungen ausgesetzt, sowohl elektrischer Natur (Erregerstrom- und Netzspannungsabsenkungen, Kurzschlüssen usw.) als auch mechanischer Natur (ungleichförmiges Lastmoment). Diese Störungen führen dazu, daß sich die Maschine quasi immer in einem „transienten" Zustand befindet.

Nicht immer kann die Bedingung des starren Zusammenhangs zwischen Drehzahl und Netzfrequenz erfüllt werden. Das bedeutet, daß die Maschine „außer Tritt fällt": sie bleibt stehen.

Zur Kategorie der unzulässigen Betriebszustände gehören auch diejenigen, die zu Drehzahlschwingungen um die Synchrondrehzahl und infolgedessen zu Schwingungen des Stromwerts, wie auch der Wirk- und Blindleistungen, führen.

Die allgemeine *Theorie der Bewegungsstabilität* – nach A.M. Liapunov – betrachtet zwei Störungsarten, die auch die Untersuchungen kennzeichnen:

- Störungen *sehr kleiner Amplitude*, die eine sogenannte *statische Stabilität* kennzeichnen und
- Störungen *begrenzter Amplitude*, die die *dynamische Stabilität* definieren.

Genauer gesagt kann der transiente Vorgang der Synchronmaschine nach einer Störung, vom mathematischen Gesichtspunkt aus, mit sehr guter Näherung durch nichtlineare Differentialgleichungen beschrieben werden. Die Untersuchung der *dynamischen Stabilität* einer Synchronmaschine bedeutet, direkt oder indirekt, die Lösung dieser nichtlinearen Gleichungen.

Freilich hängt diese Untersuchung nicht nur von den Anfangsbedingungen ab, sondern auch von der Amplitude und der Veränderung der Störung. Die derart definierte Untersuchung der dynamischen Stabilität ist im allgemeinen möglich, aber schwierig durchzuführen. Sie kann gegenwärtig mit Hilfe von Rechnern analog und numerisch durchgeführt werden. Die Schlußfolgerungen gelten oft nur für konkrete Zahlenangaben. Es ist schwer, allgemein gültige Lösungen zu finden, gerade wegen der Abhängigkeit dieser Lösungen von den Anfangsbedingungen und den Störgrößen.

Im Fall relativ kleiner Störungen ist die Linearisierung der Betriebs-Differentialgleichungen der Synchronmaschine möglich. Die Untersuchung einer linearen Differentialgleichung ist viel einfacher, und es gibt viele Methoden, um qualitative Schlußfolgerungen über das Zeitverhalten im dynamischen Betrieb zu ziehen. Die derart untersuchte Stabilität stellt quasi die statische Stabilität der Maschine dar.

Im Rahmen dieser Linearisierung der Differentialgleichungen wird vorausgesetzt, daß alle Betriebsgrößen sehr kleine Abweichungen um die Werte eines gewissen stationären Betriebs haben. Darum hängen die Schlußfolgerungen der statischen Stabilitätsuntersuchungen vom stationärem Anfangszustand ab. Der praktische Wert dieser Untersuchungen besteht in der Tatsache, daß sie Folgerungen zuläßt, z.B.:

- ob der stationäre Anfangszustand im allgemeinen möglich ist oder nicht;
- ob dieser Zustand für die gegebenen Parameter der Synchronmaschine unbestimmt aufrechterhalten werden kann (sogar, wenn irgendeine kleine zeitliche Störung auftritt);
- ob er sich ändert und zur Instabilität führt.

Im folgenden wird versucht, einige nützliche Schlußfolgerungen zu erarbeiten, um das Verhalten der Synchronmaschine, vom Gesichtspunkt der statischen und dynamischen Stabilität, zu verstehen. Dabei kann man die Betriebsgleichungen umgehen, von physikalischen Gedankengängen Gebrauch machen und mehr oder weniger auf mathematische Strenge verzichten.

6.5.3.1 Die statische Stabilität

Man betrachtet einen Synchronmotor, der einem in engen Grenzen veränderlichen Lastmoment um den Wert eines beliebigen stationären Zustands (durch den Index 0 gekennzeichnet) unterworfen wird. Es sei M_0 das vom Motor in diesem stationären Betrieb entwickelte elektromagnetische Drehmoment, M_{L0} das Lastmoment der Arbeitsmaschine, Ω_0 die Winkelgeschwindigkeit, wobei $\Omega_0 = \omega / p$ (ω: Kreisfrequenz).

Der *Polradwinkel* der Maschine in diesem Fall ist $\theta_0 = p\vartheta_0$, wobei ϑ_0 der geometrische Winkel zwischen der Achse des resultierenden Drehfelds und der Erreger-Drehfeldachse (Bild 6.23-a) ist.

Die erste Achse bildet zu einem gegebenen Zeitpunkt den geometrischen Winkel α zu einer feststehenden Bezugsachse, während die Erreger-Drehfeldachse im gleichen Zeitpunkt den Winkel β bildet. Es ergibt sich:

$$\beta = \alpha - \vartheta_0 , \ \Omega = \frac{d\beta}{dt} , \quad \Omega_0 = \frac{d\alpha}{dt} \Omega .$$

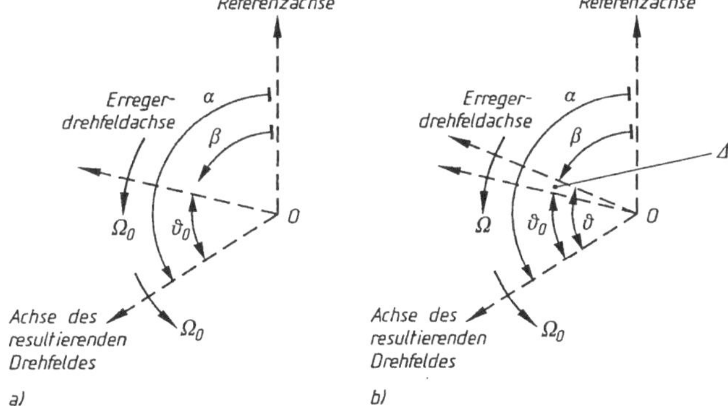

Bild 6.23
Achsen des Erregerfelds und des resultierenden Drehfelds:
a) stationärer Zustand,
b) beim Auftreten einer Abweichung des Lastmoments

Während des von der Abweichung ΔM_L des Lastmoments hervorgerufenen dynamischen Vorgangs bleiben die Versorgungsspannung U, wie auch ihre Frequenz f, unverändert.

Praktisch bedeutet diese Annahme, daß das Speisenetz eine sehr große Leistung im Vergleich zur Leistung des Synchronmotors aufweist und, daß die dynamischen Prozesse des Synchronmotors das elektrische Speisenetz nicht stören.

Falls die Spannungsabfälle RI und $jX_\sigma I$ vernachlässigt werden, dann ist $\underline{U} \approx -\underline{E}_\mu$ (vgl. Anmerkung 1 in Abschnitt 6.4.3). Somit bleiben Amplitude und Frequenz der resultierenden induzierten Spannung konstant. Mithin sind auch die Amplitude und die Winkelgeschwindigkeit $\Omega_0 = \omega / p$ des resultierenden Drehfelds konstant. In Bild 6.23 ist berücksichtigt, daß sich die Achse des resultierenden Drehfelds bei konstanter Drehzahl dreht, unabhängig von der Läuferstellung.

Die an den Läufer gebundene Erreger-Drehfeldachse führt aber häufige Drehzahlveränderungen aus (in Abhängigkeit von den Störungen des Lastmoments, d.h. auch von den Stellungsänderungen im Verhältnis zur Achse des resultierenden Felds). Eine plötzliche Abweichung des Lastmomentes um $+\Delta M_L$ gegenüber der entsprechenden Lage des stationären Betriebs (Bild 6.23-a), führt zu einem dynamischen Vorgang des Läufers. Zu einem beliebigen Zeitpunkt t

nach dem Auftreten der Abweichung ΔM_L des Lastmoments bleibt der Läufer, im Vergleich zum resultierenden Drehfeld, nacheilend um den Winkel $\Delta\vartheta$ (Bild 6.23-b). Dieses Nacheilen ist von der Läuferbelastung verursacht, da das Lastmoment plötzlich größer als das aktive elektromagnetische Drehmoment geworden ist. Der neuen Situation entsprechend (vgl. Bild 6.23-b), beträgt dieses Mal:

$$\beta = \alpha - \vartheta = \alpha - \vartheta_0 - \Delta\vartheta \; .$$

Die augenblickliche Winkelgeschwindigkeit Ω des Läufers weist nicht mehr den vorherigen Wert Ω_0 auf, sondern ist:

$$\Omega = \frac{d\beta}{dt} = \frac{d\alpha}{dt} - \frac{d\vartheta}{dt} = \Omega_0 - \frac{d(\Delta\vartheta)}{dt} \; . \tag{6.62}$$

Die Läufer-Winkelbeschleunigung wird:

$$\frac{d\Omega}{dt} = \frac{d^2\beta}{dt^2} = \frac{d^2\vartheta}{dt} = \frac{d^2(\Delta\vartheta)}{dt^2} = -\frac{1}{p} \times \frac{d^2(\Delta\theta)}{dt^2} \; . \tag{6.63}$$

Da der Polradwinkel der Maschine verändert wird, ändert sich auch das elektromagnetische Drehmoment vom Wert M_0 des stationären Anfangsbetriebs zum Wert $M_0 + \Delta M$ zu einer beliebigen Zeit t des analysierten dynamischen Vorgangs.

Ist der Läufer mit einem Käfig in den Polschuhen ausgestattet, ruft die Abweichung der Maschine vom Synchronlauf ein elektromagnetisches Asynchronmoment M_a hervor. Dieses Moment ist, bei sehr kleinem Schlupf, proportional zum Schlupf des Maschinenläufers im Vergleich zum resultierenden ungestörten, vom Versorgungsnetz erzwungenen Drehfeld. So ergibt sich:

$$\Delta M_a = k_1 \frac{\Omega_0 - \Omega}{\Omega_0} = k_a \frac{d(\Delta\theta)}{dt}$$

entsprechend Gl. (6.62), wobei $k_a = pk_1/\Omega_0$ eine Maschinenkonstante ist. Dieses Moment wirkt immer in der Richtung, daß es dem Motorschlupf entgegengesetzt ist. Infolgedessen ist, falls der Läufer dem resultierenden Drehfeld nacheilt, das vom Käfig erzeugten Asynchronmoment positiv, also treibend, und umgekehrt. Eilt der Läufer dem resultierenden Drehfeld nach, wirkt es so, daß der Läufer seinen Synchronismus zum resultierenden Drehfeld behalten muß. Das Asynchronmoment ist besonders nützlich bei verschiedenen transienten Vorgängen. Somit lautet die Bewegungsgleichung:

$$M_0 + \Delta M - (M_{L0} + \Delta M_L) + \Delta M_a = J \frac{d\Omega}{dt} \; ,$$

wobei J das gesamte, auf die Motorwelle bezogene Trägheitsmoment des Antriebssystems ist.

Zunächst wird die Gleichung $M_0 = M_{L0}$ berücksichtigt, gültig im anfänglichen stationären Betrieb. Weiterhin wird angenommen, die Abweichungen ΔM, ΔM_L, $\Delta\Theta$ seien klein im Vergleich mit den Werten, die dem stationären Anfangszustand entsprechen. Man kann mithin schreiben:

$$\Delta M = \left[\frac{dM}{d\theta}\right]_{\theta=\theta_0} \Delta\theta \, ,$$

nach einer Entwicklung in einer Fourier-Reihe um den Punkt θ_0 und Vernachlässigung der höheren Terme ($[\Delta\theta]^2$, $[\Delta\theta]^3$, usw).

Beachtet man die Winkelbeschleunigung – Gl. (6.63) –, wird die Bewegungsgleichung:

$$\frac{J}{p} \times \frac{\mathrm{d}^2(\Delta\theta)}{\mathrm{d}t^2} + k_\mathrm{a}\frac{\mathrm{d}(\Delta\theta)}{\mathrm{d}t} + \left[\frac{\mathrm{d}M}{\mathrm{d}\theta}\right]_{\theta=\theta_0} \Delta\theta = \Delta M_\mathrm{L}\,. \tag{6.64}$$

Diese Gleichung führt zum zeitlichen Verlauf des Polradwinkels des Motors. Damit der stationäre Anfangsbetrieb, vom Gesichtspunkt der statischen Stabilität aus, als stabil betrachtet werden kann, muß $\Delta\theta$ zeitlich einem endlichen Wert zu streben. Die der Differentialgleichung (6.64) mit konstanten Koeffizienten zugeordnete charakteristische algebraische Gleichung:

$$\frac{J}{p} r^2 + k_\mathrm{a} r + \left[\frac{\mathrm{d}M}{\mathrm{d}\theta}\right]_{\theta=\theta_0} = 0 \tag{6.65}$$

muß beide errechneten Wurzeln r_1 und r_2 reell und negativ oder komplex mit reellem negativen Teil haben. Hätten r_1 und r_2 einen reellen positiven Teil, würde $\Delta\theta$ die allgemeine Form

$$\Delta\theta = C_1 e^{r_1 t} + C_2 e^{r_2 t} + \frac{\Delta M_\mathrm{L}}{\left[\frac{\mathrm{d}M}{\mathrm{d}\theta}\right]_{\theta=\theta_0}}$$

aufweisen und würde zeitlich unendlich anwachsen. Der Läufersynchronismus zum ungestörten resultierenden Drehfeld könnte somit nicht mehr erhalten bleiben.

Damit Gl. (6.65) alle beide Wurzeln negativ oder komplex mit reellen negativen Teil hat, müssen alle ihre Koeffizienten positiv sein; in diesem Fall sind die Wurzelnsumme $S < 0$ und das Wurzelprodukt $P > 0$.

Mithin ist die statische Stabilität des Synchronmotors im stationären Betrieb beim Polradwinkel θ_0 nur dann gewährleistet, wenn:

$$\left[\frac{\mathrm{d}M}{\mathrm{d}\theta}\right]_{\theta=\theta_0} > 0\,. \tag{6.66}$$

Um zu begreifen was diese Bedingung bedeutet, wird graphisch die Kennlinie $M = f(\theta)$ bei $U =$ konst., $f =$ konst. und $I_\mathrm{E} =$ konst. dargestellt. Diese Kennlinie heißt *Polradkennlinie des Synchronmotors*. Der Verlauf dieser Kennlinie bei einem Schenkelpol- oder Vollpolmotor (Bild 6.24) wird leicht aus den Gl. (6.58) und (6.59) hergeleitet.

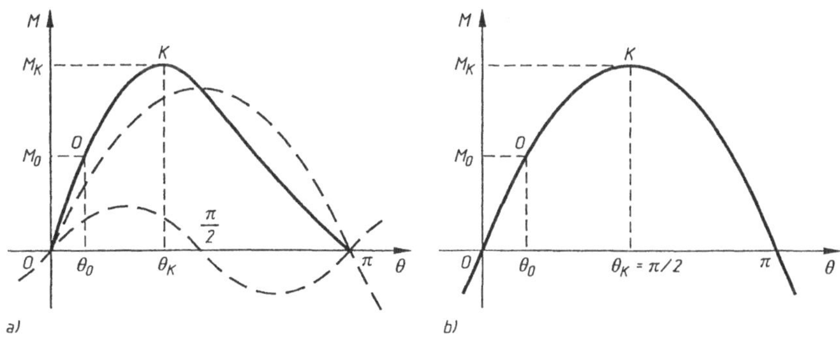

Bild 6.24 $M(\Omega)$ bei Synchronmotoren mit: a) Vollpolläufer, b) Schenkelpolläufer

In beiden Fällen ist Gl. (6.66) erfüllt, solange $\theta_0 < \theta_m$, wobei θ_m den Polradwinkel entsprechend dem elektromagnetischen Kippmoment bezeichnet. Beim Vollpolmotor ist $\theta_m = 90°$; beim Schenkelpolmotor ist θ_m etwas kleiner als 90°.

Die Bedingung der statischen Stabilität eines beliebigen stationären Betriebs – Gl. (6.66) – kann auch mit Hilfe physikalischer Betrachtungen hergeleitet werden. Freilich wird angenommen, daß der Motor, bei einem bestimmten angegebenen Erregerstrom I_E und bei einer angegebenen Spannung U, ein Drehmoment M_0 erzeugt. Dieses ist gleich dem Lastmoment M_{L0}. Der Motor weist einen gewissen Polradwinkel θ_0 auf, der vom Ausdruck des Drehmoments gegeben wird.

Wie auch die Polradwinkel-Kennlinie $M = f(\theta)$ in Bild 6.24 zeigt, gibt es zwei mögliche Werte für θ_0: einen kleineren als θ_K, entsprechend dem Kippmoment M_K, und einen größeren als θ_K.

Es kann gezeigt werden, daß der Motorbetrieb nur im Falle $\theta_0 < \theta_K$ stabil ist.

Im Fall $\theta_0 > \theta_K$, bei einem schlagartigen Anstieg des Lastmoments, ist der Läufer einer zeitlichen Abbremsung ausgesetzt; die Läuferpole eilen den Polen des resultierenden Drehfelds nach, und folglich steigt θ an.

Die Folge ist, daß auch das Drehmoment M ansteigt und der Bremsvorgang nicht mehr stattfindet, weil erneut das Gleichgewicht $M = M_L$ eingestellt wird.

Würde das Lastmoment abnehmen, so ist der Läufer einer zeitlichen Beschleunigung ausgesetzt. Der Winkel θ verringert sich, da die Läuferpole sich den Polen des resultierenden Drehfelds annähern. Aber wenn θ abnimmt, nimmt auch das Drehmoment ab, und man kommt wieder zum Gleichgewicht $M = M_L$; der Beschleunigungstrend verschwindet.

Am entsprechenden Kennlinienteil des Drehmoments ist der Betrieb für $\theta_0 > \theta_K$, nicht stabil.

Falls das Lastmoment wächst, fängt ein neuer Bremsbetrieb an, und θ erhöht sich. Steigt aber θ, nimmt das Drehmoment M dieses Mal ab, und der Bremsprozeß wird fortgesetzt: θ erhöht sich noch mehr, das Drehmoment M nimmt noch mehr ab, und die Maschine *„fällt aus dem Tritt" – verliert den Synchronlauf.*

Die Synchronmaschine hat die statische Stabilität verloren, d.h. der Läufer läuft nicht mehr bei der Drehzahl Ω_0 um, sondern bei einer immer kleiner werdenden Drehzahl. Die induzierte Spannung E_E nimmt auch ab, und der Strom I wächst. Ein solcher Betrieb ist nicht zulässig.

Es soll unterstrichen werden, daß die Bedingung der statischen Stabilität – Gl. (1.2) – im Fall der Synchronmaschine nicht angewendet werden kann.

Tatsächlich – gemäß der mechanischen Kennlinie dieses Motortyps (Bild 6.19) – hat die Ableitung $dM/d\Omega$ an einem beliebigen Punkt der Kennlinie, vom mechanischen Gesichtspunkt aus, keinen praktischen Sinn, denn diese Kennlinie ist eine parallele Gerade zur Abszissenachse. Deshalb muß das Stabilitätsproblem in diesem Fall wie oben behandelt werden; Gl. (1.2) wird für die Synchronmaschine durch Gl. (6.66) ersetzt. Üblicherweise ist das Nenndrehmoment $M_N < M_K$, um eine Momentenreserve zu haben, die nötig ist, um die Lastmomentstöße ohne Außertrittfallen zu verkraften. Der statische Überlastungsfaktor des Synchronmotors k_M wird als Verhältnis zwischen dem Kippmoment und dem Nennmoment definiert:

$$k_M = \frac{M_K}{M_N} .$$

Bei der Vollpolmaschine sind

$$M_K = \frac{3\,E_{EN}\,U_N}{X_S\,\Omega};\quad M_N = \frac{3\,E_{EN}\,U_N}{X_S\,\Omega}\sin\theta_N ,$$

und der Überbelastungsfaktor k_M wird:

$$k_M = \frac{1}{\sin \theta_N} .$$

Da normalerweise $k_M \approx 2$ gesetzt werden kann, erhält man $\theta = 30°$.

6.5.3.2 *Die dynamische Stabilität*

Das Problem der dynamischen Stabilität hängt sowohl vom Anfangszustand als auch von der Art und der Größe der Störung ab. Die einfachste Störung, die berücksichtigt werden kann, ist ein Sprung des Lastmoments vom Wert M_{L1} auf den Wert M_{L2} (Bild 6.25-a) im Zeitpunkt $t = 0$.

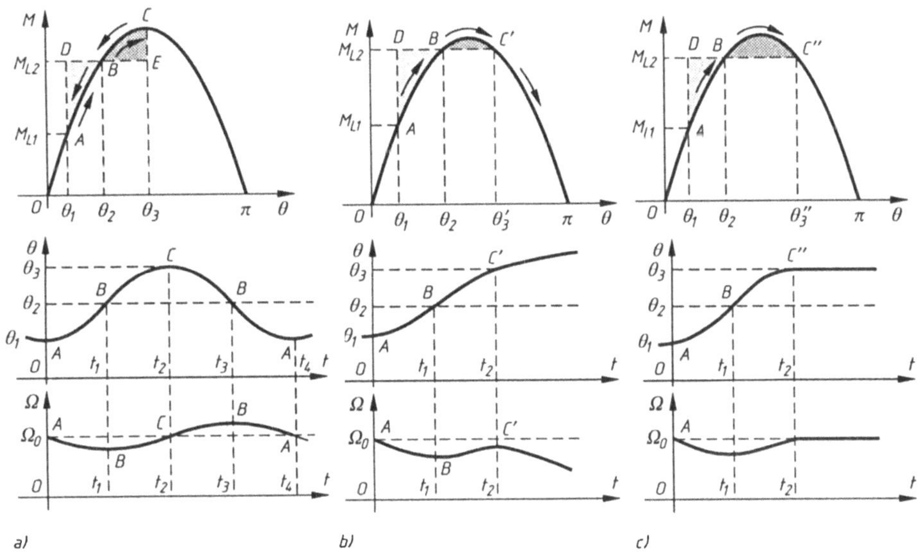

Bild 6.25 Kriterium der gleichen Flächen bei Betrachtung der dynamischen Stabilität: a) stabil, b) instabil, c) Grenzfall

Der transiente Betrieb, der nach diesem Zeitpunkt anfängt, wird von der Bewegungsgleichung bestimmt:

$$M - M_{L2} = J \frac{d\Omega}{dt} . \tag{6.67}$$

Dabei werden das Asynchrondrehmoment sowie die Reibungen aller Art vernachlässigt. Das Drehmoment M ist eine Funktion vom Polradwinkel θ. Anderseits gibt es zwischen der augenblicklichen Winkelgeschwindigkeit Ω, der synchronen Winkelgeschwindigkeit Ω_0 und dem Polradwinkel θ die Beziehung:

$$\Omega = \Omega_0 - \frac{1}{p} \times \frac{d\theta}{dt} \tag{6.68}$$

Wenn am Ende des transienten Betriebs die Synchronmaschine wieder zu einem stationären Betrieb kommt, dann ist $\theta = \theta_2$, wobei θ_2 der Polradwinkel entsprechend dem Lastmoment M_{L2} und $\Omega = \Omega_0$ sind.

Die beiden Gleichungen $d\theta/dt = 0$ und $d\Omega/dt = 0$ müssen gleichzeitig gelten. Jetzt sollte man den Verlauf der Funktionen $M = f(\theta)$, mit $\theta = f(t)$, und $\Omega = f(t)$, nach dem Zeitpunkt $t = 0$ (Bild 6.25-a), verfolgen.

- Im *Zeitpunkt* $t = 0_+$, wenn das Lastmoment M_{L2} größer als das elektromagnetische Synchrondrehmoment M (entsprechend dem Anfangswert θ_1 des Polradwinkel) ist, bekommt man aus Gl. (6.67) $d\Omega/dt < 0$. Der Motor beginnt also zu bremsen, und seine Winkelgeschwindigkeit Ω nimmt ab (Bild 6.25-a).
- Bei $\Omega < \Omega_0$ erhält man aus Gl. (6.68) $d\theta/dt > 0$; infolgedessen erhöht sich der Polradwinkel, auf Werte größer als θ_1. Der Betriebspunkt an der Polradwinkel-Kennlinie $M = f(\theta)$ versetzt sich von A nach B. Dieses Verhalten findet bis zum
- Zeitpunkt $t = t_1$ statt, wenn der Winkel θ in seinem Anstieg den besonderen Wert θ_2 erreicht und das Synchrondrehmoment dem Lastmoment M_{L2} gleich geworden ist. Der Betriebspunkt erreicht in diesem Augenblick auf der Polradwinkel-Kennlinie den Punkt B, kann aber hier nicht verbleiben: obwohl $\theta = \theta_2$ ist, ist $\Omega < \Omega_0$, und deshalb ist der Zustand nicht stabil.
- Da *im Zeitpunkt* $t = t_1$ die Gleichung $M = M_{L2}$ gilt, ist $d\Omega/dt = 0$. Die Winkelgeschwindigkeit erreicht also einen minimalen Wert. Weil weiterhin die Ungleichung $\Omega < \Omega_0$ besteht, wird $d\theta/dt > 0$, und der Polradwinkel hat deswegen die Tendenz, über den augenblicklichen Wert θ_2 zu wachsen. Der Betriebspunkt wird die Position B überschreiten und der transiente Vorgang setzt sich fort.
- Bei $t = (t_1)_+$, wenn $\theta > \theta_2$ ist, erzeugt der Motor ein Synchronmoment M, größer als das Lastmoment M_{L2}; entsprechend Gl. (6.67), ist $d\Omega/dt > 0$. Also beginnt die Drehzahl über den Minimalwert hinaus zuzunehmen. Solange aber $\Omega < \Omega_0$, ergibt sich aus Gl. (6.68), daß $d\theta/dt > 0$, d.h. θ erhöht sich weiterhin.
- Im *Zeitpunkt* $t = t_2$ erreicht die Drehzahl Ω in ihrem Anstieg den Wert der synchronen Winkelgeschwindigkeit Ω_0, d.h. $d\Omega/dt = 0$. Dies bedeutet, daß θ einen maximalen Wert und der Betriebspunkt den Punkt C erreicht haben (Bild 6.25-a). In diesem Augenblick ist der Zustand des Motors nicht stabil, obwohl der Motor sich mit der synchronen Winkelgeschwindigkeit Ω_0 dreht, da für $\theta = \theta_3 \rightarrow M > M_{L2}$ ist; dies bedeutet, daß $d\Omega/dt > 0$. Der transiente Vorgang wird fortgesetzt, und die Winkelgeschwindigkeit Ω wird die synchrone Winkelgeschwindigkeit Ω_0 überschreiten.
- Bei $t = (t_2)_+$, $\Omega > \Omega_0$ und $d\theta/dt < 0$ – d.h. der Polradwinkel θ beginnt jetzt abzunehmen, nachdem er den Maximalwert θ_3 erreicht hat – strebt der Betriebspunkt nach Position B zurück. Die Winkelgeschwindigkeit Ω erhöht sich weiter, da $M > M_{L2}$ und $d\Omega/dt > 0$.
- Im *Zeitpunkt* $t = t_3$ erreicht der Winkel θ bei seiner Abnahme wieder den Wert θ_2, entsprechend dem Punkt B, wobei $M = M_{L2}$ und $d\Omega/dt = 0$. Die Drehzahl erreicht damit einen *maximalen übersynchronen Wert.* Auch diese Lage entspricht keinem stabilen Zustand, da – obwohl $M = M_{L2}$ und $\theta = \theta_2$ – die Winkelgeschwindigkeit weiter $\Omega > \Omega_0$ bleibt. Der Motor setzt seinen transienten Vorgang fort. Weil $\Omega > \Omega_0$, ergibt sich $d\theta/dt < 0$, und der Winkel θ nimmt weiterhin ab (unter den Wert θ_2).

- Bei t = $(t_3)_+$ sind $\theta < \theta_2$ und $M < M_{L2}$ und deshalb $d\Omega/dt < 0$. Die Drehzahl beginnt abzunehmen und strebt zum Wert Ω_0. Der Betriebspunkt nähert sich dem Punkt A, den er zum Zeitpunkt t = t_4 erreichen wird.
- Nach dem *Zeitpunkt* t = t_4 wiederholt sich der oben beschriebene dynamische Prozeß.
- Es ist zu bemerken, daß der Motor eine Reihe Pendelungen oder Schwingungen seiner Drehzahl Ω um seinen synchronen Wert Ω_0 ausführt. Der Polradwinkel θ schwingt um den Winkel θ_2, zwischen der unteren Grenze θ_1 – entsprechend dem stationären Anfangszustand – und der oberen Grenze θ_3.

Werden auch das Asynchronmoment und die mechanischen Reibungen berücksichtigt, dann sind die Pendelungen der Winkelgeschwindigkeit Ω und die Schwingungen des Polradwinkels θ zeitlich gedämpft.

Das Asynchronmoment kann vom eventuellen Käfig aus den Polschuhen oder von den Wirbelströmen (immer den Drehzahländerungen entgegengesetzt), die im Läuferkern induziert sind, erzeugt werden. Am Ende stabilisiert sich der Motor bei der synchronen Winkelgeschwindigkeit Ω_0 und bei dem Polradwinkel θ_2.

Nicht immer verläuft alles nach diesem gezeigten Muster. Es kann geschehen, daß für einen anderen Anfangszustand und einen größeren Sprung des Lastmoments, so wie in Bild 6.25-b im Zeitpunkt t = t_2 dargestellt, $M = M_{L2}$ ist. Der entsprechende Punkt C' an der Polradwinkelkennlinie ist der Symmetriepunkt von B im Vergleich zur Spitze der Kennlinie. Folglich ist $d\Omega/dt = 0$, und die Winkelgeschwindigkeit erreicht bei t = t_2 ein Maximum, das kleiner als die Synchrongeschwindigkeit Ω_0 sein kann. Ist also $\Omega < \Omega_0$, ergibt sich $d\theta/dt > 0$, und darum wird der Polradwinkel θ den dem Punkt C' entsprechenden Wert θ_3' überschreiten.

- Bei $\theta > \theta_3'$ hat man $M < M_{L2}$, und somit ist $d\Omega/dt < 0$. Das bedeutet, daß Ω für t = t_2 ein Maximum erreicht hat, das kleiner als die Synchrongeschwindigkeit Ω_0 sein kann. Da $\Omega < \Omega_0$, ergibt sich $d\theta/dt > 0$; der Polradwinkel θ überschreitet dann den dem Punkt C' entsprechenden Wert θ_3'.
- Nachdem die Winkelgeschwindigkeit ein Maximum niedriger als Ω_0 erreicht hat, nimmt sie wieder ab. Damit ist das *Kippen* unvermeidlich. In diesem Fall *kann die dynamische Stabilität nicht gewährt werden.*
- Es kann noch vorkommen, daß im Zeitpunkt t = t_2 bei $M = M_{L2}$ bzw. $d\Omega/dt = 0$ (Punkt C'' in Bild 6.25-c) die Winkelgeschwindigkeit Ω den Synchronwert Ω_0 erreicht. Es wird damit ein stationärer Zustand erreicht, da $M = M_{L2}$, $\theta = \theta_3''$, $\Omega = \Omega_0$ bzw. $d\Omega/dt = 0$ und $d\theta/dt = 0$. Leider ist ein solcher Betrieb, vom statischen Gesichtspunkt aus, unstabil, da $\theta_3'' > \pi/2$.

Bei einer schlagartigen begrenzten Veränderung des Lastmoments von M_{L1} zu M_{L2} wird die dynamische Stabilität dann gewährt, wenn der Polradwinkel θ im Zeitpunkt t = t_2 *(wenn Ω das erste Mal nach der Erscheinung dieser Störung wieder den Wert Ω_0 annimmt) einen Maximalwert θ_3 erreicht, bei dem $M > M_{L2}$.*

Um ein *qualitatives Beurteilungskriterium* zur dynamischen Stabilität herauszufinden, wird die Bewegungsgleichung nach dem Zeitpunkt t = 0 in der vereinfachten Form von Gl. (6.67) herangezogen:

$$M - M_{L2} = J\frac{d\Omega}{dt} = \frac{J}{2p}\times\frac{d^2\theta}{dt} .$$

Nach Multiplikation jedes Terms mit der Ableitung $\mathrm{d}\theta/\mathrm{d}t$ erhält man:

$$(M - M_{L2})\frac{\mathrm{d}\theta}{\mathrm{d}t} = -\frac{J}{2p}\times\frac{\mathrm{d}}{\mathrm{d}t}\left(\frac{\mathrm{d}\theta}{\mathrm{d}t}\right)^2,$$

oder:

$$(M_{L2} - M)\mathrm{d}\theta = -\frac{J}{2p}\times\frac{\mathrm{d}}{\mathrm{d}t}\left(\frac{\mathrm{d}\theta}{\mathrm{d}t}\right)^2.$$

Integriert man beide Seiten zwischen den Grenzen θ_1 und θ_3, erhält man:

$$\int_{\theta_1}^{\theta_3}(M_{L2} - M)\mathrm{d}\theta = \frac{J}{2p}\left(\frac{\mathrm{d}\theta}{\mathrm{d}t}\right)^2\Bigg|_{\theta_1}^{\theta_3}.$$

Es muß bemerkt werden, daß bei $\theta = \theta_1$ (im Anfangszeitpunkt $t = 0$, wenn $\Omega = \Omega_0$) $\mathrm{d}\theta/\mathrm{d}t = 0$. Gleichfalls gilt bei $\theta = \theta_3$, wofür die dynamische Stabilität gewährt wird, erneut $\mathrm{d}\theta/\mathrm{d}t = 0$ (Bild 6.25-a). Demzufolge:

$$\int_{\theta_1}^{\theta_3}(M_{L2} - M)\mathrm{d}\theta = \frac{J}{2p}\left(\frac{\mathrm{d}\theta}{\mathrm{d}t}\right)^2\Bigg|_{\theta_1}^{\theta_3}, \tag{6.69}$$

Gl. (6.69) eignet sich zu einer nützlichen geometrischen Erklärung: die linke Gleichungsseite stellt den Flächeninhalt des Bogendreiecks ABD dar, die rechte Gleichungsseite den Flächeninhalt des Bogendreiecks BCE (Bild 6.25-a).

Man kann an der Spitze der Polradkennlinie, bei vorgegebenen Punkten A und B, einen Punkt C so finden, daß der Flächeninhalt des Bogendreiecks ABD gleich dem Flächeninhalt des Bogendreiecks BCE ist. Somit kann die Synchronmaschine, nach einigen gedämpften Schwingungen (Bild 6.25-a), einen neuen stabilen Zustand erreichen.

Kann ein solcher Punkt C, der die Bedingung des *Kriteriums „gleiche Flächen"* nach Gl. (6.69) erfüllt, nicht gefunden werden kann, fällt die Maschine außer Tritt (Bild 6.25-b).

Falls der Polradwinkel θ_1 einen gegebenen Anfangszustand charakterisiert, ergibt sich, daß es an einer bestimmten Polradkennlinie eine Winkelgrenze θ_{21} gibt, bei der das *Kriterium* „gleiche Flächen" erfüllt werden kann und damit die dynamische Stabilität gewährleistet ist (Bild 6.25-c).

- Entspricht der Lastmomentsprung einem Winkel $\theta_2 > \theta_{21}$, dann fällt die Maschine außer Tritt.
- Die genaue, strenge Untersuchung der statischen und dynamischen Stabilität kann nur dann ausgeführt werden, wenn die Betriebsgleichungen des dynamischen Zustands, z.B. die Park-Blondel-Gleichungen, dazu herangezogen werden können.

Mit Hilfe dieser Gleichungen, bei einem Lastmomentsprung vom 0,6 M_N vom Leerlauf an, sind in Bild 6.26-a, die zeitlichen Verlaufskennlinien des elektromagnetischen Drehmoments, des Polradwinkels und der Winkelgeschwindigkeit im Fall eines Synchronmotors gezeigt, der folgende relative Daten aufweist: $r = 0{,}03$, $r_E = 0{,}006$, $r_D = 0{,}08$, $r_Q = 0{,}16$, $x_{ad} = x_{dF} = x_{FD} = 1$, $x_d = 1{,}05$, $x_q = 0{,}65$, $x_{EE} = 1{,}05$, $x_{DD} = 1{,}05$, $x_{QQ} = 0{,}60$, $H_J = 300$. Wie man sieht, ist die dynamische Stabilität gewährleistet.

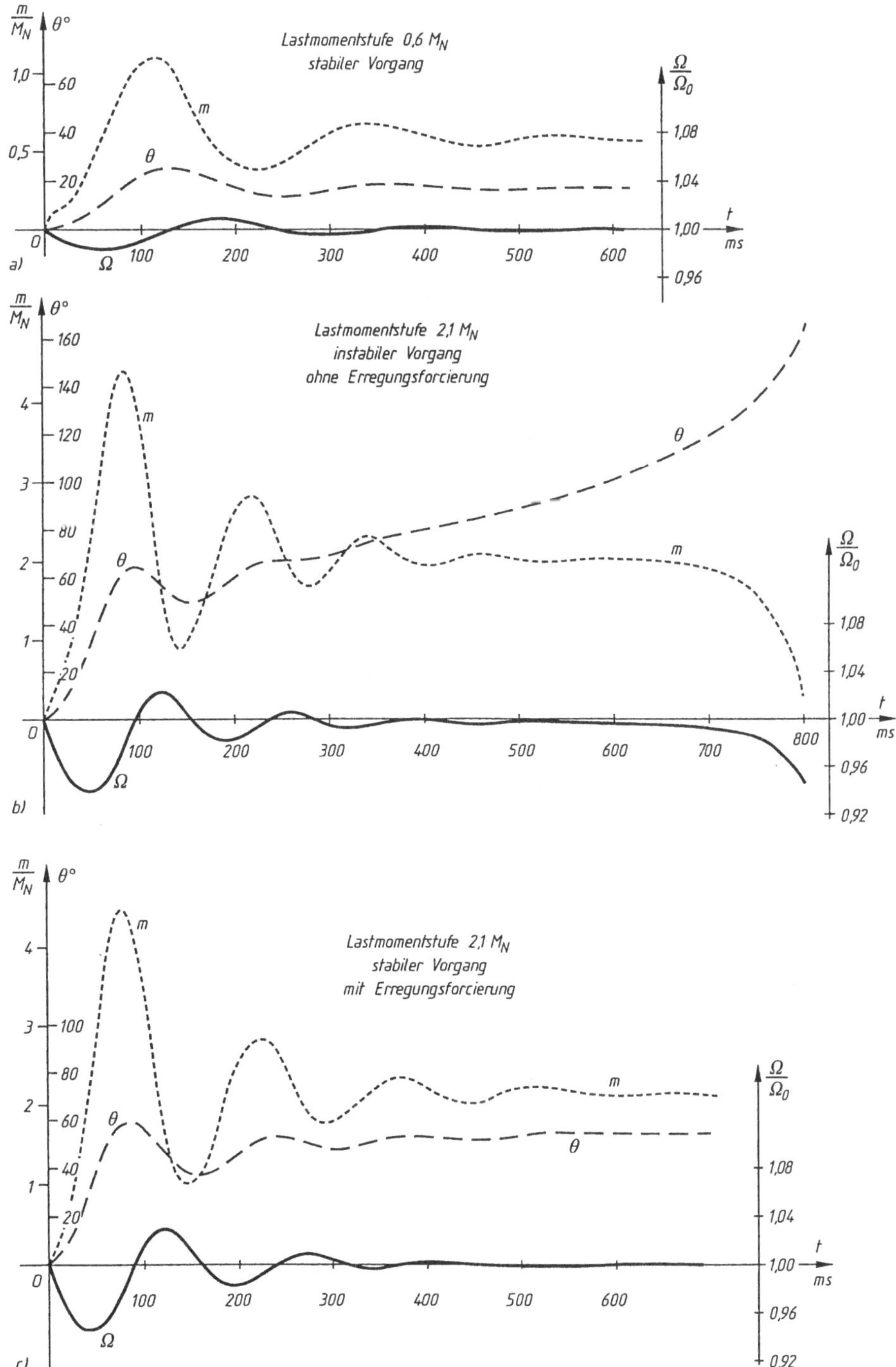

Bild 6.26 Zeitliche Verläufe von $(m/M_N) = f(t)$ und $(\Omega/\Omega_0) = f(t)$ bei einem Synchronmotor: a) stabiler Betrieb, b) instabiler Betrieb ohne Übererregung, c) stabiler Betrieb bei Übererregung

Bild 6.26-b stellt die gleichen Kennlinien bei einer Lastmomentsprung 2,1 M_N dar, der zum Stabilitätsverlust führt.

Es ist erwähnenswert, daß die vom Läuferkäfig eingeführte Dämpfung das Außertrittfallen in den ersten drei Polrad-, bzw. der Drehzahlschwingungen verhindert.

Betrachtet man die oben angegebenen genäherte Berechnungen, bei denen die Wirkung des Käfigs vernachlässigt wurde, dann gäbe es den Stabilitätsverlust schon im Laufe der ersten Schwingung.

Wenn gleichzeitig mit der Anwendung des Lastmomentssprungs 2,1 M_N die Erregung durch die Verdoppelung des Erregerstroms verstärkt wird, dann bleibt der Synchronlauf erhalten.

Ein stationären Betrieb stellt sich ein, so wie die Kennlinien aus Bild 6.26-c zeigen. Das Ergebnis ist nicht weiter verwunderlich, da das Synchronmoment zugenommen hat.

Der Synchronmotor weist somit eine Reihe von Nach- und Vorteilen auf. Seine *wichtigsten Nachteile* sind:

- Es gibt kein eigenes Anzugsmoment;
- Die Maschine benötigt eine Gleichstromquelle zur Erregung;
- Die Schleifringe und Bürsten verlangen eine besondere Wartung und stellen eventuelle Schwachpunkte dar;
- Die Maschine ist größer und schwerer bei gleichen Nenngrößen (Leistung, Drehzahl, Spannung);
- Die Herstellung ist komplizierter, besonders im Vergleich zu den Asynchronmotoren mit Kurzschlußläufer; und infolgedessen ist der Preis auch höher.

Diese Nachteile haben lange Zeit den Einsatz der Synchronmaschine als Motor in elektrischen Antrieben behindert. In der letzten Zeit wurden viele dieser Nachteile gemildert, und die Vorteile wurden von einem neuen Gesichtspunkt aus betrachtet. Dies hat zu einer größeren Verbreitung der Synchronmotoren geführt.

Das klassische Erregersystem mit Erregergenerator ist von einem anderen, einfacheren, statischen Erregersystem ersetzt worden. Man setzt jetzt in zunehmenden Umfang statische Stromrichteranlagen ein, und man kann, durch die bürstenlose Ausführung, sogar auf Schleifringe und Bürsten verzichten. Das Hochlaufproblem wurde durch den Einsatz kleiner Anwurfasynchronmotoren gelöst. Der Anlauf kann auch über den Dämpferkäfig oder die Wirbelströme in massiven Läufereisenteilen erfolgen. Dies gilt nur für Antriebe, die kein hohes Anlaufmoment benötigen. Auch die Automatisierung und damit die Vereinfachung des Anlaufs ist gelungen.

Der Preis des Synchronmotors ist hoch geblieben, aber die technisch und ökonomischen Berechnungen haben gezeigt, daß, wenn auch die Betriebskosten betrachtet werden, ein Synchronmotor vorteilhafter als ein Asynchronmotor sein kann.

Wie bekannt, arbeitet der Asynchronmotor immer mit einem induktiven Leistungsfaktor. Der Synchronmotor kann bei $\cos\varphi = 1$ oder sogar bei kapazitivem Leistungsfaktor betrieben werden. Induktive Leistungsfaktoren führen zu einem höheren Preis der elektrischen Energie. Infolgedessen sind die Unternehmen gezwungen, Kompensationsanlagen für den zulässigen Leistungsfaktor, wie z.B. Kondensatorenbatterien, einzusetzen.

Der Synchronmotor muß freilich mit dem Preis des äquivalenten Asynchronmotors, einschließlich der benötigten Kondensatorenbatterie, verglichen werden. Unter diesem Gesichtspunkt neigt sich die Waage zum Vorteil vom Synchronmotors.

Bei diesem Vergleich muß auch noch eine andere Situation berücksichtigt werden, die oft in der Praxis auftritt. In Störfällen des Netzes entstehen oft Spannungseinbrüche. Bei Spannungseinbrüchen verringert sich das Drehmoment der Asynchronmaschine mit dem Quadrat der Spannung. So kann das Kippen der Asynchronmaschine erreicht werden.

Die Kondensatorenbatterie einer Kompensationsanlage kompliziert weiterhin die Vorgänge; die örtliche Spannung kann noch kräftiger sinken. Die Erklärung folgt aus der Tatsache, daß die Blindleistung der Batterie mit dem Quadrat der Spannung abnimmt. Bei einer Verminderung der Klemmenspannung liefert sie eine zusätzliche Blindleistung ans Netz, was manchmal zu einer schnelleren Spannungswiederherstellung führt.

Bei den Vollpol-Synchronmotoren ist das Kippmoment $M_K = 3E_E U/X_s$. Diese Motoren werden derart bemessen, daß sie zur Aufrechterhaltung der dynamischen Stabilität bei einer Verringerung der Klemmenspannung eine verstärkte Erregung von (1,5 bis 2)-mal für die Dauer von einigen 10 Sekunden ertragen können.

Unter vergleichbaren Betriebsbedingungen hat der Asynchronmotor keine Möglichkeit, seine Stabilität zu halten. Die Erregungsverstärkung führt zur Erhöhung der induzierten Spannung E_E, was die Verminderung der Spannung U kompensiert und damit das Kippmoment M_K bei einem erhöhten Wert halten kann.

Die Betrachtung muß nicht übertrieben werden; der Asynchronmotor ist in einigen Bauvarianten sehr robust, und er kann hohe Belastungsstöße vertragen. Er kann auch große Anzugsmomente aufbringen und kann auch zur Bremsung elektrischer Antriebe benutzt werden.

Der Asynchronmotor eignet sich in vielen Fällen besser als der Synchronmotor, ganz abgesehen von der Möglichkeit der Frequenzänderung der angelegten Spannungen.

Demzufolge sind gegenwärtig die Anwendungsbereiche der Synchronmotoren mit direkter Netzspeisung einigermaßen begrenzt, z.B.: Antrieb der Zentrifugal- und Kolbenpumpen, Verdichter, Lüfter, verschiedene Gebläse, Mühlen, Steinbrechmaschinen usw.

Mit regelbaren hydraulischen oder elektromagnetischen Kupplungen werden die Synchronmotoren auch zum Antrieb drehzahlregelbarer Maschinen eingesetzt.

Der Leistungsbereich umfaßt Einheiten von einigen Zehntausend kW sowie Synchronmotoren mit Leistungen im Wattbereich, die in der Automatik und Feinmechanik eingesetzt werden (Uhrantriebe).

Dabei werden kleine Maschinen meist wegen des Synchronlaufs eingesetzt; Synchronmaschinen großer Leistung wegen der Möglichkeit, den Leistungsfaktor zu beeinflussen.

6.6 Anlauf, Bremsung und Drehzahlsteuerung von Synchronmotoren

In Abschnitt 6.2.3 wird gezeigt, daß der einfache Synchronmotor kein Anzugsmoment aufweist. Dreht der Läufer aber synchron (in gleicher Richtung und mit gleicher Drehzahl wie das Ständerdrehfeld), so erzeugt die Synchronmaschine ein Drehmoment. Kann sie also, durch einen beliebigen Anwurfmotor, bis zur Synchrondrehzahl angetrieben und synchronisiert werden, kann der Synchronmotor unabhängig weiter arbeiten, indem er ein aktives Drehmoment aufbringt.

Der Synchronmotor kann mit kurzgeschlossener Erregerwicklung bis zur Synchrondrehzahl, mit Hilfe eines gesonderten kleinen Motors variabler Drehzahl auf der gleichen Welle, hochgeschleppt werden. Bei Erreichen von etwa 95 % der Synchrondrehhzahl wird die Erregerspannung angelegt. Nachdem die Maschine synchronisiert hat (in Tritt gefallen ist), wird der Hilfsmotor abgeschaltet.

Diese Anlaufmethode ist – genauer betrachtet – eigentlich noch komplizierter, da sie zum Aufschalten des Ständers auf das Netz noch Synchronisierungsmaßnahmen benötigt.

In verschiedenen Antriebsanlagen wird der Anlauf des Synchronmotors durch eine andere Methode – den Asynchronanlauf – ausgeführt. Zu diesem Zweck erhält das Polrad einen Anlaufkäfig, der speziell entworfen ist, damit ein bestimmtes Anzugsdrehmoment aufgebracht werden kann. Die Käfigstäbe sind in den Polradnuten untergebracht. Sie bestehen aus Messing, Bronze, Aluminium oder anderen Legierungen mit größerem spezifischen Widerstand als Kupfer.

In einigen Fällen werden anstatt der Käfigstäbe nur massive Polschuhe eingesetzt, die miteinander über Kupferstäbe elektrisch verbunden sind. In diese massiven Polschuhe werden – bei einer relativen Drehzahl des Ständerdrehfelds im Vergleich zum Läufer sowie beim Anlauf – Wirbelströme induziert. Diese Wirbelströme spielen die gleiche Rolle in der Erzeugung des Asynchrondrehmoments, wie die in die üblichen Käfigstäben induzierte Ströme.

Die Synchronmotoren hoher Drehzahl haben einen massiven Vollpolläufer. In diese massiven Läufer werden Wirbelströme auf die gleiche Weise wie in die massiven Polschuhe der Schenkelpolmotoren induziert.

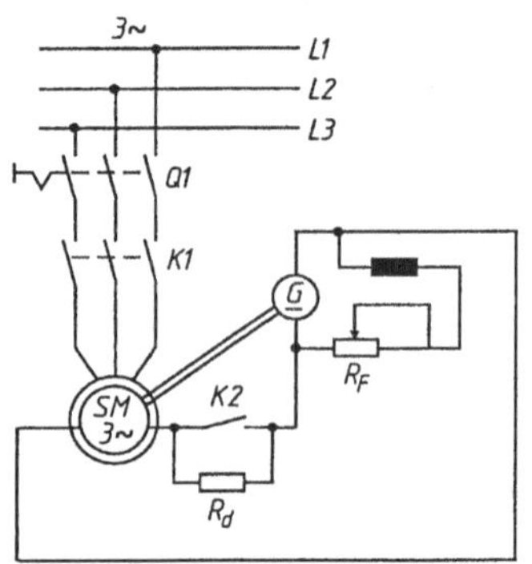

Bild 6.27
Schaltbild des Asynchronanlaufs eines Synchronmotors

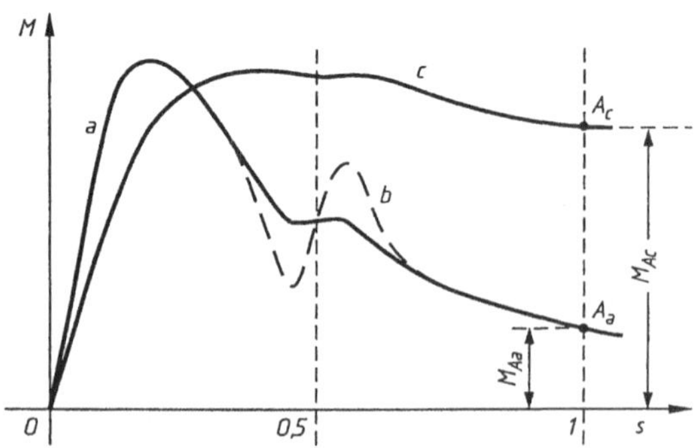

Bild 6.28
Verlauf des elektromagnetischen Drehmoments M über den Schlupf s beim Asynchronanlauf des Synchronmotors

Der asynchrone Hochlaufprozeß findet meist in zwei Etappen statt. Die Erregerwicklung ist vom Netz abgeschaltet und für die ganze Dauer der Beschleunigung direkt oder über einen relativ großen Außenwiderstand R_d kurzgeschlossen. Dieser Widerstand hat den (10 bis

12)fachen Wert des Erregerwicklungswiderstands (Bild 6.27). Der Außenwiderstand wird benötigt, damit die in der Erregerwicklung auftretende induzierte Spannung nicht unzulässig hoch wird. Danach wird die Ständerwicklung direkt ans Versorgungsnetz, mit Nennspannung, geschaltet.

Nur bei Synchronmotoren *großer Leistung* wird in einigen Fällen die Zuschaltung ans Netz in einigen Spannungsstufen ausgeführt.

Unter dem Einfluß des Ständerdrehfelds entsteht ein Asynchrondrehmoment. Wenn dieses das Lastmoment an der Welle überschreitet, führt es zu einer Beschleunigung des Läufers. In kurzer Zeit erreicht der Läufer seine stationäre Drehzahl, die nahe der Synchrondrehzahl liegt. Der Schlupf überschreitet nicht den Wert 0,05. In der zweiten Etappe wird die Erregerwicklung an die Gleichstromquelle geschaltet. Gleichzeitig mit dem Einsetzen des Erregerstroms entsteht auch ein synchronisierendes Drehmoment, das dem Asynchrondrehmoment überlagert wird. Die beiden Drehmomente beschleunigen den Läufer, die Drehzahl steigt, und der Schlupf verringert sich.

Somit ist das Intrittfallen in den Synchronismus möglich – nach einigen schnell gedämpften Pendelungen. Der Vorgang hängt auch noch vom Trägheitsmoment des Antriebs ab.

In der ersten Anlaufsetappe verhält sich die Maschine wie ein Asynchronmotor spezieller Bauart. Die Berechnung der Kennlinie des elektromagnetischen Drehmoments, als Funktion vom Schlupf, kann ausgeführt werden, indem die Park-Blondel-Gleichungen herangezogen werden.

In Bild 6.28 sind mögliche Kennlinien während des Asynchronanlaufs dargestellt:

- die *Kennlinie a* gewinnt man nach dem Anschluß der Erregerwicklung über einen großen Außenwiderstand und für einen Anlaufkäfig relativ kleinen Widerstands. Der Momentenverlauf, der beim Schlupf $s = 0{,}5$ auftritt, ist auf die Läuferasymmetrie zurückzuführen, die durch den einphasigen Erregerkreis auftritt. Das Anzugsmoment M_{Aa} der Kennlinie a ist relativ klein, und der Motor kann nicht unter voller Last anlaufen.
- die *Kennlinie b erscheint im Falle einer Erregerwicklung, die kurzgeschlossen ist.* Es ist ein relativ großer Sattel zu beobachten (etwa bei halber Synchrondrehzahl), der ein „*Hängenbleiben*" der Maschine bei dieser Drehzahl verursachen kann, falls das Minimalsattelmoment kleiner als das Lastmoment ist. Mit Ausnahme des Bereichs um $s = 0{,}5$ ist Kennlinie b fast identisch mit Kennlinie a.
- die *Kennlinie c* stellt die *mechanische Charakteristik* dar, wenn die Erregerwicklung mit einem großen Widerstand kurzgeschlossen wird und im Fall eines Anlaufkäfigs größeren Widerstands. Diese Kennlinie zeigt ein relativ großes Anzugsmoment M_{Ac} und kann sogar den Anlauf mit voller Nennbelastung ermöglichen.

In der ersten Anlaufstufe darf der Erregerwicklungskreis nicht offen bleiben, weil die vom Ständerdrehfeld in die Erregerwicklung induzierte Spannung hohe Werte erreichen kann. Diese können die elektrische Isolation der Erregerwicklung durch die lektrische Überbeanspruchung gefährden. In den ersten Momenten des Asynchronlaufs kann die erwähnte induzierte Spannung ca. 3 bis 20 kV betragen.

In der zweiten Etappe, nach der Gleichstromversorgung der Erregerwicklung, hängen die Schwingungsamplitude und die gesamte Zeitdauer des Synchronisierungsvorgangs von folgenden Faktoren ab:

- dem Wert des Asynchronmoments, entsprechend dem Schlupf, bei dem die Erregerwicklung an die Versorgung gelegt wird,
- dem Lastmoment an der Motorwelle,
- dem Anfangspolradwinkel,

- dem vom Erregerstrom abhängenden Synchronmomentwert,
- dem Trägheitsmoment des Antriebssystems.

Der günstigste Fall ist gegeben, wenn der Schlupf, bei dem die Gleichstromspannung an die Erregerwicklung angelegt wird, so klein wie möglich ist (bei verringertem Trägheitsmoment und bei kleinem Lastmoment). Dabei sind das Synchronmoment und der Erregerstrom hoch.

In den folgenden Abschnitten werden einige Einzelheiten bezüglich der üblichen Anlaufschaltungen dargestellt.

6.6.1 Direkter Anlauf

Der Anlauf mit direkter Einschaltung ans Netz wird mittels der prinzipiellen Schaltung in Bild 6.27 ausgeführt; K1 ist dabei das Netzschütz, K2 das Kurzschlußschütz des sogenannten Schutzwiderstandes R_d. Der Einschaltstromstoß beträgt das (5 bis 8)fache des Nennstroms.

Der *direkte Anlauf* weist folgende *Nachteile* auf:

- Die großen Einschaltströme verursachen große Spannungsabfälle im Versorgungsnetz. Das stört andere Verbraucher, die an demselben Netz angeschlossen sind (wird aber meist auch nicht zugelassen).
- Der Anlaufstromstoß erzeugt besonders große elektrodynamische Kräfte in der Ständerwicklung und vor allem an den Wickelköpfen. Im Fall ungenügender mechanischen Befestigung können Beschädigungen auftreten.
- Der Drehmomentstoß benötigt eine entsprechende Bemessung der mechanischen Getriebe und Übertragungsglieder; Folgen sind eine Erhöhung der Kosten und größere Abmessungen der Anlagenteile.

Der *direkte Anlauf* weist folgende wesentliche *Vorteile* auf:

- sehr einfache Anlaufschaltung;
- zahlenmäßig wenige Automatisierungsgeräte der elektrischen Schaltung und dadurch große Betriebssicherheit;
- herabgesetzte Betriebs- und Wartungsunkosten.

Die direkte Anlaufmethode wird zur Zeit in großem Maße eingesetzt, sogar für Motoren bis zu mehreren Hundert kW, wenn das Versorgungsdrehstromnetz leistungsstark ist und der Motor entsprechend entworfen wurde.

6.6.2 Indirekter Anlauf über Ständerdrosseln

Diese Anlaufsmethode wird bei Motoren großer Leistung und Drehzahl eingesetzt, da diese eine kleine Kurzschlußreaktanz und infolgedessen auch große Anlaufströme haben. Die prinzipiell möglichen elektrischen Schaltungen werden in den Bildern 6.29 und 6.30 dargestellt. In beiden Schaltungen wird der Anlauf in drei Stufen durchgeführt. Zuerst, da die Schütze K2 und K3 offen sind (Bild 6.29), wird das Netzschütz K1 geschlossen. Der Motor beschleunigt bei verringerter Spannung im Vergleich zum Nennwert infolge der Spannungsabfälle über den Ständerdrosseln L.

Nachdem der Motor einen Schlupf unter 0,05 erreicht hat, wird das Schütz K3 betätigt, das den Schutzwiderstand R_d ab- und die Erregerspannung einschaltet. Der Erregerstrom steigt schnell. Nach einigen Drehschwingungen synchronisiert sich der Motor.

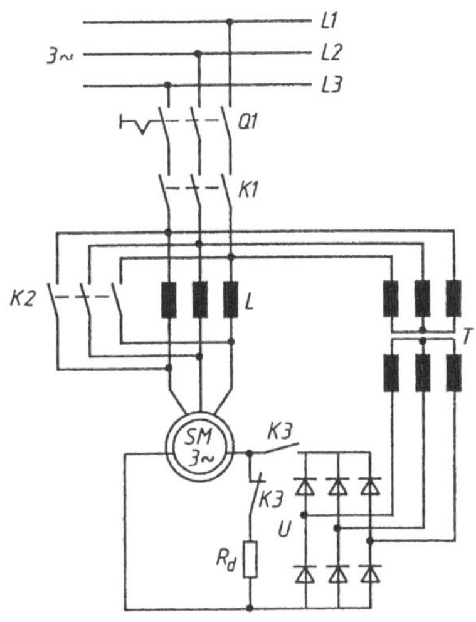

Bild 6.29
Anlauf des Synchronmotors über reihengeschaltete Drosseln vor den Ständerwicklungen

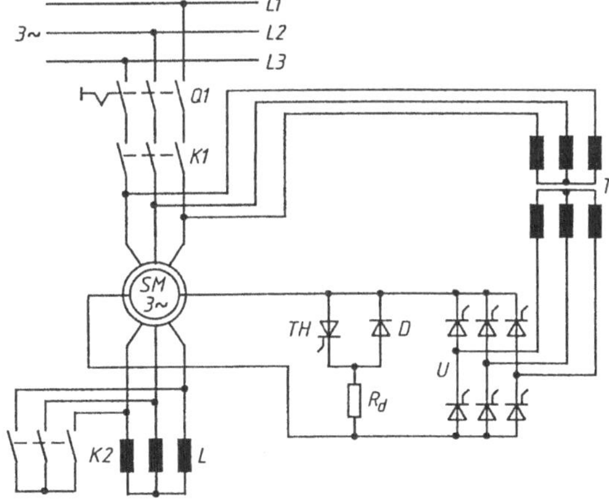

Bild 6.30
Wie Bild 6.29, Drosseln nach den Ständerwicklungen

Danach wird das Schütz K2 zugeschaltet, und damit werden die Ständerdrosseln L kurzgeschlossen; die Klemmenspannung erhält ihren Nennwert.

Manchmal kann der Übergang von der verringerter Spannung zur Nennspannung schon vor dem Abschalten des Entladungswiderstands durchgeführt werden. Die Schaltung in Bild 6.30, im Vergleich zu der in Bild 6.29, weist einen Vorzug auf: das Schütz K2 für das Kurzschließen der Drosseln L muß nicht nach dem Kurzschlußstrom des Motors, sondern nach einem viel kleineren Strom bemessen werden, was die Kosten senkt.

Beim *indirekten Anlauf mit Ständerdrosseln* wird der Anlaufstrom, durch entsprechende Bemessung der Drosseln, im erwünschten Verhältnis verringert. Zugleich vermindert sich das Anlaufmoment in noch größerem Maße.

Die Anlaufmethode ist einfach, obwohl sie eine große Anzahl von Schalt- und Automatisierungsgeräten benötigt. In den Bildern 6.29 und 6.30 werden auch zwei verschiedene Erregungssysteme gezeigt, die in den letzten Jahren den Erregergenerator ersetzt haben und die Elemente der Leistungselektronik – Dioden und Thyristoren – benutzen.

In Bild 6.29 benötigt man den Transformator T und die Drehstrombrücke U. Die Diodenbrücke wird mit Hilfe des Schließers K3 an die Erregerwicklung des Synchronmotors geschaltet.

In Bild 6.30 wird statt der Diodenbrücke eine Thyristorenbrücke U eingesetzt, und anstelle der Hauptkontakte K3 werden gegenparallel eine Diode D und ein Thyristor TH geschaltet. Beim Anlauf befindet sich, in den ersten Augenblicken, der Thyristor im Durchlaßzustand, und die Brücke U ist gesperrt. Der in der Zeitspanne des Asynchronhochlaufs in die Erregerwicklung induzierte Wechselstrom fließt über den Weg TH, D (eine Halbperiode über TH und die andere über D). Ist die maximale Asynchrondrehzahl erreicht, werden der Thyristor TH gesperrt und die Brücke U leitend. Diese Brücke erlaubt die Erregungsverstärkung bei Laststößen für die gefährdete Zeitspanne des möglichen Außertrittfallens durch starke Erhöhung der Erregerspannung.

6.6.3 Indirekter Anlauf über Spartransformator

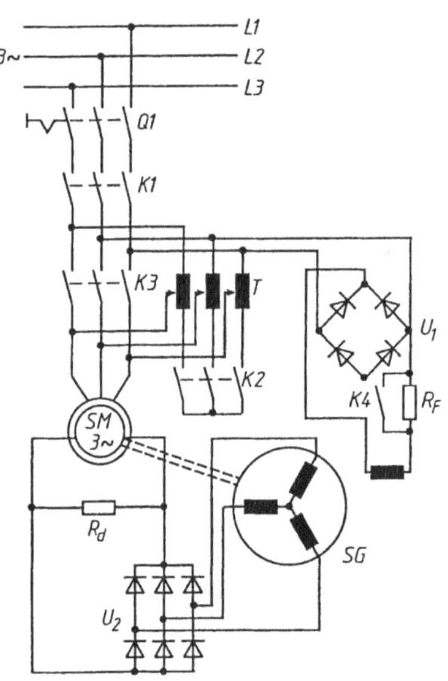

Diese Methode kommt mit der prinzipiellen, oft eingesetzten Schaltung nach Bild 6.31 zustande. Beim Anlauf werden zunächst das Schütz K2 und dann der Schalter Q1 und das Schütz K1 geschlossen. Die anderen Schütze bleiben geöffnet. Auf diese Weise werden, über den Drehstromspartransformator T, an die Ständerstränge des Synchronmotors M verringerte Spannungen angelegt.

Bild 6.31
Anlauf des Synchronmotors über Spartransformator

Nach der Beschleunigungszeit öffnet Schütz K2, und der Spartransformator T verhält sich für eine kurze Zeit wie eine Drehstromdrosselspule. Nachdem der Motor einen genügend kleinen Schlupf erreicht hat, wird das Schütz K3 geschlossen, und somit wird der Spartransformator abgeschaltet.

In Bild 6.31 ist ein weiteres Erregersystem dargestellt, das die Schleifringe des Synchronmotors SM überflüssig macht. Auf der gleichen Motorwelle wird ein Drehstromanker eines Synchrongenerators SG einmontiert; seine Erregerpole befinden sich im Ständer und werden über die Diodenbrücke U1 versorgt. Der Generator SG (Außenpolmaschine) speist über die Diodenbrücke U2 die Erregerwicklung des Synchronmotors. Die Brücke U2 wird konstruktiv auf dem Läufer untergebracht. Die Erregerverstärkung wird mit Hilfe des Kurzschlusses des Widerstands R_F – mit dem Schütz K4 – verwirklicht. Das Erregersystem bietet den Vorteil der Beseitigung der Schleifkontakte im Erregerstromkreis: es ist schleifringlos (bürstenlos).

Es gibt so eine gewisse Unabhängigkeit der Erregung von der Versorgungsnetzspannung: im Fall einer ziemlich großen Absenkung der Versorgungsspannung nimmt die induzierte Spannung des Generators SG viel weniger ab, da dieser gesättigt ist oder weil eine Erregungsverstärkung eintritt.

Der Generator SG wird gewöhnlich bei 100 Hz betrieben, was seine Abmessungen, bei derselben Leistung, zusätzlich verringert. Der Widerstand R_d und die Brücke U2 bleiben dauernd im Stromkreis.

Der Anlauf über den Spartransformator wird in denjenigen Fällen eingesetzt, wobei kein zu hohes Anlaufmoment benötigt wird – für nicht zu leistungskräftige Versorgungsnetze – um den Anlaufstromstoß zu übernehmen. Die *wesentlichen Nachteile dieser Anlaufmethode* sind:

- die Kosten des Drehstromspartransformators;
- es werden drei Leistungsschütze K1, K2, K3 benötigt;
- im Fall einer Automatisierung braucht man viele Steuerapparate.

6.6.4 Die Bremsung von Synchronmotoren

Im allgemeinen ist die Bremsung von Synchronmotoren nicht so von Bedeutung wie bei anderen elektrischen Motorentypen. Oftmals brauchen die mit Synchronmotoren angetriebenen Systeme überhaupt keine elektrische Abbremsung. Vom Motorbetrieb ausgehend, kann die Synchronmaschine auch zur elektrischen Bremsung, nämlich zur Gleichstrombremsung (Generatorbetrieb ohne Energierückgewinnung), eingesetzt werden. Nach der ständerseitigen Trennung vom Versorgungsnetz bleibt die Erregerwicklung vom Gleichstrom erregt, und die Ständerwicklung wird auf einen variablen Drehstromwiderstand geschaltet (Bild 6.32).

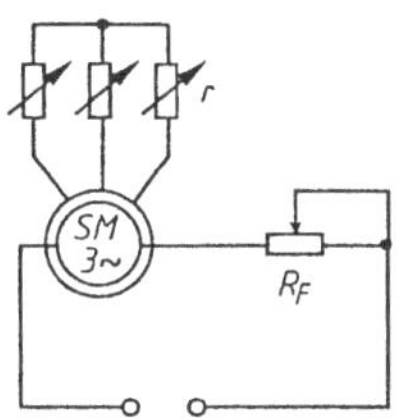

Bild 6.32
Bremsung der Synchronmaschine im Generatorbetrieb ohne Energierückgewinnung

Die in den umlaufenden Teilen des Antriebssystems gespeicherte kinetische Energie wandelt sich im Ständerstromkreis in Wärme um.

Ein Teil der kinetischen Energie wird zur Überwindung des Lastmoments an der Motorwelle verbraucht. Das elektromagnetische Bremsmoment hängt vom Erregerstrom, von der Maschinendrehzahl und vom Ständer-Strangwiderstand ab. Dieses Moment wird zusammen mit der induzierten Spannung E_E zu Null, wenn die Drehzahl auch Null wird. Je kleiner der Ständer-Strangwiderstand ist, desto größer wird das Bremsmoment.

Vom physikalischen Gesichtspunkt aus unterscheidet sich diese Gleichstrombremsung von der bei der Asynchronmotor durchgeführten Gleichstrombremsung. Bei der Asynchronmaschine entstehen die Verluste im Läufer, hier im Ständerkreis.

6.6.5 Drehzahlstellung von Synchronmotoren

Da sich der Synchronmotor bei der Synchron-Winkelgeschwindigkeit $\Omega_0 = \omega/p$ dreht – unabhängig von der Belastung an der Welle (unter der Bedingung, daß das Lastmoment kleiner als das Kippmoment bleibt), kann die Drehzahlstellung über die Speisefrequenzstellung vorgenommen werden. Somit bleibt die Frequenzsteuerung die einzige Methode der Drehzahlstellung von Synchronmotoren, da die Drehzahl der Speisefrequenz fest zugeordnet ist. Diese Methode verbreitet sich immer mehr, vor allem bei der Steuerung von Mehrmotorenantrieben. Die benötigten Stellglieder sind Frequenzumrichter.

6.7 Übungen

6Ü.1 *Ein Drehstromsynchronmotor mit vier Schenkelpolen hat folgende Daten: Polteilung* $s = 30$ *cm, Axiallänge* $L = 30$ *cm, Polschuhbreite* $b_p = 21$ *cm, Polschuhluftspalt* $\delta = 2{,}5$ *mm, Windungszahl einer Polerregerspule* $w_E = 160$*, Windungszahl einer Ständerstrangwicklung* $w = 36$ *(alle Windungen hintereinander geschaltet), Ständerwicklungsfaktor* $k_w = 0{,}93$*. Der Erregerstrom der Maschine beträgt* $I_E = 10$ *A und die Drehzahl* $n = 1500$ min^{-1}*. Es sind zu bestimmen:*

a) die Flußdichte B_{E0} *im Polschuhluftspalt* ($\mu_{Fe} \approx \infty$)*;*

b) der Formfakor k_E *des Erregerfelds für die Grundwelle, unter der Annahme, daß im Zwischenpolbereich das magnetische Feld Null ist (definitionsgemäß* $k_E^{(1)} = B_m^{(1)}/B_{F0}$*, wobei* $B_m^{(1)}$ *die Amplitude der Feldgrundwelle ist);*

c) der maximale Polfluß, entsprechend der Grundwelle;

d) die in eine Ständerstrangwicklung induzierte Effektivspannung.

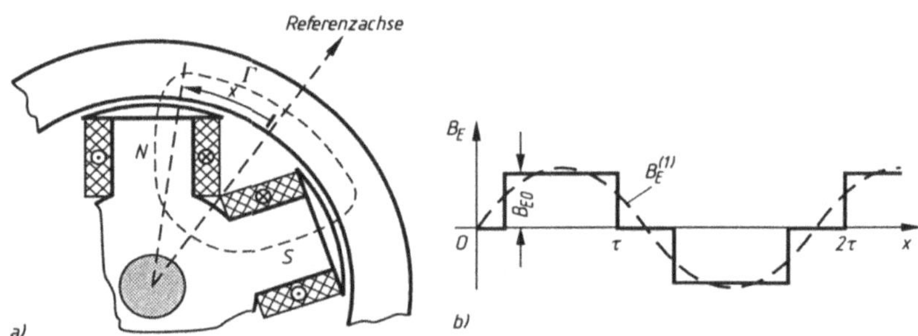

Bild 6.33 Drehstromsynchronmotor:
a) Maschinenquerschnitt, b) räumlicher Verlauf von B_E an der inneren Ständerbohrung

a) In Bild 6.33-a wird ein Ausschnitt des Maschinenquerschnitts dargestellt. Dem Umlauf Γ entlang, der den Luftspalt unter zwei benachbarten Polen quert und mit zwei Polspulen verkettet ist, führt das Durchflutungsgesetz zur folgenden Gleichung ($H_{Fe} \approx 0$):

$$2\, H_{E0}\, \delta = 2\, w_E\, I_E\,,$$

oder

$$B_{E0} = \mu_0\, H_{E0} = \frac{\mu_0\, w_E\, I_E}{\delta}\,,$$

wobei $\mu_0 = 4\pi \times 10^{-7}$ [Tm/A = Wb/Am = Vs/Am] die magnetische Feldkonstante (die Permeabilität des Vakuums) ist. Somit ergibt sich:

$$B_{E0} = \frac{4\,\pi \times 10^{-7} \times 160 \times 10}{2{,}5 \times 10^{-3}} = 0{,}804 \text{ T}\,.$$

Die räumliche Verteilung des magnetischen Felds an der inneren Ständerbohrung sieht so wie in Bild 6.33-b aus, unter des Vernachlässigung des Zwischenpolfelds.

b) Um die Amplitude der Feldgrundwelle in Bild 6.33-b zu berechnen, wird die Theorie der Fourier-Reihen angewandt. Mit dem gewählten Ursprung aus diesem Bild stellt die Grundwelle eine sinusförmige Kurve mit der Periode 2τ dar und mithin ist:

$$B_{\mathrm{m}}^{(1)} = \frac{2}{\tau} \int_{(\tau-b_{\mathrm{p}})/2}^{(\tau+b_{\mathrm{p}})/2} B_{\mathrm{E0}} \sin\frac{\pi x}{\tau} \mathrm{d}x \,,$$

wobei b_{p} die Polschuhbreite bezeichnet. Daraus gewinnt man:

$$B_{\mathrm{m}}^{(1)} = \frac{4}{\pi} \sin\frac{b_{\mathrm{p}}\pi}{2\tau} B_{\mathrm{E0}} \,.$$

Somit wird der Formfaktor der Grundwelle:

$$k_{\mathrm{E}}^{(1)} = \frac{4}{\pi} \sin\frac{b_{\mathrm{p}}\pi}{2\tau} \,.$$

Mit den angegebenen Daten:

$$k_{\mathrm{E}}^{(1)} = \frac{4}{\pi} \sin\frac{21\pi}{2 \times 30} = 1{,}134 \,.$$

c) Die Amplitude des Erregerflusses ist:

$$\Phi_{\mathrm{Em}} = \frac{2}{\pi} B_{\mathrm{m}}^{(1)} L\tau = \frac{2}{\pi} k_{\mathrm{E}}^{(1)} B_{\mathrm{E0}} L\tau \,,$$

bzw. mit Zahlenwerten:

$$\Phi_{\mathrm{Em}} = \frac{2}{\pi} \times 1{,}134 \times 0{,}804 \times 0{,}3 \times 0{,}3 = 0{,}0522 \text{ Wb} \,.$$

d) Der Effektivwert der durch die Grundwelle des Erregerfelds induzierten Spannung lautet, formelmäßig:

$$E_{\mathrm{E}} = \frac{2\pi}{\sqrt{2}} f w k_{\mathrm{w}} \Phi_{\mathrm{Em}} \,.$$

Dabei hängt die Frequenz von der Läuferdrehzahl ab:

$$f = \frac{pn}{60} = \frac{2 \times 1500}{60} = 50 \text{ Hz} \,.$$

Somit wird:

$$U_{\mathrm{E}} = \frac{2\pi}{\sqrt{2}} \times 50 \times 36 \times 0{,}93 \times 0{,}0522 = 388{,}2 \text{ V} \,.$$

6Ü.2 *Bei der in Übung 6Ü.1 beschriebenen Maschine ist auch der Gesamtwiderstand des Erregerkreises $R_E = 5\ \Omega$ bekannt.*

a) *Wie groß ist die Zeitkonstante τ_E des Erregerkreises, wenn die Streuinduktivität der Erregerwicklung 20 % der Nutzinduktivität beträgt?*

b) *Wie groß ist der Effektivwert des Erregerstroms, auf die Frequenz und Windungszahl des Ständers bezogen?*

a) Zuerst wird die Nutzinduktivität L_E der Erregerwicklung ermittelt, die aufgrund des Nutzflusses Φ_E, der den Luftspalt durchläuft und in den Ständer eintritt, definiert ist:

$$\Phi_E = B_{E0} L b_p = 0{,}804 \times 0{,}3 \times 0{,}21 = 0{,}0506 \text{ Wb} .$$

Der mit den Windungen einer Polspule verkettete Nutzfluß wird somit $w_E \Phi_E$, und der zu allen $2p$ Polspulen verkettete Nutzfluß lautet:

$$W_E = 2pw_{EE} = 4 \times 160 \times 0{,}0506 = 32{,}384 \text{ Wb} .$$

Folglich wird damit die Nutzinduktivität:

$$L_E = \frac{\Psi_E}{I_E} = \frac{32{,}384}{10} = 3{,}238 \text{ H} .$$

Die Streuinduktivität ist, da sie 20 % der Nutzinduktivität beträgt:

$$L_{E\sigma} = 0{,}2 L_E = 0{,}2 \times 3{,}238 = 0{,}648 \text{ H} ,$$

so daß die Gesamtinduktivität der Erregerwicklung

$$L_{EE} = L_E + L_{E\sigma} = 3{,}238 + 0{,}648 = 3{,}886 \text{ H}$$

beträgt. Die verlangte Gesamtzeitkonstante ist:

$$\tau_E = \frac{L_{EE}}{R_E} = \frac{3{,}886}{0{,}5} = 0{,}777 \text{ s} .$$

Im allgemeinen ist diese Zeitkonstante groß genug, in der Größenordnung einiger Zehntel Sekunden.

b) Um den auf den Ständer bezogenen Erregerstrom zu erhalten, bezieht man sich auf Gl. (6.12):

$$I'_E = I_E \frac{\pi\, p\, w_E\, k_E^{(1)}}{3\sqrt{2}\, w\, k_w} = 10 \frac{2\pi \times 160 \times 1{,}134}{3\sqrt{2} \times 36 \times 0{,}93} = 80{,}26 \text{ A} .$$

Dieser Strom hat folgenden physikalischen Hintergrund: wenn die Drehstrom-Ständerwicklung von einem symmetrischen Drehstromsystem mit der Frequenz 50 Hz und dem Effektivwert I'_E durchflossen wäre, dann würde sie die gleiche Grundwelle des Drehfelds erzeugen wie die Erregerwicklung selbst.

6Ü.3 *Ein Drehstromsynchronmotor mit Vollpolläufer in Sternschaltung hat folgende Nenndaten: 6 kV (Linienspannung), 2000 kW, $\cos\varphi = 0{,}9$, 50 Hz. Der Widerstand der ständerseitigen Strangwicklungen ist vernachlässigbar, und die Synchronreaktanz beträgt 1 r.u. (relative units = relative Einheiten). Auch die Eisen- und mechanischen Verluste des Motors sind vernachlässigbar. Der Motor läuft unter Belastung, und ihm wird eine Wirkleistung von 1500 kW zugeführt. Die durch das Erregerfeld induzierte Strangspannung beträgt 4682 V. Die Speisespannung ist der Nennspannung gleich.*

a) *Man bestimme den Polradwinkel θ, den aufgenommenen Strom I und den Leistungsfaktor $\cos\varphi$ im oben angegebenen Belastungsbetrieb.*

b) *Bei der gleichen zugeführten Wirkleistung und der gleichen Klemmenspannung wird der andere Wert der induzierten Spannung gesucht, der zum gleichen Wert des aufgenommenen Strom führt. Wie groß sind dieser Wert und der entsprechende Polradwinkel?*

a) Zunächst muß der Betrag X_s der Synchronreaktanz ermittelt werden, deren relativer Wert gleich Eins ist. Die Bezugsgröße im Fall der Reaktanzen ist die sogenannte Nennimpedanz $Z_N = U_N/I_N$ (U_N und I_N sind die Nennwerte der Strangspannung bzw. des aufgenommenen Stroms). Die Nennstrangspannung des in Stern geschalteten Motors bei der verketteten Netzspannung $U_L = 6$ kV ist:

$$U_N = \frac{U_L}{\sqrt{3}} = \frac{6000}{\sqrt{3}} = 3464{,}1 \text{ V} .$$

Den Nennstrom erhält man aus der zugeführten Wirkleistung, 2000 kW (da die Verluste aller Art vernachlässigt wurden):

$$I_N = \frac{P_N}{3U_N \cos\varphi_N} = \frac{2 \times 10^6}{3 \times 3464{,}1 \times 0{,}9} = 213{,}8 \text{ A} .$$

Die Nennimpedanz wird somit:

$$Z_N = \frac{U_N}{I_N} = \frac{3464{,}1}{213{,}8} = 16{,}2\ \Omega ,$$

und die Synchronreaktanz ist:

$$X_s = Z_N = 16{,}2\ \Omega .$$

Um die nachgefragten Größen zu ermitteln, zieht man die Spannungsgleichung heran, wobei vom Term $R\,I$ abgesehen wird,

$$\underline{U} = -\underline{E}'_E + j X_s \underline{I}.$$

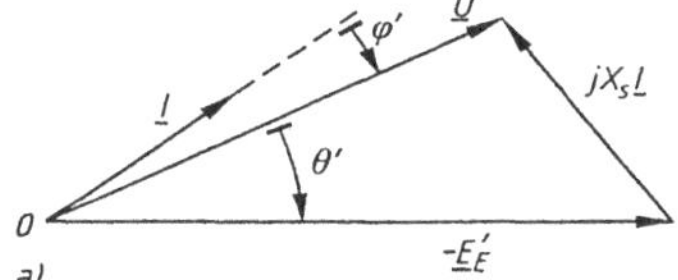

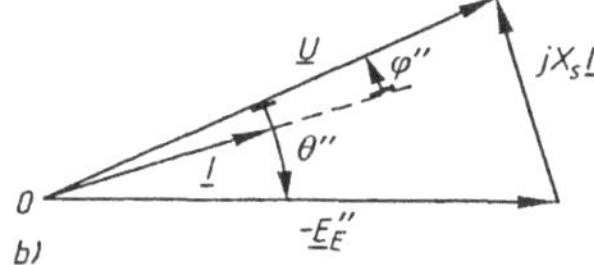

Bild 6.34
Zeigerdiagramme eines Vollpolsynchronmotors:
a) übererregt ($U'_E > U$),
b) untererregt ($U > U''_E$)

Da die induzierte Spannung $E'_E = 4682$ V größer als die Strangspannung U ist, gilt das Zeigerdiagramm aus Bild 6.34-a. Man bezeichnet θ' als den Polradwinkel und φ' als den Phasenverschiebungswinkel zwischen den Zeigern $\underline{I}$ und $\underline{U}$. Der Winkel φ' entspricht einem übererregten Betrieb. Aufgrund dieses Diagramms gelten:

$$X_s I \cos\varphi' = E'_E \sin\theta' ,$$

$$X_s I \sin\varphi' = E'_E \cos\theta' - U .$$

In diesem Gleichungssystem mit zwei Gleichungen und drei Variablen (I', φ' und θ') wird eine weitere Gleichung gebraucht. Aus der Aussage kennt man aber noch die vom Motor abgegebene Wirkleistung und damit:

$$3UI\cos\varphi' = P .$$

Aus dieser letzten Gleichung bestimmt man die Wirkkomponente des aufgenommenen Stroms:

$$I\cos\varphi' = \frac{P}{3U} = \frac{1{,}5\times10^6}{3\times3464{,}1} = 144{,}38\ \text{A} \tag{6.70}$$

und dann

$$\sin\theta' = \frac{X_s\, I\cos\varphi'}{E'_E} = \frac{16{,}2\times144{,}38}{4682} = 0{,}5\ .$$

Mithin beträgt der Polradwinkel $\theta' = 30°$ und

$$I\sin\varphi' = \frac{E'_E\cos\theta' - U}{X_s} = \frac{4682\times0{,}866 - 3464{,}1}{16{,}2} = 36{,}46\ \text{A}\ . \tag{6.71}$$

Aus den Gl. (6.70) und (6.71) bekommt man zuerst den Strom:

$$I = \sqrt{144{,}38^2 + 36{,}46^2} = 148{,}91\ \text{A}\ ,$$

und dann den Leistungsfaktor:

$$\cos\varphi' = \frac{I\cos\phi'}{I} = \frac{144{,}38}{148{,}91} = 0{,}97_c\ \text{(kapazitiv)}\ .$$

b) Bei gleicher aufgenommenen Wirkleistung und gleicher Klemmenspannung, somit für den gleichen Wert der Wirkkomponente $I\cos\varphi$ des Stroms bei dem gleichen aufgenommenen Strom, ist noch ein Betriebspunkt möglich, so wie aus Bild 6.34-b ersichtlich ist. Diesmal entspricht der Motorbetrieb einer Untererregung, und die von der Erregung induzierten Spannung weist einen anderen Wert, E''_E, auf. Der neue Polradwinkel ist θ''. Diese beiden Werte sind unbekannt. Zur Bestimmung dieser Unbekannten liefert das Zeigerdiagramm folgende Gleichungen:

$$E''_E\sin\theta'' = X_s\, I\cos\varphi = 16{,}2\times144{,}38 = 2338{,}96\ \text{V}\ ,$$

$$(U - E''_E\cos\theta'')^2 + (E''_E\sin\theta'')^2 = X_s^2\, I^2\ .$$

Aus der 2. Beziehung erhält man:

$$E''_E\cos\theta'' = U - \sqrt{(X_s\, I)^2 - \left(E''_E\cos\theta''\right)^2} =$$

$$= 3464{,}1 - \sqrt{(16{,}2\times148{,}91)^2 - 2338{,}96^2} = 2873{,}63\ \text{V}\ .$$

Folglich:

$$E''_E = \sqrt{1338{,}96^2 + 2873{,}63^2} = 3705{,}2\ \text{V}\ ,$$

$$\tan\theta'' = 0{,}813\ ,$$

$$\theta'' = 39{,}14°\ .$$

c) Ein Betrieb mit kapazitivem Leistungsfaktor (bei $E'_E = 4682$ V) wäre vorzuziehen, da in diesem Fall der Synchronmotor dem Netz eine bestimmte Blindleistung

$$Q = 3UI\sin\varphi = 3\times3464{,}1\times148{,}91\times0{,}243 = 376\times10^3\ \text{VAr} = 376\ \text{kVAr}$$

zur Verfügung stellen kann, die verwendet wird, um den Leistungsfaktor der ganzen Anlage zu verbessern. Mehr noch, da der Motor einen Betrieb mit einer größeren induzierten Spannung verkraften kann, verbessert er die dynamische Stabilität.

Das Kippmoment

$$M_K = \frac{3 E_E U}{X_s \Omega}$$

ist in Fall a um 26,4 % höher als in Fall b.

6Ü.4 *Die Nennscheinleistung eines Vollpolsynchronmotors ist S_N = 400 kVA, die Strangspannung U_N = 3470 V. Die Maschine hat folgende weitere Daten: Synchronreaktanz X_s = 50 Ω, $R \approx 0$, f_1 = 50 Hz, 2p = 6.*

a) *Wie groß ist der aufgenommene Strom, wenn der Motor unter Nennbelastung bei einem einheitlichen Leistungsfaktor läuft?*
b) *Wie hoch ist in diesem Fall das erzeugte elektromagnetische Drehmoment?*
c) *Falls das erzeugte elektromagnetische Drehmoment konstant bleibt, aber der Motor bei einem kapazitiven Leistungsfaktor $\cos\varphi = 0{,}9_c$ läuft, wie groß sind der aufgenommene Strom und die induzierte Spannung?*

a) Der aufgenommene Strangstrom ist:

$$I = \frac{S_N}{3 U_N \cos\varphi} = \frac{4 \times 10^5}{3 \times 3470 \times 1} = 38{,}42 \text{ A} .$$

b) Da $R \approx 0$, kann man die Wärmeverluste des Motors vernachlässigen. Wenn zusätzlich noch die Eisen- und die mechanischen Verluste vernachlässigbar sind, ist die zugeführte Wirkleistung gleich der elektromagnetischen Leistung:

$$M \Omega = 3 U_N I \cos\varphi ,$$

wobei Ω die Synchron-Winkelgeschwindigkeit ist:

$$\Omega = \frac{\omega}{p} = \frac{2\pi \times 50}{3} = 104{,}72 \text{ s}^{-1} .$$

Dementsprechend ist:

$$\mathrm{M} = \frac{3 U_N I \cos\varphi}{\Omega} = \frac{4 \times 10^5}{104{,}72} = 3819{,}7 \text{ Nm} .$$

Um die vom Erregerfeld induzierte Spannung zu ermitteln, nutzt man, daß das von den Zeigern $\underline{U}$, $jX_s\underline{I}$, $\underline{E}_E$ gebildete Dreieck rechtwinklig ist, da der Strom $\underline{I}$ gleichphasig zu $\underline{U}$ ist. Somit:

$$E_E = \sqrt{U^2 + (X_s I)^2} = \sqrt{3470^2 + (50 \times 38{,}42)^2} = 3966{,}2 \text{ V} .$$

c) Man bezeichnet den aufgenommenen Strom mit I' und die neue induzierte Spannung mit E'_E. Da die Strangspannung und das Drehmoment konstant bleiben, ergibt sich:

$$I' \cos\varphi' = I = 38{,}42 \text{ A}$$

und folglich:

$$I' = \frac{38{,}42}{0{,}9} = 42{,}69 \text{ A} .$$

Andererseits bekommt man aus dem Zeigerdiagramm (siehe Bild 6.34-a):

$$E'_E \sin\theta' = X_s I' \cos\varphi' ,$$

$$E'_E \cos\theta' = X_s I' \sin\varphi' + U ,$$

was zu folgendem Ausdruck der induzierten Spannung E'_E führt:

$$E'_E = \sqrt{\left(U + X_s I' \sin\varphi'\right)^2 + \left(X_s I \cos\varphi'\right)^2} ,$$

Mit Zahlenwerten :

$$E'_E = \sqrt{(3470 + 50 \times 42{,}69 \times 0{,}435)^2 + (50 \times 42{,}69 \times 0{,}9)^2} = 4799{,}7 \text{ V} .$$

Damit der Motor in den kapazitiven Betrieb übergeht, ist die Übererregung der Maschine nötig.

6Ü.5 *Ein Vollpolsynchronmotor läuft im Leerlauf. Seine Verluste beliebiger Art dürfen vernachlässigt werden. Die Magnetisierungsreaktanz X_s und die Strangspannung U sind bekannt. Man bestimme die analytische Gleichung der V-Kennlinie $I = f(I'_E)$. Dabei sind I der aufgenommene Strom und I'_E der auf den Ständer bezogene Erregerstrom.*

Da das Drehmoment

$$M = \frac{3 E_E U}{X_s \Omega} \sin\theta = 0$$

Null ist, ergibt sich $\theta = 0$. In diesem Fall sind die Zeiger $\underline{U}$, $\underline{E}_E$ und $jX_s \underline{I}$ richtungsgleich. Der Zeiger $\underline{I}$ liegt quer zur Spannung $\underline{U}$, d.h. $\cos\theta = 0$.

Bei $E_E > U$ gilt die Lage in Bild 6.35-a, und die Maschine befindet sich in einem kapazitiven Betrieb. Zwischen den Betriebsgrößen besteht die Gleichung:

$$E_E - U = X_s I .$$

Weil $E_E = X_\mu I'_E$, bekommt man folgende funktionelle Abhängigkeit zwischen dem aufgenommenen Strom und dem bezogenen Erregerstrom:

$$I = \frac{X_\mu}{X_s} I'_E - \frac{X_\mu}{X_s} . \qquad (6.72)$$

Im Fall $E_E < U$ läuft die Maschine in einem induktiven Betrieb, und das entsprechende Zeigerdiagramm ist in Bild 6.35-b dargestellt. Daraus ergibt sich:

$$E_E - U = -X_s I ,$$

oder

$$I = -\frac{X_\mu}{X_s} I'_E + \frac{X_\mu}{X_s} . \qquad (6.73)$$

Wenn $E_E = U$ ist, ist der Strom $I = 0$.

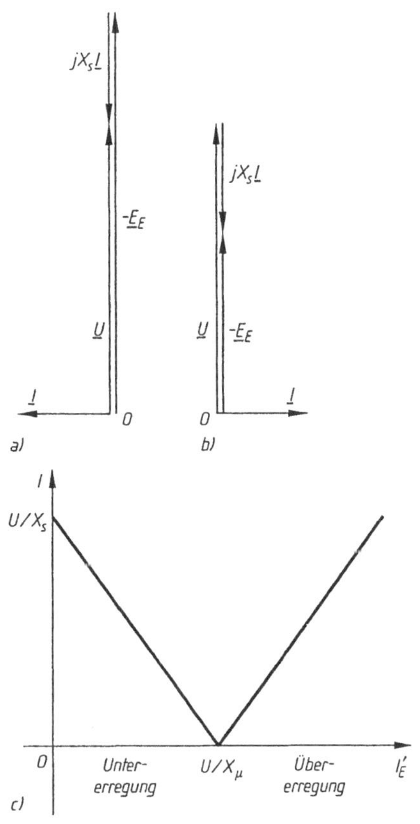

Die V-Kennlinie, die aus den Gl. (6.72) und (6.73) hervorgeht, ist in Bild 6.35-c dargestellt. Wird der Erregerstrom verändert, kann die Maschine vom induktiven Betrieb in einen kapazitiven Betrieb übergehen. In diesem Betrieb wird der Motor in den Verteilersystemen zu einer Verbesserung des Leistungsfaktors verwendet – Phasenschieberbetrieb. Die Kennlinie in Bild 6.35-c berücksichtigt die Sättigung nicht, weil die induzierte Spannung E_E proportional dem Erregerstrom ist.

Bild 6.35
Zeigerdiagramme:
a) kapazitiver,
b) induktiver Betrieb,
c) V-Kennlinie des Vollpolsynchronmotors

6Ü.6 *Ein Schenkelpol-Synchronmotor hat folgende Daten: Nennleistung $P_{2N} = 10$ MW, verkettete Klemmenspannung 6000 V, Nennleistungsfaktor $\cos\varphi_N = 1$, Nennwirkungsgrad $\eta_N = 0{,}98$, Sternschaltung, Längssynchronreaktanz $X_d = 3{,}5\ \Omega$, Quersynchronreaktanz $X_q = 2{,}5\ \Omega$. Die Ständerstrangreaktanz darf vernachlässigt werden.*

a) Wie hoch ist die Überbelastbarkeit $k_M = M_K/M_N$, wobei M_K das Kippmoment ist. Wie groß ist der maximale Polradwinkel, der die statische Stabilität noch gewährleistet?

b) Wie groß ist das Kippmoment bei unterbrochenem Erregerstrom?

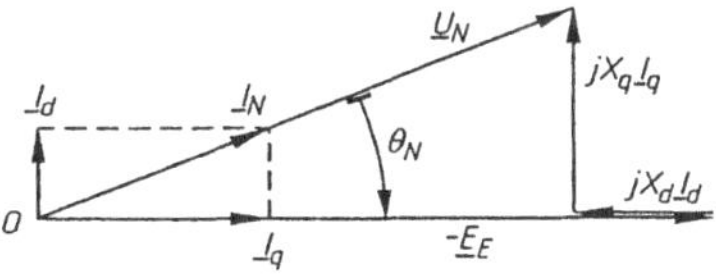

Bild 6.36
Zeigerdiagramme des Schenkelpol-Synchronmotors

a) Da es um einen Schenkelpolmotor geht, gilt das Zeigerdiagramm aus Bild 6.36, wobei (da $\cos\varphi_N = 1$) der Nennstrom $\underline{I}_N$ und die Nennspannung $\underline{U}_N$ ($U_N = 6000/\sqrt{3} = 3464{,}1$ V) gleichphasig sind. Aus diesem Zeigerdiagramm ergeben sich folgende zwei Beziehungen:

$$U_N \cos\theta_N = E_E - X_d I_d\,,$$

$$U_N \sin\theta_N = X_q I_q\,.$$

Da aber $I_q = I_N \cos\theta_N$ und $I_d = I_N \sin\theta_N$, leitet man aus der 2. Beziehung her:

$$\tan\theta_N = \frac{X_q\, I_N}{U_N} = \frac{2{,}5\times 981{,}9}{3464{,}1} = 0{,}708\,.$$

Der Nennstrom wird aus der zugeführten Wirkleistung P_{1N} errechnet:

$$I_N = \frac{P_{1N}}{3U_N \cos\varphi_N} = \frac{P_{2N}}{3U_N\, \eta_N \cos\varphi_N} = \frac{10^7}{3\times 3464{,}1\times 0{,}98\times 1} = 981{,}9\ \mathrm{A}\,.$$

Dementsprechend θ_N = arctan 0,708 = 35,32°. Um die induzierte Spannung E_E zu ermitteln, kann man aus der 1. Beziehung folgende Gleichung ableiten:

$$E_E = U_N \cos\theta_N + X_d I \sin\theta_N = 3464{,}1\times 0{,}816 + 3{,}5\times 981{,}9\times 0{,}578 = 4813{,}1\ \mathrm{V}\,.$$

Das Drehmoment wird aus Gl. (6.58) berechnet:

$$M = \frac{3E_E U}{X_d \Omega}\sin\theta + \frac{3U_N^2}{2\Omega}\left(\frac{1}{X_q} - \frac{1}{X_d}\right)\sin 2\theta\,.$$

Da die Winkelgeschwindigkeit noch unbekannt ist, nutzt man, daß $P = M\Omega$ ist:

$$P = \frac{3\times 4813{,}1\times 3464{,}1}{3{,}5}\sin\theta + \frac{3\times 4813{,}1\times 3464{,}1}{3{,}5}\sin 2\theta\,.$$

Um das Maximum der elektromagnetischen Leistung zu erhalten, berechnet man die Ableitung der Leistung nach dem Polradwinkel, die dann zu Null gesetzt wird:

$$\frac{\mathrm{d}P}{\mathrm{d}\theta} = 14{,}29\cos\theta + 4{,}12\cos 2\theta = 0\,.$$

Auf diese Weise erhält man folgende trigonometrische Gleichung:

$$8{,}24\cos 2\theta + 14{,}29\cos\theta + 4{,}12\cos 2\theta = 0,$$

die, vom physikalischen Gesichtspunkt aus, eine einzige gültige Lösung zuläßt, und zwar:

$$\cos\theta_m = 0{,}2517\,.$$

Infolgedessen beträgt der Polradwinkel, bei dem das Maximum der elektromagnetischen Leistung erreicht wird:

$$\theta_m = 75{,}42°\,.$$

Bei jedem beliebigen $\theta < \theta_m$ ist die statische Stabilität gewährt. Die maximale elektromagnetische Leistung läßt sich jetzt berechnen:

$$P_m = 14{,}29\sin\theta_m + 2{,}06\sin 2\theta_m = 14{,}83\ \mathrm{MW}\,.$$

Somit wird der Überbelastbarkeitsfaktor:

$$k_M = \frac{M_K}{M_K} = \frac{P_m}{P_{2N}} = \frac{14{,}83}{10} = 1{,}483\,.$$

b) Nach dem Abschalten des Erregerstroms werden die induzierte Spannung $E_E = 0$ und das Drehmoment:

$$M' = \frac{3U_N^2}{2\Omega}\left(\frac{1}{X_q} - \frac{1}{X_d}\right)\sin 2\theta\ ,$$

was der elektromagnetischen Leistung

$$P' = M'\Omega = 2{,}06\sin 2\theta$$

entspricht.

Folglich darf in diesem Fall der Motor bis zu 20,6 % der Nennleistung P_{2N} bzw. bis 0,206 MW belastet werden.

6Ü.7

a) Ein Vollpolsynchronmotor mit der Nennleistung 400 kW und mit dem Überbelastbarkeitsfaktor $k_M = M_K/M_N = 1{,}6$ läuft im Leerlaufbetrieb. Es soll die Maximalwirkleistung bestimmt werden, bei der der Motor schlagartig belastet werden kann, ohne daß er aus dem Synchronismus fällt. Der elektromagnetische transiente Vorgang sowie alle Verluste dürfen vernachlässigt werden.

b) Dieselbe Frage, im Fall daß der Motor anfänglich stationär bei 100 kW Leistung läuft.

a) Die Übung bezieht sich auf die dynamische Stabilität des Synchronmotors. Es wird das Kriterium der gleichen Flächen, bezogen auf die Polradwinkel-Kennlinie $M = f(\theta)$, bei $U =$ konst. und $I_E =$ konst., angewendet. Im Anfangszustand ist der Polradwinkel Null, $\theta_1 = 0$, da der Motor sich im Leerlauf befindet und $M_{L1} = 0$ (Bild 6.37).

Es seien M_{L2} das Maximallastmoment, das schlagartig an der Welle des Motors angelegt werden darf, ohne den Verlust der statischen Stabilität hervorzurufen, und θ_2 der entsprechende Polradwinkel.

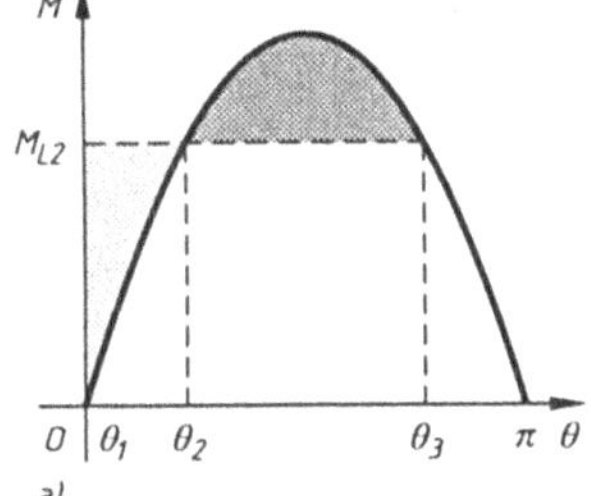

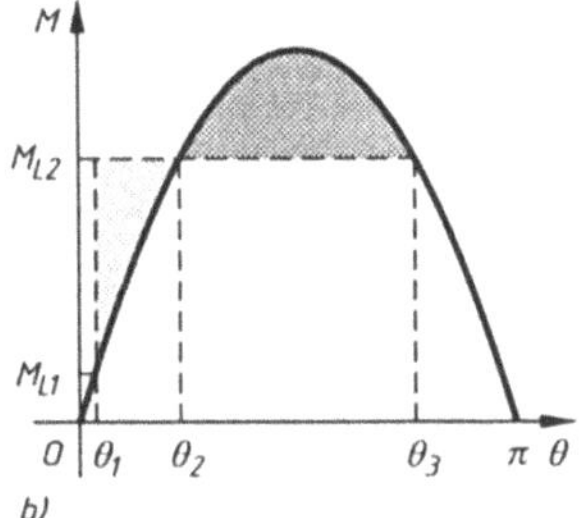

Bild 6.37
Zur dynamischen Stabilität des Synchronmotors bei schlagartiger Belastung, anfänglich:
a) im Leerlauf,
b) im stationären Lastbetrieb

Der maximale Polradwinkel, der in der Zeitspanne der ersten Schwingung unter Annahme einer gesicherten statischen Stabilität erreicht werden kann, wird mit θ_3 bezeichnet. Das Kriterium der gleichen Flächen führt zu:

$$\int_0^{\theta_2} (M_{L2} - M_K \sin\theta)\mathrm{d}\theta = \int_{\theta_2}^{\theta_3} (M_K \sin\theta - M_{L2})\mathrm{d}\theta \ .$$

An der Stabilitätsgrenze (vgl. Bild 6.37) betragen $\theta_3 = \pi - \theta_2$ und $M_{L2} = M_K \sin\theta_2$, so daß die Gleichung, die die Unbekannte θ_2 enthält, wird:

$$\int_0^{\theta_2} (M_{L2} - M_K \sin\theta)\mathrm{d}\theta = \int_{\theta_2}^{\theta_3} (M_K \sin\theta - M_{L2})\mathrm{d}\theta \ ,$$

bzw. $(\pi - \theta_2)\sin\theta_2 + \cos(\pi - \theta_2) - 1 = 0$.

Nach Anwendung einer trigonometrischen Umformung bekommt man:

$$\pi - \theta_2 = \frac{1}{\tan\frac{\theta_2}{2}} ,$$

mit der Lösung $\theta_2 = 46{,}45°$. Das Lastmoment M_{L2} ist:

$$M_{L2} = M_K \sin\theta_2 = k_M M_N \sin\theta_2 .$$

Dies bedeutet, daß die entwickelte Leistung

$$P_2 = M_{L2}\,\Omega = k_M M_N \sin\theta_2 = 1{,}6\times 400\times \sin 46{,}45° = 463{,}85 \text{ kW}$$

ist. Danach, obwohl die maximale Überbelastbarkeit des Motors

$$k_M P_N = 1{,}6\times 400 = 640 \text{ kW}$$

ist, wird eine schlagartige Belastung von nur 463,85 kW am anfänglichen Leerlaufzustand zu einem transienten Vorgang an der Grenze der Stabilität führen.

b) Läuft der Motor in einem Anfangszustand bei der Leistung P_1 = 100 kW, wird der Polradwinkel θ_1 aus folgender Gleichung errechnet:

$$P_m \sin\theta_1 = k_M P_N \sin\theta_1 = P_1 .$$

Folglich ist:

$$\sin\theta_1 = \frac{P_1}{k_M\, P_N} = \frac{100}{1{,}6\times 400} = 0{,}1562$$

und damit θ_1 = arcsin 0,1562 = 8,99° = 0,1569 Bogenmaß. Diesmal führt das Kriterium der gleichen Flächen zu folgender Gleichung, die θ_2 als Unbekannte enthält:

$$\int_{\theta_1}^{\pi-\theta_2} (\sin\theta_2 - \sin\theta)\mathrm{d}\theta = 0 ,$$

bzw.

$$(\pi - \theta_1 - \theta_2)\sin\theta_1 = \cos\theta_1 + \cos\theta_2 .$$

Wird der Wert von θ_1, in Bogenmaß gemessen, in die obige Gleichung eingesetzt, bekommt man nach einigen Iterationen $\theta_2 = 50{,}5°$ (Bild 6.37-b) was bedeutet, daß:

$$P_2 = M_{L2}\Omega = k_M P_N \sin\theta_2 = 1{,}6\times 400\times \sin 50{,}5° = 494 \text{ kW} .$$

Somit ist in diesem Fall die schlagartige Erscheinung eines Lastmoments mit etwa 6,5 % größer als im vorhergehenden Fall möglich.

Die dynamische Stabilität hängt also vom Störungsbetrag und vom Anfangszustand ab.

6Ü.8 *Ein Vollpolsynchronmotor hat folgende Daten: Nenn-Nutzleistung P_{2N} = 2400 kW, Frequenz f = 50 Hz, Polzahl 2p = 2, Überbelastbarkeitsfaktor $k_M = P_m/P_N$ = 2. Die Maschine läuft unter Nennbelastung, wenn die Versorgung mit elektrischer Energie unterbrochen wird. Nach einiger Zeit kehrt die Klemmenspannung zurück. Wie groß darf die Spannungspause sein, damit die Maschine bei der Spannungsrückkehr nicht aus dem Synchronismus herauskommt? Das gesamte, auf die Motorwelle bezogene Trägheitsmoment, beträgt M_J = 750 kgm^2. Alle Verluste dürfen vernachlässigt werden.*

Die Übung enthält zwei Teile: zunächst wird der Maximalpolradwinkel θ_2, bis zu dem die Spannungspause dauern kann, bestimmt, so daß bei Spannungsrückkehr die dynamische Stabilität gesichert ist. Danach wird, bei bekanntem θ_2, die Zeitspanne berechnet, die nötig ist, um diesen Wert zu erreichen. Der Anfangspolradwinkel θ_1 ergibt sich leicht, da der Motor unter Nennbelastung läuft und sein Überbelastungskoeffizient bekannt ist. Somit ist

$$P_N = P_m \sin\theta_1 ,$$

und

$$\sin\theta_1 = \frac{P_N}{P_m} = 0{,}5 ,$$

bzw.

$$\theta_1 = 30° = (\pi/6) \text{ Bogenmaß} .$$

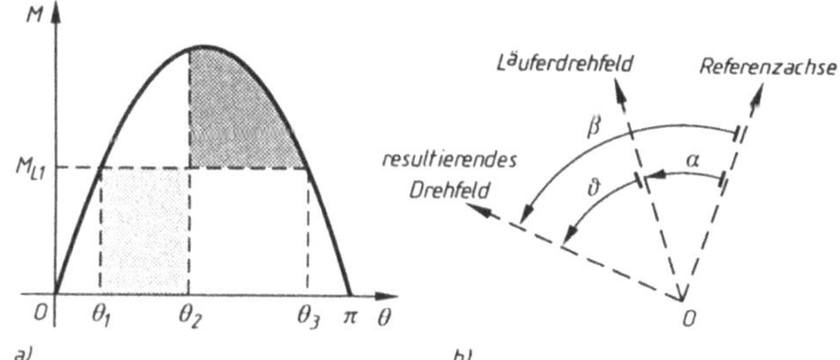

Bild 6.38
Vollpolsynchronmotor:
a) $M(\Omega)$,
b) Achsen der Drehfelder

Wie oben schon festgestellt, tritt im Bereich (θ_1, θ_2) die Spannungspause ein, und das Drehmoment des Motors nimmt bis zu Null ab (Bild 6.38-a). Wenn der Winkel θ_2 erreicht ist, kehrt die Spannung zurück, und das elektromagnetische Drehmoment entsteht aufs neue. Jetzt wirkt es im Bereich (θ_2, θ_3), um die Stabilität zu bewahren. An der Stabilitätsgrenze hat man $\theta = \theta_3$. Bild 6.38-a hebt die Flächen hervor, die gleich sein müssen, damit die dynamische Stabilität an ihrer Grenze bleibt. Folglich:

$$\int_0^{\theta_2} (M_{L2} - M_K \sin\theta) d\theta = \int_{\theta_2}^{\theta_3} (M_K \sin\theta - M_{L2}) d\theta ,$$

da das Lastmoment $M_L = M_N$ während des ganzen transienten Vorgangs konstant bleibt. Mit $M_K = k_M M_N$ bekommt man aus der obigen Beziehung folgende Gleichung:

$$\pi - 2\theta_1 = 2(\cos\theta_1 + \cos\theta_2) .$$

Die Lösung dieser Gleichung lautet:

$$\cos\theta_2 = 0{,}1812 ,$$

bzw.

$$\theta_2 = 79{,}56° = 1{,}3886 \text{ Bogenmaß} .$$

Weiter wird die Zeit berechnet, die nötig ist, damit der Polradwinkel des Läufers vom Wert θ_1 auf den Wert θ_2 steigt. In Bild 6.38-b ist die relative räumliche Lage einer Nordpolachse des resultierenden Drehfelds und eines Läufernordpols zu einem beliebigen Zeitpunkt des transienten Vorgangs dargestellt. Das resultierende Drehfeld ist gar keiner Störung unterworfen, da es synchronlaufend zum Netz ist. Der Läufer aber nimmt jede Störung auf. Seien α der Läuferlagewinkel und β der Winkel des resultierenden Drehfelds in bezug auf eine unbewegliche Bezugsachse. Ihre Differenz stellt den geometrischen Polradwinkel dar:

$$\vartheta = \beta - \alpha \ . \tag{6.74}$$

Der elektrische Polradwinkel θ ist an dengeometrischen Winkel ϑ durch die Beziehung $\theta = p\vartheta$ verbunden. Leitet man Gl.(6.74) nach derZeit ab, erhält man:

$$\Omega_0 = \Omega + \frac{1}{p} \times \frac{d\theta}{dt} \ ,$$

wobei Ω_0 die *Synchron-Winkelgeschwindigkeit* und Ω die *Läufer-Winkelgeschwindigkeit* bezeichnen. Leitet man die letzte Gleichung noch einmal nach der Zeit ab, ergibt sich eine weitere Beziehung zwischen der Läufer-Winkelbeschleunigung $d^2\theta/dt^2$ und dem Polradwinkel θ:

$$\frac{d\Omega}{dt} = -\frac{1}{p} \times \frac{d^2\theta}{dt^2} \ .$$

Auf dieser Grundlage kann die Bewegungsgleichung bestimmt werden, wenn der Läufer sich im Bremsbetrieb befindet und das elektromagnetische Drehmoment Null ist:

$$-M_L = J\frac{d\Omega}{dt} = -\frac{1}{p} \times \frac{d^2\theta}{dt^2} \ ,$$

bzw.

$$M_N = \frac{J}{p} \times \frac{d^2\theta}{dt^2} \ .$$

Die Anfangsbedingungen lauten: $t = 0$, $\theta = \theta_1$ und $d\theta/dt = 0$ (da sich der Läufer vor der Spannungspause mit Synchrongeschwindigkeit dreht). Die Lösung der oben hergeleiteten Differentialgleichung ist:

$$\theta = \frac{p\,M_N}{2J} t^2 + \theta_1 \ .$$

Die benötigte Zeitspanne t_0, damit der Polradwinkel den Wert θ_2 erreicht, ist:

$$t_0 = \sqrt{\frac{2J(\theta_2 - \theta_1)}{p\,M_N}} = \sqrt{\frac{2 \times 750 \times \left(1{,}3886 - \frac{\pi}{3}\right)}{1 \times 7639{,}4}} = 0{,}259 \text{ s} \ ,$$

da

$$M_N = \frac{P_N}{\Omega_0} = \frac{2{,}4 \times 10^6}{2\pi \times 50} = 7639{,}4 \text{ Nm} \ .$$

Wenn die Spannungsrückkehr nicht in weniger als 0,259 s stattfindet, kann der Motor seine Synchrondrehzahl nicht aufrechterhalten.

6Ü.9 *Ein Schenkelpol-Synchronmotor ist von einem symmetrischen Drehstromsystem*

$i_U = I\sqrt{2}\cos\omega t$, $i_V = I\sqrt{2}\cos\left(\omega t - \frac{2\pi}{3}\right)$, $i_W = I\sqrt{2}\cos\left(\omega t - \frac{2\pi}{3}\right)$ *gespeist.*

Der Motor dreht sich in Ständer-Strangfolgerichtung mit seiner Synchrondrehzahl und ist unerregt. Zum Zeitpunkt $t = 0$ ist γ_0 der elektrische Winkel zwischen der Läuferlängsachse d und der ständerseitigen Bezugsachse der Strangwicklung U.

a) Ohne den Widerstand R der Ständer-Strangwicklungen zu vernachlässigen, sollen die Spannungen u_d und u_q hergeleitet werden. Die Maschinenparameter sind bekannt.

b) Es soll dann der analytische Ausdruck der augenblicklichen Klemmenspannung des U-Strangs bestimmt werden.

c) Welche ist die Ständer-Strangimpedanz bei $\gamma_0 = 0$ bzw. $\gamma_0 = \pi/2$?

a) Es werden die Park-Blondel-Formeln (6.32) angewendet:

$$\begin{cases} i_d = \dfrac{2}{3}\left[i_U \cos\gamma + i_V \cos\left(\gamma - \dfrac{2\pi}{3}\right) + i_W \cos\left(\gamma - \dfrac{4\pi}{3}\right)\right], \\ i_q = -\dfrac{2}{3}\left[i_U \cos\gamma + i_V \cos\left(\gamma - \dfrac{2\pi}{3}\right) + i_W \cos\left(\gamma - \dfrac{4\pi}{3}\right)\right]. \end{cases} \tag{6.75}$$

Mit den Formeln der Strangströme und $\gamma = \omega t + \gamma_0$, erhält man:

$$i_d = \frac{2I\sqrt{2}}{3}\left[\cos\omega t \cos(\omega t + \gamma_0) + \cos\left(\omega t - \frac{2\pi}{3}\right)\cos\left(\omega t + \gamma_0 - \frac{2\pi}{3}\right) + \right.$$
$$\left. + \cos\left(\omega t - \frac{4\pi}{3}\right)\cos\left(\omega t + \gamma_0 - \frac{4\pi}{3}\right)\right] = I\sqrt{2}\cos\gamma_0$$

und, analog:

$$i_q = -I\sqrt{2}\sin\gamma_0 .$$

Um die Spannungen u_d und u_q zu bestimmen, wendet man die Park-Blondel-Gleichungen (6.34), in Absolutwerten, an:

$$\begin{cases} u_d = \dfrac{d\psi_d}{dt} - \Psi_q \dfrac{d\psi_d}{dt} + Ri_d, \\ u_q = \Psi_d \dfrac{d\psi_d}{dt} + \dfrac{d\psi_q}{dt} + Ri_q, \\ \Psi_d = L_d i_d, \\ \Psi_q = L_q i_q. \end{cases}$$

Man hat berücksichtigt, daß $i_E = 0$ angenommen wurde und i_d und i_q gleich Null sind (in den Dämpferwicklungen entstehen keine Ströme, solange der Läufer synchron läuft). Da die beide Komponenten i_d und i_q des Ständerstroms zusätzlich konstant bleiben, müssen die Flußableitungen aus den Gleichungen der Größen u_d und u_q auch Null sein und somit:

$$\begin{cases} u_d = -X_q i_q + R i_d = X_q I\sqrt{2}\sin\gamma_0 + RI\sqrt{2}\cos\gamma_0, \\ u_q = X_d i_d + R i_q = X_d I\sqrt{2}\cos\gamma_0 - RI\sqrt{2}\sin\gamma_0. \end{cases}$$

Erwähnenswert ist, daß die oben angewandte Variablenumformung zu Größen *mit den Indizes d bzw. q führt, die zeitlich konstant sind, wenn das Drehstromsystem symmetrisch ist und die Maschine synchron läuft.*

b) Um die Klemmenspannung u_U des Bezugsstranges zu ermitteln, bei bekannten u_d und u_q, wendet man die *inverse Transformation* Park-Blondel (6.39) an. Man erhält:

$$u_U = u_d \cos\gamma - u_q \sin\gamma .$$

Ersetzt man u_d und u_q durch ihre unter Punkt a hergeleiteten Ausdrücke, bekommt man:

$$u_U = X_q I \sqrt{2} \sin \gamma_0 \cos(\omega t + \gamma_0) - X_d I \sqrt{2} \cos \gamma_0 \sin(\omega t + \gamma_0) + R I \sqrt{2} \cos \omega t$$

c) Für $\gamma_0 = 0$ gilt:

$$u_U = -X_d I \sqrt{2} \sin \omega t + R I \sqrt{2} \cos \omega t = R\, i_U + L_d \frac{\mathrm{d} i_U}{\mathrm{d} t} ,$$

d.h. die äquivalente Impedanz ist:

$$Z = \sqrt{R^2 + X_d^2} .$$

Wenn $\gamma_0 = \pi / 2$:

$$u_U = -X_q I \sqrt{2} \sin \omega t + R I \sqrt{2} \cos \omega t = R\, i_U + L_d \frac{\mathrm{d} i_U}{\mathrm{d} t}$$

und damit

$$Z = \sqrt{R^2 + X_d^2} .$$

6Ü.10 *Ein Schenkelpol-Drehstromsynchronmotor läuft im stationärem Betrieb, der durch den Polradwinkel θ_0 gekennzeichnet ist. Das Lastmoment erhält eine sprungartige Abweichung Δm_L. Man untersuche, mit Hilfe der Park-Blondel-Gleichungen, die statische Stabilität um den stationären Anfangsbetriebspunkt. Es wird angenommen, daß der Motor keinen Dämpfungskäfig im Läufer hat und daß die Strangwiderstände der Ständerwicklung vernachlässigt werden dürfen. Das Speisenetz gewährt weiterhin ein symmetrisches Drehspannungssystem, und die Erregerspannung bleibt konstant.*

Man betrachtet zuerst den anfänglichen stationären Betrieb. Die Größen dieses Betriebs bekommen den Index Null. Es werden die relativen Längs- und Querkomponente u_{d0} bzw. u_{q0} berechnet, unter der Annahme folgender Strangspannungen:

$$\begin{cases} u_U = U_N \sqrt{2} \cos \gamma , \\ u_V = U_N \sqrt{2} \cos\left(\gamma - \dfrac{2\pi}{3}\right) , \\ u_W = U_N \sqrt{2} \cos\left(\gamma - \dfrac{2\pi}{3}\right) . \end{cases}$$

Der Winkel zwischen der Achse *d*, die sich in diesem Betrieb bei gleichbleibenden Synchron-Winkelgeschwindigkeit $\Omega_0 = \omega_0 / p$ dreht, und der unbeweglichen Achse des Ständer-Bezugsstrangs U ist $\gamma = \tau + \gamma_0$, wobei γ_0 ein beliebiger Anfangswinkel unter 90° el. bei $t = 0$ ist. Man hat $\tau = \omega_0 t$ vorausgesetzt, wobei ω_0 die Netzkreisfrequenz ist. Mit den oben angegebenen Daten ergibt sich:

$$\begin{cases} u_{d0} = \dfrac{2}{3}\left[u_U \cos \gamma + u_V \cos\left(\gamma - \dfrac{2\pi}{3}\right) + u_W \cos\left(\gamma - \dfrac{4\pi}{3}\right)\right] = U_N \sqrt{2} \cos \gamma_0 , \\ u_{q0} = -\dfrac{2}{3}\left[u_U \cos \gamma + u_V \cos\left(\gamma - \dfrac{2\pi}{3}\right) + u_W \cos\left(\gamma - \dfrac{4\pi}{3}\right)\right] = -U_N \sqrt{2} \cos \gamma_0 , \end{cases}$$

oder, in relativen Einheiten, mit $U_N\sqrt{2}$ als Bezugsgröße für die Ständerspannung:

$$u_{d0r} = \cos\gamma_0\,,$$
$$u_{q0r} = -\sin\gamma_0\,.$$

Man bestimmt jetzt den Winkel γ_0 derart, daß die hergeleiteten Gleichungen vom Anfangspolradwinkel θ_0 des stationären Betriebs abhängen. In diesem Betrieb führen die Park-Blondel-Gleichungen (6.43) zu folgenden Beziehungen (mit $\nu = 1$, $r \approx 0$):

$$\begin{cases} u_{d0r} = -x_q\, i_{q0r} = \cos\gamma_0\,, \\ u_{q0r} = x_d\, i_{d0r} + x_{ad}\, i_{E0r} = -\sin\gamma_0\,. \end{cases} \tag{6.75}$$

Andererseits ergibt sich aus dem Zeigerdiagramm mit relativen Einheiten (Bild 6.39):

$$\begin{cases} \sin\theta_0 = x_q\, i_{q0r}\,, \\ \cos\theta_0 = x_d\, i_{d0r} + x_{ad}\, i_{E0r}\,. \end{cases} \tag{6.76}$$

Vergleicht man die Gl. (6.75) und (6.76), erhält man folgende weitere Gleichungen:

$$\cos\gamma_0 = -\sin\theta_0\,,$$
$$-\sin\gamma_0 = \cos\theta_0\,,$$

was zur Schlußfolgerung führt:

$$\gamma_0 = \pi + \theta_0\,.$$

Dementsprechend werden:

$$\begin{cases} u_{d0r} = \cos\gamma_0 = -\sin\theta_0 = -\Psi_{q0r}\,, \\ u_{q0r} = -\sin\gamma_0 = \cos\theta_0 = \Psi_{q0r}\,. \end{cases} \tag{6.77}$$

Mithin sind die Längs- und Querkomponente der Strang-Klemmenspannung konstant. Entsteht eine Störung Δm_L des Lastmoments, ändert die Achse d ihre Lage in bezug auf die unbewegliche Achse des U-Strangs. Der neue Polradwinkel wird $\theta = \theta_0 + \Delta\theta$, wobei $\Delta\theta$ die Abweichung des Polradwinkels im bezug auf den entsprechenden Wert θ_0 des stationären Anfangsbetriebs ist.

Die Veränderung des Polradwinkels zieht eine Veränderung der Spannungen u_d und u_q und somit der Ströme i_d, i_q und i_E nach sich. Die Abweichungen dieser Betriebsgrößen in Verhältnis zu den Werten des stationären Anfangsbetriebs werden hervorgehoben:

$$u_{dr} = u_{d0r} + \Delta u_{dr}\,, \qquad u_{qr} = u_{q0r} + \Delta u_{qr}\,,$$
$$i_{dr} = i_{d0r} + \Delta i_{dr}\,, \qquad i_{qr} = i_{q0r} + \Delta i_{qr}\,, \qquad i_{Er} = i_{E0r} + \Delta i_{Er}\,.$$

Um die relative Drehzahl ν während des transienten Vorgangs zu bestimmen, ist zunächst zu bemerken, daß:

$$\Omega_0 = \Omega + \frac{1}{p} \times \frac{d\theta}{dt}$$

eine Beziehung die in Übung 6Ü.8 abgeleitet wird. Mit $p\Omega_0 = \omega_0$ und $\omega_0 t = \tau$ erhält man:

$$\nu = \frac{\Omega}{\Omega_0} = 1 - \frac{d\theta}{d\tau}\,,$$

$$\frac{\Delta\Omega}{\Omega_0} = 1 - \frac{d\theta}{d\tau}\,.$$

Die Park-Blondel-Gleichungen des transienten Vorgangs können jetzt geschrieben werden:

$$u_{dr} = u_{d0r} + \Delta u_{dr} = -\sin(\theta_0 + \Delta\theta) =$$
$$= x_d \frac{d(\Delta i_{dr})}{d\tau} + x_{ad} \frac{d(\Delta i_{Er})}{d\tau} - \left(1 - \frac{d(\Delta\theta)}{d\tau}\right) x_q \left(i_{q0r} + \Delta i_{qr}\right),$$

$$u_{qr} = u_{q0r} + \Delta u_{qr} = \cos(\theta_0 + \Delta\theta) =$$
$$= x_q \frac{d(\Delta i_{qr})}{d\tau} + \left(1 - \frac{d(\Delta\theta)}{d\tau}\right)\left[x_d \left(i_{d0r} + \Delta i_{dr}\right) + x_{ad}\left(i_{E0r} + \Delta i_{Er}\right)\right],$$

$$u_{Er} = x_{ad} \frac{d(\Delta i_{dr})}{d\tau} + x_{EE} \frac{d(\Delta i_{Er})}{d\tau} + r_E\left(i_{E0r} + \Delta i_{Er}\right).$$

In den obigen Gleichungen werden die Strangwiderstände r der Wicklung vernachlässigt, aber der Widerstand r_E der Erregerwicklung wird berücksichtigt. Da die Abweichungen Δ verschiedener Betriebsgrößen relativ klein sind, ergeben sich näherungsweise:

$$\sin(\theta_0 + \Delta\theta) \approx \sin\theta_0 + \Delta\theta\cos\theta_0,$$
$$\cos(\theta_0 + \Delta\theta) \approx \cos\theta_0 - \Delta\theta\sin\theta_0.$$

Folglich erhält man mit Hilfe der Beziehungen (6.75):

$$-\Delta\theta\cos\theta_0 = x_d \frac{d(\Delta i_{dr})}{d\tau} + x_{ad} \frac{d(\Delta i_{Er})}{d\tau} + \sin\theta_0 \frac{d(\Delta\theta)}{d\tau} - x_q \Delta i_{qr},$$
$$-\Delta\theta\sin\theta_0 = x_q \frac{d(\Delta i_{qr})}{d\tau} + x_d\,\Delta i_{dr} + x_{ad}\,\Delta i_{Er} - \cos\theta_0 \frac{d(\Delta\theta)}{d\tau},$$
$$0 = x_{ad} \frac{d(\Delta i_{dr})}{d\tau} + x_{EE} \frac{d(\Delta i_{Er})}{d\tau} + r_E \Delta i_{Er}.$$

Durch die Anwendung der Laplace-Transformation unter Anfangsbedingungen, die Null sind, wird dem oben hergeleitete Differentialgleichungssystem folgendes algebraisches Gleichungssystem zugeordnet:

$$-(s\sin\theta_0 + \cos\theta_0)\,\Delta\theta(s) = s\,x_d\,\Delta i_{dr}(s) + s\,x_{ad}\,\Delta i_{Er}(s) - x_q\,\Delta i_{qr}(s),$$
$$(s\cos\theta_0 - \sin\theta_0)\,\Delta\theta(s) = s\,x_q\,\Delta i_{qr}(s) + x_{ad}\,\Delta i_{dr}(s) + x_{ad}\,\Delta i_{Er}(s),$$
$$0 = s\,x_{ad}\,\Delta i_{dr}(s) + (r_E + s\,x_{EEF})\,\Delta i_{Er}(s).$$

Dieses System mit den Variablen $\Delta i_{Er}(s)$, $\Delta i_{dr}(s)$ und $\Delta i_{qr}(s)$ hat folgende Lösung:

$$\begin{cases} \Delta i_{ER}(s) = -\dfrac{s\,x_{ad}}{x_{EE}\left(s + \sigma_E\right)}\,\Delta i_d(s), \\[2ex] \Delta i_{dr}(s) = -\dfrac{\left(s + \sigma_E\right)\sin\theta_0}{x'_d\left(s + \sigma'_d\right)}\,\Delta\theta(s), \\[2ex] \Delta i_{qr}(s) = \dfrac{\cos\theta_0}{x_q}\,\Delta\theta(s), \end{cases}$$

mit:

$$\sigma_E = \frac{x_{EE}}{r_E},$$

$$x'_d = x_d - \frac{x_{ad}^2}{x_{EE}},$$

$$\sigma'_d = \sigma_E \frac{x_d}{x'_d}.$$

Mit diesen Daten kann man zur Berechnung des elektromagnetischen Drehmoments weitergehen, indem die Gl. (6.51) angewendet werden:

$$\begin{aligned} m_r &= m_{0r} + \Delta m_r = \Psi_{dr}\, i_{qr} - \Psi_{qr}\, i_{dr} = \\ &= (\Psi_{d0r} + \Delta\Psi_{dr})(i_{q0r} + \Delta i_{qr}) - (\Psi_{q0r} + \Delta\Psi_{qr})(i_{d0r} + \Delta i_{dr}) = \\ &= \Psi_{d0r}\, i_{d0r} - \Psi_{q0r}\, i_{q0r} + i_{q0r}\Delta\Psi_{dr} + \Psi_{d0r}\Delta i_{qr} - i_{d0r}\Delta\Psi_{qr} - \Psi_{q0r}\Delta i_{dr}. \end{aligned}$$

Wegen

$$m_{0r} = \Psi_{d0r}\, i_{d0r} - \Psi_{q0r}\, i_{q0r} = \frac{e_{E0r}}{x_d}\sin\theta_0 + \frac{1}{2}\left(\frac{1}{x_q} - \frac{1}{x_d}\right)\sin 2\theta_0, \tag{6.78}$$

wird mit $e_{E0r} = x_{ad}\, i_{E0r}$ die relative Abweichung des elektromagnetischen Drehmoments:

$$\Delta m_r = i_{q0r}\Delta\Psi_{dr} + \Psi_{d0r}\Delta i_{qr} - i_{d0r}\Delta\Psi_{qr} - \Psi_{q0r}\Delta i_{dr},$$

was zu folgendem Ausdruck als Laplace-Bildfunktion führt:

$$\Delta m_r(s) = i_{q0r}\Delta\Psi_{dr}(s) + \Psi_{d0r}\Delta i_{qr}(s) - i_{d0r}\Delta\Psi_{qr}(s) - \Psi_{q0r}\Delta i_{dr}(s).$$

Den Gl. (6.76) entsprechend gelten einerseits:

$$i_{q0r} = \frac{\sin\theta_0}{x_q} \quad \text{und} \quad i_{d0r} = \frac{\cos\theta_0}{x_q} - \frac{e_{E0r}}{x_d},$$

und andererseits:

$$\Delta\Psi_{qr}(s) = x_q\Delta i_{qr}(s) = \cos\theta_0\,\Delta\theta(s),$$

$$\Delta\Psi_{dr}(s) = x_d\Delta i_{dr}(s) + x_{ad}\Delta i_{Er}(s) = -\sin\theta_0\,\Delta\theta(s).$$

Somit ergibt sich:

$$\Delta m_r(s) = \left[\frac{e_{E0r}}{x_d}\cos\theta_0 + \left(\frac{1}{x_q} - \frac{1}{x_d}\right)\cos 2\theta_0 + \left(-\frac{1}{x_q}\sin^2\theta_0\right) + \frac{s}{s+\sigma'_d}\sin^2\theta_0\right]\Delta\theta(s),$$

oder:

$$\Delta\delta m_r(s) = \left[\frac{e_{E0r}}{x_d}\cos\theta_0 + \left(\frac{1}{x_q} - \frac{1}{x_d}\right)\cos 2\theta_0 + \left(\frac{1}{x'_d} - \frac{1}{x_d}\right)\frac{s}{s+\sigma'_d}\sin^2\theta_0\right]\Delta\theta(s).$$

Die ersten zwei Glieder aus der rechteckigen Klammer stellen die Ableitung des elektromagnetischen Drehmoments m nach θ, bei $\theta = \theta_0$, dar [vgl. Gl. (6.78)]:

$$\frac{e_{E0r}}{x_d}\cos\theta_0 + \left(\frac{1}{x_q} - \frac{1}{x_d}\right)\cos 2\theta_0 = m'_{0r},$$

und folgender Term enthält die Größe

$$m_{\mathrm{D0r}} = \left[\frac{1}{x_{\mathrm{d}}'} - \frac{1}{x_{\mathrm{d}}}\right] \frac{\sin^2 \theta_0}{\sigma_{\mathrm{d}}'} ,$$

so daß:

$$\Delta m_{\mathrm{r}}(s) = \left[m_{0\mathrm{r}}' + m_{\mathrm{D0r}} \frac{s\,\sigma_{\mathrm{d}}'}{s + \sigma_{\mathrm{d}}'} \right] \Delta\,\theta(s) .$$

Die Bewegungsgleichung wird:

$$\Delta m_{\mathrm{r}} - \Delta m_{\mathrm{Lr}} = H_{\mathrm{j}} \frac{\mathrm{d}\nu}{\mathrm{d}\tau} ,$$

oder, als Laplace-Bildfunktion:

$$\Delta m_{\mathrm{r}}(s) - \Delta m_{\mathrm{Lr}}(s) = -\, s^2 H_{\mathrm{j}}\, \Delta\,\theta(s)$$

da

$$\nu = 1 - \frac{\mathrm{d}(\Delta\theta)}{\mathrm{d}\tau} \quad \text{und} \quad \frac{\mathrm{d}\nu}{\mathrm{d}\tau} = \frac{\mathrm{d}^2(\Delta\theta)}{\mathrm{d}\tau^2} .$$

Die Bewegungsgleichung kann auch in folgende Form gebracht werden:

$$\left[m_{0\mathrm{r}}' + m_{\mathrm{D0r}} \frac{s\,\sigma_{\mathrm{d}}'}{s + \sigma_{\mathrm{d}}'} + H\,j\,s^2 \right] \Delta\,\theta(s) = \Delta m_{\mathrm{Lr}}(s) ,$$

oder auch:

$$s^3 H_{\mathrm{j}} + s^2 \sigma_{\mathrm{d}}' H_{\mathrm{j}} + s\,(m_{0\mathrm{r}}' + m_{\mathrm{D0r}}\, \sigma_{\mathrm{d}}') + m_{0\mathrm{r}}'\, \sigma_{\mathrm{d}}' = \Delta m_{\mathrm{Lr}}(s)\,(s + \sigma_{\mathrm{d}}') .$$

Für die Gewährung der statischen Stabilität im Punkt $\theta = \theta_0$ muß immer folgende Bedingung erfüllt werden: die Realteile aller Wurzeln der charakteristischen Gleichung 3. Grades müssen ein negatives Vorzeichen aufweisen. Die charakteristische Gleichung hat die Form:

$$a_3\, s^3 + a_2\, s^2 + a_1\, s + a_0 = 0$$

mit

$$a_3 = H_{\mathrm{j}}, \quad a_2 = \sigma_{\mathrm{d}}' H_{\mathrm{j}}, \quad a_1 = m_0' + m_{\mathrm{D0}}\, \sigma_{\mathrm{d}}', \quad a_0 = m_0'\, \sigma_{\mathrm{d}}' .$$

Dem Stabilitätskriterium von Hurwitz oder Routh entsprechend, damit die Realteile der charakteristischen Gleichungen negative Vorzeichen aufweisen, müssen folgende Ungleichungen gleichzeitig erfüllt werden:

$$a_3 > 0, \quad a_2 > 0,\, a_0 > 0, \quad a_2\, a_1 > a_3\, a_0 .$$

Im angegebenen Fall bedeutet dies:

$$H_{\mathrm{j}} > 0, \quad \sigma' H_{\mathrm{j}} > 0, \quad \sigma_{\mathrm{d}}'\, m_0' > 0, \quad \sigma_{\mathrm{d}}' H_{\mathrm{j}}\, (m_0' + m_{\mathrm{D0}}\, \sigma_{\mathrm{d}}') > \sigma_{\mathrm{d}}'\, m_0'\, H_{\mathrm{j}} .$$

Da die Größen σ_{d}' und H_{j} definitionsgemäß positiv sind, da $m_{\mathrm{D0}} > 0$ und $x_{\mathrm{d}}' < x_{\mathrm{d}}$, kann man behaupten, daß die einzige Bedingung, um eine sichere Stabilität im Punkt $\theta = \theta_0$ zu gewähren, lautet:

$$m_{0\mathrm{r}}' = \frac{\mathrm{d}m_{0\mathrm{r}}}{\mathrm{d}\theta_0} > 0$$

Diese Bedingung stimmt mit der Bedingung in Abschnitt 6.5.3 überein, die durch einfacherere Betrachtungen abgeleitet wird.

7 Leistungselektronik bei Drehstromantrieben

Die rasche Entwicklung auf dem Gebiet der Halbleiterschalter hat auch die steuerbaren und die regelbaren Drehstrom-Antriebssysteme revolutioniert. Die mit Leistungstransistoren (IGBT) und Thyristoren (GTO) ausgestatteten Umrichter werden gegenwärtig in steigendem Maße zur Speisung drehzahlveränderbarer Asynchron- und Synchronmotoren sowie der elektronisch kommutierten Motoren (EK-Motoren) eingesetzt.

Durch die Entwicklung leistungselektronischer Steuergeräte und Stellglieder ist es den drehzahlsteuerbaren Drehstromantrieben gelungen, die drehzahlsteuerbaren Gleichstromantriebe aus technisch-ökonomischer Sicht zu erreichen und zu überholen.

In besonderen Fällen, wie z.B. bei hohen Drehzahlen, großer Dynamik und bei großen Leistungen, sind die Drehstromantriebe den Gleichstromlösungen sogar weit überlegen.

Die möglichen Einsatzfälle der Leistungselektronik bei Drehstromantrieben werden im Folgenden ausführlich vorgestellt und erklärt. Die Reihenfolge besagt nichts über die technische Nutzung.

7.1 Drehzahlsteuerung von Asynchronmotoren durch Gleichstromsteller und Widerstand im Läuferkreis

Die Verwendung der Thyristoren oder Leistungstransistoren als Schalter gestatten die Änderung des im Läuferkreis eingeschalteten Widerstands beim Drehstromasynchronmotor mit Schleifringläufer.

Die Schaltung in Bild 7.1 ermöglicht, das Betriebsprinzip eines auf elektronischem Weg einstellbaren Widerstands zu verstehen. Von einer Gleichstromquelle U_0 wird der Widerstand R mittels einer Drossel L und eines Hilfswiderstands r gespeist. Parallelgeschaltet zum Widerstand R befindet sich ein zwangskommutierterter Thyristor TH_1. Zur Kommutierung benutzt man einen L_0C-Satz, die Thyristoren TH_1 und TH_2, die Diode D und eine Hilfsquelle U_K.

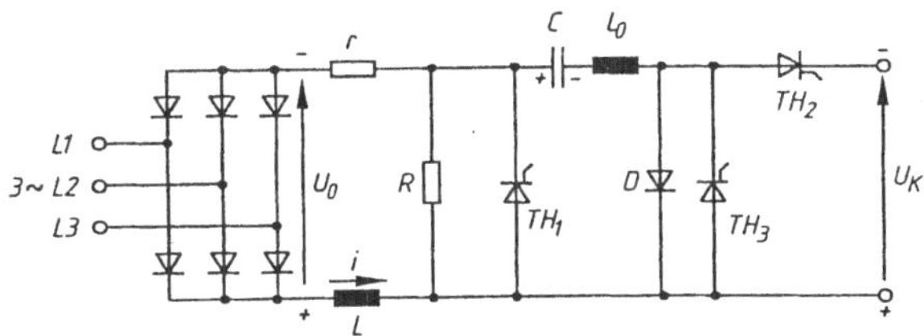

Bild 7.1
Ersatzschaltung eines statischen Schaltkreises zum periodischen Kurzschließen eines Widerstands

Die Schaltung funktioniert folgendermaßen:

- An die Thyristoren TH_1 und TH_2 wird gleichzeitig ein Zündimpuls an den Steuerkontakt gelegt. Der Thyristor TH_1 schließt den Widerstand R kurz; der Hauptstrom i steigt ungefähr mit der Zeitkonstante L/r (Bild 7.2-a).
- Zur gleichen Zeit schalten die Thyristoren TH_1 und TH_2 den Kondensator C an die Hilfsquelle konstanter Spannung U_K.

- Wenn der von der Induktivität L_0 begrenzte Ladestrom zu Null wird, nachdem er seinen Höchstwert erreicht hat, sperrt der Thyristor TH_2 und schaltet die Hilfsquelle U_k ab.
- Die Spannung an den Kondensatorklemmen wird jetzt $2U_k$ mit der Polarität aus Bild 7.1 (ausführlicher in Kapitel 3.7: Ladevorgang des Kondensators in einem Schwingkreis $L_0 C$).
- Der Thyristor TH_1 bleibt, wegen des Hauptstroms i, im Durchlaßzustand. Die Aufladung des Kondensators dauert nur eine sehr kurze Zeit, im Vergleich zu der minimal berechneten Durchlaßzeit des Thyristors TH_1.
- Nachdem der Thyristor TH_1 im Zeitraum t_a (Bild 7.2) geleitet hat, bekommt der Thyristor TH_3 einen Zündimpuls;
- Der Kondensator C entlädt sich dann auf dem Weg $TH_1 \Rightarrow TH_3 \Rightarrow L_0 \Rightarrow C$, bis der Strom über den Thyristor TH_1 zu Null wird und der Thyristor damit sperrt.
- Der Hauptstrom i fließt über den Widerstand R und nimmt exponentiell mit der Zeitkonstante $L/(r+R)$ ab.
- Der Kondensator entlädt sich weiter über den Widerstand R und den Thyristor TH_3, bis der Entladungsstrom zu Null wird. In diesem Fall blockiert der Thyristor TH_3, wodurch sich die Polarität des Kondensators ändert.
- Der Strom kann über den Kondensator C im entgegengesetzten Sinn über die Diode D fließen, bis er erneut Null wird. In diesem Fall bekommt der Kondensator wieder die in Bild 7.1 gezeigte Polarität.

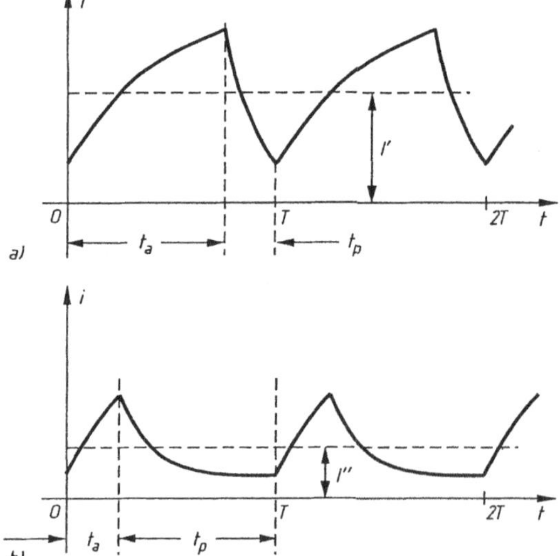

Bild 7.2
Zeitverlauf des Hauptstroms $i(t)$:
a) lange t_a bzw. kurze t_p,
b) kurze t_a bzw. lange t_p

Nach der Zeit t_p werden die Thyristoren TH_1 bzw. TH_2 erneut gezündet, und die Vorgänge wiederholen sich. Die Änderungperiode $T = t_a + t_p$ des Hauptstroms ist konstant, dafür aber können die Zeiten t_a und t_p veränderlich sein. Sieht man vom Vorgang der Thyristorenkommutierung ab, verändert sich der Hauptstrom i periodisch mit der Periode T, wie in den Bildern 7.2-a, b. Der Quotient aus der Spannung U_0 und dem in einer Periode T berechneten Strommittelwert I stellt den Scheinwiderstand R_0 des Kreises dar:

- Wenn $t_a = 0$ bzw. wenn der Thyristor den Widerstand R nicht kurzschließt, dann wird der Scheinwert $R_0 = R + r$.
- Wenn $t_a = T$, dann ist der Widerstand R kurzgeschlossen und $R_0 = r$.

Der Scheinwert R_0 hängt somit vom Verhältnis $t_a/T = \alpha$ ab, das Werte im Bereich 0 bis 1 annehmen kann. Die Veränderung von R_0 findet also stufenlos zwischen den Grenzen r und $(r+R)$ statt. Eine solche elektronische Veränderung eines Widerstands kann zum Anlassen oder zur Drehzahlsteuerung eines Asynchronmotors mit Schleifringläufer eingesetzt werden (Bild 7.3).

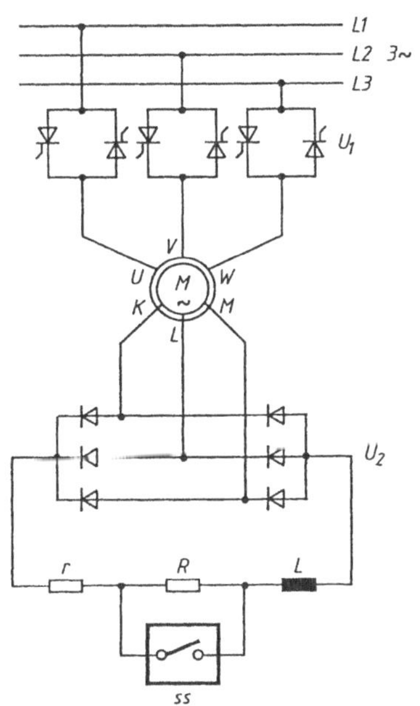

Bild 7.3
Ersatzschaltung einer Drehzahlsteuerung des Asynchronmotors (6-Puls-Gleichrichter im Läuferstromkreis, Drehstromsteller im Ständerstromkreis)

Die drei Läuferstrangwicklungen sind an einen ungesteuerten 6-Puls-Gleichrichter angeschlossen. An dessen Ausgang sind die Stromkreiselemente L und r sowie der Widerstand R in Reihe geschaltet. Der letztere wird von einem statischen Schalter vom oben beschriebenen Typ periodisch kurzgeschlossen.

In Bild 7.3 wird auch ein Steuerungssystem der Ständerspannungen mittels Drehstromsteller – mit zwei gegenparallel geschalteten Thyristoren oder einem Triac – dargestellt. In einem beliebigen Strang wird ein Thyristor vom Strangstrom in einer Richtung durchflossen, während der andere nur dann von Strom durchflossen wird, wenn dieser entgegengesetzte Richtung hat. Ändert man den Steuerwinkel des Thyristors, dann ist es möglich, die Spannungsamplitude des Motors zu verändern und somit das Kennlinienfeld aus Bild 5.56 zu erreichen.

Bild 7.4 zeigt die Kennlinien, die mit der Schaltung aus Bild 7.3 erzielt werden können:

- sind $U_1 = U_{1N}$ und R veränderlich, werden die Kennlinien aus dem senkrecht schraffierten Bereich erreicht;
- ist U_1 veränderlich – für den höchstmöglich erzielbaren Widerstand R mit Hilfe des statischen Schalters im Läuferkreis – erhält man das Kennlinienfeld aus der waagrecht schraffierten Zone.

Die Maschine kann somit in jedem Punkt der schraffierten Zone betrieben werden.

Die oben angegebene Methode kann im Fall des Antriebs von Krananlagen angewendet werden. Die Drehzahlsteuerung ist nicht verlustarm; die Verluste sind um so höher, je niedriger die gewünschte Drehzahl liegt.

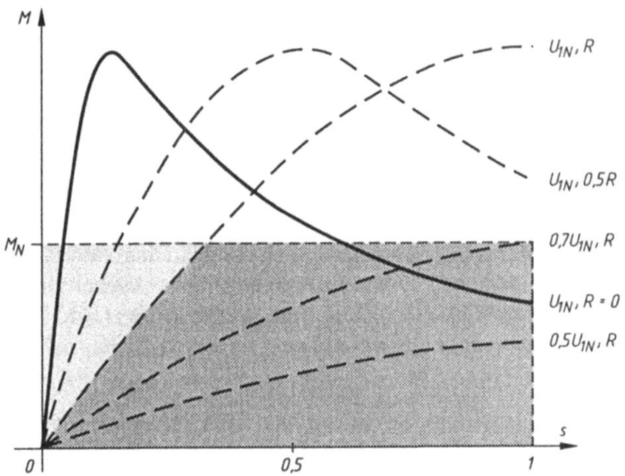

Bild 7.4
Mit der Ersatzschaltung aus Bild 7.3 erzielte mechanische Kennlinie $M(s)$

7.2 Drehzahlsteuerung von Drehstrommotoren mittels statischer Umrichter

In größerem Maße als die Steuerung durch Gleichstromsteller wird die *Frequenzsteuerung* auf elektronischem Wege eingesetzt. So wie in Abschnitt 5.8.3 gezeigt wird, verlangt diese Methode gewisse Änderungen des Effektivwerts der Motorspannung. Diese Methode ist verlustarm. Sie benötigt allerdings eine spezielle Anlage oder einen eigenen Drehstromgenerator, um eine veränderliche Frequenz zu erhalten.

Die moderne Leistungselektronik bietet aber Lösungen. Wenn z.B. die Energiequelle ein Drehstromnetz konstanter Standardfrequenz ist, braucht man einen statischen Wechselrichter, der am Ausgang veränderliche Spannung bei veränderlicher Frequenz liefert.

Ist die Energieversorgungsquelle eine Gleichspannungsquelle, dann braucht man nur einen Wechselrichter. Stromrichtergeräte, mit denen man die konstante Spannung und die konstante Frequenz des Drehstromnetzes in eine variable Spannung mit variabler Frequenz umformt, werden Frequenzumrichter oder kurz Umrichter genannt. Der Umrichter kann folgendermaßen aufgebaut werden:

- als *direkter Umrichter*, der unmittelbar eine niedrigere Frequenz als die der Wechselstromquelle erzeugt, oder
- als *indirekter Umrichter* (*Zwischenkreisumrichter*), der erst eine Gleichrichtung verwirklicht und danach, mit Hilfe eines Wechselrichters, eine veränderliche Frequenz/Spannung erzeugt, die diesmal unabhängig von der Frequenz des Drehstromnetzes ist.

Gibt es im Zwischenkreis ein kapazitives Glättungsglied, handelt es sich um einen indirekten Umrichter mit Spannungszwischenkreis – einen U-Umrichter. Ist dort eine induktive Glättung, dann spricht man von einem indirekten Umrichter mit Stromzwischenkreis – einem I-Umrichter.

Im Folgenden werden einige Einzelheiten der Betriebsvorgänge in den statischen Umrichtern behandelt.

7.2.1 Direkte Umrichter

Der direkte Umrichter besteht im allgemeinen aus drei netzgeführten Stromrichtern mit Thyristoren, fast immer in Gegenparallelschaltung zweier 6-Puls- oder 3-Puls-Brücken je Strang. In Bild 7.5-a wird die Schaltung eines gegenparallelen Umkehrstromrichters, wiedergegeben gültig für eine einphasige Belastung. Die Schaltung benötigt (für $m = 3$) zwei Gruppen zu je drei gegenparallel geschalteten Thyristoren. Im Fall einer dreiphasigen Belastung, z.B. eines Asynchronmotors mit Käfigläufer oder eines Synchronmotors, kompliziert sich die Schaltung: für jede Strangwicklung sind je zwei Gruppen von drei Thyristoren nötig, d.h. insgesamt 18 Thyristoren, so wie in Bild 7.5-b gezeigt.

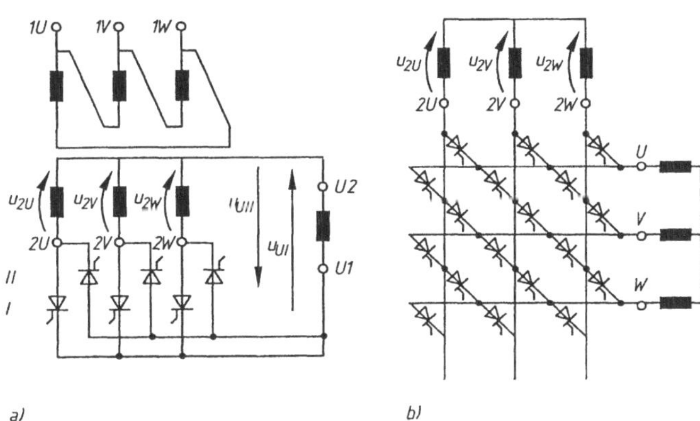

Bild 7.5
Gegenparallele Umkehrstromrichter:
a) Einphasenbelastung,
b) Dreiphasenbelastung

Wenn statt einer Thyristorengruppe eine Drehstrombrücke verwendet wird, dann werden für eine Drehstromlast 36 Thyristoren benötigt. Eine beliebige, am Ausgang des direkten Umrichters eingeschaltete Strangwicklung des Drehstrommotors, z.B. der Strang U1-U2 (Bild 7.5-a), wird alternativ (zyklisch) von der Gruppe I bzw. der Gruppe II der Thyristoren gespeist. Somit erhält man Wechselstrom in der Strangwicklung.

Die zwei Thyristorengruppen I und II erzeugen die augenblicklichen Spannungen u_{UI} und u_{UII} und sind gleichzeitig, den umkehrbaren Gleichstromrichtern entsprechend, unter der Bedingung gesteuert, daß die Zündwinkel der Thyristoren desselben Netzstrangs die Beziehung $\alpha_{\mathrm{I}} + \alpha_{\mathrm{II}} = 180°$ erfüllen. In dieser Lage entstehen Kreisströme zwischen den Thyristorengruppen I und II, die durch Drosselspulen begrenzt werden können, so wie in Abschnitt 3.2.1 gezeigt wird.

- Beim *Gleichstrommotor* bringen die begrenzten Ströme den Vorteil der Änderung der mechanischen Kennlinien im Bereich niedriger Drehmomente und damit den sanften Übergang vom Wechselrichter- zum Gleichrichterbetrieb und umgekehrt.
- Beim *Drehstrommotor* wird dieser letzter Aspekt nicht gebraucht; die Kreisströme zwischen den beiden Thyristorengruppen I und II müssen vermieden werden. Das wird durch Betriebstrennung dieser Gruppen erzielt: befindet sich Gruppe I im Durchlaßzustand, muß Gruppe II sperren und umgekehrt. Drosseln zur Begrenzung der Kreisströme sind nicht mehr nötig. Damit werden der Aufbau des Leistungsteils beim direkten Umrichter vereinfacht und sein Gewicht stark vermindert (die Drosseln sind 3 bis 4 mal schwerer als die elektronischen Leistungsteile zusammen).

Die energetischen Parameter des direkten Umrichters werden gleichfalls verbessert.

Der Ansteuerteil des Umrichters wird aber komplizierter, und somit wird ein logisches elektronisches System notwendig, das den Nulldurchgang des Laststroms erfassen soll. Zu diesem Zeitpunkt sperrt das logische System die leitende Thyristorengruppe und verhindert, mit einer Sicherheitspause zwischen den beiden Situationen, die Zündung der anderen.

Ein gleichzeitiges Einschalten beider Thyristorengruppen ohne Begrenzungsdrosseln käme einem Kurzschluß des Speisenetzes gleich.

Um das Betriebsprinzip des direkten Umrichters darzulegen, bezieht man sich auf das Bild 7.6-a. Die Bezugsspannungen u_{rU}, u_{rV}, u_{rW} sind für alle drei Stränge 2U, 2V, 2W der Versorgungsquelle sägezahnförmig. Die Phasen dieser Bezugsspannungen sind perfekt synchronisiert mit den Netzstrangspannungen u_{2U}, u_{2V}, u_{2W}. Für die Erzeugung dieser Bezugsfunktionen werden, in Hinblick auf die Erzeugung der Zündimpulse verschiedener Thyristoren, die gleichen Einrichtungen wie beim umkehrbaren Gleichstromrichter verwendet (siehe Kap. 3.5 und die Bilder 3.24 bis 3.26).

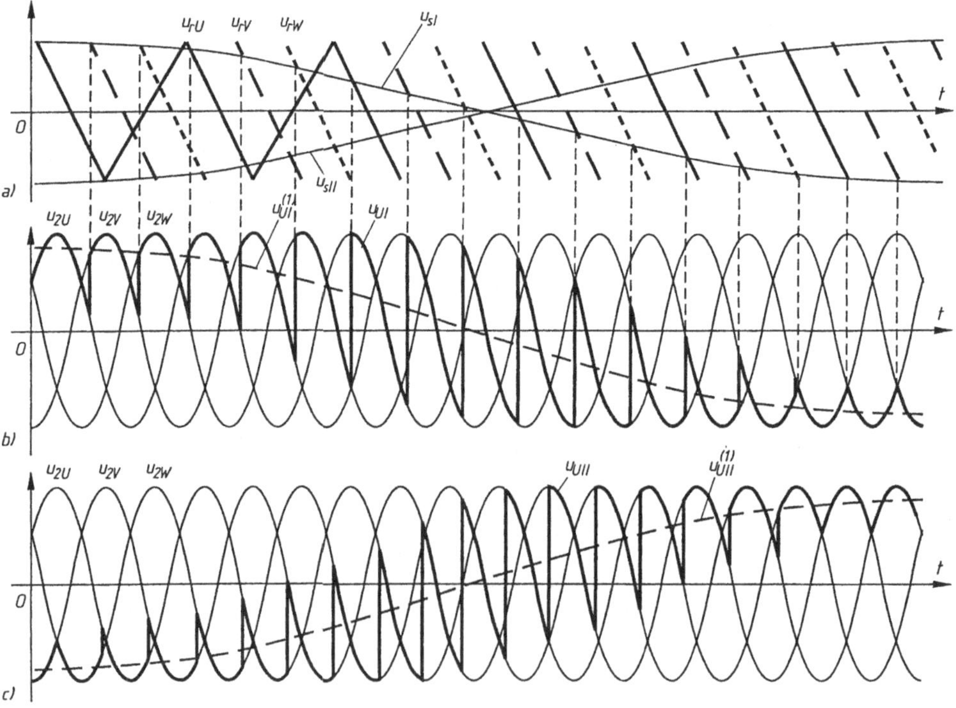

Bild 7.6 Zeitliche Verläufe der Betriebsgrößen im Umkehrstromrichter aus Bild 7.5:
a) Bezugsspannungen u_{rU}, u_{rV}, u_{rW} und Ansteuerspannung u_{sI},
b) Ausgangsspannung der ersten Thyristorengruppe u_{UI},
c) dito, der zweiten Thyristorengruppe u_{UII}

Für die Bezugsspannungen werden sägezahnförmige Funktionen bevorzugt, da diese – mit Hilfe eines elektronischen Taktgebers – viel genauer in Amplitude und Phase gesteuert werden können. Sie lassen sich auch leichter und genauer mit den Netzphasen synchronisieren.

Die Ansteuerspannung u_{sI} der Thyristorengruppe I ist eine Sinuskurve veränderlicher Frequenz und Amplitude, entsprechend den Anforderungen an die Drehzahlstellung von Asynchron- und Synchronmotoren. Die Frequenz f_I dieser Steuerspannung bestimmt die Grundschwingungsfrequenz der Klemmenspannung eines Ständerstrangs; ihre Amplitude legt die Strangspannungsamplitude fest.

Korrekte Steuerspannungen erzielt auch das Dreiphasensystem der Strangspannungen am Motoreingang in Zusammenhang mit dem Dreiphasensystem der Bezugsspannungen u_{rU}, u_{rV}, u_{rW}.

In dem Fall, der in Bild 7.6-a dargestellt ist, wird berücksichtigt, daß die Amplitude der Steuerspannung gleich der Amplitude der Sägezahnspannung ist, während ihre Frequenz $f_I = f_0/12$ beträgt, wobei f_0 die Netzfrequenz ist.

Die Zündimpulse für den Thyristor aus der ersten Gruppe des Netzstrangs U erhält man jedes Mal, wenn die Differenz $u_{rU} - u_s$ ein negatives Vorzeichen aufweist, d.h. so oft die Sinuskurve u_{sI} die Anstiegsseite der Sägezahnkennlinie u_{rW} schneidet (Bild 7.6-a), vorausgesetzt, der Zündsignalgeber ist dem in Bild 3.28 eingesetzten ähnlich.

Diese Bedingung gilt auch für die anderen Thyristoren der Gruppe I. Auf diese Weise schaltet jeder Thyristor mit einem unterschiedlichen Zündwinkel α durch und ermöglicht so einen Spannungsverlauf u_{UI} an den Klemmen der Motorstrangwicklung U (fette Kennlinie in Bild 7.6-b).

Die Grundschwingung $u_{UI}^{(1)}$ dieser Spannung ist ebenfalls in Bild 7.6-b (unterbrochene Linie) dargestellt. Die Frequenz f_I dieser Grundschwingung ist die gleiche wie die der Steuerspannung u_{sI}. Die Strangspannung u_{UI} enthält auch eine Anzahl von Oberschwingungen, die aber den Betrieb des Asynchronmotors nicht wesentlich beeinflussen. Wird die Frequenz der Steuerspannung u_{sI} verändert, ändert sich auch die Frequenz der Grundschwingung $u_{UI}^{(1)}$.

Ändert man – bei konstanter Frequenz und Bezugssägezähneform – die Amplitude der Steuerspannung u_{sI}, erhält man andere Zündwinkel an den Thyristoren der Gruppe I. Es ergibt sich damit eine andere Schwingung u_{UI} mit einer Grundschwingung $u_{UI}^{(1)}$, deren Amplitude, bei der gleichen Frequenz, verschieden ist. Diese Tatsache wird durch den Vergleich der Bilder 7.6 und 7.7 veranschaulicht.

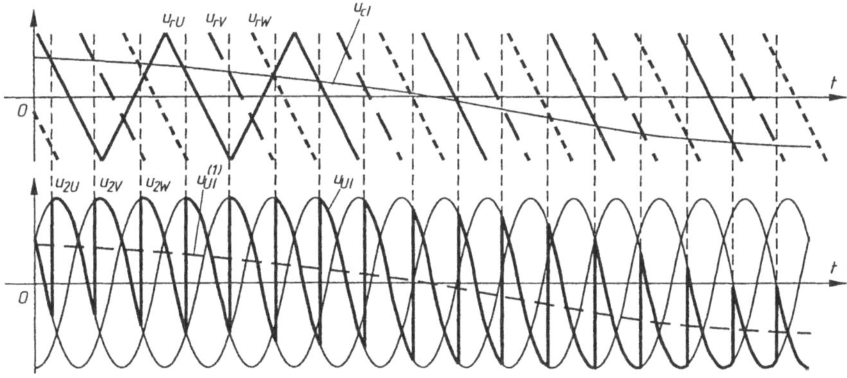

Bild 7.7 Zeitliche Verläufe der Betriebsgrößen im Umkehrstromrichter aus Bild 7.5: kleine Amplitude der Steuerspannung

Für die Gruppe II der Thyristoren werden an den Strängen 2U, 2V, 2W gleiche Bezugssägezähne, aber eine andere Steuerspannung u_{sII} verwendet (Bild 7.6-a), die die gleiche Amplitude und Frequenz wie u_{sI} aufweist, aber gegenphasig zu dieser Spannung ist. Die Ausgangsspannung u_{UII} der zweiten Thyristorengruppe ist in Bild 7.6-c dargestellt. Die Grundschwingung $u_{UII}^{(1)}$ dieser Spannung hat dieselbe Amplitude und dieselbe Frequenz wie auch $u_{UI}^{(1)}$, aber genau in Gegenphase zu dieser. Wie schon erklärt, arbeiten die zwei Thyristorengruppen I und II, die an der Speisung eines einzigen Strangs des Motors beteiligt sind, nicht gleichzeitig. Bei einem gleichzeitigen Betrieb würden Kreisströme entstehen, obwohl $u_{UI}^{(1)} = -u_{UII}^{(1)}$ ist, da die Spannung u_{UI} nicht genau $-u_{UII}$ verfolgt. Das geht deutlich aus dem Vergleich der Bilder 7.6-b und c hervor; Dann wäre die Einschaltung einer Begrenzungsdrossel unbedingt notwendig. Es wird daher vorgezogen, daß die Thyristorengruppen I und II jeder Strangwicklung des Motors nacheinander arbeiten. Sie können im Fall einer Ohmsch-induktiven Belastung, die ein Asynchronmotor ist, in Gleichrichter- oder Wechselrichterbetrieb gesteuert werden.

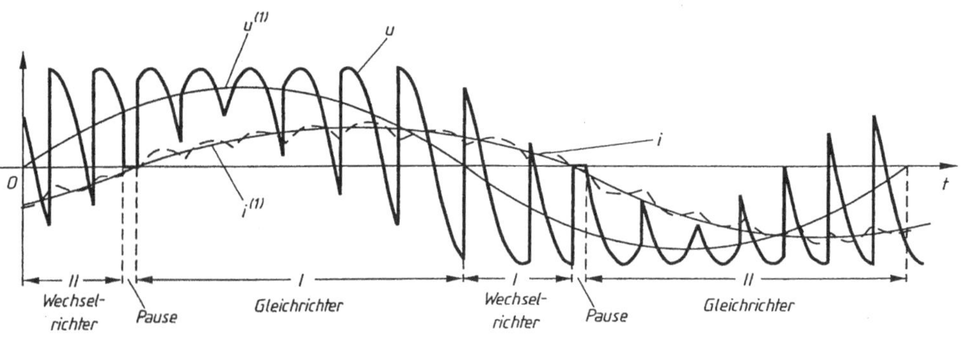

Bild 7.8 Zeitliche Verläufe der Lastspannung und des Laststroms

In Bild 7.8 werden im gleichen Diagramm die zeitliche Änderung sowohl einer Strangspannung des Motors als auch die des aufgenommenen Stroms mit der entsprechenden Grundschwingung gezeigt:

- bei $i^{(1)} > 0$ und $u^{(1)} > 0$ arbeitet nur die Thyristorengruppe I im *Gleichrichterbetrieb*, der Energiefluß hat die Richtung Netz-Motor;
- bei $i^{(1)} > 0$ und $u^{(1)} < 0$ arbeitet auch nur die Gruppe I, aber im *Wechselrichterbetrieb*, der Energiefluß hat die entgegengesetzte Richtung Motor-Netz;
- wird der Strom Null, dann blockiert ein logisch-elektronisches System den Betrieb beider Thyristorengruppen I und II. Nach einer Pause, die benötigt wird, um die Thyristorengruppe I zu sperren, startet Gruppe II:
  - im *Gleichrichterbetrieb* für $i^{(1)} < 0$ und $u^{(1)} < 0$, bzw.
  - im *Wechselrichterbetrieb* gesteuert, wenn $i^{(1)} < 0$ und $u^{(1)} > 0$.

Bei einem neuen Nulldurchgang des Stroms legt das gleiche logische System eine Pause ein. Danach wird der Betrieb wieder von der Gruppe I übernommen.

Wie beim Umkehrgleichrichter, der in der Drehzahlsteuerung des Gleichstrommotors eingesetzt wird, kommen auch hier Fälle vor, in denen der Strom vorzeitig Null wird (Lückstrombetrieb).

Solche Situationen entstehen durch eine in der berücksichtigten Strangwicklung des Asynchronmotors induzierten Spannung, wenn der Effektivwert des Stroms relativ gering ist.

Für den Aufbau des *Direktumrichters* zur Speisung der Drehstrommotoren werden die *Thyristoren-Doppelbrücken* als Grundelement benutzt.

Bei einer Drehstrombrücke ($m = 6$) mit 6 Pulsen der Gleichspannung in einer Periode der Netzspannung leitet ein Thyristor ungefähr 120° lang; die Gefahr eines Lückstrombetriebs ist sehr begrenzt.

Um eine noch bessere sinusförmige Ausgangsspannung zu erreichen, wird der Direktumrichter nur bei im Vergleich zur Netzfrequenz f_0 verhältnismäßig kleinen Frequenzen f_l eingesetzt; in der Regel beträgt $f_{l\max} < (0{,}2$ bis $0{,}3)f_0$. Auf diese Weise erhält man in einer Ausgangsspannungsperiode mehrere Pulse bei höherer Frequenz und kleinerer Amplitude im Vergleich zur Grundschwingung.

Betrachtet man zusätzlich auch noch die magnetische Trägheit, die von den Stromkreisparametern des Motors abhängt, wird die Grundschwingung des Stroms noch weniger pulsieren, und somit wird der Lückstrombetrieb vermieden. Diese Tatsachen werden in den Bildern 7.8 und 7.9 veranschaulicht.

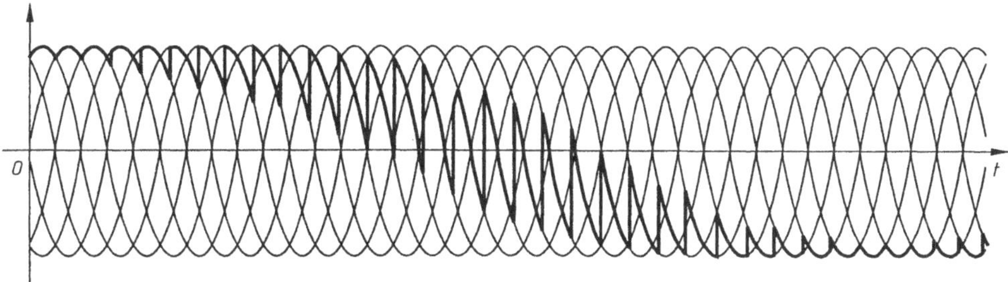

Bild 7.9 Zeitlicher Verlauf der Ausgangsspannung (Direktumrichter, $m = 6$)

In Bild 7.9 wird eine halbe Periode der Ausgangsspannung eines Direktumrichters mit $m = 6$ dargestellt; die Ausgangsfrequenz ist 12 mal kleiner als die des Netzes.

Bild 7.10 zeigt die Schaltung des Leistungskreises eines Synchronmotors großer Leistung. Jeder Motorstrang wird über einen eigenen Dreiphasentransformator und einen Umkehrstromrichter mit einer sechspulsigen ($m = 6$) Thyristorbrücke (B6C)A(B6C) gespeist.

Die Erregerwicklung wird ihrerseits von einem vierten Dreiphasentransformator und einem Stromrichter über eine Dreiphasenbrücke B6C gespeist. Ein Schütz unterbricht die Erregungsversorgung und schließt während des asynchronen Anlaßvorgangs den entsprechenden Stromkreis über den Widerstand R_a.

Jeder Motorstrang ist zusätzlich durch ultraschnelle Schütze geschützt.

Aufgrund des besonderen Charakters des Thyristorenbetriebs beim Direktumrichter, was die Speisung eines Drehstrommotors anbelangt, bilden die Grundschwingungen der Strangspannungen und -ströme kein vollkommen symmetrisches System. Es ist unmöglich, daß die zeitmomentanen, aus Sinuskurven-Abschnitten zusammengesetzten Strangspannungen u_U, u_V, u_W bei jeder gewünschten Frequenz die notwendigen Bedingungen der Symmetrie erfüllen:

$$u_U(2\,\pi f_l\,t) = u_V\left(2\pi\,f_l\,t + \frac{2\pi}{3}\right) = u_W\left(2\pi\,f_l\,t + \frac{4\pi}{3}\right).$$

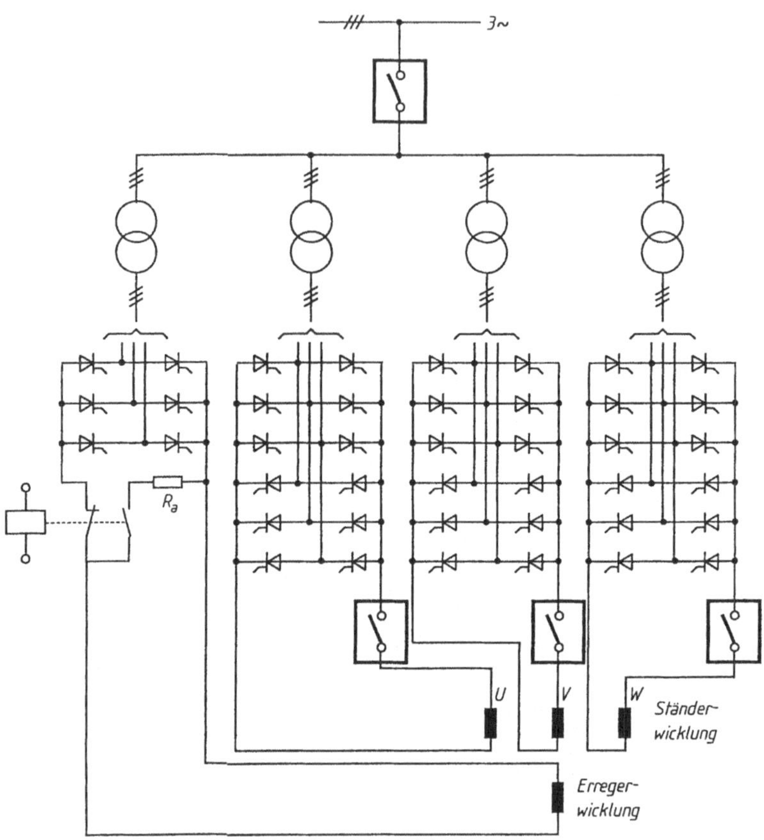

Bild 7.10 Umkehrstromrichter (m = 6) für die Speisung eines Drehstromasynchronmotors großer Leistung

Der Direktumrichter kann die Drehzahlsteuerung der Asynchron- und Synchronmotoren durch die stetige Frequenzänderung ermöglichen. Der Quotienten U_1/f_1 kann dabei ein konstanter Wert oder eine gewünschte Funktion $U_1 = f(f_1)$ sein (siehe Abschnitt 5.8.3).

Um die Pulszahl m der gleichgerichteten Spannung in einer Periode der Netzspannung zu vergrößern, werden oft mehrere Transformatoren eingesetzt, die durch Phasenverschiebungen mit Hilfe verschiedener Schaltungsgruppen Sechs- oder Zwölfphasen-Spannungssysteme erzeugen. Die Schaltung dieses Direktumrichters ist komplizierter. Es wird aber eine bessere Spannungskurvenform erzielt.

Der Direktumrichter erlaubt auch die Phasenzahländerung. Aus einem Einphasennetz kann somit ein Drehstrommotor gespeist werden, was von großem Interesse im elektrischen Fahrbetrieb ist (z.B. die Lokomotive mit einer einzigen Oberleitung). Der Direktumrichter wird mit viel Erfolg bei der Drehzahlsteuerung von *Synchronmotoren sehr großer Leistung und sehr niedriger Drehzahl* eingesetzt, da durch den Direktantrieb das schwere und bei diesen Leistungen sehr teure Getriebe, wie z.B. beim Zementmühlenantrieb (5 bis 10 MW) notwendig, vermieden wird.

Beim Direktumrichter wird die Stromkommutierung von einem Thyristor zum anderen auf natürliche Weise vollzogen. Es sind keine zusätzlichen Mittel für die Zwangskommutierung nötig, wie im Fall der selbstgeführten Wechselrichter oder der Zwischenkreisumrichter.

Die für die Magnetisierung des Motors notwendige Blindleistung verursacht dem direkten Umrichter keine Schwierigkeiten. Sie erfolgt ohne irgendwelche zusätzlichen Stromkreise als Energiependelung zwischen Netz und Motor.

Die direkten Umrichter finden eine sehr wichtige Anwendung, wenn die *Wechselstromquelle veränderliche Frequenz* hat und die *Last konstante oder veränderliche Frequenz benötigt.* Das ist bei einem Flugzeug oder großen Kraftfahrzeugen der Fall, bei denen der Wechselstromgenerator von einem Motor veränderlicher Drehzahl angetrieben wird.

7.2.2 Indirekte Umrichter (Zwischenkreisumrichter)

Die indirekten Umrichter werden durch eine doppelte Umsetzung der elektrischen Energie gekennzeichnet:

- zunächst wird mit Hilfe eines steuerbaren oder nichtsteuerbaren Gleichrichters die Wech selstromenergie in Gleichstromenergie umgewandelt;
- dann wird über einen steuerbaren Wechselrichter die Gleichstromenergie wieder in Wechselstromenergie veränderlicher Frequenz und Spannung umgewandelt.

Die indirekte Energieumwandlung findet wie folgt statt:

- bei *konstanter Gleichspannung* im Zwischenkreis (Spannungszwischenkreisumrichter), indem die Effektivwertänderungen der Ausgangswechselspannung und ihrer Frequenz vom Wechselrichter durchgeführt werden
- bei *veränderlicher Zwischenkreisgleichspannung* führt der Wechselrichter nur die Änderung der Frequenz durch.

Die Zwischenkreisumrichter können die Ausgangsspannung bei gegebener Ausgangsfrequenz vorgeben; dann hängt der Ausgangsstrom von der Belastung des Motors ab; in diesem Fall wird der Umrichter *Spannungsumrichter* genannt.

Im Fall des Stromumrichters wird der Ausgangsstrom bei gegebener Frequenz vorgegeben; die Klemmenspannung des Motors hängt dann, in Amplitude und Phase, von der Motorbelastung ab.

Da die Ausgangsfrequenz veränderlich ist, wird der zum indirekten Umrichter gehörende *Maschinen-Wechselrichter* mit löschbaren Schaltern oder mit erzwungener Thyristorlöschung betrieben. In letzterem Fall benötigt er wie der Gleichstromsteller (Lösch-)Kondensatoren.

Es gibt also zahlreiche indirekte Umrichterschaltungen mit Gleichspannungszwischenkreis und getrennten Löschkreisen, die zusätzliche Thyristoren verwenden.

Andere Wechselrichter haben keine getrennten Löschkreise. Das Zünden des einen Thyristors ruft dort das Löschen des anderen hervor (Phasenfolgelöschung).

Im Bereich großer Leistungen bis zu einigen MW setzt man bei Wechselrichtern Leistungstransistoren – IGBTs – ein, die ohne Löschkreise arbeiten.

Im Folgenden werden nur einige der eingesetzten Schaltungen vorgestellt. Dabei werden nur die bei diesen Umrichtern eingesetzten Wechselrichter betrachtet, da die Gleichrichter keine Besonderheiten im Vergleich zu den in 3. Kapitel besprochenen Vorgängen aufweisen.

7.2.2.1 Spannungswechselrichter ohne getrennten Löschkreis

Die Schaltung des Spannungswechselrichters ohne getrennten Löschkreis in der einphasigen Variante ist in Bild 7.11 dargestellt und enthält vier als Brücke geschaltete Thyristoren. In der einen Brückendiagonale wird die Last Z und in der anderen Diagonale wird die Gleichstromquelle angeschlossen. Diese besteht aus einem Gleichrichter mit Ausgangsfilter C oder in einigen Fällen aus einer Akkubatterie.

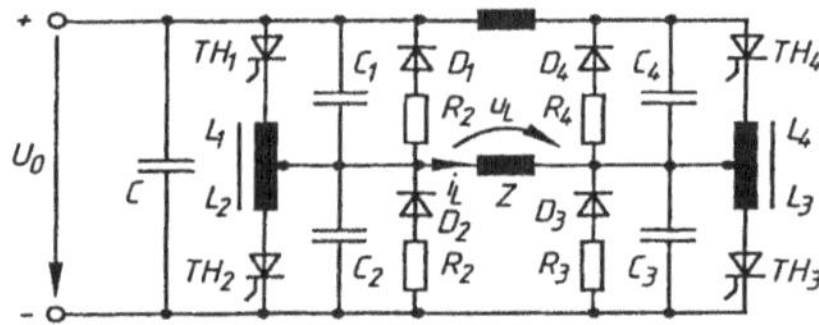

Bild 7.11
Einphasiger Spannungswechselrichter (ohne getrennten Löschkreis)

Das Schema enthält die Kondensatoren C_1 bis C_4 und die Drosselspulen mit Eisenkern L_1 bis L_4, die für die erzwungene Kommutierung der Thyristoren notwendig sind. Die Drosseln L_1 und L_2 bzw. L_3 und L_4 sind jeweils auf einen gemeinsamen Kern gewickelt und erzielen somit gute magnetische Kopplungen. Die Dioden D_1 bis D_4 mit den Widerständen R_1 bis R_4 werden – im Fall der Ohmsch-induktiven Belastung – zur Rückspeisung der im magnetischen Feld der Last gespeicherten Energie an die Spannungsquelle eingesetzt. Sie werden auch zur Entladung der im magnetischen Feld der Kommutierungsdrosseln L_1 bis L_4 gespeicherten Energie benutzt.

Die Analyse des Arbeitsprinzips dieses Wechselrichters ist schwierig. Da es hier um die erste solche Schaltung geht, erfolgt die Erklärung des Wechselrichterbetriebs sehr ausführlich.

Man betrachtet zunächst nicht die Vorgänge bei der Kommutierung verschiedener Thyristoren bzw. den Ablauf der Löschung eines Thyristors und des Zündens eines anderen.

Es wird vorausgesetzt, daß diese Kommutierung schlagartig stattfindet: wird der Zündimpuls an den Thyristor TH_2 gelegt, dann schaltet auch der Thyristor TH_1 automatisch ab und umgekehrt. Auch die Thyristoren TH_3 und TH_4, die zu der anderen Brückenseite gehören, sollen eine solche augenblickliche Kommutierung haben.

Betrachtet man den Wechselrichter im stationären Betrieb, wobei ω die Kreisfrequenz der Ausgangsklemmenspannung u_s des Wechselrichters ist, haben die Zündsignale u_Z der verschiedenen Thyristoren den Verlauf, den Bild 7.12-a zeigt.

Diese Zündsignale haben eine Winkeldauer π (Bogenmaß, beim Maßstab ωt gemessen): *das ist ein Unterschied zur Zündung der Thyristoren in einem Gleichrichter.* Bei denen reichen ein kürzerer Zündimpuls oder eine Pulsreihe mit einer kürzeren Gesamtdauer im Vergleich zur Periode der Netzspannung aus.

Die Zündimpulse u_{Z1} und u_{Z2} des Thyristorenpaars TH_1 und TH_2 sind gegeneinander um genau 180° phasenverschoben, die Signale u_{Z3} und u_{Z4} der Thyristoren TH_3 und TH_4 ebenfalls, wobei die letzteren, insgesamt, wiederum um den Winkel α gegenüber den ersten Zündsignalen phasenverschoben sind.

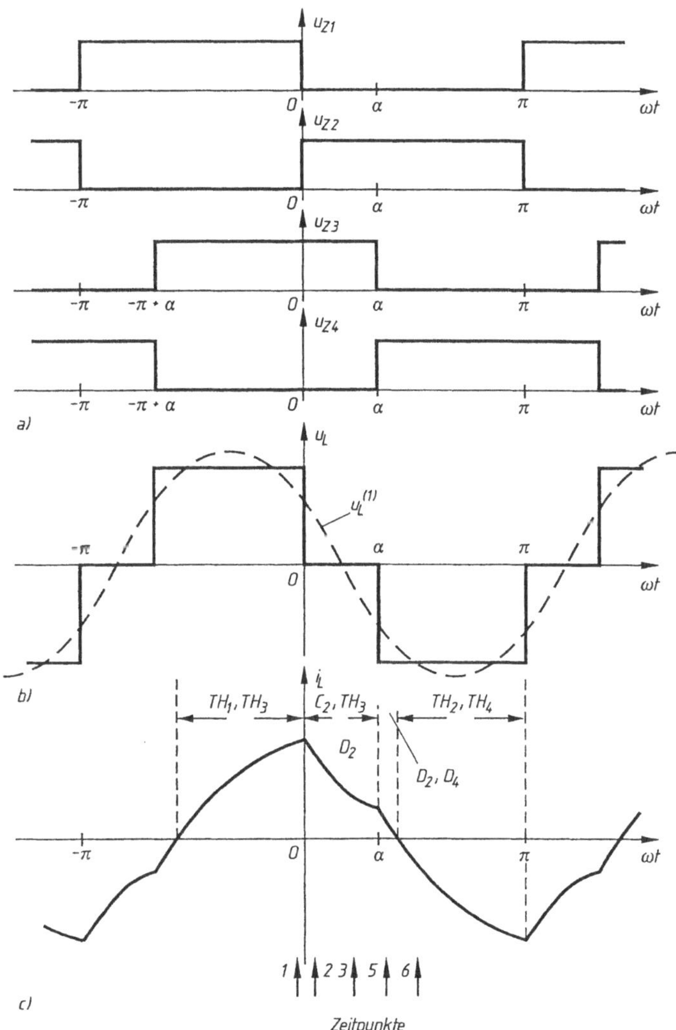

Bild 7.12
Zeitliche Verläufe einiger Größen aus Bild 7.11:
a) Zündimpulse,
b) kleine Spannung des Verbrauchers,
c) Laststrom des Verbrauchers

Die Klemmenspannung u_L des Verbrauchers erscheint in diesem Fall wie in Bild 7.12-b:

- Für $(-\pi+\alpha)<\omega<0$ (Bild 7.12-a) leiten die Thyristoren TH_1 und TH_3; und $u_L = U_0$.
- Für $0<\omega t<\alpha$ sind die Thyristoren TH_2 und TH_3 gezündet; $u_L = 0$.
- für $\alpha<\omega t<\pi$ ist die Last über die Thyristoren TH_2 und TH_4 an die Gleichstromquelle geschaltet; $u_L = -U_0$.

Die Ausgangsspannung u_L des Wechselrichters stellt somit eine WechselKennlinie dar, in der die Verläufe rechteckig sind (abgesehen von den Vorgängen, die mit der Kommutierung der Thyristoren verbunden sind). Durch die Steuerung des Zündwinkels α bei einem gegebenen und konstanten ω erreicht man eine Daueränderung der rechteckigen Kurvenform der Spannung u_L und somit eine Änderung der Amplitude ihrer Grundschwingung $u_L^{(1)}$.

Bei der Drehzahlsteuerung eines Asynchronmotors durch die Änderung der Frequenz f_1 muß gleichzeitig auch die Speisespannung des Motors geändert werden. Der Belastungsstrom i_L ist

– unter der Voraussetzung, daß die Last einen Ohmsch-induktiven Charakter hat – aus einer Summe von Exponentialkurven zusammengesetzt, die von der Amplitude und dem Vorzeichen der Klemmenspannung u_L abhängen. Im allgemeinen ist der Strom i_L wechselnd (sein Mittelwert in einer 2π-Periode beträgt Null). Seine Grundschwingung ist in bezug auf die Spannung gleicher Ordnung (also $u_L^{(1)}$) nacheilend phasenverschoben (siehe Bild 7.12-c).

In den folgenden Absätzen werden die Kommutierungsvorgänge der Thyristoren TH_1 und TH_2 analysiert, und zwar für den Fall, daß bei $\omega t = 0$ (Bild 7.12-a) der Thyristor TH_2 einen Zündimpuls bekommt, während der Thyristor TH_1 im Durchlaßzustand ist.

Die Situation des Wechselrichterkreises zur Zeit $\omega t = 0$ (mit 1 markiert) ist in Bild 7.13-a dargestellt.

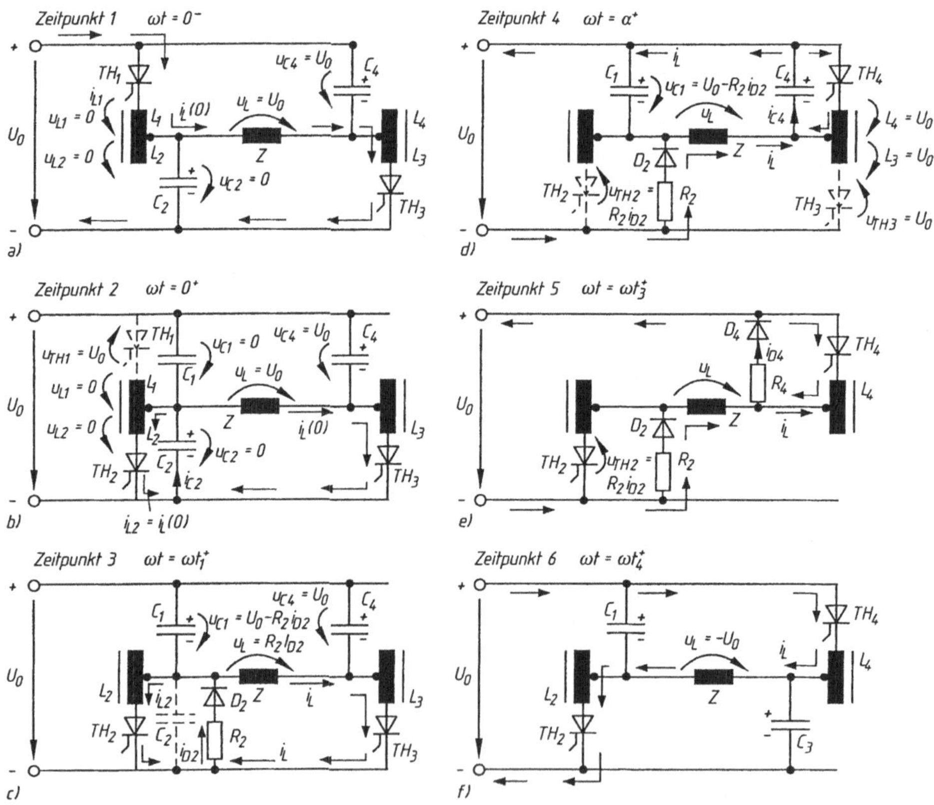

Bild 7.13 Änderungen des Spannungswechselrichters aus Bild 7.11 zu bestimmten Zeitpunkten

Der Belastungsstrom i_L – von der Spannungsquelle U_0 erzeugt – fließt über die Thyristoren TH_1 und TH_3 und die Drossel L_1. Man setzt voraus, daß die magnetische Trägheit der Last genügend groß ist, so daß er während der Kommutierung mit dem Wert $i_L(0)$ praktisch konstant ist.

- Bei $\omega t = 0$ (*Zeitpunkt 1*) ist der Strom über die Drossel $i_{L1} = -i_L(0)$ mit der Fließrichtung, die Bild 7.13-a zu entnehmen ist, während $di_{L1}/dt \approx 0$. Somit ist die Spannung $u_{L1} \approx 0$.
- Im gleichen Zeitpunkt ist die Klemmenspannung des Kondensators $C_2 u_{C2} = U_0$ mit der in Bild 7.13-a gezeigten Richtung. Die gleiche Spannung liegt auch am Thyristor TH_2 in Durchlaßrichtung (Anode-Kathode).
- Im Zeitpunkt $\omega t = 0$ kommt der Thyristor TH_2 in den Durchlaßzustand, und der Kommutierungsprozeß $TH_1 \Leftrightarrow TH_2$ beginnt. Das Ersatzschaltbild des Wechselrichters in dieser neuen Lage entspricht Bild 7.13-a.

Im Folgenden werden die Stromverläufe über die verschiedenen Wege des Stromkreises analysiert, und zwar unter vereinfachenden Voraussetzungen:

- die Widerstände der magnetisch gekoppelten Drosseln L_1 und L_2 und die der Spannungsquelle U_0 werden vernachlässigt,
- der Belastungsstrom bleibt beim Wert $i_L(0)$ konstant,
- die Drosseln L_1 und L_2 sind identisch: jede besitzt die Selbstinduktivität L und die Gegeninduktivität M,
- die Streuinduktivität einer Drossel relativ zu den anderen beträgt $L_\sigma = L - M \ll L$ (da $L_\sigma \approx (0{,}02$ bis $0{,}04)L$).

Mit den Bezeichnungen aus Bild 7.13-a lauten die Kreisgleichungen:

$$\begin{cases} i_C = i_L(0) + i_{L1} + i_{L2} = -C\dfrac{du_C}{dt}, \\[2ex] u_C = L\dfrac{di_{L2}}{dt} - M\dfrac{di_{L1}}{dt} = u_{L2}, \\[2ex] u_{L1} = U_0 - u_C = -L\dfrac{di_{L2}}{dt} + M\dfrac{di_{L2}}{dt}, \end{cases}$$

mit den *Anfangsbedingungen* $u_C(0) = U_0$, $i_{L1}(0) = -i_L(0)$, $i_{L2}(0) = 0$ *und* $i_C(0) = 0$.

Die Laplace-Transformation des oben angegebenen Gleichungssystems führt zu folgenden Gleichungen im Bereich der Laplace-Transformierten:

$$\begin{cases} u_C(s) = \dfrac{U_0}{2} \times \dfrac{s}{s^2 + \omega_1^2} + \dfrac{U_0}{2s}, \\[2ex] i_{L1}(s) = \dfrac{U_0}{2(L+M)s^2} + \dfrac{U_0}{2\omega_1 L_\sigma} \times \dfrac{s}{s^2 + \omega_1^2} - \dfrac{i_L(0)}{s}, \\[2ex] i_{L2}(s) = \dfrac{U_0}{2(L+M)s^2} + \dfrac{U_0}{2\omega_1 L_\sigma} \times \dfrac{s}{s^2 + \omega_1^2}, \\[2ex] i_C(s) = \dfrac{U_0}{2(L+M)s^2} + \dfrac{U_0}{2\omega_1 L_\sigma} \times \dfrac{s}{s^2 + \omega_1^2} \quad \dfrac{i_L(0)}{s} \end{cases}$$

was wiederum folgenden Originalfunktionen entspricht:

$$\left\{\begin{aligned} u_C(t) &= \frac{U_0}{2}(1 + \cos\omega_1 t), \\ i_{L1}(t) &= -i_L(0) + \frac{U_0}{2\omega_1 L_\sigma}\sin\omega_1 t - \frac{U_0}{2(L+M)\omega_1}\omega_1 t, \\ i_{L2}(t) &= \frac{U_0}{2\omega_1 L_\sigma}\sin\omega_1 t - \frac{U_0}{2(L+M)\omega_1}\omega_1 t, \\ i_C(t) &= \frac{U_0}{\omega_1 L_\sigma}\sin\omega_1 t, \end{aligned}\right. \tag{7.1}$$

mit

$$\omega_1^2 = \frac{2}{C L_0}.$$

Die Kreisfrequenz ω_1 ist sehr groß im Vergleich zu der Kreisfrequenz ω der Spannung u_L, da nicht nur die Kapazität C einen relativ geringen Wert aufweist, sondern auch die Streuinduktivität L_σ sehr klein sein muß, um eine starke magnetische Kopplung zwischen beiden Drosseln L_1 und L_2 zu ermöglichen.

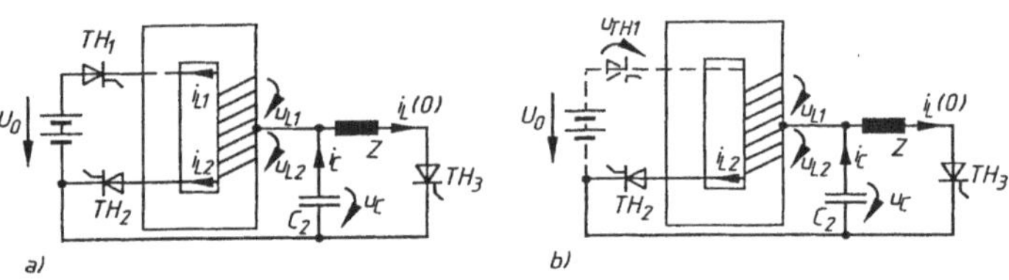

Bild 7.14
Ersatzschaltbild des Spannungswechselrichters während der Kommutierung $TH_1 - TH_2$

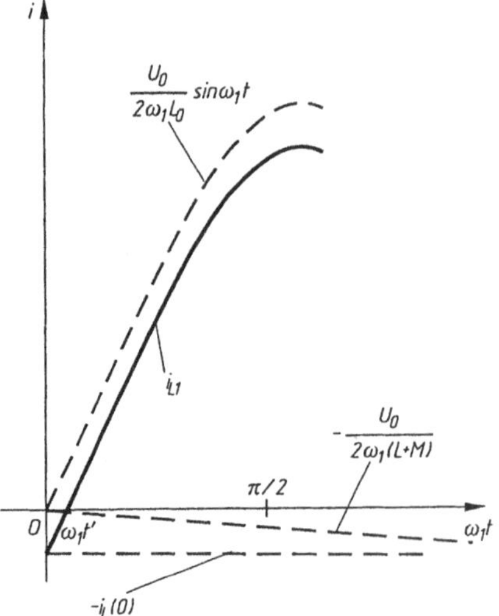

Bild 7.15
Zeitlicher Verlauf des Stroms i_{L1} während der Kommutierung von $TH_1 - TH_2$

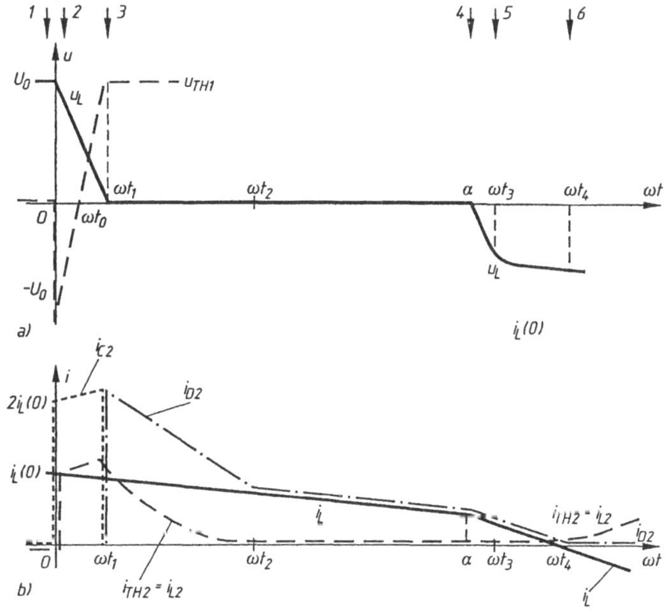

Bild 7.16
Zeitlicher Verlauf der Betriebsgrößen (Spannungswechselrichter aus Bild 7.11)

Der Strom i_{L1} wird sehr schnell nach der Zündung des Thyristors TH_2 Null (Bild 7.15), wie sein analytischer Ausdruck – Gl. (7.1) – beweist. Seine sinusförmige Komponente hat eine sehr große Amplitude, da $L_\sigma = L - M \ll L + M$, selbst im Vergleich zu $i_L(0)$: die lineare Komponente in den Augenblicken bis zum Nullwerden des Stroms ist vernachlässigbar klein. Das Nullwerden des Stroms i_{L1} zum Zeitpunkt t' bedeutet die Sperrung des Thyristors TH_1 und die Stromunterbrechung über die Drossel L_1. Im Zeitpunkt t', wenn i_{L1} zu Null geworden ist und

$$\frac{U_0}{2\omega_1 L_\sigma} \sin \omega_1 t' = i_L(0) + \frac{U_0}{2(L+M)\omega_1} \omega_1 t' ,$$

ändert sich das Aussehen des Ersatzschaltbilds des Wechselrichters (Bild 7-13b). Ein neuer nichtstationärer Betrieb fängt an mit den Anfangswerten:

$$\begin{cases} u_C(t') = \dfrac{U_0}{2}(1 + \cos\omega_1 t') \approx U_0 , \\ i_{L2}(t') = i_L(0) + \dfrac{U_0}{2\omega_1 L_\sigma} \sin \omega_1 t - \dfrac{U_0}{2(L+M)\omega_1} \omega_1 t \approx i_L(0) , \\ i_C(t') = 2\, i_L(0) + \dfrac{U_0}{2\omega_1 L_\sigma} \sin \omega_1 t - \dfrac{U_0}{2(L+M)\omega_1} \omega_1 t \approx 2 i_L(0) . \end{cases} \tag{7.2}$$

Da, wie in Bild 7.15 gezeigt, $\omega_1 t' \ll \pi/2$ und ω_1 sehr groß ist, folgt, daß die Zeit t' vernachlässigbar ist. Alles geschieht, als ob der Strom i_{L1} plötzlich Null sei und ein plötzliches Anwachsen des Stroms i_{L2} von Null auf $i_L(0)$ stattfindet (infolge der magnetischen Kopplung zwischen den Drosseln L_1 und L_2). Die im gemeinsamen magnetischen Feld gespeicherte Energie, die anfänglich

$$\frac{1}{2} L i_{L1}^2 = \frac{1}{2} L i_L^2(0)$$

war, ist nach der Zeitspanne t'

$$\frac{1}{2} L i_{L2}^2 \approx \frac{1}{2} L i_L^2(0),$$

d.h. daß sie praktisch konstant bleibt. Gemäß dem neuen äquivalenten Ersatzschaltbild (Bild 7.13-b) wird der Belastungsstrom sofort nach der augenblicklichen Kommutierung $TH_1 \Leftrightarrow TH_2$ von dem Kondensator C_2 übernommen (siehe Bild 7.13-b, Zeitpunkt 2 bei $\omega t = 0_+$). Es interessiert, wie sich die Kreisströme und die Spannungen u_C und u_L entwickeln (mit Berücksichtigung der neuen Anfangswerte nach Gl. (7.2)). Die neuen Gleichungen mit den Augenblicksgrößen:

$$i_C = i_L(0) + i_{L2} = -C\frac{du_C}{dt},$$

$$u_C = L\frac{du_C}{dt} = u_{L2} = u_L,$$

führen zu folgendem Laplace-System:

$$u_C(s) = s\,L\,i_{L2}(s) - L\,i_L(0) = u_{L2}(s) = u_L(s),$$

$$i_C(s) = \frac{i_L(0)}{s} + i_{L2}(s) = -C\,s u_C(s) + C\,U_0 .$$

Aus diesem ergeben sich dann die Original-Zeitfunktionen:

$$\begin{cases} i_{L2}(t) = \dfrac{U_0}{\omega_2 L}\sin\omega_2 t - i_L(0) + 2\,i_L(0)\cos\omega_2 t = i_C(t) - i_L(0) \\ u_C(t) = U_0\cos\,\omega_2 t - 2\,\omega_2\,L\,i_L(0)\sin\omega_2 t = u_{L2}(t) = u_L(t), \end{cases} \tag{7.3}$$

mit

$$\omega_2^2 = \frac{1}{CL}.$$

- Die Kreisfrequenz ω_2 ist ersichtlich kleiner als ω_1 (da $L_\sigma \ll L$), aber immer noch bedeutend größer als die Kreisfrequenz ω der Spannung u_L. Infolgedessen ändern sich die Ströme, wie auch die Spannungen u_C und u_L, sehr schnell, wenn auch etwas langsamer als in der früheren Zeitspanne, deren Zeitdauer t' deswegen vernachlässigt wurde.
- Entsprechend den Gl. (7.3) entlädt sich der Kondensator C (wegen des Thyristors TH_2) über die Drossel L_2 und übernimmt die Leitung des Belastungsstroms i_L (Bild 7.16-a). Die Klemmenspannung u_C nimmt sehr schnell ab (im Bereich $0 < \omega t < \omega_1 t$ gilt $u_C = u_L$).
- *Bemerkenswert ist der Verlauf der Spannung U_{TH1} am Thyristor TH_1, der in der Entladezeit des Kondensators C_2 gesperrt ist. Gemäß Bild 7.13-b gilt:*

  $$u_{TH1} = U_0 - u_{L1} - u_{L2} \approx U_0 - 2\,u_C,$$

  da $u_{L2} \approx u_{L1}$, infolge der fast vollkommenen magnetischen Kopplung zwischen den beiden Drosseln L_1 und L_2.
- Anfänglich wird also $u_{TH1} = -U_0$, da $u_C = U_0$ (siehe Bild 7.16-a). D.h., daß der seit kurzer Zeit gesperrte Thyristor in Gegenrichtung beansprucht wird, was unbedingt notwendig ist, damit der Thyristor TH_1 ausgeräumt werden kann (siehe Abschnitt 1.9.3).

- Mit der Entladung des Kondensators C_2 und der gleichzeitigen Abnahme der Spannung u_C . wächst die Spannung u_{TH1}; sie geht im Zeitpunkt ωt_0 durch Null (Bild 7.16-a) und wird danach positiv.
- Die Kreisfrequenz ω_2 muß derart gewählt werden (sie ist auch eine Funkion von L und C), daß die Zeitdauer t_0 größer ist als die Freiwerdezeit des Thyristors; sonst beginnt der Thyristor TH_1 bei positiver Spannung u_{TH1} wieder zu leiten, was zum Kurzschluß der Spannungsquelle führen würde.
- Im Zeitpunkt $\omega t = \omega t_1$, in dem die Spannung u_C Null geworden ist, ändert sich noch einmal das Ersatzschaltbild des Wechselrichterkreises, da die Diode D_2 zu leiten beginnt und vom Kondensator C_2 den Belastungsstrom i_L übernimmt.

  Der Zeitpunkt t_1 kann aus der Bedingung $u_C = 0$ ermittelt werden bzw. nach Gl. (7.3):

$$\tan(\omega_2 t_1) = \frac{U_0}{2\,\omega_2\, L i_L(0)} .$$

- Da $u_C = 0$, wird auch $di_{L2}/dt = 0$ sein. Der Strom i_{L2}, der im Lauf der Zeit angestiegen ist, erreicht im Zeitpunkt ωt_1 ein Maximum. Dies bedeutet, daß die im magnetischen Feld der Drossel L_2 gespeicherte Energie größer geworden ist.
- Nach dem Zeitpunkt ωt_1, wenn die Diode D_2 öffnet, wird dieser Energiezuwachs an den Stromkreis abgegeben: der Strom i_{L2} wird über die Diode D_2 und den Widerstand R_2 fahren. Der Widerstand R_2 ist nötig, um diese Energie sehr schnell zu verbrauchen, noch bevor der Belastungsstrom i_L seine Richtung umkehrt.
- Die Stromverteilung bei $\omega t = \omega t_1$ – *Zeitpunkt 3* – ist in Bild 7.13-c dargestellt. Zwischen den Spannungen gibt es die Beziehung $u_{L2} = u_{C2} = u_L = -R_2 i_{D2}$, was die Tatsache beschreibt, daß die Klemmenspannung u_L einen kleinen Wert aufweist und negativ ist.
- Da $u_{L2} = L(di_{L2}/dt) < 0$, nimmt der Strom i_{L2} ab, und im Zeitpunkt t_2 wird er zu Null. In diesem Augenblick könnte der Thyristor TH_2 sperren; um ihn weiter in Durchlaßrichtung offen zu halten, muß der Zündimpuls u_{Z2} dauernd angelegt sein. Aus diesem Grund muß der Zündimpuls der Thyristoren während einer ganzen halben Periode der Spannung u_L anstehen.

Solange der Thyristor TH_2 nicht leitet, schließt sich der Weg des Stroms i_L über die Diode D_2 und den Thyristor TH_3 (aufgrund der im magnetischen Feld des Verbrauchers gespeicherten Energie). Dieser Strom nimmt im Laufe der Zeit ab (siehe Bild 7.16-b), während die Klemmenspannung $U_L = -R_2 i_{D2} = -R_2 i_L$ negativ und vom Betrag sehr klein ist, da der Widerstand R_2 im allgemeinen viel kleiner als der normale Belastungswiderstand ist.

- Da die Spannung u_C sehr klein ist und praktisch konstant bleibt, ist der Strom i_C durch den Kondensator C_2 Null.
- Die Vorgänge verlaufen in der oben beschriebenen Art bis zum Zeitpunkt $\omega t = \alpha$, in dem der Thyristor TH_4 einen Zündimpuls bekommt.
- Die Kommutierung zwischen den Thyristoren TH_3 und TH_4 ist völlig analog der, die zwischen den Thyristoren TH_1 und TH_2 abgelaufen ist – mit dem einzigen Unterschied, daß $i_L(0) > i_L(\alpha)$. D.h., daß der kommutierende Strom viel kleiner ist und die Kommutierungs-Übergangsvorgänge schneller stattfinden. Diese Vorgänge werden nicht weiter betrachtet.
- In der sehr kurzen Zeitspanne $\alpha < \omega t_1 < \omega t_3$ wird der Strom i_L von der Diode D_2 und dem Kondensator C_4 übernommen: er fährt über die Versorgungsquelle. Auf diese Weise wird ein Teil der im magnetischen Feld des Verbrauchers gespeicherten Energie zur Quelle zurückgespeist (Bild 7.13-d, *Zeitpunkt 4*).

- Gleichzeitig mit dem Entladeprozeß des Kondensators C_4 und mit der Abnahme der Spannung u_{C4} zu Null hin strebt die Spannung u_L nach $-U_0$ (Bild 7.16-a).
- Bei $\omega t = \omega t_3$ ist der Kondensator C_4 vollständig entladen.
- Im Zeitbereich $\omega t_3 < \omega t < \omega t_4$, wenn die in der Last gespeicherte Energie nicht völlig verbraucht ist, fließt der Strom weiter durch die Diode D_2 und schließt mit Hilfe des Thyristors TH_4 und des Widerstands R_4 die Quelle.
- Der Thyristor TH_4 beginnt im Zeitpunkt ωt_3 zu leiten, und zwar dann, wenn seine eigene Klemmenspannung $u_{TH4} = u_{C4}$ Null geworden ist.
- Im gleichen Zeitintervall findet eine Entladung der in der Drosselspule L_4 gespeicherten Kommutierungsenergie über Diode D_4 und den Widerstand R_4 statt. Der Stromfluß ist in Bild 7.13-e (Zeitpunkt 5) dargestellt.
- Bei $\omega t = \omega t_4$ wird der Strom i_L Null und ändert sein Vorzeichen. Er fährt dann durch die Thyristoren TH_4 und TH_2, die die für den Leitungsprozeß benötigten Zündimpulse erhielten (Bild 7.13-f, Zeitpunkt 6); die Vorgänge wiederholen sich.

  Erwähnenswert ist, daß die in den Drosseln L gespeicherte Kommutierungsenergie durch den Jouleschen Effekt in den angeschlossenen Widerständen R aufgebraucht wird. Dieser Vorgang verschlechtert den Wirkungsgrad des Wechselrichters.

- Eine *bessere Lösung* besteht in der Ankopplung des Verbrauchers über einen Transformator T (Bild 7.17), wobei auch die Dioden D an den Anzapfungen der primären Wicklungen des Transformators angeschlossen werden (Anzapfungen bei 10 bis 20 % der gesamten Windungszahl). Auf diese Weise wird die Kommutierungsenergie über den Transformator an den Verbraucher abgegeben, was die energetische Bilanz des Wechselumrichters deutlich verbessert.

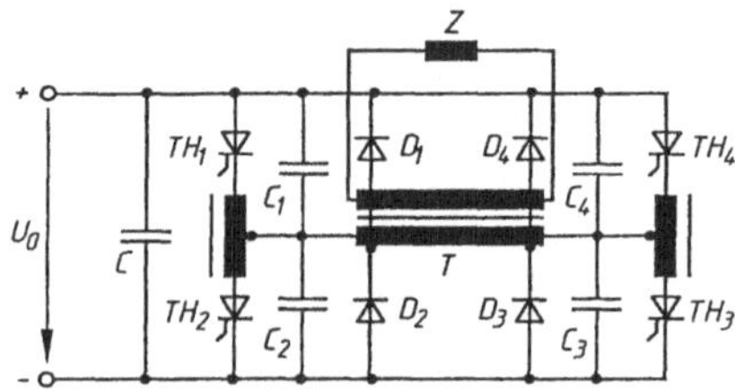

Bild 7.17
Einphasen-Wechselrichter mit Transformatorausgang

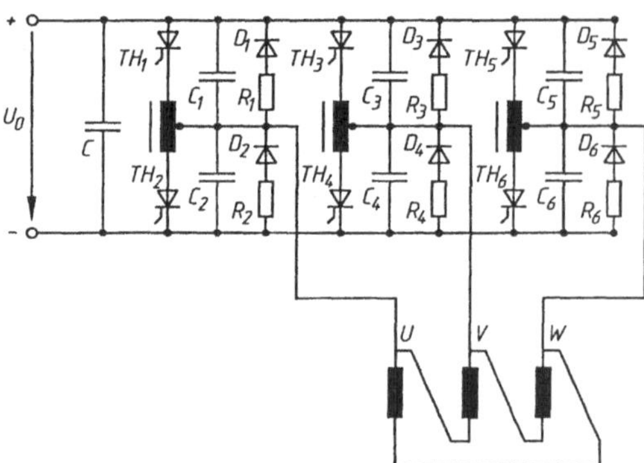

Bild 7.18
Dreiphasen-Wechselrichter

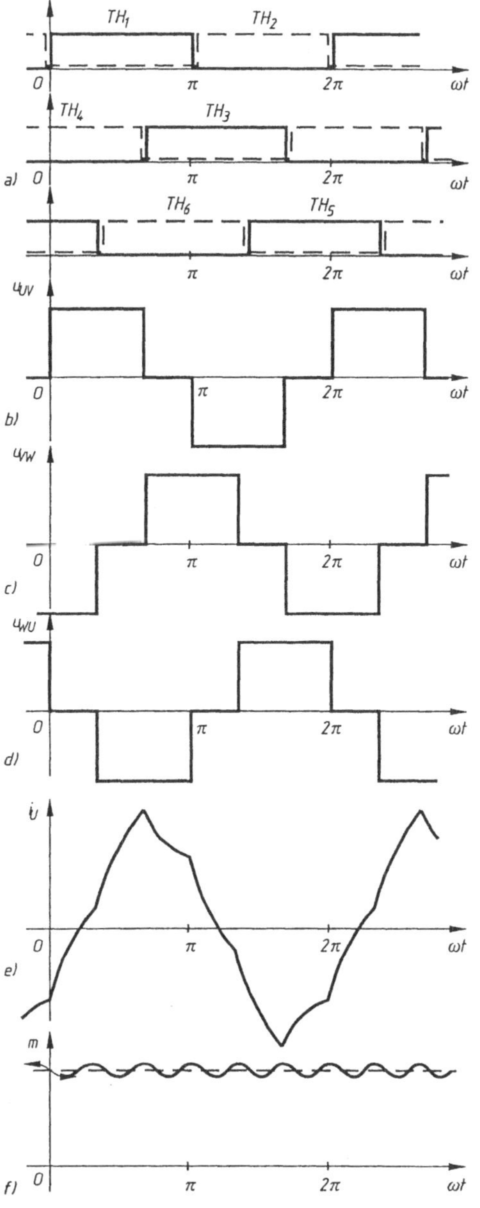

Nach Analyse des Einphasen-Wechselrichterprinzips kann ein Dreiphasen-Wechselrichter betrachtet werden (Bild 7.18), der z.B. zur Speisung eines Drehstrommotors mit veränderlicher Frequenz verwendet werden kann. Dazu sind drei Thyristorpaare notwendig; jedes Paar bekommt um 120° phasenverschobene Zündimpulse (siehe Bild 7.19-a).

Bei jedem Paar, z.B. $TH_1 \Leftrightarrow TH_2$, bleibt ein Thyristor 180° im Durchlaßzustand, während der andere gesperrt ist. Danach wechseln sie ihre Rollen. Der Verlauf der verketteten Spannungen des Drehstrommotors, die erzeugt werden können, ist in den Bildern 7.19, b bis d dargestellt. Es sind Wechselspannungen mit rechteckigen Blöcken mit 120° Breite.

Der Strangstrom ist in Bild 7.19-e dargestellt. Er ist weit entfernt von einem sinusförmigen Zeitverlauf, daher verzeichnet das vom Motor entwickelte elektromagnetische Drehmoment Welligkeiten von etwa 7 bis 10 % des Nenndrehmoments M_N (siehe Bild 7.19-f).

Bild 7.19
Zeitliche Verläufe der Betriebsgrößen des Umkehrrichters aus Bild 7.18

Eine weitere Variante eines selbstgeführten Dreiphasen-Wechselrichters ist schematisch in Bild 7.20 dargestellt. Der wesentliche Unterschied gegenüber dem Ersatzschaltbild aus Bild 7.18 besteht darin, daß die für die Kommutierung der Thyristoren $TH_1 \Leftrightarrow TH6$ notwendigen sechs Kondensatoren zwischen den Strängen U, V und W geschaltet sind.

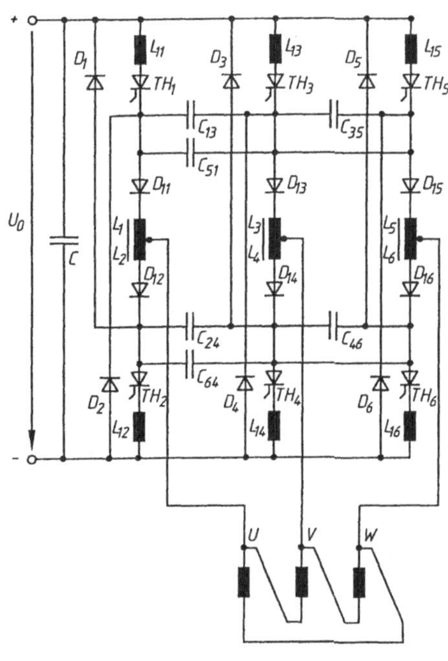

Bild 7.20
Selbstgeführter Dreiphasen-Wechselrichter (Kommutierungskondensatoren zwischen den Strängen U, V und W)

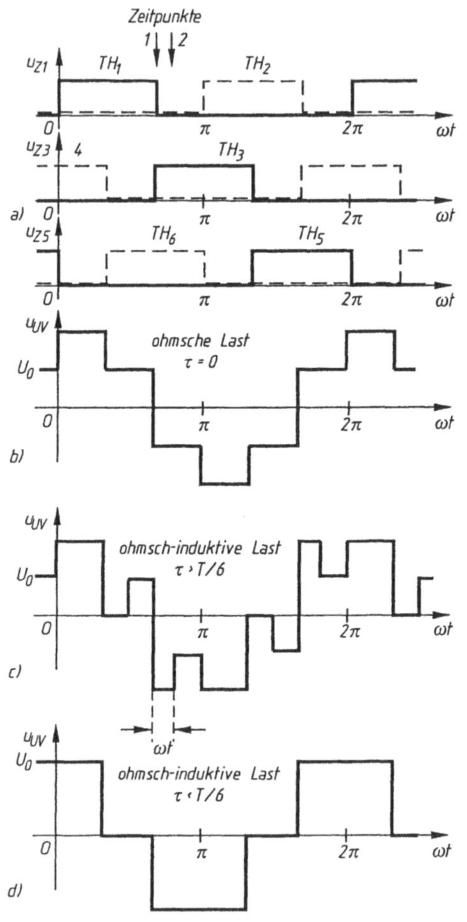

Bild 7.21
Zeitliche Verläufe einiger Betriebsgrößen des Wechselrichters aus Bild 7.20

Ein weiterer prinzipieller Unterschied besteht darin, daß der Kommutierungsvorgang zwischen zwei Thyristoren aus verschiedenen Strängen stattfindet, aber aus der Gruppe dreier Thyristoren ($TH_1 \Leftrightarrow TH_3 \Leftrightarrow TH_5$ bzw. $TH_2 \Leftrightarrow TH_4 \Leftrightarrow TH_6$), die an der gleichen Zwischenkreis-Klemme liegen (z.B. $TH_1 \Leftrightarrow TH_3$ oder $TH_3 \Leftrightarrow TH_5$ oder $TH_2 \Leftrightarrow TH_4$).

Zusätzlich leiten die Thyristoren nur ein Drittel der Ausgangsspannungsperiode *T*. Die Zeitbereiche, in denen die Thyristoren leiten, sind in Bild 7.21-a dargestellt.

Die Dioden D_1 bis D6 werden zur Entladung der in den magnetischen Feldern der Ständerwicklungen gespeicherten Energie eingesetzt.

Um die Schwingungen des LC-Stromkreises (der zur Thyristorenkommutierung benutzt wird) zu verhindern, werden die Sperrdioden D_{11} bis D_{16} benötigt.

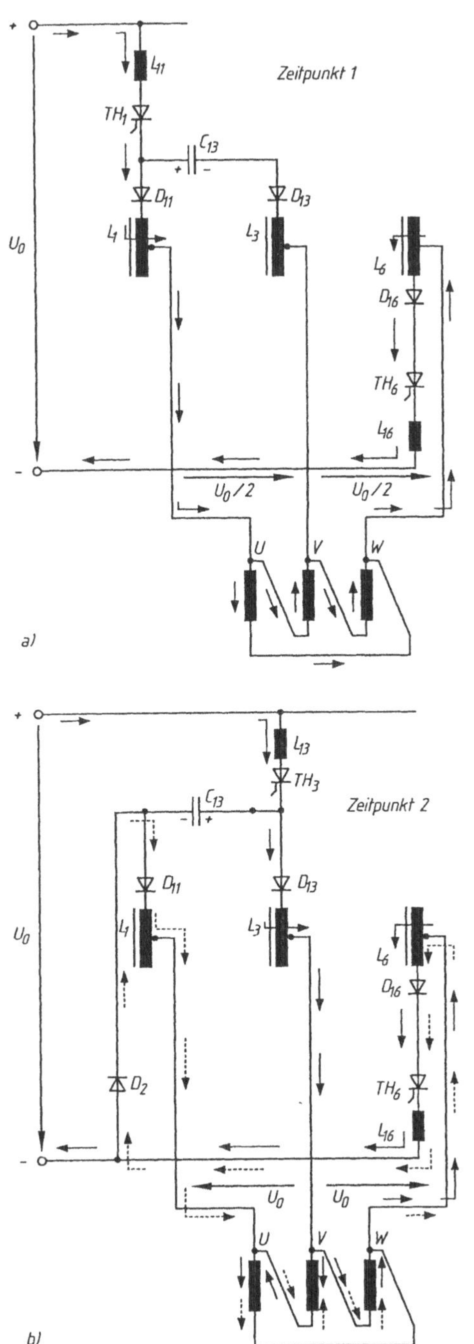

In einer kurzen Zusammenfassung wird weiter der *Kommutierungsvorgang* analysiert:

- Man setzt voraus, daß zu einem gegebenen Augenblick (Bild 7.22-a, Zeitpunkt 1), die Thyristoren TH_1 und TH_6 leiten. In diesem Fall besitzt der Kondensator C_{13} die Polarität wie in Bild 7.22-a.
- In dem Augenblick, in dem der Thyristor TH_3 zündet, entlädt sich der Kondensator C_{13} auf dem Weg $TH_1 \Rightarrow L_{11} \Rightarrow L_{13} \Rightarrow TH_3 \Rightarrow C_{13}$, bis der Strom, der durch den Thyristor TH_1 fließt, Null wird. Die Induktivitäten L_{11} und L_{13} begrenzen den Anstieg des Entladestroms des Kondensators C_{13} auf einen für den Thyristor zulässigen Wert.
- Beim Nullwerden des Stroms, der zu diesem Zeitpunkt durch den Thyristor TH_1 fließt, also bei Sperren dieses Thyristors, wechselt der Entladungsstrom des Kondensators seinen Weg: $TH_{11} \Rightarrow L_1 \Rightarrow L_2 \Rightarrow TH_{12} \Rightarrow D_1 \Rightarrow L_{13} \Rightarrow TH_3 \Rightarrow C_{13}$.
- Die Induktivitäten L_1 und L_2, die größer als L_{11} und L_{13} sind, bremsen diesmal die Entwicklung des Entladungsstroms, der sich in der ersten Zeit schneller entwickelt hat, da dies zum Sperren des Thyristors TH_3 nötig war. Dadurch kann die Klemmenspannung des Thyristors TH_1, nach dem Nullwerden des Stroms und vor der Ausräumung des Thyristors, nicht wieder positiv werden.

Bild 7.22
Kommutierungsvorgang des Dreiphasen-Umkehrstromrichters aus Bild 7.20:
a) Zeitpunkt 1,
b) Zeitpunkt 2

- Wenn der Entladungsstrom des Kondensators im Lauf seiner Schwingung den maximalen Wert erreicht hat, ist die Klemmenspannung des Kondensators Null geworden. Danach fällt der Entladungsstrom auf Null, während die Klemmenspannung des Kondensators ihr Vorzeichen wechselt. Die Dioden D_{11} und D_{12} auf dem Entladestromweg verhindern aber das Rückschwingen dieses Stroms, und der Kondensator bleibt weiter im gleichen Zustand.

Die Spannung, z.B. u_{UV} am Wechselrichterausgang, zeigt eine Zeitänderung die, je nach Verbrauchertyp, unterschiedlich ist:

1. rein (theoretische) Ohmsche Last:

- Im ersten Bereich von 60°, solange die Thyristoren TH_1 und TH6 gleichzeitig leiten (Bild 7.22-a), wird $u_{UV} = U_0/2$, wobei U_0 die Gleichstromquellenspannung ist.
- Im nächstfolgenden Bereich von 60° leiten die Thyristoren TH_3 und TH_6 gleichzeitig, während die Verbraucherklemme „V" mit dem Pluspol und die Klemme „W" mit dem Minuspol verbunden sind. Die Klemme „U" weist ein mittleres Potential auf. Folglich $u_{UV} = -U_0/2$.
- In den folgenden 60° leiten die Thyristoren TH_3 und TH_2, so daß die Klemme „V" am Pluspol bleibt, während „U" an den Minuspol geschaltet wird. Demnach wird $u_{UV} = -U_0$ usw.
- Die Kennlinie der Klemmenspannung u_{UV}, im Fall einer Ohmschen Last, ist in Bild 7.21-b dargestellt.

2. Ohmsche Last leicht induktiven ($L<R$) Charakters:

- Am Ende des 60°-Bereichs (Zeitpunkt 1), wenn die Thyristoren TH_1 und TH_6 gleichzeitig leiten, ist die Lage aus Bild 7.22-a zu entnehmen: der Belastungsstrom folgt den Weg, der durch einen Pfeil dargestellt ist. Die Klemme „U" ist mit dem Pluspol, die Klemme „W" dagegen mit dem Minuspol verbunden. Die Klemme „V" hat ein mittleres Potential, die Klemmenspannung ist $u_{UV} = U_0/2$.
- Es folgt dann ein neuer 60°-Bereich, in dem die Thyristoren TH_3 und TH_6 gleichzeitig leiten. Dieser Bereich muß in zwei Unterbereichen geteilt werden:
  - *Im ersten Unterbereich* von der Dauer $\tau < T/6$, infolge der magnetischen Lastträgheit, ist der Strom bestrebt, mit Hilfe der Diode D_2 seine Richtung aus dem Zeitpunkt 1 beizubehalten (unterbrochener Pfeil, Bild 7.22-b). Diese Diode D_2, die zur Entladung der im magnetischem Lastfeld gespeicherten Energie nötig ist, und der Thyristor TH_6 schließen die Klemmen „U" und „W" kurz und verbinden sie mit dem Minuspol, während die Klemme „V" über den Thyristor TH_3 am Pluspol liegt. Der Weg des von der Quelle zugeführten Stroms ist in Bild 7.22-b durch Pfeile dargestellt. Solange (nämlich τ) die Diode D_2 leitet und die Klemmen „U" und „W" kurzgeschlossen sind, wird $u_{UV} = -U_0$ (Bild 7.21-c).
  - *Im zweiten Unterbereich* leitet die Diode D2 nicht mehr. Es bleibt nur noch der von der Quelle gelieferte Strom, der fortlaufend den Weg verfolgt, der mit unterbrochenen Pfeilen angezeigt wird. Da der Kurzschluß zwischen den Klemmen „U" und „W" nicht mehr existiert, bekommt die Klemme „U" ein mittleres Potential zwischen den Potentialen der Klemme „V" (am Pluspol) und „W" (am Minuspol). Folglich wird $u_{UV} = -U_0/2$ (Bild 7.21-c);
- Im folgendem Bereich von 60° leiten die Thyristoren TH_3 und TH_2. Die Klemme „U" ist immer am Minuspol, während die Klemme „V" am Pluspol liegt. Genauer:
  - *Im ersten Unterbereich* τ sind die Klemmen „V" und „W" über die Diode D_5 und den Thyristor TH_3 kurzgeschlossen und zugleich an den Pluspol geschaltet.
  - *Im zweiten Unterbereich* wird der Kurzschluß unterbrochen, „V" bleibt am Pluspol und „W" besitzt ein mittleres Potential. Folglich ist $u_{UV} = -U_0$ (Bild 7.21-c).

- Im nächsten Bereich von 60° leiten die Thyristoren TH_5 und TH_2:
  - *Im ersten Unterbereich* τ sind die Klemmen „U" und „V" kurzgeschlossen und gleichzeitig an den Minuspol geschaltet, während die Klemme „W" am Pluspol liegt. Die Klemmenspannung ist $u_{UV} = 0$.
  - *Im zweiten Unterbereich* bleiben die Klemme „U" am Minuspol und die Klemme „W" am Pluspol, während „V" ein mittleres Potential aufweist: $u_{UV} = -U_0/2$.

Die Spannung u_{UV} für die *leicht induktive Last* wird in Bild 7.21-c veranschaulicht. Die Durchlaßzeit τ der Dioden D_1 bis D_6 ist kleiner als $T/6$, wobei T die Periode der Ausgangsspannung des Wechselrichters ist. Die Zeit τ wird zur Entladung der im magnetischen Feld der Last gespeicherten Energie benötigt.

3. *stark induktive Last (der normale Fall des Asynchronmotors):*

- Die Leitungsdauer τ verschiedener Dioden D_1 bis D_6 ist *größer als* T/6, und die Klemmenspannung u_{UV} sieht anders aus (siehe Bild 7.21-d).

  Die oben behandelten 6-Puls-Wechselrichter haben den Nachteil, daß sie keine Änderung der Amplitude der Ausgangsspannungsgrundschwingung *und* ihrer Frequenz zulassen, so wie es die Drehzahlsteuerung des Drehstrommotors verlangt.

  Das wäre nur durch die Änderung der Versorgungsquellenspannung U_0 möglich, was zwar möglich, unter wirtschaftlichen Gesichtspunkten aber nicht rationell ist. Man müßte mit variabler Zwischenkreisspannung arbeiten.

  Würde die Kapazität der Kommutierungskondensatoren in Abhängigkeit von der minimalen Spannung am Wechselrichtereingang gewählt, führte dies in der Tat zu einem hohen Wert der Kapazität.

  Bei steigender Speisespannung U_0 und deren Frequenz f_0 wären auch die Kommutierungsenergieverluste höher. Die letzten hängen ausdrücklich von der Kommutierungsfrequenz ab, die 6fach höher als die Ausgangsfrequenz ist.

  Man setzt deswegen andere Wechselrichtertypen ein, die die Änderung der Ausgangsspannungsgrundschwingung bei gegebenem U_0 zulassen.

7.2.2.2 Spannungswechselrichter mit Einzellöschkreis und Ausgangsspannungsänderung

Ein solcher Wechselrichtertyp ist in Bild 7.23 dargestellt.

Jeder der Thyristoren TH_1 bis TH_6 leitet je eine Halbperiode der Ausgangsspannung, entsprechend Bild 7.19-a.

Die Ausgangsspannung zeigt, unabhängig von der Art der Last, die Form, die Bild 7.19-b zeigt.

Der Kommutierungskondensator C liegt in der Diagonale einer Thyristorenbrücke (aus $TH_7 \Leftrightarrow TH_{10}$ gebildet). Wenn die Polung des Kondensators C so wie in Bild 7.23 ist, dann kann er die Thyristoren TH_1, TH_3 und TH_5 löschen. Wenn, z.B., der Thyristor TH_1 gelöscht werden muß, legt man an den Kommutierungsthyristor THc_1 und an den Thyristor TH_9 einen Zündimpuls. In dieser Situation entlädt sich der Kondensator C über den Weg $THc_1 \Rightarrow L_{11} \Rightarrow TH_1 \Rightarrow TH_9$, bis zum Sperren des Thyristors TH_1. Danach setzt sich die Entladung bis zur Änderung der Polarität des Kondensators C über den Weg $THc_1 \Rightarrow L_1 \Rightarrow L_2 \Rightarrow D_1 \Rightarrow TH_9$ fort.

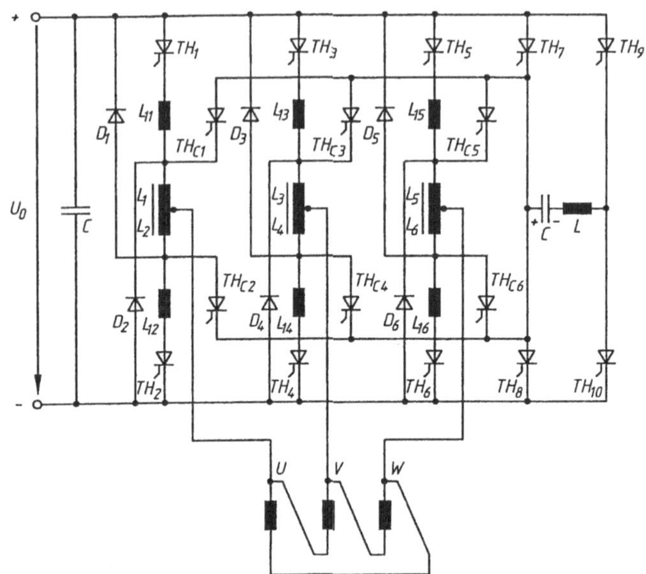

Bild 7.23
Dreiphasen-Spannungswechselrichter mit Einzellöschkreis und Ausgangsspannungsänderung

Für die Ladungsergänzung der neuen Polarität des Kondensators wird der Thyristor TH_8 „geschlossen". Der Kondensator ist jetzt erneut aufgeladen, so daß er jeden der Thyristoren TH_2, TH_4 und TH_6 löschen kann. Um, z.B., den Thyristor TH_6 zu löschen, werden die Thyristoren TH_{10} und TH_{c6} geschlossen.

Für andere kompliziertere Wechselrichtertypen – mit der Amplitudensteuerung der Ausgangsspannungsgrundschwingung bei U_0 = konst. – wird für jede Gruppe von zwei Thyristoren an der gleichen Lastklemme je ein getrenntes Zwangslöschsystem vorgesehen (von der Art, die in den vorausgehenden Ersatzschaltungen dargestellt wird).

In Bild 7.24 wird die Möglichkeit der *Änderung der Grundschwingungsamplitude der Ausgangsspannung bei U_0 = konst.* veranschaulicht. Dafür wird eine einzige Bezugsspannung u_r dreieckiger Form verwendet, während die Steuerspannungen für die Strangthyristoren sinusförmig sind.

Man bildet so ein symmetrisches Dreiphasensystem bei einer Frequenz, die, bei veränderlicher Amplitude, dem erwünschten Wert der Ausgangsspannung entspricht:

- die Bezugsspannung aus Bild 7.24 hat eine 6fach größere Frequenz und könnte noch sehr viel größer sein (*abhängig von der Freiwerdezeit* der eingesetzten Thyristoren);
- im gleichen Bild sind nur die Steuerspannungen u_{sU} und u_{sV} für die Thyristoren TH_1 und TH_2 (an der Lastklemme „U" angeschlossen) bzw. TH_3 und TH_4 (an der Lastklemme „V" angeschlossen) dargestellt;
- der Thyristor TH_1 wird gezündet bleiben, solange $u_r - u_{sU} < 0$ (Bild 7.24-b);
- der Thyristor TH_3 wird in Betrieb bleiben, solange $u_r - u_{sV} < 0$, (Bild 7.24-c);
- in den Betriebspausen der Thyristoren TH_1 und TH_3 leiten die Thyristoren TH_2 und TH_4;
- der Thyristor TH_1 schaltet die Klemme „U" an den Pluspol der Gleichstromquelle, wie dies der Thyristor TH_3 gegenüber der Klemme „V" macht;
- die Thyristoren TH_2 und TH_4 schalten die gleichen Lastklemmen „U" und „V" diesmal an den Minuspol der Stromquelle; die Spannung u_{UV} geht aus den Bildern 7.24-b, c hervor;

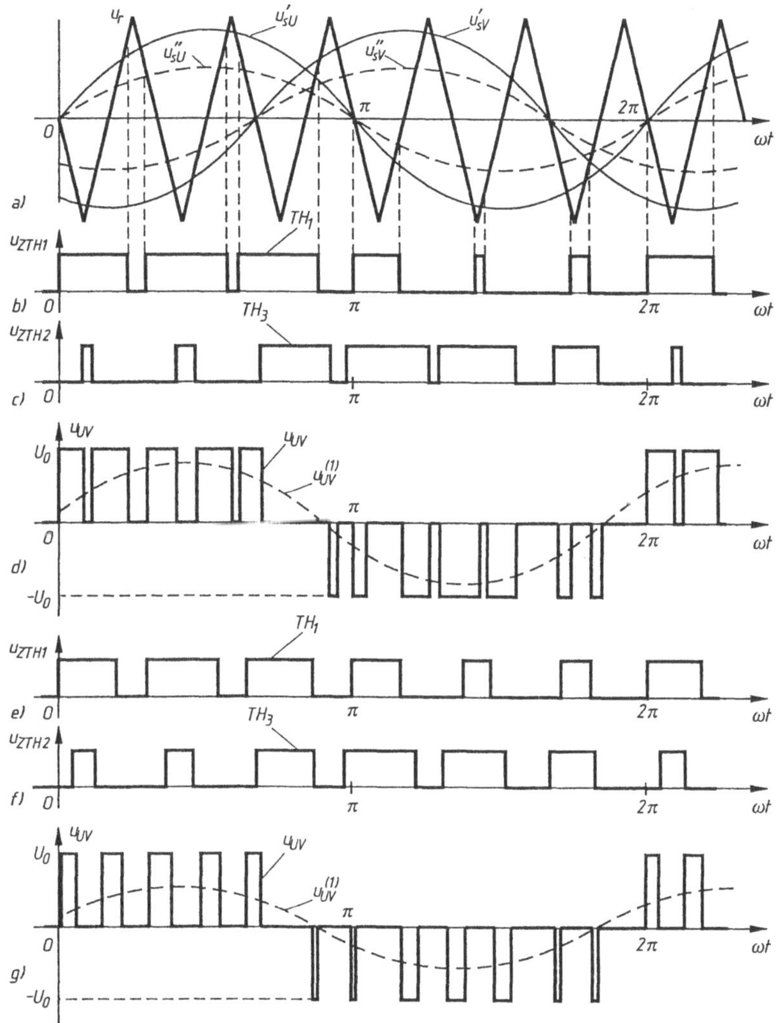

Bild 7.24 Änderung der Grundschwingungsamplitude der Ausgangsspannung (PWM). Zeitliche Verläufe der Betriebsparameter für den Spannungswechselrichter aus Bild 7.23.

- es läßt sich folgends feststellen:
  - leitet nur TH_1, während sich TH_3 in der Betriebspause befindet (folglich leitet TH_4), dann ist $u_{UV} = U_0$;
  - leiten die beiden Thyristoren TH_1 und TH_3 bzw. sind beide gleichzeitig in der Betriebspause, dann ist $U_{UV} = 0$;
  - leitet nur TH_3, während sich TH_1 sich in der Betriebspause befindet, dann ist $u_{UV} = -U_0$.
  - für die Steuerspannungen u'_{sU} und u'_{sV}, in Bild 7.24-a mit dicker Linie dargestellt, ergibt sich die Klemmenspannung U_{UV} wie in Bild 7.24-d.

- für die Steuerspannungen kleinerer Amplitude u''_{sU} und u''_{sV} ergibt sich, wenn die Leitungsbereiche der Thyristoren TH_1 und TH_3 wie in den Bildern 7.24-e, f sind, eine Klemmenspannung u_{UV} wie in Bild 7.24-g, deren Grundschwingungsamplitude ersichtlich kleiner ist.

Die oben behandelte Methode zur Änderung der Grundspannungsamplitude ist unter dem Namen *Pulsweitenmodulation* (*PWM* oder *Pulse Width Modulation, Unterschwingungsverfahren*) bekannt. Die betreffenden Wechselrichter heißen *PWM-Umrichter* oder *Pulsumrichter. Diese Spannungszwischenkreisumrichter verstellen die Spannung durch Änderung des Pulsmusters.* Die Frequenz der Dreieckspannung legt die Schaltfrequenz des Pulswechselrichters fest.

7.2.2.3 Spannungswechselrichter mit Abschaltthyristoren (GTO)

Die mit GTO-Thyristoren (*Gate Turn Off*) aufgebauten Wechselrichter stellen wegen der besseren Eigenschaften dieser Thyristoren im Vergleich zu den Frequenzthyristoren eine wichtige Alternative dar.

Die *Abschaltthyristoren* können durch Steuerimpulse geeigneter Polarität zwischen dem Steueranschluß und dem zugehörigen Hauptanschluß nicht nur vom Sperrzustand in den leitenden Zustand, sondern auch umgekehrt vom leitenden Zustand in den Sperrzustand umgeschaltet werden.

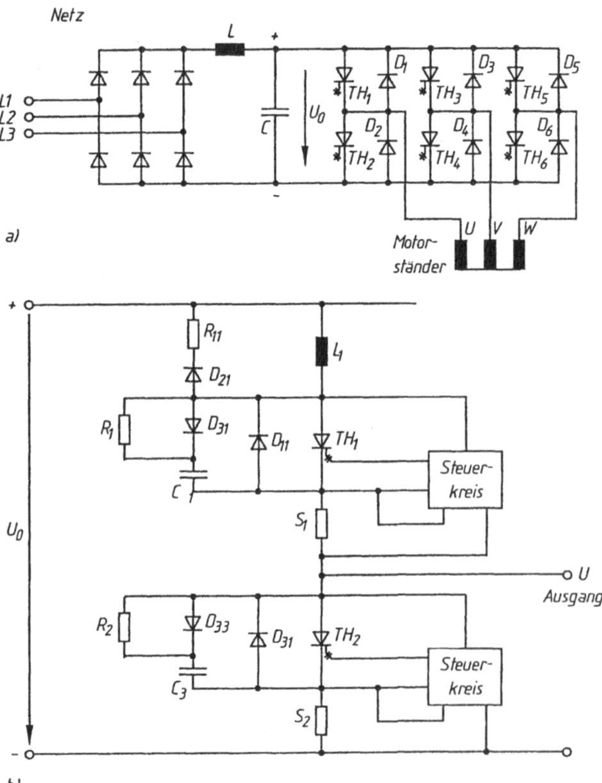

Bild 7.25
Spannungswechselrichter mit Abschaltthyristoren (GTO):
a) prinzipielles Ersatzschaltbild,
b) b) Brückenseite mit Schutzelementen

- Die GTO-Thyristoren weisen kürzere Zünd- und Sperrzeiten auf sowie die Möglichkeit, den Strom im Leistungsteil – ohne Löschhilfskreise – in jedem gewünschten Augenblick zu unterbrechen.
- Solche Wechselrichterarten werden insbesondere im Fall der Pulsweitenmodulation der Spannung eingesetzt.

In Bild 7.25-a ist das prinzipielle Ersatzschaltbild eines solchen Wechselrichters dargestellt.

Man stellt auf den ersten Blick fest, daß die Anzahl der Leistungsbauteile – durch Verschwinden der mit Kondensatoren versehenen Löschkreise – *viel geringer ist.*

Der Wechselrichter – eine dreiphasige „6-Puls-Brücke" – enthält die gegenparallel zu den GTO-Thyristoren geschalteten schnellen Freilaufdioden D_1 bis D_6. Beim Sperren der entsprechenden Thyristoren übernehmen diese Dioden die Entladeströme der in den magnetischen Strangwicklungsfeldern gespeicherten Energie.

Zum Schutz der GTO hat der Wechselrichter Schutzkreise gegen $\mathrm{d}u/\mathrm{d}t$-Verläufe und Drosseln gegen $\mathrm{d}i/\mathrm{d}t$-Spitzen. In Bild 7.25-b wird eine Brückenseite mit GTO-Thyristoren und den entsprechenden Schutzelementen gezeigt. Die Zünd- und Löschsteuerkreise der Thyristoren haben je einen Meßkreis für Überströme (die Nebenwiderstände R_{Z1} und R_{Z3}), um die Thyristoren im Fall eines gefährlichen Überstroms sperren zu können.

7.2.2.4 Spannungswechselrichter mit Leistungstransistoren

Die Spannungswechselrichter mit Leistungs-IGB-Transistoren werden im Fall der Pulsweitenmodulation bei Frequenzen von 1 bis 20 kHz und bei Leistungen von wenigen 10 W bis zu mehreren MW eingesetzt. Verwendet man MOS-Transistoren (*Metal-Oxide Semiconductor*), kann die Pulsfrequenz bis zu 20 kHz betragen; die Leistungen liegen jedoch nur im kW-Bereich.

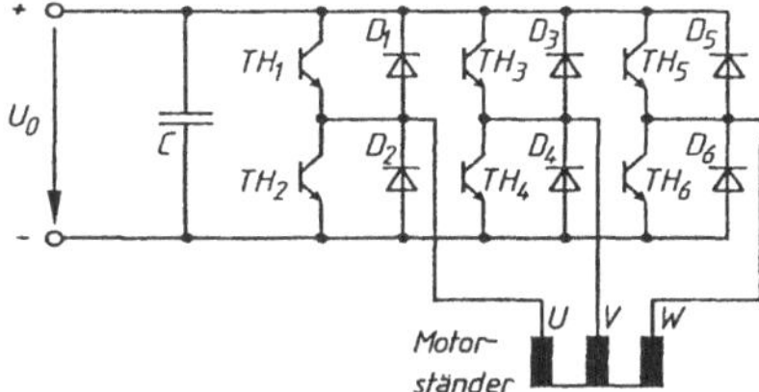

Bild 7.26
Frequenzumrichter mit Netzstromrichter (SR1), Kondensator C im Zwischenkreis und B6-Maschinenwechselrichter (SRII) mit IGB-Transistoren und jeweils einer antiparallelen Freilaufdiode

In Bild 7.26 ist die elektrische Schaltung eines mit IGB-Transistoren ausgestatteten Wechselrichters dargestellt.

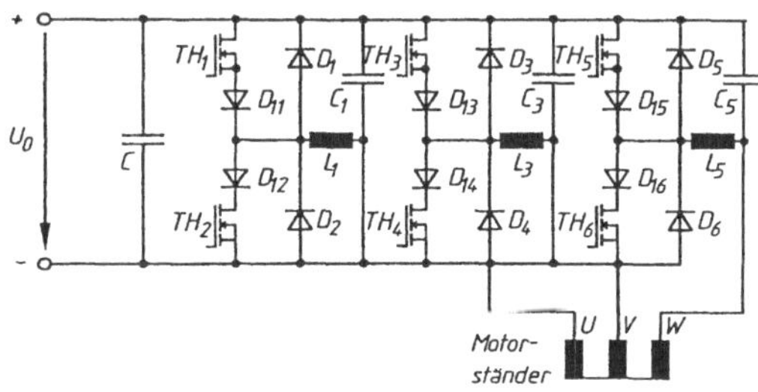

Bild 7.27
PWM-Spannungswechselrichter mit MOS-Leistungstransistoren

Bild 7.27 stellt die Prinzipschaltung eines Zwischenkreisumrichters dar; sie wendet die Pulsweitenmodulation an (bei einer Frequenz jenseits des Hörbereichs des Menschen). Solche Wechselrichter haben einen „geräuschlosen" Betrieb. Die Steuerleistung ist wesentlich niedriger als im Fall der Bipolarleistungstransistoren.

Die MOS-Transistoren können ohne du/dt-Schutzkreise arbeiten, aber sie können, im Vergleich zu den bipolaren Transistoren, nur einen kleineren Strom führen.

Erwähnenswert sind die zu den Transistoren in Reihe geschalteten Dioden D_{11} bis D_{16} deren Aufgabe darin besteht, die innere Diode zwischen Drain-Anschluß und Source abzukoppeln. Diese Diode könnte als eine Freilaufdiode wirken.

Der Spannungswechselrichter jeglicher Art, mit konstanter Spannungspolarität im Zwischenkreis, benötigt für den Bremsbetrieb der elektrischen Maschine entweder einen *Bremswiderstand*, der die kinetische Energie verbraucht, oder einen Wechselrichter, gegenparallel zum Netzstromrichter des Frequenzumrichters geschaltet.

In Anbetracht der hohen Betriebspulsfrequenz wird in jeden Strang ein LC-Filter geschaltet (Bild 7.27), um die Trägerfrequenz, ihre Seitenbänder und die Hochfrequenzstörungen zu beseitigen.

Bei den Zwischenkreisumrichtern wird gleichfalls ein Filter zwischen Gleichrichter und Wechselrichter eingesetzt (Bild 7.25-a), das auch aus LC-Elementen besteht. Dieses Filter sichert am Wechselrichtereingang eine geglättete Spannung; es stellt durch seine Kapazität C eine Blindleistungsquelle für die Last dar und verhindert, gleichzeitig mit dem Filtervorgang, die gegenseitige Beeinflussung des Gleichrichters und des Wechselrichters. Diese Filter erfordern große zusätzliche Aufwendungen und haben damit größeres Volumen und Gewicht.

Um die von der *PWM-Methode* gebotenen Möglichkeiten zu untersuchen, betrachtet man die Bilder 7.28-a bis w. Diese Bilder wurden aufgrund von Lösungen der Park-Blondel-Gleichungen im stationären Betrieb mit Hilfe des Rechners berechnet. Die Bilder beziehen sich auf zwei Modulationsfälle im Vergleich zu der nicht modulierten rechteckigen Spannung und zwar für die Verhältnisse $r_f = 15$ bzw. $r_f = 21$ zwischen der Frequenz der Bezugsspannung und der Frequenz der Steuerspannung (Bild 7.24). In beiden Fällen hat die Steuerspannung eine Amplitude von 80 % der sägezahnförmigen Bezugsspannung, die eine Frequenz von 40 Hz aufweist.

Die Berechnungen wurden für zwei Motoren mit deutlich verschiedenen Leistungen – 2,5 bzw. 75 kW – durchgeführt, wobei aber die verschiedenen Parameter (Widerstände, Reaktanzen) in relativen Einheiten dargestellt werden. Man hat den Oberschwingungsinhalt der Spannung, des Stroms und des elektromagnetischen Drehmoments besonders betrachtet.

- In den ersten vier Bildern (7.28-a bis d) werden zum Vergleich die pulsbreitenmodulierten verketteten Wechselrichter-Ausgangsspannungen für die Verhältnisse $r_f = 15$ und $r_f = 21$ – mit dem entsprechenden Oberschwingungsinhalt – dargestellt. Man bemerkt, daß bei $r_f = 15$ (Bild 7.28-a) die größten Spannungsoberschwingungen der Ordnungen 15, 30, 45 erscheinen. Die wichtigste Oberwelle, deren Amplitude 45 % von der der Grundwelle beträgt, ist der Ordnung 29. Es gibt keine Oberschwingungen bis zur Ordnung 13.

Bild 7.28 Zeitliche Verläufe der wichtigsten Betriebsparameter der PWM-Wechselrichter und die zugehörigen Oberschwingungsinhalte

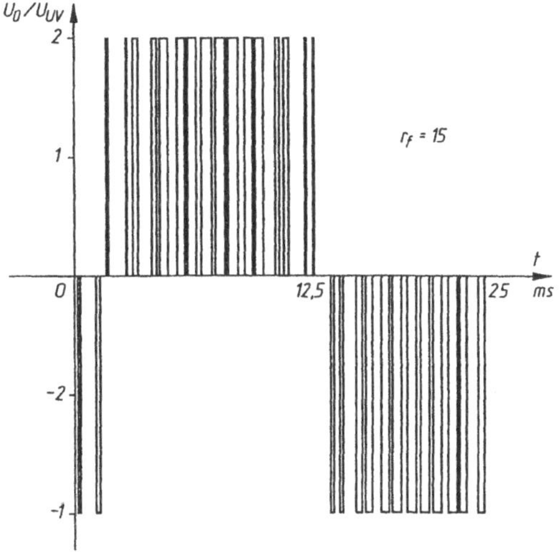

Bild 7.28-a

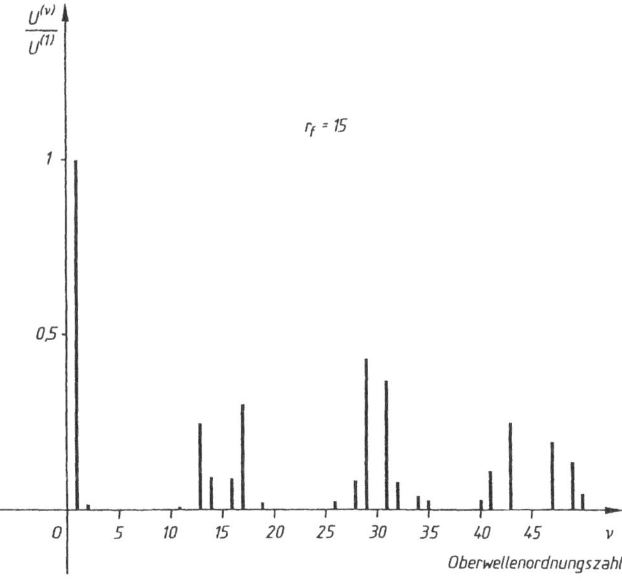

Bild 7.28-b

- Für $r_f = 21$ (Bild 7.28-c bis d) konzentrieren sich die Oberschwingungen um die Ordnungen 21, 42; die größte Amplitude der Ordnung 41 beträgt 40 %. Es gibt keine Oberschwingungen bis zur Ordnung 19.

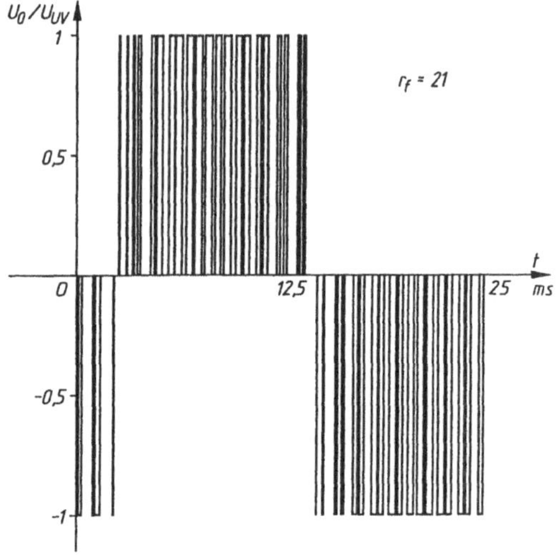

Bild 7.28-c

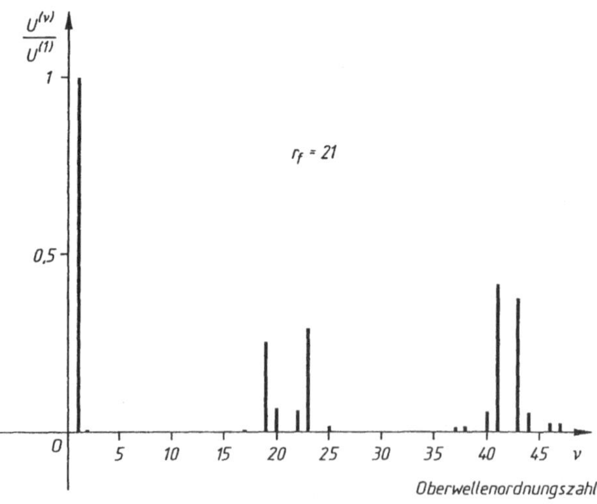

Bild 7.28-d

- Die nächste Gruppe von vier Bildern (7.28-e bis h) stellt den Strom und das Drehmoment für $r_f = 15$ bei einem Motor von 2,5 kW dar. Wie zu sehen ist, ist der Strom fast sinusförmig, die wichtigste Oberschwingung ist der Ordnung 13 bei einer Amplitude von ca. 10 %. Die Oberschwingung des Drehmomentes weist die Ordnung 30 auf bei einer Amplitude von ca. 15 %.

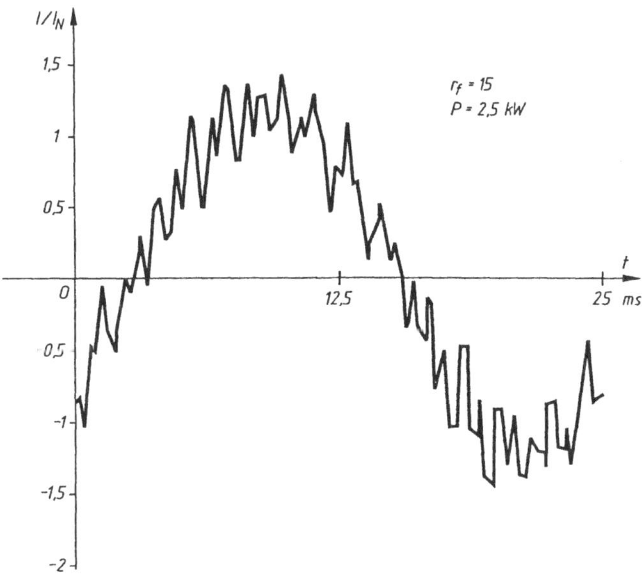

Bild 7.28-e

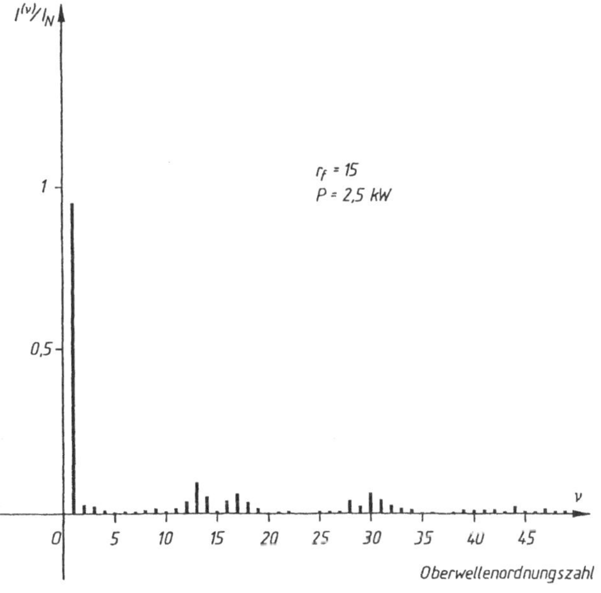

Bild 7.28-f

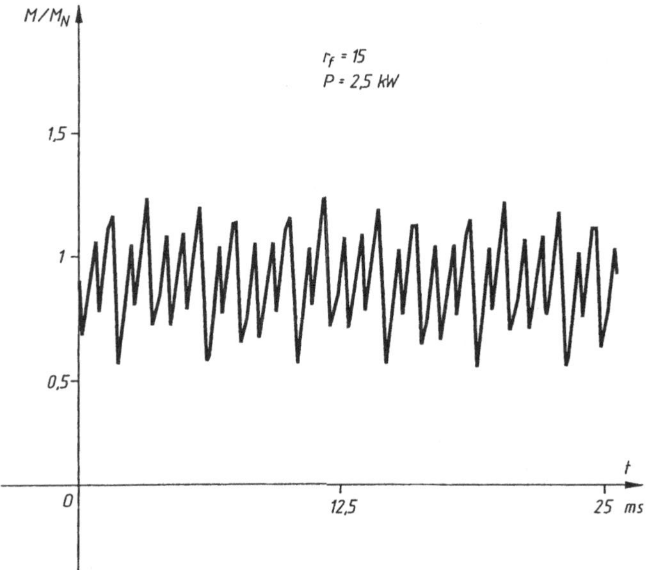

Bild 7.28-g

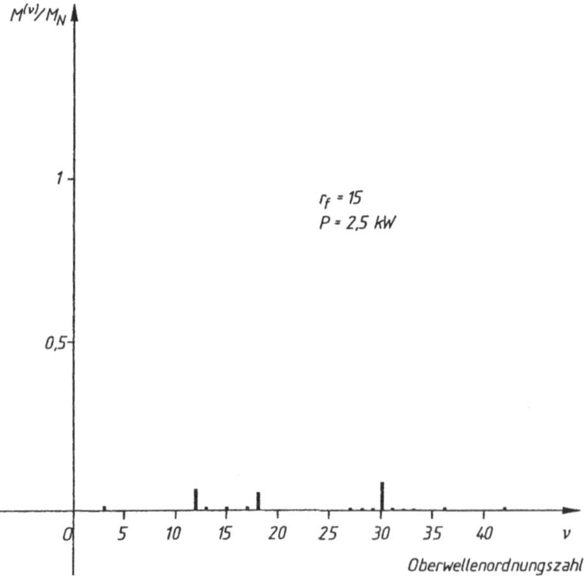

Bild 7.28-h

- Im Vergleich zu den nichtmodulierten Schwingungen (Bilder 7.28-i bis n), zeigen Spannung, Strom und Drehmoment viel niedrigere Oberschwingungen, insbesondere die 5. und die 7., bei etwas höheren Amplituden.

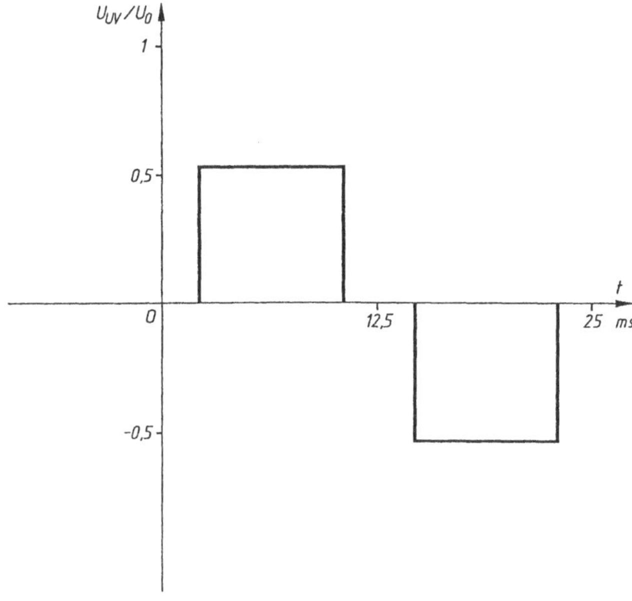

Bild 7.28-i

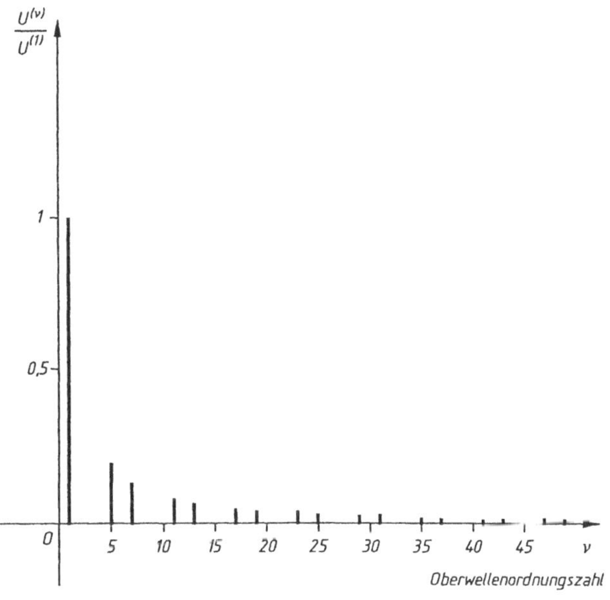

Bild 7.28-j

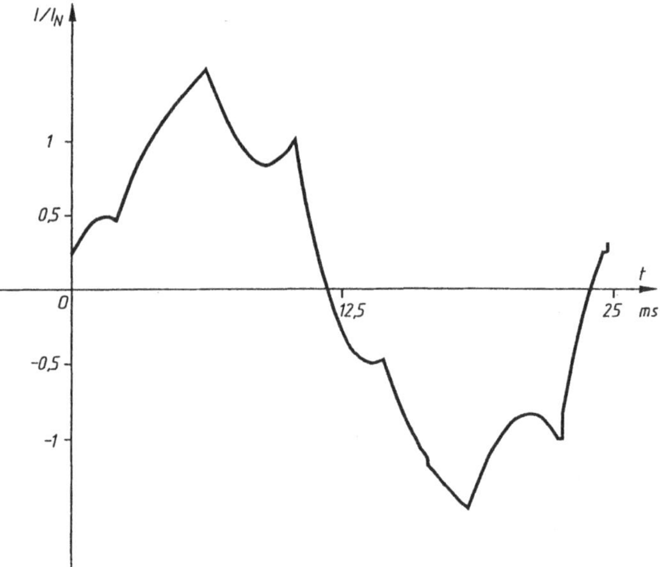

Bild 7.28-k

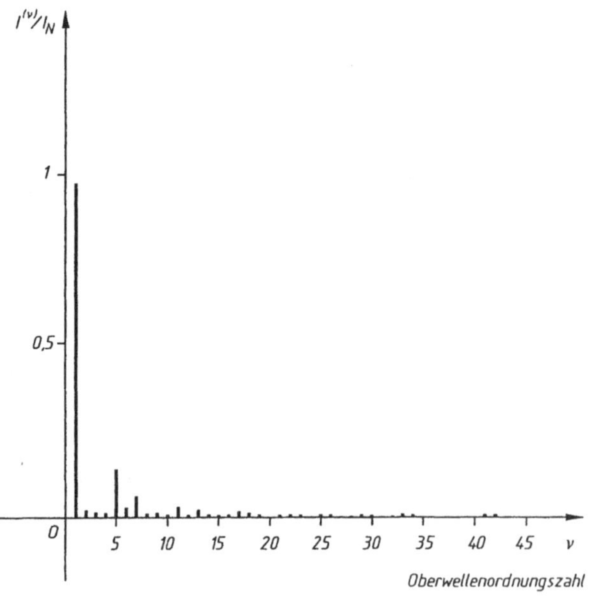

Bild 7.28-l

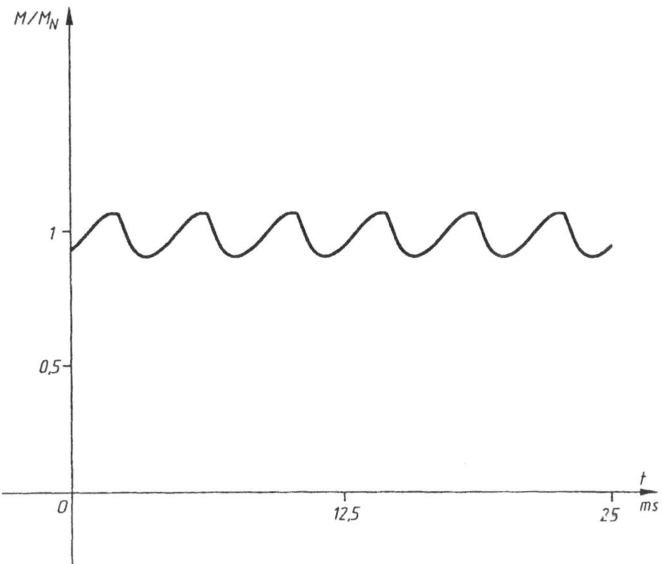

Bild 7.28-m

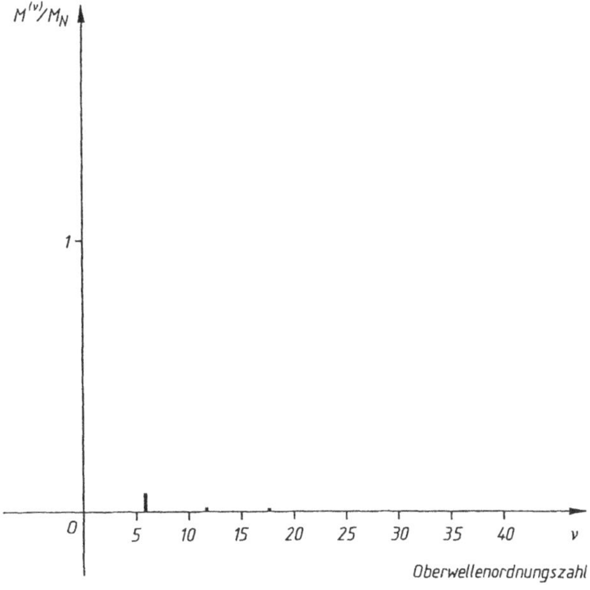

Bild 7.28-n

- Wenn die Leistung des Motors größer ist, z.B. 75 kW (Bild 7.28-o bis r), führt die modulierte Schwingung bei $r_f = 15$ zu ähnlichen Ergebnissen wie beim 2,5 kW-Motor. Die Oberschwingungen sind etwas schwächer, was sich durch die, im Vergleich zu den Widerständen, größeren Reaktanzen erklären läßt.

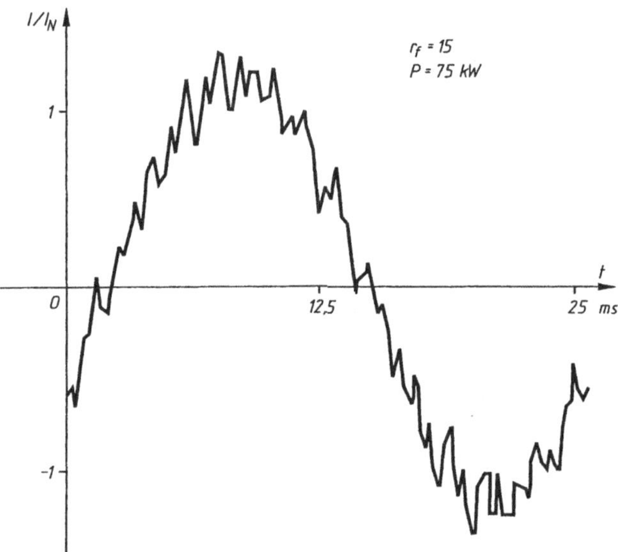

Bild 7.28-o

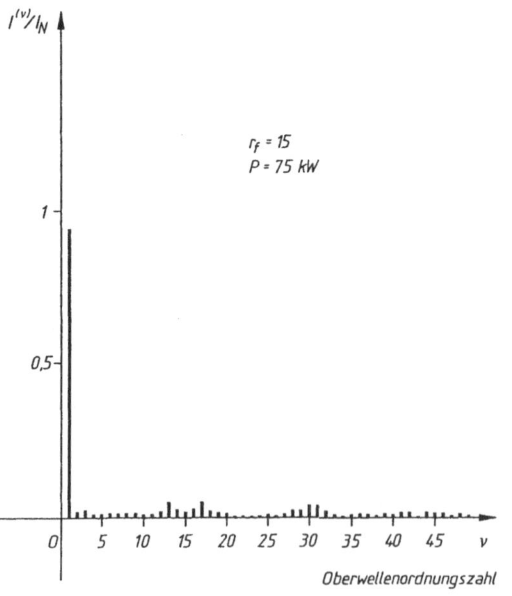

Bild 7.28-p

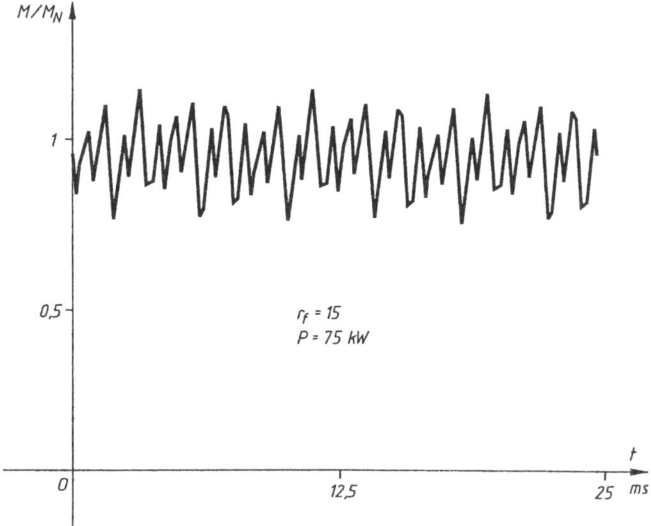

Bild 7.28-q

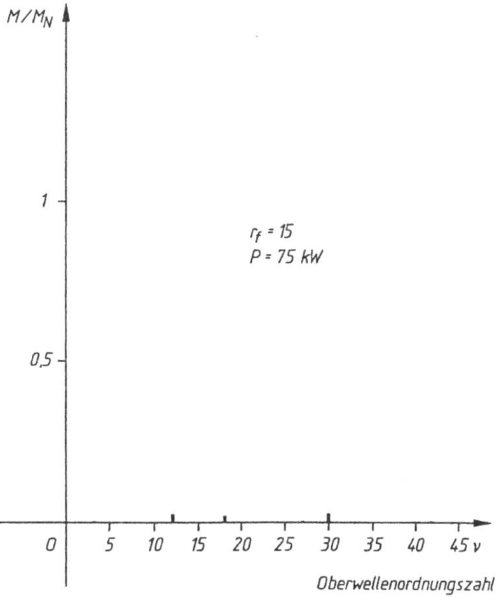

Bild 7.28-r

- Bei $r_f = 21$ zeigt der 75 kW-Motor (Bilder 7.28-t bis v) Strom und Drehmoment in einer günstigeren Form. Die wichtigste Stromoberschwingung erscheint in der Ordnung 19, die wichtigste des Drehmomentes bei der Ordnung 42. Es gibt keine Oberschwingung bis zur Ordnung 17. Also ist die PWM sehr günstig, da der Oberschwingungsinhalt im Spannungs-, Strom- und Drehmomentbereich erst bei höheren Ordnungen anfängt.

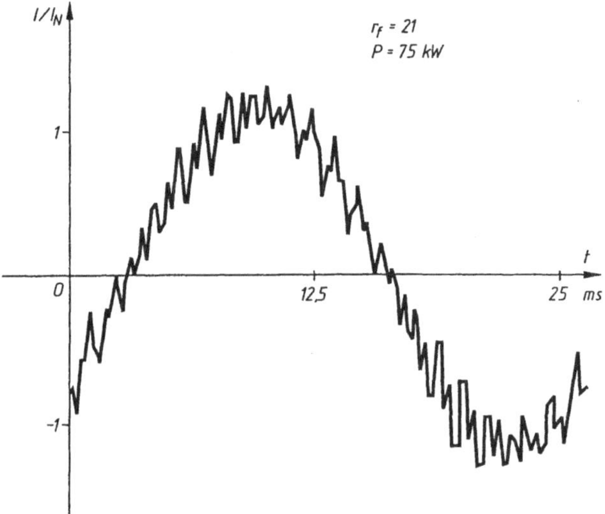

Bild 7.28-s

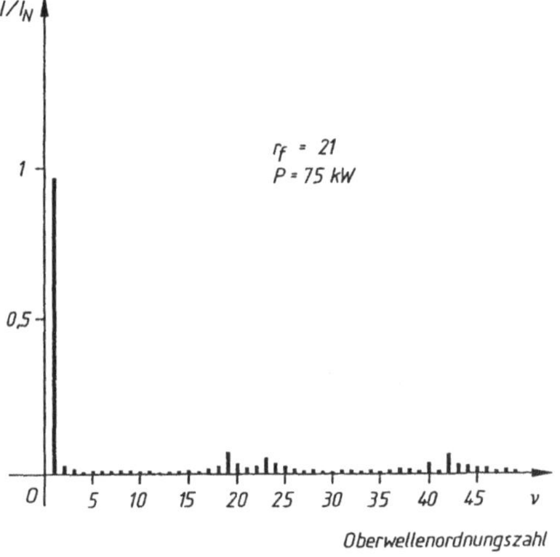

Bild 7.28-t

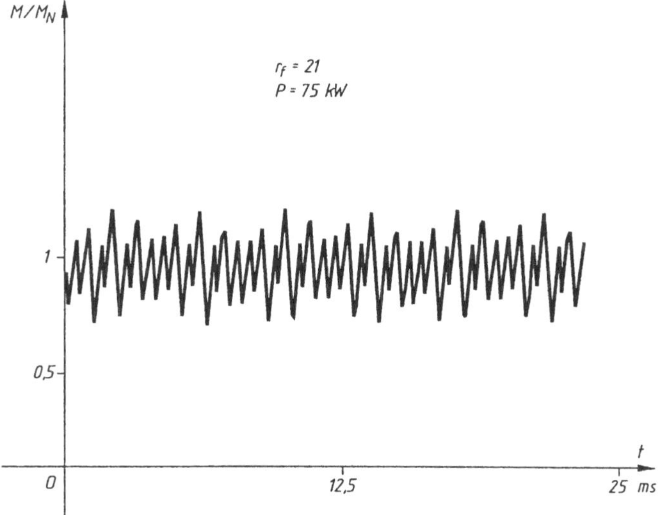

Bild 7.28-u

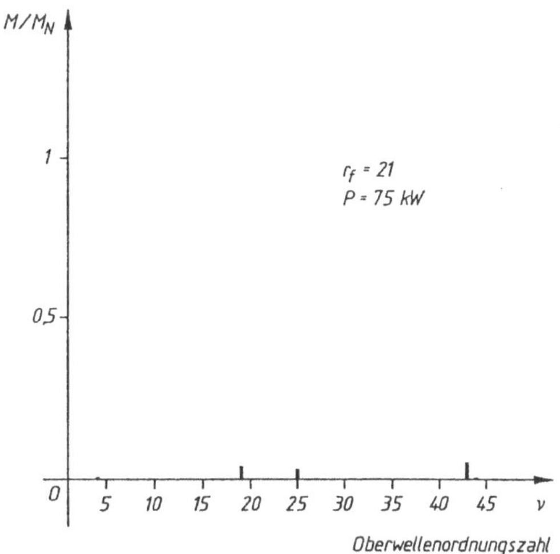

Bild 7.28-v

Je größer die Ordnung der Oberschwingung ist, desto weniger ist der Motor betroffen (vom Gesichtspunkt der zusätzlichen Verluste, der Schwingungen und der Geräusche).

7.2.2.5 Stromwechselrichter ohne getrennten Löschkreis

Der Stromwechselrichter ohne getrennten Löschkreis ermöglicht die Speisung der Ständer-Strangwicklungen des Asynchron- und Synchrondrehstrommotors mit einem Drehstromsystem mit rechteckiger Kurvenform, mit einer genau vorgegebenen Amplitude und einer veränderbaren Frequenz. Diese eingeprägten Ströme können in eine Fourier-Reihe verschiedener Oberschwingungen zerlegt werden. Jede von diesen Oberschwingungen erzeugt ein Drehfeld, in Mit- oder Gegenrichtung im Vergleich zum Ständerfeld. Die von den Oberschwingungen erzeugten Drehfelder induzieren in der Amplitude – wegen der konstruktiven Maßnahmen bei der Ausführung der Dreiphasenwicklungen (mehrere Nuten pro Pol und Strang, verkürzter Schritt, schräge Nuten) – erheblich reduzierte Spannungen.

Da die ständerseitigen Strangströme vom Wechselrichter eingeprägt sind, erreicht man Strangspannungen, die praktisch sinusförmig sind bei Amplituden und Phasen, die von dem Lastmoment an der Welle abhängen. Da die Strangspannung fast gleich und in Gegenphase zur resultierenden induzierten Spannungsgrundschwingung ist (d.h., daß die induzierten Spannungsoberschwingungen unterdrückt sind), *ist die Strangspannung sinusförmig.*

Um zu zeigen, daß die *Strangspannung in Amplitude und Phase vom Lastmoment abhängt*, bezieht man sich auf das vereinfachte Modell des Ständers des Asynchron- oder Synchrondrehstrommotors in Bild 7.29-d. Bei diesem Modell werden die Eisen- und die mechanischen Verluste sowie auch der Ständerwiderstand vernachlässigt. Durch die Induktivität L_σ wird aber das magnetische Streufeld berücksichtigt, und u_μ stellt die resultierende induzierte Spannung dar.

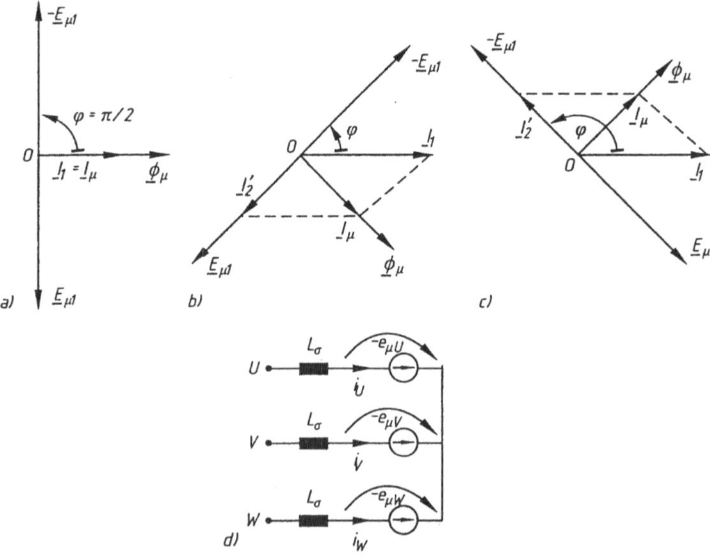

Bild 7.29 Zeigerdiagramme der Ständergrößen beim Asynchron- oder Synchron-Drehstrommotor: a) Leerlauf, b) Motorbetrieb ($M_L \neq 0$), c) Generatorbetrieb, d) vereinfachtes Ersatzschaltbild des Ständers

- Wenn die Maschine im *Leerlauf* arbeitet (Lastmoment gleich Null), ist das Zeigerdiagramm in Bild 7.29-a gültig. Der ständerseitige Strangstrom I_1 stellt in diesem Fall gerade den Magnetisierungsstrom I_μ dar, und eilt der induzierten Spannung $-\underline{U}_\mu$ um $\varphi = \pi/2$ nach.
- Wenn die Maschine im *Motorbetrieb* läuft, muß sie ein Lastmoment an der Welle abgeben. Dann werden $\varphi < \pi/2$ (Bild 7.29-b) und $I_1 > I_\mu$. Beim gleichen Strom I_1 ergibt sich aber, da diesmal der Magnetisierungsstrom kleiner ist, eine verminderte induzierte Spannung und folglich auch eine kleinere Strangspannung.
- Im *Generatorbetrieb*, wenn an der Welle das Lastmoment aktiv geworden ist, ergeben sich $\varphi > \pi/2$ und erneut $I_1 > I_\mu$ (Bild 7.29-c). Infolgedessen ist die induzierte Spannung $-\underline{U}_\mu$ veränderlich in Amplitude und Phase in Bezug auf den eingeprägten Strom, je nach dem energetischen Arbeitsbetrieb und Belastungsgrad der Maschine. Dies ist für die Erklärung des Wechselrichterbetriebs von Bedeutung.

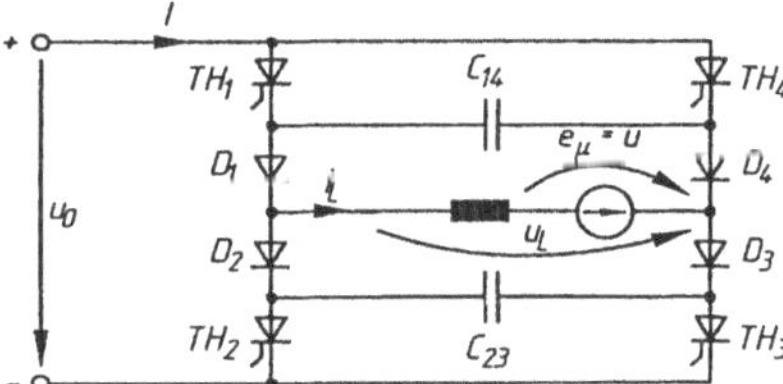

Bild 7.30
Stromwechselrichter ohne Löschkreis

Der *Stromwechselrichter* ohne eigenen Löschkreis ist, in der leichter zu verstehenden *Einphasenvariante*, in Bild 7.30 dargestellt. Er besteht aus vier Thyristoren (als Brücke), zwei für die Zwangskommutierung parallel zur Last geschalteten Kondensatoren und vier Hilfsdioden. Man bemerkt, daß die Last nur aus einer Induktivität L_σ und einer induzierten Spannung $-e_\mu = u$ besteht.

Man beginnt mit dem stationären Wechselrichterbetrieb. Zu einem gegebenen Zeitpunkt $\omega t_1 = \alpha_1$ (Bild 7.31-a, 1) (wobei der Zeitursprung am Anfang der positiven Schwingung der Spannung $u = -e_\mu$ liegt) ist der Weg des einstellbaren Stromes (Bild 7.32-a) $TH_4 \Rightarrow D_4 \Rightarrow$ Last $\Rightarrow D_2 \Rightarrow TH_2$.

Die Kondensatoren C_{14} und C_{22} sind, infolge des vorangegangenen Betriebs, mit der Polarität aus Bild 7.32-a aufgeladen. Die Dioden D_1 und D_3 sind gesperrt. Bezeichnet man mit u_{D1} und u_{D4} die Anode-Kathode-Spannungen der Dioden D_1 bzw. D_4, dann gilt:

$$u_{D1} + u - u_{D4} + U_{CO} = 0\ ,$$

wobei U_{CO} die Klemmenspannung des Kondensators C_{14} bei der Polarität aus Bild 7.32-a ist. Ihr Betrag wird später ausgerechnet. Da die Diode D_4 leitet, ergibt sich $u_{D4} \approx 0$. Da zusätzlich, bei $\omega t = \alpha_1$, die Spannung $u > 0$ ist, ergibt sich:

$$u_{D1} = -U_{CO} - u < 0\ ,$$

was bedeutet, daß die Diode D_1 blockiert ist. Der Laststrom i_L, mit positiver Fließrichtung in Bild 7.32-a bestimmt, beträgt $i_L = -I$. Die Zwischenkreisspannung u_0, an den Wechselrichtereingang angebracht, ist $u_0 = -u$. Dabei werden die Spannungsabfälle in den aktiven Thyristoren und Dioden vernachlässigt.

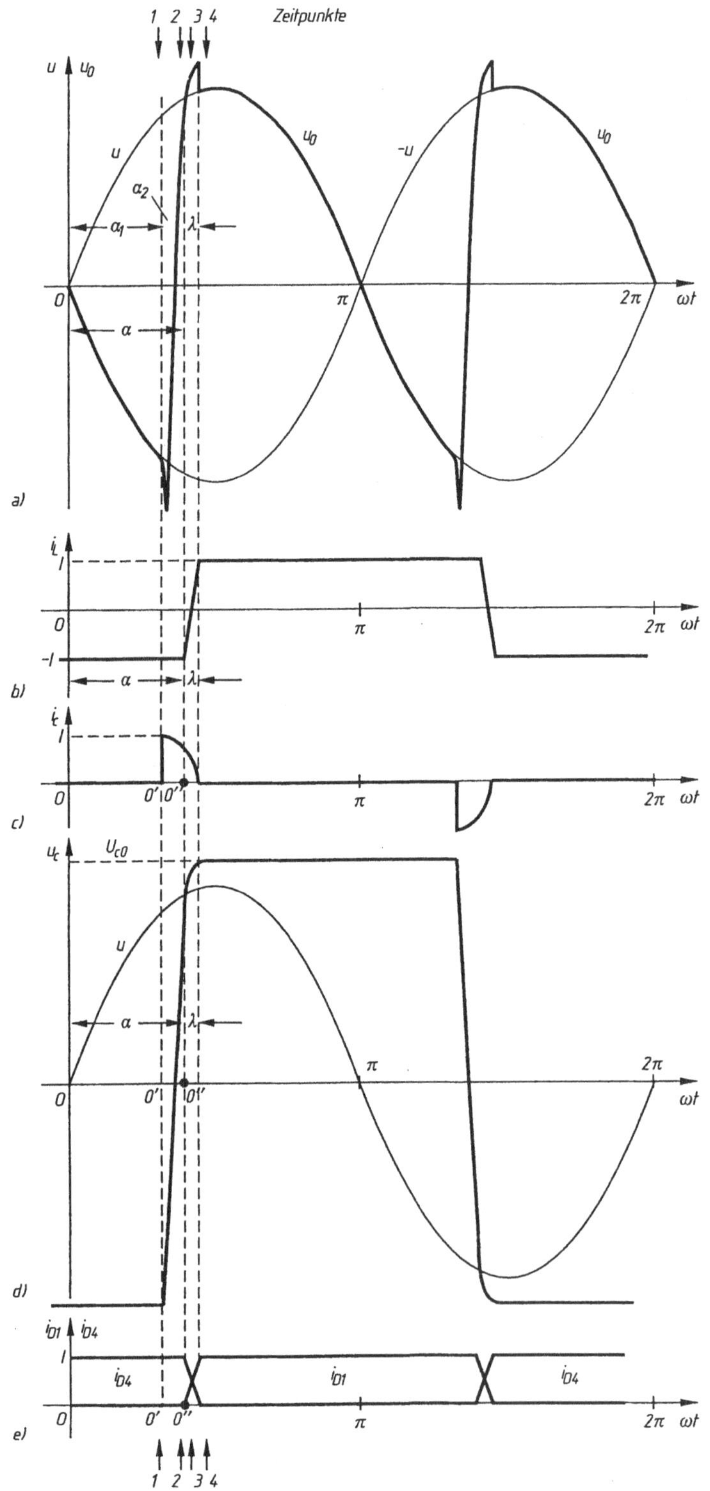

Bild 7.31
Zeitverläufe der Betriebsgrößen aus Bild 7.30

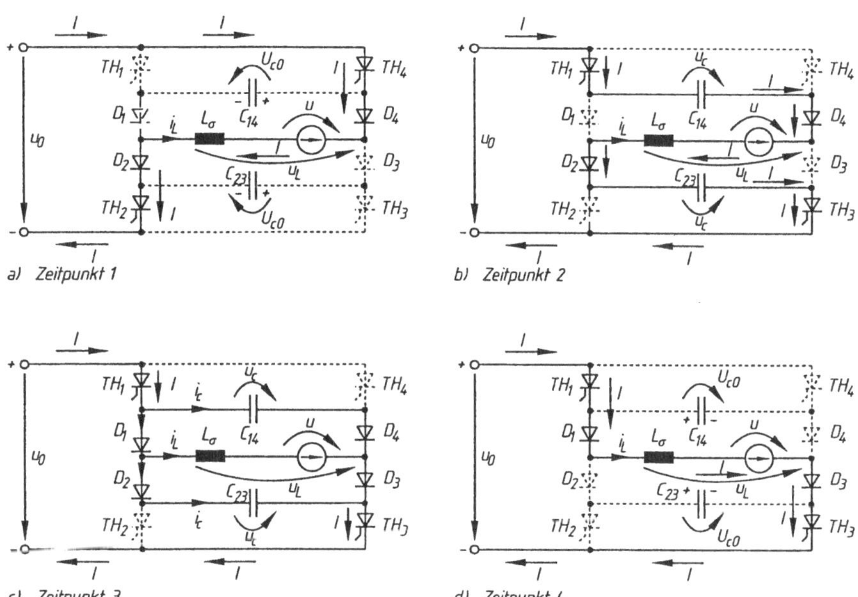

Bild 7.32 Kommutierungsvorgang des Stromwechselrichters aus Bild 7.30 zu verschiedenen Zeitpunkten

Dieser Fall ist in den Bildern 7.31-a, b veranschaulicht, die den Zeitverlauf der Größen u, u_0 und i_L des Wechselrichters zeigen. Im Zeitpunkt $\omega t = \alpha_1$ bekommen die Thyristoren TH_1 und TH_3 einen Zündimpuls. Somit ist der Kondensator C_{14} von den Thyristoren TH_1 und TH_4 kurzgeschlossen.

Der Entladestrom i_C wird durch TH_4 fließen und ihn sofort sperren.

Ähnlich wird der Kondensator C_{23} die Sperrung des Thyristors TH_2 erzwingen. Der Gleichstrom wird den Weg $TH_1 \Rightarrow C_{14} \Rightarrow D_4 \Rightarrow \text{Last} \Rightarrow D_2 \Rightarrow C_{23} \Rightarrow TH_3$ nehmen (Bild 7.32-b). Der Strom I, der über die Kondensatoren fließt (Bild 7.32-b), führt zu einer schlagartigen Polungsumkehr der Klemmenspannung. Mit den in Bild 7.32-b eingeführten Bezeichnungen erhält man:

$$i_C = I = C\frac{du_C}{dt} = \omega C \frac{du_C}{d(\omega t')},$$

indem die Zeit t' ab Ursprung 0' gezählt wird (Bild 7.31-a). Diese Differentialgleichung, mit den Anfangsbedingungen $t' = 0$ und $u_C = -U_{CO}$, bestimmt den Spannungsverlauf an den Kondensatorklemmen. Man findet:

$$u_C = \frac{I}{\omega C}\omega t' - U_{CO}. \tag{7.4}$$

Somit wird die Spannung u_C *linear und sehr schnell ansteigen* (Bild 7.31-d). Diese Lage besteht, solange die Anode-Kathode Spannung u_{D1} der Diode D_1 (bzw. die Spannung u_{D3} der Diode D_3) negativ bleibt. Die Spannung u_{D1} ergibt sich zu (siehe Bild 7.32-b):

$$u_{\mathrm{D1}} = u_{\mathrm{C}} - u = \frac{I}{\omega C}\omega t' - U_{\mathrm{CO}} - U_{\mathrm{m}}\sin(\omega t' + \alpha_1)\,,$$

da $u = U_{\mathrm{m}}\sin(\omega t) = U_{\mathrm{m}}\sin(\omega t' + \alpha_1)$. Im Zeitpunkt $\omega t' = \alpha_2$ wird die Spannung u_{D1} Null, und folglich beginnt die Diode $\mathrm{D_1}$ zu leiten. Die Schaltung ändert sich, und man bekommt:

$$\frac{I}{\omega C}\alpha_2 - U_{\mathrm{CO}} - U_{\mathrm{m}}\sin(\alpha_1 + \alpha_2) = 0\,. \tag{7.5}$$

Diese Beziehung gestattet die Bestimmung der Größe α_2, vorausgesetzt, die anderen Größen sind bekannt. Man setzt $\alpha_1 + \alpha_2 = \alpha$. Im ganzen Bereich α_2 bleibt der Belastungsstrom $i_{\mathrm{L}} = -I$, und die Eingangsspannung des Wechselrichters wird $u_0 = 2u_{\mathrm{C}} - u$ und eine schnelle Änderung (Bild 7.31-a) verzeichnen.

- Im Zeitpunkt $\omega t' = \alpha_2$ erreicht die Spannung des Kondensators $\mathrm{C_{14}}$ (bzw. $\mathrm{C_{23}}$), gemäß Gl. (7.4), den Wert (siehe Bild 7.31-d):

$$u_{\mathrm{C1}} = \frac{I}{\omega C}\alpha_2 - U_{\mathrm{CO}} = U_{\mathrm{m}}\sin(\alpha_1 + \alpha_2) = U_{\mathrm{m}}\sin\alpha\,. \tag{7.6}$$

- Nach dem Winkel $\omega t' = \alpha_1 + \alpha_2 = \alpha$ [die Dioden $\mathrm{D_1}$ bzw. $\mathrm{D_3}$ leiten (Bild 7.31-a 3)], kompliziert sich der Weg des einstellbaren Stroms I. Er fließt über $\mathrm{TH_1}$, dann verzweigt er sich in die Ströme i_{C}, (über den Kondensator $\mathrm{C_{14}}$ und die Diode $\mathrm{D_4}$) bzw. i_{D1} (über die Diode $\mathrm{D_1}$). Dieser letzte Strom verzweigt sich weiter: in i_{L} über die Last und in i_{C} über die Diode $\mathrm{D_2}$ und den Kondensator $\mathrm{C_{23}}$. Der Belastungsstrom i_{L} addiert sich zu dem über den Kondensator $\mathrm{C_{14}}$ fließenden Strom i_{C}, beide Ströme ergeben den Strom, der durch die Diode $\mathrm{D_3}$ fließt und nur gleich i_{D1} sein kann. Schließlich fließt der einstellbare Strom durch den Thyristor $\mathrm{TH_3}$ (Bild 7.32-c). Die Gleichungen dieses neuen Falls, der zum Zeitpunkt $\omega t' = \alpha_1 + \alpha_2 = \alpha$ beginnt (wenn sich die Dioden $\mathrm{D_1}$ und $\mathrm{D_4}$ bzw. $\mathrm{D_2}$ und $\mathrm{D_3}$ im Betrieb überlappen), werden dem neuen Zeitursprung zugeordnet:

$$i_{\mathrm{C}} = C\frac{\mathrm{d}u_{\mathrm{C}}}{\mathrm{d}t}\,,$$

$$i_{\mathrm{C}} = -i_{\mathrm{D1}} + I\,,$$

$$i_{\mathrm{D1}} = i_{\mathrm{L}} + i_{\mathrm{C}}\,,$$

$$L_\sigma\frac{\mathrm{d}i_{\mathrm{L}}}{\mathrm{d}t} + u - u_{\mathrm{C}} = 0\,,$$

mit

$$u = U_{\mathrm{m}}\sin(\omega t'' + \alpha)\,.$$

Dies führt zur folgenden Differentialgleichung 2. Ordnung in u_{C}:

$$2L_\sigma C\frac{\mathrm{d}^2u_{\mathrm{C}}}{\mathrm{d}t''^2} + u_{\mathrm{C}} = U_{\mathrm{m}}\sin(\omega t'' + \alpha)\,,$$

mit den Anfangsbedingungen:

$$t'' = 0,\ u_{\mathrm{C}} = u_{\mathrm{C1}} = U_{\mathrm{m}}\sin\alpha \ \text{ und } \ \frac{\mathrm{d}u_{\mathrm{C}}}{\mathrm{d}t} = \frac{i_{\mathrm{C}}}{C} = \frac{I}{C}\,.$$

Durch die Integration der Differentialgleichung ergibt sich der Lösungsansatz:

$$u_C = \frac{I}{\omega_C C} \sin \omega_C t'' - \frac{\omega_C^2 U_m}{\omega_C^2 - \omega_C} \left[\frac{\omega}{\omega_C} \cos\alpha \sin \omega_C t'' + \frac{\omega^2}{\omega_C^2} \sin\alpha \cos \omega_C t'' - \sin(\omega t'' + \alpha) \right] ,$$

und daraus:

$$i_C = I \cos \omega_C t'' - \frac{\omega C U_m \omega_C^2}{\omega_C^2 - \omega^2} \left[\cos\alpha \cos \omega_C t'' + \frac{\omega}{\omega_C} \sin\alpha \sin \omega_C t'' - \cos(\omega t'' + \alpha) \right] ,$$

mit

$$\omega_C^2 = \frac{1}{2 L_\sigma C} .$$

- In den Augenblicken, die dem Zeitpunkt $\omega t' = \alpha_1 + \alpha_2 = \alpha$ (oder $\omega t = 0$) folgen, nimmt der Strom i_C schnell ab, und die Spannung u_C wächst weiter.
- In dem Augenblick $\omega t = k$, $i_C = 0$ (Bild 7.31-c) hört die Aufladung der Kondensatoren auf, und die Dioden D_2 und D_4 werden gesperrt. Die Spannung u_C erreicht den Wert U_{CO}, ist also gleich und entgegengesetzter Richtung mit der aus dem Zeitpunkt $\omega t - \alpha_1$ (Bild 7.31-d). Man kommt zu folgender Beziehung:

$$I \cos \frac{\omega_C}{\omega} \lambda - \frac{\omega C U_m \omega_C^2}{\omega_C^2 - \omega^2} \left[\cos\alpha \cos \frac{\omega_C}{\omega} \lambda - \frac{\omega}{\omega_C} \sin\alpha \sin \frac{\omega_C}{\omega} \lambda - \cos(\lambda + \alpha) \right] = 0 ,$$

die die Bestimmung der Größe k zuläßt (den Zeitbereich, in dem sich die Dioden D_1 und D_4 bzw. D_2 und D_3 im Betrieb überlappen). Die vorher unbestimmte Größe U_{CO} läßt sich diesmal ermitteln, und zwar zu:

$$U_{CO} = \frac{I}{\omega_C C} \sin \frac{\omega_C}{\omega} \lambda - \frac{\omega_C^2 U_m}{\omega_C^2 - \omega_C} \left[\frac{\omega}{\omega_C} \cos\alpha \sin \frac{\omega_C}{\omega} \lambda + \frac{\omega^2}{\omega_C^2} \sin\alpha \cos \frac{\omega_C}{\omega} \lambda - \sin(\lambda + \alpha) \right] .$$

Die Spannung U_{CO} kann wesentlich höhere Werte als die Amplitude der Speisespannung erreichen, was bei der Auswahl der Kondensatoren berücksichtigt werden muß. Da $\omega_C \gg \omega$, vereinfachen sich die vorausgegangenen Beziehungen:

$$I \cos \frac{\omega_C}{\omega} \lambda - \frac{\omega C U_m \omega_C^2}{\omega_C^2 - \omega^2} \left[\cos\alpha \cos \frac{\omega_C}{\omega} \lambda - \frac{\omega}{\omega_C} \sin\alpha \sin \frac{\omega_C}{\omega} \lambda - \cos(\lambda + \alpha) \right] = 0 ,$$

$$U_{CO} = \frac{I}{\omega_C C} \sin \frac{\omega_C}{\omega} \lambda + U_m \sin(\lambda + \alpha) .$$

Im k-Bereich ändert der Belastungsstrom i_L sein Vorzeichen von $-I$ zu $+I$ (Bild 7.31-b), während die Eingangsspannung u_0 gleich u_C ist (Bilder 7.31-a, b). Der Strom durch die Diode D_4 wird Null, während der durch die Diode D_1 fließende Strom den Wert I erreicht (Bild 7.31-e).

- Nach dem Zeitpunkt $\omega t'' = k + \alpha$, (z.B. Bild 7.31-a, 4) fließt der Strom I den Weg $TH_1 \Rightarrow D_1 \Rightarrow$ Last $\Rightarrow D_3 \Rightarrow TH_3$ (Bild 7.32-d), und der Vorgang wiederholt sich. Außer im nichtstationären Betrieb im Bereich $\alpha_2 + k$ ist die Eingangs-Mittelspannung U_0 an die Amplitude U_m der Spannung u gebunden, wie von der Theorie der Gleichrichter her bekannt ist:

$$U_0 = \frac{2}{\pi} U_m \cos\alpha ,$$

- wobei der Winkel α und die Amplitude U_m bei einer gegebenen Kreisfrequenz ω vom Lastmoment an der Welle des Motors bestimmt sind.

Der Stromwechselrichter erlaubt, ohne jede Änderung und ohne jede Hilfsanlage, die Bremsung mit Rückgewinnung der Energie, indem die elektrische Maschine in den Generatorbetrieb übergeht. Die Richtung des Stroms I bleibt unverändert, aber die Spannung im Zwischenkreis wird umgepolt.

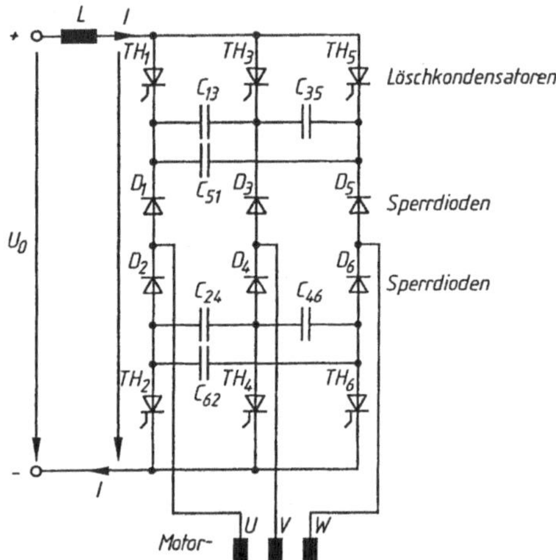

Bild 7.33
Stromwechselrichter, 6-pulsig, ohne getrennten Löschkreis

Im Vergleich zum Spannungswechselrichter ist der Stromwechselrichter einfacher; er hat durch das Fehlen der Rückstromdioden weniger Bauteile. Die in den magnetischen Feldern der Strangwicklungen des Motors aufgespeicherte Energie wird den Löschkondensatoren übertragen. Diese Kondensatoren werden überladen (Bild 7.32-d) und beanspruchen dadurch spannungsmäßig die Leistungshalbleiterelemente des Wechselrichters.

Der 6-Puls-Stromwechselrichter ohne getrennten Löschkreis mit Phasenfolgelöschung ist in Bild 7.33 dargestellt. Sein Betrieb ähnelt dem des oben beschriebenen Stromwechselrichters.

7.2.2.6 Stromwechselrichter mit Einzellöschkreis

Der Stromwechselrichter mit Einzellöschkreis ist in Bild 7.34 dargestellt. Er enthält sechs Hauptthyristoren TH_1 bis TH_6 und sechs Hilfsthyristoren TH_{h1} bis TH_{h6} sowie drei Löschkondensatoren C_1, C_2 und C_3.

Wie bei dem Stromwechselrichter mit selbständiger Löschung (Abschnitt 7.2.2.5) sind auch bei diesem Wechselrichter die Löschkondensatoren durch den Belastungsstrom aufgeladen.

Die Schaltung des Wechselrichters mit Einzellöschung *benötigt keinen extra Rückspeisewechselrichter zur Nutzbremsung im Generatorbetrieb*, da sich die Stromrichtung im Zwischenkreis – auch in der Bremszeit – nicht ändert, während die Spannung ihre Polarität ändert.

Man setzt voraus, daß die Hauptthyristoren TH_1 und TH_6 leiten. Der Strom fließt über den Weg ▸▸Klemme + ⇒ TH_1 ⇒ Strang U ⇒ Strang W ⇒ TH_6 ⇒ Klemme – ◂◂ des Zwischenkreises: Der Kondensator C_1 ist aus seinem früheren Betrieb mit der in Bild 7.34 gezeigten Polarität geladen.

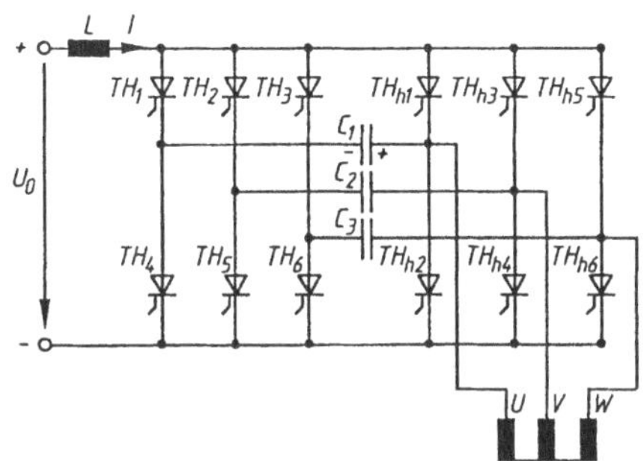

Bild 7.34
Stromwechselrichter mit Einzellöschkreis

Die Kommutierung beginnt gleichzeitig mit der Zündung der Thyristoren TH_{h1} und TH_3. Der Kondensator C_1 entlädt sich über die Thyristoren TH_1 und TH_{h1} und bewirkt ein schnelles Löschen und die Sperrung des Thyristors TH_1. Der Zwischenkreisstrom I fließt jetzt auf zwei Wegen:

- über ▸▸$TH_{h1} \Rightarrow C_1 \Rightarrow$ Strang U $\Rightarrow$ Strang W ◂◂ bis zur Erschöpfung der in dem Feld des U-Strangs gespeicherten Energie und
- über ▸▸$TH_3 \Rightarrow$ Strang V $\Rightarrow$ Strang W $\Rightarrow TH_6$ ◂◂ bis zur folgenden Kommutierung.

Der Kondensator C_1 wird somit mit entgegengesetzter Polarität geladen und wird dann auf eine neue Kommutierung warten. Mit dem Ende des Aufladevorgangs des Kondensators C_1 beendet gleichzeitig auch der Hilfsthyristor TH_{h1} den Betrieb.

7.2.2.7 Stromwechselrichter mit GTO-Thyristoren

Ein Stromwechselrichter mit Abschaltthyristoren – GTO – ist in Bild 7.35 – in einer von mehreren möglichen Varianten – dargestellt. Dieser Wechselrichter steuert nur die Frequenz. Die Steuerung des Stroms übernimmt der gesteuerte Netzstromrichter. Die maximale Kommutierungsfrequenz bei PWM (Pulsweitenmodulation) übersteigt 1 kHz.

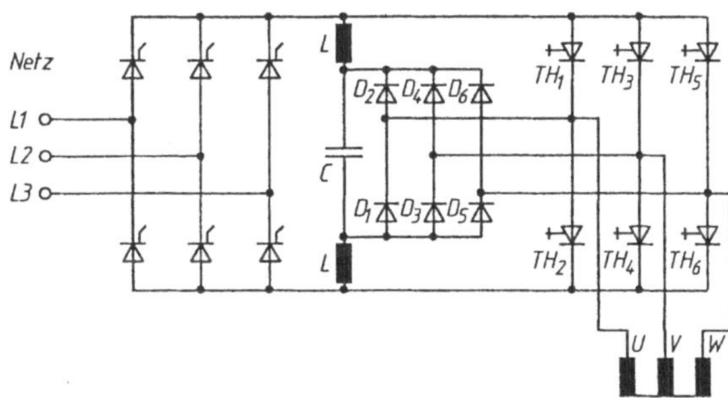

Bild 7.35
Stromwechselrichter mit GTO-Thyristoren

Der Wechselrichter hat einen Sonderkreis, der die Kommutierungsüberspannungen begrenzt. Dieser Sonderkreis besteht aus einer Diodenbrücke, über die sich die im magnetischen Feld des kommutierenden Strangs gespeicherte Energie in den Kondensator C entlädt. Der Begrenzungskondensator ist somit von den GTO-Thyristoren getrennt.

Auch bei diesem Wechselrichter hängt die Zwischenkreisspannung von der Belastung der Maschine und von ihrer energetischen Betriebsart – Motor- oder Generatorbetrieb – ab.

Die Stromwechselrichter weisen einige Nachteile auf:

- Die Maschine wird von einem Strangwechselstrom mit rechteckigem Verlauf gespeist. Der Strom enthält große Oberschwingungen, die zusätzliche Verluste und unerwünschte Pendeldrehmomente erzeugen. Die Beseitigung dieser unerwünschten Oberschwingungen kann bei kleinen Frequenzen durch eine Strompulsweitenmodulation erreicht werden.
- Ein *Stromwechselrichter* kann nur eine einzige elektrische Maschine speisen (*Einmotorenantrieb*), während ein *Spannungswechselrichter* mehrere parallel geschaltete Maschinen versorgen kann (*Mehrmotorenantrieb*).
- Der Stromwechselrichter benötigt im Zwischenkreis (Bilder 7.33, 7.34) eine relativ große Induktivität L, die den Strom I glättet und konstant hält.
- Die Netzrückwirkungen sind wegen der Blockströme hoch.

Die Variantenvielfalt der Schaltungen des Spannungswechselrichters ist groß und nimmt zu, da es für die Pulsung der Motorspannung keine einheitlichen Steuerverfahren gibt.

Die Tatsache, daß diese Wechselrichter eine lastunabhängige Versorgungsquelle darstellen, verleiht ihnen einen höheren Nutzwert.

Die Einfachheit des Stromwechselrichters und der Einbau normaler und relativ kostengünstiger Thyristoren sind vorteilhaft für bestimmte Anwendungsbereiche – besonders bei großen Leistungen.

Im Fall eines Betriebs ohne Pulsweitenmodulation gestatten beide Wechselrichtertypen Drehzahlsteuerbereiche von 1:10.

Im Einsatzfall der sinusbewerteten Pulsbreitenmodulation liegt der Stellbereich bei Spannungswechselrichtern bei 1:100 oder sogar darüber. Die Stromzwischenkreisumrichter mit Modulation lassen nur einen kleineren Stellungsbereich zu.

Vergleicht man die zur Drehzahlsteuerung von Drehstrommotoren benötigten Wechselrichter mit den Gleichrichtern zur Drehzahlsteuerung der Gleichstrommotoren, so stellt man fest, daß die Kosten für die ersteren bei gleicher Leistung der Antriebsmotoren deutlich höher liegen:

- für den *Zwischenkreisumrichter* um etwa 60 % ,
- für den *Direktumrichter* um etwa 50 % .

Die in den Leistungsteilen installierte Leistung (Thyristoren, Transformator, Kondensatoren, Motor) ist bei den *Direktumrichtern* um 10 % und bei den *Zwischenkreisumrichtern* um 30 % größer.

Gleichzeitig muß betont werden, daß vom Gesamtpreis der Anlage der Gleichstrommotorpreis etwa 30 % bzw. der Asynchronmotorpreis nur circa 10 % ausmacht. Dies hängt allerdings auch vom Leistungsbereich ab.

Durch Serienproduktion werden die Frequenzsteuerungssysteme für die Käfigläuferasynchronmotoren konkurrenzfähiger gegenüber den Steuerungssystemen für Gleichstrommotoren, da der Preis der elektronischen Komponenten niedriger wird.

Weiter ist hierbei zu berücksichtigen, daß im allgemeinen die Gleichstrommotoren durch den Stromwender und das gleitende Kontaktsystem Bürsten-Lamellen aufwendiger sind. Hinzu kommt, daß bei großen Leistungen (in der Größenordnung von MW) die Gleichstrommotoren wegen der Kommutierung sehr schwer lösbare Probleme mit sich bringen.

Genau so schwierig, wenn nicht sogar unzulässig, ist der Betrieb von Gleichstrommotoren unter gewissen Umweltbedingungen (chemische Industrie, Bergbauindustrie usw.).

7.3 Untersynchrone Stromrichterkaskade (Scherbius-Kaskade)

Bei Antrieben großer und sehr großer Leistungen, die eine Drehzahlstellung im *begrenzten Bereich* (1:2 und noch weniger) benötigen, wird der Asynchronmotor bevorzugt. Dieser kann direkt aus dem Hochspannungsnetz gespeist werden. Bei derartigen Antrieben kann die Drehzahlsteuerung nicht durch die Reihenschaltung eines veränderlichen Vorwiderstands im Läuferkreis realisiert werden, da die Energieverluste zu groß sind.

Die Leistung sP, die als Wärme umgesetzt wird und verloren geht, kann zum größten Teil zurückgewonnen werden, wenn die Methode der Drehzahlsteuerung mit Hilfe einer zusätzlichen Spannung im Ankerkreis angewendet wird (prinzipiell in Abschnitt 5.8.5 dargestellt).

Die *Schlupfleistung*, wie manchmal die Leistung sP genannt wird (mit Schlupf s und elektromagnetischer Leistung P: über den Luftspalt zum Läufer übertragene Leistung, auch *Luftspaltleistung* genannt) kann auf zwei Arten zurückgewonnen werden:

- Durch die im Läufer ausgeführte Leistungsgleichrichtung und danach durch Umsetzung dieser in mechanische Leistung, weiterhin an die Welle des Asynchronmotors abgegeben (mechanische Rückgewinnung). Man benutzt dafür eine zusätzliche Gleichstrommaschine, wobei die in den Läuferkreis des Asynchronmotors induzierte Spannung identisch mit der in den Läuferkreis der Gleichstrommaschine induzierten Spannung ist.
- Durch die Umwandlung in elektrische Drehstromleistung, aber mit Speisenetzfrequenz, und Rückspeisung dieser Leistung an das Speisenetz (elektromagnetische Rückgewinnung) mit Hilfe eines Frequenzumrichters und eines Transformators. Die fremde, zusätzlich eingeführte induzierte Spannung im Läuferkreisstrom des Asynchronmotors ist die induzierte Spannung in der Primärwicklung des Transformators.

Die Anlagen in denen die *Schlupfleistung zurückgewonnen wird*, werden *Kaskaden* genannt. Im Folgenden stellt man die Kaskade mit statischen Stromrichtern dar, die die elektromagnetische Rückgewinnung erzielt und unter dem Namen *untersynchrone Stromrichterkaskade* (USK) oder *Scherbius-Kaskade* bekannt ist.

Das prinzipielle Schaltbild ist in Bild 7.36 dargestellt. Man erkennt den AMSL mit seinem Anlasser. Die Schlupfleistung sP wird über den ungesteuerten Gleichrichter U1, eine 6-Puls-Diodenbrücke, gleichgerichtet. Sie wird dann, mittels eines netzgeführten Wechselrichters U2, erneut in Drehstromleistung der Netzfrequenz f_1 umgewandelt. Der dafür einzusetzende Ventilaufwand ist relativ gering.

Der Transformator T dient zur Anpassung der Läuferspannung des Asynchronmotors an den Wert der Netzspannung, um die Steuerblindleistung zu reduzieren.

Die Drehzahl des Asynchronmotors wird mit Hilfe des Zündwinkels α der Thyristoren des Wechselrichters U2 gesteuert.

Die Zündimpulse der Thyristoren werden vom Zündimpulsgeber ZIG geliefert, der mit dem Speisenetz des Asynchronmotors synchronisiert ist. So spiegelt sich die in den Transformator induzierte Spannung in den Läuferkreis des Motors – bei einem durch den Winkel α vorgeschriebenen Wert.

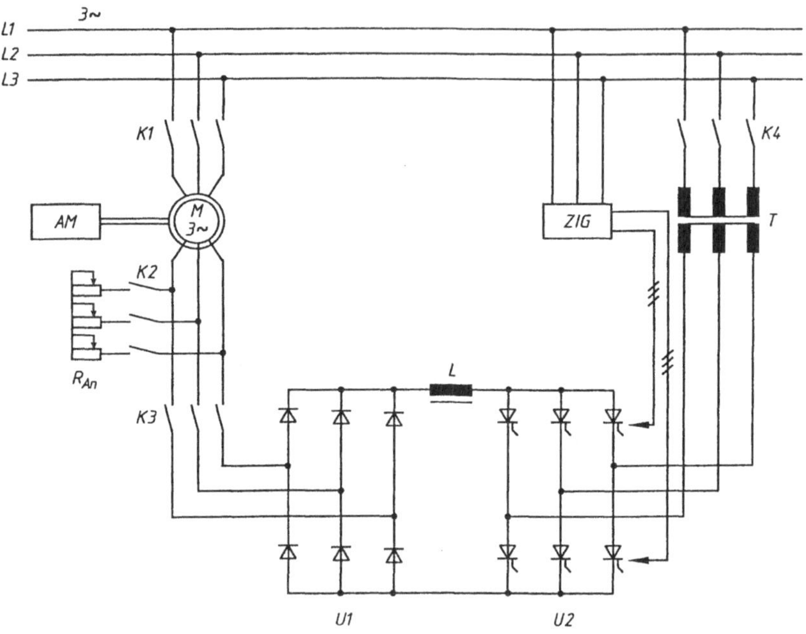

Bild 7.36 Untersynchrone Stromrichterkaskade (USK) oder Scherbius-Kaskade

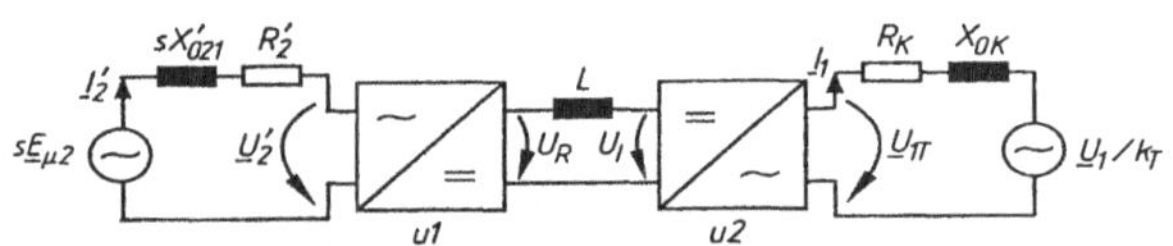

Bild 7.37 Läuferkreis-Ersatzschaltbild des Motors einer USK

Das prinzipielle Läuferkreis-Ersatzschaltbild des Motors ist in Bild 7.37 dargestellt. Dies erlaubt die Änderungsart des Leerlaufschlupfs s_0 (kein Lastmoment an der Welle) des Motors herzuleiten. Unter dieser Voraussetzung ist $I_2' = 0$, wie auch der Zwischenkreisstrom und der Primärstrom des Transformators T, dessen Sekundärwicklung an das Netz geschaltet ist. Es gilt:

$$E_{\mu 1} = \frac{U_2'}{s_0} = U_2 \frac{1}{s_0} \times \frac{w_1 k_{w1}}{w_2 k_{w2}}, \tag{7.7}$$

wobei die auftretenden Größen die üblichen Bedeutungen haben. Die Eingangs- und Ausgangsspannungen des Gleichrichters sind miteinander verbunden durch:

$$U_2 = k_U U_R, \tag{7.8}$$

wobei U_R die Gleichspannung bezeichnet, während k_U von der Gleichrichterschaltung abhängt. Zwischen der Eingangs- und Ausgangsspannung des Wechselrichters gibt es die Beziehung – siehe Gl. (3.9):

$$k_U U_I = U_{IT} |\cos\alpha|, \tag{7.9}$$

in der α Werte größer als 90° (*Wechselrichterbetrieb*) annimmt, während $\cos\alpha$ negativ ist. Anderseits aber: wenn U_I die Netzstrangspannung ist bzw. die Sekundärspannung des Transformators T (dessen Primärspannung U_IT ist), dann gilt:

$$k_\mathrm{T}\, U_\mathrm{1T} = U_\mathrm{1}\,, \tag{7.10}$$

wobei k_T der (Übersetzungs-) Transformationskoeffizient des Transformators ist. Da aber $U_\mathrm{R} = U_\mathrm{I}$ (Bild 7.37), geht aus den Gl. (7.7) bis (7.10) folgendes hervor:

$$s_0 = \frac{U_2}{E_{\mu 1}} \times \frac{w_1\, k_{\mathrm{w}1}}{w_2\, k_{\mathrm{w}2}} = \frac{U_1}{k_\mathrm{T}\, E_{\mu 1}} \times \frac{w_1\, k_{\mathrm{w}1}}{w_2\, k_{\mathrm{w}2}} |\cos\alpha|\,. \tag{7.11}$$

Der Leerlaufschlupf s_0 ist also proportional zu $|\cos\alpha|$. Bei $\alpha = 90°$ ergibt sich $s_0 = 0$ (Eigenkennlinie, abgesehen von den zusätzlichen Transformatorimpedanzen und denen des Zwischenkreisfilters, auf den Läuferkreis des Motors bezogen).

Der maximal zugelassene Schlupf beträgt ca. 0,5, um nicht den Gleichrichter, den Wechselrichter und den Transformator zu groß bemessen zu müssen.

Das mechanische, sich bei verschiedenen Werten des Winkels α ergebende Kennlinienfeld ist in den Bildern 7.38-a, b dargestellt.

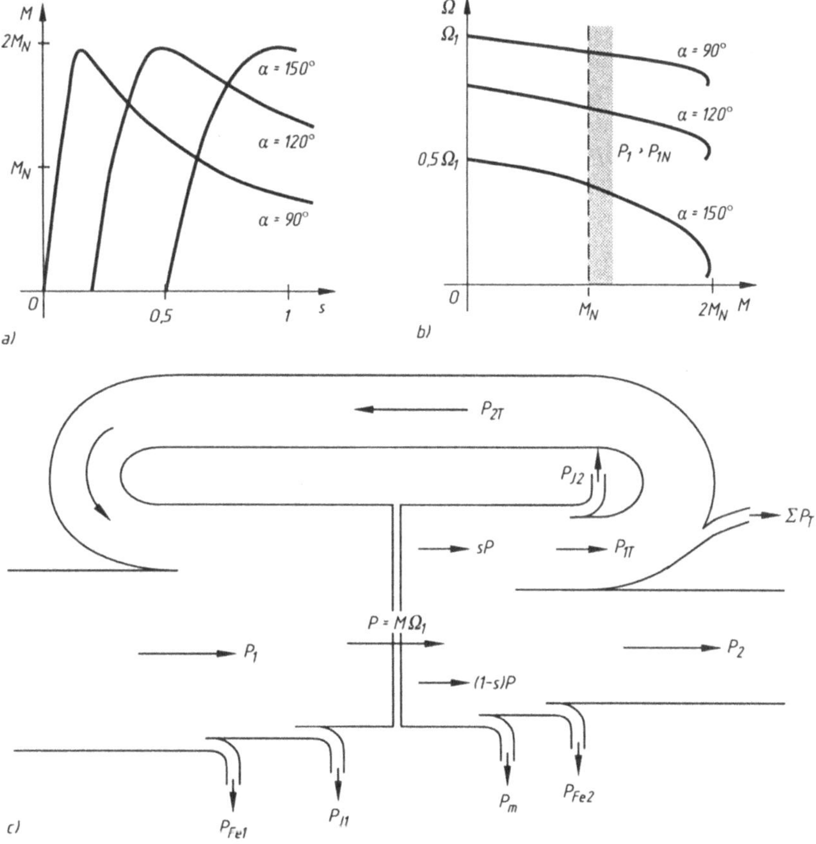

Bild 7.38 USK: a) mechanische Kennlinie $M(s)$, b) Kennlinie $M(\Omega)$, c) Leistungsbilanz

In Bild 7.38-c wird die Leistungsbilanz der USK (Scherbius-Kaskade) wiedergegeben. Aus der gesamten, vom Speisenetz dem Motor zugeführten Ständerwirkleistung P_1 werden die Eisen- und Kupferverluste abgezogen; der Rest wird an den Läufer übertragen.

Ein Teil $(1-s)$ von dieser elektromagnetischen Leistung, als P bezeichnet, wird in mechanische Leistung umgewandelt. Der größte Teil besteht aus der Nutzleistung P_2, die weiterhin an die Welle abgegeben wird.

Die Schlupfleistung sP, die Wärmeverluste abgezogen, wird gleichgerichtet und dann in Drehstromleistung bei der Netzfrequenz f_1 über den Transformator übertragen, nachdem freilich auch die Transformatorverluste ΣP_T abgezogen werden.

Wenn dem Motor gerade die Nennleistung zugeführt wird und Verluste jeder Art vernachlässigt werden, dann ist $P_{1N} = P = M\Omega_1$, das Moment also: $M = P_{1N}/\Omega_1$ = konst. Die entwickelte mechanische Leistung ist aber $P_2 = M\Omega_2 = M\Omega_1(1-s)$, d.h. veränderbar durch den Schlupf s, der durch den Winkel α vorgegeben ist. In Bild 7.38-b ist der Bereich hervorgehoben, in dem der Asynchronmotor mit Hilfe der USK eingesetzt werden kann, ohne überlastet zu werden. Die Vorteile der USK sind:

- Abwesenheit elektrischer, mit Kommutator ausgestatteten Maschinen,
- hoher Wirkungsgrad,
- Steuerung durch sehr kleine Leistung,
- reduzierte Gesamtträgheit,
- Möglichkeit, einen steuerbaren Antrieb großer Leistung bei einem beschränkten Drehzahlstellbereich 1:2 zu bekommen.

Da der maximal auftretende Schlupf und damit auch die Schlupfleistung sP klein sind, bietet die USK, was den Stromrichter anbelangt, einen besonderen Vorteil: *sie muß nicht für die volle mechanische Leistung (1−s)P, sondern nur für die wesentlich kleinere Schlupfleistung sP bemessen werden.* Solche untersynchrone Stromrichterkaskaden werden für Leistungen ab ca. 200 kW eingesetzt.

7.4 Übungen

7Ü.1 *Die Drehzahl eines Drehstromasynchronmotors mit Schleifringläufer (AMSL) wird mit Hilfe der Schaltung aus Bild 7.39 gesteuert. Die Induktivität L ist derart ausgewählt, daß der Gleichstrom praktisch glatt ist. Der Scheinwert des Widerstands R, der parallel zu dem statischen Schalter StS geschaltet ist, beträgt R_0. Der Gleichrichter u ist eine dreiphasige 6-Puls-Diodenbrücke. Die Strangwicklungen im Läufer sind sterngeschaltet.*

a) Wie groß ist der Scheinwert R_0, auf eine läuferseitige Strangwicklung bezogen?

b) Mit dem Effektivwert des Strangstroms im Läufer I_2 ist der Gleichstrom I_0 am Gleichrichterausgang zu bestimmen.

a) Man wendet den *Leistungserhaltungssatz* an. Wenn U_2 die Effektivspannung am Gleichrichtereingang und U_0 die Ausgangsmittelspannung sind, dann sind die im Scheinwert R_0 des Widerstandes erzeugten Wärmeverluste U_0^2/R_0. Wird an die Läuferklemmen ein Dreiphasenwiderstand mit einem Strangwiderstand R_S geschaltet, betragen die Wärmeverluste $3U_2^2/R_S$. Es gilt:

$$\frac{U_0^2}{R_0} = \frac{3U_2^2}{R_S} .$$

Anderseits sind der Effektivwert U_2 und der Mittelwert U_0 im Fall einer dreiphasigen 6-Puls-Diodenbrücke durch Gl. (3.21) verbunden:

$$U_0 = \frac{3\sqrt{6}}{\pi} U_2 \,.$$

Folglich:

$$R_S = \frac{3U_2^2}{U_0^2} R_0 = \frac{\pi^2}{18} R_0 = 0{,}548\, R_0 \,.$$

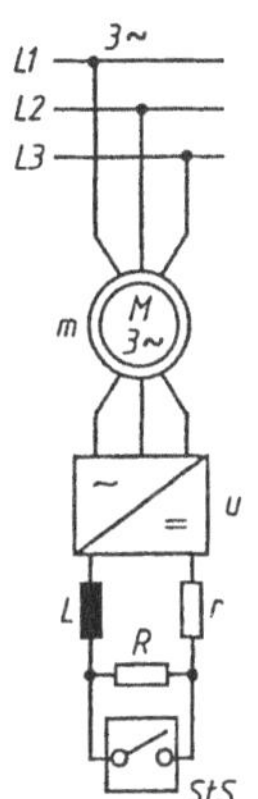

b) Unter der Annahme eines ideal geglätteten Stroms I_0 am Gleichrichterausgang ist der Läufer-Strangstrom ein Wechselstrom mit rechteckigem Verlauf der Amplitude I_0 und einer Dauer $2\pi/3$ (die Leitungsdauer irgendeiner Diode des Gleichrichters). Zwischen dem Effektivwert I_2 des Läufer-Strangstroms und dem Gleichstrom I_0 gibt es folgende Beziehung:

$$I_2 = \sqrt{\frac{1}{\pi}\int_0^{\pi} i_2^2 \, \mathrm{d}(\omega t)} = \sqrt{\frac{1}{\pi} I_0^2 \frac{2\pi}{3}} = I_0 \sqrt{\frac{2}{3}} = 0{,}816\, I_0 \,.$$

Bild 7.39
Steuerung des AMSL

Anstatt eines dreiphasigen Widerstandes mit einem Strangwiderstand R_S und einem Strangstrom I_2 (Bild 7.39) braucht man also einen Gleichstromwiderstand

$$R_0 = \frac{1}{0{,}548} R_S = 1{,}82\, R_S \,,$$

der vom Gleichstrom $I_0 = 1{,}225\, I_2$ durchflossen wird.

7Ü.2. *In dem Stromkreis aus Bild 7.40 gibt es die Größen: $r = 0{,}01\ \Omega$, $L = 0{,}001\ H$, $R = 0{,}2\ \Omega$ und $T = 0{,}0025$ s. Die Schaltung befindet sich im stationären Betrieb. Die Periode T der Ein- und Ausschaltung des Schalters StS ist konstant ($T = t_a + t_p = konst.$). Der Kreis wird durch eine Gleichstromquelle der Spannung U_0 gespeist.*

a) Es soll der analytische Ausdruck des Stroms i:

- *in der Zeitspanne t_a, wenn der Widerstand R mit Hilfe des statischen Schalters StS kurzgeschlossen wird bzw.,*
- *in der Zeitspanne t_p, wenn R in den Stromkreis eingefügt wird, hergeleitet werden.*

b) Wie groß ist der Mittelwert I_0 in einer Periode des von der Gleichstromquelle gelieferten Stromes? Auf dieser Grundlage soll der Scheinwiderstand R_0 des Kreises als Funktion von t_a/T, L/r und $L/(R+r)$ bestimmt werden.

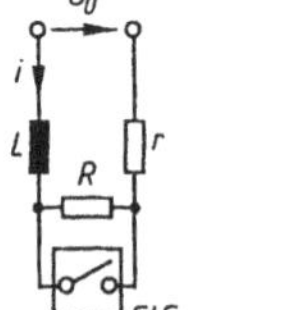

Bild 7.40
Stromkreis

a) Für $t \in (0, t_a)$ ist der Widerstand R kurzgeschlossen. Die Kreisgleichung lautet:

$$U_0 = r\,i' + L\frac{di'}{dt} \quad \text{mit der Lösung: } i' = \frac{U_0}{r} + C_1\,e^{-(tr/L)},$$

wobei C_1 die Integrationskonstante ist.

Für $t \in (t_a, T)$ wird der Widerstand R in den Kreis eingeführt. Die Betriebsgleichung ist:

$$U_0 = (R+r)i'' + L\frac{di''}{dt} \quad \text{mit der Lösung } i'' = \frac{U_0}{R+r} + C_2\,e^{(t-t_a)(R+r)/L},$$

wobei i'' der Strom im neuen Zeitintervall und C_2 eine neue Integrationskonstante sind. Die Konstanten C_1 und C_2 werden durch die Bedingungen eines periodischen stationären Betriebs bestimmt:

$$i'(0) = i''(T) \quad \text{und} \quad i'(t_a) = i''(t_a),$$

bzw.:

$$\frac{U_0}{r} + C_1 = \frac{U_0}{R+r} + C_2\,e^{-(1-\alpha)T/\tau_2} \quad \text{und} \quad \frac{U_0}{r} + C_1\,e^{-\alpha T/\tau_1} = \frac{U_0}{R+r} + C_2,$$

wobei

$$\alpha = t_a/T,$$
$$\tau_1 = L/r,$$
$$\tau_2 = L/(R+r).$$

Folglich gilt:

$$i' = \frac{U_0}{r} - \frac{U_0 R}{r(R+r)} \times \frac{\left(1 - e^{-(1-\alpha)T/\tau_2}\right)e^{-t/\tau_1}}{1 - e^{-(1-\alpha)T/\tau_2}\,e^{-\alpha T/\tau_1}} \qquad \text{für } 0 \le t \le t_a$$

$$i'' = \frac{U_0}{R+r} - \frac{U_0 R}{r(R+r)} \times \frac{\left(1 - e^{-\alpha T/\tau_1}\right)e^{-(t-t_a)/\tau_1}}{1 - e^{-(1-\alpha)T/\tau_2}\,e^{-\alpha T/\tau_1}} \qquad \text{für } t_a \le t \le T$$

b) Mit Hilfe einer Integration berechnet man den Mittelwertstrom:

$$I_0 = \frac{1}{T}\left(\int_0^{t_a} i'\,dt + \int_{t_a}^{T} i''\,dt\right) = \frac{U_0}{r}\alpha + \frac{U_0}{R+r}(1-\alpha) -$$

$$-\frac{U_0 R T}{r(R+r)}\left(\frac{1}{\tau_2} - \frac{1}{\tau_1}\right)\frac{\left(1 - e^{-(1-\alpha)T/\tau_2}\right)e^{-\alpha T/\tau_1}}{1 - e^{-(1-\alpha)T/\tau_2}\,e^{-\alpha T/\tau_1}}.$$

Man prüft gleich nach, daß bei $\alpha = 1$ (*dauernd eingeschalteten Schalter)* der Mittelstrom

$$I_0 = \frac{U_0}{r}$$

ist und, daß für $\alpha = 0$ (*dauernd ausgeschalteter Schalter*)

$$I_0 = \frac{U_0}{R+r} \ .$$

Allgemein beträgt für beliebiges α der Scheinwiderstand des Kreises:

$$R_0 = \frac{U_0}{I_0} \ .$$

Mit Zahlenwerten erhält man:

$$\frac{1}{R_0} = \frac{I_0}{U_0} = 100\alpha + 4{,}762\left(1-\alpha\right) - \frac{\left(1-\mathrm{e}^{-(1-\alpha)\times 0{,}5}\right)\mathrm{e}^{-0{,}025\alpha}}{1-\mathrm{e}^{-(1-\alpha)\times 0{,}5}\,\mathrm{e}^{-0{,}025\alpha}} \ .$$

Für verschiedene Werte des α-Verhältnisses ergeben sich folgende Daten:

α	0,0	0,2	0,4	0,6	0,8	1,0
R_0 [Ω]	0,2658	0,0438	0,0239	0,0164	0,0125	0,0100

Der Scheinwiderstand R_0 variiert stetig zwischen 0,27 Ω und 0,01 Ω, abhängig vom Verhältnis α.

7Ü.3 *Ein Wechselrichter – B2C – mit einer Ohmsch-induktiven Last R_L wird von einer Gleichstromquelle gespeist (Bild 7.41-a). Die Transistoren TR_1 und TR_4 sowie TR_2 und TR_3 bekommen reihenweise die Zündsignale $u_{BE1} = u_{BE4}$ bzw. $u_{BE2} = u_{BE3}$, die je eine Halbperiode (Bild 7.41-b) betragen. Die Transistorenkommutierung findet schlagartig statt. Die Spannungsabfälle der leitenden Transistoren und Dioden werden vernachlässigt. Man bestimme im stationären Betrieb:*

a) – den Verlauf der Lastklemmenspannung und des Laststroms;

b) – den zeitlichen Verlauf des Stroms über einen Transistor und eine Diode;

c) – den Verlauf des von der Quelle aufgenommene Stroms.

a) Im stationären Betrieb ist der Laststrom i_L ein Wechselstrom. Hätte er einen positiven Sinn (Bild 7.41-a), so würde er über die Transistoren TR_1 und TR_4 oder über die Dioden D_2 und D_3 fließen.

- Im 1. Fall, wenn die Transistoren TR_1 und TR_4 leiten, sind die Lastspannung u_L und die Quellenspannung U_0 gleich: $u_L = U_0$.
- Im 2. Fall, wenn die Dioden D_2 und D_3 leiten, gilt $u_L = -U_0$.
- Leiten die Transistoren TR_2 und TR_3 bei umgekehrter Richtung des Stroms i_L, dann gilt $u_L = -U_0$.
- Bei gleicher Stromrichtung, aber falls die Dioden D_1 und D_4 leiten, wird $u_L = U_0$.

Um den rechnerischen Ausdruck des Stroms i_L zu berechnen, setzt man voraus, daß

$$u_L = U_0 \text{ (für } 0 \leq \omega t \leq \pi\text{)},$$

indem

$$R\, i_L + L \frac{di_L}{dt} = U_0 \,.$$

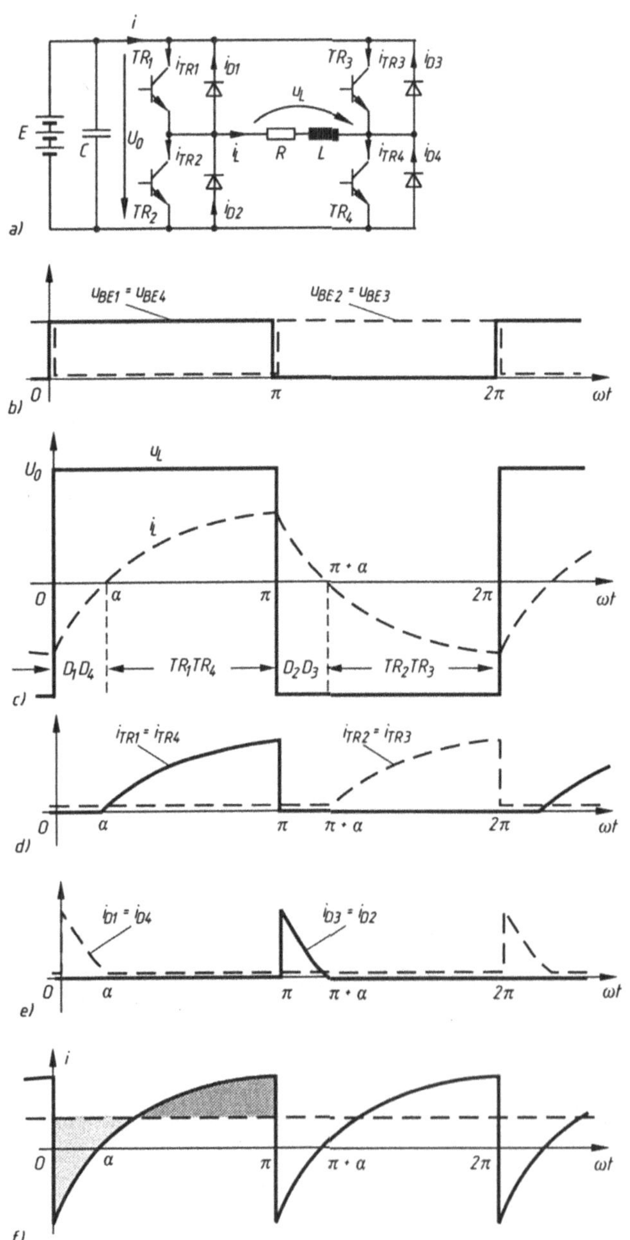

Bild 7.41
Einphasen-Spannungswechselrichter (R_L-Last):
a) Ersatzschaltbild,
b) bis f) zeitliche Verläufe der Betriebsgrößen

Die allgemeine Lösung lautet:

$$i_L = \frac{U_0}{R} + C\,e^{-tR/L}\ .$$

Mit der Anfangsbedingung $i_L = I(0)$ für $\omega t = 0$ gilt:

$$C = I(0) - \frac{U_0}{R} \quad \text{bzw.} \quad i_L = I(0)e^{-tR/L} + \frac{U_0}{R}(1 - e^{-tR/L})\ .$$

Im stationären Betrieb ist eine weitere Bedingung zu erfüllen: für $\omega t = \pi$ muß $i_L = -I(0)$ betragen. Dies bedeutet, daß

$$I(0) = -\frac{U_0}{R} \times \frac{1 - e^{-\pi/\tan\alpha}}{1 + e^{-\pi/\tan\alpha}}\ ,$$

mit

$$\tan\varphi = X_L/R = \omega L/R.$$

In Bild 7.41-c sind die Spannung u_L und der Strom i_L dargestellt. Für $\pi \leq \omega t \leq 2\pi$ wird $u_L = -U_0$, weil der Strom i_L in der ersten Halbperiode mit geänderten Vorzeichen fließt.

Es ist bemerkenswert, daß für $u_L = U_0$ ($0 \leq \omega t \leq \pi$) der Strom i_L durch Null läuft, wie auch im Bereich $\pi \leq \omega t \leq 2\pi$.

b) Der Strom i_L kann ein Transistorenpaar nur in dieser Richtung durchfließen, nämlich:

- im Bereich $\alpha \leq \omega t \leq \pi$ für das Transistorenpaar $TR_1 \Leftrightarrow TR_4$ bzw.
- im Bereich $\pi + \alpha \leq \omega t \leq 2\pi$ für das Transistorenpaar $TR_2 \Leftrightarrow TR_3$ (Bild7.41-d).

Obwohl die Transistoren TR_1 und TR_4 im Bereich $0 \leq \omega t \leq \alpha$ (mit Steuerspannung $u_{BE} > 0$) leiten können, fließt der Strom i_L nicht durch, da seine Richtung im Vergleich zur Stromrichtung der Transistoren entgegengesetzt ist. In dieser Lage befinden sich die leitenden Dioden D_1 und D_4, und somit ist $u_L = +U_0$ (Bild 7.41-e). Während dieser Zeitspanne fließt die im magnetischen Lastfeld gespeicherte Energie zur Quelle zurück.

c) Ist i der von der Quelle gelieferte Strom, so gilt $i = i_L$ für $0 \leq \omega t \leq \pi$ und $i = -i_L$ für $\pi \leq \omega t \leq 2\pi$. Die Kennlinie $i = f(\omega t)$ ist in Bild 7.41-f dargestellt. Es gibt einen Mittelwert I_0, so daß $U_0 I_0 = R\,I_L^2$, wobei I_L der Effektivwert des Laststroms ist.

Anmmerkung: Thyristoren dürfen anstatt Transistoren nicht verwendet werden, da im Zeitpunkt $\omega t = \pi$ diesmal keine Sperrung der Thyristoren mehr stattfinden würde. Die mit Thyristoren aufgebaute Schaltung benötigt deswegen eine Löscheinrichtung (Zwangskommutierungseinrichtung).

7Ü.4 *Ein Dreiphasen-Spannungswechselrichter mit einer in Dreieck geschalteten R_L-Last wird von einer Gleichstromquelle gespeist (Bild 7.42-a). Die Leistungstransistoren bekommen Zündsignale (Basis-Emitter-Ströme i_{BE}) von der Dauer einer Halbperiode (vgl. Bilder 7.42-b, c, d). Vorausgesetzt, daß*

- *die Kommutierung der Transistoren und der Dioden schlagartig stattfindet,*
- *die Spannungen der Transistoren und der Dioden während der Leitungszeit vernachlässigt werden und*
- *nur der stationäre Betrieb berücksichtigt wird,*

sind zu bestimmen:

a) die verketteten Lastspannungen (z.B. u_{UV}) als Funktion von t in einer Periode,

b) die Strangströme i_{UV}, i_{VW}, i_{WU} und die Linienströme i_U, i_V, i_W,

c) die Ströme über einen Transistor und über eine Diode (z.B. i_{VI} und i_{VD2}),

d) der von der Gleichstromquelle aufgenommene Strom i.

a) Mit den Steuerspannungen aus den Bildern 7.42-b, c, d:

- Im Bereich $\omega t \in (0, \pi/3)$ leiten die Transistoren TR_1, TR_4, TR_5. Folglich sind die Klemmen U und W an der positiven, die Klemme V an der negativen Quellenklemme geschaltet. Infolgedessen $u_{UV} = U_0$.
- Im Bereich $\omega t \in (\pi/3, 2\pi/3)$ bekommen die Transistoren TR_1, TR_4, TR_6 Zündsignale $u_{UV} = U_0$.
- Im Bereich $\omega t \in (2\pi/3, \pi)$, leiten die Transistoren TR_1, TR3, TR6, folglich $u_{UV} = 0$ (die Lastklemmen U und V weisen gleiches Potential auf), usw.

Die Kennlinie $u_{UV} = f(\omega t)$ ist in Bild 7.42-e wiedergegeben. Die Spannungen u_{VW}, u_{WU} verzeichnen dieselben Verläufe, die entsprechenden Kennlinien sind aber um $2\pi/3$ bzw. um $4\pi/3$ im Vergleich zu der Kennlinie u_{UV} nacheilend verschoben.

b) Der Laststrangstrom, z.B. i_{UV}, wird von der verketteten Spannung u_{UV} bestimmt. Wie in der vorgehenden Übung besteht der Strom i_{UV} aus Exponentialsegmenten:

- Im Bereich $\omega t \in (0, \pi/3)$ steigt der Strom an, da $u_{UV} = U_0$. Dann, bei $u_{UV} = 0$, nimmt er ab.
- Im Bereich $\omega t \in (\pi, 4\pi/3)$, mit $u_{UV} = -U_0$, bemerkt man eine ständige exponentialartige Verminderung bis zum Nullwert des Stroms. Danach findet ein Anwachsen in Gegensinn statt, usw.

Die Kennlinien der Ströme i_{UV}, i_{VW}, i_{WU} sind in Bild 7.42-f dargestellt. Der Linienstrom i_U kann mit Hilfe der Gleichung $i_U = i_{UV} - i_{WV}$ berechnet werden (Bild 7.42-g).

Es ist interessant den Weg des Stroms i_U während einer Halbperiode – z.B. für $\omega t \in (0, \pi)$ – zu verfolgen:

- Im ersten Zeitintervall $\omega t \in (0, \alpha)$ ist i_U negativ, in Gegensatz zum positiven Sinn aus Bild 7.42-a. Folglich kann der Transistor TR_1 diesen Strom nicht übernehmen. Der Strom i_U wird die Diode D_1 durchfließen, was $u_{UV} = U_0$ sicherstellt (wie in Aufgabe a vorausgesetzt).
- Im Bereich $\omega t \in (\alpha, \pi)$ wird der jetzt positive Strom i_U vom Transistor TR_1 übernommen.
- Nach dem Zeitpunkt $\omega t = \pi$ wird die Basis-Emitter-Spannung des Transistors TR_1 für eine ganze Halbperiode zu Null ($u_{BE1} = 0$). Mit dem gesperrten Transistor TR_1 wird der Strom $I_U > 0$ und von der Diode D_2 bis zu $\omega t = \pi + \alpha$ übernommen.

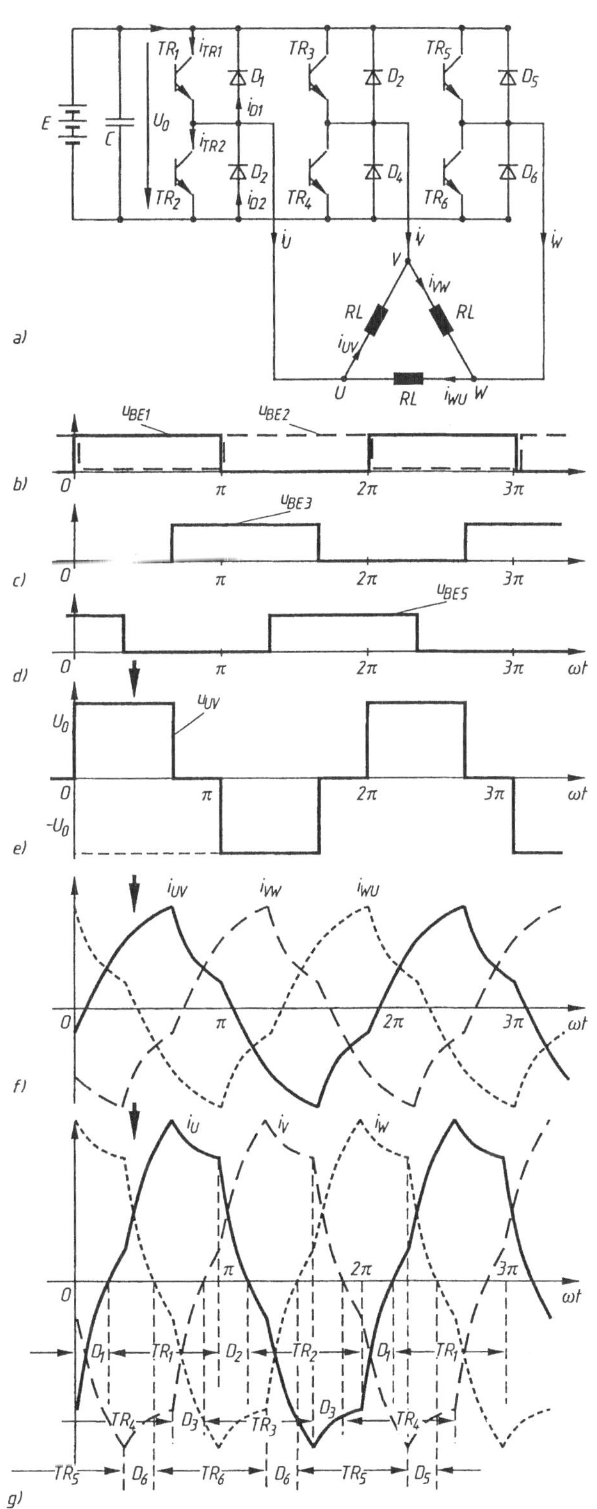

Bild 7.42-a bis g
Dreiphasen-Spannungswechselrichter (R_L-Last):
a) Ersatzschaltbild,
b) bis k) zeitliche Verläufe der Betriebsgrößen (siehe auch Seite 626)

In Bild 7.42-g sind die Leitungsintervalle verschiedener Transistoren und Dioden dargestellt. Zu einem beliebigen Zeitpunkt (z.B. der mit einem Pfeil in Bild 7.42 markierte Zeitpunkt) gibt es zwei Stromwege:

- ⏩Klemme + ⇒ TR_1 ⇒ Klemme U ⇒ Last ⇒ Klemme V ⇒ TR_4 ⇒ Klemme – ⏪ als *Hauptweg*;
- ⏩ TR_4 ⇒ D_6 ⇒ Klemme W ⇒ Last ⇒ Klemme V ⇒ TR_4 ⏪ als *Entladeweg*.

c) Mit den bisherigen Erklärungen ist die Kennlinie des über den Transistor TR_1 fließenden Stroms i_{TR1} aus Bild 7.42-h ersichtlich. In Bild 7.42-i ist der über die Diode D_2 fließende Strom i_{D2} dargestellt.

Der Strom i über die Gleichstromquelle fällt mit den Strömen, die die Transistorenpaare TR_1 ⇔ TR_4, TR_1 ⇔ TR_6, TR_3 ⇔ TR_6, TR_3 ⇔ TR_2, TR_5-TR_2 und TR_5 ⇔ TR_4 nach und nach durchfließen, zusammen (Bild 7.42-j).

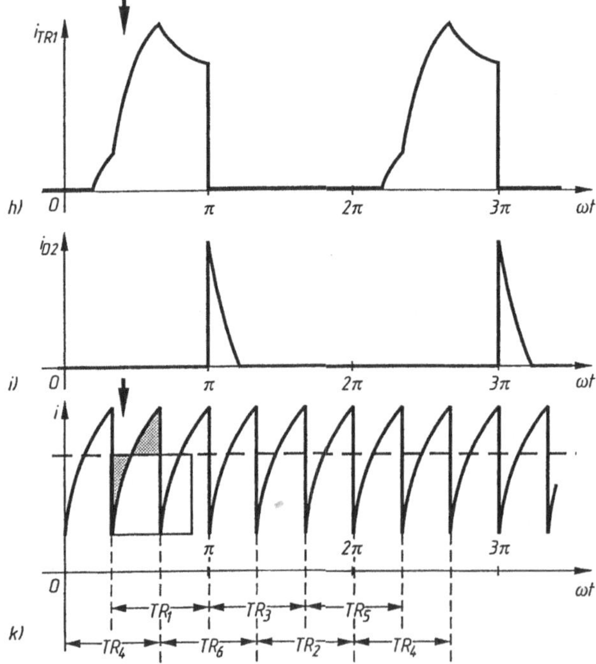

Bild 7.42-h bis k

7Ü.5 *Ein Dreiphasen Spannungswechselrichter (Bild 7.43-a) ist mit der entsprechenden Einrichtung zur Pulsbreitenmodulation ausgestattet. Die einzige Bezugsspannung u_r ist eine Welle dreieckiger Form; die sinusförmigen Steuerspannungen u_{sU}, u_{sV}, u_{sW} stellen ein symmetrisches Drehspannungssystem (Bilder 7.43-a, c) dar. Die Amplituden der Steuerspannungen beträgt das 0,8- bzw. das 1,2fache des Bezugspannungsbetrags. Es sind die Kennlinien der verketteten Lastspannungen u_{UV} in beiden Fällen zu bestimmen. Die Frequenz der Bezugsspannung ist 6 mal größer als die Frequenz der Steuerspannungen. Der Transistor TR_1 bleibt über die ganze Zeitspanne – solange $u_r < u_{sU}$ – im leitenden Zustand. In der Betriebspause des Transistors TR_1 leitet der Transistor TR_2 usw.*

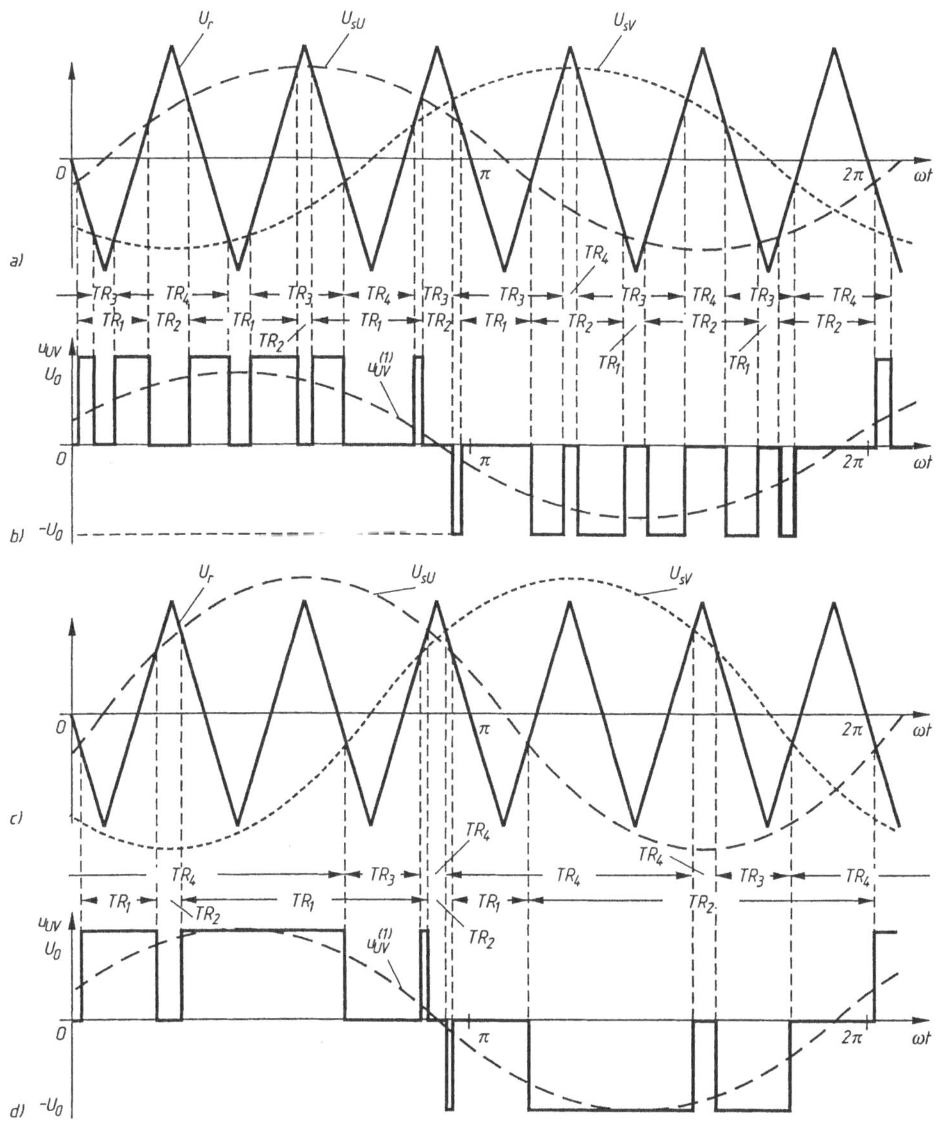

Bild 7.43 Dreiphasen-PWM-Spannungswechselrichter: a) bis d) zeitliche Verläufe der Betriebsgrößen

In den Bildern 7.43-a, c sind die Leitungsintervalle der vier Transistoren TR_1, TR_2, TR_3, TR_4 hervorgehoben. Zur Bestimmung der Spannung u_{UV} gelten folgende Regeln:

- wenn TR_1 *und* TR_4 leiten, gilt $u_{UV} = U_0$;
- befinden sich TR_1 und TR_3 (oder TR_2 und TR_4) im Betrieb (leiten) bzw. sind beide in Betriebspause, so wird $u_{UV} = 0$;
- wenn TR_3 und TR_2 gleichzeitig leiten, gilt $u_{UV} = -U_0$.

Auf diese Weise ergibt sich die Spannung u_{UV} so wie in den Bildern 7.43-b, d

Es ist erwähnenswert, daß im Fall der Übermodulation (Bilder 7.43-c, d) – bei konstanter Gleichspannung U_0 – die Amplitude der Grundschwingung $u_{UV}^{(1)}$ größer ist als im Fall der Untermodulation (Bilder 7.43-a, b) ist. Der Nachteil der Übermodulation besteht in den großen Oberschwingungen in der Spannung u_{UV}.

7Ü.6 *Dasselbe Problem wie in 7Ü.5, diesmal aber mit einem Dreiphasensystem wechselnder rechteckiger Steuerspannungen.*

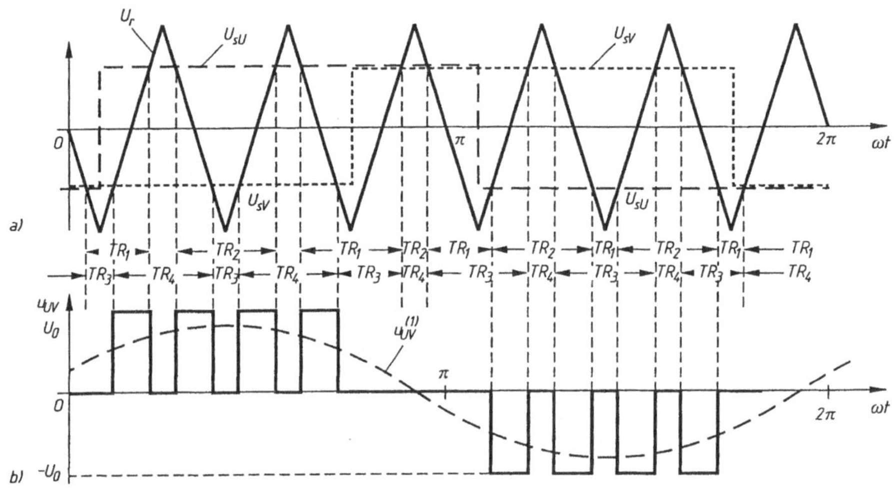

Bild 7.44 Dreiphasen-Spannungswechselrichter. Zeitverlauf:
a) der rechteckiger Steuerspannungen u_{sU}, u_{sV}, b) der Ausgangsspannung u_{UV}

Bild 7.44 stellt die Schwingungen dar. Man setzt voraus, daß die Höhe der rechteckigen Schwingung der Steuerspannungen meist nur das 0,6fache der Höhe der Dreieckschwingung der Bezugsspannung beträgt.

7Ü.7 *Bild 7.45-a stellt einen Thyristorumrichter mit Gleichstromzwischenkreis und Stromwechselrichter dar. Die Zwischenkreisinduktivität L ist groß genug, so daß der Zwischenkreisstrom praktisch geglättet ist. Die Zwangskommutierungskreise des Umrichters werden nicht berücksichtigt. Die Thyristorkommutierung findet schlagartig statt. Die Ausgangsfrequenz ist konstant. Die Last des Stromwechselrichters besteht aus einem Asynchron- oder Synchrondrehstrommotor, dessen Stränge im stationären Betrieb einer Sinusspannungsquelle gegebener Amplitude und mit in Reihe geschalteter Streuinduktanz gleichwertig sind. Der Gleichstrom wird mit Hilfe der Thyristoren so kommutiert, daß die Motorstrangströme ein symmetrisches Dreiphasensystem wechselnder Schwingungen mit rechteckigem Verlauf von 120° und Pausen von 60° bilden. Der Zündwinkel α bei den Thyristoren des Wechselrichters ist variabel in Bezug auf den Zeitpunkt, wobei die entsprechende Strangspannung höher als andere Strangspannungen wird.*

a) *Welches sind die relativen Lagen der Strangspannungsschwingungen und des entsprechenden Strangstroms für $\alpha = 45°$, 135°, 225° und 315°? In welchem energetischen Betrieb befindet sich die Maschine? Welcher Maschinentyp verträgt die verschiedenen vorherigen Werte des Winkels α?*

b) Wie ist der Verlauf der Eingangsspannung u_0 des Wechselrichters bei verschiedenen Werten des Winkels α?

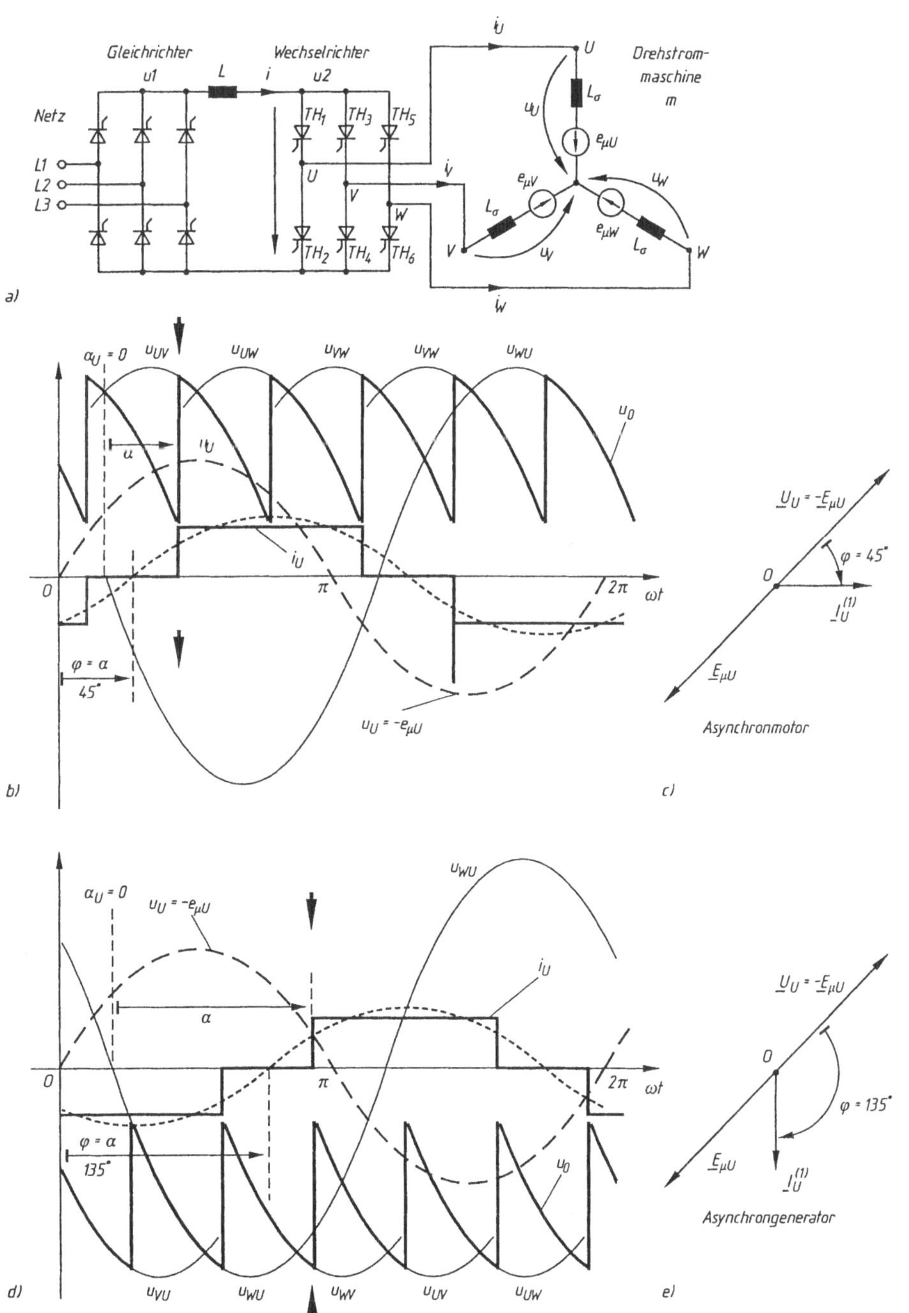

Bild 7.45-a bis e: a) Ersatzschaltbild b) bis i) Zeitverläufe der Betriebsgrößen und Zeigerdiagramme im Fall des Maschinenbetriebs als Motor oder Generator (siehe auch Seite 630)

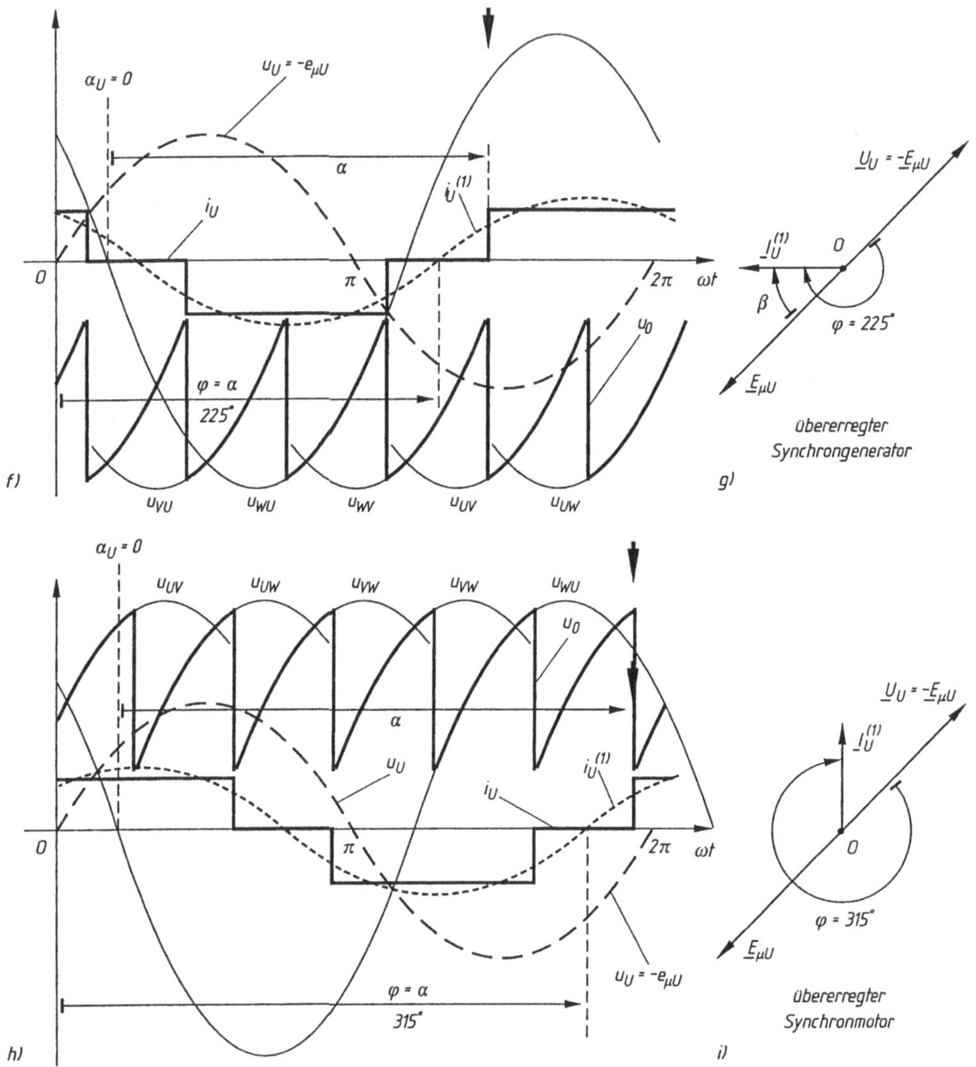

Bild 7.45-f bis i

a)

$\alpha = 45°$

In Bild 7.45-b ist die Lage bei $\alpha = 45°$dargestellt. Hier sind die Kennlinien des Strangstroms i_U und der Strangspannung u_U eingezeichnet.

Die letzte fällt mit der Kennlinie der resultierenden induzierten Spannung $u_{\mu U}$ zusammen, da der Strom i_U konstant oder Null ist. Der Zündwinkel α des Thyristors TH_1 ist ab dem Winkelpunkt $\omega t = \pi/6$ gemessen, in dem u_U größer im Vergleich zu den anderen Strangspannungen wird.

Mit *Us* ist auch die Grundschwingung $i_U^{(1)}$ des Strangstroms i_U dargestellt, der der Strangspannung u_U um $\alpha = 45°$ nacheilt (Bild 7.45-c).

Der Zeitpunkt des Zündens des Thyristors *TH*$_1$ *ist* mit einem Pfeil hervorgehoben. Vor diesem Zeitpunkt leiten die Thyristoren TH_5 und TH_4, weil die Anode-Kathode-Spannung des Thyristors TH_1, $u_{V1} = u_W - u_U = u_{WU} < 0$ ist (Bild 7.45-b). Folglich kann der Thyristor TH_1 die Leitung des Stroms i_U nicht auf natürliche Weise übernehmen. Die Kommutierung $TH_5 \Leftrightarrow TH_1$ kann nicht ohne ein Zwangsmittel stattfinden.

Aus energetischer Sicht ist die Drehstrommaschine, als Motor, ein Ohmsch-induktiver Verbraucher:

- die Wirkleistung wird vom Wechselrichter zum Motor gegeben;
- es gibt auch eine vom Motor übernommene Blindleistung, die zur Magnetisierung des magnetischen Kreises benutzt wird, z.B. beim Asynchronmotor.

$\alpha = 135°$

Bei diesem Wert des Winkels α (Bilder 7.45-d, e), ist die Grundschwingung $i_U^{(1)}$ um $\varphi = 135°$ der Spannung u_U nacheilend, was einer entgegengesetzten Richtung der Wirkleistung entspricht.

In diesem Fall läuft die elektrische Maschine als Generator. Jetzt stellen der Stromrichter u2 einen *Gleichrichter* und der Stromrichter u1 einen *Wechselrichter* dar. Die Blindleistung behält ihren induktiven Charakter bei. Diese Betriebsbedingungen entsprechen einem *Asynchrongenerator,* der *für die Nutzbremsung in einem Antriebssystem* eingesetzt werden kann. Die Zwangskommutierung der Thyristoren ist notwendig (siehe die Pfeillage in Bild 7.45-d bei $u_{WU} < 0$).

$\alpha = 225°$

Bei diesem Wert von α erhält man die Lage aus den Bildern 7.45-f, g. Zwischen der induzierten Spannung $u_{\mu U}^{(1)}$ und dem Strom i_U gibt es einen Verschiebungswinkel $\beta < 90°$.

Folglich läuft die Maschine als Generator. Die Blindleistung hat aber jetzt einen kapazitiven Charakter. Dies bedeutet, daß zur Magnetisierung des magnetischen Kreises eine Sonderquelle benötigt wird.

Insbesondere kann der Generator auch einem Ohmsch-induktiven Verbraucher speisen. Diese Betriebsweise ist typisch für einen übererregten Synchrongenerator. Dieses Mal bekommt der Thyristor TH_1 eine Zündsteuerung zu einem Zeitpunkt, zu dem $u_{V1} = u_{WU} > 0$ (siehe den Pfeil in Bild 7.45-f).

Die Zündung des Thyristors TH_1 findet auf natürliche Weise, ohne Zwangskommutierung, statt. Eine solche Kommutierung nennt man *Lastkommutierung.* In einem Antriebssystem wird dieser Generatorbetrieb zur *Nutzbremsung* verwendet.

$\alpha = 315°$

Dieser Fall ist in den Bildern 7.45-h, i dargestellt. Man spricht von einem *übererregten Synchronmotor.* Erneut benutzt man die Lastkommutierung.

b) In den Bildern 7.45-b, d, f, h werden die Verläufe der Zwischenspannung u_0 dargestellt, die von sinusförmigen Abschnitten der verketteten Spannungen gebildet sind.

Im Fall des Asynchron- oder Synchronmotors hat diese Spannung einen positiven Mittelwert: das entspricht einem Wirkleistungsfluß vom Umrichter u2 zur Last. Wie in den Bildern 7.45-d, f zu sehen ist, fließt die Wirkleistung aber in entgegengesetzter Richtung, falls der Mittelwert der Spannung u_0 bei der selben Zwischenstromrichtung negativ wird.

7Ü.8 *Ein, mit einer USK eingesetzter AMSL, hat folgende Daten:* $R_1 = R'_2 = 0{,}25\ \Omega$, $U_1 = 220\ V$, $X_{\sigma 12} = X'_{\sigma 21} = 0{,}6\ \Omega$, $X_\mu = 30\ \Omega$, $f_1 = 50\ Hz$, $2p = 4$ *Pole,* $P_{fe} \approx 0$, $w_1 k_{w1}/w_2 k_{w2} = 1/1{,}67$. *Der Gleichrichter u1 und der Wechselrichter u2 sind 6-Puls-Brücken B6C mit Dioden bzw. mit Thyristoren. Der Transformator hat folgende Kapp-Parameter:* $R_K = 0{,}0538\ \Omega$ *und* $X_{\sigma K} = 0{,}0727\ \Omega$. *Diese Parameterwerte sind diesmal auf die Sekundärseite bezogen. Der variable Zündwinkel* α *der Thyristoren liegt im Bereich (90° bis 150°).*

a) Das Transformationsverhältnis $k_T = U_1/U_{II0}$ *des Transformators soll so berechnet werden, daß im Leerlauf des Motors, bei* $\alpha = 150°$, *der Schlupf* $s_0 = 0{,}5$ *betragen soll.*

b) Man bestimme das Ersatzschaltbild der Kaskade und das Kennlinienfeld $M = f(s)$ *für* α = *90°, 120°, 150°.*

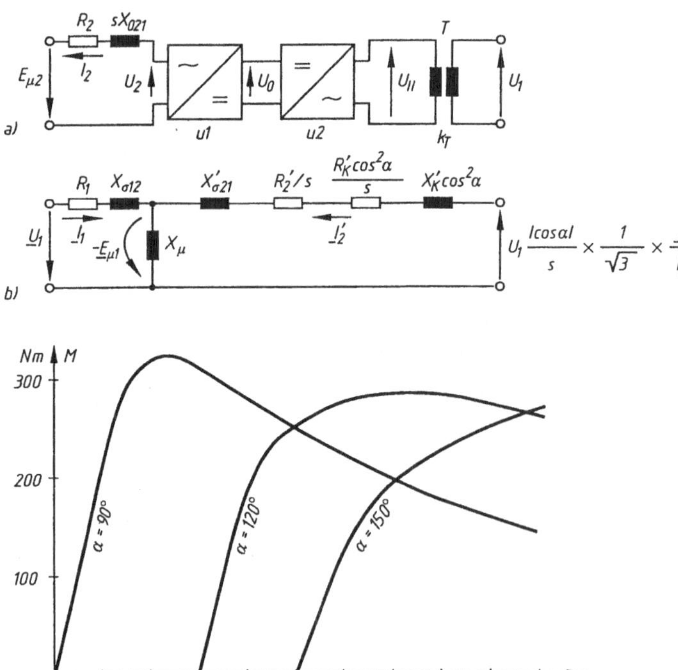

Bild 7.46
USK mit eingesetzter AMSL:
a) Schaltbild des Läuferkreises,
b) Ersatzschaltbild der USK,
c) Kennlinien $M(s)$, bei verschiedene α = konst.

a) In Bild 7.46-a sieht man das prinzipielle Schaltbild des Läuferkreises, wobei:

- u1 Gleichstromumrichter,
- u2 Wechselrichter,
- T Transformator.

Man berechnet die Mittelgleichspannung U_0 im Zwischenkreis. Es ist bekannt, daß zwischen dem Effektivwert U_2 der Strangspannung am Eingang einer Dreiphasen-Diodenbrücke und dem Mittelstrangspannung U_0 an ihrem Ausgang folgende Beziehung gilt:

$$U_0 = \frac{3\sqrt{6}}{\pi} U_2 . \tag{7.12}$$

Anderseits gibt es eine ähnliche Beziehung zwischen der Spannung U_0 am Wechselrichtereingang und dem Effektivwert U_{II} der Strangspannung an den sekundären Klemmen des Transformators:

$$U_0 = \frac{3\sqrt{6}}{\pi} U_{II} |\cos\alpha| . \tag{7.13}$$

Definitionsgemäß gilt:

$$\frac{U_1}{U_{II0}} = k_T . \tag{7.14}$$

Die Gl. (7.12) bis (7.14) führen zu:

$$U_2 = U_1 \frac{|\cos\alpha|}{k_T} .$$

Mit der ständerseitigen Größenumrechnung der Läufergrößen ergibt sich die resultierende induzierte Spannung im Läufer, $E'_{\mu 2} = E_{\mu 1}$. Aber im Leerlauf hat man $E_{\mu 1} \approx U_1$. Die auf den Ständer bezogene Spannung U_2 wird:

$$U'_2 = U_2 \frac{w_1 k_{w1}}{w_2 k_{w2}} \times \frac{1}{s} = U_1 \frac{|\cos\alpha|}{k_T} \times \frac{w_1 k_{w1}}{w_2 k_{w2}} \times \frac{1}{s} .$$

Für $\alpha = 150°$ und $s_0 = 0{,}5$ (Leerlauf, mit I_2 praktisch Null), erhält man:

$$U_1 = E_{\mu 1} = E'_{\mu 2} = U'_2 = U_1 \frac{|\cos\alpha|}{k_T} \times \frac{w_1 k_{w1}}{w_2 k_{w2}} \times \frac{1}{s_0} .$$

Folglich werden das Transformationsverhältnis:

$$k_T = \frac{|\cos 150°|}{0{,}5} \times 1{,}67 = 2{,}892 ,$$

bzw. die Leerlaufspannung:

$$U_{II0} = \frac{U_1}{k_T} = \frac{220}{2{,}892} = 76 \text{ V} .$$

b) Das Ersatzschaltbild ist in Bild 7.46-b dargestellt. Ein Problem taucht auf: es geht um die zwei Kappschen Parameter (R_K und $X_{\sigma K}$) des Transformators, die über die zwei Stromrichter u1 und u2 auf den Ständer bezogen werden müssen. Für eine 6-Puls-Diodenbrücke wird dieses Problem in Übung 7Ü.1 behandelt. Jetzt ist noch ein Wechselrichter veränderlichen Winkels α dazu gekommen. Dem Verfahren der Übung 7Ü.1 folgend und mit Hilfe der Gl. (7.12) und (7.13) erhält man den nötigen *bezogenen Widerstand* als $R_K \cos^2\alpha$. Durch die auf den Ständer unternommene Umrechnung wird:

$$R_K\left(\frac{w_1 k_{w1}}{w_2 k_{w2}}\right)^2 \cos^2\alpha = R'_K \cos^2\alpha ,$$

mit

$$R'_K = 0{,}0538 \times 1{,}67^2 = 0{,}15\ \Omega .$$

Auf ähnlicher Weise ergibt sich für die bezogene Kappsche Streureaktanz folgender Wert:

$$X_{\sigma K} = \left(\frac{w_1 k_{w1}}{w_2 k_{w2}}\right)^2 \cos^2\alpha = X'_{\sigma K} \cos^2\alpha ,$$

mit

$$X'_{\sigma K} = 0{,}0727 \times 1{,}67^2 = 0{,}20\ \Omega .$$

Bezogen auf die Sekundärspannung U_{II}, findet man für die im Läuferkreis und auf die Ständerseite bezogenen Größen (Bild 7.46-b) den Ausdruck (siehe auch a):

$$\frac{U_1}{k_ü} \times \frac{w_1 k_{w1}}{w_2 k_{w2}} \times \frac{|\cos\alpha|}{s} = \frac{U_1}{\sqrt{3}} \times \frac{|\cos\alpha|}{s} .$$

Da der Gleichrichter u1 nicht steuerbar ist, hat diese bezogene Spannung die gleiche Phase wie der Läuferstrom. Das Ersatzschaltbild führt zu folgenden Gleichungen:

$$\underline{I}_1 + \underline{I}'_2 = \underline{I}_\mu ,$$

$$\underline{U}_1 = (R_1 + jX_{\sigma 12})\underline{I}_1 + jX_\mu\, \underline{I}_\mu ,$$

$$jX_\mu\, \underline{I}\mu + \frac{R'_2 + R'_K \cos^2\alpha}{s}\underline{I}'_2 + j(\underline{X}'_{\sigma 21} + \underline{X}'_{\sigma K}\cos^2\alpha)\,\underline{I}'_2 + U_1\frac{|\cos\alpha|}{s} \times \frac{1}{\sqrt{3}} \times \frac{\underline{I}'_2}{I_2} = 0 .$$

Zur Bestimmung des Stroms I'_2 benutzt man die Gleichung:

$$\left[\left(\frac{R_1}{c} + \frac{R'_2 + R'_K\cos^2\alpha}{s}\right)I'_2 + U_1\frac{|\cos\alpha|}{s\sqrt{3}}\right]^2 + \left(\frac{X_{\sigma 12}}{c} + X'_{\sigma 21} + X'_{\sigma K}\cos^2\alpha\right)^2 I'^2_2 = \frac{U_1^2}{c} .$$

Die elektromagnetische Wirkleistung des Motors wird aus der Gleichung

$$P = 3\frac{R'_2 + R'_K\cos^2\alpha}{s}I'_2 + 3\mathrm{U}_1\frac{|\cos\alpha|}{s\sqrt{3}}I'_2$$

berechnet. Daraus bekommt man das Drehmoment:

$$M = \frac{P}{\Omega_1} .$$

Mit Zahlenwerten, z.B. für $\alpha = 120°$ und $s_0 = 0{,}4$, gelten:

$$|\cos\alpha| = |\cos 120°| = 0{,}5 ,$$

$$\frac{R'_2 + R'_K\cos^2\alpha}{s} = \frac{0{,}25 + 0{,}15 \times 0{,}5^2}{0{,}4} = 0{,}719\ \Omega ,$$

$$\frac{X_{\sigma 12}}{c} + X'_{\sigma 21} + X'_{\sigma K}\cos^2\alpha = \frac{0{,}6}{1{,}02} + 0{,}6 + 0{,}2 \times 0{,}5^2 = 1{,}238\ \Omega ,$$

$$U_1 \frac{|\cos\alpha|}{s\sqrt{3}} = 220 \times \frac{0{,}5}{0{,}4\sqrt{3}} = 158{,}77 \text{ V},$$

$$(0{,}964\, I_2' + 158{,}77)^2 + 1{,}533\, I_2'^2 = 46520,$$

$$2{,}462\, I_2'^2 + 306{,}11\, I_2' - 21312{,}08 = 0,$$

$$I_2' = 49{,}73 \text{ A},$$

$$M = \frac{(3 \times 0{,}719 \times 49{,}73^2 + 3 \times 158{,}77 \times 49{,}73)}{157} = 184{,}85 \text{ Nm}.$$

In Bild 7.46-c sind die drei Kennlinien $M = f(s)$ für $\alpha = 90°$, $120°$ und $150°$ gekennzeichnet. Sie heben die Möglichkeit der Drehzahlsteuerung durch die Veränderung des Zündverzögerungswinkels α hervor.

8 Elektrische Sondermaschinen in Antriebssystemen

8.1 Gleichstrommaschinen mit Dauermagneten

Durch die großen Fortschritte auf dem Gebiet der Dauermagnetwerkstoffe, die in elektrischen Maschinen als Dauermagnete zur Erzeugung des Erregerflusses eingesetzt werden, gewinnen diese Maschinen an Bedeutung. So erregte Maschinen weisen folgende Vorteile auf:

- einfachen Aufbau
- geringes Gewicht und kleinere Abmessungen
- niedrigere Verluste und erhöhter Wirkungsgrad

Die mit modernen Dauermagneten – *Seltenerden* – bestückten elektrischen Maschinen haben höhere Kosten, da diese neuen Dauermagnetwerkstoffe relativ teuer sind.

Im Laufe der Zeit können sich die Maschinenkennlinien verändern, durch Alterung der Magnetwerkstoffe oder durch den Einfluß der Betriebstemperatur. Die *magnetische Alterung* erfolgt über eine Schwächung durch entmagnetisierende Felder (z.B. bei Kurzschlußströmen).

Die Grundkennlinie der Dauermagnete und der Magnetwerkstoffe ist die sogenannte *Entmagnetisierungskurve*. Sie zeigt die abfallende Flußdichte B im aufmagnetisierten Magneten bei Anlegen eines ansteigenden Gegenfeldes $-H$.

Die Entmagnetisierungskurve ist ein Teil der Hystereseschleife im 2. Quadranten unter Sättigungsbedingungen des betreffenden Magnetwerkstoffes (Bild 8.1). Diese Kurve stellt die Abhängigkeit zwischen der lokalen Flußdichte und der lokalen Feldstärke des Entmagnetisierungsfelds in der Werkstoffmasse dar.

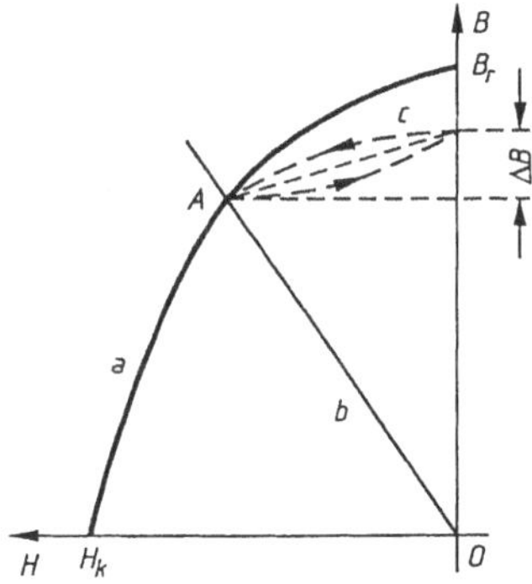

Bild 8-1
Entmagnetisierungskurve eines Dauermagneten:
B_r remanente Induktion (Remanenz),
H_k Koerzitivfeldstärke

Das Entmagnetisierungsfeld wird durch eine vom Strom durchflossene Spule erzeugt, deren Durchflutung in entgegengesetzter Richtung zum Magnetfluß wirkt.

Die Entmagnetisierungskurve wird von der magnetischen Flußdichte B_r bei der magnetischen Feldstärke $H = 0$, *remanente Flußdichte* oder *Remanenz* (*-flußdichte*) genannt, sowie durch die *Koerzitivfeldstärke* H_k (bei $B = 0$) gekennzeichnet.

Um die remanente Flußdichte auf den Wert Null ($B_r = 0$) zu bringen, ist ein Magnetfeld entgegengesetzten Polarität notwendig, dessen Feldstärke genau H_k ist. Eine weitere wichtige Größe der Dauermagnete ist die im Magnetfeld maximal gespeicherte Energiedichte, d.h. das Produkt $BH/2$, entsprechend demjenigen Punkt der Entmagnetisierungskurve, in dem dieses Produkt einen Maximalwert aufweisen würde.

Man bezeichnet $(BH)_{max}$ als Gütewert, üblich in kJ/m^3 gemessen. Die Entmagnetisierungskurven für einige eingesetzte Magnetwerkstoffe sind in Bild 8-2 dargestellt.

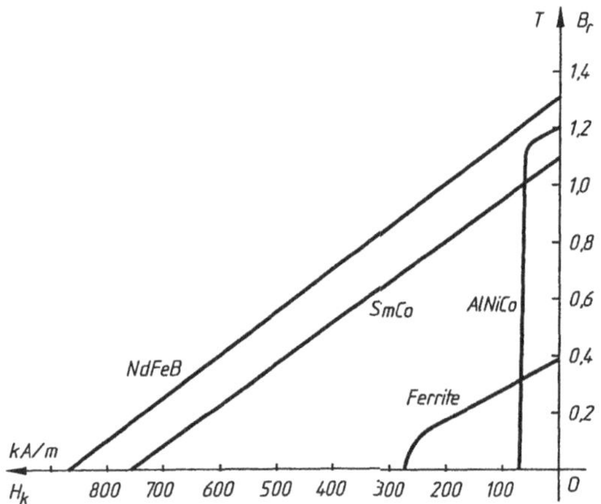

Bild 8-2
Entmagnetisierungskurven $B_r(H_k)$ für einige Magnetwerkstoffe

8.1.1 Dauermagnetmotoren mit zylindrischem Läufer

Die Dauermagnetmotoren mit gewöhnlichem zylindrischen Läufer unterscheiden sich nach den verwendeten Magnetwerkstoffen.

Eine mögliche konstruktive Lösung bei Verwendung von Magneten aus *Alnico-Legierungen* – mit großer Remanenzflußdichte und kleiner Koerzitivfeldstärke (maximale Energiedichte ca. 75 kJ/m^3, Koerzitivfeldstärke 40 - 140 kA/m, Remanenz 0,5 - 1,4 T – siehe Bild 8-2), ist in Bild 8-3a zu sehen. Die Pole können direkt, durch Gießen oder Sintern, aus magnetischem Werkstoff hergestellt werden.

Um den Entmagnetisierungseffekt der Ankerrückwirkung zu vermindern, können Polschuhe aus Dynamoeisen vorgesehen werden.

Dank der verringerten Koerzitivfeldstärke dürfen die Magnete große Längen haben. In den meisten Fällen findet die Magnetisierung nach der Montage im Inneren der Maschine mit Hilfe spezieller Spulen statt.

Das aus gewöhnlichem ferromagnetischen Material hergestellte Ständergehäuse dient zur Schließung der Feldlinien. Die Magnete sind am Ständer mit Hilfe von Klebern oder Spangen befestigt.

In anderen Fällen werden die Alnicomagnete tangential eingesetzt (Bild 8.3-b), was eine Verstärkung des Luftspaltfelds zuläßt.

Das Gehäuse hat dann nur eine mechanische Funktion; da sich die Feldlinien nicht mehr über das Gehäuse schließen; so kann es aus Aluminium angefertigt werden.

In beiden Varianten ist die Polzahl (2 bis 8) aus physikalischen Gründen begrenzt. Je kleiner die Polzahl ist, desto kleiner werden die Abmessungen sein.

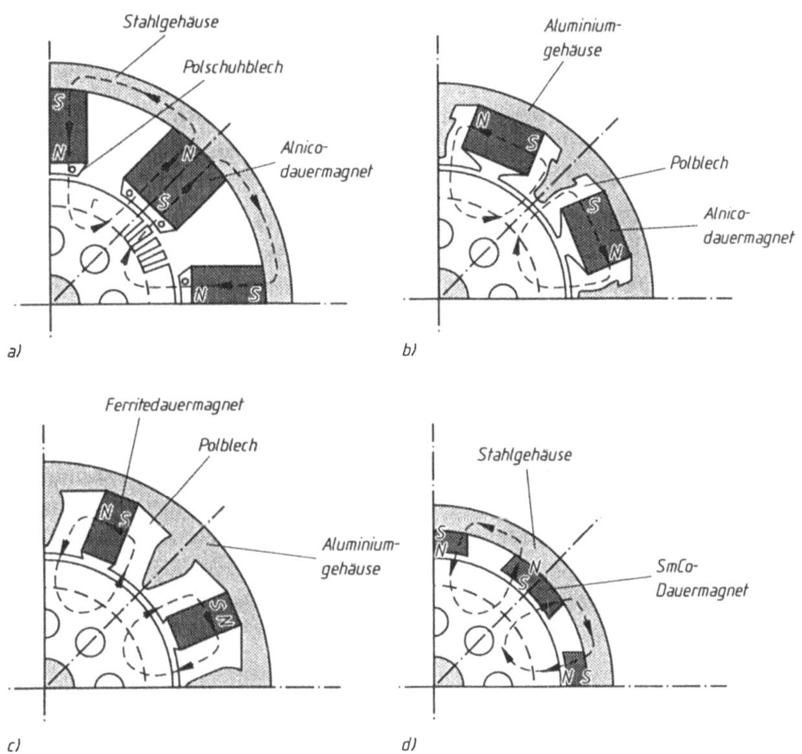

Bild 8.3 Ausführungsformen von Ständergehäusen mit verschiedenen Dauermagneten

Um das Magnetvolumen zu reduzieren, wird der Ständer-Läufer-Luftspalt so klein wie möglich gehalten, was leider die Ankerrückwirkung und die Reluktanzänderung des magnetischen Kreises, infolge der Läufernuten, verstärkt.

Falls *Hartferrite*, *Seltenerden* oder *NdFeB-Magnete* eingesetzt werden, dürfen die Magnete in der Richtung des magnetischen Flusses viel dünner sein, d.h. etwa 10 mm bei Ferriten, ca. 4 mm bei NdFeB und Seltenen Erden bei einem Luftspalt von 1 mm. Solche konstruktive Lösungen sind in den Bildern 8.3-c, d dargestellt.

Die Hartferrite enthalten, z.B., $MeO.6Fe_2O_3$ plus Bindemittel, die Seltenen Erden $SmCo_5$ oder Sm_2Co_{17} – *Seco* genannt.

Die maximale Energiedichte beträgt bei Ferriten ca. 40 kJ/m^3 (siehe Bild 8.2), bei Seco ca. 240 kJ/m^3 (sie besitzen auch höchste Koerzitivfeldstärken), bei NdFeB ca. 360 kJ/m^3.

Die Polpaarzahl darf größer werden, und die Entmagnetisierung infolge der Ankerrückwirkung ist, sogar bei großen Stromspitzen, praktisch nicht vorhanden.

Im Fall der speziellen NdFeB- oder Secomagnete, die eine große Energiedichte aufweisen, wird das Volumen dieser Magnete viel kleiner im Vergleich zu den aus Ferrit oder sogar aus Alnico hergestellten Magneten. So kann man einen kleineren Außendurchmesser der Maschine erzielen.

Leider sind nur die Alnicomagnete im Temperaturbereich bis ca. +400 °C als weitgehend konstant anzusehen, während bei den anderen erwähnten Dauermagneten der Magnetismus – bei Erhöhung der Temperatur – abnimmt.

Sowohl Ferritmagnete, Alnico-Legierungen als auch Seltenerdemagnete können als Pulver mit Kunststoffen oder Gummi als Bindemittel zu fertigen Formkörpern verarbeitet werden (Spritzgießen, Formpressen, Walzen, Extrudieren).

Die Magnetisierung der Dauermagnete mit hoher Koerzitivfeldstärke kann auch außerhalb der Maschine durchgeführt werden, was den technologischen Prozeß erleichtert, den Aufbau der Maschine vereinfacht, jedoch die Montage erschwert. Die zunächst unmagnetisierten Dauermagnete werden, bei gerader Magnetisierungsrichtung, in das Feld eines Elektromagneten eingeführt. Durch Kondensatorentladung oder über einen magnetischen Stoßtransformator werden extrem starke Stromstöße zum Aufmagnetisieren und zur Werkstoffsättigung erzeugt.

Für mehrpolig magnetisierte Magnete sind Vorrichtungen für bestimmte Durchmesser und Polzahlen bzw. Polteilungen vorhanden. In allen Fällen werden anisotrope Magnete vorgezogen, die erhöhte Werte der Remanenz und Koerzitivfeldstärke in einer bestimmten Vorzugsrichtung aufweisen, wobei auch der verfügbare Energiegehalt viel höher ist. Somit erzielt man eine Verringerung der Magnetquerschnitte und die Möglichkeit sehr raumsparender Konstruktion. Der Magnetkörper bekommt dann eine im allgemeinen *gleichmäßige und parallele Magnetisierung* $\overline{M}$ im Sinne der früher erwähnten Anisotropie. Die magnetische Feldstärke in der Magnetmasse ist eine lineare Funktion dieser Magnetisierung:

$$\overline{H} = -N_{\mathrm{d}}\overline{M} \, , \tag{8.1}$$

wobei $N_{\mathrm{d}} < 1$ der Entmagnetisierungsfaktor ist. Dieser konstante Faktor hängt nur von der Magnetgeometrie ab. Zwischen der magnetischen Induktion $\overline{B}$, der Feldstärke $\overline{H}$ und der Magnetisierung $\overline{M}$ gibt es aber das verbindende Gesetz:

$$\overline{B} = \mu_0\left(\overline{H} + \overline{M}\right) .$$

Mit Gl. (8.1) ergibt sich daraus:

$$\overline{B} = -\mu_0 \frac{1 - N_{\mathrm{d}}}{N_{\mathrm{d}}} \overline{H} \, . \tag{8.2}$$

Die Abhängigkeit zwischen $\overline{B}$ und $\overline{H}$ ist nach Gl. (8.2) linear. Anderseits bietet der Magnetwerkstoff auch eine weitere Beziehung zwischen B und H an, die Entmagnetisierungskurve gemäß Bild 8.1.

Der Betriebspunkt des Magneten liegt am Schnittpunkt der Geraden (b) mit der Entmagnetisierungskurve (a), entsprechend Gl. (8.2).

Bemerkenswert ist die Tatsache, daß bei jeder weiteren Veränderung des Entmagnetisierungszustands des Magneten (Auftreten einer äußeren Entmagnetisierungsdurchflutung, Änderung der Außenkonfiguration des Felds bei der Einführung des Magneten in einen magnetischen Kreis) sein Verhalten nicht mehr gemäß der Entmagnetisierungskurve (a) stattfindet, sondern nach der sogenannten Rücklaufkurve (c).

Die Rücklaufkurve eines Dauermagneten ist nicht eindeutig, denn sie stellt eine typische kleinere Hystereseschleife dar. In der Praxis kann die Rücklaufkurve als eine Gerade betrachtet werden mit der Steigung:

$$\mu_R = \frac{\Delta B}{\Delta H}$$

als Rücklauffaktor bekannt.

Im allgemeinen beträgt $\mu_R = (1{,}1 \text{ bis } 1{,}2)\ \mu_0$, bei Seco und NdFeB sogar weniger, bei Alnico ist $\mu_R = (3 \text{ bis } 4)\ \mu_0$. Alle diese Werte sind sehr gering im Vergleich zur Permeabilität der üblichen ferromagnetischen Aufbauwerkstoffe der Maschine.

Um die Betriebsart der Rücklaufkurve eines außerhalb des magnetischen Kreises magnetisierten Dauermagneten zu erläutern, berücksichtigt man einen beliebigen Fall des Magnetkreises, der im elektrischen Maschinenbau angetroffen werden kann, z.B. den Kreis aus Bild 8.3-a. Für eine Mittelfeldlinie Γ der magnetischen Flußdichte (wohlgemerkt, *im Inneren des Magneten haben die magnetische Flußdichte und die Feldstärke entgegengesetzte Richtungen*) führt das Durchflutungsgesetz zu:

$$-2Hl_m + \Sigma U_{mi} = 0\ . \tag{8.3}$$

Die Durchflutung entsprechend dem Γ-Umlauf ist Null. In Gl. (8.3) bedeuten:

H	magnetische Feldstärke,
l_m	Länge des Dauermagneten,
ΣU_{mi}	Summe der magnetischen Spannungen an den verschiedenen homogenen Teilen des Umlaufs Γ (Luftspalt, Läuferzähne, -joch, Ständerjoch).

Diese Spannungen können ermittelt werden, vorausgesetzt, der entsprechende Polnutzfluß im Luftspalt Φ_E ist bekannt. Zwischen diesem Fluß und dem Fluß Φ_m im Dauermagneten gibt es die Beziehung:

$$\Phi_m = BS_m = \sigma \Phi_E\ ,$$

mit

B	magnetische Flußdichte im Magnetkern,
S_m	Querschnittsfläche,
$\sigma > 1$	Koeffizient, der die magnetischen Streuflüsse berücksichtigt.

Aufgrund der oben angegebenen Beziehungen kann zeichnerisch die Abhängigkeit $\Phi_E = f(\Sigma U_{mi})$, oder, bei anderen Maßstäben,

$$B = \frac{\sigma}{S_m}\Phi_E = f\left(\frac{U_{mi}}{2l_m} + \frac{\Theta_d}{2l_m}\right) = f(H)$$

berechnet werden.

So erhält man die Kurve *b'*, die die Rücklaufkurve des Magneten im Punkt A_1 (Bild 8.4-a) durchschneidet. Demzufolge führt die Einführung eines Dauermagneten in einen magnetischen Kreis zur Veränderung seines Zustands; die Flußdichte B steigt leicht an. Es ist zu unterstreichen, daß, wäre der Magnet nach seiner Einschließung in den Maschinenkreis magnetisiert, der Arbeitspunkt dann A_2 sein würde (bei einer größeren Flußdichte als die im Punkt A_1).

Die Magnetisierung eines Dauermagneten außerhalb des Magnetkreises, in dem er arbeiten wird, ist deswegen nicht empfehlenswert. Eine Ausnahme gibt es bei den Magneten hoher Koerzitivfeldstärke und mit $\mu_R \approx \mu_0$, bei denen die Rücklaufkurve mit der Magnetisierungskurve im Bereich der hohen Flußdichten übereinstimmt.

Der magnetische Zustand eines Dauermagneten, der außerhalb des Magnetkreises der Maschine magnetisiert ist, kann auch durch Entstehung einer entmagnetisierenden Außendurchflutung Θ_d, am Umlauf aus Bild 8.3-a, beeinflußt werden. In diesem Fall wird Gl. (8.3) auf folgende Form gebracht:

$$-2Hl_m + \Sigma U_{mi} = -\Theta_d .$$

Somit kann jetzt die Magnetisierungskennlinie b'' des Magnetkreises, ohne den Dauermagneten, umgeformt werden:

$$B = \frac{\sigma}{S_m}\Phi_E = f\left(\frac{\sum U_{mi}}{2l_m} + \frac{\Theta_d}{2l_m}\right) = f(H) .$$

Die Kennlinie b'' aus Bild 8.4-b stellt die Kennlinie b' aus Bild 8.3-a dar, nach links um einen zu $\Theta_d/2l_m$ proportionalen Betrag verschoben. Die Kennlinie b'' schneidet die Rücklaufkurve im Punkt A_3; die Flußdichte verzeichnet eine Verringerung im Vergleich zu der im Betriebspunkt A_1, wobei $\Theta_d = 0$.

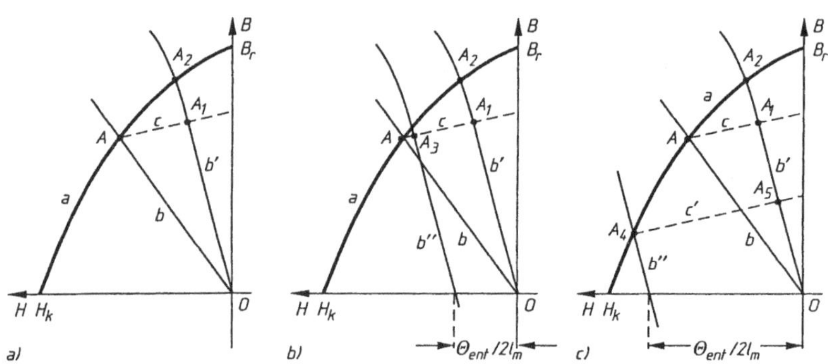

Bild 8.4 Entmagnetisierungskurven $B_r(H_k)$

Es kann aber geschehen, daß die äußere *Entmagnetisierungsdurchflutung* Θ_d einen hohen Wert aufweist und der Schnittpunkt der Kennlinie b'' mit der Kurve a nicht mehr zwischen den Punkten A und A_1 ist. In diesem Fall ändert sich die Lage wie in Bild 8.4-c: der Betriebspunkt liegt im Schnittpunkt A_4 der Kurve b'' mit der Kurve a. Verschwindet die entmagnetisierende Durchflutung Θ_d, kehrt der Betriebspunkt nicht mehr nach A_1 zurück, sondern er wird A_5 erreichen, an der von A_4 ausgehenden Rücklaufkurve c'.

Folglich kann, bei zufälliger Erscheinung einer starken entmagnetisierenden Durchflutung, eine Veränderung der Rücklaufkurve auftreten. Wie ersichtlich ist, führt die Umformung der Rücklaufkurve zur Veränderung der magnetischen Flußdichte und infolgedessen des Flusses Φ_E. Das zieht die Änderung der Leistungen der betreffenden elektrischen Maschine nach sich. Derartige starke Entmagnetisierungsdurchflutungen können beim Anlauf im Motorbetrieb oder bei Umpolung der Ankerspannung entstehen.

Somit erklärt sich die von den Maschinenbauern getroffene Maßnahme, die Dauermagnete derart anzuordnen, daß sie sich außerhalb der Feldlinien der magnetischen Ankerrückwirkung (Bilder 8.3-a, c) befinden sollen.

Um diese Rücklaufkurve im Laufe der Lebenszeit des Motors nicht auftreten zu lassen, behandeln die Hersteller den magnetischen Kreis der Maschine vor der Auslieferung an die Kunden mit einem starken Ankerstromstoß. Damit wird die Stabilisierung der Rücklaufkurve gesichert.

Gleichstrommotoren mit zylindrischen Läufern und Dauermagneten werden von den kleinsten Leistungen an bis zu Leistungen von ca. 20 kW angeboten, bei Nenndrehmomenten bis zu 200 Nm und Drehzahlen bis zu 12000 min^{-1}.

Der Läufer wird mit einem relativ kleinen Durchmesser und größerer Länge hergestellt, um das Trägheitsmoment zu verringern.

Die elektromechanische Zeitkonstante τ_m dieser Motoren ist üblich geringer als 10 ms.

Die Ankerwicklung wird in (vielen) Nuten angeordnet, und eine Ankerspule besteht aus 1 oder 2 Windungen.

Die Nuten sind im allgemeinen offen, um die Streuinduktivität und auch die Funken am Kollektor herabzusetzen. Die Nuten liegen – um einen Nutschritt geschrägt – zur Achse der zylindrischen Läuferfläche, um die Welligkeit des elektromagnetischen Drehmomentes zu verringern.

Die Motoren müssen Stromstöße vom 5- bis 10fachen des Nennstroms ohne gefährliche Funken an den Bürstenablaufkanten oder Entmagnetisierung der Magnete aushalten.

Diese Motoren werden von Stromrichtern gespeist und werden in Antrieben für Werkzeugmaschinen zur Drehzahl- oder Positioniersteuerung eingesetzt. Sie haben Tachogeneratoren zur Drehzahlregelung und für den Positioniergeber und manchmal auch eine Haltebremse für einer schnellen Bremsung bei Ausfall der Versorgungsspannung.

8.1.2 Dauermagnetmotoren mit Scheibenläufer

Solche Motoren verfügen anstatt eines zylindrischen Luftspalts über einen ebenen Luftspalt (Bild 8.5-a).

Der Läufer wird in Form einer dünnen, nutenlosen Isolierstoffscheibe hergestellt.

Die Wicklungen von Scheibenläufern werden in der Regel als „gedruckte" Wicklungen ausgeführt.

Die Leiter sind radial an den beiden Scheibenseiten angeordnet und verteilt (Bild 8.5-b) und an den Enden geschweißt; sie formen eine Wellenwicklung.

Die gedruckten Wicklungen haben sehr flache, breite Leiter mit einem sehr guten Wärmeabgabevermögen (hohe Stromüberbelastbarkeit). Auf diesen blanken Leitern läßt man auch gleich die Bürsten gleiten, so daß kein klassischer Stromwender benötigt wird.

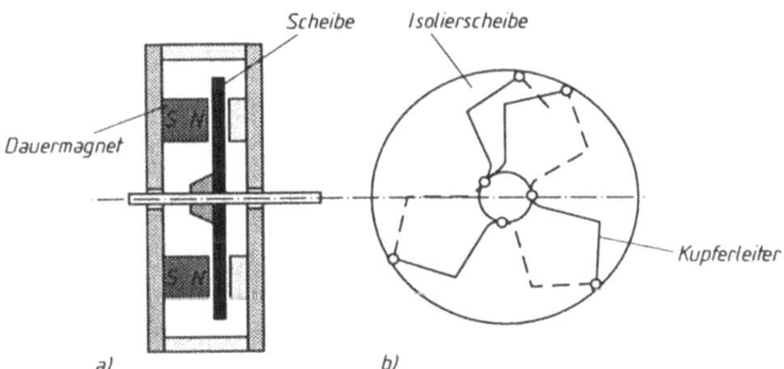

Bild 8.5
Dauermagnetmotoren mit Scheibenläufer:
a) Längsschnitt,
b) Scheibenläufer

Die Erregung wird von zylindrischen Dauermagneten erzeugt, die senkrecht zur Läuferscheibe stehen. Sie befinden sich an einer Seite oder, manchmal, an den beiden Scheibenseiten.

Die Polzahl beträgt im allgemeinen 6 bis 12.

Da der Läufer keine ferromagnetischen Werkstoffe enthält, ist er viel leichter als jener der mit zylindrischem Läufer ausgestatteten Motoren, d.h. sein Trägheitsmoment ist gering.

Dank dem nutenlosen Läufer tritt auch keinen Zahneffekt auf.

Es gibt keine Hysterese oder magnetische Sättigung der Zähne und des Läuferjochs.

Ein weiterer Vorteil besteht in der höheren zulässigen Leiterstromdichte. Der Läufer kann Temperaturen um 150 bis 200 °C ertragen, und es ergibt sich auch eine Kupferersparnis.

Bei einem relativ großen Luftspalt – und da die Leiter sich in der Luft befinden – sind die Bürstenfunken praktisch beseitigt.

Die Ankerrückwirkung beeinflußt den Motorbetrieb nicht.

Wegen der speziellen geometrischen Gestaltung (relativ großer Durchmesser und kleine Länge, Bild 8.5-a) empfehlen sich diese Motoren für einige Einsatzbereichen bei Handhabungsmaschinen, Robotern, Ventilantrieben.

Es gibt auch Nachteile, die aus dieser speziellen Konstruktion resultieren:

- Die Läuferleiterzahl ist begrenzt, ebenso die Drehzahl (unter 6000 min^{-1}), die letzte aus mechanischen Gründen,
- Da die breiten Ankerleiter sich völlig im Luftspaltfeld befinden, im Gegensatz zu in den Nuten untergebrachten Leitern, entstehen im Betrieb starke Wirbelströme und Zusatzverluste,
- Die Scheibenläufermotoren sind empfindlich gegen Stöße und Schwingungen, weil die Verformung des Läufers u.U. viel größer ist als im Fall des zylindrischen Läufer.

Die Nennspannungen sind meistens 30 bis 160 V.

8.1.3 Dauermagnetmotoren mit Glockenläufer

Der aktive Teil des Glockenläufers besteht im wesentlichen aus der Ankerwicklung, die auf einem Isolierstoffzylinder (Glasfiber, epoxidisches Kunststoffharz) an seiner Außenfläche angeordnet ist (Bild 8.6). Die Ankerwicklung kann auch selbsttragend mit Kunstharz vergossen sein. Der innere ferromagnetische Kern kann am Gehäuse befestigt oder frei beweglich auf der Hohlläuferwelle sein. Manchmal ist die Konstruktion auch gerade umgekehrt.

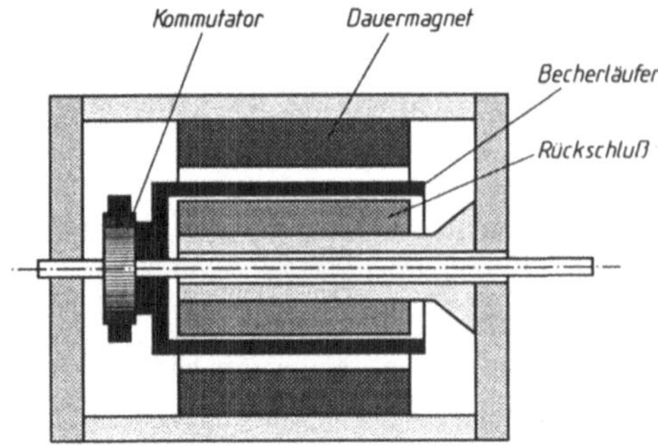

Bild 8.6
Dauermagnetmotor mit Glockenläufer (Längsschnitt)

Die Versorgungsspannung wird an die Ankerwicklung üblicherweise über einen Bürstenkollektor gelegt.

Um den Bürstenspannungsabfall zu verringern, werden spezielle Bürsten aus hochwertigen Legierungen (Gold, Silber, Palladium) verwendet, die auch eine sehr kleine Abnutzung haben.

Der große Vorteil der Glockenläufer besteht in ihrem sehr kleinen Trägheitsmoment; *damit hat er die besten dynamischen Eigenschaften aller Läuferarten.* Es werden elektromechanische Zeitkonstanten kleiner als 1 ms erreicht.

Die Dauermagnete sind, infolge des relativ großen Luftspaltes, aus Seco (Sm-Co) ausgeführt, die eine sehr große Koerzitivfeldstärke aufweisen.

Die Glockenläufer besitzen auch alle Vorteile der Scheibenläufer: keinen Zahnungseffekt, keine Hysterese, hohe Stromdichte, sehr kleine Trägheit und passende Geometrie zu bestimmten Anwendungen.

Sie werden für kleine Nennleistungen (unter 300 W) bei Drehzahlen im Bereich 3000 bis 4000 min^{-1} hergestellt.

8.2 Zweiphasen-Asynchronstellmotor

In der Automatisierung gibt es verschiedene Stellmechanismen, die von elektrischen Maschinen angetrieben werden. Dazu werden Wechselstrommaschinen kleiner Leistung eingesetzt. Sie bieten folgende *Vorteile*:

- Der Stellmotor ist im allgemeinen einfacher, robuster und mit kleinerer Trägheit als die Gleichstrom-Stellmechanismen,
- Der Wechselstromverstärker bringt viel weniger Probleme hinsichtlich der Betriebssicherheit.

Auch die *Nachteile* der Wechselstrom-Stellmechanismen dürfen nicht vergessen werden:

- Sie sind aufwendiger und kostspieliger,
- Sie benötigen eine ständige Energieversorgung in Größenordnung der Steuerenergie,
- Der Leistungsverstärker muß auch die vom Stellmotor benötigte Blindleistung abgeben,
- Die Optimierung dynamischer Vorgänge ist schwer möglich.

Infolge dieser Nachteile werden die Wechselstrom-Stellmechanismen nur bei kleinen Leistungen eingesetzt.

Bei den *Wechselstrom-Stellantrieben* wird oftmals als Motor der Zweiphasen-Asynchronmotor mit Käfigläufer (Bild 8.7) – anders betrachtet ein Einphasen-Asynchronmotor mit Hilfswicklung – eingesetzt.

Der Zweiphasen-Asynchronstellmotor hat – wie die normale Asynchronmaschine – einen geblechten Ständer. In seinen Nuten sind zwei Wicklungen angeordnet, die um 90 elektrische Grad zueinander räumlich verschoben sind. Eine davon, die *Erregerwicklung*, bleibt ständig an ein Wechselstromversorgungsnetz geschaltet. Die zweite, die *Steuerwicklung*, bekommt an ihren Klemmen das Steuersignal.

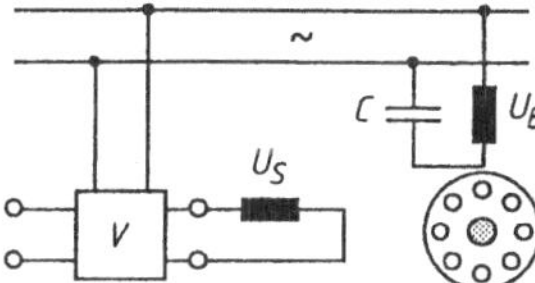

Bild 8.7
Einphasen-Asynchronmotor mit Käfigläufer und Hilfswicklung

Es gibt bei diesem Motor drei mögliche Steuermethoden:

- *Veränderung der Steuerspannungsamplitude* (*Amplitudensteuerung*) bei gleichbleibendem Effektivwert der Erregerspannung, ständig um 90° gegenüber der Steuerspannung phasenverschoben
- *Veränderung der Steuerspannungsphase* (*Phasensteuerung*) bei gleichbleibenden Effektivwerten der Steuerspannung und der Erregerspannung
- *Veränderung der Steuerspannungsamplitude und die Einschaltung eines Kondensators* C in den Erregerkreis.

Die an den Erregerkreis angelegte Spannung kommt vom gleichen Versorgungsnetz wie auch die Spannung des Leistungsverstärkers V (Bild 8.7), der den Stellmotor steuert. Die letzte Steuermethode des Stellmotors führt zu einer einfacheren Anlage.

Das Betriebsprinzip des Zweiphasen-Asynchronmotors ist relativ einfach:

- Es wird angenommen, daß die Erregerwicklung, bei der Klemmenspannung U_E, von einem Wechselstromnetz gespeist wird; die angelegte Steuerspannung sei Null. In diesem Fall ist der Stellmotor ein klassischer Wechselstrommotor.
- Die Einphasen-Erregerwicklung erzeugt ein stationäres Wechselfeld mit sinusförmiger Raumverteilung; dabei wird nur die räumliche Grundwelle berücksichtigt.
- Dieses stationäre Feld kann in zwei Drehfelder gleicher Amplitude und Drehzahl, aber mit entgegengesetzten Drehrichtungen (d-*direkt* und g-*gegengerichtet*) zerlegt werden.
- Unter dem Einfluß beider Drehfelder wird der Käfigläufer der Wirkung zwei Momente ausgesetzt, die gleich groß, aber entgegengesetzt sind. Folglich befindet sich der Stellmotor, bei fehlendem Steuersignal, im Stillstand.
- Später, wenn der Verstärker V eine gewisse Spannung U_S an die Steuerwicklungsklemmen des Stellmotors legt, ändert sich die Situation. Wie beim Einphasen-Asynchronmotor mit Hilfswicklung wirken am Ständerinnenumfang zwei räumlich und zeitlich verschobene Durchflutungen. Die Phasenverschiebung wird, z.B., vom Kondensator C verursacht. Es entstehen wieder zwei Drehfelder gleicher Drehzahl und entgegengesetzter Drehrichtung, *aber ungleicher Amplituden.* Auf den Läufer werden zwei entgegengesetzte Drehmomente mit *ungleichen Werten* ausgeübt. *Das resultierende Drehmoment ist nicht mehr Null.* Wenn dieses resultierende Drehmoment das statische Drehmoment überschreitet, wird der Stellmotor in Betrieb gesetzt.

Wird die Steuerspannung U_S größer, so wird auch das resultierende Drehmoment größer, und die Phasenverschiebung zwischen den Zeigern $\underline{U}_S$ und $\underline{U}_E$ liegt näher bei 90°.

> *In Unterschied zum klassischen, in den gebräuchlichen Antriebssystemen eingesetzten Einphasen-Asynchronmotor, der – einmal hochgelaufen – auch nach Ausschalten des Hilfsstrangs weiterläuft, bremst der oben beschriebene Stellmotor sich beim Verschwinden des Steuersignals selbst.*

Das ist eine notwendige Bedingung, wenn man davon ausgeht, daß der Stellmotor ein Bestandteil des Stellmechanismus ist. Wenn der Stellmotor auch nach Abschalten der Spannung U_S weiterliefe, dann hätte der Stellmechanismus keinen Sinn mehr, und sein Betrieb wäre ganz instabil.

Bekanntlich kann ein Wechselstromasychronmotor als ein Drehstromasynchronmotor mit einem einzigen Läufer und mit *zwei hintereinander geschalteten Drehstromwicklungen im Ständer* dargestellt werden. Die zwei ständerseitigen Wicklungen erzeugen Drehfelder gleicher Amplitude und Drehzahl, aber entgegengesetzter Laufrichtungen. Unter dem Einfluß eines der Drehfelder, Mitfeld genannt, wird der Läufer von einem Mitmoment (*Direktmoment*) M_d gleicher Laufrichtung wie das Mitfeld beansprucht. Dieses Moment verläuft abhängig von der Läuferwinkelgeschwindigkeit Ω, der Kurve aus Bild 8.8-a entsprechend.

Zur selben Zeit wird der Läufer unter dem Einfluß des anderen Drehfelds, *Gegenfeld* genannt, von einem *Gegenmoment* M_g beansprucht. Sein Verlauf wiederum als Funktion von der Winkelgeschwindigkeit Ω ist ebenfalls in Bild 8.8-a dargestellt.

Im Fall der Motoren, die in den gebräuchlichen Antriebssystemen eingesetzt werden, weisen die Momente M_d und M_g Kippwerte bei Winkelgeschwindigkeiten nahe den entsprechenden Synchron-Winkelgeschwindigkeiten bei uneinheitlichen Kippschlüpfen auf.

Das resultierende Moment $M = M_d + M_g = f(\Omega)$ verläuft gemäß der unterbrochene Kurve in Bild 8.8-a.

Ist der Motor, unter der Mitwirkung der Hilfswicklung, bei einer bestimmten Drehzahl Ω in die d-Richtung gelaufen wird er bei plötzlichem Absschalten dieser Wicklung bei einer Drehzahl in der Nähe von Ω in die gleiche Drehrichtung weiter laufen.

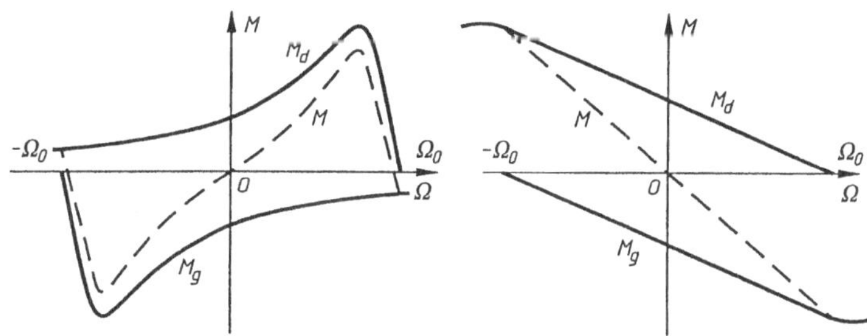

Bild 8.8 Mechanische Kennlinie $M(\Omega)$ des Einphasen-Asynchronmotors (M_d, M_g Direkt- bzw. Gegenmoment): a) Kippschlupf $s_K < 1$, b) Kippschlupf $s_K > 1$

Zeigen die Kurven $M_d = f(\Omega)$ und $M_g = f(\Omega)$ Kippmomente im Gegenstrombremsbereich – mit Kippschlüpfen größer als Eins – ändert sich die Lage völlig, so wie in Bild 8.8-b zu sehen ist.

Dieses Mal wird der Motor, wenn er sich in einem bestimmten Augenblick in direkter Drehrichtung mit der Drehzahl Ω dreht und die Hilfswicklung plötzlich ausgeschaltet wird, ein Gegenmoment M_g – also ein Bremsmoment – erzeugen. Letztendlich steht der Motor still.

Man weiß, daß das Kippmoment eines Asynchronmotors, durch die Erhöhung des Läuferwiderstands, zu Kippschlüpfen höherer Werte verschoben werden kann. Daher hat der Stellmotor, in Unterschied zum klassischen Einphasen-Asynchronmotor mit Hilfswicklung, relativ große, äquivalente Läuferstrangwiderstände, was beim Verschwinden des Steuersignals eine Selbstbremsung gewährleistet.

Leider führt der hohe Läuferwiderstand des Stellmotors zur beachtlichen Verringerung des energetischen Wirkungsgrads. Aus diesem Grund werden derartige Stellmotoren nur bei kleinen Leistungen eingesetzt.

Zur Fortsetzung der Untersuchung des Asynchronstellmotors wird nach der Gleichung der mechanischen stationären Kennlinie $M = f(\Omega)$ gesucht. Zu beachten ist, daß beim Stellmotor eine andere Definition der mechanischen Kennlinie üblich ist $-M = f(\Omega)$ anstatt $\Omega = f(M)$ wie bei den klassischen Antrieben. Zu diesem Zweck wird die Methode der symmetrischen Komponenten angewendet, weil das Zeigersystem ($\underline{U}_E$, $\underline{U}_S$) im allgemeinen nicht ein symmetrisches System darstellt.

In der Regel wird der Kondensator C so ausgewählt, daß beim Anlassen unter zulässiger, ausführbarer Maximalsteuerspannung die Zeiger ($\underline{U}_E$, $\underline{U}_S$) ein symmetrisches System bilden. Deshalb ist das System ($\underline{U}_E$, $\underline{U}_S$) bei anderer beliebigen Lage – wenn die Spannung U_S nicht maximal ist oder der Stellmotor sich dreht – nicht symmetrisch (Bild 8.9). Dieses System kann in ein symmetrisches System ($\underline{U}_d$, $-j\,\underline{U}_d$) direkter Strangfolge und ein anderes symmetrisches System ($\underline{U}_g$, $j\,\underline{U}_g$) inverser Strangfolge zerlegt werden:

$$\underline{U}_E = \underline{U}_d + \underline{U}_g\,,$$
$$\underline{U}_S = -j\,\underline{U}_d + j\,\underline{U}_g = j\,(\underline{U}_g - \underline{U}_d)\,.$$

Aus diesen Gleichungen ergibt sich:

$$\underline{U}_d = \frac{1}{2}\,(\underline{U}_E + j\,\underline{U}_S)\,,$$

$$\underline{U}_g = \frac{1}{2}\,(\underline{U}_E - j\,\underline{U}_S)\,.$$

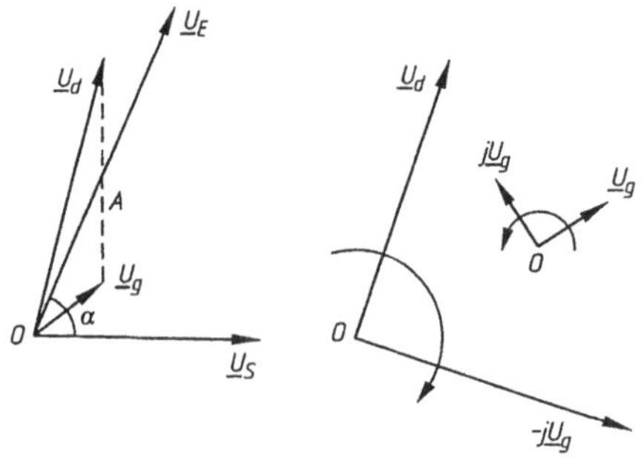

Bild 8.9
Spannungsdiagramme des Asynchron-Stellmotors

Aufgrund dieses Systems oder der zeichnerischen Konstruktion aus Bild 8.9, wobei α den Winkel zwischen den Zeigern $\underline{U}_S$ und $\underline{U}_E$ bezeichnet, bekommt man:

$$U_d^2 = \frac{1}{4}\left[(U_E + U_S \sin\alpha)^2 + U_S^2 \cos^2\alpha\right],$$

$$U_g^2 = \frac{1}{4}\left[(U_E - U_S \sin\alpha)^2 + U_S^2 \cos^2\alpha\right].$$

Das Spannungssystem ($\underline{U}_d$, $-j\,\underline{U}_d$) direkter Strangfolge erzeugt ein ähnliches Stromsystem in den beiden vorausgesetzten identischen (Erreger- und Steuer-) Wicklungen. Somit entstehen ein direktes (Mitdreh-) Feld und ein direktes (Mit-) Drehmoment. Beim Anlassen ($\Omega = 0$) ist das entwickelte Moment M_{dA} proportional zu U_d^2, entsprechend der Theorie des Asynchronmotors:

$$M_{dA} = k_0\,U_d^2\,.$$

Das *Gegenspannungssystem* ($\underline{U}_g$, $j\,\underline{U}_g$) erzeugt ein ähnliches Stromsystem, das seinerseits ein *Gegendrehfeld* erzeugt. Unter dem Einfluß dieses Gegendrehfelds wird auf den Läufer ein *Ge-*

genmoment M_g ausgeübt. Beim Anlassen ist das entwickelte Gegenmoment M_{gA} proportional zu U_g^2, also:

$$M_{gA} = k_0 U_g^2 \ .$$

Dabei ist das Wert des Koeffizienten k_0 von den Wicklungsparametern abhängig. Das resultierende, unter der Wirkung beider Drehfelder erzeugte Drehmoment beträgt beim Anlauf:

$$M_A = M_{dA} - M_{gA} = k_0(U_d^2 - U_g^2) = k_0 U_E U_S \sin\alpha \ .$$

Infolgedessen ist dieses Anzugsmoment des Stellmotors proportional zur Steuerspannung U_E. Folglich stellt der Servomotor beim Anlauf einen *„Spannung-Moment-Geber“* dar, wenn die Erregerspannung konstant bleibt. Die Analogie zum Gleichstromstellmotor ist offensichtlich.

Um den analytischen Ausdruck der mechanischen Kennlinie des Stellmotors herleiten zu können, müsste, wenn diese Kennlinie linear wäre, außer dem Anlaßmoment M_A auch die Steigung F der darstellenden Gerade bekannt sein.

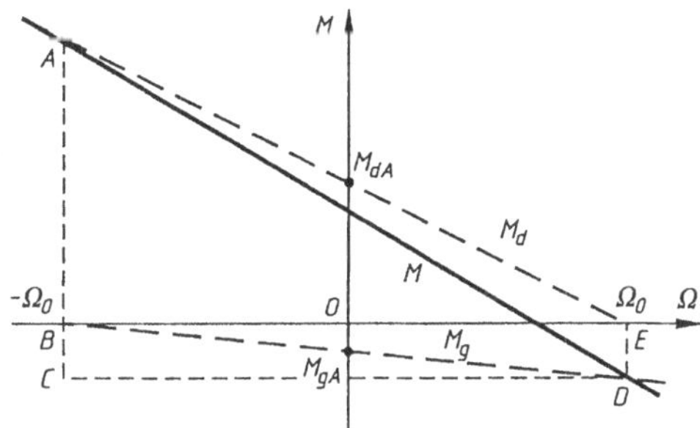

Bild 8.10
Mechanische Kennlinie $M(\Omega)$ des Asynchronstellmotors

Die mechanische Kennlinie $M_d = f(\Omega)$ ist, mit sehr guter Annäherung, im Bereich $(\Omega_0, -\Omega_0)$ eine Gerade mit Ω_0 als Synchrongeschwindigkeit (Bild 8.10). Die Erklärung besteht darin, daß das Kippmoment bei einem relativ hohen Negativwert der Drehzahl erscheint, wobei der Kippschlupf 2 bis 4 beträgt.

Das gleiche trifft auch auf die Kennlinie $M_g = f\ (\Omega)$ zu, die im Bereich $(\Omega_0, -\Omega_0)$ – im 3. und 4. Quadranten – wie eine Gerade aussieht (Bild 8.10). Die im Betrag genommenen Steigungen beider Kennlinien lauten:

$$F_d = \frac{\overline{AB}}{\overline{CD}} = \frac{M_{dA}}{\Omega_0} = k_0 \frac{U_d^2}{\Omega_0} \ ,$$

$$F_g = \frac{\overline{DE}}{\overline{BE}} = \frac{M_{gA}}{\Omega_0} = k_0 \frac{U_g^2}{\Omega_0} \ .$$

Aus den zwei partiellen Kennlinien kann die resultierende mechanische Kennlinie des Motors $M = f(\Omega)$ abgeleitet werden, die in Bild 8.10 mit fetter Linie dargestellt ist. Freilich ist im Bereich $(\Omega_0, -\Omega_0)$ auch die resultierende Kennlinie eine Gerade mit der Steigung:

$$F = \frac{\overline{AC}}{\overline{CD}} = \frac{\overline{AB} + \overline{BC}}{\overline{BE}} - F_d + F_g \ ,$$

oder auch:

$$F = k_0 \frac{U_d^2 + U_g^2}{\Omega_0} = K_0 \frac{U_E^2 + U_S^2}{2\,\Omega_0} \; .$$

Folglich ist die *Steigung der mechanischen Kennlinie des Asynchronstellmotors eine Funktion der Steuerspannung*, in Unterschied zum *Gleichstromservomotor mit Ankerspannungssteuerung*; bei letztem war die *Steigung der mechanischen Kennlinie unabhängig vom Steuersignal.* Diese Feststellung führt zu einer *Nichtlinearität* im Verhalten des Asynchronstellmotors. Demzufolge lautet die analytische Gleichung der mechanischen Kennlinie beim untersuchten Stellmotor:

$$M = M_A - F\,\Omega = \frac{k_0}{2\,\Omega_0}\left[2\,\Omega_0\, U_E\, U_S \sin\alpha - \left(U_E^2 + U_S^2\right)\Omega\right].$$

Führt man die einheitenlosen Größen $\nu = \Omega/\Omega_0$ und $\xi = U_S/U_E$ ein, bekommt die obige Gleichung die Form:

$$M = \frac{k_0 U_E^2}{2}\left[2\xi \sin\alpha - (1-\xi)^2 \nu\right].$$

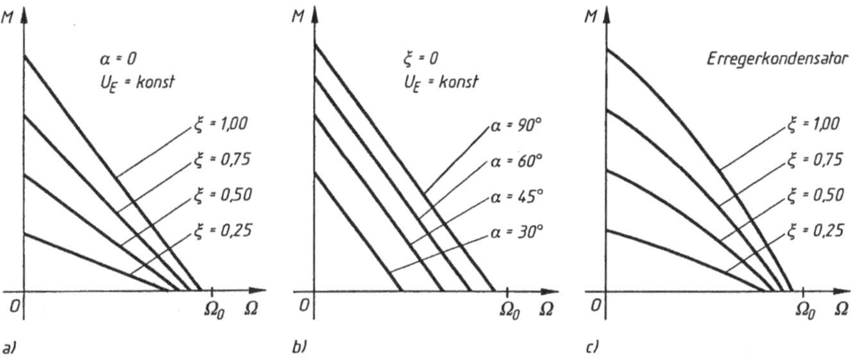

Bild 8.11 Mechanische Kennlinienfelder des Asynchronstellmotors

In Bild 8.11 sind die mechanischen Kennlinienfelder dargestellt, die aufgrund der oben hergeleiteten Gleichungen für verschiedene Steuermethoden der Motoren erreichbar sind.

Der Asynchronstellmotor ist ein nichtlineares Element, wegen der sich zugleich mit der Steuerspannung ändernden Steigung F (Bild 8.11-a, c) oder wegen des zu sinα proportionalen Anlaßmoments (Bild 8.11-b).

Bei Vernachlässigung des transienten elektromagnetischen Vorgangs (bezogen auf den transienten elektromechanischen Prozeß) kann die Übertragungsfunktion des Motors hergeleitet werden.

Die elektromechanische Zeitkonstante ist infolge der Trägheit der umlaufenden oder bewegenden Teile des Servomechanismus größer als die elektromagnetischen Zeitkonstanten der Wicklungen. Folglich kann, unter Annahme einer nur aus Trägheit bestehender Belastung, folgende Bewegungsgleichung des dynamischen Zustands ermittelt werden:

$$M = M_A - F\,\Omega = J\frac{d\Omega}{dt} ,$$

oder :

$$M_A = k_M\, U_S = J\frac{d\Omega}{dt} + F\Omega .$$

Somit bekommt die Übertragungsfunktion des Asynchronstellmotors folgenden Ausdruck:

$$\frac{\theta(s)}{U_S(s)} = \frac{\frac{k_M}{F}}{s(s\,\tau_{em}+1)} ,$$

mit

$\tau_{em} = J/F$ Elektromechanische Zeitkonstante des Motors,

θ Läuferstellungswinkel.

- Bemerkenswert ist, daß die funktionellerweise vom Stellmotor eingeführte zähflüssige Reibung noch zu der schon im Servomechanismus vorhandenen zähflüssigen Reibung hinzukommt. Sie trägt zur Verringerung der elektromechanischen Zeitkonstante bei und erhöht die Stabilität.
- Weiter sieht man, daß diese funktionelle zähflüssige Reibung von der Steuerspannung abhängt. Bei kleinen Steuersignalen ist die zähflüssige Reibung F geringer, und folglich wird die Zeitkonstante τ_{em} größer sein. Darum ist es empfehlenswert, bei den Stabilitätsrechnungen der Servomechanismen diese funktionelle zähflüssige Reibung entsprechend bei schwachen Steuersignalen einzusetzen, um brauchbare Ergebnisse zu erzielen.

In den letzten Jahren wurde, in der Automatisierung und Fernmessung, eine Bauvariante des oben beschriebenen Stellmotors eingesetzt, nämlich der *Motor mit Glockenläufer* (sogenannter *Ferrarisläufer*, Bild 8.12).

Das Betriebsprinzip dieses Motors unterscheidet sich nicht vom Betriebsprinzip der Variante mit Käfigläufer. Vorausgesetzt daß die Käfigstäbezahl unbegrenzt wachsen würde, würde der Käfig zu einer leitende Schicht bestimmter Dicke am Läuferumfang.

Weiterhin kann diese leitende zylindrische Schicht (normalerweise Aluminium) als vom Läufer abgelöst, aber an der Motorwelle befestigt, betrachtet werden (Bild 8.12). Die leitende Schicht bildet somit den realen Läufer der Maschine.

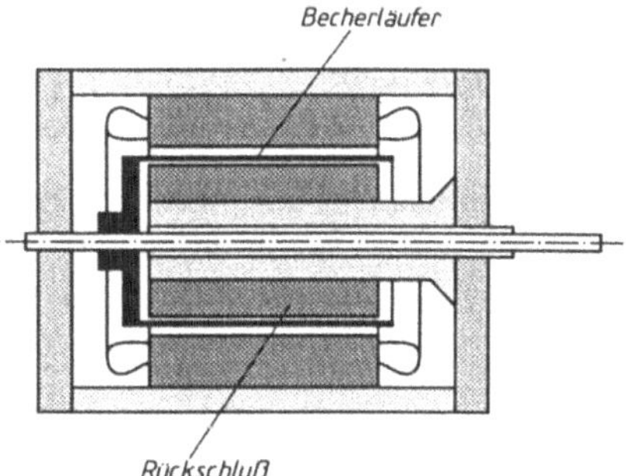

Bild 8.12
Stellmotor mit Ferrarisläufer (Längsschnitt)

Dank der konstruktiven Form dieses Läufers – mit Befestigungsscheibe und Zylinder – ist die Benennung Glockenläufer völlig gerechtfertigt und sehr anschaulich.

Der Restteil des Käfigläufers, der nach dieser Umwandlung noch übrig geblieben ist, muß nicht mehr mit der Motorwelle verbunden sein. Er spielt jetzt die Rolle eines konstruktiven Teils, das zum Schließen des magnetischen Flusses notwendig ist; er ist ein *Innenrückschluß* des Glockenläufers, der nicht mit der Motorwelle verbunden ist.

In den Nuten des Außenständers sind die üblichen Erreger- und Steuerwicklungen angeordnet.

Auf diese Art und Weise wurde ein Stellmotor konstruiert, dessen Läufer ein sehr kleines Trägheitsmoment aufweist. Die entsprechende elektromechanische Zeitkonstante ist einige zehnmal geringer als die des Stellmotors mit Käfigläufer.

Ein weiterer wichtiger Vorteil des Stellmotors mit Glockenläufer besteht darin, daß er viel weniger Möglichkeiten für Einsattelungen in der Drehzahl-Drehmoment-Kennlinie hat, da der Läufer nicht mehr genutet ist.

Die Existenz der Nuten kann bei einer Einsattelung zu einer gewissen bevorzugten Stellung des Läufers gegenüber dem Ständer führen. Dadurch kann der Fall eintreten, daß der Stellmotor beim Hochlauf gegen ein größeres Lastmoment im Gebiet kleinerer Drehzahlen hängen bleibt oder „schleicht“.

Um den Läufer aus dieser Stellung herauszubringen, wird ein bestimmtes Drehmoment benötigt und daher auch ein bestimmter Betrag des Steuersignals, was zur Vergrößerung der Empfindlichkeitsschwelle des Stellmechanismus beiträgt.

Im Fall des Stellmotors mit Glockenläufer gibt es nur Nuten im Ständer, während der Läufer völlig glatt ist. Der mit einem solchen Läufer ausgestatteten Motor hat einen viel größeren Luftspalt, nämlich: zweimal den Luftspalt *Ständer-Rückschluß*. Das führt zu einer relativ hohen Blindleistung und infolgedessen zu einem schwachen Leistungsfaktor. Aus diesem Grund wird dieser Stellmotortyp nur bei sehr kleinen Leistungen (Zehntel von Watt bis zu einigen Watt) bei höheren Frequenzen (400 bis 500 Hz) eingesetzt.

8.3 Reluktanzsynchronmotor

Eine Synchronmaschine mit Schenkelpolläufer ohne Erregerwicklung heißt *Reluktanzmaschine*. Sie wird in der Praxis sowohl als Dreiphasen- wie auch als Hilfsphasenmaschine im Motorbetrieb bei Antrieben kleinerer Leistung eingesetzt.

Der Vorteil dieser Maschine besteht in einem einfachen Läuferaufbau und im Fehlen der Erregung.

Das Zeigerdiagramm und die Grundspannungsgleichung der Reluktanzmaschine ergeben sich sogleich aus denen der klassischen erregten Maschine (mit $E_E = 0$, siehe Kap. 6). Auf diese Weise lautet die Grundgleichung der Reluktanzmaschine im Motorbetrieb:

$$\underline{U} = R\,\underline{I} + j\,X_d\,\underline{I}_d + j\,X_q\,\underline{I}_q\,,$$

mit den üblichen Bezeichnungen. In Bild 8.13 ist das der obigen Gleichung entsprechende Zeigerdiagramm dargestellt.

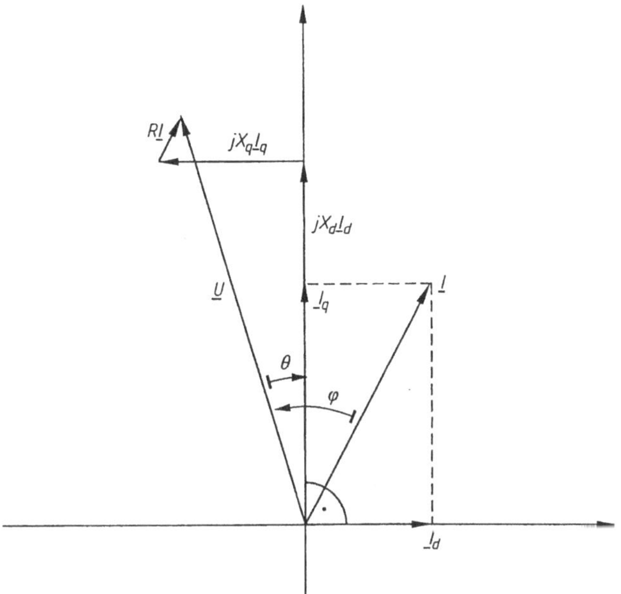

Bild 8.13
Zeigerdiagramm des Reluktanzsynchronmotors

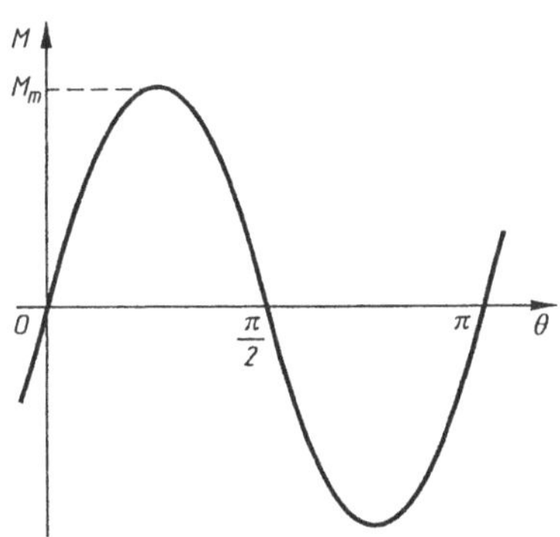

Bild 8.14
Polradkennlinie $M(\theta)$ der Reluktanzsynchronmaschine

Das elektromagnetische Drehmoment ergibt sich aus Gl. (6.58):

$$M \quad \frac{3U^2}{2\Omega}\left(\frac{1}{X_\mathrm{q}}-\frac{1}{X_\mathrm{d}}\right)\sin 2\theta \ .$$

Die Polradkennlinie ist in Bild 8.14 dargestellt.

Um einen großen Verschiebungsfaktor und ein großes Drehmoment zu erzielen, muß das Verhältnis $X_\mathrm{d}/X_\mathrm{q}$ viel größer als Eins werden:

- für $X_\mathrm{d}/X_\mathrm{q}=5$ erhält man $(\cos\varphi)_{\max}=0{,}67$,
- für $X_\mathrm{d}/X_\mathrm{q}=1{,}5$ (wie klassische erregte Synchronmaschinen) ist $(\cos\varphi)_{\max}=0{,}2$.

Man sucht einen möglichst großen Wert für das Verhältnis $X_\mathrm{d}/X_\mathrm{q}$ zu erreichen, damit der Reluktanzmotor mit den anderen Wechselstromotorentypen konkurrenzfähig bleibt. Zu diesem Zweck werden spezielle Bauvarianten angeboten.

Zum Vergleich ist in Bild 8.15-a eine normale Konstruktion einer vierpoligen Maschine skizziert – mit Stäben, die einen Käfig zum Hochlauf bilden. In den Bildern 8.15-b, c sind dagegen zweipolige bzw. vierpolige spezielle Bauvarianten gezeigt.

Die „Pollücken" werden häufig mit Leitermaterial, meist Aluminium, ausgegossen; so entstehen „Schranken" auf dem Weg der Querfeldlinien. Die Rolle des Anlaufkäfigs wird diesmal von dem massiven Läufer übernommen.

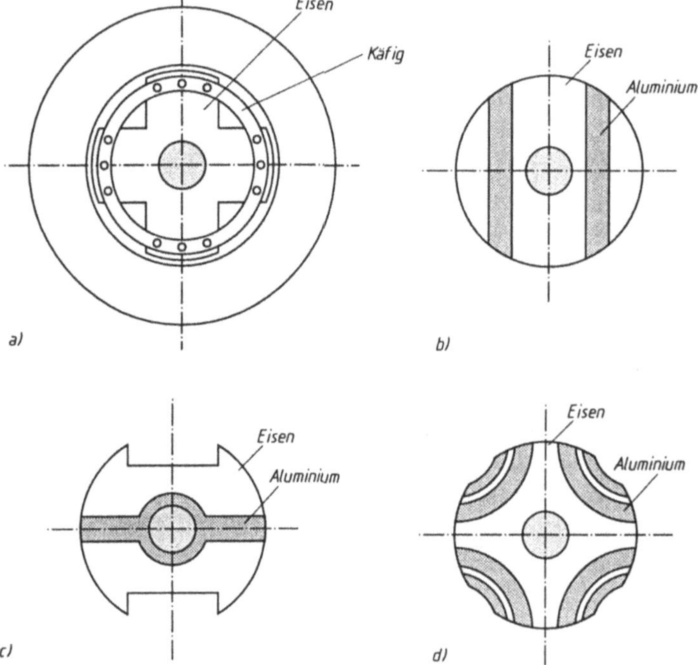

Bild 8.15
Bauvarianten von Reluktanzsynchronmotoren:
a) und d) vierpolig,
b) und c) zweipolig

In diesem Läufertyp werden Wirbelströme induziert.

Mit solchen Konstruktionen erhält man Werte des Verhältnisses X_d / X_q um 4 bis 5. Die vierpolige Variante in Bild 8.15-a realisiert ein Verhältnis $X_d / X_q = 8$ bis 10.

Die Motoren mit variabler Reluktanz sind einfach, robust und preiswert. Sie werden in einem breiten Leistungsbereich – von einigen zehn Watt bis zu einigen kW – bei Wirkungsgraden und Baugrößen hergestellt, die ähnlich denen der Asynchronmotoren sind.

8.4 Hysteresemotor

Die Synchronmaschine mit einem elektromagnetischen Drehmoment infolge der Hysterese der ferromagnetischen Werkstoffe wurde schon im Jahr 1900 von Steinmetz vorgeschlagen. Gegenwärtig setzt man solche Hysteresemotoren des öfteren bei kleinen Leistungen ein (bei Tonband- und Schreibgeräten, Gyroskopen usw.).

Derartige Motoren weisen Nutzleistungen von einigen tausendstel Watt bis zu einigen hundert Watt bei Frequenzen um 50, 400 (500) Hz und sogar mehr auf.

Der Ständer des Hysteresemotor unterscheidet sich nicht von dem des normalen Drehfeldmotors. Die Ständernuten enthalten eine Drehstromwicklung oder eine Haupt- und eine Hilfswicklung mit Kondensator zum Hochlauf an einem Wechselstromnetz.

Die Nuten sind halboffen oder geschlossen. Im letzten Fall wird die Technologie herangeezogen, die in Bild 8-16 gezeigt ist. Die Nuten werden am Außenumfang eines ringförmigen Eisenblechs ausgestanzt, und dann werden äußere Ringe angebracht, die die Rolle des Ständerjochs haben.

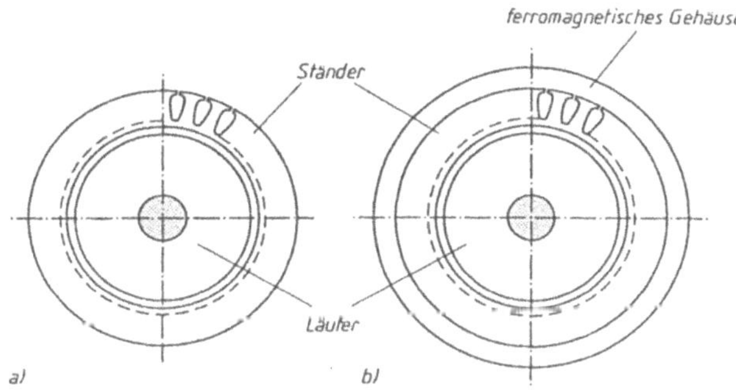

Bild 8.16
Baudetails eines Hysteresemotors

Diese Ständerjoche werden bei Drehfeldmaschinen kleiner Leistung eingesetzt, um die Wicklung des Ständers maschinell wickeln zu können.

Bei Antriebssystemen, bei denen höhere Trägheitsmomente verlangt werden, ist der Ständer als Innenständer mit Außenläufer ausgeführt. Automatisiertes Wickeln ist auch hier möglich. (Bild 8.17).

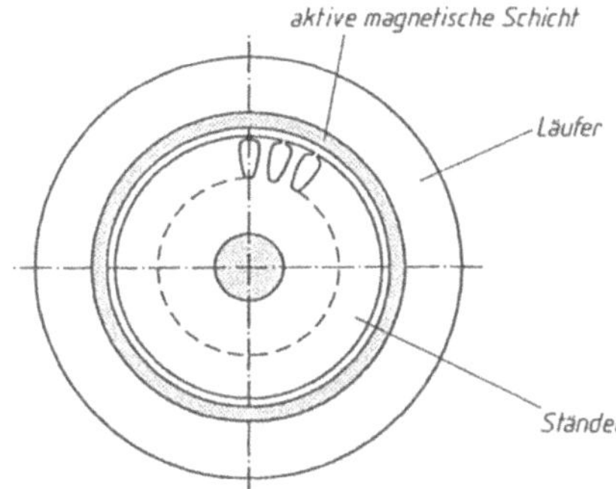

Bild 8.17
Hysteresemotor mit Außenläufer

Der Läufer des Hysteresemotors wird ganz oder teilweise aus einem ferromagnetischen Werkstoff mit einer Hystereseschleife großer Fläche hergestellt (Sonderstahl mit Chrom, Wolfram oder Kobalt legiert, Ni-Al-Legierungen usw.). *Drei Läufertypen*, nach der Unterbringung des aktiven Materials, sind bekannt:

- In einer ersten Variante *hat der stark hysteretische Werkstoff die Form einer zylindrischen Schicht am Läuferumfang; sein Kern besteht aus gewöhnlichem Elektrostahl* (Bild 8.18-a). Manchmal wird die aktive zylindrische Schicht über einem Läuferkern mit Schenkelpolen angebracht (Bild 8.18-b), um auch das elektromagnetische Reluktanzdrehmoment zu verwenden. In dieser Variante laufen die Feldlinien radial über die Zone des aktiven Materials und schließen sich dann über den Läuferkern, so wie in den Bildern 8.18-a, b gezeigt wird. Die Luftspaltflußdichte ist gleich derjenigen in der aktiven Zone entlang dem gleichen Radius.

- In der zweiten Variante *ist die aktive, aus stark hysteretischem Material hergestellte Schicht dicker, und der Läuferkern besteht aus nicht ferromagnetischem Werkstoff.* Die Feldlinien schließen sich jetzt über das aktive Material. Nachdem sie senkrecht in den Läufer eintreten, werden die Feldlinien umgelenkt und treten dann wieder in der Nähe des nächsten Pols senkrecht aus dem Läufer aus (Bild 8.18-c).
- Eine dritte Variante ist im Bild 8.18-d dargestellt; in diesem Fall *ist der Läufer nur aus aktivem Werkstoff ausgeführt.*

In allen oben angegebenen Varianten darf die aktive Zone, vom Gesichtspunkt des elektromagnetischen Drehmoments aus, massiv, aus Blechen, Preßpulver oder Band hergestellt werden.

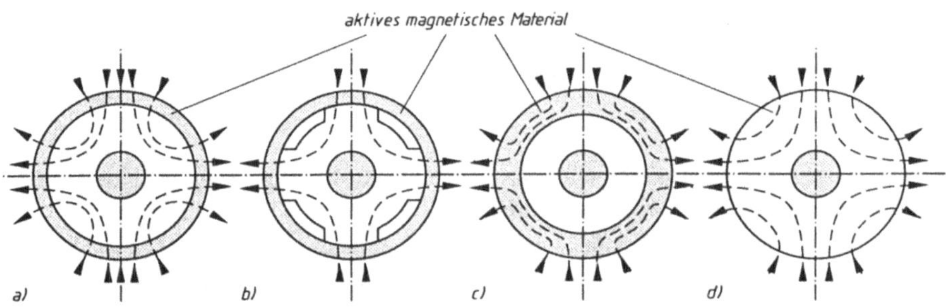

Bild 8.18 Läufertypen bei Hysteresemotoren

Der Luftspalt wird entsprechend der zulässigen mechanischen Grenze ausgewählt, um den Magnetisierungsstrom möglichst zu reduzieren.

Bei der Einschaltung der Ständerwicklung ans Versorgungsnetz entsteht ein magnetisches Drehfeld, das zum Auftreten eines *Hysteresedrehmoments* M_H führt.

Um durch physikalische Betrachtungen die Entstehung dieses Drehmoments zu erklären, hilft Bild 8.19. Der Motorläufer befindet sich im Feld eines umlaufenden Dauermagneten; dieser ist dem magnetischen Ständerdrehfeld gleichwertig. Unter der Wirkung des äußeren Magnetfelds, das in Bild 8.19-a stillstehend ist, magnetisiert sich der Läufer. Auf dem Läuferstück, das sich unter dem Nordpol des Dauermagneten befindet, erscheint ein Südpol, und auf der entgegengesetzten Läuferseite, die sich unter dem Südpol befindet, erscheint ein Nordpol. Auf den Läufer wirken die radial orientierten Kräfte F, die kein Drehmoment entstehen lassen. Drehen sich die Außenpole um den Läufer, dann wird sich der aktive Läuferteil nicht gleichzeitig bei der Stellungsänderung der äußeren Pole entmagnetisieren. Zwischen den Läufer- und den Ständerpolachsen wird ein Winkel γ auftreten. Die auf den Läufer ausgeübten Kräfte weisen jetzt eine Tangentialkomponente (Bild. 8.19-b) auf und erzeugen ein elektromagnetisches *Hysteresedrehmoment* M_H.

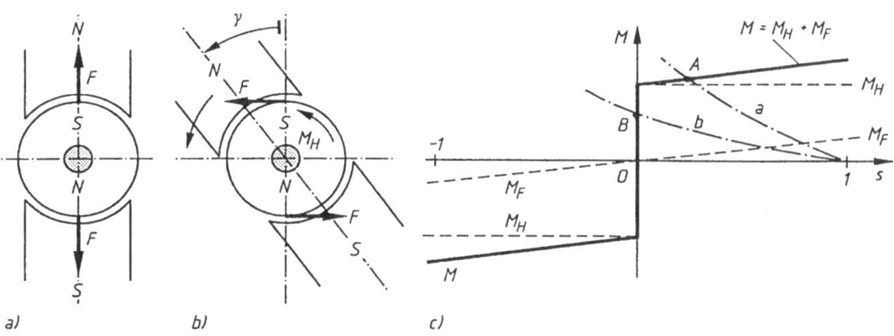

Bild 8.19 Hysteresemotor: a), b) zur Erklärung des Hysteresedrehmoments M_H, c) $M(s)$-Kennlinie

Das magnetische Verzögerungsphänomen wird wie folgt erklärt: die Bereiche des ferromagnetischen Materials (Weiss-Bereiche) stellen elementare Magnete dar, die sich in Richtung des äußeren Felds auszurichten suchen. Wenn dieses Außenfeld seine Richtung ändert, dann ändern auch die elementaren Magnete ihre Orientierung. Der Drehung dieser Elementarmagnete wirken aber in den harten magnetischen Werkstoffen starken molekularen Reibungskräfte entgegen. Bei der Änderung des Außenfelds bleibt die Ausrichtung der Elementarmagnete, infolge dieser Reibungskräfte, nacheilend. So entsteht eine räumliche Verschiebung γ zwischen den Achsen des Außen- und des Läuferfelds. Der Winkel γ hängt nur von den Eigenschaften des aktiven Läufermaterials ab. Um die molekularen Reibungskräfte zu überwinden, wird ein Teil der dem Motor zugeführte Leistung verbraucht – die sogenannten *Hystereseverluste*. Der Betrag P_H dieser Verluste hängt von der Frequenz $f_2 = s f_1$ der Läufermagnetisierung ab, wobei s der Läuferschlupf im Vergleich zur Drehzahl des Ständerdrehfelds ist. Es ergibt sich:

$$P_H = s P_{H0} ,$$

wobei P_{H0} die Hystereseverluste bei stillstehendem Läufer sind (für $s = 1$ und $f_2 = f_1$).

Da die elektromagnetische, vom Ständer auf den Läufer übertragene Leistung P durch Gl. (5.22) an die im Läufer verlorengegangene Leistung P_H gebunden ist, bekommt man:

$$P = \frac{P_H}{s} = P_{H0} = M_H \Omega_1 ,$$

mit Ω_1 als Winkelgeschwindigkeit des Ständerdrehfelds.

Das den Hystereseverlusten entsprechende Drehmoment lautet:

$$M_H = \frac{P_H}{s} .$$

Das Hysteresemoment hängt folglich nicht von der Läuferdrehzahl und vom Schlupf ab. Der Drehsinn diesen Moments hängt aber vom Vorzeichen des Schlupfs s *ab. Wird s negativ, bei übersynchronen Läuferdrehzahlen, ändern sich die relative Drehzahl des Induktionsfeldes B und zugleich auch der Drehsinn des Momentes* M_H.

In Bild 8.19-c ist der Verlauf des elektromagnetischen Drehmomentes M_H als Funktion vom Schlupf s dargestellt. Bei $s = 0$ bekommt das Moment bei konstant gebliebenem Betrag ein entgegengesetztes Vorzeichen.

Die Hystereseverluste P_{H0} hängen von der Fläche der Hystereseschleife des im Läufer verwendeten aktiven Materials und von seinem Volumen ab.

Jeder Werkstoff, der eine große Fläche der Hystereseschleife aufweisen kann, kann eingesetzt werden.

Auf den Läufer des Hysteresemotors wirkt aber, in einem beliebigen Betrieb beim Schlupf s, auch ein von den induzierten Wirbelströmen im Läufer verursachtes elektromagnetisches Drehmoment.

Die Wirbelströme entstehen im aktiven Läuferteil und im Läuferrest. Dieses Drehmoment M_F ist analog dem Drehmoment der Asynchronmaschine mit größeren Widerständen im Läuferkreis. Es ist proportional zum Schlupf, aktiv bei $s > 0$ und Widerstandsmoment bei $s < 0$.

In Bild 8.19-c sind auch die Kennlinie des Moments M_F – das von den Wirbelströmen hervorgerufen – und die Kurve des resultierenden Moments $M = M_H + M_F$ dargestellt.

Der Hysteresemotor kann sowohl im Synchron- wie auch im Asynchronbetrieb laufen; alles hängt von der Belastungskennlinie ab:

- besitzt diese Kennlinie den Verlauf der Kurve a in Bild 8.19-c, befindet sich der Betriebspunkt des Motors am Schnittpunkt der Kurve a mit der mechanischen Kennlinie $M = f(s)$ des Motors, und zwar im Punkt A, was einem Asynchronbetrieb entspricht;
- für eine Belastungskennlinie b ist der Arbeitspunkt Punkt B, wobei der Schlupf Null ist, da der Motor im Synchronbetrieb läuft.

Im Synchronbetrieb ist das magnetische Ständerdrehfeld dem Läufer gegenüber stillstehend. Die verschiedenen Punkte des aktiven Bereichs durchlaufen nicht mehr die Hystereseschleife, und das Feld in diesen Punkten ist konstant.

Im Synchronbetrieb verhält sich die Maschine wie eine mit Dauermagnetläufer; der Winkel γ behält den letzten Wert vor dem Eintritt in den Synchronismus bei.

In Bild 8.20 werden die Kennlinien eines Hysteresemotors gezeigt. Der Motor behält seine Synchrondrehzahl bis zu einem bestimmten Lastmomentbetrag, kommt dann aus dem Tritt und läuft im Asynchronbetrieb.

Der aufgenommene Strom ist im Synchronbetrieb praktisch konstant, unabhängig vom Lastmoment. Dagegen steigt der Strom im Asynchronbetrieb zugleich mit der Belastung, aber die Zunahme ist nicht so bedeutend, auch wenn der Läufer blockiert wäre.

Ein Kennzeichen von Hysteresemotoren besteht in einem sehr kleinen Verschiebungsfaktor.

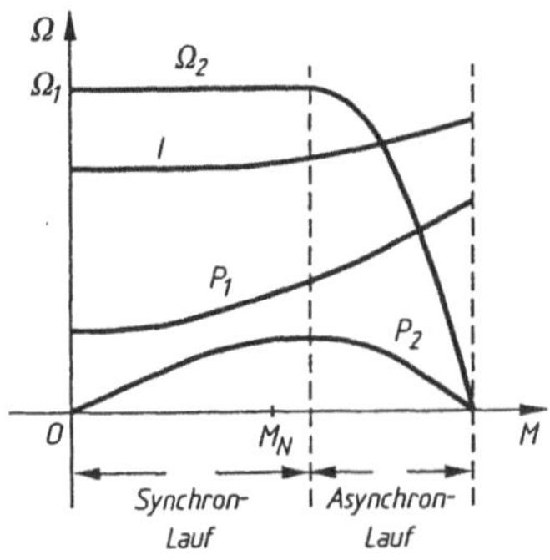

Bild 8.20
Kennlinienfamilie eines Hysteresemotors

Eine ziemlich große aufgenommene Blindleistung ist zur Luftspaltmagnetisierung notwendig, für die Ständer- und Läufereisenmagnetisierung und insbesondere zur Magnetisierung der aktiven Zone, die bei einer viel geringeren Permeabilität im Vergleich mit den ferromagnetischen Werkstoffen viel dicker als der Luftspalt ist.

- Der Hysteresemotor erzeugt ein *beachtliches Anzugsmoment*, ohne jedes Hilfsmittel wie z.B. einem Käfig.
- Der Übergang vom Asynchron- zum Synchronbetrieb und umgekehrt verläuft allmählich.
- Weil das Anlaufmoment das Maximalsynchronmoment überschreitet (Bild 8.19-c), startet die Maschine schnell.
- Der vom Netz aufgenommene Strom ist praktisch sinusförmig und variiert vom Anlauf zum Leerlauf um 10 bis 20 % und vom Leerlauf zur vollen Belastung um 1 bis 3 %.
- Weil der Strom ungefähr konstant und die Drehzahl im Synchronbetrieb völlig konstant sind, weist die Maschine praktisch unveränderliche Verluste auf. Infolgedessen ist der Einsatz eines Hysteresemotors unter geringer Belastung, bezogen auf die Nennleistung, ungünstig angesichts der Leistung und des Verschiebungsfaktors.
- Der praktisch konstante aufgenommene Strom führt, im Fall des Wechselstrommotors mit Hilfswicklung und Betriebskondensator (der den globalen Verschiebungsfaktor verbessert), zu sehr vorteilhaften Anlaßbedingungen: der Motor benötigt eine Versorgungsquelle kleinerer Leistung.
- Der Hysteresemotor ist betriebssicher, und seine Herstellungstechnologie ist einfacher im Vergleich zum Asynchronmotor mit Käfigläufer.
- Das spezifische Gewicht des Hysteresemotors ist bei Leistungen unter 20 W geringer als das des erregten oder nichterregten Synchronmotors. Im Vergleich zum Asynchronmotor ist es aber bei Leistungen über 100 W größer.
- Der Hysteresemotor eignet sich – durch Änderung der Polzahlen der Ständerwicklungen – leicht als Motor mit mehreren Synchrondrehzahlen (z.B. für den Antrieb von Tonbandgeräten).

8.5 Synchronmaschinen mit Dauermagneten

Die Dauermagnete werden auch zum Aufbau von Synchronmaschinen verwendet, indem sie das mit mehreren Erregerwicklungen ausgestatteten Erregersystem ersetzen.

Die Synchronmaschinen mit Dauermagneten werden insbesondere als *Generatoren* eingesetzt, die bei Standardfrequenz oder höheren Frequenzen betrieben werden. Ihre Leistungen erreichen einige hundert kVA.

Die Vorteile dieser Maschinen sind, abgesehen von der fehlenden Erregerwicklung:

- vereinfachte Konstruktion,
- kein Schleifkontakten und keine Bürsten,
- größere Betriebssicherheit,
- kleineres Volumen,
- niedrigere Kosten als Generatoren klassischen Bautyps,
- keine Erregerquelle nötig,
- der Wirkungsgrad ist höher, da Erregungsverluste fehlen.

Der Hauptnachteil des Generators mit Dauermagneten besteht in der fehlenden Erregerflußsteuerung, wodurch der Einsatzbereich begrenzt wird.

Synchronmotoren mit Dauermagneten bieten die gleichen Vorteile. Bei den Motoren ist die Erregerflußsteuerung nicht immer so wichtig. Legt man den magnetischen Motorkreis entsprechend aus, ist der Betrieb bei $\cos\varphi = 1$ oder sogar beim kapazitiven Verschiebungsfaktor möglich.

Die Synchronmaschinen mit Dauermagneten konkurrieren, bezüglich Wirkungsgrad und Verschiebungsfaktor, mit Reluktanzmotoren, Hysteresemotoren und Asynchronmotoren.

In bezug auf die eingesetzten aktiven Materialien tritt der permanenterregte Synchronmotor in Konkurrenz zu dem Reluktanzmotor, ist ungefähr gleich mit dem Hysteresemotor, aber dem Asynchronmotor überlegen.

Die permanenterregten Synchronmotoren, mit Ausnahme denen mit sehr kleiner Leistung, werden in zwei Bauvarianten hergestellt:

- mit *Klauenpolen* (Bild 8.21),
- mit *Schenkelpolen üblicher Konstruktion* (Bild 8.22).

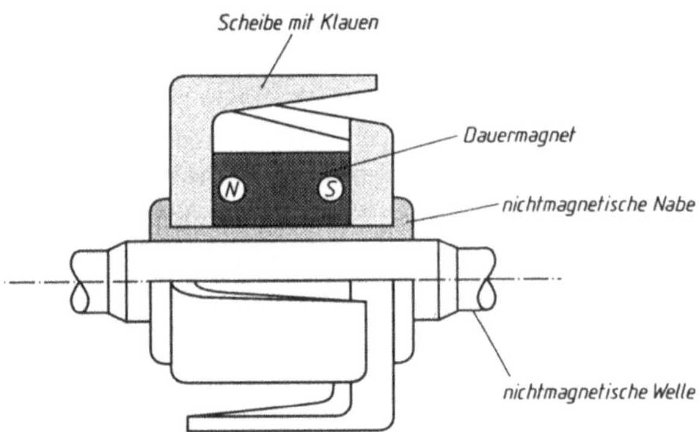

Bild 8.21
Permanenterregter Synchronmotor mit Klauenpolläufer

Bild 8.22
Schenkelpolläufer eines permanenterregten Synchronmotors

Der *Klauenpolläufer* besteht aus einem zylindrischen, axialmagnetisierten Magneten und aus zwei Scheiben aus ferromagnetischem Material an den beiden Seiten des Magneten. Die Scheiben haben eine Reihe polaren Klauen, am Außenumfang des Magneten angeordnet, die wechselnd ineinanderdringen; sie bilden somit ein mehrpoliges, magnetisches System. Der

Ständer weist keine Besonderheiten auf. Bei der anderen Bauvariante ersetzen die Dauermagnete die gewöhnlichen Schenkelpole. An die aus ferromagnetischen Werkstoffen gefertigten Polschuhe werden die Magnete angeklebt; sie haben getrennte Käfige.

- Der Synchronmotor zeigt ein unangenehmes Phänomen im Anlauf: der konstante Läuferfluß induziert, in der Zeit des Anlaufs, eine Spannung in jeder Ständerstrangwicklung. Die von dieser Spannung erzeugte Strangströme haben veränderliche Frequenz, abhängig von der Läuferdrehzahl. Sie führen zur Entstehung eines Drehmoments, das die Kurve des resultierenden Drehmoments, im Bereich großer Schlüpfe, beachtlich beeinflußt (Bild 8.23).
- Ein solches Phänomen wird bei der Maschine mit elektromagnetischer Erregung nicht angetroffen, da bei dieser Maschine der unerregte Erregerkreis während des Hochlaufs über einen großen Widerstand kurzgeschlossen bleibt.
- In der Zeit des Hochlaufs bei untersynchronen Drehzahlen entstehen im Ständerkreis Ströme, die sogar die Kurzschlußströme überschreiten und die Dauermagnete entmagnetisieren können.

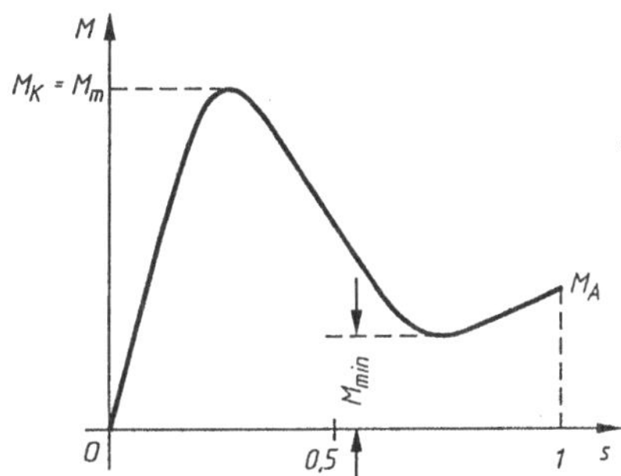

Bild 8.23
$M(s)$-Kennlinie des permanenterregten Synchronmotors

8.6 Bürstenloser Gleichstrommotor, selbstgesteuerter Synchronmotor

Die gebräuchlichen Gleichstrommotoren sind sehr gut, und ihre Kennlinien empfehlen sie zum Einsatz als Stell- oder Servomotoren.

Ihr großer Mangel besteht darin, daß sie Stromwender und Bürsten benötigen; diese brauchen eine gewisse Wartung und werden im Laufe der Zeit abgenutzt.

Würde anstatt des Stromwenders und der Bürsten eine *elektronische Schaltung* eingesetzt, dann bräuchten die Gleichstrommotoren keine Wartungsarbeiten mehr. Solche Gleichstrommotoren heißen Motoren mit *„elektronischer Kommutierung" (EKM)* oder *bürstenlose Gleichstrommotoren* (BLM).

Bei den üblichen Gleichstrommotoren befindet sich die Erregerwicklung im Ständer, und die induzierte Ankerwicklung ist im Läufer angeordnet.

Der *bürstenlose Motor* benutzt den umgekehrten Aufbau, ähnlich dem mit Dauermagneten ausgestatteten Synchronmotor: Die induzierte Ankerwicklung befindet sich im Ständer, stellt gleichzeitig eine Drehstromwicklung dar und ist mit der elektronischen Kommutierungsschaltung fest verbunden. Der mehrpolige Läufer wird aus Dauermagneten hergestellt.

Der bürstenlose Motor unterscheidet sich aber vom Synchronmotor dadurch, daß er zusätzlich mit einer Einrichtung versehen werden muß, die die Läuferstellung angibt und die elektronischen Schalter durch besondere Signale steuert.

Als *Läuferlagegeber* (*Stellungsgeber*) benutzt man Geber mit Hall-Effekt oder optische Geber.

Die *bürstenlosen Gleichstrommotoren (BLM)* werden in zwei Hauptbauvarianten mit unterschiedlichen Ständerwicklungen angeboten. In beiden Fällen sieht der Läufer prinzipiell gleich aus und ist mit Dauermagneten bestückt, um ein magnetisches Erregerfeld zu erzeugen. Die Dauermagnete weisen verschiedene Formen auf, je nach der Art der eingesetzten Magnetwerkstoffe.

- In einer Variante – *BLM-RS* – enthält der Ständer eine dreisträngige Wicklung mit $q = 1$ Nut pro Pol und Strang bei einer Durchschnittsweite;
- In der anderen Variante – *BLM-SS* – ist die dreisträngige Ständerwicklung in $q > 1$ Nuten pro Pol und Strang verteilt. Sie ist so gefertigt, daß die *Wicklungsfaktoren gleich Null für alle Feldoberwellen sein sollen.* Zu diesem Zweck verfährt man folgendermaßen: die Nuten werden geschrägt angefertigt, und die Windungen einer Strangwicklung werden in die Nuten nach einer sinusförmigen Gesetzmäßigkeit eingeführt.

Um das Betriebsprinzip des bürstenlosen Gleichstrommotor zu erklären und zu begreifen, wird nach einer Gleichung des elektromagnetischen Drehmoments gesucht, die für die beiden oben beschriebenen Bauvarianten gültig ist. Man berücksichtigt dabei einen vereinfachten Querschnitt durch einen mit $q = 1$ und $p = 1$ ausgeführten BLM (Bild 8.24).

Die rechnerischen Ergebnisse werden aber für den allgemeinen Fall, $p > 1$, durch die Ersetzung des geometrischen Winkels durch den elektrischen Winkel verallgemeinert.

Es wird angenommen, daß die Ständerstrangwicklungen von den Strömen i_U, i_V, i_W, durchflossen und durchflutet werden. Ihr zeitlicher Verlauf wird bestimmt. Die positiven Richtungen der Ströme sind im Bild gezeigt. Die Symmetrieachse einer Spule des Strangs U wird als räumliche Bezugsachse ausgewählt.

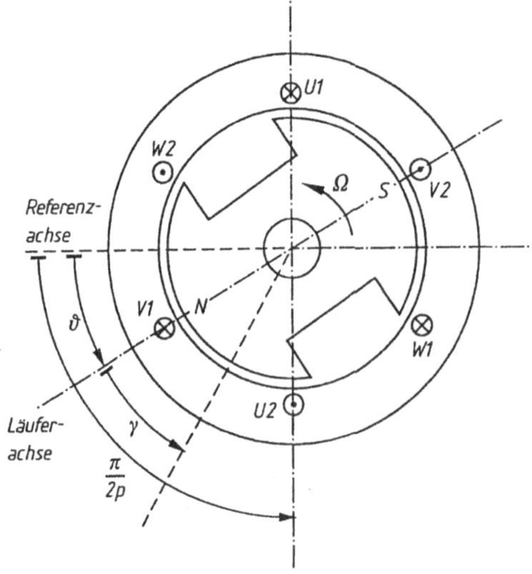

Bild 8.24
Vereinfachter Querschnitt eines bürstenlosen Gleichstrommotors (BLM)

In einem bestimmten Zeitpunkt bildet die Achse eines im Läufer befindenden Nordpols mit der Bezugsachse den geometrischen Winkel ϑ (der entsprechende elektrische Winkel beträgt $\theta = p\vartheta$).

Weiter wird der vom Läufer erzeugte magnetische Fluß durch eine mittlere Windung des Strangs U ermittelt. Dafür berücksichtigt man, daß die magnetische Flußdichte am Ständerinnenumfang, den in Bild 8.25 als Funktion vom elektrischen Winkel $p\gamma$ gezeigten Verlauf, aufweist. Der geometrische Winkel γ wird von der Läufernordpolachse aus gemessen (Bild 8.24).

Zur Vereinfachung der Herleitung setzt man voraus, daß die magnetische Flußdichte unter dem Polschuh konstant und in der zwischenpolaren Zone Null ist.

Konventionellerweise ist die magnetische Flußdichte positiv in der Zone, in der die Läuferfeldlinien über den Luftspalt in den Ständer eindringen.

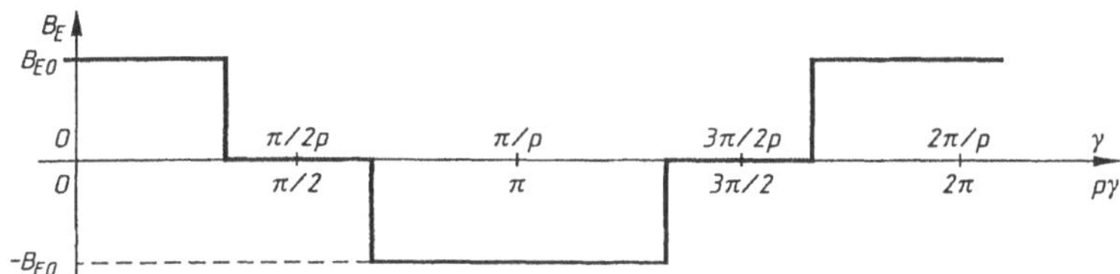

Bild 8.25 $B_E(p\gamma)$-Kennlinie bei einem BLM

Der Verlauf der vom Läufer erzeugten magnetischen Flußdichte am Ständerinnenumfang wird mit $B_E(\gamma)$ bezeichnet. Der Fluß entsprechend einer mittleren Windung des Strangs U bei einer Winkelbreite gleich der Polteilung π/p ist:

$$\Phi_{EU} = \int_{-(\pi/2p)-\vartheta}^{+(\pi/2p)-\vartheta} B_E(\gamma) L R \, d\gamma \ , \tag{8.4}$$

mit:

L	Axiallänge der Maschine,
R	Radius der Ständerbohrung,
$dA = L R \, d\gamma$	elementarer Flächenbetrag längs einer Symmetrieachse der zylindrischen Ständerbohrung.

Im Interaktionsbereich $\{[-(\pi/2p)-\vartheta], [+(\pi/2p)-\vartheta]\}$ ist das Flächenelement $\overline{dA}$ zum Äußeren der Ständerbohrung orientiert und dem gewählten positiven Sinn des Stroms i_U, entsprechend der Rechtsschraubenregel, beigeordnet (Bild 8.24). Somit bekommt der elementare Fluß $\overline{B} \, . \, d\overline{A} = B_E(\gamma) L R \, d\gamma$ das Vorzeichen der Größe $B_E(\gamma)$. Ist $B_E(\gamma)$ positiv (unter Nordpolschuh), ist auch der elementare Fluß positiv, d.h. er hat den Sinn des Vektors $\overline{dA}$ zum Äußeren der Ständerbohrung hin. Das auf den Läufer ausgeübte elektromagnetische Drehmoment, vermittels der berücksichtigten Windung des Strangs U, bekommt man durch die Anwendung des Satzes der generalisierten (Lagrangeschen) Kräfte:

$$m_U = \left[\frac{W_{mU}}{\theta} \right]_{i=\text{konst.}} .$$

Die *Interaktionsenergie des magnetischen Feldes* lautet:

$$W_{mU} = i_U \,\Phi_{EU} \,.$$

Die generalisierte Koordinate ist gerade der geometrische Stellungswinkel ϑ des Läufers, bezüglich auf die räumliche Bezugsachse. In der partiellen Ableitung der Energie W_{mU} wird der Strom i_U als konstant betrachtet, auch wenn er vom Winkel ϑ abhängt. Folglich:

$$m_U = L R i_U \frac{\mathrm{d}}{\mathrm{d}\vartheta} \int_{-(\pi/2p)-\vartheta}^{+(\pi/2p)-\vartheta} B_E(\gamma)\mathrm{d}\gamma = L R i_U \left[B_E\left(\frac{\pi}{2p} - \vartheta\right) - B_E\left(-\frac{\pi}{2p} - \vartheta\right)\right] ,$$

mit:

$B_E[-(\pi/2p)-\vartheta] = B_{EU1}$ magnetische Flußdichte an der Windungsseite U1 des Strangs U (Bild 8.24)

$B_E[+(\pi/2p)-\vartheta] = B_{EU2}$ magnetische Flußdichte an der Windungsseite U2 desselben Strangs

Aber gemäß Bild 8.25 gilt:

$$B_E(\gamma) = -B_E\left(-\frac{\pi}{p} + \gamma\right) ,$$

und damit ist:

$$B_E\left(-\frac{\pi}{p} + \gamma\right) = -B_E\left(-\frac{\pi}{2p} - \vartheta\right) = -B_{EU1} \,.$$

Folglich ist:

$$m_U = 2 L r i_U B_{EU1} \,.$$

Der Verlauf der magnetischen Flußdichte B_{EU1} an Seite U1, als Funktion vom Winkel ϑ, ist in Bild 8.26-a dargestellt.

Für den BLM-RS, wobei der Strang U alle w Windungen an gleicher Stellung im Läufererregerfeld hat, erhält man:

$$m'_U = 2 w L R i_U B_{EU1} \tag{8.5}$$

Was den BLM-SS betrifft, muß zunächst die periodische magnetische Flußdichte B_{EU1}, als Funktion von $-\theta$, in Fourier-Reihe zerlegt werden. Dabei ist die

$$B_{EU1}(\theta) = \sum (-1)^{(\nu)} B_{Em}^{(\nu)} \sin \nu\theta ,$$

wobei die Ordnung m der Oberwellen ungerade, d.h. $m = 2k+1$, $(k \in \mathrm{N})$ ist. Das elektromagnetische Drehmoment, entsprechend allen Windungen des Stranges U, wird:

$$m''_U = -2w\, L\, R\, i_U \sum (-1)^{(\nu)} k_w^{(\nu)} B_{Em}^{(\nu)} \sin \nu\theta \,.$$

Da durch die getroffenen konstruktiven Maßnahmen die Strangwicklung für alle Oberwellen Wicklungsfaktoren $k_w^{(\nu)} = 0$ hat, gilt aber:

$$m''_U = -2w\, k_w^{(1)} L\, R\, i_U B_m^{(1)} \sin\theta \,. \tag{8.6}$$

Die auf den Läufer von den beiden anderen Ständerstranggwicklungen V und W ausgeübten Drehmomente können analog zu Gl. (8-5) bestimmt werden:

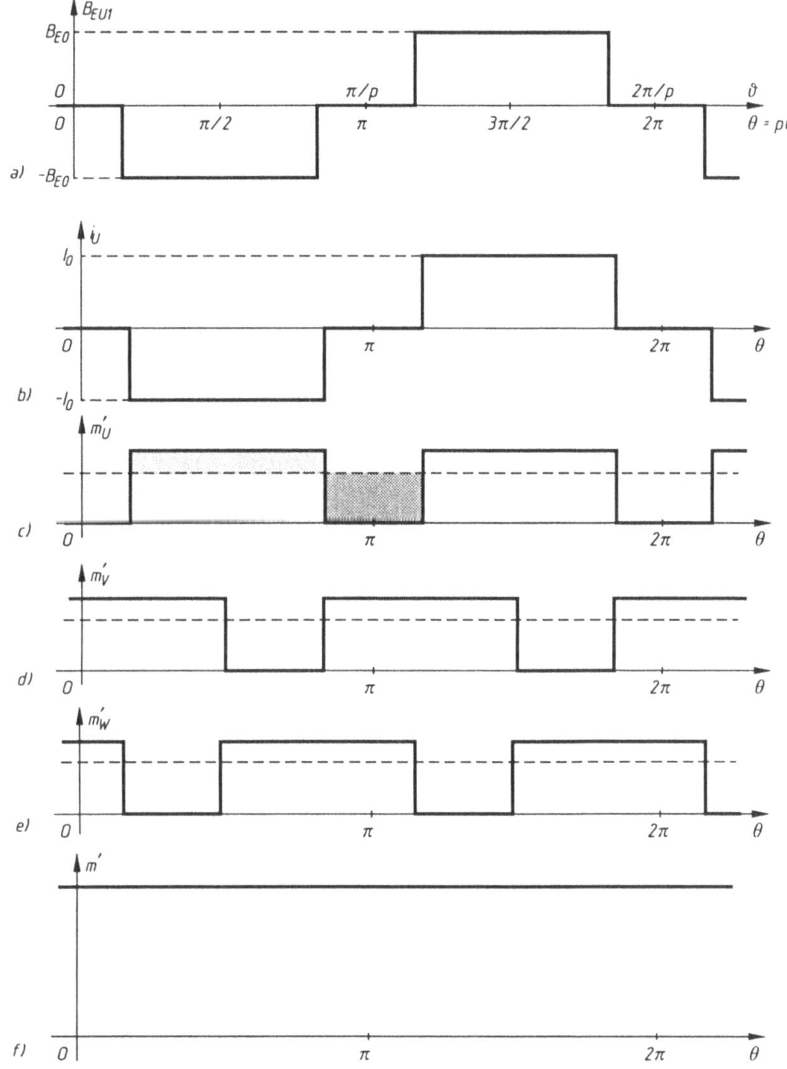

Bild 8.26 Winkelverläufe einiger Betriebsgrößen bei einem BLM

$$m''_V = -2w\, k_W^{(1)} L\, R\, i_V\, B_{EV1}\,,$$
$$m''_W = -2w\, k_W^{(1)} L\, R\, i_W\, B_{EW1}\,.$$

Bei BLM-RS sind B_{EV1} und B_{EW1} die magnetischen Flußdichten an den Seiten V1 bzw. W1. Diese Flußdichten verlaufen, wie auch die Flußdichte B_{EU1}, als Funktion von θ (Bild 8.27-a), aber um eine elektrische räumliche Verschiebung von $2\pi/3$ bzw. $4\pi/3$ versetzt.

Folglich lautet das resultierende elektromagnetische Moment des Läufers vom BLM-RS:

$$m' = m'_U + m'_V + m'_W = 2w\, L\, R\, (i_U\, B_{EU1} + i_V\, B_{EV1} + i_W\, B_{EW1}) \tag{8.7}$$

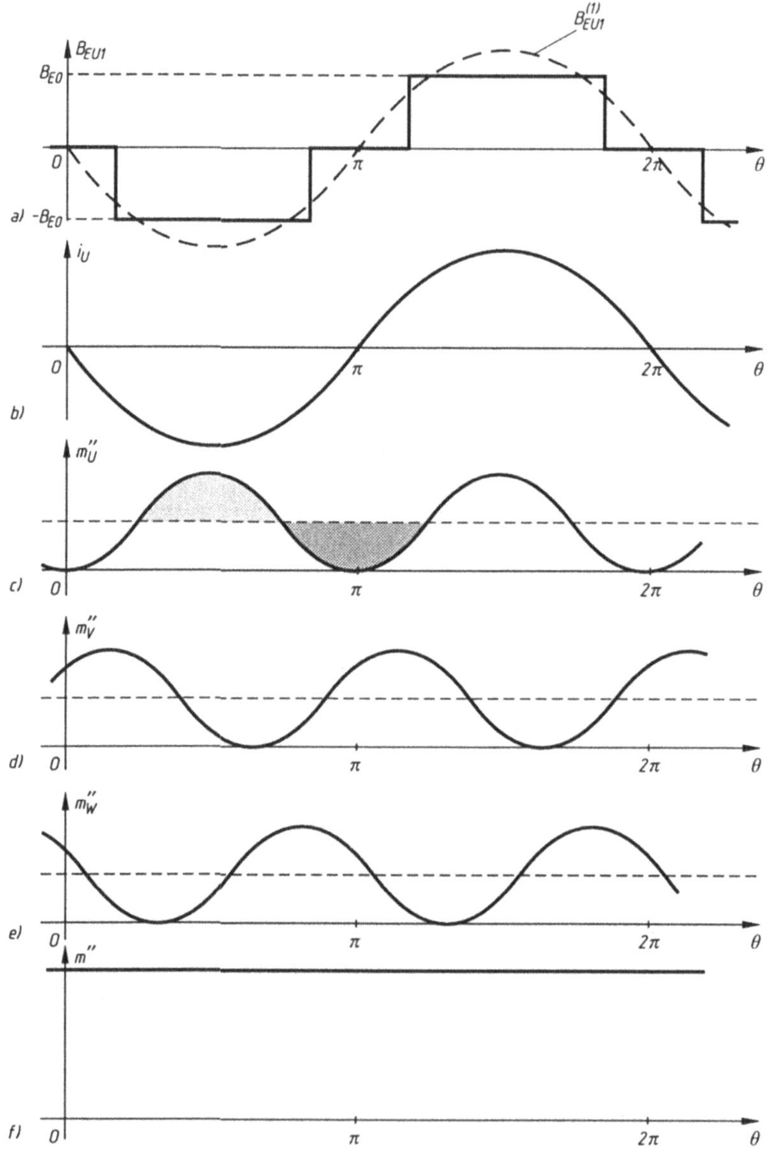

Bild 8.27 Winkelverläufe einiger Betriebsgrößen bei einem BLM

Für den BLM-SS können mit Hilfe der Gl. (8.6) auch die von den anderen zwei Strängen erzeugten Momente geschrieben werden:

$$m''_{\mathrm{V}} = -2w\, k_{\mathrm{W}}^{(1)} L R\, i_{\mathrm{V}}\, B_{\mathrm{m}}^{(1)} \sin\left(\theta - \frac{2\pi}{3}\right),$$

$$m''_{\mathrm{W}} = -2w\, k_{\mathrm{W}}^{(1)} L R\, i_{\mathrm{W}}\, B_{\mathrm{m}}^{(1)} \sin\left(\theta - \frac{4\pi}{3}\right).$$

In diesen Beziehungen wird berücksichtigt, daß die Grundwellen der Flußdichten $B_{\mathrm{EV1}}(\theta)$ und $B_{\mathrm{EW1}}(\theta)$ gleiche Amplitude und Periode wie auch die Grundwelle der Flußdichte $B_{\mathrm{EU1}}(\theta)$ aufweisen, aber um $2\pi/3$ bzw. $4\pi/3$ verschoben. Demgemäß wird das resultierende elektromagnetische Drehmoment des BLM-SS:

$$m'' = m_{\mathrm{U}}'' + m_{\mathrm{V}}'' + m_{\mathrm{W}}'' =$$

$$= -2w\,k_{\mathrm{W}}^{(1)} L R\, B_{\mathrm{Em}}^{(1)}\left[i_{\mathrm{U}}\sin\theta + i_{\mathrm{V}}\sin\left(\theta - \frac{2\pi}{3}\right) + i_{\mathrm{W}}\sin\left(\theta - \frac{4\pi}{3}\right)\right]. \qquad (8.8)$$

Mit den Gl. (8.7) und (8.8) verfügt man über die allgemeinen Gleichungen des elektromagnetischen Drehmoments für die beiden konstruktiven Varianten des BLM.

Es interessiert der Verlauf der Ströme, um ein konstanten Moment bei jedem beliebigen Winkel θ, in der Zeitspanne eines Umlaufs und bei einer beliebigen zeitlichen Änderung von θ zu erreichen. Mit Hilfe von Gl. (8.7), gültig für den BLM-RS, kommt man zur folgenden Feststellung: wäre der Verlauf von $i_{\mathrm{U}}(\theta)$ genau so wie der Verlauf der Flußdichte $B_{\mathrm{EU}}^{(1)}$ (Bilder 8.26,b) dann ist in der Winkelspanne von $4\pi/3$ innerhalb einer Periode des Winkels θ das Moment konstant und positiv:

$$m_{\mathrm{U}}' = 2wLRI_0B_{\mathrm{E0}},$$

mit

I_0 Amplitude der rechteckigen Form des Stroms i_{U},

B_{E0} magnetische Flußdichte unter dem Polschuh.

Im Rest von $2\pi/3$ derselbe Periode wäre das Moment Null (Bild 8.26-c). Der in einer 2π-Periode berechnete Mittelwert des Momentes m_{U}' ist $4/(3NLRI_0B_{\mathrm{F0}})$ – mit positivem Vorzeichen. Dieses Moment treibt folglich den Läufer an und erhöht den Winkel θ.

Der Strom über den Strang V ist auch eine Funktion von θ, so wie die magnetische Flußdichte B_{EV1}. Das von diesem Strom erzeugte Moment m_{V}' verläuft als Funktion von θ wie in Bild 8.26-d und trägt zum resultierenden Moment bei.

Auf ähnliche Weise verläuft auch das vom Strang W entwickelte Moment (Bild 8.26-e). Am Ende bleibt das resultierende elektromagnetische Moment M' konstant beim Wert:

$$M' = 4wLRI_0B_{\mathrm{E0}}, \qquad (8.9)$$

unabhängig vom Winkel θ (Bild 8.26-f).

Was die andere konstruktive Variante BLM betrifft, muß der Strom, um die gleiche Leistung zu erreichen, im Strang U nach einer Sinusform verlaufen, als Funktion vom Winkel θ, wie auch die Grundwelle des magnetischen Flußdichte $B_{\mathrm{EU}}^{(1)}$ (Bilder 8.27-a, b). Das vom Strang U erzeugte Moment wird (mit $i_{\mathrm{U}} = -I_{\mathrm{m}}\sin\theta$):

$$m_{\mathrm{U}}'' = 2w\,k_{\mathrm{W}}^{(1)} LRI_{\mathrm{m}}B_{\mathrm{Em}}\sin^2\theta$$

(Bild 8.27-c). Sein Mittelwert in einer Periode beträgt genau die Hälfte seiner Amplitude.

Der Strom des Strangs V zeigt auch einen sinusförmigen Verlauf mit der gleichen Amplitude wie auch i_{U}, aber um $2\pi/3$ phasenverschoben, d.h.

$$i_{\mathrm{V}} = -I_{\mathrm{m}}B_{\mathrm{m}}^{(1)}\sin\left(\theta - \frac{2\pi}{3}\right),$$

genau so wie die Grundwelle der entsprechenden Flußdichte B_{EV1}. Das von diesem Strangstrom entwickelte Moment ist proportional zu $\sin^2(\theta - 2\pi/3)$, wie in Bild 8.27-d dargestellt.

Ähnlich wirkt der Strang W mit einem zu $\sin^2(\theta - 4\pi/3)$ proportionalen Moment. Das resultierende Drehmoment ergibt sich als:

$$m'' = 2w k_{\mathrm{W}}^{(1)} L R I_{\mathrm{m}} B_{\mathrm{Em}}^{(1)} \left[i_{\mathrm{U}} \sin^2 \theta + i_{\mathrm{V}} \sin^2\left(\theta - \frac{2\pi}{3}\right) + i_{\mathrm{W}} \sin^2\left(\theta - \frac{4\pi}{3}\right)\right],$$

mit einem konstanten Betrag (unabhängig vom Winkel θ):

$$M'' = 3w k_{\mathrm{W}}^{(1)} L R I_{\mathrm{m}} B_{\mathrm{Em}}^{(1)} . \tag{8.10}$$

Um also ein gleichbleibendes unabhängiges Moment für die eine oder andere Bauvariante des Motors zu erreichen, muß in jedem Augenblick der Betrag des Winkels θ bekannt sein. Von einem Stellungsgeber wird die Information an ein elektronisches Steuerungssystem eines Wechselrichters weitergegeben, der dann Strangströme passender Größe erzeugt.

Die erste Bauvariante benutzt Wechselströme rechteckiger Form als Funktionen von θ. Daher wird der betreffende Motor als BLM-RS mit *blockförmigen Strömen* bezeichnet (als *„dc brushless motor"* oder auch *„self-controlled synchronous motor"* bekannt).

Im stationären Betrieb, bei $\theta = \Omega t$ (Ω = Winkelgeschwindigkeit des Läufers), erzeugt der zu einem BLM-SS gehörende Ständer ein Drehfeld. Weil der Ständer ein induzierter Anker ist, ist dieses Drehfeld ein Rückwirkungsdrehfeld; der Läufer erzeugt ein Erregerdrehfeld gleicher Winkelgeschwindigkeit und gleicher Drehrichtung. Wird $\theta = \pi/2$, erreicht der Strom über den Strang U seinen minimalen Wert:

$$i_{\mathrm{U}} = -I_{\mathrm{m}} [\sin\theta]_{\theta=\pi/2} = -I_{\mathrm{m}} .$$

Das Rückwirkungsfeld der Maschine überlappt seinen Nordpol gerade an der räumlichen Bezugsachse des U-Strangs (Bild 8.24). Im gleichen Augenblick bildet die Nordpolachse des Läufers mit der Bezugsachse den Winkel $\pi/2$. Infolgedessen gibt es zwischen dem Erregerdrehfeld und dem Rückwirkungsfeld eine konstante räumliche Phasenverschiebung von $\pi/2$, die typisch für die Gleichstrommaschine ist (Querrückwirkung bei den in der Neutralachse angeordneten Bürsten). Somit ist der BLM mit sinusförmigen Strömen ein Synchronmotor, aber bei einem konstanten, durch den Stellungsgeber erzwungenen Phasenverschiebungswinkel $\pi/2$ zwischen dem Erregerfeld und dem Rückwirkungsfeld.

Was die andere Bauvariante des Motors betrifft, erzeugt auch der BLM-RS im stationären Betrieb ein Rückwirkungsfeld. Zum Unterschied vom BLM-SS dreht sich dieses Feld in Sprüngen von 60°. Diese Sprünge finden dann statt, wenn sich die Strangwicklungsströme plötzlich ändern. Das Ständerfeld läuft um und versucht, den Läufer synchron zu verfolgen bei einem Raumunterschiedswinkel von $\pi/2$.

Zwischen den beiden Varianten des BLM kann ein Vergleich erstellt werden. Die Ständerwicklung des Motors mit rechteckigen Strömen ist, technologisch betrachtet, einfacher denn sie besteht aus Spulen mit $q = 1$ Nuten pro Pol und Strang und gleicher Windungszahl.

Was das elektromagnetische Drehmoment betrifft, wird zunächst vorausgesetzt, daß der Läufer das gleiche magnetische Wechselfeld aufweist – B_{E0} im Betrag. In diesem Fall lautet die Grundwellenamplitude:

$$B_{\mathrm{Em}}^{(1)} = \frac{2\sqrt{3}}{\pi} B_{\mathrm{E0}} .$$

Wird zusätzlich vorausgesetzt, daß in beiden Varianten der Effektivwert I des Strangstroms der gleiche ist, erhält man:

- für BLM-RS: $I_0 = \sqrt{\frac{3}{2}} I$,
- für BLM-SS: $I_m = I\sqrt{2}$.

Folglich werden die erzeugten Momente, gemäß Gl. (8-9) und (8-19):

$$M' = 4 I_0 = \sqrt{\frac{3}{2}} I\, wLRIB_{E0},$$

$$M'' = B_{Em}^{(1)} = \frac{2\sqrt{3}}{\pi} B_{E0}\, wk_w^{(1)} LRIB_{E0},$$

bzw.:

$$\frac{M'}{M''} = \frac{\pi}{3k_w^{(1)}} .$$

- Das oben hergeleitete Verhältnis zeigt, daß der Motor mit rechteckigen Strömen vorteilhaft ist, weil er ein um fast 10 % höheres Drehmoment erzeugt.
- Der zur Erzeugung der quasirechteckigen Ströme eingesetzte Umrichter ist einfacher und arbeitet mit einer unkomplizierten Steuerungsmethode. Der Umrichter zur Erzeugung eines sinusförmigen Drehstromsystems ist aufwendiger.
- Der Läuferlagegeber des BLM-RS kann relativ einfach sein, z.B. ein Geber, der den Hall-Effekt benutzt. Beim BLM-SS müssen die sinusförmigen Ströme genau erzeugt werden. Jede Abweichung gegenüber der Sinusform bedeutet eine Momentveränderung und größere Verluste. Der Stellungsgeber ist ein Resolver oder ein Inkrementalgeber. Der Geber muß mit der digitalen Steuerung kompatibel sein, um einen ausreichend guten Betrieb des Antriebssystems zu sichern.

  Aus diesem zusammenfassenden Vergleich geht hervor, daß der Motor mit rechteckigen Strömen bei gewissen Anwendungsfällen vorteilhafter sein kann.

Die *bürstenlosen Motoren* werden insbesondere bei den Servosystemen der Werkzeugmaschinen eingesetzt. Sie konkurrieren dort mit den Asynchronmotoren mit Käfigläufer und Umrichtern. EK-Motoren haben kleinere Massenträgheitsmomente, Asynchronlösungen sind kostengünstiger.

8.7 Schrittmotoren

Dieser Motortyp *wandelt elektrische Spannungspulse in diskrete Winkelverschiebungen um.* Erhält der Motorläufer einen Puls, so ändert er seine Stellung um einen genau bestimmten Winkel.

Der Minimalbetrag des Läuferverschiebungswinkels heißt Schritt.

Schrittmotoren werden des öfteren bei der automatischen Programmsteuerung der Werkzeugantrieben, bei Druckern und bei elektrischen Schreibmaschinen eingesetzt. Sie erfüllen die Funktion eines Dekodierungselements, indem sie die in der Form elektrischer Pulse zugeführte Information in Winkelverschiebungen umwandeln. Darum können Schrittmotoren als *elektromechanische Energiewandler mit digitaler Informationsverarbeitung* betrachtet werden.

Schrittmotoren ermöglichen die Erzeugung automatischer, diskreter Steuerungssysteme, die keine Rückkopplung benötigen, denn sie stellen einen genauen, mathematisch eindeutigen Zusammenhang zwischen der zugeführten Information und der erzielten Winkelverschiebung her.

In der Praxis werden die Schrittmotoren in mehreren Varianten gefertigt und angeboten:

- Motoren mit *einem Ständer* oder *Mehrständermotoren,*
- mit verteilten oder konzentrierter Steuerwicklung,
- mit erregerfreiem Schenkelpolläufer (*Reluktanzmotor*) oder mit *Dauermagneten.*

Im Folgenden werden einige Schrittmotorentypen beschrieben.

Der *Reluktanzschrittmotor,* bei Werkzeugmaschinenantrieben eingesetzt, weist einen Ständer mit 6 Schenkelpolen und 6 konzentrierten Steuerwicklungen auf (Bild 8.28). Die Spulen der räumlich entgegengesetzten Pole werden hintereinander geschaltet. Die drei so entstandenen Stromkreise werden von einer Gleichstromquelle über einen elektronischen Umschalter (Wechselrichter) versorgt.

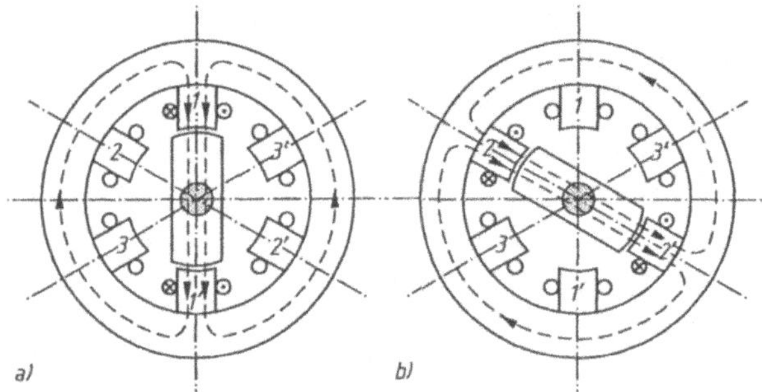

Bild 8.28
Reluktanzschrittmotor mit zweipoligem Läufer:
a) Nullage,
b) nach einem 60°-Schritt

Der Motorläufer hat zwei wicklungsfreie Schenkelpole. Bei Anlegen eines Strompulses über die Polenspulen 1-1' wird auf den Läufer ein *Reluktanzdrehmoment* ausgeübt; und unter seiner Wirkung dreht sich der Läufer, bis seine Achse mit der Polachse 1-1' zusammenfällt (Bild 8.28-a). Werden dann die Polspulen 2-2' gespeist, dreht sich der Läufer bis zu den Polen 2-2'. Zuletzt nimmt er eine Stellung ein, bei der seine Achse mit der Symmetrieachse 2-2' zusammenfällt. Der erzielte Schritt beträgt 60° (Bild 8.28-b).

Falls in der oben beschriebenen Weise die nacheinander folgende Speisung der Ständerspulen fortgesetzt wird, realisiert der behandelte Schrittmotor 6 Schritte bei einer vollständigen Drehung.

Hat der Läufer 4 Pole, erzielt man – unter der Wirkung von zwei nacheinanderfolgenden Erregerpulsen –30°-Schritte (Bild 8.29). Ein solcher Motor führt bei einer Drehung die doppelte Schrittzahl – und zwar 12 – aus.

Eine Erhöhung der Schrittzahl in der Zeitspanne einer Drehung kann durch Erhöhung der Polzahl – am Läufer und am Ständer zugleich – erzielt werden.

Man kann auch die Lösung aus Bild 8.30 (*Reluktanz-Getriebeschrittmotor*) anwenden. Der Ständer enthält 8 Pole mit Erregerspulen, d.h. 4 Steuerungskreise im Ständer.

Der Läufer enthält 18 Zähne und 18 Nuten, die gleichmäßig verteilt sind.

Ein Ständerpol besteht aus zwei Zähnen und einer Zwischennut, mit Winkelweiten die exakt gleich sind mit denjenigen der Zähne und Nuten des Läufers.

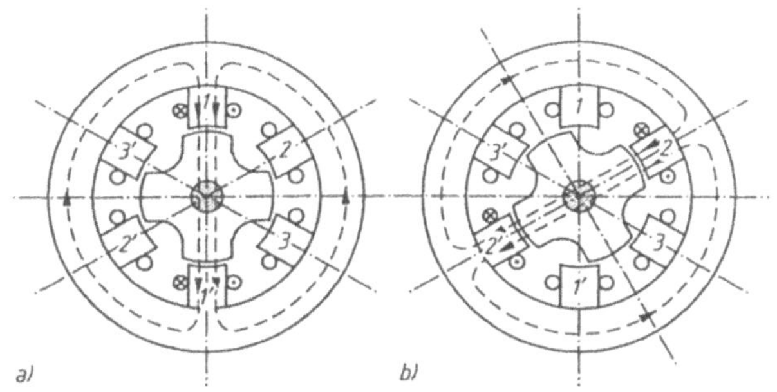

Bild 8.29
Reluktanzschrittmotor mit vierpoligem Läufer:
a) Nullage,
b) nach einem 30°-Schritt

Wenn die Wicklungen 1-1' gespeist werden, dann wird das auf den Läufer ausgeübte Reluktanzmoment den Läufer in die in Bild 8.30 gezeigte Stellung bringen. In dieser Position stehen den Zähnen der Pole 1-1' zwei Läuferzähne entgegen.

Sind die Wicklungen 2-2' versorgt und ist die Speisung der Wicklungen 1-1' unterbrochen, dann wird das neue Reluktanzmoment den Läufer gerade um eine Halbzahnweite verschieben.

Somit können erneut die magnetisierten Zähne der Pole 2-2' den Läuferzähnen entgegenstehen; das entspricht wegen der magnetischen Symmetrie dem Wegfall des Moments.

Durch eine sukzessive Speisung der Wicklungen 1-1', 2-2', 3-3', 4-4' führt der Motor bei einer vollständigen Drehung 72 Schritte von jeweils 5° aus.

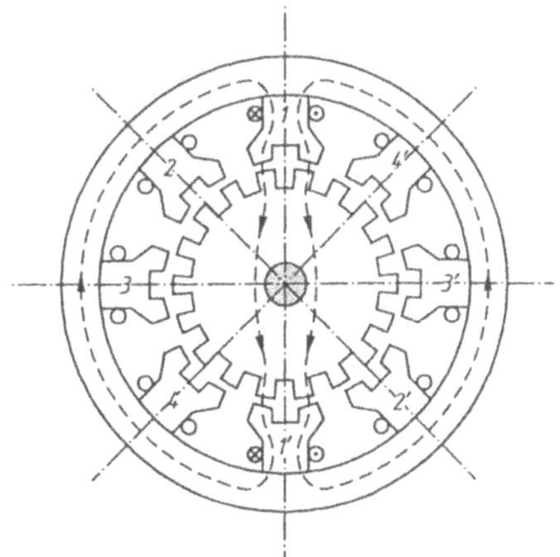

Bild 8.30
Reluktanz-Getriebeschrittmotor (Querschnitt)

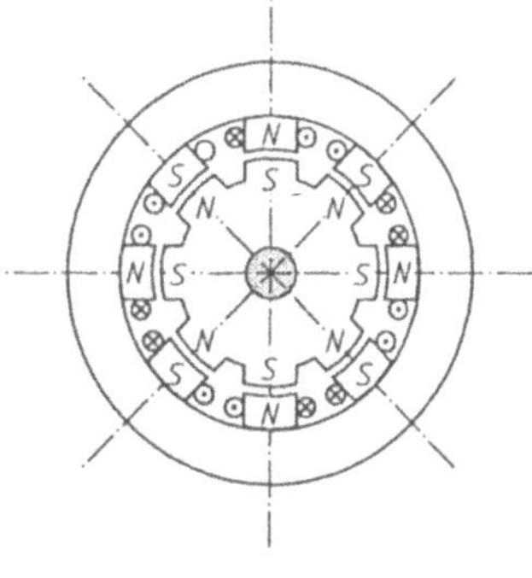

Bild 8.31
Schrittmotor mit Dauermagneten im Läufer (Querschnitt)

Durch die Kombination verschiedener Anzahlen von Zähnen und Nuten kann, theoretisch, jede gewünschte Schrittzahl erreicht werden. In der Praxis bleibt die Schrittzahl aber begrenzt. Diese Begrenzung kommt einerseits von den Erfordernissen des technologischen Prozesses und anderseits vom Drehmoment her.

Größere Schrittzahlen führen zur Verringerung des elektromagnetischen Drehmomentbetrags; dieser gewährt die Stellungsänderung des Läufers und damit die Kommutierung der Ständerwicklungen.

Einen Querschnitt durch den Motor eines Schrittmotortyps mit Dauermagneten im Läufer zeigt Bild 8.31.

Der Ständer besteht aus 4 achtpoligen Segmenten, jedes mit einer Wicklung. Die Ständerpole der 4 Segmente liegen in der Motorachse. Die 4 Ständerwicklungen werden der Reihe nach eingespeist. Koaxial zu jedem Ständersegment befindet sich jeweils ein Läufersegment mit 8 Dauermagnetpolen, wechselweise angeordnet.

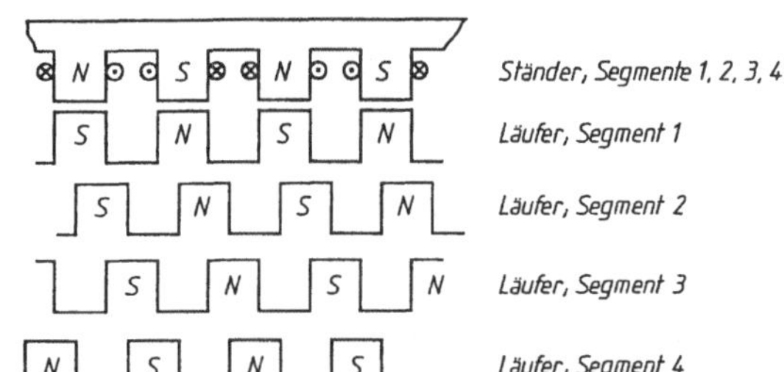

Bild 8.32
Verschiedene Lagen der Läufersegmente

Im Unterschied zum Ständer sind die Läufersegmente gleichmäßig (Bild 8.32) raumverschoben. Die Raumverschiebung beträgt ein Viertel der Maschinenpolteilung, nämlich $360°/(4 \times 8) = 11{,}25°$. Die Läufersegmente sind mit der Motorwelle verbunden.

Wenn die Wicklung des ersten Ständersegments gespeist wird, dann magnetisieren sich seine 8 Pole wechselweise Nord und Süd. Unter der Wirkung dieses Felds verschieben sich die Dauermagnetpole des ersten Läufersegments zusammen mit dem Läufer, um die in den Bildern 8.31 und 8.32 gezeigten Stellung zu erreichen.

Werden die Wicklungszuleitung des ersten Ständersegments zur Versorgungsquelle unterbrochen und die Wicklung des zweiten Segments gespeist, werden die neuen Ständerpole die gleiche frühere Stellung bekommen. Sie werden aber mit den Dauermagnetpolen des zweiten Läufersegments zusammenwirken, die anfänglich um ein Viertel der Polteilung verschoben sind.

Unter dem Einfluß des entstehenden Drehmoments wird der Läufer um 11,25° versetzt; er wird in die Stellung gebracht, wo bei einem Ständernordpol ein Läufersüdpol steht.

Dann wird die Wicklung des dritten Ständersegments gespeist, wodurch ein neuer Schritt des Läufers im Betrag von 11,25° zustandekommt. Insgesamt kann ein solcher Motor 32 Schritte bei einer vollständigen Drehung durchführen.

Die Reluktanzschrittmotoren erzeugen kleinere elektromagnetische Synchronisierungsdrehmomente, aber sie können bei nacheinanderfolgend angelegten Steuerungspulsen Frequenzen von 2000 bis 5000 Hz erreichen; die Schrittmotoren mit Dauermagneten erreichen dagegen nur 300 bis 400 Hz.

Bei hohen Lastmomenten versieht man die Schrittmotoren mit hydraulischen Momentverstärkern.

Die *wichtigsten Parameter* der Schrittmotoren sind:

- Der Schritt in ° stellt den Drehwinkelbetrag dar, der beim Empfang eines Steuerungspulses erzielt wird,
- Das Kippmoment ist das maximale Widerstandsmoment, bei dem der Läufer sich nicht in Bewegung setzt, vorausgesetzt, eine Steuerungswicklung ist versorgt,
- Das Grenzmoment, bei einer angegebenen Frequenz der Steuerpulse, wird als das Maximalwiderstandsmoment definiert, bei dem der Motor ohne Synchronismusverlust und ohne Schrittverluste reagiert,

- Die Grenzanlauffrequenz stellt die Frequenz der Steuerpulse beim Anlauf dar, bei der der Motor keine Schrittverluste aufweist,
- Die Grenzstopfrequenz wird analog definiert, unter der Bedingung, daß der Motor keine Schritte beim Stillsetzen verliert.

Das Blockschaltbild des Ansteuersystems ist im Bild 8.33 wiedergegeben.

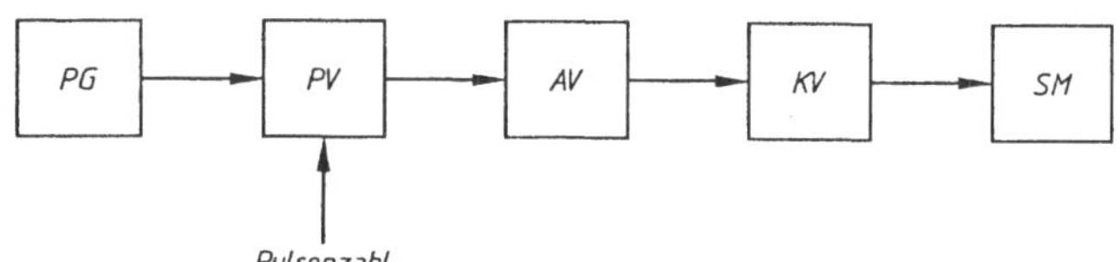

Bild 8.33
Blockschaltbild des Ansteuersystems eines Schrittmotors

Von einem elektronischen *Pulsgenerator* (PG) veränderlicher Frequenz, der rechteckige Pulse erzeugt, wird die *Kommutierungseinrichtung* (KV) über einen *Pulsverteilers* (PV) und einen *Ausgangsverstärker* (AV) ausgesteuert.

Die *Kommutierungseinrichtung* (KV) ist schematisch in Bild 8.34 dargestellt. Sie verwendet Leistungstransistoren zur Kommutierung der Aussteuerwicklungen, die hintereinander geschaltet werden.

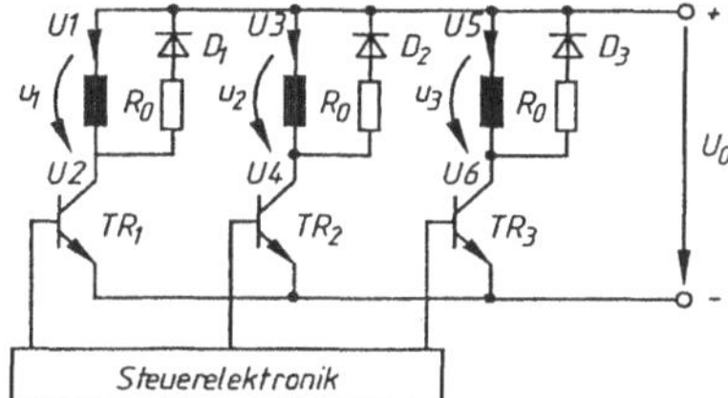

Bild 8.34
Kommutierungsschaltung eines Schrittmotors

Das Schema hat ein Problem bei hohen Steuerpulsfrequenzen. Bei rechteckigen Spannungspulsen niedriger Frequenz sieht der zeitliche Verlauf des Stroms i über eine Wicklung wie in Bild 8.35-a aus.

Der Wicklungsstrom erreicht seinen stationären Wert vor dem Verschwinden des Spannungspulses, da die Zeitkonstante L/R der Wicklung wesentlich kleiner als die Pulsdauer ist.

Bei höherer Frequenz (Bild 8.35-b) aber ändert sich die Lage: Die Pulsperiode wird kleiner als die Zeitkonstante der Wicklung, und der Strom erreicht nicht mehr seinen stationären Wert.

Bei hohen Frequenzen kann der Strom praktisch nicht mehr dem Spannungspuls folgen (Bilder 8.35-c, d). Folglich nimmt auch das elektromagnetische Drehmoment ab, der Motor kann außer Tritt fallen.

Bei hohen Frequenzen wird der Strom i_1 nicht vor der Erscheinung des Stroms i_2 gelöscht (Bilder 8.35-c, d). Diese „*Stromverlängerung*" über die Wicklung 1 erzeugt ein Bremsmoment, das in einem bestimmten Zeitpunkt den normalen Betrieb des Motors behindern kann.

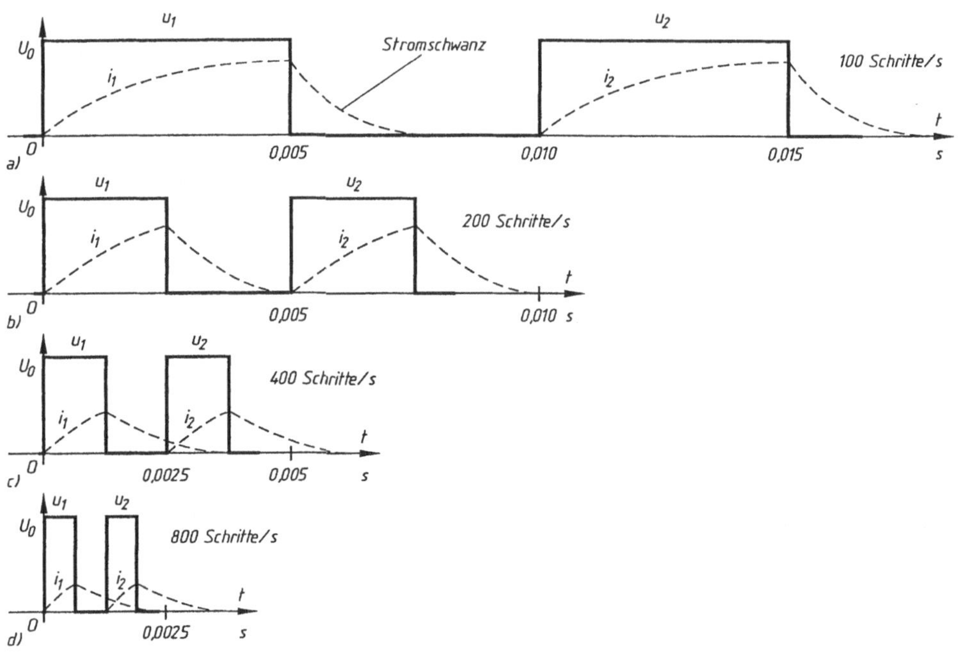

Bild 8.35 Zeitliche Verläufe der Ströme und Spannungspulse

Um diese Nachteile zu beseitigen und den Betriebsfrequenzbereich zu erweitern, wird das Schema aus Bild 8.36-a eingesetzt.

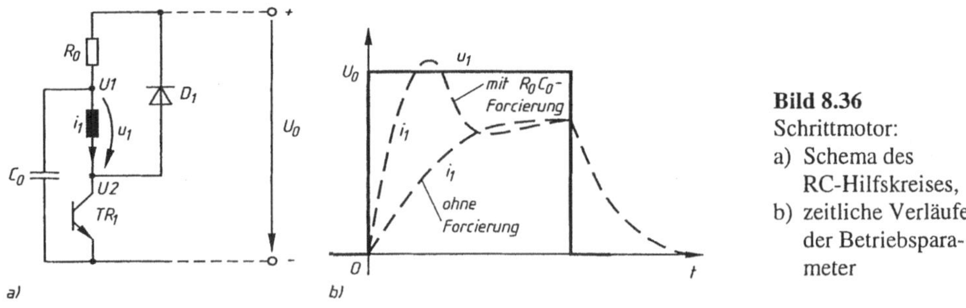

Bild 8.36
Schrittmotor:
a) Schema des RC-Hilfskreises,
b) zeitliche Verläufe der Betriebsparameter

Dabei wird jede Aussteuerwicklung mit einem RC-Hilfskreis ausgestattet. Bei passender Auswahl des Kondensators C_0 wird der Stromanstieg mit Hilfe der Resonanz zwischen dem Kondensator und der Wicklungsinduktanz (Bild 8.36-b) erzwungen.

Der schnelle Stromanstieg in den ersten Augenblicken nach der Wicklungseinspeisung kann auch durch den Einsatz einer zweiten Versorgungsquelle mit einer höheren Spannung erreicht werden (Bilevel). Danach kehrt der Motor wieder zur normalen Spannung zurück (Bild 8.37).

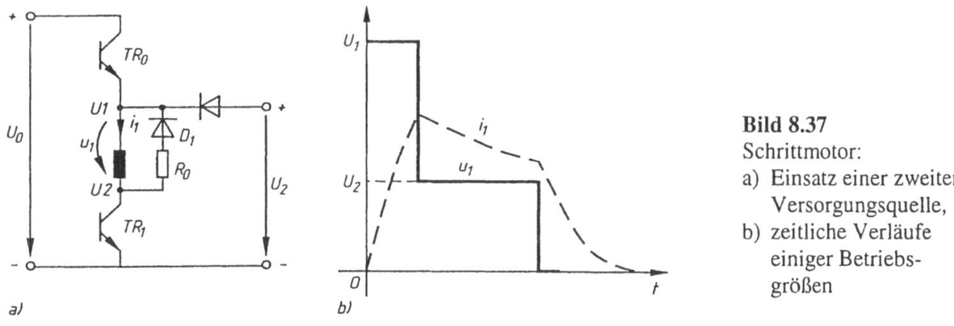

Bild 8.37
Schrittmotor:
a) Einsatz einer zweiten Versorgungsquelle,
b) zeitliche Verläufe einiger Betriebsgrößen

Die Benutzung einer *gepulsten Versorgungsquelle* ist eine weitere Möglichkeit; die Wicklung wird dann mit Konstantstrom gespeist.

Um die Stromverlängerung abzuschneiden, kann das Schema mit einer Z-Diode ausgestattet werden (Bild 8.38).

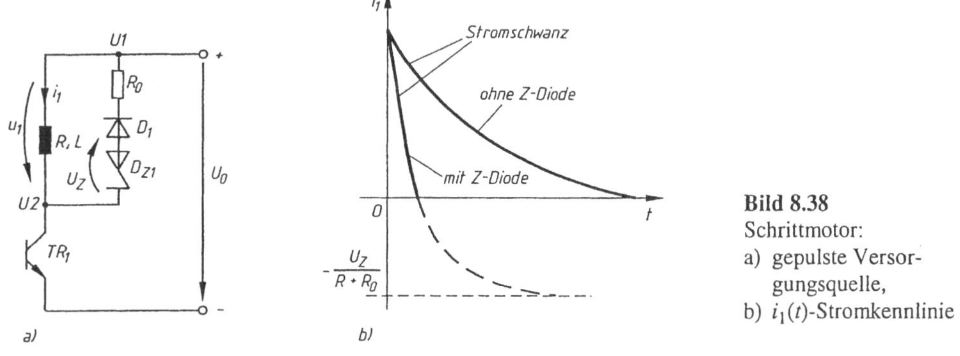

Bild 8.38
Schrittmotor:
a) gepulste Versorgungsquelle,
b) $i_1(t)$-Stromkennlinie

Eine wichtige Betriebskennlinie des Schrittmotors ist die Abhängigkeit des elektromagnetischen Drehmoments im statischen Zustand als Funktion von dem Läuferabweichungswinkel θ, bezogen auf die Nullage. Dabei muß eine Aussteuerungswicklung ständig versorgt werden.

Das Drehmoment ist Null in der Nullage ($\theta = 0$) bezüglich auf die Pole der eingespeisten Aussteuerwicklung. Versucht man, den Läufer aus dieser Lage auszulenken, entsteht ein elektromagnetisches *Rückstellungsmoment*, das als Widerstandsmoment, abhängig von θ, wirkt. Es steigt am Anfang, erreicht einen maximalen Wert – das Kippmoment – und nimmt dann bis zu Null ab.

Die statische Kennlinie $M = f(\theta)$ (Bild 8.39) ermöglicht die Bewegungsbeschreibung des Schrittmotorläufers bei niedriger Frequenz, wobei die dynamische Kennlinie des Drehmoments mit der statischen Kennlinie angenähert werden darf.

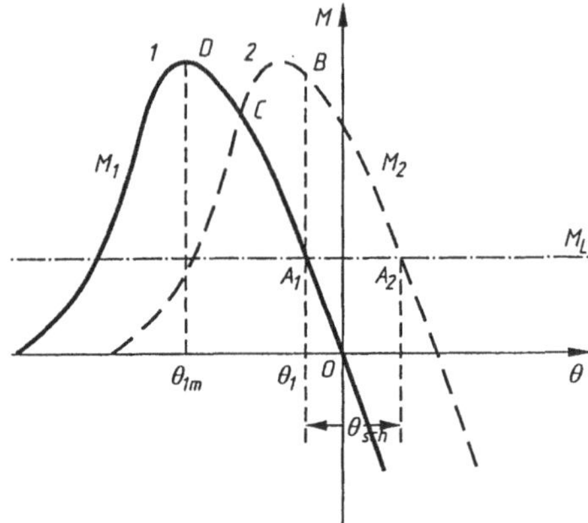

Bild 8.39
$M(\theta)$-Kennlinien

Vorausgesetzt, z.B., daß der Motor vom Typ aus Bild 8.30 ist, soll er bei konstantem Lastmoment M_L (Bild 8.40-a) an seiner Welle laufen.

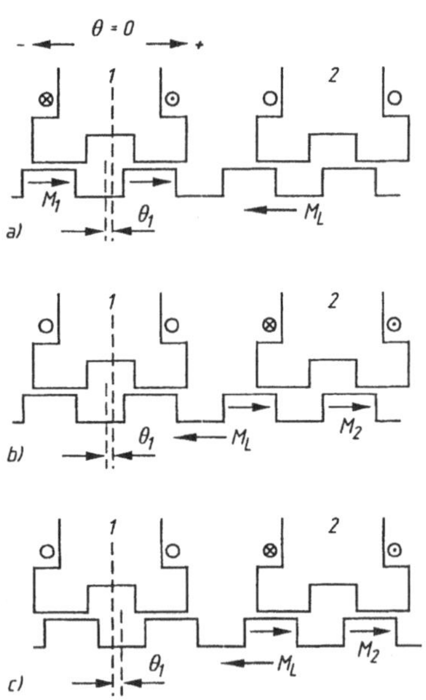

Bild 8.40
Läuferlagen des Motors aus Bild 8.30

Nur die Wicklung 1 sei bestromt. Im Stillstand ist das vom Motor erzeugte Drehmoment M_1 gleich dem Lastmoment M_L.

Bezüglich auf die Gleichgewichtslage kann man eine negative Abweichung (Bild 8.40-a) feststellen.

Der Betriebspunkt liegt im Punkt A_1 (Bild 8.39). Werden jetzt die Wicklung 2 gespeist und die Versorgung der Wicklung 1 unterbrochen, entsteht am Anfang ein neues elektromagnetisches Drehmoment M_2 (Bild 8.40-a), das dem Punkt B auf der Kennlinie der Wicklung 2 entspricht, so wie in Bild 8-39 dargestellt.

Die neue Kennlinie, bezogen auf die der Wicklung 1, ist um einen Motorschritt θ_p verschoben.

Wenn das aktive, dem Punkt *B* entsprechende Anfangsdrehmoment das Lastmoment M_L überschreitet, wird der Motor in Betrieb gesetzt: er führt einen Schritt θ_p aus und bleibt still.

Der neue Betriebspunkt ist A_2; an diesem Punkt gilt $M_L = M_2$.

Die Bedingung, daß im Augenblick der Stromkommutierung von der Wicklung 1 auf die Wicklung 2 das neue Drehmoment das Lastmoment überschreiten muß, wird erfüllt, solange das Lastmoment niedriger als das elektromagnetische Moment im Schnittpunkt *C* der Winkelkennlinien 1 und 2 bleibt (Bild 8.39). Wenn aber der Punkt A_1 sich auf der Kennlinie 1, links von Punkt *C*, befindet, wäre im Kommutierungsaugenblick das neue entsprechende Drehmoment niedriger als das Lastmoment und der Schritt könnte nicht zustande kommen.

Die Punkte A_1, A_2 entsprechen einem stabilen Zustand, angesichts der statischen Stabilität, wenn $dM/dq < dM_L/dq$. Bei den üblichen Lastmomenttypen ist die Stabilitätsbedingung erfüllt, solange der Punkt A_1 an dem Kurvensegment $\overline{OD}$ der Kennlinie (Bild 8.39) liegt, d.h. $\theta_1 < \theta_{1m}$, wobei der Winkel θ_{1m} dem Kippmoment entspricht. Aber, schon aus anderen Grunde, kann nur das Kurvensegment $\overline{OC}$ der Kennlinie benutzt werden.

Eine andere interessante Kennlinie ist die sogenannte *dynamische Kennlinie M=(Schritte/s)*, d.h. das in Funktion von der Schrittfrequenz erzeugte Drehmoment (Bild 8.41).

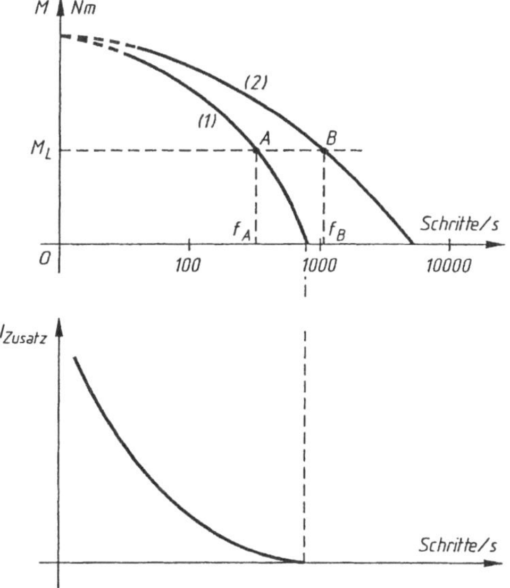

Bild 8.41
Dynamische Kennlinien *M* (*Schritte*/s) des Schrittmotors:
(1) Anlauf- und Betriebskennlinie mit Synchronismuseintritt (Punkt *A*);
(2) Reduktionskennlinie bei externem Trägheitsmoment M_J mit Synchronismusheraustritt (Punkt *B*)

Bei einem betrachteten Motor können zwei Kennlinien definiert werden: die Kurve 1 entspricht dem Anlauf und dem *Synchronismuseintritt* und die Kurve 2 dem *Synchronismusheraustritt.*

Beim Anlauf, weist der Motor – als Funktion vom Lastmoment M_L und vom Massenträgheitsmoment – eine Frequenz f_A auf, entsprechend dem Punkt *A*, bei der er, ohne einen Schritt zu verlieren, anlaufen und den Synchronismus erreichen kann.

Einmal hochgelaufen darf die Schrittfrequenz bis zum Wert f_B gesteigert werden.

- Bei sehr niedrigen Frequenzen wird der Motor nur eingesetzt, wenn die auftretenden Schwingungen von einem Dämpfungssystems gedämpft werden. Die entsprechenden Kennlinien sind in Bild 8.41 mit unterbrochener Linie dargestellt.
- Bei höheren Frequenzen entsteht die Dämpfung der Schwingungen infolge der durch die schnelle Bewegung des Läufers in die Wicklungen induzierten Spannungen.

8.8 Geschaltete Reluktanzmotoren (mit elektronischer Kommutierung)

Der *Reluktanzmotor mit elektronischer Kommutierung* (RMEK) weist ausgeprägte Pole, sowohl im Ständer als auch im Läufer auf, Bild 8.42. Er darf nicht mit dem Synchronreluktanzmotor verwechselt werden, der einen zylindrischen Ständer hat und eigentlich einen Synchronschenkelpolmotor ohne Läufererregerwicklung darstellt.

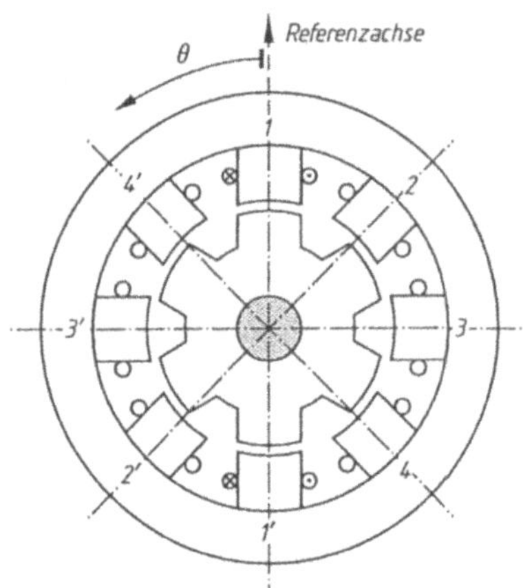

Bild 8.42
Reluktanzmotor mit elektronischer Kommutierung (RMEK)

Beim RMEK sind verschiedene Kombinationen von Ständer- und Läuferpolzahlen möglich. Der Vierphasenmotor (Bild 8.42) mit 8 Ständerpolen und 6 Läuferpolen wird hauptsächlich verwendet. Es gibt auch Dreiphasenmotoren mit 6/4 Polen.

Die Ständerpole haben konzentrierte Wicklungen. Um einen Strang zu bilden, sind die zwei entgegengesetzten Wicklungen hintereinander geschaltet.

Die Stromeinspeisung eines Ständerstrangs ruft die Anziehung der sich in unmittelbarer Nähe befindenden Läuferpole hervor. Somit stellen sich diese Pole in eine Linie zu den magnetisierten Ständerpolen (Bild 8.42).

Die Ständerstrangströme werden, synchron zu der Läuferstellung, ein- und ausgeschaltet, um die Läuferdrehung zu gewährleisten.

Der nötige Stellungsgeber (Hall- oder optischer Geber) ist auf der Welle untergebracht.

Das Drehmoment wird nur von der Reluktanzveränderung hervorgerufen und hängt nicht von der Stromrichtung ab. Es genügt diesmal nur ein Strangstrom in einer Richtung. Die Gleichung des Drehmoments lautet:

$$M = \frac{1}{2} i^2 \frac{\mathrm{d}L}{\mathrm{d}\theta},$$

mit:

i Strangstrom,

L Stranginduktanz,

θ Läuferstellungswinkel,

Es wird vorausgesetzt, daß die Stranginduktanz L unabhängig vom Strom i ist.

Bild 8.43 zeigt die Funktion $L = f(\theta)$:

- ist $\mathrm{d}L/\mathrm{d}\theta > 0$, wird ein positives Moment erzeugt,
- ist $\mathrm{d}L/\mathrm{d}\theta < 0$, wird das Moment negativ.

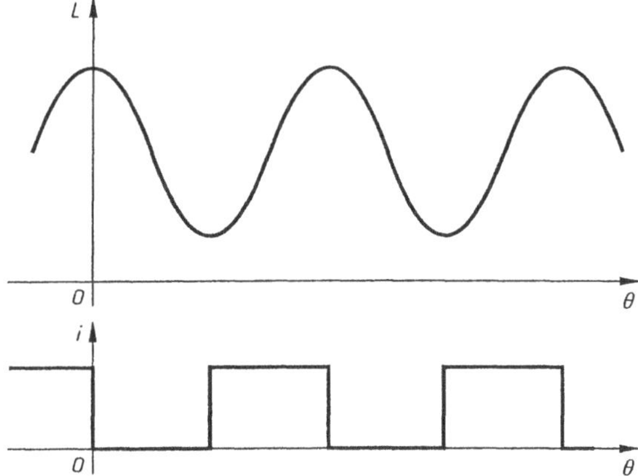

Bild 8.43
$L(\theta)$ und $i(\theta)$ bei einem RMEK

Um ein Drehmoment zu entwickeln, werden die Ständerstränge nacheinander mit Strompulsen gespeist. Diese Pulse müssen bei positiver Induktanzveränderung (Bild 8.43) erzeugt werden, um ein positives Drehmoment zu bekommen.

Auf ähnliche Weise wird ein negatives Moment zur Bremsung oder *Drehumkehrung* erzeugt, wenn die Stromimpulse bei der negativen Induktanzabweichung aufgeschaltet werden.

Der Läuferstellungsgeber ist unbedingt notwendig, um den Anfang und das Ende jeden Stromflusses in den entsprechenden Zeitpunkten des Maximalmoments zu sichern.

Ohne Zweifel ist die zur Momententwicklung ideelle Strompulsform von konstanter Höhe und gleicher Zeitdauer, wie die des Induktanzanstiegsintervalls.

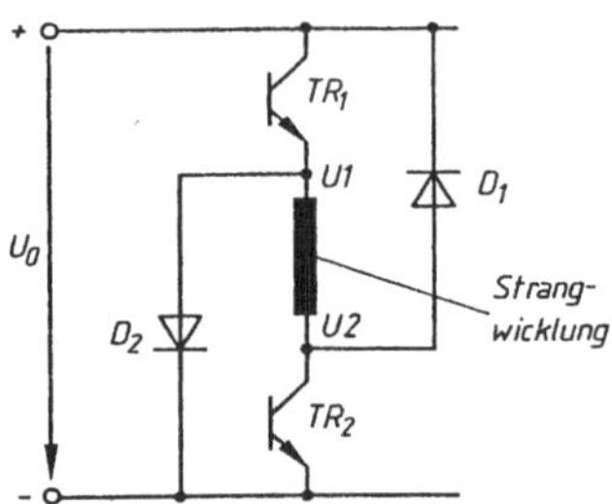

Bild 8.44
Leistungsschalter für einen Ständerstrang bei einem RMEK

Bild 8.44 stellt die Schaltung eines Leistungsschalters für einen Ständerstrang dar.

Da die Ständerstränge völlig unabhängig sind, benötigt ein Vierphasenmotor 4 solche Kreise.

Die zwei Leistungstransistoren werden gleichzeitig ein- und ausgeschaltet. Sind die Transistoren gesperrt, dann sind die Dioden im Einsatz, um die induktive Energie zurückzugewinnen.

Die mechanische Eigenkennlinie des RMEK entspricht bei einer gegebenen Strangspannung und einem gleichbleibenden, drehzahlunabhängigen Kommutierungswinkel der mechanische Kennlinie eines Gleichstrom-Reihenschlußmotors (Bild 8.45).

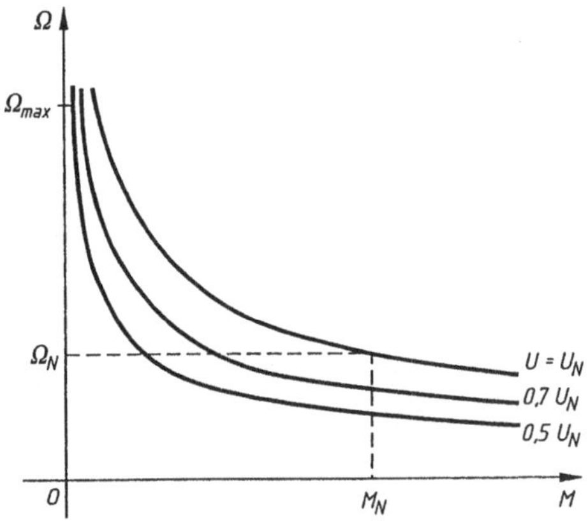

Bild 8.45
$\Omega(M)$-Kennlinienfeld eines RMEK für verschiedene Spannungen U

Die Drehzahlsteuerung kann üblicherweise mit Hilfe der Pulsweitenmodulation durch Spannungsänderung erzielt werden. Konstruktiv ist der RMEK sehr einfach, robust und kostengünstig in den steuerbaren Antriebssystemen.

Sein Wirkungsgrad ist genügend hoch, und das Trägheitsmoment ist gering. Der Motor kann hohe Drehzahlen erreichen.

Ein Nachteil ist sein Geräusch im Betrieb. Man soll nicht vergessen, daß dieser Motor, ohne elektronische Kommutierung, nicht betriebsfähig wäre.

Bibliographie

1 Abkürzungen

1.1 Allgemein

Bd.:	Band
Diss.:	Dissertation (Doktor Thésis)
Ed.:	Edition (Auflage)
EMA:	Elektrische Maschinen
H.:	Heft
Hrsg.:	Herausgeber
Mittlg.:	Mitteilungen
Pt.:	Part (Teil)
S.:	Seite
TH:	Technische Hochschule
TU:	Technische Universität
Uni:	Universität
V.:	Volum (Tom, Band)
Wiss.:	Wissenschaftlich
Nr.:	Nummer (zum Band)

1.2 Zeitschriften

A.f.E.:	Archiv für Elektrotechnik, Germany
A.I.:	Applications and Industry, USA, UK
ABB-T:	ASEA Brown Boveri-Technik, Zürich, Germany, CH
AEG-H:	AEG-Handbuch
BBC-N:	Brown Boveri Nachrichten
BBC-T:	Brown Boveri Technik
E.u.M.:	Elektrotechnik und Maschinenbau, Wien, Austria
ETZ:	Elektrotechnische Zeitschrift, Germany
ETZ-A/ETZ-B:	Elektrotechnische Zeitschrift-Archiv, Berlin
EVS:	Electrical vehicle system, International
F.u.M.:	Feinwerktechnik und Maschinenbau, Wien, Austria
G.E.R.:	General Electric Review, UK
I.G.A.:	Industry and General Applications, USA, UK, Australia
Jour. I.E.E.:	Journal of the Institute of Electrical Engineers, UK
P.A.S.:	Power Apparatus and Systems, Trans. AIEEE, USA
Proc. I.C.E.D.:	Proceedings of the International Conference on Electrical Drives, USA.
Proc. I.E.E.:	Proceedings of the Institute of Electrical Engineers, USA
R.G.E.:	Revue Générale de l'Electricité, France
S.E.A.:	Siemens Energie & Automation, Erlangen, Germany
TM-AEG:	Technische Mitteilungen AEG, Germany.
Trans. A.I.E.E.:	Transactions of the American Institute of Electrical Engineers, USA.

Trans. I.E.E.E.:	Transactions of the Institute of Electrical and Electronics Engineers, UK, USA, Australia
VDE:	Verband Deutscher Elektrotechniker, Germany
VDI:	Verband Deutscher Ingenieure, Germany
ZVEI:	Zentralverband Elektrotechnik- und Elektronikindustrie (ZVEI) e.V., Germany

2 Bücher, Verfassungen

Akad. Nauk: Elektrischeskje maschini maloj mocjnosti, Leningrad, Nauka-Verlag, 1970

Alexandrow, N.N.: Elektrischeskje maschini i mikromaschini, Moskwa, Kolos, 1983

Alger, P.L.: Induction machines, 2nd edition, London, Gordon and Breach, 1970

Armenski, E. u.a.: Micromachines électriques, Moscou, Edition Mir, 1977

Atkinson, P.. Thyristors and their Applications, London, Mills and Boon, 1972

Bâlă C.V.: Masini Electrice, Bukarest, Ed. didacticá si pedagogicá, 1982

Bell, R. u.a.: Application of stepping motors to machine tools, London, UK, Machinery Publishing, 1970

Berevojev, P.: Electrical Motors Device, London, Mac Miles Press, 1984

Bergmann, W.: Werkstoffkunde der Elektrotechnik, 2. Auflage, Bd. 1, 2, München-Wien, Carl Hanser Verlag, 1984

Bernhard, J. u.a.: Thyristoren in der Antriebssteuerung und Regelung, Würzburg, Vogel Verlag, 1971

Bird, B.M. u.a. An introduction to Power Electronics, NY, John Willey & Sons, 1983

Bocearov, V.I.: Beschpazovje tiagovje electrodvigateli postojannovo toka, Energia, Moskva, UdSSR, 1976

Bödefeld, Th.: & Sequenz, H. Elektrische Maschinen. Eine Einführung in die Grundlagen, Wien-NY, Springer Verlag, 1971

Böhm, W.: Elektrische Antriebe, 4. Auflage, Vogel Buchverlag, 1996

Bose, B.K.: Adjustable Speed AC Drive Systems, NY, IEEE Press, 1988

Botan, N.V.: Reglarea vitezei sistemelor de actionare electricá, Bukarest, Ed. Tehnicá, 1974

Budig, P.-K.: Drehstromlinearmotoren. 3. Auflage, Hüthig Verlag, Heidelberg, 1983

Bühler, H.: Einführung in die Theorie geregelter Drehstromantriebe, Birkhäuser Verlag, Basel, 1977

Câmpeanu, A.: Masini electrice, Craiova, Rumänien, Ed. Scrisul Românesc, 1988

Charkey, E.S.: Electromechanical System Components, Chichester, Sussex, UK, Willey-Interscience, 1972

Chilikin, M.: Electric Drive, Moskwa, Mir Publishers, 1978

Constantinescu-Simon, L.: Masini electrice, Bukarest, Ed. IPB, 1970

Constantinescu-Simon, L.: Transformatoare electrice de micá putere, Bukarest, Ed. Tehnicá, 1974

Constantinescu-Simon, L.: Handbuch Elektrische Energietechnik (Hrsg.), 2. Auflage, Vieweg, Braunschweig/Wiesbaden, 1997

Dan, I. u.a.: Redresoare cu semicondictoare, Bukarest, Rumänien, Ed. Tehnică, 1975

Dewan, S.B. u.a.: Power Semiconductor Circuits, NY, John Willey & Sons, 1975

Dirschmid, H.J.: Mathematische Grundlagen der Elektrotechnik, 2. Auflage, Braunschweig/Wiesbaden, Friedrich Vieweg & Sohn, 1987

Dordea, T.:	Masini electrice, Bukarest, Ed. Didacticá si pedagogicá, 1970
Fischer, R.:	Elektrische Maschinen, 9. Auflage, München-Wien, C. Hanser, 1997
Fransua, Al. u.a.:	Electrical Machines and Drives Systems, Oxford, Technical Press, 1984
Fransua, Al. u.a.:	Masini si actionári electrice. Elemente de executie, Bukarest, Ed. Tehnicá, 1986
Fuest, K.:	Elektrische Maschinen und Antriebe, 3. Auflage, Vieweg, Braunschweig-Wiesbaden, 1989
Gheorghiu, I.S.: & Fransua, Al.	Tratat de masini electrice, Bd. I,II,III,IV, Bukarest, Rumänien, Verlag der Rumänischen Akademie der Wissenschaften, 1968-1972
Gourishankar, V.: & Kelly, D.M.	Eelectromechanical Energy Conversion, Heath and Reach, Beds, UK, Intertext Publishing, 1973
Handschin, E.:	Elektrische Energieübertragungssysteme, Heidelberg, Hüthing, 1987
Hanncke, W.: & Hartles, R.J.	Drehstrom- und Einphasen-Asynchronmotoren, Heidelberg, Hüthig, 1983
Sandeman, D.G.:	Utilisation of Electrical Power, London, UK, Longmans, 1971
Hawes, M.A.:	Electromagnetic machines, Vol. 1: Basic principles, Vol. 2: Key types of rotating machines in the steady-state, Glasgow, Scotland, Collins, 1973
Heatley, M.:	Principles of automatic control, London, UK, The English Universities Press Ltd., 1974
Hering, E. u.a.:	Elektronik für Ingenieure, VDI Verlag, Düsseldorf, 1992
Heuck, K. u.a.:	Elektrische Energieversorgung, Vieweg Verlag, Braunschweig-Wiesbaden, 1991
Hindmarsch, J.:	Electrical Machines and their Applications, Oxford, Pergamon, 1984
Hindmarsch, J.:	Worked Examples in Electrical Machines and Drives, Ib. Idem
Ireland, J.R.:	Ceramic permanent-magnet motors, New York, McGraw-Hill Book, 1968
Jordan, H., u.a.:	Asynchronmaschinen. Funktion. Theorie, Braunschweig, Vieweg, 1975
Justus, O.:	Dynamisches Verhalten elektrischer Maschinen, Vieweg, Braunschweig-Wiesbaden, 1991
Kelemen, A.:	Actionári electrice, Bukarest, Rumänien, Ed. didacticá si pedagogicá, 1976
Kelemen, A.:	Mathematical modell and digital simulation of a current-feed induction motor system, Berkley-NY, Pergamon Press, 1985
Kenjo, T. u..a.:	Permanent Magnet and Brushless D.C. Motors, Oxford Press, 1985
Kentsch, H.:	Handbuch für Elektromotoren, Essen, W. Girardet, 1973
Klamt, J.:	Berechnung und Bemessung elektrischer Maschinen Berlin-Göttingen-Heidelberg, Springer, 1962
Kleinrath, H.:	Stromrichtergespeiste Drehfeldmaschinen, Wien-NY, Springer, 1980
Kostenko, M.: & Piotrovski, L.	Machines électriques, Tome 1 et 2, Moscou, Editions Mir, 1969
Kremser, A.:	Grundzüge elektrischer Maschinen und Antriebe, Stuttgart, B.G. Teubner, 1997
Kreuth, H. P.:	Schrittmotoren, Oldenbourg, München-Wien, 1988
Kümmel, F.:	Elektrische Antriebstechnik. Theoretische Grundlagen. Bemessungen und regelungstechnische Gestaltung, Berlin-Heidelberg-NY, Springer, 1971
Kusko, A.:	Solid-State DC Motor Drives, Massachusetts, MIT Press, 1969
Lämmerhirdt, E-H:	Elektrische Maschinen und Antriebe, Carl Hanser Verlag, München-Wien, 1989
Lázároiu, D.F.: & Schleicher, F.	Elektrische Maschinen kleiner Leistung, Berlin, VEB Verlag Technik, 1976
Leonhard, W.:	Control of Electrical Drives, Berlin-Heidelberg-NY, Springer, 1985

Levi, E.: & Panzer, M. Electromechanical Power Conversion, McGraw-Hill Book Co., NY, 1966

Macek, O.: Schaltnetzteile Motorsteuerungen und ihre speziellen Bauteile, Heidelberg, Hüthig, 1982

Mágureanu, R.: Convertizoare statice de frecventá în actionári cu motoare asincrone, Bukarest, Editura Tehnicá, 1985

Mágureanu, R.: Masini electrice speciale pentru sisteme automate, Bukarest, Ed. Tehnicá, 1981

Marston, R.M.: 110 Thyristor projects using SCRS and triacs, London, UK, Butterworth, 1972

Mazda, F.F.: Thyristor control, London, UK, Newnes-Butterworth, 1973

Meyer, M.: Elektrische Antriebstechnik, Bd. 1, 2, Berlin-Heidelberg-NY, Springer, 1985

Moczala, H.: Elektrische Kleinstmotoren und ihr Einsatz, Grafenau, Expert Verlag, 1979

Möltgen, G.: Line commutated thyristor converters, London, UK, Pitman, 1972

Morris, N.M.: Advanced industrial Electronics, London, McGrow Book Hill Co., 1986

Müller, G.: Grundlagen elektrischer Maschinen, Springer, Heidelberg, 1994

Murphy, J.M.D.: Thyristor Control of A.C. Motors, London, UK, Pergamon Press, 1973

Murphy, J.M.D.: & Turnbull, F.G. Power Electronic Control of AC Motors, London, Pergamon Press, 2nd edition, 1989

Nasar, S.A. u.a.: Linear motion electric machines, NY-London-Sydney, J. Willey, 1976

Naunin, D.: Elektrische Straßenfahrzeuge: Technik, Entwicklungsstand und Einsatzbereiche, Expert-Verlag, Ehningen bei Böblingen, 1989

Nürnberg, W.: & Hanitsch, R. Die Prüfung elektrischer Maschinen, 6. Auflage, Berlin-NY, Springer, 1987

Pelly, B.R.: Thyristor Phase-Controlled Converters and Cycloconverters, NY, John Willey and Sons, 1971

Postnikow, I.M.: Obobtschenaja theorja i perechodnje prozessa elektrischeskih masin, Moskwa, Vîssaia Skola, 1975

Ramshaw, R.S.: Power Electronics Thyristor Controlled Power for Electric Motors, London, Chapman and Hall, 1984

Retter, G.J.: Matrix and space-phasor theory of electrical machines, Budapest, Akadémiai Kiadó, 1987

Richter, A.: Einphasenmotoren, 2. Auflage, Berlin, Elitera-Verlag, 1972

Richter, R.: Elektrische Maschinen, Bd. I, II, III und IV, Basel-Stuttgart, Birkhäuser, 1967

Richter, R.: Moteur monophasé à collecteur, Paris, Dunod, 1954

Rosenberg, R.: Electric motor repair, NY, Holt, Rinehart and Winston, 1970

Saal, K.: Actionári electromecanice. Comportarea motoarelor uzuale. Alegerea motoarelor. Brasov, Rumänien, Ed. I.P.Brasov, 1970

Saal, K.: & Szabó, W. Sisteme de actionare electricá. Determinarea parametrilor de functionare. Bukarest, Ed. Tehnicá, 1981

Say, M.G.: Alternating current machines, London, Pitman, 1976

Schaaf, B.-D.: Automatisierungstechnik, Hanser Verlag, München-Wien, 1992

Schäfer, O.: Grundlagen der selbsttätigen Regelung, München, Technischen Verlag Gräfelfing, 1970

Schönfeld, R.: & Habiger, E. Automatisierte Elektroantriebe, 2. Auflage, Hüthig Verlag, Heidelberg, 1986

Schröder, D.:	Elektrische Antriebe, Vol. 1: Grundlagen, Springer-Verlag, Heidelberg, 1994
Schuisky, W.:	Berechnung elektrischer Maschinen, Springer Verlag, Heidelberg, 1960
Sen Gupta, D.P.:	Electrical Machines Dynamics, London, Mac Millan Press, 1980
Späth, H.:	Elektrische Maschinen. Eine Einführung in die Theorie des Betriebsverhaltens, Berlin, Springer Verlag, 1973
Späth, H.:	Elektrische Maschinen und Stromrichter, Karlsruhe, Braun, 1983
Stepina, J.:	Die Einphasen-Asynchronmotoren. Aufbau, Theorie, Berechnung, Wien-NY, Springer, 1982
Stölting, H.-D.: & Beisse, A.	Elektrische Kleinmaschinen, Stuttgart, B.G.Teubner, 1987
Taegen, F.:	Einführung in die Theorie der elektrischen Maschinen II, Vieweg, Braunschweig, 1971
Veinott, C.G.:	Computer-Aided Design of Electric Machinery, Massachusetts, MIT Press, 1972
Veinott, C.G.:	Fractional- and Subfractional-Horsepower-Electrical Motors, New York, McGraw Hill, 1970
Veinott, C.G.:	Les moteurs électriques à puissance fractionnaire, Paris, Dunod, 1954
Veschenevski, S.:	Caracteristicas de los motores en el accionamiento electrico, Moskwa, Editorial Mir, 1972
Vogel, J.:	Elektrische Antriebstechnik, 6. Auflage, Hüthig Buch Verlag, 1998
Vogt, K.:	Berechnung rotierender elektrischer Maschinen, Berlin, VEB-Verlag Technik, 1983
Walker, W.D.:	Rectifier circuits, London, UK, Macmillan Press, 1973
Watziger, H.:	Stromrichter-Gleichstromantriebe, Heidelberg, Hüthig, 1983
Weinrich, G.:	Sisteme de reglare unificate pentru procese rapide, Vol. 1 und Vol. 2, Bukarest, Rumänien, Editura Tehnicá
Zenkel, D.:	Elektrische Stellantriebe, Heidelberg, Hüthig, 1988
***	D.C. motors, speed controls, servo systems, Electro-Craft Corporation, Pergamon Press, Oxford, UK, 1977
***	Ispitanje elektrischeskich maschin, Moskwa, Vissaja Skola, 1973

3 Berichte, Zeitschriften

- APEC'90-99: Proceedings of the Annual Applied Power Electronics
- Archiv für Elektrotechnik, 1990-1999
- Bulletin des Schweizerischen Elektrotechnischen Vereins: 1989-1998
- Control Engineering, USA, 1990-1999
- CRM'90-99: Proceedings of the Conference on Reliability and Maintainability
- ECPE'89-98: Proceedings of the European Conference on Power Electical Engineering
- Electric Machines and Power Systems, USA, 1990-1998
- Electricité, Belgique: 1990-1998
- Elektrotechnik, Deutschland: 1988-1998
- ELIN-Zeitschrift, Österreich, 1990-1998
- Engineering Management Journal, UK: 1990-1997
- Enginnering Management Journal, UK: 1991-1998
- ETZ-A, Deutschland: 1985-1999

- Experimental Mechanics, USA: 1990-1996
- Fachverband EMA: Jahresberichte 1990-1998, ZVEI-Verlag
- GEK Alsthom, Technical Review, France: 1991-1998
- ICEMD'89-98: Proceedings of the International Conference on Electricity
- IECEC'90-97: Proceedings of the Intersociety Energy Conversion – Tom I, Tom II, Tom III
- IEEE-Colloquium on practical applications of DSP devices, UK, Tom II
- IEEE-Transactions on energy conversion, USA: 1991-1998, Tom I
- IEEE-Transactions on industry applications, USA: 1988-1996
- IEEE-Transactions on magnetics, USA: 1990-1996
- IEEE-Transactions on power electronics, USA:1989-1998
- IEE-Proceedings B, Electric Power Applications, UK: 1991-1996, Tom I
- IEE-Review, UK: 1991-1998
- Journal A, Belgique: 1988-1997, Tom I
- Journal of Electrical and Electronics Engineering, Australia, 1991-1995
- Journal of Electrical and Electronics Engineering, Australia: 1987-1997, Tom I
- Journal of Engineering Design, UK: 1990-1997
- Journal of Power Sources, Switzerland: 1991-1998, Tom III
- PIS'89-97 Proceedings of the International Symposium on Power Semiconductors
- Power Conversion & Intelligent Motion, USA: 1987-1996
- Power Conversion & Intelligent Motion: 1989-1998
- Power Transmision Design, USA: 1990-1998
- PQ'90-98 Proceedings of the International Power Quality ASD Conference
- Proceedings of the Universities. Power Engineering Conference Aberdeen: 1990-1995
- Revue Génerale de l'Electricité, France: 1978-1998
- SICE'89-97 Proceedings of the SICE Annual Conference
- Southeastern Symposium on System Theory, USA: 1990-1997
- Soviet electrical engineering, USA, 1989, V. 60, Nr. 6, Tom II
- Soviet electrical engineering, USA, 1990, V. 61, Nr. 2, Tom VI
- Soviet Electrical Engineering, USA: 1989-1990
- UPEC'89-97 Proceedings of the Universities Power Engineering

4 Studien

- A modern approach to electrical machine design (R. Belmans, R. Findlay, D. Verdyck, W. Geysen, Power Research Laboratory, McMaster University, 1280 MainStreet, Hamilton, Ontario, Canada), Journal of Engineering Design, V. 1, Nr. 2, 1990, S. 193-206
- A new modell and a new current transducer for squirrel cage motors, Fransua, Al. u.a., Poiana Brasov, Rumänien, Proc. I.C.E.D., 1988
- Analysis and performance of a high-field permanent-magnet synchronous machine (K.J. Binns, T.M. Wong), IEE Proceedings, V. 131, Pt. B, Nr. 6, Nov. 1984, S. 252-256
- Analysis of conventional snubber circuits for PWM inverters using bipolar transistors (P.D. Evans, L.K. Mestha, University of Bath, Claverton Down, Bath BA2 7AY, UK), IEE Proceedings, V. 135, Pt. B, Nr. 4, July 1988, S. 180-192
- Aufwandsarmer Thyristor-Dreistufen-Wechselrichter mit geringen Verlusten, B. Fuld, ETZ-Archiv, Bd. 11, H. 8, 1989, S. 261-264

- Bestimmung der Modellparameter und der aktuellen Läufertemperatur für Drehstrom-Asynchronmaschinen mit Kurzschlußläufer, H. Mrugowsky, ETZ-Archiv, Bd. 11, H. 6, 1989, S. 187-192
- Computer-aided design of a permanent magnet motor (K.T. Chau, Dept. of Elect. Eng., Hong Kong Polytech.), Electric Machines and Power Systems, USA, July-Aug. 1991, V. 19, Nr. 4, S. 501-511
- Computer-aided design of PWM power-electronic variable-speed drives (S.R. Bowes, J.C. Clare), IEE Proceedings, V. 135, Pt. B, Nr. 5, September 1988, S. 240-260
- Control algorithms for PM synchronous and DC brushless motors (I. Marongiu, E. Pagano), ETZ-Archiv, Bd. 12, H. 4, 1990, S. 101-106
- Control of permanent magnets synchronous machines: a simulation comparative survey, APEC'90, 5th Annual Applied Power Electronics Conference and Exposition, 1990
- Diagnosesystem für Drehstrom-Asynchronmaschinen (S. Früchtenicht, E. Pittius, H.O. Seinsch), ETZ-Archiv, Bd. 11, H. 5, 1989, S. 145-155
- Einfluß der Bürstenqualität auf das Betriebsverhalten von Batteriegespeisten Gleichstrommaschinen (D. Oesingmann, B. Morgenfrüh, Sektion Elektrotechnik, TH-Illmenau, Elektrie, Berlin), V. 42, Nr. 6, 1986, S. 228-229
- Einstellung der Schaltzustände in Stellgliedern der Leistungselektronik durch den unmittelbar gewünschten Effekt, A. Boehringer, ETZ-Archiv, Bd. 11, H. 12, 1989, S. 381-388
- Für gleichmäßigen nutenlosen Gleichstrom-Scheibenläufermotoren (M. Salami, Baumüller Nürnberg GmbH - Bad Gandersheim), Elektrotechnik, V. 73, Heft 7-8, 21 Aug. 1991, S. 26-27
- Gleichstromsteller und Wechselrichter mit sehr hoher Schaltfrequenz und geringen Verlusten unter Verwendung asymmetrischer GATO-Thyristoren, B. Fuld, ETZ-Archiv, Bd. 11, H. 8, 1989, S. 255-259
- Grenzkennlinien von Drehstrom-Servoantrieben in Blockstromtechnik, G. Huth, ETZ-Archiv, Bd. 11, H. 12, 1989, S. 401-408
- Hardware/software strategies in DC-brushless motor development (M. Allan, I.J. Kemp, T. Westwood, School of Engineering, Glasgow College, UK & B.E. Pitches,Ferranti Industrial Electronics Ltd., Dalkieth, UK), APEC'90, 5th Annual Applied Power Electronics Conference and Exposition, 1990, IEEE-CH2853, S. 401-405
- Inverter-fed asynchronous motors controlled via PC as multipurpose electrical motors (G. Manco, E. Pagano, M. Scarano, Dipartimento di Ingegneria Elltrica, Universita' di Napoli), Federico II, Italy, EVS-10
- Microprocessor based generalised control of DC motors, SICE'89-Proceedings of the 28th SICE annual Conference, 25-27 Jul. 1989, V. 2, S. 1243-1245
- Microprocessor implementation of new optimal PWM switching strategies (S.R. Bowes, A. Midoun), IEE Proceedings, V. 135, Pt. B, Nr. 5, September 1988, S. 269-280
- On the steady-state dynamic characteristics of bipolar transistor power switches in low-loss technology (H.W. van der Broeck, J.D. van Wyk, J.J. Schoeman, RWTH-Aachen, Germany und Rand Afrikaans University, South Africa), IEE Proceedings, V. 132, Pt. B, Nr. 5, September 1985, S. 251-259
- Open loop stability characteristics of synchronous drive incorporating high field permanent-magnet motor (P.H. Mellor, M.A. Al-Taee, K.J. Binns, Dept. of Eng.&Electron. Liverpool Univ., UK), IEE-Proceedings B, Electric Power Applications, UK, July 1991, V. 138, Nr. 4, S. 175-184

- Performance analysis of permanent magnet synchronous motor. Part II: Operation from variable source and transient characteristics, IEEE Transactions on Energy Conversion (USA), March 1991, V. 6, Nr. 1, S. 83-89
- Pulsbreitenmodulationssteuerung eines Dreipunktwechselrichters für Traktionsantriebe im Bereich niedriger Motordrehzahlen (J.K. Steinke), ETZ-Archiv, Bd. 11, H. 1, 1989, S. 17-24
- Rare-Earth Permanent Magnets, Engineering, 1990, S. 111-113
- Secondary current feedback control of induction motor torque, Poiana Brasov, Yamamura, S., Rumänien, Proc. I.C.E.D. / 1988
- Selbstgesteuerte unidirektionale Gleichspannungswandler: Vergleich von hart- und weichschaltenden Halbbrückenwandlern (J.C. Bendien, J. Mucko), ETZ-Archiv, Bd. 12, H. 5, 1990, S. 151-155
- The design of welder power supplies incorporating self-oscillating high-frequency transformer inverters (G.L. Bredenkamp, P. van Rhyn), Systems Laboratory, Rand Afrikaans University, Auckland Park, PO Box 524, Johannesburg 2000, South Africa, IEE Proceedings, V. 132, Pt. B, Nr. 4, July 1985, S. 202-208
- Three-phase-motors: digitally controlled, EEE - Germany, 5 June 1990, Nr. 12, S. 16-20
- Über den Anlauf von Einphasen-Asynchronmotoren, Jordan, H. u.a., AEG-Mittlg. 45, S. 553-562, 1955
- Variable speed drives with pemanently excited synchronousmotors, Elektrische Maschinen, Zs 2033, Germany, Feb. 1991, V. 70, Nr. 2, S. 32-36
- Variable speed drives with permanently excited synchronous motors, Elektrische Maschinen, Deutschland, Feb. 1991, V. 70, Nr. 2, S. 32-36
- Zeitdiskrete Modellbildung und Entwurf optimaler Regler am Beispiel eines Spannungszwischenkreisumrichtergespeisten Gleichstromantriebs, U. Nuss, ETZ-Archiv, Bd. 11, H. 3, 1989, S. 75-82
- Zum Problem der Zusatzverluste in Drehstrom-Asynchronmotoren, Jordan, H. u.a., ETZ-A 93, S. 541-545, 1972
- Zur Berechnung der Zahnpulsationsverluste von Asynchronmaschinen, Jordan, H. u.a., ETZ-A 86, S. 805-809, 1965
- Zwei zeitdiskrete Steuerverfahren für Pulsumrichter im Vergleich (J. Roth-Stielow, W. Zimmermann, A. Boehringer, B. Schwarz), ETZ-Archiv, Bd. 11, H. 12, 1989, S. 389-396

Sachwortverzeichnis

E

F

G

H

L

T

U

V

W

Z